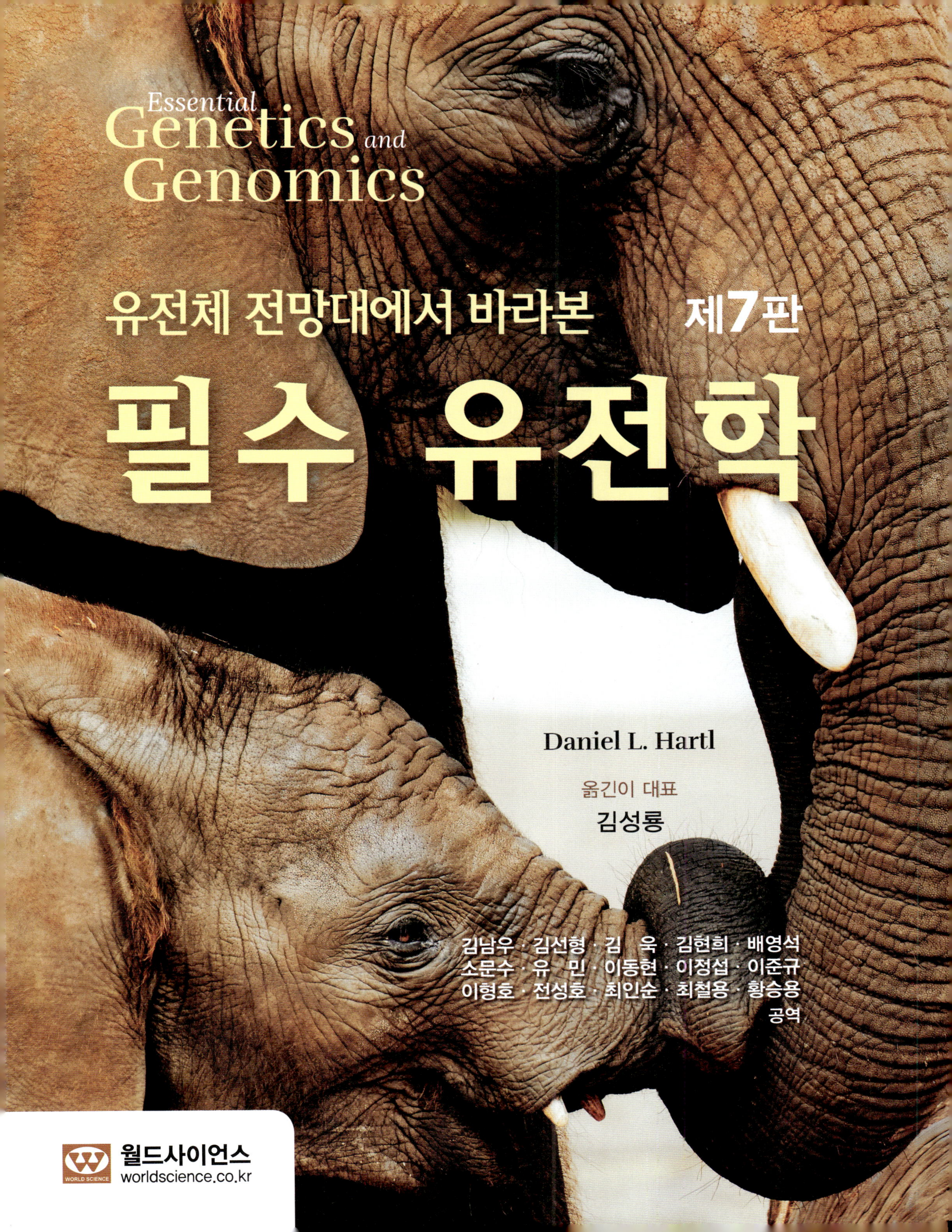

Essential Genetics and Genomics

유전체 전망대에서 바라본 제7판

필수 유전학

Daniel L. Hartl

옮긴이 대표
김성룡

김남우 · 김선형 · 김 욱 · 김현희 · 배영석
소문수 · 유 민 · 이동현 · 이정섭 · 이준규
이형호 · 전성호 · 최인순 · 최철용 · 황승용
공역

월드사이언스
WORLD SCIENCE
worldscience.co.kr

유전체 전망대에서 바라본

제7판

필수 유전학

Essential Genetics and Genomics

옮긴이 김성룡

김남우 · 김선형 · 김 욱 · 김현희 · 배영석
소문수 · 유 민 · 이동현 · 이정섭 · 이준규
이형호 · 전성호 · 최인순 · 최철용 · 황승용

Daniel L. Hartl, PhD
Harvard University

월드사이언스
WORLD SCIENCE
worldscience.co.kr

ORIGINAL ENGLISH LANGUAGE EDITION PUBLISHED BY
Jones & Bartlett Learning, LLC
5 Wall Street
Burlington, MA 01803 USA 4

유전체 전망대에서 바라본

필수유전학 제7판

인 쇄 | 2020년 10월 5일
발 행 | 2020년 10월 15일

저 자 | Daniel L. Hartl
역 자 | 김성룡 · 김남우 · 김선형 · 김 욱 · 김현희 · 배영석 · 소문수 · 유 민
이동현 · 이정섭 · 이준규 · 이형호 · 전성호 · 최인순 · 최철용 · 황승용
발 행 인 | 박선진
발 행 처 | (주)도서출판 월드사이언스

주 소 | 서울특별시 서초구 도구로 115, 1층(방배동, 월드빌딩)
등록일자 | 1988년 2월 12일
등록번호 | 제 16-1601호
대표전화 | (02) 581-5811~3
팩 스 | (02) 521-6418

E-mail | worldscience@hanmail.net
U R L | http://www.worldscience.co.kr

정 가 | **35,000원**
I S B N | 978-89-5881-292-0

이 도서의 국립중앙도서관 출판시도서목록(CIP)은 서지정보유통지원시스템 홈페이지(http://seoji.nl.go.kr)와 국가자료공동목록시스템(http://www.nl.go.kr/kolisnet)에서 이용하실 수 있습니다. (CIP제어번호: CIP2020005088)

요약 목차

상세 목차

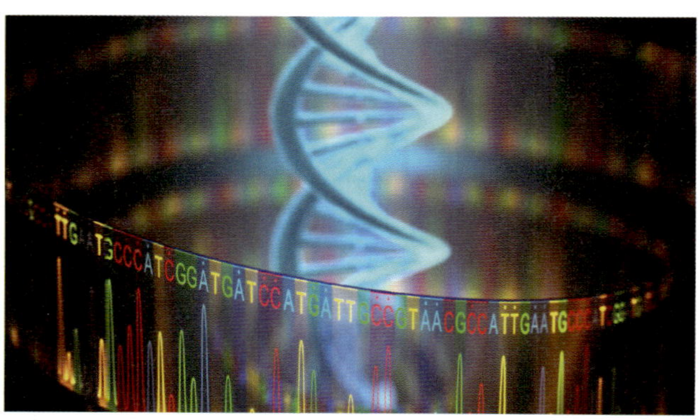

© ktsdesign/Shutterstock

© Heiko Kueverling/Shutterstock

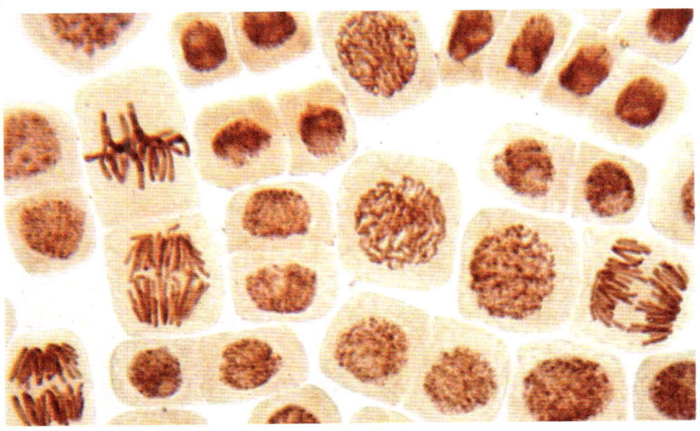

© Dimarion/Shutterstock

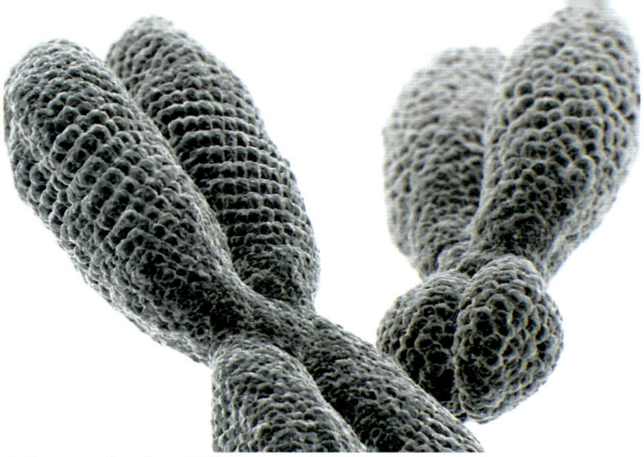
© Iaremenko Sergii/Shutterstock

© H.Tanaka/Shutterstock

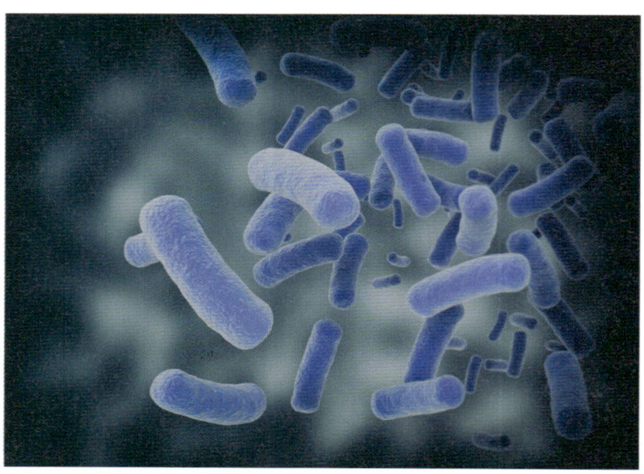

© Jezper/Shutterstock

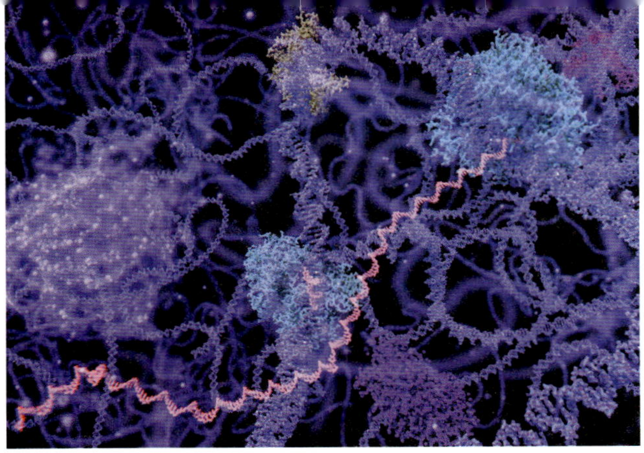
© Juan Gaertner/Shutterstock

© Revers/Shutterstock

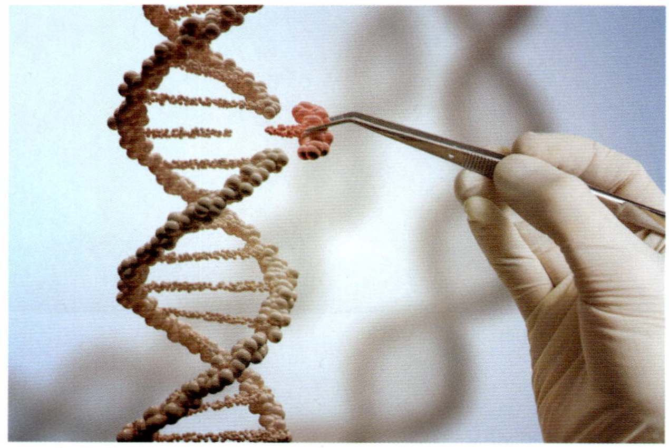

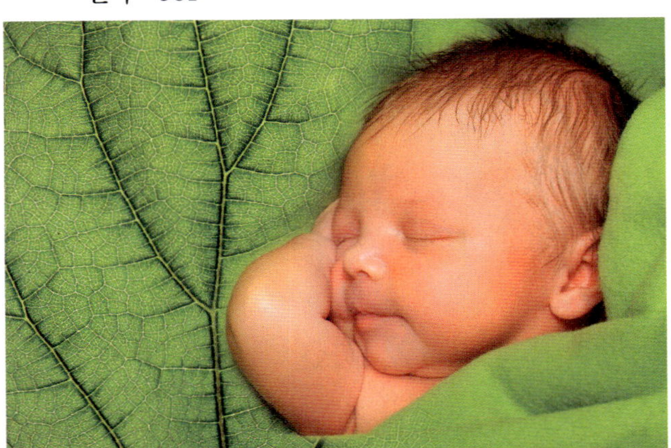
© Valentina Razumova/Shutterstock

© Robert Mcgillivray/Shutterstock

© Photographee.eu/Shutterstock

© Robert Mcgillivray/Shutterstock

© Yuganov Konstantin/Shutterstock

지은이 머리말

유전체 전망대에서 바라본 필수유전학 제7판(Essential Genetics: *AGenomicsPerspective*, SixthEdition)은 분량이 적고 간결한 유전학의 입문/소개 과정으로 기획되었다. 통상적으로 2학기제 혹은 4학기제에서 한 학기에 유전학 전반을 다룰 수 있도록 과감하게 조절한 것이다. 주제는 학생들로 하여금 다음의 학습 능력을 완수하도록 신중하게 선택하였다.

- 유전자 전달, 돌연변이, 발현 및 조절의 기본 과정을 이해한다.
- 비율과 비례 등의 수적 관계성을 이용하여 유전적 과정을 분석한다.
- 통계적 틀을 이용하여 유전학적 가설을 세우고, 그 결과를 다루며 관찰된 자료에 반하는 결과를 검증한다.
- 논리적 질서에서 여러 개념의 적용을 요하는 단일 개념 훈련과, 문제 풀이에 수학이 요구되는 수적 문제를 포함하여 문제 해결의 기본적 기술을 개발한다.
- 유전학적 자료를 해석하고 원인을 밝혀 줄 유용한 추론을 유추해낸다.
- 유전학이 발달해 온 사회적 및 역사적 맥락에 대한 감각은 물론 현재 경향에 적용하는 감각을 얻는다.
- 웹상에 널리 퍼져 있는 유전학적 자원과 정보를 이해하고 그러한 정보를 평가하고 통합하는 방법을 배운다.

유전학은 **과학 능력**을 완성하는 최고의 과목이다. 유전학은 분자생물학으로부터 진화유전학에 이르기까지 광범위한 영역을 통합한다. 유전학은 또한 확률과 통계 그리고 컴퓨터 생물학으로부터 유추한 개념을 이용하여 정량적인 방법을 사용한다. 다행스럽게도 학부생들은 인간 유전체와 질병의 유전적 위험 요인은 물론 유전적 사생활(genetic privacy), 복제, 줄기세포 연구에 관계되는 다수의 사회적 윤리적 반론을 다루는 언론매체의 보도 덕분에 유전학에 관해 무척 고무된 상태에서 유전학 과정을 접하게 된다. 유전학을 강의하는 교수들의 도전 정신은 지속적으로 학생들의 동기를 유발하고 또 과학 능력을 구성하는 기술과 사고의 습관을 습득하도록 도와준다.

제7판은 무엇이 새로워졌는가?

제7판은 완전하게 개정되고 추가되었다. 각 장의 내용은 새롭게 서술되었다. **합성 세균, 고차 염색질 구조, 고처리량 게놈 시퀀싱 방법, 개인화된 의약 및 CRISPR/Cas9 유전자 편집**을 포함하여 새로운 방법과 연구 결과가 추가되었다. 이처럼 새로운 자료가 추가됨에 따라 비슷한 분량의 중요하지 않거나 오래된 자료는 삭제되었다. 새로운 자료를 원활하게 통합할 수 있도록 여러 장이 재구성되었다. 전체 문장은 요약되어 명확해졌으며 개선되었다. 제7판의 주요 개정 및 추가 사항은 다음과 같다.

- 제1장에는 가장 일반적인 형질들이 실제로 환경뿐만 아니라 여러 상호작용하는 유전적 요인의 영향을 받는 **복잡 형질**임을 강조한 새로운 섹션이 포함되었다. 이 원칙에는 여러 가지 유전적 위험 요소와 생활 방식 선택의 영향을 받는 가장 일반적인 질병이 포함된다. 게놈 및 프로테옴에 관한 섹션은 게놈이 완전히 화학적 합성에 의해 생성된 최초의 살아 있는 증식 박테리아 세포인 **Syn3.0**을 포함하도록 개선되었다.
- 제2장에는 **유전자가 여러 수준(분자, 세포, 발달, 형태, 행동)에서 형질에 영향을 미침**과 많은 경우에서 그런 형질이 기본적인 생물학을 이해할 때까지는 무관함을 강조하는 새로운 섹션이 포함되었다.
- 제3장에는 **키네토코어의 후성유전학적 사양**에 대한 논의가 포함되었는데, 여기에는 특수 히스톤(CENPA)이 히스톤 3을 **중심핵성 뉴클레오솜**으로 대체해서 키네토코어 관련 단백질을 동원하여 방추사 섬유가 부착되는 성숙한 키네토코어의 조립을 유도한다.
- 제4장에서는 단일 뉴클레오티드 다형성(SNP), 사본 수 변이(CNV) 및 단순 직렬 반복(STR)에 중점을 둔 주요 **유전자 변이 유형**에 대해서 훨씬 간략하고 명료하게 논의하고 있다. 이 업데이트에는 일반 장애에 대한 유전적 위험 요인과 복잡 형질에 영향을 미치는 유전 요인을 탐지하기 위한 **전체 유전체 상관분석연구(GWAS)** 결과에 대한 요약도 포함되었다.

- 제5장은 많이 단축되어 매끈하게 연결되었다.
- 제6장에는 선행 및 지연가닥의 합성이 조정되는 방법을 보여주는 **트롬본 복제 모델**을 포함하는 업데이트된 DNA 복제에 대해서 완전히 재구성되고 단순화된 논의가 포함되었다. **대규모 병렬 시퀀싱** 섹션은 내용이 확장됨에 따라 제10장에 포함시켰다.
- 제7장에는 박테리아 세포가 접합 시 어떻게 결합되는지에 대한 명확한 설명이 포함되어 있으며, 박테리오파지 T4에서 rII 유전자의 유전적 미세 구조에 대한 불필요한 세부 내용은 삭제되었다.
- 제8장은 **잠깐 생각해 봅시다** 기능을 활용함으로써 전사 및 번역 과정의 기본 개념이 강화되었다.
- 제9장에는 염색질이 **토폴로지 관련 도메인(TAD)**, **절연체** 및 **구획**으로 이뤄진 고차 구조로 구성되는 방법에 대한 새로운 주요 섹션이 포함되었다. **RNA 간섭** 및 긴 **비암호 RNA**에 관한 섹션이 업데이트되었고, 프로그래밍된 DNA 재배열에 대한 자료는 덜 일반적이기 때문에 삭제되었다.
- 완전하게 수정되고 재구성된 제10장에는 **가역적 종결자**, **이온-토런트 시퀀싱**, **단일 분자 시퀀싱** 및 **나노 포어 시퀀싱**을 포함한 최신 **고처리량 DNA 시퀀싱 기술**이 요약되어 있다. **개인화된 의약품(정밀한 의약품)**과 **소비자에게 직접 제공되는 유전자 서비스 및 처방전 없이 구입할 수 있는 유전자 검사 키트**에 관한 새로운 섹션이 추가되었다. 이번 장에서는 이러한 접근 방식의 잠재적 가치를 지적하고, 관련 **윤리적**, **법적**, **사회적 의미**가 강조되었다. 또한 **유전자 공학을 위한 CRISPR-Cas9 기술**에 관한 완전히 새로운 섹션이 포함되어 있는데, CRISPR-Cas9가 박테리아에서 일종의 면역 시스템으로 기능하는 방법, CRISPR-Cas9 분자가 어떻게 표적화된 녹아웃 돌연변이를 만드는 데 사용되는지와 어떻게 게놈 서열을 예정된 방식으로 변화시키기 위해 DNA 편집에 사용되는지를 보여준다. 곤충, 생쥐 및 식물에서의 CRISPR-Cas9 사용 방법도 논의되었다.
- 11장에는 스위치 조절 경로의 분석에서 **상위(epistasis)**의 활용에 대한 섹션이 조금 확장되었고, 효모 교배 유형의 유전자 제어 같이 일부 불필요한 세부 사항은 생략되었다.
- 제12장에는 부모와 자손 게놈의 게놈 시퀀싱에 의해 결정된 **인간의 염기-치환 돌연변이 속도**의 추정에 관한 주요 섹션이 새롭게 추가되었다. 돌연변이는 아버지의 나이에 따라서 꾸준히 증가하지만 어머니의 나이에는 따라서 증가하지 않는데, 이 발견이 남성과 여성의 생식 생물학과 완전히 일치하는 이유에 대해 논의하였다. 또한 Drosophila에서 돌연변이를 탐지하는 "ClB 방법" 섹션은 주로 역사적 관심사였기에 삭제되었다.
- 제13장에서는 **세포주기**의 유전자 제어와 암 사이의 연결에 더 중점을 두고서 광범위하게 수정되었으며, 많은 그림이 단순화되고, 불필요한 세부 내용들은 삭제되었다.
- 제14장에는 **분자 계통발생학**에 대한 짧고 간결한 섹션이 포함되었다.
- 제15장에는 **복합 형질에 영향을 주는 일반적으로 많은 수의 유전자와 작은 개별 효과**에 중점을 둔 **전체 유전체 상관분석연구(GWAS)**에 대한 새로운 주요 섹션이 포함되었다. 질병에 대한 각 유전 위험 인자는 일반적으로 소량만 질병 위험을 증가시킨다. 이 일반화는 DTC (Direct-to-Consumer) 및 OTC(Over-the-Counter) 유전자 검사의 적절한 해석의 중요성을 강조한다. 또한 이 장에서는 **생리적 상위(epistasis) 및 통계적 상위**에 대한 새로운 논의를 포함하고, 유전자가 개체군 수준에서 실질적인 통계적 상위를 보이지 않으면서 분자, 세포 및 유기체 수준에서 많은 생리적 상위를 나타낼 수 있는 이유를 설명하였다. 근친 교배의 평균과 유전적 분산의 차이에 기초하여 정량적 특성에 영향을 미치는 유전자의 수를 추정하는 고전적인 방법은 쓸모가 없어졌고, 보통 추정치가 작기 때문에 삭제되었다.

장의 구성(Chapter Organization)

학생들이 세부적인 것들 때문에 주의가 흐트러지지 않고 주요한 개념들에 집중할 수 있도록, 각 장은 토의될 중심 주제를 나타내며, 한 개의 완전한 문장으로 쓰여진 **개요(Outline)**로 시작한다. 각 장의 본문은 더 상세한 정보와 실험적 증거를 제시한다. 시작 문단에서는 그 장의 전반적인 것을 보여주며, 몇몇의 특정한 예를 들어 주제를 설명하고, 그 소재가 어떻게 전반적으로 유전학에 결부되어 있는지 보여준다. 각 단락과 작은 절의 **표제(Heading)**는 중심 메시지를 포함하는 완전한 문장의 형태이다. 학생들이 배운 것을 잘 조직화 할 수 있도록 본문에 **숫자로 나열하기** 및 **중요항목(Bullet)** 표시를 풍부하게 사용하였다. 또한 중요 원리를 강조하기 위해 **요약문(Summary Statement)**을 주 본문과 따로 실었다. 이해를 증진시키기 위해서 **잠깐 생각해 봅시다**(*A Moment to Think*)를 두었다. 이것은 본문 중에 있는 문제로서, 학생들은 직전에 설명하던 개념에 대해 생각하기 위해 공부를 잠시 멈추고 이 개념을 실제로 문제 푸는 데 사용하게 된다. 각 장에는 또한 인간 유전학 이야기(**human connection**)를 두었다. 여기서는 인간 유전학에 대한 중요한 실험 혹은 중요한 사회적, 윤리적 또는 법적 논쟁의 대상이 되는 것에 대한 연구 논문을 다루었다. 각각의 인간 유전학 이야기는 실험의 중요성 및 실험이 실행되었던 배경을 설명하는 간략한 자체 서론을 갖는다. 각 장의 끝에는, 가장 중요한 개념을 강조하는 중요항목(bullet point)의 형태로 정리한 완벽한 **장의 요약(Chapter Summary)**을 두었다. 6판에는 새롭게 각장에 **학습요점(Learning outcomes)**을 신설하였다. 학습요점은 학생들에게 다음과 같은 도움을 준다:

- 꼭 알아야 할 점과 학습 결과 배양된 능력을 확인한다.
- 각 장에서 학습한 결과로 얻어진 지식에 중점을 둔다.
- 핵심 개념을 확인하도록 안내한다. 그리고 이해, 응용, 분석, 종합을 포함하여 다양한 학습 수준에 이것을 이용한다.
- 각종 문제풀이 훈련을 통해 얻어지는 기량에 중점을 둔다.

각 장에는 개념, 종합, 그리고 **쟁점과 착상(Issues and Ideas)** 형태의 논의용 질문들, **문제풀고 한걸음씩 앞으로(Solutions: Step By Step)**라는 문제풀이 안내, **실전에 필요한 개념(Concepts In Action)**으로 설계된 응용과 분석문제 등을 포함하여 다양한 형태와 여러 수준의 **문제들(Problems)**이 있다. 책의 뒷부분에는 짝수 번 문제풀이 **정답(Answers)**, 유전학에 있어서 기본이 되는 용어의 완벽한 **용어풀이(Glossary)**, 중요 유전학 용어에 대한 이해를 돕고 어휘력을 향상하기 위해 자주 쓰이는 **어근(Word Roots)**의 목록을 게재하였다.

내용(Contents)

각 장을 구성하고 있는 내용은 유전학을 강의하는 대부분의 교수들로부터 호평을 받고 있다. 한 가지 중요한 점은 유전자에 대한 넓은 개관—유전자란 무엇이며, 무엇을 하며, 어떻게 변화하며, 어떻게 진화하는가—을 포함하는 도입 장인 1장의 존재이다. 오늘날 대부분의 학생들은 초등학교나 고등학교에서 DNA에 관해 학습한다. 우리는 유전학을 가르칠 때, 학기 중간까지는 DNA가 존재하지 않는 것처럼 일부러 가정하고 있음을 알게 된다. 그러므로 도입 장은 학생들이 이미 알고 있는 개념과 앞으로 배울 더욱 진보한 개념을 연결할 수 있도록 해준다. 또한 그것은 나중에 언급 될 것을 통합하는 확고한 틀을 학생들에게 제공할 것이다. 각 장은 전반적으로 도전과 동기부여, 관찰과 이론 그리고 원칙과 구체적인 예 사이에 균형이 잘 잡혀져 있다. 분자유전학과 고전유전학은 전체적으로 통합되었고 인간 유전학의 원리들이 책 전체에 복합적으로 서술되어 있다. 이와 더불어서, 이 책은 또한 동물과 식물, 특히 모델 생물체로부터 자유롭게 사례를 제공하고 있다. 구성과 범위에 관련된 여러 관점은 아래와 같다:

1장은 다른 배경을 가진 학생들이 공통적인 수준의 이해력을 갖도록 계획된 유전학의 개관이다. 이 장은 책의 나머지 부분을 통해 고전, 분자 그리고 진화유전학이 통합하는 것을 가능하게 한다. 1장에는 유전학의 기본 개념이 포함되어 있다: DNA인 유전자들이 전사와 번역을 통해 기능을 나타내고, 돌연변이에 의해 변화되고, 선천적 대사이상을 통해 개체에 영향을 미친다. 1장은 또한 유전적 분석의 방법론을 설명하고, 유전적 분석이 생물학적 과정에서 중요한 구성물의 정체와 기능을 발견하는 데 이용되는 방법을 보여준다.

2장에서 5장까지는 분리와 독립유전, 유전의 염색체설, 유사분열과 감수분열, 연관과 염색체지도 작성, 균류의 4분자 염색체 분석, 그리고 염색체 기술을 포함하여 멘델유전학의 핵심을 다룬다. 너무 자주 무시되거나 부적절한 대접을 받는 유전학의 중요한 원리는 상보성 검사의 원리이고, 또 상보성이 분리나 다른 유전학 원리와 어떻게 다른가 하는 것이다. 4장에서는 유전학 표지 중에서 요즘 중요하게 사용되는 분자 표지에 대해 소개한다.

6장에서는 상세한 DNA 구조와 복제를 포함하여 DNA를 다룬다. 또한 어떻게 기초연구들이 DNA 복제의 분자적 기작을 밝혔는지, 그리고 이들이 DNA 잡종분석, DNA 서열결정, 중합효소연쇄반응과 같은 중요하고 실제적인 적용과 연결되었는지를 논의한다. 이러한 예들은 선도적인 기초연구가, 전혀 예측할 수 없는 실지적 응용으로 연결되는 가치가 있다는 것을 잘 보여준다.

7장은 전이 DNA, 플라스미드, 인테그론에 관한 유전학 그리고 그들과 여러 가지 항생제 내성의 진화와의 관계성을 시작으로 원핵생물의 유전원리를 다룬다. 여기에는 형질전환, 접합, 형질도입뿐만 아니라 병원성과 비병원성의 박테리오파지를 포함하는 미생물의 유전적 재조합의 기구에 관한 완벽한 논의가 있다.

8장부터 12장까지는 엄격한 의미의 분자유전학에 초점을 맞추었다. 8장에서는 전사, RNA 가공 그리고 번역을 포함하는 유전자 발현에 대해 자세히 조사한다. 9장은 발현 조절의 유전적 기작과 원핵생물 및 진핵생물에서의 유전자 조절 기작의 예들을 포함하는 통합 성격의 장이다. 염색질 리모델링, 각인, 그리고 RNA 간섭 등 다수의 최신 연구의 주제인 유전자 조절에 대한 폭넓은 관점을 포함한다. 10장은 재조합 DNA와 유전체 분석에 대해 다루었다. 제한효소의 사용, 재조합 DNA의 벡터 DNA 클로닝 전략, 형질전환 동식물 그리고 유전공학의 적용 등이 포함된다. 11장에서는 예쁜꼬마선충, 노랑초파리, 그리고 애기장대 등의 모델 생물체에 중점을 두어 발생의 유전적 조절에 대해 다루었다. 12장에서는 화학적 돌연변이유발원을 포함하여 돌연변이와 DNA수선의 기작을 다루었다.

13장은 정상세포에서 세포분열 억제나 예정된 세포 죽음(세포자살)을 담당하는 점검점을 중심으로 세포분열의 유전적 조절의 관점에서 암을 강조한다. 암은 세포증식을 조절하는 정상적 점검점을 통과하기 위해 체세포에서 일련의 연속적인 돌연변이들의 결과로 발생한다.

14장과 15장에서는 분자진화 및 집단유전학에 대해서 다룬다. 이러한 논의는 유전자나무(gene tree)와 종나무(species tree) 그리고 HIV 바이러스 감염에 내성을 가지는 CCR5 수용체 돌연변이의 집단유전학을 포함한다. 또한 범죄조사 및 친자확인 검사, 동종교배의 영향, 그리고 대립형질의 빈도를 변화시키는 진화기작 등에 대해 다룬다. 정량유전학에서는 어떻게 정량형질(QTLs 혹은 정량형질 유전자자리)에 영향을 주는 특정 유전자들이 연관분석을 통해 확인되고 지도가 작성되는지 다룬다. 사람의 세로토닌 전달 유전자에서 "자연적 Prozac" 다형성을 밝히는 데 기여한 "후보" 유전자를 사용한 실험을 예로 사용하여, 인간 행동의 유전적 결정인자에 대한 절을 실었다.

특징(Special Features)

잠깐 생각해 봅시다(A Moment to Think)

이 책의 독특한 특징은 **잠깐 생각해 봅시다**라는 글상자를 둔 점이다. 여기에서는 본문을 중단하고 멈춰서 학생들에게 개념에 대해 생각하고 실제 상황에서 적용하기를 요구하는 문제를 다룬다. 학생들이 개념을 명확하게 변환시키고 생각에서 행동으로 옮길 수 있도록 하기 위해 이러한 문제들은 때로 고전적 실험 결과들을 사용하기도 한다. 정답은 각 장의 끝 부분에 제공된다.

인간 유전학 이야기(the human connection)

각 장의 **인간 유전학 이야기**는 교실 밖 인간 유전학 세계로 연결시키는 우리들의 수단이다. 모든 인간 유전학 이야기들은 유전학 문헌 원본이나 논문으로부터 발췌되었으며, 통상 짧은 설명 문단으로 시작된다. 많은 인간 유전학 이야기들은 낫꼴세포 형질과 말라리아 저항성에 관한 알리슨(Allison)의 업적 같은 고전적 자료에서 발췌되었으나, 여러분들이 발행일을 조사하면 알 수 있듯이 "고전적" 논문의 모두가 오래된 논문은 아니다. 이런 단편들 각각은 원문의 소재가 인간 존재에 대한 의미를 폭넓게 이해시키도록 구성되었기에 인간 유전학 이야기로 불린다. 인간 유전학 이야기 중 일부는 유전학적 지식의 적용에 있어서 윤리적인 문제, 언급되어야 할 사회적 쟁점, 그리고 실험동물을 적절히 다루는 것과 관련된 문제를 다룬다. 인간 유전학 이야기들은 또한 다른 주제들도 그림처럼 잘 설명해 준다. 각 인간 유전학 이야기는 연구가 실행되었던 장소를 거명하기 때문에, 학생들은 위대한 과학적 업적들이 전 세계 많은 대학교와 연구기관에서 수행되었음을 배울 수 있다. 인용 논문 중, 유행에 뒤떨어지거나 익숙하지 못한 용어, 또는 낡은 유전자 표시법은 학생들의 이해를 돕기 위해서 원문에 부합되는 현대적인 것으로 바꾸었다.

문제 풀고 한 걸음씩 앞으로(Solutions Step by Step)

각 장에는 논리적인 추론을 단계별로 설명하는 **문제 풀고 한 걸음씩 앞으로**를 두어 전반적으로 문제를 분석하는 능력을 향상시키려 노력하였다. **문제 풀고 한 걸음씩 앞으로**는 해결할 문제에 사용된 중요 개념들에 대한 또 다른 수준의 종합(review)을 제공한다. **문제 풀고 한 걸음씩 앞으로**는 또 초급 학생들이 범하기 쉬운 일반적인 실수를 강조하고 함정에 빠지는 것을 피할 수 있는 방법을 지적해 준다.

문제의 수준과 타입(Levels and Types of Problems)

각 장에는 다양한 난이도를 가진 풀이문제를 다수 제공하여 학생들이 자신의 이해력을 테스트할 수 있게 하였다. 문제에는 2가지 다른 유형이 있다:

- **쟁점과 착상**은 유전학적인 원칙을 학생들 자신들의 말로 표현하기를 요구한다; 몇몇은 정의하는 문제이거나 기본 원칙의 적용을 필요로 한다.
- **실전에 필요한 개념**은 유전학적인 개념을 사용한 이유를 학생에게 묻는 문제이다. 문제는 참 또는 거짓, 선다형, 연결하기, 그리고 전통적인 단어문제를 포함하는 여러 가지 형태를 이용한다. **실전에 필요한 개념**의 다수는 약간의 숫자적 계산을 요구한다. 수학의 수준은 유전학에 적합한 산수와 초보적인 확률이다. 문제의 어느 것도 기본 대수학 이상을 사용하지 않는다.

정답(Answers to Problems)

짝수 번의 **실전에 필요한 개념**에 대한 정답은 책의 끝에 **정답**에 있다. 정답들은 완전하다; 정답은 해결책의 논리적인 기초를 설명하고, 방법들을 제시한다.

어근과 용어풀이(Word Roots and Glossary)

우리들은 학생들이 전문용어 뜻을 해석하고 기억하기에 도움이 되도록 **어근**들을 모아 편집하였다. 이것은 열쇠 말들의 **용어풀이(Glossary)** 앞에 배치하였다.

삽화(Illustrations)

모든 장은 학습 도우미로서 각 삽화의 가치를 기능적으로 높이기 위해 빛깔이 사용된 아름다운 그래픽이 풍부하다. 삽화들의 매 단계에서 일어나고 있는 것에 대하여 단계별로 설명하는 "과정 라벨들"로 주석이 제공된다. 이 라벨들은 사용자들에게 삽화들이 친숙하게 마음을 끌게 하고, 가장 효과적으로 정보를 제공한다.

적응성과 유연성(Adaptability and Flexibility)

시작에서 출발하여 끝까지 똑바로 갈 이유는 없다. 각 장은 스스로 존재하는 독립적인 단위들이다. 그러한 특징은 이 책이 여러 다양한 교과 과정에 사용될 수 있는 유연성을 준다. 책의 전체를 통해, 우리들은 고전적 원리와 분자적 원리를 통합하였으므로, 거의 어떤 장에서도 과정을 시작할 수 있다. 1장이 모든 학생들을 같은 기본적 단계로 끌어올리기 때문에 대부분의 교수들은 1장의 개요를 가지고 출발하는 것을 좋아할 것이다. 이후 멘델을 일찍 가르치고 싶은 교수들은 계속해서 2장으로 나아가고, DNA의 세부적인 것을 일찍 가르쳐 주기를 원하면 6장으로 건너 뛸 것이다. 염색체를 일찍 가르치고 싶은 교수에게는 3장→2장→4장으로 이어지는 과정을 제안한다. 색다른 접근 방법으로 유전공학을 강조하고 싶은 경우에는 1장을 마친 후 10장으로 건너 뛰어도 된다. 집필과 삽화 프로그램이 다양한 형태의 교과 과정에 편의를 제공할 수 있도록 계획되었기 때문에, 교수들은 자기 자신의 요구조건을 만족시키기 위해 이러한 유연성의 이점을 살릴 수 있을 것이다.

지은이 소개

다니엘 하틀(Daniel L. Hartl)은 하바드대학교의 생물학 히긴스 석좌교수(Higgins Professor of Biology)이며 국립과학원(National Academy of Sciences)과 미국학술원(American Academy of Arts and Science)의 회원이다. 위스콘신대학교에서 이학사와 이학박사 학위를 받았으며 캘리포니아대학교(버클리)에서 박사 후 과정을 수행하였다. 주로 관심을 많이 가진 연구 분야는 분자유전학, 유전체학, 분자진화학 그리고 집단유전학이다.

7판 옮긴이 머리말

30여 년 전에 앞으로는 바이오가 인류에 큰 영향을 미칠 것이라고 예견한 일이 현실로 일어나고 있습니다. 미래에는 이러한 영향이 점점 더 커져서 인류뿐만 아니라 지구 생태계와 외계의 생명체 추적 및 우주의 공존과 인간 종의 불확실성에 대한 예견에도 바이오 분야가 지대한 공헌할 것으로 생각됩니다. 바이오 분야의 확대 기반에는 유전 현상의 깊은 이해라는 명제가 항상 전제되어 왔고, 유전학은 그러한 생명과학의 핵심 학문으로 발전해 나가고 있습니다. 이 교재를 사용하여 공부하는 모든 분들께 미래 핵심 학문의 중심에 선 것을 축하드립니다.

7판에서는 생명과학의 근본적인 질문인 생명체란 무엇인가와 관련된 합성 세균에 대한 섹션이 추가되었고, 유전 물질의 구체적인 물리화학적 구조가 깊이 있게 다루어졌으며, 개인 의약품 시대를 앞당기게 된 대용량 유전체의 서열분석 방법에 대한 부분과 미래 맞춤 의학/농학의 기초가 될 수 있는 CRISPR/Cas9 유전자 편집에 대한 최신 결과가 업데이트되었습니다. 그럼에도 불구하고 원문의 내용이 올바르게 독자들에게 전달되는가 하는 점은 옮긴이들에게 언제나 큰 관심사입니다. 만약 그런 부분이 있다면 독자 여러분들의 피드백을 잘 살펴서 개선할 수 있도록 하겠습니다.

2020년 3월

함께 옮긴이들

옮긴이 소개

김성룡 (대표역자)
서강대학교 생명과학과 sungkim@sogang.ac.kr

김남우
대구한의대학교 한약개발학과 tree@dhu.ac.kr

김선형
시립대학교 환경원예학과 pgel2006@gmail.com

김 욱
고려대학교 생명공학부 kwook@korea.ac.kr

김현희
삼육대학교 화학생명과학과 kimhh@syu.ac.kr

배영석
경북대학교 생명과학부 ysbae@knu.ac.kr

소문수
세종대학교 바이오융합공학 전공 soh@sejong.ac.kr

유 민
계명대학교 생명과학 전공 ymin@kmu.ac.kr

이동현
전남대학교 생물학과 donghyunlee73@jnu.ac.kr

이정섭
조선대학교 의생명과학과 jsplee@chosun.ac.kr

이준규
서울대학교 생물교육과 joonlee@snu.ac.kr

이형호
부경대학교 생물공학과 hyunghl@pknu.ac.kr

전성호
한림대학교 생명과학과 sjeon@hallym.ac.kr

최인순
신라대학교 생물과학과 ischoi@silla.ac.kr

최철용
성균관대학교 생명과학과 choicy@skku.ac.kr

황승용
한양대학교 분자생명과학과 syhwang@hanyang.ac.kr

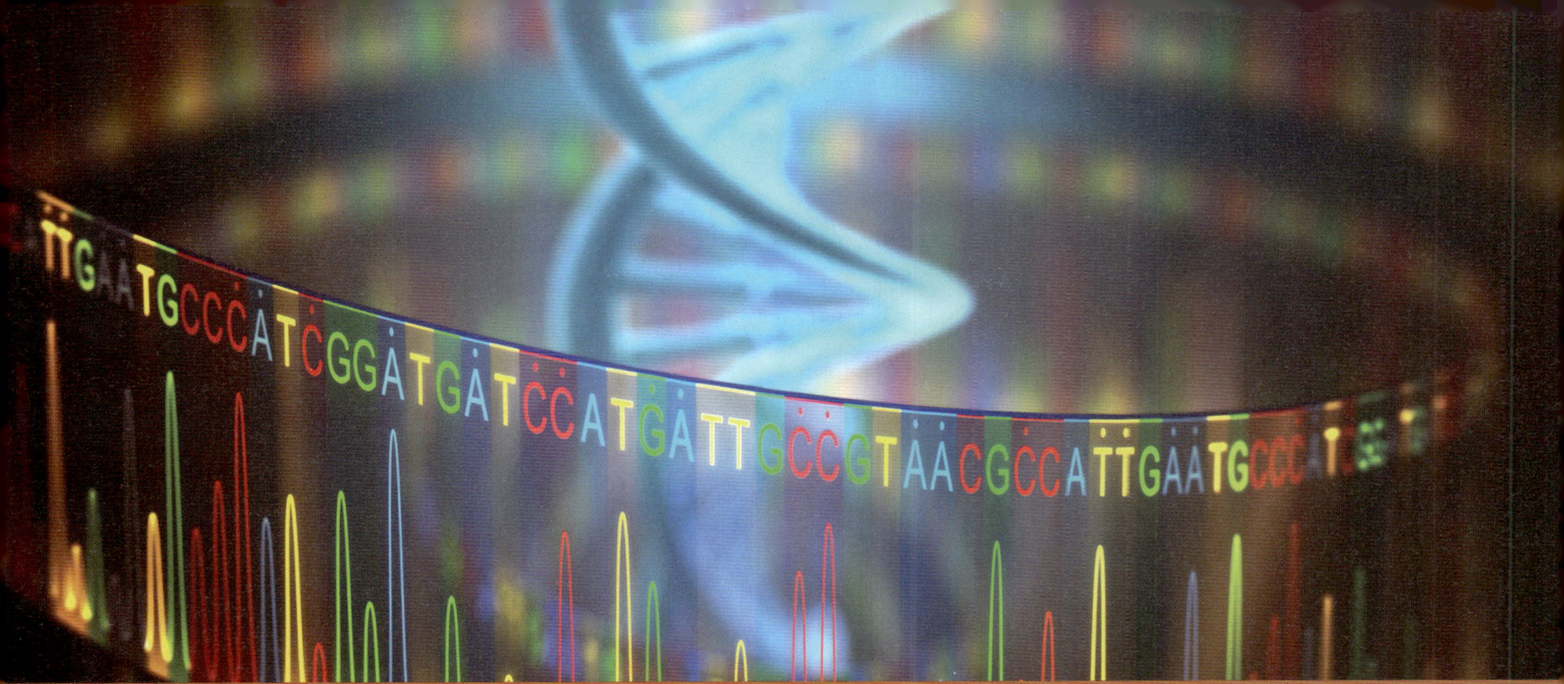

CHAPTER 1

DNA 염기서열의 표현.
© ktsdesign/Shutterstock

유전자와 유전체의 유전 암호

학습 목표

- 유전학 정보가 DNA의 염기서열에 어떻게 저장되는지 이해할 수 있다. 단백질을 암호화하는 DNA의 전사된 가닥의 주어진 염기서열에 대해서, mRNA 및 단백질의 아미노산 서열을 구체화할 수 있을 것이다. 특정 염기쌍이 다른 염기로 대체되는 돌연변이의 경우에, mRNA 및 단백질 서열을 추론할 수 있다.
- 대사경로 서열에서 효소가 작용하는 것을 이해하게 할 수 있다. 필수 영양소에 대한 주어진 선형 대사경로에서, 매개체가 대사경로에서 결함 있는 효소가 돌연변이 개체에서 배양할 수 있는 능력을 복원시킬 수 있다. 반대로, 선형 대사경로에서 중재하는 것을 구체화하기 위해 데이터를 사용하는 것은 생장시키는 돌연변이체의 능력을 복원시킬 수 있는데, 대사경로에서 매개체 및 효소의 순서를 추론할 수 있다.
- 유전자의 상호보완성을 배우는 것은 유전자의 실질적인 운영이다. 생물학적인 과정에 영향을 주는 모든 돌연변이체 염기쌍에서의 상호보완 또는 보완 부족에 대해 주어진 데이터에서, 서로 다른 유전자 각각에 상응하는 돌연변이체를 상호보완적인 집합체로 분류할 수 있을 것이다.

유전학은 의학, 농업, 공중 보건 및 보존생물학의 응용에서부터 세포생물학, 발달, 신경과학 및 진화에 대한 지속적인 연구에 이르기까지 여러 가지 이유들로 인해 연구할 가치가 있다. 유전학은 또한 인간 삶의 위대한 철학적 주제와 개인의 차이점을 다룬다:

> 정자는 빠른 속도로 난자 안으로 침투하며, 곧 바로 장기간의 프로젝트에 착수한다. 정자 세포는 빠른 속도, 군집화, 다양화의 형태로 증식한다. 초기의 무한한 입자는 심장 박동, 손, 손톱, 머리카락, 땀샘 및 스스로 생각하는 힘을 가진 뇌의 형태로 자라게 된다… 그러나 때때로 잘못된 발현을 통해, 6개의 손가락 또는 짧은 한쪽 다리를 갖거나, 아주 간단한 것조차 이해하지 못하는 뇌로 발달하기도 한다.
>
> *From Death in August* by Marco Vichi, translated by Stephen Sartarelli (2011, Pegasus Books, p. 123)

실제로 우리 각자를 인류 구성원으로 만드는 DNA에는 암호화된 정보들을 가지고 있다. 6개의 손가락과 같은 희귀한 사례는 물론, 우리가 매일 보게 되는 머리 색, 눈 색, 피부색, 키, 몸무게 및 성격처럼 서로 다른 특성을 가진다. 이러한 특성 중 일부분은 서로 다른 유전을 가지는 것에서 기인하고, 또 다른 특성은 문화의 차이에서 기인한다. 눈의 색깔은 생물학적 유전에서 비롯되지만, 언어는 문화적 유산에서 비롯된다. 수많은 특성들은 생물학적 유전과 환경적 요인 또는 삶의 습관적 선택에 의해 공통적으로 영향을 받는다. 체중량의 일부분은 유전에 따라 결정되기도 하지만, 음식 섭취량, 영양성분 및 운동 습관에 따라서 결정되기도 한다.

유전학(genetics)이란 생물학적으로 유전되는 형질에 관한 연구 분야이다. 이와 관련된 분야인 **유전체학(genomics)**은 생명체 안에 있는 모든 유전자들을 연구해서, 이것을 통해 생명체의 분자적 구성, 기능, 상호작용 및 진화 역사를 이해하는 것이다. 유전학과 유전체학의 기본 개념은 다음과 같다.

핵심 개념

유전 형질은 생식(reproduction)에 의해 어버이로부터 자손에게 전달되는 유전적 인자에 의해 결정되는데, 그러한 인자를 **유전자(gene)**라고 한다.

유전자의 존재와 한 세대에서 다음 세대로 유전자 전달을 지배하는 법칙이 있다는 사실이 1866년 멘델(Gregor Mendel)에 의해 밝혀졌다. 멘델의 유전법칙은 단지 유전인자가 부모로부터 자손에게 전달된다는 이론적인 법칙("고전"이라고 일컫는다.)에서 이루어졌다. 그의 연구 대상은 콩의 종피색, 완두콩의 신장과 같은 다양한 특징을 가진 완두콩이었다. 분자 과학으로서의 유전학의 기초는 1860년대에 미셔(Friedrich Miescher)가 백혈구의 핵 속에 풍부하게 존재하는, 지금은 **DNA(deoxyribonucleic acid)**라고 부르는 새로운 형태의 약산(weak acid)을 발견하였을 때이다. 여러 해 동안, DNA의 생물학적 기능은 알려지지 않았고, 유전에 있어서의 어떤 역할도 그것에 의해 설명되지 않았다.

이 책에서는 유전자와 게놈에 대한 많은 부분에 대해 언급하고 있다. 또한 유전자를 구성하는 것이 무엇인지, 그리고 그것이 건강과 질병, 생리학과 발달에서 어떻게 작동하는지 알게 될 것이다. 더불어 게놈 구성 방법과 시공간에서 서로 다른 유전자의 활동이 조절되는 방법도 알게 될 것이다. 만약 여러분이 유전학에 대해 전혀 모른다면 학습 속도가 빨라질 것이다. 유전학을 이미 배웠다면 다른 관점에서 볼 수 있게 될 것이다. 많은 세부 사항이 있지만, 그것들에 너무 얽히지 않도록 해야 하며, 여러분이 세부 사항을 알만한 가치가 있는 위대한 주제(출생, 자각, 죽음)를 이해하는 데 유전자가 도움이 된다는 것을 잊어버리지 말아야 한다.

1.1 DNA는 유전 분자이다

유전에 있어서 세포에 존재하는 핵의 중요성은, 1870년대에 생식세포의 암컷 핵과 수컷 핵이 수정시에 서로 융합된다는 현상이 관찰된 이후 명백히 밝혀졌다. 그 다음의 주요한 발전은 **염색체(chromosome)**의 발견이었다. 염색체는 핵의 내부에 실처럼 존재하는 물질인데, 특정 시약으로 염색할 경우에 광학현미경에서 쉽게 관찰되었다. 염색체는 세포 분열시 2개의 딸 세포에 어미세포의 성분만큼 똑같이 나누어져 들어가는 "분산"적 행동을 하는 특징을 가지고 있다. 염색체의 또 다른 중요성은 각각의 생물 종에 따라서 그 수가 다르게 존재한다는 점이며, 같은 종의 세포에서는 그 수가 항상 일정하다는 것이다. 염색체의 이와 같은 특징은 1900년대에 잘 알려지게 되었으며, 이때부터 염색체가 유전자를 보유하고 있을 것이라 생각하게 되었다.

1920년대에 들어서 염색체와 DNA 사이의 밀접한 관련성에 대한 간접적인 증거가 도출되었다. 특수한 시약을 사용하여 세포를 염색한 후 현미경으로 관찰한 결과 DNA가 염색체에 존재한다는 사실이 밝혀진 것이다. 물론, 염색체에는 DNA 이외에 다양한 단백질도 존재한다. 고등생물의 세포에 존재하는 대부분의 DNA는 염색체에 존재하고 또한 그 양도 일정한 데 반해 단백질과 다른 거대분자들의 종류와 양은 그 생물의 세포 형태에 따라 매우 다양하다. DNA가 유전물질일 것이라는 증거는 이때까지도 확실하지 않았는데, 그 이유는 단순한 화학적 분석 결과(이것이 잘못된 판단이었음이 밝혀졌지만), DNA가 유전물질로서 화학적 다양성이 떨어진다는 점이었다. 유전물질로서 가장 각광을 받았던 후보가 단백질이었는데, 그 이유는 단백질이 다양한 분자를 충분히 만들어 낼 수 있다는 점 때문이었다. 이에 따라 단백질은 유전물질로서 폭넓게 받아들여졌고, DNA는 단순히 염색체의 뼈대를 구성하는 역할을 하는 것으로만 여겨졌다. DNA가 유전물질임을 증명하려는 연구자는 2가지의 큰 약점을 안고 있었다. 즉, DNA가 유전물질임을 증명해야 했고, 이와 더불어 단백질은 유전물질이 아니라는 것도 증명해야 했다. 이 절에서는 DNA가 유전에 결정적으로 관여하고 있음을 증명한 실험을 소개한다.

순수한 DNA를 처리하면 유전형질이 바뀔 수 있다

포유류에서 폐렴을 유발하는 세균 중의 하나인 **폐렴쌍구균**(*Streptococcus pneumoniae*)은 다당류(탄수화물 복합체)로 구성된 끈적끈적한 협막(capsule)을 합성한다. 이 협막은 세균을 둘러싸고 있어서 세균이 동물에 침투할 경우, 세균 감염에 대한 동물의 방어기구로부터 세균 자신을 보호하는 역할을 한다. 그래서 이 세균이 감염되면 동물에서 질병을 유발하게 된다. 세균은 한천이 섞인 고화배지에서 자랄 경우 반복적인 세포 분열의 결과로 배지 상에 육안으로 관찰 가능한 덩어리를 형성하는데, 이를 **콜로니(colony)**라 한다. 세균을 싸고 있는 협막은 콜로니의 크기를 크게 하고, 그 모양을 번쩍거리거나 매끈하게(smooth: S) 해준다. 그러나 폐렴쌍구균의 어떤 균주는 다당류로 된 협막을 합성하지 못하게 되어 콜로니의 크기가 작고, 거친(rough: R) 모양이 된다(**그림 1.1**). R 균주는 협막이 없어서 폐렴을 일으키지 않고 숙주 세포의 면역체계에 의하여 불활성화된다. 2가지 형태의 세균은 각각 세포 분열에 의하여 정상적으로 어버이와 같은 형의 자손을, 즉 S형은 S형 자손을 그리고 R형은 R형 자손을 각각 생산한다.

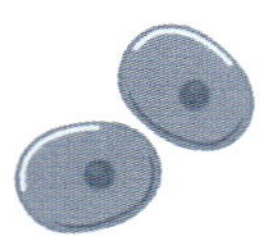

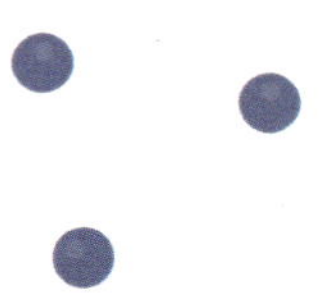

생쥐에게 살아 있는 R형의 세균 혹은 열처리하여 죽은 S형의 세균을 주사하면 그 생쥐는 건강하게 살아남는다. 그러나 1928년 그리피스(Frederick Griffith)는 살아 있는 R형 세균과 열처리하여 죽은 S형 세균을 혼합하여 주사할 경우, 생쥐는 폐렴에 걸려 치사하게 됨을 보여주었다(**그림 1.2**). 그는 죽은 생쥐의 혈액으로부터 살아 있는 S형의 세균을 분리하여 배양할 수 있었다. 분리된 S형의 세균은 주사 시에 열처리로 죽인 세균이었음에도 불구하고 정상적인 협막을 가지는 전형적인 S형의 세균과 같았다. 이 결과는 생쥐 주사액 속에는 열처리로 죽은 S형 세균으로부터 나온 어떤 물질이 존재하였고, 이 물질이 R형 세균으로 들어가서 R형 세균으로 하여금 생쥐의 면역체계에 저항하고, 생쥐 체내에서 세포 분열을 거듭함으로써 생쥐에서 폐렴을 유발하였음을 확실히 보여주었다. 다시 말해서, R형 세균이 S형 세균으로 바뀌는 **형질전환(transformation)**이 일어났고, 이러한 새로운 특징은 형질전환된 세균의 후손들에게 유전되었다.

그리피스의 폐렴균을 이용한 형질전환 실험은 그것으로 끝난 것이 아니었다. 1944년에 R형 세균을 S형 세균으로 바뀌게 하는 화학물질이 DNA임이 밝혀졌다. 에이버리(Oswald Avery), 맥리오드(Colin MacLeod) 및 매카티(Maclyn McCarty)의 획기적인 실험결과로서 R형 세균을 S형 세균으로 형질전환시킨 물질이 DNA임을 증명한 것이다. 이들은 실험을 준비하면서 세균으로부터 순수하게 DNA만을 분리하는 방법을 고안해야만 했는데, 사실 DNA 분리는 그 이전에는 누구도 해보지 못한 일이었다. 이들은 S형 세균으로부터 순수분리한 DNA를 배양 중인 R형 세균에 첨가해 줄 경우, 그 배양액으로부터 약간의 새로운 S형 세균이 생성됨을 관찰하였다. 비록 분리한 DNA에 미량의 단백질이나 RNA(ribonucleic acid, 화학적으로 DNA와 관련이 있는

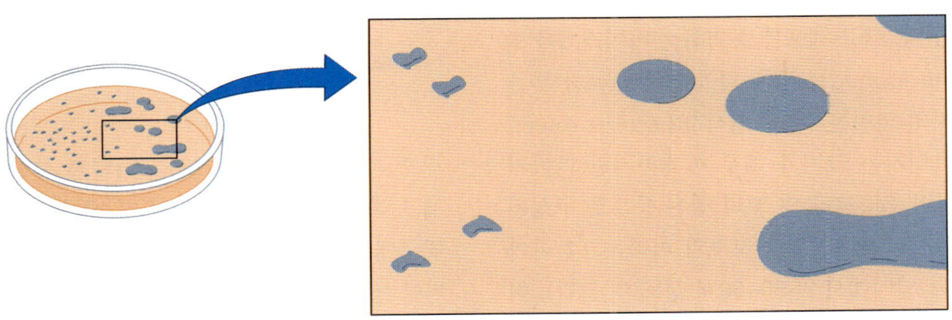

그림 1.1 폐렴쌍구균(*Streptococcus pneumoniae*)의 콜로니. 왼쪽에 있는 작은 콜로니들은 거친(R) 균주이고, 오른쪽의 큰 콜로니들은 매끈한(S) 균주이다. S형 콜로니는 S형 세포의 협막 때문에 크기가 크다.

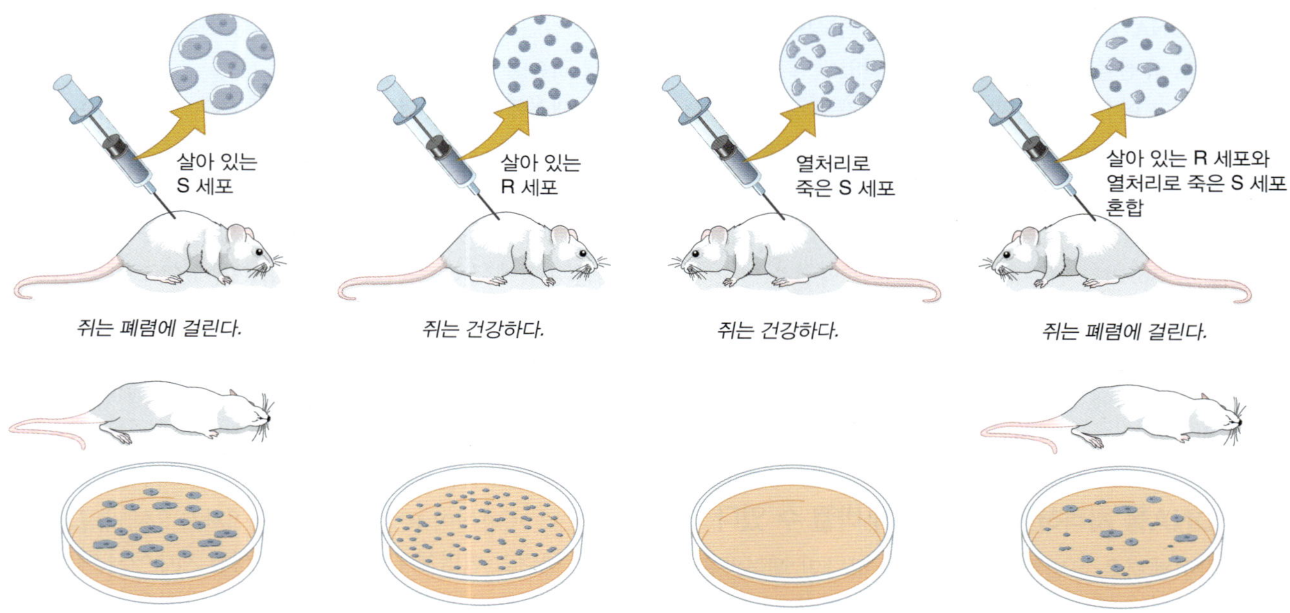

그림 1.2 세균의 형질전환을 나타내는 그리피스의 실험. 비병원성을 나타내는 폐렴쌍구균의 R형 균주 혹은 병원성을 나타내는 S형 균주를 열처리하여 파괴된 세포 추출액을 각각 쥐에 주사하면 쥐는 모두 건강하게 살아남는다. R 세포는 열처리하여 죽은 S 세포와 같이 있으면 병원성 세균으로 형질전환이 되어 쥐에서 폐렴을 유발한다.

거대분자로서 세포 내에 풍부하게 존재함)가 섞여 있긴 하였지만, 단백질이나 RNA를 분해하는 전처리를 한 이후에도 형질전환 활성은 변하지 않았다. 그러나 DNA를 분해하는 전처리를 한 이후에는 형질전환 활성이 제거되었다(**그림 1.3**). 이러한 실험결과는 유전적 형질전환에 관여하는 물질은 DNA임을 시사하는 것이며, 이는 곧 DNA가 유전물질임을 의미한다.

DNA의 전달은 세대와 세대의 연결이다

1952년 허쉬(Alfred Hershey)와 체이스(Martha Chase)에 의해 두 번째 획기적인 발견이 보고되었다. 그들은 T2 바이러스를 장내 세균인 대장균(*Escherichia coli*)에 감염시키는 연구를 수행하였다. 세균 세포를 공격하는 바이러스를 **박테리오파아지(bacteriophage)** 혹은 **파아지(phage)**라 부른다[박테리오파아지의 의미는 "세균 섭식자(bacteria eater)"이다]. T2 파아지 입자는 크기가 매우 미세하지만 파아지 DNA를 가지는 머리, 깃, 꼬리 및 꼬리 섬유 등으로 구성된 복합체 구조를 이루고 있다. (사람 정자의 머리는 T2 파아지 머리보다 길이나 넓이에서 약 30~50배 정도 더 크다). 허쉬와 체이스는 이때 이미 다음의 사실을 잘 알고 있었다. 즉, T2 파아지가 대장균에 침입할 때에는 파아지의 꼬리 끝 부분이 세균의 세포벽에 부착하여 파아지가 가진 물질을 세균 세포 속으로 집어넣게 되고, 이렇게 삽입된 파아지 물질이 세포 속에서 수백 개 이상의 자손 파아지를 생성하게 되며, 결국에는 숙주 세균을 터뜨려서(용균; lysis) 자손 파아지 입자를 방출하게 된다는 것이다. 그들은 또한 T2 파아지 입자가 DNA와 단백질이 비슷한 양으로 구성되어 있다는 사실도 알고 있었다.

나비 날개의 복잡한 색상 패턴은 발달 과정에서 진화할 수 있는 복잡성을 보여준다.

DNA는 인(phosphorus)을 함유하고 있으나 황(sulfur)

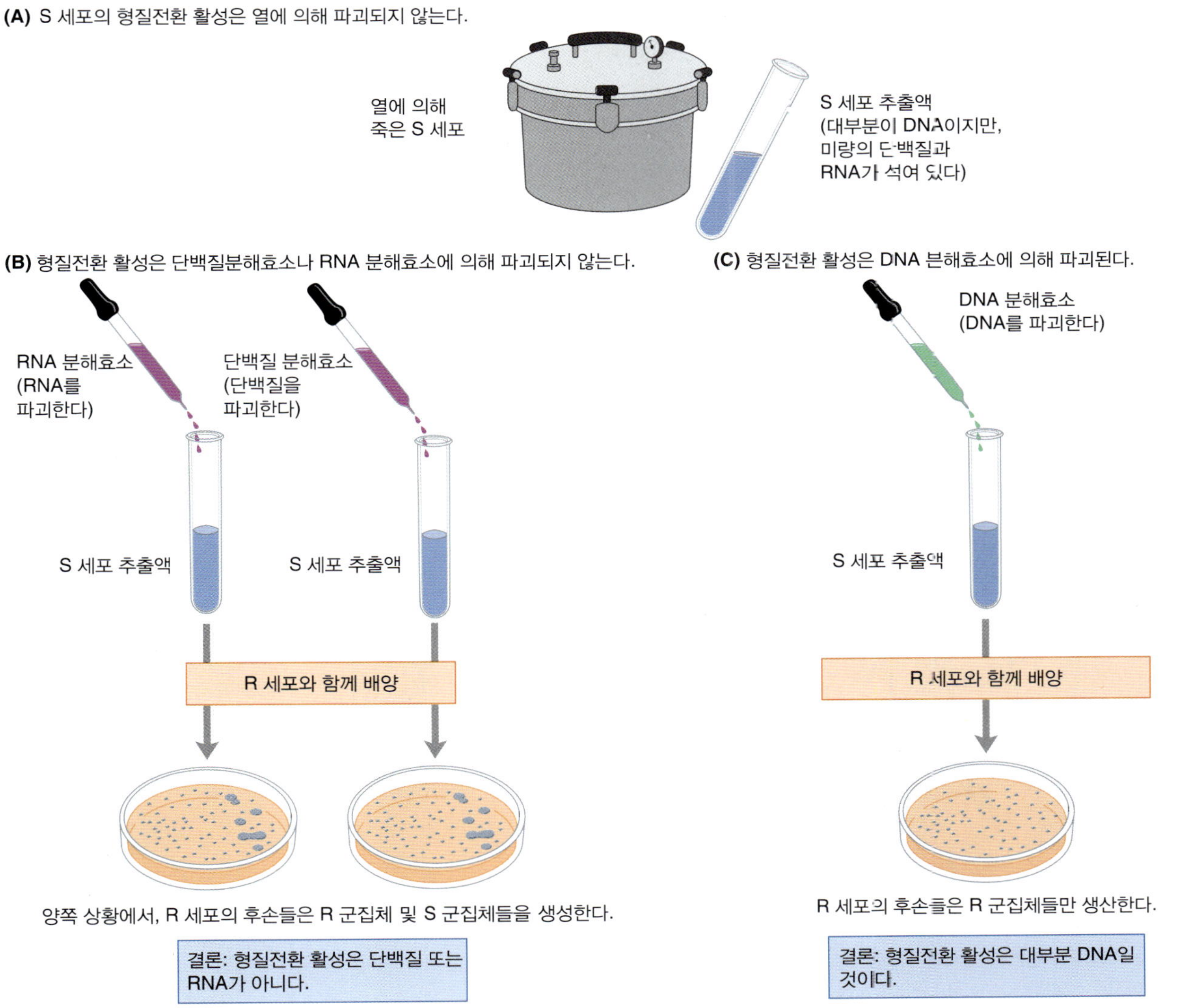

그림 1.3 세균의 형질전환에서 DNA가 활성물질임을 제시하는 실험. (A) 열처리로 죽은 S 세포에서 순수분리한 DNA는 살아 있는 일부의 R 세포를 S 세포로 전환시킨다. 그러나 정제된 DNA 용액에는 미량의 단백질과 RNA가 존재한다. (B) 형질전환 활성은 단백질분해효소나 RNA 분해효소에 의해 파괴되지 않는다. (C) 형질전환 활성은 DNA 분해효소에 의해 파괴되므로 형질전환 활성은 DNA로 구성되어 있다고 볼 수 있다.

을 포함하지 않고, 대부분의 단백질은 황을 포함하고 있으나 인을 가지지 않기 때문에, 이들 두 원소의 방사성 동위원소를 사용하여 DNA와 단백질을 각각 따로 표지할 수 있다. 허쉬와 체이스는 ^{32}P(인의 방사성 동위원소)를 함유하는 배지에 T2 파아지에 감염된 대장균을 수 세대 배양하여 방사성 동위원소로 표지된 DNA를 가지는 파아지를 생산할 수 있었다. 그런 다음, 자손 파아지를 분리하였다. 이들은 ^{35}S(황의 방사성 동위원소)가 함유된 배지를 사용하여 똑같은 방법으로 방사성 동위원소로 표지된 단백질을 가지는 파아지 입자를 분리하였다.

이들의 실험은 **그림 1.4**에 요약되어 있는데, 위에서 분리한 각각의 방사성 동위원소를 가지는 자손 파아지 입자를 비방사성인 대장균 세포에 독립적으로 감염시켰다(그림 1.4에서 (A) 부분은 ^{32}P이고, (B) 부분은 ^{35}S로 표지된 파아지 입자이다). 원심분리하여 대장균에 부착하지 않은 파아지 입자를 제거하고 파아지가 부착된 대장균을 신선한 배지에 현탁하였다. 그 다음 이 현탁액을 혼합기(blender)로 격렬하게 흔들어서 대장균 표면에 붙어 있는 파아지 입자를 모두 제거하였다. 이러한 물리적 처리가 파아지 감염 과정에는 아무런 영향을 미치지 않는 것으로 나타났는데, 이는 곧 파아지 입자가 세균에 부착되자마자 곧 바로 숙주 세포로 유전물질이 들어가게 됨을 의미한다. 이 실험에서 혼합기는 매우 유효한 장비로 판명이 되었는데, 후에 세균 표면에 붙은 파아지 입자를 떼어 내는 데는 다른 어떠한 방법도 이 만큼 효과적이

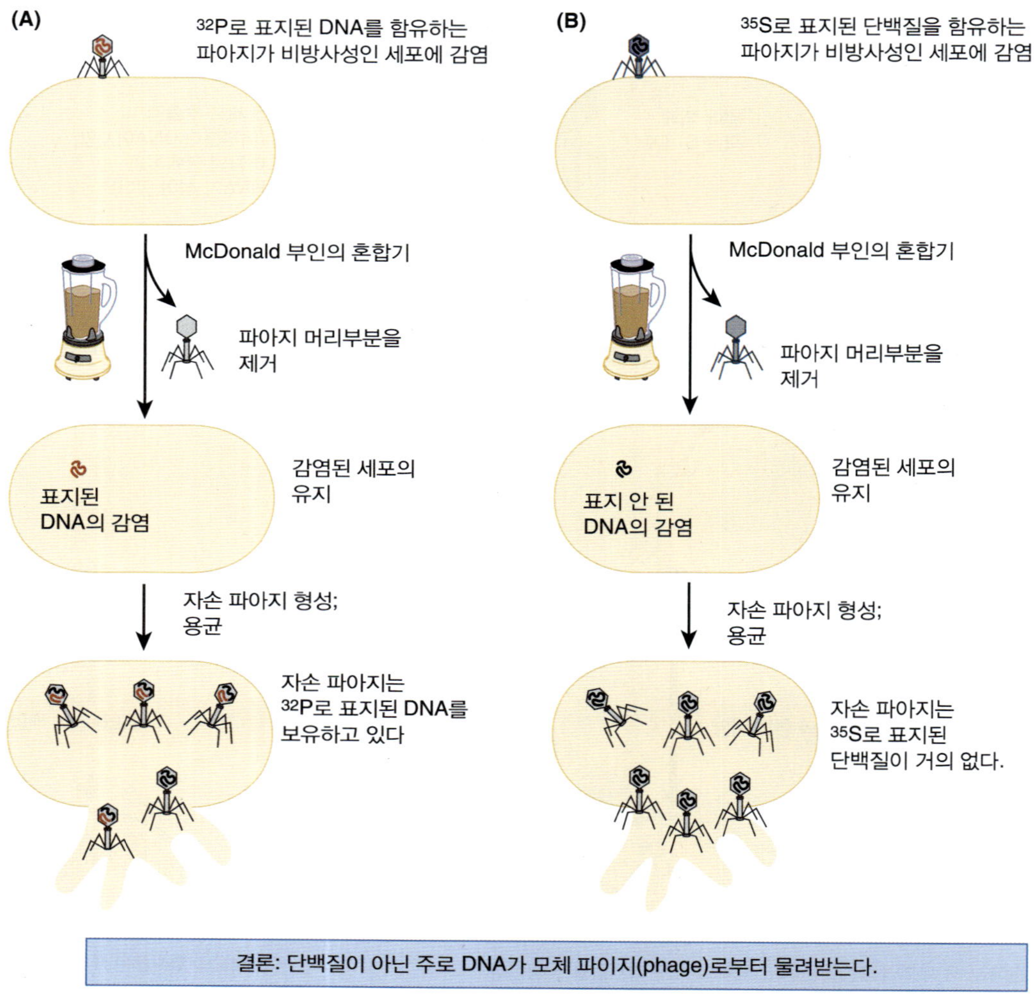

그림 1.4 대장균에 감염된 T2 파아지의 증식을 지시하는 물질은 단백질이 아닌 DNA임을 증명한 허쉬–체이스의 "혼합기" 실험. (A) 충분한 양의 방사성 DNA가 자손 파아지로 전달되었다. (B) 극미량의 방사성 단백질만이 자손 파아지로 전달되었다.

지 않았다. 허쉬는 후일 "우리는 다양한 종류의 분쇄기를 사용하였으나 그 결과는 늘 실망적이었다. 맥도널드(Margaret McDonald) 부인이 그녀의 부엌에서 쓰는 혼합기를 빌려주었을 때, 실험은 곧 바로 성공하였다."고 설명하였다.

혼합기를 사용하여 파아지의 머리를 제거한 후 감염된 세균을 조사하였다. 방사능 활성은 대부분 ^{32}P로 표지된 파아지가 감염된 세균에서 검출되었으나 ^{35}S를 표지한 파아지로 감염된 세균에서는 거의 나타나지 않았다. 즉, 방사성물질로 표지된 DNA는 모두 회수할 수 있었으나 이에 비하여 방사성물질로 표지된 단백질은 거의 회수가 불가능하였다는 사실은 T2 파아지가 감염된 숙주 세포에 그 DNA는 전달하였으나 단백질은 전달하지 않았음을 의미한다. 여기서 중요한 것은(그림 1.4), 자손 파아지로 유전된 물질로서 ^{32}P로 표지된 DNA가 50% 그리고 ^{35}S로 표지된 단백질이 1%로 나타났다는 점이다. 여기서 허쉬와 체이스는 T2 파아지의 유전물질은 DNA라고 결론지었다.

형질전환 실험과 허쉬-체이스의 실험은 유전자가 DNA로 구성되어 있다는 주장에 있어서 고전으로 평가된다. 현재에는 배양 중인 세균, 효모, 동물세포 및 식물세포를 이용하여 형질전환 실험과 유사한 실험이 전 세계적으로 많은 실험실에서 거의 매일 수행되고 있다. 이러한 실험들은 T2 파아지에서처럼 생명체에서의 유전물질은 DNA임을 말해 주는 것이다.

핵심 개념

세포로 구성된 모든 개체의 유전물질은 예외 없이 DNA이다.

그러나 몇몇의 바이러스에서는 유전물질이 또 다른 형태의 핵산인 RNA라는 사실에 주목할 필요가 있다.

잠깐 생각해 봅시다 1.1

Hershey–Chase 실험의 이 다이어그램에서 G_0는 방사성 DNA를 가진 원래의 박테리오파아지 집단을 나타낸다. 자손 박테리오파아지(G_1)는 G_0 박테리오파아지가 그랬듯이 DNA에서 절반의 방사능을 보였다.

(a) G_1박테리오파아지가 박테리아를 감염시키는 데 사용된 경우, 본래 G_0 방사능의 어느 부분이 자손(G_2 박테리오파아지)에 존재하는가?
(b) 각 감염주기 후, 자손 박테리오파아지가 다음 감염주기를 개시하기 위해 사용된다고 가정하자. G_5 박테리오파아지에는 원래 G_0 방사능의 몇 감수 분율이 존재하는가?

1.2 DNA는 두 가닥이 서로 감겨 있는 이중나선 구조이다

비록 유전자는 DNA로 구성되어 있다는 사실이 밝혀지긴 했지만 이후에도 수많은 의문들이 남아 있었다. 세포가 분열할 때 유전자가 어떻게 두 배로 되는가? 유전자를 구성하는 DNA가 어떻게 유전형질을 조절하는가? 한 유전자에서 돌연변이(DNA의 변화)가 일어나면 DNA에는 구체적으로 어떤 일이 일어나는가? 이 질문에 대한 해답의 중요한 실마리는 DNA 분자 자체의 3차원적 구조에 대한 발견에서 나오게 되었다. 이 구조에 대해 알아보자.

두 가닥 DNA의 주된 특징은 상보적 염기쌍의 형성이다

1950년대 초에 수많은 연구자들이 위의 궁금증을 풀어 줄 수 있는 방법으로 DNA의 자세한 분자 구조를 알아내고자 하였다. 1953년 케임브리지 대학의 왓슨(James Watson)과 크릭(Francis Crick)이 처음으로 DNA 분자의 정확한 3차원적인 구조를 제시하였다. 그 구조는 DNA가 스스로 어떻게 복제하는지, 유전형질을 어떻게 조절하는지, 그리고 어떻게 돌연변이가 일어나는지를 설명하는 데 있어서 매우 논리정연하고 획기적인 내용이었다. 비록 양철판과 철사로 만든 DNA의 분자 모델이 완전하진 않았지만, 크릭은 그가 자주 가던 선술집에서 이렇게 외쳤다. “우리는 생명의 비밀을 밝혀냈다(We have discovered the secret of life)”.

왓슨–크릭 구조에서 보면, DNA는 2개의 긴 사슬이 서로서로 꼬여서 이중나선을 형성하고 있다. 이중나선은 우선성(right-handed)인데, 이는 하나의 원통을 바라볼 때 각각의 DNA 사슬이 시계 방향으로 진행되어 나가는 형태이다. 그림 1.5의 (A) 부분에서 우선성 꼬임을 볼 수 있는데, 우선성 구조는 이 구조 속의 바닥에 들어가서 위를 쳐다본다고 가정해 보자. 큰 공과 작은 공 중에서 작은 공으로 보이는 것이 각 사슬의 “뼈대”를 형성하고 있는데, 이들이 시계 방향으로 꼬여 나가고 있다. 각 가닥을 구성하는 소단위는 **뉴클레오티드(nucleotide)**인데, 이들 하나하나는 **염기(base)**라고 부르는 4개의 화학적 구성요소 중 하나를 포함한다. DNA에 존재하는 4개의 염기는 다음과 같다.

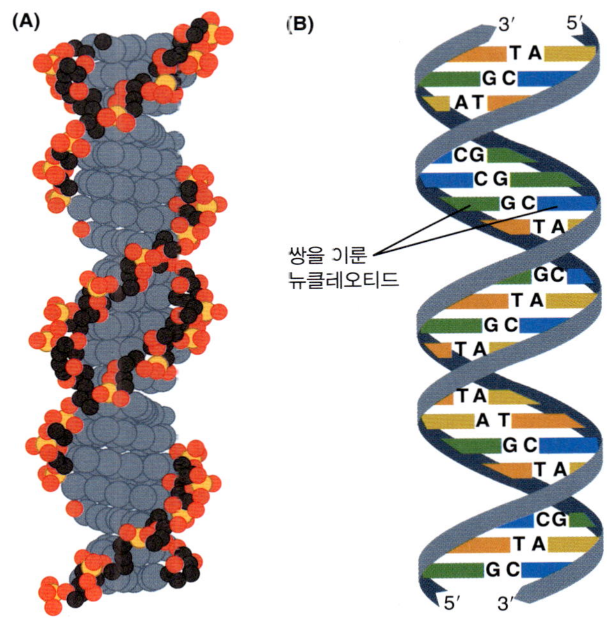

그림 1.5 DNA 이중나선의 분자 구조. (A) “공간 충진” 모델, 여기서 각 원자는 둥근 공 모양으로 표시하였다. (B) 분자의 바깥쪽에 위치하는 나선의 뼈대와 안쪽의 중첩된 A—T 및 G—C 염기쌍에 초점을 맞춘 그림이다.

아데닌(A, adenine) 구아닌(G, guanine)
티민(T, thymine) 시토신(C, cytosine)

여기서는 뉴클레오티드와 염기의 화학적 구조를 다루지 않는다. 지금 우리가 알아야 할 중요한 목표 중 하나는 이중나선에 있는 염기들이 그림 1.5B와 같이 짝을 짓고 있다는 점이다. 다시 말해,

핵심 개념

짝을 이루고 있는 DNA 분자 각 가닥의 어느 위치에서나 한쪽 가닥의 염기가 A이면 반대편 가닥의 염기는 T이고, 또 한쪽 가닥의 염기가 G이면 그 반대편 가닥의 염기는 C이다.

A와 T 사이 그리고 G와 C 사이에 형성된 염기쌍을 **상보적 염기쌍(complementary base pairing)**이라 한다. 즉, A의 상보적 쌍은 T이고, G의 상보적 쌍은 C이다. 두 가닥 분자에서의 상보적 쌍은 DNA의 한쪽 가닥에 순서대로 존재하는 염기들이 다른 쪽 가닥에 존재하는 염기들과 서로 맞붙어 있다는 것을 의미한다. 더구나,

핵심 개념

한쪽 가닥에 존재하는 염기들의 배열 순서에는 아무런 제한이 없기 때문에 그 가닥에는 어떠한 염기배열도 가능하게 된다.

이 원리는 DNA에서 겨우 4개 밖에 되지 않는 염기가 하나의 생명체를 형성하는 데 필요한 거대한 양의 정보를 어떻게 암호화하는지를 설명한다. DNA에 존재하는 **염기서열**(*sequence*)의 순서가 유전 정보를 암호화하고 또 이 순서에는 어떠한 제한도 없다.

상보적 염기쌍을 **왓슨–크릭 염기쌍**(*Watson–Crick base pairing*)이라고도 한다. 3차원적 구조(그림 1.5A)에서 염기쌍은 이중나선의 내부에 채워져 있는 큰 공을 나타낸다. 염기쌍은 이중나선의 긴축을 따라서 수직으로 차곡차곡 쌓여진 평면의 모양을 하고 있는데, 엽전 꾸러미의 모양과 같다. 생물학자들은 DNA 구조를 논할 때 두 가닥 중 하나하나의 가닥을 **단일가닥 DNA(single-stranded DNA)** 그리고 이중나선을 **이중가닥 DNA(double-stranded DNA 또는 duplex DNA)**라고 한다.

각각의 DNA 가닥은 **극성(polarity)** 또는 방향성을 가지고 있는데, 이는 곡예단에서 많은 코끼리들을 몸통과 꼬리를 사슬로 서로 연결해 놓은 것과 같은 것이다. 이 비유에서 각각의 코끼리는 DNA 가닥을 따라 존재하는 뉴클레오티드가 된다. 극성은 뉴클레오티드가 향하는 방향을 결정한다. 가닥의 "몸통" 쪽에 해당하는 말단은 5′말단이고, "꼬리" 쪽에 해당하는 말단이 3′말단이 된다. 두 가닥 DNA에서 쌍을 이룬 개개의 가닥은 서로 반대 방향으로 향한다. 즉, 한 가닥의 5′말단은 반대편 가닥의 3′말단과 나란히 존재한다. 서로 반대 방향으로 향하는 두 가닥을 **역평행(antiparallel)**이라 한다. 우리는 DNA 분자를 설명하는 그림에 뼈대가 되는 가닥을 화살표 모양의 리본으로 나타내고, 또 가닥 속의 뉴클레오티드는 리본에 톡톡 튀어나온 끈으로 나타낸다. DNA의 극성은 리본에 화살표로 표시하는데, 여기서 화살표의 꼬리는 5′말단이 되고, 머리는 3′말단이 된다.

DNA의 구조에 대한 정보는 DNA의 기능을 해석하는 데 실마리를 제공하였다. 즉,

1. DNA의 염기서열은 각각의 분리된 "파트너" 가닥을 이용해서 복제될 수 있다는 점인데, 이는 각각의 가닥에 상보적 염기서열로 새로운 파트너 가닥이 만들어질 수 있다는 것이다.
2. DNA는 염기서열 중에 유전 정보를 암호화할 수 있다는 점인데, 이는 긴 두루마리 용지에 인쇄된 문자에 비유될 수 있다.
3. 유전 정보의 변화(돌연변이)는 DNA의 염기서열이 잘못 복제되어 일어날 수 있다는 점이다.

이 장의 뒷부분에서 이러한 실마리에 대하여 설명할 것이다.

복제 시에는 각각의 어버이 가닥 DNA가 새로운 파트너 가닥의 합성을 지시한다

왓슨과 크릭은 DNA 구조에 관한 첫 논문에서 "우리가 제시한 특이적 염기쌍 구조가 곧 바로 유전물질의 복제 기작을 설명할 수 있다는 사실을 눈치 챌 수 있었다."고 말함으로써 그들의 천재성을 드러내었다. 하나의 DNA 분자가 똑같은 2개의 DNA 분자로 복사되는 과정을 **복제(replication)**라 한다. 왓슨과 크릭이 생각한 복제 기작은 **그림 1.6**에 나와 있다. 원래 가닥(어버이 가닥)은 두 가닥으로 분리되는데, 이때 분리된 두 가닥의 각각을 틀 혹은 **주형(template)**이라 하며, 이들은 새로운 가닥(복사체)의 합성에 사용된다. 복사체 가닥은 연속적인 뉴클레오티드의 첨가에 의해 합성된다. 즉, 복사체의 각 염기는 반대편에 위치하는 주형이 되는 가닥의 염기에 상보적 염기(왓슨–크릭 염기쌍)를 가진 뉴클레오티드가 첨가된다. 비록 그림 1.6에 나와 있는 기작이 원칙적으로는 단순하지만, 기하학적인 문제를 동반하는 매우 복잡한 과

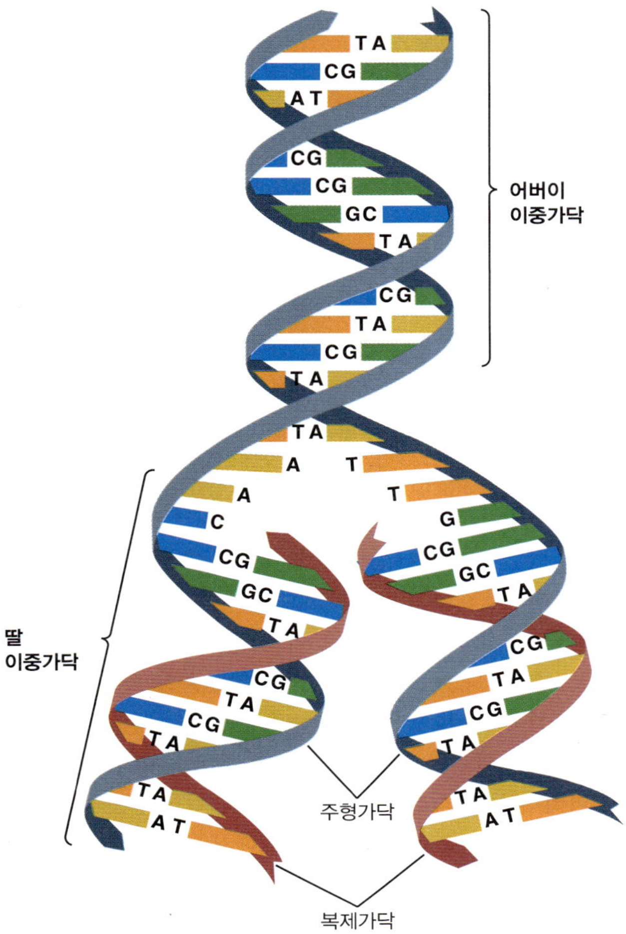

그림 1.6 왓슨과 크릭이 처음으로 제시한 기다란 이중가닥 DNA의 복제모델. 두 가닥의 어버이 가닥이 분리되고 난 후 각 어버이 가닥은 새로이 합성되는 딸 가닥의 주형으로 작용한다. 이때 A—T 및 G—C의 염기쌍이 형성된다.

정이며, 또한 다양한 효소와 단백질을 필요로 하는 과정이다. 복제의 마지막 결과는 하나의 두 가닥 분자가 똑같은 배열을 가지는 2개의 복사물로 된다.

5′-ATGCCGTA-3′
3′-TACGGCAT-5′

5′-ATGCCGTA-3′　　5′-ATGCCGTA-3′
3′-TACGGCAT-5′　　3′-TACGGCAT-5′

즉, 여기에서 새로이 합성된 가닥의 염기는 붉은색으로 표시하였다. 왼쪽에 있는 두 가닥에서는 위쪽 가닥은 어버이 분자의 주형이고 아래쪽 가닥은 새로이 합성된 가닥이다. 오른쪽에 있는 두 가닥 중에는 아래쪽이 어버이 분자의 가닥이고 위쪽이 새로이 합성된 가닥이다.

1.3 유전자는 단백질의 활성을 통하여 생명체에 영향을 준다

분자유전학에 있어서 중요한 원리 중의 하나는 유전자가 개체에 간접적으로 그 효과를 나타낸다는 것이다. 대부분의 유전자가 가지는 유전 정보는 특정한 형태의 단백질을 지정하는 뉴클레오티드 배열로 되어 있다. 단백질은 세포 속에서 **물질대사(metabolism)**라고 알려진 화학작용과 물리작용을 조절한다. 세포 속에 존재하는 많은 단백질은 **효소(enzyme)**인데, 이 용어는 1878년에 생화학적 반응을 촉진시켜 주는 생물학적 촉매라는 의미로 도입되었다. 효소는 유기분자의 분해에 반드시 필요한 것으로 세포 활성을 위해 필요한 화학에너지를 생산한다. 또한 효소는 다수의 저분자를 하나의 거대분자로 만들거나 혹은 복잡한 세포구조물로 중합시키는 데도 반드시 필요하다.

비록 1940년대까지는 유전자와 단백질의 기본적인 연관관계가 폭넓게 이해되지 않았지만, 그 연관관계의 첫 증거는 사실 훨씬 빨리 나왔다. 영국의 내과 의사인 개로드(Archibald Garrod)는 유전적 대사이상에 의한 유전질병을 연구하였는데, 이 과정에서 매우 획기적인 사실을 관찰하였다. 그는 유전적 대사이상이 유전적 효소 이상에 의한 것이라고 결론을 지었다. 개로드가 관찰한 후 내린 결론에 대한 내용을 다음 절에 요약하였다.

효소결핍은 선천성 대사이상을 유발한다

1908년 개로드는 효소와 질병의 관련성에 대한 기본적인 가설에 대해 많은 강연을 개최하였는데, 아래와 같이 요약된다.

핵심 개념

세포에서의 물질대사가 비정상적으로 일어나는 유전병은 효소의 유전적 이상에 의해 야기된다.

이러한 질병을 우리는 현재에도 **선천성 대사이상(inborn errors of metabolism)**이라 부른다.

개로드는 환자의 오줌에 비정상적인 물질이 섞여 나오는 선천성 대사이상에 대한 많은 연구를 수행하였다. 그중 하나는 **호모겐틴산(homogentisic acid)**을 분비하는 **알캅톤뇨증(alkaptonuria)**이다.

잠깐 생각해 봅시다 1.2

아래와 같이 복제되는 DNA 이중체에서 하나의 가닥으로 염기서열의 일부가 도시화되어 있다.

5′-TAGCAAAAATAGC-3′

딸세포 가닥의 기본 시퀀스는 무엇인가?

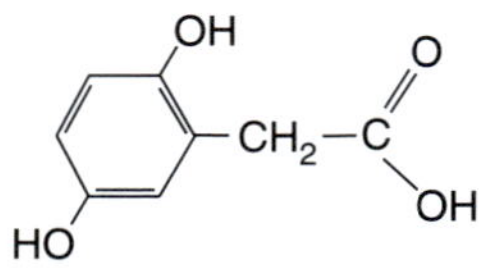

위 그림은 호모겐틴산의 전형적인 화학구조로, 6각형의 고리에서 각 꼭지점은 탄소 원자이고 여기에 수소 원자가 하나씩 붙어 있지만 생략하였다. 6탄소 고리를 페닐 고리(*phenyl ring*)라 한다. 호모겐틴산의 옛 이름이 **알캅톤**(*alkapton*)이었기에, **알캅톤뇨증**(*alkaptonuria*)이라 명명한 것이다. 알캅톤뇨증은 약 20만 명 중에 한 명 꼴로 걸리는 희귀한 질병인데, 개로드의 연구 이전에도 이러한 질병이 존재하고 있음이 알려져 있었다. 이 질병 자체는 큰 병은 아니나 아주 뚜렷한 증후군을 가지고 있다. 즉, 환자의 오줌이 배설되면 호모겐틴산이 산화되어 검은색으로 변한다(그림 1.7). 바로 이점 때문에 알갑톤뇨증을 **흑뇨증**(*black urine disease*)이라고도 한다. 흑뇨증은 오줌을 누면 쉽게 눈치 챌 수 있다. 1649년에 이러한 보고가 있다. 즉,

> 검은 오줌을 누는 14살 된 소년환자가 있었다. 검은 오줌은 소년의 몸에서 나는 열로 인해 쓸개즙이 검게 타버렸다고 판단되었다. 이의 치료를 위하여 소년의 오장육부에서 발산하는 불타는 듯한 열을 내리기 위해 강렬한 치료 과정에 들어갔다. 환자의 처방 중에는 채혈, 관장, 목욕, 차가운 음료수 및 엄청난 양의 약제들이 있었다. 이러한 처방은 아무런 효과도 없었고 환자는 쓸데없는 치료 때문에 결국 탈진하게 되었다. 그 소년은 자연적으로 치유되길 기다릴 수 밖에 없었다. 이후에도 소년에게는 오줌이 검다는 사실 이외에 아무런 나쁜 일이 일어나지 않았다. 결혼을 한 후 대가족을 거느리게 되었으며 오랫동안 건강하게 살았는데, 그의 오줌은 늘 잉크 같은 검은색이었다.
>
> (1908년 개로드로부터 인용)

그림 1.7 오줌 속에 들어 있는 호모겐틴산의 산화로 인해 검은색으로 변해버린 알캅톤뇨증 환자의 오줌.

Courtesy of Daniel De Aguiar.

개로드는 원래 알캅톤뇨증의 생화학에 관심이 많았으며, 후일 유전자에 이상이 생긴다면 그 질병은 유전될 것이라는 점 때문에 가계 연구에도 주목하게 되었다. 그는 생화학적 원리에 근거를 두고서, 알갑톤뇨증이 일어나는 원인이 환자가 호모겐틴산에 존재하는 6탄소로 된 페닐 고리를 분해하지 못하기 때문일 것으로 판단하였다. 그러면 이 고리는 어디에서 나오는 것일까? 대부분의 동물들은 이 고리를 합성하지 못하고 음식물로서 섭취한다. 개로드는 호모겐틴산이 페닐 고리를 가지고 있는 2가지 아미노산인 페닐알라닌과 티로신의 분해산물에서 나온다고 설명하였다. **아미노산(amino acid)**은 단백질을 만드는 구성단위(building blocks)이다. 페닐알라닌과 티로신은 정상적인 단백질의 구성요소이다. 페닐알라닌과 티로신 분자들의 상관관계는 **그림 1.8**에 도식화하였다. 이와 같은 일련의 생화학적 반응을 **생화학 경로(biochemical pathway)** 혹은 **대사경로(metabolic pathway)**라고 한다. 경로에 표시된 각 화살표는 투입물질 혹은 **기질분자(substrate molecule)**로부터 생산물질 혹은 **산물분자(product molecule)**로의 전이 단계를 나타내는 것이다. 기질분자는 화살표의 꼬리 부분에, 그리고 산물분자는 화살표의 머리 부분에 각각 위치한다. 생화학 경로의 방향은 그림 1.8에서와 같이 화살표의 방향이 위에서 아래로 향하든가 아니면 왼쪽에서 오른쪽으로 향하도록 표시된다. 개로드는 그림 1.8에 나타난 모든 내용을 상세하게 알아내지는 못했지만, 2가지 사실, 즉 호모겐틴산에 존재하는 페닐 고리는 음식물로 섭취한 페닐알라닌과 티로신으로부터 만들어진다는 사실과 호모겐틴산의 분해에 있어서 중요한 것은 페닐 고리가 열려야 한다는 사실을 이해하고 있었다.

무엇이 생화학 경로의 각 단계 반응을 일어나게 하는가? 개로드의 관심사는 각 단계에서 반응을 촉매하고 또 화학적 변형이 일어나게 하는 데에는 효소가 필요하다는 사실을 알아내는 것이었다. 알캅톤뇨증과 같은 선천성 대사이상을 지닌 사람은 대사경로의 어떤 한 단계에 이상이 있는 사람인데, 그 이유는 그 단계에서 필요한 기능을 가진 효소가 없기 때문이다. 경로에서 하나의 효소에 이상이 있는 경우, 그 단계 경로가 **폐쇄(block)**되었다고 한다. 폐쇄경로가 흔히 나타내는 결과는 결핍효소의 기질이 되는 기질분자가 농축되는 현상이다. 개로드는 알캅톤뇨증 환자에게서 호모겐틴산이 농축되는 현상을 관찰하고 난 후, 호모겐틴산의 페닐 고리를 분해하는 효소가 존재할 것이며, 알캅톤뇨증 환자에서는 이 효소가 없을 것이라고 제안하였다. 그림 1.9에 나와 있는 경로의 모든 효소를 찾아내는 데 많은 시간이 걸렸다. 사실, 호모겐틴산의 페닐 고리를 열어 주는 효소를 분리하는 데에는

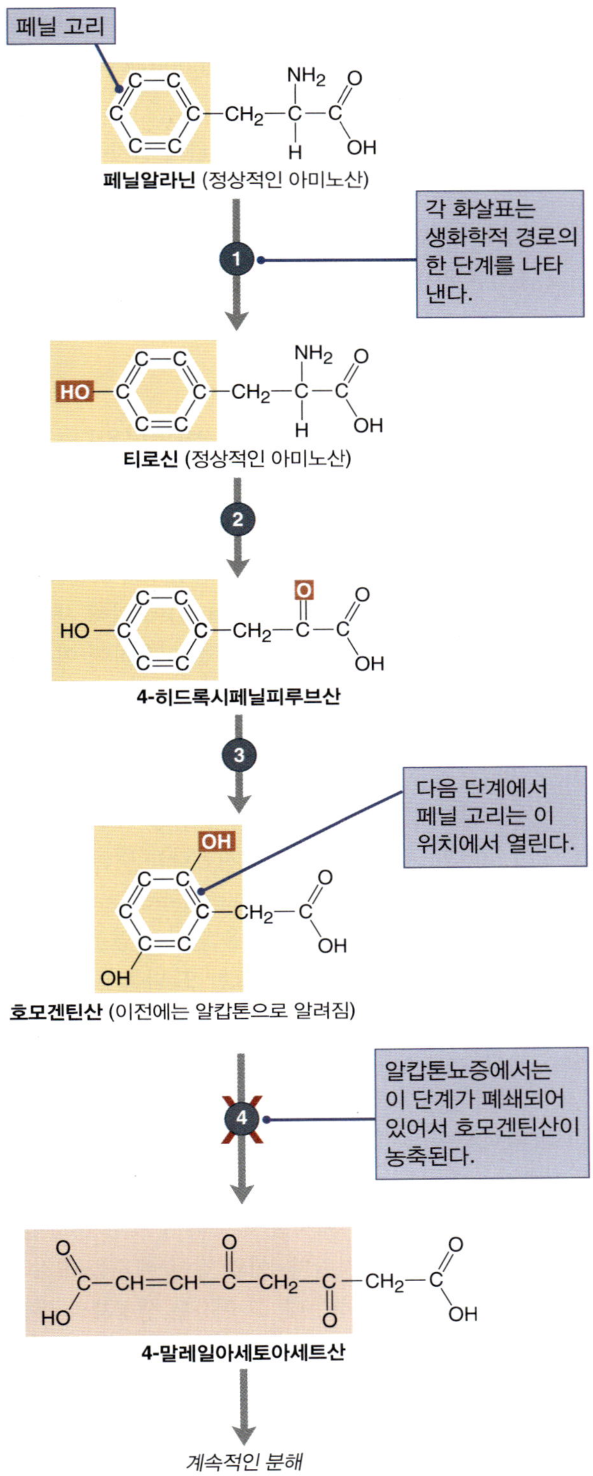

그림 1.8 페닐알라닌과 티로신을 분해하는 대사경로. 화살표로 표시된 경로의 각 단계는 반응을 촉매하는 특별한 효소를 필요로 한다. 호모겐틴산 분해의 주된 단계는 먼저 페닐 고리를 여는 것이다.

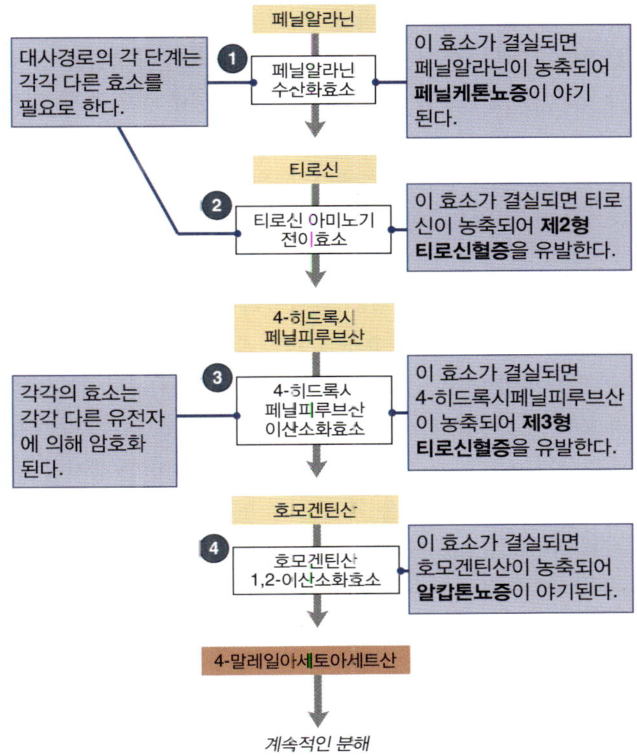

그림 1.9 페닐알라닌과 티로신의 분해에 있어서 선천성 대사이상. 각 단계에 있는 효소들의 결실에 의하여 서로 다른 유전병이 야기된다. 알캅톤뇨증은 호모겐틴산 1,2-이산소화효소의 결실이 의하여 유발되고 페닐케톤뇨증은 페닐알라닌 수산화효소의 결실에 의하여 유발된다.

개로드의 주장 이후 50년이 소요되었다. 정상적인 사람은 이 효소가 간세포(liver cell)에서 발견되나 알갑톤뇨증 환자에서는 개로드가 주장한 것과 같이 이 효소가 결핍되어 있다.

현재에 잘 알려진 바더로 페닐알라닌과 티로신을 분해하는 경로는 **그림 1.9**에 나타나 있다. 이 그림에서는 효소가 작용하는 작은 분자들인 **대사산물(metabolite)**의 구조 보다는 효소에 관하여 중점을 두었다. 개로드가 예측한 바와 같이, 경로의 각 단계에서는 그 단계를 촉매하는 특별한 효소를 필요로 한다. 이 경로에서 개로드는 호모겐틴산 1,2 이산소화효소(homogentisic acid 1,2 dioxygenase)가 결핍된 알캅톤뇨증 밖에 알아내지 못했지만, 현재에 와서는 다른 효소들의 결실에 의해 어떠한 질병이 야기되는지에 대한 임상적 결과들이 잘 알려져 있다. 상대적으로 양성에 속하는 유전병인 알갑톤뇨증과는 달리, 다른 유전병들은 매우 심각한 질병이다. **페닐케톤뇨증(phenylketonuria, PKU)**은 **페닐알라닌 수산화효소(phenylalanine hydroxylase, PAH)**의 결실 혹은 이상으로 생기는 질병이다. 경로에서 이 단계가 폐쇄되면 페닐알라닌이 농축된다. 체내에 페닐알라닌이 과다하게 농축되면 미엘린 형성 결손이 유발되고, 어린 아이에서는 신경 발달이 저해되며, 나아가 정신지체를 유발하는 해로운 대사물질로 분해된다.

아기가 태어나서 페닐케톤뇨증이라는 진단을 받으면 곧

바로 페닐알라닌을 극소량으로 함유하는 특별한 음식만을 섭취해야 한다. 즉, 아기 때부터 단지 체내의 단백질을 합성할 수 있을 정도로만 극미량의 페닐알라닌을 섭취하게 되면 페닐알라닌의 체내 농축은 막을 수 있다. 치료식은 매우 엄격한데, 육류, 가금, 어류, 계란, 우유 및 유제품, 콩, 땅콩 및 밀가루로 만들어진 빵류 등은 엄격히 금지되어 있다. 이러한 음식들은 합성 조제식으로 대체될 수 있으나 매우 비싼 편이다. 치료식으로 대체할 경우, 페닐알라닌 농축에 의한 정신지체 유발과 같은 해로운 효과를 피할 수 있다. 미국을 포함하는 많은 나라에서 신생아의 혈액검사를 통해 페닐케톤뇨증의 화학적 징후를 검사해 오고 있다. 페닐케톤뇨증은 상대적으로 흔한 질병이기 때문에 국가 차원의 상시적인 검사를 시행함으로써 비용 절감을 가져올 수 있다. 미국에서는 8,000명의 백인(Caucasian) 중에 1명 꼴로 페닐케톤뇨증이 발견되며 다른 인종에서는 이보다 낮게 나타난다.

그림 1.9에 나와 있는 대사경로에서 티로신 혹은 4-히드록시-페닐피루브산을 분해하지 못하면 티로신혈증(tyrosinemia)을 유발한다. 이 또한 매우 심각한 질병으로, 특히 제2형은 피부장애 및 정신지체를 유발하고, 제3형은 간 기능에 심각한 이상을 야기한다.

결핍효소는 돌연변이 유전자의 산물이다

결핍효소가 유전자의 돌연변이에 의해 야기된다는 사실은 개로드의 연구결과에서 나온 것이다. 사실, 돌연변이 유전자가 어떻게 하여 결핍효소를 유발하는가에 대해서는 개로드도 생각해 보지 않았다. 단지 그가 알았던 것은 유전자는 곧 효소라는 것이었다. 당시에는 이것이 논리적인 가설이었다. 지금 우리는 좀 간접적이긴 하지만 유전자와 효소의 상관관계를 알고 있다. 몇몇의 예외를 제외하곤, 각각의 효소는 DNA의 어느 부위에 존재하는 특정의 뉴클레오티드 배열에 의해 암호화된다. 효소를 암호화하는 DNA 부위와 세포에서 효소가 생산되는 것을 조절하는 주변 부위 DNA를 포함하여 "유전자"라고 한다.

그림 1.9의 생화학 경로에 나와 있는 효소의 유전자는 모두 밝혀졌고 그 유전자의 염기배열도 결정되었다. 아래의 목록에서는 일반적인 표기법을 따랐는데, 유전자의 이름은 이탤릭체로 표시하였으며, 그 유전자 산물은 정상적인 인쇄체로 표시하였다. 그림 1.9에 나타나는 1부터 4까지의 숫자는 아래에서 각각 해당하는 유전자와 그 효소들을 나타낸다.

1. *PAH* 유전자는 12번 염색체 장완에 위치하며, 페닐알라닌 수산화효소(phenyalanine hydroxylase, PAH)를 암호화한다.
2. *TAT* 유전자는 16번 염색체 장완에 위치하며, 티로신 아미노기 전이효소(tyrosine aminotransferase, TAT)를 암호화한다.
3. *HPD* 유전자는 12번 염색체 장완에 위치하며, 4-히드록시페닐 피루브산 이산소화효소(4-hydroxyphenylpyruvic acid dioxygenase, HPD)를 암호화한다.
4. *HGD* 유전자는 3번 염색체 장완에 위치하며, 호모겐틴산 1,2-이산소화효소(homogentisic acid 1,2-dioxygenase, HGD)를 암호화한다.

유전 분석으로 한 유전자–한 효소설이 나왔다

개로드의 생각은 그 시대를 앞서간 것이었기 때문에 선천성 대사이상에 대한 그의 결론은 거의 무시되었다. 유전자와 효소를 연결하는 영향력 있는 실험은 1940년대에 비들(George W. Beadle)과 테이텀(Edward L. Tatum)에 의해 사상균류인 붉은빵곰팡이(*Neurospora crassa*)를 이용하여 이루어졌다. 이들이 붉은빵곰팡이를 선택한 이유는 유전적 분석과 생화학적 분석이 용이하였기 때문이었다. 이들은 이 실험에서 필요한 영양분을 합성하는 대사경로를 폐쇄하는 각종의 돌연변이들을 알아내었으며, 이러한 각각의 경로 폐쇄는 곧 그 경로에서 필요한 효소의 결실과 일치한다는 것을 보여주었다. 이러한 실험적 접근을 **유전 분석(genetic analysis)**이라고 하는데, 이것은 유전학과 생화학을 단단히 연결시켜 주므로 매우 중요하다. 유전 분석이 중요한 또 다른 이유는 세포주기나 암의 유전적 조절에서부터 발생과 행동의 유전적 조절에 이르기까지, 어떤 복잡한 생물작용을 이해하는 데 있어서 이 실험적 접근을 폭넓게 적용할 수 있기 때문이다. 이와 같은 이유 때문에 유전 분석법은 정밀검사에 통용된다.

붉은빵곰팡이는 단지 무기염, 당 및 단 하나의 비타민만을 포함하는 실험실의 배지를 비롯하여 매우 다양한 기질에서 실 모양으로 잘 자란다. 이와 같은 배지를 **최소배지(minimal medium)**라고 하는데, 그 이유는 생명체의 생장에 필수적인 영양분만을 포함하고 있기 때문이다. 곰팡이의 균사체는 가지가 많은 실 모양이 뭉쳐진 것으로 서로 연결되어 있으며, 또한 핵을 서로 교환할 수 있도록 구획화된 부분과 세포질로 구성되어 있다. 각각의 핵은 7개로 된 염색체가 한 조를 이룬다. 비들과 테이텀은 붉은빵곰팡이가 최소배지에서 자랄 수 있는 것은 아미노산과 같이 생장에 필요한 모든 분자들을 스스로 합성해 낼 수 있기 때문이라고 믿었다. 생장에 필요한 생합성 경로가 유전자에 의해 조절된다면, 필수 영양분을 합성하는 데 필요한 유전자가 돌연변이가 일어날 경우, 그 균주는 영양분을 따로 공급해 주지 않으면 생장

인간 유전학 이야기

하나의 유전자, 하나의 효소

George W. Beadle and Edwasrd L. Tatum (1941)
Stanford University, Stanford, California

붉은빵곰팡이의 생화학 반응에 대한 유전 조절

유전자가 어떻게 대사작용을 조절하는가? 유전자가 효소를 조절한다는 주장은 유전학 역사의 초창기에 제기되었는데, 그중에서도 영국의 내과의사인 개로드(Archibald Garrod)가 1903년에 쓴 선천성 대사이상(*Inborn Errors of Metabolism*)이 유명하다. 그러나 유전자와 효소의 정교한 관련성은 명확하지 않았다. 아마도 각 효소들은 하나 이상의 유전자에 의해 조절되거나 혹은 각 유전자가 여러 가지 효소들을 조절하기 때문이었을 것이다. 비들과 테이텀의 고전적인 실험은 유전자와 효소의 관계가 매우 단순하다는 것을 보여주었는데, 이것은 곧 하나의 유전자는 하나의 효소를 암호화한다는 것이었다. 비들과 테이텀의 선구자적 실험은 한 유전자, 한 효소라는 개념으로서 1958년에 노벨상을 수상하였다(Joshua Lederberg도 미생물 유전학에 지대한 공헌을 하였기에 이들과 공동수상을 하였다). 어떤 효소는 2개의 다른 유전자(혹은 그 이상의 유전자)에 의해 암호화되는 폴리펩티드로 구성된다는 것을 우리는 이제 알기 때문에 현재 이 원리의 정확한 표현은 사실 한 유전자, 한 폴리펩티드가 된다. 비들과 테이텀의 실험은 또한 그 실험에 맞는 생물체를 선택해야 한다는 것을 보여주었다. 붉은빵곰팡이는 유전학을 위한 재료로서 이들 실험의 바로 몇 년 전에 도입된 생물체였다. 이들은 붉은빵곰팡이가 이미 알려진 기질들로 구성된 단순한 배지에서도 잘 자란다는 장점이 있다는 것을 알고 있었다.

> ***"이러한 예비 연구결과는 이 접근법이 유전자가 발생과 기능을 어떻게 조절하는 것인지에 대해 보다 많이 배울 수 있다는 점에서 매우 희망적이라는 것이다."***

비들과 테이텀의 연구결과가 1941년에 출판되었고, 이 유전자의 끝부분에서 레퍼런스 유전자를 찾을 수 있다. 이들은 한 특성의 생리학적인 기반과 함께 제한점을 지적하였고, 유전학적인 기반을 결정하기 위한 시도를 했었다. 우선 이러한 분석들은 특성 안에서 제한이 되는데, 여러 변이들은 비치명적이다. 두 번째로, 이 변이들은 시각적인 효과를 가지고 있어야 한다.

> [이러한 제한]들은 일반적인 절차를 역전시킴으로써, 대사반응 및 발달의 유전적 조절에 대한 문제점을 조사하게끔 하였다... 만약에 혹은 어느 유전자가 알려진 생화학적인 반응을 조절하는지에 대해 [설정]하기 위해서이다... 만약 생물체가 어떤 주어진 배지에서 살아가기 위하여 거기에 필요한 화학반응을 해야 하는 경우에, 어떤 살아갈 수 없는 돌연변이체는 그 배지에서 자라지 못하고 죽게 될 것이다. 그러나 이와 같은 돌연변이체는 유전적으로 폐쇄된 반응에서 필요한 생성물이 첨가된다면 그 배지에서 자랄 수 [있게 될 것이다]...

따라서 비들과 테이텀은 각 개체 사이에서 관찰된 특성의 차이점에서 시작하는 것보다, 돌연변이체를 생성하는 실험으로 시작했다(이러한 경우, *Neurospora* 세포의 x-방사선으로부터 나온 돌연변이체). 그런 후에 돌연변이체를 확인하였을 때, 최소배지에서 치명적이었지만 형질전환된 유전자의 정상적인 생산물로 공급된 배지에서는 그렇지 않았다. 이러한 실험적인 접근은 유전자 분석의 가장 중요한 실험 접근법 중 하나이다.

G. W. Beadle and E. L. Tatum, Genetic control of biochemical reactions in *Neurospora*. *Proc. Natl. Acad. Sci. USA* 27 (1941): 499–506.

할 수 없을 것이라고 예측하였다.

이러한 생각들은 다음과 같은 방법으로 조사되었다. 돌연변이가 아닌 붉은빵곰팡이의 포자를 X-선이나 자외선을 조사하여 다양한 영양요구주 돌연변이체들을 생산하였다. (X-선이나 자외선을 조사하면 돌연변이가 왜 일어나는지에 대해서는 12장에서 설명된다.) 어떤 생물작용(이 경우에는 물질대사)에 영향을 주는 한 세트의 돌연변이체를 분리하는 것을 **돌연변이체 탐색(mutant screen)**이라고 한다. 돌연변이체를 동정하는 초기 단계(**그림 11.10**)는 X-선이 조사된 포자(보라색)를 그렇지 않은 균주(녹색)와 수정시키는 것이다. 자낭포자는 자실체에서 유성생식에 의해 생산되는데, **완전배지(complete medium)**에서 독자적으로 발아할 수 있다. 완전배지는 아미노산, 비타민 및 돌연변이가 일어나서 필수 대사물질의 합성이 차단되었을 때에 필요한 여러 가지 물질들이

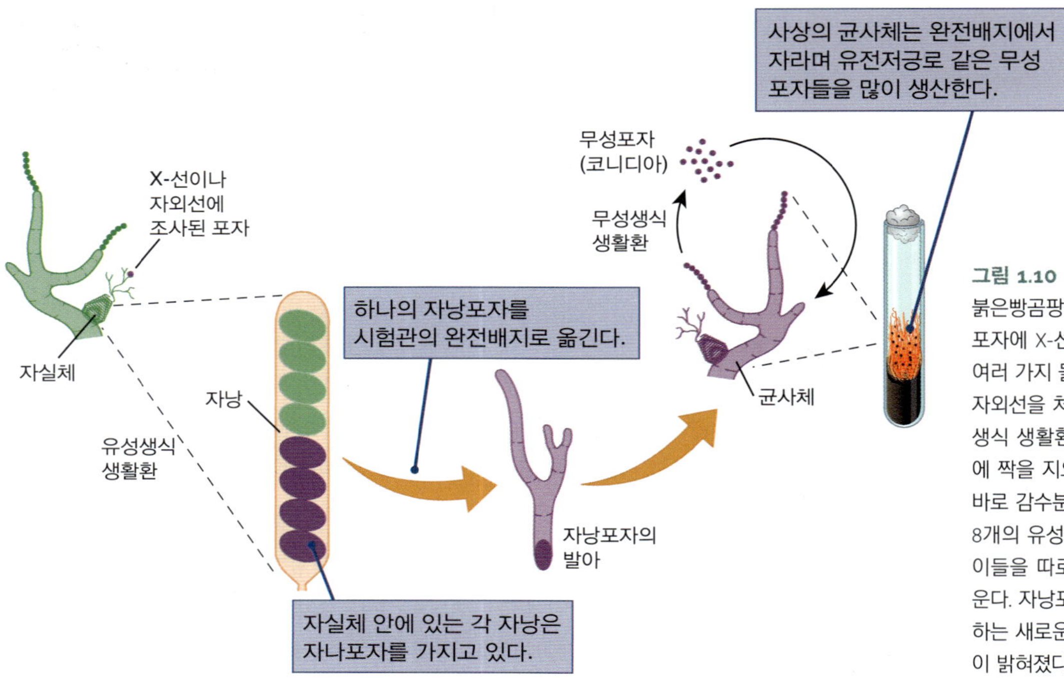

그림 1.10 비들과 테이텀은 사상균류인 붉은빵곰팡이(*Neurospora crassa*)의 무성포자에 X-선이나 자외선을 조사함으로써 여러 가지 돌연변이체를 얻었다. X-선이나 자외선을 처리한 포자는 자실체에서 유성생식 생활환을 시작한다. 어떤 세포든 간에 짝을 지으면 이들의 핵은 융합되고 곧바로 감수분열이 일어나서 하나의 자낭에 8개의 유성포자(자낭포자)가 만들어진다. 이들을 따로 떼어 내어 완전배지에서 키운다. 자낭포자는 최소배지에서 자라지 못하는 새로운 영양요구 돌연변이체라는 것이 밝혀졌다.

미리 첨가된 복합배지이다. 자낭포자가 돌연변이되어 필수 영양분의 합성에 영향을 받더라도 완전배지에서는 발아하여 생장할 수 있다.

X-선이나 자외선이 조사된 자낭포자가 필수 영양분의 합성에 영향을 주는 어떤 돌연변이가 일어났는지를 알아내려면, 각각 자란 포자를 최소배지로 옮겨준다(**그림 1.11A**). 배양된 대부분의 포자는 최소배지에서 자라는데, 이러한 포자는 원하는 곳에 새로운 돌연변이가 일어나지 않은 포자이기 때문에 모두 버린다. 일부 최소배지에서 생장하지 못하는 포자들은 보관하는데, 이들은 필수 영양분의 합성계가 차단된 새로운 돌연변이가 일어난 것들이다.

각 돌연변이체에서 나온 포자는 비타민, 아미노산 및 여타 다른 기질에 대한 요구성이 있는지를 결정하기 위한 일련의 배지로 옮겨주게 된다. 그림 1.11B에서 설명된 예는 돌연변이체가 하나 혹은 그 이상의 아미노산을 필요로 한다는 사실을 알 수 있다. 왜냐하면, 이 돌연변이체는 모든 아미노산이 다 포함된 혼합물을 넣어준 최소배지에서는 잘 자라기 때문이다. X-선이나 자외선 조사에 의해 얻어지는 돌연변이의 비율이 매우 낮기 때문에 수많은 배양액 중에서 아주 무시할 만한 수의 배양액에서만 2개 혹은 그 이상의 새로운 돌연변이가 동시에 일어난 돌연변이체를 얻을 수 있다.

아미노산 요구주 돌연변이체에 대해 각각 어느 아미노산을 요구하는지를 좀 더 분석해 본 결과, 단지 한 종류의 아미노산만을 넣어 주었을 때에도 잘 자란다는 사실을 확인하였다. 그림 1.11C에서 돌연변이주는 아르기닌이라는 아미노산을 필요로 한다. 1940년대도 이미 아미노산 생합성계의 어떤 중간대사체가 무엇인지를 확인할 수 있는 시기였다. 중간대사체들은 어떤 아미노산과의 화학적 동질성에서 확인되기도 하였고, 이들은 또한 어떤 개체의 세포 속에 아주 미량으로 존재하는 것으로 확인되었다. 아르기닌의 경우에는 오르니틴과 시트룰린이 2가지 후보 물질이었다. 아르기닌을 필요로 하는 모든 돌연변이체들은 배지에 오르니틴이나 시트룰린 중 하나를 첨가함으로써 확인할 수 있었다(그림 1.11D). 아르기닌을 필요로 하는 돌연변이주에 속하는 클래스는 클래스 I이라고 하는데, 이들 돌연변이주들은 오르니틴, 시트룰린 혹은 아르기닌 중 하나를 첨가하면 최소배지에서 잘 자랄 수 있다. 클래스 II에 속하는 돌연변이 주는 최소배지에 시트룰린이나 아르기닌을 첨가하면 잘 자라지만 오르니틴을 첨가하면 자라지 못한다. 클래스 III은 최소배지에 단지 아르기닌만을 첨가해야 자랄 수 있다.

아르기닌 요구주 돌연변이체의 형태는 유전 분석의 원리를 대사경로에 응용시켜 설명할 수 있다. 기본 원리는 아래와 같다.

핵심 개념

대사경로의 일직선상에 있는 어느 한 단계가 차단된 돌연변이 효소를 생산하는 균주는 특정 중간대사체를 배지에 첨가하면 자랄 수 있는데, 이는 그 경로에서 중간대사체의 위치가 폐쇄된 효소단계의 하류(*downstream*)에 존재함을 보이는 것이다.

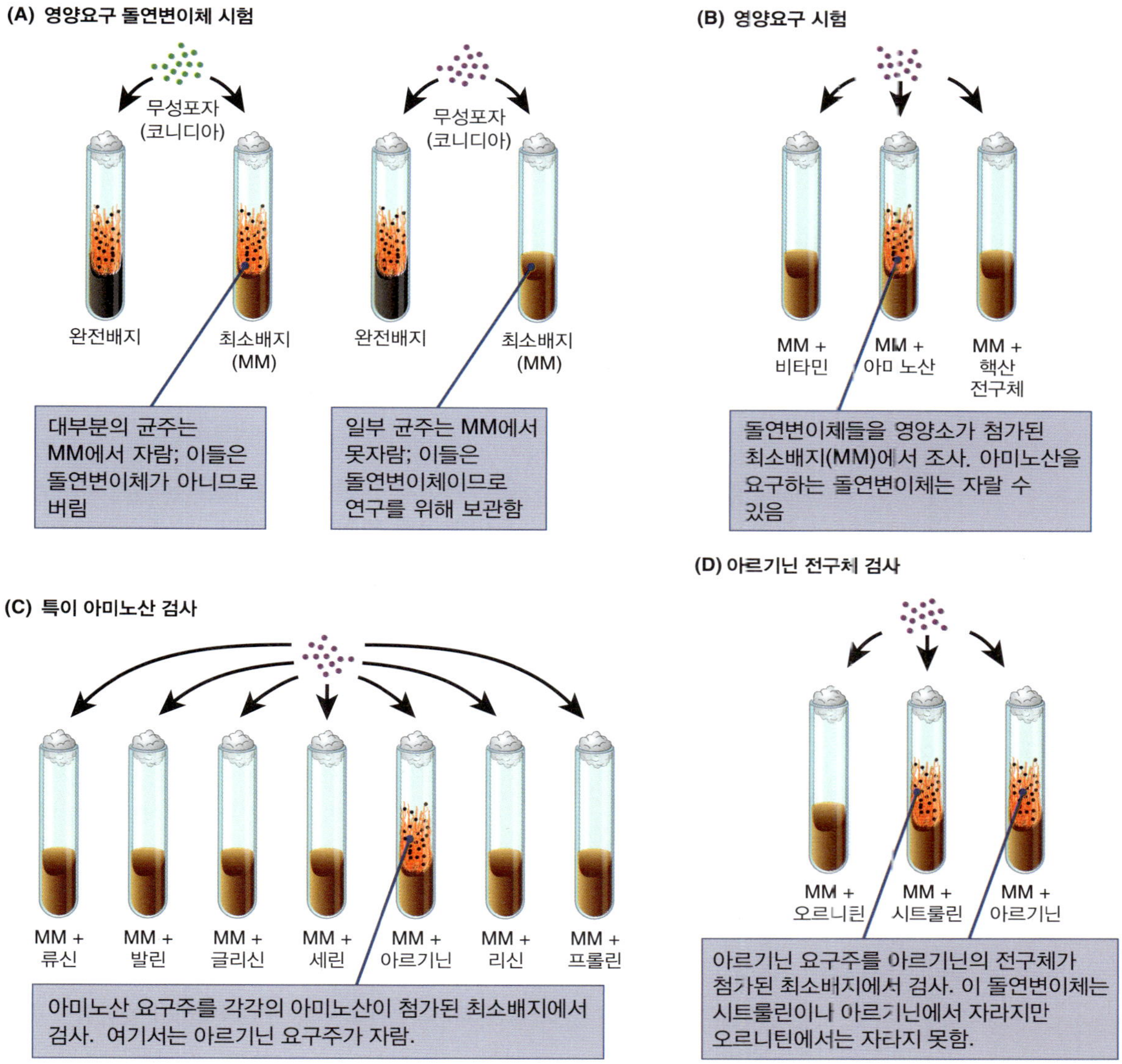

그림 1.11 (A) 돌연변이체 포자는 완전배지에서는 자라지만 최소배지에서는 자라지 못한다. (B) 새로운 각 돌연변이체들이 여러 가지 영양소 혼합물이 첨가된 최소배지에서 자랄 수 있는지 조사한다. (C) 아미노산이 첨가된 최소배지에서 자랄 수 있는 돌연변이체가 각각의 아미노산에 대해서도 자랄 수 있는지 조사한다. (D) 아르기닌이 없는 최소배지에서 자라지 못하는 돌연변이체를 아미노산 전구체가 첨가된 최소배지에서 조사한다.

이 원리는 직관적으로 맞다. 만약 중간대사체가 차단된 대사계의 상류에 존재한다면 중간대사체를 생장배지에 첨가해 주더라도 자라지 못하게 될 것이다. 왜냐하면, 돌연변이체 효소가 있는 지점에서는 결국 중간대사체의 분해가 차단될 것이기 때문이다.

아르기닌 생합성의 경로에서 이 원리를 적용한 것이 **그림 1.12**에 나타나 있다. 여기서 아르기닌은 어떤 전구체 대사물의 최종산물이고, 오르니틴과 시트룰린은 이 경로에 있어서 중간대사체이다. 돌연변이체는 중간대사체의 순서를 나타낼 수 있는데, 그 이유는

- 클래스 I의 돌연변이체는 오르니틴이나 시트룰린 중 하나만 있으면 자랄 수 있다. 이 말은 클래스 I 돌연변이체에서 차단된 어떤 효소의 하류에 오르니틴과 시트룰린이 존재한다는 것을 나타낸다.
- 클래스 II의 돌연변이체는 시트룰린이 있으면 자라지만 오르니틴이 있으면 자라지 못한다. 이 말은 클래스 II 돌연변이체에서 차단된 효소의 하류에는 시트룰린이 존재한다는 것이고, 상류에는 오르니틴이 존재한다는 것을 나타낸다.
- 클래스 III의 돌연변이체는 시트룰린이나 혹은 오르니틴이 존재하여도 자라지 못한다. 이 말은 클래스 III의 돌연변이체에서 차단된 효소의 상류에 시트룰

잠깐 생각해 봅시다 1.3

우리가 "A"라고 부르는 아미노산으로 보충되지 않는 한 최소배지에서 생장할 수 없는 붉은색곰팡이에 대한 돌연변이체 스크린을 가정해 보자. 분자 구조에 따라 X와 Y라는 두 분자가 A의 합성을 위한 생화학적 경로의 중간체 역할을 하지만, 어떠한 경로가 올바른지는 확실하지 않다:

(a) X ⟶ Y ⟶ A

(b) Y ⟶ X ⟶ A

생장에 A가 필요한 두 종류의 돌연변이체가 있다.

클래스 I은 A가 보충 공급된 최소배지에서 자라지만, X 또는 Y에서는 자라지 않는다.

클래스 II는 A 또는 X가 보충 공급된 최소배지에서 자라지만, Y에서는 자라지 않는다.

이러한 데이터 경로는 경로 **(a)**와 **(b)** 중 어느 곳을 지원하는가?

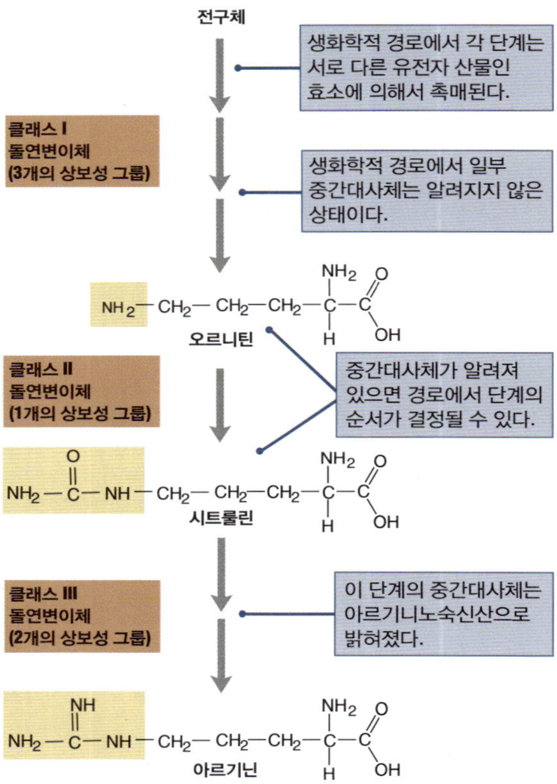

그림 1.12 돌연변이체 붉은빵곰팡이의 유전 분석을 이용하여 유추한 아르기닌 생합성의 대사경로.

린과 오르니틴이 존재한다는 것을 나타낸다.

그림 1.12에 나타나 있는 경로 구조에서 클래스 III 돌연변이체가 시트룰린을, 클래스 II 돌연변이체가 오르니틴을 축적하게 됨을 관찰함으로써 더욱 확실하게 증명되었다. 결과적으로, 직접적인 생화학 실험을 통하여 예상하였던 효소가 돌연변이가 일어나지 않은 정상적인 균주에서 존재하고 있다는 사실이 증명되었으며, 이 효소가 돌연변이체에서는 결실되어 있다는 것 또한 증명되었다.

돌연변이체 선별은 때로 같은 유전자 내에서 다른 돌연변이를 분리할 수 있다

비들과 테이텀은 상대적으로 단순한 생명체를 이용하여 대사경로를 연구할 수 있는 행운을 가지게 되었다. 이것은 곧 붉은빵곰팡이에서 각각의 유전자는 하나의 효소를 지정한다는 관계, 즉 **한 유전자–한 효소설(one gene–one enzyme hypothesis)**이라고 한다. 이 상황에서 보듯이, 돌연변이체의 유전 분석을 통해서 단순히 중간대사체의 순서 이외에도 대사경로에 대한 훨씬 많은 정보를 얻어낼 수 있다. 즉, 특별한 유전자에 대하여 그 유전자에 대한 모든 돌연변이들을 분류함으로써 가능하게 되는데, 이는 곧 대사경로에서 하나의 효소작용 단계에 해당하는 개개의 유전자에 대한 돌연변이 세트들을 그룹화하는 것이다. 예를 들면, 그림 1.12에서 클래스 I은 3가지의 서로 다른 유전자에서의 돌연변이 중 하나를 포함하는데, 이는 곧 오르니틴과 그 전구체 사이의 경로에는 3가지 단계가 존재한다는 것을 의미한다. 이와 비슷하게 클래스 III는 2개의 서로 다른 유전자 중 하나의 돌연변이를 포함한다는 것으로써, 시트룰린과 아르기닌 경로 사이에는 두 단계가 존재함을 의미한다. 그러나 클래스 II는 단지 하나의 유전자만이 존재하는데, 이는 오르니틴과 시트룰린 사이에는 단지 하나의 단계만 존재함을 의미한다.

하나의 같은 유전자에서 결함을 보이는 돌연변이들은 **상보성 검사(complementation test)**에 의해 밝혀졌는데, 이것은 2개의 돌연변이를 같은 세포에 도입함으로써 알아낼 수 있다. 대부분의 다세포 생물체(그리고 유성생식을 하는 일부 단세포 생물체도 포함하여)에서는 일반적으로 교배를 통하여 상보성 검사를 실시한다. 두 양친이 각 돌연변이 하나씩을 가지고 있을 때 이들을 교배시키면 수정을 통하여 하나의 세포에 2개의 돌연변이가 도입된다. 일반적인 세포 분열을 통하여 태어나는 자손은 각 돌연변이 유전자를 한 사본씩 가지게 된다. 붉은빵곰팡이에서는 이러한 방법이 먹혀들지 않는데, 그 이유는 핵융합이 일어나자마자 곧바로 형성된 자낭포자는 단지 한 세트의 염색체만을 가지고 있기 때문이다.

그럼에도 불구하고 붉은빵곰팡이에서는 상보성 검사가 가능한데, 이는 붉은빵곰팡이의 균사가 다핵세포이기 때문이다. 비들과 테이텀이 사용한 균주와 같이 어떤 균주는 두 개체의 돌연변이체로부터 나온 균사체가 서로 물리적으로 접촉하여 융합한 후 두 개체가 모두 다핵 상태로 되는 특징을 가지고 있다. 이러한 종류의 혼합된 균사체를 **이핵공존체(heterokaryon)**이라고 하며, 이는 돌연변이가 일어난 2가지의 유전자를 모두 포함한다. 이핵공존체(*heterokaryon*)라는 단어의 의미는 "다른 핵"이다. (일반적으로 유전학에서 사용되는 단어의 어원에 대해서는 이 책의 마지막 부분에 정리하였다.)

2개의 영양요구주 돌연변이체로부터 형성된 이핵공존체를 최소배지에 접종하면, 이것들은 자라든지 아니면 자라지 못하게 된다. 만약에 최소배지에서 자라게 되면, 그 돌연변이 유전자는 **상보성(complementation)**이 있다고 하며, 이 결과는 그 돌연변이들이 서로 다른 유전자에서 일어났음을 의미한다. 반대로, 이핵공존체가 최소배지에서 자라지 못하면 그 결과를 **비상보성(noncomplementation)**이라고 하며, 이 결과는 두 돌연변이가 같은 유전자에서 일어났음을 의미한다.

상보성 혹은 비상보성에서 나온 추론은 **그림 1.13**에 있는 논리에서 가능하다. 여기에는 다핵 균사체가 있는데, 돌연변이가 된 핵은 붉은색이나 보라색으로 색깔을 넣어서 두 유전자를 표시하였다. 붉은색과 보라색의 선으로 마구 갈겨 놓은 그림은 각 돌연변이 유전자에서 암호화된 단백질을 나타내며, "햇빛" 모양의 기호는 돌연변이된 유전자에 의해 나타난 결함 단백질 부위를 나타낸다.

그림 1.13A는 서로 다른 유전자에서 돌연변이가 일어난 돌연변이체의 경우를 설명하는 것이다. 이핵공존체에서, 붉은색의 핵(1번 돌연변이체)에서는 붉은색의 돌연변이체 단백질을 생산하고 보라색의 정상 단백질을 생산한다. 이에 반해 보라색의 핵(2번 돌연변이체)은 보라색의 돌연변이체 단백질을 생산하고 붉은색의 정상 단백질을 생산한다. 그 결과는 붉은색/보라색 이핵공존체는 정상의 붉은색과 보라색의 단백질을 가진다. 물론 이 이핵공존체는 붉은색과 보라색의 돌연변이 단백질을 가지고 있지만 정상의 두 단백질이 있기 때문에 문제가 되지 않는다. 문제는 정상의 두 단백질이 이 개체를 최소배지에서 자랄 수 있게 해 준다는 것인데, 이는 이 개체가 필요로 하는 모든 영양원을 합성해 낼 수 있다는 것을 말한다. 다시 말하면, 붉은 핵을 가진 개체의 정상인 보라색의 유전자가 보라색 핵을 가진 개체의 결손된 보라색 유전자를 상보한다. 그 반대의 경우도 마찬가지이다. 상보성의 논리는 고전 동요에서도 나타나는데, "잭 스프랫은 비계를 먹을 수 없었고 / 부인은 살코기를 먹을 수 없었네 / 둘은 접시를 사이에 두고 / 깨끗이 먹었다네", 이것은 파트너 각자가 서로의 결점을 보완해 준다는 말이 된다.

그림 1.13B는 같은 유전자에서 결함이 있는 돌연변이체들에 의한 이핵공존체를 보여주는데, 보라색이 돌연변이 유전자이다. 2개의 보라색 핵은 모두 정상의 붉은색 단백질을 만들어내지만, 각각의 보라색 핵은 결함이 있는 보라색 단백질을 암호화한다. 핵이 합쳐지면 2개의 결함이 있는 보라색 단백질이 생산되기 때문에 보라색 단백질을 만드는 데 필요한 생합성 경로가 차단된다. 그리고 이러한 이핵공존체는 최소배지에서 자랄 수가 없다. 다시 말하면, 그림 1.14의 2번 돌연변이와 3번 돌연변이는 서로 상보적이지 못하게 되는데, 이때는 같은 유전자에 돌연변이가 일어났다는 것을 판단할 수 있게 된다.

다음과 같은 원리가 상보성 검사의 기초가 된다.

핵심 개념

상보성의 원리(The Principle of Complementation): 상보성 시험은 2개의 돌연변이 유전자를 하나의 세포나 개체에 같이 도입하는 것이다. 만일 이 세포나 개체가 돌연변이체가 되지 않는다면 그 돌연변이들을 서로 상보적(*complement*)이라 하는데, 이는 양친이 되는 균주의 돌연변이가 서로 다른(*different*) 유전자에서 일어났다는 것을 의미한다. 만일 그 세포나 개체가 돌연변이체가 되면 그 돌연변이는 서로 상보적이지 못하는 것이 되는데, 이는 양친의 돌연변이들이 서로 같은 유전자에서 일어났다는 것을 의미한다.

상보성 시험은 같은 유전자 내에서의 돌연변이들을 동정해 내는 것이다

아르기닌을 필요로 하는 붉은빵곰팡이 돌연변이체를 탐색할 때에 비들과 테이텀은 서로 다른 3개의 클래스(표 1.12의 클래스 I, II 및 III)에 속하는 돌연변이체들이 항상 서로 상보적이라는 사실을 알아내었다. 이 결과는 올바른 것이었는데, 그 이유는 각 클래스에 속하는 유전자들이 이미 알려진 중간대사체들 사이에서 서로 다른 수준에서 작용하는 효소를 암호화하였기 때문이다. 그러나 클래스 I에 속하는 일부 돌연변이체들은 클래스 I에 속하는 다른 돌연변이체들과 상보성

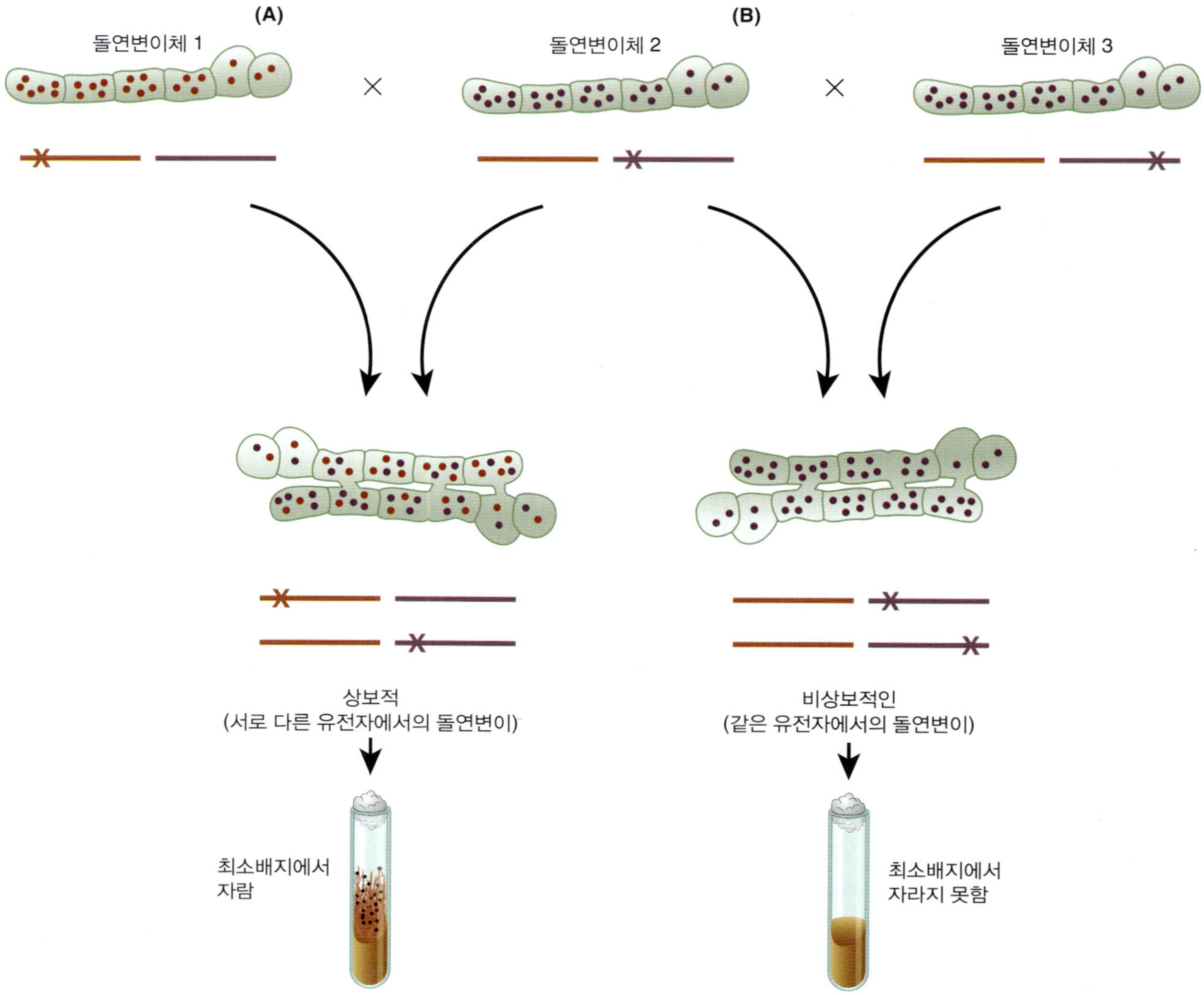

그림 1.13 2개의 돌연변이체 균주가 같은 유전자에서 돌연변이가 일어났는지(B) 아니면 서로 다른 유전자에서 돌연변이가 일어났는지(A)를 알아보기 위해 이핵공존체를 이용한 상보성 검사의 분자적 설명이다. (A)에서는 2개의 핵이 서로 정상의 폴리펩티드와 변이형의 폴리펩티드를 모두 형성하게 할 수 있으므로 이 이핵공존체는 최소배지에서 자랄 수 있다. (B)에서는 2개의 핵이 2개의 같은 돌연변이형 폴리펩티드를 합성하게 하므로 정상의 폴리펩티드가 형성될 수 없다. 따라서, 이 이핵공존체는 최소배지에서 자랄 수 없다.

이 없었고, 또 클래스 III에 속하는 일부 돌연변이체들 역시 같은 클래스 III에 속하는 다른 돌연변이체와 상보성이 없었다. 이러한 결과는 각 클래스에 들어 있는 다른 여러 가지 유전자들의 수를 조사하게 하였다.

이러한 유형의 유전 분석을 설명하기 위해서는 클래스 III에 속하는 6개의 돌연변이체를 고려해 볼 수 있다. 이 돌연변이체들을 각 쌍으로 묶어서 이핵공존체를 형성하게 하고 최소배지에서 이들의 생장을 조사하였다. 이것에 관한 자료가 **그림 1.14A**이다. 돌연변이가 일어난 6개의 유전자를 *x*1, *x*2 등으로 표시하고 이를 행렬로 나타내었는데, 여기서 +는 최소배지에서 자랄 수 있다는 것을 나타내고(상보성), −는 최소배지에서 자라지 못하는 것(상보성의 결여)을 말한다. 대각선에서는 모두 −인데, 이는 2개의 같은 유전자가 돌연변이 되면 상보성을 나타내지 못한다는 것을 말한다. 행렬에서 +와 − 신호의 양상을 보면 *x*1과 *x*5는 −인데, 이는 서로 상보적이지 못하다는 것을 나타낸다. 따라서 *x*1과 *x*5는 같은 유전자에서 돌연변이가 나타났다는 것을 의미한다. 이와 유사하게 *x*2, *x*3, *x*4 및 *x*6에서도 서로 상보적이 않는 것으로 나오는데, 이는 *x*2, *x*3, *x*4 및 *x*6이 모두 같은 유전자에서 돌연변이된 것이라는 뜻이다(그러나 *x*1과 *x*5에 의해 상보적이지 않은 것과 다른 유전자이다).

상보성 행렬의 자료는 돌연변이 유전자를 그림 1.14B와 같이 원으로 나타냄으로써 쉽게 분석할 수 있다. 그러면 각각의 돌연변이 쌍에 대하여 상보적이지 않은 돌연변이라

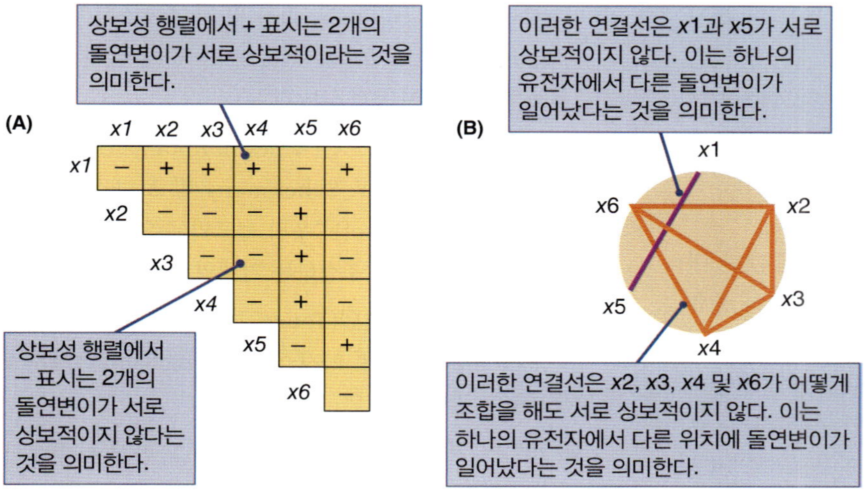

그림 1.14 (A) 상보성 검사의 결과를 설명하는 방법. (B) 하나의 원으로 돌연변이들을 정렬한다. 서로 상보성을 나타내지 않는 돌연변이들을 직선으로 연결한다. 다시 말해, 하나의 돌연변이형 이핵공존체를 나타내는 조합을 연결한다. 직선으로 연결된 쌍은 같은 유전자에서 돌연변이가 나타난 것이고 이는 곧 같은 유전자의 다른 뉴클레오티드에서 돌연변이가 일어난 것이다. 이 예는 2개의 상보성 그룹을 보여주는데, 각각의 상보성 그룹은 아르기닌 생합성에 필요한 하나의 유전자를 나타낸다.

면 그 쌍은 직선으로 연결된다(A 부분에서 − 기호로 표시된 것). 상보성의 원리에 의하면, 직선으로 연결된 돌연변이 쌍은 같은 유전자에서 돌연변이가 일어난 것이 된다. 비상보적인 돌연변이 그룹의 각각을 **상보성 그룹(complementation group)**이라 한다. 이미 앞에서 보았다시피, 각각의 상보성 그룹은 하나의 유전자를 나타내므로 상보성 검사는 실질적으로 다음과 같은 유전학자들의 기능적 정의를 제공한다.

핵심 개념

하나의 *유전자*(gene)는 실험적으로 하나의 상보성 그룹을 나타내는 한 세트의 돌연변이들로 정의된다. 하나의 상보성 그룹 내에서는 어떠한 돌연변이 쌍이라도 서로 상보적이 될 수 없다.

따라서, 그림 1.14에 있는 돌연변이들은 2개의 유전자를 나타내었는데, 이들은 어느 쪽에 돌연변이가 일어나더라도 그 균주는 시트룰린을 아르기닌으로 전환시킬 수 없다. 한 유전자—한 효소설에서 본다면 붉은빵곰팡이의 대사경로에서는 이것이 대체로 맞는 것으로 나타나는데, 그림 1.12에서 보다시피 시트룰린이 아르기닌으로 되는 경로에서는 이들 사이에 하나의 알려지지 않은 대사체가 더 있어서 두 단계로 이루어져 있다. 이 중간대사체는 후에 아르기니노숙시네이트(argininosuccinate)로 밝혀졌다. 마찬가지로 클래스 I 돌연변이체도 3개의 상보성 그룹으로 구성된다. 따라서 전구체에서 오르니틴으로 전환되는 데에는 세 단계가 있다. 이들 중간대사체도 곧 밝혀지게 되었다. 마지막으로, 클래스 II 돌연변이는 서로 모두에게 상보적이지 않았다. 여기에는 단지 하나의 상보성 그룹이 있다는 것을 알게 되었는데, 이는 곧 오르니틴에서 시트룰린으로 전환되는 데에는 단지 하나의 효소 단계가 있음을 뜻한다.

유전 분석은 복잡한 생물작용의 연구에 응용될 수 있다

비들과 테이텀에 의해 처음으로 시도된 유전 분석의 형태는 복잡한 생물작용의 유전적 조절을 알아내는 매우 강력한 수단이 되었다. 이들의 접근법은 유전자 발견의 체계적인 길—일종의 비법—을 열게 되었다. 먼저, 어떤 작용을 연구할지에 대해 결정하고, 다음에는 그 작용이 파괴된 돌연변이 개

잠깐 생각해 봅시다 1.4

붉은색곰팡이의 대사경로에 영향을 미치는 돌연변이체 중 하나의 돌연변이체는 W에서 Z로의 전환을 차단한다. 이러한 돌연변이체는 Z가 보충된 경우에는 최소배지에서 생장할 수 있지만, W가 보충된 경우에는 불가능하다. 이러한 돌연변이체(*m1*, *m2*, ..., *m6*)와 여기에 표시된 상보 행렬을 찾으시오.

	m1	m2	m3	m4	m5	m6
m1	−	+	+	−	+	+
m2		−	−	+	+	−
m3			−	+	+	−
m4				−	+	+
m5					−	+
m6						−

(a) 이 결과로 몇 개의 다른 유전자가 나타나는가?

(b) 각 유전자가 경로에서 다른 효소를 암호화하는 경우, W를 Z로 변환하는 데 몇 개의 효소 단계가 있는가?

체가 어떤 특징을 나타낼 지에 대해 판단한 뒤, 이러한 특징을 나타내는 돌연변이체를 탐색해 내는 것이다. 동정된 많은 수의 유전자들을 가지고 상보성 검사를 실시한다. 마지막으로, 각 유전자들의 생산물이 무엇인지, 어떤 역할을 하는지, 이들이 서로 어떻게 상호작용하는지 그리고 이들의 기능에서의 순서가 어떻게 되는지 등을 알아내면 된다.

비들과 테이텀은 아주 다양한 필수영양소들에 대한 대사경로에 대하여 분석하였으나, 그들의 실험에서 특히 중요한 것은 아미노산의 생합성 과정을 풀어낸 것이었다. 단지 몇 년 동안에 이루어낸 그들의 발견은 "아미노산의 생합성 경로에서 수십 년 간에 걸쳐 축적된 전통적인 연구결과들 보다도 훨씬 더 큰 기여를 하였다." 이들은 이 연구결과로 1958년에 노벨 생리의학상을 수상하였으며, 그 이후에 최소한 5회 이상의 노벨 생리의학상이 비들과 테이텀이 이루어 놓은 유전 분석법에 기초하여 수여되었다. 아래는 노벨 재단에서 공식적으로 인정한 수상 목록이다.

- 1958—조지 비들(George Beadle)과 에드워드 테이텀(Edward Tatum) "명확한 화학반응을 조절하는 유전자 작용에 대한 이들의 발견" (비들은 노벨상 수상 강연에서 그의 문헌연구를 통해 개로드(Garrod)의 초창기 연구결과를 두고 한 말이기도 해서 세계의 관심을 유발시키기도 하였다.)
- 1965—프랑소와 자콥(Francois Jacob), 안드레 로프(Andre Lwoff) 및 자크 모노(Jacques Monod) "효소의 유전적 조절과 바이러스 합성에 관한 이들의 발견" (제7장 참조)
- 1995—에드워드 루이스(Edward B. Lewis), 크리스찬 누스라인-볼하드(Christiane Nüsslein-Volhard) 및 에릭 비스차우스(Eric F. Wieschaus) "초기 배발생의 유전적 조절에 관한 이들의 발견"
- 2000—르란드 하트웰(Leland H. Hartwell), 팀 헌드(Tim Hunt) 및 폴 너스 경(Sir Paul Nurse) "세포주기의 핵심 조절인자들에 관한 이들의 발견"
- 2002—시드니 브레너(Sydney Brenner), 로버트 호르비츠(H. Robert Horvitz) 및 존 설튼(John E. Sulton) "기관 발생과 세포예정사에 관한 이들의 발견"
- 2007—마리오 카페치(Mario R. Capecchi), 마틴 에반스(Martin J. Evans) 및 올리버 스미티스(Oliver Smithies) "배아줄기세포를 이용한 생쥐에서의 특수 유전자 도입에 관한 이들의 발견"
- 2009—엘리자베스(Elizabeth H. Blackburn), 캐롤(Carol W), 그리더(Greider) 및 잭 스조스탁(Jack W. Szostak) "텔로미어와 효소 텔로머라제에 의해 염색체를 보호하는 방법을 발견"
- 2013—제임스 로드만(James E. Rothman), 랜디 스케크만(Randy W. Schekman) 및 토마스 수도프(Thomas C. Südhof) "우리 세포의 주요 운반 시스템인 소포 소통량을 조절하는 기계의 발견 이해"
- 2015—토마스 린델(Tomas Lindahl), 폴 모드리치(Paul Modrich) 및 아지스 생카(Aziz Sancar) "DNA 보정에 관한 기계 연구"
- 2017—제프리 홀(Jeffrey C. Hall), 미챌 로스배시(Michael Rosbash) 및 미첼 영(Michael W. Young) "일주기 리듬을 제어하는 분자 메커니즘의 발견"

1.4 유전자는 유전 암호에 의하여 단백질을 지정한다

비들과 테이텀의 실험은 하나의 유전자가 한 효소의 구조를 지정한다는 사실을 밝힌 것이지만, 이것이 어떻게 이루어지는지에 대해서는 더 연구가 필요한 실정이었다. 지금 우리는 유전자와 단백질의 관계가 간접적이라는 사실을 알고 있다. 단백질을 지정하는 유전 정보는 사실 DNA에 있는 염기의 서열들이 두루마리 종이에 인쇄된 글씨와 같은 형태로 존재한다. 단백질의 합성을 지시하는 DNA 부위에서 단백질의 유전 암호는 단지 한쪽 가닥에만 존재하며, 이 암호는 순서대로 일직선 지시해독된다. 단백질 합성의 결과물은 폴리펩티드 사슬(polypeptide chain)인데, 이것은 처음과 마지막 아미노산이 일직선으로 연결된 모습이다. 각각의 폴리펩티드 사슬은 합성 후 고유한 특징을 가지는 3차원적인 입체 구조를 가지는데, 이는 사슬 내에 존재하는 특이적인 아미노산 배열에 의해 결정된다. 전형적인 단백질은 하나 혹은 여러 개의 폴리펩티드 사슬이 합쳐져서 만들어진 것이다. 많은 단백질들이 아미노산의 생합성과 같은 대사작용에 참여하는 효소로서의 기능을 가진다.

두 가닥 중 하나의 DNA 가닥이 RNA 분자의 합성을 지시한다

1960년대까지는 유전자가 단백질을 어떻게 암호화하는지에 대해서 잘 알려지지 않았다. 그 과정을 **그림 1.15**에 요약하였다. 유전 정보의 해독은 전사(*transcription*)와 번역(*translation*)이라는 별도의 2가지 단계를 거쳐서 일어난다. 정보의 간접적인 경로는

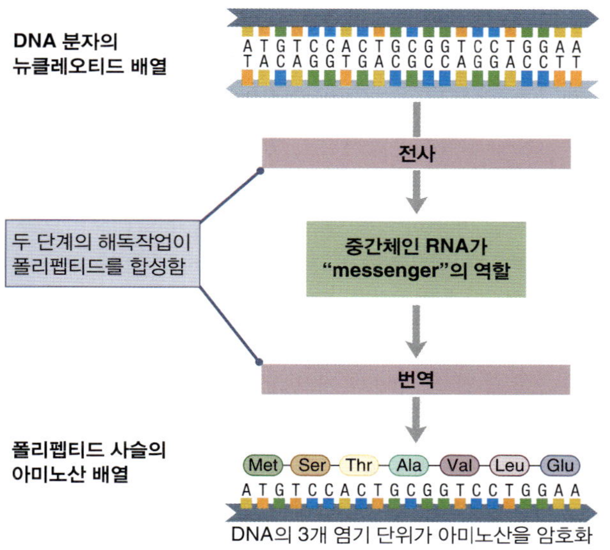

그림 1.15 폴리펩티드 사슬의 첫 7개 아미노산을 암호화하는 DNA 배열. DNA 배열은 "전령"인 중간 생성물로 작용하는 RNA 분자를 통해서 아미노산의 배열을 지정한다. 해독작업이 RNA를 거치기 때문에 간접적이기는 하지만, 결국은 DNA에 있는 인접한 3개 염기 단위에 의해 폴리펩티드 사슬 각각의 아미노산 배열이 지정되는 결과를 낳는다. 여기서 보여주는 폴리펩티드 사슬은 페닐알라닌 수산화효소(PAH)의 사슬이다.

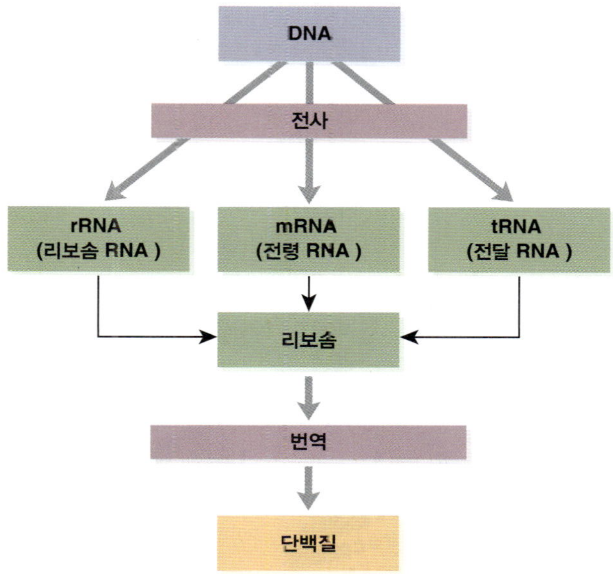

그림 1.16 분자유전학의 중심원리(central dogma): DNA는 RNA를 암호화하고 RNA는 단백질을 암호화한다. DNA → RNA 단계를 전사라 하고 RNA → protein(단백질) 단계를 번역이라 한다.

DNA → RNA → 단백질

이며, 이를 분자유전학의 **중심원리(central dogma)**라 한다. 여기에서 원리(*dogma*)라는 용어는 "일련의 신앙"을 뜻하는데, 이는 이론으로서 처음 등장할 때에 나온 개념이다. 그 후에 여러 가지 실험을 통해 사실로 증명되었음에도 불구하고 오늘날까지 그대로 쓰이고 있다. 중심원리의 주요 개념은 DNA가 단백질을 직접 암호화하는 것이 아니고, **RNA(ribonucleic acid)** 분자라는 중간체를 통하여 암호화한다는 사실이다. RNA의 구조는 DNA의 구조와 똑같지는 않지만 매우 유사하다. RNA는 **리보스(ribose)** 당을 가지고 있어 데옥시리보스(deoxyribose) 당을 가진 DNA와는 다르며, RNA는 한 가닥으로서 두 가닥인 DNA와 다르고, 또한 RNA는 **우라실(uracil; U)** 염기를 가지므로 티민(T) 염기를 가진 DNA와는 다르다. 3가지 형태의 RNA가 단백질 합성에 관여한다.

- **전령 RNA(messenger RNA, mRNA)** 분자는 DNA로부터 유전 정보를 받아와서 폴리펩티드 합성시 주형으로 사용된다. 대부분의 mRNA 분자는 DNA에 비하여 아미노산을 암호화하는 뉴클레오티드의 비율이 상대적으로 높다. 예를 들어, PAH의 mRNA는 2,400개의 뉴클레오티드로서 452개의 아미노산을 가진 폴리펩티드를 암호화하는데, 이 경우에는 전체 길이의 약 50%가 아미노산의 암호화에 관여하게 되는 것이다.
- 4종류의 **리보솜 RNA(ribosomal RNA, rRNA)**는 단백질 합성이 일어나는 장소인 **리보솜(ribosome)**이라는 세포내 입자의 주된 구성성분이다.
- 대략 45개의 **전달 RNA(transfer RNA, tRNA)** 분자로 구성된 한 조는 각각 mRNA에 존재하는 3개의 염기를 인식하여 그들과 염기쌍을 형성하는 부위를 가지고 있으며, 또한 이들은 특정의 아미노산을 운반한다. 단백질 번역에 참여하는 tRNA는 성장 중인 폴리펩티드 사슬의 말단에 아미노산을 첨가하게 된다. 메티오닌을 운반하는 tRNA는 $tRNA^{Met}$으로, 세린을 운반하는 tRNA는 $tRNA^{Ser}$ 등으로 표시한다(20개 이상의 상이한 tRNA가 있지만, 단지 20개의 아미노산이 있기 때문에, 일부 아미노산은 몇몇 tRNA 중 임의의 것에 부착될 수 있다).

중심원리(**그림 1.16**)는 분자유전학의 기본 원리인데, 왜냐하면 DNA가 지닌 유전 정보가 어떻게 해서 폴리펩티드 사슬에 있는 아미노산 서열로 나타나는지에 대해 요약해 놓았기 때문이다.

핵심 개념

한 유전자에 있는 뉴클레오티드의 배열은 mRNA 분자의 뉴클레오티드 서열을 지정한다. 또한, mRNA의 뉴클레오티드 서열은 곧 폴리펩티드 사슬의 아미노산 서열을 지정하게 된다.

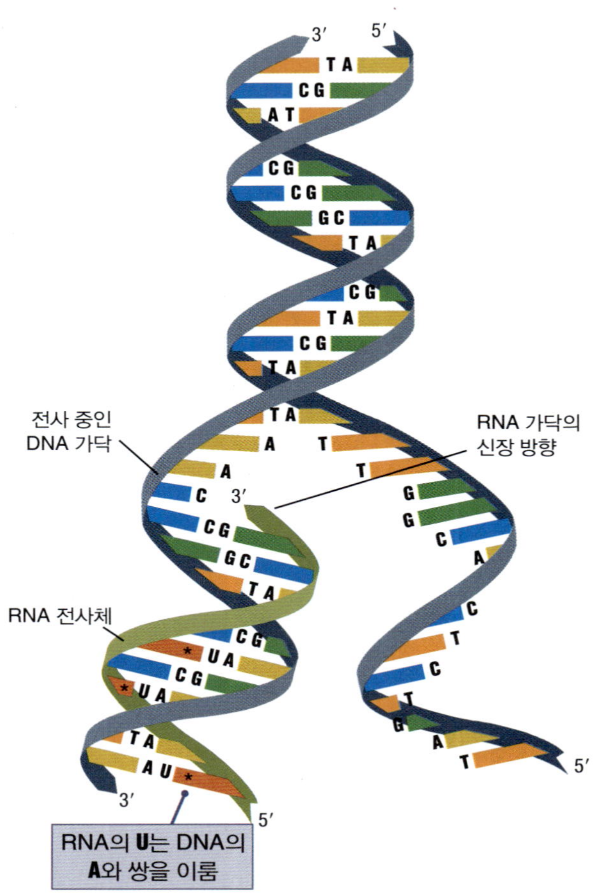

그림 1.17 전사란 DNA 가닥과 상보적인 염기배열을 가지는 RNA 가닥의 생성을 말한다. 이 그림에서는 하나의 DNA 가닥을 주형으로 하여 전사되고 있는 RNA 가닥을 왼쪽 아래에 나타내었다. 주의할 점은 RNA 분자는 A(아데닌)과 쌍을 형성하는 염기로 T(티민) 대신에 U(우라실)을 사용한다는 점이다. 그림에서 각 A–U 쌍은 별표로 표시하였다.

DNA가 지닌 유전 정보가 RNA로 어떻게 전달되는지는 그림 1.17에 나타나 있다. 두 가닥의 DNA가 열리게 되어 그 중 한 가닥이 상보적인 RNA 가닥 합성을 위한 주형으로 작용한다. DNA 주형으로부터 RNA 가닥을 만드는 과정을 **전사(transcription)**라 하고 여기서 생성된 RNA 분자를 **전사체(transcript)**라 한다. 그러므로 RNA에 있는 염기서열은 주형 DNA와는 상보적 염기쌍이 된다. 다만, RNA에는 T 대신에 U(A와 쌍을 이룬다)가 존재한다. DNA와 RNA 사이에서 염기쌍 형성의 법칙은 아래에 요약하였다.

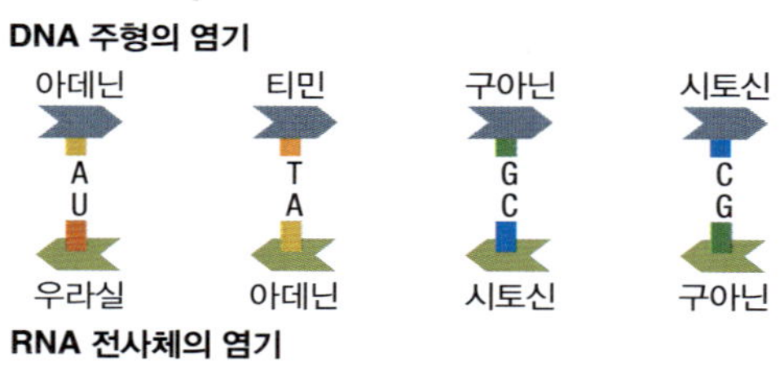

DNA에서와 같이, RNA 가닥도 역시 극성을 나타내는데, 5′과 3′말단은 뉴클레오티드의 방향에 의해서 결정된다. RNA 전사체의 5′말단이 먼저 합성되고 이후 전사가 일어날 때는 RNA–DNA 혼합가닥이 형성되는데, 이때 RNA 가닥의 극성은 DNA 가닥의 극성과는 반대가 된다. 각각의 유전자는 전사를 개시하고 또 종결하는 특정 뉴클레오티드를 가지고 있다. 모든 유전자의 전사체는 주형가닥의 개시 부위에서 전사된 것이며, 이 자리는 아미노산을 암호화하는 부위의 "상류(upstream)"에 위치한다. 또한 모든 전사체는 주형가닥의 종결 부위에서 전사가 종결되는데, 이 자리는 아미노산 암호화 부위의 "하류(downstream)"에 위치한다. 어떠한 유전자일지라도 RNA 전사체의 길이는 전체 염색체에 존재하는 DNA의 길이보다 짧다. 예를 들어, 페닐알라닌 수산화효소를 암호화하는 *PAH* 유전자의 전사체는 그 길이가 90,000 뉴클레오티드이나 12번 염색체에 존재하는 DNA는 130,000,000 뉴클레오티드 쌍을 가지고 있다. 이 경우, *PAH* 전사체의 길이는 염색체의 DNA 길이의 0.1%에 불과하다. 12번 염색체에 존재하는 다른 유전자들은 12번 염색체의 다른 부위에 존재하는 DNA 분자에서 전사될 것이다. 그러나 이 또한 염색체의 DNA 길이와 비교할 때 이보다는 훨씬 적은 부위에서 전사가 일어나게 될 것이다.

RNA 분자는 폴리펩티드 사슬의 합성을 지시한다

mRNA 분자의 지시에 의해 일어나는 폴리펩티드의 합성을 **번역(translation)**이라 한다. 비록 mRNA 분자의 염기서열이 폴리펩티드의 아미노산 서열을 암호화하지만, 실질적으로 번역 작업을 하는 분자는 tRNA이다. mRNA에서는 서로 겹쳐지지 않는 3개의 염기 단위로 번역되는데, 이 3개 염기를 **코돈(codon)**이라 한다. mRNA 상에 존재하는 각 코돈은 하나의 아미노산을 지정하는데, 이 코돈에 상보적으로 염기쌍을 형성하는 3개의 염기를 가진 tRNA 분자가 존재한다. 아미노산이 tRNA의 한쪽 말단에 정확하게 부착하고 또 이 tRNA가 선상에 들어서면 이 tRNA에 부착된 아미노산은 성장하는 폴리펩티드 사슬의 새로운 말단 아미노산으로 된다.

번역 과정에서 tRNA의 역할에 대한 설명은 그림 1.18에 나와 있으며, 다음과 같이 정리할 수 있다.

핵심 개념

mRNA는 하나하나의 코돈 단위로 읽혀진다. 하나의 아미노산을 지정하는 각 코돈은 한 분자의 tRNA 내에서 서로 인접하여 위치하는 3개의 염기와 상보적으로 결합한다. tRNA의 한쪽 말단은 이에 대응하는 아미노산과 결합하여 이 아미노산을 선상에 배열시킨다.

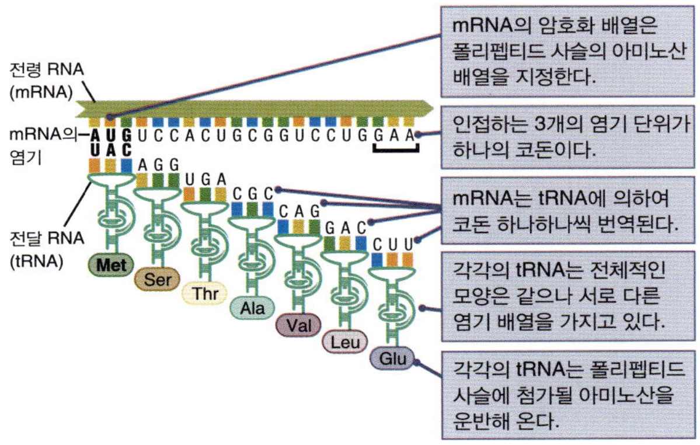

그림 1.18 번역시에 전령 RNA(mRNA)의 역할은 DNA 배열이 가지고 있는 정보를 폴리펩티드 사슬이 번역되는 장소인 리보솜으로 운반해 오는 것이다. 번역은 전달 RNA(tRNA) 분자에 의해서 매개되는데, 이들 각각은 mRNA에 있는 서로 인접하는 3개의 염기 단위와 염기쌍을 형성한다. 각각의 tRNA는 또한 하나씩의 아미노산을 리보솜으로 운반함으로써 폴리펩티드 사슬의 신장 중인 말단에 위치시킨다.

번역에 사용되는 tRNA 분자들은 사실 그림 1.18에 나타낸 것처럼 mRNA 분자를 따라서 동시에 일렬로 정렬하는 것이 아니다. 번역 과정은 리보솜에서 일어나는데, 이때 리보솜은 한 분자의 mRNA와 결합한 후 mRNA의 한쪽 말단에서 다른 쪽 말단까지 3개의 뉴클레오티드 단위(하나의 코돈 단위)로 단계적으로 이동해 간다. 각각의 새로운 코돈이 들어올 때 마다 그 다음의 tRNA 분자가 리보솜에 결합하게 되고, 이렇게 해서 연속적으로 성장 중인 폴리펩티드 사슬의 말단에 아미노산과 결합하고 있는 tRNA가 부착되는 것이다. 이런 점에서 각 tRNA는 합성 중인 폴리펩티드 사슬을 순간적으로 리보솜에 붙들고 있는 셈이다. 각 tRNA에서 성장한 폴리펩티드 사슬이 다음 선으로 이동할 때 폴리펩티드 사슬을 붙들고 있던 이전의 tRNA는 리보솜 밖으로 방출된다. 폴리펩티드 사슬은 하나의 아미노산 단위로 단계적으로 그 사슬이 연장되는데, 후에 "종결(stop)"을 지정하는 코돈을 만나게 될 때까지 지속된다. 이 시점에서 아미노산 사슬의 합성은 끝나게 되고 폴리펩티드 사슬은 리보솜에서 방출된다.

유전 암호는 3개 염기로 구성된 암호이다

그림 1.18에서 mRNA 코돈인 AUG는 메티오닌(Met), UCC는 세린(Ser), ACU는 트레오닌(Thr) 등을 각각 지정하고 있음을 알 수 있다. 완전한 해독표를 **유전 암호(genetic code)**라 하고, 이를 **표 1.1**에 나타내었다. 왼쪽 세로줄은 코돈의 첫 번째 뉴클레오티드(5′말단에서부터 읽을 때), 위쪽 가로줄은 두 번째 뉴클레오티드 그리고 오른쪽 세로줄은 세 번째 뉴클레오티드를 나타낸다. 모든 코돈을 이를 지정하는 아미노산(혹은 종결)과 함께 표에 나타내었다. 각 아미노산을 이의 완전한 이름, 세 문자로 된 약자, 한 문자로 된 약자로 모두 나타내었다. 세 문자나 한 문자로 된 아미노산의 약자는 분자

표 1.1 표준 유전 암호 코드

코돈의 첫 번째 뉴클레오티드 (5′말단)	코돈의 두 번째 뉴클레오티드: U	C	A	G	코돈의 세 번째 뉴클레오티드 (3′말단)
U	UUU Phe F *Phenylalanine*	UCU Ser S *Serine*	UAU Tyr Y *Tyrosine*	UGU Cys C *Cysteine*	U
	UUC Phe F *Phenylalanine*	UCC Ser S *Serine*	UAC Tyr Y *Tyrosine*	UGC Cys C *Cysteine*	C
	UUA Leu L *Leucine*	UCA Ser S *Serine*	UAA Termination	UGA Termination	A
	UUG Leu L *Leucine*	UCG Ser S *Serine*	UAG Termination	UGG Trp W *Tryptophan*	G
C	CUU Leu L *Leucine*	CCU Pro P *Proline*	CAU His H *Histidine*	CGU Arg R *Arginine*	U
	CUC Leu L *Leucine*	CCC Pro P *Proline*	CAC His H *Histidine*	CGC Arg R *Arginine*	C
	CUA Leu L *Leucine*	CCA Pro P *Proline*	CAA Gln Q *Glutamine*	CGA Arg R *Arginine*	A
	CUG Leu L *Leucine*	CCG Pro P *Proline*	CAG Gln Q *Glutamine*	CGG Arg R *Arginine*	G
A	AUU Ile I *Isoleucine*	ACU Thr T *Threonine*	AAU Asn N *Asparagine*	AGU Ser S *Serine*	U
	AUC Ile I *Isoleucine*	ACC Thr T *Threonine*	AAC Asn N *Asparagine*	AGC Ser S *Serine*	C
	AUA Ile I *Isoleucine*	ACA Thr T *Threonine*	AAA Lys K *Lysine*	AGA Arg R *Arginine*	A
	AUG Met M *Methionine*	ACG Thr T *Threonine*	AAG Lys K *Lysine*	AGG Arg R *Arginine*	G
G	GUU Val V *Valine*	GCU Ala A *Alanine*	GAU Asp D *Aspartic acid*	GGU Gly G *Glycine*	U
	GUC Val V *Valine*	GCC Ala A *Alanine*	GAC Asp D *Aspartic acid*	GGC Gly G *Glycine*	C
	GUA Val V *Valine*	GCA Ala A *Alanine*	GAA Glu E *Glutamic acid*	GGA Gly G *Glycine*	A
	GUG Val V *Valine*	GCG Ala A *Alanine*	GAG Glu E *Glutamic acid*	GGG Gly G *Glycine*	G

코돈 / 아미노산의 세 문자와 한 문자 약어

유전학에서 흔하게 사용된다. 표 1.1에 나타난 암호는 거의 모든 생명체의 세포에서 번역시 사용되는 암호이다.

아미노산을 암호화하는 61개 코돈 이외에 나머지 4개의 코돈은 특수한 기능을 가지고 있다.

- 아미노산만을 암호화하는 61개의 코돈 외에도 특별한 기능을 가진 4개의 코돈이 있다. AUG 코돈은 Met(메티오닌)을 지정하는데, 이 코돈은 또한 폴리펩티드 사슬의 합성에서 “개시(start)” 코돈이다. $tRNA^{Met}$가 처음으로 AUG에 결합하는 것으로 폴리펩티드 합성이 개시된다. 그러므로 합성되는 모든 폴리펩티드는 메티오닌(Met)으로 개시한다(많은 폴리펩티드에 있어서 번역이 끝나고 나면 메티오닌이 절단되어 나간다). 대부분의 생물체에서 개시에 사용된 $tRNA^{Met}$가 폴리펩티드의 사슬 중에 존재하는 메티오닌도 똑같이 지정하게 된다.
- UAA, UAG 및 UGA는 모두 “종결(stop)” 코돈으로서 번역의 종결을 지정하고 완성된 폴리펩티드를 리보솜에서 유리시킨다. 이러한 종결코돈은 이를 인식하는 tRNA를 갖고 있지 않으며, 단지 종결은 번역의 종결에 관계하는 단백질 인자에 의해서만 인식된다.

유전 암호표를 사용하여 폴리펩티드 사슬 중에 있는 아미노산 서열을 어떻게 추론해 낼 수 있는가는 PAH 유전자의 1번부터 7번까지의 아미노산을 지정하는 DNA 배열을 사용하여 설명할 수 있다. DNA 서열은 아래와 같다.

5′-ATGTCCACTGCGGTCCTGGAA-3′
3′-TACAGGTGACGCCAGGACCTT-5′

이 부위는 RNA로 전사될 때 왼쪽에서 오른쪽으로 전사되며, 또한 RNA는 3′말단에 점차적으로 뉴클레오티드들이 하나씩 첨가되므로(그림 1.17), 아래에 있는 가닥은 주형이 된다는 사실을 알 수 있다. RNA의 뉴클레오티드 배열은 DNA의 위쪽 가닥의 서열과 같게 되는데, 이때에는 단지 T가 U로 치환된다. 따라서 1번에서 7번까지의 아미노산을 지정하는 mRNA는 아래와 같다.

5′-AUGUCCACUGCGGUCCUGGAA-3′

여기서 코돈은 왼쪽에서 오른쪽으로 3개 단위로 읽어가며, 표 1.1에 있는 유전 암호에서 확인할 수 있다. 첫 번째인 AUG 코돈은 Met을 암호화하고, 두 번째인 UCC 코돈은 Ser을 암호화한다는 것을 알 수가 있다. 이와 같이 읽으면, 폴리펩티드의 서열이 아래와 같이 된다.

5′-AUGUCCACUGCGGUCCUGGAA-3′
MetSerThrAlaValLeuGlu

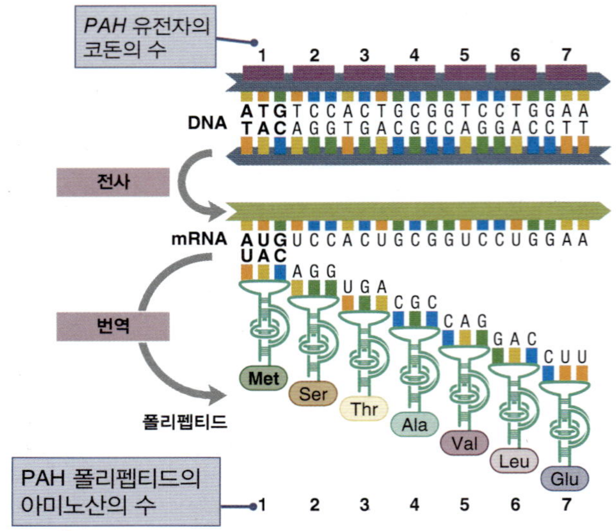

그림 1.19 중심원리의 작동. PAH를 암호화하는 DNA는 mRNA 생산을 위한 주형으로 작용하고, 이렇게 해서 만들어진 mRNA는 tRNA 분자와 상호작용하여 PAH 폴리펩티드 사슬의 아미노산 배열을 지정하게 된다.

혹은 아미노산을 한 문자로 표시하면 아래와 같다.

5′-AUGUCCACUGCGGUCCUGGAA-3′
M S T A V L E

PAH 유전자의 1번에서 7번까지의 서열을 완전히 해독한 내용은 그림 1.19에 도식화하였다. 이 그림에서, 개시코돈인 AUG가 특히 조명을 받고 있는데, 그 이유는 PKU 환자의 경우 이 특별한 코돈에 돌연변이가 일어나 있기 때문이다. 폴리펩티드 합성에서 메티오닌이 개시코돈이 되기 때문에 이 부위에 변이가 일어난 PKU 환자의 세포에서는 어떠한 PAH 폴리펩티드도 합성될 수 없다. 돌연변이와 그에 따른 결과에 대해서는 다음 절에서 설명한다.

1.5 유전자는 돌연변이에 의하여 변화한다

돌연변이(mutation)라 함은 한 유전자에서 어떠한 유전적인 변화가 일어났음을 말하거나(혹은, 일반적으로 말해서 유전물질에서 일어나는 변화) 혹은 그러한 변화가 일어나는 과정을 말한다. 그 중 하나는 DNA의 염기서열의 변화이다. 그 변화는 단순한데, 가령 두 가닥 DNA에서 한 염기쌍이 다른 염기쌍으로 치환되는 것이다. 예를 들어, 두 가닥 DNA에서 C—G 쌍이 T—A, A—T 혹은 G—C 쌍으로 변이가 되는 것이다. 염기서열의 변화는 또한 염기의 결실이나 첨가와 같이 복잡한 것도 있다. 유전학자들은 또한 **돌연변이체(mutant)**라는 용어를 사용하는데, 이는 돌연변이의 결과를 말하는 것이다. 하나의 돌연변이는 하나의 돌연변이 유전자

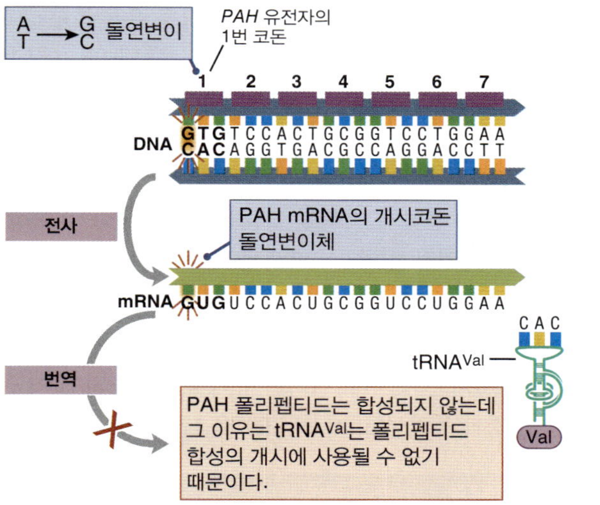

그림 1.20 *PAH* 유전자의 M1V 돌연변이체. 개시에 사용되는 메티오닌 코돈이 발린 코돈으로 돌연변이되었다. 이 결과 번역이 일어날 수 없어서 PAH 폴리펩티드는 생산되지 않는다.

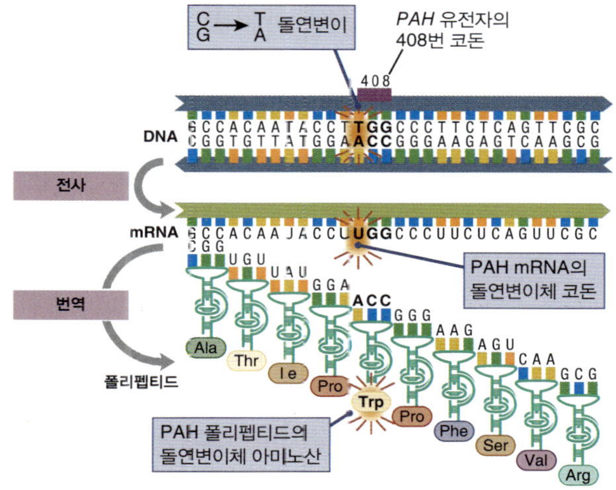

그림 1.21 *PAH* 유전자의 R408W 돌연변이체. 408번째 코돈인 아르기닌(R) 코돈이 트립토판(W) 코돈으로 돌연변이되었다. 그 결과로 PAH 폴리펩티드의 408번째 위치에는 아르기닌이 아닌 트립토판이 들어갔다. 이 돌연변이 단백질은 PAH 효소 활성을 가지지 못한다.

를 만들어 내고, 이는 곧 돌연변이 mRNA, 돌연변이 단백질 그리고 결국에는 선천성 대사이상과 같이 돌연변이가 일어난 효과를 나타내는 돌연변이 개체를 만들어 내게 된다.

전 세계적으로 페닐케톤뇨증 환자들이 가지고 있는 DNA에서 어떠한 형태의 돌연변이가 일어나서 선천성 질병을 유발한 것인지에 관한 많은 연구가 있었다. 거기에는 수많은 돌연변이체가 있었는데, 약 400여 종의 돌연변이 DNA가 발견되었다. 어떤 경우는 유전자의 일부가 결실되어서 완전한 PAH 효소를 생산할 수 있는 유전 정보가 소실되었고, 또 어떤 경우는 유전적 결함은 미약했으나 PAH 효소를 생산할 수 없었으며, 또한 PAH 효소를 생산할 수는 있었으나 불활성인 경우도 있었다. **그림 1.20**에 있는 돌연변이는 첫 암호화 부위의 정상적인 A—T 염기쌍이 변이형인 G—C 염기쌍으로 치환되어서 번역의 개시코돈으로 사용되어야 할 AUG(Met)가 발린을 암호화하는 GUG(Val)로 변이되어 "개시" 코돈으로 사용되지 못하는 경우이다. 그 결과 PAH의 mRNA가 번역되지 않아 PAH 폴리펩티드가 만들어지지 않는다. 이 돌연변이체를 M1V라고 하는데, 이는 1번 아미노산인 M(메티오닌) 코돈이 V(발린) 코돈으로 치환되었기 때문이다. 세계적으로 M1V형의 돌연변이체는 그리 흔하지 않지만, 캐나다의 퀘벡 지방에서는 흔히 볼 수 있다.

가장 흔한 PAH 돌연변이체는 R408W인데, 이는 PAH 폴리펩티드의 408번째 아르기닌(R) 코돈이 트립토판(W) 코돈으로 치환된 것이다. 이 돌연변이체는 유럽의 백인들에게 가장 흔하게 일어나는 4가지 PKU 중의 하나이다. R408W 돌연변이의 분자적 기초는 **그림 1.21**에서 설명하였다. 408번째 코돈 중 첫 번째 뉴클레오티드인 C—G 쌍이 A—T 쌍으로 치환된 것이다. 그 결과, PAH의 408번째 코돈인 CGG가 UGG로 치환되었다. 그러므로 이 돌연변이체에서는 PAH 효소의 mRNA 자체에는 문제가 없으므로 번역은 이루어지나 폴리펩티드 사슬의 408번째 아미노산이 아르기닌(Arg) 대신에 트립토판(Trp)으로 치환된다. 단지 하나의 아미노산의 변화이긴 하지만 그 결과는 매우 극적으로 나타나는데, 그 이유는 이 돌연변이 효소가 활성이 전혀 없어서 대사반응을 촉매하지 못하게 되기 때문이다. 다시 말해, 완전한 변이형 PAH 효소가 생산되지만 이 효소는 활성이 전혀 없는 효소로 된다. 다른 단백질에서와 마찬가지로 PAH 효소의 폴리펩티드 사슬 중에서 일어난 아미노산의 치환이 이 단백질의 정상적인 접힘을 불가능하게 만든 것이다. 폴리펩티드의 접힘이 정확하게 일어나지 않으면 세포 내에 존재하는 단백질 분해효소에 소화되어 아미노산 단위로 분해되며, 이 아미노산은 다른 단백질의 합성에 재사용된다.

잠깐 생각해 봅시다 1.5

아미노산 대체제 R408Q를 사용하여 효소 페닐알라닌 하이드록실라제(phenylalanine hydroxylase, PAH)의 새로운 돌연변이 형태를 발견했다고 가정하자—즉, 단백질의 408번 위치에서 정상적으로 발견되는 아미노산 아르기닌(arginine, R)이 돌연변이체에서 아미노산 글루타민(glutamine, Q)으로 대체되었다. 408번 위치에서 아르기닌을 암호화하는 DNA의 어떤 단일 뉴클레오티드 치환이 R408Q를 생성하는가?

1.6 형질은 유전자에 의하여 지배되지만 환경의 영향을 받기도 한다

선천성 대사이상은 정상적인 유전자가 정상적인 단백질을 만들고 변이형 유전자는 변이형 단백질을 만들어 낸다는 일반적인 원리를 말해 준다. 페닐케톤뇨증을 가진 사람은 거의 드문데, 그 이유는 페닐케톤뇨증의 발생 빈도는 10,000명 중에 1명꼴로 가지기 때문이다. 페닐케톤뇨증과 같은 유전적 특성은 단일 유전자의 돌연변이로 인한 것인데, **단순한 Mendelian 특성(simple Mendelian trait)**이라고도 불린다. 멘델에 의해 처음 발견된 단순한 유전자 비율에 따라 가족력으로 발생하기도 한다(제2장). 약 2,000개의 간단한 Mendelian 질환이 설명되었지만, 이들 각각은 인간 집단에서 전체적으로 매우 드물다(일부 개별 질환이 특정 하위군에서 더 흔하게 발생하기도 한다).

특히, 가장 흔하게 발생하는 질병 중, 심장질환, 당뇨병, 간장 질환, 사폐증 및 양극성 장애가 있다. 대부분의 사람이 이러한 질병들 중 하나 이상에 영향을 받는데, 주로 가족으로부터 발생한다. 이러한 질병은 각각은 약 1/100 개체에서 발생한다. 전형적인 단순 Mendelian 장애보다 최소 100배 더 많이 발생한다.

이러한 일반적인 질병은 원인이 여러 유전적 요인과 환경적 요인 사이의 복합적인 상호작용이기 때문에 **복잡한 특성(complex traits)**의 예시가 된다. 인과 관계가 복잡한 질병은 유전적 요인에 의해 영향을 받지만, 단독으로 수행하는 각 유전적 요인은 질병의 존재를 결정짓지 않는다. 각 유전자 인자는 유전자를 가진 개인이 질병을 드러낼 가능성을 증가시키는 **위험 인자(risk factor)**이다. 각 위험 요소는 상대적으로 작은 영향을 줄 수 있지만, 그 위험 요소는 누적된다.

또한, 복잡한 특성은 환경 요인과 생활 습관에 영향을 받는다. 예를 들어, 개인은 심장질환에 대해 여러 가지 유전적 위험 요소를 가질 수 있지만, 여전히 질병의 발병을 지연시키거나, 중증도를 최소화하고, 건강한 식습관과 규칙적인 운동 및 금연 등으로 예방할 수 있다. 이와 반대로, 심장병에 유전적 요인이 거의 없는 사람이라도 식이요법, 운동 및 담배와 같은 나쁜 생활습관으로 인해서 질병에 걸릴 수도 있다.

모든 복잡한 특성이 질병인 것은 아니다. 개인 간에 가장 일반적으로 관찰되는 차이는 복잡한 특성의 변화 때문이다. 키와 몸무게가 두드러진 예시이다. 두 특성은 함께 작용하는 여러 유전적 및 환경적 요인에 의해 영향을 받는다. 체중의 경우에 명백한 환경적 요인이 식이 및 운동이지만, 또한 각각이 작은 효과를 지닌 700가지 이상의 알려진 유전적 요인의 누적에 의해서도 영향을 받는다.

1.7 진화는 변화를 수반하는 생명의 연속성이다

페닐알라닌을 분해하기 위한 경로는 인간에게는 더이상 의미가 없다. 분자유전학에서 파생된 가장 일반적인 사실 중의 하나는 동물과 식물처럼 매우 확연히 구별되는 개체 사이에서도 이들의 유전학 및 생화학에서는 많은 공통적인 특징을 보유하고 있다는 것이다. 이러한 유사성은 아래와 같이 근본적인 "생명의 통일성(unity of life)"을 나타낸다.

핵심 개념

지구 상에 존재하는 모든 생명체는 유전적 기구에서 많은 부분을 공유하고 있다. 즉, DNA의 염기서열에 의해 암호화되는 유전 정보, RNA로의 전사, tRNA를 이용한 리보솜에서의 단백질 합성 등이 그것이다. 모든 생명체는 또한 생화학에서도 많은 부분을 공유하고 있는데, 여기에는 효소나 여타의 단백질이 가지는 아미노산의 배열, 3차원적인 구조 및 기능에서의 유사성 등이 있다.

연관된 개체군은 하나의 공통조상에서 나온 것이다

생명의 통일성은 왜 존재할까? 모든 생명체는 하나의 공통적인 기원을 가지고 있기 때문이다. **진화(evolution)**는 한 개체군의 유전적 구성요소가 시간이 흐름에 따라서 점차적으로 변화하기 때문에 일어난다. 진화적 관점에서 보면, 기본적인 분지 작용의 통일성이 이미 이들 기구를 가지고 있었던 하나의 먼 공통조상으로부터 유전되어 왔다는 것이다.

생명의 통일성뿐만 아니라 살아 있는 생명체의 다양한 특징도 진화적 관점에서 보면 쉽게 이해가 된다. 예를 들어, DNA로부터 RNA로 유전 정보가 넘어가서 단백질이 만들어질 때 중간 매개체인 RNA가 존재한다는 사실은 제일 처음 조상이 되는 생명체에서 RNA가 유전 정보와 효소 촉매작용의 2가지 기능을 다 할 수 있었다고도 볼 수 있다. 한 덩어리의 무의미하고 불필요하게 보이는 생물학의 모양새를 이해함에 있어서 진화적 견지의 중요성은 진화생물학자인 도브잔스키(Theodosius Dobzhansky)의 유명한 격언인 "진화적 관점을 제외한다면 생물학은 아무런 의미도 없다(Nothing in biology makes sense except in the light of evolution)"로 요약된다.

생물학자들은 생물계를 크게 3개로 나눈다.

1. **세균계(*Bacteria*)** 이 그룹은 대부분의 세균과 시아노박테리아(전에는 남조류로 불렀다)를 포함한다. 이들 생명체의 세포는 막으로 둘러싸인 핵과 미토콘드리아가 없으며, 세포벽을 가지고 이분법으로 분열한다.
2. **고세균계(*Archaea*)** 이 그룹은 원래 메탄가스를 생산하거나 혹은 온천이나 고농도의 소금이 존재하는 극단적인 환경에서 자라는 미생물 중에서 발견되었다. 이 미생물들은 정상적인 환경에서도 널리 분포하고 있다. 일반 세균과 같이 고세균 세포도 내막계를 가지고 있지 않다. DNA 염기배열 분석 결과, 고세균의 DNA 복제나 전사는 진핵생물과 비슷하나 이들의 물질대사는 세균과 매우 닮은 것으로 나타났다. 전체 유전자의 절반 정도는 이들 고세균만이 가지는 고유한 유전자로 밝혀졌다.
3. **진핵생물계(*Eukarya*)** 이 그룹은 정교한 내막계를 가지고, 막에 둘러싸인 핵 그리고 미토콘드리아를 가지는 거의 모든 생명체를 포함한다. 이들의 DNA는 염색체를 형성하고 체세포분열에 의한 세포 분열이 일어난다(제3장 참조). 진핵생물은 균류(곰팡이) 및 아메바나 섬모를 가진 원생동물 등 단세포 생물 그리고 동물과 식물 모두를 포함한다.

위의 세균계와 고세균계에 속하는 그룹을 하나의 **원핵생물(prokaryotes)**로 합칠 수 있는데, 이의 사전적 의미는 "(진화) 이전의 핵"이란 뜻을 가진다. 이 용어는 사전적 의미로 "진짜 (잘 만들어진) 핵"이란 뜻을 가지는 **진핵생물(eukaryotes)**과 구별하여 쓰인다.

유전체의 비교에서 생명의 분자적 통일성을 볼 수 있다

세포에서 하나의 세포, 핵, 혹은 소기관에 존재하는 전체 DNA를 그 개체의 **유전체(genome)**라 한다. 생물체의 종과 함께 나타낼 때, 예를 들면 "인간 유전체"와 같은 단어에서의 유전체는 하나의 정상적인 생식세포에 존재하는 DNA를 말한다.

최근의 DNA 서열 결정법은 매우 빠르고 효과적이어서 수백 종의 생물체에서 전체 DNA 서열이 밝혀진 것으로 알려져 있다. 여기에는 화석의 뼈에서 추출한 멸종된 인간 조상의 DNA를 포함하여, 모든 그룹의 생물체를 대표하는 종들의 유전체도 포함된다. **표 1.2**에 시퀀싱된 유전체 중 일부 샘플을 나타내었다. 유전체의 크기는 메가베이스(megabase; Mb), 혹은 백만 염기쌍 단위로 나타내었다.

Syn 3.0으로 표시된 유기체는 자연적으로 발생하는 유기체가 아니라는 점에서 매우 특별하므로 나중에 논의할 것이다. 표 1.2의 자연 발생 유기체 중에는 2개의 박테리아가 있다: 우폐역균(*Mycoplasma mycoides*)은 크기가 작은 게놈과 제한된 수의 유전자로 되어 있다; 대장균은 크기와 유전자 수에서 박테리아에서 많이 볼 수 있는 유형이다.

빵 효모인 출아형 효모(*Saccharomyces cerevisiae*)는 단세포 진핵생물이다. 게놈 크기는 12 Mb, 16개의 염색체 및 6,000개의 유전자를 가지고 있다. 유전자 밀도는 2 Mb당 약 1개로, 박테리아보다 2배 가량 많다.

Caenorhabditis elegans, *Drosophila melanogaster*, 그리고 작은 개화기 식물인 *Arabidopsis thaliana*는 복합적이고, 상대적으로 작은 게놈 크기로 유명한 다세포 진핵생물인데, 빵 효모보다 훨씬 크다. 이들의 유전자 수 또한 효모의 수보다 약 3~4배 정도 큰데, 평균 5~10 Mb당 한 유전자의 평균 유전자 밀도를 가지고 있다(모든 곤충이 *Drosophila*보다 작

표 1.2 게놈의 구성

개체	유전체의 크기, Mb[a] (근사치)	유전자의 수 (근사치)
syn3.0 (합성 DNA 박테리아)	0.5	473
Mycoplasma mycoides (소 폐렴의 원인)	1.2	985
Escherichia coli (일반적인 대장 박테리아)	4.6	4000
Saccharomyces cerevisiae (빵 효모)	12	6000
Caenorhabditis elegans (토양 선충)	100	20,000
Drosophila melanogaster (과일 파리)	180	16,000
Arabidopsis thaliana (애기장대)	135	28,000
Mus musculus (실험용 생쥐)	2500	25,000
Homo sapiens (인간)	3000	25,000

[a]수백만 개의 기본 쌍.

은 게놈을 가지는 것은 아니다; 산 메뚜기 *Podesma pedestris*의 게놈 크기는 *Drosophila*보다 100배나 크지만 같은 수의 유전자를 가지고 있다. 이러한 게놈 크기의 역설에 대해서는 제6장에서 논의된다).

생쥐 및 인간의 게놈은 표 1.2의 다른 다세포 진핵생물의 게놈보다 훨씬 크지만, 거의 같은 수의 유전자를 가지고 있다. 이것은 마우스와 인간의 유전자 밀도가 100 Mb당 대략 하나의 유전자로 훨씬 감소되었음을 의미한다. 감소된 유전자 밀도는 인간 게놈 서열의 약 1.5%만이 단백질을 암호화한다는 사실에 반영된다(인간 게놈의 약 27%가 단백질-암호화 유전자에 존재하지만, 이러한 유전자에 존재하는 많은 DNA 서열은 실제로 아미노산을 암호화하지는 않는다).

초창기 합성 유기체는 syn 3.0으로 거슬러 올라간다. 박테리아 세포가 아미노산 및 다른 소분자 영양소를 함유하는 생장 배지에서 증식할 수 있도록 최소한의 유전자 배열을 확인하기 위해 생성되었다. 유폐역균(*Mycoplasma mycoides*)의 세포를 기반으로 하여 California La Jolla에 있는 J. Craig Venter 연구기관에서, 985개의 유전자 각각을 체계적으로 생산하여 생장에 필수적인 유전자를 결정하였다. 이 유전자들은 0.5 Mb DNA 분자를 필수 유전자와 함께 화학적으로 합성하였다. 용액에서 길이가 긴 DNA 분자는 부서지기 쉬워서, 기계적 절단에 의해 쉽게 부서지므로, 크기가 큰 DNA 조각 합성은 기술적으로 제조하기 어렵다. 실제로, 거대 분자들은 작은 조각들로 합성되고 적절한 순서의 배열로 조합이 되어야 한다. 연구자들은 정확한 순서 내에서 Syn 3.0 합성 조각을 결합하기 위해, 그리고 분자의 반복수에 대한 신뢰도를 높이기 위해, 살아 있는 정밀한 효모 세포를 만들었다. 완성된 게놈의 생존 능력을 보기 위해 마이코플라스마(*Mycoplasma*) 세포를 도입하였지만, DNA가 파괴되었다.

이 프로젝트에서 나타난 뚜렷한 결과는 없었다. 예를 들어, 불필요한 두 유전자가 있지만, 이 유전자들을 제거할 경우에 세포가 상당히 느리게 생장하거나, 아예 생장하지 않는 결과를 초래할 수 있다. 비유를 하자면, 보잉 767은 트윈 제트 엔진 중 하나가 작동하지 않아도 비행할 수 있으나, 둘 다 작동하지 않으면 비행할 수 없다.

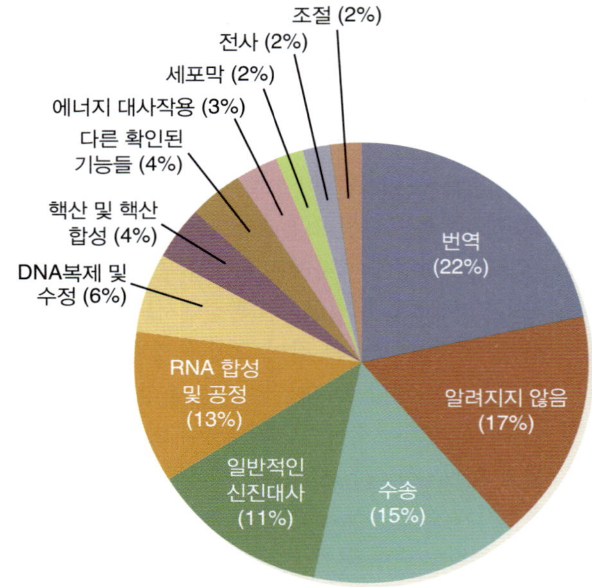

그림 1.22 합성 박테리아 syn 3.0에서 473 유전자의 기능들.

Data from C. A. Hutchison III et al. *Science* 2016 Mar 25;351(6280):aad6253. doi: 10.1126/science.aad6253.

수많은 작업 및 시도 그리고 오차의 시행착오 후에, syn 3.0를 이용하여 473개의 유전자들을 구성하고 있는 합성 가능한 최소한의 게놈을 가진 눈에 보이는 세포가 만들어졌다. 473개 유전자들의 기능들은 **그림 1.22**에 요약되어 있다. 가장 많은 수의 유전자가 소분자 수송, 일반적인 대사, 또는 거대분자의 합성 및 가공에서 기능을 한다. 놀랍게도, 최소 게놈에 있는 유전자의 17%는 기능이 확인되지 않았으며("알 수 없음"), 이는 많은 생물학이 여전히 발견되어야 한다는 것을 의미한다. Syn 3.0에 있는 유전자의 상당 부분이 표 1.2에 나타난 것처럼, 다른 유기체에서 인식 가능한 대응물을 가지고 있으며, 지구에 있는 생명체의 분자적 단일성을 입증한다는 점에서 주목할 만하다.

장의 요약

- 유전형질은 유전자의 영향을 받는다.
- 유전자는 화학물질인 데옥시리보핵산(DNA)으로 구성된다.
- DNA는 자기자신을 복사하기(일반적으로 똑같게) 위하여 복제한다.
- DNA는 세포에서 만들어지는 효소나 그 외의 단백질이 어떤 형태로 될 것인지를 지정하는 암호를 가진다.
- DNA는 때때로 돌연변이되며, 그 돌연변이형 DNA는 변형된 단백질을 지정한다.
- 돌연변이 효소는 "선천성 대사이상"이며, 이는 작은 분자들의 대사에서 생화학적 경로가 한 군데 차단된 것이다.
- 붉은빵곰팡이의 필수 영양소를 합성하지 못하는 돌연변이체의 유전 분석에서 하나의 유전자–하나의 효소 가설이 제기되었다.
- 하나의 같은 유전자에서 다른 돌연변이가 일어나면, 이들 두 유전자를 하나의 세포나 개체에 도입하여 상보성 검사로 동정할 수 있다. 같은 유전자에서 다른 돌연변이가 일어나면 서로 상보적이지 않으나, 다른 유전자에서 돌연변이가 일어나면 상보성을 나타낸다.
- 대부분의 형질은 환경적 요인뿐만 아니라 여러 유전자에 의해 영향을 받는 복잡한 특성이다.
- 생물체는 생물학적 진화 과정에서 세대를 거쳐 유전적으로 변화한다.
- 공통조상이 있기 때문에, 생물체들은 유전학과 생화학에서 많은 특징을 공유한다.

쟁점과 착상: 알고 넘어 갑시다

- DNA 구조는 어떤 특징 때문에 각각의 가닥이 복제할 수 있는가?
- DNA 한 가닥이 RNA 분자의 구조를 지정한다는 말은 무슨 의미인가?
- 단백질 합성에 관여하는 RNA에는 어떠한 것이 있으며, 이들 각각의 RNA의 역할은 무엇인가?
- 유전 암호(*genetic code*)라는 용어의 의미는 무엇이고, 한 분자의 mRNA로부터 폴리펩티드 사슬로 번역되는 것이 유전 암호와 어떤 관련성이 있는가?
- 유전 분석(*genetic analysis*)이라는 용어의 의미는 무엇이고, 비들과 테이텀은 붉은빵곰팡이를 이용하여 유전 분석을 어떻게 예시하였는가?
- 상보성 검사란 무엇이며, 이것이 유전 분석에 사용된 것은 무엇인가?

문제 풀고 한 걸음씩 앞으로

문제 1 사람의 적혈구에서 산소를 운반하는 단백질인 헤모글로빈의 베타(β) 사슬 유전자의 처음 30개 뉴클레오티드는 아래와 같다.

3′-TACCACGTGGACTGAGGACTCCTCTTCAGA-5′

(a) 이때 파트너 가닥의 배열은 어떠한가?

(b) 위 문제 (a)에서의 두 가닥 DNA를 주형으로 하여 왼쪽에서 오른쪽으로 전사될 때 만들어지는 RNA의 서열을 추론하시오.

(c) 베타-글로빈 폴리펩티드 사슬의 아미노산 서열은 무엇인가?

(d) 낫꼴세포 빈혈증(sickle-cell anemia)이라는 돌연변이는 붉은색의 T가 A로 치환된 것이다. 이 유전병은 특정 인간 집단에서는 매우 높은 빈도로 나타난다. 이 유전자를 가진 사람은 빈혈증을 다소 보이지만, 열대성 말라리아(학질)에 대해서는 이 유전자를 안 가진 사람보다 저항성이 크다. 이 돌연변이에서 치환된 아미노산은 무엇인가?

풀이. (a) 각 가닥에서 염기쌍의 A는 T와 그리고 G는 C와 형성하지만, 두 가닥 DNA에서 각 가닥은 서로 반대 방향의 극성을 나타낸다는 점이 중요하다. 따라서 파트너 가닥의 5′말단이 왼쪽에 오도록 나타내어야 한다. (b) RNA 가닥은 5′에서 3′ 방향으로 합성된다. 이 말은 곧 DNA 가닥의 3′에서 5′방향으로 전사된다는 것을 나타낸다. 따라서 위의 문제에서 나타낸 서열의 왼쪽에서 오른쪽 방향으로 그대로 상보적으로 나타내면서 단지 DNA의 A를 RNA에서는 U로 나타내면 된다. (c) 폴리펩티드 사슬은 인접하는 3개의 뉴클레오티드로 연속하여 번역된다. 즉, 암호화 서열의 5′말단에서 처음 시작하여 3′말단으로 움직여 간다. 각각의 코돈에 맞는 아미노산은 유전 암호표에서 찾을 수 있다. (d) T에서 A로 바뀌면, 결국 RNA 전사체에서는

GAG 코돈이 GUG 코돈으로 바뀐다. 따라서 글루탐산(GAG)이 발린(V)으로 치환된다. 야생형의 두 가닥 DNA, RNA 전사체 및 아미노산의 서열을 아래에 나타내었다. 낫꼴세포 돌연변이를 나타내는 아미노산은 붉은색으로 나타내었다.

```
3′-TACCACGTGGACTGAGGACTCCTCTTCAGA-5′
5′-ATGGTGCACCTGACTCCTGAGGAGAAGTCT-3′

5′-AUGGUGCACCUGACUCCUGAGGAGAAGUCU-3′
   MetValHisLeuThrProGluGluLysSer
```

문제 2 아래 그림은 붉은빵곰팡이와 같은 한 생물체가 최소배지에서 자랄 때 필요한 필수 영양소 F의 생합성 경로를 직선으로 나타낸 것이다. 각각의 붉은색 글씨는 이 경로에서의 각 중간대사체를 나타내고, 푸른색의 숫자는 이 경로가 각각 차단된 돌연변이체를 나타낸다.

$$A \xrightarrow{1} B \xrightarrow{2} C \xrightarrow{3} D \xrightarrow{4} E \xrightarrow{5} F$$

세로로 된 칸에는 중간대사체가 알파벳 순서로 되게 하고, 가로로는 각 돌연변이체의 순서대로 번호를 넣어서 표를 만드시오. 표 안에는 최소배지에서 영양소를 공급했을 때 자랄 수 있으면 +를, 자랄 수 없으면 −를 표시하시오. 모든 중간대사체는 배지에서 세포로 잘 이동할 수 있다고 가정한다.

풀이. 이것이 곧 비들과 테이텀이 개발한 유전 분석의 고전적인 형태이다. 이 원리는 어떤 돌연변이체의 경우 하나의 대사경로가 차단되었을 때, 그 경로의 하류에 위치하는 중간대사체가 존재하면 그 돌연변이체는 자랄 수 있다는 것이다. 그러므로 돌연변이체 1은 A를 제외한 모든 중간대사체에 대해 자랄 수 있게 되고, 돌연변이체 2는 A와 B를 제외한 모든 중간대사체에 대해 자랄 수 있는 등 이와 같은 형식으로 계속 된다. 채워진 행렬은 아래와 같다. 이 표는 예외적으로 매우 단순하게 보이는데, 그 이유는 세로(돌연변이체)와 가로(중간대사체)의 순서가 단순하게 경로의 순서대로 되어 있기 때문이다. 일반적으로는 이렇게 단순한 형태가 아니다.

	A	B	C	D	E	F
1	−	+	+	+	+	+
2	−	−	+	+	+	+
3	−	−	−	+	+	+
4	−	−	−	−	+	+
5	−	−	−	−	−	+

문제 3 상보성 검사는 한 세트의 돌연변이체를 하나의 그룹으로 솎아낼 수 있다. 각 그룹에는 같은 유전자에 돌연변이가 일어난 한 서브세트의 돌연변이체들을 나타낸다. 여기에서는 앞의 문제에서와 같이 5종의 유전자(1−5)와 10종의 돌연변이체(a−j)를 그룹으로 묶었다.

1	2	3	4	5
a	*e, g*	*c, b, h, j*	*f*	*d, i*

유전자 1은 *a* 돌연변이체에서만 나타나고, 유전자 2는 돌연변이체 *e*와 *g*에서 나타난다. 나머지도 같은 의미이다.

(a) 가로와 세로 모두 돌연변이체의 알파벳 순서대로 되도록 행렬표를 만드시오. 표 안에 들어가는 기호는 가로와 세로가 서로 상보적일 때(다시 말해, 서로 다른 두 유전자에서 돌연변이가 일어났을 경우) +로 표시하고, 그렇지 않으면 −로 표시하시오 (다시 말해,가로와 세로의 돌연변이체가 같은 유전자에서 돌연변이가 나타난 경우).

(b) 행렬표에서 대각선에는 어떤 특징을 나타내는가? (대각선이라 함은 왼쪽 위에서 오른쪽 아래 방향이다). 이 특징은 어떠한 생물학적인 의미를 나타내는가?

(c) 대각선의 아래쪽과 위쪽에서 나타나는 삼각형은 어떠한 특징을 나타내는가? 이는 어떠한 생물학적인 의미를 나타내는가?

(d) 본문에서 설명한 고리형의 그림으로 나타낸 후, 어떤 돌연변이체들끼리 서로 상보적인지 표시하시오.

풀이. (a) 상보성 행렬은 표와 같다. (b) 대각선은 모두 기호로 표시되어 있는데, 이는 생물학적으로 자기 자신의 돌연변이체에 대해서는 상보적이지 않다는 것을 나타낸다. 왜냐하면 같은 유전자에 똑같은 돌연변이를 일으킨 2개의 유전자가 하나의 세포에 들어 있기 때문이다. (c) 위와 아래의 삼각형은 서로 대칭형으로 나타난다. 서로 거울상이다. 생물학적인 의미는 돌연변이체의 근본이 되는 양친 균주에서 이들 돌연변이체가 상보적이거나 혹은 그렇지 않거나에 대해 구별해 낼 수가 없다. 행렬이 대칭을 나타내기 때문에 상보성 자료는 흔히 위쪽의 대각선 형태에서 나타낸다. (d) 고리형의 상보성 검사를 나타내었다. 이 결과에서 상보성 그룹은 (*a*) (*b, c, h, j*) (*d, i*)(*e, g*) 및 (*f*)이다. 상보성 그룹을 봐서는 해당 경로에서 각 유전자 산물이 작용하는지 그렇지 않은지를 알아낼 수 없다. 이에 대한 정보는 앞 문제의 분석 형태에서 알 수 있다.

(a–c)

	a	*b*	*c*	*d*	*e*	*f*	*g*	*h*	*i*	*j*
a	−	+	+	+	+	+	+	+	+	+
b	+	−	−	+	+	+	+	−	+	−
c	+	−	−	+	+	+	+	−	+	−
d	+	+	+	−	+	+	+	+	−	+
e	+	+	+	+	−	+	−	+	+	+
f	+	+	+	+	+	−	+	+	+	+
g	+	+	+	+	−	+	−	+	+	+
h	+	−	−	+	+	+	+	−	+	−
i	+	+	+	−	+	+	+	+	−	+
j	+	−	−	+	+	+	+	−	+	−

(d)

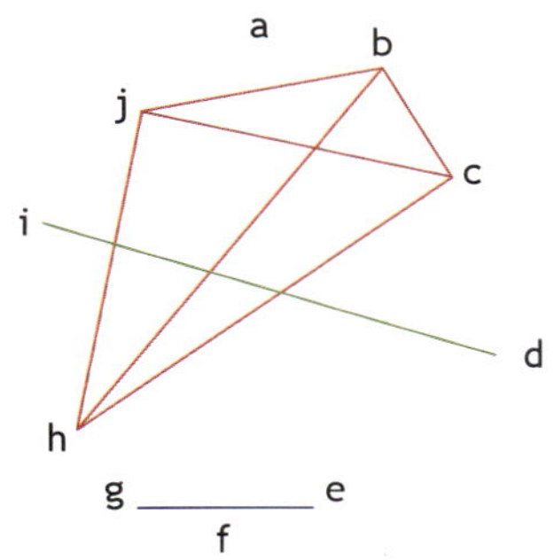

실전에 필요한 개념: 끝까지 풀어 봅시다

1.1 에이버리, 맥리오드 및 매카티의 실험 이전에, 세포와 염색체의 어떤 특징들이 밝혀졌기에 DNA가 유전물질의 중요한 구성요소가 될 수 있음을 시사하였는가?

1.2 20세기 초 이전까지, 생물학자나 생화학자들이 유전물질은 단백질일 것이라고 믿었던 이유는 무엇인가?

1.3 왓슨과 크릭이 연구한 DNA 구조에 의해서 DNA의 복제, 그 암호화 능력 및 이의 돌연변이에 대한 기작을 추론할 수 있었던 이유는 무엇인가?

1.4 RNA와 DNA의 구조에서 근본적인 3가지 차이점은 무엇인가?

1.5 어떤 RNA 전사체에 U가 없는 경우, 주형가닥 DNA의 그 위치에 어떤 염기가 없다는 것인가?

1.6 *Salinicoccus roseus*라는 세균의 DNA 시료를 이용하여 염기 조성을 분석한 결과, 구아닌이 23.6%로 나타났다. 이 세균의 DNA가 두 가닥으로 구성되어 있다고 볼 때에 아데닌 염기의 조성은 몇 %인가?

1.7 어떤 바이러스로부터 분리한 DNA의 염기 조성이 아데닌 15%, 티민 25%, 구아닌 20% 그리고 시토신 40%이었다. 이 염기 조성과 관련하여 바이러스 DNA의 구조를 설명하시오.

1.8 하나의 이중가닥 DNA 분자에 5′-GT-3′로 된 2개의 뉴클레오티드가 한쪽 가닥 혹은 그 반대편 가닥에 532번이나 나타난다. 이때 그 파트너 가닥에도 이와 동일하게 532번 나타나는 2개의 뉴클레오티드는 무엇인가?

1.9 서열이

5′-GAUGAUGAUGAU . . . -3′

로 반복되는 중합체가 살아 있는 세포가 아닌 시험관에서 번역되면(번역계라 한다), 2가지 형태의 폴리펩티드가 합성된다는 것이 밝혀졌다. 하나는 Asp이 반복되고 다른 하나는 Met이 반복되는 폴리펩티드이다. 이 결과를 어떻게 설명할 수 있는가?

1.10 두 가닥 DNA 중 한 가닥이 5′-GTCAT-3′일 경우, 이에 상보적인 가닥은 무엇인가? (5′말단을 왼쪽에 두고서 나열하시오.)

1.11 두 가닥 DNA의 일부분이 3개의 뉴클레오티드인 5′-CTA-3′로 된 다중반복 서열을 가지는데, 이 서열은 5′-CTACTACTACTA...-3′와 같다. 이 서열의 상보가닥의 서열은 어떻게 되는가? (5′말단을 왼쪽에 두고서 나열하시오.)

1.12 한 유전자의 단백질 암호화 부위 중 일부의 염기서열이 3′-ACAGCATAAACGTTC-5′이다. 파트너 가닥의 염기서열은 무엇인가?

1.13 문제 1.12의 DNA 서열이 mRNA 합성의 주형으로 사용될 때, 전사의 방향은 왼쪽에서 오른쪽으로 일어나는가? 이때의 염기서열은 어떠한가?

1.14 문제 1.12에서 전사된 mRNA의 아미노산 서열은 무엇인가?

1.15 문제 1.12의 5번째 붉은색 염기 C가 T로 치환된 돌연변이가 일어나면, 아미노산 서열은 어떻게 되는가?

1.16 C가 25%이고, U가 75%로 구성된 임의의 서열을 가진 중합체가 만들어졌다. 시험관에서 이 서열로 번역시킨 폴리펩티드에서 프롤린(Pro)이 나타날 빈도는 어떻게 되는가? 페닐알라닌(Phe)의 빈도는 어떤가?

1.17 RNA를 이용하여 시험관 번역을 시도하면 번역의 개시는 RNA의 어느 곳에서나 가능하다. 합성된 RNA의 염기서열이

5′-CGCUJACCACAUGUCGCGAAC-3′

이다. 이를 이용하여 시험관 번역을 시도할 경우, 얼마

나 많은 읽기틀이 나올 수 있는가? 이 분자가 생체 내에서 번역되면 코돈 AUG로 시작되는 해독틀은 몇 개인가?

1.18 사람의 페닐알라닌 수산화효소의 아미노산 1번에서 10번 까지를 암호화하는 mRNA는 다음과 같다.

5′-AUGUCCACUGCGGUCCUGGAAAACCCAGGC-3′

(a) 첫 10개의 아미노산 서열은?

(b) 붉은색 A가 G로 치환된 돌연변이 RNA로부터 번역되는 아미노산 서열은?

(c) 붉은색 C가 G로 치환된 돌연변이 RNA로부터 번역되는 아미노산 서열은?

(d) 붉은색 U가 C로 치환된 돌연변이 RNA로부터 번역되는 아미노산 서열은?

(e) 붉은색 G가 U로 치환된 돌연변이 RNA로부터 번역되는 아미노산 서열은?

1.19 돌연변이를 가진 유전자가 비-돌연변이와 동일한 아미노산 서열을 갖고 있는 폴리펩티드를 암호화하는 것이 어떻게 가능하가?

1.20 아래 그림은 어떤 세균의 대사경로 마지막 부분으로, 저분자의 기질 분자인 W가 최종 대사산물인 Z로 전환되는 과정을 3개의 효소 분자 A, B 및 C가 촉매하고 있음을 나타낸다. 3개의 효소는 각각 다른 유전자에 의해 합성된 것이다.

$$X \xrightarrow{A} Y \xrightarrow{B} Z \xrightarrow{C} W$$

아래의 각 효소들이 돌연변이가 일어날 때 어느 대사산물이 결핍되거나 혹은 농축되는가?

(a) 효소 A?

(b) 효소 B?

(c) 효소 C?

1.21 문제 20의 대사경로에서 하나의 효소가 결실된 돌연변이주가 있는데, 이것은 A, B 혹은 C 중 어느 곳에 돌연변이가 일어났는지 모른다. 최종산물 W는 생장에 필수적인 요소이다. 이 돌연변이체를 W가 없는 배지에서 배양하면 자랄 수 없으나 W를 첨가하면 자랄 수 있다. W를 대체할 수 있는 어떠한 중간대사체가 존재하는지를 알아보기 위하여 실험을 진행하였다. 돌연변이체는 Z가 존재할 경우에는 자랄 수 있었으나 X나 Y가 존재할 경우에는 자라지 못하였다. 이 실험결과를 보고 이 돌연변이체는 어느 단계에서 돌연변이가 일어났는지를 추론하시오.

잠깐 생각해 봅시다: 해답

잠깐 생각해 봅시다 1.1의 해답

(a) G_1 박테리아파아지는 G_0 박테리아의 반 감수성을 가지고 있기 때문에, G_2는 G_1의 반 감수성을 가지고 있으며, G_0에 대해 1/2 × 1/2 = 1/4의 반 감수성을 가지고 있다. **(b)** 각 박테리아파아지 세대에서 방사능의 반감으로, G_5는 G_0 방사능의 $(1/2)^5$ = 1/32을 가지고 있을 것이다.

잠깐 생각해 봅시다 1.2의 해답

3′-ATCGTTTTTATCG-5′

잠깐 생각해 봅시다 1.3의 해답

(b) X → A 단계에서 돌연변이체가 생장을 가능하게 하지만, X 및 Y에서는 생장이 불가능하기 때문에, 이 데이터는 Y → X → A을 지지하며, Y → X 단계에 있는 돌연변이체는 A 또는 X에 대한 생장을 가능하게 하나, Y는 생장이 불가능하다. 이들은 돌연변이체의 관찰된 클래스 부류이다.

잠깐 생각해 봅시다 1.4의 해답

(a) 상호보완적인 데이터는 3가지 상보적 집합체를 가진다: 첫 번째 집합체는 돌연변이체 *m1* 및 *m4*, 또 다른 돌연변이 집합체는 *m2*, *m3* 및 *m6*, 그리고 세 번째 돌연변이는 *m5*이다. **(b)** 각각의 상보적 집합체가 W에서 Z로 전환되는 단계에서 한 효소 활성의 단계를 나타낸다면, 세 효소 활성 단계들이 수반된다.

잠깐 생각해 봅시다 1.5의 해답

아르기닌에 대한 가능한 코돈은 CGU, CGC, CGA, CGG, AGA, 또는 AGG이다; 글루타민에 대한 가능한 코돈은 CAA 또는 CAG이다. 아르기닌의 실질적인 코돈은 CGA 또는 CGG를 가지고 있어야 하는데, 이러한 경우, A에서 G로의 두 번째 위치에서의 변이는 글루타민의 성격을 가진 아르기닌 대체 성분으로 가진다. A에서 G로의 코돈 RNA에서의 변화가 T에서 C로 DNA의 전사된 가닥으로 상응이 되기 때문에, DNA 유전자에서 단일 뉴클레오티드 대체물은 T−A 뉴클레오티드 쌍에서 C−G 뉴클레오티드 쌍으로 이루어진다.

CHAPTER 2

새끼에게 젖을 먹이고 있는 어미 고양이.

전달유전학: 멘델의 유산

학습 목표

- 단일 유전자형에 있어서 유전자형과 표현형의 유전을 이해하고, 분리의 법칙을 이용하여 교배로 탄생하는 자손의 유전자형과 그 비율을 설명할 수 있다.
- 독립의 법칙을 이용하여 2개, 혹은 그 이상의 형질이 유전될 때, 가능한 유전자형과 그 비율에 대해 예측할 수 있다.
- 여러 유형의 상위성(epistasis)에 따라 자손과 유전자형의 비율이 어떻게 변화하는지 알 수 있다.
- 가계도에서 단순 멘델 우성형질과 단순 멘델 열성형질이 유전되는 방식에 대해 설명할 수 있다.
- 자신의 표현형과 가까운 친족의 표현형을 기반으로 가계도에서 개인의 유전자형을 추측할 수 있다.

우리는 제1장에서 하나의 돌연변이가 페닐케톤뇨증과 같은 심각한 유전적 장애를 어떻게 초래할 수 있는에 대해 배웠다. 그러나 대부분의 단일 유전자 장애는 전체 집단에서 드문 비율로 나타난다. 심장질환, 당뇨병과 같이 흔하게 나타나는 질병들은 다양한 유전자와 여러 환경 요인들의 상호작용으로 인해 결정되는 복잡한 특성이다. 유전적 관점에서, 단일 유전자, 간단한 멘델 형질, 그리고 복잡한 멘델 형질 사이의 주요한 차이는 유전에 관여하는 유전적 요인들의 숫자다. 단순 멘델 유전질환은 세대와 세대를 거쳐 이동하는, 큰 영향을 미치는 하나의 유전적 요인으로 인해 발생한다. 복합적 유전질환은 작은 영향을 미치는 (각기 동일한 효과를 미치는 것은 아닌) 여러 유전적 요인들로 인해 발생한다.

단순 멘델 형질과 복합적 형질의 공통점은 페닐 케톤뇨증에 관여하는 주요 유전자이든 심장병의 유전적 위험 요소이든 간에 각 유전적 요인이 동일한 유전 원칙에 따라 전달된다는 것이다. 이러한 원칙은 **전달유전학(transmission genetics)**의 기초가 된다. Brno마을 (현재 체코 공화국에 있는) 의 수도원에 있는 수도사 그레고르 멘델이 이러한 사실들을 발견했다. 멘델은 또한 지역 중등 학교에서 물리학과 자연사를 가르쳤으며, 그의 가르침은 "명확하고, 논리적이며, 학생들의 요구에 적합했다"라고 전해진다.

멘델은 생물학 실험을 수행하였는데, 이 중에 가장 중요한 실험은 완두(*Pisum sativum*)의 교배에 대한 것이었다. 이 실험은 1856년부터 1863년까지 수도원 구석의 작은 정원에 완두콩을 심고서 수행되었다. 멘델은 자신의 연구 결과를 지역의 자연사학회에서 발표하였고, 1866년에 실험 결과와 이에 대한 해석을 그 학회에서 발행하는 과학 학술지에 게재하였다. 그리고 그는 유명한 식물학자와 편지를 주고받기 시작하였다. 당시에는 멘델이 발견한 내용의 진정한 의미를 이해한 사람은 아무도 없었으며, 그의 유명한 논문은 사망하고서 16년이 지나도록 큰 파장을 일으키지 못했다. 하지만 최종적으로는 그 발견이 혁신적이었다는 것을 인정받았다. 멘델의 이 놀라운 연구와 개념이 이 장의 주제이다.

2.1 멘델은 전달유전학에 대해 확실히 근대적 시각을 가졌었다

멘델이라는 이름은 둥근 또는 주름진 콩, 노랑 또는 초록 콩, 긴 또는 짧은 줄기의 완두로 영원히 연상될 것이다. 멘델의 성공을 가능하게 한 것은 실험재료로 사용한 생물과 관찰한 형질의 선택이었는데, 이러한 선택만이 실험의 전부는 아니었다. 멘델의 실험에 깔려 있는 기본적인 전제는 연구에 대한 접근방법의 중요한 전환이었다. 비록 그는 DNA 혹은 염색체에 대해 몰랐을지라도, 어버이 각각이 자손에게 여러 개의 개별적이고 뚜렷한 유전 요소들을 제공한다는 사실을 간파했다(그는 그것을 "요인"이라 하였는데, 현대 용어로는 유전자라 한다). 더욱 중요한 것은 멘델이 어버이로부터 오는 이러한 각 요인이 한 세대에서 다음 세대로 넘어갈 때 변하지 않고 원상태로 유지된다는 사실을 알아냈다는 것이다.

멘델은 이러한 요인들에 불변성을 부여하고, 그들 요인에 의한 형질, 예를 들면 둥근 또는 주름진 콩을 관찰함으로써, 그들 요인이 완두의 세대에 따라 이동하는 경로를 추적하는 일에 착수했다. 그는 양적인 방법과 수적인 방법 모두를 생각하였다. 그는 교배 결과로 생긴 자손에 대해서 "어떤 종류의 완두들이 나타나는가"라고 물었을 뿐만 아니라 "그들의 수적인 비는 얼마인가"라고도 물었다. 그는 간단한 교배 실험을 수행하여, 일반적인 법칙을 증명할 수 있는 통계적인 규칙성을 살펴보았다. 그만의 표현으로, 그는 "잡종 자손에서 나타나는 다른 형태의 수를 파악하고", 이를 통해 "그들의 수적인 상관관계를 규명"하고자 하였다.

그가 실험에 완두를 택한 이유는 2가지였다. 첫 번째는 완두가 둥근 콩과 주름진 콩 또는 노랑 콩과 초록 콩들처럼 둘 중 하나의 특징을 관찰할 수 있는 다양한 품종을 갖고 있다는 점이었고, 두 번째는 예비 연구 결과에서, 완두는 한 꽃에서 생산되는 꽃가루(pollen)가 같은 꽃의 난세포(ovule)에서도 수정되는 자가수정을 통해 증식된다는 것을 알았기 때문이다. 그대로 놓아두면, 완두의 꽃은 항상 자가수정을 한다. 2개의 서로 다른 종류를 교배하는 작업은 대단한 끈기를 요구하는 일이었다. 이 작업의 수행 과정은 한 꽃의 꽃잎(keel petal, 생식기관들을 싸고 있는 구조물)을 열고, 미성숙한 꽃밥(anther, 꽃가루를 만드는 구조물)을 제거해서 꽃가루가 퍼지기 전에 없애고, 이 꽃의 암술머리(stigma, 난세포를 포함하는 암컷 구조의 일부)에 교배하고자 하는 다른 완두의 꽃에서 가져온 성숙한 꽃가루를 뿌리는 것이다(그림 2.1).

멘델은 형질을 선택하는 데 있어 매우 신중했다

멘델은 품종 간에는 서로 다르지만 주어진 한 품종 내에서는 일관성 있게 유전되는 형질에 대해 연구할 필요성을 인식하였다. 이런 이유로 초기 실험에, 그는 식물을 자가수정하여 그들 자신과 동일한 자손만을 생산하는 **순계 품종(true-breeding variety)**을 확립하였다. 예를 들어, 한 순계 품종은 둥근 콩만을 생산하는 데 비해, 다른 것은 주름진 콩만을 생산하는 것이다. 그의 연구에서 멘델은 7쌍의 품종을

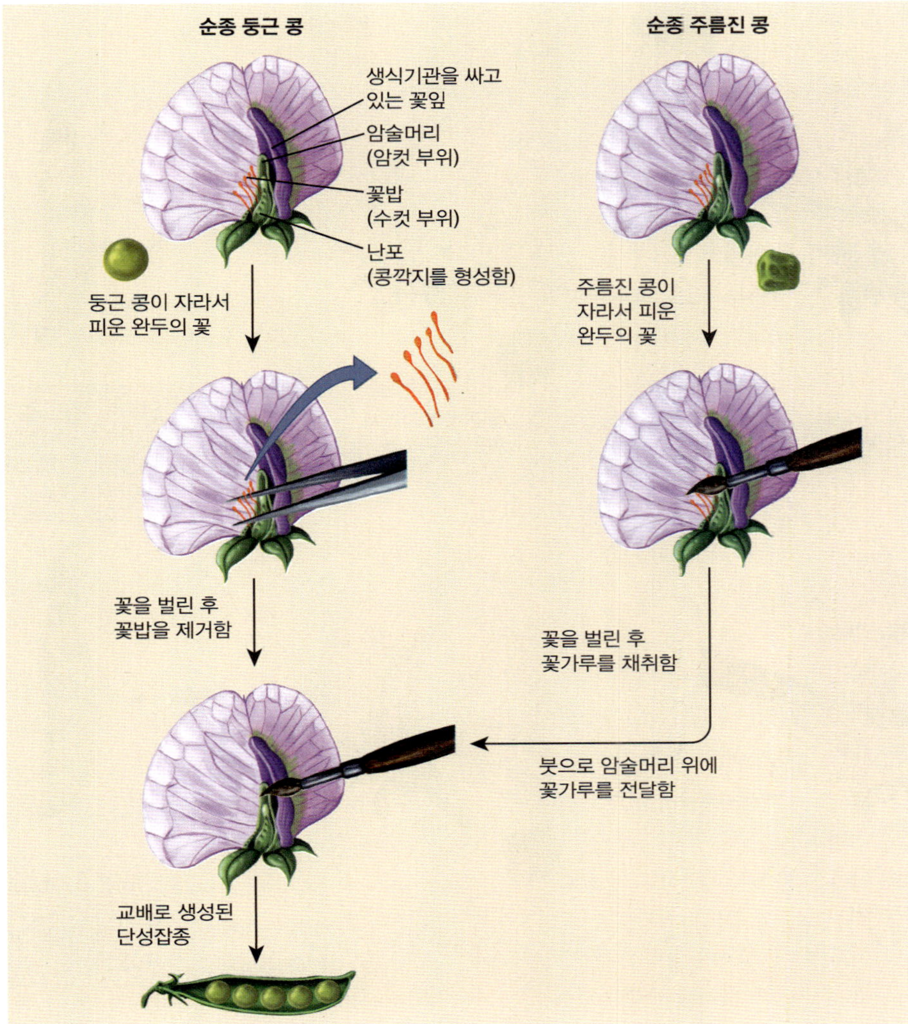

그림 2.1 완두를 교배하는 작업은 약간의 외과적 수술이 필요한데, 꽃가루가 성숙하기 전에 먼저 꽃밥을 제거하는 것이다. 꽃의 암컷 부위인 주두(암술머리)는 그대로 놓아둔다. 다른 완두꽃의 꽃가루를 붓을 이용하여 주두에 묻혀 수정시킨다. 꽃가루가 묻은 각 꽃은 하나의 배주를 갖고, 이 배주는 일반적으로 많게는 10개 정도의 난세포를 포함하고 있는데, 이들이 수정되면 종자로 분화한다. 이 종자를 제2세대를 가리키는데, 이 경우 잡종이라고 한다.

선택하였고, 각각은 서로 다른 형질에 관해 순계이었다. 대비되는 형질은 다음과 같다.

- 콩의 모양(둥근꼴 : 주름진꼴)
- 콩의 색깔(노랑 : 초록)
- 꽃의 색깔(보라색 : 흰색)
- 콩깍지의 모양(부푼 : 잘록한)
- 콩깍지의 색깔(초록 : 노랑)
- 꽃과 콩깍지의 위치(줄기둘레 : 줄기끝)
- 줄기 길이(표준 : 짧은)

하나 또는 그 이상의 형질이 다른 두 품종을 교배시키면, 그 자손은 어버이 품종 사이에서 **잡종(hybrid)**을 형성한다. 1, 2 또는 3개의 다른 형질을 가진 어버이 품종끼리 교배시키는 것을 일컬어 각각 **단성잡종**(*monohybrid*), **양성잡종**(*dihybrid*) 혹은 **삼성잡종**(*trihybrid*) 교배라고 한다. 만약 어떤 형질이 실험에서 고려 대상이 아니면, 그 형질은 어버이 품종에서 서로 다르게 나타날지라도 대부분 언급되지 않는다.

상호교배는 같은 형태의 자손을 생산한다

멘델의 실험방법이 무엇이고 결과에 대한 해석을 어떻게 했는지 알기 위해서, 멘델의 원래 실험 몇 가지를 살펴볼 필요가 있다. 그가 연구한 한 쌍의 형질은 둥근 콩 대 주름진 콩으로 대비되는 것이었다. 주름진 콩을 생산하는 품종의 꽃가루를 둥근 콩을 생산하는 품종에 수정하여 교배하였을 때 생성되는 모든 콩은 둥글었다(**그림 2.2**, 교배 A). 유전학자들은

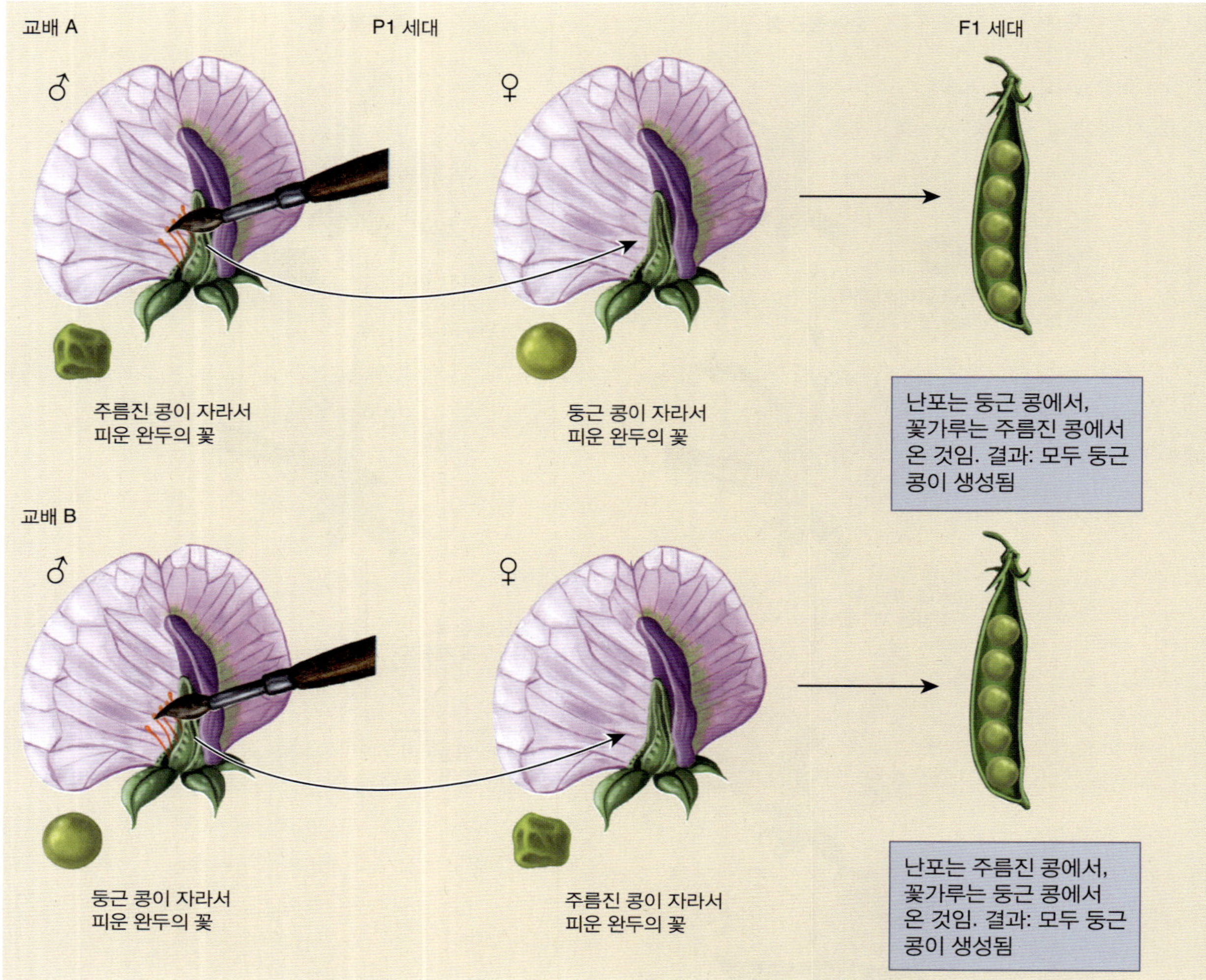

그림 2.2 순계품종 완두의 상호교배. 이 예에서 교배의 방향과는 관계없이 잡종종자 모두 둥글다.

순계 어버이가 된 식물을 **부모세대(P$_1$ generation)**, 자손 종자 혹은 식물을 **제1세대(F$_1$ generation)**라 부른다. 멘델은 또한 둥근 콩을 생산하는 품종의 꽃가루를 주름진 콩을 생산하는 품종과 교배시키는 **상호교배(reciprocal cross)**를 실행하였다(그림 2.2, 교배 B). 이 경우도 앞선 결과와 마찬가지로, 잡종 제1세대의 완두콩은 모두 둥글었다. 그림 2.2에 표현된 상호교배 결과는 거의 모든 다른 예에서도 원칙으로 관찰되었다.

핵심 개념

유전적 교배의 결과는 어떤 형질이 수컷에 존재하고 어떤 형질이 암컷에 존재하는지에 대해 구애 받지 않으며, 상호교배는 암수에 상관없이 동일한 결과가 나오게 된다.

멘델은 완두콩의 모양 외에 다른 형질을 대상으로도 교배실험을 수행했는데, 역시 동일한 결과를 얻었다. 각각의 경우에 잡종 제1세대 자손은 모두 어버이의 두 형질 중 하나만을 보였고 나머지 하나의 형질은 나타나지 않았다. 각각의 단성잡종 교배의 잡종 제1세대에 나타난 형질을 **그림 2.3**에서 보여준다. 멘델은 잡종 제1세대에 나타난 형질을 **우성**(*dominant*) 형질이라 불렀고, 나타나지 않은 형질을 **열성**(*recessive*) 형질이라 불렀다.

주름진 콩 돌연변이는 녹말 합성 과정에 선천적인 오류를 야기한다

현대 유전학적 분석방법과 오늘날 우리가 알고 있는 개념으로 멘델의 둥근 콩과 주름진 콩에 대해서 생각해보자. 멘델 당시의 실험 재료는 대부분 유실되었지만, 원래의 주름진 돌연변이라고 생각되어지는 콩을 생성하는 완두가 동유럽의 종자거래상에 의해 전해져 내려왔다. 현대적인 방법으로 이 돌연변이를 분석하여 본 결과, 정상 유전자의 기능과 주름진

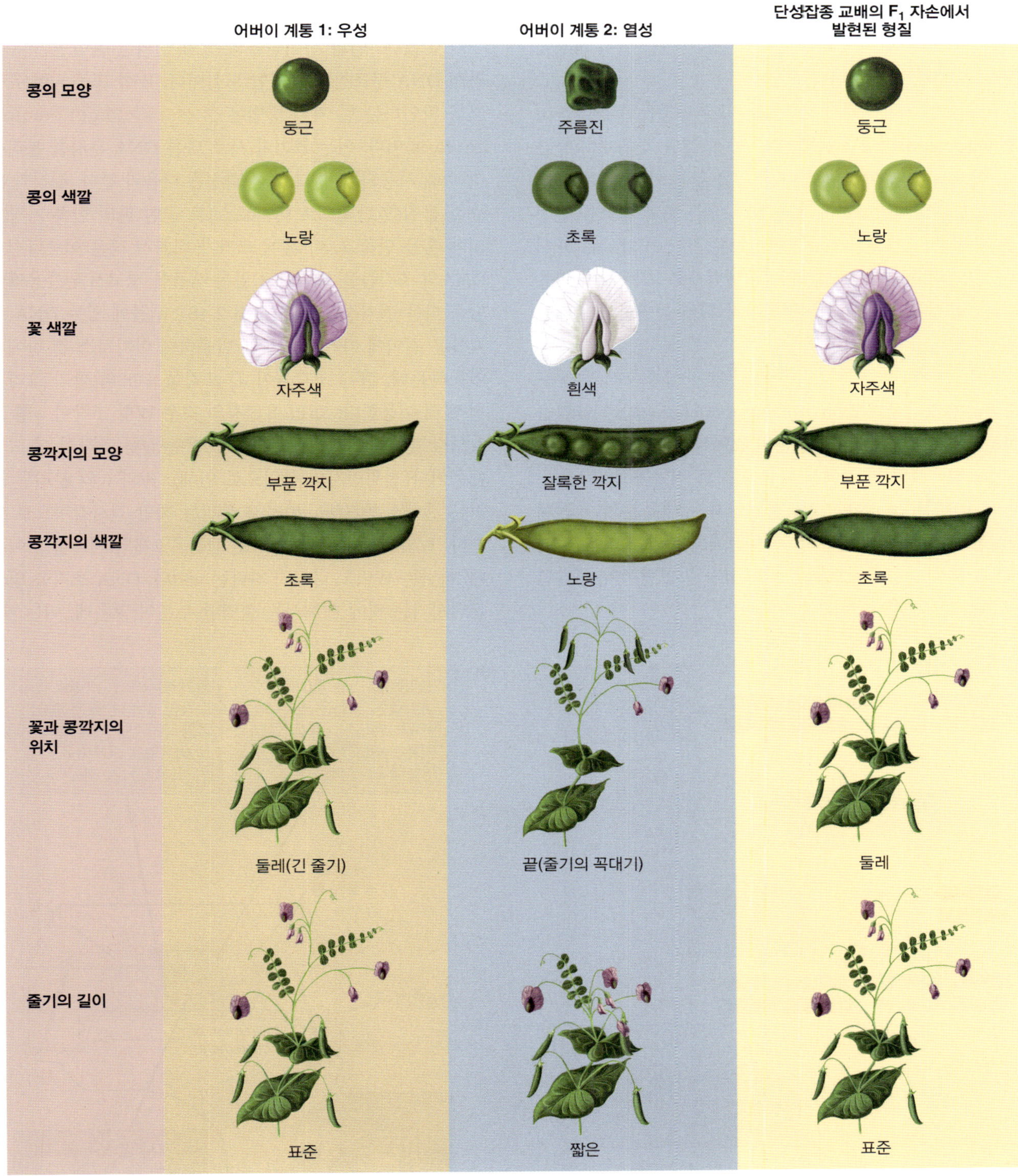

그림 2.3 멘델이 연구하였던 완두의 서로 다른 7가지의 특징. 우성이라고 여겨지는 형질은 교배 결과 형성된 잡종에서 나타나는 특징이다. 각 특징의 서로 비교되는 쌍에서, 우성은 제1세대 잡종이 형성된 후에야 나타난다.

콩을 형성하는 돌연변이 유전자의 분자생물학적 근거를 알게 되었다. 정상 유전자는 녹말분지효소 I(SBEI)을 암호화하는데, 이는 아밀로펙틴(*amylopectin*)이라고 하는 분지된 사슬 형태의 녹말을 합성하는 데 필요한 효소이다. 완두콩이 마르면 물을 잃게 되어 부피가 줄어든다. 둥근 콩은 아밀로펙틴을 포함하고 있기 때문에 균일하게 줄어드는 반면에, 주름진 콩은 아밀로펙틴이 부족하기 때문에 불규칙하게 줄고 주름이 생기게 된다. 달리 말하면, 주름진 콩은 녹말 합성 과정에 선천적 오류가 있음을 나타낸다.

자연적인 개체군에서 나타나는 가장 공통적인 형질을 **야생형(wild type)**이라 하는데, 완두콩 모양의 경우에는 둥근 콩이 야생형이다. 야생형과 다른 형을 갖는 개체 혹은 유전자를 돌연변이체(mutant)라고 한다. 완두콩의 모양을 결정하는 유전자의 야생형과 돌연변이체는 각각 *W*와 *w*로 표시한다. (유전자를 기호로 쓸 때는 *이탤릭체*로 쓰는 것이 관용적이다. 유전학자는 형질을 명명하기 위해 돌연변이 형태를 사용한다.)

주름진 콩 돌연변이 유전자의 분자생물학적 성질은 *SBEI* 유전자가 **전위인자**(*transposable element*)라 불리는 DNA 조각의 삽입에 의해 훼손된 것이다. 전위인자는 DNA 서열로, 염색체의 한 곳에서 다른 곳으로 위치를 **전위**(*transposition*)하는 능력이 있다. 전위인자는 대부분의 유전체(genome) 특히 진핵생물의 큰 유전체에 존재하고, 이것이 어떤 유전자에 삽입됨으로써 자연적인 돌연변이가 유발될 수 있다.

그림 2.4의 A는 *SBEI* 유전자의 야생형(돌연변이가 일어나지 않은 형)과 전위인자의 삽입에 의한 돌연변이 유전자의 DNA 구조를 단순화한 도식이다. *W*형 또는 *w*형 유전자를 확인하는 한 가지 방법은 **겔 전기영동법(gel electrophoresis)**이다. 이는 크기가 서로 다른 DNA 분자를 분리하기 위해 사용되는데, 그 실험 과정은 다음과 같다. 젤리와 비슷한 물질(일반적으로 아가로스)로 굳힌 판의 한쪽 가장자리에 홈을 만들고, 이 홈에 크기가 비교적 작은 이중나선형 DNA의 조각들을 포함하고 있는 샘플을 넣고서 완충용액에 담근 다음 전기장을 건다(그림 2.4B). 샘플에 있는 DNA 조각들은 길이에 따라 전기장에 반응하여 아가로스 겔 판에서 이동하는데, 짧은 조각들이 긴 조각들보다 더 빨리 그리고 더 멀리 이동한다. *SBEI* 유전자의 경우 *W*형 조각이 *w*형 조각보다 더 멀리 움직이는데, 그 이유는 *w*형 조각이 더 크기 때문이다(전위인자의 삽입으로 인해). *W*와 *w*의 분리된 조각은 겔에서 **밴드**(*band*)라고 불리는 까만 직사각형으로 보인다. *W*와 *w* 조각을 포함하는 샘플은 2개의 밴드를 보이는데, 하나는 *W*이고 나머지 하나는 *w*이다. DNA 조각을 얻고 분리시키는 것에 대해서는 설명할 부분이 많은데, 이는 제6

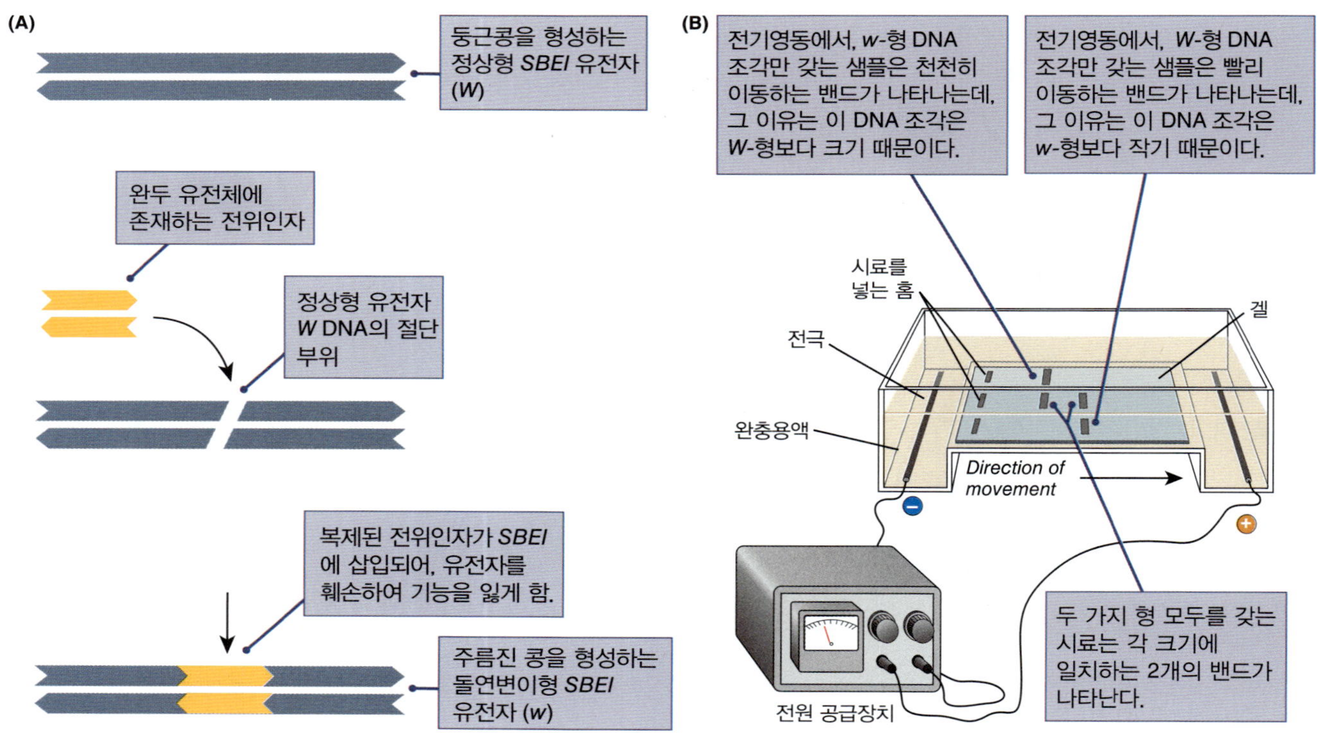

그림 2.4 (A) *W*(둥근)는 녹말분지효소 I(SBEI)의 아미노산 서열을 형성하는 야생형 유전자이다. 대립유전자 *w*(주름진)는 불활성인 녹말분지효소 I을 형성하는데, 이것이 불활성인 이유는 전위인자의 삽입으로 인해 야생형 DNA 염기서열이 깨졌기 때문이다. (B) *W*와 *w*의 분자적 차이를 전기영동 방법으로 확인할 수 있다. 이 방법은 전기장에서 DNA 분자를 크기에 따라 분리시키는 기술이다. 각 DNA 분자의 크기는 겔의 특정 위치에 밴드를 형성한다.*w* 유전자의 DNA 분자는 전위인자가 삽입되어 있기 때문에, *W* 유전자보다 크다. 따라서 *W*유전자는 겔에서 *w*보다 천천히 이동할 것이다. 따라서 *W* 및 *w* 2가지 DNA 분자를 포함하고 있는 샘플을 전기영동하면 2개의 밴드가 보일 것이다.

장에서 살펴본다. 우선은 DNA에 대한 직접적인 분석이 멘델의 실험을 이해하는 데 어떻게 도움을 주는지에 초점을 맞출 것이다.

DNA 분석은 멘델의 실험을 현대적 관점으로 설명한다

둥근 콩과 주름진 콩에 대한 멘델의 실험결과를 현대적인 관점에서 논의할 때, 우리는 형질을 관찰하는 방법을 규정해야 한다. 혼란을 피하기 위해, 우리는 형태적 형질과 분자적 형질이라는 용어를 사용하기로 한다. **형태적 형질**(*morphological trait*)은 명백하고 확실하게 보임으로써 오감으로 쉽게 지각할 수 있는 것을 말하며, **분자적 형질**(*molecular trait*)은 겔 전기영동과 같이 분자들 간의 차이를 시각화할 수 있는 특별한 방법으로만 지각할 수 있는 것을 의미한다. 고전 유전학자는 주로 형태적 형질을 연구했다(그들의 관찰이 때때로 현미경과 같은 기계의 도움을 받았음에도 불구하고 말이다). 현대 유전학자는 형태적 형질도 연구하지만, 보통 이것을 겔 전기영동과 DNA 염기서열 분석과 같은 방법으로 보충한다. 둥근 콩과 주름진 콩에 대해서 형태적 형질은 콩의 모양이 명확히 둥근지, 주름졌는지에 해당한다. 분자적 형질은 전기영동 겔에서 밴드의 패턴, 즉 콩에서 추출된 DNA가 빨리 이동한 밴드 하나를 나타내는지, 천천히 이동한 밴드 하나를 나타내는지 아니면 2개의 밴드를 나타내는지를 보인다.

형태적 형질은 종종 우성이거나 열성이지만, 이것이 반드시 분자적 형질에서 사실인 것은 아니다. 예를 들어, 그림 2.4B에서 겔의 시발점으로부터 각각의 DNA 밴드가 이동한 거리로 밝혀진 분자적 형질을 고려해보자. 둥근 콩을 생성하는 순계 품종은 빨리 이동하는 밴드가 하나이고, 주름진 콩을 생성하는 순계 품종은 느리게 이동하는 밴드 하나이지만, 둘을 교배시킨 결과 형성되는 자손(이들은 둥근 콩을 생성함)은 빨리 이동하는 밴드와 느리게 이동하는 밴드 2개가 나온다.

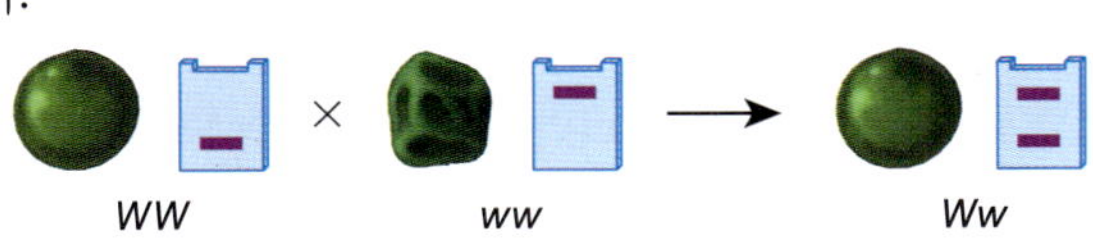

다시 말하면, 순계 품종끼리 교배시킨 자손은 분자적 형질로 2가지 형태의 유전자를 지닌다는 것을 보여준다(이 경우, 빨리 이동하는 DNA 밴드와 천천히 이동하는 DNA 밴드). 한 유전자의 두 형태(이 경우, *W*와 *w*)가 동일한 세포 또는 개체에 존재하여 둘 다 발현되면, 우리는 두 유전자 형태를 **공동우성(codominant)**이라 한다. 분자적 형질은 종종

> **잠깐 생각해 봅시다 2.1**
>
> 아래의 겔 사진은 고배에 의하여 생성된 8개의 자손에 대하여 2개의 대립유전자 *A*와 *a*가 관련된 밴드를 보여준다. *a*와 관련된 밴드는 *A*와 관련된 밴드보다 작으므로 겔에서 더 빨리 이동한다(즉, 겔의 바닥에 더 가까운 밴드로 나타남).
>
> 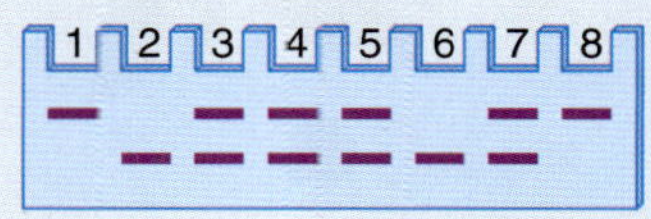
>
>
> 각 개체 1–8의 유전형은 무엇인가?

(항상은 아니다) 공동우성이다.

멘델은 완두의 형태적 형질을 수 세대에 걸쳐 관찰함으로써, 분자적 특성의 존재를 추론할 수 있었다. 다음 절에서는 멘델이 추론한 분자적 형질을 실제로 보여주기 위하여 겔 아이콘을 사용할 것이다. 이를 통해 멘델의 실험을 현대 분자유전학적 관점으로 살펴볼 수 있다.

2.2 유전자는 쌍으로 존재하는데, 배우자가 형성될 때 이들은 따로따로 분리되며, 수정될 때 무작위로 결합한다

멘델의 시대에 널리 통용된 유전에 대한 개념은, 마치 유동성의 유전물질이 서로 결합할 때 영구히 혼합되는 것처럼, 어버이의 형질이 자손에서 섞인다는 것이었다. 이 논리에 따르면 세대가 거듭될수록 거의 차이가 나지 않는 형질을 가진 자손들이 관찰될 것이라고 예측되었다. 이와 같은 현상이 멘델의 단성잡종 완두에서는 일어나지 않았다. 잡종 제1세대에서 "사라진" 열성 형질이, 잡종 제1세대가 자가수정을 한 다음 세대에서 나타났다. 예를 들면, 둥근 콩 × 주름진 콩 교배에서 생성된 잡종 제1세대 둥근 콩이 식물로 자라서 자가수분을 하였을 때, 생성된 종자 중 일부는 둥글었고 일부는 주름졌다(**그림 2.5**). 자가수정된 잡종 제1세대로부터 생성된 자손들은 잡종 **제2세대(F_2 generation)**를 구성한다. 멘델은 잡종 제2세대에서 우성 형질과 열성 형질이 둥근 콩 3 : 주름진 콩 1의 비율로 나타난다는 것을 발견했다.

비슷한 결과는 서로 다른 형질 쌍을 갖는 완두를 교배해 생성한 잡종 제2세대에서도 나타났다(**표 2.1**). 표에서 첫 두 형질(둥근 콩 대 주름진 콩 그리고 노랑 콩 대 초록 콩)이 다른 어떠한 형질보다 더 많은 수가 관찰되어졌다는 것에 주

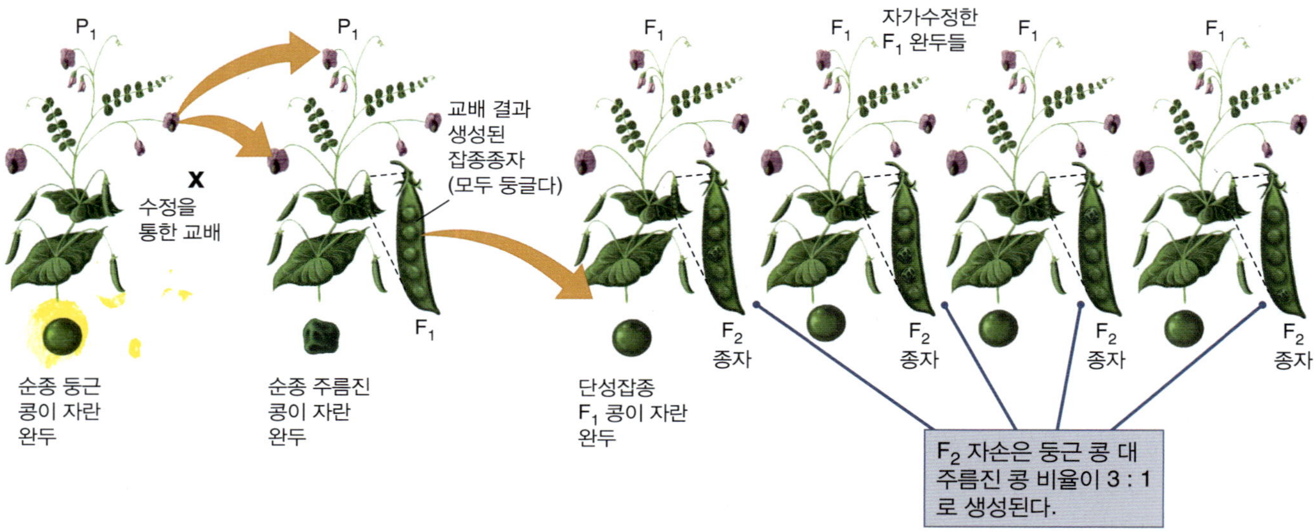

그림 2.5 멘델의 형질 중 몇몇(꽃의 색깔과 식물의 키와 같은)은 오직 성숙한 완두에서만 관찰되지만 다른 형질(콩의 모양이나 색깔)은 종자 자체에서도 관찰이 가능하다.

표 2.1 멘델의 단일잡종 실험결과

어버이의 형질	F_1의 형질	F_2 자손의 수	F_2 비율
둥근 × 주름진 (종자)	둥근	5474 둥근 1850 주름진	2.96 : 1
노랑 × 초록 (종자)	노랑	6022 노랑 2001 초록	3.01 : 1
보라색 × 흰색 (꽃)	보라색	705 보라색 224 흰색	3.15 : 1
부푼 × 잘록한 (콩깍지)	부푼	882 부푼 299 잘록한	2.95 : 1
초록 × 노랑 (덜 익은 콩깍지)	초록	428 초록 152 노랑	2.82 : 1
줄기둘레 × 줄기끝 (꽃의 위치)	줄기둘레	651 줄기둘레 207 줄기끝	3.14 : 1
긴 × 짧은(줄기)	긴	787 긴 277 짧은	2.84 : 1

목하라; 이것은 콩의 모양과 색깔을 종자로부터 직접 관찰할 수 있는 반면, 다른 형질들은 성숙한 식물에서만 분류될 수 있었기 때문이다. 형태적 형질의 유전과 관련하여, 표 2.1에서 나타난 자료로부터 얻은 기본 결론은 다음과 같다:

- 잡종 제1세대에서는 우성 형질만 나타낸다.
- 잡종 제2세대에서는 우성 형질 또는 열성 형질을 갖는 식물이 나타난다.
- 잡종 제2세대에서는 대략적으로 열성 형질보다 우성 형질을 가진 식물 수가 3배 정도 더 많다. 다시 말해, 우성 : 열성의 비율은 대략 3 : 1이다.

이 절의 나머지 부분에서는 이런 기본적인 관찰을 통해서, 멘델이 유전 단위가 개별적으로 존재하는 것과 이들 유전 단위가 유전을 지배하는 원리에 대한 가설을 어떻게 추론했는지 알아 본다. 그리고 그것을 뒷받침하기 위해 그가 어떠한 통계적인 분석을 사용했는지 알아본다.

유전자는 쌍으로 존재하는 실체이다

멘델의 가설에 대한 서술의 중요성은, 단성잡종 교배에서 열성 형질이 잡종 제1세대에서 사라지는 것 같지만 잡종 제2세대에서 다시 나타난다는 사실이다. 열성 형질은 다시 나타날 뿐만 아니라 그것은 어버이 세대(P_1)에 존재했던 것과 똑같다. 멘델은 이 발견에 대해 편지에서 다음과 같이 설명한다. 잡종 제2세대에서 "어버이의 2가지 형질이 나타나고, 분리되고, 유지되며, 둘 중 하나가 다른 하나로부터 유전되거나 전달받지 않았다." 이 발견으로부터 멘델은 어버이 세대 형질에 대한 유전을 결정하는 것은 2개의 요소로 이루어졌으며, 변하지 않은 채로 자손에게 전달된다고 결론지었다. 다시 말해, 유전물질은 서로 "섞이거나" "더럽혀지지" 않는다. 이 결론이 암시하는 것은, 우성 형질을 갖는 식물이 열성 형질을 결정하는 요소를 변하지 않은 채로 소지할 수 있다는 것이다.

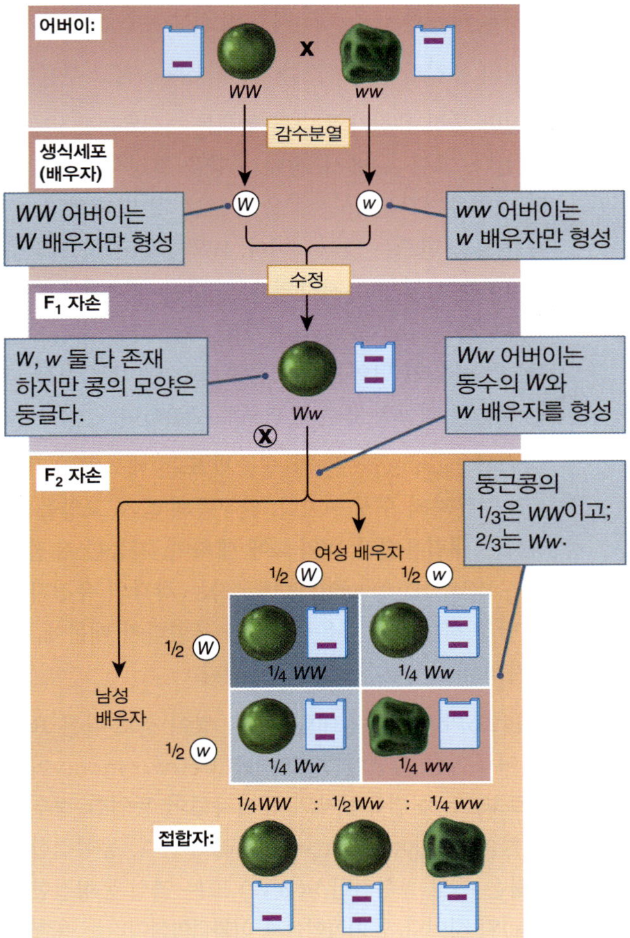

그림 2.6 단성잡종의 제2세대 자손에서, 우성 : 열성의 가시적 형질의 비가 3 : 1이라는 것을 보여주는 모식도. 가시적 형질은 3 : 1 비율로 관찰되지만, 분자적 형질의 비는 1 : 2 : 1인데, 이는 이것은 DNA 겔에 형성된 밴드로 설명된다.

열성 형질이 다시 나타나는 것을 설명하기 위해, 멘델이 제시한 유전자 전달에 대한 가설은 그림 2.6에 있다. 이 가설의 첫 번째 요소는 각각의 생식세포(배우자, gamete)가 식물의 각각의 종류별 유전물질을 하나씩 포함하고 있다는 것이다. 멘델은 둥근 콩을 생성하는 순계 품종의 모든 생식세포에는 "둥근 인자"(*W*)가, 주름진 콩을 생성하는 순계 품종의 모든 생식세포에는 "주름진 요인"(*w*)이 존재한다고 제안하였다. 품종이 교배되면, 잡종 제1세대는 *W*와 *w*를 하나씩 받아서 유전적 구성은 *Ww*가 된다(그림 2.6). 콩의 모양에서, 둥근 인자 *W*가 주름진 인자 *w*에 대해 우성이므로, 잡종 제1세대에서 *w*의 존재는 감추어지며, 따라서 콩도 둥글게 된다. 형태적 형질에서는 주름진 돌연변이 유전자가 감추어지지만, 분자적 형질에서도 감추어지는 것은 아니다. 이것은 그림 2.6에서 잡종 제1세대 자손의 겔 표시로 표현되는 *w* 돌연변이에 해당하는 DNA 밴드가 존재하는 것으로 설명된다. 멘델이 잡종 제1세대에 *w* 돌연변이가 존재한다는 것을 추측만 해야 했던 데에 비해, DNA 분석에서는 잡종 제1세대에서의 *w* 존재를 직접적으로 보여준다.

쌍으로 된 유전자는 생식세포가 형성되는 과정에서 분리된다

그림 2.6의 멘델의 가설에서 두 번째 중요한 특징은, 잡종 제1세대 식물이 자가수정(ⓧ로 표시함)할 때, *W*와 *w* 요소는 서로 분리되어, 같은 수의 배우자에 하나씩 포함된다. 이러한 유전 요인의 분리가 멘델 유전의 핵심이다. 이를 분리의 법칙(The principle of segregation)이라 한다.

> **핵심 개념**
>
> **분리의 법칙(The principle of segregation):** 배우자가 형성될 때, 쌍으로 된 유전요인(유전자)이 각 배우자에 분리되는데, 각 배우자는 동등한 구성의 유전자를 갖는다.

분리의 법칙은 유전 요소가 배우자 형성시 분리될 뿐만 아니라, 직전 세대에 짝지어짐으로 인해 유전자는 변하지 않는 것을 의미한다. 멘델에 따르면, 그들 중 어떤 것도 "다른 것으로부터 유전되거나 얻어지는 것이 아니다."

수정이 될 때 배우자끼리 무작위로 결합한다

멘델 가설의 세 번째 중요한 특징은 생성된 배우자가 다음 세대 자손 번식을 위해서 무작위로(*at random*) 쌍을 이룬다는 것이다. 이러한 가정은 그림 2.5의 잡종 제1세대가 자가수정할 때, 잡종 제2세대 자손을 바둑판 눈금의 네모 칸 안에 교차 곱하기법(cross multiplication)으로 추론할 수 있게 한다. 바둑판 눈금 안의 작은 사각형들은 각각 어떤 한 종류의 꽃가루와 난세포가 결합하여 수정된 결과를 나타낸다. *W*를 가진 꽃가루와 *W*를 가진 난세포가 수정을 하면 *WW* 수정란(접합자, zygote)이 된다. 비슷하게, *W*를 가진 꽃가루와 *w*를 가진 난세포가 수정하면 *Ww* 접합자가 된다. *w*를 가진 꽃가루에 의해 수정된 결과는 *Ww*(난세포가 *W*인 경우) 또는 *ww*(난세포가 *w*인 경우) 접합자가 될 수 있다. 이러한 가능성은 그림 2.6의 바둑판 네모 칸에서 볼 수 있다.

중요한 점은 수정의 결과는 우연 또는 무작위적이라는 것이다. 접합자에서 특정 유전자 조합이 일어나는 확률은 특정 배우자가 발생하는 빈도수와 직결된다. 다음의 경우, 배우자가 *W* 또는 *w* 유전자를 가진 확률은 각각 2분의 1이다(다음 바둑판 네모의 윗부분 왼쪽에 1/2의 확률로 쓰였다.)

	♂ 1/2 w	♂ 1/2 W
♀ 1/2 w	1/4 ww	1/4 Ww
♀ 1/2 W	1/4 Ww	1/4 WW

2개의 사건이 동시에 일어날 확률—하나의 특정 암 배우자와 숫 배우자가 결합할 확률—은 각각의 개별적인 확률의 곱으로 계산된다. 이 경우, 칸 안에 있는 접합자 조합의 확률은 1/2 × 1/2 = 1/4이 된다(4번 중 1번 일어남). *Ww* 종자에서, *W*가 꽃가루에서 온 것인지 또는 난세포에서 온 것인지에 관계없이, 무작위적 배우자 간의 결합은 그림 2.6 아래 부분에서 보여지듯이, 잡종 제2세대의 유전자 구성이 1/4 *WW*, 1/2 *Ww*, 1/4 *ww*로 나타나는 결과를 낳는다. 분자 수준에서는 *W*와 *w*가 서로 공동우성이기 때문에 이러한 유전자형의 비율은 종자의 DNA를 전기영동한 분석결과를 통해 관찰될 수 있다. 그러나 형태적 형질에서는 우성만 발현되므로 1/4 *WW* : 1/2 *Ww* : 1/4 *ww* 비율은 눈에 보이지 않고, 대신 3/4 둥근 콩 : 1/4 주름진 콩의 비율이 관찰된다. (여기서 3/4은 1/4 *WW* + 1/2 *Ww*가 둥근 콩에 포함된다는 사실에 기인한 것이다.)

요약하자면, 멘델의 핵심적인 관찰과 그로부터 추론해 낸 결론은 다음과 같다.

핵심 개념

단성잡종 교배에 의한 잡종 제2세대 자손에서, 가시적 형질의 비는 3/4 우성 : 1/4 열성(또는 3 : 1)이지만, 표현형의 수준에서 우성의 발현은 유전자형의 비

1/4 : 1/2 : 1/4 (또는 1 : 2 : 1)

에 관한 사실을 보이지 않게 한다. 실제 예는 1/4 *WW* : 1/2 *Ww* : 1/4 *ww*이다.

유전자형은 유전적 요소를 의미하고, 표현형은 관찰된 형질을 의미한다

그림 2.6에 있는 유전적 가설은 또 하나의 멘델의 중요한 추론을 설명하고 있다. 같은 외형을 가진 두 식물—예를 들어, 같은 둥근 콩을 생성하는 완두—은 그들의 동일한 외형에도 불구하고 유전적 구성에서는 차이를 보일 수 있다. 멘델이 기록하는 데에 있어서 불리했던 점은 그의 생각하는 개념을 묘사하기에 적합한 용어가 없었다는 점이었다. 따라서 그는 생물체의 외형을 유전적 구성으로 혼동하는 기초적인 실수도 이따금씩 범했다. 필요한 용어는 멘델의 재발견 이후에 개발되었는데, 다음과 같은 필수적인 용어가 포함된다.

1. 형질의 유전적 결정요소를 **유전자(gene)**라고 부른다.
2. 동일한 특정 유전자의 다른 형태를 **대립유전자(allele)**라 한다. 그림 2.6에서, 종자 모양을 결정하는 유전자의 대립유전자는 둥근 콩을 만드는 것이 *W*이고, 주름진 콩을 만드는 것이 *w*이다. *W*와 *w*는 종자 모양을 결정하는 동일한 유전자의 서로 다른 형태이므로 대립유전자들이다. 동일 유전자의 서로 다른 대립유전자들은 동일한 단어를 대소문자 또는 위아래 첨자 등과 같은 인쇄상의 표현 방법으로 구분한다.
3. **유전자형(genotype)**은 한 생물체 또는 세포의 유전적 구조—분자적 구성—이다. 완두콩의 종자 모양을 결정하는 대립유전자 *W*와 *w*에 대하여, 가능한 유전자형은 *WW*, *Ww*, *ww*이다. 배우자는 각각의 유전자에서 단지 하나의 대립유전자만을 포함하기 때문에, 배우자의 유전자형은 *W* 또는 *w*이다.
4. 그림 2.6의 *Ww*처럼 대립유전자 쌍이 서로 다른 요소로 이루어진 경우에 **이형접합성(heterozygous)**이라 부르고, 두 대립유전자의 유전자형이 동일한 경우에는 **동형접합성(homozygous)**이라 부른다. 동형접합성 생물은 우성 동형접합성(*WW*) 또는 열성 동형접합성(*ww*)일 것이다. 동형접합성과 이형접합성이라는 용어는 배우자 세포에서는 적용될 수 없는데, 왜냐하면 배우자는 각각의 대립유전자 중 하나만 가지기 때문이다.
5. 가시적 형질을 포함하여, 관찰할 수 있는 성질은 한 생물체의 **표현형(phenotype)**을 구성한다. 둥근 콩, 주름진 콩 등이 표현형이다. 노랑 콩과 초록 콩도 역시 표현형이다. 한 생물체의 표현형이 항상 그 생물의 유전자형을 가리키는 것은 아니다. 예를 들어, "둥근 콩"이라는 표현형은 유전자형 *WW*와 *Ww* 모두가 될 수 있다.
6. **우성 형질(dominant trait)**은 유전자형이 이형접합성 또는 동형접합성인 경우 표현형으로 나타난다. **열성 형질(recessive phenotype)**은 유전자형이 동형접합성일 때 표현형으로 나타난다. 우성 형질의 존재는 열성 형질을 감춘다.

잡종 제2세대 자손은 멘델의 가설을 뒷받침한다

멘델은 그림 2.6의 유전 가설을 해석할 수 있는 열쇠가 잡종 제2세대의 둥근 콩에 존재함을 깨달았다. 만약 그의 가설

이 옳다면, 둥근 콩의 **1/3**은 유전적 구성이 *WW*이어야 하고, 나머지 **2/3**은 유전적 구성이 *Ww*이어야 한다. **1 : 2** 비율인 이유는 **그림 2.7**에서 알 수 있다. 잡종 제2세대에서 *WW* : *Ww* : *ww*의 비율은 1 : 2 : 1이지만, 만약 *ww* 콩을 무시하면, *WW* : *Ww*의 비율은 1 : 2이다. 즉, 둥근 콩의 1/3은 *WW*이고 2/3은 *Ww*이다. 둥근 콩에 대한 분자적 분석을 해보면 이 비율은 분명해진다. 그러나 멘델은 완두콩 자손의 번식 행태에 기초하여 콩의 유전형을 확인해야 했다. 멘델은 자가수정을 실행한 결과, *WW* 유전자형은 둥근 콩만 생성하는 순계여야 하는 반면에, *Ww* 유전자형은 둥근 콩과 주름진 콩을 3 : 1 비율로 생산하여야 한다는 사실을 알았다. 게다가 잡종 제2세대의 주름진 콩은 모두 *ww* 유전자형을 가져야 하고, 자가수분을 하면 주름진 콩만 생성하는 순계여야 한다.

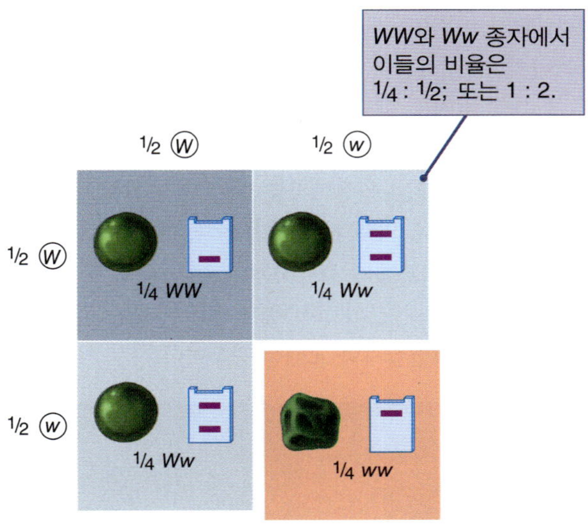

그림 2.7 잡종 제2세대에서, *WW* : *Ww* : *ww*의 비율은 1 : 2 : 1이다. 그러나 둥근 콩들 사이에서 *WW* : *Ww*의 비율은 1 : 2이므로 둥근 콩의 1/3은 *WW*이고 2/3는 *Ww*이다.

멘델은 이 예측을 실험하기 위해서 몇몇 형질의 잡종 제2세대 완두를 자가수정하였다. 둥근 콩 대 주름진 콩에 대한 멘델의 실험 결과가 **그림 2.8**에 있다. 멘델의 유전 가설에서 예상한 것처럼, 잡종 제2세대의 주름진 콩에서 자라난 완두는 주름진 콩을 생산하는 순계였다. 그들은 잡종 제3세대에서 오로지 주름진 콩들만 생산하였다. 한편, 잡종 제2세대의 둥근 콩으로부터 자라난 565개의 완두들 중, 193개는 잡종 제3세대에서 둥근 콩만 생산하는 순계였고, 나머지 372개의 식물들은 둥근 콩과 주름진 콩의 비율을 거의 3 : 1로 생산하였다. 193 : 372의 비율은 그림 2.7의 유전 가설로부터 이론적으로부터 예측한 유전자형 *WW* : *Ww*의 1 : 2 비율과 거의 가까운 1 : 1.93이다. 종합적으로, 잡종 제2세대 완두를 모두 계산하면, 관찰된 유전자형의 비율은 그림 2.7에서 예상한 *WW* : *Ww* : *ww*의 1 : 2 : 1 비율과 거의 같다.

검정교배의 자손도 멘델의 가설을 뒷받침한다

멘델은 잡종 제1세대 종자의 유전적 구성을 알아보기 위한 두 번째 방법을 그안해 냈는데, 이것 또한 그의 가설을 충분히 뒷받침해 주었다(그림 2.6). 잡종 제1세대 종자로부터 자란 완두를 열성 동형접합자 완두와 교배함으로써 잡종 제1세대 종자의 유전자형을 밝혀낼 수 있었다. 이러한 교배, 즉 우성 표현형의 생물(유전자형을 알지 못하는)과 열성 표현형의 생물(열성 동형접합자로 알려진 유전자형) 간의 교배를

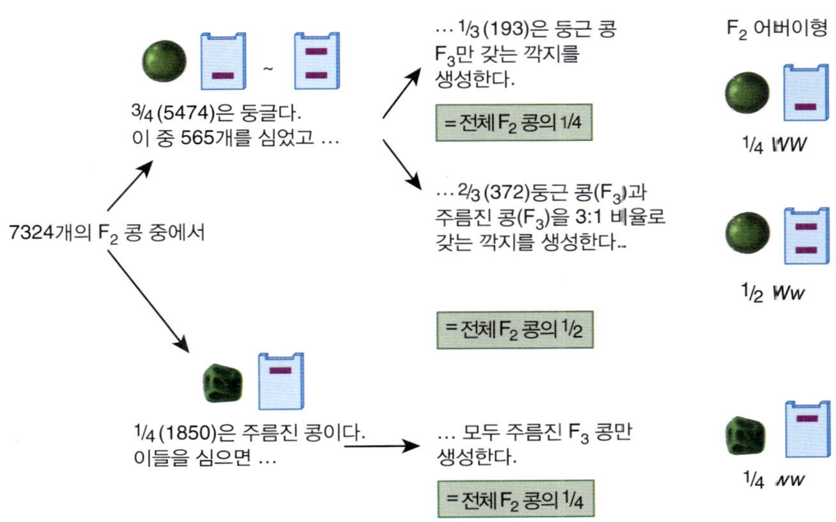

그림 2.8 둥근 콩과 주름진 콩을 교배하여 형성된 제2세대 자손을 자가수정하여 얻은 멘델의 실험 결과. 제2세대 자손 중 둥근 콩(우성)을 재배하여 자란 완두를 자가수정했을 때 1/3은 모두 둥근 콩만 생성하고, 나머지 2/3에서는 둥근 콩 : 주름진 콩의 비율이 3 : 1로 생성한다. 이 결과는 제2세대에서 우성(둥근)을 가진 콩은 2가지 유전자형 *WW*와 *Ww*를 1 : 2의 비율로 생성한다는 것을 보여준다.

검정교배(testcross)라고 한다. 만약 우성 표현형을 갖는 어버이가 동형접합성이라면, 검정교배는 우성 표현형을 가진 자손만을 생산할 것이다. 만약 우성 표현형을 갖는 어버이가 이형접합성이라면(예를 들어, *Ww*이라면), 검정교배의 결과는 **그림 2.9**에서 보듯이 우성과 열성 표현형을 지닌 자손이 생산될 것이다. 분리의 원리에 따라, 이형접합자 어버이는 *W* 및 *w* 배우자를 동수로 생산할 것이다. 이러한 배우자들이, 열성 동형접합자 어버이로부터 생산된 *w* 배우자와 무작위로 결합한다면, 예상되는 자손은 *Ww* 유전자형이 1/2, *ww* 유전자형이 1/2이다. 전자는 가시적 형질이 우성인 둥근 콩이고(*W*가 *w*에 대해 우성이기 때문에), 후자는 가시적 형질이 열성인 주름진 콩이다. 따라서 예상되는 우성 대 열성 표현형 비는 1 : 1이다. 만약 이형접합자 생물이 검정교배된다면, 형태적 표현형 비가 분자적 표현형 비와 같을 것이다. 그림 2.9의 겔 표시가 보여 주듯이, 두 비율 모두 1 : 1이다. 이것이 유전학적 분석에서 검정교배가 매우 유용하게 이용되는 이유이다.

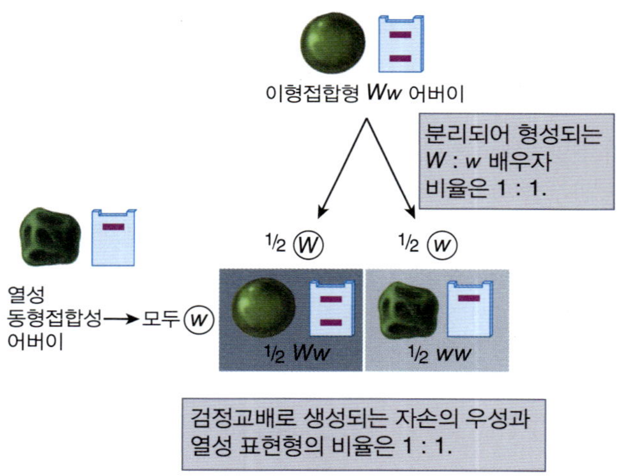

그림 2.9 검정교배는 자손의 표현형에서 직접적으로 분리되는 결과를 보여준다. 위 예는 이형접합자 *Ww*와 동형접합자 *ww*를 교배한 검정교배이다. 예상되는 자손 *Ww*와 *ww*의 비율은 1 : 1이다.

핵심 개념

검정교배를 통해 이형접합자 어버이로부터 생산된 배우자들의 상대적인 비율은 자손들의 표현형 비를 통해 직접적으로 관찰될 수 있는데, 이것은 열성 동형접합자 어버이는 열성 대립유전자만 제공하기 때문이다.

멘델은 둥근 콩 대 주름진 콩, 노랑 콩 대 초록 콩, 보라색 꽃 대 흰색 꽃, 그리고 긴 줄기 대 짧은 줄기에 대한 유전자들을 대상으로 일련의 검정교배 실험을 수행하였다. 결과는 **표 2.2**에 나타나 있다. 모든 경우에, 자손 간의 표현형 비는 이형접합자 어버이의 대립유전자 간의 분리로부터 예상되는 1 : 1에 매우 가깝다.

또 다른 유용한 교배 중의 하나가 **역교배(backcross)**인데, 이는 생성된 잡종을 어버이 유전자형 중 하나와 교배하는 것이다. 역교배는 유전학자뿐 아니라 동식물 종 개량을 시도하는 사람들에 의해 자주 이용된다. 표 2.2의 검정교배도 사실 일종의 역교배에 해당하는데, 이는 우성 동형접합자와 열성 동형접합자 간의 교배에서 얻어진 제1세대 이형접합자가 열성 동형접합자와 교배한 경우이다.

표 2.2 멘델의 검정교배 실험결과

검정교배 (F_1 이형접합자 × 열성 동형접합자)	검정교배의 자손	비율
둥근 콩 × 주름진 콩	193 둥근 192 주름진	1.01 : 1
노랑 콩 × 초록 콩	196 노랑 189 초록	1.04 : 1
보라색 꽃 × 흰색 꽃	85 보라색 81 흰색	1.05 : 1
긴 줄기 × 짧은 줄기	85 긴 79 짧은	1.01 : 1

잠깐 생각해 봅시다 2.2

아래에 보이는 교배에서 *A*는 우성 대립유전자, *a*는 열성 대립유전자를 나타낸다.

1. *AA* × *AA* 2. *AA* × *Aa* 3. *AA* × *aa*
4. *Aa* × *Aa* 5. *Aa* × *aa* 6. *aa* × *aa*

어느 교배가 우성 표현형을 지닌 자손만을 생산하는가? 어느 교배가 열성 표현형을 지닌 자손만을 생산하는가? 어느 교배가 우성과 열성 표현형을 지닌 자손을 3 : 1 비율로 생산하는가? 어느 교배가 우성과 열성 표현형을 지닌 자손을 1 : 1 비율로 생산하는가?

2.3 서로 다른 유전자들의 대립유전자는 독립적으로 분리된다

멘델은 또한 콩의 색깔—노랑 대 초록—에 특별히 관심을 가졌는데, 그 이유는 콩의 색깔도 콩의 형태처럼 콩 자체에서 직접적으로 구별될 수 있기 때문이었다. 초록색 엽록소를 분해하는 효소 중 하나에 결함이 생기면 초록 콩이 생성된다. 이 효소 유전자의 돌연변이가 동형접합자형인 콩은 엽록소를 분해할 수 없기 때문에 초록 콩이 생성되는 반면, 야생형은 엽록소를 분해할 수 있기 때문에 노랑 콩으로 만들어진다(이는 가을에 나뭇잎이 노랑으로 단풍이 드는 이치와 같다). 주름지고 초록인 동형접합자 콩(유전형 *ww gg*)과 둥글고 노랑인 동형접합자 콩(유전형 *WW GG*)을 교배한 실험으로부터 멘델은 또 다른 중요한 점을 발견하였다. 이 교배에서 생성된 제1세대 종자는 이중 이형접합형 *Ww Gg*이며, 둥글고 노랑인 콩이었다. 이들 제1세대 콩을 재배하여 자가수분을 하였을 때 생성되는 제2세대에서 멘델은 다음과 같은 4가지 표현형을 갖는 콩의 개수를 관찰하였다.

둥근 노랑 콩	315
둥근 초록 콩	108
주름진 노랑 콩	101
주름진 초록 콩	32
합계	556

이 자료에서, 멘델은 각 단성잡종 형질이 각각 3 : 1의 기대 비율로 분리되는 점에 주목하였다. 각 형질별로 살펴보면, 그 자손은 다음과 같다.

둥근 : 주름진
= (315 + 108) : (101 + 32)
= 423 : 133
= 3.18 : 1

노랑 : 초록
= (315 + 101) : (108 + 32)
= 416 : 140
= 2.97 : 1

더구나 양성잡종을 교배시켜서 얻은 제2세대 자손에서, 그림 2.10에서 보듯이 별도로 분리된 두 형질의 3 : 1 비는 무작위로 합쳐진다. 이와 같이 되면, 둥근 콩 자손 3/4 중에서 3/4은 노랑일 것이고, 1/4은 초록일 것이다. 또한 이와 유사하게 주름진 콩 자손 1/4 중에서 3/4은 노랑일 것이고, 1/4은 초록일 것이다. 그러므로 둥근–노랑 대 둥근–초록 대 주름진–노랑 대 주름진–초록의 전체적인 비는 다음과 같이 예상된다.

3/4 × 3/4 대 3/4 × 1/4 대 1/4 × 3/4 대 1/4 × 1/4

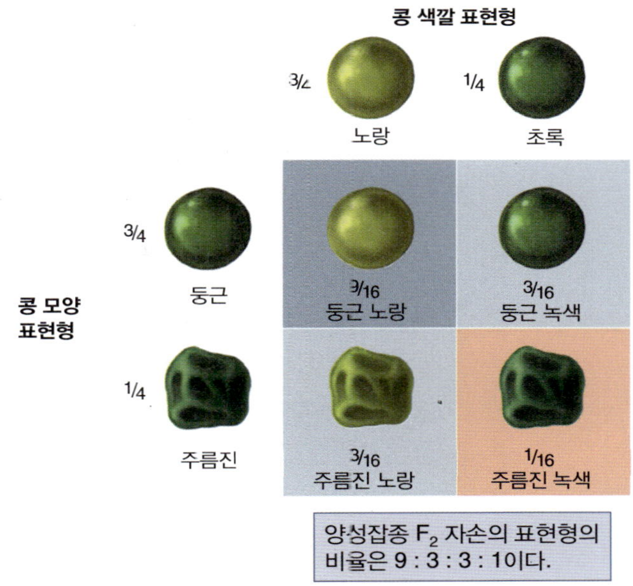

그림 2.10 둥근 : 주름진의 3 : 1 비율을 노랑 : 초록의 3 : 1 비율과 무작위로 조합을 만들면, 멘델이 양성잡종 교배로 생성한 제2세대 자손에서 관찰했던 9 : 3 : 3 : 1 비율이 산출된다.

또는

9/16 : 3/16 : 3/16 : 1/16

실제로 관찰된 비율은 315 : 108 : 101 : 32는 9.84 : 3.38 : 3.16 : 1과 같고, 이것은 그림 2.10에서처럼 별도의 3 : 1의 분리 비를 교차로 곱한(cross-multiplication) 것에서 얻어진 9 : 3 : 3 : 1 비율에 매우 가깝다.

양성잡종 교배에서 제2세대의 유전자형은 멘델의 예측과 일치한다

멘델은 형질의 조합을 달리한 각 쌍을 대상으로 비슷한 실험을 했고, 일관되게 9 : 3 : 3 : 1이라는 비율을 관찰하였다. 그는 또한 관찰한 결과에 대한 생물학적 이유를 알아냈다. 둥근 콩과 주름진 콩의 양성교배를 이용하여 설명하면, 콩의 모양에 영향을 주는 우성 및 열성 대립유전자 쌍을 각각 *W*와 *w*라 표시할 수 있고, 콩의 색에 영향을 주는 우성 및 열성 대립유전자 쌍을 각각 *G*(노랑)과 *g*(초록)이라고 표시할 수 있다. 멘델은 잡종 제2세대의 9 : 3 : 3 : 1 비율의 근본적인 이유가 둥글고(*W*) 주름진(*w*) 완두의 대립유전자의 분리가 노랑(*G*)과 초록(*g*)의 분리에 영향을 주지 않는 것이라고 주장했다. 배우자가 생성될 때, 각 대립유전자 쌍은 다른 대립유전자의 분리와는 독립적으로 분리된다. 어버이 세대의 유전자형이 *WW GG*(둥글고 노랑)와 *ww gg*(주름지고 초록)이며, 이것들이 교배되어 생성한 잡종 제1세대의 유전자형은 양성 이형접합자 *Ww Gg*이다.

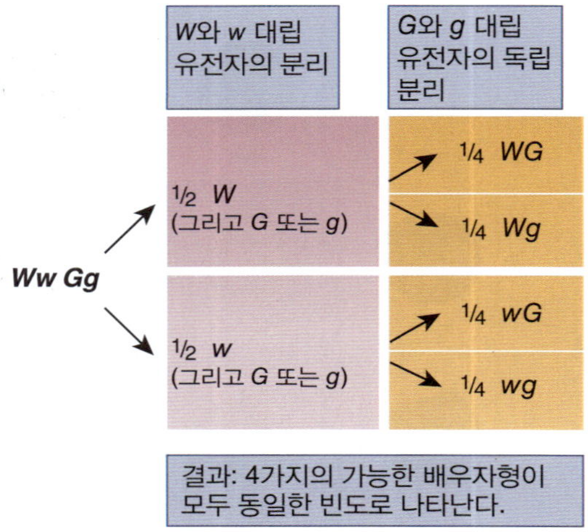

그림 2.11 *Ww*와 *Gg* 대립유전자 쌍들의 독립적 분리는 *W*와 *w* 각 그룹에서 *G*와 *g*의 비율이 1 : 1이라는 것을 의미한다. 이와 마찬가지로 *G*와 *g* 각 그룹에서 *W* : *w*의 비율도 1 : 1이다.

잡종 제1세대 완두에서 나타난 독립적 분리의 결과는 대립유전자 *W*가 *G* 또는 *g*를 가진 배우자에 포함된 것과 같고, 마찬가지로 대립유전자 *w*도 *G* 또는 *g*를 가진 배우자에 포함된 것과 같다. 독립의 법칙은 **그림 2.11**에 설명되어 있다. *W*, *w*와 *G*, *g* 대립유전자 쌍의 독립적 분리는 양성 이형접합자 *Ww Gg*로부터 생성되는 배우자가

1/4 *W G* 1/4 *W g* 1/4 *w G* 1/4 *w g*

임을 의미한다.

4가지 형의 배우자가 다음 세대의 접합자를 형성하기 위해 무작위로 조합될 때, 독립적 분리의 결과는 **그림 2.12**에서 보여주는 것과 같다. 이때도 교차곱하기를 이용하여, 제1세대의 암배우자와 숫배우자가 제2세대의 유전자형을 생성하기 위하여 무작위로 조합하는 방법을 보여줄 수 있다. 이 바둑판 형식을 **퍼니트 네모꼴(Punnett Square)**이라 부른다. 퍼니트 네모꼴 안에, 제2세대 자손의 종자 모양과 색에 대한 표현형이 표시된다. 둥근 노랑 : 주름진 노랑 : 둥근 초록 : 주름진 초록에 대한 표현형의 비가 9 : 3 : 3 : 1인 것에 주목하여야 한다.

그림 2.12 퍼니트 네모꼴에 보이는 제2세대의 **유전자형**은 9 : 3 : 3 : 1이 아니다. 독립적 분리에 의해 잡종 제2세대의 유전자형의 비는

1 : 2 : 1 : 2 : 4 : 2 : 1 : 2 : 1

이다. 위 비율이 왜 그렇게 나타나는지는 **그림 2.13**으로 설명된다. *WW* 유전자형을 갖는 콩에서 *GG* : *Gg* : *gg*의 비율은 1 : 2 : 1이며, *Ww* 유전자형을 갖는 콩에서는 2 : 4 : 2(*Ww* 유전자형이 *WW*나 *ww*보다 2배가 많으므로 1 : 2 : 1에 2를 곱해야 한다)이다. 그리고 *ww* 유전자형을 갖는 콩들 중에서 *GG* : *Gg* : *gg*의 유전자형 비율은 1 : 2 : 1로 나타난다. 표현형의 전체 비율은 9 : 3 : 3 : 1로 나타난다.

일란성 쌍둥이는 유전적으로 동일하지만, 환경의 영향을 받는다. 사진의 우측 소녀는 햇볕에서 보다 많은 시간을 보내 피부가 더 검고 머릿결이 탈색되었다.

멘델은 예측한 유전자형의 비율이 기대한 대로 실제로 나오는지를 확인함으로써 독립적 분리 가설을 실험하였다. 그는 잡종 제2세대 완두를 키워 자가수정하여 제3세대 자손을 얻었다. 이 실험을 설명하기 위해, 그는 제2세대 중 둥글고 초록인 콩을 재배하여 일련의 교배를 행하였다. 그림 2.12와 2.13에서 둥글고 초록인 제2세대 완두콩의 유전자형은 *Ww gg* 또는 *WW gg*인데, 그 비율이 2 : 1인 것에 주목하라. 멘델은 제2세대의 둥글고 초록인 콩으로부터 102그루의 완두를 길러 생성되는 콩을 관찰한 결과, 67그루는 콩깍지 속에 둥근 초록 콩과 주름진 초록 콩을 포함하고 있었고(이는 어버이가 *Ww gg*라는 것을 가리킨다), 35그루는 둥근 초록 콩만 포함하고 있었다(이는 어버이가 *WW gg*라는 것을 가리킨다). 얻어진 비율 67 : 35는 기대한 비율 2 : 1과 아주 비슷하다.

멘델이 관찰한 두 쌍의 대립유전자가 독립적으로 분리되는 현상이 바로 **독립의 법칙(principle of independent assortment)**이다.

핵심 개념

독립의 법칙: 생식세포가 형성될 때 한 대립유전자 쌍의 각 인자의 분리는 다른 대립유전자 쌍을 구성하는 인자의 분리와는 독립적이다.

독립의 법칙이 멘델 유전학의 기본이지만, 만약 두 유전자가 서로 동일한 염색체 상에 아주 가까이 위치하고 있는 경우에는 독립적으로 분리되지 않는 것으로 관찰될 수도 있다.

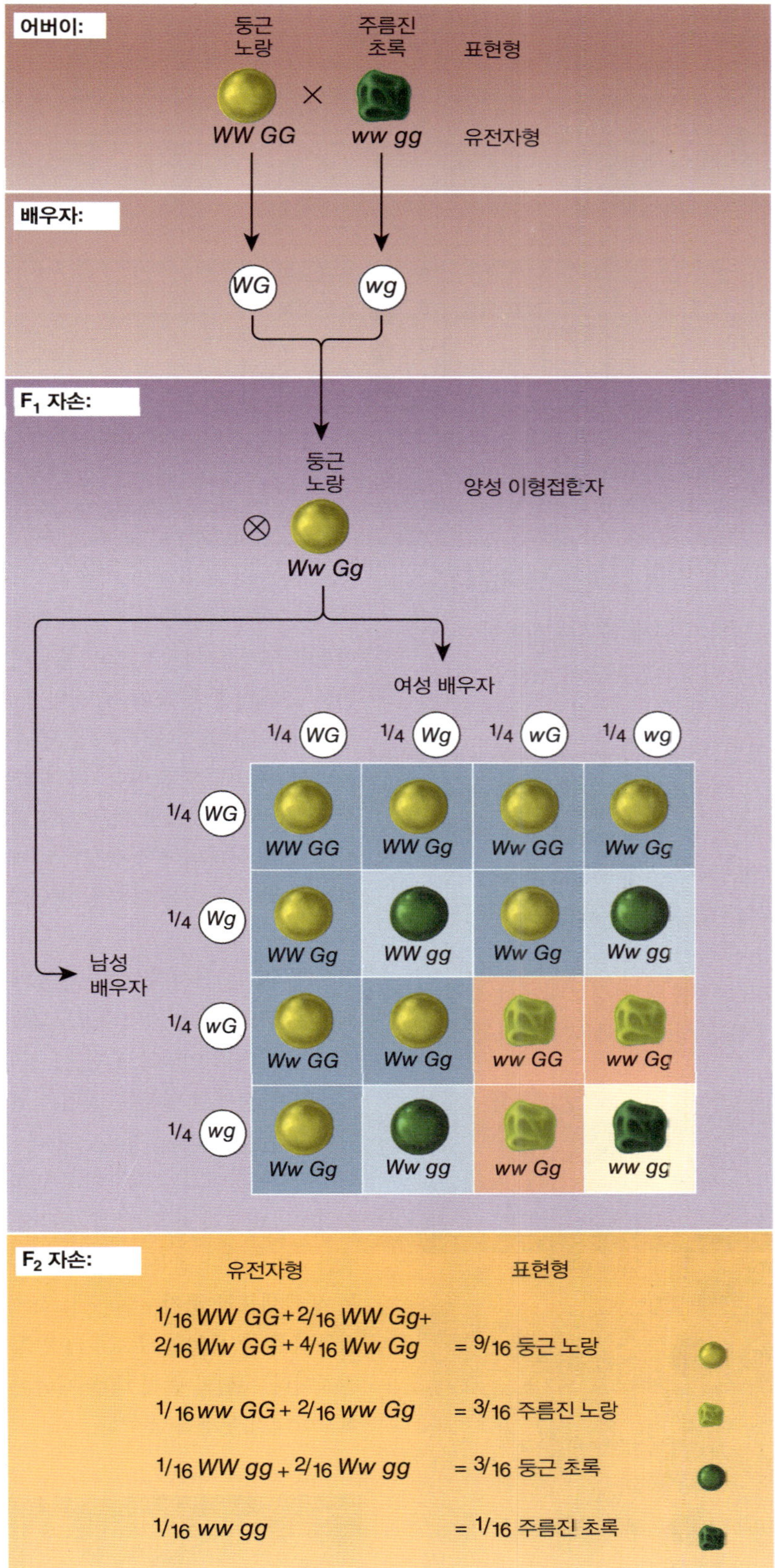

그림 2.12 독립적 분리를 하는 2개의 유전자에 의해 결정되는 형질을 갖는 어버이가 교배하였을 때, 형성되는 제2세대 자손의 표현형의 비가 9 : 3 : 3 : 1이 됨을 보여주는 그림.

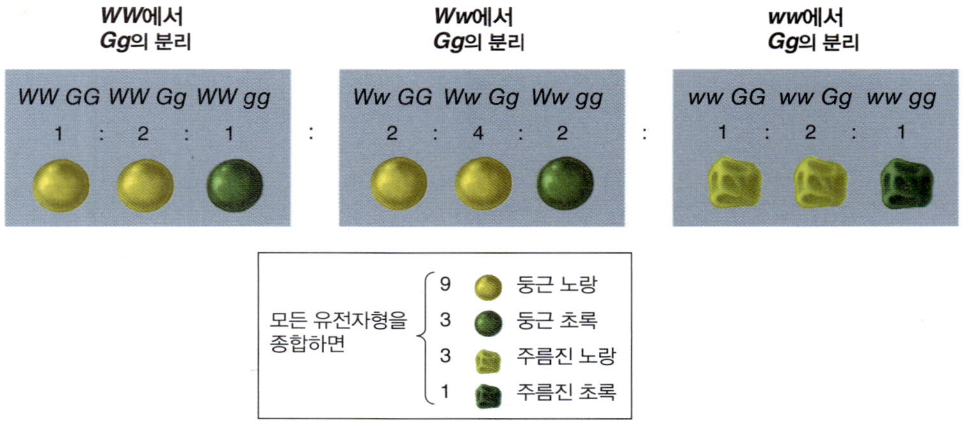

그림 2.13 모양 및 색깔에 대한 양성잡종 교배를 하였을 때, 둘 중 하나의 대립유전자 쌍에 의해 형성되는 어느 유전자형이든지, 여기에 포함되는 다른 대립유전자 쌍의 동형접합 우성 : 이형접합 : 동형접합 열성의 비율은 1 : 2 : 1이다.

검정교배의 자손은 독립적 분리의 결과를 보여준다

독립적 분리라는 가설을 증명하기 위해 멘델이 실험한 두 번째 방법은 두 유전자에 대해 이형접합자(*Ww Gg*)인 제1세대를 대상으로 수행한 검정교배이다. 이 검정교배에서 어버이의 한쪽 유전자형은 열성 동형접합자—이 경우 *ww gg*—여야 한다. **그림 2.14**에서 보여준 바와 같이, 양성 이형접합자는 4가지 형—*W G*, *W g*, *w G*, *w g*—의 배우자를 동일한 비율로 형성하고, 반면에 *ww gg* 완두는 오직 *w g* 배우자만 생성한다. 따라서 형성되는 자손의 표현형은 둥근 노랑, 둥근 초록, 주름진 노랑, 주름진 초록이 1 : 1 : 1 : 1 비율로 나타나리라 기대된다. 단성잡종의 검정교배에서 보았듯이, 이형접합성인 어버이로부터 생성된 배우자의 비율이 곧 바로 자손의 표현형의 비율을 가리킨다. 그 이유는 어버이 중 열성 동형접합자는 우성 대립유전자를 갖고 있지 않아 표현형에 영향을 미치지 않기 때문이다. 실제 검정교배에서 멘델은 55개의 둥근 노랑, 51개의 둥근 초록, 49개의 주름진 노랑, 53개의 주름진 초록 콩을 얻었는데, 이는 1 : 1 : 1 : 1 비율과 아주 비슷한 값이다. 이 결과는 *Ww Gg*를 암컷으로 하고 *ww gg*를 수컷으로 하는 상호교배에서도 동일하다. 이 관찰은 양쪽 어버이에서 생성되는 배우자는 가능한 모든 유전자형을 동일한 비율로 가질 것이라는 멘델의 가정을 확인시켜 준다.

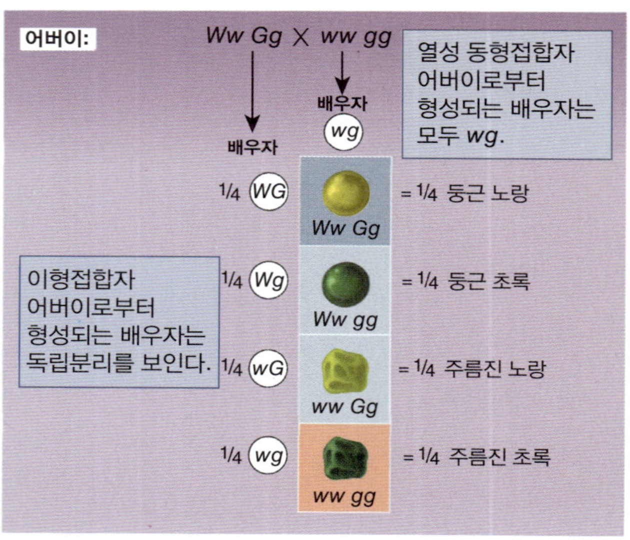

그림 2.14 *Ww Gg* 양성 이형접합자의 검정교배에서 얻어진 유전자형과 표현형.

재미있는 역사적 기록: 멘델의 논문에는 분리의 법칙(때때로 멘델의 제1법칙이라고도 함)이나 독립의 법칙(때때로 멘델의 제2법칙이라고도 함)이 명백하게 언급되지는 않았다. 이러한 관점에서 일부는 멘델은 멘델의 법칙을 발견하지 않았다고 반론을 펴는 경우도 있다. 하지만 멘델은 유전이 과연 어떻게 진행되는가에 대해 명확한 지식을 가지고 있었던 것 같다. 비교적 짧은 그의 논문에서 다음과 같은 자신의 주장을 6번씩이나 반복하여 명백히 하였다: "완두콩이 생성하는 생식세포와 꽃가루의 구성요소 수정을 통하여 결합한 형질들이 항상 동일한 수로부터 만들어진다." 마음속에 분리의 법칙이나 독립의 법칙 대한 개념이 없었다면, 이러한 서술을 이끌어내지 못했을 것이다.

잠깐 생각해 봅시다 2.3

유전자 *A*와 *B*가 독립일 때, *Aa bb* × *Aa Bb*의 교배 결과로 나온 자손의 *aa Bb*의 비율을 나타내시오.

2.4 확률은 멘델 유전학에서 중심적 역할을 한다

앞에서 보았다시피, 확률은 멘델 유전학에서 핵심적 역할을 한다. 배우자 세포의 생성이나 수정에서 대립유전자의 조합은 무작위적이고 기회 변수에 따라 이루어진다. 유전 교배에서 다른 형태의 자손이 얻어지는 비율은 수많은 개별 수정의 누적된 결과이다. 확률의 법칙에 대한 실지식이 유전적 특징의 전달 현상을 이해하는 데 기초가 되는 것은 바로 이 때문이다.

유전적 교배의 분석에서, 특정 결과의 확률은 많은 수의 반복된 시도에서 같은 결과가 발생하는 횟수와 동일시된다. 이 수가 비율로 표현되면, 한 번의 시도에서 이 특정 결과가 발생할 **확률**을 나타낸다. 예를 들면, 둥근 콩과 주름진 콩 사이에서 생성된 잡종 제2세대의 콩에서, 멘델은 5,474개의 둥근 콩과 1,850개의 주름진 콩을 관찰하였다(표 2.1). 이 경우 주름진 콩의 비율은 1850/(1850 + 5474) = 1/3.96이고, 이 값은 1/4에 매우 가깝다. 그러므로 우리는 이 교배로부터 많은 수의 자손 사이에 주름진 콩의 대략적인 비율이 1/4이라고 간주할 수 있다. 따라서, 우리가 무작위로 고른 하나의 콩이 주름질 확률은 1/4이라고 간주할 수 있을 것이다.

유전적 교배에서 어떤 가능한 결과의 확률을 어림하는 것은 유전의 기작과 특정 교배에 대한 지식을 이해하는 데 필요하다. 예를 들어, 어떤 특정 교배에서 둥근 콩을 얻어낼 확률을 계산하기 위해서는, 여기에 *W*와 *w*라는 2개의 대립유전자가 관련되어 있고, *W*는 *w*에 대해 우성이라는 사실을 알 필요가 있다. 또한 그 교배가 어떠한 것인지에 대해 알아야 하는데, 그 이유는 어떤 교배인지에 따라 둥근 콩의 확률이 결정되기 때문이다. 즉,

> *WW* × *ww* 교배에서는 자손이 모두 둥근 콩으로 기대되고,
> *Ww* × *Ww* 교배에서는 자손의 3/4이 둥근 콩으로 기대되며,
> *Ww* × *ww* 교배에서는 자손의 1/2이 둥근 콩으로 기대되기 때문이다.

더하기 법칙은 상호 배타적인 가능성에 적용된다

때로 관심을 갖는 하나의 특정 결과가 2개 항 이상의 확률에 의해 표현될 수도 있다. 예를 들어, 둥근 표현형을 갖는 콩의 유전자형은 *WW* 또는 *Ww* 둘 중의 하나이다. 하나의 둥근 콩은 2개의 유전자형을 동시에 갖지는 못한다. 하나의 둥근 콩에는 *WW* 아니면 *Ww* 유전자형 하나만 존재하는 것처럼, 오직 하나의 가능성만이 어떤 한 생물에서 실현될 수 있고, 그 실현은 다른 가능성의 실현을 배제한다. 이 예에서 하나의 둥근 콩에 *WW*가 존재한다는 것은 동일한 콩에 다른 둥근 콩 유전자형 *Ww*가 존재할 가능성을 배제한다는 것이다. 이처럼 서로를 배제하는 결과를 **상호 배타적**(*mutually exclusive*)이라 한다. 일어날 결과들이 상호 배타적일 때, 그들의 확률은 더하기 법칙에 따라 서로 합해진다.

> **핵심 개념**
>
> **더하기 법칙(additional rule):** 2개의 상호 배타적인 가능성 A 또는 B가 있을 때, 둘 중의 하나 또는 다른 하나가 실현될 확률은 각각이 실현될 확률을 합한 것과 같다.

부호 Prob는 **확률**을 나타내는 데 사용되는데, 더하기 법칙은 다음과 같이 쓸 수 있다.

$$\text{Prob}\ \{\text{A 또는 B}\} = \text{Prob}\ \{\text{A}\} + \text{Prob}\ \{\text{B}\}$$

그림 2.7에서 설명된 *Ww* 3 *Ww* 교배에서, 더하기 법칙은 기대되는 둥근 콩의 비율을 계산하는 데 응용될 수 있다. 둥근 콩은 2가지 유전자형 *WW*와 *Ww* 중의 하나를 가지면 생성되는데, 이러한 가능성은 상호 배타적이다. 이 교배에서 생성되는 자손 중, 유전자형 *WW*의 확률은 1/4이고, *Ww*의 확률은 1/2이다. 따라서 *WW*이거나 *Ww*일 전체 확률은

$$\begin{aligned}\text{Prob}\ \{WW\ \text{또는}\ Ww\} &= \text{Prob}\ \{WW\} + \text{Prob}\ \{Ww\}\\ &= 1/4 + 1/2 = 3/4\end{aligned}$$

3/4는 개개의 콩이 둥글 확률이므로, 또한 이는 전체 자손 중 기대되는 둥근 콩의 비율이다.

곱하기 법칙은 상호 독립적인 가능성에 적용된다

서로 배타적이지 않은 가능한 결과는 아마 서로 **독립적**일 것이며, 이는 한 결과의 실현이 다른 결과의 실현 가능성에 영향을 미치지 않는다는 것을 의미한다. 예를 들면, 콩의 모양과 색에 대한 멘델의 교배에서, 2개의 형질은 서로 독립적이고, 잡종 제2세대에서 나타나는 표현형의 비율은 9/16의 둥근 노랑, 3/16의 둥근 초록, 3/16의 주름진 노랑, 1/16의 주름진 초록으로 기대된다. 이 비율은 두 형질이 서로 독립적이므로, 별개로 고려되어 얻어진다. 콩의 모양만을 고려하면, 잡종 제2세대에서 3/4의 둥근 콩과 1/4의 주름진 콩으로 예상된다. 또한 콩의 색깔만을 고려하면, 잡종 제2세대에서 3/4의 노랑 콩과 1/4의 초록 콩을 예상할 수 있다. 2가지 형질은 독립적이기 때문에, 3/4 둥근 콩 중의 3/4는 노랑일 것이고 따라서 둥글고 노랑 콩의 전체 비율은 3/4 × 3/4

= 9/16으로 기대된다(그림 2.10). 비슷하게, 3/4 둥근 콩 중의 1/4는 초록일 것이므로, 둥글고 초록 콩의 전체 비율은 3/4 × 1/4 = 3/16으로 기대된다. 다른 표현형의 비율도 이와 유사한 방법으로 추측할 수 있는데, 그림 2.10에서 보인 것처럼 교차 곱하기법으로 얻을 수 있다. 각 결과가 독립적일 때, 그것들이 함께 실현될 수 있는 확률은 곱하기 법칙으로 얻을 수 있다.

교배에서 연속하여 태어나는 자손 역시 독립적 결과인데, 이는 먼저 태어나는 자손의 유전자형은 늦게 태어나는 자손의 유전자형의 상대적 비율에 영향을 미치지 않는다는 것을 의미한다. 각 가족 내의 아들딸 비는 "균등"하여 대략 1 : 1 정도가 되어야만 하는 것이 일반적인 믿음으로, 만약 어떤 어버이가 4명의 딸을 두었다면, 다음에 태어날 자손은 아들일 확률이 어느 정도 높다고 여겨짐에도 불구하고, 연속하여 태어나는 자손의 독립성은 이러한 일반적인 믿음에 일치하지는 않는다. 이러한 믿음은 이론에 의해 뒷받침되지 않으며, 사람의 형제자매 관계에서 남녀 성비에 대한 실제 자료에도 맞지 않는다(**형제자매 관계**, **sibship**, 한 어버이에게서 난 자손 그룹을 가리킨다). 자료에 의하면, 다섯 아들을 가지고 있는 가정이 다섯 딸을 가지고 있는 가정에 비해 다음 자손이 딸일 확률이 높은 것 같지 않다. 통계적으로, 많은 수의 형제자매 관계의 평균을 볼 때 남녀 성비가 균등한 경향이 맞을지라도, 개개의 가족의 형제자매 관계 내에서는 남녀비율이 항상 균등한 것은 아니다. 그래서 다섯 자녀가 있는 가족들 중에서 1 : 1의 전체 남녀비율을 위해, 다섯 아들로 이루어진 가족이 있는 반면에 다섯 딸로 이루어진 가족이 존재하여 전체적으로 균형을 맞춘다. 어째든 위의 양쪽 가족의 형제자매는 남녀의 분배가 평범하지는 않다.

가능한 결과들이 서로 독립적일 때(교배에서 연속하여 생성되는 자손 또는 독립적 형질과 같은), 확률은 곱하기 법칙 방법으로 계산된다.

핵심 개념

곱하기 법칙(multiplication rule): 2가지의 독립적인 사건 A와 B가 동시에 실현될 확률은 그들 각각의 확률의 곱으로 얻을 수 있다.

부호로 곱하기 법칙은 다음과 같이 표현될 수 있다.

$$\text{Prob}\ \{\text{A 그리고 B}\} = \text{Prob}\ \{\text{A}\} \cdot \text{Prob}\ \{\text{B}\}$$

곱하기 법칙은 다음과 같은 질문에 답하는 데 이용될 수 있다: *Aa* × *Aa* 교배에서 생성된 두 자손 중, 둘 다 우성 표현형을 가질 확률은 얼마인가? *Aa* × *Aa* 교배에서 어떤 자손이든 우성 형질을 가질 확률은 3/4이다. 곱하기 법칙을 이용하면 두 자손 모두가 우성 표현형을 가질 확률은 3/4 × 3/4 = 9/16라는 것을 알 수 있다.

더하기 법칙과 곱하기 법칙을 함께 사용해서 대답할 수 있는 전형적인 유전학 문제의 예를 들어보자. *Aa* × *Aa* 교배로 생성된 두 자손이 하나는 우성 표현형(확률 3/4), 나머지 하나는 열성 표현형(확률 1/4)일 확률은 얼마인가? 하나는 우성, 하나는 열성인 두 자손이 형성되는 방법은 2가지로 나타날 수 있는데, 우성이 첫 번째로 태어나는 경우와 두 번째로 태어나는 경우이다. 첫 번째인 경우의 확률은 3/4 × 1/4이고, 두 번째는 1/4 × 3/4인데, 이 두 결과는 서로 배타적이기 때문에 그 확률은 더해진다. 따라서 답은

$$(3/4 \times 1/4) + (1/4 \times 3/4) = 2(3/16) = 3/8$$

이다.

더하기 법칙과 곱하기 법칙은 유전 현상의 확률을 계산하는 데에 매우 유용하게 이용된다. **그림 2.15**는 그 법칙들이, *Ww Gg*의 자가수정으로 생성된 제2세대 자손들의 9개 유전자형 비율을 결정하는 데 어떻게 적용되는지를 보여준다.

유전학에서 독립성은 교배에 의해 연속적으로 생성되는 자손들뿐만 아니라 독립의 법칙에 의해 분리되는 유전자에도 적용한다(**그림 2.16A**). 이 독립성이란 많은 대립유전자 쌍 중에서 독립적 분리가 이루어지는 교배로부터 형성되는 다양한 형태의 자손이 생성될 확률을 계산하는 데 곱하기 법칙이 사용될 수 있다는 것을 뜻한다. 이 원리는 그림 2.15의 양성교배에서 생성되는 자손형을 예측하는 이론적 근거가 된다. 곱하기 법칙은 어떤 교배에서 생성되는 자손 중에서 특정 유전자형이 나타날 확률을 계산하는 데도 이용될 수 있다. 예를 들면, 유전자형이 *Aa Bb Cc Dd*인 사중 이형접합체를 자가수정시켰을 때, *Aa Bb Cc Dd*인 자손이 나올 확률은, 대립유전자 4쌍이 독립적으로 분리된다고 가정할 때,

$$(1/2)\ (1/2)\ (1/2)\ (1/2) = (1/2)^4 = 1/16$$

로 계산될 수 있다.

잠깐 생각해 봅시다 2.4

유전자 *A*와 *B*가 독립일 때, *Aa bb* × *Aa Bb*의 교배 결과로 나온 자손의 동형접합체(homozygous) 비율을 나타내시오.

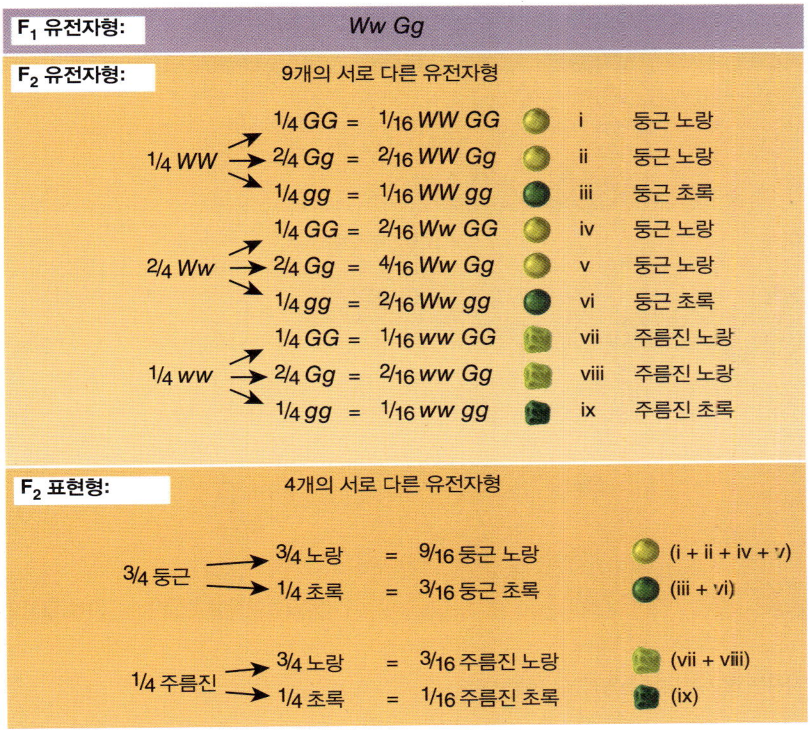

그림 2.15 양성잡종의 자가수정으로부터 얻어진 제2세대 자손에서는 9개의 유전자형과 4개의 표현형이 나타난다. 0 들 유전자형과 표현형이 나타날 확률을 더하기 규칙과 곱하기 규칙으로 계산하는 실례.

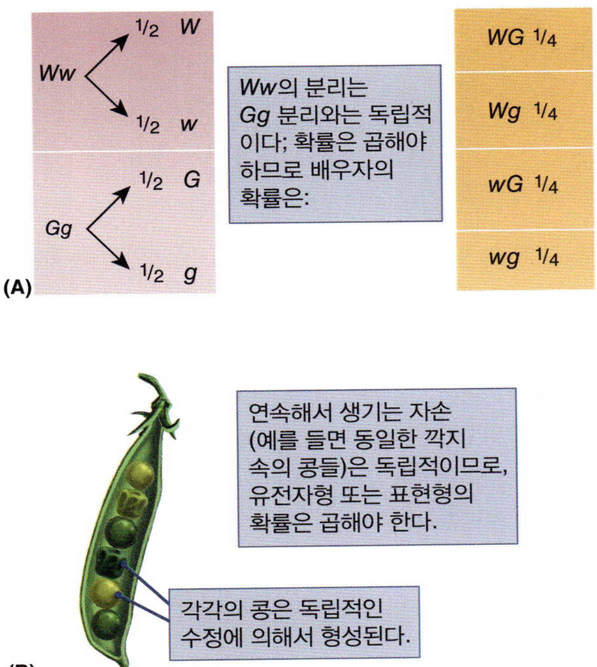

그림 2.16 유전학에는 중요한 2가지 형의 독립성이 있다. 하나는 독립적으로 분류되는 형질을 보이는 대립유전자들의 독립적 분리이고(A), 나머지 하나는 연속한 자손으로 형성되는 독립적 수정이다(B). 이런 경우에, 전체 결과가 나타날 확률은 분리나 수정의 개개의 결과들이 나타날 각 확률을 곱함으로써 얻을 수 있다.

2.5 분리의 법칙은 인간의 가계도에서도 관찰할 수 있다

교배를 통해 어떤 형질의 유전현상을 조사하기 위해서는, 조사하고자 하는 생물의 교배를 조절할 수 있어야 하며, 또한 이로부터 생성되는 자손의 수가 많아야 한다. 이러한 분석방법은 인간이나 덩치가 큰 가축에는 적용하기가 어렵다. 그러나 어떤 형질에 대한 유전현상은 몇 세대에 걸쳐 나타난 친척 개개인의 표현형을 조사함으로써 알아볼 수 있다. 이는 각 개인의 표현형을 보여줄 수 있는 가계의 계통을 그려보는 방법으로 분석이 가능한데, 이 그림을 **가계도(pedigree)**라고 한다. 유전학에서 확률을 요긴하게 응용하는 것 중의 하나가 가계도 분석이다.

그림 2.17은 인간의 가계도를 작성할 때 사용되는 기본적인 부호를 보여주고 있다. 여성은 원으로, 남성은 사각형으로 표현한다. (다이아몬드형은 성별을 알 수 없는 사람을 가리킨다.) 조사하고자 하는 형질의 표현형을 보이는 사람의 부호는 색을 칠하거나 까맣게 나타낸다. 남녀의 결혼은 두 도형을 나란히 두고 수평선으로 연결하며, 그 수평선의 중간에서 수직 아래로 선을 그어 연결한 두 번째 수평선은 그들의 자손을 나타낸다. 한 친족의 자손을 성별에 상관없이 동

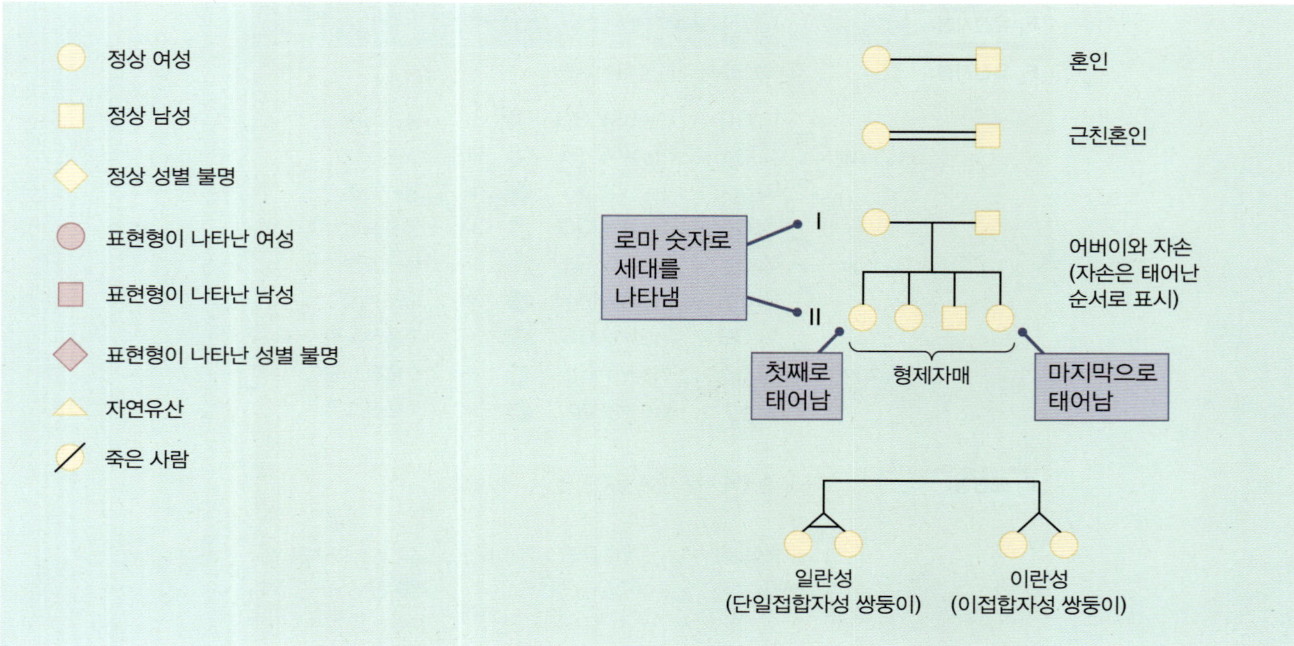

그림 2.17 사람의 가계도를 묘사하는 데 사용되는 전통적인 부호.

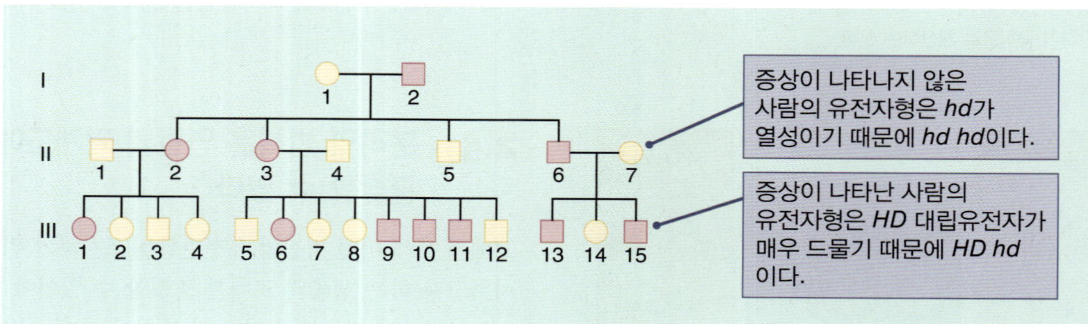

그림 2.18 헌팅톤병을 나타내는 우성 유전자의 유전 과정을 보여주는 한 가족의 가계도. 나이가 30세 이상이 되면—이는 대체로 자식을 낳은 후의 나이임—병의 증상이 나타난다.

기 또는 **형제자매**(**siblings** 또는 **sibs**)라 부르는데, 태어난 순서에 따라 왼쪽에서 오른쪽으로 배열한다.

우성 대립유전자에 의한 형질을 표현한 전형적인 가계도가 **그림 2.18**에 있다. 이 예에서 보여주는 형질은 **헌팅톤병(Huntington's disease)**인데, 진행성 뇌신경 퇴화증으로, 보통 중년에 발생하여 심각한 육체적 정신적 장애를 일으켜 결국 죽음에 이르는 병이다. 가계도의 특정 인물을 지정하기 쉽게 숫자를 붙여 놓았다. 로마 숫자는 세대의 순서에 따라 붙이고, 각 세대의 모든 인물은 좌에서 우로 순서대로 아라비아 숫자를 붙인다. 이 가계도는 여성 I-1과 유전 특성이 발현된 남자 I-2에서 시작한다. 또한 이 가계도는 단순한 하나의 멘델의 우성 대립유전자에 따르는 유전적 특징을 보여주는데:

- 이 형질은 남녀 모두에 영향을 미친다.
- 형질이 발현된 모든 사람은 형질이 발현된 어버이에게서 태어났다.
- 형질이 발현된 사람의 자손의 대략 1/2은 형질이 발현된다.

헌팅톤병을 일으키는 우성 대립유전자 *HD*가 매우 드물기 때문에, 가계도에서 형질이 발현된 모든 사람들은 이형접합성 유전자형인 *HD hd*를 가지고 있다. 형질이 발현되지 않은 사람들은 동형접합성 정상 유전자형인 *hd hd*를 가지고 있다.

동형접합성 열성 대립유전자로 인해 형질이 발현되는

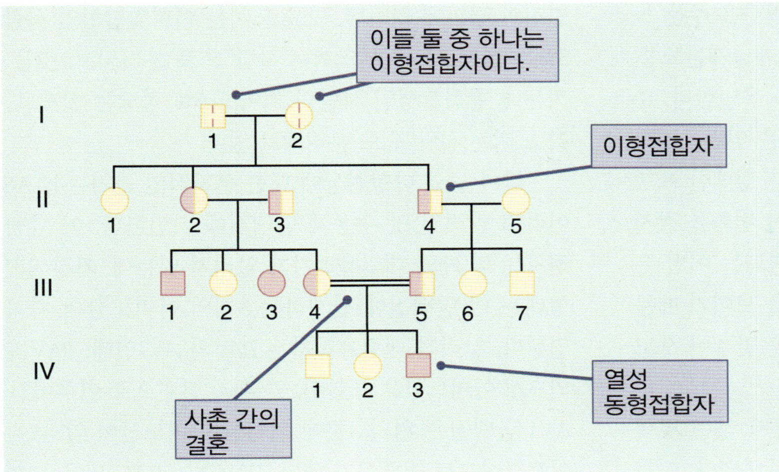

그림 2.19 흰둥이증(albinism)을 가진 가족의 가계도. 흰둥이증은 멜라닌 색소가 결핍된 형질을 보이는 열성 유전질환이다. 흰둥이증 남성(오른쪽)은 백색(사실은 무색)의 피부와 머리카락을 갖는다. 열성이기 때문에 증상이 나타난 사람(붉은색 부호)은 때때로 증상이 없는 어버이를 갖는 경우가 있다. 이중으로 된 수평선은 친척 간(이 경우, 사촌 간)의 혼인을 가리킨다.

photo Rhoda Sidney/PhotoEdit, Inc.

전형적인 계통도가 그림 2.19에 있다. 이 계통도에 나타난 형질은 **흰둥이증(albinism)**인데, 피부, 머리카락, 눈의 홍채에 색소가 결핍된다. 열성 유전을 보이는 가계도 특징은 다음과 같다.

- 이 형질은 남녀 모두에 영향을 미친다.
- 대부분 형질이 발현된 사람들의 어버이는 형질이 나타나지 않고: 그 어버이들은 열성 유전자를 포함한 이형접합자이며, **보인자(carrier)**라고 불린다.
- 이형접합자인 어버이의 자녀들 중 대략 1/4 정도에서 형질이 나타난다.
- 형질이 나타난 사람의 어버이는 종종 친척인 경우가 있다.

비율이 1/4인 이유는, 보인자들 간의 혼인($Aa \times Aa$)에서 태어나는 자손이 *aa* 동형접합자가 되어야 형질이 발현되는데, 이 확률이 1/4이기 때문이다. 친척 간의 혼인이 갖는 심각한 이유는, 특히 흔하지 않는 열성 대립유전자에 의해 발현되는 형질일 경우, 전혀 혈연관계가 없는 어버이들에 비해 공동조상을 갖는 친척이 혼인을 했을 때 열성 대립유전자가 동형접합성으로 되어 발현되기가 쉽기 때문이다. 어떤 개인의 어버이들의 공동조상이 보인자일 경우, 열성 대립유전자는 아마도 그 개인의 양쪽 어버이에게 전달될 수 있다. 친척끼리 혼인을 할 경우, 그 대립유전자가 동형접합성으로 될 확률은 1/4이다. 친척들 간의 결합을 근친교배(*inbreeding*)라고 한다.

잠깐 생각해 봅시다 2.5

그림 2.19의 열성 유전 가계도에서 III-4와 III-5의 유전자형은 무엇인가? IV-1이 영향을 받지 않는다는 사실을 고려할 때, IV-1이 이형접합자일 확률은 얼마인가?

인간 유전자에서 차이를 보이는 대부분의 유전자는 유해하지 않다

분자적 방법이 도입되기 전에는 인류유전학을 연구하는 데 있어서 많은 난관이 있었다. ABO와 기타 혈액형을 제외하고는, 단순히 멘델 유전현상을 보이는 형질은 아주 조금밖에 알려진 것이 없었다. 이들 대부분은 유전질환과 관련이 있었고 중요한 실험 대상이었다.

- 멘델 유전형 질병을 유발하는 대부분 유전자는 희귀하여 적은 수의 가계에서만 관찰된다.
- 멘델 유전형 질병을 유발하는 많은 유전자는 열성인자로 이형접합자에서는 감지되지 않는다.
- 각 가계에서 태어나는 자손의 수가 많지 않기 때문에, 동세대의 형제자매에서 분리가 확실하게 감지되지 않을 수 있다.
- 인간유전학자는 검정교배, 역교배, 또는 기타 실험적 교배를 수행할 수 없다.

이 결과, 유전학자들은 표현형에 중대한 영향을 주는 돌연변이에 초점을 맞추었고, 이 돌연변이들은 페닐케톤뇨증, 헌팅톤병, 휜둥이증처럼 대체로 심각한 상태를 유발한다. 추후 장에서 다루어질 것으로, 현대 분자유전학은 인간유전학 연구에 획기적인 전환점을 마련하였고, 대부분 명백한 표현형을 보이지 않는 단일염기 차이와 같은 미세한 변화를 감지할 수 있게 하였다. 유전자의 이러한 미세한 변화는 어떤 유해한 영향을 끼치지 않고 또한 멘델 유전현상을 보이기 때문에 인간유전학자는 이들에 대해 특별히 초점을 맞추어 오고 있다.

분자유전학이 도입되기 이전에도 유해하지 않는 몇몇 멘델 유전 현상을 보이는 경우들이 보고되기도 하였다. 이들 중 가장 잘 알려진 것 중 하나가 아래 그림에 나타낸 분자 구조인 **페닐티오카바미드(phenylthiocarbamide, PTC)**라는 화학물질에 대한 맛을 느끼는 능력이다.

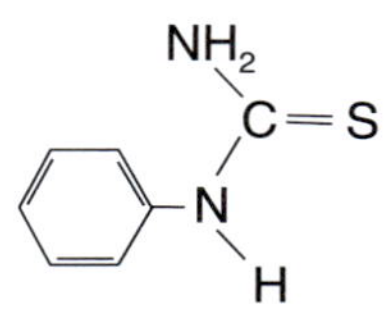

이러한 감미 능력 다형현상은 1930년대 초에 알려졌다. PTC에 대해 연구하고 있던 산업계의 한 화학자가 어느 날 실수로 이 물질을 실험실 대기 중으로 방출하게 되었다. 화학자 자신은 이 분말에 대한 맛을 전혀 느낄 수가 없었지만, 같은 실험실에 근무하는 다른 동료는 자기 입에 쓴맛이 돈다고 큰 소리로 불평하였다. 호기심이 발동한 화학자는 가족과 친구들에게 PTC 맛을 보게 하는 실험을 행하였고, 유전학자를 초빙하여 이 현상에 대한 연구를 하게 하였다. 얼마 지나지 않아 가계 연구결과로부터, PTC 맛을 느끼는 능력은 멘델의 단순 우성유전현상이라는 사실을 알게 되었다. 대략 유럽인의 70% 정도는 맛을 느끼는 사람이고, 나머지 30%는 못 느끼는 사람들로 알려지고 있다. 아프리카 또는 아시아 사람의 90% 정도는 맛을 느낄 수 있는 반면, 호주 원주민은 약 50% 정도만 맛을 느낄 수 있다.

PTC 맛을 느끼는 능력은 정량적이어서, 가장 예민한 사람은 0.001 mM의 낮은 농도를 맛을 느끼는 반면, 가장 둔하게 맛을 느끼지 못하는 사람은 10 mM에 달하는 농도도 감지하지 못한다. 맛을 "느끼는 사람"과 "못 느끼는 사람"을 구분하는 기준점은 인위적으로 설정되었는데, 보통 0.2 mM PTC의 농도가 기준점이다. 맛을 느끼는 사람과 못 느끼는 사람의 사이의 감미 능력의 변이는 주요 감미 능력 다형현상 유전자에 기인하지만, 이 외에 다른 유전자, 성별, 그리고 환경요인에 의해 감미 능력의 차이를 보이기도 한다. 기타 가변적인 결과에 의하면, 맛을 느끼는 이형접합성인 사람의 약 5%는 실제로는 "못 느끼는 사람"으로 분리되고, 맛을 못 느끼는 동형접합성인 사람의 적어도 5% 정도는 실제로는 "맛을 느끼는 사람"으로 분리되고 있다.

감미 능력 다형현상에 대한 분자적인 근거는 hTAS2R38이라고 알려진 맛 수용체 단백질에 기인한다. 이 단백질 유전자는 몇 개의 대립유전자가 알려져 있는데. 가장 일반적인 형태는 이 단백질에 산재하는 3개의 아미노산의 차이로 설명된다. 알려진 대립유전자는 *PAV*와 *AVI*인데, PAV 단백질의 3개 아미노산은 프롤린, 알라닌, 발린으로 이루어진 반면, AVI 단백질은 위의 3곳에 위치한 아미노산이 알라닌, 발린, 이소루신으로 이루어져 있다. PAV형이 PTC 맛을 느끼는 능력을 보이는 것이다.

이 문제에 대해 좀 더 자세히 생각해보면, 실험실에서 합성된 인공 화합물인 PTC에 대해 맛을 느낄 수 있는 능력이 다형현상을 보이는 것은 앞뒤가 맞지 않는 것 같다. 그러나 이에 대한 해답은 식물이 생성하는 **글루코시노레이트**(*glucosinolate*)라는 화합물의 분자 구조가 PTC와 유사하다 점에서 찾을 수 있다. 이 물질은 사람이 섭취하는 일부 식물에서 생성하는 물질로 불쾌한 맛을 내는 성질을 갖고 있는데, 식물이 자신을 먹는 해충으로부터 방어하기 위해 생성하는 것으로 알려지고 있다. 글루코시노레이트를 생산하는 식물 중 하나인 브로콜리가 1989년 조오지 H. W. 부시(George H. W. Bush) 전 대통령에 의해 백악관 메뉴에서 제외된 일화가 있다. "나는 브로콜리를 싫어해. 나는 어릴 때 어머니가 강제로 먹게 하였는데, 그때 이후로 쭈욱 싫어했었어. 난 이제 미합중국 대통령이야! 더 이상 브로콜리를 먹지 않을거야!" (미국 전역의 브로콜리 생산업자들은, 이에 대한 애교어린 항의 표시로, 백악관에 다량의 브로콜리를 배달하였다.) 역설적인 것은 부시 전 대통령의 브로콜리 거부로부터 17년이 지난 후, PAV형 hTAS2R38 맛 수용체 단백질을 갖는 사람은 동형접합성 AVI형 수용체를 갖는 사람에 비해 브로콜리의 쓴맛에 대하여 훨씬 더 민감하다는 사실이 밝혀졌다는 것이다. PTC 맛을 느끼는 사람은 케일(collard green), 순무(turnip), 루트바가(rutabaga), 양고추냉이(horseradish) 등의 식물에서도 쓴맛에 대해 보다 더 민감하다.

2.6 명확한 우성이 항상 관찰되는 것은 아니다

멘델의 실험에서, 모든 가시적 형질들은 명확한 우성과 열성 양상을 가지고 있었다. 만약 그렇지 않았더라면, 그의 발

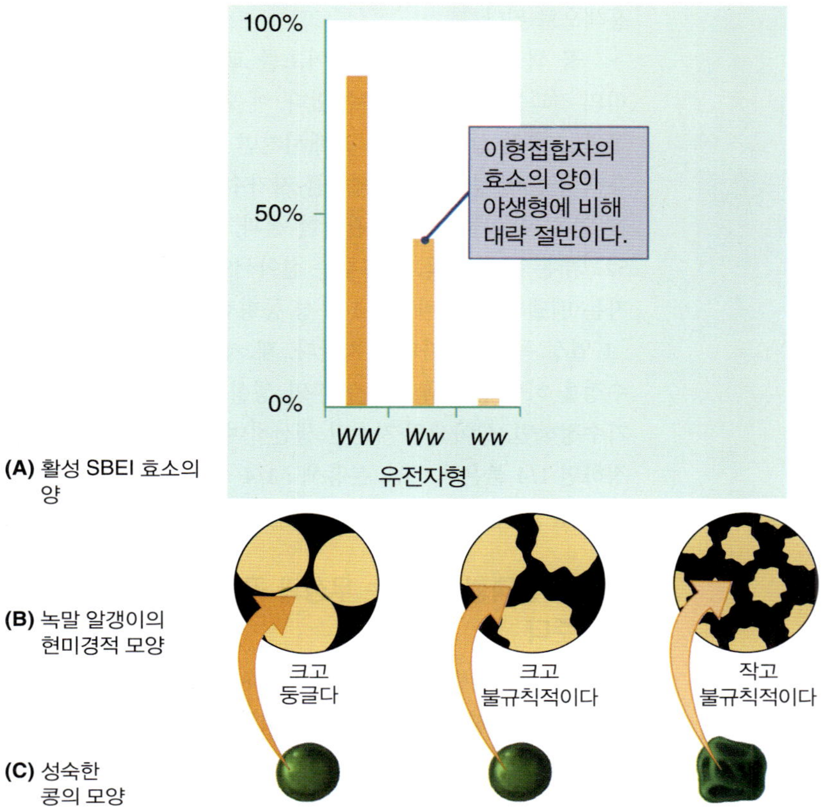

그림 2.20 멘델의 실험에서, 둥근 콩과 주름진 콩을 결정하는 대립유전자 와 에 기인하는 3가지의 표현형. (A) 녹말분지 효소 I(SBEI)의 상대적 양; 동형접합성 유전자형에 비해 이형접합성 유전자형의 효소수준이 절반이다. (B) 현미경을 통해 관찰하였을 때, 녹말 알갱이의 크기와 모양; 이형접합자는 중간형이다. (C) 성숙한 콩 모양에 미치는 영향; *W*는 *w*에에 대해 우성이다.

견은 아마도 이루어지기 어려웠을 것이기 때문에, 이것은 행운이었다. 그러나 완전한 우성으로부터 벗어난 예가 종종 관찰된다. 사실 완두의 둥근 콩과 주름진 콩 같은 고전적인 형질들에서도, 둥근 것이 우성이라고 하는 것은 매우 단순화된 경우이다. 하나의 콩이 둥근지 주름지는지 하는 수준에서, 유전자형 *WW*와 *Ww*가 외적인 모습으로는 구별될 수 없기 때문에, 둥근 것은 명백한 우성이다. 그러나 모든 개개의 유전자는 여러 가지 형질들에 잠재적으로 영향을 끼친다. 동일한 대립유전자쌍이 어떤 형질에서는 완벽한 우성을 보여 주지만 다른 형질에서는 그렇지 않은 경우도 종종 일어난다. 예를 들면, 둥근 콩 대 주름진 콩의 경우에서, 주름진 콩의 생화학적 결점은 아밀로펙틴—가지친 사슬형 전분의 일종—의 생합성에 필요한 녹말분지효소 I(SBEI)이라는 효소가 존재하지 않는다는 것이다. 이형접합성 *Ww* 콩은 동형접합성 *WW* 콩이 가진 SBEI의 절반을 갖고, 동형접합성 *ww* 콩은 전혀 갖지 않는다(**그림 2.20A**). 게다가 동형접합성 *WW* 완두콩은 크고, 동그란 녹말 알갱이를 함유한다. 그 결과, 콩들은 수분을 계속 유지하고 있어, 익을 때 균일하게 수축되므로 주름이 생기지 않는다. 반면에, 동형접합성 *ww* 완두콩은 아밀로펙틴이 결핍된 녹말 알갱이를 함유하는데, 이들의 모양은 불규칙하다. 이 콩이 익을 때, 수분을 너무 급격하게 잃어버리고 불규칙하게 수축되어 주름진 표현형이 된다.

또한 대립유전자 *w*는 이형접합성 *Ww* 완두가 가진 녹말 알갱이의 모양에 영향을 준다. 이형접합성의 콩이 함유한 녹말 알갱이는 중간 모양이다(그림 2.20의 B). 그럼에도 불구하고 이형접합자의 아밀로펙틴 함유량은 콩이 균일하게 줄어들어서 주름지지 않을 만큼 충분히 많이 있다(그림 2.20의 C). 이처럼 우성 형질은 외견상 항상 일정하지 않을 수도 있다. 만일 종자의 전체적인 모양만을 고려한다면, 둥근 것은 주름진 것에 대해 우성이다. 하지만 현미경으로 녹말 알갱이의 모양을 조사한다면, 3가지의 유전자형은 모두 다음과 같이 각각 구별될 것이다. *WW*은 크고 둥근 녹말 알갱이, *Ww*는 크고 불규칙한 녹말 알갱이, 그리고 *ww*의 유전자형을 가진 완두는 작고 불규칙한 녹말 알갱이를 만든다.

그림 2.20에 있는 예는 "우성"이 단순히 표현형과는 독립적으로 특정 대립유전자 쌍의 성질만 보여주는 것이 아니다. 하나의 유전자가 여러 가지 형질에 영향을 줄 때(많은 유전자가 그렇듯이), 한 대립유전자 쌍은 어떤 형질에는 완전한 우성을 보여주고 다른 형질에는 그렇지 못할 수도 있을 것이다. 그림 2.20에서 설명한 일반적인 원리는 다음과 같다.

핵심 개념

어떤 생물이 갖는 전체 표현형은 물리적 및 생화학적 특성을 나타내며, 우성은 이들 성질 중 일부가 보이고 일부가 보이지 않을 수도 있다. 따라서 우성은 특정 표현형과 관련된 대립유전자 쌍의 고유한 성질을 나타낸다.

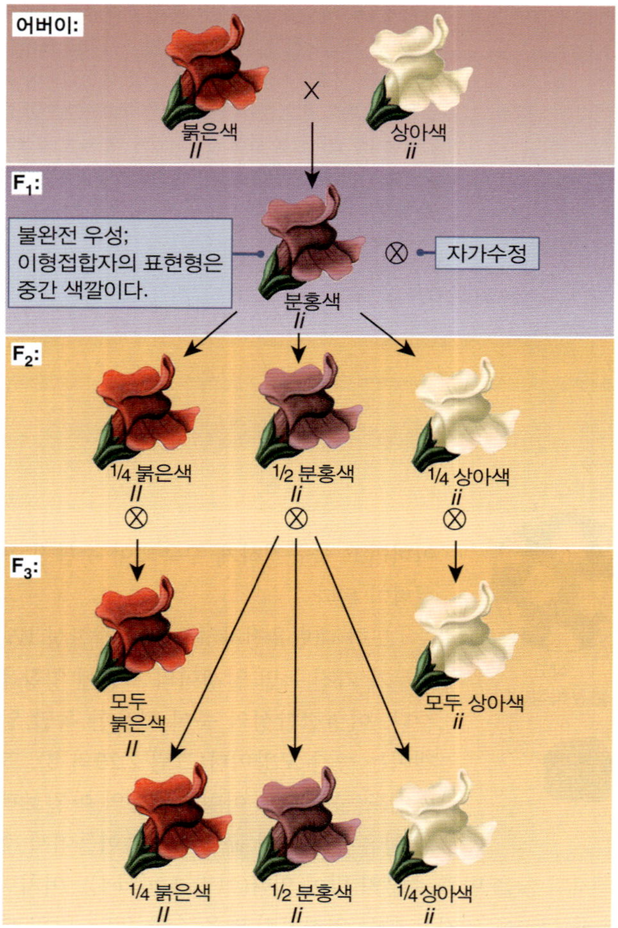

그림 2.21 금어초의 꽃색깔 유전에서 관찰되는 불완전 우성.

금어초의 꽃 색깔은 불완전 우성이다

이형접합성 유전자형의 표현형이 동형접합성 표현형의 중간형을 보이면, 이를 **불완전 우성(incomplete dominance)**이라 부른다. 그림 2.20에서 보듯이, SBEI의 W와 w 대립유전자들은 "활성화된 SBEI 효소의 양" 및 "녹말 알갱이의 미세 형태"의 형질에서 불완전 우성을 보여준다. 불완전 우성은 때때로 가시적 형질로 나타나기도 한다. 금어초(*Antirrhinum*)의 꽃 색깔이 그 예이다(**그림 2.21**). 야생형의 꽃에서 효소의 연속 반응에 의해 빨간색 안토시아닌(anthocyanin) 색소가 형성된다. 대립유전자 I에 의해 만들어지는 야생형 효소는 전체 반응속도에 영향을 미치는데, 더 많은 효소가 작용하면 더 많은 빨간 색소가 생성된다. 이에 상대되는 대립유전자 i는 활성도가 없는 효소를 만들기 때문에, ii 꽃들은 빨간 색소를 생성하지 못하고 상아색을 띤다. 이형접합자 Ii인 금어초에서는 효소의 양이 감소되므로, 꽃에서 빨간 색소의 양 또한 감소된다. 따라서 색소가 희석되어 꽃 색깔이 분홍색으로 된다.

꽃 색깔이 서로 다른 금어초를 교배시키면, 멘델의 분리의 결과를 직접 관찰할 수 있다. 예를 들어, 순종인 붉은색 꽃과 순종인 상아색 꽃을 교배시키면 제1세대 금어초는 분홍색 꽃을 생성한다. 제1세대를 자가수정하여 제2세대 자손을 얻은 후 이들의 꽃을 관찰한 결과, 22그루는 붉은색 꽃, 52그루는 분홍색 꽃, 23그루는 상아색인 꽃을 얻었다. 이 숫자는 멘델의 법칙 비율인 1 우성 동형접합자 : 2 이형접합자 : 1 열성 동형접합자와 일치한다. 제2세대 붉은색 꽃을 자가수정을 하면 붉은색 꽃의 자손만 생성하고; 상아색 꽃을 자가수정하면, 상아색의 자손만 생산하며, 분홍색 꽃을 자가수정하면 1/4 붉은색 : 1/2 분홍색 : 1/4 상아색의 비율로 자손들을 생성하는데, 이는 멘델의 유전현상에 잘 부합한다.

사람의 혈액형 ABO는 우성과 공동우성 둘 다 보여준다

처음 배우는 학생들은 불완전 우성과 공동우성의 차이를 혼돈하기 쉽다. 불완전 우성은 이형접합성인 유전자형을 갖는 개체의 표현형이 동형접합성 유전자형을 갖는 두 개체의 중간(*intermediate*) 정도의 표현형을 보인다. 따라서 불완전 우성은 분자적 형질보다는 형태적 형질을 나타내는 데 더 자주 이용된다. 예를 들면, 그림 2.21의 금어초의 꽃 색깔처럼 분홍색은 붉은색과 흰색의 중간을 보이는 현상이다. 반면 공동우성은 이형접합성 유전자형이 동형접합성 유전자형이 나타내는 2가지 형질을 동시에 발현하는 것을 말한다. 공동우성은 형태적 형질보다는 분자적 형질을 나타내는 데 더 자주 이용된다. 예를 들면, 그림 2.7에서처럼 이형접합성인 Ww 유전자형은 크고 작은 2개의 DNA 조각의 겔 형태를 보이는데, 작은 DNA 조각은 WW로부터 유래된 것이고, 큰 DNA 조각은 ww로부터 유래된 것이다. 따라서 겔 전기영동 결과 W와 w는 서로가 함께 나타나므로 공동우성으로 취급된다.

우리들에게 익숙한 혈액형 A, B, AB, O형은 적혈구의 표면에 존재하는 다당류에 의해 결정되는 우성과 공동우성의 예를 함께 보여주는 좋은 예이다. A와 B 다당류는 I^A나 I^B 대립유전자 중 하나가 생산하는 효소에 의해 전구물질이 변하여 만들어진다. 이 유전자가 생성하는 것은 당 분자 하나를 전구물질에 붙여 주는 역할을 하는 전이효소이다(**그림 2.22**). 유전자형 I^AI^A를 갖는 사람은 적혈구 표면에 단지 A 다당류만이 있으며, 그들은 혈액형 A를 갖고 있다. 유전자형 I^BI^B를 갖는 사람은 적혈구 표면에 단지 B 다당류만이 있으며, 그들의 혈액형은 B이다. 이형접합성 I^AI^B를 갖는 사람들은 A와 B 다당류를 갖는 적혈구를 가지고 있으며, 그들의

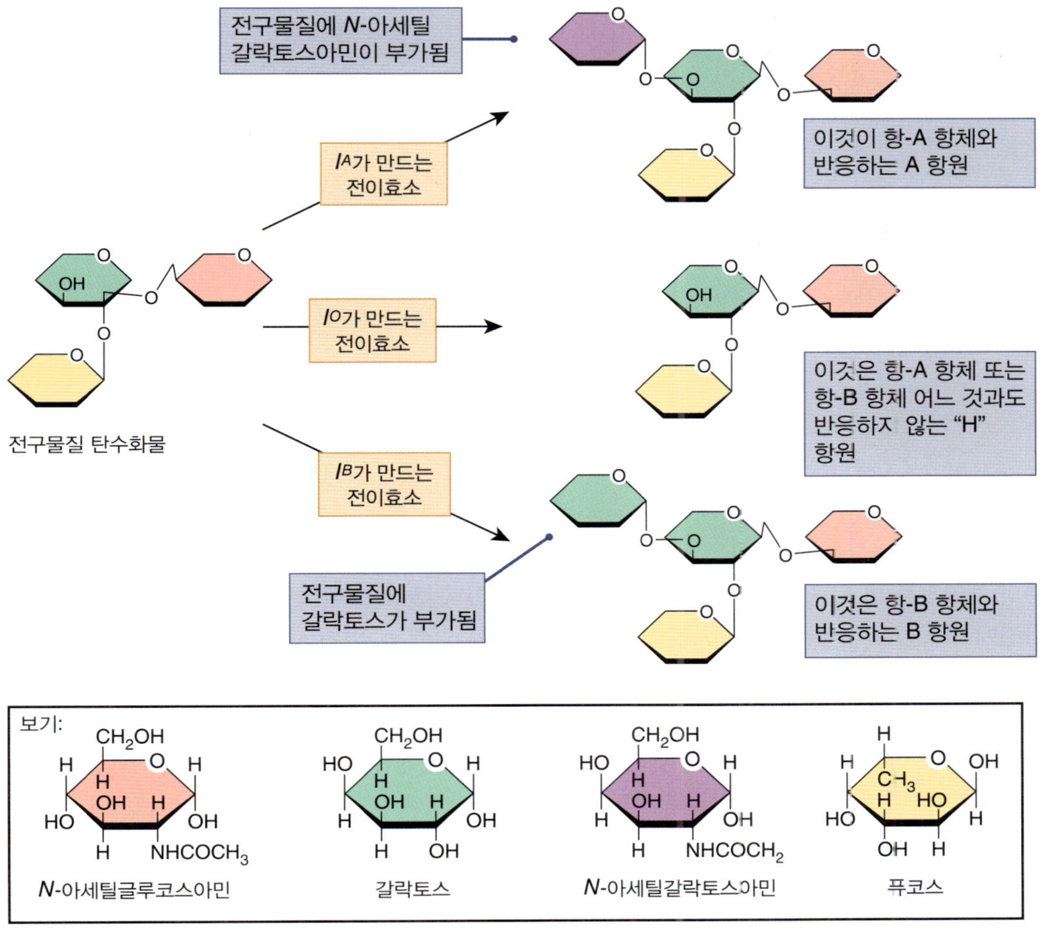

그림 2.22 사람의 적혈구 표면에 존재하는 ABO 항원은 탄수화물이다. 이들은 유전자 의 대립유전자들에 의해 만들어지는 전이효소의 작용으로 탄수화물 전구체로부터 형성된다. 대립유전자 I^O는 활성이 없는 전이효소를 만들기 때문에 전구체가 변하지 않는다. 이때 변하지 않은 전구체를 H 물질이라고 한다. I^A 대립유전자는 전구체에 N-아세틸갈락토스아민(보라색)을 전달해 주는 효소를 만든다. I^B 대립유전자는 전구체에 갈락토스(초록색)를 전달해 주는 효소를 만든다. 다른 색으로 표시된 당들은 N-아세틸글루코스아민(주황색)와 퓨코스(노란색)이다. 당의 고리구조를 구성하는 탄소에는 하나 또는 둘 이상의 곁 그룹이 붙어 있는데, 이들의 자세한 구조는 상자 안에 표현되어 있다.

혈액형은 AB형이다. 이형접합성 I^AI^B 유전자형은 동형접합성 유전자형의 특징들을 다 갖고 있어서 공동우성이라 하는데, 이 경우 적혈구 표면에 A와 B 다당류가 둘 다 존재한다. I^A와 I^B에 의해 만들어지는 각 폴리펩티드는 335개의 아미노산 중 4개만이 다른데, 이러한 차이점이 기질 분자에 작용하는 위치를 다르게 하고 또한 기질특이성을 변하게 한다.

I^A와 I^B는 둘 다 열성 대립유전자 I^O에 대해 우성이다. I^O 대립유전자는 86번 코돈을 구성하는 염기 중 하나가 결핍되어 있다. 이로 인해 mRNA부터 형성되는 아미노산의 서열이 변하여, 이로부터 형성되는 효소는 활성도가 없다. 따라서 전구물질은 변하지 않기 때문에 다당류 A나 B 어느 종류도 생성되지 않는다. 그러므로 동형접합체성인 I^OI^O 사람들에게는 A와 B 다당류 둘 다 없다. 이러한 사람들은 O형을 갖는다. I^AI^O 이형접합자에는 I^A 대립유전자가 존재하므로 A 다당류가 생성되고; I^BI^O 이형접합자에서는 I^B 대립유전자가 존재하므로 B 다당류가 생성된다. 결과를 보면 I^AI^O 사람들은 혈액형 A를 갖고, I^BI^O 사람들은 혈액형 B를 갖는다. 따라서 I^O는 I^A와 I^E에 대하여 열성이다. ABO 혈액 집단의 유전자형과 표현형들이 **표 2.3**의 처음 세 열에 요약되어 있다.

혈액형 ABO 그룹은 수혈을 할 때 필요하기 때문에 의학적으로 중요하다. ABO 시스템에서의 중요한 점은 거의 모든 혈액들이 A 또는 B 다당류에 대한 항체들을 갖고 있다는 것이다. **항체(antibody)**는 **항원(antigen)**이라고 불리는 자극적인 분자에 반응하는 단백질인데, 이는 면역계로부터 만들어지며 항원과 결합할 수 있는 능력을 갖고 있다. 보통 하나의 항체는 단 하나만의 항원을 인식하는 특이성을 가지고 있다. 몇몇 항체들은 항원들과 결합하여 침전할 수 있는 큰 분자의 응집체를 형성한다.

표 2.3 사람의 ABO 혈액형의 유전적 조절

유전자형	적혈구 표면에 존재하는 항원	ABO 혈액형 표현형	혈액 액체 성분에 존재하는 항체	수혈할 때 받을 수 있는 혈액형	수혈할 때 줄 수 있는 혈액형
I^AI^A	A	A형	항-B	A 그리고 O	A 그리고 AB
I^AI^O	A	A형	항-B	A 그리고 O	A 그리고 AB
I^BI^B	B	B형	항-A	B 그리고 O	B 그리고 AB
I^BI^O	B	B형	항-A	B 그리고 O	B 그리고 AB
I^AI^B	A 그리고 B	AB형	항-A도 항-B도 없음	A, B, AB 그리고 O	AB만
I^OI^O	A도 B도 없음	O형	항-A 그리고 항-B	O만	A, B, AB 그리고 O

항체는 우리 몸에 침입하는 바이러스, 세균, 또는 다른 세포들로부터 방어해 주는 역할을 하여, 이들 침입자를 우리 몸의 세포로부터 제거하는 데 도움을 준다. 비록 항체는 항원으로부터 사전에 자극을 받지 않으면 정상적으로는 형성되지 않지만, 항-A와 항-B 항체를 만들 수 있는 사람들은 그들을 생산해 낼 수 있다. 여러 가지 보통 세균의 표면에 존재하는 다당류 A 또는 B와 비슷한 항원은 이들 항체의 생성을 자극할 수도 있다. 하지만 **관용**(*tolerance*)이라고 불리는 기작은 생물 자신이 가지고 있는 항원에 대한 항체를 생성하지 않는 현상이다. 따라서 관용 기작은 A-항원 또는 B-항원이 각각 적혈구에 A 또는 B 다당류가 없는 사람들에서만 항체 생성을 유도해 내는 현상을 설명한다. 최종 결과를 다음과 같이 요약할 수 있다.

핵심 개념

O형인 사람은 항-A와 항-B 항체 둘 다 만든다. A형인 사람은 항-B 항체를 만들고, B형인 사람은 항-A 항체를 만든다. 또한 AB형인 사람은 그 어느 항체도 만들지 않는다.

각각의 ABO형 혈액을 가진 사람들의 혈액에 존재하는 항체는 표 2.3의 네 번째 줄에 나열되어 있다. ABO 혈액형에서 임상적으로 중요한 점은 적혈구에 A 또는 B 항원을 함유하는 혈액을 이 항원들에 대한 항체를 만드는 사람에게 수혈할 때, 공여자의 적혈구들이 덩어리를 형성하는 응집 반응을 초래한다는 것이다. 이 반응에서, 항-A 항체는 A 항원을 가지고 있는 A형 또는 AB형의 적혈구와 응집할 것이다. 그와 비슷하게 항-B 항체는 B형이나 AB형의 적혈구와 응집할 것이다. 혈구세포들이 응집하면 많은 혈관들이 막히게 되어 수혈을 받은 사람은 쇼크 상태로 가거나 죽을 수 있다. 상반되는 상황으로, 공여자의 혈액이 수용자의 적혈구에 대립되는 항체를 포함하고 있는 경우는, 공여자의 항체들이 빨리 희석되어 응집 형성을 막으므로 수혈자에게 받아들여질 수 있다. 서로 받아들일 수 있는 수혈 방법은 표 2.3의 마지막 두 열에 보인다. AB형인 사람은 ABO 혈액들 중 아무에게서나 혈액을 받을 수 있으므로 AB형을 **만능수용자**(*universal recipient*)라고 부른다. 반대로 O형인 사람은 그들의 혈액을 아무에게나 기증할 수 있으므로 O형을 **만능공여자**(*universal donor*)라고 부른다.

돌연변이 유전자는 하나 이상의 형질에 영향을 줄 수 있다

우리는 이미 개인들 간의 차이(예를 들어, 키와 몸무게)와 가장 흔한 질병(예: 심장병과 당뇨병) 사이에서 가장 쉽게 관찰되는 표현형의 차이는 여러 유전적 위험 요소의 영향을 받는 복잡한 특성이라는 것을 강조했다. 이렇듯 단일 특성은 여러 유전자의 영향을 받는다.

그 반대도 마찬가지다. 단일 유전자가 여러 특성에 영향을 줄 수 있다. 서로 다른 형질에 대해 단일 유전자가 끼치는 영향은 서로 다른 수준(분자 수준, 세포학적, 형태학적)에서 표현형을 조사함으로써 알아낼 수 있거나, 또는 유전자의 2차적 또는 간접적 효과를 통해 알아낼 수 있다. 돌연변이 유전자의 다양한, 때로는 관련이 없는 것으로 보이는 효과를 **다형질 발현 효과(pleiotropic effects)**라고 하며, 현상 자체는 **다형질 발현(pleiotropy)**이라 한다.

서로 다른 수준의 표현형에 영향을 미치는 서로 다른 특성의 예는 이미 논의된 완두콩에서 전분-분지효소 I(*SBEI*)에 대한 유전자의 야생형(W) 및 돌연변이체(w) 대립유전자에서 발견된다. 분자수준에서, 동형접합 돌연변이체(ww)는 검출 가능한 효소를 갖지 않지만, 이형접합 돌연변이체(Ww)는 동형접합 야생형(WW)에서 관찰된 양의 절반을 갖는다. 세포

그림 2.23 흰 털과 파란 눈을 지닌 고양이들 중 약 40%는 청각 장애를 가지고 태어난다.

학적 수준에서, 전분 입자의 모양(그림 2.20)은 크고 둥근 것(*WW*)부터 크고 불규칙한 것(*Ww*), 작고 불규칙적인 것(*ww*)까지 다양하다. 그리고 형태학적 수준에서 종자 모양은 둥글거나(*WW* 또는 *Ww*) 주름이(*ww*) 있는 것으로 나타난다.

*SBEI*에 영향을 미치는 돌연변이가 어떻게 효소 수준, 전분 입자 형태 및 종자 모양에 영향을 줄 수 있는지는 이해할 수 있지만, 다면 발현 효과에 의해 발생하는 생명 현상의 경우는 이해하기 어렵다. 하얀 털과 파란 눈을 가진 고양이에서 이 예를 볼 수 있는데, 이 중 40%는 귀머거리다(그림 2.23). 이 형태의 청각 장애는 하얀 털과 파란 눈의 다면 발현 효과로 간주된다. 이 경우에 있어서는 이 이유가 되는 생명 현상에 대해선 알려져 있다. 배아 발달 과정에서 신경관 유래 색소 세포가 색소를 만들기 위해 모낭과 눈을 포함한 다양한 조직으로 이동할 뿐만 아니라 청력에 있어 필수적인 역할을 수행하기 위해 중이(middle ear)로도 이동한다. 이것이 하얀 털 및 파란 눈의 원인이 되는 결함 있는 색소 세포가 청각 장애를 동시에 유발할 수 있는 이유인데, 이는 하얀 털 및 파란 눈의 다면 발현 효과로 여겨진다.

돌연변이 유전자가 항상 똑같은 방식으로 발현되지는 않는다

단순한 멘델의 비율은 형질이 어떤 단 하나 유전자의 대립유전자에 의해 결정될 때조차도 항상 관찰되는 것은 아니다. 그 이유는 동일한 유전자형을 갖는다 할지라도 개개의 개체에 따라 다른 방식으로 발현되기 때문이다. 특정 유전자형에 의해 나타나는 생물의 표현형은 보통 아주 유사한데, 언제나 그렇지는 않다. 특히 교배조건이나 환경조건이 실험자의 조절 하에 있는 경우가 아닌 자연 개체군에 속해 있을 때는 더욱 그러하다. 다른 유전자가 표현형의 변형을 일으키거나 또는 표현형을 만드는 생물학적 진행 과정이 환경조건에 민감한 경우, 특정 유전자형의 표현형적 발현에 변화가 일어날 수 있다.

유전자 발현의 변화는 보통 2가지 집단으로 분류한다.

- **가변성 발현율(variable expressivity)**은 발현 정도가 생물에 따라 다르게 나타나는 유전자에 해당한다. 예를 들어, 인간의 유전병은 때로 개인에 따라 나타나는 정도가 다를 수 있다. 어떤 사람은 심하게 앓는 데 반해 같은 병에 걸린 다른 사람은 가벼운 증상만 나타내는 경우가 있다. 가변성 발현율은 동일한 돌연변이 유전자가 어떤 사람에게는 중증을 일으키는 반면, 다른 사람에게는 경증을 일으킬 수 있는 것을 말한다. 발현 정도의 등급들은 때로 예상 표현형의 특징을 완전히 발현하는 것부터 거의 발현하지 못하는 것까지 광범위하게 존재하기도 한다.
- **침투율(penetrance)**은 가지고 있는 유전자형과 일치된 표현형을 보이는 생물의 비율을 나타낸다. 항상 발현되는 유전자형은 100%의 침투율을 가진다. 100%에 미치지 못하는 침투율(**불완전 침투도**, *incomplete penetration*)은, 어떤 개체에서는 유전자형이 전혀 발현되지 않는 극단적인 가변성 발현율의 예이다. 예를 들어, 폐암에 걸릴 수 있는 유전적 소인을 가진 사람일지라도 담배를 피우지 않으면 폐암에 걸리지 않는 경우이다. 이 경우, 폐암 소인이 있는 유전자가 발현되지 않은 이유는 담배를 피우지 않은 환경적인 영향 또는 다른 유전자들의 영향에 기인한다고 볼 수 있다.

2.7 상위성은 표현형이 관찰되는 비율에 영향을 미칠 수 있다

우리는 제1장에서 몇몇 유전자로부터 생성되는 효소들이 생화학적 경로의 모든 단계를 실행하는 데 필요함을 알았다. 동일한 경로의 서로 다른 각 단계에 영향을 미치는 두 돌연변이가 유전적 교배에서 분리되면, 전형적인 잡종 제2세대 자손 비율인 9 : 3 : 3 : 1이 관찰되지 않는다. 우리는 그러한 예를 완두의 꽃 색깔에 영향을 미치는 서로 다른 두 유전자의 각 열성 돌연변이 간의 상호작용을 통해 확인할 수 있다. *CC* 또는 *Cc*의 유전자형을 갖는 완두는 정상이고, 야생형인 보라색 꽃을 갖는다. 반면 동형접합성 *cc* 완두는 꽃이 하얗다. 다른 유전자에 있어 *PP*와 *Pp*의 유전자형을 갖는 완두는 야생형인 보라색 꽃을 갖는다. 하지만 동형접합성 *pp* 식물은 꽃이 하얗다. 유전학자들은 종종 유전자형이 확인되지 않은

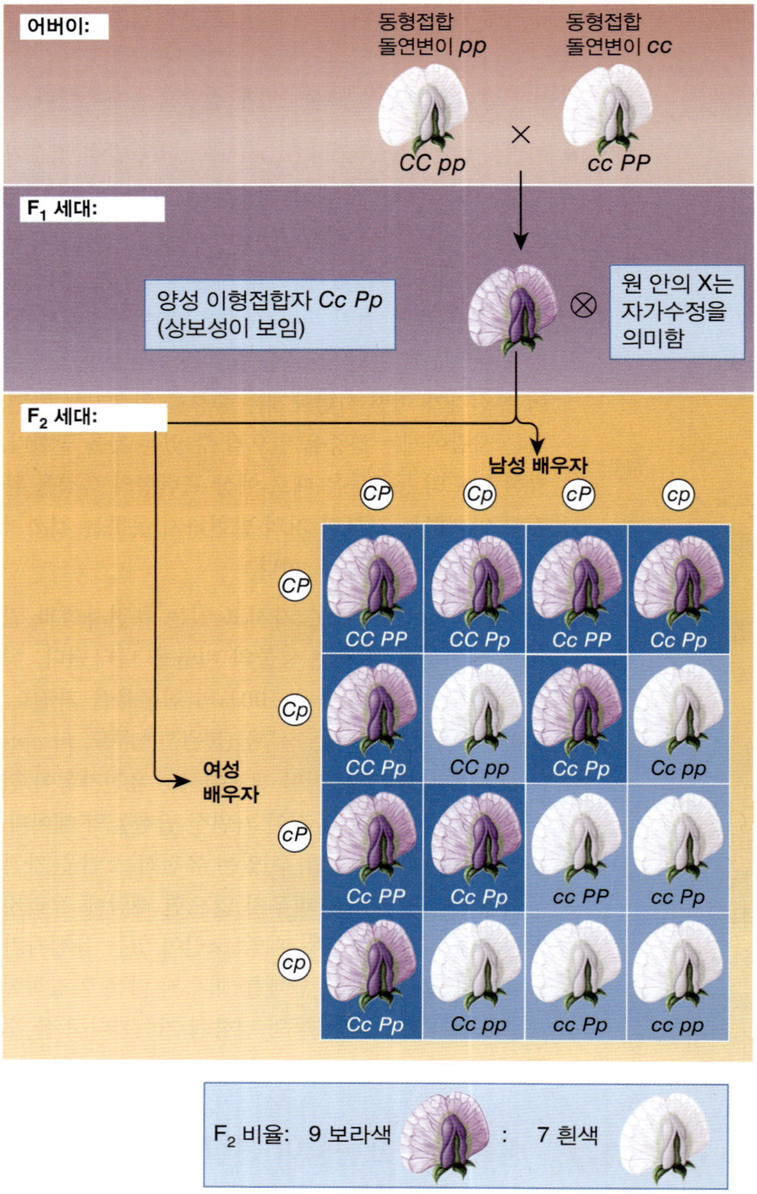

그림 2.24 완두의 꽃 색깔을 결정하는 유전에서 상위성을 보여주는 교배. 보라 색소를 형성하기 위해서는 우성 대립유전자 *C*와 *P*가 있어야 된다. 이런 종류의 상위성에서는 제2세대 자손의 형질의 분리비가 9 보라색 : 7 흰색으로 관찰된다.

대립유전자를 표현할 때 '−'를 사용한다. 예를 들면, 유전자형을 *C*−라고 표시하면, 하나의 대립유전자는 *C*로 알려져 있고, 다른 확인되지 않은 대립유전자는 *C* 또는 *c*일 것이며, 이를 '−'로써 표현한다. 따라서 *C*−표시는 "*CC* 또는 *Cc*"의 약식인 셈이다. 이와 같은 부호 체계를 이용하면, *C*−와 *P*−는 야생형의 보라색 꽃을 피우고, 반면에 *cc*와 *pp*는 흰색 꽃을 피운다. 열성 동형접합자 *cc* 또는 *pp* 완두는 다른 유전자의 유전자형에 관계없이 흰색 꽃을 가지게 된다.

그림 2.24는 동형접합성 열성 유전자형 *CC pp*와 *cc PP* 사이의 교배 결과를 보여준다. 제1세대 식물의 표현형은 야생형인 보라색이다. 왜 그럴까? 그 이유는 두 유전자의 야생형 대립유전자(*P*와 *C*)는 보라색을 합성하는 생화학 경로의 서로 다른 단계를 촉진하는 효소를 암호화하기 때문이다. 예를 들어, 이 생화학 경로에서 *C* 유전자의 산물(효소 *C*)는 *P* 유전자 산물(효소 *P*)보다 앞선 단계에 작용하다고 가정할 때, 다음과 같은 경로가 될 것이다.

$$\text{전구물질} \xrightarrow{\text{효소 C}} \text{중간대사물질} \xrightarrow{\text{효소 P}} \text{보라색 색소물질}$$

실제 생합성 경로는 이보다 더 많은 단계가 있는데, 여기에서는 다른 단계들은 생략한다. *CC pp* × *cc PP* 교배에서 태어난 제1세대의 유전형은 이중 이형접합형 *Cc Pp*인데, 이 식물은 대립유전자 *C*로 인해 야생형 효소 *C*를 생성하고 동시에 대립유전자 *P*로 인해 야생형 효소 *P*를 생성하기 때문에 보라색 꽃을 만든다. 유사한 표현형을 보이는(위 경우는 흰색 꽃) 2개의 열성 돌연변이를 서로 교배하여 두 돌연변이 간의 **상보성 검정(complementation test)**을 수행할 수 있는데, 이는 두 돌연변이가 동일한 유전자에 속하는 대립유전자인지 아닌지를 확인할 수 있는 검사법이다. 이 교배에서 제1세대 자손의 표현형이 야생형(위 경우, 보라색 꽃)이면, 두 열성 돌연변이는 서로 다른 유전자라는 것을 의미한다. 동형접합성 열성 유전자를 갖는 즉, 흰색 꽃을 갖는 두 개체의 간의 교배로부터 보라색 꽃의 제1세대가 형성되는 것은 기대하기 어려운 좀 이상한 것 같다. 하지만 상보성 검정 결과는 두 돌연변이 *c*와 *p*가 각각 서로 다른 유전자에 존재한다는 것을 의미하기 때문에, 제1세대에서 보라색이 형성되는 것은 설명이 가능하다. 이로부터 추정할 수 있는 것은 제1세대 자손의 유전자형은 이중 이형접합성인 *Cc Pp*이다.

그림 2.24의 교배에서 제2세대 자손은 독립의 법칙에 의해 유전자형의 비율이 9 *C*− *P*− : 3 *C*− *pp* : 3 *cc P*− : 1 *cc pp*로 구성되지만 표현형의 비는 9 : 3 : 3 : 1이 아니고, 유전자형이 *C*− *pp*, *cc P*−, *cc pp*인 자손은 모주 흰색 꽃을 생성하기 때문에 9 보라색 : 7 흰색으로 이루어진다(그림 2.24). 다르게 표현하면, 보라색 : 흰색 9 : 7 비율은 9 : 3 : 3 : 1의 변형된 형태인데, 이는 "9"가 보라색이고 나머지 "3 : 3 : 1"

그림 2.25 양성잡종 제2세대의 변형된 분리비. 각 줄에서, 개별 색은 서로 다른 표현형을 가리킨다.

이 모두 흰색이 된 것이다. 이것은 **상위성(epistasis)**의 한 예인데, 이는 두 유전자 간의 상호작용으로 인하여 양성잡종 제2세대 자손의 비율 9 : 3 : 3 : 1이 다른 비율로 변형되어 나타나게 되는 현상을 가리킨다. 더 일반적 관점에서 설명하면, 이것은 한 유전자가 다른 유전자의 발현을 가리는 일종의 차폐 효과라고 생각할 수 있다.

각각 우성 대립유전자를 가지는 두 유전자의 상호작용에 의해 결정되는 형질에 있어서, 양성잡종 제2세대 비율인 9 : 3 : 3 : 1이 변형될 수 있는 방법은 매우 제한적이다. 이의 가능성이 **그림 2.25**에 설명되어 있다. 그림 맨 윗부분 네모 도표의 분리비 9 : 3 : 3 : 1은 상위성 없이 독립적 분리에 의해 나타나는 발생 비율이다. 그 외 다른 도표들은 9 : 3 : 3 : 1 비의 변형된 비율인데, 이 비율은 동일한 표현형(동일한 색을 갖는 네모를 가리킴)을 보이는 유전자형에 따라 결정된다.

그림 2.25의 변형된 비율을 종합하면, 두 유전자가 완전 우성을 보일 때 9가지의 가능한 양성잡종 비율이 나타난다. 각각의 변형된 비율의 예가 알려져 있다. 이들 중 자주 접하게 되는 변형된 비율이 아래 예에 설명되어 있는데, 그것들은 다양한 생물로부터 얻어진 것들이다. 나머지 다른 유형들을 이 장 끝의 문제들에서 찾아볼 수 있다.

9:7 2개의 서로 다른 유전자에서, 둘 중 하나 또는 둘 다에서 동형접합성 열성돌연변이의 형질이 같은 돌연변이 표현형을 보이는 생물에서 이러한 비율이 나타난다. 이것은 그림 2.24의 보라색과 흰색 꽃의 분리에서 예를 찾아볼 수 있다. *C* 유전자로 *C*−를 가지고, *P* 유전자로 *P*−를 가지는 유전자형 (*C*− *P*−)은 보라색 꽃을 갖지만, 이외의 모든 유전자형은 흰색 꽃을 갖는다. *C*−의 "−"은 *C* 또는 *c*의 확인되지 않은 대립유전자를 가리킴을 기억하라. 따라서 *C*−는 *CC* 또는 *Cc*를 의미한다. 이와 마찬가지로 *P*−는 *PP* 또는 *Pp*를 의미한다.

12:3:1 한 유전자의 우성 대립유전자가 존재함으로 인해 다른 유전자의 유전자형이 감추어질 때 12 : 3 : 1의 변형된 비율이 나타난다. 예를 들어, *A*− 유전자형이 *B*−와 *bb* 유전자형을 구별할 수 없게 만들 때 양성잡종 제2세대 비율이 12 : 3 : 1이다. 왜냐하면, *A*− *B*−와 *A*− *bb* 유전자형은 동일한 표현형으로 나타나기 때문이다.

귀리 껍질색의 유전 연구에서, 흰색 껍질을 가진 종과 검은색 껍질을 가진 종이 교배되었다. 잡종 제1세대 종자는 검은색 껍질을 가졌다. 제1세대의 자가수정에 의해 생성된 560개의 제2세대 자손은 다음 숫자의 표현형으로 나타났다.

418개의 검은색 껍질 106개의 회색 껍질 36개의 흰색 껍질

관찰된 표현형의 비는 11.6 : 2.9 : 1로서 거의 12 : 3 : 1로 나타난다. 이러한 결과는 검은색 껍질의 표현형은 우성 대립유전자(*A*)의 존재로 인한 결과이고, 회색 껍질의 표현형은 또 다른 우성 대립유전자(*B*)의 존재로 인한 것이라는 유전적 가설에 의해 설명된다. 여기서 *B*는 *aa* 동형접합자에서만 그

인간 유전학 이야기

혈액의 다툼

Karl Landsteiner 1901

Anatomical Institute, Vienna, Austria

건강한 혈액에서의 응집 현상에 대하여

옛날에는 수혈이 매우 위험했다. 수혈을 받는 환자가 종종 쇼크 상태에 빠지거나 죽기도 하였기 때문이다. 이것은 수혈을 받는 사람의 적혈구가 대량으로 군집(응집)함으로써 산소가 많은 생체 기관에 전달되지 않았기 때문이었다. 이 논문에서 Landsteiner는 시험관에서 응집 반응이 관찰될 수 있으며, 세포가 다른 세포의 혈액 혈청에 의해 응집반응을 보이는지에 따라 개개인의 혈액 세포가 A 형, B 형 또는 O 형으로 분류 될 수 있음을 증명했다. Landsteiner는 정상적인 인간의 혈청이 종종 다른 건강한 사람의 적혈구를 응집시킬 수 있다는 것을 발견했다. 그의 주요 결과는 표에 표시되어 있으며, 여기서 + 기호는 응집을 나타낸다. Landsteiner는 근무한 연구소의 자원자들("Person 1", "Person 2" 등)로부터 혈액 샘플을 채취했다. "사람 1"은 Landsteiner 자신이다. 이 발췌문에서 우리는 원본과 같이 소체(corpuscle, 적혈구)라는 용어를 그대로 사용했지만, Landsteiner가 C 형이라고 부르는 혈액형을 현재의 O 형으로 대체했다. (테스트에 참여한 사람의 수가 너무 적었기 때문에 이 실험에서 AB형은 나타나지 않았다.)

Landsteiner의 발견 덕분에 수혈에서 혈액 공여자와 수용자가 신속하게 ABO 혈액 집단을 맞게 할 수 있게 되었으며, 끔찍한 부적합 반응은 거의 일어나지 않게 되었다. 단순히 수혈하는 것 외에도 이 연구는 개인이 ABO 혈액형으로 구별될 수 있음을 보여주었으며, Landsteiner는 경우에 따라 응집 반응이 법의학 조사에서 사용될 수 있을 것이라고 지적했다. 재미있는 연습으로, 당신은 "사람 1"의 혈액형을 추론하고 싶을 것이다.

"결론적으로 보고된 결과는 치료를 목적으로 시행하는 인간의 수혈 과정에서 야기될 수 있는 다양한 현상을 설명할 수 있었다."

그룹 A에서 혈청은 그룹 B의 소체를 응집시키지만, 그룹 A의 소체는 응집시키지 않는 반면, 그룹 A의 소체는 위와 같은 방식으로 그룹 B의 혈청에 영향을 받는다. 그룹 O에서 혈청은 A와 B의 소체를 응집시키는 반면, O 소체는 A와 B의 혈청에 의해 영향을 받지 않는다. . . . (중략) 결론적으로 보고된 결과는 치료를 목적으로 시행하는 인간의 수혈 과정에서 야기될 수 있는 다양한 현상을 설명할 수 있었다.

	혈구 세포					
혈청	Person 1	Person 2	Person 3	Person 4	Person 5	Person 6
Person 1	−	+	+	+	+	−
Person 2	−	−	+	+	−	−
Person 3	−	+	−	−	+	−
Person 4	−	+	−	−	+	−
Person 5	−	−	+	+	−	−
Person 6	−	+	+	+	+	−

Wiener Klinische Wochenschrift 14: 1132–1134. Original in German. Excerpt from translation in S. H. Boyer, IV. 1963. *Papers on Human Genetics*. Englewood Cliffs, NJ: Prentice-Hall, pp. 27–31.

효과가 명백하다. 이 가설에 따르면 본래의 순계 품종은 *aa bb*(흰색), *AA BB*(검은색)의 유전자형을 갖고 있으며, 제1세대의 유전자형은 *Aa Bb*이다. 만약 *A*, *a* 대립유전자 쌍과 *B*, *b* 대립유전자 쌍이 독립적 분리하게 되면 제2세대는 아래의 유전자형 구성을 따를 것으로 기대된다.

9/16	*A− B−*	(검은색 껍질)
3/16	*A− bb*	(검은색 껍질)
3/16	*aa B−*	(회색 껍질)
1/16	*aa bb*	(흰색 껍질)

이러한 유형의 상위성은 12 : 3 : 1의 비율이 보인다.

13:3 이 상위성 유형은 흰색 레그혼 닭(유전자형 *CC II*)과 흰색 위안도트 닭(유전형 *cc ii*) 사이의 차이에 의해 설명된다. *C* 대립유전자는 유색 깃털을 생성하는데, 흰색 레그혼 닭에서 *I* 대립유전자는 깃털의 착색을 방해하는 우성 억제자이다. 이러한 종 사이에서 교배된 양성잡종 제1세대의 유전자형은 *Cc Ii*인데, 이 경우 *I* 대립유전자의 억제하는 영향 때문에 흰 깃을 가지게 된다. 제2세대에서는 오직 *C− ii* 유전자형만이 색을 지닌 깃털을 가진다. 따라서 흰색 : 유색의 비율이 13 : 3이다.

9:4:3 이 양성잡종 비율(종종 9 : 3 : 4로도 나타남)은 어떤 한 유전자에 대한 열성 대립유전자의 동형접합성이 다른 유전자의 유전자형 발현을 숨길 때 관찰된다. 예를 들어, 만일 *aa* 유전자형은 다른 유전자형이 *B−* 또는 *bb*인지에 상관없이 같은 표현형을 가진다면 9 : 4 : 3의 결과가 나온다.

생쥐에서 아구티(agouti)라 불리는 회색 털은 개개의 털 끝 바로 밑에 있는 노란색 띠가 존재해서 나타난다. 아구티는 우성 대립유전자 *A*가 존재하면 나타나고, *aa* 생쥐의 털은 검은색이다. 두 번째 우성 대립유전자 *C*는 털의 색소 형성에 필수적이기 때문에, *cc* 생쥐는 흰둥이증(흰털)이다. *AA CC*(아구티)와 *aa cc*(흰둥이증)의 교배에서, 제1세대 자손은 *Aa Cc*이고 아구티이다. 제1세대 수컷과 암컷의 교배는 다음과 같은 비율로 제2세대 자손을 생산한다.

9/16	*A− C−*	(아구티)
3/16	*A− cc*	(흰둥이증)
3/16	*aa C−*	(검정색)
1/16	*aa cc*	(흰둥이증)

따라서 양성잡종 비율은 9 아구티 : 4 흰둥이증 : 3 검정색이다.

9:6:1 두 유전자 중 하나의 열성 대립유전자가 동형접합자이면 동일한 표현형으로 나타나고, 두 유전자의 열성 대립유전자 모두가 동형접합자일 때의 표현형이 다르면, 이 양성잡종 비율이 관찰된다. 예를 들어, 듀록저지 돼지의 빨간색 털은 2개의 우성 대립유전자 *R*과 *S*가 존재하면 형성된다. 유전자형 *R− ss* 및 *rr S−* 돼지는 모래색 털을 갖고, *rr ss* 돼지는 흰색 털을 가진다. 따라서 양성잡종 제2세대의 비율은 다음과 같다.

9/16	*R− S−*	(빨간색)
3/16	*R− ss*	(모래색)
3/16	*rr S−*	(모래색)
1/16	*rr ss*	(흰색)

열성 대립유전자 2개의 표현형이 동일하기 때문에 9 : 6 : 1 비율이 나타난다.

잠깐 생각해 봅시다 2.6

Summer squash(*Cucurbita pepo*의 품종)에서 우리가 *A*라고 부르는 유전자는 흰색 열매를 만드는 우성 대립유전자를 가지고 있다. 우리가 *B*라고 부르는 또 다른 유전자는 노란색 열매를 만드는 대립유전자를 가지고 있고, 동형접합체 *bb* 유전자형에서는 열매가 녹색이다. 이 유전자들은 독립적으로 유전된다. *Aa Bb*(white) × *Aa Bb*(white)의 교배에서, 자손의 표현형이 어떻게 나타날 것이며, 그 비율은 어떻게 될 것인가?

장의 요약

- 유전형질은 수정 과정을 통해서 합쳐지는 생식세포에 존재하는 유전자에 의해 결정된다.
- 유전자는 보통 쌍으로 전달되는데, 하나는 어머니로부터 물려받고, 다른 하나는 아버지로부터 물려받는다.
- 유전자의 각 쌍은 DNA 염기서열이 서로 다를 수 있고, 특정 유전형질의 발현에 미치는 효과가 다를 수 있다.
- 모계 및 부계로부터 전달된 유전자가 한 개체로 합쳐진다고 해서 달라지지 않는다.
- 생식세포가 형성되는 과정을 통해 유전자 쌍은 분리되어 서로 다른 세포로 전달된다.
- 서로 다른 유전자를 갖는 생식세포는 무작위적 조합을 하여, 자손에 나타나는 형질이 멘델의 비율로 나뉘게 한다.
- 단순 멘델 유전은 우성 및 열성 형질에 관한 인간의 가계도에서 특유한 양식을 나타낸다.
- 교배를 통해 얻어지는 가능한 2가지의 결과가 상호 배타적일 때, 2가지가 함께 일어날 수는 없다. 이 경우, 둘 중의 하나가 실현될 확률은 각각이 실현될 확률을 합한 것과 같다(더하기 법칙).
- 교배를 통해 얻어지는 가능한 2가지의 결과가 독립적이고, 하나가 일어난 것이 나머지 하나가 일어날지 아닐지에 대한 정보를 제공하지 않는다는 사실을 알고 있다고 가정할 때, 2가지 결과가 동시에 나타날 확률은 그들 각각의 확률의 곱으로 얻을 수 있다(곱하기 법칙).
- 실제로 관찰되는 형질의 비율은 우성과 유전자 상호작용(상위성)에 의해 결정된다.

쟁점과 착상: 알고 넘어 갑시다

- 한 생물의 유전자형을 구성하는 것은 무엇인가? 표현형을 구성하는 것은 무엇인가? 유전학에서 유전자형과 표현형을 구분하는 것이 왜 중요한가?
- 하나의 유전자와 하나의 대립유전자 사이의 차이점은 무엇인가? 하나의 유전자가 어떻게 2개 이상의 대립유전자를 가질 수 있는가? 한 유전자의 복대립유전자의 예를 들으시오.
- 분리의 법칙은 무엇이며, 이 원리는 멘델의 단성잡종 교배에서 어떻게 입증되는가?
- 독립의 법칙은 무엇이며, 이 원리는 멘델의 양성잡종 교배에서 어떻게 입증되는가?
- 암컷 배우자와 수컷 배우자의 무작위한 결합이 왜 멘델의 분리와 독립적 분리가 일어나는 데 필수적인지 설명하시오.
- 상호 배타적 가능성과 독립적 가능성 사이의 차이점은 무엇인가? 이와 같은 2가지 형태의 가능한 결과의 확률은 어떻게 구하는가? 위의 2가지에 해당하는 유전적 가능성의 예를 각각 2개씩 제시하시오.
- 두 쌍의 대립유전자가 독립적 분리를 나타낼 때, 제2세대의 표현형 비율인 9 : 3 : 3 : 1은 어떤 조건하에서 나타나지 않는가?

문제 풀고 한 걸음씩 앞으로

문제 1 아래의 전기영동 겔의 그림에서, 밴드 *a*, *b*, *c*는 각각 하나의 유전자로부터 유래된 것이다. 밴드 2개는 동일한 유전자의 대립유전자를 가리키지만, 나머지 하나는 다른 염색체에 존재하는 유전자로부터 유래한 것이다. F_1으로 표시된 겔 통로는 잡종 제1세대에서 관찰된 밴드형이고, F_2로 표시된 겔 통로는 제2세대의 3가지 자손에서 관찰된 밴드형이다. 따라서 잡종 제1세대는 2개의 밴드로 표시된 대립유전자에 대해 이형접합성이고, 나머지 하나의 밴드로 표시된 대립유전자에 대해 동형접합성이다.

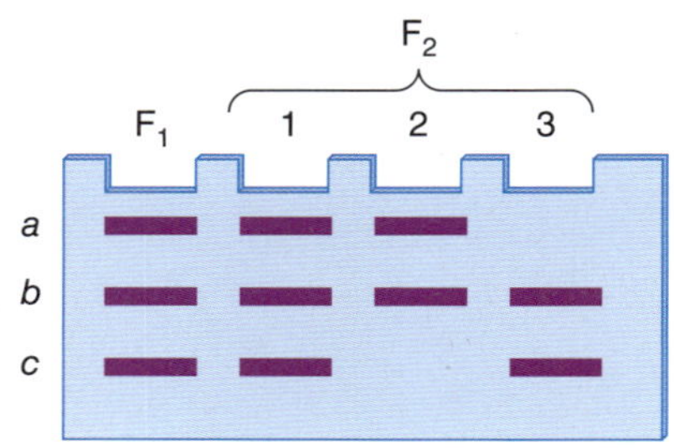

(a) 어느 밴드가 동일한 유전자의 대립유전자를 가리키는가?
(b) 잡종 제1세대의 유전자형은 무엇인가?
(c) 제2세대 자손 1, 2, 3의 유전자형은 무엇인가?
(d) 제2세대 자손에서 1, 2, 3형이 태어날 비율은 얼마인가?

풀이. (a) 어느 밴드가 한 유전자의 대립유전자인지를 알아내는 요점은 그들이 자손에서 분리가 된다는 것이다. 그림에서 밴드 a와 c가 분리되었다: 제2세대 자손 중, 1형은 2가지의 밴드를, 2형은 a 밴드만을, 3형은 c 밴드만을 보여 주고 있다. 이 결과는 잡종 제1세대 유전자형 a/c를 갖는다는 것을 보여주는데, a와 c는 동일유전자의 대립유전자 관계이다. 이러한 추론은 밴드 b가 다른 유전자의 동형접합성 대립유전자라는 것을 암시한다. (b) (a)의 추론에 의하면, 제1세대 잡종의 유전자형은 $a/c; b/b$이다. (c) 제2세대 자손 중 1형의 유전자형은 $a/c; b/b$이고, 2형의 유전자형은 $a/a; b/b$이며, 3형의 유전자형은 $c/c; b/b$이다. (d) $a/c \times a/c$ 교배에서 태어날 자손은 a/a(2형), a/c(1형), c/c(3형)이 1 : 2 : 1 비율이므로, 제2세대 자손 1, 2, 3형이 태어날 비율은 1/2 : 1/4 : 1/4 또는 2 : 1 : 1이다.

문제 2 유전자 A와 B가 서로 독립적으로 분리된다고 가정하자. $A/a\ B/b \times A/a\ B/-$ 교배에서 태어날 자손 중 $A/a\ B/-$(이는 $A/a\ B/B$ 또는 $A/a\ B/b$를 가리킴)은 어느 비율로 기대되는가? 이 문제를 푸는 데에 퍼니트 네모꼴을 이용하지 마시오.

풀이. 유전자 A와 B가 서로 독립적이고, 이들은 서로가 분리되므로, 답은 곱하기이다. $A/a \times A/a$ 교배에서 유전자형 A/a가 나타날 비율은 1/2이고, $B/b \times B/b$ 교배에서 유전자형 B/B 또는 B/b가 나타날 비율은 $1/4 + 1/2 = 3/4$이다. 따라서 $A/a\ B/-$가 태어날 비율은 $1/2 \times 3/4 = 3/8$이다. 이런 유형의 문제를 푸는 데 있어서는 양성잡종 교배에 대한 퍼니트 네모꼴을 그릴 필요 없다(시험을 치루는 중이라면, 너무 많은 시간을 허비하게 된다).

문제 3 앵초(*Primula vulgaris*)의 아름다운 보라색 꽃잎은 말비딘(*malvidin*) 색소에 의한 것이다. 말비딘의 합성은 우성 대립유전자 K가 필요하며, kk의 꽃잎은 흰색이다. 다른 우성 대립유전자는 D는 K 대립유전자의 발현을 억제하는 데 반해 dd 유전자형에서는 K 대립유전자가 발현되며, 이 두 유전자는 독립적으로 분리된다. $K/k\ D/d \times K/k\ D/d$ 교배에서 생성될 수 있는 보라색 : 흰색 꽃의 비율은 구엇일까?

© Kalina Iwaszko/ShutterStock, Inc.

© Christophe Rolland/ShutterStock, Inc.

풀이. 이들은 서토 독립적으로 분리되므로, 굳이 퍼니트 네모꼴을 그릴 필요는 없다. 유전자형 $K-\ D-$: $K-\ dd$: $kk\ D-$: $kk\ dd$의 기대되는 분리비는 9 : 3 : 3 : 1이다. 이때 $K-\ D-$ 유전자형의 꽃잎은 D가 존재하므로 흰색이고, $K-\ dd$의 꽃잎은 보라색이며, $kk\ D-$와 $kk\ dd$ 꽃잎은 K가 없으므로 흰색이다. 따라서 보라색 : 흰색의 전체 비율은 3 : 13이다.

실전에 필요한 개념: 끝까지 풀어 봅시다

2.1 한 둥근 완두콩이 발아하고 생장한 후 자가수정하여, 약간의 주름진 콩을 생성하였다. 둥근 콩의 유전자형은 무엇인가? 성숙한 완두에 의해 생산된 주름진 콩의 예상 비율은 어떻게 되는가?

2.2 둥근 완두와 주름진 완두 사이에 단성잡종 교배가 수행되었다. 제2세대 자손 중 무작위로 선발된 둥근 완두콩 하나의 DNA를 전기영동하였을 때 아래와 같은 겔 양상을 보이는 확률은 얼마나 될까?

2.3 어떤 여성이 75% 침투율을 보이는 우성 유전자에 의해 나타나는 형질을 가지고 있다. 만약 이 여성이 한 아이를 낳는다면, 이 아이가 이 형질을 나타낼 확률은 얼마인가?

2.4 유전질환이 재현될 위험성이란 이미 태어난 하나 또는 그 이상의 아이들에서 유전병이 나타났을 때, 다음에 형제자매로 태어날 아이가 유전병에 걸릴 확률을 말한다. 다음의 경우에, 유전적 질환이 재현될 가능성은 무엇인가?

(a) 희귀성 우성형질로서 한쪽 어버이에 유전질환이 나타난 경우는?

(b) 희귀성 열성형질로서 양 어버이 모두 유전질환이 나타나지 않은 경우는?

(c) 희귀성 열성형질로서 한쪽 어버이에 유전질환이 나타난 경우는?

2.5 독립적으로 분리할 때, 유전자형 $K/k; L/l; M/m; P/p$로부터 가능한 배우자의 종류는 몇 가지이며, 이들은 어떠한 비율로 나타날 것으로 예상되는가?

2.6 다음 그림은 겔의 맨 위의 함몰 부위(우물)에 DNA 시료를 넣고(장착하고), 아래 방향으로 DNA가 이동한 전기영동 겔을 보여준다. 오른쪽 점선들은 다양한 크기의 DNA들이 이동하게 될 자리를 나타낸다. 조각의 크기는 킬로 염기쌍(kb)으로 표시되는데, 1 kb는 이 중 DNA 분자의 길이가 1,000개 염기쌍으로 구성되어 있음을 의미한다. 그림에 그려진 띠는 야생형 동형접합자 생물체(AA)에 존재하는 한 유전자의 단백질을 만드는 부분에 해당하는 DNA 조각의 위치이다. a_1은 야생형 DNA 조각에 2-kb DNA가 삽입된 돌연변이체 대립유전자이고, a_2는 야생형 조각에서 1-kb 잘려서 결핍된 돌연변이체 대립유전자라고 가정할 때, 다음 각 유전자형이 나타낼 것이라고 예상되는 DNA 밴드의 위치를 표시하시오.

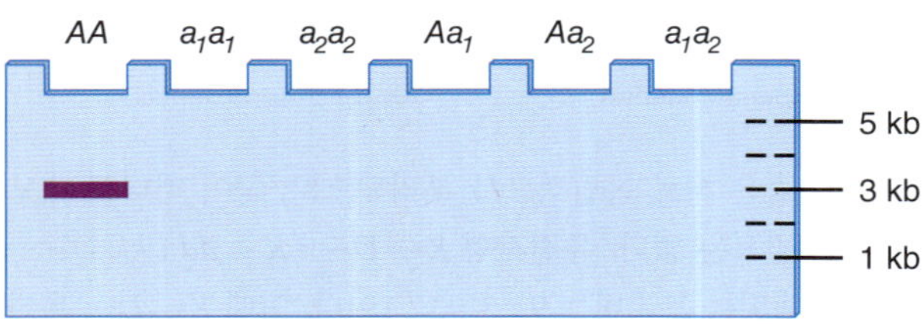

2.7 귀머거리를 유발하는 돌연변이에 대해 열성 동형접합자인 여성이, 친척관계는 아니면서 어떤 열성 돌연변이에 대해 동형접합자이기 때문에 귀머거리가 된 남성과 결혼하였다. 이들은 정상적으로 듣는 아이를 낳았다. 이런 일이 어떻게 일어났는지 설명하시오. 이러한 상황은 어떠한 유전적 원리의 예가 되는가?

2.8 다음 가계도는 II-2 개인이 열성형질을 가지고 있음을 보여준다. A와 a는 각각 우성과 열성 대립유전자를 나타낸다고 하자.

(a) II-2의 유전자형은 무엇인가?

(b) I-1과 I-2의 유전자형은 무엇인가?

(c) II-1과 II-3의 가능한 유전자형은 무엇인가?

(d) II-3이 대립유전자의 이형접합자인 보인자가 될 확률은 무엇인가?

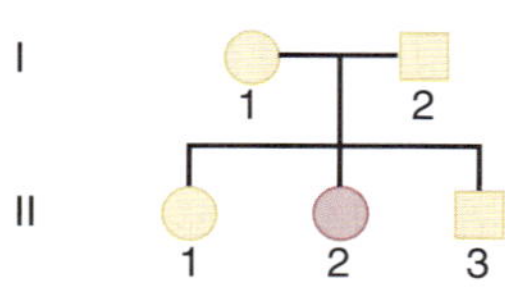

2.9 문제 2.8에서, II-1과 II-3 모두 보인자가 될 확률은 무엇인가? 둘 다 보인자가 아닐 확률은? 최소한 하나가 보인자일 확률은?

2.10 아래 그림은 완전한 침투율을 보이는 상염색체성 열성 희귀형질에 대한 가계도이다. IV-1, IV-2, IV-4 중 적어도 한 명이 보인자일 확률은 무엇인가?

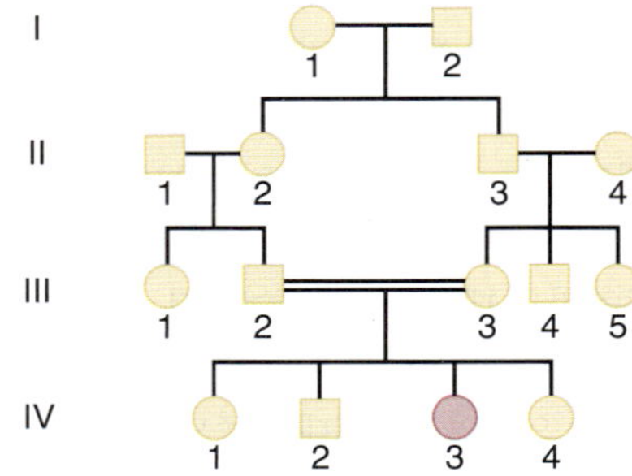

2.11 초파리(*Drosophila*)에서, 우성 대립유전자 *Cy*(Curly)는 구부러진 날개를 만든다. *Cy*/ + 3 *Cy*/ + 교배는 (여기에서 1는 *Cy*의 야생형 대립유전자를 나타냄) 2 구부러진 날개 : 1 야생형 날개의 비율의 자손을 생성한다. 또한 이들 중 구부러진 날개를 갖는 초파리끼리 교배하면, 마찬가지로 2 구부러진 날개 : 1 야생형 날개의 비율로 새끼를 생성한다. 이 결과를 어떻게 설명할 수 있는가?

2.12 열성 돌연변이유전자 a~f에 대한 상보성 검정을 통해 다음과 같은 자료를 얻었다. 동그라미들은 아직 얻지 못한 자료들이다. 아직 얻지 못한 돌연변이 유전자 조합에 대한 자료는 현재까지 알려진 자료에 의해 산출된다고 가정하고, 각 동그라미에 알맞은 + 또는 −를 기입하여 표를 완성하시오.

	a	*b*	*c*	*d*	*e*	*f*
a	○	+	−	○	+	○
b		○	○	○	○	−
c			○	−	○	○
d				○	○	○
e					○	+
f						○

2.13 목동주머니(*Capsella bursapastoris*)에서, 종자를 포함하는 캡슐의 모양은 삼각형 또는 달걀형이다. 삼각형 캡슐을 만드는 순종끼리 교배하여, 삼각형 캡슐을 갖는 제1세대가 생성되었다. 제2세대에서 관찰된 비율은 15 삼각형 캡슐 : 1 달걀형 캡슐이다. 이 결과를 어떤 유전적 가설로 설명할 수 있는가? 이 가설을 확인하기 위해서는 어떤 교배를 수행하여야 하는가?

2.14 어떤 여성이 서로 다른 두 염색체에 각각 존재하는 대립유전자들에 대해 열성 이형접합성이다. 그런데 하나는 페닐케톤뇨증을 유발하고 다른 하나는 낭포성 섬유증(cystic fibrosis, CF)을 유발한다. 만약 이 여성에게 한 명의 딸이 있다고 가정할 때, 이 딸이 두 열성 대립유전자를 하나도 갖지 않을 확률은 얼마일까? 하나만 가질 확률은? 2개를 다 가질 확률은? 만약 이 여성에게 한 명의 손녀딸이 있다고 가정할 때, 이 손녀가 두 열성 대립유전자를 다 가질 확률은 얼마일까?

2.15 여름호박(*Curcurbita pepo*)에서 야생형 유전자형을 갖는 식물의 호박 모양은 프리스비 원반 같은 평평한 모양이다. 2개의 열성 돌연변이 중 어느 하나가 동형접합자이면 구형의 호박이 생성되고, 2개가 모두 동형접합자이면 미식축구공 모양의 길쭉한 호박이 생성된다. 두 유전자가 독립적으로 분리가 된다고 가정하고, 동형접합성 원반형과 동형접합성 럭비공형이 교배되었을 때 생성되는 제2세대에서 예상되는 원반형 : 구형 : 럭비공 비율은 얼마인가?

2.16 아래 그림은 멘델의 순계 둥근 콩(*WW*)과 순계 주름진(모가 난) 콩(*ww*)을 단성 교배한 실험을 현대적으로 표현한 것이다. 제1세대(F_1) 잡종식물을 자가수정하여 생성된 자손이 제2세대(F_2)이다. 400개의 제2세대 자손들 중, 콩 모양 및 DNA 밴드형 (a)~(f)의 각 자손에 대해 기대되는 수는 얼마인가? (힌트: 하나 또는 그 이상의 자손의 기대되는 수의 값이 0이다.)

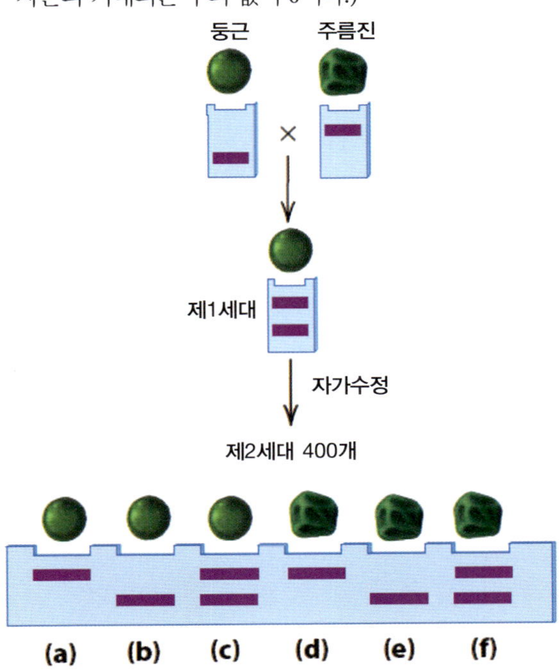

2.17 헌팅톤병은 우성 대립유전자 *HD*에 의해 결정되는 인간의 퇴행성 신경계 희귀질병이다. 이 대립유전자는 완전한 침투율 보이는데, 증상은 대개 45세 이후에 나타난다. 한 젊은 남자는 그의 아버지에게서 그 병이 발생되었던 것을 알았다.

(a) 젊은 남자에게서 후에 이 병이 발생할 확률은?

(b) 젊은 남자의 자녀가 대립유전자 *HD*를 보유할 확률은?

2.18 4명의 형제자매들이 있다. 남자(B)와 여자(G)가 태어날 확률이 같다고 가정하자.

(a) 4명 중 적어도 1명이 남자일 확률은 얼마인가?

(b) 4명 중 2명이 남자이고, 2명이 여자일 확률은 얼마인가?

(c) 4명의 성별 순서가 GBGB일 확률은 얼마인가?

2.19 5명의 형제자매들이 있다. 이들 중 적어도 1명이 남자일 확률은 무엇인가? 또 적어도 1명이 여자일 확률은 무엇인가?

2.20 식물에서 어떤 돌연변이 유전자는 배우자 세포가 수정에 참여하는 능력에 영향을 끼친다고 알려져 있다. 대립유전자 *A*가 그러한 돌연변이라고 가정하고, 대립유전자 *A*를 갖는 꽃가루 세포는 대립유전자 *a*를 갖는 꽃가루 세포에 비해, 단지 절반만 생존하여 수정에 참여하는 경향이 있다고 가정하자. 단성잡종 교배로부터 형성되는 제2세대에서, *AA* : *Aa* : *aa*의 예상 비율은 얼마인가? (힌트: 퍼니트 네모꼴을 이용하시오.)

2.21 다음 가계도에서 나타나는 형질은 멘델의 유전법칙을 따른다고 가정하자.

(a) 이 가계도에서 나타나는 형질은 우성 대립유전자와 열성 대립유전자 중 어느 것에 의한 것인가? 그 이유를 설명하시오.

(b) III-1과 III-2를 연결한 두 줄의 수평선은 무엇을 의미하는가?

(c) III-1과 III-2의 생물학적 관련성은 무엇인가?

(d) 이와 같은 형질을 결정하는 대립유전자가 드물다면, 이 가계도의 I, II, III 세대의 모든 사람들 중에서 가장 많이 나타나는 유전자형은 무엇인가? (우성 대립유전자와 열성 대립유전자를 각각 *A*와 *a*로 사용하시오.)

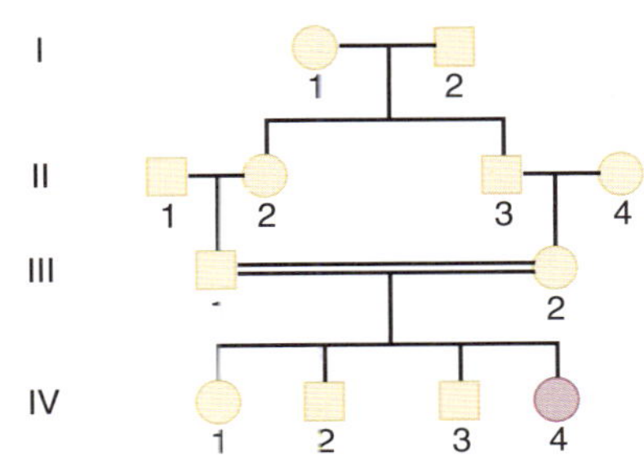

잠깐 생각해 봅시다: 해답

잠깐 생각해 봅시다 2.1의 해답

자손의 표현형은 (1) *AA*, (2) *aa*, (3) *Aa*, (4) *Aa*, (5) *Aa*, (6) *aa*, (7) *Aa*, (8) *AA*이다.

잠깐 생각해 봅시다 2.2의 해답

1, 2, 3과의 교배는 우성 표현형을 지닌 자손만을 생산한다. 6과의 교배는 열성 표현형을 지닌 자손만을 생산한다. 4와의 교배에선 우성과 열성의 비율이 3 : 1로 나타나며, 5와의 교배에서는 우성과 열성의 비율이 1 : 1로 나타난다.

잠깐 생각해 봅시다 2.3의 해답

$Aa \times Aa$는 *aa* 자손을 1/4 비율로 생산하며, $bb \times Bb$는 *Bb*를 1/2의 비율로 생산한다; 독립일 때, *aaBb*는 $1/4 \times 1/2 = 1/8$의 비율로 생산된다.

잠깐 생각해 봅시다 2.4의 해답

A 유전자에서, $Aa \times Aa$의 유전자형은 1/4 *AA*, 1/2 *Aa*, 1/4 *aa*의 비율로 분리된다; 더하기 법칙에 따라, 동형접합체 자손의 비율은 $1/4 + 1/4 = 1/2$로 나타난다. *B* 유전자에서, $bb \times Bb$의 유전자형은 이형접합체인 *Bb*가 1/2로, 동형접합체인 *bb*가 1/2 비율로 분리된다; 곱하기 법칙에 따라, 두 유전자들의 전체 동형접합체 자손의 비율은 $1/2 \times 1/2 = 1/4$로 나타난다.

잠깐 생각해 봅시다 2.5의 해답

III-4와 III-5 모두 형질이 발현되지 않았음에도, 자식에게서 형질이 발현되었음을 보아 III-4와 III-5 모두 이형접합자임을 알 수 있다. IV-1에서 형질이 발현되지 않았기 때문에, IV-1의 유전자형이 우성 동형접합 또는 이형접합(상대적 비율로 1/4 : 1/2)임을 알 수 있다. 따라서 IV-1가 이형접합일 확률은 (1/2)/(1/4 + 1/2) = 2/3이다.

잠깐 생각해 봅시다 2.6의 해답

(−) 기호를 각 유전자의 wild card로 나타내면($A- = AA$ 또는 *Aa*), 자손의 유전자형은 9/16 *A*−*B*−, 3/16 *A*− *bb*, 3/16 *aa B*−, 1/16 *aa bb*로 나타난다. 유전자형 *A*− *B*−와 *A*− *bb*는 흰색 열매를, *aa B*−는 노란색 열매를, *aa bb*는 녹색 열매를 맺는다. 따라서 흰색 : 노란색 : 녹색 열매의 비율은 12/16 : 3/16 : 1/16 (또는 12 : 3 : 1의 비율)이 된다.

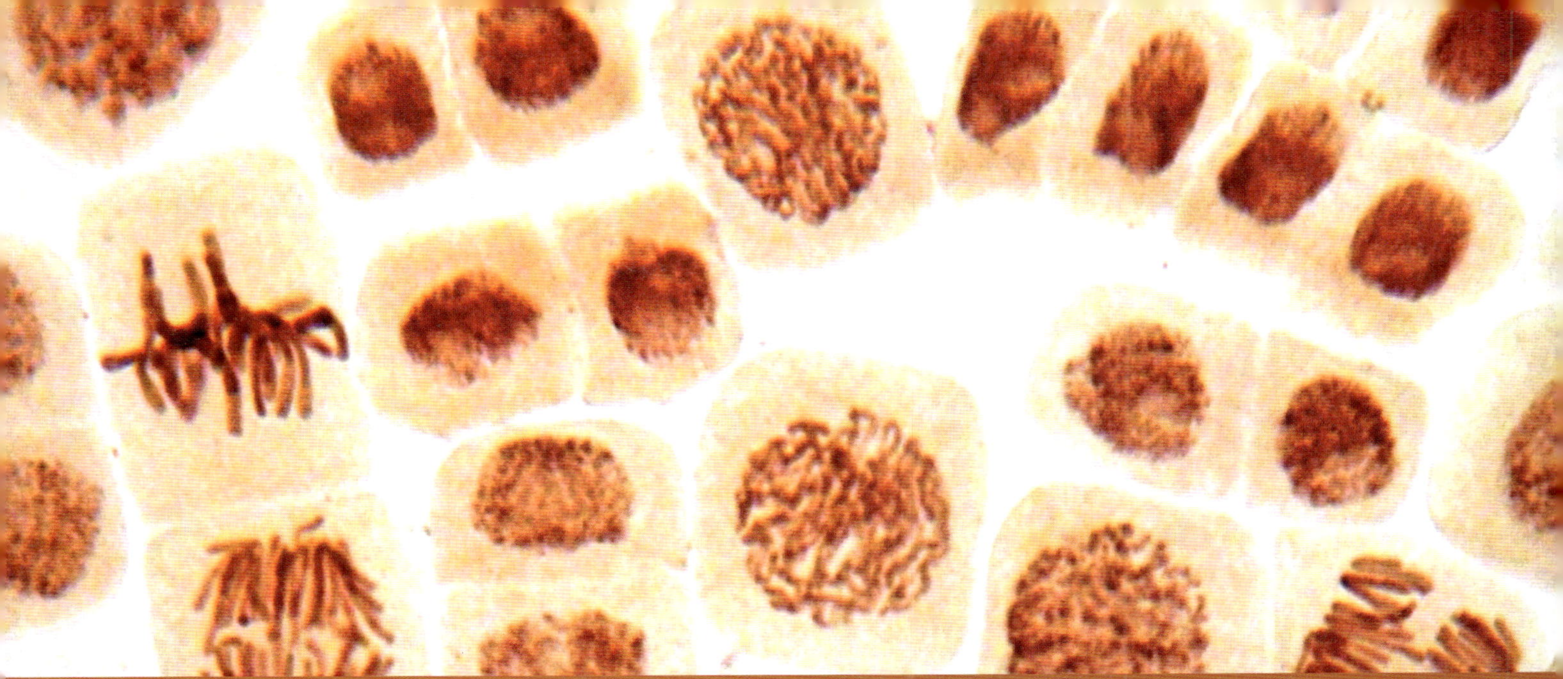

CHAPTER 3

체세포분열을 통해 살아 있는 세포들

© Dimarion/Shutterstock

유전의 염색체 기초

학습 목표

- 염색체가 정상적으로 분리 또는 비분리될 때, 체세포분열과 감수분열의 결과를 예측할 수 있다.
- 가계도에서 X-연관 유전의 특징적인 양상을 배울 수 있다.
- 뉴클레오솜의 구조를 이해하고 화학적 변형에 히스톤 꼬리의 물리적 접근성이 왜 중요한지 설명할 수 있다.
- 동원체의 기능을 확실하게 알 수 있다.
- DNA 복제시 복제가 되지 않는 부분을 말단소체복원효소가 복원하는 방법을 설명할 수 있다.
- 특정 유전적 교배에서, 이항분포를 사용하여 자손의 특정 유전자형과 표현형이 출현할 확률을 계산할 수 있다.
- 유전적 가설을 설정하여 교배의 결과를 예측하고, 적합도 판정을 위한 카이-제곱 검정을 통해 기대치와 관찰치를 비교하여, 가설을 받아들일지 또는 기각해야 할지를 *P* 값으로 해석할 수 있다.

멘델(Gregor Mendel)이 그의 실험을 수행했던 1860년대에는 한 세대에서 다음 세대로 유전 요소가 전달되는 데에 대한 생물학적 기본 지식도 부족했다. 또한 생식에서 핵의 역할이나 세포분열에 관한 상세한 지식이 없었다. 이러한 현상들이 이해되고 염색체를 관찰할 수 있을 만큼 현미경이 발달하여 염색체가 유전자를 담고 있다는 사실을 알게 됨으로써 빠른 속도로 새로운 지식이 쌓이게 되었다. 이 장은 세포분열에서 염색체의 분리 기작과 DNA와 염색체 사이의 관계를 알아볼 것이다.

3.1 모든 종은 특정한 한 조의 염색체를 가지고 있다

핵과 그 내용물의 중요성은 1840년대에 분열하는 세포에서 핵이 먼저 분열한다고 언급되었을 때 제기되었다. 1870년대에 이르러서는 핵분열이 세포분열의 일반적 과정이라는 사실이 분명해졌다. 비슷한 시기에 두 배우자의 핵융합이 수정 과정에서 관찰됨에 따라 유전에 있어서 핵의 중요성은 더욱 강조되었다. 그 다음의 주요한 발전은 1880년대에 **염색체(chromosome)**가 발견됨으로써 이루어졌는데, 염색체를 염기성 염색액으로 염색함으로써 광학현미경으로 볼 수 있었다. 몇 년이 지난 후, 세포분열시 질서정연한 과정으로 염색체가 딸 세포에 분리되고 또 생식세포 분열시에는 배우자로 나뉘어 들어가는 것이 관찰되었다. 결국 동·식물의 **염색체 조성(chromosome complement**, 염색체의 완전한 세트)에 관한 3가지 주요한 규칙이 관찰되었다.

1. 각 **체세포(somatic cell**, 몸을 구성하는 세포, **생식세포** 혹은 배우자와 대조어)는 특정 종에 전형적인 일정 수의 염색체를 함유하고 있다. 그러나 그 수는 종 사이에서는 매우 다르고 그 개체의 복잡성과는 별 상관이 없다(**표 3.1**).
2. 체세포 핵의 염색체는 대개 쌍으로 존재한다. 예를 들어 46개로 구성된 사람의 염색체는 23쌍으로 구성되어 있다(**그림 3.1**). 비슷하게 14개로 구성된 완두의 염색체는 7쌍으로 존재한다. 이러한 종류의 핵을 가진 세포는 비슷한 두 세트의 염색체를 가지고 있기에 **이배체(diploid)**라 한다. 각 염색체 쌍에서 하나는 그 개체의 모친으로부터 또 다른 하나는 부친으로부터 물려받았기 때문에 염색체는 쌍으로 존재하게 된다.
3. 생식세포 혹은 배우자는 각 염색체 쌍의 한 쪽만으로

표 3.1 일부 동식물의 체세포 염색체 수

생물체	염색체 수	생물체	염색체 수
속새	216	효모(*Saccharomyces cerevisiae*)	32
고사리	116	노랑초파리(*Drosophila melanogaster*)	8
세콰이어나무	22	예쁜꼬마선충(*Caenorhabditis elegans*)	11 ♀, 12 ♂
마카로니밀	28	집파리	12
빵밀	42	전갈	4
잠두	12	자벌레나방	224
완두	14	두꺼비	22
애기장대(*Arabidopsis thaliana*)	10	닭	78
옥수수(*Zea mays*)	20	생쥐	40
백합	24	긴팔원숭이	44
금어초	16	사람	46

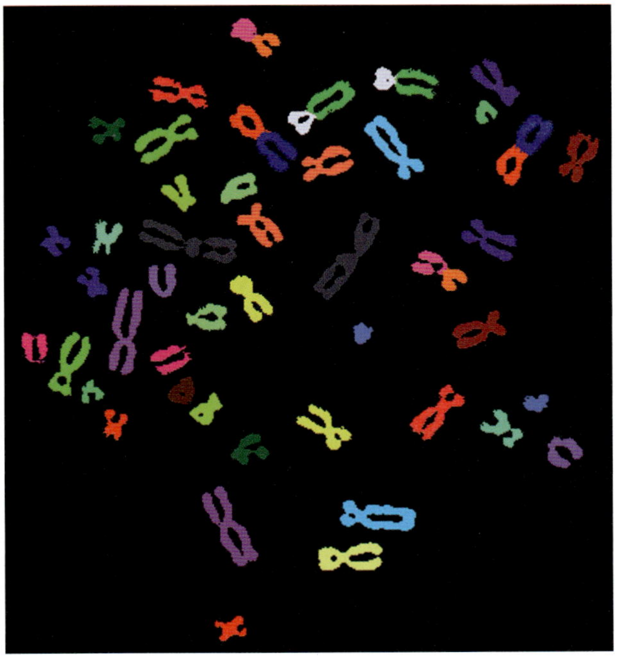

그림 3.1 남자의 염색체 조성. 46개 염색체가 23쌍으로 존재한다. 염색체가 관찰되는 세포분열주기 동안 각 염색체는 나란히 종열한 2개의 동일한 염색분체를 가진다. 한 쌍(XY 성염색체)을 제외하고 다른 모든 염색체 쌍 각각은 같은 형광염색으로 표식된 DNA 분자를 함유하고 있기 때문에 동일한 색깔을 나타낸다. 각 쌍마다 서로 다른 색깔의 염색 시약을 사용하였으므로 색깔이 다르다. 일부 염색체는 장완과 단완을 서로 다른 색으로 표식하였다.

Courtesy of Michael R. Speicher, Institute of Genome Genetics, Medical University of Graz.

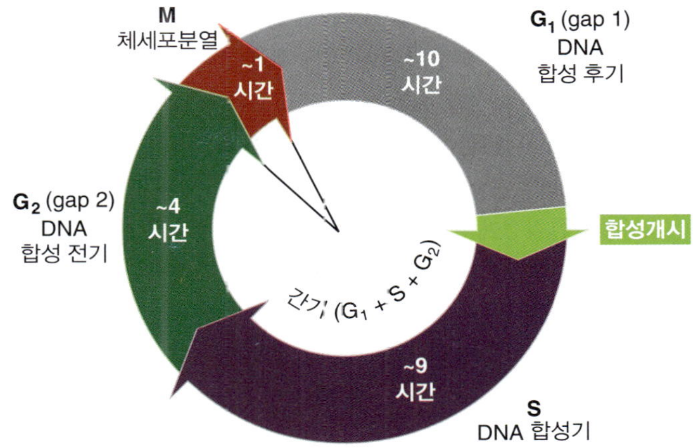

그림 3.2 조직배양에서 24시간을 한 세대로 자라고 있는 전형적인 포유동물 세포의 세포주기.

구성된 한 세트의 염색체를 가지고 있다. 배우자 핵은 반수체(haploid)이며 반수체 배우자는 수정 시 융합하여 체세포의 이배체 상태로 된다.

1개의 수정란으로부터 발생하는 다세포생물에서 체세포는 이배체 염색체를, 생식세포는 반수체 염색체를 가지고 있다는 것은 핵분열에서 2개의 다른 과정이 있음을 나타낸다. 이 들 중 하나는 체세포분열(mitosis)로 염색체 수가 그대로 유지되는 것이고, 다른 하나는 감수분열(meiosis)로 염색수가 반으로 줄어드는 것이다. 이들 두 과정은 다음 부분에서 자세히 설명된다.

3.2 체세포분열에서 생긴 두 딸 세포는 동일한 염색체를 가진다

체세포분열(Mitosis)은 두 딸 세포가 각각 양친 세포의 이배체 염색체 조성과 동일한 이배체 염색체 조성을 받게 되는 확실한 핵분열 과정이다. 체세포분열은 대개 세포가 2개의 딸 세포로 나누어지게 되는 세포질분열(cytokinesis)로 이어진다. 체세포분열의 필수적인 자세한 사항은 모든 생물체에서 동일하며 그 기본 과정은 매우 유사하다:

1. 각 염색체는 핵분열이 시작할 때 이미 복제된 구조로 존재한다. (각 염색체의 복제는 그 안에 있는 DNA 분자를 복제한다는 것과 같은 의미이다.)
2. 각 염색체는 세로로 동일하게 반으로 나누어져 각각 분리된다.
3. 분리된 염색체의 반쪽은 반대 방향으로 이동해 각각 새로이 형성되는 두 딸 세포의 핵에 포함된다.

체세포분열을 하고 있지 않는 세포에서는 염색체를 광학현미경으로 관찰할 수가 없다. 세포주기에서 이러한 단계를 간기(interphase)라고 한다. 체세포분열을 준비하면서 염색체 내의 유전물질(DNA)은 S기로 불리는 간기 동안 복제된다(그림 3.2). (S는 DNA 합성, DNA *synthesis*를 나타낸다.) DNA 복제로 염색체 복제가 이루어진다. **S**기 전·후에는 각각 $\mathbf{G_1}$기와 $\mathbf{G_2}$기가 있는데, 이때는 DNA 복제가 일어나지 않는다. 세포주기(cell cycle) 혹은 세포의 생활주기는 일반적으로 이러한 간기 단계들과 이어지는 체세포분열 단계, M기로 이루어진다. 따라서 그림 3.2가 보여주는 것처럼 일어나는 순서는 $G_1 \rightarrow S \rightarrow G_2 \rightarrow M$이다. 여기에서 **M**기는 세포질 분열을 포함하는데, 이때 세포질은 동일한 두 부분으로 나누어지고 각각은 딸핵을 포함하게 된다. 세포주기가 완성되는 데 걸리는 시간은 세포 형태에 따라 다르다. 고등한 진핵생물에서는 대부분의 세포가 18~24시간 걸린다. 세포주기의 각 단계마다 걸리는 상대적 시간 또한 세포 형태에 따라 상당히 다르다. 체세포분열은 1/2~2시간 정도로 대개 가장 짧은 기간이다.

세포주기는 모든 진핵생물에서 기본적으로 동일한 기작에 의해 제어되는 활발히 조절되는 과정이다. 이러한 내용에 대해서는 제13장에서 자세히 설명될 것이다. G_1에서 S기, G_2에서 M기로의 전환은 핵심 과정이 완수되지 않으면 지연되므로 이를 **점검점(checkpoint)**이라 한다(그림 3.2). 예를 들어, G_1/S 점검점에서 DNA 복제를 시작하기 위해 어떤 세포는 앞선 세포분열 이후 지나야 할 충분한 시간을 필요로 하고, 또 어떤 세포는 특정 크기를 획득하기 위한 충분한 시간을 필요로 한다. 마찬가지로 G_2/M 점검점에서 M기가 시작되기 위해서는 DNA 복제가 완결되고 DNA에 생긴 어떤 손상도 수선되어야 한다.

체세포분열에서 복제된 염색체는 방추체에 배열하여 자매염색분체가 분리된다

체세포분열에서 염색체 행동의 기본적인 특징이 그림 3.3의 모식도에 나타나 있다. 체세포분열은 관례적으로 4단계: **전기(prophase)**, **중기(metaphase)**, **후기(anaphase)**, **말기(telophase)**로 나누어진다. 각 단계는 다음과 같은 특징을 가지고 있다.

1. 전기 간기에 염색체는 늘어진 실의 모양을 하고 있으며 광학현미경 하에서 분리된 형체로 관찰되지 않는다. **인(nucleolus)**이라 불리는 하나 이상의 뚜렷한 진한 덩어리가 존재하는 것 외에 핵은 펼쳐진 알갱이 모양을 하고 있다. 전기의 시작은 염색체가 응축되어 핵 안에 관찰할 수 있는 뚜렷한 가는 실을 형성하는 것으로 나타난다. 각 염색체는 세로로 이미 배가되어 있으며, **염색분체(chromatid)**라고 불리는 2개의 가까이 연합된 단위로 구성되어 있다. 각 염색체에서 세로로 양분되는 성질은 전기의 후반기에 쉽게 볼 수 있다. 각 쌍의 염색분체는 휴지기의 S기에 한 염색체가 복제된 결과이다. 한 쌍의 염색분체는 **동원체(centromere)**라고 하는 염색체의 특정 부위에서 합쳐져 있다. 전기가 진행됨에 따라 염색체는 더욱 응축되어 짧고 굵어진다. 전기의 끝부분에서 인은 사라지고 핵을 둘러싸고 있는 핵막은 갑자기 붕괴된다.

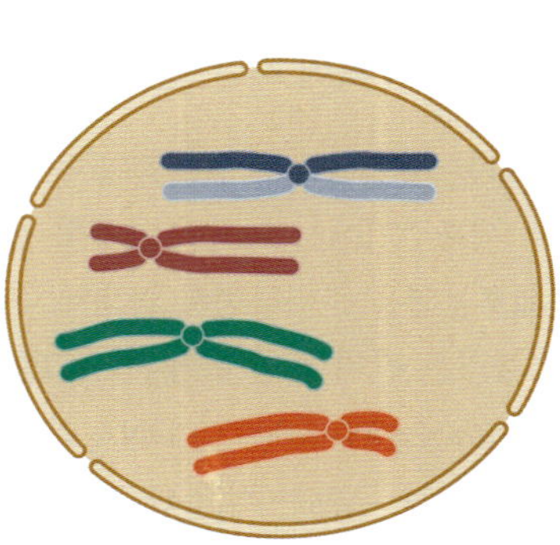

전기

2. 중기 중기가 시작될 때 **체세포분열 방추체(spindle)**가 형성된다. 방추체는 길쭉한 미식축구공 모양으로 방추사가 배열되어 있는 구조로 방추사는 튜불린 단백질이 중합되어 형성된 미세소관으로 되어 있다. 많은 단백질들과 최소한 하나 이상의 RNA-단백질 복합체가 튜불린 중합과 미세소관 형성을 조절한다. 방추체의 양 말단 혹은 **양극**은 미세소관이 모여지며 **중심체**(*centrosome*)의 위치를 나타낸다. 중심체는 튜불린 중합이 시작되는 미세소관 형성 중심이다. 각 중심체 쌍은 간기 때 하나의 중심체가 복제하여 형성되며, 각각의 딸중심체는 양극으로 이동하게 된다(이 과정은 제13장에서 자세히 설명된다).

중기

방추체는 3가지 형태의 미세소관, 즉 (1) 중심체를 세포막에 고정하는 것, (2) 중심체 사이에서 활 모양을 하고 있는 것, (3) 염색체에 부착되는 것으로 되어 있다. 방추체 형성 시에 미세소관은 새로운 튜불린 소단위가 다량체의 성장말단 쪽에 부가됨에 따라 양극에서부터 기본적으로 임의 방향으로 성장해 나온다. 염색체에 부착하게 되는 미세소관인 경우 부착 부위는 **방추사부착점(kinetochore)**이라 알려진 구조물이며, 이는 동원체 위치와 일치한다. 염색체가 방추사에 부착되면 모든 방추사부착점이 방추체 양극으로부터 같은 거리에 있는 가상적인 면에 배열하도록 각 염색체는 세포 중심부 가까운 위치로 이동한다. 이 가상적인 면을 중기판(metaphase plate)이라 한다. 중기판에 배열하게 되면 염색체는 최고로 응축되어 수를 세거나 모양이나 형태를 연구하기가 가장 용이해진다.

3. 후기 후기가 되면 동원체를 묶어 주는 단백질이 분해된다. 동원체는 분리되고 각 염색체의 두 **자매염색분체(sister chromatid)**는 방추체의 반대 극을 향해 이동한다. 일단 동원체가 분리되면 각 자매염색분체는 그 자체로 개개의 염색체로 간주된다. 염색체의 이동

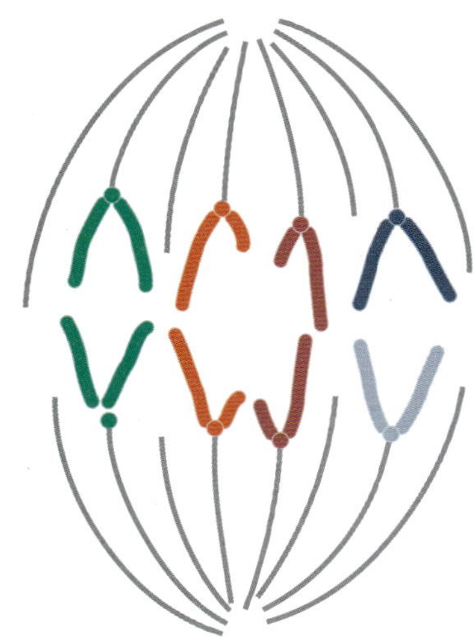

후기

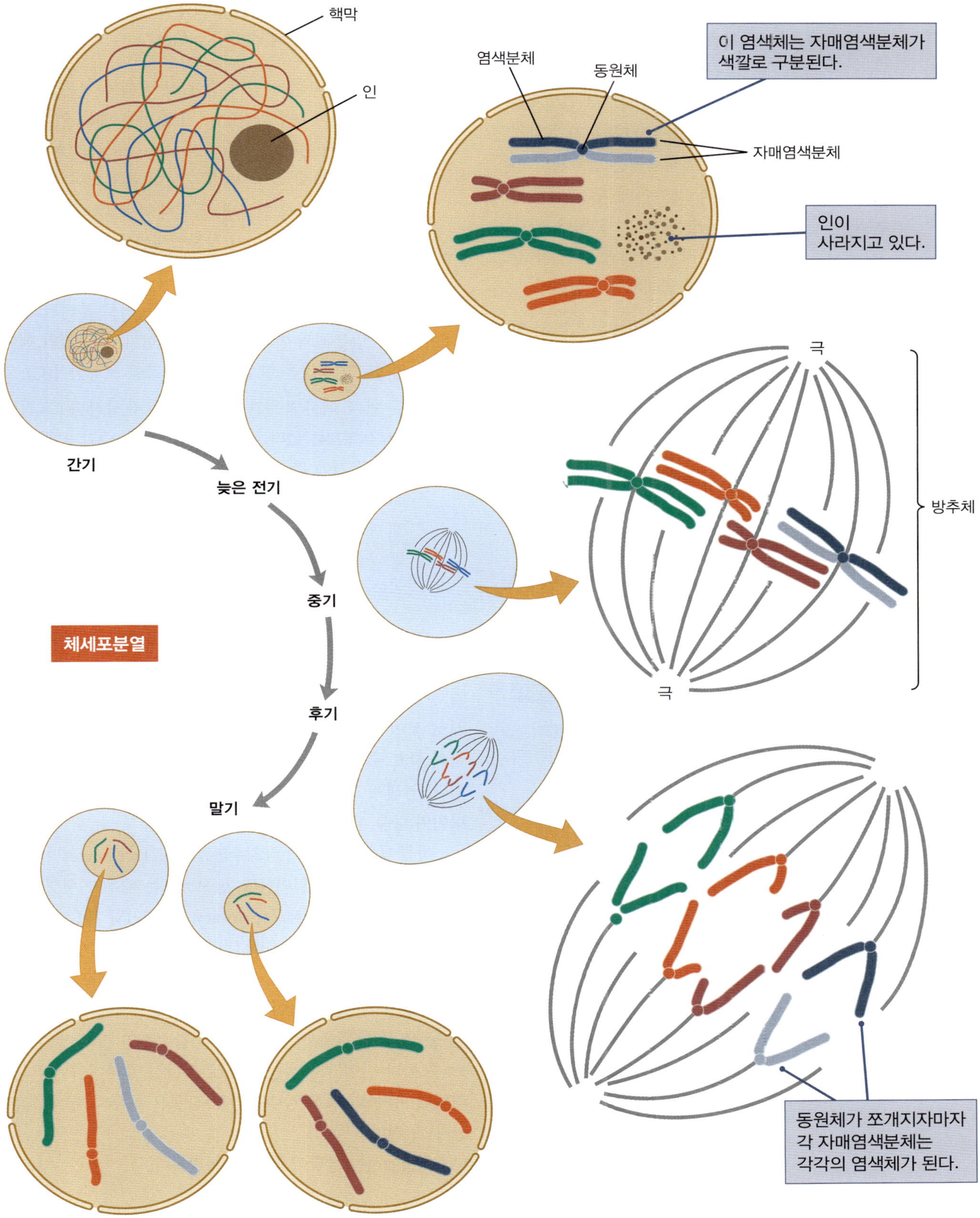

그림 3.3 두 쌍(빨간색/담홍색, 초록색/파란색)의 염색체를 가진 개체의 체세포분열시 염색체 양상. 각 단계의 안쪽에 있는 작은 모식도는 전체 세포를 나타내고 큰 모식도는 그 단계에서의 염색체를 확대해서 보여준다..

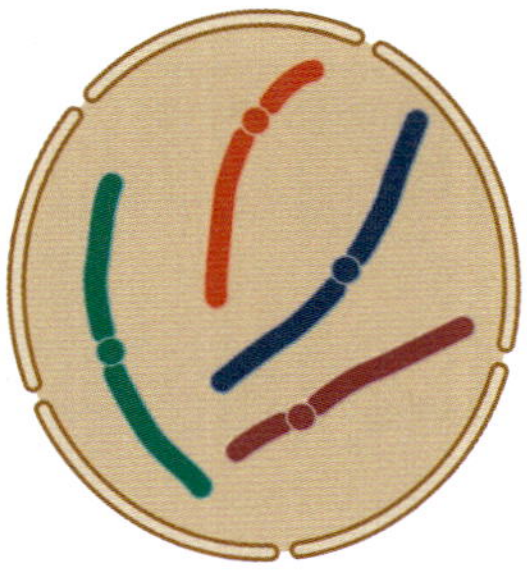

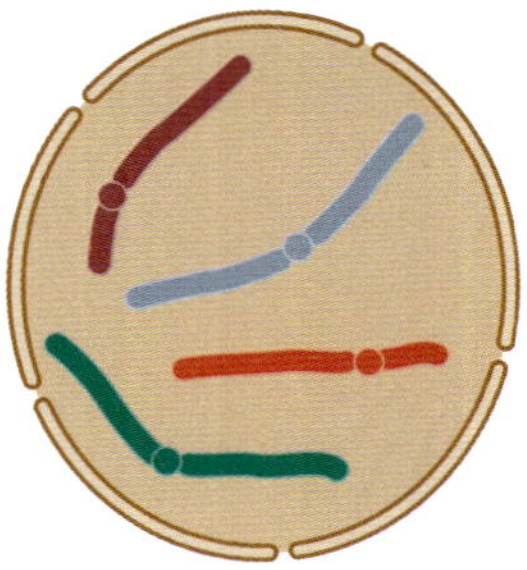

말기

은 부분적으로는 동원체에 부착한 방추사가 점진적으로 짧아짐으로써 이루어지며, 이로써 서로 반대 극으로 염색체를 끌어당기게 된다. 후기가 완결되면 염색체들은 방추체의 반대 극 가까이에 두 그룹으로 놓이게 된다. 각 그룹은 원래의 휴지기 핵에 있던 것과 같은 수의 염색체를 포함한다.

4. 말기 말기에는 각각의 밀집된 염색체 그룹 주변에 핵막이 형성되고 인이 나타나며 방추체가 사라진다. 염색체는 더 이상 분리된 덩어리로 관찰되지 않을 때까지 응축의 역과정을 진행한다. 세포질의 가장자리에서 협곡이 점점 깊어지면서 두 부분으로 나누어짐에 따라 2개의 딸핵은 서서히 전형적인 휴지기 형상을 나타내게 된다. (식물에서는 새로운 세포벽이 딸 세포 사이에 합성되어 두 부분으로 분리된다.)

잠깐 생각해 봅시다 3.1

아래의 주요 사건에 해당되는 체세포분열 세포주기의 각 단계(간기, 전기, 중기, 후기, 말기)를 빈 칸에 채우시오.

______________ 염색체가 보이기 시작함
______________ 세포질 분열
______________ 염색체가 중기판에 배열
______________ DNA 복제
______________ 자매염색분체가 분리

3.3 감수분열의 결과 유전적으로 다른 배우자들이 생긴다

감수분열(meiosis)은 감수분열 이전 세포에 존재하던 염색체 각 쌍의 한 염색체만을 포함하는 세포를 만들어 내는 세포분열 양상이다. 2세트의 염색체를 가진 이배체 세포가 감수분열을 하면 유전적으로 서로 다른 반수체 염색체 조를 포함하는 4개의 딸 세포가 형성된다.

감수분열은 두 번의 연속적인 핵분열로 이루어진다. 감수분열 동안 염색체 행동의 기본적인 특징이 **그림 3.4**에 요약되어 있다. 이것은 감수분열을 전체적으로 고찰해 본 것이며, 세포 안에서의 과정에 대한 소개이다.

1. 첫 번째 핵분열이 있기 전에 각 염색체 쌍은 길이를 따라 가까이 연합한다(A). 서로 짝을 맺는 염색체를 **상동염색체(homologous chromosome)**라 한다. 상동염색체 쌍의 각 염색체는 이미 복제되어 있기 때문에 동원체에서 연합된 두 자매염색분체가 2세트로 있는 것이 된다. 따라서 상동염색체가 짝을 맺으므로 네 가닥 구조가 된다.
2. 첫 번째 핵분열에서 상동염색체는 서로 분리되고 각각은 방추체의 반대 극으로 이동한다(B). 2개의 핵이 형성되고 각각은 반수체 염색체 조를 포함한다(C).
3. 두 번째 핵분열은 체세포분열과 유사하다. 그러나 *DNA* **복제는 없다.** 중기에 염색체는 중기판에 배열하고 후기에 각 염색체의 염색분체가 반대의 딸핵으로 분리된다(D). 감수분열에서 2회 분열의 결과 4개의 반수체 딸핵이 생성되고, 각 딸핵은 각 상동염색체 쌍으로부터 하나의 자매 염색분체에 해당하는 부분을 포함한다(E).

그림 3.4는 상동염색체가 짝을 맺을 때 상동염색체 간에 유전자 교환이 있음을 보이지 않는다. 유전자 교환의 결과 한 상동염색체의 조각들이 다른 상동염색체의 조각들과 서로 섞인 염색체가 형성된다. 그림 3.4에서 상동염색체 조각이 상호 교환된 염색체는 색깔이 다른 조각으로 묘사할 수 있다. 염색체 교환의 과정은 감수분열의 결정적인 특징의 하나이며 다음 부분에서 설명된다.

동물에서 감수분열은 **감수분열모세포**(*meiocyte*)라고 하는 특수한 세포에서 일어난다. 난모세포는 배우자-형성 조직에 존재하는 제1난모세포(primary oocyte)와 제1정모세포(primary spermato-cyte)에 대한 일반 용어이다(**그림 3.5**). 난모세포로부터 난세포가, 정모세포로부터 정세포가 형성된다. 비록 감수분열 과정이 모든 유성생식 생물에서 유사하지만 동·식물 모두에서, 암컷의 경우 감수분열 결과 생긴 4세포 중 하나 만이 기능적인 세포로 발달하고 나머지 셋은 붕괴된다. 동물의 경우 감수분열의 산물은 배우자(정자 혹은 난자)가 된다.

식물에서는 상황이 약간 더 복잡하다:

1. 감수분열의 산물은 전형적으로 **포자**(*spore*)를 형성하고, 이는 한 번 혹은 그 이상의 체세포분열을 거쳐 반수체인 **배우체**(*gametophyte*)를 형성한다. 배우체는

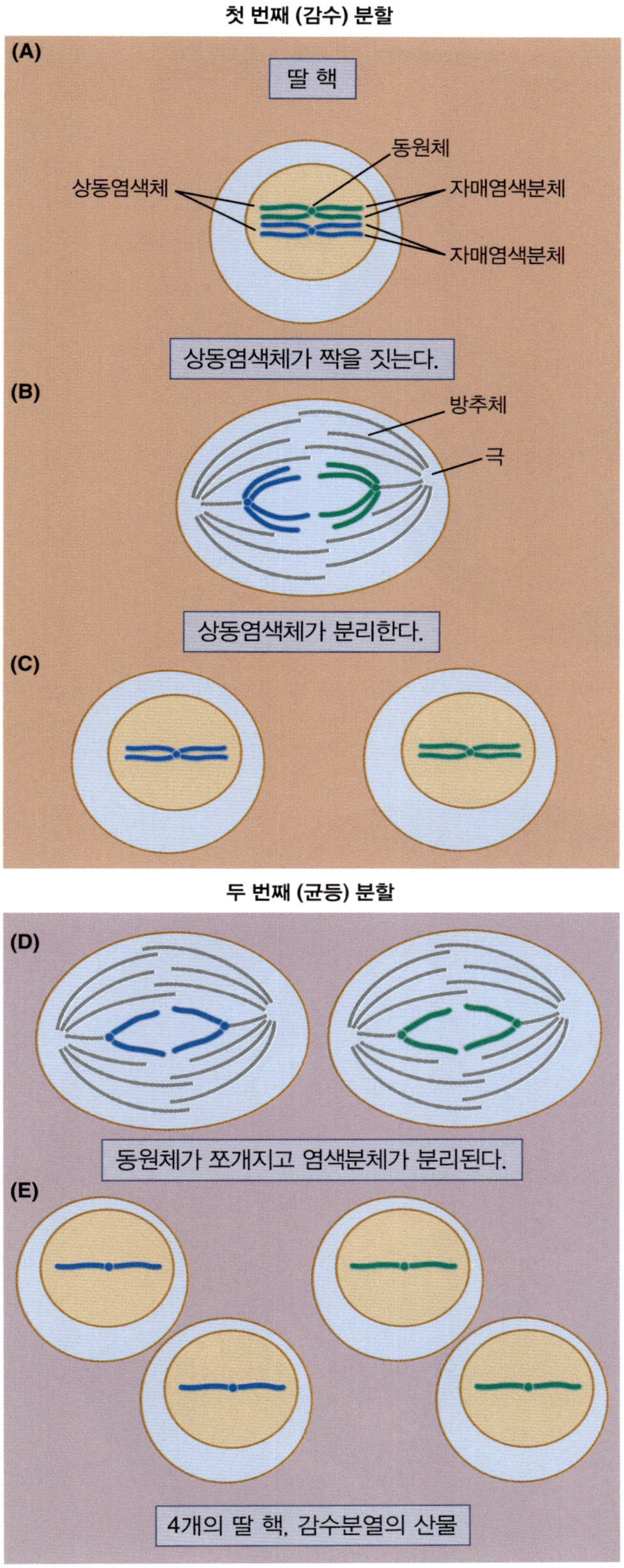

그림 3.4 감수분열에서 한 쌍의 상동염색체의 행동 양상. 체세포분열과의 주요한 차이점은 상동염색체가 쌍을 이룬다는 점(A)과 염색체가 반으로 줄어드는 2회의 연속적인 핵분열(B, D)이다. 간결하게 묘사하기 위해 (A) 단계에서 일어나는 염색체 부분이 교환되는 현상인 교차는 넣지 않았다.

반수체 핵의 체세포분열에 의해 배우자를 생산한다 (그림 3.6)

2. 반수체 배우자가 융합하여 이배체 접합자가 되고 이것은 포자체로 발달한다. **포자체**(*sporophyte*)는 감수분열을 거쳐 포자를 생산하고 주기는 다시 시작된다.

감수분열은 체세포분열보다 훨씬 더 복잡하고 상당히 긴 과정으로, 대부분 며칠 혹은 몇 주일이 걸린다. 감수분열의 전 과정이 (그림 3.7)에 세포 상황으로 묘사되어 있다. 핵심 내용은 감수분열은 두 번의 핵분열로 이루어지나 염색체의 복제는 단 한 번이다. **제1감수분열**(*first meiotic division*)과 **제2감수분열**(*second meiotic division*)로 불리어지는 핵분열은 체세포분열과 유사한 일련의 단계로 분리할 수 있다. 이 주요한 과정의 특징적인 사건은 첫 번째 핵분열 동안 나타난다; 이들 사건을 다음 부분에서 묘사한다.

제1감수분열에서는 염색체의 수가 반감된다

제1감수분열(감수분열 I)에서는 염색체 수가 반감되므로 감수분열(reductional division)이라 부른다. 체세포분열과 마찬가지로 제1감수분열은 전기 I, 중기 I, 후기 I, 말기 I의 4단계로 나눌 수 있다. 이들 단계는 체세포분열의 동일 단계에 비해 일반적으로 훨씬 더 복잡하다. 각 단계와 세부 단계를 그림 3.7과 그림 3.8에 관련시켜 볼 수 있다.

1. 전기 I 이 단계는 길어서 대부분의 고등생물에서 수 일간 지속되며 일반적으로 5개의 세부 단계, 즉 세사기(*leptotene*), 접합기(*zygotene*), 태사기(*pachytene*), 복사기(*diplotene*), 이동기(*diakinesis*)로 나누어진다. 이들은 각 세부 단계의 염색체의 형상을 나타내는 묘사 용어이다.

세사기는 글자 그대로 가는 실을 의미하는데, 이때 염색체는 처음으로 긴 실 같은 구조로 관찰된다. 자매염색분체의 쌍은 전자현미경으로 구별된다. 이러한 염색체의 초기 응축 시기에 많은 수의 진한 과립이 염색체의 길이를 따라 불규칙한 간격으로 나타난다. 이러한 지엽적인 수축 부위를 **염색립**(*chromomere*)이라고 하는데, 염색체마다 염색립의 수, 크기, 위치는 특징적이다(그림 3.8A).

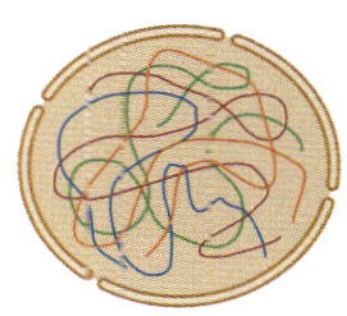

세사기

접합기는 짝을 맺은 실이란 의미로 상동염색체가 염색체 끝에서부터 시작하여 나란히 짝을 짓는 혹은 접합(synapsis)

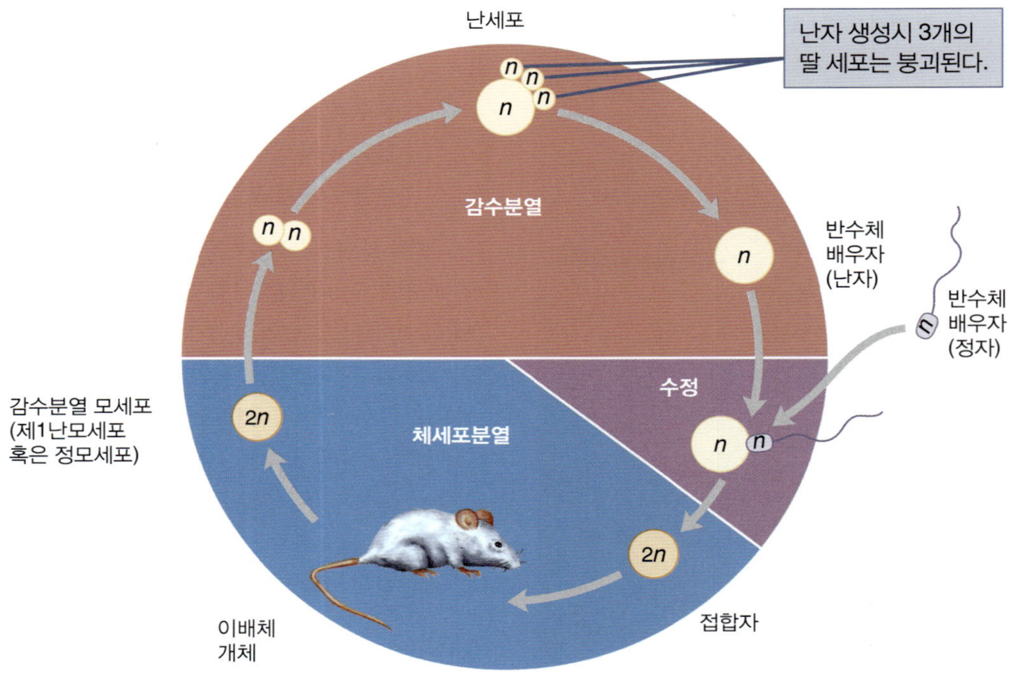

그림 3.5 전형적인 동물의 생활환. *n*은 반수체 염색체 조성의 염색체 수를 말한다. 수컷에서 감수분열의 4개 산물은 모두 정자로 발달한다; 반면 암컷에서는 4개의 산물 중 하나 만이 난자로 발달한다.

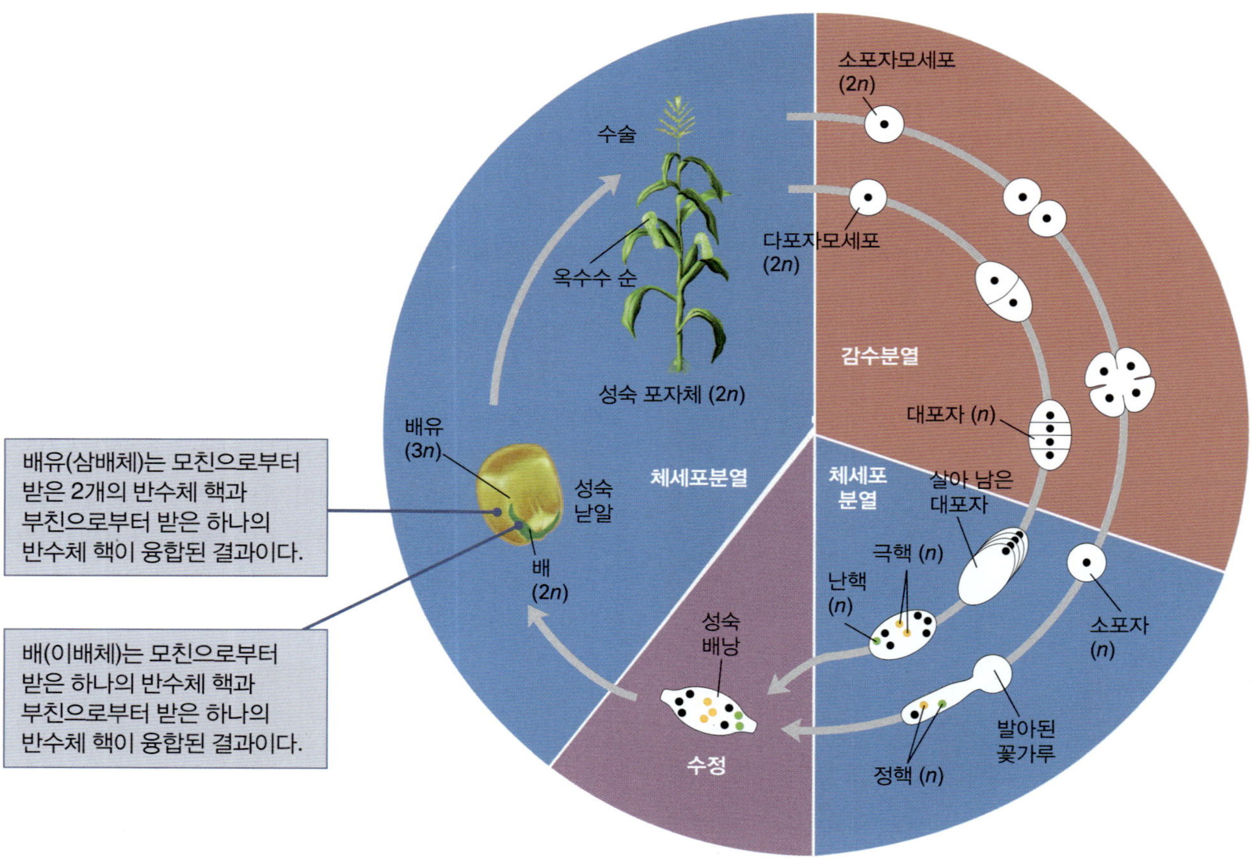

그림 3.6 옥수수, *Zea mays*의 생활환. 고등식물에서 전형적인 것처럼 이배체 포자-생성(포자체) 세대가 뚜렷한 반면, 배우자-생성(배우체) 세대는 현미경적이다. 알세포-생성 포자는 대포자이고 정핵-생성 포자는 소포자이다. 감수분열과 수정에 참여하는 핵은 노란색과 초록색으로 나타나 있다.

하는 시기이다. 염색체의 길이를 따라 짝을 맺는 과정이 진행되면서 정확히 염색립 대 염색립의 연합이 이루어진다(그림 3.8, B, F). 접합은 상동염색체가 나란히 배열되어 부착되게 하는 단백질 복합체인 **접합복합체**(*synaptonemal complex*)의 합성과 더불어 진행된다. 접합된 상동염색체의 각 쌍을 **이가염색체(bivalent)**라 한다.

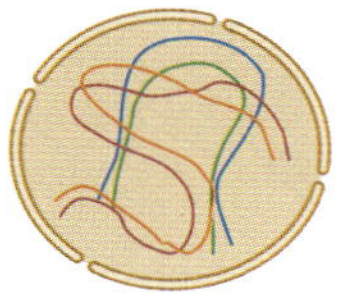

접합기

태사기(그림 3.8, C, D) 동안 염색체의 응축은 계속된다. 이 용어는 문자적으로는 굵은 실이란 의미를 나타내는데, 이 기간을 거치면서 염색체는 굵고 짧아진다(그림 3.7). 태사기 후반에 때때로 4개의 염색분체로 이루어진 **4가(tetrad)**의 이가염색체를 관찰할 수 있다. 그러나 각 염색체의 2개의 자매염색분체는 대부분 매우 강하게 포개어져 있다. 주요한 유전적 교환이 이루어지는 **교차(crossing-over)**는 태사기에 일어나나 복사기로 전이될 때까지는 뚜렷하게 관찰되지 않는다. 그림 3.7에서 교환 부위는 다른 색깔의 염색분체가 서로 교차되는 지점으로 나타난다.

태사기

복사기("두 가닥의 실"이란 의미)에 이르자마자 접합복합체는 깨어지고 접합했던 염색체는 분리되기 시작해 복사기 염색체는 확실하게 두 가닥으로 관찰된다(그림 3.8E). 그러나 상동염색체는 교차의 결과 엇갈려 연결되므로써 길이를 따라 간간히 붙어 있게 된다. **교차점**(chiasma, 복수로는 *chiasmata*)이라고 하는 상동염색체가 엇갈린 지점은 상동염색체의 서로 다른 자매염색분체 사이에서 절단과 재결합이 이루어져 생긴다. 그림 3.9의 염색체와 그 모식도에서 보여지는 것처럼 **교차점은 상동염색체의 염색분체 사이에 물리적인 교환이 있으므로 생겨난다.** 정상적인 감수분열에서 각 이가염색체는 대개 최소한 하나의 교차점을 가지고 있으며, 길이가 긴 이가염색체인 경우 흔히 3개 혹은 그 이상을 가진다.

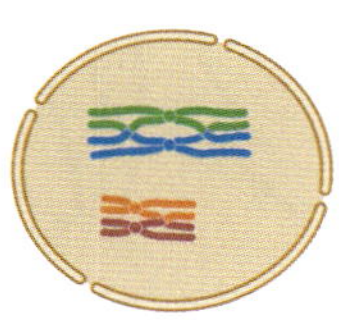

복사기

제1분열 전기의 마지막 단계는 **이동기**이며, 이때 상동염색체는 서로 반발하여 교차점으로 연결되지 않은 부위는 떨어지게 된다. (이동기는 떨어져 나간다는 의미이다.) 이 단계에서 염색체는 최대로 응축하게 된다. 이가염색체에서 상동염색체는 최소한 한 교차점에 의해 연결되어 있으며, 이러한 상태는 제1감수분열 후기 때까지 지속된다. 이동기의 끝 무렵에 방추체가 형성되기 시작하고, 핵막이 사라지게 된다.

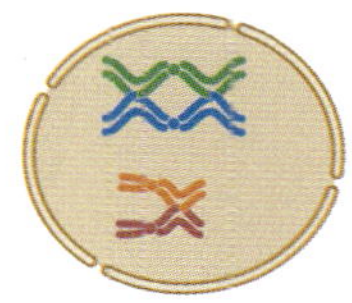

이동기

핵심 개념

다른 염색체에 있는 유전자는 비상동염색체가 감수분열 I에서 무작위로 배열하기 때문에 독립적으로 분리한다.

2. 중기 I 이가염색체는 두 상동염색체의 동원체가 중기판의 서로 반대 면에 놓이도록 자리한다(그림 3.10A). 각 이가염색체가 중기판에 이동함에 따라 동원체는 방추체의 극과 관련해 무작위적으로 방향지워진다. 그림 3.11에 보여지는 것처럼 비상동염색체 쌍이 중기판에 둘 중의 한 방법으로 방향짓도록 이가염색체가 형성된다. 동원체의 방향은 각 이가염색체의 어느 쪽 염색체가 이후에 어느 극으로 이동하게 될 지를 결정한다. 만약 비상동염색체의 각각이 한 쌍의 대립인자에 대해 이형접합자라면 배열할 수 있는 한 방법으로는 *AB*와 *ab*의 배우자를, 다른 방법으로는 *Ab*와 *aB* 배우자를 형성하게 될 것이다(그림 3.11). 중기에 배열은 임의로 일어나기 때문에 2가지 배열의 빈도는 동일하며 따라서 4가지 형의 배우자가 나타날 수 있다. 4가지 형의 배우자의 비는 1 : 1 : 1 : 1이며, 이것은 *A*, *a*와 *B*, *b* 대립인자 쌍이 독립적으로 분리함을 나타낸다.

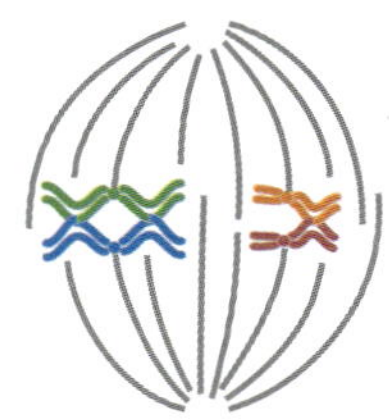

제1분열 중기

달리 말하면, 1913년에 이 원리에 대한 실험적 증명에 의해, 이미 많은 유전학자들에 의해 받아들여져 왔던, 염색체는 유전물질을 함유하고 있는 세포 구조물이라는 생각이 강한 지지를 받게 되었다. 이들 연구는 캐로더(Eleanor Carother)에 의해 메뚜기(Brachystola magna)에서 이루어졌다.

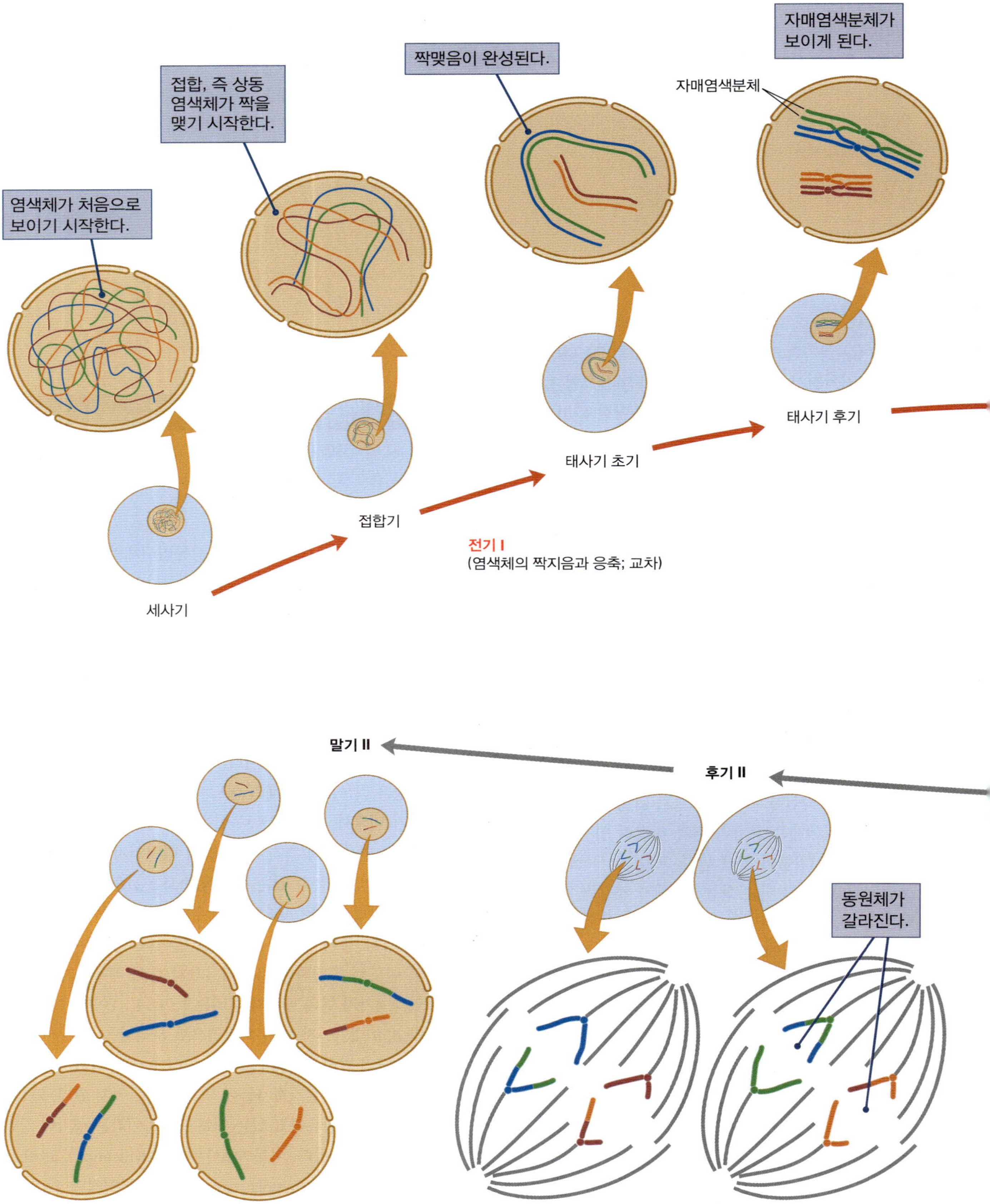

염색체가 처음으로 보이기 시작한다.
접합, 즉 상동 염색체가 짝을 맺기 시작한다.
짝맺음이 완성된다.
자매염색분체가 보이게 된다.
자매염색분체
세사기
접합기
태사기 초기
태사기 후기
전기 I
(염색체의 짝지음과 응축; 교차)
말기 II
후기 II
동원체가 갈라진다.

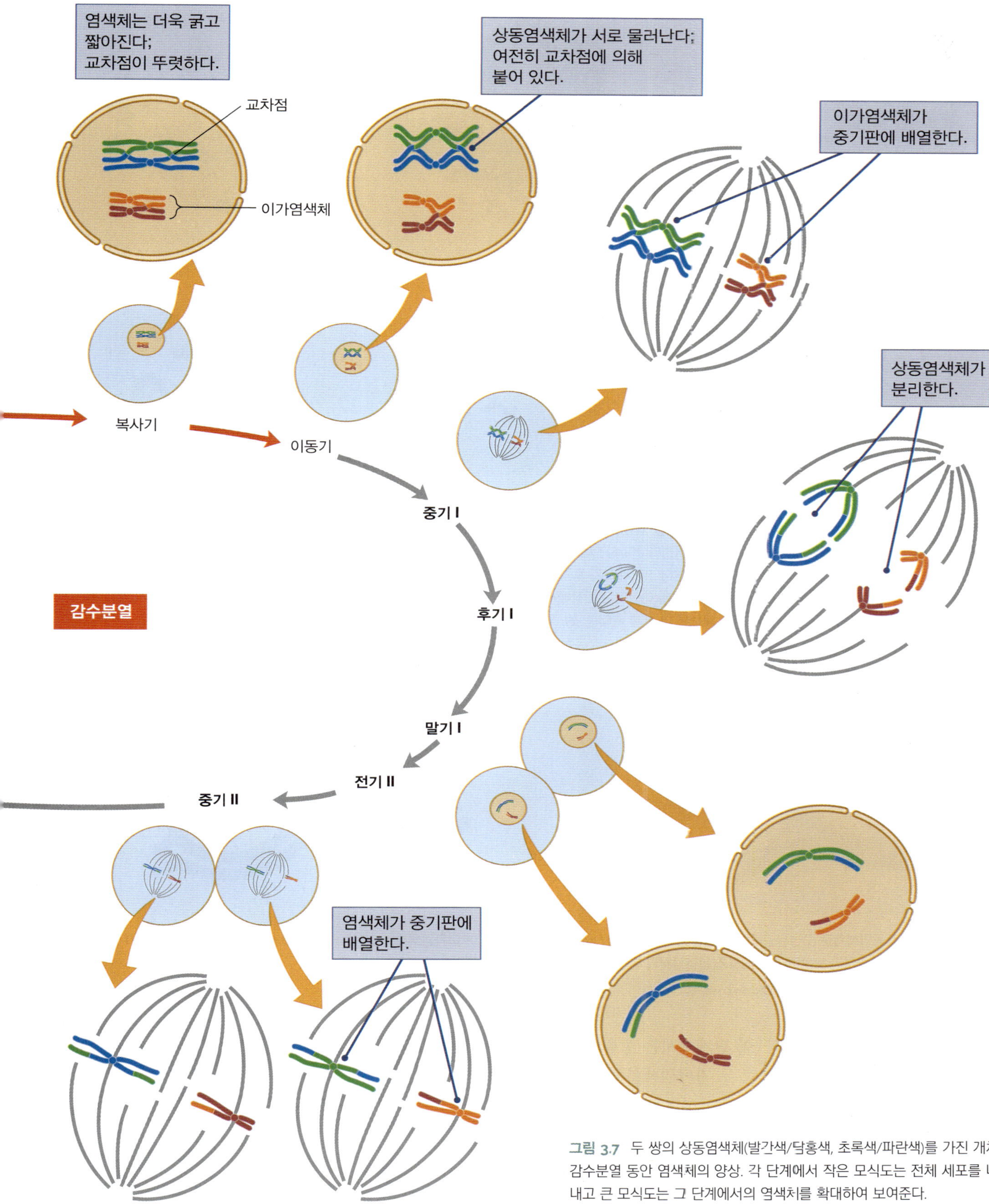

그림 3.7 두 쌍의 상동염색체(발간색/담홍색, 초록색/파란색)를 가진 개체의 감수분열 동안 염색체의 양상. 각 단계에서 작은 모식도는 전체 세포를 나타내고 큰 모식도는 그 단계에서의 염색치를 확대하여 보여준다.

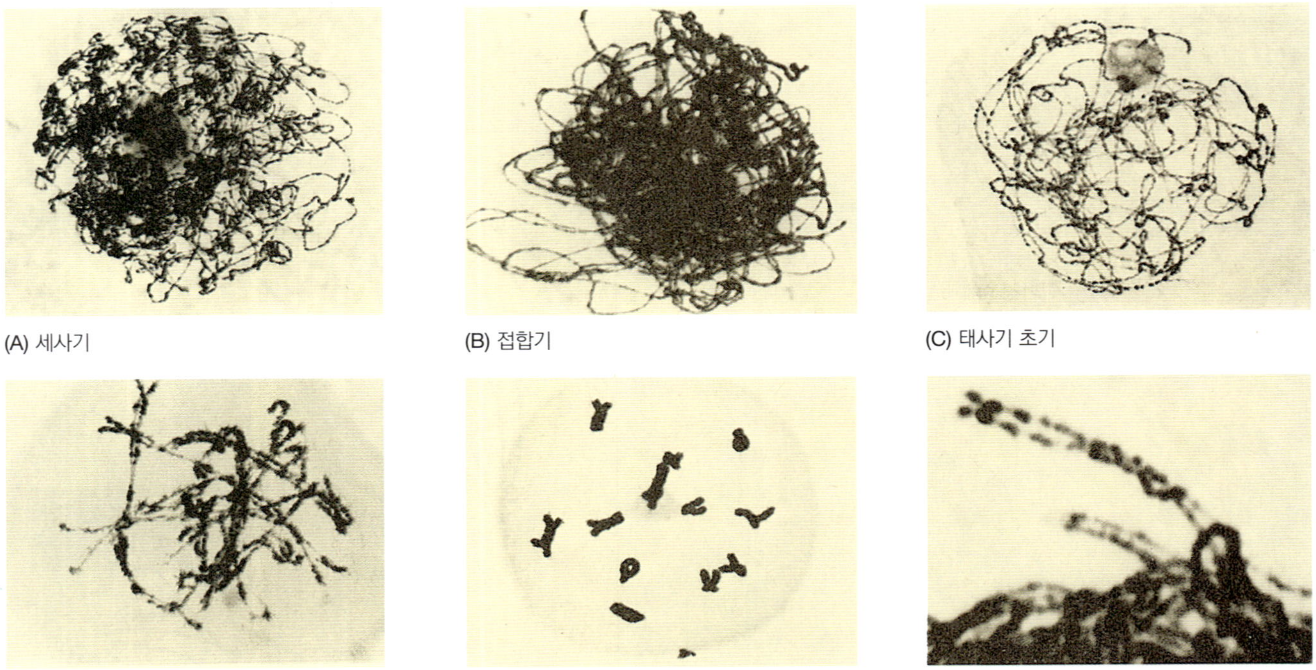

(A) 세사기 (B) 접합기 (C) 태사기 초기

(D) 태사기 후기 (E) 복사기 (F) 접합의 상세한 모습

그림 3.8 백합(*Lilium longiflorum*)의 소포자모세포 감수분열 제1분열 전기의 세부 단계. (A) 세사기, 염색체의 응축이 시작되고 염색체의 길이를 따라 구슬같은 염색립이 보인다. (B) 접합기, 상동염색체의 접합이 이루어진다. (이 사진에서는 좌측 하단에 짝을 맺은 부분과 짝지어지지 않은 부분이 확연히 보인다.) (C) 태사기 초기, 접합이 완성되고 상동염색체 간에 교차가 일어난다. (D) 태사기 후기, 계속해서 염색체가 짧아지고 굵어진다. (E) 복사기, 짝을 맺은 상동염색체가 서로 밀쳐 내는 것으로 특징지워지며 염색체 길이를 따라 한 군데 이상의 교차점에서 붙어 있다; 복사기 이후에는 이동기로 이어지며(여기에는 나타나 있지 않음) 이 시기에 염색체는 최고로 응축된다. (F) 접합기(다른 세포를 더 크게 확대한 것), 짝을 맺은 상동염색체와 접합 동안 염색립이 짝을 이룬 상황을 보여준다.

Parts A, B, C, E, and F courtesy of Marta Walters and Santa Barbara Botanic Gardens, Santa Barbara, California. Part D courtesy of Herbert Stern. Used with permission.

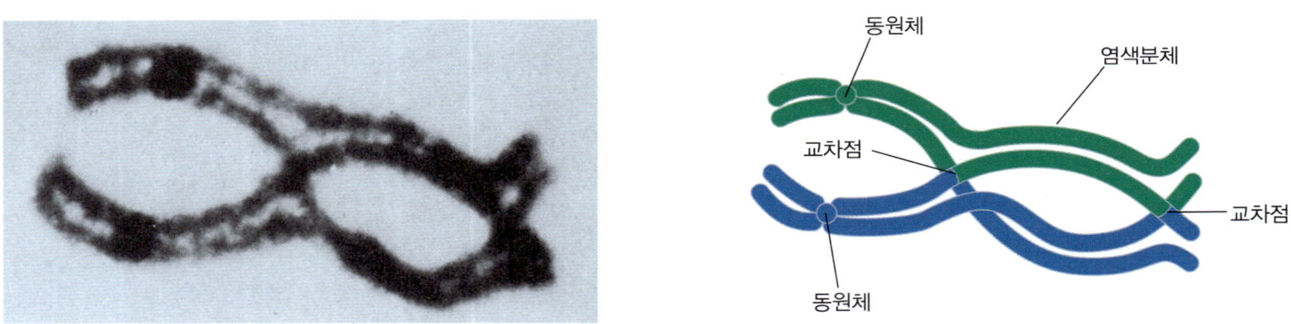

그림 3.9 한 쌍의 상동염색체로 구성된 이가염색체의 광학현미경 사진(A)과 그 모식도(B). 이 이가염색체는 도롱뇽(*Oedipina poelzi*) 정모세포의 복사기 후기에 촬영된 것이다. 2개의 교차점이 보이며, 이곳에서 상동염색체의 부분이 교환된 것으로 나타난다.

Part A courtesy of Dr. James Kezer. Used with permission by Dr. Stanley K. Sessioins.

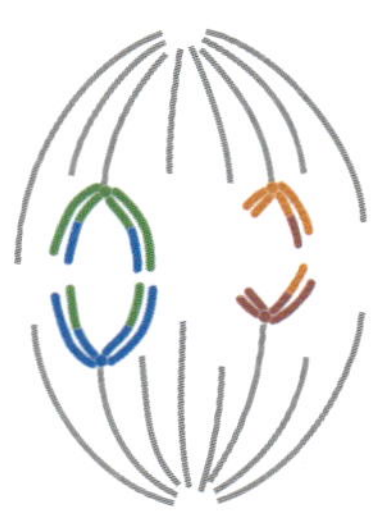

제1분열 후기

3. 후기 I 이 단계에서는 동원체에 결합되어 있는 두 자매염색분체를 가진 각 상동염색체가 서로 분리하여 방추체의 반대 극으로 이동한다(그림 3.10, B). 후기에 염색체가 분리되는 것은 대립인자의 분리를 이루는 세포적 근거가 된다.

핵심 개념

후기에 상동염색체가 물리적으로 분리되는 것은 Mendel의 분리의 법칙의 물리적 근거가 된다.

그러나 자매염색분체의 동원체는 단백질 접착제의 존재로 서로 단단히 붙어 접착 단백질이 분해되는 제2분열 후기

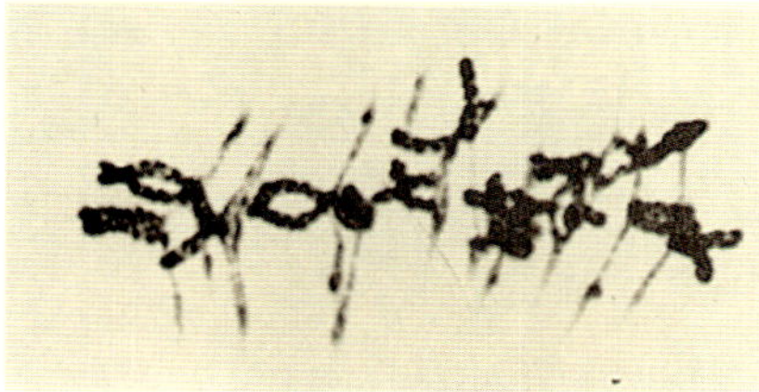

(A) 중기 I

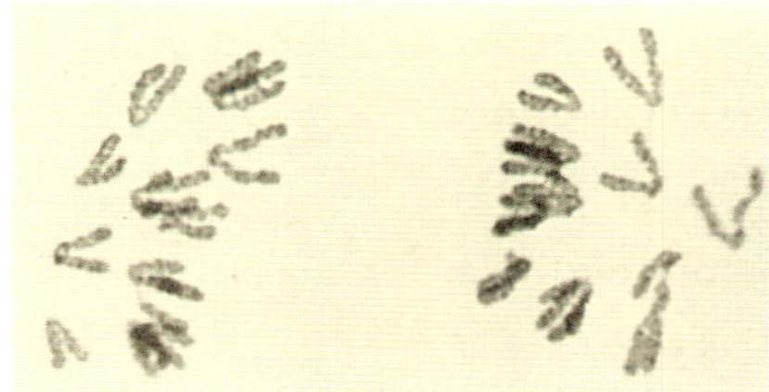

(B) 후기 I

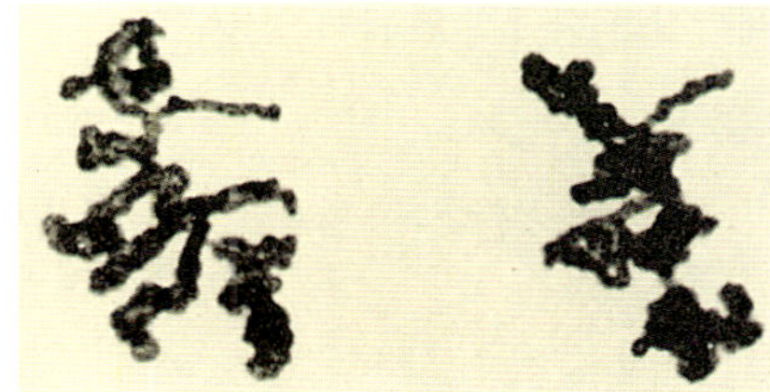

(C) 중기 II (말기 I 과 전기 II는 생략)

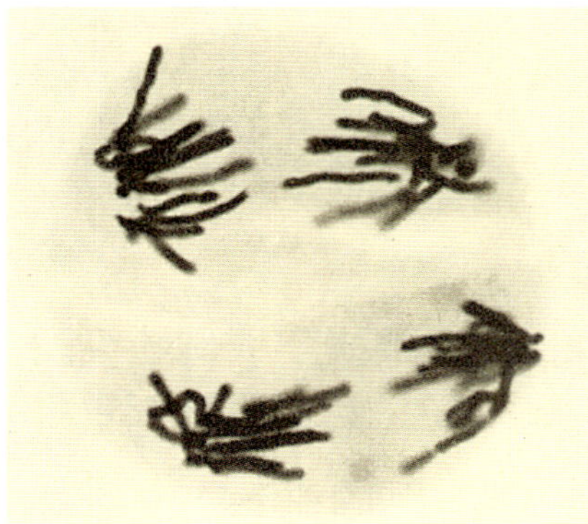

(D) 후기 II

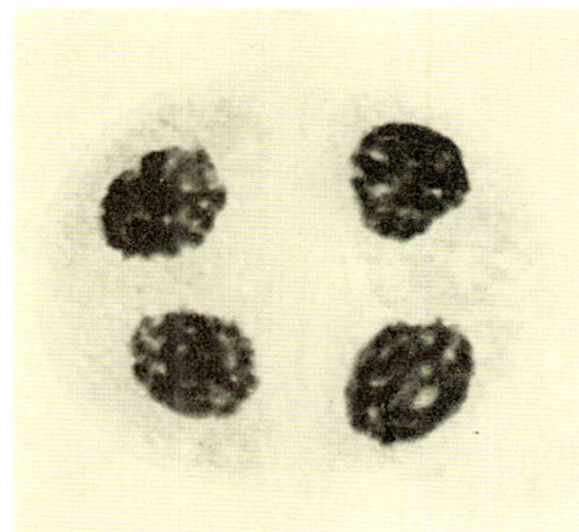

(E) 말기 II

그림 3.10 백합 소포자모세포의 감수분열 단계 후반부. (A) 중기 I. (B) 후기 I. (C) 중기 II. (D) 후기 II. (E) 말기 II. 말기에 세포벽이 생성되기 시작했으며, 결과적으로 4개의 꽃가루가 형성될 것이다.

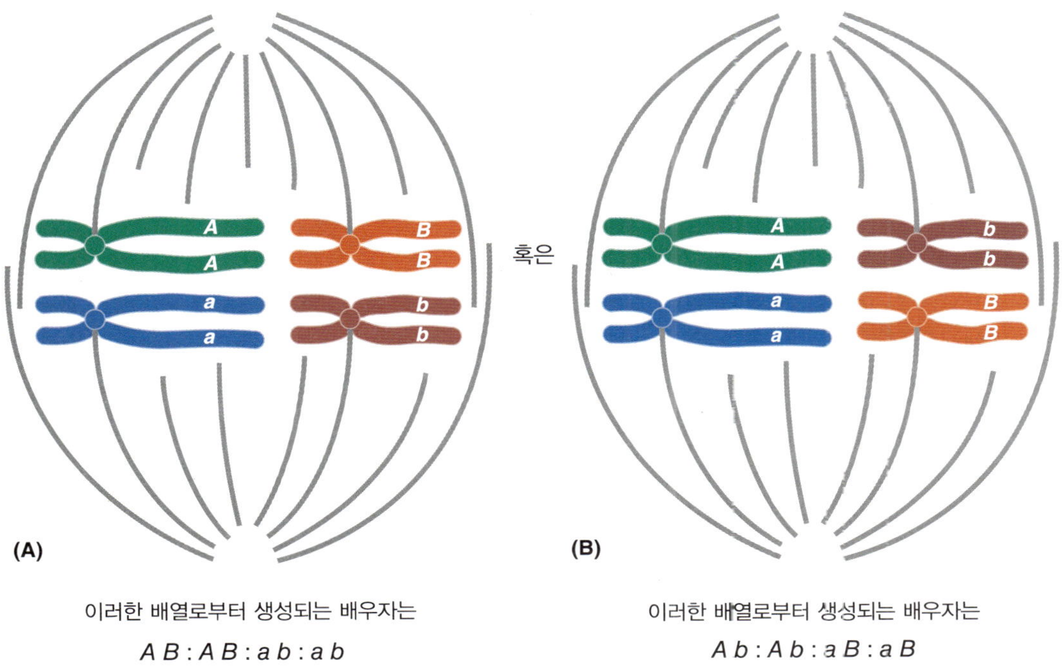

위의 두 가지 배열방법은 같은 확률로 나타나므로 전체적으로 배우자의 비는

$$AB : Ab : aB : ab = 1:1:1:1$$

이며, 이러한 비는 독립적 분리의 비이다.

그림 3.11 중기 I에 비상동염색체들 간의 임의의 배열로 인해 비상동염색체들 위에 있는 유전자의 독립적 분리가 이루어진다.

때까지는 하나의 단위로 행동한다.

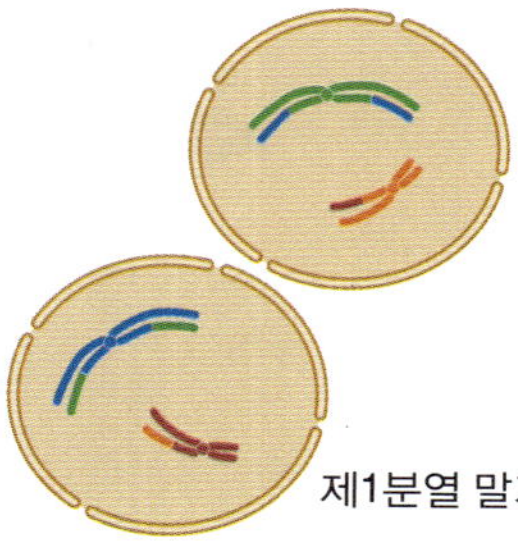

4. 말기 I 후기 I이 완결되면 각 이가염색체의 한 상동염색체 만으로 이루어진 반수체의 염색체 세트가 방추체의 양극 주변에 위치한다(그림 3.9). 말기에 방추체는 붕괴되고, 종에 따라서 각 염색체 그룹 주위에 핵막이 잠깐 형성되거나 혹은 염색체는 약간 풀린 후 제2감수분열에 들어간다.

제2분열은 균등 분열이다

제2감수분열(감수분열 II)은 제2분열 전·후 세포의 염색체 수가 동일하므로 때로 **균등 분열(equational division)**이라 부른다. 어떤 종에서는 염색체가 풀림이 없이 말기 I에서 바로 **전기 II(prophase II)**로 넘어가는 것도 있고, 또 어떤 종에서는 두 번의 분열 사이 짧은 쉼이 있어 염색체가 다소 풀리기도 한다. **두 분열 사이에 염색체의 복제는 결코 일어나지 않는다**; 두 번째 분열이 시작할 때의 염색체는 첫 번째 분열의 말미의 그 염색체 그대로다.

중기 II(metaphase II)의 방추체 중앙 면에 배열한다(그림 3.10C). **후기 II(anaphase II)**에서는 동원체가 세로로 분열되고 각 염색체의 염색분체는 방추체의 양극을 향하여 이동한다(그림 3.10D). 일단 후기 II에 동원체가 분리되면 각 염색분체는 개개의 염색체로 인정된다.

말기 II(telophase II)(그림 3.10E)는 4개의 반수체 핵의 염색체가 간기 상태로 전이되는 단계이며 이어서 세포질분열이 이루어진다. 따라서 제2감수분열은 표면적으로는 체세포분열을 닮았다. 그러나 주요한 차이점이 있다: 각 염색체의 염색분체는 제1분열 전기에 교차점(chiasmata)의 형성과 관련된 교차(crossing-over)로 인해 대부분은 길이를 따라 유전적으로 동일하지 않다.

핵심 개념

한 염색체에서 두 염색분체는 감수분열 제1분열 전기에 교차점 형성과 관련이 있는 교차현상으로 인해 전체 길이를 따라 대개 유전적으로 동일하지 않다.

잠깐 생각해 봅시다 3.2

아래의 주요 사건에 해당되는 제1감수분열 전기의 각 단계(세사기, 접합기, 태사기, 복사기, 이동기)를 빈 칸에 채우시오.

_______________ 이가염색체가 최대로 응축되어 있다.
_______________ 교차가 일어난다.
_______________ 염색사를 처음으로 관찰할 수 있다.
_______________ 상동염색체가 짝을 짓는다.
_______________ 교차점이 뚜렷해진다.

3.4 진핵생물 염색체는 DNA와 단백질이 고도로 감겨진 복합체이다

각 진핵생물 염색체는 매우 긴 한 분자의 DNA로 되어 있다. 인간 유전체를 구성하고 있는 염색체의 평균 길이는 1억 3천만 염기쌍(백만 염기쌍을 Mb로 표시)으로 구성되어 있으며, 가장 긴 1번 염색체(250 Mb)부터 가장 짧은 21번 염색체(47 Mb)에 이르기까지 다양하다. 1번 염색체의 DNA 전체를 최대로 풀면 사람 세포핵의 평균 직경보다 거의 15,000배가 넘는 길이를 가진다. 이번 절에서, 우리는 어떻게 그토록 거대한 길이의 분자가 핵에 맞게 포장되는지 자세히 살펴본다.

뉴클레오솜은 염색질의 기본 단위이다

모든 진핵생물 염색체 DNA는 많은 단백질 분자와 합쳐져서 **염색질(chromatin)**이라고 하는 안정되고 정돈된 덩어리를 이룬다. 염색질에 존재하는 일부 단백질들은 염색체 구조와 세포분열주기 동안 일어나는 염색체 구조의 변화를 결정하며 또 다른 단백질들은 염색체 기능을 조절하는 데 중요한 역할을 한다.

가장 단순한 형태의 염색질은 분열 중에 있지 않은 진핵세포에서 보이며, 이때 염색체는 광학현미경으로 관찰할 수 있을 만큼 충분히 응축되어 있지 않다. 이러한 세포로부터 분리한 염색질은 DNA와 단백질의 복잡한 덩어리다. 주요 염색체 단백질은 **히스톤(histone)** 단백질이며, 히스톤은 염색질의 구조를 책임지는 단백질이다. 거의 모든 진핵생물의 염색질에서 5가지 종류—H1, H2A, H2B, H3, H4—의 히스톤 단백질이 DNA와 거의 같은 양으로 존재한다. 히스톤은 작은 단백질(100에서 200개의 아미노산으로 구성됨)이며, 양의 하전을 가진 두 아미노산인 아르기닌과 리신의 함량이

20에서 30%를 차지한다는 점에서 다른 단백질과는 다르다. (전형적인 단백질의 아르기닌과 리신의 함량은 단지 몇 %에 불과하다.) 양의 하전을 띤 히스톤 분자는 DNA의 당−인산 골격의 음의 하전을 띤 인산에 정전기적 끌림으로 DNA에 결합할 수 있다. 정전기적 끌림을 제거하기 위해 염색질을 고농도의 염용액(예를 들어, 2 M NaCl)에 두면 히스톤 단백질이 DNA로부터 분리된다. 히스톤은 서로 간에도 강하게 결합한다; DNA−히스톤, 히스톤−히스톤 결합은 염색질 구조를 위해 중요하다.

H1을 제외하고, 히스톤은 서로 다른 생물체 간에 매우 유사하다. 사실상 H3의 아미노산 서열은 많은 서로 다른 종에서 거의 동일하다. 예를 들어, 소와 완두의 H3 아미노산 서열은 135개의 아미노산 중 4개만이 다르다. 모든 생물체의 H4 단백질 또한 매우 유사하다; 소와 완두의 H4는 102개 아미노산 중 2개만 다르다. 다른 종 간에 아미노산 서열에서 이토록 변화가 없는 단백질은 드물다. 생물체 간에 변화가 매우 작을 때 그 서열을 매우 **보존적**(*conserved*)이라고 한다. 히스톤 단백질의 조성이 두드러지게 보존적인 것은 진핵생물 염색체 구성에 이 단백질이 중요한 역할을 수행한다는 의미이다.

염색질을 전자현미경으로 관찰해 보면, 염색질은 실에 규칙적으로 구슬을 꿴 것 같은 나선형 섬유를 형성하고 있는데, 이것은 **30 nm 염색질 섬유**(**그림 3.12**)로 알려져 있으며, 평균지름은 300에서 350옹스트롬(Å)에 이른다. 30 nm 내외의 염색질 섬유의 구슬 모양 단위를 **뉴클레오솜(nucleosome)**이라 부른다. **그림 3.13**A는 뉴클레오솜의 분자적 구성을 설명한다. 각 단위는 H2A, H2B, H3, H4가 각각 두 분자; 약 200 뉴클레오티드를 포함하는 DNA 조각; H1 한 분자로 구성되어 있다. DNA 일부와 H2A, H2B, H3, H4가 각각 두 분자씩 모여 각 구슬을 이루고, 나머지 DNA 부분은 구슬 사이를 잇는다. H1 또한 구슬 사이를 잇는 데 중요한 역할을 하나 그림 3.13A에는 나타나 있지 않다.

염색질을 특정 DNA 분해효소(DNase)로 짧게 처리하면, 히스톤과 DNA로만 구성된 매우 일정한 크기의 작은 입자들을 모을 수 있다. 이들 입자들의 DNA 단편은 길이가 약 200 뉴클레오티드 쌍 혹은 이 단위가 몇 번 반복된 크기이다(정확한 크기는 종이나 조직에 따라 다르다). 이 입자들은 구슬 사이의 연결 DNA 부분이 절단되어 생긴 것이다(그림 3.13B). DNA 분해효소로 더 처리하면 H1 히스톤이 떨어져 나가고 히스톤으로 보호된 구슬 부분의 DNA 외의 모든 DNA가 분해된다. 결과적으로 생기는 구조를 **중심 입자(core particle)**라 하며, 그것은 H2A, H2B, H3, H4가 각각 한 쌍씩 모여 이루어진 8량체이며, 그 주위를 약 145 염기쌍으로 된 DNA가 $1\frac{3}{4}$회전하여 감고 있다. 각 뉴클레오솜은 중심입자와 중심입자를 연결하는 **연결** *DNA*(*linker DNA*, 연결 DNA는 핵산분해효소로 처리하면 제거된다), 히스톤 8량체와 연결 DNA에 결합하는 한 분자의 H1으로 구성된다.

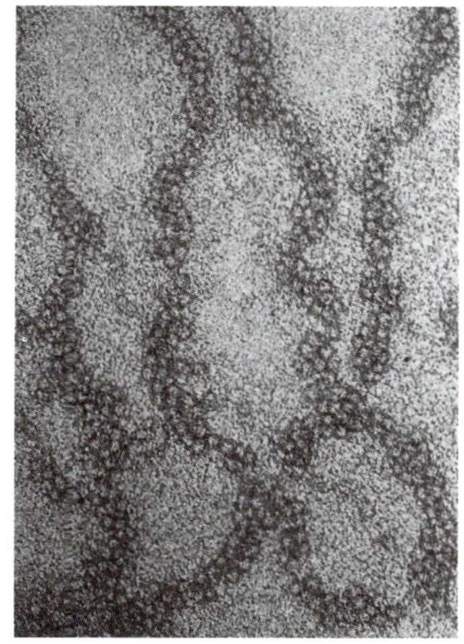

그림 3.12 암 바탕 하에 찍은 염색질의 전자현미경 사진. 저농도의 염용액에서 구슬 구조를 보이고 있다. 구슬은 직경이 약 100Å이다.

Courtesy of Barbara A. Hamkalo, University of California, Irvine.

전체 길이의 약 25%를 차지하는 히스톤 단백질의 아미노 말단은 아미노산에 아세틸기(—$COCH_3$), 메틸기(—CH_3), 혹은 인산기[—OP(=O)$(OH)_2$]를 하나 혹은 그 이상 첨가하는 것과 같은 특정 아미노산 잔기를 변형시키는 효소들이 접근할 수 있으므로 **히스톤 꼬리(histone tail)**라고 한다. 이러한 히스톤 아세틸화효소, 메틸화효소, 혹은 인산화효소에 의한 변형은 히스톤 탈아세틸화효소, 탈메틸화효소, 탈인산화효소에 의해 회복될 수 있다. 히스톤 꼬리의 변형은 유전자 활성에 중요하다. 아세틸화된 히스톤은 DNA에 느슨하게 결합하는 경향이 있어 염색질을 전사하기에 용이한 상태가 되게 한다. 반면 메틸화된 히스톤은 변형되는 특정 히스톤 잔기에 따라 전사를 촉진하거나 방해하게 된다. 히스톤 변형은 유전자 활성의 조절에서 일어나는 **염색질 재구성**(*chromatin remodeling*)의 중요한 특징으로 생각된다. 이에 대해서는 제9장에서 자세히 다룰 것이다.

염색질 섬유는 핵에서 서로 다른 영역을 차지한다

그림 3.12에서 30-nm 염색질 섬유가 형성되면 뉴클레오솜 섬유의 긴 끈은 오른쪽 방향으로 감긴 연속적으로 중첩된 고리 구조를 형성한다. 측면에서 보면(**그림 3.14A**), 각 뉴클레오솜은 연결 DNA에 의해 바로 이웃한 뉴클레오솜과 다닥다닥 붙게 되는데, 이때 연결 DNA는 거의 선상으로 고리를 횡단하여 고리의 맞은편에까지 뻗는다. 위에서부터 30-nm 섬유를 내려다보면(그림 3.14B), 연결 DNA가 섬유의 길이를 따라 아래로 진행해 가는 경로를 추적해 볼 수 있다. 섬유 축을 돌아가는 각 회전마다 7개의 꼭지점을 지닌 별 모양과 매

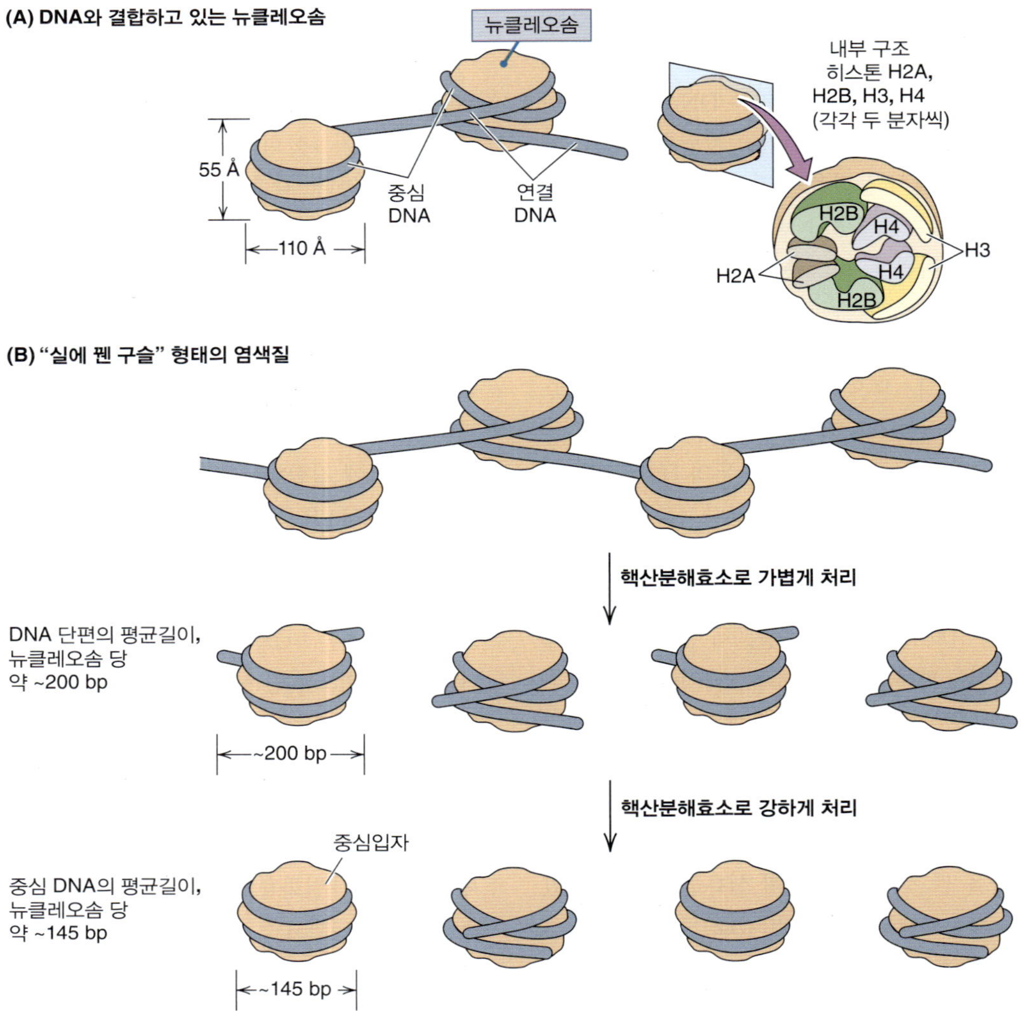

그림 3.13 (A) 뉴클레오솜의 구성과 구조. DNA 분자가 중심입자라 불리는 히스톤 팔량체 주위를 1과 3/4 바퀴를 감고 있다. 만약 H1이 존재한다면 이것이 팔량체 표면과 연결 DNA에 결합해 뉴클레오솜이 바짝 달라붙게 된다. (B) 핵산분해효소로 처리한 결과. 짧게 처리하면 뉴클레오솜 사이의 DNA가 분해되어 히스톤 H1과 약 200 염기쌍의 DNA가 있는 중심입자를 얻게 된다. 더 강하게 처리하면 H1이 떨어져 나가고 DNA가 더욱 분해되나 중심입자에 밀착되어 있는 145 염기쌍의 DNA는 남아 있게 된다.

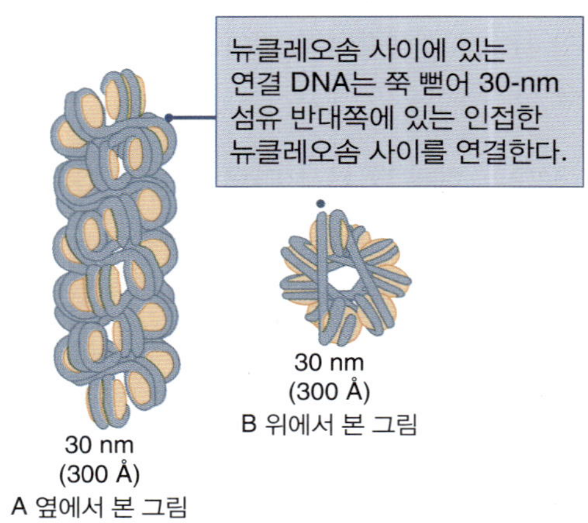

그림 3.14 뉴클레오솜이 30-nm 염색질 섬유로 포장되어가는 과정을 보여 주는 모식도.

Modified form T. Finch and A. Klug, *Proc. Natl. Acad. Sci. USA* 73 (1976):1897–1901.

우 흡사한 모양으로 연결 DNA가 진행된다.

분열하고 있지 않은 세포의 핵에서 30-nm 염색질 섬유는 더욱 고도의 질서 정연한 구조를 이루고 있으며, 최신의 광학적 절편(optical sectioning)과 영상 재구축 방법을 이용하여 관찰할 수 있다. **그림 3.15**는 분열하고 있지 않은 세포의 핵 안에 있는 30-nm 염색질 섬유의 컴퓨터 처리 영상이다. 염색질 섬유는 접혀져서 각각 DNA 함량이 100 kb 정도되는 작은 **염색질 고리**(*chromatin loop*)를 이루게 되며, 이들은 각각 DNA 함량이 1 Mb 정도되는 **염색질 영역**(*chromatin domin*)으로 더욱 조직화된다. 각 염색체의 완은 분리된 **염색체 영역(chromosome territory)**을 이루고 있으며 서로 다른 색깔로 표시되어 있다. 세포분열을 통해 세포주기가 진행되고 있는 세포에서 염색체가 응축되고 세포가 분열할 때 염색체 영역은 붕괴되나 다음 분열을 위한 간기 때에는 다시 재구축된다. 그

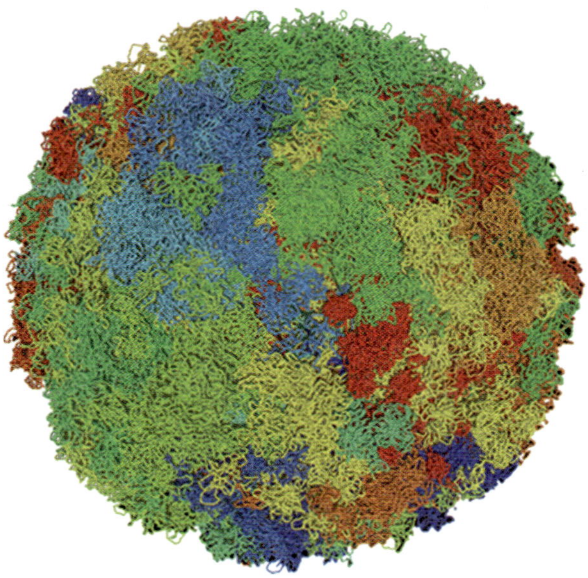

그림 3.15 분열을 하고 있지 않는 세포핵에서 30-nm 염색질 섬유에 의해 형성되는 염색체 영역을 보여주는 컴퓨터-처리 영상.

Courtesy of Tobias A. Knoch, Erasmus MC, Rotterdam, and Kirchhoff-Institute for Physics, Ruperto-Carola University, Heidelberg.

러나 염색체 영역은 세포에 따라 혹은 같은 세포라도 그 발생 단계에 따라 그 위치가 달라질 수 있다.

그림 3.15에서 염색질이 접혀 있는 양상은 얼핏 보기에 헝클어진 덩어리로 보인다. 그러나 실제로는 뭉치거나 얽히지 않게끔 세밀하게 접혀 있다. 이 사진에 대한 증거는 염색체의 어느 부분이 근접해 있는지를 알기 위해 서로 가까이 있는 DNA 가닥을 화학적으로 서로 결합시켜 분리한 후 배열한 실험으로부터 얻었다. 실험 결과, 접힌 간기 염색질은 염색질 가닥이 뭉치거나 얽힘 없이 경로를 따라 치밀하게 포장된 소위 **프랙털 소구(fractal globule)**의 형태였다. 마치 선원들이 밧줄을 감을 때 꼬임이나 얽힘이 없이 신속하게 풀려 나가도록 세심하게 감는 것처럼 간기 염색질은 쉽게 접근하고 풀릴 수 있도록 감겨 있다. 프랙털 소구 형태로의 접힘으로 인해 각 염색질 부위 혹은 각 유전자가 가까이 있는 다른 부위나 유전자에 방해를 최소화하면서 풀리거나 다시 접힐 수 있게 된다.

염색체 영역은 유전자 밀도와 상관관계가 있다. 비교적 유전자 수가 적은 염색질 부분의 영역은 핵의 주변부나 인에 가까이 위치하며, 비교적 유전자가 풍부한 염색체 영역은 핵의 내부에 위치하는 경향이 있다. 예를 들어, 사람의 18번 염색체(85 Mb)에는 유전자가 상대적으로 빈약하며 19번 염색체(67 Mb)는 유전자가 비교적 풍부하다. 핵에서 18번 염색체 영역은 핵 주변부에 위치하며 19번 염색체 영역은 내부에 위치하는 경향이 있다.

염색질 영역 사이의 공간은 마치 구멍이 스펀지를 뚫고 지나가는 것처럼 통로망이 얽혀 있다. 이 통로들은 복제나 전사 및 RNA 가공 과정에 필요한 기구들이 통과할 수 있을 만큼 크다. 증거에 의하면 이들 분자들은 수동 확산에 의해 염색질에 접근하게 된다. 복제, 전사, RNA 가공 과정은 모두 질서정연한 과정이다. DNA 복제는 시간적 공간적으로 재생 가능한 양상을 보이는 좁은 분리된 영역에서 일어나고, 전사는 수백의 분리된 위치에서 일어난다. 그러나 핵 내 염색질의 조직화 및 복제, 전사, RNA 가공시 주요 분자 기작이 조화롭게 이루어지는 과정에서 염색체 영역이 어떻게 기능하는지에 대한 주요한 사실들은 아직 자세히 알려져 있지 않다.

중기염색체는 감기고 감긴 계층적 구조를 이룬다

염색체 구조의 단계적 양상이 그림 3.16에 도시되어 있다. DNA와 히스톤 단백질의 결합이 첫 단계이다. 즉, DNA가 길이로는 7배 감소하는 단계이고(B), 폭으로는 DNA보다 약 5배 굵은 110Å(11 nm)의 구슬 모양의 유연한 섬유가 형성된다(A). 염색질의 구조는 염의 농도에 따라 달라지며 110Å의 섬유 구조는 염의 농도가 아주 낮을 때에만 존재한다. 살아 있는 세포에서 이는 더욱 치밀하게 감겨서 30 nm 염색질 섬유(30 nm fiber)가 되고(C), 이것이 간기 핵에서 100 kb 염색질 고리를 이루며 이것은 다시 1 Mb 염색질 영역을 이루어 염색체 영역을 형성한다.

세포분열이 진행되면서 간기의 염색질은 더욱 응축되어 30 nm 염색질 섬유는 중기 염색체의 염색분체로 응축된다(그림 3.16D~F). 염색체 응축은 질서정연한 에너지를 소비하는 과정으로 콘덴신이라 불리는 염색질 응축에 활발히 작용하는 단백질 복합체에 의해 이루어진다. 비록 일부 응축 단백질에 대한 구조가 밝혀졌을지라도 염색질 응축에 대한 상세한 것은 여전히 거의 알려져 있지 않은 상태이다. 그림 3.16에서 묘사된 30 nm 염색질 섬유보다 더 응축된 특정 구조가 있다는 것을 보여주는 증거는 없다.

히스톤을 제거한 분리된 중기 염색체의 전자현미경 사진에서, 부분적으로 풀어진 DNA는 많은 수의 비히스톤 단백질로 구성된 중심 핵 혹은 **뼈대(scaffold**, 그림 3.17)로부터 뻗어 나온듯한 수많은 고리 형태를 하고 있다. 체세포분열과 감수분열에서 염색체의 응축에 관한 전자현미경 연구결과 30 nm 섬유가 뼈대로부터 방사되는 나선 고리로 배열하게끔 뼈대가 염색분체의 모양을 따라 펼쳐져 있는 것으로 나타났다. 각 고리 구조의 섬유가 완전히 응축된 중기 염색체를 이루기 위한 추가적인 접힘에 대한 자세한 것은 알려져 있지 않다.

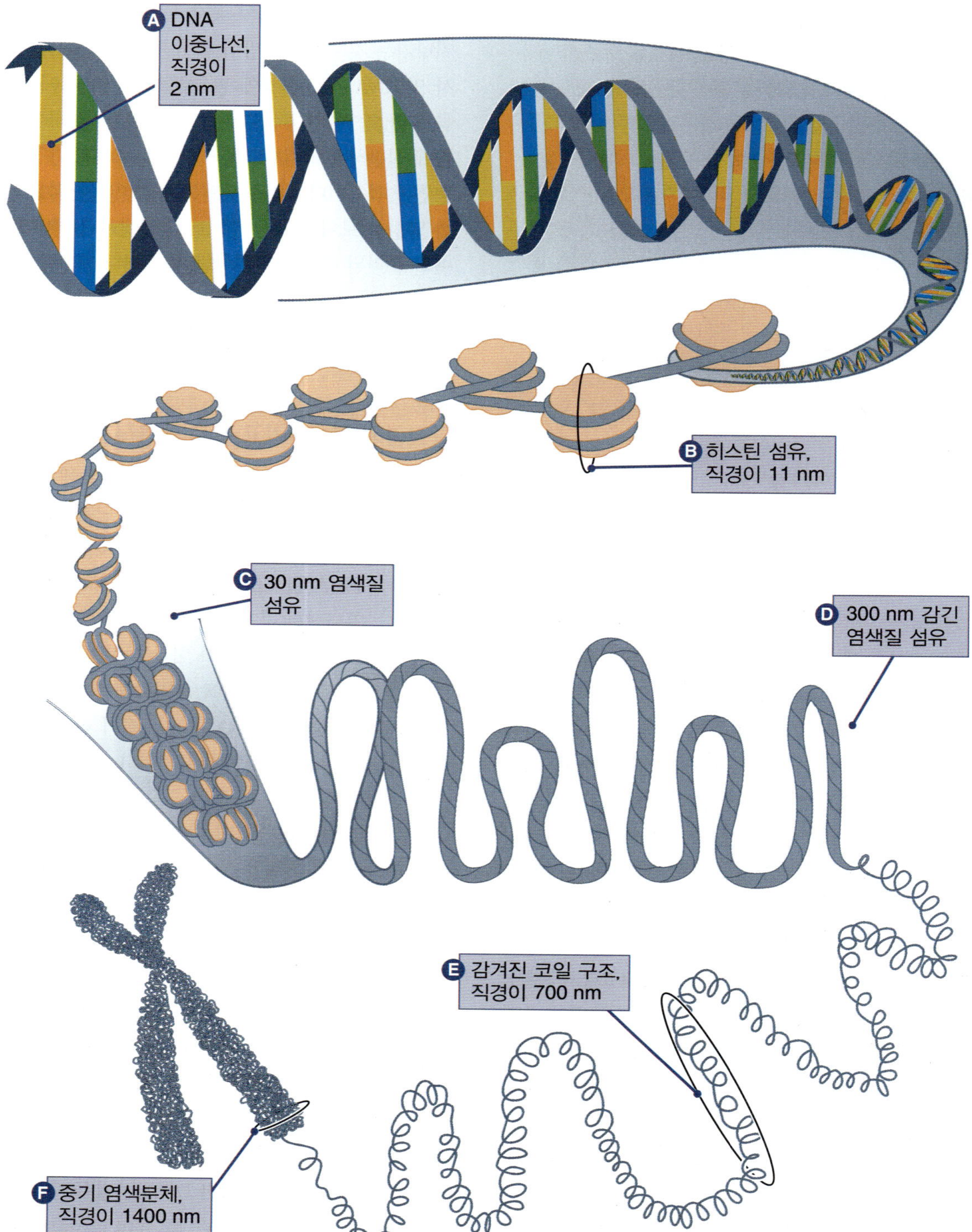

그림 3.16 DNA(A)와 염색질(B에서 E)이 중기염색체(F)가 되기 위해 응축되는 과정. D~F에서 세부적인 구조는 가설에 의한 것이다.

DNA와 단백질이 염색질로, 그리고 최종적으로는 염색체로 밀집하는 것이 유전적으로 중요한 점은 이렇게 함으로써 핵분열 동안 유전 물질의 이동이 용이해진다는 것이다. 완전히 풀어진 DNA에 비해 중기 염색체의 길이는 응축에 의해 약 10^4배 짧아지게 된다. 염색체의 응축이 없다면 염색체는 너무 헝클어져 세포분열시 유전물질이 딸 세포로 분리될 때 훨씬 이상이 많이 나타나게 될 것이다.

염색체 응축을 위해 탁월한 짐 꾸리기 과정이 있었음을

이해하기 위해 비유를 든다면 도움이 될 것이다. 만약 사람의 250 Mb인 1번 염색체 DNA 분자를 직경이 1 mm인 스파게티 국수라고 가정하면 그것을 25마일까지 펼칠 수 있다; 염색체 응축 과정으로 이 국수 가닥은 서로 모이고 감기고 또 감기게 되어 중기에 길이 16피트, 폭 2피트인 엄청난 크기의 스파게티 뭉치가 된다. 세포분열 후에 국수는 다시 풀어지게 된다.

이질염색질은 부수체 DNA에 풍부하며 유전자 함량이 낮다

염색체의 어떤 부분은 휴지기에 매우 빽빽하고 조밀한 구조를 나타내므로, 염색체를 관찰하기 위해 사용하는 많은 염색액에 의해 진하게 염색이 된다. 휴지기에 치밀하고 진하게 염색되는 염색질 부위를 **이질염색질(heterochromatin)**이라 한다. 염색질의 나머지 부분, 즉 체세포분열이나 감수분열에서 염색체가 응축되어야만 관찰되는 부위를 **진정염색질(euchromatin)**이라 한다. 이질염색질은 때때로 세포주기 동안 계속 심하게 응축되어 있어 중기에서도 구분이 가능하기도 한다. 주요 이질염색질 부위는 동원체 가까이, 그리고 염색체 완의 말단에 작은 덩어리(말단소체, telomere)로 혹은 진정염색질 사이에 분산되어 있다(그림 3.18). 이질염색질 부위는 DNA 수준에서 길이가 5에서 500 염기쌍으로 이루어진 비교적 짧은 염기서열이 선상으로 길게 반복되어 있는 구성을 하고 있다. 고도로 반복된 서열을 흔히 **부수체 DNA(satellite DNA**, 처음 분리할 때의 방법과 관련된 용어임)라고 부른다. 이질염색질의 분포 부위에 따라 각각 특징적인 부수체 서열을 가진다. 많은 종에서 한 염색체 전체가—예를 들어 초파리의 Y 염색체—거의 이질염색질로 되어 있는 것도 있다.

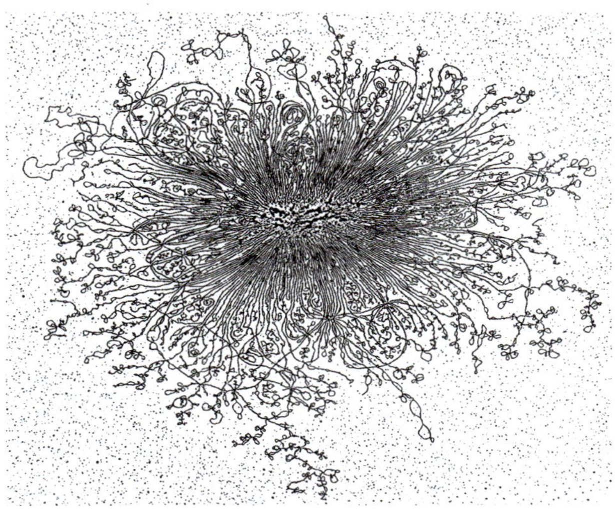

그림 3.17 노린재(*Oncopeltus fasciatus*)의 부분적으로 풀어진 후기 염색체의 전자현미경 사진. 주변에 30-nm 염색질의 고리가 많이 보인다.

Courtesy Bruno Zimm and Ruth Kavenoff. Used with permission of Georgianna Zimm, University of California, San Diego.

이질염색질의 유전적 구성은 다음과 같은 요약으로 일반화할 수 있다.

핵심 개념

이질염색질에 위치하고 있는 유전자의 수는 진정염색질에 비해 매우 적다.

비교적 유전자의 수가 적다는 것은 많은 큰 이질염색질 덩어리가 유전적으로 거의 불활성 혹은 기능이 없다는 의미이다. 이질염색질 덩어리는 흔히 유전체 내에서 재배열되거나 중복 혹은 결실되었을 때조차 표현형에는 아무 지장이 없는 경우가 많다.

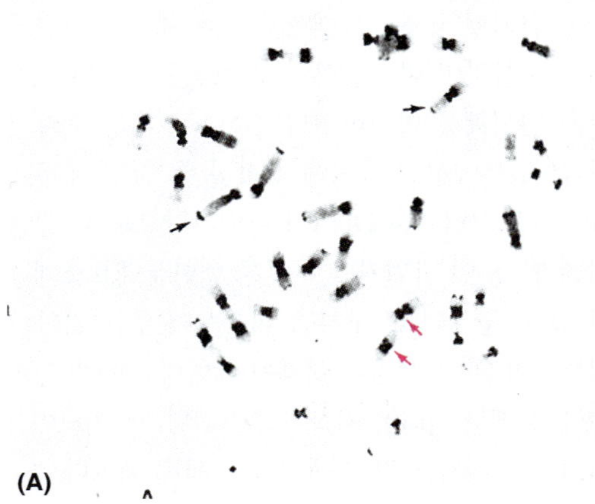

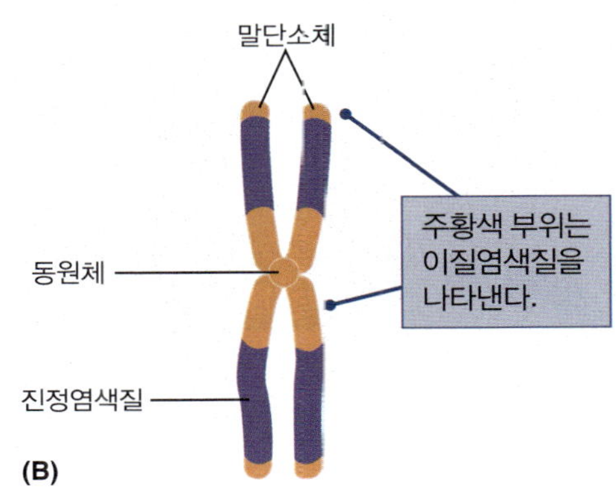

그림 3.18 (A) 땅다람쥐 *Ammospermophilus harrissi*의 중기 염색체. 대부분 염색체의 동원체 부근(붉은색 화살표)과 일부 염색체의 말단소체(검은색 화살표)의 이질염색질을 염색하여 나타냈다. (B) 모식도.

Part A courtesy of T.C. Hsu, Ph.D., and used with permission of Sen Pathak, Ph.D., Anderson Cancer Center, University of Texas.

3.5 동원체와 말단소체는 염색체의 필수적인 부분이다

진핵생물 염색체에는 세포분열시 염색체를 세밀하게 조작하고 말단 부위를 포장하기 위한 특수한 부위가 있다. 이들 부위에 대해 알아보자.

동원체는 염색체 분리에 필수적이다

동원체(*centromere*)는 염색체가 응축되어가는 과정 동안 염색체에 뚜렷한 형태적 구조물로 나타나게 되는 특수한 부위이다. 동원체는 체세포분열과 감수분열 모두에서 방추사가 부착하여 염색체를 이동시키는, DNA와 단백질의 복합체인 **방추사부착점**(*kinetochore*)의 조립 지점이다. 방추사부착점은 또한 방추사가 짧아져 염색체가 양극으로 이동할 수 있게 하는 부위이다. 고등 진핵생물에서, 각 동원체 부위는 백만 개 이상의 염기쌍을 포함한다. 이들 이질염색질 부위에는 다양한 종류의 DNA 반복서열과 유전체의 기타 부위에서 복제된 영역에서 유래된 DNA 조각들이 포함되어 있다.

모든 사람의 동원체는 공통적으로 **알파 부수체**라고 하는 170 bp의 염기서열이 수십만 번 반복되어 존재한다(**그림 3.19**). 알파부수체 DNA 부분은 염색질의 일반적인 히스톤 H3이 CENPA라는 변형 히스톤으로 대체된 뉴클레오솜으로 구성되어 있다(**그림 3.20A**). CENPA 뉴클레오솜으로 인해 십여 개 이상의 방추사부착점 단백질들이 모여들어 방추사부착점이 완성된다(그림 3.20B). 알파 부수체의 염기서열은 서로 50% 정도 다르기 때문에 H3가 CENPA로 대체된 것이 알파 부수체 염기서열에 의한 직접적인 결과라고는 볼 수 없다. 따라서 방추사부착점의 조립은 **후생유전적(epigenetic)**이라고 할 수 있는데, 이 용어는 DNA 서열에 의해 직접적으로 나타나는 것이 아닌 염색질의 구조나 유전자 발현에서의 변이를 가리킬 때 사용된다.

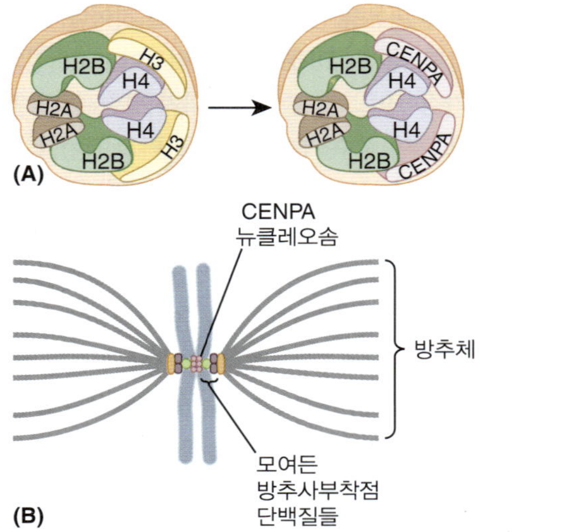

그림 3.20 동원체 주위의 방추사부착점의 조립. (A) 동원체 뉴클레오솜은 히스톤 단백질 H3이 CENPA 단백질로 대체되어 있다. (B) 이렇게 변형된 동원체 뉴클레오솜은 방추사부착점 단백질을 모으고, 조립된 방추사부착점은 방추사의 부착 부위가 된다.

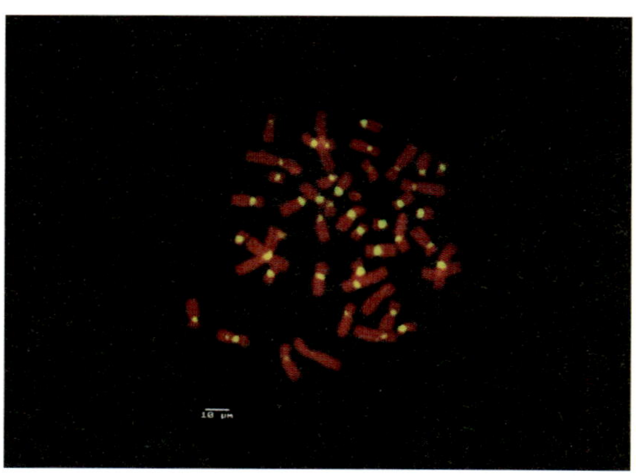

그림 3.19 사람 중기 염색체(빨간색)와 알파-부수체 DNA의 혼성화. 노란색 부위는 표식 DNA가 혼성화한 결과이다. 알파-부수체 DNA의 혼성화 부위는 46개 염색체 모두에서 동원체 부위와 일치한다.

Courtesy of Paula Coelho and Claudio E. Sunkel Cariola, IBMC.

말단소체는 염색체 말단 부분의 안정에 필수적이다

선상 염색체의 각 끝 부분은 **말단소체(telomere)**라고 하는 특정 DNA-단백질 구조물로 구성되어 있는데, 이는 염색체의 안정에 필수적인 것이다. 유전적, 현미경적 관찰을 통해 말단소체가 특수한 구조물이라는 것이 처음으로 제시되었다. 초파리에서 X-선에 의해 절단되어 말단부가 상실된 염색체는 소실되었다; 옥수수에서는 염색체의 절단된 끝부분이 빈번히 융합하여 비정상적인 구조(흔히 동원체가 2개인)의 새로운 염색체를 형성하였다. DNA 복제는 주형 가닥의 3′말단 끝 부분에서 정확하게 시작할 수 없기 때문에 복제된 이중나선의 3′말단은 DNA가 단일가닥으로 된 짧은 영역이 생기게 된다. 이 단일가닥 부분은 핵산분해효소에 의해 분해되기 쉽다. 분해된 끝 부분을 회복시켜 주는 기작이 없다면 한 염색체의 DNA 분자는 복제될 때마다 약간씩 짧아지게 될 것이다. 실제로 이러한 기작이 존재한다. 이 기작이 결손된 돌연변이 세포에서는 각 염색체가 복제될 때마다 조금씩 짧아져 결국 너무 많이 분해가 되면 세포가 죽게 된다.

염색체 DNA 분자의 양 끝을 회복하는 기작은 **말단소체 복원효소(telomerase)**라 불리는 효소에 달려 있다. 이 효소는 DNA 가닥의 3′말단에 직선상 반복 배열을 하는 단순 서열을 첨가하는 작용을 한다. 이 효소가 처음으로 발견된 섬모성 원생동물인 *Tetrahymena*에서 첨가되는 단순 반복서열은 −TTGGGG-3′이었고, 사람과 다른 척추동물에서는 −TTAGGG-3′이었다. 이들 서열이 선상으로 반복 배열하여 말단소체를 구성한다. 말단소체의 반복서열이 신장됨에 따라 DNA 복제가 일어나 상대 가닥을 합성하게 된다. 예를 들어, *Tetrahymena*의 어느 한 염색체에서 말단소체의 오른쪽 끝 서열은 아래와 같은 형태의 DNA 이중가닥이 될 것이다.

-TTGGGGTTGGGGTTGGGGTTGGGGTTGGGGTTGGGGTTGGGG-3′
-AACCCCAACCCCAACCCCAACCCC-5′

3′말단에서 단일가닥으로 달려 있는 부분은 말단소체복원효소에 의해 더욱 신장될 수 있다.

염색체 DNA의 복제 시 말단소체복원효소의 역할이 그림 3.21에 예시되어 있다. (A)는 염색체의 DNA 이중가닥을 나타내며 말단 서열은 빨간색으로 표시되어 있다. DNA의 복제가 3′말단에서 정확하게 시작되지 않기 때문에 (B)의 각 딸 가닥의 5′말단은 복제된 주형 가닥보다 약간 짧아지게 된다. 말단소체의 복제가 안 된 부분은 핵산분해효소에 의해 분해되기 쉽다. 각 딸 분자의 3′말단 또한 짧은 어버이 말단소체의 5′말단으로부터 복제되었기 때문에 짧은 말단소체를 가지고 있다. 각 3′말단에서 짧아진 말단소체는 말단소체복원효소의 기질이 되며, 3′말단은 반복 말단소체 단위가 추가됨으로써 신장하게 된다(*Tetrahymena*의 경우에는 −TTGGG−3′). 말단소체의 신장으로 3′말단에는 많은 수의 반복 단위를 가지고 있고, 5′말단에는 적은 수의 반복 단위를 가지고 있는 원래의 어버이 염색체의 구조를 회복하게 된다.

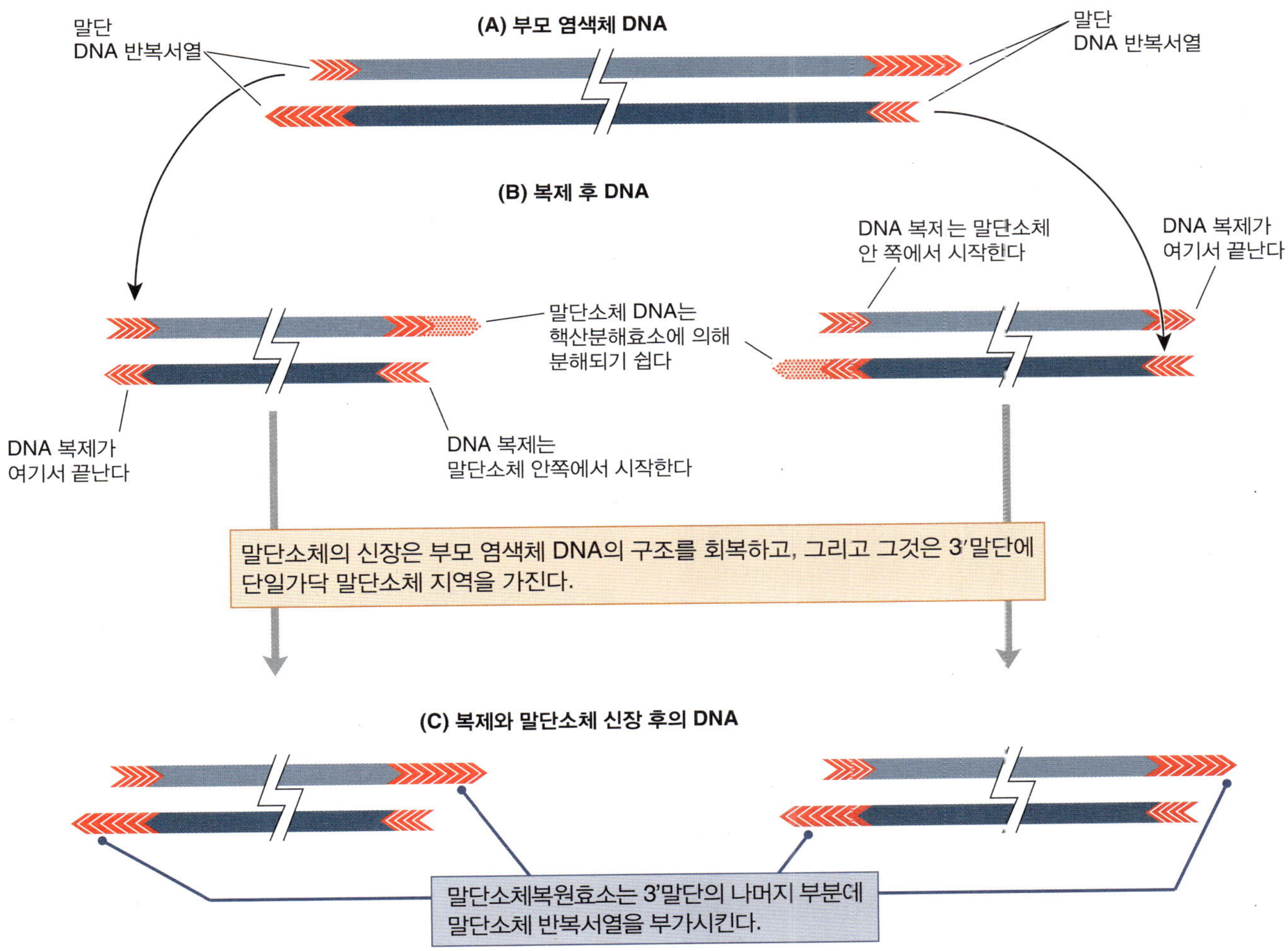

그림 3.21 말단소체복원효소의 기능. (A) 염색체 DNA는 이중가닥이며 각 가닥의 말단부는 일련의 말단반복서열로 끝난다 하지만 각 가닥의 3′말단은 복제 후 말단소체복원효소의 작용으로 더 길다. (B) 각 양친 가닥의 복제시, 새로운 딸 DNA 가닥의 합성은 3′말단의 반복서열 내에서 시작된다; 따라서 새로운 가닥의 5′말단은 양친 가닥보다 짧아지게 된다. 복제되지 않은 어버이 가닥의 3′말단은 핵산분해효소에 의해 분해된다. (C) 복제 후 딸 DNA의 3′말단은 말단소체복원효소에 의해 말단반복서열이 첨가되어 신장되므로서 말단소체의 길이는 원래의 양친의 것으로 회복된다.

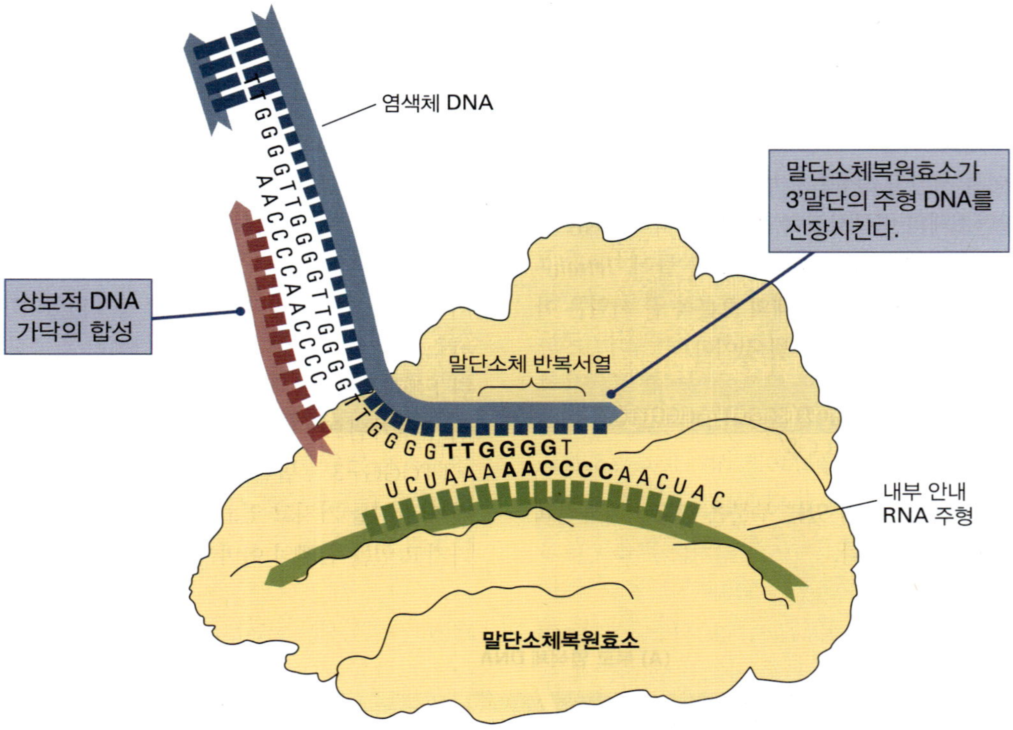

그림 3.22 테트라하이메나의 말단소체 형성. 말단소체복원효소 효소의 내부에는 말단반복서열에 상보적인 안내-RNA가 함유되어 있다. 이 RNA는 말단반복서열과 염기쌍을 이루어 말단소체의 신장을 위한 주형을 제공한다.

말단소체복원효소가 반복 단위를 부가하여 말단소체를 형성하는 데 비교적 적은 수의 말단소체 반복 단위가 필요하다. 놀랍게도 말단소체복원효소는 말단소체 반복 단위에 상보적인 서열을 가지고 있는, 말단소체 합성과 신장에 주형으로 작용하는 안내 *RNA*(*guide RNA*)라고 불리는 필수적인 RNA 분자를 함유하고 있다. 예를 들어 *Tetrahymena* 안내 RNA는 3′-AACCCCAAC-5′ 서열을 가지고 있다. 안내 RNA는 말단소체 반복 단위와 염기쌍을 이루어 반복 단위의 부가에 의해 말단소체가 신장하도록 주형 역할을 한다(**그림 3.22**). 말단소체의 상보 DNA 가닥은 세포 내 DNA 복제효소에 의해 합성된다. 대부분의 진핵생물 염색체의 말단소체 부위에는 말단반복서열 앞에 더 긴 반복 DNA 서열이 존재한다. 이 서열은 개체에 따라 다르며 같은 개체의 서로 다른 염색체 사이에서도 다르다.

말단소체 길이는 세포 분열 횟수를 제한한다

정상적인 인간세포는 배양 동안 오직 제한된 수만 분열한 후 정지한다. 세포는 여전히 살아 있고 대사적으로 활동하지만 더 이상 DNA 복제의 S기로 진입해 세포 분열기로 들어가지 못한다. 신체 안에서의 세포만큼 산소에 노출되어 배양된 인간 세포는 약 70회의 분열을 한다. 세포 분열을 멈추는 이유는 부분적으로는 말단소체 길이 때문이다. 정상적인 인간세포는 세포주기에 관여하는 여러 단백질들을 가지고 있는데, 이들은 세포주기상 오류를 감지하면 여러 세포주기 **점검점(checkpoint)** 중 하나를 작동시킨다. 이 점검점에서는 잘못된 것을 교정하거나, 그렇지 않으면 세포 사멸이 시작될 때까지 세포주기의 과정을 정지시킨다. 감지되는 오류 중 하나는 DNA 이중가닥의 절단인데, 정상 세포에서는 이중가닥의 절단을 감지하는 단백질들이 말단소체에 결합되어 있으나

잠깐 생각해 봅시다 3.3

여기에 보이는 것처럼, 정확히 같은 길이의 두 가닥을 가지는 DNA 분자로 되어 있는 염색체를 상상해보라.

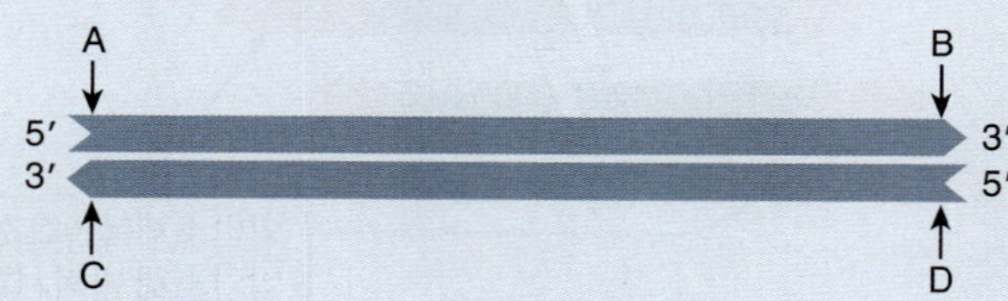

염색체는 말단소체복원효소 억제제의 존재하에 진핵세포에서 1회 DNA 복제를 진행한다. 1회 복제 후, 어느 말단 혹은 말단들(A, B, C, D)이 복제를 시작할 때보다 짧아졌는가? 그 이유는 무엇인가?

연속적인 세포분열에서 말단소체의 길이가 회복되면 활성화되지는 않는다. 하지만 신체의 대부분의 세포에서는 말단소체복원효소(telomerase)의 양이 제한되어 있어 말단소체는 매 분열마다 조금씩 짧아진다. 말단소체 길이가 약 5 kb에 이를 때(말단소체 반복서열인 5′-TTAGGG-3′ 서열이 약 800개 사본일 때) 절단된 이중가닥을 감지하는 단백질들은 활성화되고 점검점은 세포주기를 멈추게 된다. 이중나선의 절단으로 인식된 말단소체가 짧아졌다는 신호는 말단소체에 결합하는 뉴클레오솜의 히스톤 H4의 20번째 아미노산인 리신에 2개의 메틸 그룹을 첨가시키는 것(H4K20me2로 표시)으로 나타난다.

성인에서, 대부분의 세포는 말단소체의 길이가 짧아져 있어 단지 몇 번의 분열을 하게 되면 이중가닥 절단 점검점에 의해 분열이 정지된다. 단지 **조상세포(progenitor cell)**로 알려진 약간의 세포들은 약 10 kb 길이 정도의 말단소체를 가지고 있는데, 이들은 약 70회의 분열을 한 후 멈춘다. 70회의 분열 동안 5 kb 정도의 말단소체 DNA가 손실된다는 것은 매 세포 주기마다 약 70 bp의 말단소체가 손실되었음을 나타낸다. 조상세포는 신체 내에서 분열할 때도 매 세포주기마다 말단소체 DNA가 손실된다. 세포 배양에서 아이에게서 취한 조상세포는 중년의 성인에게서 취한 세포보다 더 많이 분열하고, 중년의 성인에게서 취한 세포는 노인에게서 취한 세포보다 더 많이 분열한다. 세포 분열 능력이 점차 떨어진다는 것은 나이든 사람들의 회복 과정이 왜 더 오래 걸리는지를 부분적으로나마 설명해 준다.

세포 분열 능력에 제한이 없는 2가지 유형의 세포들이 있다. 하나는 배발생 초기 배아에 존재하는 비교적 말단소체복원효소의 활성이 높은 **배아줄기세포(embryonic stem cell)**이다. 이 세포들은 많은 수의 세포분열을 할 수 있고, 다양한 종류의 특수화된 세포로 분화할 수 있다. 이러한 성질로 인해, 배아로부터 세포를 취함으로 해서 도덕적 문제가 일부 제기됨에도 불구하고 배아줄기세포 연구는 큰 관심을 일으키고 있다.

세포 분열이 제한되지 않는 또 다른 유형의 세포는 암세포(*cancer cell*)이다. 이 경우 무한정 분열할 수 있는 기작은 암세포에 말단소체복원효소 유전자를 재활성화시키는 돌연변이나 DNA 이중가닥 절단 점검점과 같은 세포분열의 정상적인 조절이 무너진 돌연변이가 생기기 때문이다. 암 발생과 진행에 대한 분자적 기작에 대한 연구는 그 자체로 중요한데, 이는 암세포의 돌연변이에 대한 분석은 세포주기의 정상적인 과정에 대해 깊이 이해할 수 있는 많은 정보를 제공하기 때문이다.

3.6 유전자는 염색체에 위치하고 있다

1900년 멘델의 논문이 재발견되자 곧이어 유전자는 물리적으로 염색체에 위치하고 있다는 가정이 널리 받아들여지게 되었다. 가장 강력한 증거는 멘델의 분리의 법칙과 독립의 법칙이 감수분열의 염색체 양상과 나란하게 일치한다는 것이었다. 그러나 유전자가 염색체의 부분이라는 부인할 수 없는 첫 번째 증거는 **성염색체(sex chromosome)**의 유전 양상과 관련된 실험으로부터 얻었다. 성염색체는 일부 식물과 거의 모든 고등동물에서 성을 결정하는 데 관련된 염색체이다. 실험 결과는 다음 부분에서 살펴볼 것이다.

많은 생물체에서 특정 염색체가 성을 결정한다

성염색체는 이배체 개체의 모든 염색체가 형태적으로 비슷한 상동염색체 쌍으로 존재한다는 이론에 예외적이다. 1891년 초, 현미경 분석에서 메뚜기와 같은 일부 곤충의 수컷 개체에서 한 염색체가 짝이 맞지 않는 것으로 나타났다. 이렇게 짝을 맺지 않는 염색체를 **X 염색체(X chromosome)**라고 하였으며, 이는 수컷 개체의 모든 체세포에 존재했으나 정자세포에서는 절반에서만 존재했다. 이러한 발견의 생물학적 의미는 같은 종의 암컷 개체는 2개의 X 염색체를 가지고 있음이 관찰된 후 명확해졌다.

암컷 개체가 2개의 X 염색체를 가지고 있는 다른 종에서 수컷 개체는 X 염색체와 함께 형태적으로 다른 염색체를 가지고 있다. 이 염색체를 **Y 염색체**라고 하며, X와 Y는 일부 부위가 상동성이 있어 감수분열 동안 X 염색체와 짝을 맺는다. 암컷과 수컷의 염색체 구성에서의 차이는 수정시에 성을 결정하는 염색체적 기작이다(**그림 3.23**). 모든 난세포는 X 염색체를 가지고 있는 반면, 정자세포는 반은 X 염색체를, 나머지 반은 Y 염색체를 가지고 있다. X를 담고 있는 난자가 X를 가지고 있는 정자와 수정하면 XX 접합자가 되고, 이는 정상적으로 발달하여 암컷 개체가 되며, Y 정자와 수정하면 XY 접합자가 되어 수컷 개체로 발달한다. 그 결과, 수컷 개체의 X 염색체는 어미로부터 받아서 그것을 딸에게만 전달하게 되는 십자유전 양상(criss-cross pattern of inheritance)이 나타난다. XX-XY형의 염색체적 성 결정은 사람을 포함한 포유동물, 많은 종의 곤충, 기타 동물들과 일부 현화식물에서 나타난다.

X와 Y 염색체는 둘 다 성 염색체이며, 이 용어는 **상염색체(autosome)**라고 불리는 다른 염색체 쌍과 구분된다. 비록 성염색체는 암수를 결정하는 배발생 초기 단계를 조절하지만 발생 과정 자체는 상염색체에 있는 유전자를 포함하여 구성

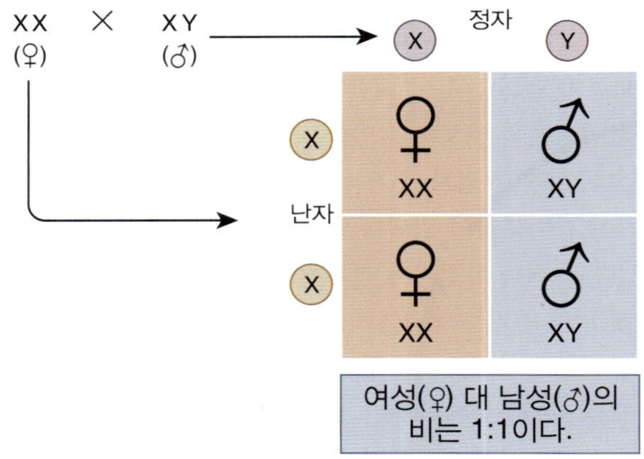

그림 3.23 사람과 많은 동물에서 발견되는 염색체에 의한 성 결정 방법에서 아들은 그의 X 염색체를 어머니에게서, Y 염색체는 아버지에게서 받는다.

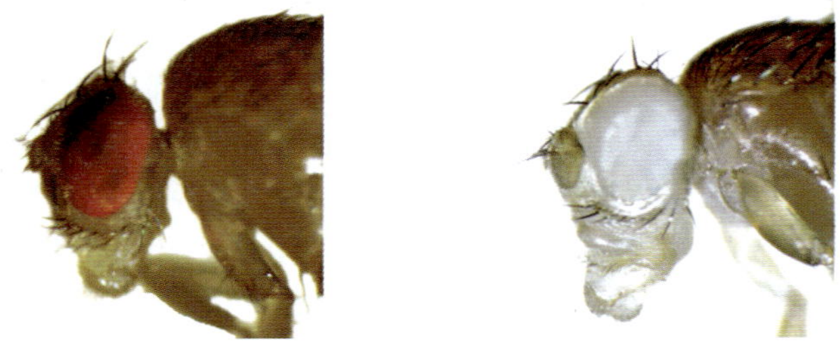

그림 3.24 야생형 붉은 눈 수컷과 돌연변이형 흰 눈 수컷 초파리(*Drosophila melanogaster*)의 사진.

Courtesy of E. R. Lozovsky.

염색체 전체에 흩어져 있는 많은 유전자를 필요로 한다. X 염색체 또한 성 분화와 관련이 없는 많은 유전자를 가지고 있다. Y 염색체는 수컷 결정에 관계되는 몇 유전자 외에 다른 유전자는 거의 가지고 있지 않다. 예를 들어, 사람의 경우 Y 염색체는 길이가 약 51 Mb이고 많은 기능이 없는 유전자 잔여체로 여겨지며 이들의 기능적인 짝은 X 염색체에 존재한다.

X-연관 유전자는 성에 따라 유전된다

유전자가 염색체에 존재한다는 강력한 증거가 초파리의 X-염색체에 존재하는 것으로 밝혀진 흰색 눈에 대한 유전자의 연구로부터 얻어졌다. 멘델의 교배실험에서 상반교배(reciprocal cross)의 결과는 같은 것으로 나타났다. 즉, 어떤 형질이 부계에 있든 모계에 있든 상관이 없다. 이러한 원리에 예외적인 가장 최초의 예는 1910년 모건(Thomas Hunt Morgan)에 의해 흰색 눈을 가진 노랑초파리(*Drosophila melanogaster*)에 대한 초기 돌연변이 연구가 이루어지면서 나타났다. 야생형 눈색은 빨강과 갈색 색소의 조합인 벽돌색이다(그림 3.24). 흰색 눈은 개체에 따라 색소를 제거시키는 상염색체 유전자의 조합으로 나타날 수 있지만 모건이 연구한 흰 눈 돌연변이는 두 색소를 동시에 없애는 대사의 장애로 나타난 것이다.

모건의 연구는 수 세대 동안 실험실에서 키운 야생형 초파리 집단에 나타난 흰 눈 수컷 개체 한 마리로부터 시작되었다. 이 수컷 개체를 야생형 암컷과 교배시켰을 때(교배 A, 그림 3.25) F_1 세대의 암컷, 수컷 모든 개체는 붉은 눈을 가지고 있었으며, 이것으로 보아 흰 눈은 열성 유전자임을 알 수 있었다. F_1 세대 수컷과 암컷을 교배한 F_2 세대 자손에서 모건은 붉은 눈의 암컷 2,459개체, 붉은 눈의 수컷 1,011개체, 흰 눈의 수컷 782개체를 얻었다. 모든 흰 눈 개체는 모두 수컷이었으므로 흰 눈의 표현형은 어느 정도 성과 관련이 있었다.

반면에 흰 눈은 수컷에만 제한되지는 않았다. 예로써 야생형 ♀♀ × 흰 눈 ♂♂의 교배로부터 얻은 붉은 눈의 F_1 암컷 개체를 흰 눈의 부친과 역교배(backcross)시켰을 때 자손은 붉은 눈의 암컷 및 수컷 개체와 흰 눈의 암컷 및 수컷 개체가 거의 같은 비율로 나타났다.

아주 주요한 발견이 흰 눈 암컷과 야생형 수컷의 교배에서 이루어졌다(교배 B, 그림 3.25). 모든 암컷 자손은 야생형 눈을 가지고 있었고 수컷 자손은 모두 흰 눈을 나타냈다. 이 교배는 교배 A인 야생형 ♀♀ × 흰 눈 ♂♂의 상반교배며, 이 교배에서는 야생형의 암컷과 수컷만이 나왔으므로 상반교배의 결과가 달리 나타난 것이다.

모건은 흰 눈에 대한 대립인자가 X 염색체에 있다면 상반교배의 결과가 달리 나올 수 있다는 것을 깨달았다. 이것은 X 염색체가 수컷과 암컷에 따라 다른 양상으로 유전되기 때문이며, Y 염색체는 흰 눈 유전자에 대한 짝이 되는 유전자를 가지고 있지 않다. 그림 3.25에서 수컷은 자신의 X 염색체를 딸에게만 전해 주는 반면에, 암컷은 자신의 두 X 염색체를 하나씩 양성의 자식 모두에게 전해 준다. X 염색체에 있는 유전자를 **X-연관(X-linked)** 유전자라 한다.

혈우병은 X-연관 유전의 대표적 예이다

사람의 형질에서 X-연관 유전 양상을 보이는 대표적 예는 **혈우병 A(hemophilia A)**인데, 이 질병은 열성 대립인자에 의해 결정되는 심각한 혈액응고의 장애를 나타낸다. 이 질병을 가진 사람은 정상적인 혈액응고에 필요한 응고인자 VIII이라고 불리는 혈액응고 단백질이 결손되어 상처를 입으면 과도한 출혈이 생기며 심하면 생명을 위협받기까지 한다. 혈우병을 가진 유명한 가계 중의 하나가 영국의 빅토리아 여왕에서부터 시작한다(그림 3.26). 그녀의 아들 중 하나인 레오폴

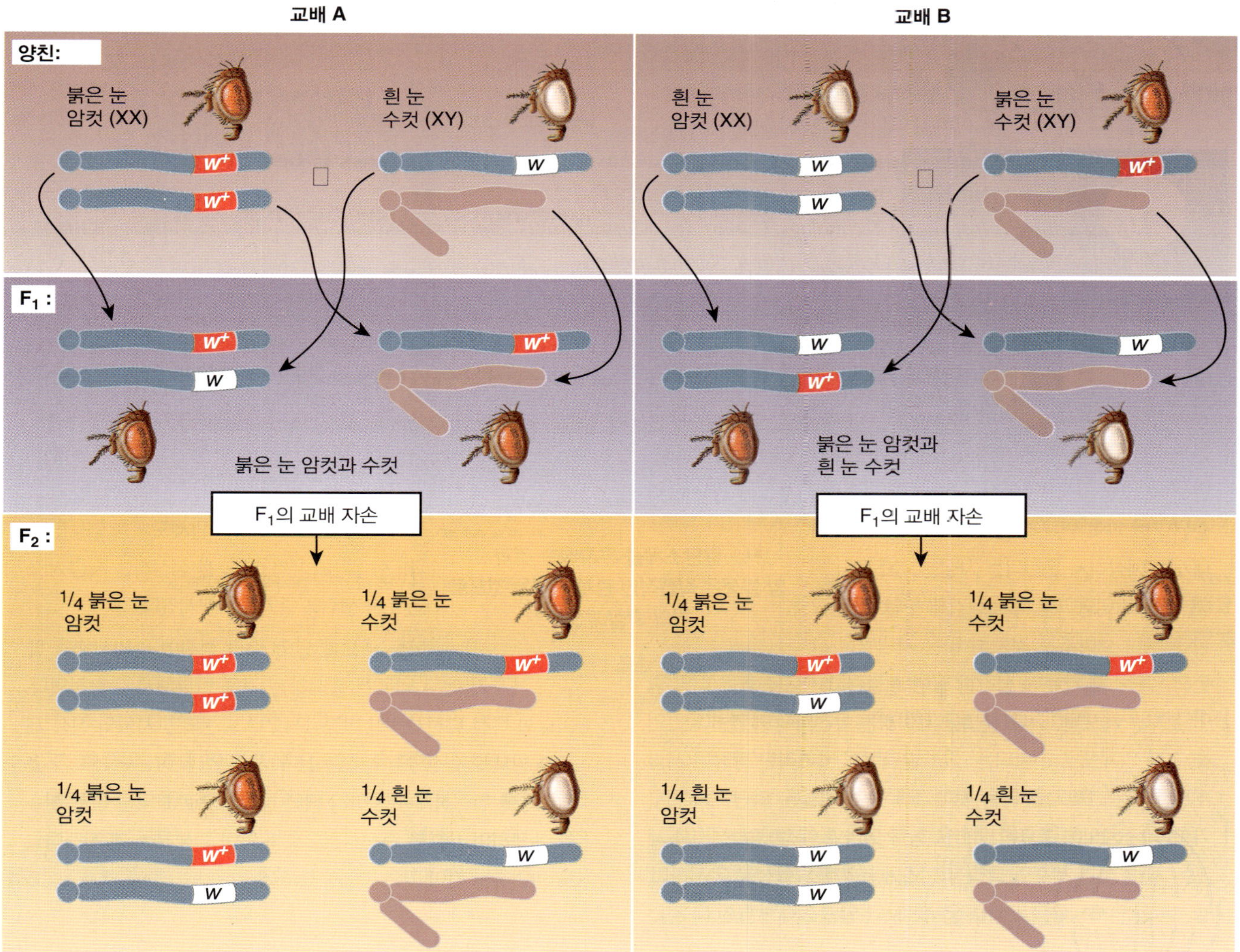

그림 3.25 초파리 교배 결과의 F_1, F_2 자손에 대한 염색체적 해석. A는 야생형(붉은 눈) 암컷 파리와 흰 눈 수컷 파리의 교배이며, B는 상호교배인 흰 눈 암컷 파리와 붉은 눈 수컷 파리의 교배이다. X 염색체에 야생형 w^+ 대립인자는 붉은색으로, 돌연변이형 w 대립인자는 흰색으로 나타났다. Y 염색체에는 w 유전자에 대한 대립인자가 존재하지 않는다.

드가 혈우병이었고 두 딸이 이 유전자에 대한 이형접합자인 보인자였다. 빅토리아 여왕의 두 손녀 또한 보인자였으며 결혼에 의해 러시아와 스페인 왕가에 이 유전자가 유입되었다. 러시아 로마노프 왕가의 자손인 알렉시스 황태자도 이 질병을 가지게 되었다. 그는 이 유전자를 어머니이자 빅토리아 여왕의 한 손녀인 알릭스 황후로부터 물려 받았다. 러시아의 황제, 황후, 알렉시스 황태자와 황제의 네 딸은 모두 1918년 볼셰비키 혁명 때 러시아로부터 추방되었다. 현재 영국의 왕가는 빅토리아 여왕의 정상적인 아들로부터 이어져 내려와 이 질병과는 상관이 없다.

사람의 가계에서 X-연관 유전은 다른 유전 양식과는 구별되는 여러 특징을 보여준다:

1. X-연관 열성 대립인자에 의한 드문 형질은 거의 전적으로 남성에게만 나타난다. 여성인 경우 드문 X-연관 열성 형질을 가진 개체는 거의 대부분이 이형접합자이므로 그 돌연변이 형질이 나타나지 않기 때문에 남성에게 많이 나타난다.

2. 결함을 가진 남성은 정상적인 아들을 가진다. 이것은 남성의 X 염색체는 딸에게만 전달되기 때문이다.

3. 결함이 있는 아버지를 가진 여성에게는 정상인 아들과 결함이 있는 아들이 1 : 1의 비율로 나타난다. 이는 결함이 있는 남성의 딸은 모두 그 열성 인자에 대해 이형접합자이기 때문이다.

인간 유전학 이야기

말단소체

William C. Hahn,[1,2] Christopher M. Counter,[3] Ante S. Lundberg,[1,2] Roderick L. Beijersbergen,[1] Mary W. Brooks,[1] and Robert A. Weinberg[1] 1999

[1]Massachusetts Institute of Technology, Cambridge, Massachusetts [2]Harvard Medical School, Boston, Massachusetts [3]Duke University Medical Center, Durham, North Carolina

확인된 유전 인자로 사람의 종양세포를 생성

수년 전 어느 날, 워싱턴 의과대학의 의학과 과장이 유전학과 과장인 나를 만나 말했다. "너의 학과 교수는 모임에도 나오지 않고 말단소체 연구만 하는군. 누가 말단소체에 관심이 있어? 말단소체로 인해 병 걸린 사람은 아무도 없어!" 후일에 매우 주요한 연구로 입증된 기초과학 연구라 할지라도 전문가들조차 대개는 예상하지 못한다는 사실을 강조하기 위해 나는 이 이야기를 다시 생각해 본다. 이 중요한 논문이 보여주는 것처럼 많은 사람들은 그들의 말단소체 때문에 심각한 질병에 걸린다. 연구진들은 배양 중인 설치류 세포들이 세포분열을 제어하는 유전자의 돌연변이로 인해 쉽게 암세포로 전환되는 것을 발견했지만 이러한 현상이 사람 세포에서는 그렇지 않다는 것에 주목했다. 그들은 말단소체 연구가 이러한 차이에 중요한 역할을 할 것이라고 예상했다. 설치류 세포는 사람 성인 세포와 달리 말단소체복원효소 활성을 유지하며, 설치류의 염색체들은 사람의 염색체보다 말단소체가 훨씬 더 길었다. 매 세포분열 때마다, 사람의 세포는 점차적으로 말단소체 DNA가 없어지고 말단소체가 너무 짧아지면 분열을 멈추었다. 연구자들은 말단소체복원효소 유전자인 hTERT 유전자를 발현시키도록 사람 세포를 유전자 조작했고 또한 암과 관련이 있는 유전자를 도입했다. 그러자 사람 세포가 설치류 암세포처럼 행동했다. 과도한 말단소체복원효소를 생산하는 사람 세포는 또한 생쥐에 종양을 유발시켰다.

> "…말단소체를 유지하는 것과 암 발생은 직접적인 관계가 있는 것으로 거의 확실해졌다."

이들 세포를 면역 결핍 생쥐에 주입시켰을 때 종양 세포가 매우 빠르게 증식하는 것을 반복해서 관찰하였다. 이로써 특정 유전자들이 비정상적으로 발현되면 사람의 정상 세포가 암세포로 전환될 수 있음을 알게 되었다. 이로써 세포가 말단소체를 일정하게 유지하게 되면 정상적으로 할당된 복제 횟수를 초과하여 세포를 증식시킴으로써 암이 발생하는 데 직접적으로 관여하는 것이 거의 확실해졌다.

Nature 400: 464–468.

새, 나방, 나비에서는 성염색체가 반대로 되어 있다

일부 생물체에서는 성이 성염색체에 의해 결정되나 포유동물에서의 상황과는 반대로 되어 있다. 즉, 수컷이 XX이고 암컷이 XY이다. 이런 형태의 성 결정은 조류(birds), 일부 파충류와 어류, 나방, 나비 등에서 발견된다. 성에서 XX와 XY의 반전으로 인해 X-연관 유전자의 상반교배의 결과와는 반대의 결과를 나타낸다. 예를 들어, 어떤 품종의 닭은 연하고 진한 가로무늬가 교대로 나타나는 깃털을 가지고 있어 줄무늬(barred)의 표현형을 나타낸다. 또 다른 품종은 깃털이 일률적인 색깔을 나타내 민줄무늬(nonbarred) 표현형으로 나타난다. 순계 줄무늬 닭과 민줄무늬 닭을 상반교배시켰을 때의 결과가 **그림 3.27**에 나타나 있다. 그 결과 줄무늬를 결정하는 유전자는 닭의 X 염색체에 있으며 우성이라는 사실을 알 수 있다. 조류, 나비류, 나방류의 성 결정을 일반적인 XX-XY 기작과 구별하기 위해 이들 생물체의 성염색체는 대개 암컷인 경우 WZ, 수컷인 경우는 ZZ로 표시한다.

염색체설의 실험적 증거는 비분리현상이다

초파리 흰 눈 돌연변이의 유전과 X 염색체 유전 사이의 평행관계는 유전자가 염색체에 있다는 염색체설을 지지해 주었다. 초파리로 실험한 또 다른 실험이 결정적인 증거를 제시했다.

모건의 제자 중 하나인 브리지스(Calvin Bridges)는 여러 X-연관 유전자들을 교배 실험하여 예상되는 유전 양상에 예외적인 드문 경우를 발견했다. 이 실험을 이해하기 위해 초파리의 Y 염색체는 비록 수컷화에 관계되나 수컷을 결정하지는 않는다는 점에서 XX-XY형의 성 결정 기작을 가진 생물들 중 특이하다는 것을 알아 둘 필요가 있다. 초파리에서 XXY 배아는 형태적으로 정상이고 가임성인 암컷 개체로 발달하는 반면, XO 배는 형태적으로 정상이나 불임인 수

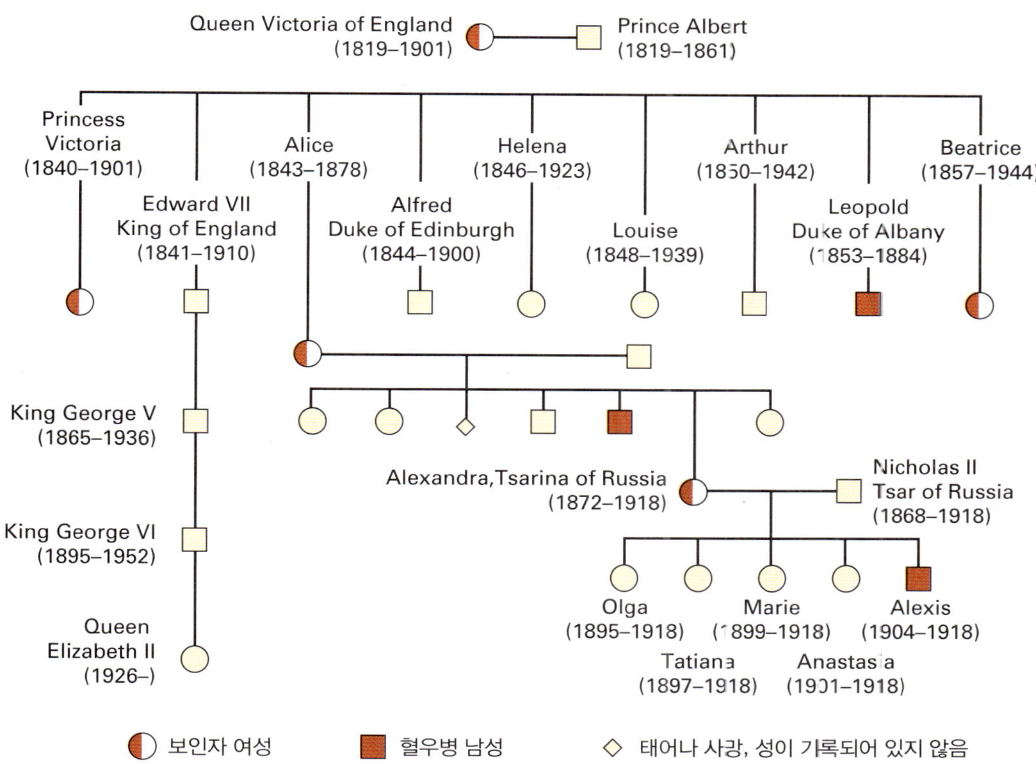

그림 3.26 영국 빅토리아 여왕 후손에게 나타난 혈우병 A의 유전적 전달. 손녀인 러시아의 황후 알렉산드라와 알렉산드라의 다섯째 아들도 포함되어 있다. 사진에서 보이는 사람은 황제 니콜라스 2세, 황후 알렉산드라, 황태자 알렉시스인데, 황태자는 혈우병에 걸렸었다.

Photo courtesy of Boston Public Library, Print Department.

컷 개체로 발달한다. (여기서 XO의 O는 성염색체가 없음을 나타낸다.) XO 수컷 개체가 불임이라는 것은 Y 염색체가 수컷 발달에 필요치는 않더라도 수컷의 수정 능력에는 필수적임을 말해 준다.

브리지스가 흰 눈 암컷 초파리를 붉은 눈의 수컷 개체와 교배시켰을 때 자손의 대부분은 예상대로 붉은 눈의 암컷 개체와 흰 눈의 수컷 개체로 구성되어 있었다. 그러나 F_1 개체 약 2,000마리당 1마리는 예외적으로 흰 눈 암컷 개체 혹은 붉은 눈의 수컷 개체로 나타났다. 브리지스는 이러한 예외적인 자손이 감수분열 동안 모계의 두 X 염색체가 분리되

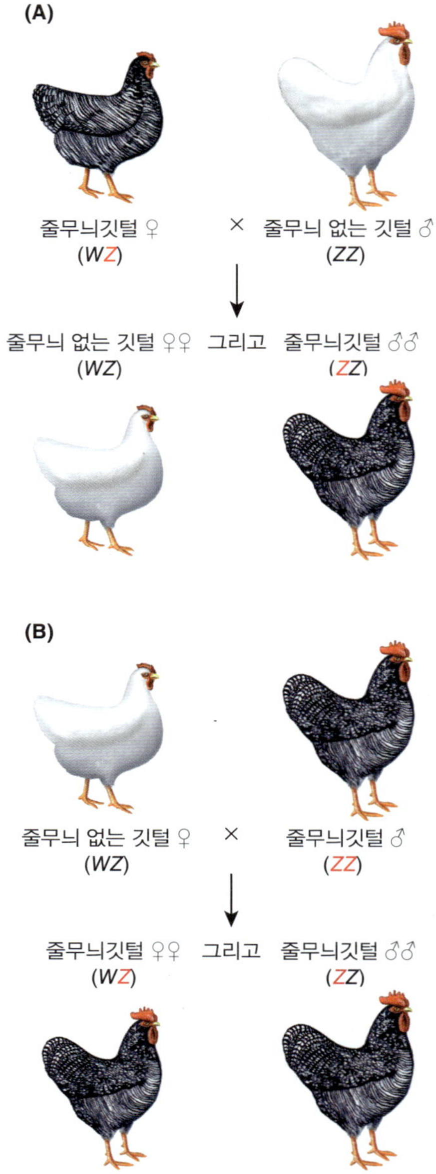

그림 3.27 조류의 성 결정에서는 암컷이 짝이 맞지 않는 성염색체(W와 Z로 명명)를, 수컷이 짝이 맞는 성염색체(WW)를 가지고 있다. 깃털에 줄무늬가 없게 하는 열성 돌연변이 유전자는 W 염색체 위에 있다. (A) 줄무늬가 있는 암컷과 줄무늬가 없는 수컷을 교배하면 줄무늬가 없는 암컷과 줄무늬가 있는 수컷 자손이 생긴다.(B) 줄무늬가 없는 암컷과 줄무늬가 있는 수컷을 교배시키면 줄무늬가 있는 암컷과 수컷 자손이 생긴다. 이 결과는 그림 3.25의 초파리의 흰 눈 돌연변이에서 관찰된 것과 반대이다.

지 않은 **비분리현상(nondisjunction)**의 결과로부터 나왔음을 보여주었다. X 염색체의 비분리의 결과로 2개의 X 염색체를 가진 난자와 X 염색체가 없는 난자가 형성된다. 이들 비정상적인 난자가 수정하면 4종류의 접합자를 얻을 수 있다(**그림 3.28**). X 염색체를 가지고 있지 않은 배아는는 발생 초기에 죽기 때문에 X 염색체가 없는 개체는 나타나지 않는다. 또한 3개의 X 염색체를 가진 대부분의 자손은 살지 못한다. 흰 눈 ♀♀ × 야생형 ♂♂의 교배로부터 얻은 예외적인 자손의 염색체를 현미경으로 관찰해 보니 예외적인 흰 눈 암컷 개체는 2개의 X 염색체와 Y 염색체를 가지고 있었고, 예외적인 붉은눈의 수컷 개체는 하나의 X 염색체를 가지고 있었으며, Y 염색체는 없었다. 후자가 불임의 XO 수컷 개체였다.

이들 실험과 관련된 실험으로부터 염색체설의 유효성이 확실하게 밝혀지게 되었다.

핵심 개념

유전의 염색체설(Chromosome Theory of Heredity): 유전자는 염색체에 포함되어 있다.

염색체설에 대한 브리지스의 증거는 염색체의 예외적인 행동과 그들 유전자의 예외적인 유전 양상이 정확히 일치한다는 것이었다. 이러한 염색체설의 증거는 유전학에서 가장 중요하고도 훌륭한 실험 중의 하나로 인정을 받는다.

잠깐 생각해 봅시다 3.4

다음과 같은 X-연관 혈우병에 대한 가계도에서 III-1이 돌연변이 유전자가 이형접합자일 확률은 얼마인가?

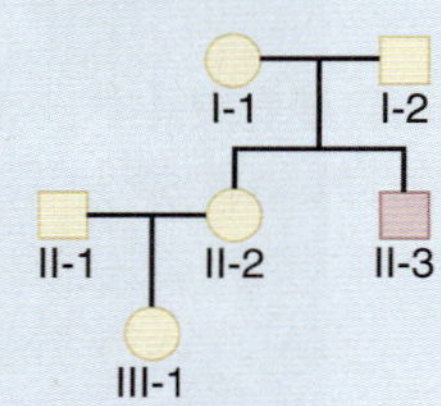

3.7 유전 자료를 분석하는 데 확률과 통계학이 활용된다

유전적 전달에는 많은 기회의 요소가 있다. *Aa* 개체의 배우자는 경우에 따라 *A* 대립인자를 가질 수도 가지지 않을 수도 있다. *AaBb* 개체의 배우자는 감수분열 I의 적도판에 염색체가 배열하고 있는 방향의 경우에 따라 *A*와 *B* 대립인자를 모두 가질 수도 모두 갖지 않을 수도 있다. 유전적 비율은 유전자가 배우자에 유별되어 들어가는 경우뿐 아니라 배우자가 접합자로 수정하는 경우에 따라서 나타난다. 어떤 특정한 사건에 대해 정확한 예측은 불가능할지라도 제2장에서 본 것처럼 특정한 사건이 일어날 확률을 정하는 것은 가능하

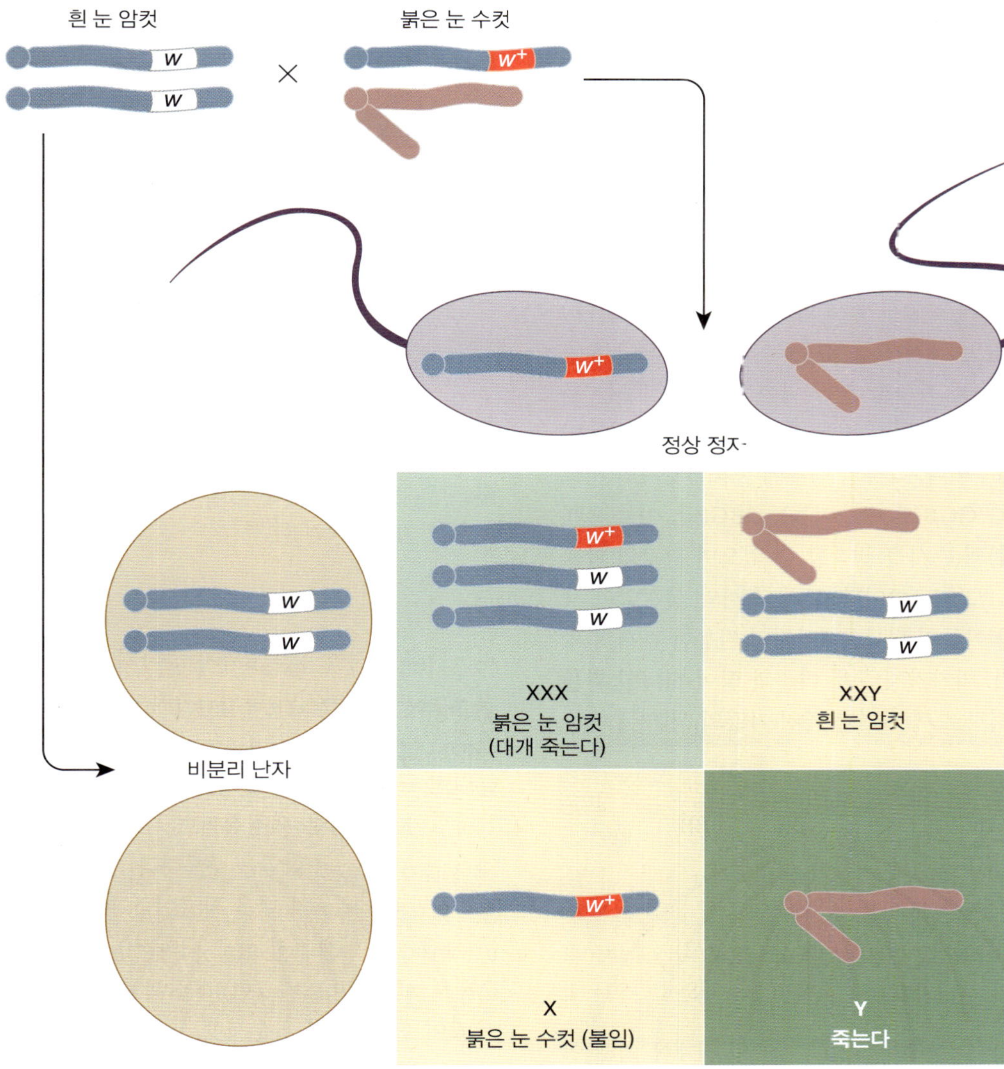

그림 3.28 암컷 초파리의 감수분열시 X 염색체 비분리현상의 결과.

다. 이 절에서는 유전적 자료를 해석하는 데 사용되는 몇 가지 확률적 방법에 대해 알아본다.

교배 결과의 자손은 이항 확률공식으로 예측할 수 있다

확률에서 더하기 법칙은 유전적 교배의 결과 나올 수 있는 **상호 배타적인** 가능한 결과들에 적용될 수 있다. 어떤 결과가 동시에 나타날 수 없다면, 즉 양립할 수 없다면 그들은 서로 배타적이라 할 수 있다. 예를 들어, 세 자녀의 성의 분포가 4가지의 상호 배타적인 경우, 즉 딸이 0, 1, 2, 3인 경우로 나타날 수 있다. 이들은 각각 1/8, 3/8, 3/8, 1/8의 확률을 가진다. 더하기 법칙은 상호 배타적인 결과로 나올 수 있는 모든 경우의 확률은 각각이 나올 확률의 합과 같다는 것이다. 예를 들어, 세 자녀 중 **최소한** 딸이 하나일 확률은 딸이 1, 2, 3인 경우를 포함한다. 그래서 최소한 딸이 하나일 전체 확률은 3/8 + 3/8 + 1/8 = 7/8이 된다.

확률의 곱하기 법칙은 독립적인 유전적 교배의 결과에 적용할 수 있다. 만약 하나의 결과에 대한 정보가 다른 경우가 일어날 수 있는 경우에 대해 정보를 제공하지 못한다면 2가지의 결과는 독립적이다. 예를 들어, 출생 순서에서 어떤 한 아이의 성은 앞서 태어난 어떤 아이의 성의 분포에도, 또한 후에 태어난 어떤 아이의 성의 분포에도 영향을 받지 않는다. 연속적인 출생의 각 경우는 서로 독립적이다. 나타날 수 있는 결과가 독립적일 때 곱하기 법칙이란 어떤 결과의 조합이 나올 확률은 각각 독립해서 일어날 때의 확률의 곱이라는 것이다. 예를 들어, 세 자녀가 모두 딸일 확률은 각 탄생 시 딸일 확률이 1/2이고 각 탄생은 독립적이므로 1/2 × 1/2 × 1/2이다.

유전학에서 확률을 구할 때는 흔히 더하기 법칙과 곱하기 칙이 둘 다 사용된다. 예를 들어, 한 가정의 세 자녀가 같은 성일 확률을 구하기 위해서는 더하기와 곱하기 법칙 둘 다 이용된다. 셋이 모두 딸일 확률은 (1/2)(1/2)(1/2) = 1/8이고 모두 다 아들일 확률 또한 1/8이다. 이 두 경우는 상호 배타적이므로(세 자녀가 동시에 세 아들과 세 딸일 수 없다.) 세 딸 혹은 세 아들일 확률은 두 경우의 확률의 합인 1/8 + 1/8 = 1/4이 된다. 세 자녀를 가진 다른 가능한 경우는 두 자녀가 딸이고 하나는 아들일 경우 혹은 두 자녀가 아들이고 하나가 딸일 경우이다. 각각의 경우에 대해 3가지의 서로 다른 탄생 순서, 즉 GGB(딸, 딸, 아들), GBG(딸, 아들, 딸), BGG(아들, 딸, 딸)의 순서를 생각할 수 있으며 각각의 확률은 1/2 × 1/2 × 1/2 = 1/8이다. 출생 순서와 상관없이 세 자녀가 두 딸과 한 아들일 확률은 3가지의 가능한 순서의 확률의 합인 3/8이다. 마찬가지로 두 아들과 딸이 하나일 확률 또한 3/8이다. 그러므로 세 자녀를 가진 가정의 성 비에 대한 확률 분포는

GGG	BGG	GBB	BBB
	GBG	BGB	
	GGB	BBG	

$$(1/2)^3 + 3(1/2)^2(1/2)^1 + 3(1/2)^1(1/2)^2 + (1/2)^3$$
$$1/8 \quad + 3/8 \quad + 3/8 \quad + 1/8 \quad = 1$$

성 비의 확률은 이항정리식 $(p + q)^n$의 전개에 의해 얻을 수 있다. 여기서 p는 딸이 출생할 확률 (1/2)이고, q는 아들이 출생할 확률 (1/2), n은 자녀의 수이다. 앞의 예에서는,

$$(p + q^3) = 1p^3 + 3p^2q + 3pq^2 + 1q^3$$

여기서 빨강 숫자는 각 성의 분포에 대해 나올 수 있는 출생 순서의 수이다. 비슷하게 다섯 자녀를 둔 가정의 성 비에 대한 확률의 이항분포는

$$(p + q)^5 = 1p^5 + 5p^4q + 10p^3q^2 + 10p^2q^3 + 5pq^4 + 1p^5$$

각 항은 특정 조합의 확률을 말한다. 예를 들어, 셋째 항은 다섯 자녀를 둔 가정에서 딸이 셋(p^3)이고 아들이 둘(q^2)일 확률이다.

$$10(1/2)^3(1/2)^2 = 10/32 = 5/16$$

이항전개식에는 $n + 1$의 항이 있다. p의 지수는 첫 항의 n부터 마지막 항의 0까지 하나씩 감소하고, q의 지수는 첫 항의 0부터 마지막 항의 n까지 하나씩 증가한다. 각 항의 계수는 **파스칼의 삼각형**(**Pascal's triangle**, **그림 3.29**)으로 알려진 규칙적인 삼각형에 배열되어 있는 숫자가 된다. 이 삼각형의 가로줄은 대칭적이며 각 수는 바로 위 줄의 양 옆에 있는 두 숫자의 합임을 주목하라.

n	계수
0	1
1	1 1
2	1 2 1
3	1 3 3 1
4	1 4 6 4 1
5	1 5 10 10 5 1
6	1 6 15 20 15 6 1
7	1 7 21 35 35 21 7 1
8	1 8 28 56 70 56 28 8 1
9	1 9 36 84 126 126 84 36 9 1
10	1 10 45 120 210 252 210 120 45 10 1

그림 3.29 파스칼의 삼각형. 숫자들은 n이 0에서 10까지 일 때 공식$(p + q)^n$을 풀이한 각 항의 계수이다.

일반적으로 A가 나올 확률이 p, B가 나올 확률이 q이고 두 사건은 독립적이며 상호 배타적일 때(제2장 참조), 특정 순서로 A가 4번, B가 2번 나올 확률은 곱하기 법칙에 의해 $p4q2$이 된다. 그러나 순서에 상관없이 A가 4번, B가 2번의 사건으로 나올 조합에 관심이 있다고 하자. 이러할 경우 4A : 2B가 특정 순서의 조합으로 나올 확률을 나올 수 있는 순서의 수와 곱한다. 한 경우가 4이고 다른 경우가 2인 6가지의 서로 다른 조합의 수는

$$\frac{6!}{4!2!} = \frac{1 \times 2 \times 3 \times 4 \times 5 \times 6}{(1 \times 2 \times 3 \times 4) \times (1 \times 2)} = 15$$

!표는 **계승(factorial)**을 나타내는 것으로 1부터 주어진 수 안에 있는 모든 수의 곱을 말한다. $n = 0$인 경우를 제외하고 계승에 대한 공식은 $n! = 1 \times 2 \times 3 \times 4 \ldots \times n - 1 \times n$이다. $n = 0$일 경우는 $0! = 1$이므로 제외된다. 처음 몇 가지 수의 계승 값이 **표 3.2**에 나와 있다. $n!$ 값은 n이 증가함에 따라 급속도로 증가한다. 즉 15!의 값은 1조가 넘는다.

계승 공식 $6!/(4! \times 2!) = 720/(24 \times 2) = 15$는 $(p + q)^6$의 이항전개식에서 p^4q^2 항에 대한 계수가 된다. 따라서 A가 4번, B가 2번 나올 확률은 $15p^4q^2$이다.

표 3.2 계승

n	n!	n	n!
0	1	8	40,320
1	1	9	362,880
2	2	10	3,628,800
3	6	11	39,916,800
4	24	12	479,001,600
5	120	13	6,227,020,800
6	720	14	87,178,291,200
7	5040	15	1,307,674,368,000

일정한 확률을 가진 사건이 반복적으로 일어날 경우 다음과 같은 일반적인 규칙이 적용된다.

핵심 개념

A의 확률이 p이고 B의 확률이 q일 때, n번 시도하여 A가 s번, B가 t번 나올 확률은

$$\frac{n!}{s!t!}p^s q^t \tag{3.1}$$

여기서 $s + t = n$이고 $p + q = 1$이다. 0!은 1이므로 공식 (3.1)은 s와 t가 0일 때도 적용된다. (또한 어떤 수의 0승은 1, 예로써 $2^0 = 1$임도 기억하라.) 이항전개식 $(p + q)^n$의 어떤 항도 공식 (3.1)에 적당한 s, t 값을 주면 된다.

공식 (3.1)에서 $n!/(s!\ t!)$은 s, t가 각각 자체 내에서는 구별이 되지 않는다면 한 종류가 s 만큼, 다른 종류가 t 만큼으로 나열할 수 있는 모든 가능한 순서의 수를 나타낸다. 일례로 완두가 노란색이 s, 초록색이 t 만큼 나올 수 있는 경우를 들어 보자. 노란색과 초록색은 서로 다른 색깔로 서로 구분이 되지만 노란색 완두는 모두가 노란색이기에 서로 구분되지 않으며, 초록색 완두는 모두 초록색이기에 서로 구분되지 않는다. 따라서 노란색과 초록색의 완두가 한 줄로 나열할 수 있는 순서는 $n!/(s!t!)$의 종류가 된다.

두 이형접합자 어버이 사이에서 특정한 수의 자녀가 태어났을 때 우성과 열성 형질이 예상대로 정확히 3 : 1의 비율로 나올 가능성을 식 (3.1)을 이용해 계산해 보자. 우성 형질을 가진 자녀의 확률 p는 3/4, 열성 형질을 가진 자녀의 확률 q는 1/4이다. 8명의 자녀를 가진 가정에서 6명의 자녀가 우성 표현형을, 2명의 자녀는 열성 표현형을 가질 확률을 알고자 한다. 이것은 Mendel의 비가 예상되는 경우이다. 이 경우, $n = 8$, $s = 6$, $t = 2$이며, 이러한 조합으로 나올 확률은

$$\frac{8!}{6!2!}p^6q^2 = \frac{6! \times 7 \times 8}{6! \times 2!}(3/4)^6(1/4)^2 = 0.31$$

즉, 8명의 자녀를 가진 가정의 단지 31%에서 자손이 예상대로 3 : 1의 표현형 비를 나타내며 다른 자녀들은 경우에 따라 이쪽, 혹은 저쪽으로 기울어지는 변이를 보인다. 이러한 예는 비록 3 : 1의 비가 예상되는 결과일지라도 대부분의 가정(69%)은 실제로 3 : 1의 비와는 다른 자손의 분포를 가진다는 것을 보여준다.

카이-제곱 검정은 관찰치와 기대치 사이의 적합도를 검정한다

유전학자들은 흔히 관찰된 결과가 예상되는 이론적인 값에 만족스러울 만큼 일치하는가를 결정할 필요가 있다. 단순히 자료를 조사하는 것은 조사자에 따라 서로 다른 결론이 나올 수 있기 때문에 충분치 못하다. 예를 들어 자주색 꽃과 흰색 꽃의 식물을 교배시켰을 때 자손 중 14개체가 자주색 꽃을, 6개체가 흰색 꽃으로 관찰되었다고 하자. 이 결과를 1 : 1의 비로써 받아들일 수 있을까? 만약 결과가 15개체는 자주색으로, 5개체는 흰색으로 나왔다면 어떨까? 이 결과도 1 : 1의 비에 일치한다고 할 수 있을까? 실험에 따라 관찰되는 결과의 변이에 통계적 한계가 있다. 누가 어떤 결과를 특정 유전적 가정에 일치한다고 할 수 있겠는가? 여기서는 관찰 결과가 이론적인 기대치로부터 얼마나 벗어났는지를 알아보는 방법에 대해 기술해 보고자 한다. 이 검정법을 **적합도(goodness of fit)** 검정이라 하는데, 여기서 적합(*fit*)이란 관찰 결과가 기대치에 얼마나 일치하느냐는 의미이다.

잠깐 생각해 봅시다 3.5

$Aa \times Aa$ 교배에서 a는 열성대립인자이고, 8명의 자손을 낳는다고 가정해 보자. 우성과 열성의 자손의 비가 1 : 1일 확률은 얼마인가?

전통적으로 적합도는 **카이-제곱**(**chi-square**, χ^2) 값으로 측정하는데, 이 값은 여러 항의 각각에서 관찰되는 자손의 수를 어떤 유전적 가정 하에서 각 항의 기대치와 비교하여 계산한다. 예를 들어, 자주색 꽃과 흰색 꽃을 가진 식물을 교배할 때 양친 중 자주색 꽃을 가진 쪽은 꽃 색을 결정하는 대립인자에 대해 이형접합자이고 흰색 꽃은 열성 동형개체라고 하자. 또한 20개체의 자손 중 14개체는 자주색 꽃을 그리고 6개체는 흰색 꽃을 얻었다고 하자. 카이-제곱 검정법에 의해 이 유전적 가정을 확인하는 과정은 다음과 같다:

1. 유전적 가설을 자세하게 설정하며 어버이와 가능한 자손의 표현형과 유전자형을 정한다. 꽃 색을 이용한 자주색 × 흰색 교배의 예에서 유전적 가설이란 양친의 유전자형은 *Pp* × *pp*가 되고, 자손의 유전자형은 *Pp* 혹은 *pp*가 됨을 나타낸다.

2. 유전적 가설이 사실이라면 관찰되어야 하는 예상되는 자손의 유형과 비율을 얻기 위해 확률의 법칙을 이용한다. 비율을 자손의 수로 전환한다(퍼센트 값은 카이-제곱 검정에서는 사용치 않는다). 만약 꽃 색 교배에 대한 가설이 사실이라면 *Pp*와 *pp*의 유전자형을 가진 자손의 비가 1 : 1로 나오리라는 예상을 할 수 있다. *Pp*는 자주색 꽃을, *pp*는 흰색 꽃으로 가정했으므로 자주색과 흰색의 자손의 표현형의 비는 1 : 1의 비로 예상할 수 있다. 20 개체의 자손 중에서 예상되는 수는 자주색 10과 흰색 10이 된다.

3. 각 항의 자손에 대해 차례대로 관찰치로부터 기대치를 뺀다. 이 차를 제곱해서 기대치로 나눈다. 위의 예에서 자주색 자손에 대해서는 $(14 - 10)^2/10 = 1.6$이고, 흰색 자손에 대해서는 $(6 - 10)^2/10 = 1.6$

4. 모든 항에 해당하는 자손에 대해 3단계에서 나온 값들을 더한다. 이 합이 이 자료에 대한 χ^2 값이다. 자주색과 흰색 항의 자손에 대한 합은 $1.6 + 1.6 = 3.2$이고, 이 값은 우리의 유전적 가설이 옳다는 가정 하에 계산된 이 실험에 대한 χ^2 값이다.

χ^2 값은 다음과 같은 공식으로 표현할 수 있다.

$$\chi^2 = \sum \frac{(\text{관찰치} - \text{기대치})^2}{\text{기대치}}$$

여기서 $\sum$는 모든 항의 자손에 대한 합을 의미한다. χ^2 값이 비율(proportion)이나 비(ratio)나 백분율 값이 아니라 관찰된 수와 예상되는 수를 사용하여 계산한 값임을 주목하라. 실제 수가 아닌 다른 어떤 값을 사용하는 것이 초보자가 χ^2 법을 적용할 때 하는 가장 일반적인 실수이다. 관찰치가 기대치에 접근할수록 χ^2 값은 작아지므로 χ^2 값은 적합도를 판정하는 데 합당하다. $\chi^2 = 0$의 값은 관찰치가 완벽하게 기대치에 일치(fit)했음을 의미한다.

χ^2를 계산하는 또 다른 예로써 $F_1 \times F_1$ 교배의 자손이 각각 99와 45의 2가지 서로 다른 표현형으로 나왔다고 가정하자. 유전적인 가설은 이 형질이 하나의 유전자에 대한 한 쌍의 대립인자에 의해 결정되며, 이 경우 F_2 자손 가운데 우성 : 열성 표현형의 예상되는 비율이 3 : 1이라고 하자. 실험 결과에서 관찰된 비율 99 : 45는 예상되는 3 : 1의 비와 일치하는지 의문이 생긴다. 이 결과에 대한 χ^2 값의 계산이 **표 3.3**에 나타나 있다. 전체 자손의 수는 $99 + 45 = 144$이므로 3 : 1의 비가 옳다는 유전적 가설 하에 두 항의 기대치는 각각 $(3/4) \times 144 = 108$, $(1/4) \times 144 = 36$이다. 자료에서 두 항이 있으므로 χ^2 계산에서도 두 항을 가진다.

$$\chi^2 = \frac{(99 - 108)^2}{108} + \frac{(45 - 36)^2}{36}$$
$$= 0.75 + 2.25 = 3.00$$

일단 χ^2 값을 얻었으면, 다음 단계는 이 값이 기대되는

표 3.3 단성잡종 비에 대한 χ^2 값의 계산

표현형 (항)	관찰치	기대치	기대치와의 편차 (*obs* − *exp*)	$\frac{(obs - exp)^2}{exp}$
야생형	99	108	−9	0.75
돌연변이체	45	36	+9	2.25
합계	144	144		$\chi^2 = 3.00$

값에 적합한지 그렇지 않은지를 판정해야 한다. 이 판정은 **그림 3.30**에 있는 그래프를 이용한다. x-축은 적합도를 판정하기 위한 χ^2 값이며 y-축은 유전적 가설이 사실이라는 가정하에 적합도에 대한 확률 P를 나타낸다. 만약 유전적 가설이 사실이라면 관찰치는 기대치에 접근할 것이다. 관찰된 χ^2 값이 매우 커서 적합도에 대한 확률이 매우 작다고 가정하자. 그러면 관찰된 결과는 이론적인 기대치에 적합하지 않게 된다. 이것은 관찰된 자손이 기대치에서 너무 많이 벗어나므로 자손의 기대치를 계산하는 데 사용한 유전적 가설을 기각시켜야함을 의미한다.

실제로 받아들일 수 있는 P의 임계치를 전통적으로 0.05(5% 수준)와 0.01(1% 수준)에서 선택한다. 0.01에서 0.05 범위의 P 값에 대한 적합도의 의미는 20 실험 중에 하나 혹은 100 중 하나가 적합하다는 뜻이다. 이것은 그림 3.30에서 보라색 부위로 표시되어 있다. 만약 P 값이 이 범위에 들어오면 유전적 가설의 진위는 매우 의심되며 5% 수준에서 결과는 **통계적으로 유의하다(statistically significant)**고 말한다. 0.01보다 더 작은 P 값은 적합도가 100 실험 중 하나보다도 적다는 의미이다. 이것은 그림 3.30에서 초록색 부위로 나타나 있다. 이 경우 그 결과는 1% 수준에서 **통계적으로 매우 유의하다(statistically highly significant)**고 하며 유전적 가설은 기각된다. 통계적 유의성에 대한 용어가 거꾸로인 듯한 감이 있다면 그것은 유의적(*significant*)이라는 용어가 관찰치와 기대치 차이의 크기를 표현한 것임을 알아야 한다. 통

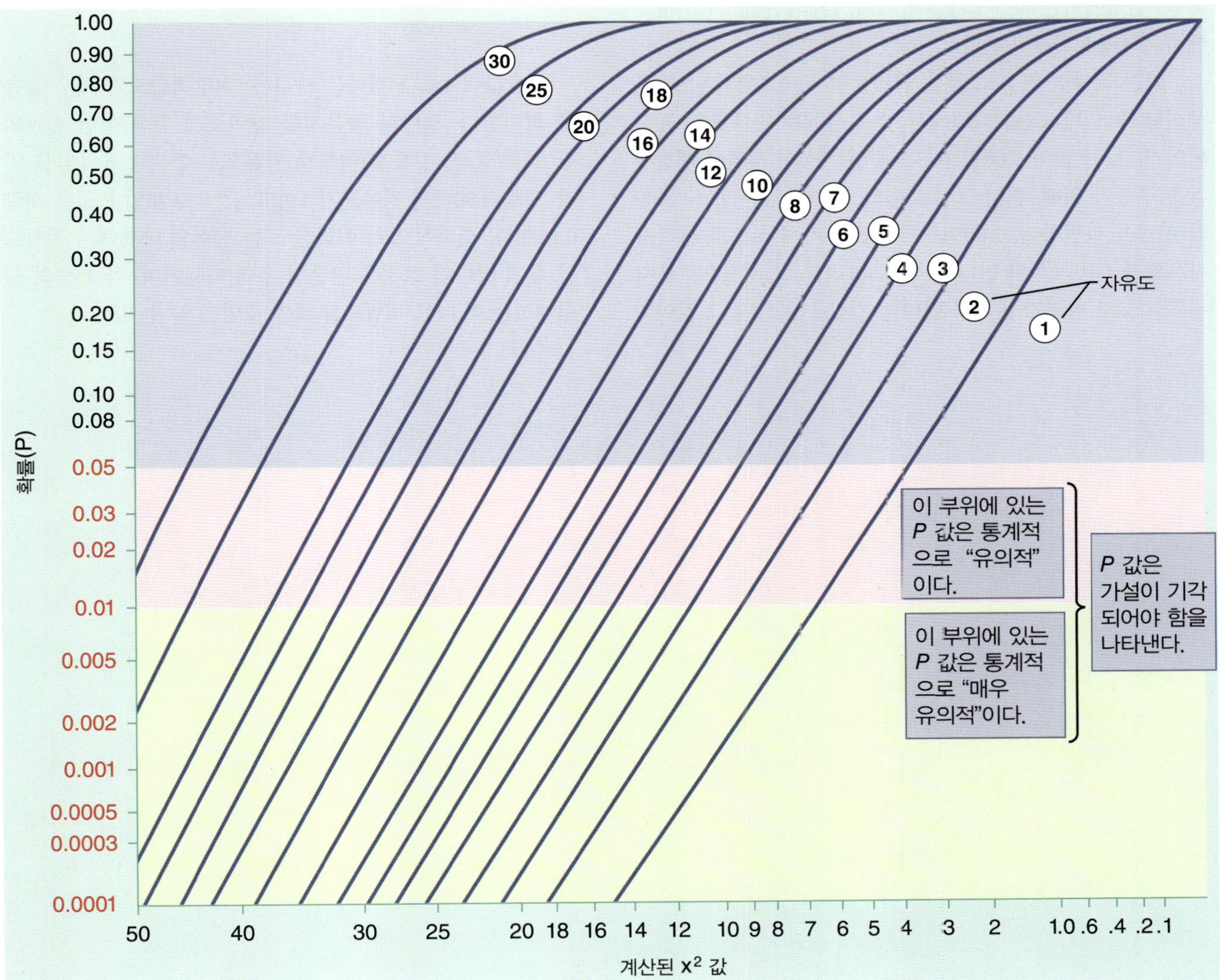

그림 3.30 카이-제곱 검정을 이용하여 유전적 이론의 적합도를 판정하기 위한 그래프. x-축을 따라 특정 계산된 χ^2 값에 대해서 해당 자유도를 가진 곡선의 y-축 값은 유전적 이론이 옳을 때 우연에 의해 적합한, 즉 실제로 관찰된 것만큼 적합지 않은 혹은 보다 적합하지 않은 확률 P를 나타낸다. 자주색 부위(5% 미만) 혹은 초록색 부위(1% 미만)에 있는 확률을 가진 검정은 통계적으로 유의한 것으로 간주되어 예상되는 유전적 가설은 기각된다.

계적으로 유의적인 결과에서 관찰치와 기대치 사이에는 큰 (significant) 차이가 있음을 나타낸다.

계산된 χ^2 값에 해당하는 P 값을 결정하기 위해 그림 3.30을 이용하려면 특정 χ^2 **검정의 자유도(degrees of freedom)**를 알아야 한다. 표 3.3에 나타낸 χ^2 검정에 대해 자유도는 자료의 항의 수에서 1을 뺀 값이 된다. 표 3.3의 실험 결과에서 항은 2개(야생형과 돌연변이체)이므로 자유도는 $2 - 1 = 1$이다. 1을 빼는 이유는 기대되는 자손의 수를 계산하는 데 있어서 자손 전체의 수는 실제로 관찰된 수와 동일하기 때문이다. 이러한 이유로 자료의 한 항은 우리가 정하는 어떤 수를 가지는 데 있어 자유롭지 못하다. 한 항의 기대치는 전체가 정확하게 나올 수 있도록 조정되어야 하기 때문에 자유도의 하나를 잃게 된다. 3개의 항을 가진 자료의 유사한 χ^2 검정에서는 자유도가 2가 되며, 4개의 항을 가진 자료에서는 자유도가 3이 된다.

일단 적당한 자유도 값을 얻었으면 표 3.3에서 χ^2 값을 해석할 수 있다. 그림 3.30에서 각 곡선에는 자유도가 표시되어 있다. χ^2 값이 3.00인 표 3.3에 있는 실험 결과에 대한 P 값을 구하기 위해, 먼저 그림 3.30의 x-축에 있는 $\chi^2 = 3.00$인 지점을 확인하라. 3.00인 지점으로부터 수직으로 올라가 자유도가 1인 곡선과 만나게 하라. 그리고 그 지점으로부터 왼쪽 가로로 따라가 y-축과 만나는 지점을 읽으면 그 값이 P 값이 된다—이 경우 $P = 0.08$이 된다. 이는 표 3.3에 있는 유형의 실험의 약 8%에서 3 혹은 그 이상의 χ^2 값을 가지게 됨을 나타낸다. 또한 P 값이 푸른색 부위에 있으므로 야생형 : 돌연변이체가 3 : 1로 나타나는 가설에 대한 적합도는 받아들일 수 있는 것으로 판정된다.

χ^2 검정에 대한 두 번째 예로써, 멘델의 둥근 콩과 주름진 콩의 실험 결과가 예상대로 3 : 1의 비에 적합한지를 판단해 보자. 관찰한 7,324개의 완두콩 중 5,474개는 둥글고 1,850개는 주름진 것이었다. 기대치는 둥근 콩이 $(3/4) \times 7324 = 5493$개, 주름진 콩이 $(1/4) \times 7324 = 1831$이 된다. χ^2 값은 다음과 같이 계산된다.

$$\chi^2 = \frac{(5474 - 5493)^2}{5493} + \frac{(1850 - 1831)^2}{1831}$$
$$= 0.26$$

χ^2 값이 1보다 적다는 사실은 이미 적합도가 매우 좋음을 의미한다. 얼마나 좋은지를 알아보기 위해 실험 결과의 항이 둘(둥근, 주름진)이므로 자유도는 $2 - 1 = 1$임을 알라. 그림 3.30에서 자유도가 1이고, $\chi^2 = 0.26$인 P 값은 대략 0.65이다. 결과적으로, 이러한 모든 실험의 65%에서 적합도가 좋지 않다면 그것은 단순히 우연 때문이며, 약 35%의 실험에서는 더 나은 적합도를 보일 것임을 알 수 있다.

장의 요약

- 진핵세포의 염색체는 쌍으로 존재한다.
- 각 쌍의 염색체는 감수분열에서 분리하여 각각의 배우자로 간다.
- 서로 다른 쌍의 염색체는 감수분열에서 독립적 분리를 한다.
- 염색체는 대부분 DNA와 히스톤 단백질이 결합된 구조로 되어 있으며, 치밀하게 고도로 감겨진 구조이다.
- 사람을 포함한 많은 동물들에서 성은 X와 Y라고 하는 특별한 염색체 쌍에 의해 결정된다. 자성은 XX이고 웅성은 XY이다.
- X-연관 유전자는 사람의 가계도에서 특징적인 유전양상을 보인다.
- 초파리에서 X-연관 유전자 유전의 불규칙성은 유전에 대한 염색체설의 반증이 된다.
- 유전적 교배결과 특정 자손이 나올 확률을 이항정리 공식으로 얻을 수 있다.
- 카이-제곱 검정은 실험적 관찰치가 가설에 얼마나 적합한지를 판정할 때 사용한다.

쟁점과 착상: 알고 넘어 갑시다

- 세대가 지나도 일정한 염색체 수를 유지하는 유성생식을 하는 종에 대해서 배우자 세포가 체세포 염색체 수의 반을 가지고 있다는 사실이 왜 중요한가?
- *mitosis*(**체세포분열**)란 용어는 그리이스어 *mitoss*(실, 가닥)에서 유래되었고, *meiosis*(**감수분열**)는 그리이스어 *meioum*(작아지게 하다)에서 유래되었다. 핵분열의 어떤 특징 혹은 특징들이 이러한 용어를 가지게 했을까?
- **감수분열**(*reductional division*)과 **균등분열**(*equational division*)의 의미를 설명하시오. 무엇이 감소 또는 동일하게 유지되는가? 어떤 핵분열이 그 용어에 적용되는가?
- 서로 다른 염색체 위에 있는 유전자의 독립 분리가 감수분열 제1분열 중기판에 염색체가 배열하는 과정과 어떤 물리적인 관련성이 있는가?
- 제1감수분열과 제2감수분열의 중요한 차이점은 무엇인가?
- X-연관 유전을 왜 흔히 십자형 유전이라 하는가? 이 용어는 X 염색체의 유전과 관련해 어떻게 잘못 이해될 수 있는가?
- X-연관 유전자의 유전과 Y-연관 유전자의 유전에 있어서의 차이는 무엇인가?
- 염색체의 비분리현상이 어떻게 유전의 염색체설을 증명했는가?
- 관찰된 실험 결과가 특정 유전적 가설하에 기대되는 결과에 받아들일 수 있을 만큼 적합한지를 결정하는 데 통계적 검정이 왜 필요한가? 이러한 목적을 위해 전통적으로 이용되는 통계학적 검정법은 무엇인가?

문제 풀고 한 걸음씩 앞으로

문제 1 다음의 모식도는 감수분열 제1분열 전기의 한 쌍의 상동염색체의 상태를 나타낸다. 모식도를 순서대로 나열하고 각 단계를 세사기, 접합기, 태사기 초기, 태사기 후기, 이동기로 구분하시오.

풀이 용어 자체가 제1분열 전기의 한 단계에서 다음 단계를 구분하게 한다. 세사기는 문자적으로 "가는 실"을 의미하며 각 염색체가 늘어져서 접합하기 전의 실과 같은 상태로 있는 때이다; 이 단계는 모식도 B와 일치한다. 접합기는 "쌍을 이룬 실"을 의미하며 염색체 끝에서부터 짝을 이루기 시작한다. 이것은 모식도 D의 상태이다. 태사기는 "굵은 실"이란 의미이며, 짝 맺음이 끝나면서 시작되고 상동염색체가 하나로 나타나는데, 모식도 E에 해당된다. 태사기 후기에 각 상동염색체는 2개의 염색분체로 확실하게 나타나며 교차점이

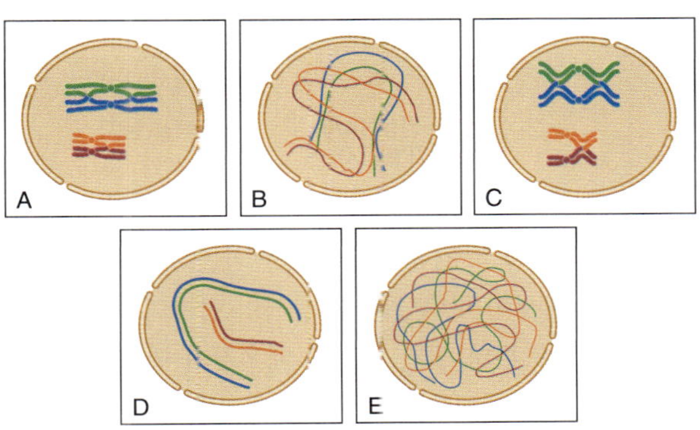

관찰된다. 따라서 모식도 A가 이에 해당된다. 이동기는 "분리되어 감"을 의미하며 이 단계에서 접합된 상동염색체는 서로 떨어져 나가기 시작하고 교차점에 의해 붙어 있게 된다. 모식도 C가 이에 해당된다. 따라서 진행의 순서는 B−D−E−A−C: 세사기(B), 접합기(D), 태사기 초기(E), 태사기 후기(A), 이동기(C)이다.

문제 2 대부분의 색맹은 X-연관 열성 대립인자에 기인한다. 아버지가 색맹이었던 정상 여성이 정상 남성과 결혼한다면 자손에서 기대되는 색각의 유형과 그 빈도는?

풀이 이런 유형의 문제에서는 주어진 정보를 보여주는 가계도를 그려서 각 개인의 유전자형을 가능한 대로 표시해 보면 편리하다. 이 경우 가계도에서 나타낸 것처럼 아버지가 색맹이었던 여성은 II-1이다. 그녀의 아버지는 색맹이었으므로 유전자형은 그림에서 보여지는 대로이다. 어머니의 유전자형에 대한 것은 언급이 없지만 II-1이 정상이므로 그녀의 어머니 I-1는 최소한 하나는 정상 대립인자(cb^+로 표시)를 가지고 있어야 한다. 정상 남자 II-2는 X 염색체에 다음 그림처럼 정상 대립인자를 가지고 있어야 한다.

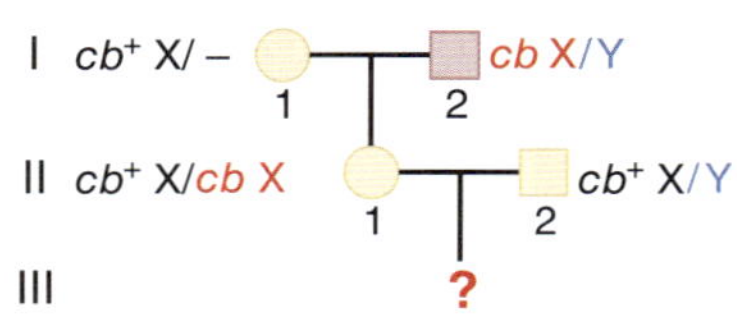

문제에서 자손은 제 III 세대에 나타날 자들이며, 예상되는 유형은 아래의 퍼니트 네모꼴로 나타낼 수 있다. 자손의 1/2은 정상 여성, 자손의 1/4은 정상 남성, 1/4은 색맹 남성으로 예상된다. 자손 중 여성의 절반이 열성 대립인자의 보인자(이형접합자)이다.

모친의 X 염색체 \ 부친의 염색체	1/2 cb^+ X	1/2 Y
1/2 cb^+ X	1/4 cb^+ X/cb^+ X **정상 여자 (비보인자)**	1/4 cb^+ X/Y **정상 남자**
1/2 cb X	1/4 cb X/cb^+ X **정상 여자 (보인자)**	1/4 cb X/Y **색맹 남자**

문제 3 정상 남성의 감수분열이 진행되는 세포에서 성염색체의 비분리현상이 나타났다. 정상적인 난자와 아래 상황의 비분리현상으로부터 생긴 비정상 배우자가 만나서 생긴 접합자에서 어떤 염색체 구성이 나타날지 판단하시오.

(a) 감수분열과 염색체분리가 정상적으로 일어났다.
(b) 비분리현상이 감수분열 제1분열에서 일어났다.
(c) 비분리현상이 감수분열 제2분열에 X 염색체에서 나타났다.
(d) 비분리현상이 감수분열 제2분열에 Y 염색체에서 나타났다.

풀이 이와 같은 문제에 접근할 때는 일어날 것으로 예상되는 비분리현상을 보여주는 감수분열의 모식도를 그려 보는 것이 필수적이다. 결과는 아주 명백해진다.

여기서 보여지는 모식도는 정상 상태(A)와 문제의 3가지 비분리현상이 일어났을 때를 보여준다. X 염색체는 빨간색으로, Y 염색체는 파란색으로 나타내어져 있다. 제1분열 중기에서 각 염색체는 중기판에 배열되어 하나의 동원체에 2개의 염색분체가 붙어 있는 상태이다. 상동염색체가 분리하는 제1분열 분리는 제1분열 후기에 일어나고 자매염색분체가 분리하는 제2분열 분리는 제2분열 후기에 일어난다. (a) 정상적인 감수분열(A)에서 정자의 절반은 X 염색체를, 나머지 절반은 Y 염색체를 포함한다. **(b)~(c)**에서는 비분리현상의 결과가 모식도에서 확실히 보여진다. 각 경우에 빨간색 화살표는 비분리를 나타내며 비정상 배우자는 연어살색으로 나타나 있다. (b) 감수분열 제1분열에서 XY 비분리(B)로부터 생긴 비정상 정자는 성염색체가 없거나(영-X) 혹은 X, Y를

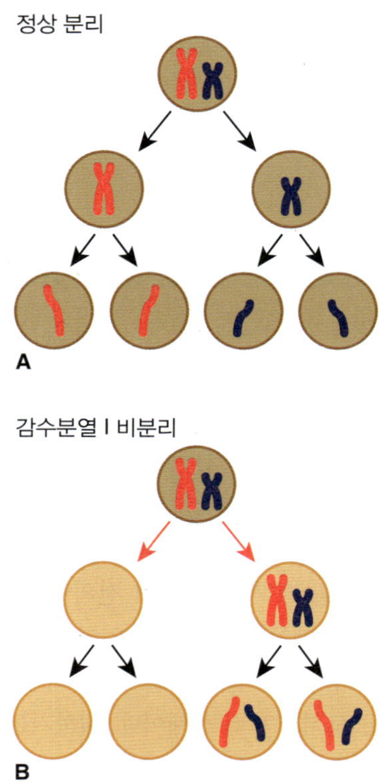

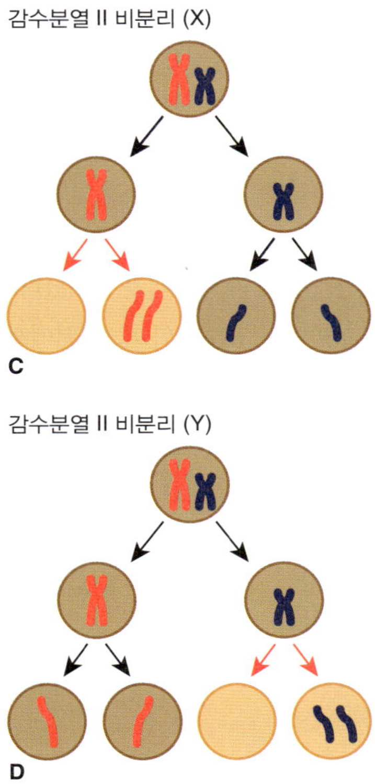

모두 가지게 된다. (c) 감수분열 제2분열에서 X 비분리(C 부분)로부터 생긴 비정상 배우자는 영-X 혹은 XX이다. (d) 감수분열 제2분열에서 Y 염색체 비분리(D 부분)로부터 생긴 비정상 배우자는 영-Y 혹은 YY이다.

문제 4 사과 과수원에서 채집한 한 마리의 암컷 초파리를 실험실에서 배양병에 넣어 배지 위에 알을 낳게 하였다. 유충 시기와 변태 과정을 거쳐 144마리의 성충이 생겨났는데, 이들 중 83마리는 암컷이고 61마리는 수컷이었다. 이 자료는 성 비가 1 : 1이라는 가설을 기각할 근거가 되는가?

풀이 먼저 기대치 1 : 1에 맞게 각 성을 가진 개체 수를 계산하여 동일하게 암컷 72마리, 수컷 72마리로 계산한다. Σ(관찰치 − 기대치)^2 / 기대치로부터 카이-제곱 값을 얻는다. 이때 전체 수는 모든 항의 자료이며, 이 경우 모든 암컷과 수컷이다. 따라서

$$\chi^2 = \frac{(83 - 72)^2}{72} + \frac{(61 - 72)^2}{72} = 1.681$$

여기서 항이 2개(암컷, 수컷)이므로 자유도는 1이다. 그림 3.30에서 값은 약 0.07이며, 이는 83 : 61보다 차이가 더욱 심할 수 있는 경우가 약 7%라는 것을 의미한다. 따라서 이 자료는 1 : 1 성 비에 대해 통계적으로 유의적이 아니므로 가설을 기각하지 않는다.

실전에 필요한 개념: 끝까지 풀어 봅시다

3.1 어느 체세포가 중기에 배열된 46개의 염색체를 가지고 있다. 동원체가 막 분리된 후기에는 몇 개의 염색체가 존재할까?

3.2 화학약품인 콜히친은 방추체 형성을 방해하는 “방추체 독”이다. 콜히친 존재하에 분열하고 있는 체세포는 중기에 머물러 있다. 결국 후기의 특징인 동원체의 분리가 일어나지 않는다. 콜히친 존재하에 정상 이배체 염색체 수가 48개인 침팬지 세포가 세포주기를 한 번 거치면 결과적으로 세포 염색체 수는 얼마가 될까?

3.3 Emmer 밀(*Triticum dicoccum*)은 체세포 염색체 수가 28이며, 호밀(*Secale cereale*)의 체세포 염색체 수는 14이다. 이 두 작물을 교배하여 얻은 잡종식물은 여러 면에서 두 양친 종의 중간을 나타내었으나 이들은 거의 불임이었고 생식이 불가능하였다. 이 잡종식물의 염색체 수는 몇일까?

3.4 흰둥이증은 드문 열성유전자로 인한 피부 색소 결핍증을 말한다. 다음과 같은 결혼에서 백색증 자녀를 출산할 확률은?

(a) 조부모와 부모 모두 정상이었으나, 부모 각각에는 흰둥이증 형제자매가 있었다.

(b) 아버지가 흰둥이증이고 어머니는 흰둥이증 가족력이 없다.

(c) 어머니가 흰둥이증이고 아버지가 정상이나 할아버지는 흰둥이증이었다.

3.5 기능이 없는 말단소체복원효소를 가진 세포 계통이 세포주기가 계속 이루어지면 염색체에 어떤 일이 일어날까? 각자 설명하시오.

3.6 집돼지의 털색은 독립분리를 하는 2개 유전자의 대립인자에 의해 결정된다. $R-S-$ 유전인자형은 붉은색 털을(− 표는 어떤 대립인자라도 적용됨을 의미한다), $rrS-$와 $R-ss$ 유전인자형은 옅은 갈색 털

을, *rr ss*는 흰색 털을 가진다. *Rr Ss* × *Rr Ss* 교배에서 붉은색 : 옅은 갈색 : 흰색의 비는?

3.7 병아리의 깃털로부터 성을 결정할 수 있다는 것은 종종 유익하였다. 은빛 깃털을 나타내는 *Z*-연관 우성 대립인자 *S*와 금빛 깃털을 나타내는 열성 대립인자 *s*를 이용하여 어떻게 이렇게 할 수 있는가? (닭의 경우에 동형배우자와 이형배우자의 성은 포유동물과는 반대인 것을 기억하라. 즉, 암컷은 *WZ*, 수컷은 *ZZ*이다.)

3.8 아래의 모식도는 두 쌍의 염색체를 가진 어떤 생물체의 세포분열의 후기를 나타낸다. 체세포분열의 후기, 감수분열 제1분열의 후기, 감수분열 제2분열의 후기는 각각 어느 것이며, 그렇게 정한 이유는 무엇인지 설명하시오.

3.9 자주달개비 수술털에 있는 세포를 관찰하고 있는 세포유전학자가 체세포분열의 각 단계의 길이와 세포주기를 계산하려 하고 있다. 관찰한 2,000개의 세포 중 295 세포는 전기, 148 세포는 중기, 78 세포는 후기, 109 세포는 말기로 관찰되었다. 세포주기의 각 단계의 길이와 비례하게 세포들을 추출하였다고 가정할 때 간기(G_1, S, G_2)에서 보낸 시간을 포함하여 세포주기의 각 단계의 상대적인 길이에 대해 어떤 결론을 유도해낼 수 있을까? 각 답을 전체 세포주기 시간에 대한 비율로 나타내시오.

3.10 염색체 조성이 XXY인 초파리는 암컷이며 임성을 가진다. 성염색체가 무작위로 분리한 결과 다음과 같은 염색체 조성과 빈도로 난자가 생산되었다: XX(1/6), XY(1/3), X(1/3), Y(1/6). XXY 암컷을 정상적인 XY 수컷과 교배시킨다면, 생존하는 수정난들은 어떤 종류가 어떤 비로 나타날 것으로 예상하는가? (참고: 이 교배에서 성염색체 조성이 XXX, YY인 수정난은 죽고 다른 모든 것은 생존한다.)

3.11 사람의 색맹의 가장 흔한 형은 X-연관 열성 대립인자로부터 생긴다. 한 대립인자 cb^r는 적색맹을, 또 다른 인자는 녹색맹에 대한 대립인자이다. 이형접합자 cb^r/cb^g인 여성과 정상 남성과의 사이에 염색체 조성이 XXY인 아들이 생겼다. 다음 상황 하에서 이 아이의 가능한 유전자형은 무엇인가?

(a) 어머니의 감수분열 제1분열에서 비분리현상이 나타났다.

(b) 어머니의 감수분열 제2분열에서 cb^r을 담고 있는 염색체의 비분리가 일어났다.

(c) 어머니의 감수분열 제2분열에서 cr^g를 담고 있는 염색체의 비분리가 일어났다.

3.12 사람의 혈우병은 X-연관 열성 돌연변이 유전자로부터 생기며 혈액 응고에 걸리는 시간이 오래 걸리는 것으로 특징지워진다. 표현형이 정상인 부부가 결혼하여 정상인 두 딸과 혈우병인 아들을 하나 두었다고 가정하자.

(a) 딸 중에 적어도 한 명이 이형접합자인 보인자일 확률은?

(b) 딸 중 하나가 정상 남성과 결혼하여 아들을 하나 낳았을 때 이 아들이 혈우병에 걸릴 확률은?

3.13 염색체 조성이 47, XXY인 사람은 표현형적으로 남성이다. 아버지가 혈우병이었던 정상인 딸이 정상 남성과 결혼하여 아들을 하나 낳았는데, 그 아이는 혈우병이다. 이러한 결과가 나오려면 어떤 비분리현상이 나타나야 하는가?

3.14 다음 가계도에서 색깔로 표시되는 형질은 완전 침투도를 보이는 드문 유전 형질이다. 이 가계도는 어떠한 유전 양상을 나타내고 있는가? 상염색체 우성, 상염색체 열성, X-연관, Y-연관, 혹은 미토콘드리아 중 하나를 선택하시오.

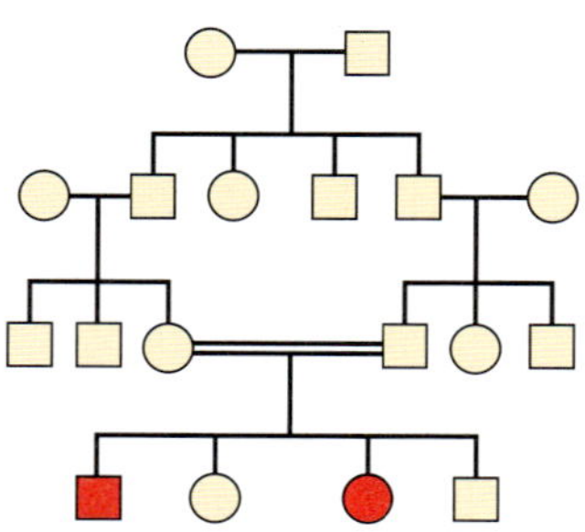

3.15 뒤쉔느형 근이영양증(Duchenne Muscular Dystrophy)은 디스트로핀(dystrophin)이라고 불리는 단백질의 돌연변이형 때문에 생기는 근육 유전병이다.

이 질병의 유전 양상은 다음과 같은 특징을 가진다; (1) 질병이 있는 남성은 질병이 없는 아이를 가진다. (2) 질병이 있는 남성의 병이 없는 자매는 흔히 질병이 있는 아들을 가진다. (3) 질병이 있는 남성의 형제 중에 질병이 없는 형제는 질병이 없는 아이를 가진다. 이 결과는 어떤 유전 양상인지 밝히고 그 이유를 설명하시오.

3.16 카이-제곱 검정에서 *P*-값에 대해 해석했다. 어느 것이 옳은가?

(a) *P*-값은 가설이 옳을 확률이다.

(b) *P*-값은 가설이 오류일 확률이다.

(c) *P*-값은 가설이 옳다면 카이-제곱 값이 관찰치보다 더 클 확률이다.

(d) *P*-값은 가설이 오류라면 카이-제곱 값이 관찰치보다 작을 확률이다.

3.17 아래의 가계도에서 I-2의 남성은 X-연관 열성 돌연변이로 인한 색맹이다. IV-1 남성이 색맹일 확률은? (이 가계도에서 색맹 돌연변이의 유일한 가능한 근원은 I-2 남성으로 생각하시오.)

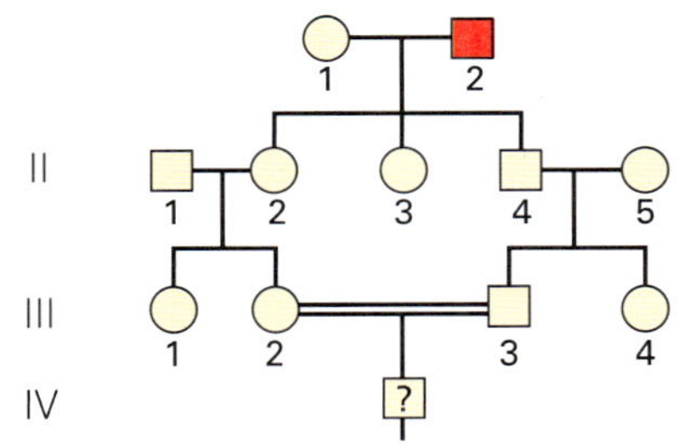

3.18 자유도가 1, 2, 3, 4, 5일 때 5%의 *P*-값(통계적으로 유의적)의 χ^2 값은 얼마인가? 이 장에서 예시된 χ^2 검정의 적합도에 대해 몇 개의 항이 이들 자유도에 해당되는가? 자유도가 증가함에 따라 χ^2 값이 크게 증가하는데, 이는 유전적 가설이 사실일 때 통계적으로 유의적인 χ^2 값을 얻기가 점점 더 어려워짐(잘 일어나지 않음)을 의미하는가?

3.19 노랑초파리의 대립인자 *P*와 *p*는 각각 붉은색 눈과 분홍색 눈을, *Na*와 *Na*는 각각 넓은 날개(야생형)과 좁은 날거를 결장한다. 양인자 이형교배에서 *p*와 *na* 모두에 대해 동형접합자인 파리가 생산되었다. F_2 세대에서 다음과 같은 표현형을 얻었다.

붉은색 눈, 넓은 날개	583
붉은색 눈, 좁은 날개	193
분홍색 눈, 넓은 날개	168
분홍색 눈, 좁은 날개	56

이 결과가 두 쌍의 대립인자가 독립분리를 한다는 가정 하에 예상되는 9 : 3 : 3 : 1의 가설에 일치하는지 검정하라.

3.20 8명의 형제자매 중에 3명의 아들과 5명의 딸이 서로 다른 순서로 나올 수 있는 경우는 모두 몇인가? 예를 들어 아들-아들-아들-딸-딸-딸-딸-딸과 같은 경우가 한 예이다.

3.21 아래의 가계도와 겔 모식도는 유전체 DNA로부터 얻은 분자적 표현형을 보여준다. 밴드는 한 유전자의 두 대립인자를 나타내는 특징적인 DNA 단편이다. 이 가계도는 어떤 유전 양상을 보이고 있는가? 이러한 가정 하에 4-kb 밴드에 해당되는 대립인자를 *A1*, 9-kb 밴드에 해당되는 대립인자를 *2*라 표시하여 가계도의 각 개인의 유전자형을 추적하시오.

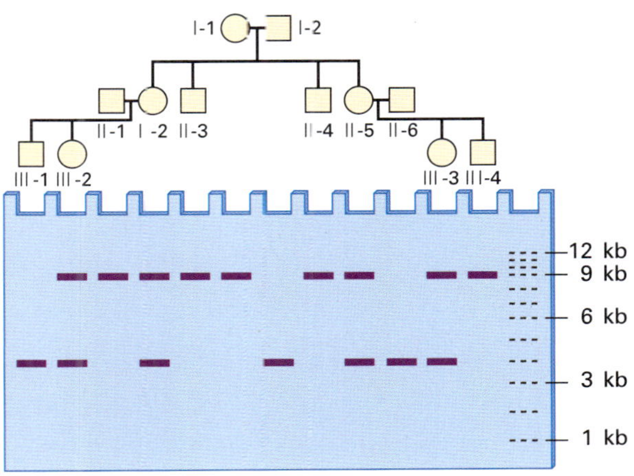

잠깐 생각해 봅시다: 해답

잠깐 생각해 봅시다 3.1의 해답

간기, 전기, 중기, 후기, 말기

잠깐 생각해 봅시다 3.2의 해답

세사기, 접합기, 태사기, 복합기, 이동기

잠깐 생각해 봅시다 3.3의 해답

B와 C로 표지된 말단은 짧아질 것이다. DNA 딸가닥은 3′말단에서만 신장되므로 위 가닥의 복제는 오른쪽에서 왼쪽으로 진행된다. 위 가닥의 복제는 3′말단에서 바로 시작할 수 없으므로, B로 표시된 3′말단이 짧아진다. 마찬가지로, 아래 가닥의 복제는 오른쪽에서 왼쪽으로 진행되며, 따라서 C로 표시된 3′말단이 짧아진다. 일반적으로, B와 C 말단의 짧아짐은 말단소체복원효소에 의해 복원된다.

잠깐 생각해 봅시다 3.4의 해답

II-3이 혈우병이라는 것은 I-1이 돌연변이 유전자에 대해 이형접합자임이 틀림없다. 그렇다면, II-2가 돌연변이 유전자를 물려받을 확률은 1/2이다; 그리고 만약 II-2가 이형접합자라면, 그녀가 돌연변이 유전자를 III-1로 물려줄 확률은 1/2이다. 두 사건을 종합하면 III-1이 이형접합일 확률은 1/2 × 1/2 = 1/4이다.

잠깐 생각해 봅시다 3.5의 해답

어느 한 자손이 우성 표현형일 확률은 3/4이고 열성 표현형일 확률은 1/4이다. $n = 8$이고 우성과 열성의 비율이 1 : 1(이 경우 4명의 우성과 4명의 열성 자손을 의미)일 확률을 질문 받았다. $p = 3/4$, $q = 1/4$, $n = 8$, $s = 4$, $t = 4$로 하여 식 3.1을 이용한다. 결과는

$$\frac{8!}{4!4!}(3/4)^4(1/4)^4 = 0.087$$

혹은 10%보다 약간 적은 확률이다.

CHAPTER 4

Multicolored varieties of Zea mays.

유전자 연관과 유전자 지도 작성

학습 목표

- 특정 유전자 지도상의 두 유전자에 대해서, 주어진 유전자형을 가진 개체가 만들어 낼 배우체들의 종류와 그 빈도를 예측할 수 있다.
- 양친의 유전자형을 유추하고, 염색체 상의 유전자들의 순서를 확인하고, 유전자들 사이의 지도거리를 계산하고, 교차 간의 간섭 정도를 확인하기 위한 목적으로 수행한 연관된 세 유전자를 포함하는 유전교배의 결과를 분석할 수 있다.
- 단일 염기 다형성(single nucleotide polymorphism, SNP)과 사본 수 변형(copy-number variation, CNV)을 구별할 수 있다.
- 정렬되지 않은 사분염색체(tetrad)를 가진 생명체에서 두 유전자 간의 연관이 어떻게 확인될 수 있는지 설명하고, 두 유전자 사이의 유전자 지도상의 거리를 계산할 수 있다.
- 정렬된 사분염색체(tetrad)를 지닌 생명체에서 하나의 유전자와 동원체 사이의 연관이 어떻게 검출될 수 있는지를 설명하고 유전자와 동원체 사이의 지도거리를 계산할 수 있다.

유전자 지도 작성이란 염색체에 있는 유전자들의 상대적인 위치를 결정하는 작업을 의미한다. 이는 유전학 연구의 주요 수단 중의 하나이지만, 유전체의 DNA 염기서열이 이미 알려진 생물체에 있어서는 이상하게 여겨질지도 모른다. 생물체 내 모든 유전자의 염기서열이 알려졌다면 유전자 지도 작성의 목적은 무엇일까? 그 해답은 유전자의 서열이 반드시 그 기능을 나타내는 것도 아니고, 또한 복잡한 생물학적 과정에서 어떤 유전자들이 상호작용할 것인가를 유전체의 DNA 서열이 나타내는 것도 아님에서 찾을 수 있다. 새로운 돌연변이 유전자가 발견되면, 유전 분석의 첫 단계는 유전체 내의 그 위치를 결정하는 유전자 지도의 작성이다. 만약 유전체 서열이 알려져 있다면 그 단계에서 이는 매우 유용한데, 왜냐하면 조사하고자 하는 생물학적 과정에서 어떤 역할을 하는 염기서열을 지닌 일련의 유전자와 돌연변이 유전자의 위치가 일치하는 일이 종종 있기 때문이다. 예를 들면, 꽃 색깔이 달라진 새로운 돌연변이의 경우, 안토시아닌(anthocyanin) 합성에 관여하는 효소를 암호화하는 유전자의 서열을 지닌 일련의 유전자를 포함한 부위에 해당 돌연변이 유전자가 위치할 수 있다. 그러나 유전자의 기능이 DNA 서열에 의해 항상 유추될 수 있는 것은 아니다. 어떤 경우에, 돌연변이 유전자가 위치한 곳에 있는, 이미 서열이 분석된 유전자 중에서 어떤 유전자와 관련이 있는지를 알기 위해서는 유전적 또는 분자적 분석이 필요하다. 인류유전학에서 유전자 지도 작성은 중요한데, 예를 들면 유방암을 유발하기 쉬운 유전자처럼, 유전병과 관련된 유전자들의 지도를 작성하여 유전체 내에서의 위치를 정할 수 있기 때문이다.

4.1 연관된 대립유전자는 감수분열시 서로 같이 있다

감수분열에서 전기 I 시기에 상동염색체가 접합으로 쌍을 이루고, 각 쌍의 각자는 후기 I 시기에 분리된다. 그러므로 동일 염색체 상에 인접해 있는 유전자들은 서로 같이 전달될 것으로 기대된다. 모건(Thomas Hunt Morgan)은 초파리의 X 염색체 상에 존재하는 2개의 유전자를 가지고 이 문제를 조사하였는데, 하나는 흰 눈의 돌연변이이고, 다른 하나는 짧은 날개의 돌연변이였다. 모건은 암컷의 X 염색체에 있는 흰 눈 대립유전자와 짧은 날개 대립유전자가 유전할 때 서로 같이 남으려는 경향을 관찰하였는데, 이런 현상을 **연관(linkage)**이라 한다. 그렇지만 연관은 불완전하여, 어떤 배우자는 흰 눈과 짧은 날개 대립유전자의 양친 염색체의 조합과 다른 조합을 만들었다. 새로운 조합은 상동염색체가 쌍으로 있을 때 절편을 교환할 수 있기 때문에 만들어졌다. 이런 과정(교차, crossing-over)은 상동염색체 사이에서 대립유전자의 **재조합(recombination)**을 일으킨다. 유전자들 사이의 유전 거리를 측정하는 두 유전자 사이의 재조합 빈도를 기반으로, 염색체 내의 유전자의 상대적 위치를 보여주는 염색체 도식인 **유전자 지도(genetic map)**를 작성한다. 유전자 지도를 따라 유전자들의 직선적 배치는 개개의 유전자가 염색체 상의 특정 부위, 즉 **좌위(locus)**를 점하고 있다는 결론과 일치하고, 이형접합체에서 한 유전자의 대립유전자가 상동염색체 쌍에서 상응하는 위치를 차지하고 있다는 것과도 일치한다.

연관된 유전자를 다룰 때, 대립유전자가 양친의 염색체에 어떻게 함께 존재하는지를 구별할 필요가 있다. 이는 사선("/")을 사용하여 구별한다. 한 염색체에 있는 대립유전자는 사선의 왼편에 쓰고, 상동염색체의 대립유전자는 사선의 오른편에 쓴다. 예를 들면, *AA BB* × *aa bb*의 교배에서 이중 이형접합성 자손의 유전자형을 *A B*/*a b*로 표기하는데, 이는 *A*와 *B* 대립유전자가 양친 중의 한쪽에서, 그리고 *a*와 *b*는 다른 쪽에서 유전되었기 때문이다. 이 같은 유전자형에서 *A*와 *B* 대립유전자는 **상인**(相引, **coupling**) 상태 또는 시스 **배치**(***cis*** **configuration**)라 하는데, 마찬가지로 *a*와 *b* 대립유전자도 상인 상태이다. 4가지 가능한 배우자형 중에서 *A B*와 *a b*형은 부모 염색체와 동일한 배치이기 때문에 **양친형 조합(parental combination)**이라 하고, *A b*와 *a B*형은 **재조합형(recombinant)**이라 한다(그림 4.1A).

A, *a*와 *B*, *b* 대립유전자 쌍의 또 다른 배치구조는 *A b*/

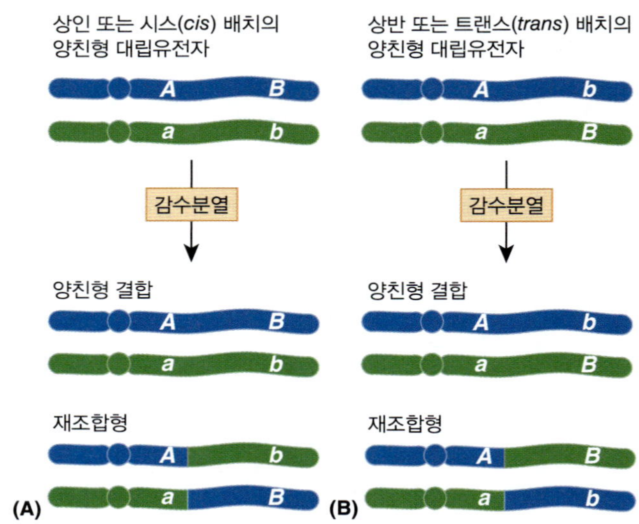

그림 4.1 대립유전자들 쌍에서 감수분열에 의해 만들어지는 배우자는 양친형 또는 재조합형의 형태를 지닌 대립유전자를 갖는다. 양친형 또는 재조합형의 어떤 것을 갖게 되는지는 양친에서 대립유전자가 상인 (A) 또는 상반 (B) 배치인지의 여부에 달렸다.

*a B*이다. 이 경우 *A*와 *B* 대립유전자를 **상반**(相反, **repulsion**) 상태 또는 **트랜스 배치(*trans* configuration)**라 한다. 양친형 및 재조합형 배우자형은 뒤바뀐다(그림 4.1B). 즉, *A b*와 *a B*가 양친형 조합이고, *A B*와 *a b*형은 재조합형이다.

재조합 빈도를 이용하여 연관 정도를 측정한다

모건은 초파리를 이용한 초기 연구 수행에서 여러 X-연관 유전자들의 돌연변이를 얻었고, 이들은 연관 연구에서 좋은 재료가 되었다. 이 유전자들 중의 하나인 w^+와 w 대립유전자는 정상 붉은색 눈과 흰색 눈을 만들고, 다른 유전자인 m^+와 m 대립유전자는 날개의 크기를 결정하는 것으로 정상 날개와 짧은 날개를 만든다. **그림 4.2**의 교배 1에서처럼 처음에는 흰 눈이면서 정상 날개를 가진 암컷과 붉은 눈이면서 짧은 날개를 가진 수컷을 교배시켰다.

$$\frac{w\ m^+}{w\ m^+}\ ♀♀ \times \frac{w^+\ m}{\mathrm{Y}}\ ♂♂$$

유전자형을 표기하는 데 있어 사선 대신에 분수식으로 표시하였다. 분자에 표기된 대립유전자는 한쪽 염색체에 존재하고, 분모에 있는 대립유전자는 그의 상동염색체에 존재한다. 암컷은 2개의 X 염색체가 모두 w 와 m^+를 지녔고 수컷은 X 염색체가 w^+와 m을 지녔다(분모의 Y는 Y 염색체를 말한다). 그림 4.2는 초파리 유전학에서 보편적으로 사용하는 표현법을 나타낸 것으로 야생형 대립유전자는 +를 덧붙인다. 염색체 내에 연관된 유전자를 표기할 때 유전자 순서는 항상 동일하기 때문에 + 표시만으로도 분명하게 나타낼 수 있다.

$$\frac{w\ +}{w\ +} = \frac{w\ m^+}{w\ m^+}$$

그리고

$$\frac{+\ m}{\mathrm{Y}} = \frac{w^+\ m}{\mathrm{Y}}$$

교배 1에서 얻은 F_1 암컷의 유전자형은 $w\ +/+\ m$ ($w\ m^+/w^+\ m$으로도 표기)으로 두 대립유전자는 상반 상태에 있다. 이 암컷을 $w\ m/\mathrm{Y}$인 수컷과 교배하여 얻은 자손은 그림 4.2의 자손 1로 나타냈다. 자손을 분류하면서 어머니로부터 온

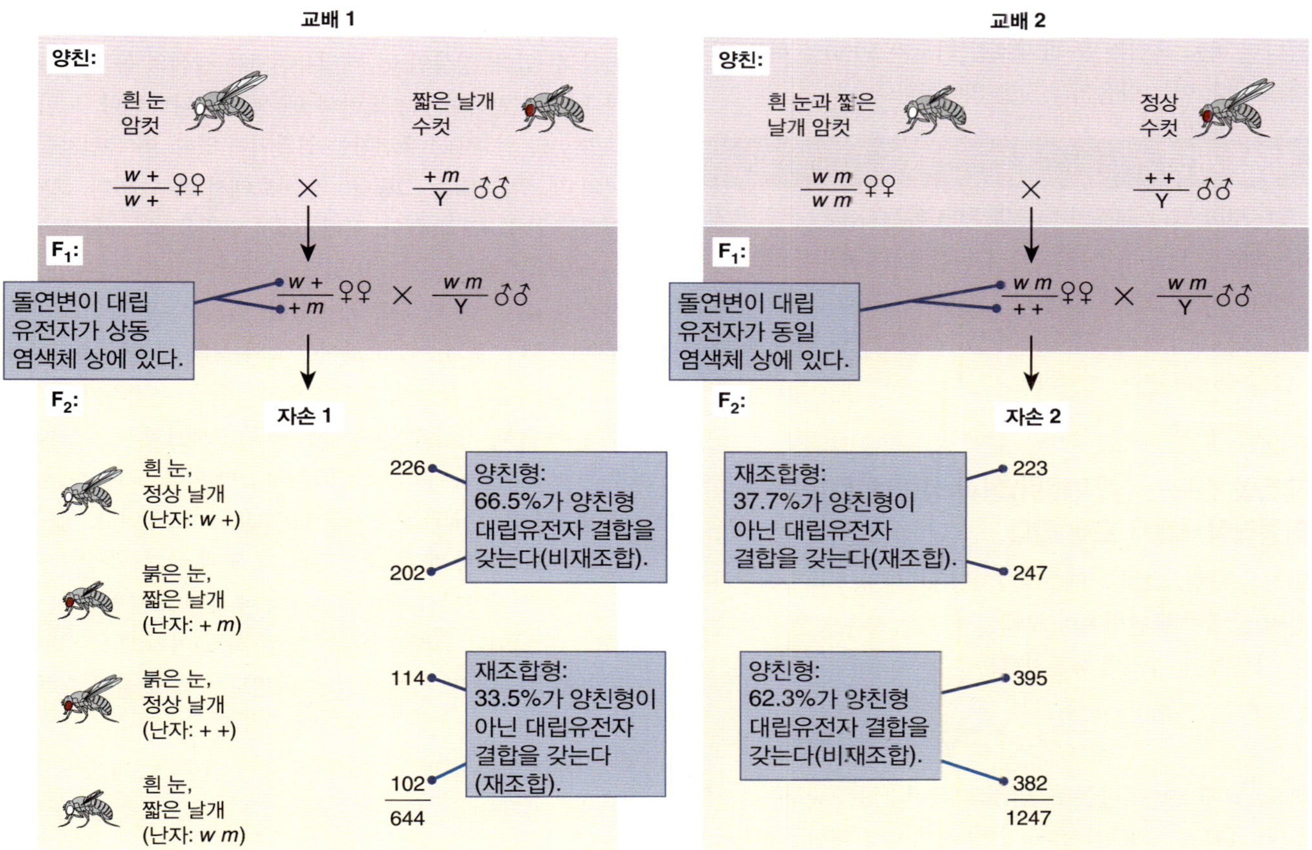

그림 4.2 2개의 돌연변이 대립유전자 사이의 재조합 빈도는 이들이 동일 염색체 또는 상동염색체에 놓여 있는지의 여부와는 무관하다는 것을 보여주는 실험. (A) 교배 1은 $w\ +/+\ m$ 유전자형 F_1 암컷을 낳고, $w - m$ 재조합 빈도는 33.5%이다. (B) 교배 2는 $w\ m/+\ +$ 유전자형 F_1 암컷을 낳고, $w - m$ 재조합 빈도는 37.7%이다. 이 값은 우연에 의해 생길 수 있는 변이 범위 내에 있다.

배우자는 왼쪽 난의 괄호 안에 표기하였다. 아버지로부터 받은 배우자는 *w m*이나 Y 염색체이다. 이 교배는 검정교배와 동일하기 때문에, 자손의 표현형 분석을 통해 어머니로부터 받은 배우자의 대립유전자의 정보를 알아낼 수 있다.

교배 1의 결과는 독립적 분리 법칙에서 기대되는 수컷 자손의 표현형 분리비인 1 : 1 : 1 : 1에서 많이 벗어나 있다. 완전 연관이 아닌 상태에서 동일 염색체 내에 있는 유전자들은 유전에서 서로 같이 남으려 한다면 이와 같은 편차를 보여주는 분리가 나타날 수 있다. 이 경우, F_2 수컷 자손에서 원래(F_1) 교배 시의 양친의 표현 형질과 같은 조합(양친형 표현형)을 보이는 것은 428/644(66.5%)이고 비양친형 조합(재조합형 표현형)은 216/644(33.5%)이다. 33.5% 재조합 X 염색체를 **재조합 빈도(frequency of recombination)**라 하고, 50% 재조합으로 기대되는 독립적 분리와 차별된다.

재조합 X 염색체인 $w^+\ m^+$와 $w\ m$은 F_1 암컷에서 감수분열시 교차에 의한 것이다. 이 예에서 연관된 *w*와 *m* 유전자 간의 재조합 빈도는 33.5%이다. 다른 연관된 유전자 쌍에서 재조합 빈도의 범위는 대략 0에서 50% 사이에 있다. 심지어 동일 염색체에 있는 유전자에서도, 그들이 상당히 떨어져 있다면 마치 독립적 분리(재조합 빈도가 50%)를 하는 것처럼 보인다. 이는 다음의 원칙을 의미한다:

핵심 개념

50%보다 낮은 재조합 빈도를 지닌 유전자들은 동일 염색체상에 존재한다(연관). 2개의 유전자가 독립적으로 분리한다는 것은 50% 재조합 빈도를 보이는 것과 같은데, 이는 두 유전자가 비상동염색체에 있거나 또는 한 염색체에서 멀리 떨어져 있는 경우이다.

재조합 빈도는 상인(相引)형과 상반(相反)형 이형접합체에서 모두 같다

모건은 그림 4.2의 교배 2에서처럼 w^+와 m^+ 대립유전자가 상인 상태인 돌연변이의 교배에서 얻은 자손도 연구하였다. 이 경우 원래 양친의 유전자형은

$$\frac{w\ m}{w\ m}♀♀ \times \frac{+\ \ +}{Y}♂♂$$

으로, 교배 2에서 나온 F_1 암컷의 유전자형은 $w\ m/+\ +$($w\ m/w^+\ m^+$로도 표기)이다. 이 경우 야생형 대립유전자들은 동일 염색체에 있다. 이들 F_1 암컷 자손을 $w\ m$/Y 수컷과 교배하여 얻은 자손의 분류는 그림 4.2의 자손 2에 도식화하여 나타내었다.

교배 2에서 대립유전자가 상인형이므로 양친형 배우자는 $w\ m$이나 + +이고, 재조합형 배우자는 w + 또는 + m이다. 배우자의 유형은 교배 1에서 보인 배우자의 유형과 같으나 양친형과 재조합형이 정반대이다. 그러나 재조합 빈도는 37.7% 대 33.5%로 거의 비슷하다. 이 차이는 실험과 실험 간에 생길 수 있는 무작위적 변이로 기대되는 범위 내에 있다. 돌연변이 대립유전자들이 상반(트랜스) 배치이든 상인(시스) 배치이든 간에 같은 재조합 빈도를 보인다는 발견은 다음과 같은 결론에 이르게 한다.

핵심 개념

연관된 유전자 사이의 재조합은 유전자의 대립유전자가 상반(트랜스) 또는 상인(시스) 배치인 것과 상관없이 같은 빈도를 나타낸다. 즉, 대립유전자가 어떻게 배열되어 있는지와는 무관하게 동일하다.

재조합 빈도는 각 유전자 쌍에 따라 다르다

재조합 빈도가 개개의 유전자 쌍에 좌우된다는 원리를 초파리의 또 다른 X-연관 유전자인 열성 대립유전자 *y*를 통해 알아볼 수 있다. 정상인 y^+ 대립유전자는 갈색의 몸 색깔을 나타내는 데 반하여 *y*는 노란색 몸 색깔을 나타낸다. 노란 몸 색깔(*y*)과 흰 눈(*w*) 유전자는 연관되어 있다. 이 유전자들 사이의 재조합 빈도는 **그림 4.3**의 자료에서 볼 수 있다. 교배의 얼개는 그림 4.2와 같다. 교배 1에서 암컷은 *y*와 *w*를 트랜스(+ w/y +) 배치로 지니고 있고, 교배 2에서는 대립유전자가 시스 ($y\ w/+\ +$) 배치로 되어 있다. *y*와 *w* 유전자 간의 재조합 빈도는 그림 4.2에서 보이는 *w*와 *m*의 재조합 빈도보다 아주 낮은 값을 갖는다. 달리 말하면, *y*와 *w* 유전자가 *w*와 *m*보다 아주 더 가깝게 연관되어 있다. 교배 1에서 재조합 자손은 + +와 $y\ w$이고 130/9027 = 1.4%이다. 교배 2에서 재조합 자손은 + w와 y +이고 94/7838 = 1.2%이다. 역시 양친형과 재조합형 배우자는 교배 1과 교배 2에서 정반대인데, 이는 암컷 어미에서 대립유전자의 배치가 교배 1에서는 상반(트랜스)이나 교배 2에서는 상인(시스)이기 때문이다. 그렇지만 두 유전자 사이의 재조합 빈도는 역시 실험 오차 범위 내에 있다.

이 실험의 결과는 재조합에 대한 다음의 2가지 일반적 원리를 지지한다.

- 개개의 유전자 쌍은 특징적인 재조합 빈도를 보인다.
- 이형접합자가 시스(상인)이든 트랜스(상반) 배치이든 간에 재조합 빈도는 같다.

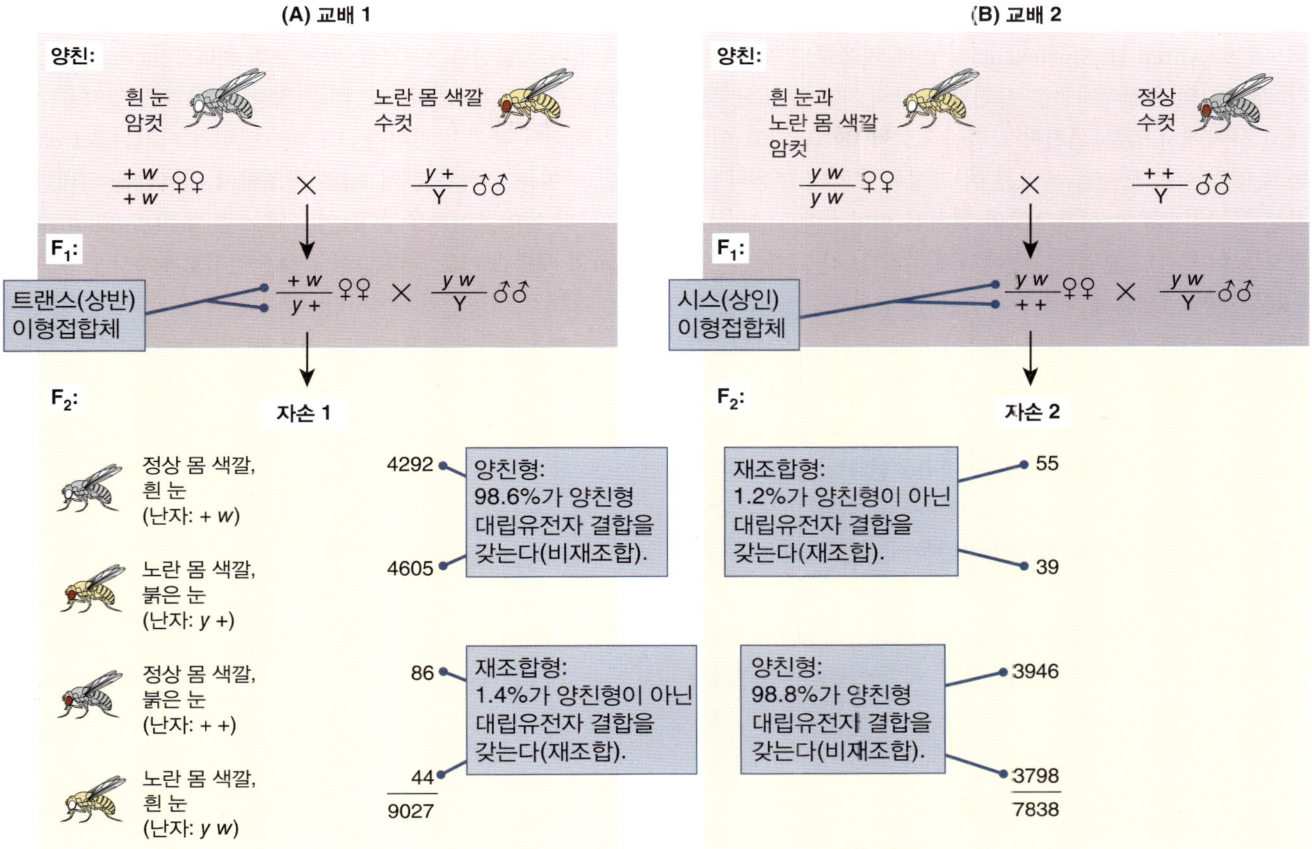

그림 4.3 2개의 유전자 사이의 재조합 빈도는 유전자에 의존한다는 것을 보여주는 실험. *w*와 *y* 사이의 재조합 빈도는 그림 4.2의 *w*와 *m* 사이의 것보다 훨씬 작다. *yw* 실험 또한 트랜스와 시스 이형접합성 유전자형들에서 재조합 빈도가 동일하다는 것을 확인해 준다. (A) 트랜스 이형접합성 암컷 + *w*/*y* +은 1.4% 재조합을 보여준다. (B) 시스 이형접합성 암컷 *y w*/+ +은 1.2% 재조합을 보여준다.

수컷 초파리에서는 재조합이 일어나지 않는다

초파리 유전학의 초창기 실험에서 수컷에서는 재조합이 일어나지 않는 특이한 생물체라는 것이 또한 밝혀졌다. 즉, 초파리 수컷에서 재조합의 부재는 개개의 염색체에 놓여 있는 모든 대립유전자들이 완전 연관을 보인다는 것이다. 예를 들면, *cn*(주홍색 눈)과 *bw*(갈색 눈) 유전자는 모두 제2염색체에 놓여 있지만, 이들은 멀리 떨어져 있기 때문에 암컷에서 50% 재조합을 보인다. 유전자들이 50% 재조합을 나타내고 있기 때문에 아래와 같은 교배에서

$$\frac{cn\ \ bw}{+\,+}\ ♀♀ \times \frac{cn\ \ bw}{cn\ \ bw}\ ♂♂$$

유전자형 *cn bw*/*cn bw*와 + +/*cn bw*(비재조합형)과 더불어 *cn* +/*cn bw*와 + *bw*/*cn bw*(재조합형)의 자손이 1 : 1 : 1 : 1의 비율로 나온다. 역교배의 결과는 다르다. 수컷에서 교차가 없기 때문에 역교배에서

$$\frac{cn\ \ bw}{cn\ \ bw}\ ♀♀ \times \frac{cn\ \ bw}{+\,+}\ ♂♂$$

비재조합 유전자형 *cn bw*/*cn bw*와 + +/*cn bw*인 자손만이 같은 비율로 나온다. 초파리 수컷에서 재조합의 부재는 실험 디자인을 하는 데 매우 유용하게 쓰인다. 앞의 *cn*과 *bw*에서처럼, 어떤 염색체에 있든 간에 수컷에서 모든 대립유전자는 상동염색체에 있는 대립유전자와 재조합이 이루어지지 않고 하나의 그룹으로 전달된다. 초파리 수컷에서 교차의 부재는 예외적인 것으로 대부분의 동식물에서 재조합은 비록 동일 빈도는 아니라 하더라도 암수 모두에서 일어난다.

4.2 연관된 대립유전자들 사이의 교차로 재조합이 일어난다

염색체에서 유전자들의 연관은 **유전자 지도**(*genetic map*)의 형태로 제시될 수 있다. 유전자 지도는 유전자들 사이의 재조합 빈도에 비례하여 인접된 유전자들 간의 거리를 염색체 상에 일렬로 배열시킨 것이다. 유전자 지도는 종종 **연관 지도(linkage map)** 또는 **염색체 지도(chromosome map)**라고도

한다. 유전자 지도 작성의 개념은 1913년 모건의 제자인 스터트번트(Alfred H. Sturtevant)에 의해 처음으로 제시되었다. 초창기의 유전학자들은 유전자들 간의 재조합은 상동염색체 사이에서 일부 절편이 교환됨으로써 일어난다고 이해하고 있었는데, 오늘날 우리는 이 과정을 교차라 부른다. 교차는 물리적으로는 십자모양의 교차점(키아스마, chiasma)으로 보이며, 감수분열 전기 I에서 관찰된다. 각 교차점은 감수분열시에 염색분체의 절단과 재결합의 결과로, 이때 염색분체 사이에서 해당 부위의 절편이 서로 교환된다. 교차 가설은 교차점의 결과로 새로운 유전자 표지자를 지니게 된다는 것이다. 그림 4.4는 이 과정을 보여준다. 교차가 없을 때(A 부분), 각 상동염색체에 있는 대립유전자는 동일 조합으로 있게 된다. 그러나 교차가 일어나면(B 부분) 염색분체에 있는 2개의 대립유전자 중에서 바깥쪽에 있는 대립유전자는 서로 교환(재조합)된다.

유전자 지도에서 거리 단위를 **지도단위(map unit)**라 하는데, 1 지도단위는 1% 재조합과 같다. 예를 들면, 두 유전자가 3.1%의 빈도로 재조합하는 경우, 이를 3.1 지도단위로 떨어져 있다고 말한다. 1 지도단위는 또한 **센티모건(centimorgan)** 또는 줄여서 cM이라고도 하는데, 이는 모건의 업적을 기리기 위해서 붙여진 것이다. 3.1 지도단위의 거리는 3.1 cM과 같고, 이는 유전자 간에 3.1% 재조합이 일어남을 의미한다. 초파리 돌연변이체로 흰 눈인 *w*와 소형 체구(*diminutive*)인 *dm*의 예를 보기로 하자(그림 4.5A). 검정교배에서 암컷 어미는 트랜스 이형접합자이지만, 이미 앞에서 본 바와 같이 시스 이형접합자의 경우에서도 재조합 빈도는 동일하다. 1,000마리의 자손 중에서 31마리의 재조합체가 나왔는데, 이를 이용하여 *w*와 *dm* 사이의 유전거리를 다음과 같은 4가지 방식으로 표기할 수 있다.

- 재조합 빈도—이 경우는 0.031
- 재조합의 퍼센트는 3.1%
- 지도단위의 거리 표시 방식으로는 3.1 지도단위
- 센티모건의 거리 표시 방식으로는 3.1 센티모건 (3.1 cM)

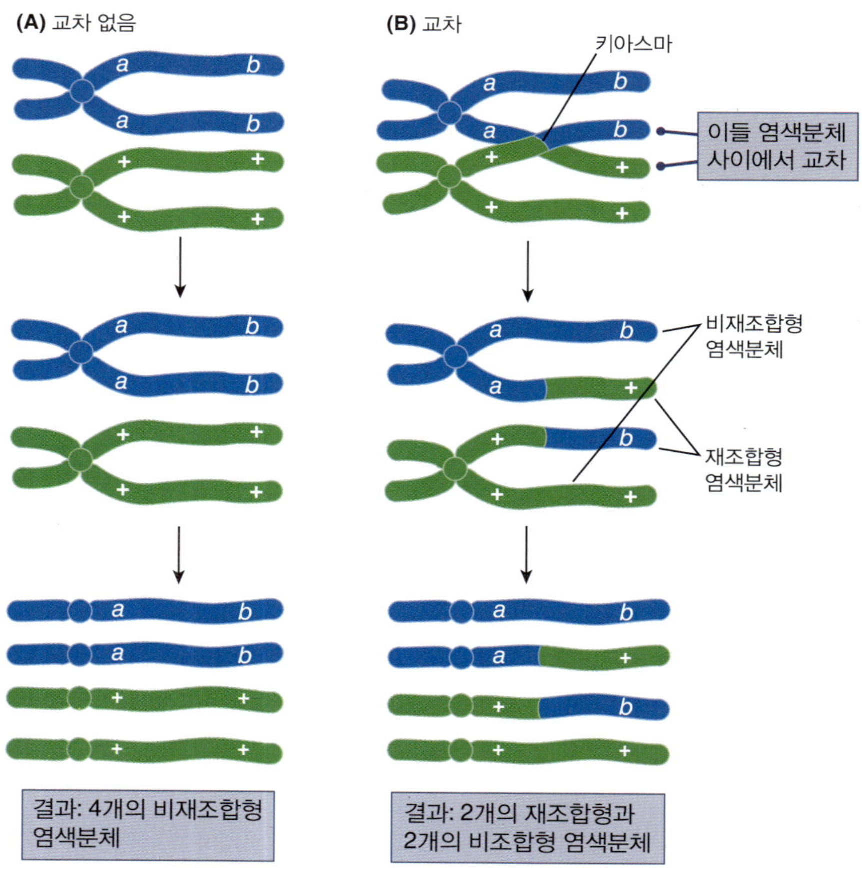

그림 4.4 2개 유전자 사이의 교차를 보여주는 모식도. (A) 2개 유전자 사이에 교차가 없다면 대립유전자는 재조합하지 않는다. (B) 그들 사이에 하나의 교차가 있다면, 4개의 염색분체 중 오직 2개 사이에서만 교환이 이루어지기 때문에 2개의 재조합체와 2개의 비재조합체가 만들어진다.

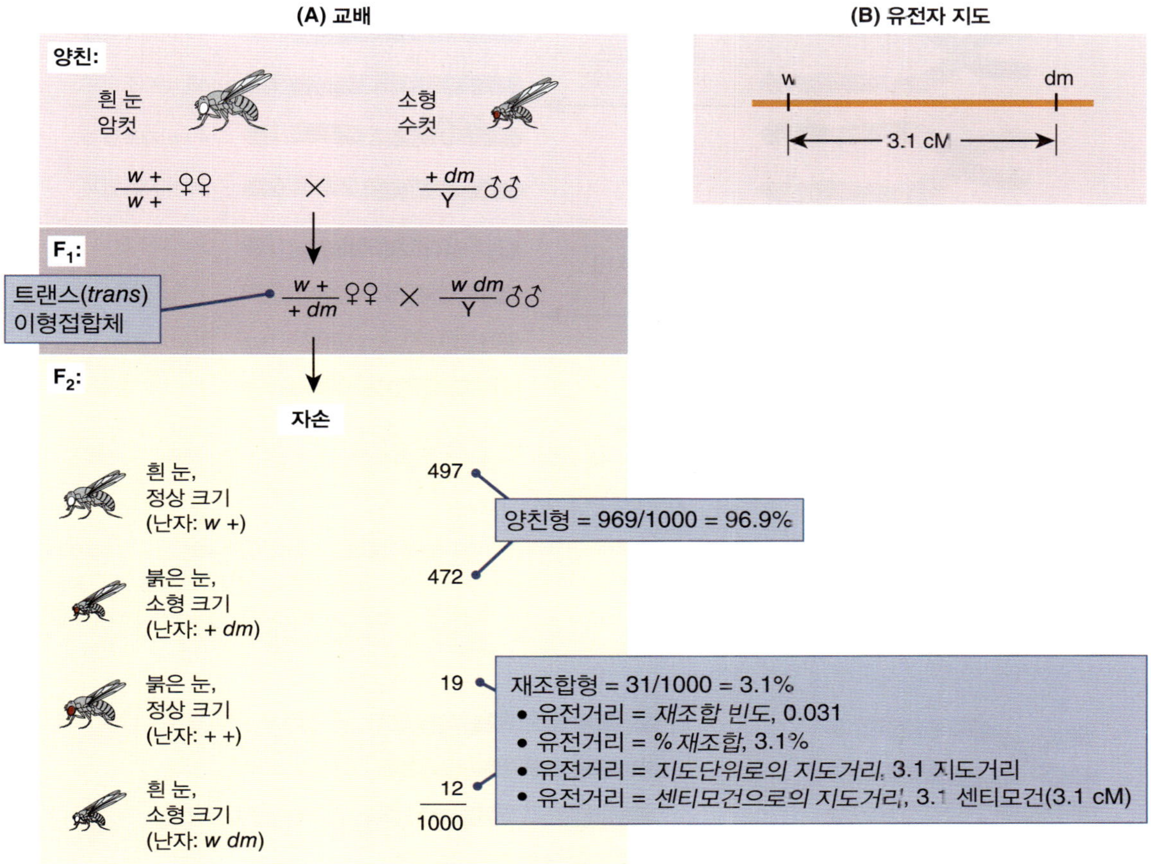

그림 4.5 재조합 빈도가 유전자 지도를 작성하는 데 어떻게 사용되는가를 보여주는 실험. (A) 유전자 *w*와 *dm* 사이에서 재조합이 3.1%이다. (B) 3.1% 재조합에 상응하는 3.1 지도단위 (3.1 센티모건, cM)로 떨어져 위치한 *w*와 *dm*의 유전자 지도. 재조합 빈도가 충분히 낮을 경우에는 지도거리가 재조합 빈도와 동일하다.

이러한 데이터에 기초한 유전자 지도를 그림 4.5(B)에서 볼 수 있다. 염색체는 수평선으로 나타내고, 각 유전자는 다른 유전자와의 유전 거리에 의거하여 선 위에 표시함으로써 위치를 나타낸다. 이 예에는 2개의 유전자 *w*와 *dm*이 있고, 이들은 3.1 센티모건 혹은 3.1 지도단위로 떨어져 있다. 지도는 보통 관심이 있는 선택된 유전자들만을 보여주도록 생략된 것이다. 초파리 X 염색체의 전체 유전자 지도는 이 그림에서 보여주는 것보다는 훨씬 더 양쪽 방향으로 전개되어 있다.

물리적으로 1 지도단위는 감수분열을 하는 50개의 세포당 평균 1개의 교차가 만들어지는 염색체의 길이에 해당한다. 이 원리는 **그림 4.6**에 도식화하였다. 만약 50개의 감수분열 세포 중에서 1개의 세포에 하나의 교차가 있다면 교차 빈도는 1/50, 즉 2%가 된다. 그러나 유전자 간의 재조합 빈도는 1%이다. 1% 재조합이 2% 교차에 상응한다는 것은 약간 혼란스럽기는 하지만, 교차가 2개의 재조합 염색분체와 2개의 비재조합 염색분체의 결과라는 것을 고려하면 이해할 수 있다(그림 4.6). 2% 교차 빈도는 50개의 세포에서 만들어지는 200개의 염색체 중에서 오직 2개 염색체에서만 교차가 생겨, 유전자 표지자가 해당 염색체의 특정 부위에서 재조합된 것이다. 다시 말하면, 2% 교차는 1% 재조합에 해당하는데, 이는 교차를 지닌 각 세포에서 염색분체의 절반만이 실제로 재조합체이기 때문이다.

그림 4.6의 *A*, *a*와 *B*, *b* 대립유전자 쌍과 같이, 염색체를 따라 **유전자 표지자(genetic marker)**가 있는 경우, 교차가 유전자 사이에서 생길 때에만 표지 유전자 사이에 재조합이 일어난다. **그림 4.7**은 교차가 유전자 *A*와 *B* 사이에서 일어나지 않고 동원체와 유전자 *A* 사이에서 일어난 경우를 모식화한 것이다. 교차는 염색분체 내에서 절편의 물리적 교환을 일어나게 한다. 그러나 교차가 *A*와 *B* 사이의 부위 바깥에서 일어났기 때문에 그 결과 생긴 배우자는 모두 *A B* 또는 *a b* 대립유전자 조합을 지니게 되고, 이들은 모두 비교차형 염색체이다. 교차가 표지 유전자 사이의 부위에서 일어나지 않는다면

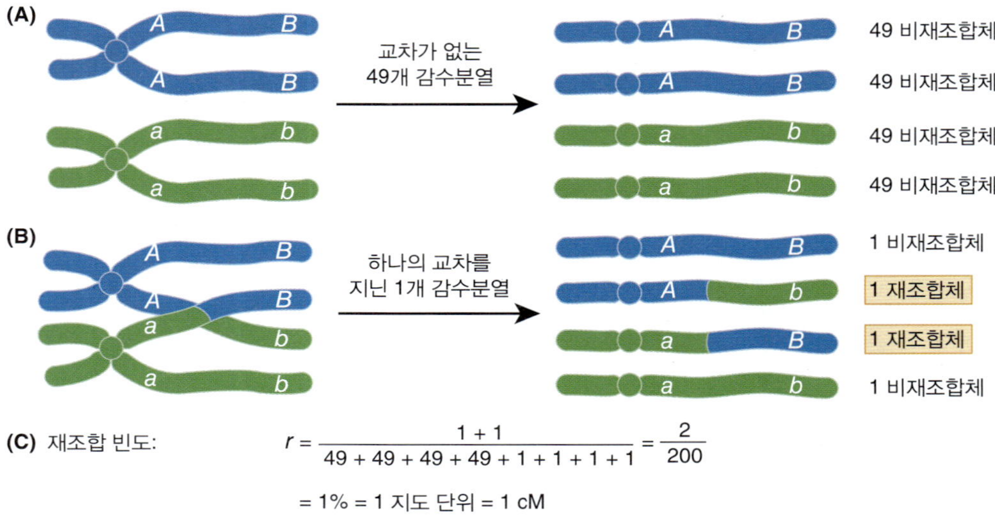

그림 4.6 50개 감수분열 세포 중 1개 세포에서 두 유전자 사이에 교차를 갖는 경우의 염색체 구성 모식도. (A) 교차가 없는 49개 세포는 98개의 *A B*와 98개의 *a b*염색체를 나타내며 이는 비교차형이다. (B) 교차를 지닌 세포는 *A B*, *Ab* , *a B*, *a b*의 염색체를 만드는데, 이 중 가운데 2개가 재조합형 염색체이다. (C) 재조합 빈도는 2/200, 1%, 1 지도단위 또는 1cM이다. 그러므로 1% 재조합은 50개의 감수분열 세포 중 1개에서 유전자 사이에 교차가 있다는 것을 의미한다.

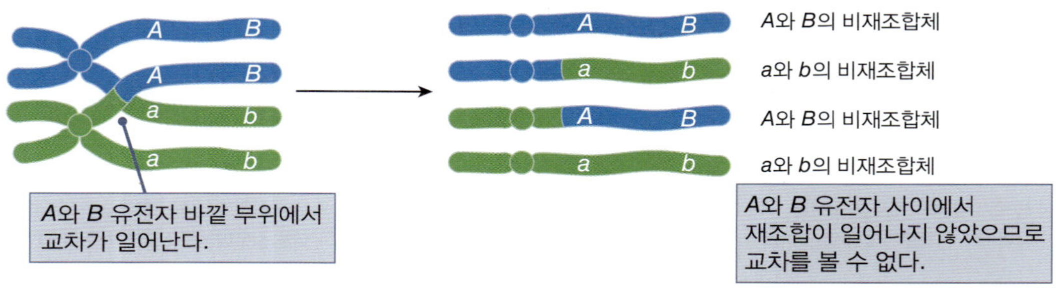

그림 4.7 2개 유전자의 바깥 부위에서의 교차는 재조합으로 검출되지 않는다. 염색체의 절편은 교환되었지만 교차가 일어난 부위 바깥의 유전자 표지자는 *A B*와 *a b*로 비재조합 구성인 것으로 보인다.

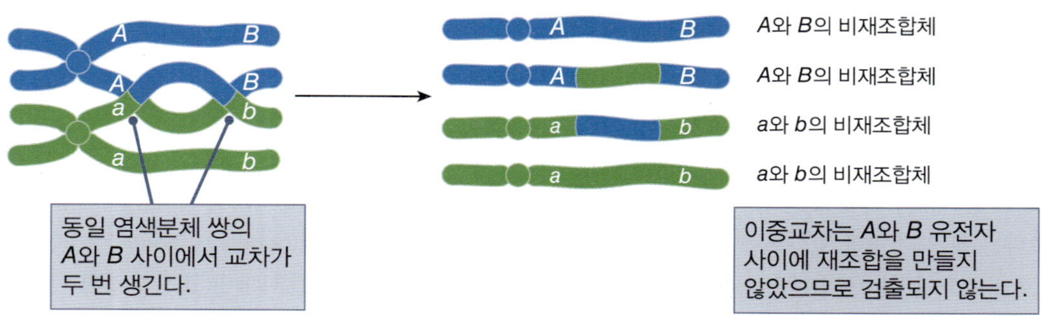

그림 4.8 만약 *A*와 *B* 유전자 표지자 사이에서 2개의 교차가 일어났을 때, 이것이 동일 염색분체 사이에서 일어났다면, 그 결과에 의해 만들어지는 모든 염색체는 *A B* 혹은 *a b* 같은 비교차형이므로 교차가 검출되지 않는다.

교차의 존재는 검출되지 않는다.

어떤 경우에는 표지 유전자 사이의 거리가 너무 커서 두 번의 (또는 그 이상의) 교차가 하나의 감수분열 세포에서 생길 수 있다. 두 번의 교차가 생긴 모형을 **그림 4.8**에서 볼 수 있다. 이 예에서 보면, 동일 염색분체 쌍에서 2개의 교차가 생겼고, 표지 유전자 사이에서 염색체 절편의 물리적인 교환이 있었지만, 표지 유전자 자체가 재조합되지 않았기 때문에 이중교차가 검출되지 않은 상태로 있다. *A*와 *B* 사이의 재조합에 관한 한, 재조합의 부재는 두 번째 교차가 처음의 효과를 반전시킨 결과이다. 그 결과 생긴 염색체는 *A B* 또는 *a b*로 모두 비재조합형이다.

두 유전자 사이의 부위에서 이중교차가 발견되지 않을 수 있기 때문에(이중교차가 재조합형 염색체를 만들지 않을 경우에 생긴다), 재조합 빈도로 측정한 두 유전자 사이의 거리와 지도단위로 계측된 거리 사이에는 분명한 차이가 있다.

- 두 유전자 사이의 **지도거리**(*map distance*)는 감수분열 세포당 한 부위에서 일어나는 교차의 평균수의 절반으로, 이는 교차로 측정되는 값이다.
- 두 유전자 사이의 **재조합 빈도**(*recombination frequency*)는 개개의 실험에서 실제로 관측된 재조합이 얼마나 되느냐 이며, 이는 재조합으로 측정되는 값이다.

지도거리와 재조합 빈도 사이의 차이는 재조합 배우자를 만들지 않는 이중교차 때문에 생긴다. 그림 4.8에서 보여주는 바와 같이 이중교차는 지도거리에는 기여하지만, 재조합 빈도에는 기여하지 않는다. 이 차이은 문제의 거리가 이중교차가 일어나기에 충분할 만큼 큰 경우에만 중요하다. 만약 유전자 사이의 거리가 감수분열 시에 하나의 교차만이 일어날 정도로 작을 경우에는 지도단위와 재조합 빈도는 같다(왜냐하면 다중교차가 없기 때문에). 이것이 1 지도단위로 1% 재조합을 정의하는 근거가 된다.

핵심 개념

거리가 짧아 다중교차가 배제된 경우에는(대개 10% 재조합 또는 그 이하), 모든 교차가 재조합 배우자를 만들기 때문에 지도거리는 재조합 빈도와 일치한다.

연관된 유전자들 사이의 거리가 아주 짧아 다중교차가 일어나지 않을 만큼 염색체 상에 인접되어 있을 경우에는 유전자들 사이의 재조합 빈도(즉, 지도거리)는 부가적으로 가감된다. 이는 유전자 지도 작성에 사용되는 기본 원칙일 뿐 아니라 재조합의 중요한 특징으로 **그림 4.9**를 예로 보기로 하자. 노란색 몸 색깔의 *y*, 루비색 눈의 *rb*, 그리고 짧은 날개 시맥의 *cv* 유전자가 초파리의 X 염색체 상에 있다. 실험에서 얻은 재조합 빈도는 *y*–*rb*가 7.5%, *rb*–*cv*가 6.2%이다. 어떤 유전자(*y, cv,* 또는 *rb*)가 가운데 있느냐에 따라 유전자 지도는 3가지 중의 하나가 될 것이다. *y*가 가운데 있는 지도 C

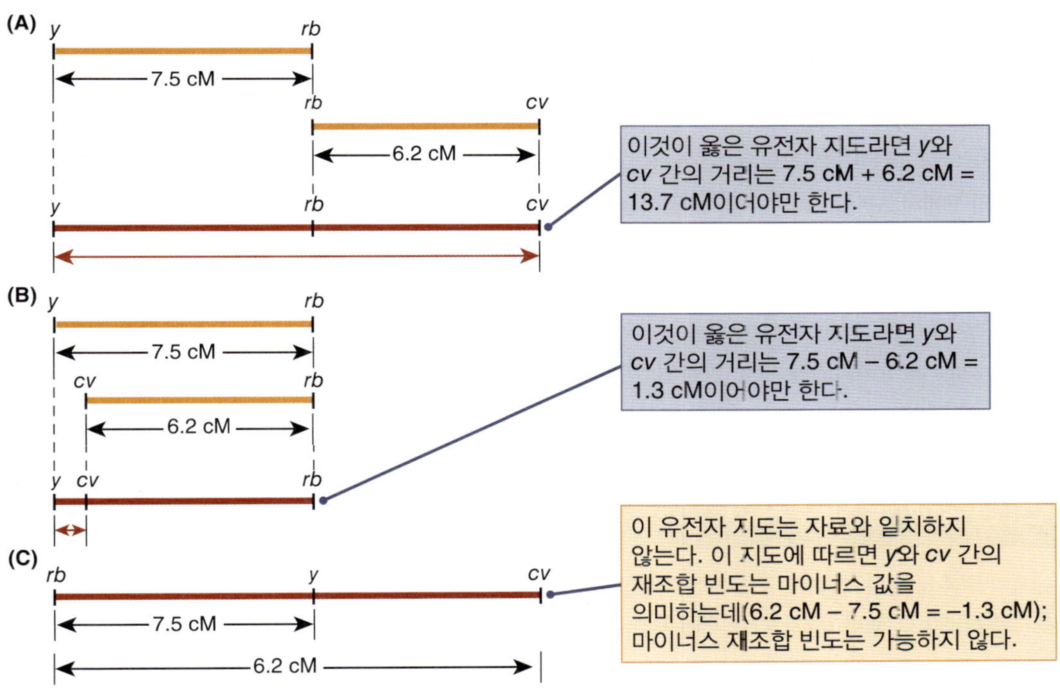

그림 4.9 초파리에서 유전자 *y*(노란 체색)와 *rb*(루비 눈색)는 7.5% 재조합 빈도를 보여주며, *rb*와 *cv*(짧은 날개시맥)는 6.2% 재조합 빈도를 보여준다. 3가지 가능한 유전 지도가 있는데, *rb*가 가운데 있는 경우(A)와 *cv*가 가운데 있는 경우(B) 혹은 *y*가 가운데 있는 경우(C)이다. (C)의 경우는 *rb*와*y*가 *rb*와 *cv*보다 근접해 있어야만 하는데, 실제로 관찰된 재조합 빈도는 *rb*와 *y*가 *rb*와 *cv* 사이보다 더 멀기 때문에 제외될 수 있다. 지도 (A)와 (B)는 주어진 자료에 의하면 가능한 경우이다.

는 제외될 수 있다. 왜냐하면, *rb*와 *cv* 사이의 재조합 빈도가 *rb*와 *y* 사이 보다 커야 하나 관찰된 데이터는 그렇지 못하기 때문이다. 다시 말하면, 지도 C는 *y*와 *cv* 사이의 재조합 빈도가 마이너스 값을 보이므로 제외될 수 있다.

지도 A와 B는 모두 관찰된 재조합 빈도와 일치한다. 그러나 이들은 *y*와 *cv* 사이의 재조합 빈도에 대한 예측에서 차이가 있다. 지도거리의 덧셈 원칙을 사용하면, A에서 예측되는 *y*−*cv* 지도거리는 13.7 지도단위가 되고 반면에 B에서는 *y*−*cv* 지도거리가 1.3 지도단위가 된다. 실제로 *y*와 *cv* 사이의 재조합 빈도는 13.3%이므로 지도 A가 옳다. 그러나 지도 A와 상응하는 유전자 지도는 실제로는 2개이다. 이들은 단지 *y*가 왼쪽 또는 오른쪽에 있느냐에 따른 차이로, 하나는 그림 4.9에서처럼 *y*−*rb*−*cv*의 순서이고 다른 하나는 *cv*−*rb*−*y*이다. 유전자 지도를 작성하는 이 2가지 서술은 모두 옳다고 할 수 있는데, 왜냐하면 재조합 결과로부터 *y* 또는 *cv* 중 어떤 것이 염색체의 말단부에 더 가까이 있는지 알 수 있는 방법이 없기 때문이다. (실제로는, 다른 데이터를 참조하면 *y*가 말단부에 더 가까이에 있다.)

한 연관군은 한 염색체 유전자들의 유전자 지도이다

그림 4.9의 논리를 바탕으로, 알려진 모든 유전자를 염색체가 모두 포함할 수 있게끔 유전자 지도를 확장할 수 있는데, 이렇게 구성된 유전자들을 **연관군(linkage group)**이라 한다. 한 종의 연관군의 수는 반수체 염색체의 수와 같다. 예를 들면, 옥수수(*Zea mays*)는 10쌍의 염색체를 지니고 있고 연관군은 10개이다. 제10번 염색체의 부분적인 유전자 지도와 돌연변이에 의해 생긴 몇몇 표현형을 그림 4.10에서 함께 볼 수 있다. 그림의 C와 F에서 보이는 옥수수의 알맹이는 멘델의 분리 법칙을 보여준다. C의 알갱이는 이형접합 유전자형의 두 개체 간의 교배에서 노란색과 주황색 알갱이가 3 : 1로 분리되는 것을 보여주는데, 이는 열성 대립유전자인 *orp-2*(오렌지색 과피, *orange pericarp-2*)에 의해 만들어진다.

Courtesy of M. G. Neuffer, College of Agriculture, Food, and Natural Resources, University of Missouri.

F의 알갱이는 이형접합 유전자형과 동형접합 야생형 간의 교배에서 우성 대립유전자인 *R1-mb*에 의해 만들어져 대리석 무늬 : 흰색 낟알이 1 : 1로 분리됨을 보여준다.

Courtesy of M. G. Neuffer, College of Agriculture, Food, and Natural Resources, University of Missouri.

인간 유전자 지도의 특징 중의 하나는 23쌍의 염색체에 걸쳐 여성의 유전자 지도가 남성의 유전자 지도보다 더 길다는 것이다. 여성의 유전자 지도 길이가 약 4400 cM인 데에 비해 남성의 유전자 지도 길이는 2700 cM 정도로, 이는 여성에서 약 60% 정도 재조합 빈도가 높다는 의미이다. 양성에 걸쳐 평균적으로 인간의 유전자 지도는 약 3500 cM이다. 인간 연색체 반수체당 DNA의 길이가 약 3000 Mb인 점을 고려하면, 인간 염색체 1 Mb는 대략 1 cM의 유전자 지도 거리에 해당된다.

물리적 거리는 지도거리와 상응하지만 반드시 그런 것은 아니다

일반적으로 염색체 내의 유전자들 간의 물리적 분리가 용이하면 할수록, 그들 간의 지도거리도 커진다. 물리적 거리와 지도거리에는 상관관계가 있다. 이는 유전자 사이가 거리가 멀수록 그만큼 교차가 일어날 기회가 커지기 때문이다; 교차는 상동염색체 쌍의 염색분체 간의 물리적 교환이다.

잠깐 생각해 봅시다 4.1

두 연관된 유전자의 우성 및 열성 대립유전자를 가진 이형접합 유전자형을 가진 개체와 두 유전자의 열성 대립유전자의 동형접합 유전자형을 가진 개체를 교배하였다. 그 교배 결과, 총 640 자손에서 다음과 같은 종류의 자손이 관찰되었다.

A B/*a b* 95　　*A b*/*a b* 216　　*a B*/*a b* 232　　*a b*/*a b* 97

이 유전자들 사이의 재조합 빈도는 얼마인가? 이중이형접합자 선친의 열성 대립인자들은 상인(coupling) 배치인가 상반(repulsion) 배치인가?

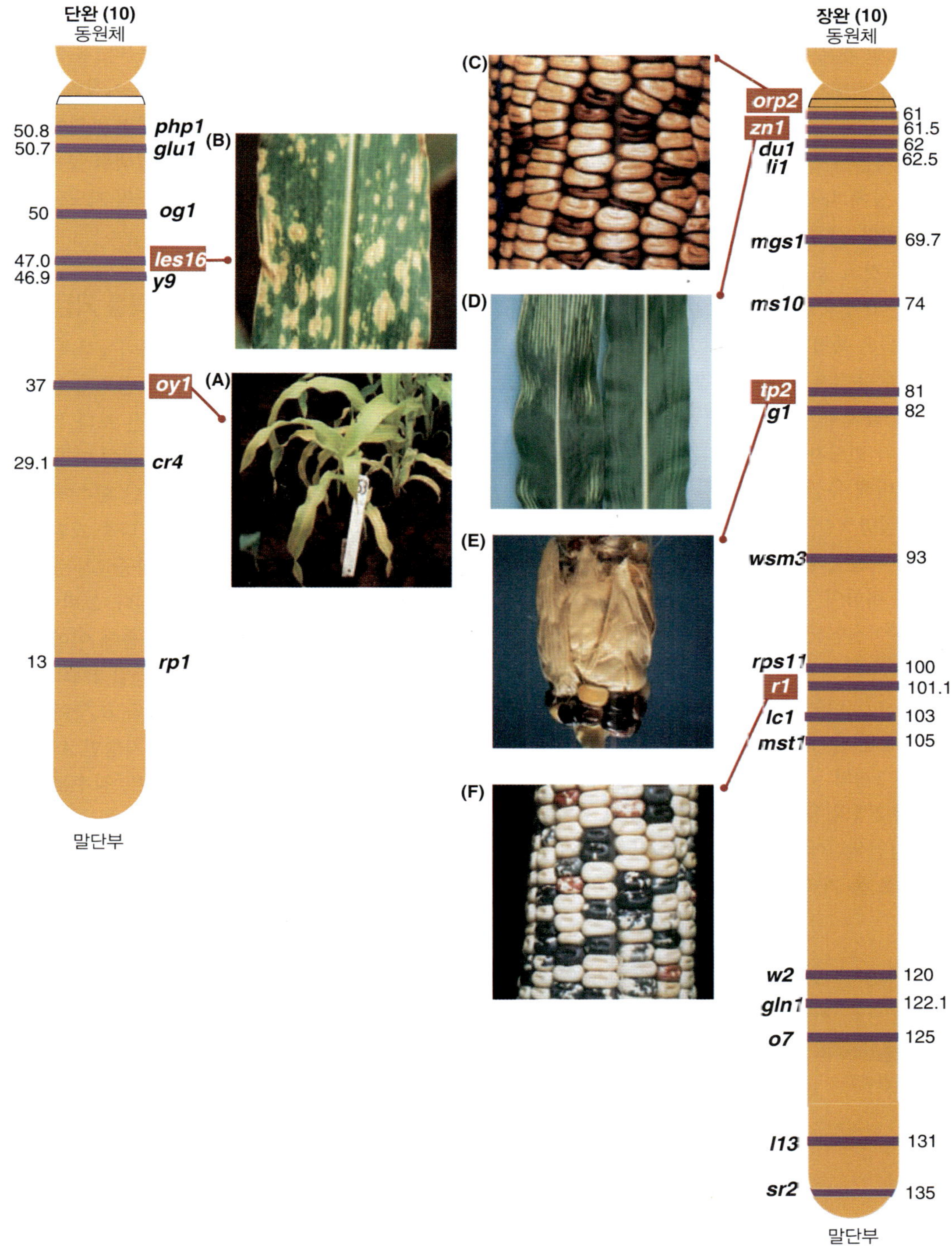

그림 4.10 옥수수(*Zea mays*)의 제10번 염색체의 유전자 지도. 각 유전자의 지도거리는 단완의 말단부를 0 위치로 하여(왼쪽 하단) 상대적인 표준 지도단위(센티모건)로 주어진다. (A) 유전자 *oil yellow-1oy1*의 돌연변이는 녹황색 식물을 만든다. 사진의 앞쪽은 우성 대립유전자 *Oy1*에 이형접합성인 식물이고 뒤쪽은 정상 식물이다. (B) 유전자 *lesion-16les16*의 돌연변이는 잎 표면에 여러 크기의 불규칙하게 배치된 수많은 무색 반점을 만든다. 사진은 우성 대립유전자 *Les16*의 이형접합체의 표현형을 보여준다. (C) *orp2* 대립유전자는 열성으로, 알갱이를 둘러싼 모계 조직인 과피를 오렌지색으로 발현되게 한다. 옥수수 알갱이에서 두 이형접합 유전자형들 간의 교배에서 *orp2*의 분리가 노란색과 오렌지색이 3 : 1로 되는 것을 보여준다. (D) *zn1* 유전자는 *zebra necrotic-1*으로 잎에서 죽은 조직이 세로로 줄무늬를 보여준다. 사진에서 왼쪽 잎은 동형접합성 *zn1*, 오른쪽은 야생형이다. (E) 유전자 *teopod-2(tp)2* 돌연변이는 작고 부분적인 꼬투리 알갱이와 하찮은 수염을 지닌다. 우성 대립유전자 *Tp2*에 대한 이형접합성 옥수수를 보여준다. (F) *R1-mb* 돌연변이는 낟알 호분층을 적색 또는 자주색이 되게 하는 *r1* 유전자의 대립유전자이다. *R1-m*가 분리되는 알갱이의 대리석 무늬에 주목하라.

Data from E.H. Coe. Photos courtesy of M. G. Neuffer, College of Agriculture, Food, and Natural Resources, University of Missouri.

한편, 일반적으로 물리적 거리와 유전자 지도거리 간의 상관관계가 절대적인 것은 아니다. 우리는 이미 암수에 따라 유전자 간의 재조합 빈도가 다룰 수 있다는 것을 살펴보았는데, 재조합 빈도가 같지 않다는 것은 암수의 염색체가 물리적으로 같고, 유전자들이 일렬 순서로 같이 배열되어 있어도, 유전자 지도에서 성에 따라 서로 다른 지도거리를 가질 수 있다는 것을 의미한다. 예를 들면, 초파리 수컷에서는 재조합이 없기 때문에, 수컷의 동일 염색체에 놓여 있는 유전자 쌍 사이의 지도거리는 0이다. (한편 수컷에서 서로 다른 염색체 상에 있는 유전자들은 독립적으로 분리한다.)

물리적 거리와 유전자 지도거리 간의 일반적인 상관관계는 심지어 단일 염색체 내에서도 깨질 수 있다. 염색체의 부위에 따라 교차의 빈도가 다를 수 있는데, 예를 들어 교차는 진정염색질에 비해 유전자들이 거의 없이 동원체 부위를 구성하고 있는 이질염색질에서 보다 낮게 일어난다. 그 결과, 유전자 지도에서 이질염색질의 주어진 길이는 진정염색질의 동일한 길이에 비하여 훨씬 짧게 나타날 것이다. 그러므로 유전자 지도는 이질염색질 부위에서 물리적 지도와 다른 왜곡된 양상을 보인다. 초파리의 제2염색체의 물리적 지도와 유전자 지도를 비교하는 **그림 4.11**이 한 예가 된다. 물리적 지도는 체세포분열 중기 때의 염색체의 모습을 그린 것이다. 말단부 근처의 2개의 유전자와 진정염색질과 이질염색질이 접하는 부위의 2개의 유전자를 유전자 지도에 표시하였다. 양팔에서 진정염색질에 해당하는 지도거리는 각각 54.5와 49.5 지도단위로 총 거리는 104.0 지도단위가 된다. 그러나 이질염색질은 전체 염색체의 약 25%에 해당하지만, 유전거리는 오직 3%의 지도단위를 지닌다. 유전자 지도에서 이질염색질의 이 같은 왜곡된 길이는 이질염색질에서의 감소된 교차 빈도에 기인한다. 이질염색질 부위에서의 유전자 지도상의 왜곡에도 불구하고, 진정염색질 부위에서는 유전자들 간의 물리적 거리와 유전자 지도의 지도단위 거리 사이에는 좋은 상관관계가 관찰된다.

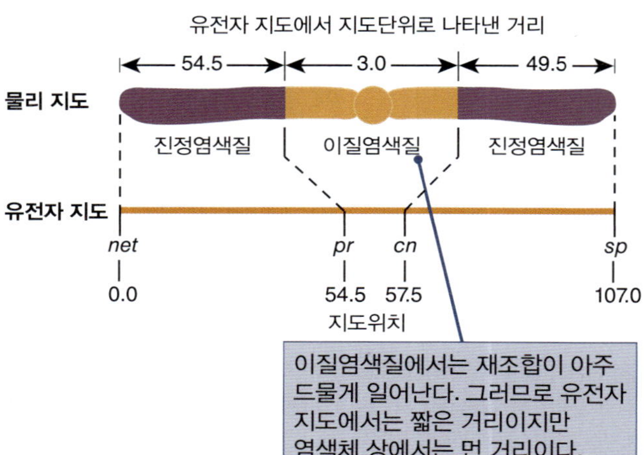

그림 4.11 체세포분열 중기 때의 초파리 제2염색체 모양(물리 지도, 위)과 유전자 지도(아래). 유전자 *pr*과 *cn*은 분명히 진정염색질 부위에 있지만 이질염색질과 가까이 접하고 있다. 전체 지도거리는 54.5 + 49.5 + 3.0 = 107.0 유전단위이다. 이질염색질은 전체 지도거리의 3.0/107.0 = 2.8%에 해당하지만, 중기 염색체에서의 물리 지도거리는 약 25%에 해당한다.

하나의 교차가 다른 교차의 효과를 되돌릴 수 있다

한 번의 감수분열시 2개 유전자 사이에서 하나 이상의 교차가 생길 수 있을 만큼 두 유전자가 염색체 상에 멀리 떨어져 위치한다면 재조합 데이터의 해석은 보다 복잡해진다. 다중교차의 빈도는 유전자들 사이의 거리에 따라 증가한다. 지도상의 거리는 물리적인 교환이 일어난 횟수에 기초를 두고 있는데, 두 유전자 사이에 생긴 어떤 다중 교환은 유전자의 재조합으로 확인할 수 없기 때문에 다중교차는 유전자 지도 작성을 복잡하게 만드는 한 요인이 된다. 그림 4.8에서 이미 살펴본 바와 같이, 하나의 교차는 다음에 이어진 다른 교차에 의해 그 효과가 없어질 수 있다. 만일 2개의 동일 염색분체 사이에서 2개의 교환이 유전자 *A*와 *B* 사이에서 일어난 경우에 볼 수 있는 결과는 모두 비교차형인 *A B*와 *a b*를 지닌 염색체만 보인다는 것이다. 이 경우, 감수분열의 결과로 생긴 두 산물은 두 유전자 사이의 가운데 부분에서 절편이 상호 교환되었지만 표지 유전자는 재조합되지 않은 염색체이므로 비교차 염색체와 유전적으로 구별되지 않는다. 이와 같은 무효화 사건의 가능성은 관찰된 재조합의 값이 실제 교환 빈도나 유전자 사이의 지도거리에 비해 **과소평가**된다는 것을 의미한다. 고등생물의 염색체 절편에서 지도단위가 대개 약 10 지도단위 이하 정도로 짧다면 이중교차는 효과적으로 미리 제외될 수 있다. 그러므로 매우 가깝게 연관된 유전자들의 재조합 빈도를 이용한다면 다중교차에 의한 무효화 효과는 피하면서 유전자 연관 지도를 만들 수 있다.

두 유전자 사이의 최소 재조합 빈도는 0이다. 재조합 빈도는 또한 최대치를 가진다.

핵심 개념

두 유전자가 아무리 멀리 떨어져 있다 하더라도, 오직 두 유전자 사이의 최대 재조합 빈도는 50%이다.

50% 재조합은 만약 두 유전자가 비상동염색체 상에 있어 독립적으로 분리한다고 할 경우에 보여주는 값과 같다. 유전자들이 염색체에 아주 멀리 떨어져 있어 그들 사이에서

반드시 한 번의 교차가 생길 경우에 최대 빈도의 재조합을 나타낸다. 매 감수분열마다 하나의 교환이 있다면, 그 결과 생긴 산물의 절반은 유전자의 조합이 양친형이고 나머지 절반은 재조합형 조합이라는 것을 그림 4.6(B)에서 볼 수 있다. 2개의 유전자 사이에서 두 번의 교환이 이루어진 경우에도 동일한 효과라는 것을 **그림 4.12**에서 볼 수 있다. 그림의 (A)는 두 가닥 이중교차를 보여주는데, 동일 염색분체가 두 번의 교환에 모두 참여하는 경우로 표지 유전자의 재조합은 보이지 않는다. 하나의 염색분체를 공통으로 갖고 두 번의 교환이 이루어지면(세 가닥 이중교차, B와 C 경우), 결과는 단 한 번의 교환이 일어난 경우와 같이 2개의 양친형 조합과 2개의 교차형 조합이 만들어진다. 세 가닥 이중교차에는 3개의 염색분체 중 어떤 것이 참여하는가에 따라 두 경우로 나누어지는 것에 주목하라. 마지막으로 두 번째 교환이 처음 교환에 참여하지 않은 나머지 염색분체와 이루어질 가능성이 있는데(네 가닥 이중교차, D), 이 경우 4개의 산물 모두가 재조합형이다.

대부분의 생물에서 이중교차가 이루어질 때, 이중교환에 참여하는 염색분체는 무작위로 선택된다. 이 경우 이중교환의 3가지 형태에서 기대되는 비율은 1/4 네 가닥 이중교차, 1/2 세 가닥 이중교차, 그리고 1/4 두 가닥 이중교차이다. 이것은 감수분열시 유전자 쌍 사이에서 두 번의 교환이 이루어진 상태에서 만들어진 4개의 염색분체 중에서 평균하여 $(1/4)(0) + (1/2)(2) + (1/4)(4) = 2$개는 재조합 염색분체일 것이다. 이는 유전자들 사이에서 한 번의 교환으로 얻어지는 비율과 같다. 더욱이 최대 50% 재조합은 어떤 교환 횟수에서도 얻어진다.

이중교차는 3쌍의 대립유전자가 포함된 **삼점교배(three-**

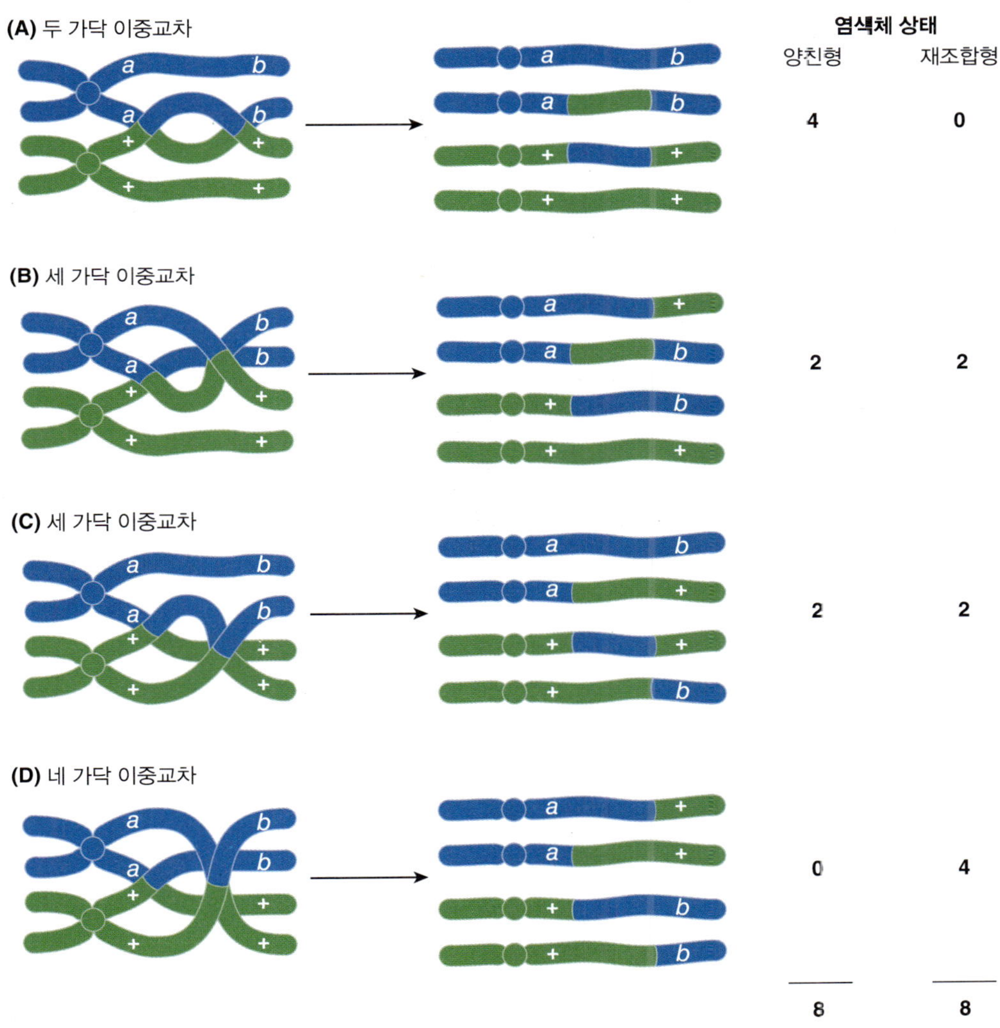

그림 4.12 만약 염색분체가 교차에 무작위로 참여한다고 가정하면, 두 유전자 사이에서 두 번의 교차가 일어난 결과는 두 유전자가 독립적으로 분리되는 것과 구별할 수 없다는 것을 보여주는 모식도. (A) 두 가닥 이중교차. (B)와 (C) 세 가닥 이중교차의 2가지 형태. (D) 네 가닥 이중교차.

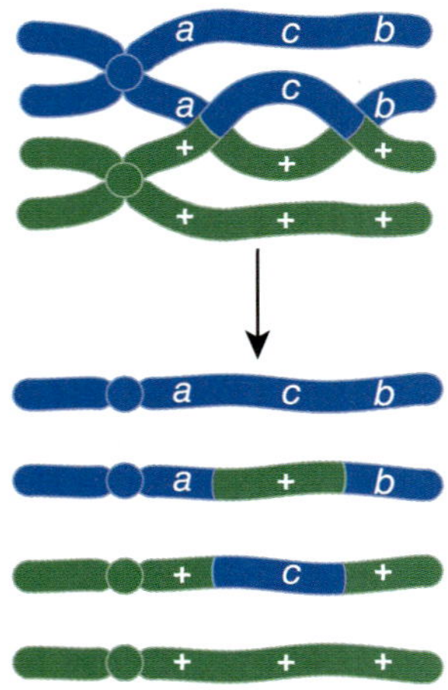

그림 4.13 동일 염색분체 사이에서 두 번의 교차가 일어나고, 이때 3개의 이형접합체에서 가운데 대립유전자 쌍을 동여 맨 경우라면 두 염색분체 사이에서 가운데 대립유전자 쌍이 상호 교환된 결과가 될 것이다.

point crosses) 재조합 실험에서 검출될 수 있다. 제3의 대립유전자, c^+와 c가 바깥의 두 유전자 표지자 사이에 있다면(그림 4.13), c 유전자의 측면에서 교차가 일어나면 이 부위에서의 이중교차는 검출될 수 있다. 이 예에서 동일 염색분체 쌍 사이에서 2개의 교차가 일어난 결과 염색분체 사이에 c^+와 c 대립유전자의 상호 교환이 있게 된다. 삼점교배는 재조합 데이터를 얻는 효율적인 방법이고, 한편 다음 절에서 보게 될 것이지만, 3개의 유전자 순서를 결정하는 간단한 방법이다.

4.3 이중교차는 삼점교배를 통해 밝혀질 수 있다

표 4.1의 데이터는 하나의 염색체 상에 있는 3개의 유전자를 대상으로 옥수수에서 수행된 검정교배의 결과이다. 삼점교배를 해석하기 위한 접근 방법을 보여준다. 이 교배에서 사용한 유전자의 열성 대립유전자들은 *lz*(느린 또는 포복성 성장형), *gl*(광택형 잎), 그리고 *su*(설탕 내배유)이다. 이 교배의 이형접합성인 양친의 유전자형은

$$\frac{Lz \ \ Gl \ \ Su}{lz \ \ gl \ \ su}$$

로 대문자로 표시된 것은 우성 대립유전자를 나타낸다. (이와 같은 표기법을 사용하는 것은 옥수수 유전학에서는 관례로 되어있다.) 그러므로 비교차형(양친형) 배우자로 유전되는 자손은 야생형과 포복, 광택, 설탕형의 표현형을 지닌 두 종류의 식물체이다. 이 두 종류의 자손 수는 다른 종류의 교차형의 어떤 자손 수보다 매우 많다. 재조합 빈도는 50%를 넘지 않기 때문에 이처럼 가장 많은 수를 지닌 자손을 만드는 배우자는 양친형의 대립유전자와 같은 배열, 이 경우 *Lz Gl Su*와 *lz gl su*을 가졌다는 것을 의미한다. 이 원리를 적용하면, 비록 유전자형이 언급되지 않았다 하더라도 이형접합성 양친의 유전자형을 추론해 낼 수 있다. 이는 보다 일반적으로 언급해야만 할 만큼 중요한 요점이다.

표 4.1 삼점교배 결과의 해석

검정교배로 얻어진 자손의 표현형	잡종 양친의 배우자 유전자형	자손 수
야생형	*Lz Gl Su*	286
포복형	*lz Gl Su*	33
광택형	*Lz gl Su*	59
설탕형	*Lz Gl su*	4
포복, 광택형	*lz gl Su*	2
포복, 설탕형	*lz Gl su*	44
광택,설탕형	*Lz gl su*	40
포복, 광택, 설탕형	*lz gl su*	272
		740

가장 많은 수를 보이는 이 2가지는 비재조합형 배우자를 나타낸다.

가장 낮은 수를 보이는 이 2가지는 이중재조합형 배우자를 나타낸다.

이 상반된 2가지는 인접된 다른 유전자 쌍 사이에서 한 번의 재조합에 의해 생긴다.

이 상반된 2가지는 인접된 유전자 쌍 사이에서 한 번의 재조합에 의해 생긴다.

핵심 개념

어떤 유전 교배에서도, 그것이 아무리 복잡하다 하더라도, 유전자 쌍과 관련지어 볼 때 가장 많이 보이는 2가지 형태의 배우자는 비재조합형이다. 즉, 이형접합성 양친의 유전자의 대립유전자가 어떤 연관상(시스 대 트랜스 배열)인지를 알려준다.

지도 작성을 위한 실험에서 유전자의 배열순서는 보통 알지 못한다. 이 예에서, 3개의 유전자가 보여주는 순서는 순전히 임의적이다. 그러나 삼점교배의 데이터로부터 정확한 순서를 결정할 수 있는 간단한 방법이 있다. 이형접합성 양친으로부터 만들어진 이중교차 배우자의 유전자형을 식별하고 이를 비재조합형 배우자의 유전자형과 비교함으로써 유전자의 순서를 추론할 수 있다. 동시에 두 곳에서의 교환이 이루어질 확률은 한 곳에서 각각 이루어지는 교환의 확률보다 상당히 작기 때문에 이중교차 배우자가 가장 적게 생길 것이다. 표 4.1에서 보면 설탕형 표현형의 4개체와 포복 광택형의 2개체(각각 *Lz Gl su*와 *lz gl Su* 배우자의 산물)가 가장 적게 나왔으므로 이중교차 자손이 된다. 이제 다른 원리를 적용해 보자.

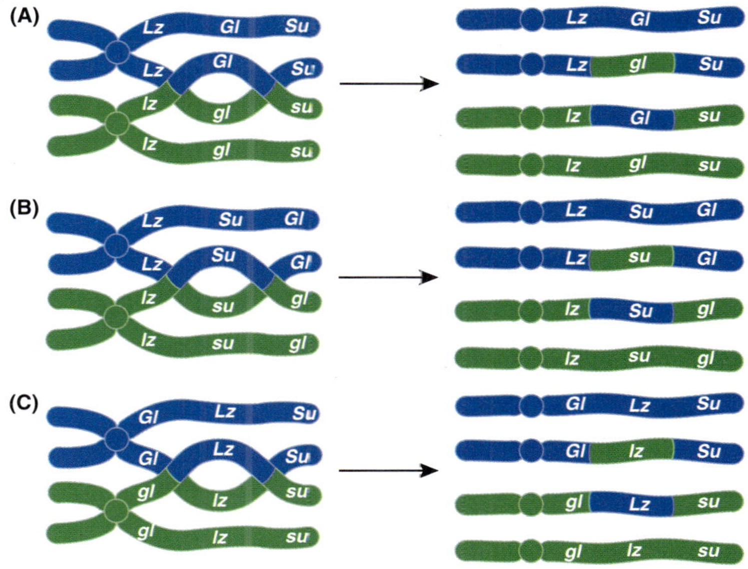

그림 4.14 삼점교배에서 유전자의 순서는 이중재조합으로 가운데 대립유전자 쌍이 교환된다는 원리에 의해 정해질 수 있다. 유전자 *Lz, Gl Su*에서 A, B, C의 경우처럼 3가지 순서가 가능하다. 각각은 이중재조합의 결과로 서로 다른 배우자 쌍을 예측한다. *Lz Gl su*와 *lz gl Su*가 이중재조합 배우자란 조사 결과는 B 경우의 순서만이 일치한다.

핵심 개념

이중교차의 효과는 염색체 사이에서 가운데 있는 대립유전자 쌍의 부분을 서로 교환하는 것이다.

이 원리는 **그림 4.14**에 그려져 있다. 3개의 유전자가 나타낼 수 있는 순서는 가운데 어떤 유전자가 있느냐에 따라 3가지로 나뉜다. 만약 *gl*이 가운데 있다면(A), 이중재조합 배우자는 *Lz gl Su*와 *lz Gl su*가 되어 데이터와 일치하지 않는다. 마찬가지로 *lz*가 가운데 있다면(C), 이중재조합 배우자는 *Gl lz Su*와 *gl Lz su*가 되어 역시 데이터와 일치하지 않는다.

올바른 유전자의 순서는 B에 있는 *lz−su−gl*이 되는데, 이 경우 이중재조합 배우자는 *Lz su Gl*과 *lz Su gl*로 표 4.1에서 보여준 실제 경우와 같다. 어느 유전자가 가운데 있는가에 대해 3가지 가능성을 모두 거쳐 추론할 수 있지만, 지름길이 있다. 이중재조합 배우자의 각각은 항상 양친 배우자의 하나와 2개의 대립유전자가 일치한다. 예를 들면, 표 4.1에서 이중재조합형 배우자 *Lz Gl su*는 양친 배우자 *Lz Gl Su*와 대립유전자 *Su*만 제외하고 일치한다. 마찬가지로 이중재조합형 배우자 *lz gl Su*도 양친 배우자 *lz gl su*와 대립유전자 *Su*만 제외하고 일치한다. 이들을 비교할 때 "외톨이"인 것이 항상 가운데 있는 유전자이기 때문에 쉽게 식별할 수 있다. 이 경우에는 대립유전자 *Su*가 가운데 있는 유전자이다. 가운데 있는 대립유전자 쌍만이 이중교차에서 서로 교환되기 때문이다.

표 4.1에서와 같은 자손이 나오는 교배에서 유전자의 올바른 순서를 고려하여 이형접합성 양친의 유전자형을 표기하면 다음과 같다.

$$\frac{Lz\ \ Su\ \ Gl}{lz\ \ su\ \ gl}$$

이 유전자형에서 단일 교차의 결과는 **그림 4.15**에서 볼 수 있듯이, *lz−su* 부위(A)에서의 하나의 교차는 서로 상대되는 재조합체인 *Lz su gl*과 *lz Su Gl*을 만들고, *su−gl* 부위(B)에서의 하나의 교차는 서로 상대되는 재조합체인 *Lz Su gl*과 *lz su Gl*을 만든다. 이중 교차의 결과는 **그림 4.16**에 있다. 4가지 서로 다른 이중교차가 있는데, 두 가닥 이중교차(A), 세 가닥 이중교차의 2가지 형태(B와 C), 그리고 네 가닥 이중교차(D)이다. 이와 같은 형태는 앞서 그림 4.12에서 살펴본 바 있는데, 요점은 2개의 유전자 표지자 내에서 교차가 있으면 이중 교차의 생성을 유전적으로 검출할 수 없다는 것이다. 이번 경우와의 차이는 유전자 표지자 *su*가 2개의 교차체 사

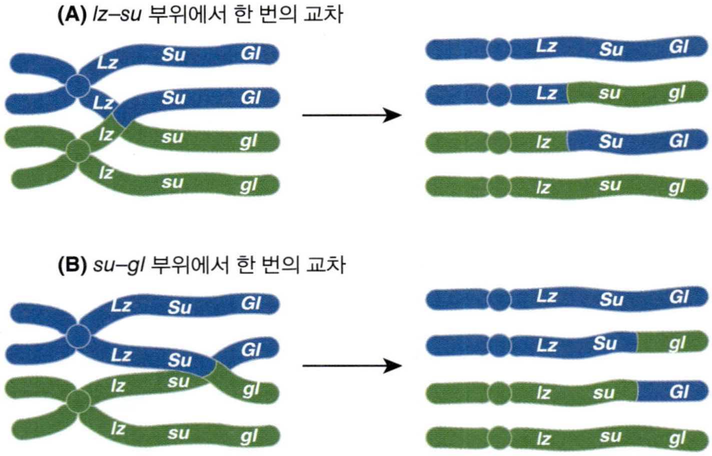

그림 4.15 *Lz*–*Su*–*Gl* 부위를 예로 삼아, 3개 이형접합체에서 한 번의 교차 결과. (A) *Lz*와 *Su* 사이의 한 번의 교차는 *Lz*와 *Su* 사이의 재조합을 보이는 2개의 배우자와 비재조합의 2개의 배우자를 만든다. (B)*Su*와*Gl* 간의 한 번의 교차는 *Su*와 *Gl* 간의 재조합을 보이는 2개의 배우자와 비재조합의 2개 배우자를 만든다.

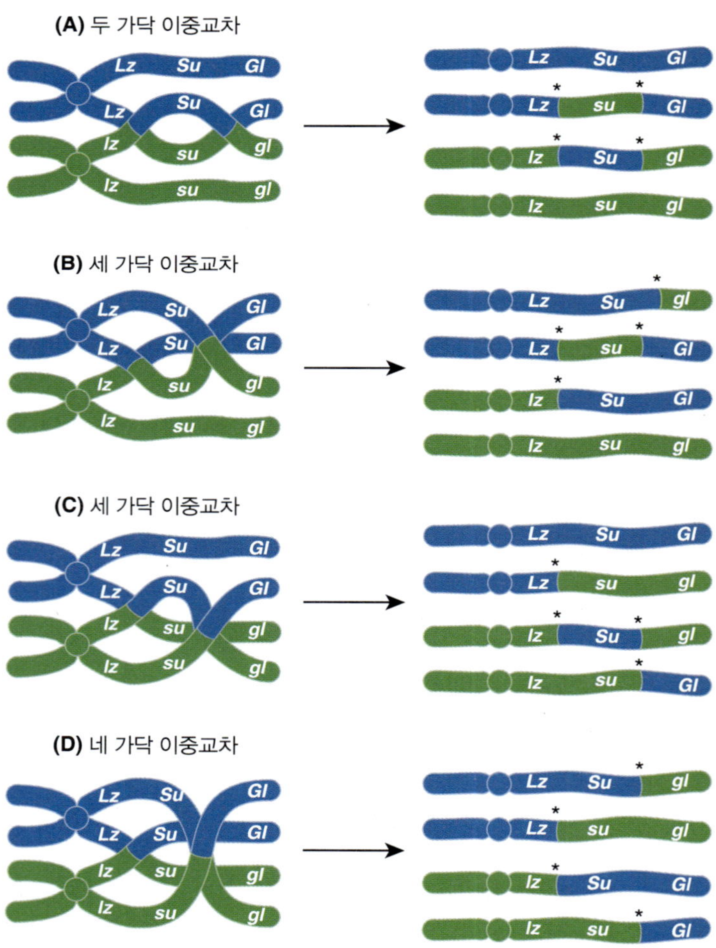

그림 4.16 *Lz*–*Su*–*Gl* 부위를 예로 삼아, 3개 이형접합체에서 이중교차 결과. 두 가닥 이중교차(A), 혹은 세 가닥 이중교차(B와 C)의 결과로 얻어진 이중재조합을 보이는 염색체를 주목하라. 네 가닥 이중교차(D)는 1개만이 재조합된 염색체를 보여준다.

이인 가운데 있기 때문에, 어떤 이중교차체는 유전적으로 검출될 수 있다. 그림 4.16의 오른쪽 그림에 있는 별표는 상동염색체의 염색분체들 사이에서 교차가 일어난 자리를 알려준다. 재조합의 관점에서 결과를 정리하면:

- 두 가닥 이중교차(A)는 서로 상대되는 이중재조합체인 *Lz su Gl*과 *lz Su gl*을 만든다.
- 하나의 세 가닥 이중교차(B)는 이중재조합체인 *Lz su Gl*과 2개의 단일재조합체인 *Lz Su gl*과 *lz Su Gl*을 만든다.
- 다른 하나의 세 가닥 이중교차(C)는 이중재조합체인 *lz Su gl*과 2개의 단일재조합체인 *Lz su gl*과 *lz su Gl*을 만든다.
- 네 가닥 이중교차(D)는 *lz*–*su* 부위에서 서로 상대되는 단일재조합체인 *Lz su gl*과 *lz Su Gl*을, 그리고 *su*–*gl* 부위에서 서로 상대되는 단일재조합체인 *Lz Su gl*과 *lz su Gl*을 만든다.

세 가닥 이중교차(B와 C)에서의 재조합 산물은 상호적이다. 이들 2가지 형태의 이중교차는 같은 빈도로 나오고, 서로 상대적인 재조합 산물은 같은 수로 나타나리라 기대된다.

이제 우리는 표 4.1의 데이터를 올바른 유전자의 순서와 서로 상대적인 배우자 유전자형으로 함께 묶어 보다 더 내실 있게 요약할 수 있다. 이러한 묶음을 **표 4.2**에서 볼 수 있다. 단일재조합체의 각 종류는 서로 상대되는 2개의 산물로 되어 있고, 이들은 서로 대략 같은 빈도를 보여준다(40 대 33 그리고 59 대 44). 이와 같은 관찰은 한 가지 중요한 원리를 제시한다.

핵심 개념

어떠한 교차나 또는 교차의 조합에 의해 생긴 서로 상대되는 2개의 산물은 자손들 중에 거의 같은 빈도로 나타날 것으로 기대된다.

데이터로부터 재조합의 빈도를 계산하는 데 있어 기억해야 할 것은, 이중재조합 염색체는 3개의 유전자에 의해 정해진 염색체 상의 두 부위에서 각각 하나씩 모두 두 번의 교환으로 생긴다는 것이다. 그러므로 *lz*와 *su* 사이에서 재조합이 일어난 염색체는 다음과 같

표 4.2 삼점교배에서 서로 상반된 인자를 보이는 것의 비교

잡종 양친의 배우자 유전자형	자손 수	재조합을 나타내는 부위
Lz Su Gl	286	
lz su gl	272	
Lz su gl	40	*lz–su*
lz su Gl	33	
Lz Sugl	59	*su–gl*
lz su Gl	44	
Lz su Gl	4	*lz–su + su–gl*
lz Su gl	2	
	740	

lz-su 사이의 재조합을 나타내는 총 개체수: 40 + 33 + 4 + 2 = 79

lz-su 사이의 재조합을 나타내는 총 개체수: 59 + 44 + 4 + 2 = 109

은 염색체형이다.

Lz su gl	40
lz Su Gl	33
Lz su Gl	4
lz Su gl	2
	79

자손에서 얻은 염색체의 10.7%(= 79/740)가 *lz*와 *su* 유전자 사이에서 재조합이 일어난 것이기에 지도거리는 10.7 지도단위 또는 10.7 센티모건이 된다. 마찬가지로 *su*와 *gl* 사이에서 재조합이 일어난 염색체는 다음과 같다.

Lz Su gl	59
lz su Gl	44
Lz su Gl	4
lz Su gl	2
	109

이 경우 *su*와 *gl* 사이에서 재조합 빈도는 14.7%(= 109/740)이고, 지도거리는 14.7 지도단위 또는 14.7 센티모건이다. 그러므로 세 유전자가 위치한 염색체 부위의 유전자 지도는 다음과 같다.

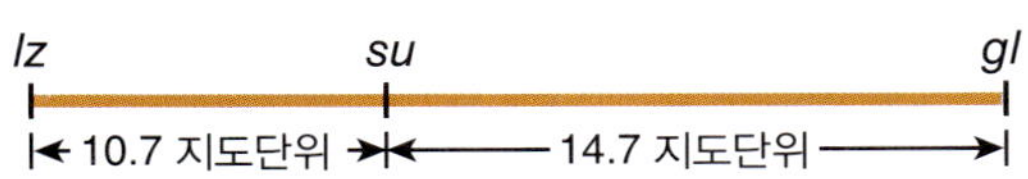

삼점교배를 해석하는 학습 과정에서 일어나는 가장 흔한 실수는 인접된 유전자 간의 재조합 빈도를 계산할 때 이중재조합체를 포함하지 않는 것이다. 이중재조합 염색체는 양쪽에서 모두 단일재조합이 일어난 것임을 기억하면 함정에서 벗어날 수 있다.

간섭이 다중교차의 기회를 감소시킨다

서로 독립적으로 형성된 염색체 쌍의 서로 다른 2개의 부위에서 교환이 이루어지는지의 여부를 아는 것은 이중교차의 검출로 가능하다. 옥수수의 예에서 얻은 정보인 재조합 빈도로부터 우리는 재조합 확률이 *lz*와 *su* 사이는 0.107이고 *su*와 *gl* 사이는 0.147인 것을 알고 있다. 만약 두 부위에서 일어나는 재조합이 서로 독립적이라면, (한 곳에서 일어난 교차의 형성이 제2의 다른 교차가 일어날 확률을 변하게 하지 않는 것을 의미) 두 부위에서 단일재조합이 일어날 확률은 각각의 확률을 곱한, 0.107 × 0.147 = 0.0157 (1.57%) 값이 된다. 이는 740 배우자에서 기대되는 이중교차체의 수가 740 × 0.0157, 즉 11.6임을 의미하는데, 실제로 관찰된 수는 6이었다(표 4.2). 이와 같이 이중재조합체의 관찰된 수가 적은 것은 일반적으로 흔한 일이다. 이는 염색체의 한 부위에서의 교차가 인접된 부위에서 제2의 교차가 일어날 확률을 감소하게 하는 염색체 **간섭(interference)**이라 부르는 현상 때문이다. 짧은 유전자 거리에서 염색체 간섭은 거의 완전하다.

일치계수(coefficient of coincidence)는 관찰된 이중재조합 염색체의 수를 기대수로 나눈 값이다. 이는 간섭의 정도를 정량적으로 측정하는 값으로써,

$$i = \text{간섭도} \\ = 1 - (\text{일치계수})$$

옥수수 예의 데이터로부터 일치계수는 다음과 같이 계산된다.

- 재조합체의 관찰 빈도 = 6
- 이중재조합체의 기대 빈도 = $0.107 \times 0.147 \times 740 = 11.6$
- 일치계수 = 6/11.6 = 0.52

0.52는 이중재조합체의 관찰치가 만약 두 부위에서 교차가 독립적으로 일어났을 때 기대되는 값의 약 절반 정도라는 것을 의미한다. 간섭치는 유전자 간의 거리와 생물 종에 의해 좌우된다. 어떤 종에서는 두 유전자 사이의 거리가 이중교차가 없어지는 지점, 즉 이중재조합체가 보이지 않을 때, 그럼으로써 일치계수가 0이 될 때(다시 말해 간섭이 1과 같을 때)까지 점점 짧아짐에 비례하여 간섭이 증가한다. 초파리에서 이 거리는 약 10 지도단위이다.

간섭의 양상과 관계없이, 각 교차가 한쌍의 상동 염색체의 염색분체 사이에서 일어나는 한, 재조합 빈도는 최대 50%까지 거리에 따라 증가한다. 이 원리는 그림 4.16에서 유추될 수 있는데, 모든 이중교차 종류에 걸쳐 평균적으로, *Lz*와 *Gl* 간의 재조합 빈도는 1/2이다. 즉, 그림 4.16에서 세어볼 수 있듯이, *Lz*와 *Gl* 사이에서 이중교차가 일어난, 감수분열의 가능한 16가지 산물 중 8개가 두 유전자 사이의 재조합 산물이다. 이는 두 유전자 사이의 교차가 얼마나 일어나는지 상관없이 적용되는 원리인데, 간섭의 유일한 효과는 간섭이 적을수록, 염색체상의 거리가 멀어지는 가운데 최대 50% 재조합 빈도에 보다 천천히 접근한다는 것이다.

잠깐 생각해 봅시다 4.2

A B C / *a b c* 유전자형을 가진 개체와 *a b c* / *a b c* 유전자형을 가진 개체의 교배에서, 1000 자손들 중, *A–B* 사이의 재조합 자손의 수는 95, *B–C* 사이의 재조합 자손의 수는 195, 두 간격에서의 재조합 자손의 수는 5였다. *A*와 *B* 사이의 재조합 빈도는 얼마인가? *B–C* 사이의 재조합 빈도는 얼마인가? 이상의 결과를 바탕으로 일치계수와 간섭도를 계산하시오.

4.4 다형 DNA 서열은 인간 유전자 지도 작성에 사용된다

아주 최근까지도 인간 유전자의 지도 작성은 매우 성가시고 느린 과정이었다. 여러 가지 애로사항이 인간 가계도에서의 유전자 지도 작성을 어렵게 하였다.

1. 유전병을 일으키는 대부분의 유전자들은 아주 드물어서 소수의 가계에서만 관찰된다.
2. 인간 유전학에서 흥미가 있는 대부분의 돌연변이 유전자들은 열성 형질이기에 이형접합 유전자형에서 보기 어렵다.
3. 한 가족당 자손 수가 상대적으로 작기 때문에 일반적으로 한 친족 내에서 형질의 분리를 관찰하기 어렵다.
4. 실험자가 결혼을 지시할 수 없기 때문에 인류유전학자들은 검정교배나 역교배를 수행할 수 없다.

인류유전학은 DNA 조작기술을 사용하게 됨으로써 대변혁을 이루었다. 이 기술은 연구자들로 하여금 인간 가계도에서 돌연변이 유전자가 만드는 표현형을 통하기 보다는 주로 DNA 자체에 있는 유전자 표지자들을 활용하여 유전자 지도를 작성할 수 있게 되었다. 사람에 따라 DNA 서열상에 약간의 차이가 있는 것이 많이 있다. 어떤 두 사람에게서 얻은 2개의 염색체에서 대상이 되는 위치의 DNA 서열은 평균 잡아 1,000개의 염기쌍 중의 대략 하나 꼴로 다르다. 이렇게 집단 내에서 상대적으로 흔한 유전적 차이를 **다형성(다형현상, polymorphism)**이라 한다. DNA 염기서열의 다형성은 대부분 유전병이나 장애와 관련이 없다. 대부분의 다형성은 단백질을 암호화하는 부위가 아닌 DNA 염기서열에서 볼 수 있다. 그럼에도 불구하고, 다형성의 각각은 유용한 유전자 표지자로 사용되며, 특히 유전병을 일으키는 유전자와 유전적으로 연관된 것들은 매우 중요하다.

단일-뉴클레오티드 다형성(SNP)은 인간 유전체에 많이 있다

DNA 염기서열 분석법에서 검출되는 가장 간단한 종류의 다형성은, 개체들 간에 특정 뉴클레오티드 자리에 있는 뉴클레오티드 쌍에서 동일함을 보이지 않는 경우인데, 이를 **단일-뉴클레오티드 다형성(single-nucleotide polymorphism)**, 약자로 **SNP**("스닙"으로 발음함)이라 한다. **그림 4.17**에서 볼 수 있는 예와 같이, 어떤 DNA 분자는 특정 뉴클레오티드 자리에 T–A 염기쌍 배열을 가지고 있는 반면에 동일 집단 내의 다른 DNA 분자는 동일 자리에 C–G 염기쌍을 가지고 있을 수 있다. 이 차이가 SNP을 이룬다. 2개의 "대립유전자"로 정의되는 이 SNP는 집단 내에 있는 개체들 간에 3개의 유전자형이 있을 수 있다. 즉, 상동염색체 양쪽의 상응하는 위치가 T–A로 동형접합성인 것, 또는 상동염색체 양쪽의 상응하는

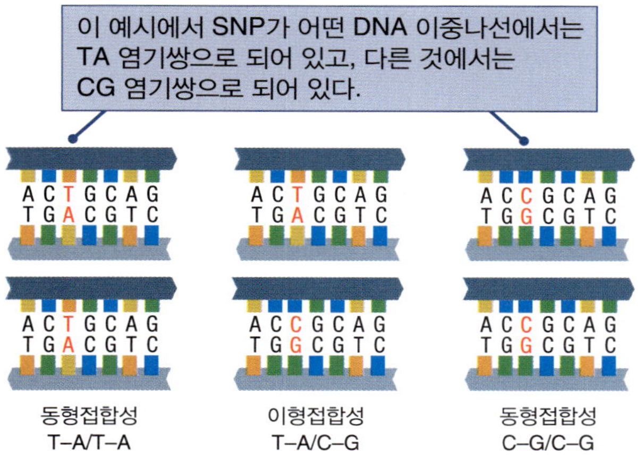

그림 4.17 DNA의 특정 위치에서 T–A 염기쌍 혹은 C–G 염기쌍을 가진 단일 염기 다형성(single-nucleotide polymorphism, SNP). 3가지 유전형이 가능하다; T–A/T–A 동형접합성, T–A/C–G 이형접합성 그리고, C–G/C–G 동형접합성.

위치가 C–G로 동형접합성인 것, 또는 한 염색체는 T–A이고 이와 상동인 염색체는 C–G로 이형접합성인 것을 뜻한다. 위에서 **대립유전자**란 낱말을 따옴표로 나타낸 것은 해당 SNP가 암호화 서열 또는 심지어 유전자 내에 있지 않아도 되기 때문이다. 인간 유전체에서 무작위로 선택한 어떤 2개의 DNA 분자가 비암호화 DNA에는 약 1,000개의 염기쌍마다 1개의 SNP가 있고, 단백질을 암호화하는 DNA에는 약 2,000개의 염기쌍마다 1개의 SNP 자리가 있다. 3천만 염기쌍으로 구성된 인간 염색체의 대부분 DNA는 단백질을 암호화하지 않으므로, 무작위로 선택한 두 사람의 염색체를 비교할 경우, 3백만 염기쌍에서 서로 다를 수 있음을 암시한다. 이는 놀라운 양의 유전적 변이이긴 하지만, 여전히 두 인간 염색체는 99.9% 동일하다.

SNP는 여러 가지 이유로 중요하다. 종 수준에서, 각 SNP는 집단의 유전적 다양성을 부가하는 돌연변이이다. 인간 집단에서 관찰되는 대부분의 SNP는 건강 혹은 안녕에 영향을 거의 주지 않는다. 일례로, 어떤 SNP는 브로콜리나 콜리플라워와 같은 야채에서 쓴 맛을 나게 하는 화학물질의 맛을 느낄 수 있는 능력과 연관되어 있다. 이러한 SNP들은 대개 그 효과면에서 중립적이라 할 만한데, 다수의 SNP들은 해로울 수도 있다. 페닐케톤뇨증 (phenylketonuria)과 같이 간단하게 멘델리안 질환을 일으키는 SNP도 있고, 제2형 당뇨병 혹은 심장병과 같은 복합 질환의 위험 인자로서 기능하는 조금은 덜 위협적인 SNP들도 있다. 소수의 SNP들은 이로운 효과를 발휘하기도 한다. 예를 들어, 락토스 소화효소 생산과 연관된 SNP들은 불쾌한 부작용 없는 우유 섭취를 가능하게 한다. 이러한 이로운 SNP들은 끊임없이 변화하는 환경 속에서 진화하고 적응해 가야 하는 생물종들에게 매우 중요한 유전적 다양성을 제공할 수 있다는 점에서 매우 중요하다.

집단 수준에서, SNP는 복합 질환의 게놈 전체 연관 연구(genome-wide association study)에 사용되는 게놈 전체에 퍼져 있는 유전적 표지자들의 자원을 제공한다. 이런 유형의 전형적인 연구를 살펴보자. 복합 질환을 겪고 있는 개인들 사이에서 통계적으로 유의미하게 과대 대표(overrepresented)되어 있는 SNP들을 확인하기 위해, 수천 명의 개인들을 대상으로 수십만 개의 SNP들의 유전형을 분석한다. 충분히 많은 개인들의 분석을 수행하는 경우, 그 효과가 대개는 미미한 여러 유전 인자들의 관련성을 확인할 수 있다. 게놈 전체 연관 연구는 이미 500여 종 이상의 복합/단순 질환에 대해 수행되었고, 관련된 6,000개 이상의 유전적 요인들을 확인하였다. 성명을 위협하는 대부분의 질환들이 하나 이상의 유전적 요인을 가진다는 점을 고려한다면, 모든 사람들은 하나 혹은 그 이상의 복합 질환들에 대한 복수의 위협 인자들을 가지고 있다.

마지막으로, 개체 수준에서 SNP가 가지는 중요성은 유전적 고유성을 부여한다는 점이다. 일란성 쌍둥이를 예외로 하면, 우리 모두는 각각 전무후무한 수준에 이르는 SNP의 고유한 조합을 가진다. 이러한 SNP의 고유한 조합은 DNA 염기서열을 이용한 개인 식별을 가능하게 하고, 개인의 성장 및 행동에 영향을 미치며, 조상에 관한 정보를 담고 있다. 또한, SNP들의 조합은 복합 질환에 대한 위험도 및 약물 반응성에 영향을 미치며, 후손들에게 물려줄 유전적 자질의 종류를 결정하기도 한다.

유전자량은 사본-수 다형성(CNV)에 의해 다를 수 있다

유전적 변이의 드 다른 주요 유형은 염색체들 간에 서로 다른 사본 수로 존재하는 영역에 있다. **그림 4.18**에서 볼 수 있듯이, 그러한 염색체 한 부분은 보통 단일 사본으로 존재하지만, 어떤 염색체에서는 2개 혹은 그 이상의 사본 수로 존재하며(중복), 다른 염색체에서는 존재하지 않는다(결손). 이런 형태의 변이를 사본-수 변이(copy-number variation, CNV)이라 부르는데, 보통 그 사본들은 염색체의 인접한 영역에서 관찰된다.

CNV는 정의에 의하면 크기가 1 kb 이상이지만, 많은 것들이 이보다 훨씬 크다. 모든 CNV들은 현미경 수준에서는 관찰되지 않는 크기로, 그림 4.18의 CNV의 길이는 편의상 과장되어 그려져 있다. 평균적인 CNV의 길이는 200에서

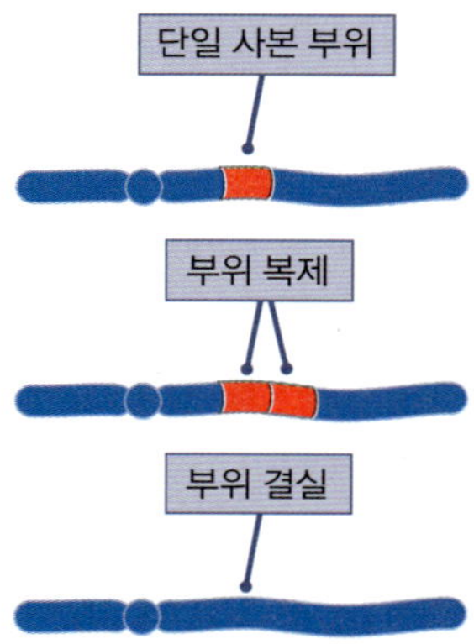

그림 4.18 사본-수 변이(copy-number variation, CNV). 어떤 염색체에는 단일 사본으로 존재하고, 다른 염색체에서는 2개 혹은 그 이상의 사본으로 존재한다. 또 다른 염색체에서는 해당 부위가 결손되어 있기도 하다.

300 kb이다. 특정 CNV는 드물어서, 0 혹은 4 CNV에 대해서 대부분의 개인들은 이형접합형을 보인다(대조적으로, 각각의 개인들은 수백만의 SNP들에서 이형접합형이다). 많은 수의 개인별 게놈 분석결과에 따르면, 전체적으로, CNV는 3억에서 4억 5천 염기쌍을 포함하고 있는데, 이는 전체 유전체 뉴클레오티드의 10~15%에 해당한다. 많은 CNV들은 유전질환과 관련된 돌연변이 유전자로 알려진 부위 인근에 위치해 있다. 예를 들어, 알파 및 베타 헤모글로빈 유전자들의 CNV는 말라리아에 대한 저항성과 관련이 있고, HIV-1 수용체 유전자 CCL3의 CNV는 후천성면역결핍증(AIDS)의 저항성과 관련이 있다.

하나 혹은 그 이상의 유전자들을 포함하는 CNV를 비롯하여, 대부분의 CNV는 매우 위협적이다. 어떤 CNV가 매우 드물게 관찰되는 이유이기도 한데, 특정 CNV는 그 크기와 그 안에 존재하는 유전자들에 따라서, 해당 개체의 생존 및 번식에 영향을 미치기 때문이다. 제5장에서 우리는 정신분열증과 자폐증의 위협 인자로서 확인된 CNV들의 예를 살펴볼 것이다. 유해한 CNV들은 매우 드물기 때문에, 대부분의 개인에서는 그 해로운 효과가 어느 정도 완화될 수 있는 이형접합형으로 관찰된다.

한편, 일부의 CNV들은 유익한 경우도 있다. 진화적 시간을 거치면서 이러한 CNV들은 자연선택을 통해 집단 내에서 그 빈도수를 증가시킬 수도 있는데, 다음 절에서 그 한 예를 살펴본다.

사본-수 변이는 인간 집단이 과량의 녹말 음식물에 적응하는 것을 도왔다

인간 진화에서 볼 때 타선과 이자에서 만들어지는 녹말 분해 효소, 아밀라아제의 유전자 사본-수 변이는 유익한 사본-수 변이의 아주 좋은 예이다.

해부학적 현대 인간은 약 20만 년 전에 그들의 고향인 남부 아프리카를 떠나 처음에는 북쪽으로 이주한 후, 아프리카의 모든 곳에 퍼져 살게 되었다. 약 6만 년 전 쯤에 중동과 전 세계로 이주해 가면서 이들은 서로 다른 기후, 토질, 수자원, 자생 동식물들에 대처해 나갔다. 이러한 새로운 조건에 대한 적응 과정에서 음식물의 변화는 중요한 역할을 담당하였다. 특히 열대림과 같은 습기가 많은 곳에 사는 전통적인 수렵채취 집단에서는 고기나 생선이 풍부하고 녹말은 상대적으로 적은 음식물을 먹었다. 일 년 내내 이동해 가면서 순록이나 들소와 같은 가축을 치는 목자들 역시 고기는 풍부하고 녹말은 상대적으로 적은 음식물을 섭취했다. 반면에 건조한 기후에서 사는 수렵채취 집단은 음식물로서 근채류나 감자와 같은 덩이줄기에 의존하게 되면서 녹말의 섭취가 증가하게 되었다. 농업으로 전환한 집단의 음식에서도 역시 녹말의 섭취가 괄목할 만하게 증가하였는데, 이는 녹말이 풍부한 밀, 벼, 감자와 옥수수를 주요 식량으로 경작하였기 때문이다.

사본-수 변이의 결과 중 하나는 이 부위에 포함된 어떤 유전자로부터 만들어지는 단백질의 양이 일반적으로 사본 수에 비례한다는 것이다. 증가된 유전자 사본 수는 보통 증가된 단백질의 수준을 암시한다. 과량의 녹말을 섭취하는 인간 집단에서, 더 많아진 아밀라아제는 더 많은 칼로리로 흡수할 수 있게 하므로 유리하다는 것을 기대할 수 있다. 인간 집단에서 증가된 아밀라아제는 사본-수 변이의 결과이다. 아밀라아제 유전자 사본 수에 대한 한 연구의 결과를 **그림 4.19**에서 볼 수 있다. 7개 집단의 아밀라아제 유전자 사본 수를 분석하였는데, 이 중 넷은 소량의 녹말 음식물(파란색), 그리고 셋은 다량의 녹말 음식물(빨간색)을 섭취하는 집단이다. 대체로 소량의 녹말 음식물을 섭취한 집단의 개인들은 아밀라아제 유전자를 평균 5.4 사본 수를 가지는 데 반하여 다량의 녹말 음식물을 섭취하는 집단은 유전자를 평균 6.7 사본 수를 가졌다. 이 차이를 설명하는 데 지리적 비교는 배제하였다. 예를 들면, 지도의 아래쪽 오른편의 동아프리카에 있는 탄자니아에서의 대조되는 집단과 위쪽 오른편의 시베리아와 일본의 대조되는 집단에 주목하라. 우리와 가장 가까운 영장류인 침팬지와 고릴라는 오직 하나의 아밀라아제 유전자 사본 수를 지니고 있다. 그러므로 아밀라아제 유전자 사본 수는 인간의 진화에서 증가된 것으로, 아마도 그 시작은 우리들의 조상이 다습한 숲을 떠나 건조한 대초원인 사바나로 이주하여 녹말이 보다 많은 근채류나 덩이줄기를 먹기 시작한

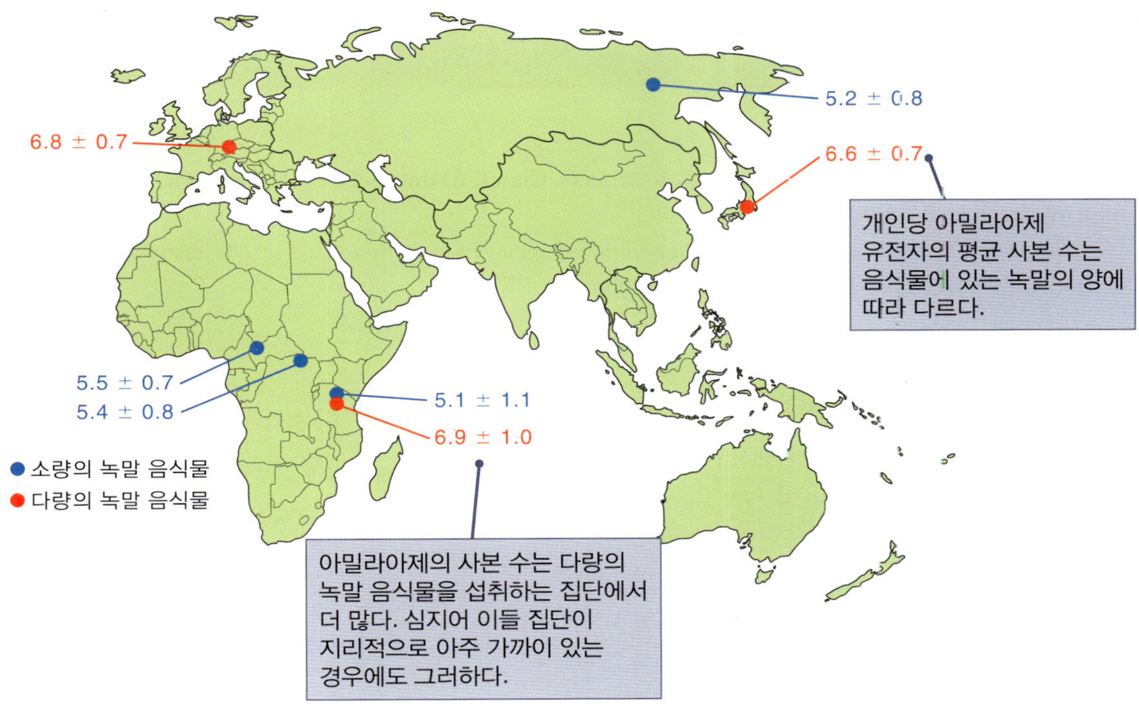

그림 4.19 인간의 녹말 분해효소인 아밀라아제의 사본 수는 섭취하는 음식물의 녹말 함량과 함께 변한다.

Data from G.H. Perry, et al. *Nat. Genet.* 39 (2007): 1256–1260.

때에 이루어진 것으로 보인다.

짧은연쇄반복(STR)은 종종 사본 수에서 다르다

DNA 다형성의 또 다른 한 종류는 짧은 DNA 서열의 사본을 서로 다른 수만큼 지님으로써 생성된 것으로, 특정 자리의 염색체에 어떤 DNA 서열이 여러 번 반복되어진 것이다. 특정 염색체에서 이 나란히 반복되는 구간의 수는 보통 수십 번에서 수백 번으로 다양하다. 반복 구간의 양 옆 자리를 자르는 제한효소로 DNA 분자를 잘랐을 때 그 결과로 생긴 DNA 절편의 크기는 DNA 분자 내에 반복된 숫자로 결정된다. 이 DNA를 자르고 젤에서 분리하면, 반복 횟수가 작은 염색체에서 잘린 DNA 단편의 길이는 반복 횟수가 큰 염색체에서 잘린 DNA 단편의 길이보다 짧다. 이와 같은 병렬로 반복된 짧은 서열 때문에 생기는 유전적 다형성을 **짧은연쇄반복(short tandem repeat, STR)**이라 한다. STR의 한 예로 반복서열이

5′-...TGATGATGATGATGATGA...-3′

인 다형성은 TGA 반복의 숫자 차이에 의한 것이다. 이때 포함하고 있는 TGA 반복의 숫자가 SSR의 특정 "대립유전자"로 정의된다. 인간 유전자 지도에서 이용하는 STR의 유용성은 유전체 전반에 걸쳐 고밀도로 존재하는 STR들에서 찾아볼 수 있다. 인간 DNA에는 평균적으로 2 kb당 1개의 STR이 있다. 인간 유전자 지도 작성에서 이용하는 STR의 또 다른 유용성은 어떤 인간 집단에서든 관찰되는 수많은 대립유전자이다. 대립유전자의 수가 많다는 것은 대부분의 인간이 이형접합형임을 암시하며, 그래서 그들의 DNA는 적당한 제한효소로 절단하면 2개의 밴드를 보여줄 것이다. 인간 개인들 간의 많은 차이를 바탕으로, DNA 다형성은 범죄 수사의 DNA 타이핑 과정에서 널리 이용된다(제14장).

유전자 지도 작성 과정에서, STR 다형성과 관련된 인간의 표현형은 젤 상의 밴드로 나타낸다. 다른 유전 표지자와 마찬가지로 다형성과 관련된 개인의 유전자형도 표현형으로부터 추론이 가능하다. 가계도에서 대립유전자가 독립적으로 분리되는 것이 아님을 밝혀냄으로써, 서로 다른 다형성 좌위들 간의 연관과 재조합 및 유전자 지도 작성이 인간에서도 수행되고 있다. 가족 수가 적은 관계로 여러 가계를 모아 분석에 사용하여야만 하기 때문에 예외로 하였으나, 다른 생명체에 적용되었던 원칙을 사용하여 수행할 수 있다. 주로 DNA 다형성을 이용함으로써 인간의 유전자 지도 작성은 급속히 진행되고 있다.

인간 유전자 지도 작성에 사용되는 데이터의 형태를 예로 들어 보자. **그림 4.20**은 1개의 STR이 여러 개의 대립유전자로 분리되는 한 가족의 3대에 거친 가계도를 나타낸다. 이

인간 유전학 이야기

녹말 대조

George H. Perry[1,2], Nathaniel J. Dominy[3], Katrina G. Claw1, Arthur S. Lee[2], Heike Fiegler[4], Richard Redon[4], John Werner[1], et al., 2007

[1]Arizona State University, Tempe, AZ; [2]Brigham and Women's Hospital, Boston, MA; [3]University of California, Santa Cruz, CA; [4]The Wellcome Trust Sanger Institute, Hinxton, UK.

음식물과 인간 아밀라아제 유전자 사본 수 변이의 진화

증가된 효소 활성도의 진화는 단 하나의 유전자의 전사를 증가시키는 조절유전자의 돌연변이를 통해서 혹은 유전자 사본 수의 증가에 의해 생길 수 있다. 본 연구는 인간 집단의 먹는 음식물에 있는 녹말의 양과 녹말을 소화하는 효소인 타선 아밀라아제를 코딩하는 유전자의 사본 수 사이에 높은 상관관계가 있음을 보고하고 있다. 영장류 중에서 인간만이 보다 높은 아밀라아제 활성도를 지니도록 진화되지는 않았다. 짧은꼬리 원숭이와 망가베이 원숭이가 속한 세르코피테신(cercopithecine)이라 불리는 구세계 원숭이의 어떤 집단은 인간보다 훨씬 많은 타선 아밀라아제를 만든다. 세르코피테신은 영장류 중에서도 유일하게 덜 익은 과일의 종자 같은 녹말성 음식을 볼주머니에 보관한다. 증가된 아밀라아제가 녹말의 소화를 용이하게 한다는 그럴듯한 가설로서 제기되었는데, 세르코피테신에서 아밀라아제 생산이 증가한 이유가 사본-수 변이에 의한 것인지 아니면 다른 어떤 기작에 의한 것인지의 여부는 알려져 있지 않다.

"우리는 AMY1 유전자의 사본 수가 적어도 녹말을 많이 섭취하는 어떤 집단에서 양성 또는 방향성 선택의 대상이었다는 가설을 선호한다..."

우선적으로, 우리는 서로 다른 인간 집단 사이의 주식에서 녹말 함량의 차이를 고려할 수 있다.

> 음식물의 상당량이 녹말 성분으로 이루어진 "다량의 녹말" 집단과 상대적으로 적은 녹말 성분, 즉 단백질 성분(예를 들면, 고기나 혈액의)과 단순당류(예를 들면, 과일, 꿀, 그리고 우유로부터의)로 이루어진 전통적인 음식물을 취하는 "소량의 녹말" 집단으로 구별할 수 있다....

다음으로 각 집단의 개인들의 염색체를 분석하여 타선 아밀라아제 유전자인 *AMY1* 유전자의 사본 수를 알아낼 수 있다.

> 우리는 3곳의 다량의 녹말 집단과 4곳의 소량의 녹말 집단에서 얻은 시료로 *AMY1* 유전자의 사본 수를 분석하였다.... 주목할 만한 것은 다량의 녹말 집단의 시료를 모두 종합하여 보았을 때, 적어도 6개의 사본 수를 지닌 개체의 비율이 70%로 소량의 녹말 집단에서 보인 37%보다 거의 2배 정도가 될 만큼 많았다....

하지만 "상관관계가 원인관계를 뜻하는 것은 아니다"라는 과학적 격언은 여기에서도 적용된다. 이러한 집단 간의 AMY1 사본 수의 차이는 음식물의 녹말 함량에 적응한 진화의 결과물인가? 아니면 유전적 부동과 같은 우연한 사건들의 결과인가? 저자들은 *AMY1*의 사본 수가 지리적 근접성보다는 음식물 구성(녹말 함량)과 더 높은 상관관계가 있음에 주목한다.

> *AMY1* 유전자의 사본 수는 다량의 녹말을 섭취하는 어떤 집단에서는 양성 또는 방향성 선택의 대상이었으나 소량의 녹말 집단에서는 중립적으로 (즉, 유전적 부동을 통해) 진화되었다는 가설을 우리는 선호한다.... 다른 유인원과 비교하여 보았을 때 *AMY1* 유전자의 사본 수는 아마도 인간 계통의 진화 과정에서 얻어진 것임을 제시한다.... 원래의 인간-특이적인 *AMY1* 유전자의 사본 수 증가는 인간의 진화 역사 초기에 음식물의 변천과 동시적으로 일어났을 가능성이 있다.

Green, R. E., et al. (2010). *Science*, 328(5979): 710–722.

예에서, 각 양친은 이형접합형이고 모든 자손도 마찬가지이다. STR 대립유전자는 공동우성이기 때문에 모든 사람에게 각자 개별 유전자형을 부여할 수 있다. 현재 STR 다형성은 인간 유전자 지도 작성에 사용되는 주된 유전자 표지자이다. 왜냐하면 이런 다형성은 빈번하고, 염색체 세트의 모든 부위에 걸쳐 위치하고 있으면서, 다수의 대립유전자를 가지고 있어 이형접합 유전자형이 높은 비율로 나타나기 때문이다. 더구나 아주 소량의 생물학적 시료만으로도 필요한 조사를 수행할 수 있다.

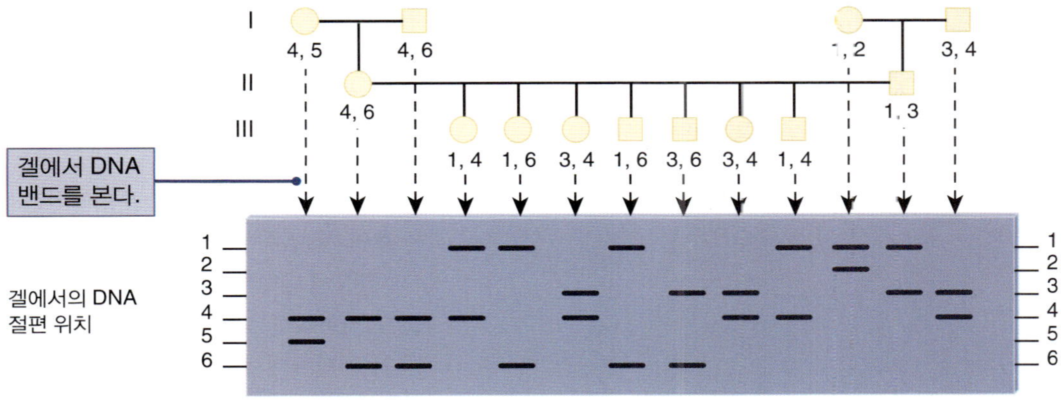

그림 4.20 STR 대립유전자들의 분리를 보여주는 인간 가계도. 이 가계도에는 6개(1–6)의 대립유전자가 있으며, 구성원들은 1개(동형접합성)혹은 2개(이형접합성)의 대립유전자를 가진다.

4.5 사분염색체는 감수분열의 결과로 생긴 모두 4개의 산물이다

균류의 어떤 종은 각각의 감수분열 후 생긴 사분염색체를 **자낭(ascus)**이라 하는 주머니 모양의 구조 내에 포함하고 있고, 이들은 온전한 하나의 집단으로 발견된다. 감수분열의 각각의 산물은 **자낭포자(ascospore)**라고 하는 생식세포이며, 하나의 감수분열 세포로부터 만들어지는 모든 자낭포자는 그림 4.21에서처럼 자낭 내에 같이 존재한다. 재조합 연구에 있어서 이들 생물이 갖는 장점은 각각의 감수분열에서 얻어지는 모든 산물을 분석하는 것이 용이하다는 것이다. 예를 들면, 그림 4.21의 그림에서 볼 수 있듯이 이형접합 *Aa* 개체에서 단 한 번의 감수분열로 얻은 산물인 사분염색체는 2 *A* 자낭포자와 2 *a* 자낭포자로 구성되어 있다. 2 *A* : 2 *a*의 분리는 개개의 감수분열의 산물에서 1 : 1의 멘델식 분리를 보여주는 것이고, 이는 많은 수의 감수분열에서 얻어진 단순한 평균은 아니라는 것을 의미한다.

자낭을 만드는 생물체는 2가지 면에서 유전 분석에 아주 유용하다. (1) 이들은 반수체이므로 유전자형이 곧 바로 표현형으로 발현되기 때문에 우성/열성이 더 이상 복잡한 요인이 아니다. (2) 아주 많은 수의 자손을 만들기 때문에 사소한 것도 검출할 수 있고, 그들의 빈도도 정확히 산출할 수 있다. 더군다나 이들 생물체들의 생활사는 짧고, 이배체인 시기는 오직 배우자일 때 뿐이다. 이마저도 생성되자마자 곧바로 감수분열을 시작해서 반수체 감수분열 산물인 자낭포자가 되고, 이것이 발아하여 영양번식한다(그림 4.22). 대부분의 생물에서 감수분열 산물 또는 그로부터 유도되는 것은 자낭 내에서 특정한 순서로 배열되지 않는다. 그러나 붉은빵곰팡이(*Neurospora*) 속인 빵곰팡이와 이와 유사한 생물은 감수분열의 축에 따라 감수분열 산물들이 순서대로 정렬된다는 유용한 특성을 지니고 있다.

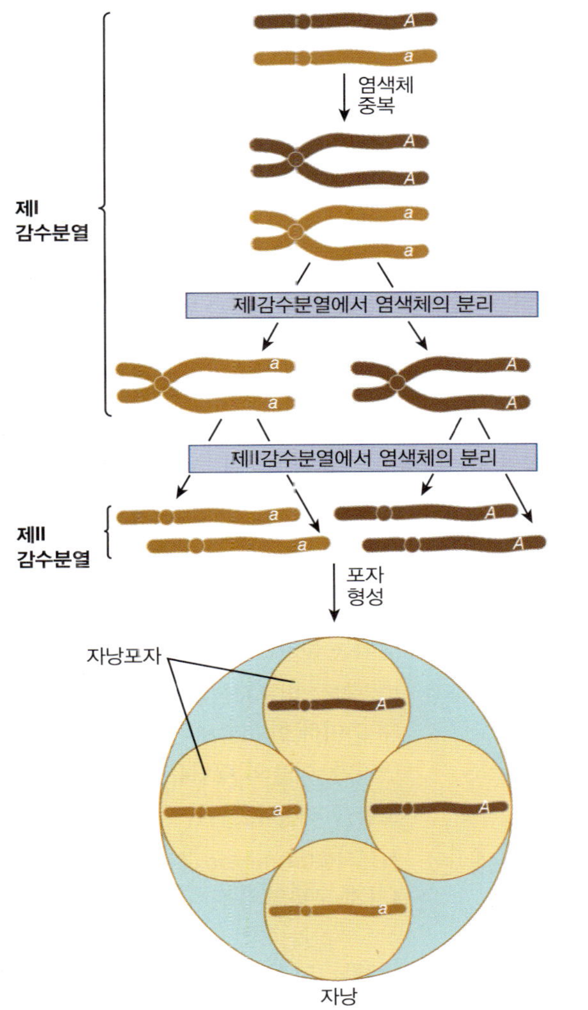

그림 4.21 감수분열에 의해 만들어진 4개의 산물을 모두 지닌 자낭의 형성. 자낭에 있는 각 자낭포자는 감수분열의 결과로 생긴 개개의 생식세포이다.

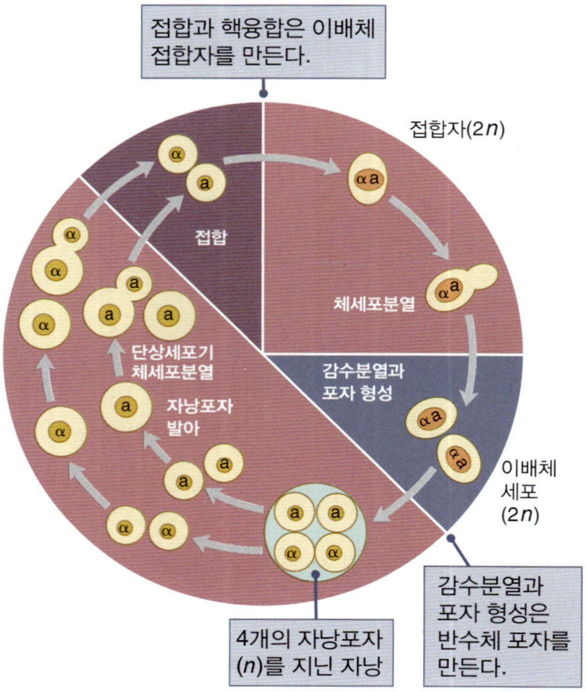

그림 4.22 효모(*Saccharomyces cerevisiae*)의 생활사. 교배형은 대립유전자 a와 α에 의해 결정된다. 반수체나 이배체 세포 모두 체세포분열(발아)에 의해 정상적으로 증식한다. 배양액의 영양소를 결핍시키면 이배체 상태의 세포가 감수분열과 포자 형성을 유도한다. 이배체 핵은 붉은색, 반수체 핵은 노란색으로 나타냈다.

정렬되지 않은 사분염색체는 감수분열의 기하학적 배열과 무관하다

2개의 대립유전자 쌍이 분리하는 사분염색체에서 3가지 분리형이 가능하다. 예를 들어, *A B* × *a b* 교배에서 생기는 3가지형의 사분염색체는 아래와 같다.

(AB) (AB) (ab) (ab) **양친성 이분자형(parental ditype, PD)**이라 한다. 2개의 유전자형만을 나타냈지만, 이들의 대립유전자들은 모두 양친에서 발견되는 동일한 조합을 가진다.

(Ab) (Ab) (aB) (aB) **비양친성 이분자형(nonparental ditype, NPD)**이라 한다. 2개의 유전자형만을 나타냈지만, 이들의 대립유전자들은 비양친성 조합을 가진다.

(AB) (Ab) (aB) (ab) **사분자형(tetratype, TT)**이라 한다. 가능한 4가지 모두의 유전자형이 존재한다.

사분자형 사분염색체는 교차가 감수분열의 네 가닥 단계에서 일어나고, 상호교환적임을 보여준다

우리는 이형접합체의 사분염색체가 규칙적으로 2 *A*와 2 *a* 자낭포자로 나뉜다는 것을 앞에서 언급하였는데, 이는 각 감수분열에서 멘델식 분리가 일어난다는 것을 암시한다. 연관된 유전자에서 사분자형 사분염색체의 존재는 교차에 관해 증거없이 추측되었던 2가지 면모를 증명한다.

1. 양친의 염색분체 사이에서 절편 교환은 **염색체가 복제된 후인** 제1감수분열 전기 때 일어난다. 감수분열의 4개 산물 중에서 오직 2개에서만 재조합을 보이기 때문에, 사분자형 사분염색체가 이런 주장을 제시한다. 네 가닥 단계에서 교차가 일어나지 않았다면 이것은 가능하지 않았을 것이다.
2. 교차 과정은 두 염색분체의 절단과 재결합으로 이루어지며, 그 결과 동일한 상대편 절편과의 **상호**(*reciprocal*) 교환이 일어난다. 사분자형 사분염색체는 이 점을 예증하고 있는데, 이들은 상호 교환물을 지니고 있기 때문이다(만약 양친의 대립유전자가 상인 배치이면 *A b*와 *a B*이고, 상반 배치이면 *A B*와 *a b*이다).

사분염색체 분석은 손쉬운 연관 검정법이다

사분염색체 분석은 2개의 유전자가 연관되어 있는지를 알아보는 데 효과적인 방법이다.

핵심 개념

유전자들이 *연관되어 있지 않다면*, 양친성 이분자형 사분염색체와 비양친성 이분자형 사분염색체가 나올 빈도는 같을 것으로 기대된다(PD = NPD).

연관되지 않은 유전자에서 PD = NPD 동등성의 이유는 대립유전자 쌍 *A*, *a*와 *B*, *b*가 서로 다른 염색체 상에 놓여 있는 **그림 4.23A**에서 찾아볼 수 있다. 각 유전자와 동원체 간에 교차가 없다면, 두 염색체의 형태는 중기 I에서 매우 같으므로 PD = NPD이다. 각 유전자와 동원체 간에 교차가 있다면(그림 4.23B), 사분자형 사분염색체가 생기지만, 이는 PD = NPD라는 사실에 변화를 주지 않는다.

이와는 반대로 유전자들이 연관되어 있다면, 양친성 이분자형이 비양친성 이분자형보다 아주 많이 나온다. 그 이유를 알아보기 위하여, 유전자들이 연관되어 있다고 가정하고 사분염색체의 3가지 형태가 만들어지는 데 필요한 과정을 고려해 보자. **그림 4.24**는 유전자들 간에 교차가 일어나지 않았을 때 PD 사분염색체가 형성된다는 것을 보여준다. 유전자들 간에 하나의 교차는 PD 사분염색체를 만들어낸다. 두 가닥, 세 가닥, 또는 네 가닥 이중교차의 형성은 각각 PD, TT 또는 NPD를 만든다. 연관된 유전자에서 교차가 없는 감

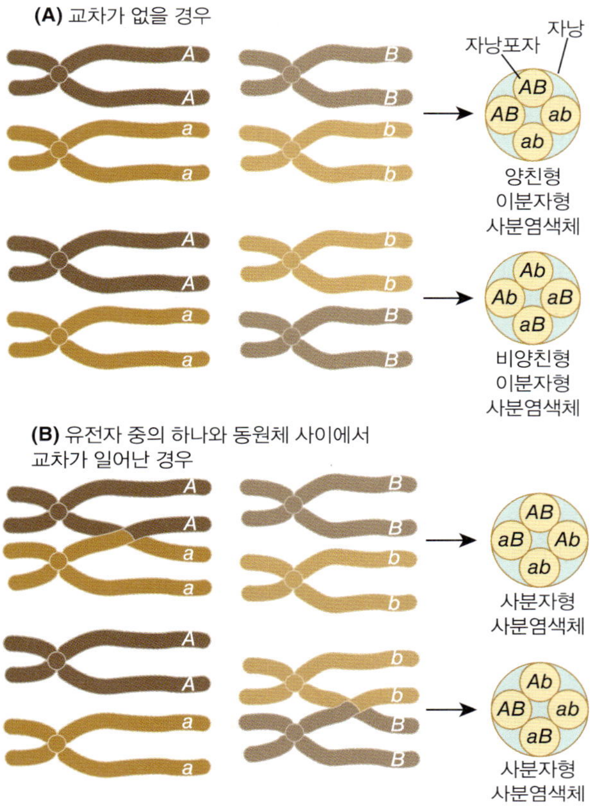

그림 4.23 2개의 유전자를 지닌 서로 다른 염색체로 만들어진 정렬되지 않은 자낭형. (A) 교차가 없을 때, 중기 I 시기에 무작위로 배열한 염색체 쌍은 PD 사분염색체와 NPD 사분염색체의 서로 다른 2가지 염색분체의 조합을 이룬다. (B) 하나의 유전자와 동원체 사이에서 교차가 일어났을 때, 2가지 염색체 배열이 모두 TT 사분염색체가 된다. 2개의 유전자가 모두 동원체와 가깝게 연관되어 있다면, 그래서 교차가 드물다면, TT 사분염색체는 거의 만들어지지 않는다.

수분열 세포는 항상 네 가닥 이중교차인 세포보다 많다.

핵심 개념

비양친성 이분자형(NPD) 사분염색체가 양친성 이분자형(PD) 사분염색체 보다 아주 낮은 빈도로 보일 때 연관되어 있다는 것을 말해준다(NPD << PD).

서로 다른 형의 사분염색체의 상대적인 빈도를 2개의 연관된 유전자 사이의 지도거리를 결정하는 데 사용할 수 있다. 가장 간단한 경우는 유전자가 아주 가까이 있어 이중 혹은 그 이상의 교차가 무시될 수 있는 정도일 때이다. 이 경우 사분자형 사분염색체는 유전자 사이에 하나의 교차가 일어난 감수분열 세포에서만 나온다(그림 4.24A와 B). 그림 4.6에서 유전자 간의 지도거리는 그 간격에서 교차가 일어난 세포의 비율의 절반으로 정의하였다. 그러므로 사분염색체에 의해 제시되는 지도거리는 다음과 같다.

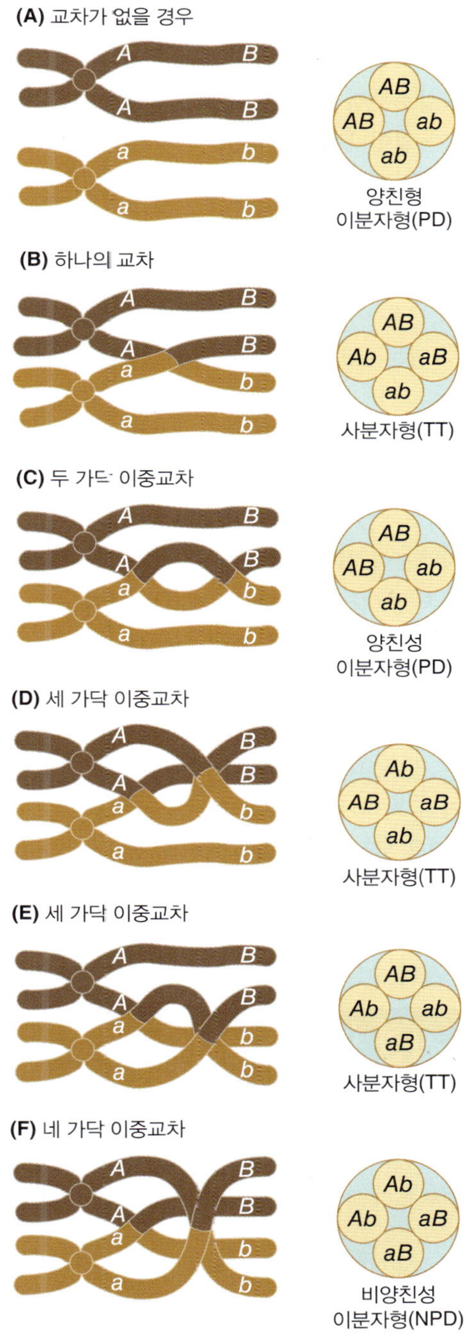

그림 4.24 2개의 연관된 유전자에 의해 만들어진 사분염색체형. (A) 교차가 없을 때 양친형 이분자형(PD) 사분염색체가 만들어진다. (B) 유전자 사이에서 한 번의 교차가 있을 때 사분자형(TT) 사분염색체가 만들어진다. (C–F) 4가지 가능한 유전자 사이의 이중교차형 중에서 F에서 보이는 네 가닥 이중교차에서만 오직 NPD 사분염색체를 만든다.

$$\text{지도거리} = \frac{1}{2} \times \frac{\text{사분자형 사분염색체 수}}{\text{사분염석체의 총 수}} \times 100 \qquad (4.1)$$

한 가지 예를 들어보자. $A\ B \times a\ b$ 교배에서 얻은 100개의 사분염색체를 분석하였을 때, 91개가 PD이고, 9개가 TT였다. NPD << PD이므로 이 유전자들은 연관되고, NPD = 0이라는 사실로부터 유전자들이 아주 가까이 연관되어 있어 이중교차가 일어나지 않았다는 것을 의미한다. *A*와 *B* 사이의 지도거리는 다음과 같이 계산할 수 있다.

$$\text{지도거리} = \frac{1}{2} \times \frac{9}{100} \times 100 = 4.5 \text{ cM}$$

방정식 (4.1)은 이 부위에서의 간섭이 이중교차의 생성을 방해할 수 있는 NPD = 0일 경우에만 유의하다는 것을 주목해야 한다. 만약 이 간격에서 이중교차가 일어난다면, 즉 NPD ≠ 0일 경우에 지도거리의 공식은 이중교차를 고려하여 보완되어야만 한다.

사분염색체를 이용한 지도 작성 과정은 지도거리가 재조합과 비재조합 염색분체의 수로부터 직접 계산되지 않는다는 점에서 본 장의 시작에서 제시한 것과는 차이를 보인다. 대신에 지도거리는 사분염색체와 사분염색체의 각 형을 만들게 할 것으로 추론된 교차형으로부터 직접 계산한다. 그러나 연관을 추정하기 위하여 모든 사분염색체 분석을 수행할 필요는 없다. 대신에 사분염색체로 하여금 밖으로 터져 나와 포자로 퍼지게 한 다음 포자를 무작위로 골라 조사한다. 이 방법을 **무작위-포자 분석**(*random-spore analysis*)이라 하고, 연관 관계는 앞에서 기술하였던 초파리나 옥수수에서처럼 결정한다. 특히 재조합 빈도는 표지 유전자에 대해 재조합된 포자의 수를 전체의 포자수로 나눈 것과 같다.

잠깐 생각해 봅시다 4.3

A b 유전형 효모와 *a B* 유전형을 가진 효모를 교배하여, 총 170개의 비정렬 사분염색체를 분석하였다. 그 결과 각각의 유형별로 다음과 같은 수가 관찰되었다.

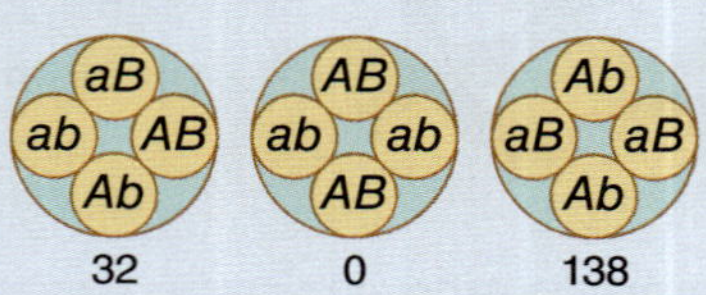

이상의 결과를 바탕으로 해서, 이들 유전자들 사이의 지도거리를 계산하시오.

정렬된 사분염색체는 감수분열의 기하학적 배열을 나타낸다

붉은빵곰팡이인 *Neurospora crassa*에서 감수분열의 산물은 정렬된 배열의 자낭포자 안에 들어 있다(**그림 4.25**). 주머니 모양의 자낭에 있는 접합자는 생성됨과 동시에 곧 바로 감수분열을 시작한다. 감수분열에 의해 만들어진 4개의 핵은 자낭 내에서 일렬로 정렬된 배열을 갖고, 이들 각각은 한 번의 체세포분열을 통해 2개의 유전적으로 동일하며 인접된 자낭포자를 만든다. 따라서 성숙된 자낭은 4쌍으로 배열된 8개의 자낭포자를 지니게 되는데, 각 쌍은 감수분열 산물의 하나씩으로부터 각각 유래한 것이다. 자낭포자를 자낭으로부터 하나씩 떼어내어, 배양관 내에서 발아시키면 각각의 유전자형을 알아낼 수 있다.

정렬된 자낭도 역시 2개의 대립유전자 쌍에 의해 PD, NPD, 또는 TT로 분류할 수 있어 유전자 간의 연관 정도를 알아볼 수 있다. 또한 감수분열 산물의 배열이 정렬되어 있다는 사실은 특정 유전자와 동원체 사이의 재조합 빈도의 결정을 가능하게 한다. 지도 작성 기법의 논리는 **그림 4.26**에서 보여주는 감수분열의 특징에 기초한다.

핵심 개념

양친 염색체의 상동 동원체는 제1감수분열 때 분리된다. 딸 염색분체의 동원체는 제2감수분열 때 분리된다.

그러므로 유전자와 동원체 사이에 교차가 없을 때 유전자의 대립유전자(예를 들면, *A*와 *a*)는 제1감수분열 시에 분리되는데, 이런 분리를 **제1분열 분리(first-division segregation)**라 한다. 반면에 유전자와 동원체 사이의 교차가 있으면 *A*와 *a* 대립유전자는 제2감수분열 때까지 분리되지 않는데, 이런 분리를 **제2분열 분리(second-division segregation)**라 한다. 제1분열 분리와 제2분열 분리의 차이는 그림 4.26에서 볼 수 있다. 그림의 (A)에서 볼 수 있는 것처럼 제1분열 분리로 얻는 것은 감수분열 산물로 2가지 가능한 배열인—*A A a a* 또는 *a a A A* 뿐이다. 그러나 제2분열 분리로는 4가지 형태가 가능한데, 이는 중기 I에서 상동염색체와 중기 II에서 염색분체의 무작위적 배치 때문이다. 이들 4가지 형태는 그림 B에 나와 있듯이 다음과 같다.

A a A a *a A a A* *A a a A* *a A A a*

하나의 유전자에 대해 제2분열 분리형을 지닌 자낭의 백분율은 동원체에 대한 유전자의 지도를 작성하는 데 사용할 수 있다. 예를 들어, 어떤 교배에서 자낭 시료 중 30%가 *A*와 *a* 대립유전자에 대하여 제2분열 분리형을 지녔다고 가정하자. 이는 감수분열을 하는 세포의 30%가 *A* 유전자와 동원체 사이에서 교차가 있다는 것을 의미한다. 두 유전자 상의 지도거리는 정의에 의하면 유전자 사이에 교차가 일어난 세포들 비율의 절반과 같기 때문에 유전자와 동원체 사이의 지도거리는 다음 방정식에 의해 주어질 수 있다.

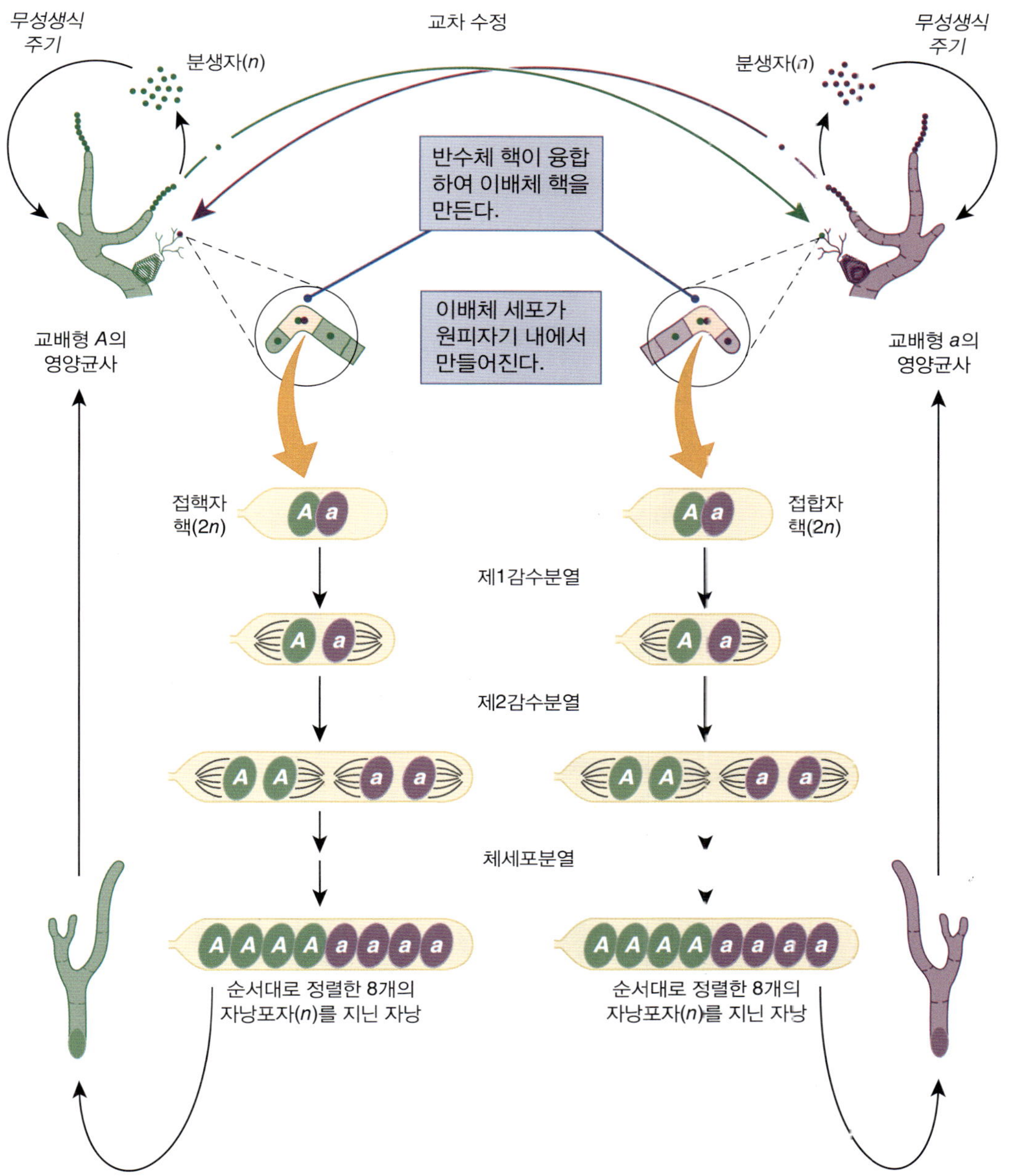

그림 4.25 붉은빵곰팡이(*Neurospora crassa*)의 생활사. 영양체는 부분적으로 마디진 끈 모양의 영양균사로 구성되어 있다. 분생자(conidia)는 서로 반대되는 교배형의 개체와 수정하는 무성생식으로 생긴 포자이다. 원피자기(protoperithecium)는 감수분열을 하는 세포들을 지닌 구조로 발달한다.

$$\text{지도거리} = \frac{1}{2} \times \frac{\text{제2분열 분리형을 지닌 자낭 수}}{\text{자낭의 총 수}} \times 100 \qquad (4.2)$$

방정식 (4.2)도 역시 유전자가 동원체와 아주 가까이 있어 다중교차를 무시해도 좋을 경우에 유효하다. 믿을 수 있는 연관 값은 유전자가 동원체에 가까이 있는 경우에 정해진다. 그러므로 보다 멀리 떨어져 있는 유전자는 동원체와 가까운 다른 유전자와의 상대적인 값으로 지도 작성을 할 수 있다.

유전자가 동원체와 멀리 떨어져 있으면, 유전자와 동원체 간의 교차는 대우 빈번하게 이루어져 A와 a 대립유전자는 4개의 염색분체에서 무작위로 이루어질 것이다. 즉, 그림 4.26에서 제시된 6가지 가능한 포자 배열은 모두 동일한 빈도로 일어난다. 그러므로 각 교차에 참여하는 염색분체는 무작위로 선발된다.

핵심 개념

제2분열 분리 자낭의 최대 빈도는 2/3이다.

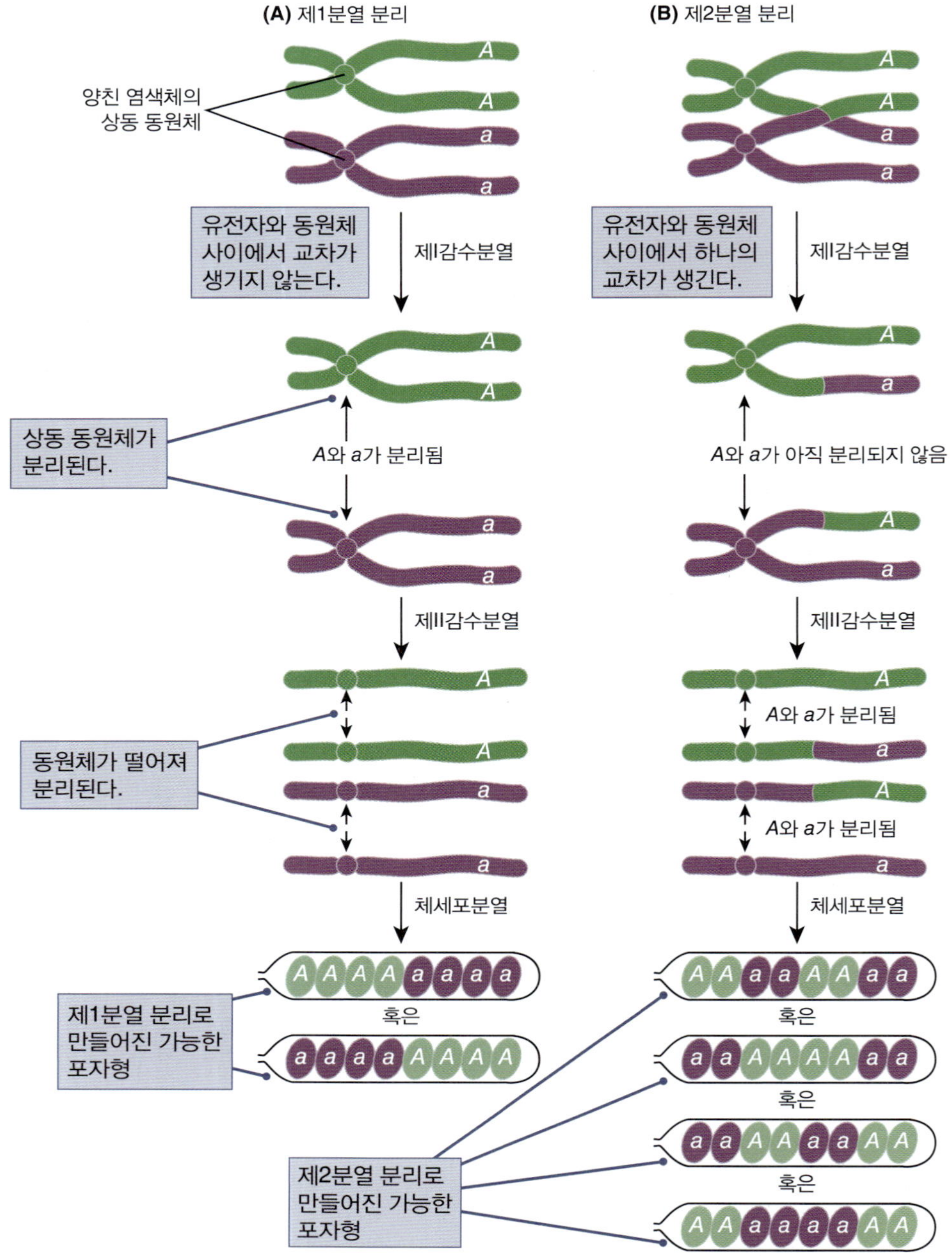

그림 4.26 붉은빵곰팡이에서 제1 및 제2분열 분리. (A) 제1분열 분리형은 자낭에서 유전자와 동원체 사이에서 교차가 이루어지지 않았을 때 보인다. 제1감수분열에서 대립유전자는 분리된다. 제1분열시 방추사가 붙는 염색체 쌍의 방위에 따라 2가지 포자형이 가능하다. 본 그림의 방위로 생긴 결과는 2가지 중 위의 자낭에 해당한다. (B) 제2분열 분리형은 자낭에서 유전자와 동원체 사이에서 교차가 이루어졌으나 제2감수분열 때까지 *A*와 *a*의 분리가 지연되고 있을 때 보인다. 제1분열시 방추사가 붙는 염색체 쌍의 방위와 제2분열시 방추사가 붙는 각 염색체의 염색분체들의 방위에 따라 4가지 포자형이 가능하다. 본 그림의 방위로 생긴 결과는 맨 위의 자낭에 해당한다.

유전자 변환은 재조합의 분자적 기작을 제시한다

유전자 재조합은 2개의 DNA 분자 사이에서 절단과 수선의 과정으로 간주된다. 진핵세포에서 이 과정은 각 분자가 복제되고 난 다음인 감수분열의 초기에 일어난다. 표지 유전자를 놓고 보면 이는 2분자의 양친형과 2분자의 재조합형이 만들어진다. 재조합의 유전학 연구는 효모나 붉은빵곰팡이와 같은 균류가 특히 유용한데, 감수분열의 결과 4개의 산물 모두를 4개의 포자(효모)로 또는 8개의 포자(붉은빵곰팡이)로 자낭 속에서 볼 수 있기 때문이다. 이미 언급한 바와 같이, *Aa* 이형접합 이배체로부터 만들어진 대부분의 자낭은

2 *A* : 2 *a*인 4개 포자인 자낭 또는

4 *A* : 4 *a*인 8개 포자인 자낭

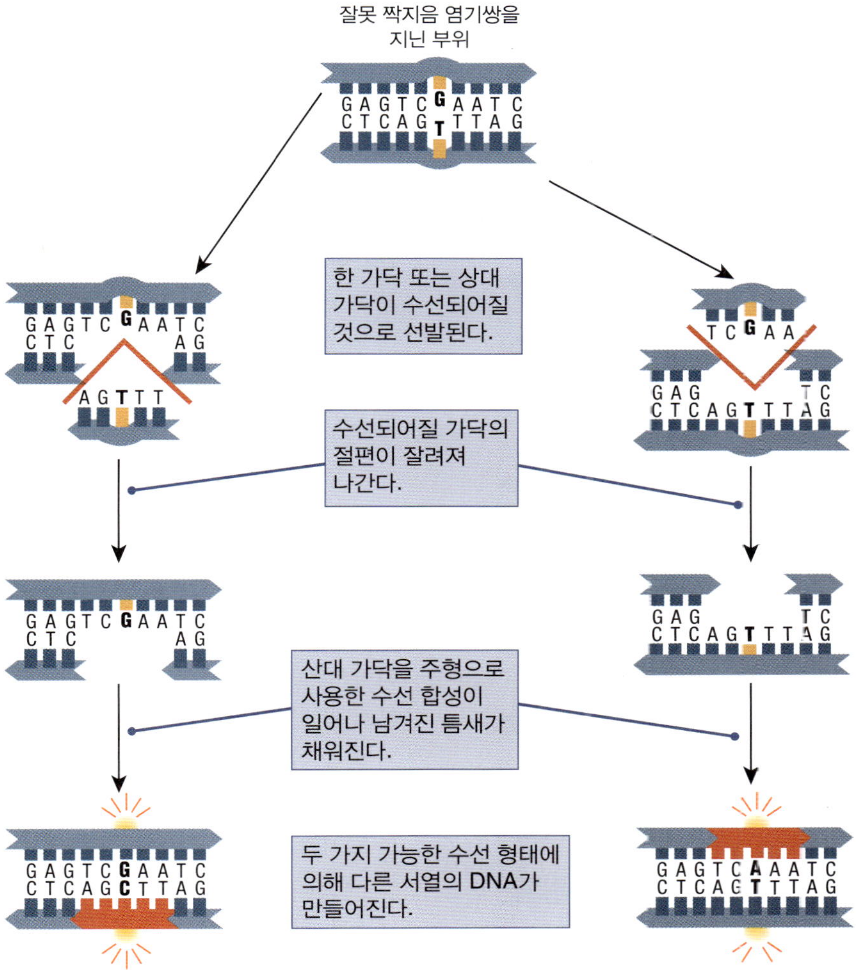

그림 4.27 잘못짝지음 수선은 하나의 염기가 잘못 짝지어진 DNA 가닥의 한 절편을 잘라낸 다음 수선 합성을 하는 것이다. 어떤 가닥도 잘라 내어지고 교정될 수 있다. 이 예에서 G–T 잘못 짝지음은 G–C(왼쪽)나 혹은 A–T(오른쪽)로 교정된다.

잠깐 생각해 봅시다 4.4

Aa 유전형의 붉은빵곰팡이(*Neurospora*)의 정렬된 사분염색체를 분석하였다. 총 120개의 사분염색체 중에서 80개에서는 A형 포자가 포자낭의 끝에 나란히 늘어서 있었다. 이 결과를 바탕으로, 해당 유전자와 동원체 사이의 지도거리를 계산하시오.

의 비율을 보여 정상적인 멘델식 분리 양상을 나타낸다. 그러나 때때로 다음과 같은 이상 비율을 보여주기도 한다.

3 *A* : 1 *a* 또는 1 A : 3 *a*의 4개 포자인 자낭, 그리고
5 *A* : 3 *a* 또는 3 A : 5 *a*의 8개 포자인 자낭

또한 이와는 다른 이상 비율도 생길 수 있다. 이상 자낭은 **유전자 변환(gene conversion)**의 결과라고 말하는데, 이는 마치 하나의 대립유전자가 다른 대립유전자로 하여금 자신과 같은 형태로 "변환되게" 한 것처럼 보이도록 하기 때문이다. 양쪽의 표지 유전자가 아주 가까이 연관되어 있을 경우에도 유전자 변환에 의해 변환 사건이 일어난 쪽의 표지 유전자 사이에서 재조합이 때때로 일어난다. 이는 유전자 변환이 재조합 과정의 하나의 결과일 수 있다는 것을 암시한다.

세포에서 정상적인 DNA 수선 과정의 하나인 **잘못짝지음 수선(부정합 수선, mismatch repair)**의 결과로 유전자 변환이 생긴다. 이 과정에서, 예를 들면 G와 T 또는 A와 C가 쌍을 이루고 있는 경우처럼 염기쌍이 잘못 짝지워진 DNA 이중가닥의 염기쌍을 효소가 인식한다. 이중가닥 DNA 분자에서 이런 잘못 짝지음이 발견되면, 한 가닥의 일부 조그만 절편이 절단되고 남은 가닥을 주형으로 사용하여 새로운 절편을 합성해서 바꿔친다. 이런 방식으로 잘못 짝지음 염기쌍은 교체된다. 그림 4.27의 예는 잘못 짝지음 G–T 쌍이 수선되는 것을 보여준다. 잘라지는 가닥은 T를 가진 가닥이거나

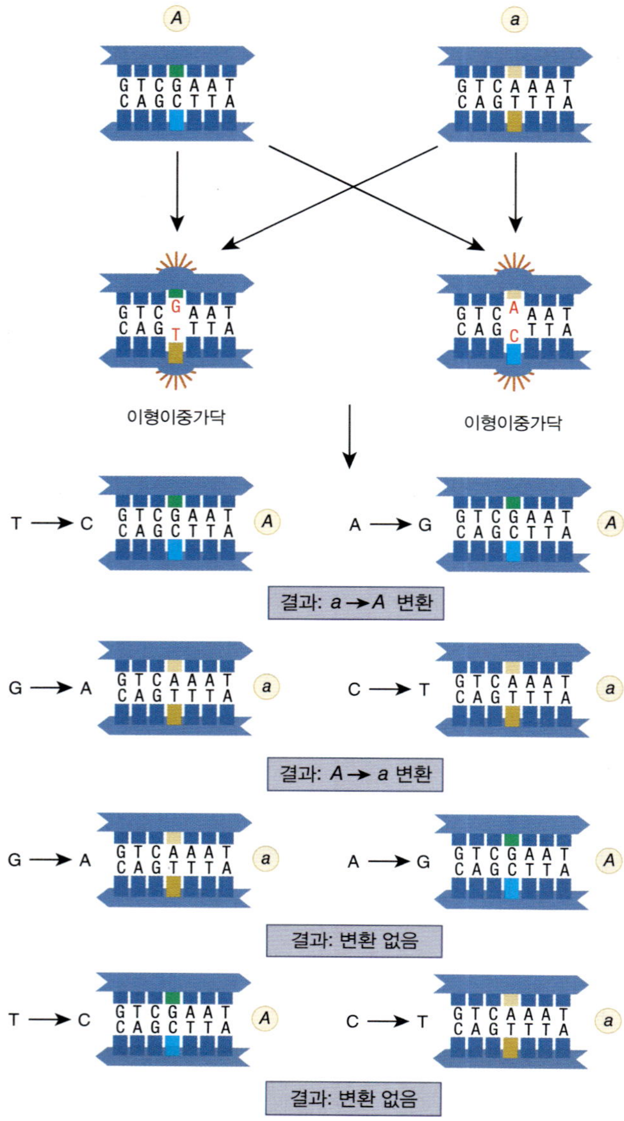

그림 4.28 잘못짝지음 수선에 의한 유전자 변환. 이형이중가닥 부위의 일부만을 보여준다.

또는 G를 가진 것일 것이고, 붉은색으로 보여주는 새로 합성된(수선된) 절편은 각각 C 또는 A를 지니게 된다. 수선의 결과, DNA 서열이 다른 2개의 산물이 생긴다.

유전자 변환 과정에서 잘못짝지음 수선의 역할은 그림 4.28에서 볼 수 있다. 맨 위에 있는 한 쌍의 DNA 이중가닥은 감수분열 중인 세포에서 2개의 대립유전자의 DNA 분자를 나타낸다. 1개의 이중가닥은 색깔로 눈에 띄게 표시한 G–C 염기쌍을 지니고 있는데, 이는 *A* 대립유전자에 상응한다. 다른 이중가닥은 동일한 위치에 A–T 염기쌍을 지니고 있는데, 이는 *a* 대립유전자에 상응한다. 재조합 과정에서 참여하는 DNA 이중가닥은 짝을 이루는 파트너를 교환할 수 있다. 그 결과는 둘째 줄에 보여준다. 짝을 이루던 파트너의 교환은 **이형이중가닥(heteroduplex)** 부위를 만드는데, 이는 이중가닥의 어떤 부위에서 염기가 양친과 달라져 잘못 짝지음을 이루는 부위이다. 이 예에서, 하나의 이형이중가닥은 G–T 염기쌍을, 그리고 다른 하나는 A–C 염기쌍을 포함한다. 이 시점에서 잘못짝지음 수선 시스템이 작동하여 잘못된 짝이 고쳐진다. 각각의 잘못 짝지음이 교정되어질 수 있다. 각각의 잘못 짝지음은 2가지 방식으로 수선될 수 있기에 잘못 짝지음을 수선하는 데에는 모두 4가지 방식이 있다. 수선의 한 방식은 *a*에서 *A*로의 유전자 변환을, 다른 하나는 *A*에서 *a*로의 유전자 변환을 일으키며, 나머지 둘은 원래의 이중가닥으로 돌아가 유전자 변환을 일으키지 않는다.

4.6 재조합은 DNA의 이중나선 절단에 의해 시작된다

감수분열 전기 I에서 키아스마는 DNA 분자 간의 교차를 물리적으로 보여주는 것이다. 이 구조는 이가염색체로 딸 염색분체 쌍 사이를 연결시키고 분열 후기 I을 준비하기 위한 중기 판에 이가염색체의 적절한 배치로서 매우 중요하다. 서로를 붙잡고 있는 데 도움이 되는 키아스마가 없는 이가염색체는 염색체 비분리가 일어나기 쉽다.

키아스마 형성에 필요한 교차는 DNA 이중나선의 프로그램된 절단에 의해 시작된다(그림 4.29A). 이중나선 절단에서의 간극 크기는 절단면에 대한 핵산분해효소의 작용에 의해 대부분 커지는데, 그림에서 보여주는 바와 같이 5′말단의 분해가 보다 많이 이루어져 있어서 3′말단이 돌출되어 쑥 내밀고 있는 것처럼 된다. 이 간극은 절단되지 않은 상동 DNA 분자가 주형이 되어 수선되어진다. 그러나 감수분열에서 수선 과정은 딸 염색분체가 아닌 것들 사이에 키아스마를 만드는 교차의 결과도 가져 올 수 있다. 이런 교차는 유전적으로 관찰되는 재조합의 물리적 기초가 된다.

그러나 이중나선의 절단이 교차를 이루는 데 반드시 필요한 것은 아니다. 그림 4.29B는 비교차형 경로로 이중나선 절단의 수선이 이루어지는 과정을 보여준다. 수선의 첫 단계는 절단된 3′말단이 절단되지 않은 상동 DNA 이중가닥에 침투해 들어가 한쪽 사슬과 짧은 이형이중가닥을 만들어 다른 쪽 사슬과 **D-루프(D loop)**라 부르는 고리 모양을 형성한다. (사슬 침투를 매개하는 데 필요한 특수한 단백질이 있는데, 대장균에서는 이 사슬 침투 단백질로 RecA가 알려져 있다.) 그림에서 이형이중가닥 부위는 하늘색 사슬과 붉은색 사슬이 쌍을 이루고 있는 부위이다. 이들은 이형이중가닥이기 때문에 이 부위에서 어떤 염기쌍의 잘못짝지음도 유전자

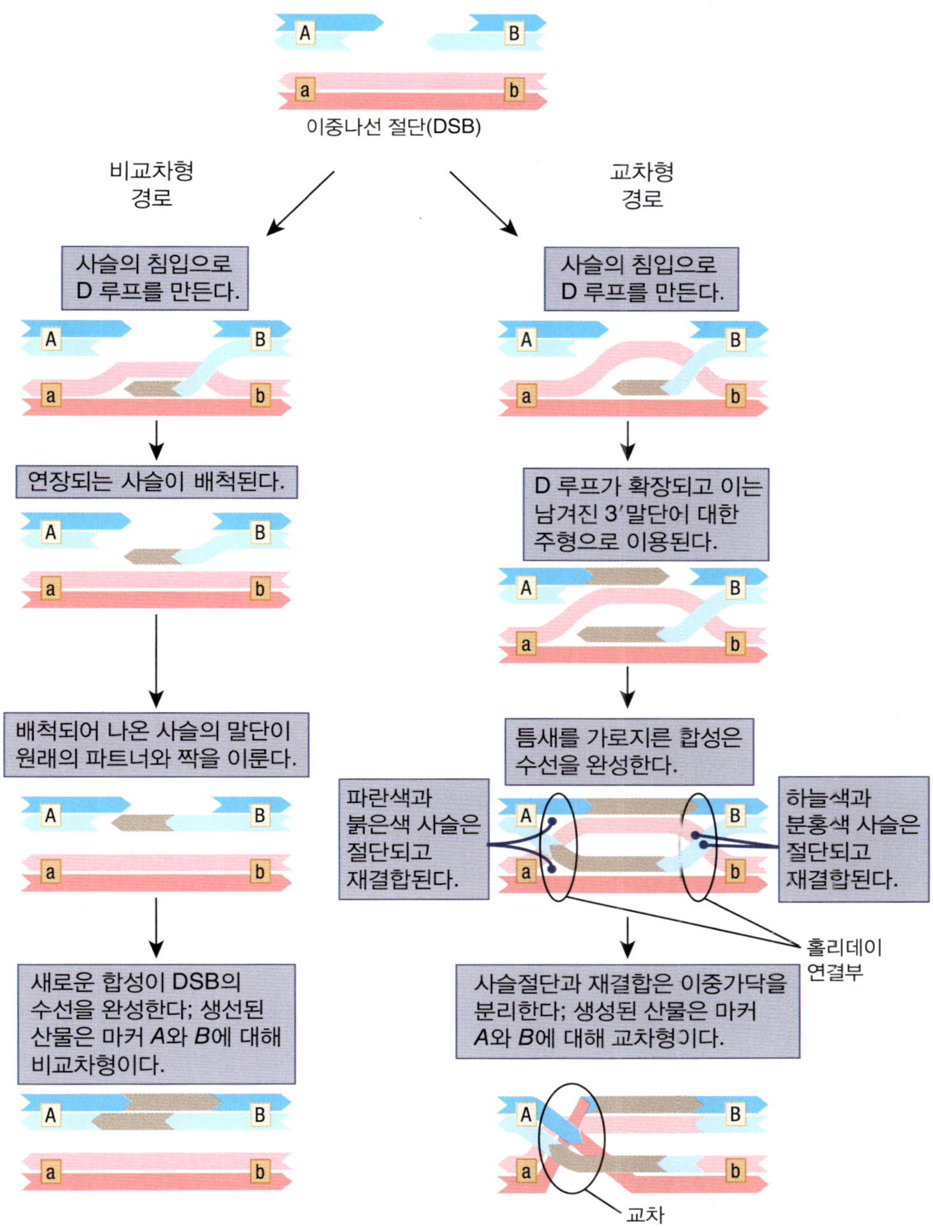

그림 4.29 (A) 이중가닥 DNA 분자에서 이중나선 절단으로 생긴 3′말단이 공간 쪽으로 돌출되어 있다. 절단된 것의 수선은 절단되지 않은 상동인 이중가닥을 사용하여 이루어진다. (B) 이형이중가닥 부위에서 유전자 변환이 이루어지지만 교차가 이루어지지 못하는 수선 경로. (C) 이형이중가닥 부위에서 유전자 변환이 가능해져서 교차를 이루게 하는 수선 경로.

Model from D. K. Bishop and D. Zickler, *Cell* 117 (2004): 9–15.

변환의 결과를 가져오는 방식으로 잘못짝지음 수선에 의해 교정될 수 있다. 이와 같은 이형이중가닥 부위의 길이는 전형적으로 대략 수백 염기쌍 정도이다. 이들은 유전자보다 아주 짧고 염색체보다는 더욱더 엄청나게 짧으므로, 유전자 변환은 이중사슬 절단자리 근처의 아주 짧은 부위를 제외하고는 아주 드문 사건이다.

이형이중가닥의 한쪽 말단에서 절단 DNA 사슬의 자유 3′말단은 확장되지만(갈색), 이는 잠시 후에 주형으로부터 떨어져 나오면서 절단되지 않은 이중가닥의 사슬이 다시 서로 결합될 수 있다. 이 시점에서 3′말단의 확장 부분은 절단된 이중가닥에서 상보적인 사슬과 쌍을 이룰 수 있을 정도만큼 길다. 동시에 이런 접합은 다른 절단된 사슬의 3′말단을 위한 주형이 된다. 남은 간격을 따른 3′말단의 확장으로 이중사슬 절단의 수선은 완성된다. 유전자 변환이 비교차형 경로에서도 일어날 수 있지만, 그 결과로 생긴 이중가닥 DNA 분자는 비재조합체인 것에 주목하자.

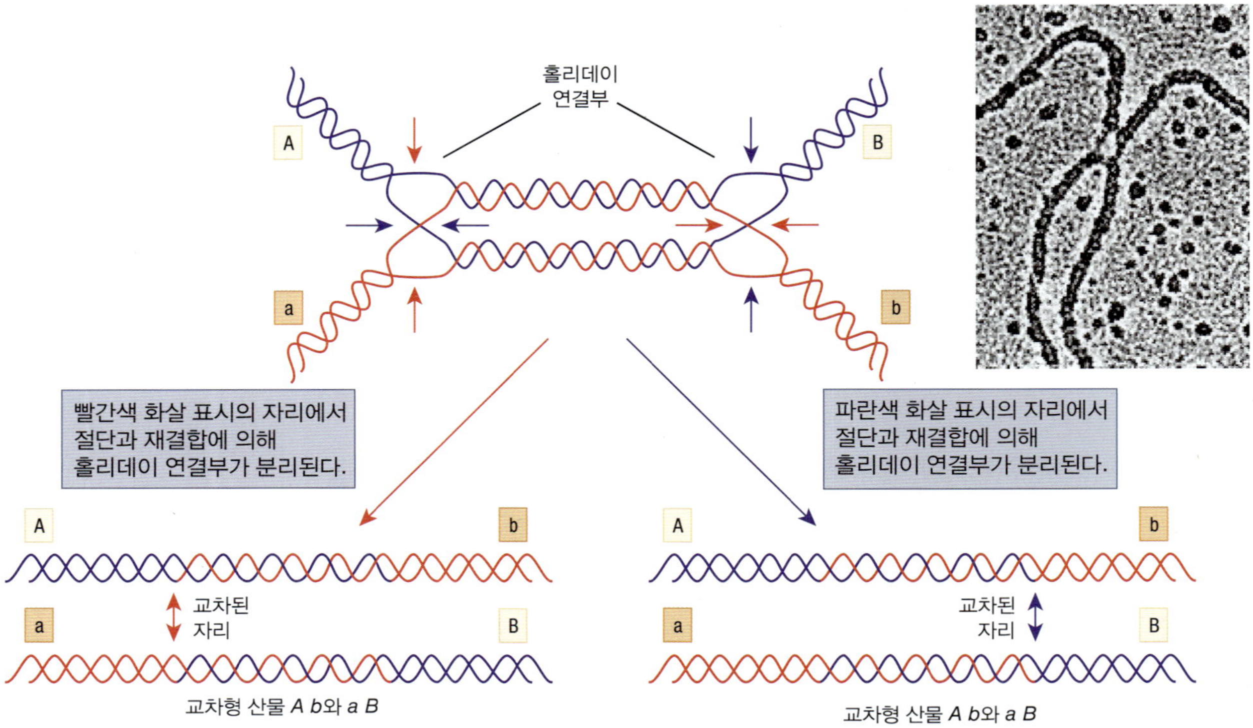

그림 4.30 (A) 재조합을 수행하는 DNA 분자의 쌍에서 2개의 홀리데이 연결부(부모형 염색체는 AB와 ab이다). (B와 C)는 어떤 사슬이 절단되고 재결합되느냐에 따라 생기는 2가지 마무리 양상이다. D는 한 쌍의 DNA 분자 사이에서 1개의 홀리데이 연결부를 보여주는 전자현미경 사진이다.

Illustration modified from B. Alberts. *EssentialCell Biology*. Garland Science, 1997. Illustration reproduced with permission of Huntington Potter, Johnnie B. Byrd, Sr., Alzheimer's Center & Research Institute.

그림 4.29C는 이중사슬 절단의 수선을 위한 교차형 경로를 보여준다. 마찬가지로 절단되지 않은 이중가닥으로의 침투는 D 루프를 만들고, 짧은 이형이중가닥 부위에서 유전자 변환이 일어난다. 비교차형 경로에서와 같이 절단된 DNA 사슬의 자유 3′말단은 확장되지만(갈색), 이 경우에는 주형사슬(빨간색)의 상대사슬(분홍색)과 교체될 때까지 지속된다. 교체된 사슬은 다시 절단된 다른 사슬의 3′말단이 확장하게 하는 주형으로 작용한다. 결국 절단된 사슬의 확장은 이들이 절단된 5′말단에 부착할 수 있을 만큼 길게 이루어진다. 이렇게 해서 이중가닥 절단의 수선이 완성되지만, 그 결과로 생긴 구조는 사슬이 짝을 이루는 파트너와 교환될 수 있는 2곳을 포함하고 있다는 점에 주목하라. 짝을 이루고 있는 파트너가 교환되고 있는 구조의 각각을 **홀리데이 연결부(Holliday junction)**라 부르는데, 이는 이런 구조가 재조합에 포함될 것이라는 것을 처음으로 예견한 로빈 홀리데이(Robin Holliday)의 이름을 따라 지어진 것이다.

홀리데이 연결부가 지닌 문제는 이들이 서로 다른 이중가닥 분자의 DNA 사슬이 서로 연결되는 장소라는 것이다. 사슬이 어떻게 서로 연결되는지를 그림 4.30A가 DNA 이중나선의 입장에서 보여준다. DNA 분자가 서로 떨어져 자유롭게 되기 위해서는 홀리데이 연결부의 분리가 필요하다. 이는 각각의 홀리데이 연결부에서 한 쌍의 DNA 사슬의 절단과 재결합을 필요로 한다. 절단과 재결합은 **홀리데이 연결부-분리효소(Holliday junction-resolving enzyme)**라는 효소의 작용에 의해 수행된다.

그림 4.30B와 C는 홀리데이 구조가 분리될 수 있는 2가지 방식을 보여준다. 빨간색 화살표가 가리키는 사슬의 절단과 재결합은 왼손 쪽 홀리데이 연결부의 자리에 교차를 일으키는 반면에, 파란색 화살표가 가리키는 사슬의 절단과 재결합은 오른손 쪽 홀리데이 연결부의 자리에서 교차를 일으킨다. 양쪽에서 모두, DNA 분자는 상호적 재조합체인 *A b*와 *a B* 산물을 만드는 교차를 갖는다. (원칙적으로는 홀리데이 연결부의 한쪽에서 빨간색 화살표, 다른 쪽에서는 파란색 화살표로 분리가 일어날 수 있지만, 이런 분리는 비교차형 산물을 만든다. 이런 비교차형 분리가 얼마나 많이 일어나는지에 대해서는 확실하지 않다.)

이중나선의 절단 수선 과정에 관한 이해는 매우 중요한데, 왜냐하면 이 과정이 유전공학의 강력한 방법론으로서 광범위한 실제적 응용성을 가지기 때문이다. 이 과정을 통해 유전자의 임의적인 결손, 중복, 그리고 변형이 가능하다.

CRISPR로 불리는 방법론은 세균에서 유래한 특정 분자를 사용함으로써 이중나선의 절단이 염색체 특정 부위에서 일어나게 할 수 있는데, 유전자 교정에 이용하는 CRISPR 방법론의 구체적인 내용은 제10장에서 살펴본다.

재조합은 유전체 내의 선호하는 위치에서 일어나는 경향이 있다

인간이나 다른 포유류를 포함한 어떤 생물체에서는 프로그램된 이중나선 DNA의 절단이 유전체의 어떤 부위에서 다른 부위보다 더 많이 일어나는 듯하다. 재조합을 일으키는 교차는 이런 부위에서 보다 잘 일어나는데, 이들을 가리켜 **재조합 과열점(hot spots of recombination)**이라 한다. 인간 유전체에는 약 3만 개의 재조합 과열점이 있는데, 어림잡아 100 kb 거리를 사이에 두고 있다. 일반적으로 이들 과열점은 유전자들 사이의 공간에 존재하며, 이들은 이중나선 절단의 가능성에 있어 서로 다르다. 한 특정 단백질이 인간 유전체에 있는 과열점의 약 40%와 관련되어 있다. PRDM9로 알려진 이 단백질은 13개의 염기서열에 합당하는 또는 거의 합당하는 자리에 있는 이중나선 DNA와 결합한다고 알려져 있다.

5′-CCGCCGTMWCCWC-3′

여기서 M은 A 혹은 C이고, W는 T 또는 A이다. 그러나 이 단백질은 직접 이중나선을 절단하지 않는다. 실제로 PRDM9는 히스톤 H3 단백질의 리신 아미노산에 메틸기($-CH_3$)를 붙이는 메틸 전달효소이다. PRDM9를 암호화하는 유전자는 30가 이상의 대립유전자가 밝혀졌고, 이들이 13개 염기서열 표적을 인식하고 히스톤 H3을 메틸화하는 성향에는 차이가 있다. PRDM9를 암호화하는 대립유전자의 변이는 PRDM9와 관련된 과열점의 효율의 차이라고 생각된다.

재조합 과열점에서의 이중나선 절단에 의해 재조합이 시작되는 경향이 있기는 하지만, 교차의 수에 비해 재조합 과열점이 상대적으로 너무 많다는 점은 주목할 만하다. 즉, 어떤 특정 감수분열 세포에서 재조합의 자리는 상당히 임의적임을 보여준다. 예를 들어, 인간 유전체에는 약 3만 개의 재조합 과열점이 있지만 교차는 감수분열당 약 60개가 일어난다. 어림잡아 약 500개의 과열점 부근의 어떤 곳에서 각각의 교차가 일어났을 것이다. 교차가 감수분열당 상대적으로 이렇게 적다는 것은 교차가 유전체에 존재하는 아주 많은 수의 과열점 중에서 본질적으로는 임의로 선택된 자리에서 일어난다는 것을 의미한다.

장의 요약

- 유전자가 동일 염색체 상에 놓여 있고, 독립적으로 분리되지 않는 경우를 연관되어 있다고 한다.
- 동일 염색체 상에 같이 존재하는 연관된 유전자의 대립유전자는 하나의 그룹으로 유전되는 경향을 보여준다.
- 상동염색체 사이의 교차는 연관된 대립유전자의 조합을 깨뜨려 재조합하게 한다.
- 재조합 빈도는 염색체 상의 연관된 유전자들 사이의 거리 단위로서 활용되는데, 이는 유전자들의 상대적 위치인 유전자 지도를 제공한다.
- 유전자 지도에서 유전자들 사이의 지도거리는 감수분열시에 유전자들 사이의 교차 빈도와 관련이 있다.
- 염색체 상에서의 물리적 거리는 일반적으로 유전자 지도거리와 비례하나 반드시 그런 것은 아니다.
- 개체 사이의 DNA 염기서열의 변이(다형성, 다형현상)는 유전체 상의 유전적 표지자로 활용되는데, 유전자 지도 작성이나 개체의 유전적 조상을 추적하는 데에 그리고 많은 다른 목적으로도 사용된다.
- DNA 다형성의 2가지 주요 형태로서, 단일-뉴클레오티드 다형성(single-nucleotide polymorphism, SNP)과 사본-수 변이(copy-number variation, CNV)가 있다. SNP는 염색체에 걸쳐 매우 흔한 반면에, CNV는 드문 편이다. 짧은연쇄반복(STR)의 다형성 역시 염색체에 걸쳐 매우 빈번하며, 유전자 지도 작성 및 DNA 타이핑에 활용된다.
- 사분염색체는 모든 감수분열 산물을 포함하고 있기 때문에 연관을 분석하는 데 있어서 아주 좋은 지표이다.
- DNA 수준에서, 재조합은 DNA 이중나선의 절단으로 시작된다. DNA 수선의 주형으로서 상동 DNA 분자의 사용은 교차를 일으킬 수 있고, 이에 따라 참여하는 DNA 분자의 양쪽 사슬은 절단되고 재결합된다.

쟁점과 착상: 알고 넘어 갑시다

- 유전적 재조합(recombination)과 유전적 상보성(complementation)을 구별하시오. 2개의 돌연변이 유전자가 재조합이 아니라 상보성을 보여주는 것이 가능한가? 2개의 돌연변이 유전자가 상보성이 아니라 재조합인 것을 보여주는 것이 가능한가?
- 유전 분석에서 염색체 상의 유전자 위치를 안다는 것이 왜

중요한가?

- 두 유전자 사이에서 일어날 수 있는 재조합의 최대 빈도는 얼마인가? 두 유전자 사이의 최대 지도거리는 있는가?
- 염색체 상의 긴 거리에서 일어나는 재조합 빈도가 동일 거리의 지도거리보다 항상 작은 이유는 무엇인가?
- 염색체 간섭(*chromosome interference*)이란 용어가 의미하는 것은 무엇인가?
- 인류유전학에서 눈의 색 또는 혈액형의 차이와 같은 형질보다 DNA 서열상의 분자 변이를 유전 분석에 사용하는 이유는 무엇인가?
- 균류의 유전 분석에서 사분염색체(tetrad)를 조사할 수 있다는 것이 왜 특별한가?
- 사분자형 사분염색체가 감수분열의 네 가닥 시기에 재조합이 일어날 때 생기고 또한 상호교환적으로 이루어지는 이유를 설명하시오.
- 사분염색체와 관련하여 양친성 이분자형(PD)이 비양친성 이분자형(NPD) 보다 훨씬 많이 보이는 것(PD >> NPD)이 왜 연관의 민감한 지표가 되는지를 설명하시오.

문제 풀고 한 걸음씩 앞으로

문제 1 초파리에서 열성 돌연변이 대립유전자 *ss*는 가는 강모, *cn*은 밝은 주홍색 눈, 그리고 *e*는 검은 체색을 나타낸다. 유전자형이 /+ + +인 암컷과 수컷을 교배시켰다. 심벌 +는 각각의 해당되는 위치에 쓴 유전자의 정상(비돌연변이) 대립유전자를 나타낸다. 이 교배에서 다음과 같은 1,000마리의 자손을 얻었다.

ss cn e / ss cn e	241
ss + e / ss cn e	223
+ cn + / ss cn e	202
+ + + / ss cn e	212
ss cn + / ss cn e	25
ss + + / ss cn e	31
+ cn e / ss cn e	31
+ + e / ss cn e	35

이들 유전자 중 어떤 것이 연관되어 있는지(만약 있다면)를 결정하고, (연관되어 있다면) 이들 유전자들 사이의 재조합 빈도를 산정하시오.

풀이. 어떤 유전자들이 연관되어 있는지를 결정하기 위해서는 우선 돌연변이체를 쌍으로 나누고, 각 쌍에 대한 부모형과 재조합형의 총 수를 찾기 위한 데이터로 정리해야 한다. *cn*에서 부모형은 241 + 212 + 25 + 35 = 513이고, 재조합형은 223 + 202 + 31 + 31 = 487이다. 이들 숫자는 거의 500 : 500에 가까우므로 *ss*와 *cn*은 연관되어 있지 않다고 추론할 수 있다. 마찬가지로 *cn*과 *e*에 대해서 부모형의 합은 515이고 재조합형의 합은 485이므로, *cn*와 *e* 역시 연관되어 있지 않다. 그러나 *ss*와 *e*에서는 부모형의 합이 878이고 재조합형의 합은 122이므로, 이 결과에서 *cn*와 *e*는 연관되어 있다는 것을 암시하고 있다. 재조합 빈도를 추정하면 122/1000 = 0.122 혹은 12.2%가 된다.

문제 2 초파리에서 열성 돌연변이 대립유전자 *cinnabar*(*cn*)는 밝은 주홍색 눈을, *curved*(*c*)는 굽은 날개를, 그리고 *plexus*(*px*)는 날개의 과다 시맥을 보여준다. 이 세 유전자들은 모두 연관되어 있다. *px* /+ + + 암컷과 *cn c px* / *cn c px* 수컷을 교배하여 다음과 같은 자손을 얻었다.

cn c px / cn c px	296
cn c + / cn c px	63
cn + + / cn c px	119
cn + px / cn c px	10
+ c px / cn c px	86
+ c + / cn c px	15
+ + + / cn c px	329
+ + px / cn c px	82
총계	1000

(a) *cn*과 *c* 사이의 재조합 빈도는?
(b) *c*와 *px* 사이의 재조합 빈도는?
(c) *cn*과 *px* 사이의 재조합 빈도는?
(d) *cn*과 *px* 사이의 재조합 빈도가 *cn*과 *c* 그리고 *c*와 *px* 사이의 재조합 빈도를 합한 것보다 적은 이유는?
(e) 이 부위에서의 일치계수는 얼마인가? 또 간섭 값은 얼마인가?
(f) *cn*, *c*, *px*의 위치를 보여주고, 이들 유전자 사이의 지도거리를 나타내는 유전자 지도를 작성하시오.

풀이. 연관 문제를 풀 때 너무 성급해 하지 말라. 시간을 갖고 적절한 방법으로 정보를 체계화하면 풀 수 있을 것이다. 우선 자손형을 *cn c px*와 + + +, *cn c* +와 + + *px* 등과 같이 상보적 쌍으로 그룹화를 시킨다. 그리고 아래 보이는 것처럼 새로 도표를 작성한다. (아버지로부터 온 *cn c px* 염색체는 무시해도 되는데, 이는 재조합에 관한 정보를 제공하지 않기 때문이다.)

cn c px	296	625
+ + +	329	
cn c +	63	145
+ + px	82	
cn + +	119	205
+ c px	86	
cn + px	10	25
+ c +	15	
총계		1000

도표에서 상보적인 쌍들의 결과물들 사이에 빈 공간을 둬서 그룹들이 서로 떨어져 보이도록 하였다. 오른쪽 칸의 숫자는 각 집단의 합이다. 가장 많은 수를 보인 상보성 염색체는 *cn c px*와 + + +로 비재조합체이고, 가장 작은 수인 *cn* + *px*와 + *c* +는 이중재조합체이다. 필요하다면 그룹의 순서를 재조정하여 비재조합체를 맨 위에 놓고, 이중재조합체는 맨 아래에 배치하여라. (현 예는 재배치가 필요하지 않다.) 이 시점에서 이중재조합체의 유전자형을 비재조합체의 것과 비교하여 세 유전자의 순서가 정확하게 되어있는지를 확인하라. 각 유전자 사이에서 한 번씩 2개의 재조합이 일어날 수 있으므로, 만약 유전자의 순서가 정확하다면 이중재조합 염색체의 유전자 순서는 비재조합체의 유전자 순서를 토대로 예측하여 알 수 있다. 만약 순서가 맞지 않다면 유전자의 순서를 재배열하라. (비재조합체와 이중재조합체의 쌍을 비교해 보면서 "외톨이"로 된 것을 찾아내면 이것이 중간에 있는 유전자가 된다.) 위 경우의 예에서 주어진 유전자의 순서는 정확하다. 마지막으로 이런 예비적인 정리 단계가 끝나면 본격적인 문제 풀이에 들어갈 수 있다. **(a)** *cn*과 *c* 사이의 재조합 빈도는 *cn*과 *c* 사이에서 재조합을 보이는 모든 자손 수를 전체로 나눈 값으로, 이 경우는 (205 + 25)/1000 = 0.23이다. **(b)** *c*와 *px* 간의 재조합 빈도는 (145 + 25)/1000 = 0.17이다. **(c)** *cn*과 *px* 간의 재조합 빈도는 (145 + 205)/1000 = 0.35이다. (이 경우 이중재조합체는 총합계에 포함되지 않는 것에 주목하라. 왜냐하면 이중재조합체는 *cn*과 *px*를 재조합한 것으로 되지 않고 *cn*과 *px*의 대립유전자 조합이 부모의 것과 동일하기 때문이다.) **(d)** *cn*과 *px* 사이의 재조합 빈도(0.35)는 *cn*과 *c* 사이의 재조합 빈도(0.23)와 *c*와 *px* 간의 재조합 빈도(0.17)의 합(0.23 + 0.17 = 0.40)보다 적은데, 이는 이중재조합 때문이다. **(e)** 일치계수는 이중재조합체의 측정된 수를 이론적인 수로 나눈 값이다. 측정치는 25이고 이론치는 0.23 × 0.17 × 1000 = 39.1이므로 일치계수는 25/39.1 = 0.64이다. 간섭 값은 1 − 일치계수이므로 1 − 0.64 = 0.36이다. **(f)** 유전자 지도는 아래 그림과 같다. 거리는 지도단위로 센티모건이다. 그러나 23과 17 지도단위의 거리는 *cn*과 *c* 그리고 *c*와 *px* 사이의 재조합 빈도로 관찰된 23과 17 재조합 백분율에 기초한 것이고, 실제 지도거리는 아마도 이 예측치보다 다소 높을 것이다. 왜냐하면 각 부위 내에서 일어난 이중교차는 실제보다 이 예측치가 적게 추정되었기 때문이다.

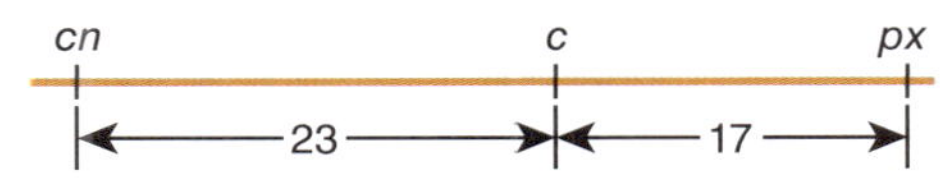

문제 3 붉은빵곰팡이에서 유전자 *arg12*는 아르기닌 생합성 경로에서 ornithine을 citrulline으로 전환하게 하는 데 필요한 효소를 암호화한다. 이 유전자는 제1장에서 논의된 비이들과 테이텀의 실험에서 발견된 것이다. *arg12*와 *ARG12* 계통 사이의 교배에서 생성된 자낭의 2/3가 제2분열 분리를 보인다. 이 경우 *arg12*는 돌연변이 대립유전자이고, *ARG12*는 비돌연변이 대립유전자의 표시이다. 이 관찰이 *arg12*와 동원체 사이의 지도거리에 관해 암시하는 바가 무엇인가?

풀이. 제2분열 분리에 의해 생길 수 있는 최대 비율이 2/3이다. 이는 하나 또는 그 이상의 교차가 유전자와 동원체 사이에서 거의 반드시 일어날 수 있을 만큼 동원체로부터 멀리 떨어져 있는 어떤 유전자에서도 관찰될 수 있는 값이다. 그러므로 우리는 *arg12*가 동원체로부터 적어도 50 지도단위 만큼의 위치에 있다는 것을 추론할 수 있다. 이 지도거리는 최소한의 것이고, 실제는 이보다 더 클 수 있다고 할 수 있다.

실전에 필요한 개념: 끝까지 풀어 봅시다

4.1 재조합 빈도가 0.2인 2개의 연관된 유전자가 *A B* / *a b*로 상반(repulsion) 상태의 이중이형접합자로 되어 있다고 하자. 만약 무작위로 선택한 배우자가 *A*를 지니고 있을 때, 동시에 이 배우자가 *B*를 가질 확률은 얼마인가?

4.2 유전자들이 같은 염색체 상에 있고 이들 간의 재조합 빈도가 8%일 때, 유전자형 *A B* / *a b*인 암컷 초파리에 의해 만들어지는 배우자는 어떤 종류이고, 그 빈도는 얼마인가? 동일 유전자형을 지닌 수컷 초파리에 의해 만들어지는 배우자의 종류와 빈도는 얼마인가?

4.3 정렬되지 않은 사분염색체를 지닌 개체에서 감수분열을 하고 있는 세포가 2개의 마커 사이에서 이중교차가 일어나고 있다. 만약 두 가닥 : 세 가닥 : 네 가닥 이중교차의 비가 1 : 2 : 1의 비라 하면 PD : TT : NPD 사분염색체의 비는 얼마인가? (PD는 양친성 이분자, TT는 사분자형, 그리고 NPD는 비양친성 이분자 사분염색체를 나타낸다.)

4.4 일치계수 0.36이라는 것을 옳게 설명한 문장은 다음 중에서 어떤 것인가?

(a) 이중교차의 빈도가 36%이다.

(b) 이중교차의 빈도는 간섭이 없을 경우 기대되는 수의 36%이다.

(c) 이중교차에 비해 단일 교차가 0.36배 많이 일어난다.

(d) 한 지역에서 일어나는 단일 교차가 인접지역에서보다 0.36배 많이 일어난다.

(e) 재조합형 자손에 비해 부모형 자손이 0.36배나 많다.

4.5 질서 정연한 사분염색체를 갖는 균류인 붉은빵곰팡이(*Neurospora*)에서 유전자가 10%의 제2분열 분리를 보여주었다. 유전자와 동원체 사이의 지도거리는 얼마인가?

4.6 초파리(*Drosophila pseudoobscura*)에서 자주색 눈 돌연변이(*purple, pr*)와 날개에 crossvein이 없는 돌연변이(*crossveinless, cv*)는 제3염색체 상에 18 지도단위 거리를 두고 떨어져 있다. *pr+ cv+ / pr cv* 암컷과 *pr cv / pr cv* 수컷을 교배시켜 얻은 자손에서 기대되는 표현형은 무엇이고 또 그 비율은 얼마인가?

4.7 각각의 유전자 쌍 사이의 주어진 재조합 빈도로부터 염색체 지도를 작성하시오. $r-c$, 10; $c-p$, 12; $p-r$, 3; $s-c$, 16; $s-r$, 8. 유전자 간의 거리가 서로 간의 합으로 정확히 떨어지는 것이 아님을 알 수 있다. 왜 그런가?

4.8 *y* (노란 몸 체색)와 *bb* (짧은 강모) 돌연변이를 모두 이형접합성으로 지닌 암컷 초파리를 교배하였다. 이 두 유전자는 X 염색체 상에 있다. 수컷 자손 200마리를 얻었고, 이 중 49마리는 야생형, 51마리는 노란 체색, 41마리는 짧은 강모, 그리고 59마리는 노란 체색에 짧은 강모를 지닌 돌연변이체였다. 이들 유전자가 연관되어 있는 증거를 보시오. [주(註): 부모형과 재조합형 배우자의 비가 1 : 1이다. 카이-제곱법(X^2)으로 검정한다.]

4.9 옥수수의 7번 염색체에 2개의 열성 대립유전자 *gl*(glossy, 잎의 광택 결정)과 *ra*(ramosa, 갈라진 이삭)가 있다. 각 대립유전자가 모두 이형접합성인 식물과 열성 동형접합성의 식물과 교배를 하여 다음과 같은 유전자형을 보이는 자손을 얻었다.

Gl ra/gl ra	98	*gl Ra/gl ra*	91
Gl Ra/gl ra	7	*gl ra/gl ra*	4

이들 유전자 사이의 재조합 빈도를 계산하시오.

4.10 황열병 매개 모기(*Aedes aegypti*)에서 살충제인 DDT에 저항성을 보이는 우성유전자인 *DDT*와 다른 종류의 살충제인 디엘드린(Dieldrin)에 저항성을 보이는 우성유전자인 *Dl*이 같은 염색체 상에 있다고 알려져 있다. DDT-저항성 모기와 디엘드린-저항성 모기를 교배시킨 후, 두 살충제에 저항성을 보이는 암컷 모기 자손과 야생형 수컷 간에 검정교배를 행하였다. 얻은 자손 중에서, 2가지 살충제에 저항성을 보이는 것이 99마리, DDT에 저항성을 보이는 것이 88마리, 디엘드린에 저항성을 보이는 것이 89마리, 그리고 2가지 살충제에 모두 민감한 것이 106마리였다.

(a) *DDT*와 *Dl* 대립유전자가 동일 유전자인가? 이를 어떻게 설명할 수 있는가?

(b) *DDT*와 *Dl*은 서로 연관되어 있는가?

(c) 염색체 상에서 *DDT*와 *Dl*의 유전자 위치에 대하여 설명하시오.

4.11 순계인 두 계통의 생쥐를 교배하여 3개의 연관된 유전자에 대해 이형접합성인 *Aa*, *Bb*, 그리고 *Dd*인 F_1 생쥐를 만들었다. 수많은 삼중이형접합성인 F_1 생쥐를 검정교배했을 때, 다음과 같은 표현형과 개체수의 자손이 나왔다.

A−	*B−*	*D−*	10
A−	*B−*	*dd*	350
A−	*bb*	*D−*	100
A−	*bb*	*dd*	40
aa	*B−*	*D−*	60
aa	*B−*	*dd*	120
aa	*bb*	*D−*	320
총계			1000

(a) 어떤 유전자가 가운데 있는가?

(b) F_1 삼중이형접합성의 유전자성을 각 염색체에 정확한 순서와 정확한 대립유전자로 되어 있는지를 가능한 대로 완전하게 기술하시오.

(c) 어떤 2개의 유전자가 서로 더 가깝게 위치해 있는가?

(d) 가장 가깝게 있는 2개의 유전자 사이의 지도거리는 얼마인가? 이 두 유전자 사이의 간섭은 완전하다고 가정하시오.

(e) 간섭이 완전하지 않을 때, 진짜 지도거리는 (d)에서 계산한 값과 얼마나 차이가 있겠는가?

4.12 옥수수에서 유전자 *v*(연두색 실생), *pr*(붉은색 호분), 그리고 *bm*(갈색 주맥)은 모두 5번 염색체 상에 있지만 유전자가 배열된 순서는 모른다.

$$v^+\ pr\ bm/v\ pr^+\ bm^+ \times v\ pr\ bm/v\ pr\ bm$$

위의 교배에서 아래와 같은 표현형을 지닌 1,000개의 자손을 얻었다.

v^+	pr	bm	226
v	pr^+	bm^+	229
v^+	pr	bm^+	153
v	pr^+	bm	185
v^+	pr^+	bm	59
v	pr	bm^+	71
v^+	pr^+	bm^+	36
v	pr	bm	41
총계			1000

(a) 유전자의 순서, 인접된 유전자 사이의 재조합 빈도, 병 발율과 간섭을 구하시오.

(b) 이 예에서 재조합 빈도가 왜 지도거리의 좋은 추정치가 아닌지 설명하시오.

4.13 아래의 가계도에서 남자 I-2는 헌팅턴 질병 환자이다. 헌팅턴 질병은 일종의 근육과 신경의 퇴행성과 관련된 완전 침투율의 희귀한 상염색체성의 우성 돌연변이 *HD*에 의해 생긴다. 돌연변이가 아닌 정상 대립유전자는 *hd*로 표기된다. 여자 II-1 역시 환자이다. 전기영동의 겔 상에서 보이는 헌팅턴 RFLP 대립유전자 *A*와 *a*는 10% 재조합 빈도로 헌팅턴 부위와 연관되어 있다.

(a) II-1의 유전자형은 *HD A*/*hd* a인가 *HD a*/*hd A*인가?

(b) 겔 상의 밴드 패턴에 의하면, III-1이 환자일 확률은 얼마인가?

(c) 겔 상의 밴드 패턴에 의하면, III-2가 환자일 확률은 얼마인가?

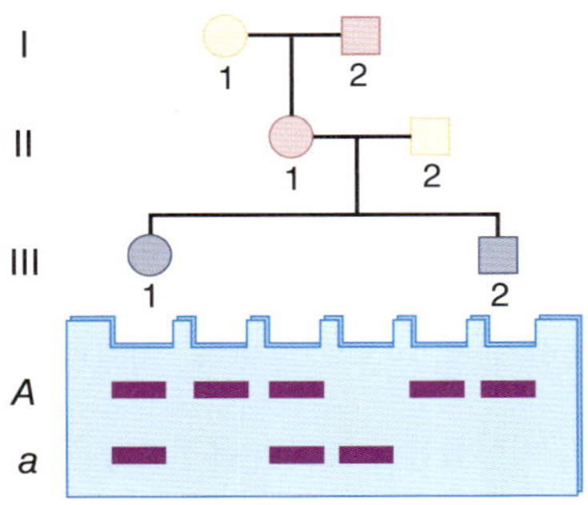

4.14 인류유전학자가 아래의 전기영동 상에서 보여주는 것과 같은 DNA 염기서열의 분자적 변이를 발견하였다. 인류 집단 전체에서 패널 A에서 보이는 것처럼 4가지 표현형을 발견하였기에, ABO 혈액형에서처럼 3개의 대립유전자에 의한 단순한 유전적 다형현상일 것으로 생각하였다. 서로 다른 크기의 DNA 절편을 만드는 2개의 대립유전자인 빠른 이동(*F*), 느린 이동(*S*)이 있고, DNA 절편이 없는 "부재"를 (*O*)로 정하였다. 그러므로 패널 A의 유전자형은 왼편에서 순서대로 적으면, *FF* 혹은 *FO*, *SS* 혹은 *SO*, *FS* 그리고 *OO*가 된다. 전체 집단에서 *OO* 유전자형은 아주 흔하고, *FS* 유전자형은 아주 드물다. 이와 같은 가설을 연구하기 위하여 *FS*라고 추정되는 부모들(패널 B) 사이에서 나온 자식들을 조사한 결과, 패널 C에서와 같은 자식의 형태와 수를 얻었다.

(a) 3개의 대립유전자 가설에서 예상되는 결과는 무엇인가?

(b) 관찰된 자료는 이 결과와 일치하는가? 그 이유는?

(c) 패널 C의 자료를 설명할 수 있는 유전적 가설을 제시하시오.

(d) 이 자료는 당신의 가설과 일치하는가?

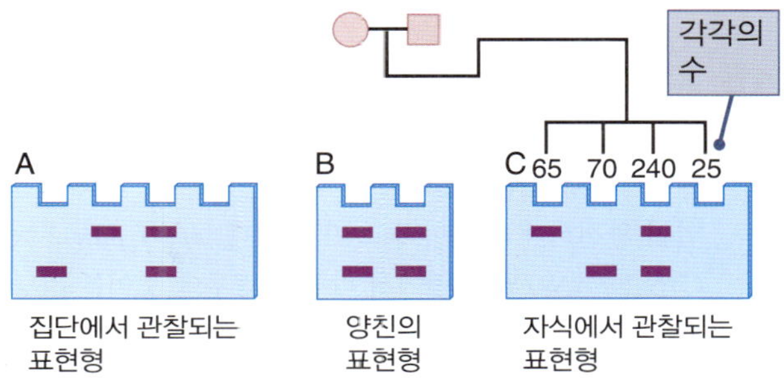

4.15 붉은빵곰팡이의 $a^+ \ b^+ \times a \ b$ 교배에서 얻어진 질서정연한 사분염색체의 종류와 빈도는 다음과 같다. (각 쌍의 포자 중 오직 한 멤버만 보여준다.) 동원체와 관련하여 유전자의 순서를 정하시오.

포자쌍				
1-2	3-4	5-6	7-8	자낭수
$a^+ \ b^+$	$a^+ \ b^+$	$a \ b$	$a \ b$	1766
$a^+ \ b^+$	$a \ b$	$a^+ \ b^+$	$a \ b$	220
$a^+ \ b^+$	$a \ b^+$	$a^+ \ b$	$a \ b$	14

4.16 토마토 제2염색체의 연관지도의 일부를 아래에서 볼 수 있다. 납작한 열매를 보이는 편평(oblate) 표현형, 마치 복숭아처럼 열매에 털을 지닌 복숭아(peach), 그리고 꽃송이의 표현을 나타내는 비형광 화합물(compound influorescence)로 유전자형은 각각 *o*, *p*, *ci*로 표기한다.

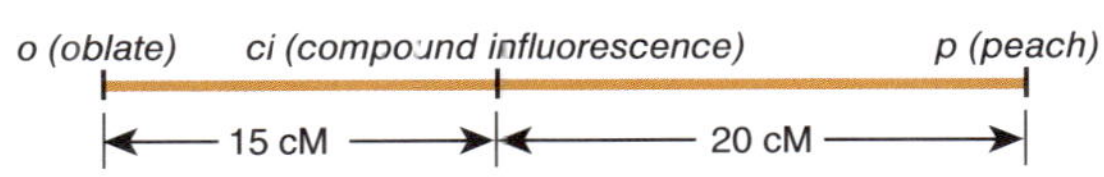

o ci +/+ + *p* 유전자형을 지닌 식물에 의해 만들어진 1,000개의 배우자 중에는 어떤 배우자가 각각 얼마만큼씩 만들어지겠는가? 이 부위에서의 염색체 간섭은 80%이고, 각 부위 내의 간섭은 완전하다고 가정하시오.

4.17 효모(*Saccharomyces cerevisiae*)는 질서가 없는 사분염색체를 지닌다. 3개의 유전자 간의 연관 관계를 연구하기 위한 교배에서 아래 표와 같은 사분염색체를 얻었다. 교배는 유전자형 + *b c* 균주와 *a* + + 균주 사이에서 이루어졌다.

(a) 이 자료로부터 어떤 유전자가 연관되어 있는지를 결정하시오.

사분 염색체형	사분염색체 내 포자의 유전자형				사분 염색체 수
1	*a* + +	*a* + +	+ *b c*	+ *b c*	132
2	*a b* +	*a b* +	+ + *c*	+ + *c*	124
3	*a* + +	*a* + *c*	+ *b* +	+ *b c*	64
4	*a b* +	*a b c*	+ + +	+ + *c*	80
총개체 수					400

(b) 연관되어 있는 유전자가 있다면 그 거리를 산정하시오.

4.18 붉은빵곰팡이 제6번 염색체의 유전자 지도의 일부를 예시하였다. *cys-1* 돌연변이는 시스테인 합성을 못하게 하고, *pan-2*는 판토텐산의 합성을 막는다. 염색체 간섭이 완전하게 일어난다고 가정할 때, *cys-1 pan-2* × *CYS-1 PAN-2*의 교배에서 각각의 경우에 보이는 자낭의 형태에 대한 기대 빈도를 결정하시오.

(a) *cys-1*의 제1분열 분리 및 *pan-2*의 제1분열 분리.

(b) *cys-1*의 제1분열 분리 및 *pan-2*의 제2분열 분리.

(c) *cys-1*의 제2분열 분리 및 *pan-2*의 제1분열 분리.

(d) *cys-1*의 제2분열 분리 및 *pan-2*의 제2분열 분리.

(e) 양친성 이분자형(PD), 사분자형(TT), 그리고 비양친성 이분자형(NPD) 사분염색체.

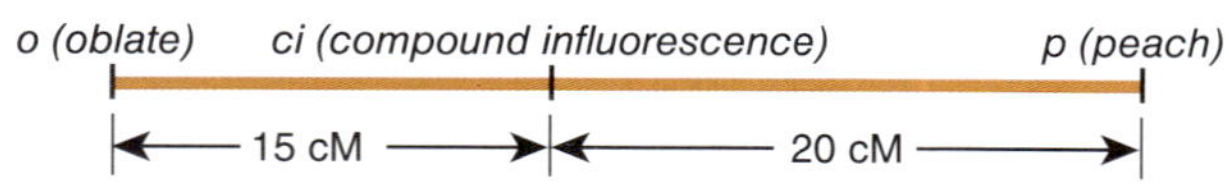

4.19 아래 겔 그림은 2개의 연관된 유전자 *A*, *a*와 *B*, *b* 대립유전자와 관련된 DNA-밴드 표현형을 보여준다. 왼편은 양친들의 표현형을, 그리고 오른편은 자식들의 표현형과 그들의 수를 나타낸다. 2개 모두 이형접합성인 양친에서 *A*와 *B*의 연관 모양이 상인(coupling)인지 또는 상반(repulsion)인지를 밝히시오. 이 유전자 사이의 재조합 빈도는 얼마인가?

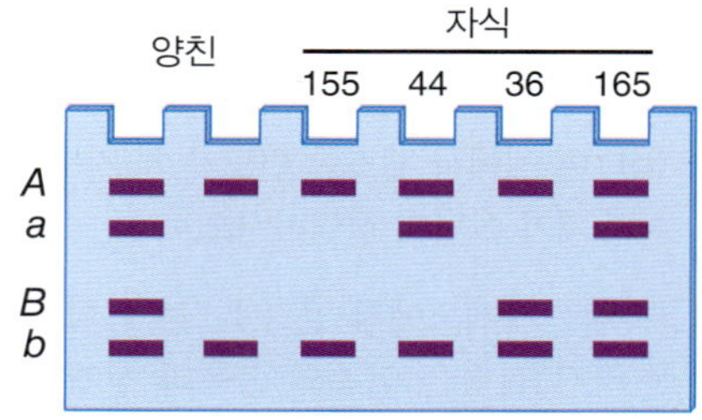

4.20 쟈넷은 초파리의 3개 유전자 *dpy*, *unc*, *dor* 사이에 연관관계가 있는지를 알아보기 위하여 검정교배를 행하고 있다. 그녀의 학점은 이 실험이 제대로 되는가에 달려 있다. 열성 대립유전자를 이형접합성으로 지닌 암컷을 검정교배하였다.

dpy (땅딸막한 체형) / *dpy*+ (정상 체형)
unc (비대칭형) / unc^+ (대칭형)
dor (짙은 주황색 눈) / dor^+ (붉은색 눈)

교배 결과는 다음과 같다:

정상 체형, 붉은색 눈, 대칭형	75
정상 체형, 붉은색 눈, 비대칭형	348
정상 체형, 짙은 주황색 눈, 비대칭형	96
땅딸막한 체형, 붉은색 눈, 대칭형	110
땅딸막한 체형, 짙은 주황색 눈, 대칭형	306
땅딸막한 체형, 짙은 주황색 눈, 비대칭형	65

(a) F_1 이형접합성 암컷의 유전자형은 어떤 것인가?

(b) 이들 유전자의 순서와 지도단위의 거리를 표시하는 이 부위의 지도를 작성하시오.

(c) 이 부위의 간섭은 얼마인가?

잠깐 생각해 봅시다: 해답

잠깐 생각해 봅시다 4.1의 해답

재조합 빈도는 (95 + 97)/640 = 0.30이다. [재조합 빈도는 0.5보다 항상 작으므로 (216 + 232)/640 = 0.70이 아니다.] *A B*와 *a b*가 재조합 염색체들이므로, 선친형 염색체들은 *A b*, *a B*였을 것이다. 따라서 이중이형접합형 선친의 유전형은 *A b*/*a B*로서 열성인자들이 상반(repulsion) 배치이다.

잠깐 생각해 봅시다 4.2의 해답

A−B 간격의 재조합 빈도는 (95 + 5)/1000 = 0.10이고, B−C 구간의 재조합 빈도는 (195 + 5)/1000 = 0.20이다. 이중재조합은 A−B 구간 및 B−C 구간에서 일어나야 하므로, 그 이중재조합의 기대치는 0.1 × 0.2 × 1000 = 20이다. 하지만 관찰된 이중재조합 수는 5이다. 따라서 일치계수는 5/20 = 0.25이고, 간섭도는 1 − 일치계수, 즉 1 − 0.25 = 0.75이다.

잠깐 생각해 봅시다 4.3의 해답

자낭의 유형은 왼쪽부터, TT 사분염색체(tetratype), NPD 사분염색체(nonparental type), 그리고 PD 사분염색체(parental type)이다. 따라서 *A*−*B*간의 지도거리는 (1/2) × (32/170) × 100 = 9.4 지도 단위이다.

잠깐 생각해 봅시다 4.4의 해답

같은 대립유전자의 포자들이 자낭의 끝단에 몰려 있는 경우, 제1분열 분리를 시사한다. 즉, 120 − 80 = 40개의 자낭은 제2분열 분리의 결과물이다. 따라서 해당 유전자와 동원체 사이의 거리는 (1/2) × (40/120) × 100 = 16.7 지도단위이다.

CHAPTER 5

XY-염색체

인간 염색체와 염색체 행동

학습 목표

- 정상적인 염색체 구성을 이해하고, 상염색체 또는 X, Y 성염색체를 여분으로 가지거나(예, 다운 증후군), 염색체가 소실되었을 때 어떤 결과가 일어나는지 설명할 수 있다.
- X 염색체의 유전자량 보정을 정의하고, 단일-활성-X 염색체 원리를 표현형 수준에서 확인할 수 있는 예를 제시하며, 여분의 X 염색체를 가짐으로써 생기는 문제점을 해결하는 데 유전자량 보정이 어떻게 도움이 되는지 설명할 수 있다.
- 한 염색체의 단완 또는 장완에 존재하는 반복서열 사이에 일어나는 이소성 교차 과정과 교차 후 생기는 최종 산물을 그림으로 표현할 수 있다.
- 동원체 비포함 역위 또는 동원체 포함 역위 부분에 생기는 역위고리에서 교차가 일어날 경우에 생기는 결과를 예측할 수 있다.
- 상호전좌에 대하여 이형접합을 가진 사람에서, 감수분열의 결과로 어떤 유형의 배우자가 예상되는지 그림으로 설명할 수 있다.

대부분의 종에서 여분의 염색체를 갖거나, 염색체를 소실한 생물체는 결과적으로 이러한 염색체에 있는 유전자의 수가 증가하거나 감소하게 됨으로써 발생의 이상이나 다른 유형의 이상을 초래하게 된다. 드물기는 하지만 어떤 생물에서는 염색체 구조의 변이가 발견되기도 한다. 구조적 이상을 가진 염색체를 보면 염색체 일부가 결실되거나 중복되고 혹은 역위가 일어나거나 염색체 조각이 다른 염색체에 가서 붙어 있기도 한다. 이러한 염색체 이상의 각각은 다른 유전적 의미를 갖는다. 이 장에서는 인류염색체의 구성과 인류 집단에서 발견되는 몇 가지 중요한 염색체 이상을 살펴 볼 것이다. 또한 다른 생물의 염색체 이상도 검토할 것이다. 대체적으로 동물은 식물보다 염색체 이상에 의한 영향을 더 크게 받는다. 앞으로 다루겠지만, 전체 염색체 세트를 여분으로 더 갖는 것이 반드시 해로운 것은 아닌데, 특히 식물에서는 그렇다. 어떤 식물 계통에서는 전체 염색체 세트들의 복제가 유전체 진화와 새로운 종이 만들어지는 데 중요한 역할을 하였다.

5.1 인간은 23쌍, 46개의 염색체를 가지고 있다

그림 5.1은 남성의 체세포분열 중기 세포의 정상 염색체를 보여준다. 염색체를 **염색체 채색(chromosome painting)**이라는 기술을 통해서 표시하였는데, 염색체 채색은 서로 다른 형광 염색물질로 표지한 DNA와 혼성화(이중가닥 형성) 시킴으로써 염색체마다 특유의 색을 띄게 하는 기술을 가리킨다. 먼저 각 염색체들을 여러 가지 중 하나의 방법으로 분리하고 염색체 특이 DNA를 형광물질로 표지한다. 형광물질로 다르게 표지한 DNA를 슬라이드글라스에 있는 중기 염색체와 혼성화하는 데 이용한다. 이 표지된 DNA들은 염색체의 상동 DNA 가닥과 이중가닥을 형성하게 된다. 형광물질로 표지된 DNA들 중에서 염색체 DNA와 결합하지 않는 DNA들을 씻어낸 후, 공초점현미경을 이용하여 관찰하면 각 염색체가 서로 다른 색의 형광을 띠는 것을 볼 수 있다. (공초점현미경은 분산된 빛이나 외부로부터 들어오는 빛을 제거하기 때문에 하나의 평면에 한 부분의 상만 보이게 한다.)

인간 염색체 표준핵형은 22쌍의 상염색체와 2개의 성염색체로 되어 있다

염색체 채색을 이용하면 각 상동염색체 쌍을 확실하게 확인할 수 있다. 그림 5.1의 (A)는 세포의 체세포분열 중기의 염색체가 흩어져 있는 모습을 세포학적 방법으로 나타내었다. 그림 5.1의 (B)는 전통적인 방법으로 염색체를 나열한 것으로, 이를 **핵형(karyotype)**이라고 부른다. 핵형에서 중기상의 상염색체를 짝을 맞추어 크기에 따라 가장 긴 것을 1번, 가장 짧은 것을 22번으로 하여 순서대로 배열하였다 여기에서는 성염색체를 오른쪽 가장 밑 부분에 배열하였다. X와 Y 염색체는 확실하게 한 개씩만 있다. 정상 여성의 경우 22쌍의 상염색체에 더하여 한 개씩의 X, Y 염색체 대신에 X 염색체를 2개 가지고 있다. 염색체 채색은 염색체가 복잡하게 재배열

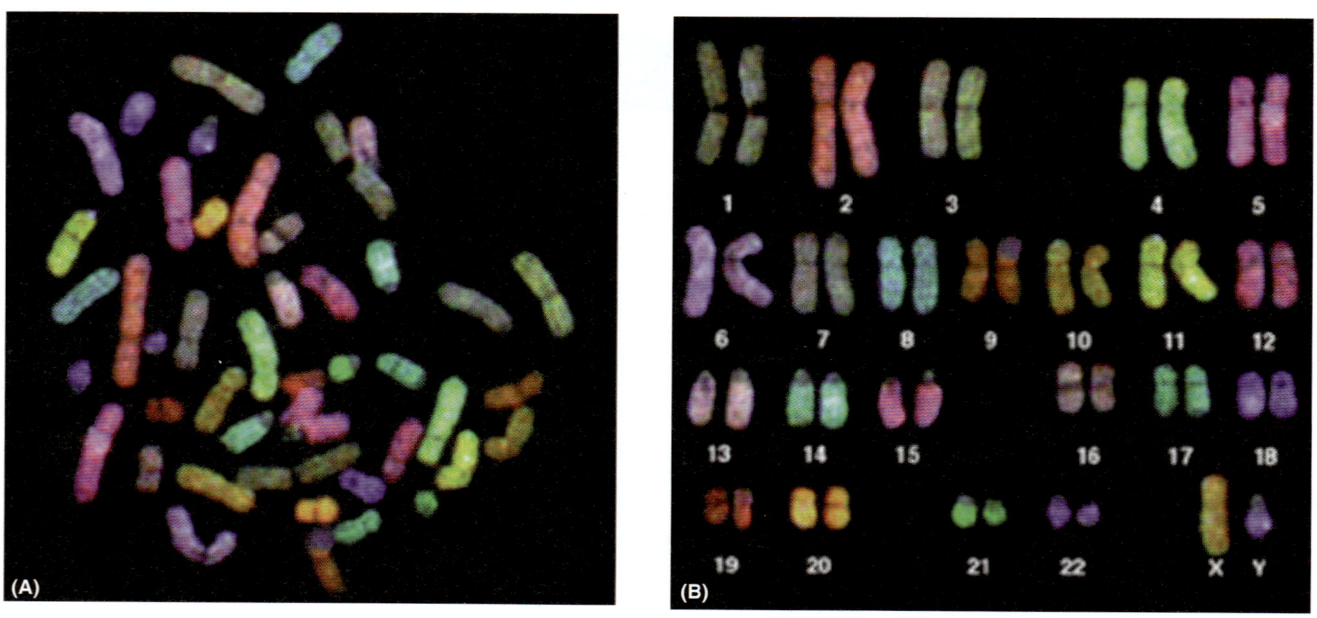

그림 5.1 인간 염색체 채색. 각각의 염색체를 각기 다른 형광의 탐침 DNA와 혼성화 시킴으로써 염색체마다 특정 색을 나타나게 하였다. (A) 슬라이드 위에 염색체를 떨어뜨림으로써 중기 염색체가 흩어져 있다. (B) 염색체의 짝을 맞추고 전통적인 방법에 따라 배열하여 작성된 핵형. 1번에서 20번까지의 염색체는 크기가 큰 것부터 작은 순서로 배열하였으나, 21번 염색체의 경우는 크기가 22번 염색체보다 작음에도 전통적인 방법에 따라 21번 염색체를 먼저 배열하였다.

되어 있더라도 쉽고 빠르게 검색할 수 있으므로 인류 세포유전학에 매우 유용하다.

그림 5.2는 체세포분열 중기 염색체가 흩어져 있는 모습과 핵형을 단색으로 나타내었다. 이 경우 염색체를 김자(Giemsa)라는 염색물질로 처리하였다. 김자염색의 결과로 염색체에는 가로 밴드(*G-band*)가 나타난다. DNA 염기 구성에서 비교적 G−C 염기쌍이 적은 부분에 밴드가 형성되며, 각 상동염색체 쌍들은 다른 상동염색체와 구별되는 고유한 밴드 양상(banding pattern)을 가진다. 이러한 밴드들로 인하여 각 염색체의 작은 부분들을 구별할 수 있다. 사람의 염색체는 A에서 G까지의 7 그룹으로 나눈다(X 염색체는 C 그룹에 속하고 Y 염색체는 G 그룹에 속한다). 염색체를 김자(Giemsa)로 염색하거나 염색체 채색을 하기 전부터 염색체를 그룹별로 나누었는데, 그때는 염색체를 단지 크기와 동원체 위치만으로 분류할 수밖에 없었다.

인간 염색체 밴드 양상의 명칭을 그림 5.3에 나타내었다. 여기에서 각 염색체 밑의 빨간색 글자가 그 염색체가 속한 그룹을 가리킨다. 각 염색체에서 동원체를 중심으로 짧은 쪽(단완)은 "petite" 단어의 머리글자를 따서 p로 나타내고, 긴 쪽(장완)은 p가 아닌 것을 나타내기 위하여 q로 표시한다. 각 염색체의 장완과 단완 내의 부분들은 표준화된 관례에 따라 숫자로 나타낸다. 사람의 유전체에서 몇 개의 익숙한 유전자에 대한 염색체 상의 위치를 살펴보면 ABO 혈액형 유전자 위치는 9q34이고, 적−녹색맹 유전자는 Xq28이며, SRY라고 불리우는 남성 결정 유전자의 Y 염색체 상의 위치는 Yp11.3이다.

그림 5.4는 체세포분열 중기의 채색한 인간 염색체를 보여준다. X와 Y 염색체와 같이 각 상동염색체 중 하나씩만 나열한 것이다. 각 염색체 아래에 각 염색체의 DNA 함량을 megabase(Mb) 단위로 표시하였고, 인간 유전체 서열로부터 추정한 유전자의 수와 유전자 밀도를 보여준다. 유전자 밀도는 반드시 염색체 크기와 상관관계가 있지는 않으며, 비슷한 크기의 염색체라도 유전자 밀도는 크게 다르다. 가장 작은 크기의 염색체에 속하는 19번과 22번 염색체는 가장 높은 유전자 밀도를 가지고 있으며(각각 27과 23 유전자/Mb), 가장 큰 염색체에 속하는 염색체 2개(4번, 5번 염색체)는 가장 작은 유전자 밀도(각각 8과 9 유전자/Mb)를 가지고 있다.

동원체가 없거나 동원체가 2개인 염색체는 유전적으로 불안정하다

거의 모든 진핵생물에서와 같이 사람의 염색체는 선상으로 되어 있고 동원체를 하나 가지고 있다. 염색체는 흔히 동원체의 상대적인 위치에 따라 분류되며, 체세포분열 후기에 염색분체가 분리될 때 동원체의 위치에 따라 염색분체의 모양이 달라진다(그림 5.5). 동원체가 중심 부위에 있는 염색체를 **중부동원체염색체**(*metacentric chromosome*)라 하고, 이때 염색체의 단완과 장완의 길이는 거의 같으며 후기에 염색분체가 끌려갈 때 V자 모양을 하게 된다. 동원체가 중심 부위에서 약간 벗어난 염색체를 **차중부동원체염색체**(*submetacentric chromosome*)라 하고, 이러한 염색체가 후기에 분리될 때 염

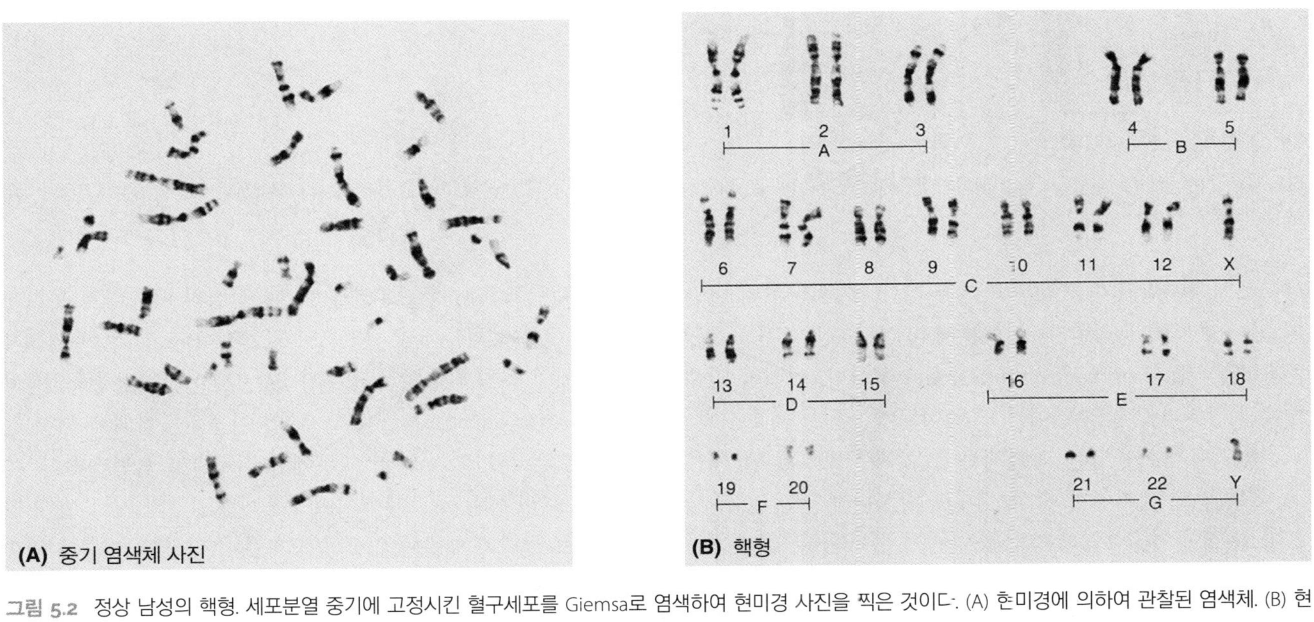

그림 5.2 정상 남성의 핵형. 세포분열 중기에 고정시킨 혈구세포를 Giemsa로 염색하여 현미경 사진을 찍은 것이다. (A) 현미경에 의하여 관찰된 염색체. (B) 현미경 사진을 오려 상동염색체끼리 짝을 맞추어 배열한 모습.

Courtesy of Patricia A. Jacobs, Wessex Regional Genetics Laboratory, Salisbury District Hospital.

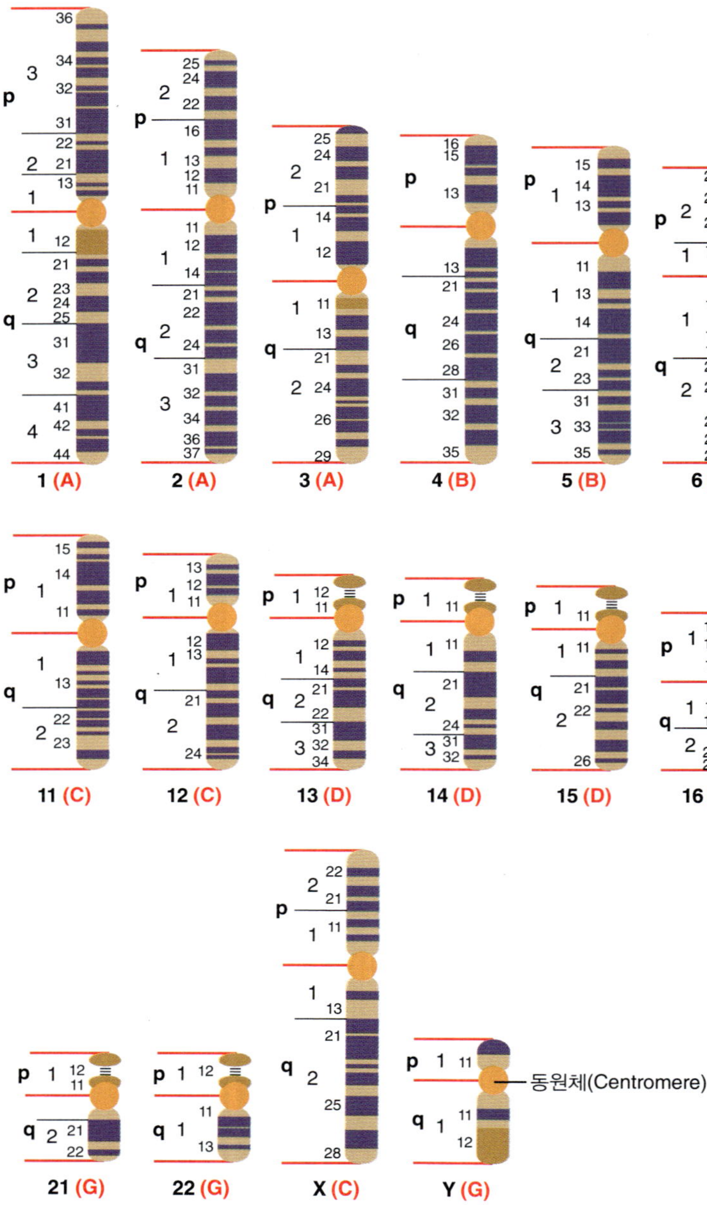

그림 5.3 인간 염색체 핵형에서 각 염색체의 밴드와 밴드 사이를 문자와 숫자로 표시하였다. 각 염색체 아래는 각 염색체가 속해 있는 그룹을 A부터 G까지 나타낸 것이다.

색분체의 형태는 J자 모양을 하게 된다. 동원체가 거의 말단에 있어 후기에 분리할 때 염색분체가 I자 모양인 것을 **선단동원체염색체**(*acrocentric chromosome*)라 한다. 이러한 염색체에서 장완과 단완의 길이는 크게 다르다.

동원체가 1개 있는 염색체는 부모 세포로부터 딸 세포로 혹은 부모 세대에서 자식 세대로 확실하게 전달된다. 세포가 분열할 때 각 염색체의 동원체에 부착되어 있는 동원체 방추사부착점(kinetochore)에 방추사가 결합하여 염색분체들을 서로 반대 방향으로 끌어당기게 된다. 동원체가 없는 염색체를 **무동원체염색체(acentric chromosome)**라 한다. 무동원체염색체는 세포분열을 할 때 적절히 이동하지 못하거나 소실되기 때문에 유전적으로 불안정하다. 간혹 한 염색체에 2개의 동원체가 있는 경우가 있는데, 이를 **이동원체염색체(dicentric chromosome)**라 한다. 이동원체염색체 역시 정상적으로 분리되지 않기 때문에 유전적으로 불안정하다. 이동원체염색체는 세포분열시에 2개의 동원체가 서로 반대 방향으로 끌리기 때문에 염색체가 자주 소실된다. 이렇게 되면 염색체는 분열하는 딸 세포들 사이에 길게 펼쳐진 다리 모양을 만들게 된다. 이렇게 다리 모양을 형성하고 있는 염색체는 2개의 딸 세포 중 하나의 세포로는 이동하지 못하거나, 염

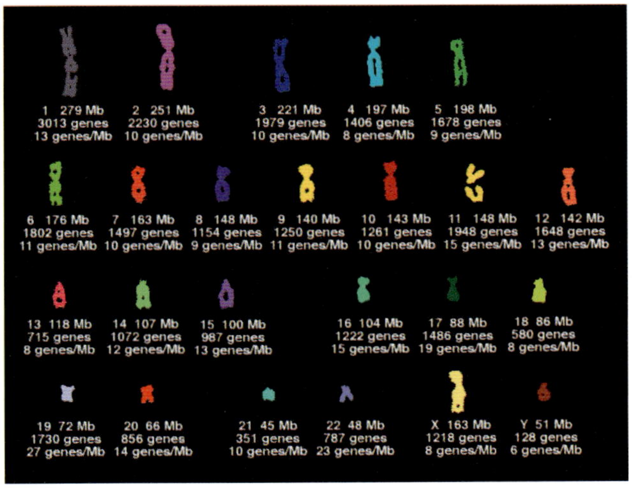

그림 5.4 각 염색체의 DNA 양, 추정한 유전자 수, 유전자 밀도 등을 나타낸 체세포분열 중기에서의 인간 염색체 구성. 상염색체는 각 상동염색체 2개 중 하나씩만 나타내었다.

Sequence data from International Human Genome Sequencing Consortium, *Nature* 409 (2001): 860–921, and J.C. Venter, et al., Science 291 (2001): 1304–1351. Chromosome image courtesy of Michael R. Speicher. Institute of Human Genetics, Medical University of Graz.

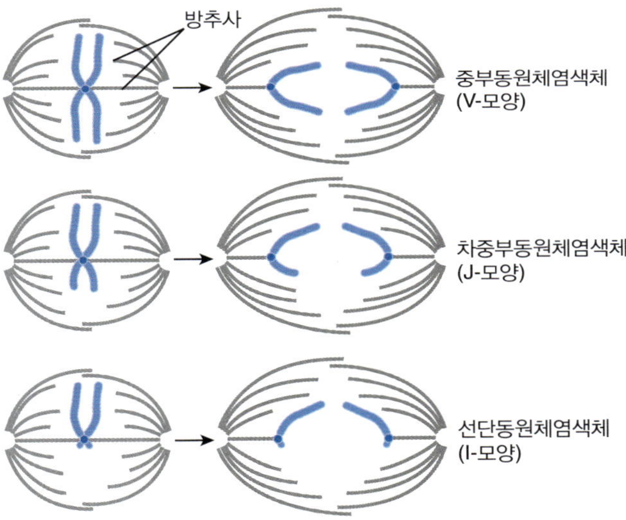

그림 5.5 동원체의 위치(진한 파란색으로 표시)에 따라 체세포분열 후기에 나타날 수 있는 염색체의 3가지 모양.

색체가 끊어져 각 딸 세포의 핵으로 절단된 염색체가 들어갈 수 있다. 염색체 역위에 대해 다룰 때, 이동원체염색체나 무동원체염색체가 어떻게 만들어지는지 살펴 보기로 한다.

대부분의 이동원체염색체가 유전적으로 불안정하지만, 동원체들이 아주 가깝게 위치한다면 그 염색체는 흔히 동원체가 하나 있는 염색체처럼 정상적으로 분리되어 전달된다. 이러한 원리는 사람의 2번 염색체 진화에서 중요하다. 고등 영장류 가운데 인류와 침팬지는 형태와 G-밴드 양상이 비슷한 23쌍의 염색체를 가지고 있지만, 침팬지는 사람의 2번 염색체에 해당하는 염색체를 가지고 있지 않다. 사람의 2번 염색체는 크기가 크고 중부동원체염색체인 반면에 침팬지는 2개의 중간 정도 크기의 선단동원체염색체를 가지고 있는데, 사람의 유전체에서는 이 염색체가 발견되지 않는다. 이러한 현상의 원인을 **그림 5.6**에서 보여준다. G-밴드 양상을 비교하여 보았을 때, 사람의 2번 염색체가 침팬지에서 선단동원체염색체로 존재하는 2개의 염색체 단완 말단의 말단소체끼리 서로 융합하여 만들어졌음을 알 수 있다. 대형 원숭이(침팬지, 고릴라, 오랑우탄)는 48개의 염색체를 가지고 있는데, 이러한 염색체 융합으로 인하여 인간의 염색체 수는 46개로 줄어들었다.

유전자량 보정은 암컷에서 X 염색체에 연관된 유전자의 활성을 조절한다

XX–XY에 의하여 성이 결정되는 모든 생물에서는 X 염색체에 있는 유전자 양에 대한 보정 문제가 있다. 왜냐하면 암컷은 2개의 X 염색체를 가지고 있으나 수컷은 하나뿐이기 때문이다. (Y 염색체는 대부분 이질염색질로 이루어져 있고, Y 염색체에 연관된 유전자의 수가 얼마 되지 않기 때문에 별로 문제가 되지 않는다.) 대부분의 생물에서 **유전자량 보정(dosage compensation)**은 진화 과정을 통하여 수컷의 X 염색체에 있는 유전자의 활성을 증가시키거나 암컷의 X 염색체에 있는 유전자의 활성을 감소시키는 방식으로 이루어졌다.

포유동물에서 유전자량 보정 방식은 단순해 보인다. 세포의 수가 64~128개인 배의 초기 난할 과정에서 각 세포의 모든 X 염색체 중 임의로 하나만 남겨 놓고, 나머지 모든 X 염색체에서 유전적으로 **X 염색체 불활성화(X inactivation)**가 일어난다. 특정 체세포에서 불활성화된 X 염색체는 그 세포로부터 생겨나는 모든 후손 세포에서 동일하게 불활성화된다(**그림 5.7**). 그러므로 X 염색체의 불활성화 상태는 한 세포에서 그로부터 만들어지는 딸 세포로 유전된다.

2개 혹은 더 많은 X 염색체를 가지고 있는(정상 XX 암컷을 포함하여) 모든 배아에서 X 염색체 불활성화가 일어난다. 불활성화는 *XIC*(X 염색체 불활성화 중심)에서부터 시작하여 X 염색체의 응축이 진행된다. *XIC*는 X 염색체 장완의 Xq11.2와 Xq21.1 사이에 있다. *XIC*는 Xq13 밴드 자리에 *Xist*(*X* 염색체 불활성화-특이 전사체)라고 이름 붙여진 전사영역을 포함하고 있다. *Xist*의 전사는 X 염색체 불활성화 과정에서 가장 먼저 일어나는 사건이며, *Xist* 전사가 일어나는 X 염색체가 불활성화될 염색체이다. 특이하게도 인트론이 제거된 *Xist*의 전사체에는 단백질을 암호화하는 열린읽기틀(open reading frame)이 없다. 그것은 비번역 RNA(non-

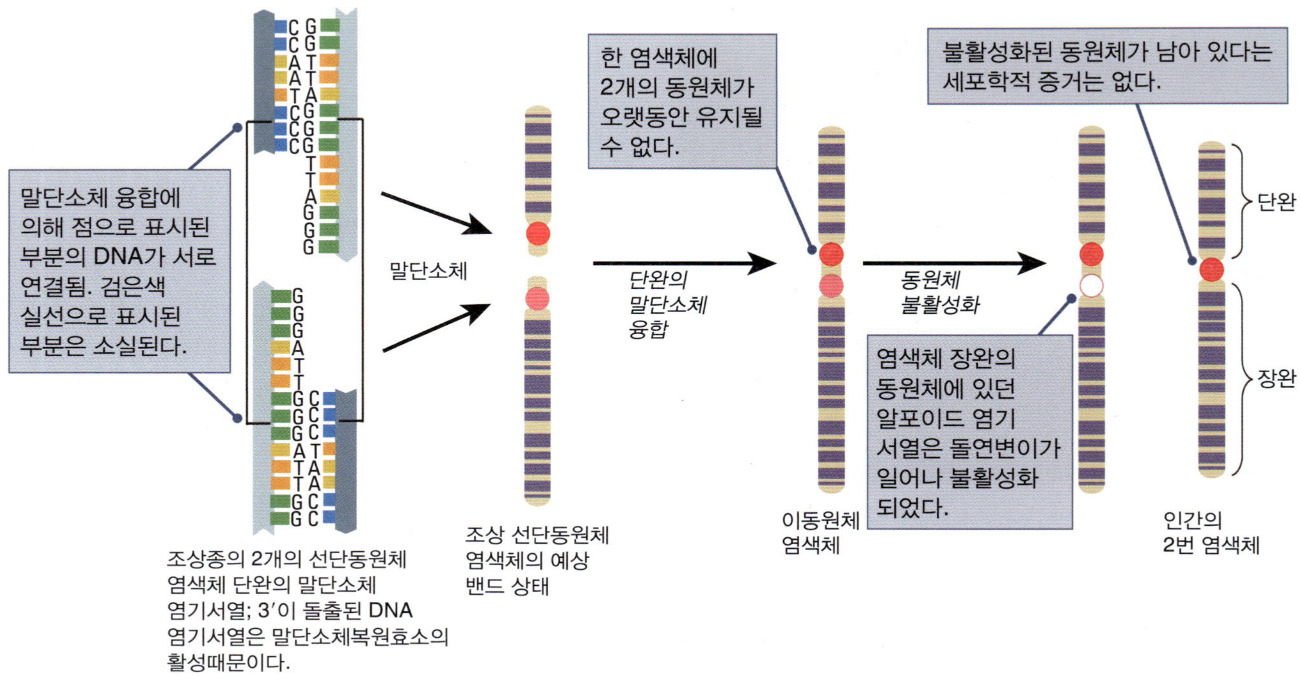

그림 5.6 인류의 조상은 염색체 수가 23쌍이 아닌 24쌍이었다. 인간 유전체 진화에서 2개의 선단동원체염색체가 융합하여 2번 염색체가 되었다.

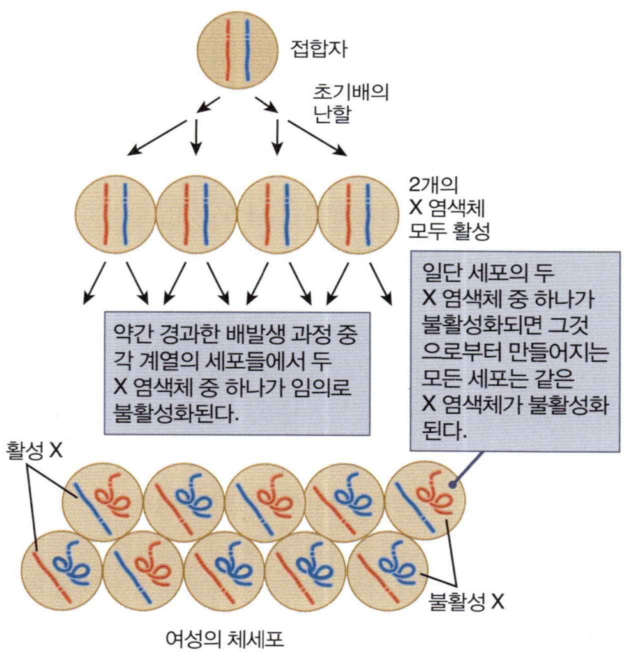

그림 5.7 체세포에서 X 염색체와 연관된 유전자의 활성은 세포에 따라 다르게 나타날 수 있는 모자이크 양상이라는 것을 그림으로 나타내었다. 각 세포의 2개의 X 염색체를 하나는 붉은색 다른 하나는 파란색으로 표시하였다. 활성을 가진 X 염색체는 막대기형으로, 불활성화된 X 염색체는 꼬인 모양으로 나타내었다. 각 세포는 2개의 X 염색체 중 1개가 불활성화되는데, 어느 X 염색체가 불활성화되는가는 무작위로 결정되며, X 염색체 단완의 끝부분에 있는 몇 개의 유전자를 제외하고 모두 불활성화된다.

coding RNA)로 기능하는 것으로 보이며, *Xist* 전사가 계속되면서 인트론이 제거된 전사체가 *XIC*에서부터 바깥쪽 방향으로 불활성화한 X 염색체를 덮어나가는 것으로 보인다. 그 후 X 염색체 불활성화에 관련된 다른 분자에 변화가 일어나는데, 이 과정은 대표적으로 유전자 발현 억제와 연관되어 있다. X 염색체 불활성화−특이 전사체(*Xist*)가 결여된 생쥐의 배아에서는 X 염색체 불활성화가 일어나지 않는다. 이것은 *Xist*가 X 염색체 불활성화에 필수적이라는 것을 말해준다.

다른 한편, 사람의 불활성화된 X 염색체에 있는 624개 유전자의 전사 수준에 대한 연구를 보면 15% 정도 유전자들에서 전사가 일정 수준으로 일어난다. 그렇기 때문에 불활성화한 X 염색체에서 유전자 발현이 완전히 억제되는 것은 아니다. 불활성화한 X 염색체에서 염색체 팔 부분, 특히 단완 끝부분에 유전자들이 활성을 띠는 것은 이 유전자들이 *Xist* 유전자로부터 멀리 떨어져 있는 것과 관련 있을지 모른다. 어쨌든 불활성화한 대부분의 유전자들은 활성을 가지고 있는 상동의 X 염색체에 비해 15~50% 정도의 전사수준을 나타낸다. 그렇기 때문에 불활성화된 X 염색체에서 유전자의 전사는 상당한 수준으로 일어난다. 암컷에서 하나의 X 염색체가 불활성화됨에도 불구하고, 불활성화된 X 염색체에서 많은 유전자들이 상당한 수준으로 전사가 일어나기 때문에 암컷과 수컷의 발현의 차이, 혈우병 A와 같이 X 염색체에 연관된 돌연변이 유전자를 이형접합으로 가지고 있는 여성 사이에서 표현형의 차이, 비정상적인 수의 X 염색체를 가지고 있는 개체들에서 표현형들의 차이 등을 어느 정도 설명할 수 있다.

X 염색체 불활성화는 2가지 의미를 가진다. 첫째 그것은 유전자량 보정의 결과를 가져온다. 이로써 남성과 여성에서 X 염색체에 연관되어 있는 활성 유전자의 수가 같아진다. 비록 여성은 2개의 X 염색체 그리고 남성은 1개의 X 염색체를 가지고 있지만, 여성의 세포에서 하나의 X 염색체가 불활성화하기 때문에 활성 X 염색체 수는 남성과 같게 된다. X 염색체 불활성화에 의한 유전자량 보정 방식은 라이온(Mary Lyon)에 의하여 처음으로 제기되었고, 이를 **단일-활성-X 염색체 원리(Single-active-X principle)**라고 불렀다.

X 염색체 불활성화의 두 번째 의미는 정상 여성에서 X 염색체에 연관된 유전자의 발현이 모자이크 양상을 띤다는 것이다. 유전적 모자이크(mosaic)는 한 개체에서 2가지 혹은 그 이상의 다른 유전자 발현을 갖는 세포들이 나타나는 현상을 말한다. 유전적으로 활성인 X 염색체가 세포에 따라 다를 수 있기 때문에 정상 여성은 유전자 발현이 모자이크 상태로 나타난다. 모자이크 현상은 A, B 2개의 표현형을 나타내는 어떤 효소를 결정하는 X-염색체의 대립유전자에 대하여 이형접합인 여성에서 직접 관찰할 수 있다. 이형접합인 여성의 세포를 실험실에서 배양하여 보면 세포들의 반은 A형의 효소를 만들어 내고, 나머지 반은 B형의 효소를 만들어 낸다. 또한 모자이크 현상은 땀샘 결핍을 일으키는 X 염색체의 열성 돌연변이 유전자에 대하여 이형접합인 여성에서도 직접 관찰할 수 있다. 즉, 이 여성들은 피부에 땀샘이 존재하는 부분(이 부분들은 정상 대립유전자가 있는 X 염색체는 활성화 되어 있고, 돌연변이 대립유전자가 있는 X 염색체가 불활성인 배세포에서 유래된 세포들로 구성되어 있다.)과 땀샘이 없는 다른 부분(이들 세포들은 정상 X 염색체는 불활성화되고 돌연변이 X 염색체는 활성화되어 있다.)으로 되어 있다.

삼색얼룩고양이는 X 염색체 불활성화 현상을 명백하게 보여준다

몇몇 경우에는, 암컷의 X 염색체가 임의로 불활성화함으로써 표현형이 특이하게 나타나는 것을 관찰할 수 있다. 그러한 예의 하나로써 암컷 삼색얼룩고양이는 털색이 얼룩무늬 반점이다. 털색을 결정하는 2개의 대립유전자는 고양이의 X 염색체에 있다. 한 대립유전자는 주황색을 띄게 하고, 다른 하나는 검은색을 띄게 한다. 정상 수컷은 단지 하나의 X 염색체를 가지고 있기 때문에 털의 색이 주황색 또는 검은색이 된다. 그러나 암컷은 X 염색체가 2개이기 때문에 이형접합이 될 수 있고, 이러한 경우에 고양이의 털색이 흰색 바탕 위에 검은색 반점과 주황색 반점이 섞여 "삼색얼룩" 고양이가 된다. **그림 5.8**은 전형적인 삼색얼룩 털색을 보여주고 있는 암컷 고양이 사진이다. 주황색과 검은색 반점은 X 염색체 불활성화 현상 때문에 생긴 것이다. 주황색 대립유전자가 있는 X 염색체가 불활성화한 계열의 세포들은 검은색 대립유전자를 가진 X 염색체가 활성을 띄기 때문에 그 세포들의 털은 검은색이 된다. 반대로 검은색 대립유전자의 X 염색체가 불활성화한 계열의 세포들은 주황색 털을 만들게 된다. (흰색 반점은 X 염색체와 관련 없으며, 상염색체에 있는 유전자의 우성 돌연변이 때문이다.)

그림 5.8 주황색과 검은색의 털색 대립유전자에 대해 이형접합인 암컷 고양이. 이 고양이는 주황색, 검은색, 흰색이 두 섞여 있는 전형적인 "삼색얼룩" 고양이 모습을 하고 있다.

잠깐 생각해 봅시다 5.1

아래의 가계도에서 I-1 여성은 X-연관 혈우병 A에 대해 이형접합이다. 혈우병 A는 혈액응고인자 VIII이 충분하지 못해 발생한다. 사람의 혈장에서 응고인자 VIII의 정상적인 양은 120 nM이지만, 60 nM 이상만 되어도 정상적인 혈액응고가 일어난다.

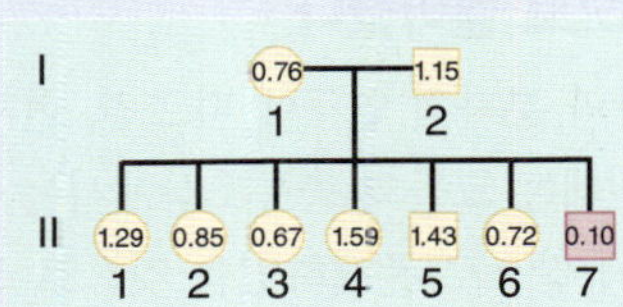

가계도에서 사각형 또는 원형 안의 숫자는 각 개인의 혈장 내 응고인자 VIII의 양을 나타낸 것이다. 가계도에서 어떤 여성이 혈우병 A 돌연변이에 대해서 이형접합인가? 그 답변을 어떻게 설명할 수 있는가? 동형접합 여성과 이형접합 여성 사이에 차이는 왜 생기는가?

X 염색체에 있는 몇몇 유전자는 Y 염색체에도 있다

X와 Y 염색체가 그들의 조상 염색체로부터 나뉘어져 나오고, 그 과정에서 대부분 Y 염색체 유전자의 기능이 상실되어 감에 따라 불활성화된 X 염색체 유전자의 발현 억제는 점진적으로 이루어졌다. 그렇기 때문에 불활성화 X 염색체의 유전자 불활성화는 개개 유전자 또는 특정 유전자 부위에 일어나는 한편, 어떤 유전자는 불활성화가 일어나지 않기도 한다. X 염색체 불활성화에서 벗어난 어떤 유전자는 Y 염색체에 있는 유전자와 상동을 이루기도 하지만, 이 중 어떤 것은 상동을 이루지 않는 것도 있다.

X 염색체 불활성화에서 벗어난 X 염색체의 두 부분은 X 염색체 장완과 단완의 말단 부위에 있다. Y 염색체에서도 이들 부분과 유사한 유전자를 가지고 있다. 상동인 이 부분들에 의해 정자 형성 과정에서 X와 Y 염색체가 감수분열 제1분열기 동안 시냅스를 이루어 교차가 일어나게 하며, 염색체가 적절히 분리될 수 있게 한다. 이러한 X와 Y 염색체 사이에서 상동인 부분을 **헛상염색체 부위(pseudoautosomal region, PAR)**라고 한다. *PARp*는 단완 말단의 2.7 Mb 부위이며, *PARq*는 장완 말단의 0.3 Mb 부위이다. 이들 단완 말단의 헛상염색체 부위에서 교차가 규칙적으로 일어나기 때문에 뉴클레오티드 염기쌍당 재조합 비율이 상염색체보다 적어도 20배는 높다.

헛상염색체 부위에 있는 유전자의 유전 양상을 보면 상염색체에 있는 유전자의 유전 양상과 차이가 없다. 그 이유는 헛상염색체 부분의 돌연변이 대립유전자는 X 염색체나 Y 염색체에 완전 연관되어 있지 않고, 헛상염색체 부위의 교차에 의해서 그 유전자가 X 염색체와 Y 염색체 사이를 이동할 수 있기 때문이다. 상염색체 유전과 같은 유전 양상을 보이고 그들이 헛상염색체 부분에 있다고 알려진 유전자는 **헛상염색체성 유전**을 보여준다고 말한다.

X와 Y 염색체의 헛상염색체 부위는 진화 과정을 통하여 점진적으로 짧아졌다

비교 세포유전학과 분자적 연구에 따르면, 현재 포유류와 조류의 X와 Y 염색체는 그들의 공통조상에서는 다른 상염색체와 같이 상염색체 쌍으로 존재하였을 것으로 생각한다. 그러나 진화 과정에서 조류와 포유류가 분화할 때에 DNA 염기서열과 유전자의 양도 달라지기 시작하였으며, 그 시기는 3억~3억 5천만 년 전 정도였을 것으로 추정하고 있다. 이러한 분화가 일어나기 전에는 원-X(proto-X)와 원-Y(proto-Y) 염색체의 모든 유전자들이 동일하였으며, 유전자들 사이에서는 상염색체에서와 같은 수준의 교차가 일어났을 것으로 본다.

현재의 인간 유전체에서 Y 염색체는 남자의 생식력에 중요한 적은 수의 유전자만 가지고 있다. Y 염색체는 또한 반복서열집단을 가지고 있고, 그 중 일부는 길이가 매우 길어 유전자 전환이 일어날 수 있으며, 상동재조합이 일어나는 자리로서 작용한다. Y 염색체에 있는 핵심 유전자의 하나는 성결정의 중심 유전자인 *SRY*인데, 이는 단완의 말단 부근에 있으나 헛상염색체 부위에는 포함되지 않는다. *SRY* 유전자는 **정소결정인자(testis-determining factor, TDF)**인 전사인자를 암호화한다. 정소결정인자가 존재하면 이것이 이 전사인자의 표적유전자의 전사를 촉진하고, 이로 인하여 생긴 단백질들이 미분화된 생식융기(생식선 전구물)를 정소로 발달시킴으로써 배아를 남성으로 발달하게 한다.

일단 *SRY*가 성결정 기작으로 진화함에 따라 Y 염색체는 X 염색체와 DNA 염기서열이 달라지기 시작하였으며, X−Y 사이의 교차도 점진적으로 말단 부위에 한정되게 되었다. Y 염색체 내에서 X−Y 교차가 일어나지 않는 부위는 돌연변이에 의하여 기능이 정지되도록 지속적인 선택적 압력을 받게 되었다. Y 염색체의 이형접합성으로 인하여 이러한 현상이 생겨났고, 따라서 Y 염색체는 해로운 돌연변이를 제거할 수 있는 교차가 일어날 수 없기 때문에 이러한 돌연변이가 축적되었다. 기능이 필수적이 아닌 Y 염색체 연관 유전자는 해로운 돌연변이가 축적되기 때문에 점진적으로 퇴화하는 경향을 나타낼 것이며, 동시에 X 염색체에 있는 상동의 유전자는 유전자량 보정의 선택적 압력을 받게 될 것이다. 결국에는 유전자량이 보정된 X 염색체의 유전자만 그 기능이 유지될 것이다.

분명히 많은 유전자가 X−Y 교차부위로부터 제거되었다. 이러한 현상을 뒷받침할 수 있는 분자적인 증거를 **그림 5.9**에 요약하여 놓았다. 왼쪽에 보여준 것이 현재 X 염색체 단완의 Xp11에서부터 말단까지에 있는 몇몇 단백질을 결정하는 염기서열의 위치이고, 오른쪽 그림에서 보는 바와 같이 Y 염색체에는 이들 유전자 모두와 상동인 유전자들이 있다. X와 Y 염색체 상동 유전자 사이에서 염기서열 다양성은 특이한 양상을 보인다. 아미노산은 바뀌지 않은 채 뉴클레오티드만 치환될 수 있는 코돈의 위치에 염기서열의 변화가 일어난 유전자를 보면 *GYG2-AMELX*에서 치환율은 0.07~0.11, *TB4X-UTX*는 0.23~0.36, *SMCX*는 0.52인데, 이 부분들 외의 다른 부위들의 치환율을 보면 0.94보다 크다. 포유동물 유전자에서 상동염색체 간에 동일한 자리에 있는 뉴클레오티드의 치환율이 알려져 있으므로, 이와 같은 수준의 치환이 일어난다면 *GYG2-AMELX*는 3천만~5천만 년 전, *TB4X-UTX*는 8천만~1억 3천만 년 전, *SMCX*의 경우는 1억 3천만

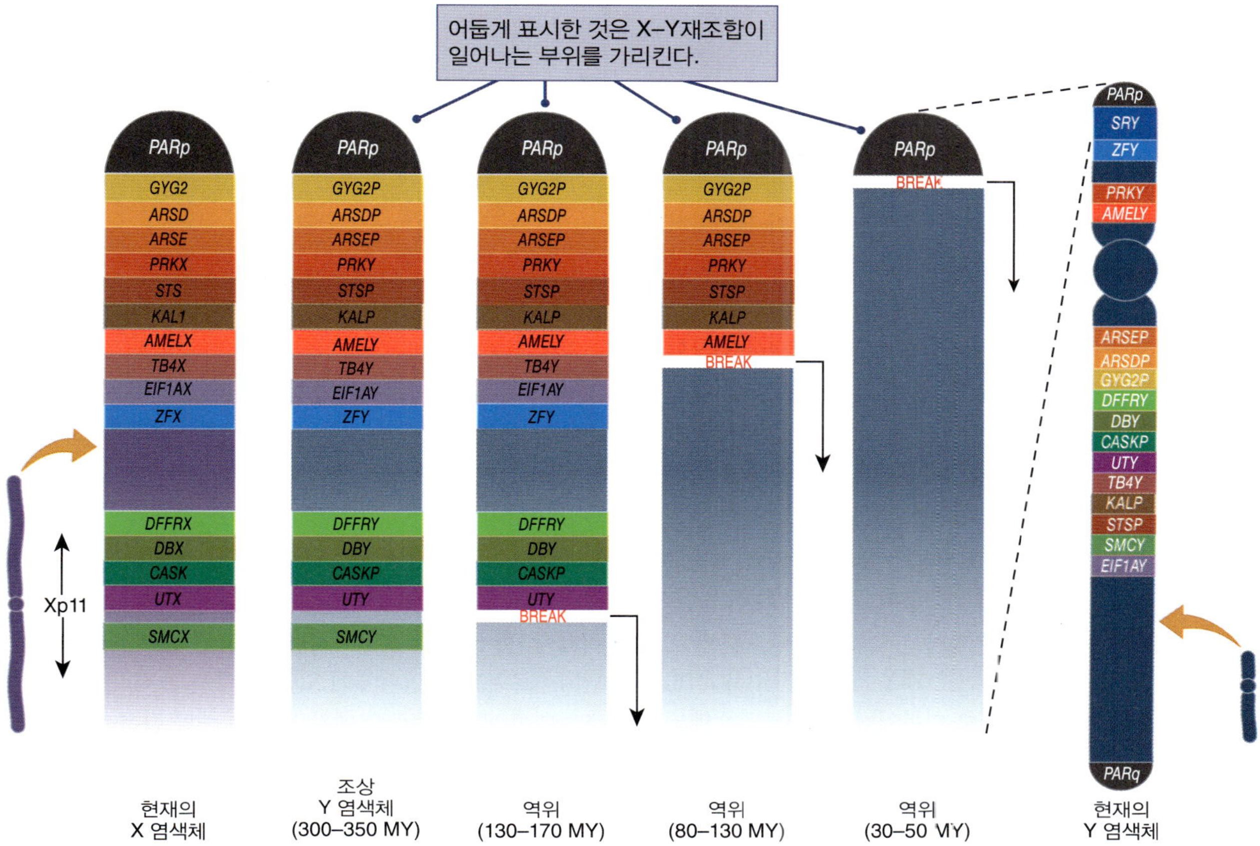

그림 5.9 Y 염색체의 역위로 인하여 시간이 경과함에 따라 짧아진 포유동물 X-Y 헛상염색체 부위. 이는 DNA 염기서열 분석 자료를 바탕으로 추측한 것이다. 화살표는 일련의 연속적인 역위가 일어나도록 한 염색체 말단의 절단 지점을 가리킨다. 역위로 인해 헛상염석체 부위가 절단되었으며, 역위가 일어나기 위해서는 2개의 절단 지점이 필요하지만 여기서는 말단소체 가까이에 있는 절단 지점만 나타내었다.

Data from B. T. Lahn and D. C. Page, *Science* 286 (1999): 964–967.

~1억 7천만 년 전, 다른 부위의 유전자에서는 3억 년~3억 5천만 년 전이라는 계산이 나온다. 가장 간단하게 설명하면 이 연대는 역위와 같은 염색체 재배열에 의하여 X-Y 염색체의 교차부위에 있는 연속된 유전자가 제거된 때라는 것이다. 여기에서 염색체 재배열은 Y 염색체 안쪽 어딘가에서 유전자의 순서가 거꾸로 된 것이다. 그러한 역위가 일어날 수 있는 한 가지 방식은 Y 염색체의 다른 위치에 있으며, 방향이 반대인 2개의 반복염기서열 사이의 교차에 의한 것이다. 이 기작은 이 장의 후반부에 다시 자세히 다룰 것이다. 그 역위가 상동염기서열 사이의 재조합에 의해서 일어났는지 혹은 염색체 절단과 재결합에 의해 일어났는지는 밝혀져 있지 않다. 그러나 역위가 일어나서 생긴 진화적 재구성은 그림 5.9에서처럼, 1억 3천~1억 7천만 년 전에 일어난 역위는 절단점이 *UTY* 유전자에 인접해 있고, 8천만~1억 3천만 년 전에 일어난 역위에서 염색체 절단점은 AMELY 유전자에 인접해 있으며, 3천만~5천만 년 전의 절단점은 현재의 단완 헛상염색체의 인접 부위에 있음을 보여준다. Y 염색체 진화 과정에서 각 역위가 고정됨에 따라 X-Y 교차부위로부터 해당 유전자의 집단이 떨어져 나가게 되고, 이로 인해서 X와 Y 염색체 간에 유전자 변이 차이가 급속하게 증가하게 되었다. 이 자료를 가지고 추적하기 불가능하지만 역위 외에 다른 종류의 염색체 재배열에 의해서 Y 염색체에 있는 유전자 배열 순서가 추가적으로 뒤섞였을 것이다.

Y 염색체를 연구함으로써 인류 집단의 역사를 추적할 수 있다

Y 염색체 대부분은 교차로 인한 유전적 재조합이 일어나지 않기 때문에 Y 염색체에 완전히 연관되어 있는 대부분의 유전적 표지들은 한 세대에서 다음 세대로 함께 전달된다. 유연관계가 가까운 염색체들은 유연관계가 먼 염색체들 보다 대립인자들이 서로 같은 것이 많기 때문에 Y 염색체 간의 유연관계를 추적할 수 있다. 특정 염색체에서 2개 혹은 그 이상의 위치에 존재하는 대립인자의 세트를 **단상형(haplotype)**이라고 한다. Y 염색체에 대한 많은 계통학적 연구를 하기

위해서는 짧은연속반복서열(short tandem repeat, STR) 다형현상을 조사하는 것이 편리하다. 왜냐하면 STR은 돌연변이가 잘 일어나고 대립인자의 수가 많기 때문이다. 논리적 근거는 Y 염색체에 있는 20~30 STR 각각에 대립유전자들을 공통으로 가지고 있는 Y 염색체는 최근에 같은 공통조상으로부터 물려받은 것이라는 점이다. 이에 비해 단일 유전자좌가 서로 다른 단상형은 덜 가깝고, 2개의 유전자좌가 서로 다른 단상형들은 훨씬 덜 가깝다는 식으로 연관성을 계산할 수 있다. 이러한 단순한 논리를 근거로 Y 염색체 다형을 연구함으로써 집단의 역사를 추적할 수 있다. 많은 공통적인 대립인자를 가지고 있는 단상형은 더 적은 수의 공통 대립인자를 가지고 있는 단상형 보다 좀 더 최근에 공통조상을 가지고 있었다는 것을 뜻한다. 더 나아가 STR 돌연변이율은 측정할 수 있기 때문에 조상 염색체가 존재했던 시점을 추측할 수 있다. 이와 같은 방식으로 현존하고 있는 Y 염색체의 공통조상 Y 염색체가 가장 최근에 존재한 시점은 약 50,000~150,000년 전이다. 이러한 계산은 매우 정확하지는 않으며, 틀림없이 많은 가정을 바탕으로 이루어진 것이다. 그럼에도 불구하고 Y 염색체를 연구함으로써 인류 집단의 역사에 대하여 많은 것을 알 수 있다. 이어지는 논의는 3개의 특수한 예에 초점을 맞춘 것이다.

징기스칸(Genghis Khan)의 유산

13세기 몽고제국은 중동과 동부유럽을 거쳐 중국에서 러시아에 이르는 역사상 가장 넓은 땅을 가지고 있었다. 제국의 설립자는 처음에 테무진(Temujin)으로 불리었으며, 1162년에 태어났다. 그가 젊었을 때 종족의 연합체를 구성하였고, 1200년경에 그는 작은 몽고 말에 나무로 된 높은 말안장과 등자를 앉히고 활과 화살로 무장하여 이웃을 정복하기 시작하였다. 그 후에 그의 이름을 징기스칸이라고 하였는데, 징기스칸은 우주의 지배자라는 의미이다. 그는 때로 매우 무자비하여 반항하는 도시의 성인 남자와 소년들까지 몰살하였고 성인 여자와 소녀들은 납치하였다. 행복의 원천에 대하여 그는 "가장 행복한 것은 적을 정복하고, 눈앞의 적을 죽이고, 적의 재산을 강탈하고, 적이 눈물에 젖어 두려움에 떠는 것을 보고, 적의 부인이나 딸들을 잡아 가슴에 안는 것"이라고 말했다고 알려졌다. 그의 많은 처첩, 그리고 성적으로 정복한 셀 수 없이 많은 여인들을 통하여 징기스칸과 그의 후손들은 매우 번성하였다. 그의 장자 주치(Tushi)는 40명의 아들을 두었다고 알려져 있으며, 그의 손자 쿠빌라이칸(Kubilai Khan)의 치세 하에서 몽고 제국이 가장 융성하였는데, 인정된 아들만 22명이었다.

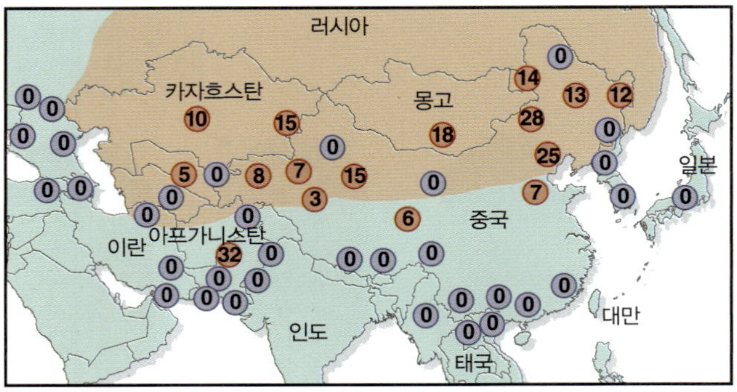

그림 5.10 징기스칸이나 그의 가까운 남자 혈족으로부터 유전되어 왔다고 추정되는 Y 염색체 단상형의 분포 비율(붉은색). 시료는 고대 몽고 제국 근처 또는 경계 지역 집단에서 얻었으며, 시료의 크기는 30명에서 60명 이상이다.

Adapted from T. Zerjal, *Am. J. Hum. Genet.* 72 (2003): 717–721.

징기스칸의 유산이 역사적으로 잘 기록되었다 할지라도 그것이 Y 염색체 연구에서 잘 밝혀질 것으로 기대하기는 어려웠다. 하지만 아시아의 넓은 지역에서 선발한 2,123명의 남자들로부터 Y 염색체에 있는 32가지 표지 유전자형들을 조사했을 때, **그림 5.10**에서 보이는 바와 같은 주목할 만한 결과를 얻었다. 각 동그라미는 수집한 집단을 가리키며 동그라미의 크기는 표본의 크기에 비례한다. 동그라미 안의 붉은색 숫자는 거의 동일한 Y 염색체 단상형의 빈도를 백분율로 나타내었다. 가까이 연관된 단상형의 가장 최근 공통조상은 1000 ± 300년 전에 존재하였다. 그뿐만 아니라 가까이 연관된 단상형 무리(cluster)를 보면 대부분 몽고제국(그림에서 그림자로 표시) 내에 있다. 유일한 예외가 파키스탄의 하자라(Hazara) 인종에 속해 있는 것이다. 하자라인들은 그들 스스로 자신들의 조상이 몽고인이라 하고, 많은 사람들이 징기스칸의 직접적인 남성 계열 후예라고 주장하므로, 이러한 연구들은 가까이 연관된 Y 염색체의 기원을 밝히는 데 실마리를 제공한다. 그들의 기원이 무엇이든 간에 가까이 연관된 Y 염색체들은 아시아 넓은 지역에 있는 남성들의 8%에서 발견된다. 이러한 Y 염색체 단상형이 근본적으로 징기스칸과 관련 있는지를 직접적으로 증명하기 위해서는 징기스칸의 무덤에서 시료를 얻어야 한다. 하지만 그는 1227년 말에서 떨어진 후 부상으로 사망했고 그의 무덤이 어딘지는 알려져 있지 않다.

코하님(Cohanim)의 유산

렘바인(Lemba)은 대부분 남아프리카와 짐바브웨(Zimbabwe)에서 살면서 반투(Bantu)어를 사용하는 약 50,000명의 집단을 말한다. 그들은 음식 제한, 남성의 할례 등 유태인들과 유사한 관습들을 가지고 있고, 특히 그들의 구전에 따르면 그들의 조상이 예멘, 유다, 이집트, 에티오피아 등에 있는 세나(Sena)라는 도시에서 배를 타고 이주해 왔다는 것 때문에 100여 년 전에 그들에 대해 관심을 갖게 되었다. 여섯 씨족 136명 남성에 대하여 Y 염색체에 있는 12개 표지유전자들의 다형현상을 조사함으로써 그들의 기원에 대한 실마리를 얻게 되었다. 렘바인은 2계통 중의 하나에 속하였다. 하나는 반투와 관련성이 깊고 다른 하나는 셈족(Semitic)과 관계가 깊었다. 한 렘바인 씨족(Buba)에서 Y 염색체의 50%가 유태인으로부터 기원된 단상형, 즉 **코헨 유형 단상형**(*Cohen modal haplotype*)에 가까운 단상형을 가지고 있는데, 주로 코하님(cohen의 복수형)에서 발생하기 때문에 혈통상으로는 모세의 형인 아론으로부터 유래되었다고 말할 수 있다. 비록 코헨 유형 단상형이 코하님인 집단에서 적어도 50% 이상이 발견되지만 셈족 집단에서는 드물다. 이와 같은 사실은 렘바인들 사이에 구전으로 전해 오는 그들의 기원에 대한 주장을 어느 정도 뒷받침해 주며, 이러한 분석을 바탕으로 렘바인과 코하님인의 Y 염색체 기원을 추정하면 약 3000~5000년 전에는 공통조상이었고, 이 후 갈라져 나온 것으로 추정된다. 이 연대의 가장 초기는 앗시리아 왕 샬마네서(Shalmaneser) 5세가 이스라엘 10부족을 추방했던 시점과 일치한다. 간혹 남아프리카의 "흑인 유태인"이라고 불리는 렘바인들은 학술적으로는 유태인이 아니다. 유대주의는 모계를 통하여 전달되는데, 렘바인의 관습은 세나로부터 험난한 항해를 거쳐 살아남은 남자들로부터 유래된 것으로 볼 수 있다.

유럽 집시(Gypsy)의 기원

약 1,000여 년 전 동유럽에 도착한 로마인(Roma), 즉 집시들은 수세기 동안 박해를 받았다. 그들은 1860년대까지 노예 신분으로 매매되었으며, 나치의 죽음의 수용소에서 유일하게 유태인과 같이 멸종되어야 할 대상으로 취급 받았다. 오늘날 그들의 수는 1,200만 명을 넘으며 세계 각지에 흩어져 있다. 그들의 기원에 대해서 논란이 많다. 집시(Gypsy)라는 말은 그들이 이집트에서 기원했다는 전설을 반영하지만, 그들의 언어(Romanes)는 인도 반도의 언어와 비슷하다.

Y 염색체에 대한 연구를 통하여 이 문제가 명확해졌다. 14개 집시 집단의 모든 남성들에서 단상형이 아주 유사한 집단이 발견되었는데, 이를 가진 빈도는 모든 집시 집단 Y 염색체 중 44.8%에 해당되었다. 세계의 다른 지역 중에서 이와 같은 단상형이 빈번하게 나타난 곳은 인도 반도뿐이었다. 이 연구에서 미토콘드리아 DNA의 단상형도 조사하였다. 미토콘드리아 DNA도 역시 유전적 재조합이 일어나지 않고 모계를 통해서만 전달되기 때문에 집단의 역사를 추적하는 데 적절하다. 미토콘드리아 DNA의 특정 단상형의 빈도가 집시 집단에서 26.5%로 나타났다. 이 단상형 역시 인도 대륙에서 기원한 것이다. 작은 집시 집단에서 이러한 Y 염색체와 미토콘드리아 DNA의 특이 단상형의 빈도는 소수의 집시 조상들이 인도 대륙에서 기원하였다는 것과 일치한다. 그들이 이동한 시점을 계산해 보면 약 1,000년 전에 현재는 아프가니스탄인 가즈니(Ghazni)의 마흐무드(Mahmud) 군대가 인도에 침입했던 시점이라는 것을 말해준다.

5.2 염색체 이상은 자연유산의 주요 원인이다

사람에서 확인된 임신 중 대략 15%는 자연유산을 하게 되는데, 자연유산의 절반은 염색체 이상에 의한 것이다. **표 5.1**은 몇몇 연구에 의하여 확인된 임신 100,000건당 태아 염색체 이상의 평균 비율을 요약한 것이다. **3염색체성(trisomic)**

표 5.1 임신부 100,000명당 확인된 염색체 이상의 수

염색체 구성	자연유산된 태아의 수	신생아의 수
정상	7,500	84,450
3염색체		
13	128	17
18	223	13
21	350	113
기타 상염색체	3,176	0
성 염색체		
47,XYY	4	46
47,XXY	4	44
45,X	1,350	8
47,XXX	21	44
전좌		
균형 (정배체)	14	164
불균형 (이수체)	225	52
배수체		
3배체	1,275	0
사배체	450	0
기타 (모자이크 등)	280	49
계	15,000	85,000

은 이배체 생물에서 1개의 염색체를 더 가지고 있는 것을 가리킨다. 자연유산한 많은 태아들은 상염색체 중의 한 가지가 3염색체성이다. 삼배체(triploid)는 염색체 세트가 3개인 것을 말하고(사람의 경우 삼배체라면 염색체 수가 69개), 사배체는 4세트의 염색체로 구성된 것(사람의 경우 염색체 수가 92개)을 가리키는데, 자연유산에서는 이러한 현상이 흔히 발견된다. **정배수체(euploid)**들은 유전자량의 상대적인 비가 이배체와 같고 정배수체의 예로서 삼배체나 사배체 등을 들 수 있다. 반대로 3염색체성의 경우, 염색체가 3개인 것은 유전자가 3개씩 있게 되지만 나머지 다른 염색체에 있는 유전자는 2개씩 있기 때문에 상대적인 유전자량의 비에 교란이 일어난다. 이와 같이 염색체 구성의 균형이 깨진 것을 **이수체(aneuploid)**라고 한다. 표 5.1에서는 그 통계가 명확하게 나와 있지 않지만, 대부분의 생물에서는 일반적으로 정배수성으로 인한 표현형의 장애가 이수성으로 인한 것보다 덜하다. 표 5.1에서 **균형전좌**(*balanced translocation*)란 비상동염색체 간에 염색체의 조각이 교환된 배수체를 가리킨다. 이 경우 염색체 조각의 위치는 달라졌어도 모든 염색체 부분들이 존재한다. 그러나 **불균형전좌**(*unbalanced translocation*)는 전좌가 일어나는 과정에서 유전체의 일부를 상실한 이수체를 가리킨다. 균형전좌에 의하여 염색체 이상이 생긴 생물들이 훨씬 생존력이 강하다는 것은 배수체 염색체 이상이 이수체 염색체 이상보다 훨씬 장애가 덜하다는 것을 가리킨다.

이배체 생물에서 염색체 하나가 없을 때 이를 **일염색체성(monosomy)**이라 한다. 대부분의 생물에서 염색체 소실(그 결과 일염색체성이 된다)이 염색체 수의 증가(그 결과 3염색체성이 된다)보다 흔하게 발생한다. 그러나 일염색체성에 대한 조사 결과는 표 5.1의 자연유산에 대한 통계에 나와 있지 않다. 이는 틀림없이 일염색체성의 또 다른 특성 때문이다.

핵심 개념

한 염색체의 소실(일염색체성)은 보통 같은 염색체를 하나 더 갖는 것(3염색체성)보다 더 해로운 결과를 낳는다.

사람의 수정에서 3염색체성 접합자보다 일염색체성 접합자가 발생할 가능성이 훨씬 높다. 그러나 표 5.1에서 일염색체성 유산이 나와 있지 않은 것은 임산부가 임신 사실을 인지하기도 전인 발생 초기에 유산이 일어나기 때문이다. 발생 초기에 일어나는 유산에 대한 임상 자료는 임신을 원하는 사람들에 대해 매일 실시하는 임신호르몬검사 기록으로부터 나온다. 분석하는 호르몬은 자궁벽에 착상할 시기인 임신 직후에 배아에서 생성하는 당단백질의 사람융모막성 생식선자극호르몬(human chorionic gonadotropin)이다. 매달 임신을 시도하는 여성들의 50~60%는 착상에 실패하거나 배아가 착상에 실패한 직후 자연유산된다. 표 5.1은 임신 후기에 발생한 자연유산의 염색체 이상들이고 임신 초기 자연유산의 대부분은 일염색체성 염색체 이상일 가능성이 높다. 이는 심각한 염색체 이상으로 인해, 신체적, 정신적 발달에 커다란 장애를 가질 수 있는 태아를 제거하는 중요한 생화학적 기능으로 작용한다.

다운증후군은 21번 염색체가 3개인 유전병이다

표 5.1은 대부분의 상염색체가 일염색체성이나 3염색체성이 되면 생존하기 어렵다는 것을 보여준다. 그러나 3가지의 예외가 있다. 즉, 이는 13번 염색체의 3염색체성, 18번 염색체의 3염색체성, 21번 염색체의 3염색체성이다. 이 중 13번과 18번 염색체의 3염색체성 환자는 매우 드물게 발생하며, 심각한 발생상의 장애를 가지고 태어나기 때문에 생존기간이 수일에서 수주에 불과하다.

21번 염색체의 3염색체성은 **다운증후군(Down syndrome)**이라 불리우며, 발생률은 신생아 750명당 1명꼴이다. 주요 증세는 지적장애이지만, 심장 결함을 포함한 다양한 신체적 결함도 가질 수 있다. 이 환자들은 골격 발달의 지연으로 인하여 체구가 왜소하며 근육발달이 빈약하여 얼굴 모양이 독특하고 수명이 짧아 보통 50세 미만에 죽는다. 심각한 염색체 이상임에도 불구하고 그로 인한 장애가 비교적 크지 않으므로, 대부분의 다운증후군의 어린이들은 다른 사람과 좋은 관계를 가질 수 있다.

> 다운증후군 어린이는 보통 그들의 가족, 장난감, 놀이친구 등 주변 존재들에서 커다란 즐거움을 느낀다. 그들은 전 생애를 보통 어린애와 같은 기분으로 지내기 때문에 쉽게 행복해진다. 그들은 정상인이 사춘기나 성인이 되면서 느끼는 어른이 되는 과정의 근심거리가 없다. 인생을 단순하고 덜 복잡하게 느낀다. 정상인들이 느끼는 감정을 그들은 덜 느끼는 것으로 보인다. 그들도 때로는 슬픔, 행복, 분노, 조급증 등을 보통 사람처럼 느끼나 그러한 기분은 깊지 않으며 쉽게 사라진다. 다운증후군 어린이들은 비록 느리긴 하지만, 그들의 환경, 주변의 사람, 다른 사람에게 받은 사랑과 격려 등에 매우 잘 반응한다.
>
> Quoted from D. W. Smith and A. A. Wilson. *The Child with Down's Syndrome*. (Philadelphia, PA: Saunders, 1973.)

대부분의 다운증후군은 감수분열 과정에서 상동염색체가 분리되지 않음으로써 발생한다. 21번 염색체 비분리로 인하여 하나의 배우자는 21번 염색체를 2개 갖게 되고 다른 하나의 배우자는 21번 염색체를 갖지 못한다. 2개를 가진 배우자가 정상의 배우자와 수정하면 21번 염색체가 3개인 3염색체성이 된다. 21번 염색체가 하나인 것과 21번 염색체가 없는 배우자 간에 수정이 이루어지면 일염색체성이 되는데, 이 경우 임신 수일에서 수주 사이에 유산되어 버린다. 21번 염색체가 3염색체성인 태아의 3/4은 자연유산한다(표 5.1). 만일 자연유산이 되지 않고 21번 3염색체성인 태아가 모두 출생하게 된다면 그 빈도는 신생아 250명에 1명꼴이 되는데, 이러한 비율은 실제 관찰되는 발생률보다 3배나 높은 것이다.

그 원인이 밝혀져 있지는 않으나, 21번 염색체의 비분리는 정자 형성 과정보다 난자 형성 과정에서 더 잘 발생하며 그래서 다운증후군의 원인이 되는 비정상 배우자는 보통 난자가 된다. 더욱이 21번 염색체의 비분리 위험은 임산부의 나이가 많아짐에 따라 빠르게 증가하므로, 연령이 45세 이상인 여성의 다운증후군 환자 출산율은 4%에 이른다(그림 5.11). 이러한 이유들 때문에 나이가 많은 여성이 임신했을 경우 많은 의사들은 다운증후군을 진단하기 위하여 출생 전에 태아의 세포를 검사해 볼 것을 권한다.

다운증후군의 3%는 염색체 비분리가 아닌 염색체 구조 이상 때문에 발생한다. 이러한 경우 다음 아이를 출산할 때에도 재발할 위험이 매우 높아 다운증후군 출산율이 20%에 이른다. 이는 부모 중의 한 사람에게서 21번 염색체에 절단이 일어나고, 절단된 염색체 조각이 다른 염색체에 붙는 염색체 전좌에 의해 비정상적인 염색체가 만들어졌기 때문이다.

3염색체성 염색체는 비정상적 분리를 한다

생물의 감수분열 과정에서 정상적인 경우에는 하나의 염색체가 다른 하나의 상동염색체와 짝을 이루지만, 3염색체성 염색체는 2개의 상동염색체와 짝을 이루어야 하기 때문에 염색체 분리에 문제가 생기게 된다. 감수분열을 할 때 염색체의 행동은 상동염색체가 짝을 이루고, 그들 사이에 키아스마(chiasmata)가 어떻게 이루어지는지에 달려있다. 어떤 세포에서는 3개의 염색체가 한 염색체의 양쪽 팔의 각각에 다른 상동염색체와 쌍을 이루어 3가염색체(trivalent)를 형성한다(그림 5.12A). 세포 분열 중기에서 3가염색체는 보통 2개의 동원체는 같은 방향의 극으로 이동하고, 나머지 1개의 동원체는 반대 방향의 극으르 이동한다. 그 결과 생기는 2개의 배우자는 2개의 염색체를, 그리고 다른 2개는 1개의 염색체를 갖게 된다. 또 다른 경우 3염색체성 염색체에서 감수분열을 할 때, 그림 5.12의 (B)에서 보여주는 것과 같이 정상적인 2가염색체와 1가염색체(univalent)를 형성하기도 한다. 감수분열의 첫 번째 분열 후기에 2가염색체는 정상적으로 분리하고 1가염색체는 보통 임의로 양방향 중 한 방향으로 이동한다. 그 결과 감수분열이 끝나면, 2개의 배우자는 2개의 염색체를 그리고 나머지 2개의 세포는 1개의 염색체를 갖게 된다. 다시 말하면 3개의 염색체(C C C로 표시)를 가지고 있는 3염색체성의 생물이 감수분열을 하면 2개의 염색체(C C)를 갖는 것과 1개(C)를 갖는 것이 반씩 만들어질 것이다. 따라서 정상적인 성물이 3염색체 생물과 교배를 하면 3염색체성 자손과 정상적인 자손이 1 : 1의 비율로 태어난다. 이러한 이론적 기대치는 3염색체성 생물을 이용한 교배실험에서 사실로 밝혀졌다.

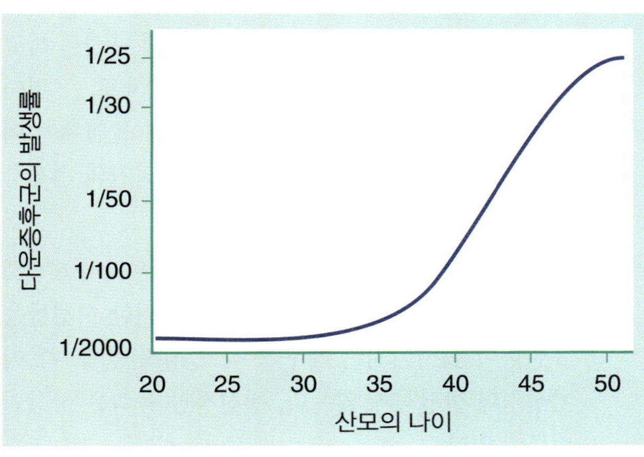

그림 5.11 산전 진단을 하지 않은 상태에서 산모의 나이에 따른 다운증후군의 위험도. 수직축의 눈금은 대수적이다. 그래프는 1989년~1998년 사이에 영국과 웨일스에서 태어난 신생아 6,008,450명 중 다운증후군 환자 9,479명을 기초로 하여 작성한 것이다.

Data from J. K. Morris, D. E. Mutton, and E. Alberman, *J. Med. Screen.* 9 (2002): 2–6.

여분의 X나 Y 염색체를 가질 경우 다른 염색체보다 유전적 효과가 비교적 덜하다

여러 가지 유형의 성염색체 3염색체성을 하나의 그룹으로 볼 때 그 발생 빈도는 21번 염색체 3염색체성보다 높다(표 5.1). 여분의 염색체가 상염색처인 것 보다 성염색체일 때 표현형에 미치는 영향이 약한 이유가 2가지 있다. 첫 번째는 체세포에서 하나의 X 염색체를 제외한 나머지 X 염색체가 비활성화됨에 따라 1개의 염색체만 활성을 갖게 되기 때문이다. 두 번째는 Y 염색체에는 유전자의 수가 상대적으로 매우 적다는 점이다.

흔한 성염색체 이상의 4가지 유형을 아래에 설명하였다. 일반적인 핵형 표시법에 따라 먼저 총 염색체 수를 표시하고 이어 성염색체 구성을 나타내었다. 예를 들면, 47,XXX에서 47은 전체 염색체 수를 나타내고, XXX는 X 염색체가 3개인 것을 가리키는 것이다.

- **47,XXX** 이러한 경우를 3염색체성 X-증후군(trisomy-X syndrome)이라고 부른다. 핵형이 47,XXX인 사람

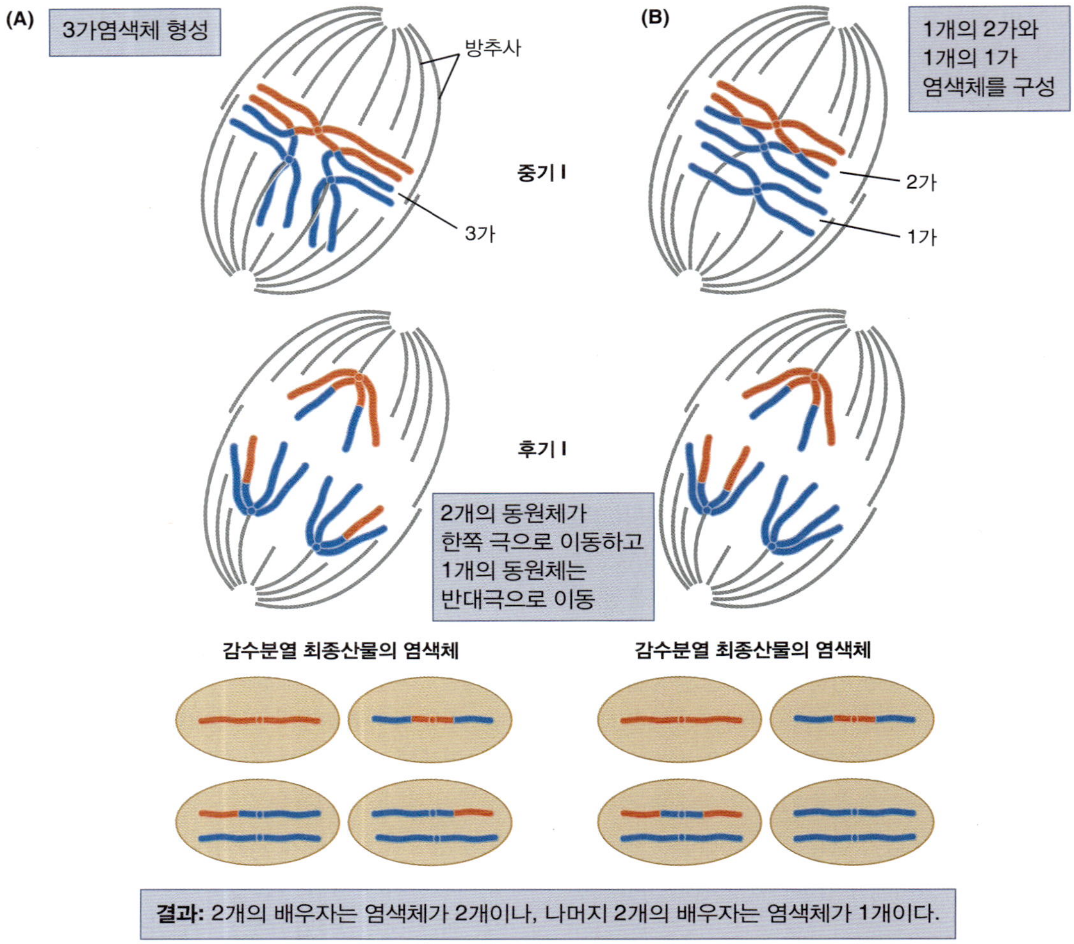

그림 5.12 감수분열에서의 3염색체 시냅스 형성과 분리. (A) 3가염색체 형성. (B) 2가염색체와 1가염색체 형성. 이 2가지 종류의 시냅스는 결과적으로 3염색체 중 2개를 갖는 1쌍의 배우자와 3염색체 중 1개의 염색체를 갖는 1쌍의 배우자를 만든다.

은 여성이다. 이들은 표현형이 정상이거나 거의 정상에 가까우며, 약간의 비정상은 지적장애를 나타내는데, 그 빈도가 일반인 집단에서보다 조금 높다.

- **47,XYY** 이러한 경우를 이중 Y 증후군(double Y syndrome)이라 한다. 이러한 사람은 남성이고 키가 큰 경향이 있지만 표현형으로 볼 때는 정상이다. 한때 47,XYY 남성은 심각한 성격적인 문제를 일으키고 폭력범죄를 일으킬 위험이 높다고 생각하였었다. 이는 폭력범죄를 일으킨 사람 중에 47,XYY인 사람이 많았기 때문이다. 그러나 추가 연구에 의하면 약간의 정신기능에 장애가 발생하고 범죄를 일으키는 빈도가 정상인 집단보다 높기는 하지만, 범죄의 유형이 폭력이 아니라 주로 도둑질과 같은 비폭력적인 사소한 범죄가 대부분인 것으로 밝혀졌다. 대부분의 47,XYY인 사람은 표현형으로 보거나 심리적으로 볼 때 정상이고 정신적인 능력은 정상인의 범주에 있으며 범죄의 성향도 없다.
- **47,XXY** 이러한 경우를 클라인펠터증후군(Klinefelter syndrome)이라 한다. 이와 같은 염색체 구성을 하고 있는 사람은 남성이다. 그들은 키가 대체로 큰 편이고 성적 성숙이 비정상적으로 이루어져 불임이며 어떤 경우에는 가슴이 비대해진다. 보통 약간의 정신장애 증세를 나타낸다.
- **45,X** 여성에서 X 염색체가 하나인 경우로서 터너증후군(Turner syndrome)이라 한다. 이러한 여성들은 표현형이 여성이지만 체구가 작고 성적 성숙, 즉 이차성징이 발달하지 않는다. 정신적인 능력은 정상인 범주에 있다.

환경에 있는 화학물질에 의하여 염색체 비분리가 증가될 수 있다

이수체 접합자의 대부분은 발생에 실패하거나 선천성 결함

인간 유전학 이야기

21을 잡아라!

Jerome Lejeune, Marthe Gautier, and Raymond Turpin 1959

National Center for Scientific Research, Paris, France

다운증후군 어린이 9명의 체세포 염색체에 관한 연구

다운증후군은 인류유전학 분야에서 가장 이해하기 힘든 질병 중의 하나였다. 이 질병은 지적장애의 가장 흔한 유형 중의 하나였지만 유전 양식은 멘델의 법칙을 따르지 않았다. 어떠한 가족에서는 다운증후군 어린이가 2명 또는 그 이상이 태어나기도 하였다(이제는 이런 예들의 많은 경우는 21번 염색체의 전좌 때문에 발생한다는 것이 알려졌다). 이 논문은 다운증후군이 여분의 염색체에 의하여 발생한다는 것을 밝힘으로써 인류유전학 발전에 전환점이 되었다. 또한 이는 염색체 이상에 의해 발병하는 것으로 밝혀진 첫 번째 질병이었다. 그 인용문에서 말단동원체염색체(telocentric chromosome)라는 말을 사용하였는데, 이는 동원체가 염색체 끝부분에 있다는 것을 가리킨다. 사람의 유전체에서 가장 작은 염색체는 3개의 말단동원체염색체로서 21번, 22번 그리고 Y 염색체이다. 정상인 남성은 5개의 작은 말단동원체염색체(21, 21, 22, 22, Y)를 가지고 있으며, 정상 여성은 4개(21, 21, 22, 22)를 가지고 있다(X 염색체는 중간 크기의 염색체로서 동원체가 염색체 중심에서 약간 벗어난 위치에 있다). 다음의 표는 시료가 적절하게 준비되었는지 의심이 가는 세포에서는 염색체 수의 변이가 있음을 나타낸 것이다. 염색체 수를 센다는 것은 매우 어렵다. 이 과정에서 가까이에 있는 2개의 염색체를 하나로 보기도 하고 옆의 세포핵에 있는 염색체를 이쪽 세포에 있는 것으로 간주하는 실수를 자주 한다. 레쥰(Lejeune)과 그의 동료들은 의심스러운 세포에서의 염색체 수는 무시하고, 다른 완전한 세포에서 얻은 염색체 수를 근거로 결론을 도출하였다. 과학적으로 뛰어나다는 것이 때로는 어떠한 결과들을 무시해야 하는지를 아는 능력일 수도 있다.

> ***"다운증후군 어린이들에게서 채취하여 배양한 "잘 준비된 세포"에서 얻은 염색체 세트를 분석해보면 남자 어린이들은 6개의 작은 말단동원체염색체(정상인 남자에서는 5개의 말단동원체염색체가 존재)를 가지고 있으며, 여자 어린이들은 5개의 작은 말단동원체염색체(정상인 여자에서는 4개의 말단동원체염색체가 존재)를 가지고 있다"***

9명의 다운증후군 어린이들에게서 얻은 섬유아세포를 배양하여 염색체를 관찰해 보면 그 수가 47개이고, 1개 더 있는 염색체는 작은 말단동원체염색처이다. 따라서 다운증후군은 염색체 때문이라는 가설을 생각하게 되었다. 9명의 어린이(5명은 소년, 4명은 소녀)의 세포들을 관찰하였고, 그 결과를 아래의 표로 나타내었다. 표에 나타난 결과를 종합하면 다운증후

		염색체 수					
		"의심스러운"세포들			"분명한"세포들		
		46	47	48	46	47	48
소년들	1	6	10	2	–	11	–
	2	–	2	1	–	9	–
	3	–	1	1	–	7	–
	4	–	3	–	–	1	–
	5	–	–	–	–	8	–
소녀들	1	1	6	1	–	5	–
	2	1	2	–	–	8	–
	3	1	2	1	–	4	–
	4	1	1	2	–	4	–

J. Lejeune, M. Cautier, and R. Turpin, *Comptes Rendus Hebd. Seances Acad. Sci.* 248 (1959): 1721–1722.

인간 유전학 이야기

(계속)

군 어린이들은 염색체 수가 47개이므로, 여분의 작은 말단동원체염색체를 가지고 있다고 결론을 내리는 것이 타당하다. 이러한 현상을 설명하기 위해서, 감수분열을 할 때 작은 말단동원체염색체의 비분리가 일어난다는 가설을 생각하게 되었다. 그러나 여분의 작은 말단동원체염색체가 실제로 정상 염색체이며, 다른 유형의 이상으로 인한 염색체 단편이 다운증후군을 유발했을 가능성을 아직까지는 배제할 수 없다.

이러한 결과들은 설득력이 있어 보이나, 한편으로는 핵형 분석의 불확실성 또한 지적하고 있다. 어떤 경우에는 각 세포의 핵형 분석에서 정확한 결과를 얻어내기 어렵거나 불가능할 수 있다. 이런 이유 때문에 현대적인 배아세포 진단 검사에서는 보통 20개 이상의 여러 개 세포에서 핵형을 분석한다.

J. Lejeune, M. Cautier, and R. Turpin, *Comptes Rendus Hebd. Seances Acad. Sci.* (1959) 248:1721–1722.

이나 지적장애를 유발하기 때문에 감수분열 실패를 증가시킬 수 있는 환경적 위험 요인을 파악하는 것이 매우 중요하다. 이러한 위험성이 있는 환경요인으로는 방사선, 흡연, 음주, 경구 피임약, 임신 촉진제, 환경 오염물질, 살충제 등이 있다. 유의성이 있는 효과가 발견되더라도 대부분 그 효과가 적거나 항상 반복해서 나타나지 않고 부분적으로 임산부의 나이 등과 같은 다른 요인들과 섞여 있어 구분하기가 어렵다. 어머니 나이 효과라는 관점에서 여성호르몬인 에스트로겐이나 에스트로겐 유사 분자 등이 오랫동안 위험요인으로 의심받아 왔다. 이러한 관점에서 볼 때 에스트로겐 유사 물질로 알려진 비스페놀 A(bisphenol A) [2,2-(4,4-dihydroxy-diphenol) propane]를 적정 농도로 생쥐에 투여하면 이수성의 발생률이 8배나 증가한다는 것은 전혀 놀라운 사실이 아니다. 비스페놀 A는 식품이나 음료산업에서 캔의 내부코팅제로 널리 사용하는 폴리카보네이트 플라스틱(polycarbonate plastic)의 구성단위 물질이다. 중합된 비스페놀 A는 전혀 해가 없지만, 어떠한 조건하에서는 그 단량체가 빠져나올 수도 있다. 주목할 만한 사실은 미국인 집단에서 90% 사람의 오줌에서 비스페놀 A가 검출되었다는 것이다.

5.3 염색체 구조 변화는 중요한 유전적 효과를 일으킬 수 있다

이 절에서는 염색체의 구조적 이상을 설명한다. 염색체의 구조적 이상에는 몇 가지 유형이 있으며, 각각은 특징적인 유전적 효과를 일으킨다. 염색체 이상이 처음 발견되게 된 것은 그것의 유전적 효과를 통해서였다. 따라서 처음에는 그 원인이 무엇인지 혼동되었으나 점차적으로 염색체 구조 이상에 의해 발생되는 것이라는 것이 밝혀지게 되었다. 이러한 사실은 현미경 관찰을 통하여 확인되었다.

염색체 결실은 유전자를 잃어버리는 것이다

가끔 염색체의 일부분이 떨어져 나가는 경우가 생긴다. 그러한 염색체 이상을 **결실(deletion)** 혹은 **결핍(deficiency)**이라고 한다. 결실은 일반적으로 생물체에 해롭고, 결실이 크면 클수록 해로움의 정도도 심해진다. 보통 하나의 염색체에 결실이 매우 크게 일어나면 쌍을 이룬 염색체는 정상이더라도 개체는 죽게 된다. 하지만 하나의 염색체에 작은 부분이 결실되고 상동염색체가 정상이면 그 개체는 생존한다. 이는 정상인 상동염색체에 있는 유전자에 의하여 생존에 필요한 산물들이 만들어지기 때문이다. 그러나 결실된 부분이 작더라도 상동염색체의 동일 부분에서 결실이 일어나면 생존을 못하게 된다(상동염색체 양쪽의 같은 부위가 결실되었을 때).

인간 유전체에서 관찰되는 **복제수 변이**(*copy-number variations, CNVs*) 가운데(제4장 참조) 결실은 높은 비율을 차지한다. 결실은 주로 2가지 방식으로 일어날 수 있다. 하나는 염색체 절단과 재결합에 의해 발생하는 것이다. 염색체 절단은 중심축의 이중가닥의 DNA가 절단됨으로써 발생한다. 염색체 절단이 저절로 일어나는 비율은 낮지만 X-선이나 이중가닥의 DNA를 절단시킬 수 있는 화학물질에 의하여 유발될 수 있다. 결실은 염색체의 한쪽 팔에서 두 지점이 절단된 다음, 동원체와 말단소체를 포함하고 있는 염색체 조각이 다시 붙고, 동원체를 포함하고 있지 않은 부분의 염색체가 소실됨으로써 일어난다.

결실은 또한 **이소성재조합(ectopic recombination)**이라고 알려진 방식, 즉 DNA 중 다른 자리에 있는 동일한 반복서열 사이에 상동재조합이 일어남으로써 발생할 수 있다. 그 예가 **그림 5.13**에 나타나 있다. 이 경우에 반복염기서열의 반복 단위를 색의 농도 기울기로 나타내었다. 그림에서 색의 농도는 양쪽 모두 왼쪽에서 오른쪽으로 갈수록 약한 것은 양

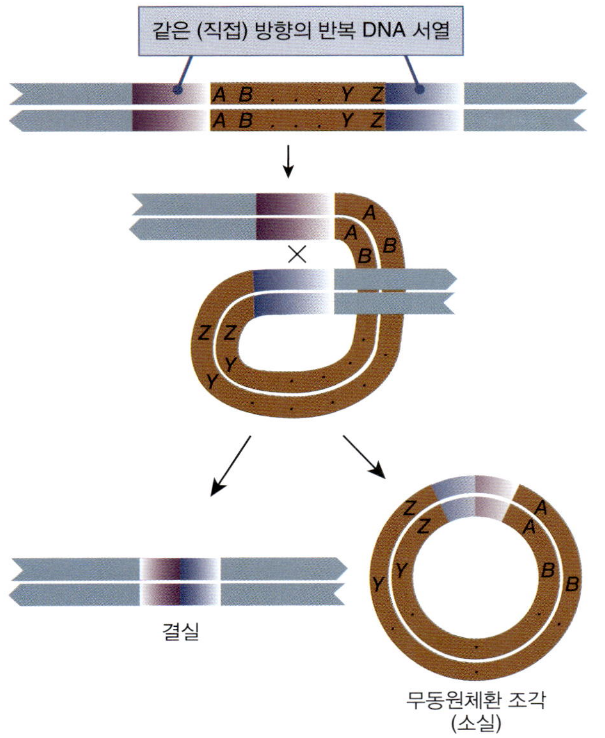

그림 5.13 하나의 DNA 분자 내에 존재하는 직접반복 염기서열 사이의 이소성 재조합(ectopic recombination)은 두 반복서열 사이에 있는 DNA 조각의 결실을 유발한다.

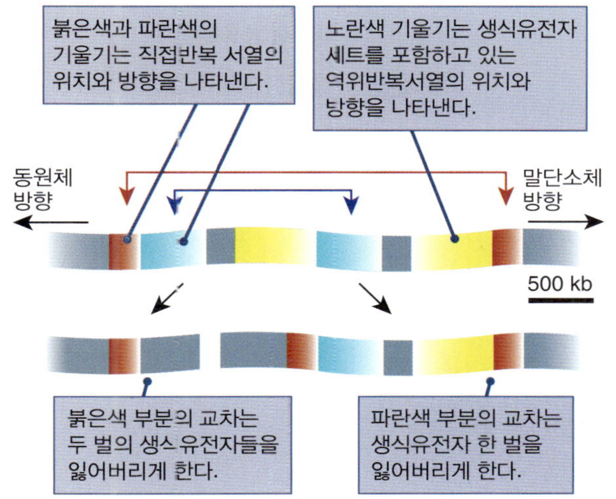

그림 5.14 인간 Y 염색체에서 이소성 재조합(ectopic recombination)으로 인해 남성의 생식력에 관여하는 유전자의 결실이 일어난다.

쪽의 반복염기서열 배열이 같은 방향으로 되어 있다는 것을 가리키는 것으로, 이를 **직접반복(direct repeat)**이라 한다. 만약 직접반복서열끼리 쌍을 이루고 상동재조합이 일어나면 2개의 직접반복 염기서열 사이의 DNA가 결실되는데, 이는 직접반복서열 사이의 동원체를 포함하고 있지 않는 작은 조각이 소실되기 때문이다.

사람의 Y 염색체에서 일어나는 이소성재조합에 의한 결실의 예를 그림 5.14에 나타내었다. 이 그림은 Y 염색체의 몇 개의 커다란 반복염기서열에서 반복 단위를 색의 농도 기울기로 나타내었다. 붉은색과 푸른색의 농도 기울기는 직접반복서열을 가리키고 있으나 노란색의 농도 기울기는 **역위반복(inverted repeat)**들을 가리킨다. 여기에서 역위반복서열은 방향이 반대로 되어 있다. 노란색의 역위반복서열에는 남성의 생식 능력에 중요한 유전자들이 포함되어 있다. 이들 서열의 크기를 보면 붉은색 반복서열들은 길이가 각각 229 Kb이고 반복염기서열 사이의 길이는 3.5 Mb이다. 그림에서 보여 준 바와 같이 붉은색 반복서열 사이에 상동재조합이 일어나면 양쪽의 남성 생식유전자들을 상실하게 된다. 남성 4,000명 중의 1명꼴로 이러한 결실을 가지고 있으며 이들은 생식 능력을 완전히 상실한다. 이보다 덜 치명적인 결과를 초래하는 것은 푸른색 반복서열 사이에 상동교차가 일어나는 것인데 이때는 생식유전자 1세트가 손실된다. 이들 유전자들의 소실이 완전한 불임을 유발하지는 않지만 정자 형성을 손상시킨다. 그럼에도 불구하고 남성의 1% 정도가 이러한 결실이 일어난 Y 염색체를 가지고 있다.

결실이 일어난 염색체는 제거된 부분에 있었던 유전자의 야생형 대립유전자를 더 이상 가지고 있지 않기 때문에 이 점을 이용하여 유전적으로 결실을 알아낼 수 있다. 예를 들면 초파리에서 많은 경우의 노치(*notch*) 유전자 부위에 결실이 일어나면, 이 부분의 길이가 매우 길어서, 가까이에 있는 *white* 유전자의 야생형 대립유전자 부분도 제거된다. 이 부분에 결실이 일어난 염색체가 구조적으로 정상이고, 대립유전자로 열성의 w를 가진 염색체와 이형접합을 이루게 되면, 그 초파리는 야생형의 w^+ 대립유전자를 갖고 있지 않기 때문에 표현형이 흰 눈이 된다. 이는 열성인자의 표현형 발현을 억제하던 우성의 야생형 대립유전자 w^+가 결실에 의하여 제거되었음을 의미한다. 일단 결실이 확인되면 결실에 의하여 표현형이 발현되는 열성 돌연변이 인자들을 조사함으로써 결실된 부분의 크기를 알아낼 수 있다. 이 방법을 그림 5.15에 설명하였다.

염색체 구조 변화는 초파리의 거대 다사염색체에 잘 나타난다

초파리 또는 두 날개를 가진 파리류(쌍시류) 유충의 타선 또는 몇 가지 다른 조직 세포들의 핵에는 **다사염색체(polytene chromosomes)**라는 거대염색체가 있는데, 이 염색체는 약

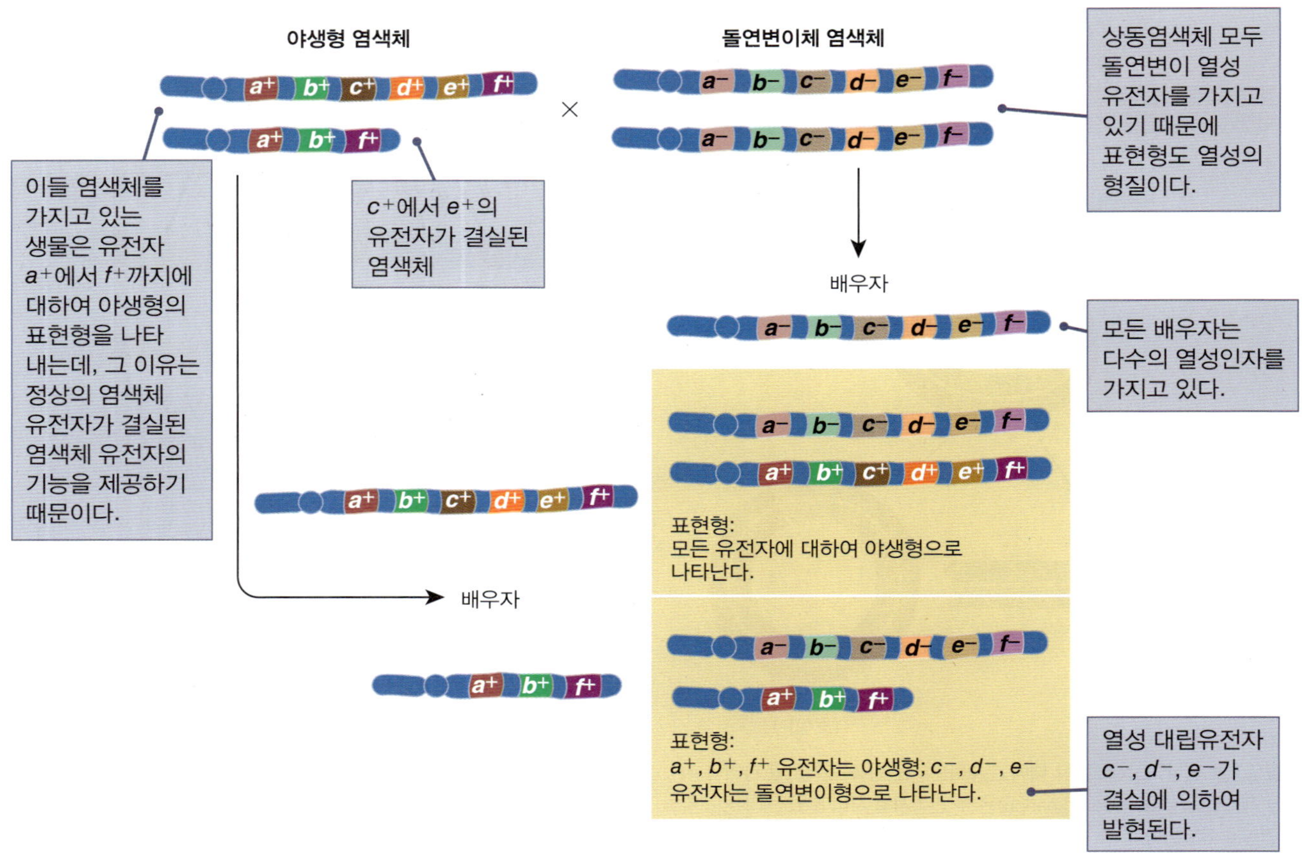

그림 5.15 검정교배를 통한 결실 부위의 염색체 지도 작성. 결실이 일어난 이형접합 F_1은 결실 부위의 열성 유전자가 표현된다. 열성 대립유전자의 형질 발현을 억제하고 있던 우성 대립유전자 부위에 염색체 결실이 일어나므로, 억제되어 있던 열성 유전자의 형질이 발현된 것을 "발현시키다(uncover)"라고 말한다.

1,000개의 DNA 분자들이 측면으로 겹쳐 배열하고 있다(그림 5.16). 이 염색체 각각은 체세포분열 중기의 염색체보다 매우 많은 DNA를 가지고 있고, 일정하고 독특한 가로 방향의 밴드를 나타내고 있다. 이와 같은 다사 구조는 이들 세포에서 서로 접합된 상동염색체의 DNA 복제가 반복해서 일어나는 데 반해, 복제된 DNA의 분리와 상동염색체 분리는 일어나지 않기 때문에 만들어지게 된다. 다사염색체는 이례적인 것으로 "말단(terminal)" 세포에서 만들어지는데, 초파리가 발생하는 과정에서 다사염색체를 가지고 있는 유충세포는 더 이상 분열하지 않으며 후에 번데기로 탈바꿈하는 과정에서 제거된다. 다사염색체는 초파리 유전학에서 특히 가치가 있으며 염색체 구조 변화를 연구하는 데 이상적이다.

약 5,000개의 진하게 염색되는 가로 방향의 밴드들이 노랑초파리의 다사염색체에서 확인되었다. 종마다 특징적인 양상을 나타내는 밴드들은 염색체에 대한 매우 자세한 **세포학적 지도(cytological map)**를 제공한다. 밴드 양상에 따라서 염색체의 작은 부분까지도 확인할 수 있다. 다사염색체는 크기가 매우 크고, 형태가 미세한 부분도 나타낼 수 있기 때문에 결실이나 다른 염색체의 구조 이상을 연구하는 데 매우 이상적이다. 예를 들어, 노치(Notch) 유전자 부위의 결실이 일어나면 타선염색체의 특정 밴드들이 사라진다. 결실에 대한 물리적 지도를 작성하면 특정 유전자가 다사염색체의 어떤 밴드 혹은 어느 부위에 해당되는지를 알 수 있다. 다사염색체가 아니라면 유전적 연구를 수행하여 아는 수밖에 없다.

초파리 X 염색체 일부분에 대한 물리적 지도를 그림 5.16에 나타내었다. 밴드가 있는 염색체와 그 밑에 각 밴드의 명칭을 숫자로 표시하였다. 평균적으로 각 밴드는 약 20 kb 정도의 DNA로 되어 있지만 밴드에 따라 DNA의 양은 크게 다르다. 돌연변이 X 염색체의 그림에서 I에서 VI로 표시한 부분들은 결실된 부위를 가지고 있는 염색체들이다. 각 염색체의 결실 부분은 점선으로 표시하였다. 각 염색체의 결실된 부분의 위치를 염색체를 따라서 표시하였는데, 어떤 부분은 특정 밴드에 해당되었다. 예를 들어, 염색체 I과 염색체 II의 결실 부위는 밴드 3A3에 해당되며, 이 부위는 모든 다른 염색체들에서는 정상적으로 존재한다. 교배에서 결실 I과 결실 II는 돌연변이 *zeste*(*z*)의 형질이 나타나므로, 그림의 윗부

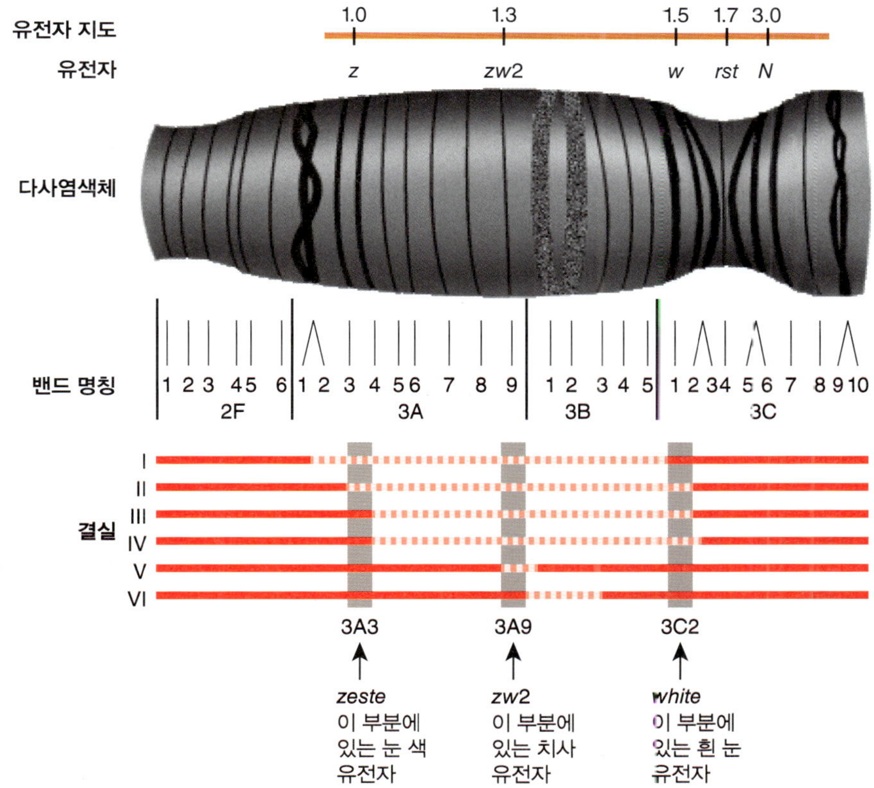

그림 5.16 노랑초파리 타선의 다사염색체에서 X 염색체 일부분과 여기에서 일어난 6가지 결실(I–VI). 결실에 의하여 열성 대립유전자가 발현되기 위해서는 그 유전자가 결실 부위 내에 있어야 한다. 이러한 원리를 이용하여 어떤 특정 유전자가 염색체의 특정 어느 밴드에 위치하는지 결정한다.

분에 나타낸 바와 같이 밴드 3A3에는 *z* 유전자가 있음에 틀림없다. 이와 유사하게 열성 치사유전자인 *zw2*는 VI를 제외한 모든 돌연변이 염색체를 이용한 교배에서 표현형이 나타난다. 따라서 *zw2* 유전자는 3A9에 있음이 틀림없다. 마지막으로 돌연변이 *w*는 오직 II, III 및 IV에 결실되었을 때만 발현되기 때문에 *w* 유전자는 3C2에 있다. *rst*(거친 눈 구조)과 *N*(날개 가장자리가 톱니 모양의 구조) 유전자는 이 부분의 결실에 의해서는 발현되지 않는다. 중복된 결실을 가지는 돌연변이 염색체를 이용하여 유사한 분석을 함으로써, 3C5에서 3C10 부분에 이들 유전자가 있는 것으로 밝혀졌다.

잠깐 생각해 봅시다 5.2

4개 유전자의 열성 대립유전자(*a*, *b*, *c* 그리고 *d*)가 염색체의 작은 부분에 무리를 이루고 있지만 유전자의 순서는 모른다. 2개의 결실 염색체 돌연변이와 이형접합을 만들어서 각 돌연변이를 분석하였다. 결실-1 염색체와 이형접합에서는 *a*, *b* 그리고 *d* 유전자가 발현되었고, 결실-2 염색체와 이형접합에서는 *b*, *c* 그리고 *d* 유전자가 발현되었다. 어떤 유전자들이 유전자 무리의 말단에 존재하는가? 염색체 결실 결과와 부합하는 유전자 순서는 어떻게 되는가?

중복이 일어난 염색체는 여분의 유전자를 가지고 있다

어떤 비정상적인 염색체는 특정 부분을 두 번 가지고 있다. 이러한 현상을 **중복(duplication)**이라 한다. **순차중복(tandem duplication)**은 중복된 DNA 조각이 정상 부분의 바로 옆에 붙어서 같은 방향으로 분포하고 있는 것을 말한다. 순차중복은 이소성 재조합의 한 유형인 **부등교차(unequal crossing-over)**라고 부르는 현상에 의하여 중복된 DNA 조각 수가 더 늘어날 수 있다. 그림 5.17의 (A)는 순차중복 부분(갈색 부분)이 동형인 생물의 감수분열시 염색체를 설명하고 있다. 상동염색체가 시냅스를 형성할 때 (B)에 나타낸 바와 같이 상동염색체 간의 짝짓기가 잘못될 수 있다. 중복된 부분이 잘못 쌍을 이룬 부분에서 교차가 일어나면(C) 중복 부위를 3개 가지고 있는 염색분체와 1개를 가지고 있는 염색분체가 생길 것이다(D).

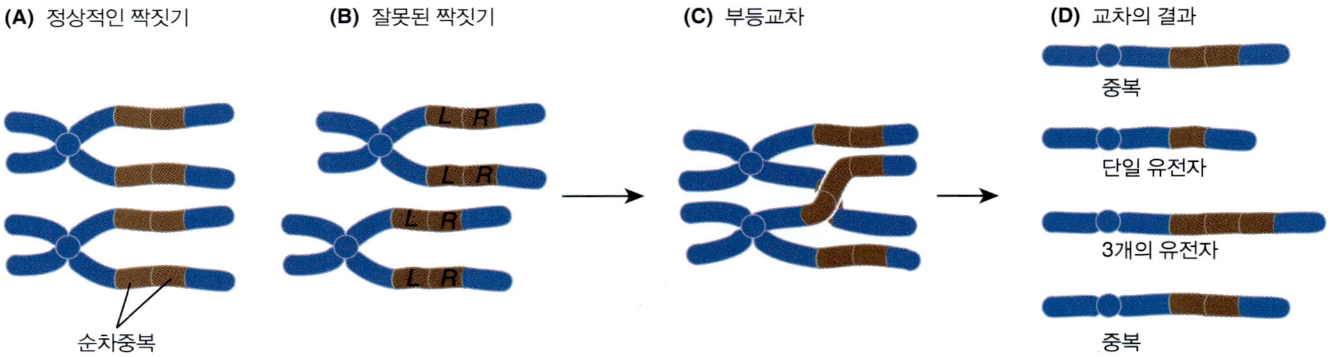

그림 5.17 순차중복 부분(갈색)의 불균형 교차로 인하여 그 부위의 염색체 복제수가 증가하게 된다. (A) 순차중복 부위를 가지고 있는 염색체의 정상적인 시냅스 형성. (B) 순차중복 부위의 잘못된 짝짓기. 아래 염색체의 오른쪽 부위가 위 염색체의 왼쪽 부위와 짝을 이룬다. (C) 짝을 잘못 이룬 부위에서 교차가 일어나는 것을 부등교차라 한다. (D) 부등교차의 결과로 생성된 염색분체.

사람의 색맹 돌연변이는 부등교차로 인하여 생긴다

사람이 색을 볼 수 있는 것은 망막의 원뿔세포에 있는 빛에 민감한 3가지 색소 단백질 때문이다. 각 색소 단백질은 로돕신(*rhodopsin*)과 관련이 있는데, 로돕신은 밤에 약한 빛에 반응하는 간상세포에 있다. 원뿔세포가 반응하게 되는 색은 청색, 적색, 녹색이며, 이들을 빛의 삼원색이라 한다. 청색 감수성 유전자는 7번 염색체에 있고, 적색과 녹색 감수성 유전자는 X 염색체 장완 끝에 있는데, 5 cM(대략 5 Mb의 DNA) 떨어져 있다. 적색과 녹색소는 하나의 공통조상 색소유전자로부터 갈라져 나왔기 때문에 아미노산 서열의 96%가 서로 같고, 유전자도 매우 유사하여 감수분열할 때 쌍을 이뤄서 부등교차가 일어나기도 한다. 이러한 부등교차가 적녹색맹의 유전적 원인이 된다.

대부분 사람이 **적록색맹(red–green color blindness)**에 익숙할 정도로, 사람에게 가장 흔한 유전병 중의 하나이다(**그림 5.18**). 남성의 대략 5%가 적록색맹이다. 남성에서 그 빈도가 높다는 사실이 이 유전병이 X-연관 유전병이 아닌가 하는 생각을 하게 하였는데, 실제로 가계도 조사에 의하여 이와 같은 사실이 확인되었다. 색맹인 남성은 정상인 아들과 보인자 딸을 낳는다. 보인자 딸의 경우, 50%의 색맹인 아들과 50%의 보인자 딸을 낳게 된다.

적록색맹에는 몇 가지 뚜렷한 변이가 있다. 적색을 보지 못하는 경우, **적색맹**(*protanopia*)이라 하고, **적색약**(*protanomaly*)은 적색 시각 능력에 손상이 있는 것을 말한다. 마찬가지로 녹색을 보지 못하는 경우와 녹색 감각에 상당한 결함이 있는 것을 각각 **제2색맹**(*deuteranopia*)과 **녹색약**(*deuteranomaly*)이라고 한다. 정상인과 색맹 및 색약인 사람에서 적색소와 녹색소 유전자를 분리하여 그 특성을 연구한 결과 "색맹(-opias)"과 "색약(-omalies)"이 어떻게 다른지 분명히 보여주었다. 또한 색맹이 높은 비율로 나타나는 이유를 알게 되었다.

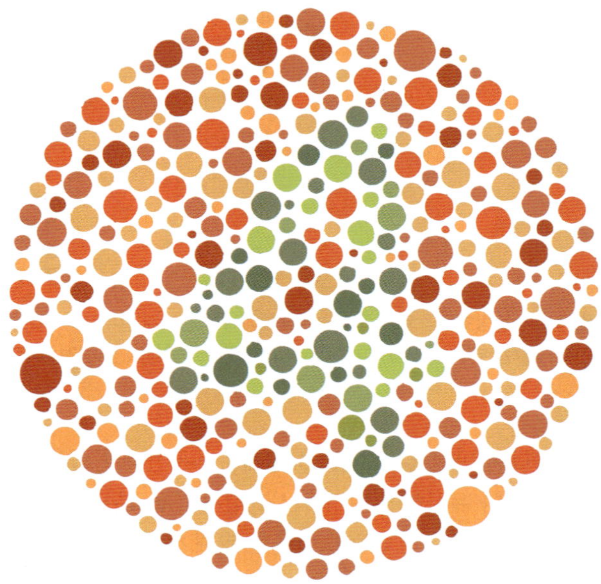

그림 5.18 색맹 초기 검사에 사용되는 표준색 차트. 이는 붉은색 바탕에서 녹색을 구별해 내는 능력을 시험하는 것이다. 적록색맹인 사람은 붉은색 바탕에서 녹색을 구별하지 못하기 때문에 녹색으로 표시한 숫자를 읽지 못한다.

적색과 녹색소 유전자 유형에 대하여 **그림 5.19**의 (A)에 설명이 되어있다. 예상과 달리, 정상인 X 염색체에서 상당한 비율로 2개 혹은 3개의 녹색소 유전자를 가지고 있다. 부등교차에 의해 이런 현상이 어떻게 일어나는지를 그림 (B)에 나타내었다. 적색소 유전자나 녹색소 유전자는 상동 부분에서 쌍을 이루고, 두 유전자 사이에 DNA 유사성을 보이는 지점에서 교차가 일어난다. 그 결과 한 염색체에는 녹색소 유전자가 2개 있게 되는 반면에, 다른 상동염색체에서는 녹색소 유전자가 결실된다.

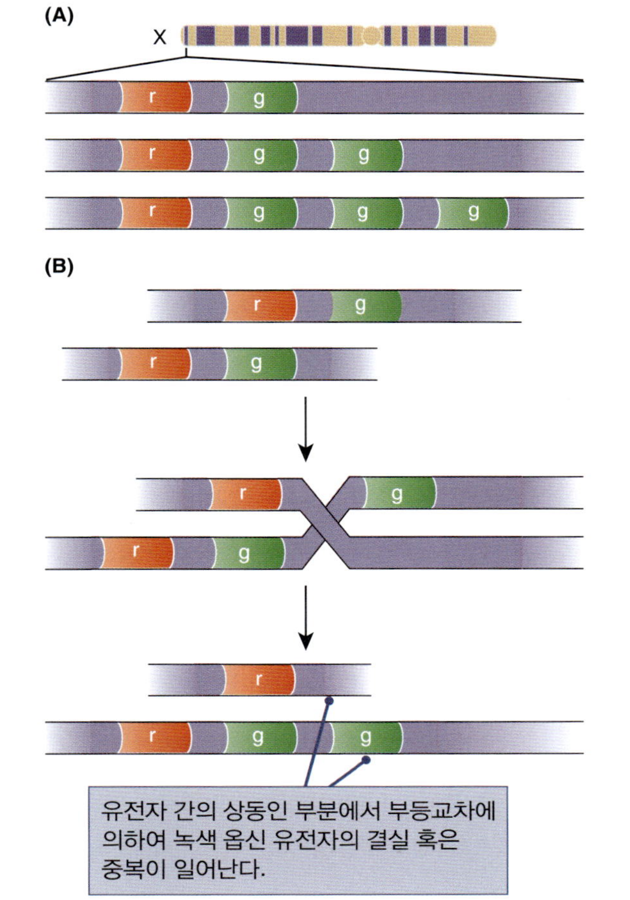

그림 5.19 (A) 3개의 정상 X 염색체에서의 적색과 녹색소 유전자의 구성. (B) 녹색소 유전자 사이의 부등교차가 일어남으로써 녹색소 유전자의 수가 늘어나게 된다.

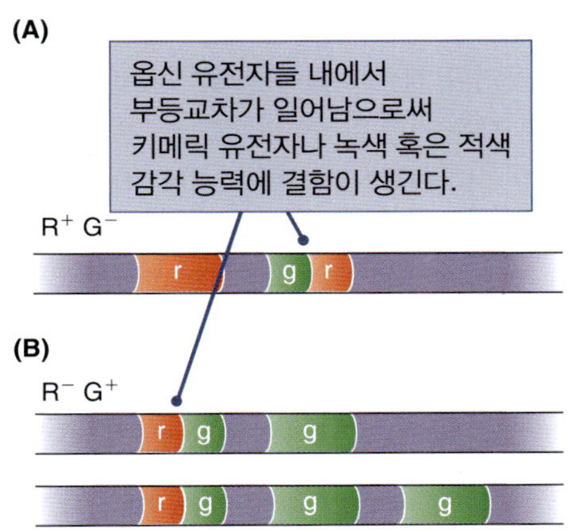

그림 5.20 적-녹 시각 능력의 결함이나 손상 원인의 유전적 기초. (A) 녹색 시각 능력의 결함. (B) 적색 시각 능력의 결함.

유전자 재조합 때문에 색감각에 결함이 생기게 되는 경우를 **그림 5.20**에서 설명하였다. 그림 (A)에서 제일 위의 염색체는 그림 5.19의 (B)에서 보여준 바와 같이 녹색소 유전자결실에 의하여 생긴 것이다. 그러한 X 염색체를 가진 남성은 제2색맹 혹은 녹색맹이 된다. 또 다른 경우는 적색소 유전자와 녹색소 유전자가 잘못 쌍을 이루고 교차가 일어남으로써 발생한다. 그러한 유전자 사이에 교차가 일어나면 **키메라 유전자(chimeric gene)**가 생기는데, 유전자의 앞부분은 한 유전자의 것이지만, 나머지 부분은 다른 유전자에서 유래된 것을 말한다. 그림 5.20 (A)의 키메라 유전자는 5′말단 쪽에는 녹색소 유전자, 3′말단 쪽에는 적색소 유전자로 되어 있다. 그러나 만약 고차가 5′말단 쪽에서 일어난다면 그 결과 생긴 키메라 유전자의 대부분은 적색소 유전자의 염기서열로 되어 있기 때문에 제2색맹 혹은 녹색맹이 된다. 그러나 만약 교차가 3′말단 근처에서 일어난다면 대부분이 녹색소 유전자가 차지하게 되어 녹색약이 된다.

적색 감각 능력의 결함과 관련된 염색체 이상은 그림 5.20의 (B)에 설명하였다. 키메라 유전자는 녹색 감각에 결함을 유발하는 부등교차에 의하여 만들어진 것이다. 이 경우 키메라 유전자 5′ 쪽에는 적색소 유전자, 3′ 쪽에는 녹색소 유전자로 이루어졌다. 만약 교차가 5′말단 근처에 일어난다면 적색소 유전자의 대부분은 녹색소 유전자로 대치된다. 그 결과 제1색맹 혹은 적색맹이 된다. 그림 5.20의 (B)에 나타낸 것과 같이 다른 온색체 이상에서도 마찬가지이다. 그러나 만약 교차가 3′말단 근처에서 일어난다면 대부분의 적색소 유전자는 그대로 있게 되며, 그 결과 적색약이 된다.

어떤 상호결실이나 중복은 자폐증이나 조현병의 위험과 관련이 있다

사람의 유전체에는 반복 DNA 염기서열이 서로 다른 위치에 수천 개가 존재하기 때문에 만약 감수분열 동안 서로 짝을 이룬다면 거의 교차가 일어날 수 있는 정도의 수준이다. 다행히 감수분열 동안 염색체가 쌍을 이루는 것은 일반적으로 매우 정확하게 일어나며 잘못 쌍을 이루는 경우는 매우 드물다. 그러나 간혹 잘못 쌍을 이루기도 하며, 잘못 쌍을 이룬 반복서열에서 비정상적인 유전적 재조합이 일어날 경우에는 염색체 이상이 발생한다.

그림 5.21A는 한 염색체에 *X*, *Y*, *Z*라고 부르는 유전자들의 특정 염기서열 양 옆으로 2개의 반복서열이 붙어 있는 상태를 보여주고 있다. 정상적인 경우 그들은 바르게 쌍을 이루지만 가끔 그림 5.21B와 같이 쌍을 이루고 교차를 하기도 한다. (단순하게 나타내기 위하여 교차에 관여하는 염색분체들만 나타내었다.) 그 결과 *X*, *Y*, *Z*가 중복된 배우자와 *X*, *Y*, *Z*가 결실된 배우자가 생겨난다(그림 5.21C). 이들 배우자들이 정상 배우자와 수정을 하게 되면 한 접합자는 *X*, *Y*, *Z* 유전자들을 3개씩 갖게 되지만 다른 접합자는 한 벌의

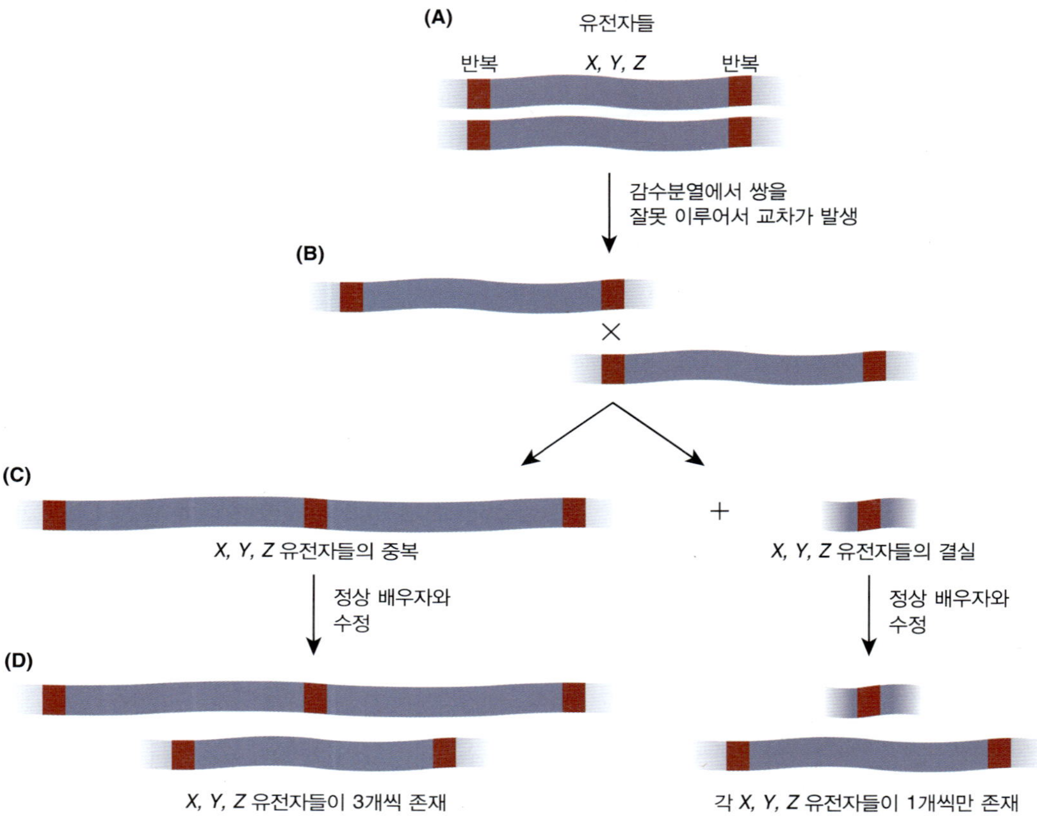

그림 5.21 유전자들 근처에 위치하는 반복서열들 사이에 일어난 부등교차로 인해 생겨나는 염색체 중복과 결실. 반복서열은 붉은색으로 나타내었다.

X, *Y*, *Z* 유전자들을 갖게 된다(그림 5.21D). 이러한 부류의 부등교차가 유전자 복제수 변이(CNV)를 발생시키는 기작 중 하나이다.

많은 CNV들은 표현형에 뚜렷한 특징이 나타나지 않지만 어떤 것들은 표현형에 두드러진 특징을 나타내기도 한다. 이와 관련하여 특별히 흥미로운 것을 보여주는 그룹이 있는데, 서로 관련이 없어 보이지만 그룹의 한쪽은 CNV 중복과 관련된 특징을, 또 다른 쪽은 CNV 결실과 관련된 특징을 나타낸다. 자폐증 부류와 조현병과 관련된 CNV들이 이러한 경우이다.

자폐증은 그리스어의 "자기"라는 말에서 유래한 것으로, 실제로 자폐증 어린이들은 관심이 자기 내면으로 향해 있다. 자폐증으로 진단받는 평균 나이는 3~4세이고, 질병의 조건을 얼마나 엄격하게 적용하느냐에 따라 발병률은 1/250~1/100이다. 자폐증은 증상의 범위와 정도가 매우 다양하기 때문에 **자폐 스펙트럼증**(*autism spectrum disorder*)이라는 말을 사용하기도 한다. 자폐증은 의사소통기술, 사회적 기술, 반복행동, 변화에 대한 두려움 등에 주로 영향을 주는 뇌 기능 장애와 발달 이상을 보이는 질병이다(**그림 5.22**). 자폐증의 어린이들은 말을 못하거나 언어 지체 현상을 보인다. 때로는 눈을 마주치는 것을 피하고 자기의식이 약하고 자신을 제3자로 표현한다. 그들은 다른 사람들의 생각이나 의도를 이해하거나 그에 대한 반응을 하는 데 어려움이 있고(정신적 기능 손상으로 인해), 때로는 적절하지 않은 상황에서 큰 소리로 웃거나 킥킥 거린다. 그들의 주요 감정은 두려움이나 분노와 같은 기본 감정이다. 그들은 논리적으로 연결시키는 데 매우 어려워하기도 하지만 어떤 자폐증 환자들은 수학이나 음악 혹은 매우 전문적인 기술에 뛰어난 재능을 보이기도 한다. 많은 환자들이 목표를 세우고 그것을 달성하고자 하는 것을 어려워한다. 이러한 증상들은 그 범위와 심각성이 매우 다양하며 나이에 따라 달라질 수 있다는 것을 마음에 새겨두자. 자폐증은 매우 다양한 방식으로 나타나는 복합적 질병이다.

조현병 또한 증상이나 심각성에서 매우 다양한 차이가 있는 복합적 질병이다. 보통 15~30세에 조현병으로 진단 받으며 발병률은 250명에 1명꼴이다. 조현병의 많은 증상들은 자폐증과 뚜렷하게 대비된다(그림 5.22). 환청을 듣기도 하고, 힘이나 영향력에 대해 과장된 느낌으로 표현하는 고양된 자의식을 갖기도 하며, 그것들에 대한 음모를 상상하기도 하고 절망과 고양된 느낌 사이의 감정기복이 심하다. 또한 비

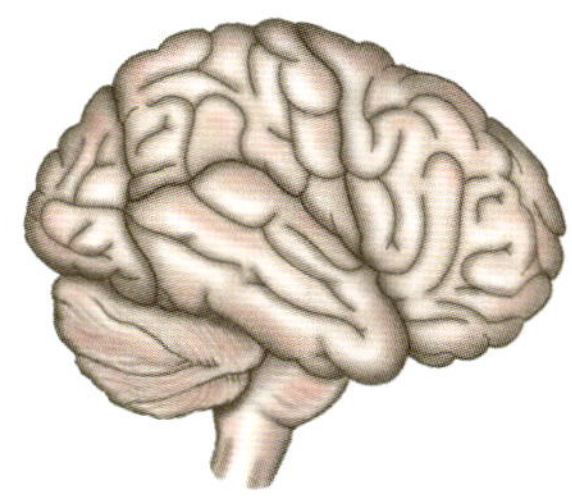

미발달		정상 발달		과발달
말을 못하거나 언어 능력의 미발달	←	정상 언어	→	환청
미약한 자의식	←	자의식	→	과대망상
손상된 정신 능력	←	정신 능력	→	피해망상
기본 감정	←	사회적 정서	→	조울증
논리적으로 말하는 데의 어려움	←	논리적, 분석적 능력	→	비현실적 논리
목표 추구 능력의 부족	←	복잡하고, 조절된 목표 추구	→	강박적 목표 추구
자폐증과 관련된 증후군				조현병과 관련된 증후군

그림 5.22 자폐증과 조현병의 주요 증상을 비교하면 서로 반대되는 양극단의 증상을 확인할 수 있다.

Based on material provided by Bernard Crespi.

표 5.2 자폐증과 조현병 위험을 보여주는 결실과 중복

	자폐증		조현병		
CNV 구역	결실	중복	결실	중복	Odds[‡]
1q21.1	2[†]	10	15	4	1/1000
16p11.2	14	5	5	24	1/10,000
22q11.21	1	8	16	1	1/20,000
22q13.3	5	0	0	4	1/125

[†]는 각 CNV 범주에 속하는 사람의 수.
[‡]Odd는 자폐증/조현병과 중복/결실 사이의 연관성이 실제로 관찰한 것만큼 강하거나 또는 더 강한 연관성이 우연히 일어날 확률을 나타낸 것이다.
출처: B. Crespi, P. Stead and M. Elliot. 2010. *Proc. Natl. Acad. Sci. USA* 107: 1736.

논리적이고, 횡설수설하며, 강박적으로 어떤 목적을 추구한다. 자폐증과 마찬가지로 조현병은 개인에 따라 증상의 가짓수나 심각성에 커다란 차이가 있다.

그림 5.22에서의 비교는 **표 5.2**에서와 같은 관찰이 없다면 말장난에 불과할 수 있다. 그림 5.21에서 보여준 반복 서열이 유전자들 양 옆에 있기 때문에 CNV가 계속해서 일어나는 유전체 4개 영역을 표 5.2에 나타내었다. 각각의 영역은 상반된 양상으로 자폐증 혹은 조현병과 관련 있다(붉은 숫자): 만약 한 CNV 부위의 결실이 자폐증과 관련 있다면 동일 부위의 중복은 조현병과 관련이 있고, 반대로 결실이 조현병과 관련되어 있다면 중복은 자폐증과 관련이 있다. 표에서 끝부분의 odd는 연관성의 강한 것 혹은 매우 강한 것이 우연히 관찰될 수 있는 확률로 나타낸 것으로 각각의 경우의 결과가 우연히 발생할 확률은 매우 낮다.

이러한 유형의 상호연관성은 무엇을 의미하는가? 이는 어떤 질병이 발생하는 어느 한 단계 혹은 여러 단계에서 동일한 유전자 산물이 상반된 방향으로 손상을 일으키는 효과가 있다는 것을 의미한다. 그러므로 중복에 의해 유전자 발현이 증가하면 어느 한 질병이 나타날 경향성을 보이며, 결실에 의해 유전자 발현이 감소하면 다른 질병이 나타날 경향이 커진다. 질병과 관련된 수많은 개별 유전자에서도 CNV와 같은 상반된 상호연관성이 발견되었다. 중요한 것은 자폐증과의 연관성을 보여준 CNV나 유전자들이 모두 조현병과 상호연관성을 나타내지는 않으며, 질병 관련 유전자의 대부분도 그러한 연관성을 나타내지는 않는다. 그럼에도 불구하고 어떤 CNV나 유전자들이 그러한 상반된 효과를 나타낸다

는 것은 질병의 발달 과정에서 질병의 원인이 서로 공유되어 있다는 것을 가리킨다.

표 5.2의 결과들이 자폐증이나 조현병이 단지 몇 개의 유전자들에 의해 발생한다는 것을 의미하지는 **않는다**. 이 2가지 질병은 모두 지극히 복잡하고, 이 두 질환이 같은 증상들로 위장된 다른 유형일 수도 있다. 또한 초기 발달단계에서 스트레스, 부적절한 식품이나 영양, 호르몬이나 화학적 불균형, 바이러스 감염 등과 같은 환경의 영향도 중요하다.

역위를 일으킨 염색체에서 어떤 유전자는 그 순서가 거꾸로 된다

또 다른 종류의 중요한 염색체 이상은 **역위(inversion)**이다. 역위가 일어나면 그 부분의 염색체에 일렬로 배열되어 있는 유전자의 순서는 정상인 경우의 배열순서와 반대가 된다. 한 염색체의 두 지점에서 절단이 일어나고 이것이 다시 결합하기 전에 가운데 부분이 180° 회전하여 거꾸로 결합함으로써 역위가 일어난다. 역위는 또한 **그림 5.23**에서 설명한 바와 같이 반대 방향으로 배열된 반복서열, 즉 역위반복서열 사이의 이소성 재조합(ectopic recombination)에 의해 일어날 수 있다. 이 그림에서 서로 다른 색의 농도 기울기는 역위된 반복서열들을 나타내고 문자 기호들은 역위반복서열 사이에 있는 유전자들의 순서를 가리킨다. 역위반복서열 사이의 이소성 재조합은 반복서열 사이의 유전자들의 순서가 뒤바뀌는 염색체 역위를 일으킨다.

역위에 대해 이형접합인 개체에서 한 염색체는 구조적으로 정상(야생형)이고, 또 다른 하나의 염색체는 역위를 가지고 있다. 이들 염색체는 체세포분열을 할 때 일반 염색체와 같이 복제되고 염색분체가 각 세포로 분리되어 들어가기 때문에 정상적으로 분열을 한다.

역위가 일어난 이형접합체의 체세포분열에는 문제가 없지만 감수분열을 할 때는 문제가 있다. 이것들은 역위된 부분에서 상동재조합이 일어나기 때문에 발생한다. 감수분열 제 1분열 전기에서 상동염색체의 같은 종류의 유전자끼리 접합하는 **시냅스** 과정이 일어난다. **그림 5.24**에서는 이형접합체의 상동염색체끼리 쌍을 이루는 것을 보여준다. 이 그림에서 색의 농도 기울기는 상동염색체 DNA 서열의 방향을 가리킨다. 파란색 부분은 상동염색체 중의 하나에서 역위가 일어난 것이고 다른 하나는 그렇지 않은 것이며, 그래서 역위는 이형접합이 된다. 역위 이형접합자는 감수분열을 할 때 상동염색체 간에 모든 유전자가 쌍을 이루게 접합하는 과정에서 염색체 중의 하나가 역위된 부분이 휘어서 고리 모양을 만들게 된다. 그림 5.24에서는 정상 염색체가 고리 구조를 만들었으나 다른 세포에서는 역위가 일어난 염색체가 고리 모양을 만들기도 한다. 어떠한 경우이든 이를 **역위 환고리(inversion loop)**라고 한다.

역위 환고리 자체는 문제를 일으키지 않는다. 고리 구조는 쉽게 만들어지며 현미경으로도 관찰할 수 있다. 고리 구조를 이룬 부위에서 교차가 일어나지 않으면 감수분열 첫 번째 분열의 후기(anaphase I)에서 상동염색체의 분리는 정상

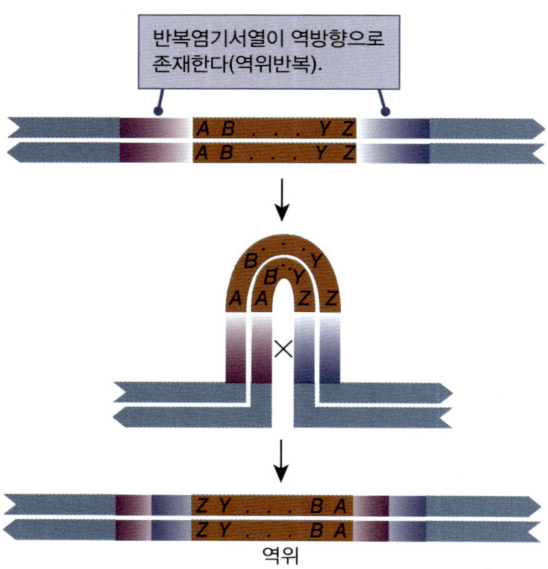

그림 5.23 역위반복 서열 간의 이소성 재조합으로 인해 염색체 역위가 일어난다.

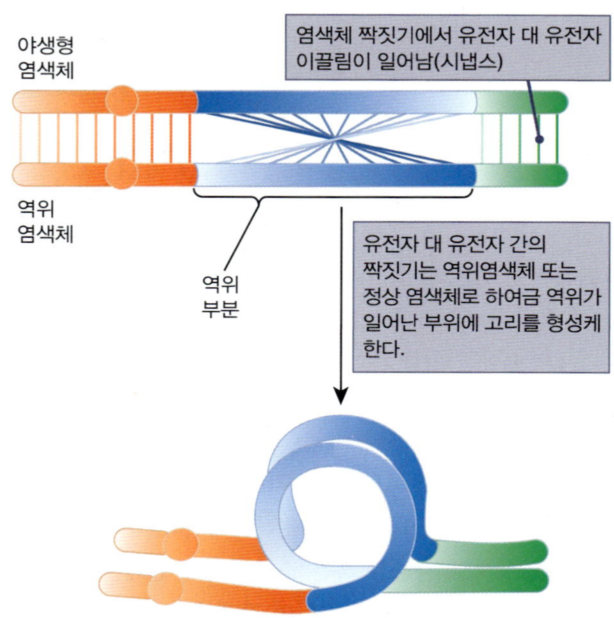

그림 5.24 상동염색체 중 하나는 역위가 일어나고, 다른 하나는 정상 구조를 하고 있는 생물의 감수분열 과정에서 유전자와 유전자 사이의 상호작용으로 시냅스를 형성하는 동안, 두 상동염색체 중 하나의 염색체에서 역위가 일어난 곳에 고리가 만들어진다. 그림에서는 역위가 일어나지 않은 정상 염색체가 고리를 형성하고 있으며, 편의상 4개의 염색분체 중에서 2개만 나타내었다.

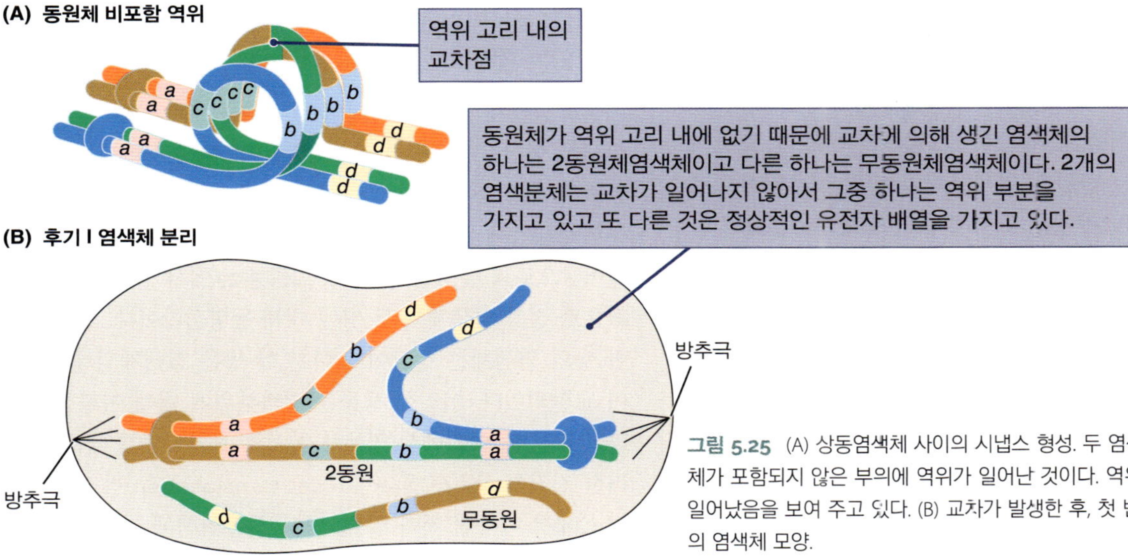

그림 5.25 (A) 상동염색체 사이의 시냅스 형성. 두 염색체 중의 하나는 동원체가 포함되지 않은 부위에 역위가 일어난 것이다. 역위 고리 부분에 교차가 일어났음을 보여 주고 있다. (B) 교차가 발생한 후, 첫 번째 제1감수분열 후기의 염색체 모양.

적으로 일어난다. 그러나 역위 환고리 내에서 교차가 일어나게 되면 교차를 일으킨 염색분체들이 물리적으로 합쳐지게 되고 그 결과 커다란 부분이 결실되거나 중복된다. **그림 5.25**와 같이 역위된 부분에 동원체가 들어있지 않는 것을 **동원체 비포함 역위(paracentric inversion)**라 하는데, 이는 역위가 일어난 부분에 동원체는 포함되어있지 않다는 의미이다. (접두사 *para*-는 역위의 "옆"이라는 의미이다.) 그림 5.25 (A)의 염색분체들을 추적해 보면 교차의 결과가 어떻게 될지 추측할 수 있다. 가장 바깥쪽의 염색분체들은 교차에 관여하지 않았다. (B)에서 보는 바와 같이 이들 중의 하나는 역위의 염기서열을 가지고 있으나 다른 하나는 정상이다. 그러나 교차에 관여한 안쪽의 염색분체들은 서로 연결된다. 이 경우처럼 동원체가 역위 고리 부위에 있지 않으면 교차 결과 2동원체염색체(dicentric chromosome)가 만들어지게 된다. 이로 인하여 만들어지는 또 다른 염색체는 무동원체염색체(acentric chromosome)이다. 2동원체염색체나 무동원체염색체는 정상적인 배우자를 만들 수 없다. 무동원체염색체는 동원체가 없기 때문에 보통 소실되고, 2동원염색체의 *a* 부분은 결실되며, *d* 부분은 중복이 일어난다. 2동원체염색체는 감수분열시에 양쪽으로 끌려가 염색분체가 두 딸세포 사이에 다리 모양으로 걸쳐져 있기 때문에 종종 소실되기도 한다. 만일 정상적으로 분리되더라도 이 염색체는 *d* 부분의 결실과 *a* 부분의 중복을 가지고 있다. 따라서 역위 고리에서 교차가 일어나면, 온전한 배우자가 되는 경우는 교차에 참여하지 않는 염색분체를 가지고 있는 경우이다. 이러한 경우 한 배우자에는 역위 부분을 가지고 있는 염색분체가 있으며, 또 다른 배우자는 정상 염색분체를 가진다.

역위된 부분에 동원체가 포함되어 있는 경우를 **동원체 포함 역위(pericentric inversion)**라 한다. 이것은 동원체 주변(*peri*-)에서 역위가 일어났다는 말이다. 이러한 염색체에서

잠깐 생각해 봅시다 5.3

다음 그림은 역위가 일어난 염색체가 이와 상동인 정상 염색체와 쌍을 이루는 것을 단순하게 나타낸 것으로, 역위 부분에서만 쌍을 이루고 있다. 이 그림을 이용하여 역위 부분에서의 이중교차가 어떤 결과를 가져올지 계산하는 것은 간단하다. 이중교차 중에서 첫 번째 교차가 *B*와 *C* 사이, 두 번째 교차가 *C*와 *D* 사이에 일어난다고 가정하자. 만일 2개의 DNA 가닥 사이에서 이중교차가 일어난다면 결과는 어떻게 되는가? 만일 4개의 DNA 가닥 사이에서 이중교차가 일어난다면 결과는 어떻게 되는가?

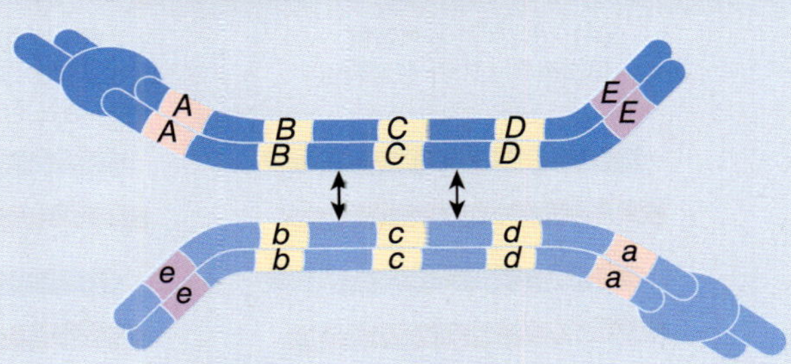

역위 부위에 교차가 일어나면 중복이나 결실이 생길 수 있으나 염색체는 단동원체염색체(monocentric chromosome)가 된다. 이러한 상황을 그림 5.26의 (A)에서 설명하였다. 이 그림은 동원체의 위치를 제외하고는 그림 5.25와 같다. 교차에 의하여 만들어지는 산물은 염색분체의 행동을 추적함으로써 예측할 수 있다. 이 경우 교차에 의하여 생기는 2개의 염색체는 모두 단동원체염색체이며, 하나의 염색체에서 *a* 부분은 중복되고 *d* 부분은 결실되지만, 또 다른 염색체의 *d* 부분은 중복되고 *a* 부분은 결실된다(그림 5.26B). 이들 염색체의 어떤 것이든 배우자를 만들 수 있으나, 보통 중복과 결실된 염색체를 가지고 있는 배우자는 살아남지 못한다. 그렇기 때문에 동원체 비포함 역위에서와 마찬가지로 교차로 인해 정상적인 배우자를 만들지 못하는 점은 같지만, 결과의 원인은 다르다. 그림 5.26의 (A)에서 교차에 관여하지 않은 염색분체들 중 하나는 역위 부분을 가지게 되지만, 또 다른 염색분체는 정상 염기서열을 갖게 된다.

상호전좌는 비상동염색체 간에 염색체의 일부분이 교환되는 것이다

비상동염색체 간에 염색체의 일부분들이 교환되어 생기는 염색체 이상을 **전좌(translocation)**라 한다. 전좌는 염색체 절단과 재결합에 의해 만들어질 수 있다. 또한 전좌는 비상동염색체들에 존재하는 반복서열 사이에 이소성 재조합이 일어남으로써 발생할 수 있다. 그림 5.27에서 생물 A는 구조적으로 정상 염색체의 두 쌍에 대해 동형접합이다. 생물 B는 한 쌍의 염색체는 정상이나 다른 한 쌍은 염색체의 끝 부분이 교환되었다. 이러한 생물은 전좌부위에 대해 이형접합이라고 부른다. 여기에서 염색체가 서로 교환되었기 때문에 이러한 전좌를 **상호전좌(reciprocal translocation)**라 한다. 그림 C에서 나타낸 것과 같이, 만약 상동염색체 간에 같은 부위에서 전좌가 이루어지면 전좌부위에 대해서 동형접합이 될 수도 있다.

상호전좌가 일어난 부위가 이형접합이면 자식의 반만

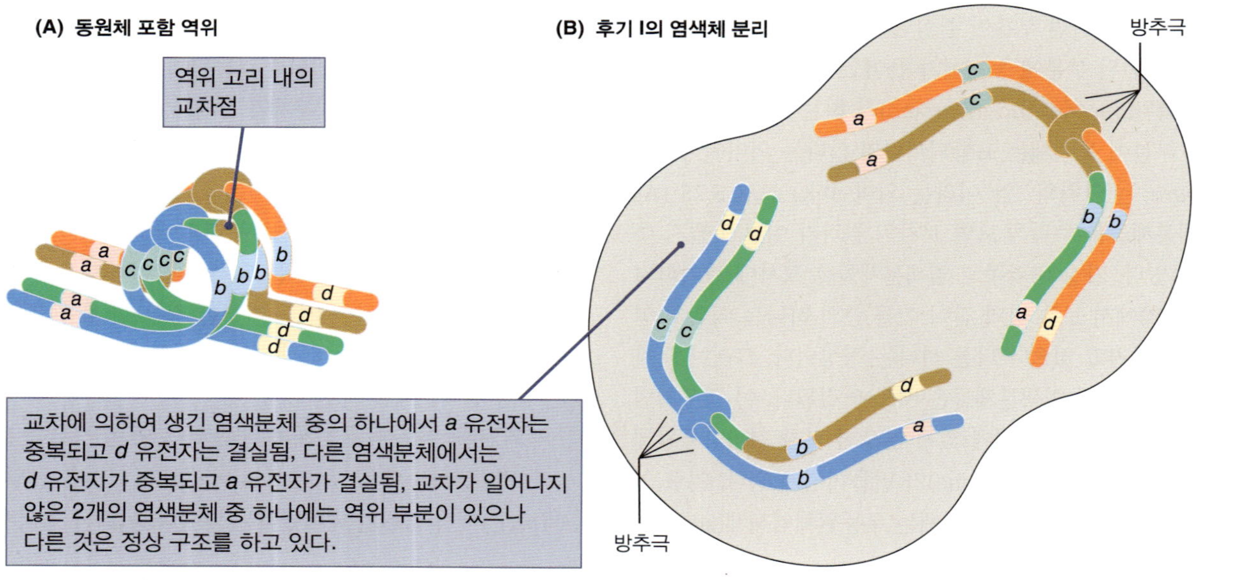

그림 5.26 상동염색체 사이의 시냅스 형성. 두 염색체 중의 하나는 동원체가 포함된 부위에 역위가 일어난 것이다. 역위 고리 부분에 교차가 일어났음을 보여 주고 있다. (B) 교차가 발생한 후, 첫 번째 제1감수분열 후기의 염색체 모양.

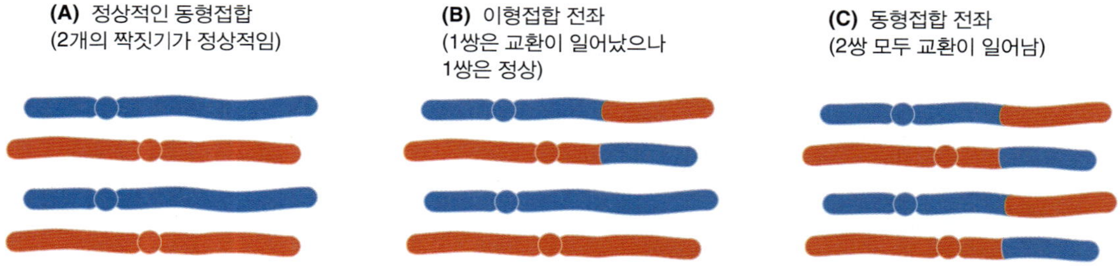

그림 5.27 (A) 이배체 생물에서 2쌍의 비상동염색체. (B) 비상동염색체(그림에서 위 부분에 나타낸 2개 염색체) 말단 부분들이 교환된 이형접합 상호전좌. (C) 동형접합 상호전좌.

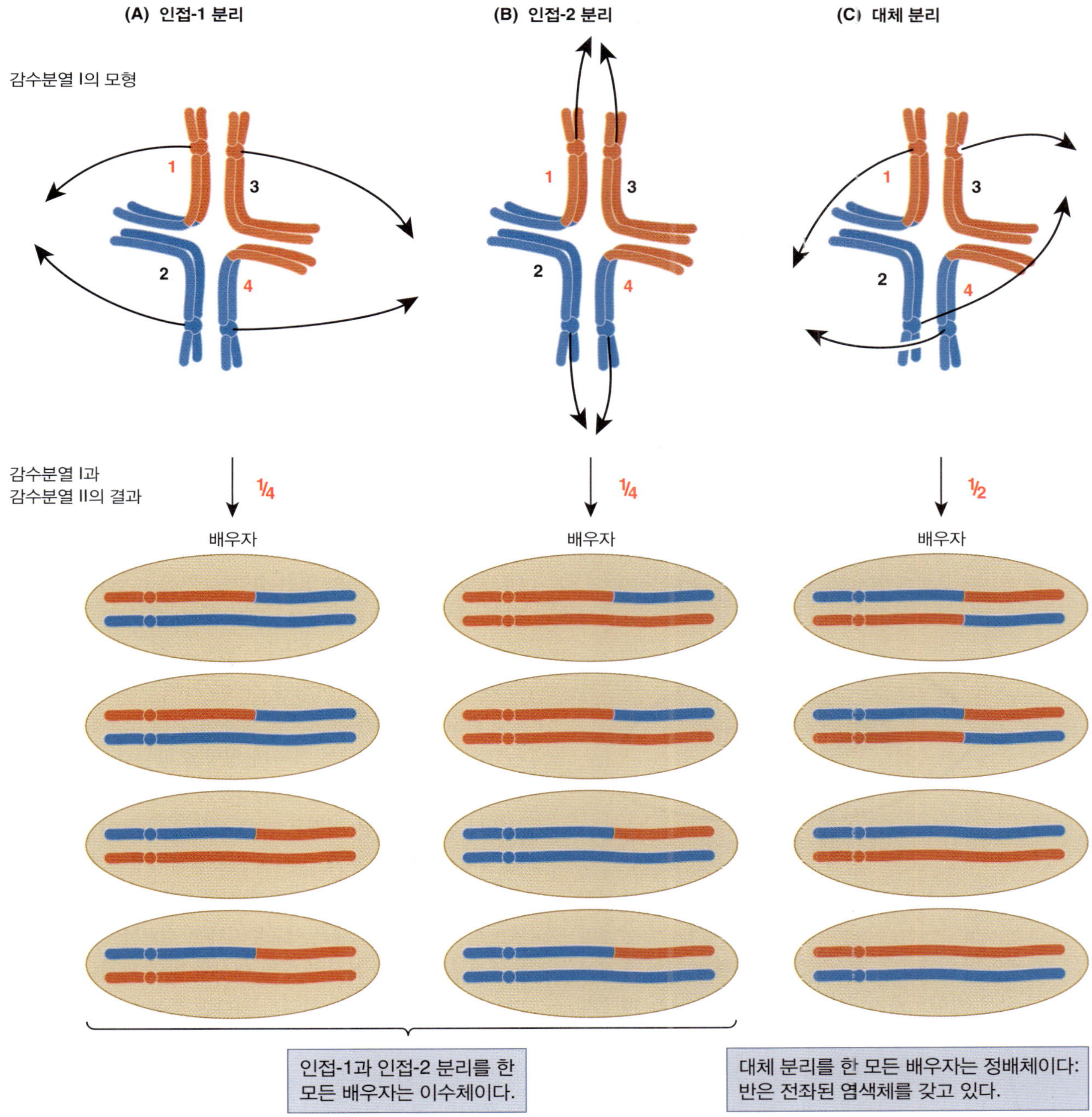

그림 5.28 이형접합 상호전좌에 의한 4가의 염색체 형성과 각 염색체들이 형성되는 빈도 예상. 전좌된 염색체는 붉은색 숫자로 나타내었고, 이와 상동인 정상 부위는 검은색으로 나타내었다. 키아스마들은 나타내지 않았다. (A) 인접-1 분리: 여기에서는 감수분열 첫 번째 분열후기에 상동인 동원체들은 분리되고, 생성되는 모든 배우자는 하나의 말단 부위는 중복되나 다른 쪽 말단 부위는 결핍된 염색체를 갖게 된다. (B) 인접-2 분리: 여기에서는 제1감수분열 후기에 상동인 동원체들이 같은 방향으로 이동하며, 생성되는 모든 배우자는 하나의 기본 부위는 중복되지만 다른 기본 부위는 결핍되는 염색체를 갖게 된다. (C) 대체 분리: 여기에서는 생성된 배우자의 반은 상호전좌 양쪽 부분이 모두 존재하지만 다른 2개의 배우자는 정상적인 염색처를 갖게 된다.

정상이며, 이들을 **반불임성(semisterility)**이라 한다. 반불임성의 원인은 감수분열에서 염색체의 분리가 제대로 일어나지 않기 때문이다. 감수분열할 때 전좌에 의한 이형접합 부위에도 **그림 5.28**에서와 같이 시냅스가 형성되어야 한다. 따라서 상동염색체의 비자매 염색분체 사이에는 키아즈마가 형성되지 않는다. 만일 초파리 수컷처럼 교차가 일어나지 않는 개체에 전좌가 있으면 이와 유사한 현상이 일어난다. 이러한 상황에서 염색체 분리는 다음의 3가지 방법 중 하나로 이루어질 수 있다. 여기에서 1 + 2 ↔ 3 + 4의 표시는 감수분열 첫 번째 분열의 후기에서 그림 5.28에서와 같이, 1번과

2번으로 표시한 염색체는 한 방향으로 가고 3과 4의 염색체는 반대 방향으로 분리되어 간다는 것을 의미한다. 여기에서 붉은색으로 나타낸 1과 4는 상호전좌가 일어난 두 부분을 가리킨다. 3가지 분류 방식은 다음과 같다.

- 1 + 2 ↔ 3 + 4 이 방식을 인접-1 분리(adjacent-1 segregation)라 한다. 상동염색체의 동원체들은 반대 방향으로 분리되어 이동한다. 그러나 각 정상 염색체는 전좌에 의하여 교환된 부분들을 가지고 있는 염색체와 같은 방향으로 움직인다. 인접-1 분리를 일으킨 배우자의 염색체는 커다란 중복을 가지게 되고 전좌된 염색체의 말단 부분은 결실이 된다. [염색체 말단(*distal*) 부위란 동원체에서 가장 멀리 떨어진 부분을 가리킨다.] 1 + 2가 한 방향으로 이동해서 생긴 배우자들은 파란색 염색체의 말단 부위가 중복되고, 붉은색 염색체의 말단 부위는 결실된 염색체를 갖게 된다. 마찬가지로 3 + 4가 한 방향으로 이동하여 생긴 배우자들의 염색체도 중복된 부위와 결실된 부위를 갖게 된다.

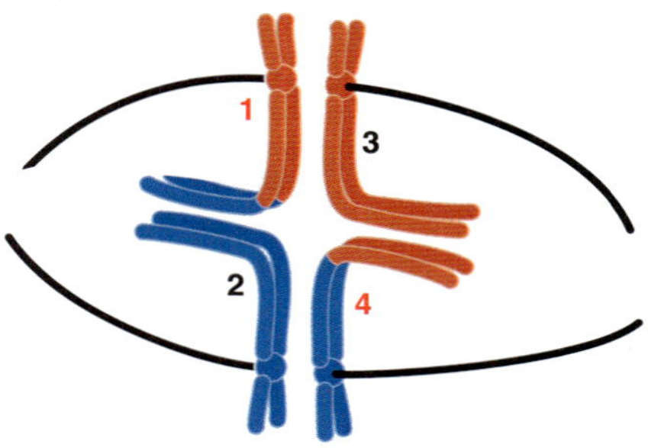

- 1 + 3 ↔ 2 + 4 이러한 분리 방식을 인접-2 분리(adjacent-2 segregation)라 한다. 여기에서 상동염색체의 동원체들은 감수분열 첫 번째 분열의 후기에서 같은 방향으로 이동한다. 이 경우에 모든 배우자들은 전좌가 발생한 염색체의 정단 부위에 커다란 중복이나 결실 부위를 가지고 있다. [염색체 정단(*proximal*) 부위란 염색체의 동원체에서 가장 가까운 부분을 가리킨다.] 1 + 3이 같은 방향으로 이동하여 생긴 1쌍의 배우자들은 붉은색 염색체의 정단 부위가 중복되어 있고 파란색 염색체의 정단 부위가 결실되어 있다. 2 + 4 염색체를 가지는 배우자들도 중복과 결실된 부위가 상보적인 염색체를 가지고 있다.

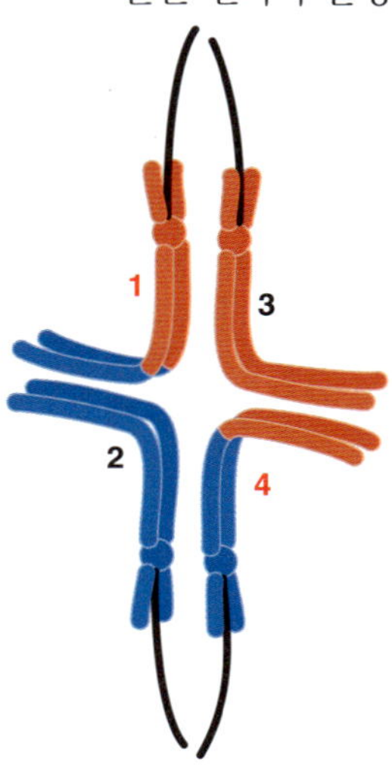

- 1 + 4 ↔ 2 + 3 이러한 방식의 분리를 대체 분리(alternate segregation)라 부르며, 이 경우 모든 배우자들의 염색체 구성은 균형을 이룬다(정배수체). 이는 어떠한 것이 결실되거나 중복된 부분을 가지고 있지 않다는 것을 의미한다. 1 + 4가 같은 방향으로 이동하여 생긴 배우자에서는 상호전좌가 일어난 양쪽 부분을 모두 가지고 있다. 2 + 3의 염색체들이 같은 방향으로 이동하여 생긴 배우자들은 둘 다 정상인 염색체를 가진다.

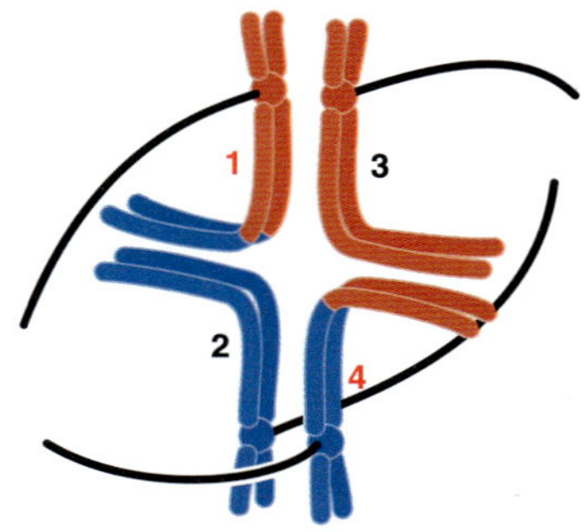

상호전좌로 인한 염색체 이형접합 유전자형의 반불임성은 인접-1과 인접-2 분리에 의한 중복과 결실된 염색체 때문에 발생한 치사 효과로 인한 것이다. 인접-1: 인접-2: 대체 분리의 예상 비율은 대략 1/4 : 1/4 : 1/2임에도 불구하고 실제 이러한 유형의 분리가 일어나는 빈도는 전좌 절단점의 위치, 동원체와 절단 지점 사이에 키아스마의 수와 분포 그리고 4가 염색체가 중기의 적도판 상에서 고리 구조를 형성하려는 경향성 등에 의하여 강하게 영향을 받는다. 보통 인접-1 분리는 매우 빈번한 반면에, 인접-2 분리는 드물게 일어난다. 그러나 실제 비율은 어떻든 간에 전좌에 의한 이형접합에 의해 실제로 예상한 것과 같은 빈도로 반불임성이 발생한다.

전좌 반불임 현상은 동물과 식물 생활사의 서로 다른 단계에서 나타난다. 식물은 생활주기에서 정교한 배우체(gametophyte) 시기, 즉 복잡한 물질 대사와 발달 과정이 요구되는 반수체 시기를 갖는다. 따라서 커다란 부분의 염색체 중복과 결실은 보통 배우체 시기에 죽음을 불러일으킨다. 배우체는 배우자를 만들기 때문에 고등식물에서 반불임성은 화분 혹은 종자의 형성 과정에서 나타난다. 반면에 동물의 경우 배우자에서는 유전자의 활성이 최소한으로 요구되기 때문에 염색체의 커다란 부분이 결실되거나 중복되더라도 배우자가 생존이 가능하지만 보통 수정 후 발생 과정에서 죽게 된다.

비상호 전좌(*non*reciprocal translocation)의 특수한 유형이 로버트소니언 전좌(Robertsonian translocation)이며, 이 경우 비상동염색체의 단완들이 융합하여 하나의 동원체를 갖는 염색체가 된다(그림 5.29). 로버트소니언 전좌는 다운증후군을 발생시킬 수 있는 중요한 위험 요인으로 간주되고 있다. 21번 염색체가 선단동원체염색체(acrocentric chromosome) 중 하나로 작용하여 로버트소니언 전좌를 일

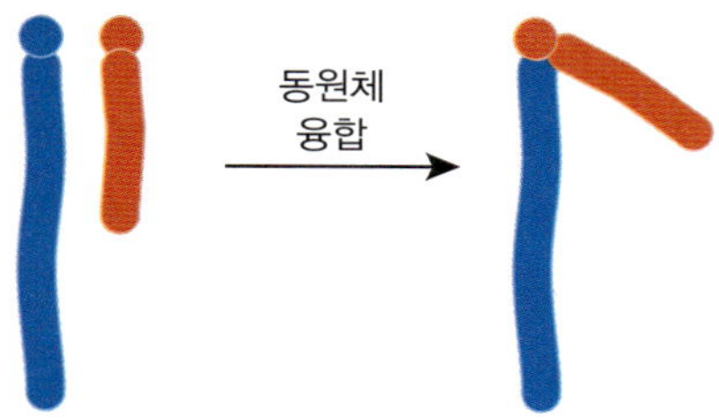

그림 5.29 2개의 선단동원체염색체에서 동원체 부위가 융합되어 형성되는 로버트소니언 전좌.

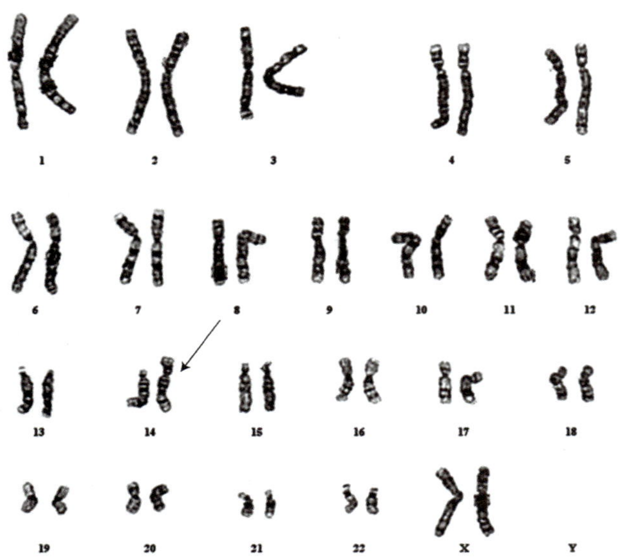

그림 5.30 14번 염색체와 21번 염색체 사이의 로버트소니언 전좌(화살표로 표시)에 인해 발생한 다운증후군 어린이의 핵형.

Courtesy of Viola Freeman, Associate Professor, Faculty of Health Sciences, Department of Pathology and Molecular Medicine, McMaster University.

으키면 가계성 다운증후군이 유발된다. **그림 5.30**(화살표)에서 21번 염색체가 14번 염색체와 융합한 예를 들었다. 이형접합의 보인자는 표현형으로는 정상이지만 감수분열 과정에서 비정상적 분열로 인하여 다운증후군이 발생할 위험이 매우 높다. 다운증후군을 가지고 있는 아이의 약 3%에서 부모의 한쪽이 그러한 전좌를 가지고 있다.

잠깐 생각해 봅시다 5.4

상호전좌에 대해 이형접합인 개체에서 인접-1 분리: 인접-2 분리: 대체 분리의 비율이 1 : 1 : 2라면 불균형 염색체를 가진 배우자와 균형 염색체를 가진 배우자의 비율은 어떻게 되는가? 3가지 유형의 분리 비율이 1 : 0 : 1이라면 불균형 배우자와 균형 배우자의 비율은 어떻게 되는가?

5.4 배수체는 여러 개의 염색체 세트를 가지고 있다

고등식물 중에서 자주 발견되는 **배수성(Polyploidy)**을 국화(*Chrysanthemum*)속에서 찾아볼 수 있다. 배수성의 종들은 유전체가 여러 개의 완전한 염색체 세트로 되어 있다. 국화의 어느 한 종은 이배체로서 18개의 염색체를 가지고 있다. 그러나 가까운 유연관계의 다른 종은 36개의 염색체를 가지고 있다. 두 종의 염색체 형태를 비교해 보면, 36개의 염색체를 가지고 있는 종은 18개 염색체를 갖는 종의 염색체 세트를 2세트 가지고 있다(**그림 5.31**). 이 그룹에서 기본 염색체 세트를 **일배체(monoploid)** 염색체 세트라고 하며, 이를 기본으로 이 그룹의 다른 모든 유전체들의 구성이 이루어진다. 국화에서 일배체 염색체 수는 9이다. 이배체 종은 일배체의 완전한 배수의 염색체, 즉 18개의 염색체를 가지고 있다. 36개의 염색체를 갖는 종은 일배체의 4배의 염색체 세트 수($4 \times 9 = 36$)를 가지는데, 이를 **사배체(tetraploid)**라 한다. 원예가들이 만든 국화 속의 다른 종은 54개의 염색체(6×9, **육배체(hexaploid)**를 구성)를 갖고, 또 다른 종은 72개의 염색체(8×9, **팔배체**(*octoploid*)를 구성)를 가지거나 혹은 90개의 염색체(10×9, **십배체**(*decaploid*)를 구성)를 가지기도 한다.

감수분열에서 국화에 속하는 종들은 정상적으로 상동염색체가 접합하여 쌍을 이뤄서 2가 염색체가 된다. 즉, 18개의 염색체로 되어 있는 종은 9개의 2가 염색체를, 36개의 경우는 18개의 2가 염색체를, 54개의 염색체의 경우는 27개의 2가 염색체들을 형성한다. 배우자는 2가 염색체 중에 하나의 염색체를 갖게 되므로 어떤 종의 배우자 염색체 수는 정확히 체세포 염색체 수의 반이 된다. 한 종에서 배우자의 염색체들은 반수체 염색체 구성을 하고 있다. 예를 들어, 54개의 염색체를 가지고 있는 국화 종에서 반수체 염색체 수는 27개이다. 감수분열에서 27개의 2가 염색체를 거치면, 각 배우자는 27개의 염색체들을 갖게 된다. 그러한 배우자들이 수정하게 되면 염색체 수는 54개로 회복된다. 그렇기 때문에 다배체 생물의 배우자는 이배체 생물에서와 같이 항상 일배체 염색체 수를 갖는 것은 아니다. 일례로, 사배체 생물은 이배체 배우자를 갖는다.

일배체와 **반수체** 간의 의미의 차이는 미묘하다.

- 일배체 염색체 세트는 국화 속과 같이 일련의 여러 가지 배수체 계열을 갖는 경우에서 **기본 염색체 세트**를 가리킨다.
- **반수체** 염색체 세트는 배우자에 존재하는 염색체 세

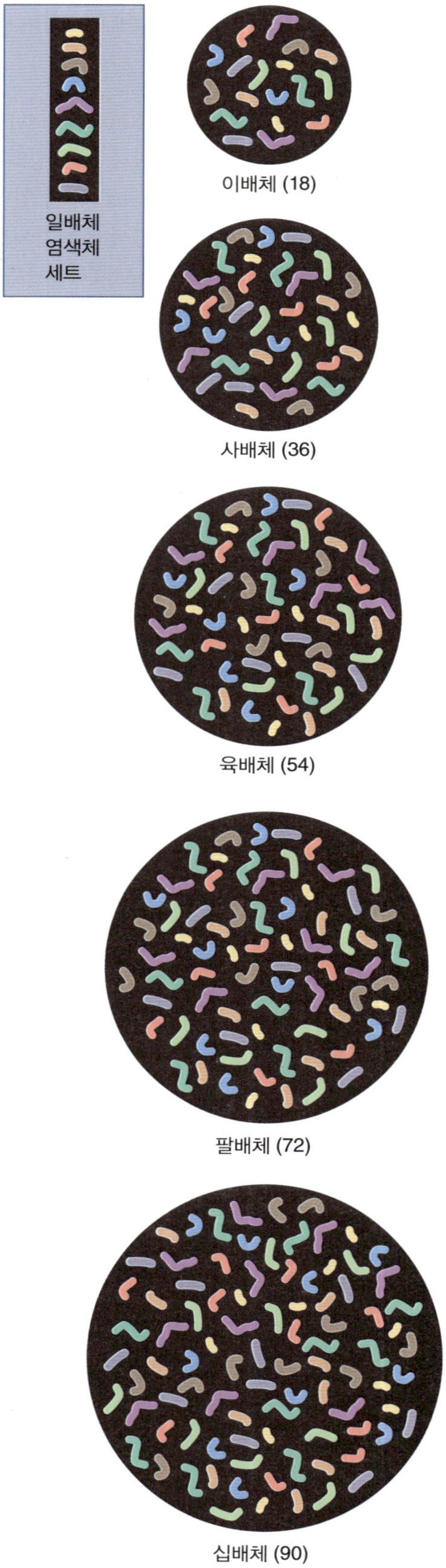

그림 5.31 국화의 이배체와 배수체 종의 염색체 수. 각각의 상동염색체 세트들은 서로 다른 색으로 나타내었다.

트로서 그 종의 염색체 수와는 관계가 없다.

어떤 식물 그룹에서는 배수성이 널리 퍼져 있다. 현화식물 가운데 30~80%는 어떤 유형의 배수체에서 생겨난 것으로 보인다. 귀중한 농작물 중에서 배수체인 식물에는 밀, 귀리, 목화, 감자, 바나나, 커피, 사탕수수, 땅콩, 사과 등이 있다. 배수성의 결과, 때로는 세포의 크기가 증가하는 경향이 있으며, 그들의 조상인 이배체 식물보다 배수체 식물이 종종 크기도 크고 왕성하게 자란다. 그러나 이러한 일반적인 현상과는 다르게 예외적인 경우도 많다. 척추동물에서는 배수성이 매우 드물지만 무척추동물의 몇 그룹에서는 배수성이 발견된다. 동물에서 배수성이 드문 것은 성염색체가 규칙적으로 분리되기 어렵기 때문이다. 예를 들어, 사배체 생물로서 XXXX의 성염색체를 갖는 암컷과 XXYY의 수컷은 XX의 난자와 XY 정자를 만들게 될 것이고(모든 염색체가 쌍을 이루어 2가 염색체를 형성할 경우), 이들이 수정하여 자식이 생길 경우 부모와 달리 XXXY의 성염색체를 갖게 된다.

자연에서 발견되는 배수체 식물은 염색체 세트 수가 거의 항상 짝수인데 그 이유는 홀수의 염색체 세트를 갖게 되면 불임이 되기 때문이다. 3개의 일배체 염색체 세트를 갖는 것을 **삼배체(triploid)**라 한다. 성장에 관한한 삼배체 생물은 매우 정상적인데, 이는 삼배체 상태가 체세포분열에 문제가 되지 않기 때문이다. 삼배체에서(혹은 다른 어떤 종류의 배수체라도) 체세포분열의 경우 각 염색체는 이배체의 경우와 같이 복제되고 분리된다. 그러나 삼배체의 감수분열에서는 각 염색체가 2개의 상동염색체와 결합하기 때문에 정상적으로 분리되지 못해서 만들어지는 배우자는 비정상이 된다. 이러한 경우 무성생식을 통해 생존하지 못한다면 그 개체는 결국 멸종하게 된다.

때로는 삼배체의 불임현상이 상업적으로는 득이 되기도 한다. 예를 들어, "씨 없는 수박"의 씨는 크기가 작아 쉽게 먹을 수 있는데, 이는 씨 없는 수박이 삼배체여서 씨가 충분한 크기로 발달하지 못하기 때문이다. 굴의 경우 수정한 이배체 수정란에 제2극체가 남아 있도록 화학 약품을 처리함으로써 삼배체를 만들 수 있다. 삼배체 굴은 불임이며 알을 낳지 않는다. 미국의 플로리다를 포함한 몇몇 주에서는 잡초를 먹는 물고기(grass carp; 초어)를 수로에 방류하여 물속의 잡초를 제거한다. 하지만 방류할 때 불임의 삼배체 물고기를 방류함으로써 이들이 지나치게 증식하는 것을 막는다.

배수체는 수정 전후에 유전체 복제를 통해 생겨날 수 있다

배수체 생물은 2가지 방식으로 생겨날 수 있는데, 사배체를

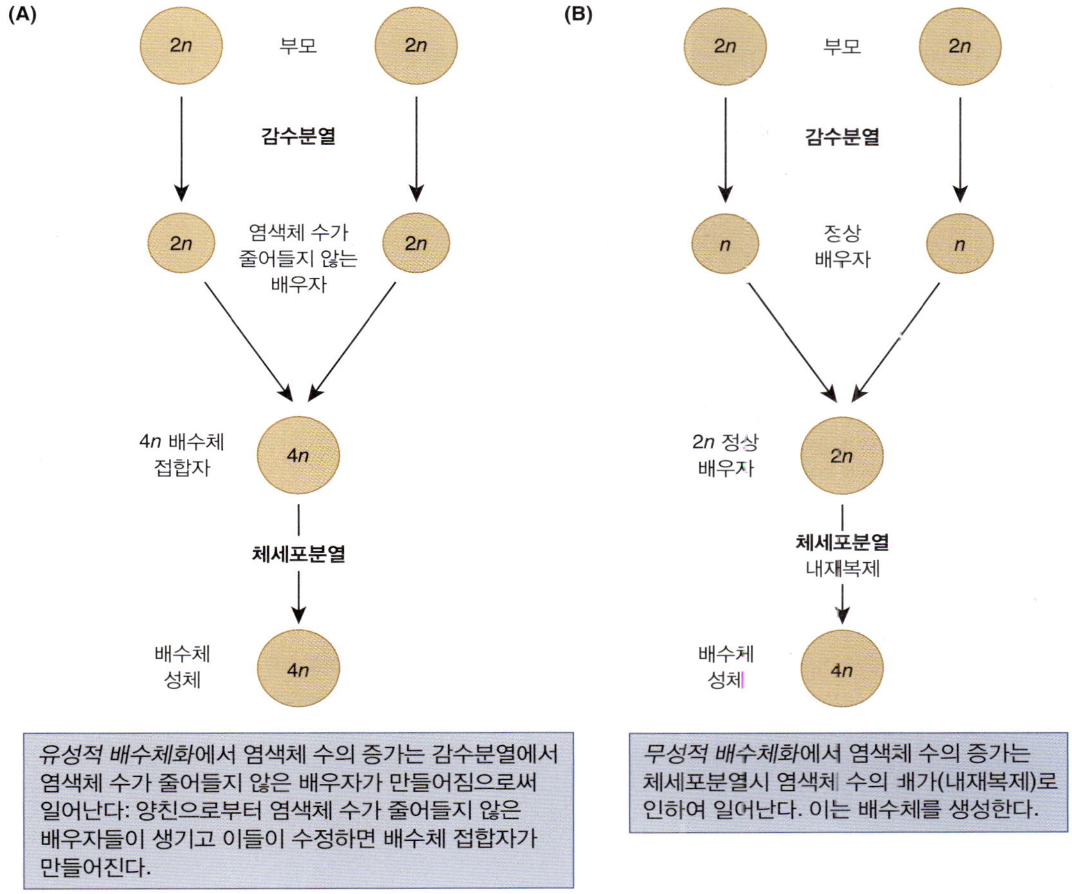

그림 5.32 (A) 유성적 배수체화와 (B) 무성적 배수체화에 의한 사배체 생물의 형성. *n*은 일배체 염색체 수를 나타냄.

예로 들어서 **그림 5.32**에 나타내었다. **유성 배수체화(sexual polyploidization)**로 알려진 기작에서 **감수분열**시에 염색체 수가 **줄어들지 않은 배우자**가 만들어짐으로써 염색체 수가 증가되는 것을 말한다. 이때 배우자의 염색체 수는 정상 배우자 염색체 수의 배가 된다. 염색체 수가 줄어들지 않는 배우자는 많은 종에서 만들어지는데, 그 빈도는 1~40% 정도이며 빈도는 유전적으로 조절될 수 있다. 예를 들어, 감자에서 한 열성 돌연변이는 꽃가루가 형성되는 제1감수분열과 제2감수분열 과정에서 방추사가 한 방향으로만(정상의 경우처럼 방추사들이 직각을 이루기보다는) 작용하게 함으로써 2번째 감수분열 말기의 염색체들이 서로 가까이 뭉쳐 하나의 핵을 형성하고 결과적으로 염색체 수가 줄어들지 않은 꽃가루가 형성된다. 또한 감자에서 다른 종류의 열성 돌연변이를 보면, 암 배우자를 만드는 감수분열 과정에서 2번째 분열이 일어나지 않고 그로 인해 배우자의 염색체 수가 줄어들지 않는다. 그림 5.32의 (A)는 $2n$의 배우자가 만들어진 후 이들이 수정하여 사배체가 만들어지는 것을 보여준다. 그러나 여기에는 여러 가지 다른 가능성이 있다. 일례로, $2n$ 배우자가 정상적인 n의 배우자와 수정하면 삼배체가 만들어진다.

배수체 형성의 또 다른 기작은 **무성 배수체화(asexual polyploidization**; 그림 5.32B 부분)인데, 체세포분열 과정에서 염색체 수가 배로 증가한다. 체세포분열 과정에서 염색체 수가 배로 증가하는 것을 **내재복제(endoreduplication)**라 한다. 자가 수정하는 식물에서 내재복제를 통해 새롭고 유전적으로 안정된 생물종이 만들어지기도 하는데, 이는 사배체 생물이 감수분열에서 염색체가 2개씩 쌍을 이룰 수 있고, 그 결과 배우자는 이배체가 되며 자가수정을 하게 되면 원래의 사배체의 상태를 회복하기 때문이다. 그렇게 되면 사배체 상태가 계속 이어질 수 있다.

사배체 생물은 대립유전자들이 2개보다 많기 때문에 이들의 유전양식은 이배체 생물보다 복잡하다. 이배체 생물에서 2개의 대립유전자는 *AA*, *Aa*, *aa* 등과 같이 3개의 유전자형이 가능하다. 그러나 사배체 생물에서는 *AAAA*, *AAAa*, *AAaa*, *Aaaa* 및 *aaaa*와 같이 5가지 유전자형이 가능하며, 이 가운데 이형접합체는 3가지 다른 유전자형을 갖게 된다.

팔배체종(염색체 세트 수가 8개인 것)은 사배체의 유성

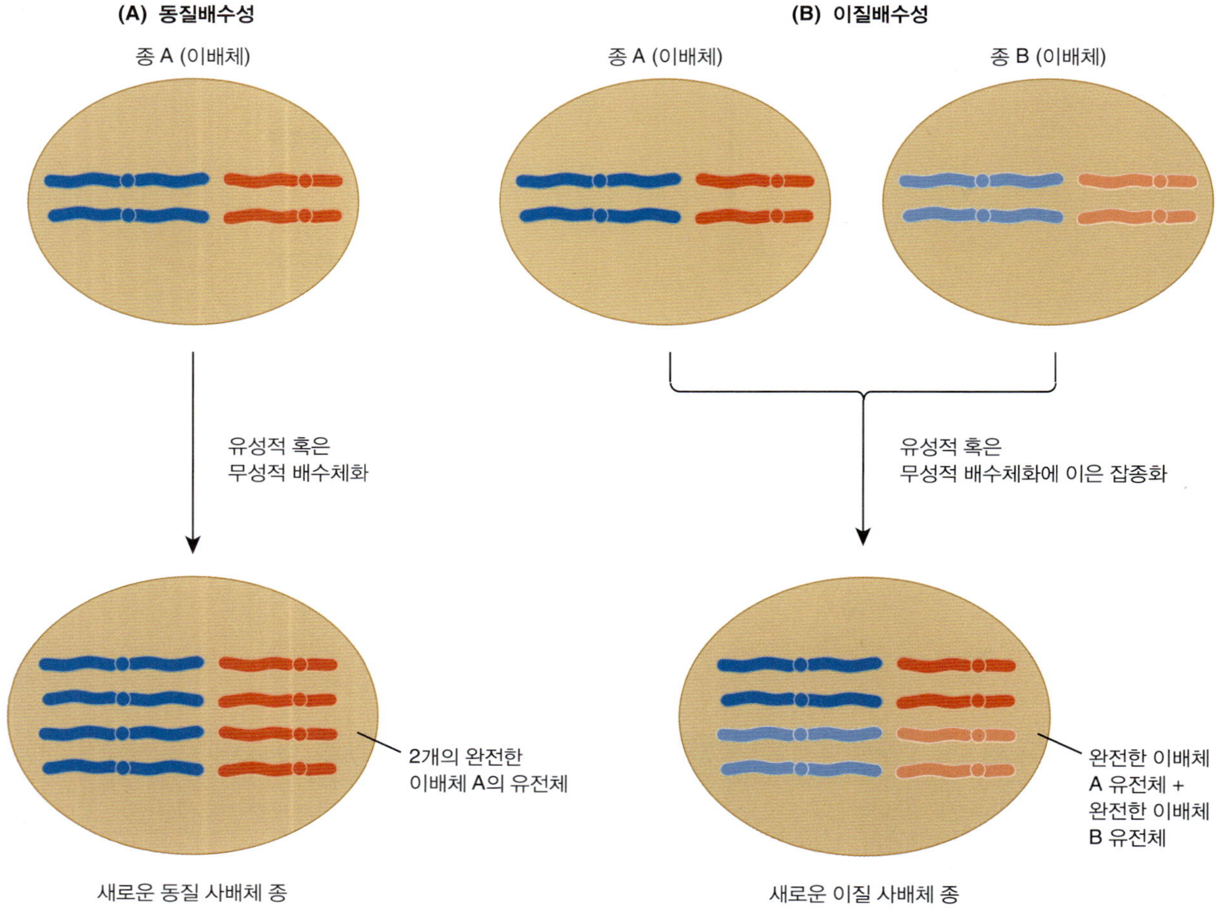

그림 5.33 동질배수체는 단일종의 염색체 세트를 가지고 있고, 이질배수체는 서로 다른 종들에서 유래한 염색체 세트를 가지고 있다.

적, 무성적 배수체화에 의하여 만들어질 수 있다. 만약에 감수분열에서 2가 염색체만 형성된다면 팔배체 생물은 자가수정하여 혹은 다른 팔배체 생물과 교배하여 생식함으로써 계속하여 종을 이어나갈 수 있다. 더욱이 팔배체 생물과 사배체 생물이 교배하면 육배체(염색체 세트 수가 6개인 것) 생물이 생겨날 수 있다. 배수체화를 반복하고 타가수정을 함으로써 국화 속에서 보이는 것처럼 염색체 수가 다른 다양한 근연종들을 만들어 낼 수 있다.

배수체는 서로 다른 종들의 유전체들을 가질 수 있다

국화 속에 속하는 종들은 **동질배수성(autopolyploidy)**이라고 알려진 유형의 배수성을 나타낸다. 여기에서 배수성은 단 하나의 이배체 조상 생물로부터 생겨난 것들이다(**그림 5.33**의 A). 그러나 배수성의 많은 경우에 배수체 생물의 염색체는 2가지 이상의 다른 조상 생물로부터 얻어진 것이다. 그러한 배수체를 **이질배수체(allopolyploid)**라 한다(그림 5.33의 B). 우연히 한 종의 화분이 다른 종의 암술에 붙어 수정을 하고, 이어서 접합자에서 내재복제가 일어남으로써 각 염색체가 감수분열 과정에서 쌍을 이룰 수 있는 잡종식물이 만들어진다. 화분은 바람이나, 곤충 혹은 다른 화분 매개자에 의하여 엉뚱한 식물에 옮겨질 수 있다. 그림 5.33의 (B)는 A종과 B종 사이의 교배 이후 내재복제에 의하여 이질배수체가 만들어진 경우를 나타낸 것이다(이 경우는 이질 사배체이다). 여기에서 새로 만들어진 종은 각 조상종의 완전한 이배체 유전체를 모두 갖게 되었다. 이종 간 교배와 내재복제에 의하여 이질배수체가 만들어지는 현상은 식물 진화와 번식에 매우 중요한 과정이다. 자연 상태에서 생겨나는 배수체 생물의 적어도 반 이상이 이질배수체이다. 경작하는 밀이 이질배수체의 좋은 예이다. 재배하는 밀은 42개의 염색체를 가지고 있는데, 이 염색체는 완전한 염색체 수가 14인 3종의 각기 다른 조상의 이배체 염색체를 물려받아 이루어진 것이다. 이러한 42개 염색체의 이질배수체는 **그림 5.34**에서 개략적으로 나타낸 것과 같이 일련의 종 간 교배와 내재복제에 의하여 만들어진 것으로 생각된다.

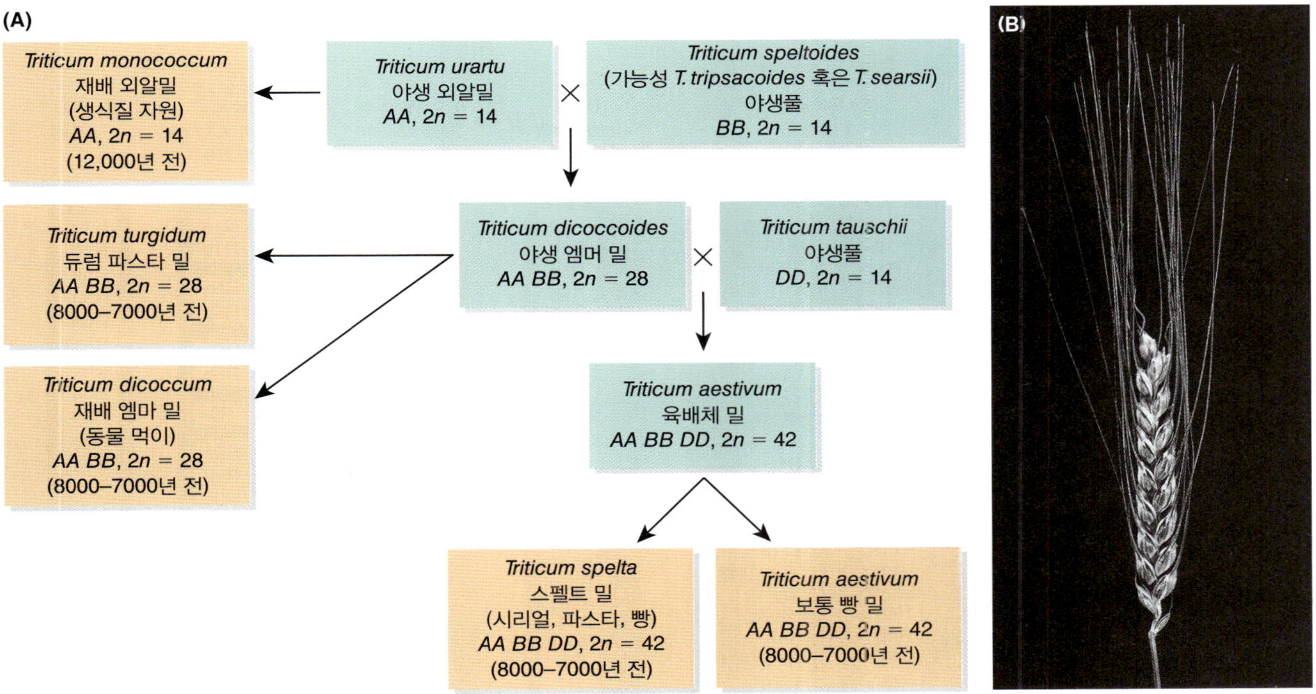

그림 5.34 밀의 기원 과정에서 반복된 잡종화와 배수체화. (A) A, B, D 유전체들은 각각 7개의 염색체를 가지고 있고, 각종에서 모든 염색체의 수는 $2n$으로 나타내었다. 연두색 칸은 야생종들이고, 노란색 칸은 재배종들을 나타낸다. 노란색 칸 안에는 인간들이 재배하기 시작한 대략적인 시기를 나타내었다. (B) 가장 먼저 재배된 종의 하나인 *T. turgidum*의 이삭.

Photo courtesy of Gordon Kimber, Department of Agronomy, University of Missouri.

5.5 초본과 식물은 유전체 진화에서 배수성과 염색체 재배열의 중요성을 잘 보여준다

곡류는 우리에게 식량자원이 되는 중요한 식물이다. 예를 들면 쌀, 밀, 옥수수, 기장, 사탕수수, 수수 및 그 외 곡물들을 들 수 있다. 초본류는 유전체의 크기가 매우 다양하다. 가장 작은 것은 벼로서 400 Mb이고, 가장 큰 것은 밀이며 크기가 16,000 Mb이다. 비록 유전체 크기의 차이가 밀은 이질육배체이고 벼는 이배체이기 때문이기도 하지만, 가장 중요한 요인은 종에 따라 반복 염기서열의 양이 다르기 때문이다. 밀의 각 염색체가 가지는 DNA 양은 벼 염색체 DNA 양 보다 약 25배 많다. 옥수수는 DNA 크기가 2,500 Mb로서 초본류 중 중간 정도에 해당하며, 인간 유전체와 비슷하다.

초본과 식물의 염색체 수와 유전체의 크기에 커다란 변이가 있고, 반복 DNA 서열은 매우 빠르게 진화하였지만, 종간에 염기서열이 잘 보존된 단일 유전자(single-copy gene)들이 있다. 이 유전자들 사이에는 종 간에 수많은 유전적 그리고 물리적 연관이 있다. 특히 모든 초본과에서 각각의 보존된 부위를 확인할 수 있으며, 벼 유전체에서도 유사한 부위를 찾을 수 있다. 이러한 내용을 **그림 5.35**에 나타내었다. 벼의 염색체를 R1부터 R12로 표시하였고, 각 염색체에서의 보존된 부위는 R1a와 R1b와 같이 소문자로 나타내었다. 다른 종들에서 각 염색체 쌍은 벼 유전체의 구획 배열을 기준으로 하여 그림으로 나타내었다. 벼의 유전체는 의문시되는 종의 염색체의 해당되는 부분에 상동적인 단일본 DNA 서열을 포함하고 있다. 예를 들어, 밀의 경우 일배체 염색체 세트는 W1에서 W7까지 7쌍의 염색체로 되어 있다. W1은 벼의 R5a 부위와 같은 단일본 염기서열, R10과 상동인 또 다른 염기서열 및 벼의 R5b와 상동인 다른 염기서열이 있다. 다른 초본류 유전체의 단일본 염기서열의 위치를 벼의 것을 이용하여 그림과 같이 나타낼 수 있다. 이렇게 잘 보존된 유전자들이 염색체 상에서 물리적으로 연관성을 보일 때, 이를 **신테니 그룹(synteny group)**이라 한다.

다른 종들을 비교할 경우에도 신테니 그룹이 발견된다. 예를 들어, 사람과 생쥐의 유전체를 비교하면, 두 종의 공통조상이 마지막으로 존재했던 시기인 약 8,000만 년 전에 발생한 비슷한 수의 염색체 재배열로 인해 두 종 사이에는 180개의 신테니 그룹이 발견된다. 이러한 신테니 그룹의 존재는 사람의 유전자와 상등인 생쥐의 유전자를 찾아내는 데 유용하다.

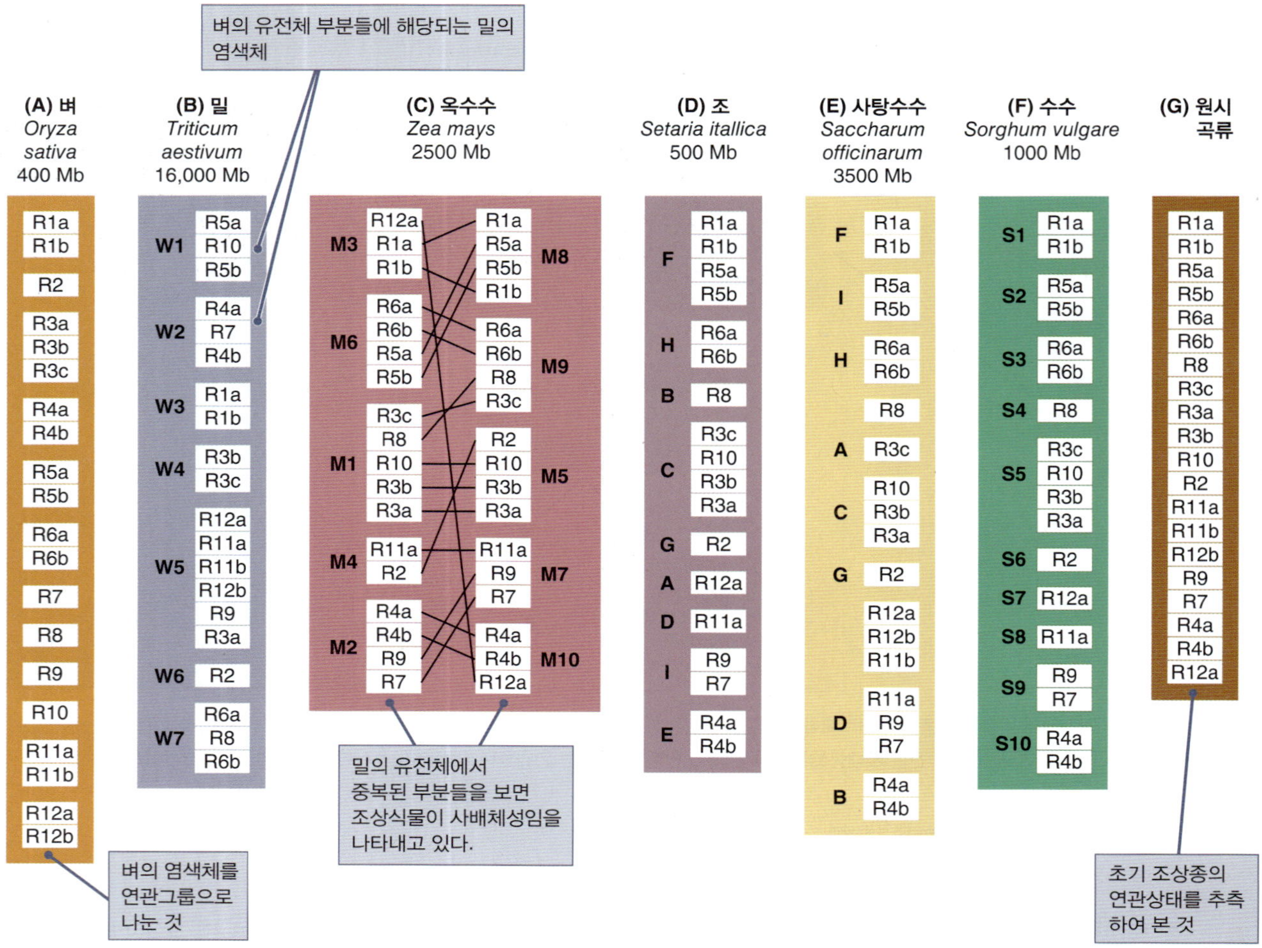

그림 5.35 벼의 유전체(A)와 다른 초본류, 즉 밀(B), 옥수수(C), 조(D), 사탕수수(E), 수수(F) 사이의 보존된 연관 부위(신테니 그룹). 유전체의 크기들은 백만 염기쌍(Mb) 단위로 나타내었다.

Data from G. Moore, Curr. Opin. Genet. Dev. 5 (1995): 717–724.

장의 요약

- 인류의 표준핵형은 22쌍의 상염색체와 2개의 성염색체로 되어 있다.
- 포유동물의 암컷에서는 2개의 X 염색체가 있고, 수컷에서는 1개만 있어서 생기는 암수 간의 X 연관 유전자들 사이의 불균형에 대한 보정은 암컷 X 염색체 하나가 불활성화됨으로써 이루어진다.
- X 염색체 불활성화는 배아 발생 초기에 일어나며, 그 결과 하나의 X 염색체를 제외한 모든 X 염색체에서 대부분의 유전자들이 불활성화(발현 억제)된다.
- 염색체 이상은 사람에서 자연유산의 주요 요인이며, 21번 염색체 3염색체성(다운증후군)과 같은 유전병을 일으킨다.
- 이수체(불균형) 염색체 이상은 배수체(균형) 염색체 이상보다 표현형에 미치는 영향이 크다.
- 염색체 중복은 해당 부위 유전물질을 여분으로 더 가지는 것을, 결실은 해당 유전물질의 소실을 가리킨다. 중복과 결실이 미치는 영향의 정도는 중복에 의한 여분의 유전물질과 결실에 의해 소실된 유전물질의 크기에 달려 있으며, 또한 그 부분에 포함된 특정 유전자의 종류에 따라 달라진다.
- 역위는 염색체의 특정 부분의 유전자 배열순서가 야생형의 유전자 배열순서와 반대로 되어 있는 것이다. 감수분열 동안 역위 부분은 고리를 형성하고 고리 내에서 교차가 일어나 비정상적인 염색체가 만들어진다. 어떤 종류의 비정상 염색체가 만들어지는가는 역위 부분에 동원체가 포함되어 있느냐 없느냐에 따라 달라진다.
- 상호전좌를 가진 염색체들은 분리가 정상적으로 일어나지 않아 이수체 배우자가 만들어질 위험이 매우 높다.
- 전체 염색체 세트가 많아진 것 보다 하나의 염색체를 여분

으로 더 갖거나 소실되면서 생기는 염색체 불균형이 표현형에 미치는 영향이 더 심각하다.

- 한 종 내에서 염색체 전체의 중복과 두 종간 잡종 등은 고등식물에서 진화의 주요 요인이다.

쟁점과 착상: 알고 넘어 갑시다

- 상염색체의 3염색체성은 자연유산을 한 사람의 태아에서 흔히 볼 수 있지만, 상염색체의 일염색체성은 거의 알려지지 않았다. 이러한 현상을 어떻게 설명할 수 있는가?
- 대부분의 염색체 재배열이 일어난 염색체들은 체세포분열을 할 때에 문제가 되지 않는 이유는 무엇인가?
- 염색체 구조 이상의 4가지 중요한 유형은 무엇인가?
- 감수분열시 역위 현상과 관련된 염색체 이상의 종류는 무엇인가? 이들이 동원체의 위치와 어떤 관련이 있는가? 교차와는 어떤 연관성이 있는가?
- 전좌와 관련된 배우자의 염색체 이상에는 어떠한 종류가 있는가?
- 역위와 전좌는 그들이 상동염색체와 이형접합 부위를 가질 때에만 생식에 문제를 일으키는 이유는 무엇인가?
- 감수분열시에 2가 염색체를 형성하는 것이 어떻게 배우자들이 같은 종류와 같은 수의 염색체를 갖게 하는가?
- 성염색체의 존재가 서로 다른 배수성을 가진 종들의 진화에 장애가 되는 이유는 무엇인가?
- 대부분의 자연 발생하는 배수체 종들은 짝수의 일배체 염색체 세트를 갖는 이유는 무엇인가?
- 동질배수성과 이질배수성의 차이를 구별하시오. 어떤 종류가 감수분열 과정에서 염색체가 2배가 되기 쉬운가? 유사분열 과정에서 염색체가 2배가 되기 쉬운 배수성은 무엇인가?

문제 풀고 한 걸음씩 앞으로

문제 1 샤르코-마리-투스병 1형(*Charcot-Marie-Tooth disease type 1*)이라고 하는 유전병은 점진적으로 진행되는 말초신경의 이상으로, 특히 발의 움직임이나 감각에 어려움 겪는다. 이와 연관된 유전병인 **압박마비 유전신경병**(*hereditary neuropathy with pressure palsies*) 또한 말초신경의 이상으로 인해 주로 손목, 팔꿈치, 무릎 등에서 반복적으로 마비, 통증, 근육기능 상실 등을 일으킨다. 하지만 샤르코-마리-투스병 1형이 17p12 염색체 부분의 중복으로 인해 발생하는 반면, 압박마비 유전신경병은 같은 부위에 결실로 발생한다. 두 질병 모두 가족력을 나타내지 않지만, 정확하게 동일한 중복과 결실이 서로 관계없는 가족들에서 반복적으로 나타난다. 이와 같은 현상을 어떻게 설명할 수 있는가?

풀이. 가장 간단한 가설은 아래 그림으로 나타낸 바와 같이 정상 위치가 아닌 곳에서 교차, 즉 이소성 교차에 의한다는 것이다. 그림에서 반복서열은 갈색으로 표시하였고, 2개의 반복서열 사이에 있는 지역(여기에는 많은 유전자가 포함되어 있음)은 녹색으로 표시하였다. 만약 그림에서처럼 반복서열이 상동염색체 간에 쌍을 이룰 때 잘못된 쌍을 이루고 교차가 일어난다면, 재조합에 의해 생긴 염색분체 중의 하나는 녹색 부분이 결실될 것이고, 다른 하나는 이 부분이 중복될 것이다. 그렇기 때문에 반복 염기서열 사이의 부등교차 현상으로 중복과 결실의 재발을 설명할 수 있다.

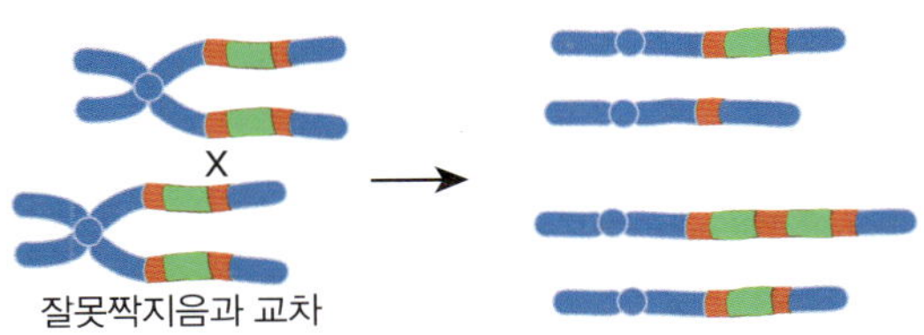

문제 2 옥수수에서 한 중부동원체염색체는 다음과 같은 특이한 특성을 가지고 있다. 많은 유전적 지표를 가지고 있는 표준염색체와 이형접합을 이룰 때 염색체 단완 또는 장완에 있는 유전적 표지들 사이에 재조합이 일어나지 않는다. 세포학적 조사에 따르면, 그림에서 보여주는 것처럼 이동원체염색체의 동원체는 반대 방향으로 끌려가기 때문에 동원체끼리 서로 연결된 염색체 다리가 형성되고, 무동원체염색체는 적도판에 남아 있게 된다.

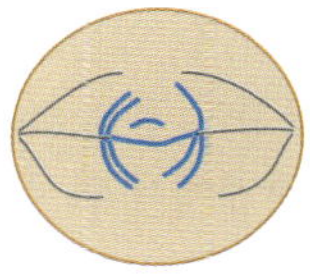

(a) 어떤 염색체 이상으로 인해 재조합이 억제되고, 염색체 다리 형성이 일어나는가?
(b) 염색체 다리 형성은 제1감수분열 후기 또는 제2감수분열 후기 중 어느 시기에 볼 수 있는가?

풀이. **(a)** 염색체의 어떤 부분에 대해 재조합이 억제되는 것은 전형적으로 그 부위에 역위가 일어나 상동염색체와 이형접합을 이루는 것과 관련 있다. 이러한 가설이 현재까지 논리적으로 타당한 이유는 재조합 억제가 구조적으로 정상인 염색체와 어떤 부분이 이형접합을 이룰 때 발생하기 때문이다. 염색체 다리가 존재한다는 것은 역위가 동원체 비포함 역위라는 것을 말하는데, 이 염색체 다리는 염색체의 단완 또는 장완의 거의 대부분을 포함하고 있다. (동원체 포함 역위도 역시 재조합을 억제하지만 염색체 다리를 형성하지는 않는다.) **(b)** 만약 동원체 비포함 역위에 의한 것이라면, 그 염색체 다리는 제1감수분열 후기에 관찰될 것이다.

문제 3 감수분열 과정에서 상동염색체가 3개인 경우 염색체 2개는 쌍을 이루지만 나머지 하나는 쌍을 이루지 못하거나, 3개의 염색체 모두가 한꺼번에 쌍을 이루는 경우에, 각 염색체들은 한 염색체의 어떤 부분은 다른 염색체와 쌍을 이루지만 이 염색체의 다른 부분은 또 다른 염색체와 쌍을 이루게 된다. 염색체 쌍을 어떻게 형성하든지 간에 2개의 배우자는 2개의 염색체를 가지게 되고, 다른 두 배우자는 1개의 염색체를 갖게 된다. 5종류의 염색체를 가지고 있으면서, 삼배체인 생물 사이에 교배가 일어날 경우에 삼배체의 접합자가 생겨날 확률은?

풀이. 그림에서 보여준 바와 같이 한 가지 염색체에 대한 퍼니트 네모꼴을 이용하여 문제를 풀 수 있다. 부모 세대의 감수분열에서 상동염색체를 2개 가진 것과 1개 가진 배우자를 1 : 1의 비율로 만들기 때문에 수정에 의해 상동염색체를 3개 가진 접합자의 비는 총합 1/4 + 1/4 = 1/2이 된다. 5종류의 염색체가 독립적으로 분리되기 때문에 5가지 모두가 3개의 상동염색체를 가질 확률은 $(1/2)^5 = 1/32$, 즉 3%가 된다.

	2 사본 1/2	1 사본 1/2
2 사본 1/2	1/4 4 사본	1/4 3 사본
1 사본 1/2	1/4 3 사본	1/4 2 사본

실전에 필요한 개념: 끝까지 풀어 봅시다

5.1 정상 여성의 체세포에 있는 두 X 염색체 중 1개는 불활성이라는 것이 완전히 옳은 말이 아닌 이유는 무엇인가?

5.2 감수분열 동안 X와 Y 염색체의 헛상염색체 부위 사이에 교차가 반드시 일어난다면 유전적으로 어떤 결과가 초래되는가?

5.3 염색체 재배열이 일어나지 않았을 경우, 염색체가 47개인 신생아가 가질 수 있는 가능성이 가장 높은 핵형은 무엇인가? 염색체가 45개인 신생아의 핵형은 어떠한가?

5.4 인간 유전체에서 열성 돌연변이로 생기는 유전병 중의 하나는 무한증성 외배엽성 이형성증(anhidrotic ectodermal dysplasia)이라고 불리는 것으로 이는 땀샘의 결핍으로 인해 발생한다. 피부의 전기 전도성을 조사함으로써 이 병을 진단할 수 있는데, 그 이유는 땀샘이 없는 피부는 전기전도성이 정상 피부보다 낮기 때문이다(저항성 큼). 친족 관계에서 열성 대립유전자의 유전에 따른 병의 발현 상태를 보면 유전병을 가진 남자와 여자 모두에서 피부 표면에서 내부까지 일정하게 피부의 전기 전도성이 낮다. 그러나 많은 여성의 경우 피부의 어떤 곳은 전도성이 정상이고 어떤 곳은 전도성이 낮은, 즉 모자이크 상태를 나타낸다. 신체의 어떤 피부 조직에 땀샘이 있고 없는지는 모자이크 상태를 나타내는 각 여성에 따라서 다르다. 이와 같은 유전자 발현은 어떻게 설명할 수 있는가?

5.5 인류의 2번 염색체는 근래 영장류 조상에서 2개의 비상동 선단동원체염색체들의 단완이 융합하여 새로운 단동원체염색체를 만드는 로버트소니언 전좌에 의해 생겨났다. 우리의 조상에서 융합에 의하여 이형접합의 염색체를 가진 사람과 융합하지 않는 동형접합의 염색체를 가진 사람이 짝짓기를 하였다고 가정해보자. 만약 인접-1 : 인접-2 : 대체 분리의 비가 1 : 1 : 2라면 접합자가 생존할 확률은 얼마인가?

5.6 47,XXX 여성이거나 47,XYY 남성의 자식들의 거의 대부분은 46,XX 혹은 46,XY의 정상 핵형을 갖는다. 이런 결과를 예상하였는가? 왜 이런 결과가 나온다고 생각하는가?

5.7 역위를 때로는 교차 "억제자"라고 부른다. 이 말은 문자 그대로 사실인가? 아니라면 실제로 이 말이 의미하는 것은 무엇인가?

5.8 주황색 털을 가진 암고양이와 검은색 털을 가진 수고양이를 교배시켰다. 그 결과 낳은 새끼들 중에는 삼색 얼룩 수고양이가 있었고, 그것이 자랐을 때 불임이라는 것이 밝혀졌다. 이에 대하여 가장 그럴듯한 설명은 무엇인가?

5.9 열성 유전자 *a, b, c, d, e, f*는 한 염색체에 가까이 연관되어 있지만 유전자의 배열 순서는 모른다. 상동염색체의 이 유전자가 있는 부위에 3가지 결실이 발생하였고, 그로 인하여 표현되지 않던 열성 형질이 발현되었다. 한 가지 결실에 의해서는 *a, c, d*가 발현되었고, 다른 결실에서는 *a, b f*가 발현되었으며, 또 다른 결실에서는 *b*와 *e*가 발현되었다면, 유전자의 배열 순서는 어떻게 되는가? (**힌트:** 전부는 아니지만 대부분 유전자들의 배열 순서에 대한 정보가 주어졌다.)

5.10 열성 유전자 *u, v, w, x, y, z*는 한 염색체에 가까이 연관되어 있지만 유전자의 배열 순서는 모른다. 연관된 부

분에 3종류의 결실이 일어났고, 이로 인하여 우성 인자에 의하여 감추어졌던 열성 인자의 형질들이 다음과 같이 발현되었다. 결실 1에 의해서 유전자 *w*, *x*, *z*가 발현하였다. 결실 2에 의해서는 *v*, *w*, *x*, *y*가 발현되었다. 결실 3에서는 유전자 *u*와 *v*가 발현되었다. 유전자의 배열 순서는 어떻게 되는가? 유전자의 배열 순서를 완전히 밝히기 위하여 어떠한 실험을 제안하겠는가?

5.11 초파리의 타선 염색체에서 6개의 밴드를 아래의 그림에 나타내었고, 여기에 5종류의 결실(Del 1-Del 5)을 표시하였다.

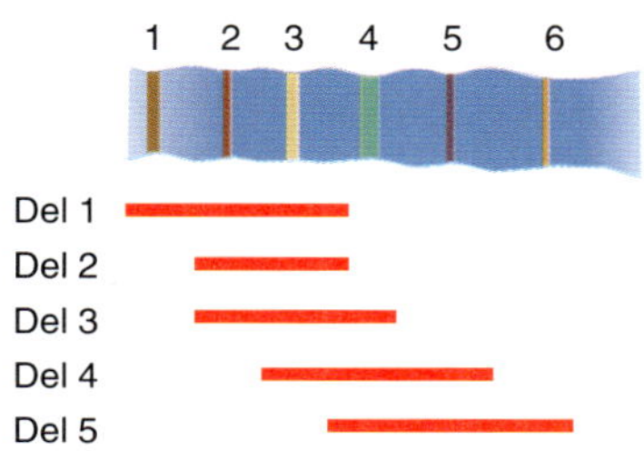

열성 대립유전자 *a*, *b*, *c*, *d*, *e*, *f*가 이 구역에 있지만 그들의 배열 순서는 모른다. 그 결실된 부분이 쌍을 이루는 상동염색체의 같은 부위 유전자가 우성의 대립유전자들일 때 다음의 결과들을 얻었다.

	a	*b*	*c*	*d*	*e*	*f*
Del 1	−	−	−	+	+	+
Del 2	−	+	−	+	+	+
Del 3	−	+	−	+	−	+
Del 4	+	+	−	−	−	+
Del 5	+	+	+	−	−	−

이 표에 −는 결실에 의하여 해당 야생형의 대립유전자가 소실되었음(결실로 인하여 감추어졌던 열성 인자의 형질이 표현됨)을 가리킨다. 그리고 +는 대응하는 야생형의 대립유전자가 존재함을 가리킨다. 이러한 실험 결과를 이용하여 각 유전자의 위치를 타선 염색체에 나타내어 보시오.

5.12 표현형이 정상인 여성이 다운증후군 아이를 출산하였다. 그 여성의 염색체 수는 45개였다. 어떠한 종류의 염색체 이상으로 인하여 이러한 결과가 나타났는가? 다운증후군의 아이는 몇 개의 염색체를 가지고 있는가? 이 아이의 경우는 일반적인 다운증후군 아이의 염색체 수와 핵형의 측면에서 어떻게 다른가?

5.13 사람에서 가장 흔한 색맹의 유형은 X 염색체 연관 열성 유전자들에 의해 일어난다. 색맹인 남성의 딸은 염색체가 45,X(터너증후군)이며 색맹이다. 45,X의 딸을 낳을 경우 염색체 비분리는 아버지와 어머니 중 어느 쪽에서 일어나는가? 당신의 답을 뒷받침할 증거를 제시하시오.

5.14 사람의 Y 염색체 장완에는 남성의 생식에 필요한 일단의 유전자들과 인접하여 약 100 Kb의 DNA가 중복되어 있다. 남성의 생식유전자들을 상실한 돌연변이 Y 염색체들의 어떤 것들에는 중복된 DNA 부위 중에 오직 하나만 존재하기도 한다. 이러한 현상을 어떻게 설명할 수 있나? 이러한 현상으로 염색체에서 중복 부위가 어느 방향으로 존재하는지 알 수 있는가?

5.15 *Drosophila virilis*는 체세포에 6쌍의 염색체를 가지고 있으며, 5쌍의 선단동원체염색체와 1쌍의 작은 “점” 염색체로 구성되어 있다. 이와 근연종인 *D. texana*는 4쌍의 선단동원체염색체, 1쌍의 중부동원염색체 및 작은 “점” 염색체 1쌍 등으로 이루어진 5쌍의 염색체를 가지고 있다. 이 두 종간의 잡종은 감수분열시에 4개의 2가 염색체(“점” 염색체를 포함하여)와 1개의 3가 염색체를 형성한다. 3가 염색체는 *D. texana*의 중부염색체 1개와 *D. virilis*의 선단동원체염색체 2개가 쌍을 이루어 형성되는데, 이때 3개의 동원체는 서로 가까이 붙어 있도록 배열된다. 이 현상을 설명하시오.

5.16 노랑초파리에서 갈색 눈 유전자(*bw*)와 혹 가슴 유전자(*hy*)는 2번 염색체의 같은 팔에 12 map unit 거리만큼 떨어져 존재한다. 동원체 비포함 역위가 이 부위의 1/3 자리에서 일어났으나, 위의 유전자들은 포함되지 않았다. 아래의 암컷에서 *bw*와 *hy* 사이의 교차율이 얼마가 될지 설명하시오.

(a) 역위에 대하여 상동인 것

(b) 역위에 대하여 이형인 것

5.17 5번 염색체와 11번 염색체 사이에 상호전좌가 일어나 염색체가 이형이 되어 반불임성을 나타내는 토마토를, 11번 염색체의 열성 돌연변이를 동형으로 가지고 있어서 넓은 잎 형질을 나타내지만 염색체 상으로 정상인 토마토와 교배시켰다. 그 결과로 얻은 반불임성 F_1을 양친 형질 중 하나인 넓은 잎 토마토와 역교배시킨 결과 그 자손의 형질 종류와 수는 아래와 같았다.

반불임 넓은 잎	38
가임 넓은 잎	242
반불임 정상 잎	282
가임 정상 잎	33

(a) 11번 염색체에서 넓은 잎 유전자와 전좌를 일으킨 절단점 사이의 교차율은?

(b) 만약에 넓은 잎 유전자가 전좌를 일으킨 염색체에 존재하지 않는다면 검정교배 결과 자손의 표현형의 비율은 어떻게 되겠는가?

5.18 일반적으로 "염소수염"이라고 불리는 허브 *Tragopogon* 속은 많은 종간 잡종이 이질배수체를 형성하여 새로운 종이 되기도 한다. *Tragopogon*속의 3종(각각 $2n = 12$개의 염색체를 가지고 있음)이 어떻게 교배하면 $2n = 36$개의 염색체를 가지는 새로운 종을 만들 수 있는지 설명하시오.

5.19 붉은빵곰팡이(*Neurospora crassa*)에서 유전적으로 야생형의 품종과 동원체로부터 10 map unit 떨어진 곳에 돌연변이 *ad5* 유전자를 가지고 있는 실험실 붉은빵곰팡이를 교배시켰다. 그 결과 생긴 자낭의 2%만 2번째 분리를 하였고, 나머지 많은 자낭은 생존이 어려운 자낭포자를 가지고 있었다. *ad5* 유전자를 가지고 있으면서 두 번째 분리를 한 자낭에서 자낭포자를 발아시켜 원래의 야생형과 교배시켰다. 이러한 경우에는 예상한 바와 같이 자낭의 20%가 두 번째 분리를 보였다. 이러한 결과를 어떻게 설명할 수 있나?

5.20 열성 돌연변이 유전자 *a*−*h*가 한 염색체 상에 연관되어 있고, 야생형 염색체에서 결실이 일어난 것들을 Δ*1*−Δ5로 나타내었다. 각 결실에 의하여 유전자들 중에 1개 혹은 그 이상의 대립인자들이 제거된다면 다른 상동염색체에 있던 어떤 열성 대립인자는 그 형질이 발현될 수 있다. 아래 표에서 −는 열성 대립인자가 결실에 의하여 발현된 것을 나타낸 것이고, +는 결실이 일어난 염색체에 야생형의 대립인자가 여전히 존재하는 것을 나타낸 것이다. 염색체에 유전자들의 배열 순서를 결정하시오.

	a	*b*	*c*	*d*	*e*	*f*	*g*	*h*
Δ*1*	−	+	−	+	−	+	+	+
Δ*2*	+	−	−	+	−	+	−	+
Δ*3*	+	−	+	−	+	+	+	−
Δ*4*	+	−	+	−	+	−	−	−
Δ*5*	+	+	+	−	+	−	+	+

5.21 실험 쥐(*Rattus norvegicus*)의 X 염색체 DNA를 전기영동하여 겔 상에 나타난 7개의 조각을 각각 A−G로 나타내었다. 제6장에서 설명한 것과 같이, 각 조각 DNA들은 각각의 고유 프라이머 쌍들을 이용한 중합연쇄반응(PCR)을 통해 증폭하였다. 7가지 DNA 조각들은 X 염색체 상에 서로 가까이 배열하고 있다. 다른 품종들의 X 염색체에 발생한 5가지의 작은 결실들을 Δ*1*−Δ5로 나타내었고, 이 결실들에는 DNA 증폭을 위한 주형 DNA의 일부가 떨어져 나갔다. 겔에 나타난 것은 5가지 결실을 가지고 있는 각각의 수컷들로부터 얻은 DNA들을 증폭한 결과이다. 야생형(결실이 일어나지 않은) X 염색체에 존재하는 A−G 조각들의 배열 순서를 결정하시오.

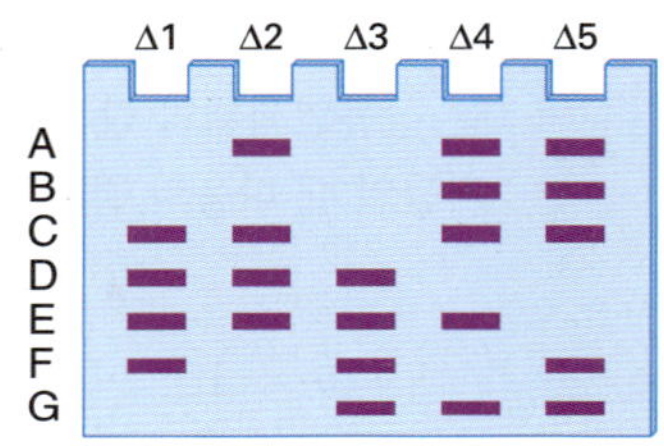

잠깐 생각해 봅시다: 해답

잠깐 생각해 봅시다 5.1의 해답

혈우병 A에 대해 이형접합인 여성은 I-1, II-2, II-3 그리고 II-6이다. 왜냐하면 위 여성들의 혈장내 혈액응고 인자 VIII의 양이 대략 정상의 절반 수준이기 때문이다. (여성 I-1은 아들이 혈우병 A를 가지고 있으므로 확실히 이형접합이다.) 이형접합 여성에서 혈액응고 인자의 양이 줄어드는 이유는 단일-활성-*X* 염색체 원리에 의해 돌연변이를 가지지 않는 *X* 염색체가 활성을 가지는 세포가 대략 절반 정도이며, 나머지 절반의 세포에서는 활성을 가지는 *X* 염색체가 돌연변이를 가지고 있어서 혈액응고 인자를 만들지 못하기 때문이다.

잠깐 생각해 봅시다 5.2의 해답

두 종류 염색체 결실에서 모두 *b*와 *d* 유전자가 발현되었다. 따라서 *a* 유전자는 *b*와 *d* 유전자 사이에 올 수 없다. 그렇지 않다면 결실2 염색체와 이형접합에서 발현되었을 것이다. 마찬가지로 *c* 유전자도 *b*와 *d* 유전자 사이에 올 수 없다. 그렇지 않다면 결실1 염색체와 이형접합에서 발현되었을 것이다. 그러므로 유전자 무리의 말단에 존재하는 유전자들은 *a*와 *c*이다. 염색체 결실 결과와 부합하는 유전자 순서의 두 가지는 *a-b-d-c*와 *a-d-b-c*이다.

잠깐 생각해 봅시다 5.3의 해답

DNA 두 가닥 사이의 이중교차는 다음과 같은 유전자 배열 순서를 가진 4개의 단동원체 염색체를 만든다(*CEN*은 동원체를 의미한다): *CEN A B C D E*와 *CEN a d c b e*(교차에 관여하지 않은 염색 분체에서 유래함), *CEN A B c D E*와 *CEN a d C b e*(이중교차가 일어난 염색분체에서 유래함). DNA 네 가닥 사이의 이중교차에 의해서는 2개의 이동원체 염색체가 만들어진다: *CEN A B c d a CEN*과 *CEN A B C d a CEN*. 이와 동시에 2개의 무동원체 염색체가 만들어진다: *e b C D E*와 *e b c D E*.

잠깐 생각해 봅시다 5.4의 해답

두 종류의 인접 분리에 의해서는 불균형 염색체를 가진 배우자가 만들어진 반면, 대체 분리에 의해서는 균형 염색체를 가진 배우자가 만들어진다. 따라서 불균형 배우자와 균형 배우자의 비는 1 : 1이다.

CHAPTER 6

삿갓풀(*Paris japonica*)은 지금까지 기록된 유전체 중 가장 큰 149 Gb의 유전체를 지니고 있으며, 인간의 유전체 보다 50배나 더 크다.

DNA 구조, 복제 및 조작

학습 목표

- 각 복제분기점에서 선도가닥과 지체가닥을 보여주는 복제 눈(replication bubble)을 그릴 수 있다. 그리고 복제 눈에 프리모솜(primosome), DNA 복제효소 복합체, 헬리카아제, 단일가닥 DNA 결합 단백질, 지라아제(국소이성질화효소 II)의 작용자리를 그릴 수 있다.
- Pol III DNA 중합효소의 교정 기능(proofreading function)을 설명하고, Pol III 유전자에 돌연변이가 생겨서 교정 기능이 사라지는 경우 DNA 복제의 정확성에 어떤 영향이 있는지를 예측할 수 있다.
- 이중가닥 DNA 분자에 1개 또는 그 이상의 제한효소 절단자리가 있다고 가정한 후, 1개 또는 그 이상의 제한효소로 이 DNA를 잘랐을 때 만들어지는 DNA 조각의 수와 길이를 추정할 수 있다. 또한 전기영동 후에 나타나는 이들 조각들의 위치를 모식도로 그릴 수 있다.
- 어떤 이중가닥 DNA 서열이 주어지면, 특정 DNA 부위를 PCR로 증폭시킬 수 있는 올리고뉴클레오티드 프라이머의 서열을 선택할 수 있다.
- 디데옥시 DNA 서열 분석 겔에서 띠(band)의 위치와 형광색을 보고서 주형 DNA 가닥의 서열을 알아내고, 그 주형 가닥의 5′말단과 3′말단을 나타낼 수 있다.

이중가닥 DNA는 두 가닥으로 이루어진 오른손 방향의 나선이며, 각 가닥은 서로 상보적이다. 또한 DNA의 이중가닥은 서로 반대 방향으로 달리고 있고, A(아데닌), T(티민), G(구아닌), C(시토신) 염기를 지닌 뉴클레오티드들로 구성되어 있다. A와 T, G와 C 사이의 왓슨-크릭(Watson-Crick) 염기쌍에 의해 상보적인 두 가닥의 DNA가 유지된다. 이러한 상보성은 각각의 DNA 가닥이 새로 합성되는 DNA 가닥(상보성 가닥)의 주형(template)으로 작용하기 때문에 DNA 복제에도 매우 중요하다. 이 장에서 우리는 DNA 분자생물학과 복제를 보다 자세하게 살펴볼 것이다. 또한 DNA 구조와 복제에 관한 지식이 특정 유전자의 전부 또는 일부를 분리해 내는 실험기법들을 개발하는 데 어떻게 사용되었는지 그리고 DNA의 염기서열을 분석하는 데 어떻게 사용되는지를 살펴볼 것이다.

6.1 매우 가까운 생물체라 하더라도 유전체 크기는 엄청난 차이가 있을 수 있다

유전체(*genome*)는 세포나 바이러스의 유전적 조성이다. 진핵세포에서 유전체라는 용어는 일반적으로 정자 또는 난자에서 볼 수 있는 온전한 세트의 반수체(haploid)를 일컫는다. **표 6.1**은 몇 가지 유전체의 크기를 보여주고 있다. 가장 작은 바이러스 중 하나인 MS2 박테리오파아지는 약 4,000개의 뉴클레오티드(4 kb)로 구성된 단일가닥 RNA에 단 4개의 유전자를 가지고 있다. 원숭이와 인간에 감염하는 SV40 바이러스는 약 5 kb(5,000 뉴클레오티드 쌍)의 원형 이중가닥 DNA에 5개의 유전자가 존재하는 유전적 조성을 가지고 있다. 보다 복잡한 파아지와 동물 바이러스들은 250개 정도의 유전자를 가지고 있으며, DNA 크기는 50~300 kb 정도이다. 원핵세포의 유전체는 바이러스의 것 보다 대체로 더 크다. 고세균[archaeal bacteria: 예를 들면, 메탄산화세균(*Methanococcus jannaschi*)]의 유전체 크기는 일반적으로 박테리아의 것과 비슷하다. 원핵세포의 유전체는 선형 또는 원형의 DNA로 구성되어 있다. 예를 들면, 라임병(Lyme disease)의 원인균인 보렐리아균(*Borrelia burgdorferi*)의 염색체는 약 910 kb의 선 모양 DNA이며, 대장균(*Escherichia coli*) K12 균주의 염색체는 4,600 kb 크기의 원형 DNA이다. 단세포 진핵세포의 유전체는 원핵세포의 것보다 더 크다. 출아 효모(*Saccharomyces cerevisiae*)의 유전체 크기는 13 Mb이다. 유

표 6.1 몇 가지 대표적인 바이러스, 박테리아 및 진핵세포 유전체의 크기

유전체	대략적인 유전체의 크기 (1,000 뉴클레오티드)	형태
바이러스		
MS2	4	단일가닥 RNA
인간 면역결핍 바이러스 (HIV)	9	단일가닥 RNA
콜로라도 진드기열 바이러스	29	선 모양의 이중가닥 RNA
SV40	5	원형의 이중가닥 DNA
ϕX174	5	원형의 단일가닥 DNA 또는 이중가닥 복제형
λ 파아지	50	선 모양의 이중가닥 DNA
허피스 심플렉스 바이러스	152	선 모양의 이중가닥 DNA
T2,T4,T6 파아지	165	선 모양의 이중가닥 DNA
천연두 바이러스	267	선 모양의 이중가닥 DNA
원핵생물		
Methanococcus jannaschii (메탄산화세균)	1,600	원형의 이중가닥 DNA
Escherichia coli (대장균)	4,600	원형의 이중가닥 DNA
Borrelia burgdorferi (보렐리아균)	910	선 모양의 이중가닥 DNA
진핵생물		반수체 염색체 수
Saccharomyces cerevisiae (효모)	13,000	16
Caenorhabditis elegans (선충)	97,000	6
Arabidopsis thaliana (애기장대풀)	100,000	5
Drosophila melanogaster (초파리)	180,000	4
Takifugu rubripes (복어)	400,000	22
Homo sapiens (인간)	3,000,000	23
Zea mays (옥수수)	4,500,000	10
Amphiuma means (도롱뇽)	90,000,000	14

전체의 크기를 나타내는 핵산 길이의 단위는 다음과 같다.

- ***kilobase (kb)*** 10^3 뉴클레오티드 소단위체
- ***megabase (Mb)*** 10^6 뉴클레오티드 소단위체
- ***gigabase (Gb)*** 10^9 뉴클레오티드 소단위체

이 단위로 바이러스의 유전체는 100~1,000 kb, 박테리아 유전체는 1~10 Mb, 진핵세포의 유전체는 전형적으로 100~1,000 Mb 정도이다(가장 작은 진핵세포의 유전체는 약 10 Mb이다). 그러나 진핵생물 중에는 매우 가까운 종임에도 불구하고 유전체의 크기가 엄청나게 다른 경우가 종종 있다. 이렇게 유전체 크기가 서로 달라 관련성이 없는 것을 **C-값 역설(C-value paradox)**이라 한다.

핵심 개념

C-값 역설(C-value paradox): 진핵세포에서는 C-값(즉, 반수체 유전체의 DNA 양)과 생물체의 대사, 발생 또는 행동의 복잡성 간에는 일정한 관련성이 없다.

그 차이는 믿기 어려울 정도이다. 원생동물의 종 사이에서 유전체 크기는 서로 5,800배나 차이가 나며, 절지동물에서는 250배, 어류에서는 350배, 조류(algae)에서는 5,000배, 피자식물에서는 1,000배의 차이가 난다. 역설(*paradox*)이라는 용어가 사용된 이유는 일본 복어(*Takifugu rubripes*)의 유전체 크기가 400 Mb인 반면, 두 발가락 도롱뇽(*Amphiuma means*)의 유전체는 90,000 Mb라는 사실을 보면 쉽게 이해할 수 있다. C-값은 225배 정도 차이가 나지만 이 두 생물체는 척추동물이라는 공통점을 지니고 있으며, 거기에 유전자의 많고 적음을 고려할 이유는 없다. 주요한 차이는 단백질을 만드는 데 사용되는 유전체 부위이다. 일본 복어의 유전체 중 단백질을 암호화하는 데 사용되는 부위는 불도마뱀 유전체 중 단백질을 암호화하는 데 사용되는 부위보다 훨씬 크다. 식물도 벼와 옥수수는 대략 같은 수(전사체 수와 단백질 수 기준)의 유전자를 가지고 있지만, 2,500 Mb인 옥수수의 유전체는 400 Mb인 벼의 유전체보다 약 6배가 더 크다. 거의 모든 고등 동식물에서 실제 유전자 수는 유전체의 크기와 별 관계가 없다. 이러한 불일치가 존재하는 이유는 고등생물에서 상당히 많은 DNA 부위가 단백질의 아미노산 서열을 암호화하는 것 이상의 기능을 가지고 있기 때문이다.

6.2 DNA는 4종류의 뉴클레오티드로 이루어진 선 모양의 중합체이다

DNA는 중합체이다. 즉, 반복적 단위로 이루어진 커다란 분자이다. DNA는 2′-데옥시리보스(2′-deoxyribose, 5탄당), 인산 그리고 질소 원소를 가진 4가지 종류의 염기인 A, T, G, C로 이루어져 있다. **그림 6.1**은 염기들의 화학적 구조를 보여주고 있다. 염기 중 2가지는 이중고리 구조이며, 이를 **퓨린(purine)**이라 한다. 나머지 2가지 염기는 단일고리 구조이며, 이를 **피리미딘(pyrimidine)**이라 한다.

- 아데닌(A)과 구아닌(G)은 퓨린 염기이다.
- 티민(T)과 시토신(C)은 피리미딘 염기이다.

DNA에서 염기는 당인 데옥시리보스와 화학적으로 결합하여 **뉴클레오시드(nucleoside)**를 이룬다. 뉴클레오시드의 당에 인산기가 결합하면 **뉴클레오티드(nucleotide)**가 된다(**그림 6.2**). 따라서 뉴클레오티드(nucleotide)는 "뉴클레오시드(nucleoside) + 인산(phosphate)"이다. 그림 6.2는 당의 탄소 원소에 매기는 번호 부여 방식을 보여주고 있다. 염기와

C-값 역설의 한 예. (A) 복어(*Takifugu rubripes*)는 400 Mb 크기의 유전체를 가지고 있으며, (B) 두 발가락 도롱뇽(*Amphiuma means*)은 90,000 Mb의 유전체를 가지고 있다. 그러나 도롱뇽이 복어보다 "복잡성(complexity)"이 낮다.

(A) © junrong/Shutterstock; (B) © Rosa Jay/Shutterstock

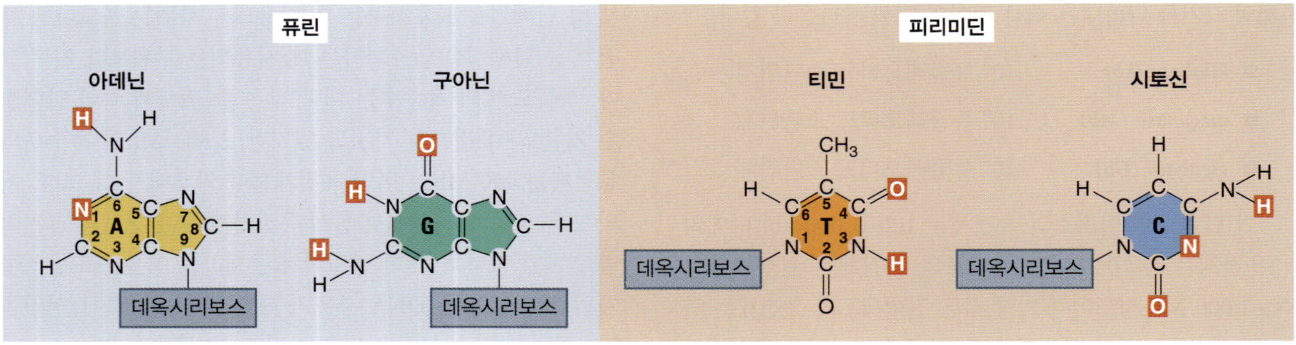

그림 6.1 아데닌, 티민, 구아닌, 시토신의 화학적 구조. 이들이 DNA에 존재하는 4종류의 질소 원소를 지닌 염기들이다. 각 염기의 질소 원소가 데옥시리보스 당과 연결된다. 붉은색으로 표시된 원소들이 수소결합하여 염기쌍을 형성한다..

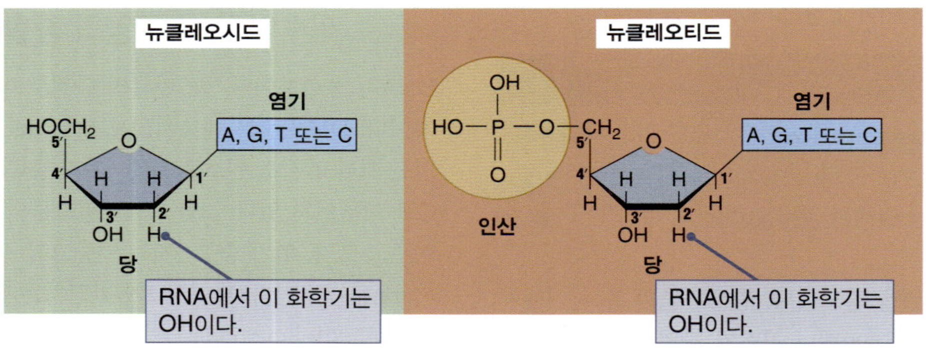

그림 6.2 3가지 주요 성분(인산, 당 및 염기), DNA와 RNA의 차이, 그리고 뉴클레오시드(인산기가 없음)와 뉴클레오티드(인산기를 가지고 있음)의 차이를 보여주는 전형적인 뉴클레오티드. 뉴클레오티드들은 1개의 인산기(일인산), 2개의 인산기(이인산), 3개의 인산기(삼인산)를 가질 수 있다.

결합하는 탄소 원소가 1′ 탄소이다[염기의 원소에 붙이는 숫자와 구별하기 위하여 당의 숫자에는 프라임(prime) 부호(′)를 붙인다].

DNA나 RNA와 같은 핵산에서, 뉴클레오티드들이 결합하여 **폴리뉴클레오티드 사슬(polynucleotide chain)**을 형성한다. 이 폴리뉴클레오티드 사슬에서 당의 5′ 탄소에 결합한 인산기는 이어지는 당의 3′ 탄소와 결합하고 있는 수산기(−OH)와 결합한다(그림 6.3). 이웃하는 뉴클레오티드의 당이 인산기를 통해 연결되는 화학결합을 **인산이에스테르 결합(phosphodiester bond)**이라 한다. 보통 수백만 개의 뉴클레오티드들이 5′−3′−5′−3′ 방향으로 결합하여 폴리뉴클레오티드 사슬을 형성한다. 폴리뉴클레오티드 사슬의 한쪽 끝에는 5′ 인산기(5′-P: 그림 6.3의 넓은 화살표의 꼬리 부분에 해당)가, 다른 쪽 끝에는 3′-수산기(3′-OH: 그림 6.3의 넓은 화살표의 머리 부분에 해당)가 존재하고 있음에 주목할 것. DNA 가닥의 양끝은 이처럼 서로 다르기 때문에 DNA를 극성(polarity)을 지닌 분자라 한다. 즉, DNA 가닥의 한쪽 끝에는 5′말단(인산으로 종결)이, 반대쪽 끝에는 3′말단(수산기로 종결)이 존재한다.

6.3 이중가닥 DNA는 염기들의 수소 결합으로 이루어진 이중나선이다

그림 6.4는 이중가닥 DNA의 몇 가지 모양을 보여주고 있다. 이중가닥 DNA는 두 가닥의 폴리뉴클레오티드 사슬로 이루어져 있으며, 이 폴리뉴클레오티드 사슬은 오른손 방향(right-handed)으로 꼬인 나선구조이다. 이 이중나선에서 아데닌은 티민과, 구아닌은 시토신과 염기쌍을 형성한다(그림 6.4). 각 사슬은 34 Å당 1선회하고, 염기쌍 간의 거리는 3.4 Å이므로 각 사슬에는 1선회당 10개의 염기가 존재하며, 이중나선에는 10개의 염기쌍이 존재한다. 각 염기는 반대편 가닥의 짝 염기와 수소결합으로 쌍을 이룬다. **수소결합(hydrogen bond)**은 약한 결합으로, 2개의 음전하를 띤 원자가 1개의 수소원자를 공유한다. 이 수소결합에 의해 두 가닥의 DNA가 유지되며, 염기쌍이 위아래로 체적되어 물 분자를 축출한다. 염기쌍은 나란히 평면으로 형성되며, 이중나선의 긴축을 기준으로 수직면으로 배열한다.

유전정보를 암호화하는 데 있어 DNA 구조의 핵심적 특징은 A−T와 G−C 염기쌍이다.

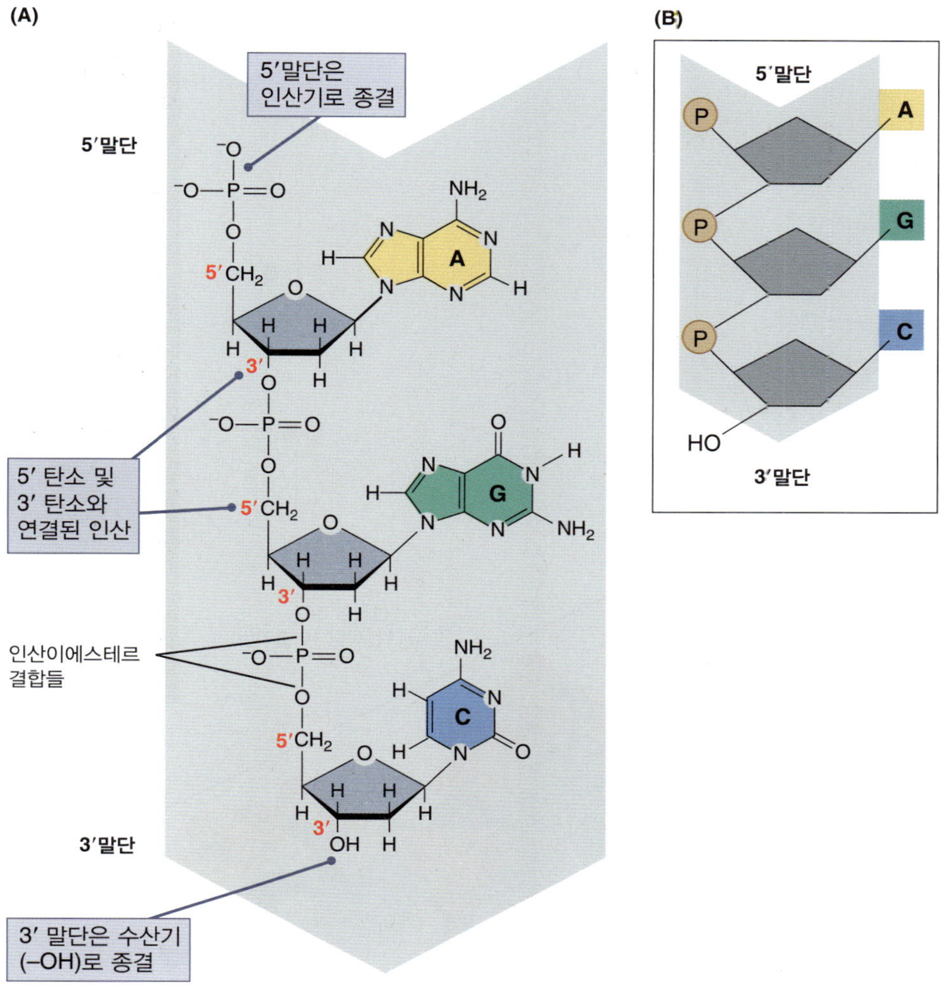

그림 6.3 단일 폴리뉴클레오티드 사슬의 5′ 말단에 존재하는 3개의 뉴클레오티드들. (A) 당-인산 결합의 화학적 구조. DNA 가닥의 5′ → 3′ 방향을 보여주고 있다(붉은색 숫자는 탄소 원소에 부여한 것이다). (B) 폴리뉴클레오티드 사슬의 일반적인 도시 방법.

핵심 개념

퓨린인 아데닌은 피리미딘인 티민과 쌍을 이루어 A–T 쌍을 형성하며, 퓨린인 구아닌은 피리미딘인 시토신과 쌍을 이루어 G–C 쌍을 형성한다.

A−T와 G−C 염기쌍 원칙으로부터 이중가닥 DNA의 상대적 염기량을 다음과 같이 설명할 수 있다.

- 아데닌 염기 [A]의 수는 티민 염기 [T]의 수와 같다. 그러므로 [A] = [T]이다.
- 구아닌 염기 [G]의 수는 시토신 염기 [C]의 수와 같다. 그러므로 [G] = [C]이다.

비록 [A] = [T]와 [G] = [C]의 관계가 이중가닥 DNA에서 성립하지만, G 또는 C 염기의 비율(% *G* + *C*라고도 함)은 종에 따라 다르다. 그러나 이 비율은 한 생물체를 이루고 있는 모든 세포에서는 동일하다. 예를 들면, 인간의 DNA는 평균 39 % G + C를 가지고 있다. 그러나 염색체에 따라서는 염기 조성에 큰 차이가 있을 수 있다. 염색체의 부위별 차이를 현미경으로 관찰할 수 있는데, 상대적으로 낮은 G + C 함량을 지닌 부위는 김자(Giemsa) 염색액으로 염색했을 때 짙은 띠(band)를 형성한다.

그림 6.5는 아데닌-티민 염기쌍과 구아닌-시토신 염기쌍을 그린 것이다. A−T 염기쌍은 이중수소 결합을, G−C 염기쌍은 삼중수소 결합을 하고 있다는 점에 주목할 것. 이는 G와 C 사이의 수소결합이 A와 T 사이의 수소결합 보다 강하므로, 이를 파괴하는 데는 더 많은 에너지가 필요함을 의미한다. 염기쌍의 특이성으로 한 가닥의 폴리뉴클레오티드 사슬 상에 존재하는 염기 서열은 다른 쪽 가닥의 폴리뉴클레오티드 사슬 상의 염기서열과 상보적으로 짝을 이룬다. 그러

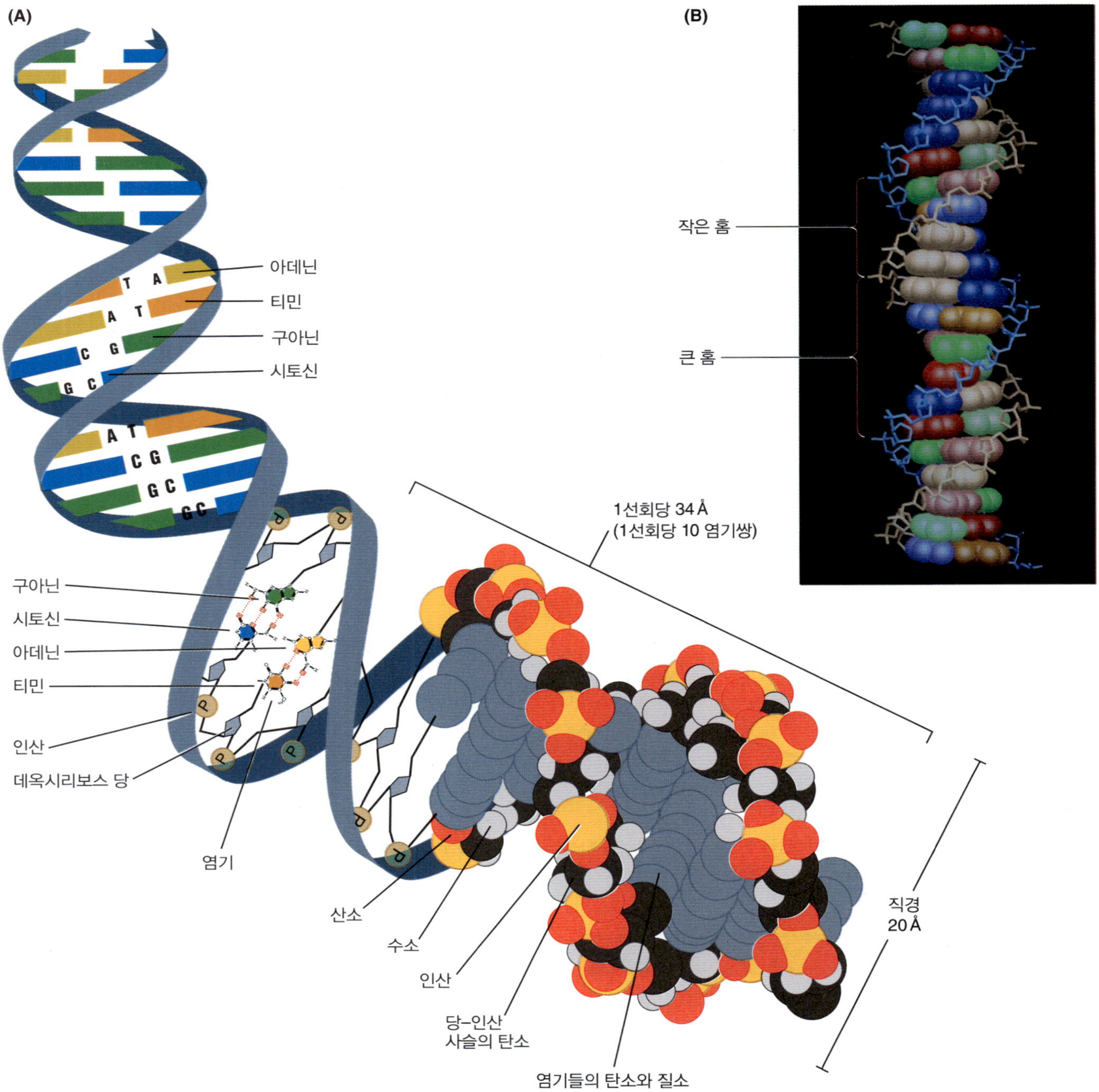

그림 6.4 이중나선 DNA의 3차원적 구조를 보여주는 2가지 모형. (A) "리본 모형"에서 당-인산 중심축은 띠로, 염기쌍은 수평의 선으로 나타내었다. (B) 표준 형태의 DNA를 보여주는 컴퓨터 모델. 막대 그림들은 체적된 염기쌍들을 감고 있는 당–인산 사슬이며, 큰 홈(major groove)과 작은 홈(minor groove)을 형성한다. 아데닌(A)는 붉은색 또는 분홍색, 티민(T)은 짙은 녹색 또는 옅은 녹색, 구아닌(G)은 갈색 또는 밝은 갈색, 시토신(C)는 짙은 푸른색 또는 옅은 푸른색이다. 짙은 색으로 그려진 염기들은 녹색의 당–인산 중심축과, 옅은 색으로 그려진 염기들은 밝은 갈색의 척추와 연결되어 있다.

(B) Courtesy of Antony M. Dean, University of Minnesota.

나 이중가닥 DNA 상의 염기쌍들은 다양한 서열로 배열될 수 있으며, 염기서열은 DNA 부위마다 다르고 종마다 다를 수 있다. 염기서열에는 제약이 없기 때문에 DNA는 실제로 다양한 서로 다른 종류의 단백질들을 무한정으로 암호화할 수 있다.

그림 6.4가 보여주고 있는 것처럼, DNA의 각 폴리뉴클레오티드 사슬의 중심축은 반복적인 데옥시리보스 당-인산으로 구성되어 있으며, 한 당의 3′ 탄소가 다음 이어지는 당의 5′ 탄소와 결합한다. **그림 6.6**의 데옥시리보스 당의 방향에서 볼 수 있는 것처럼 두 가닥의 폴리뉴클레오티드 사슬은

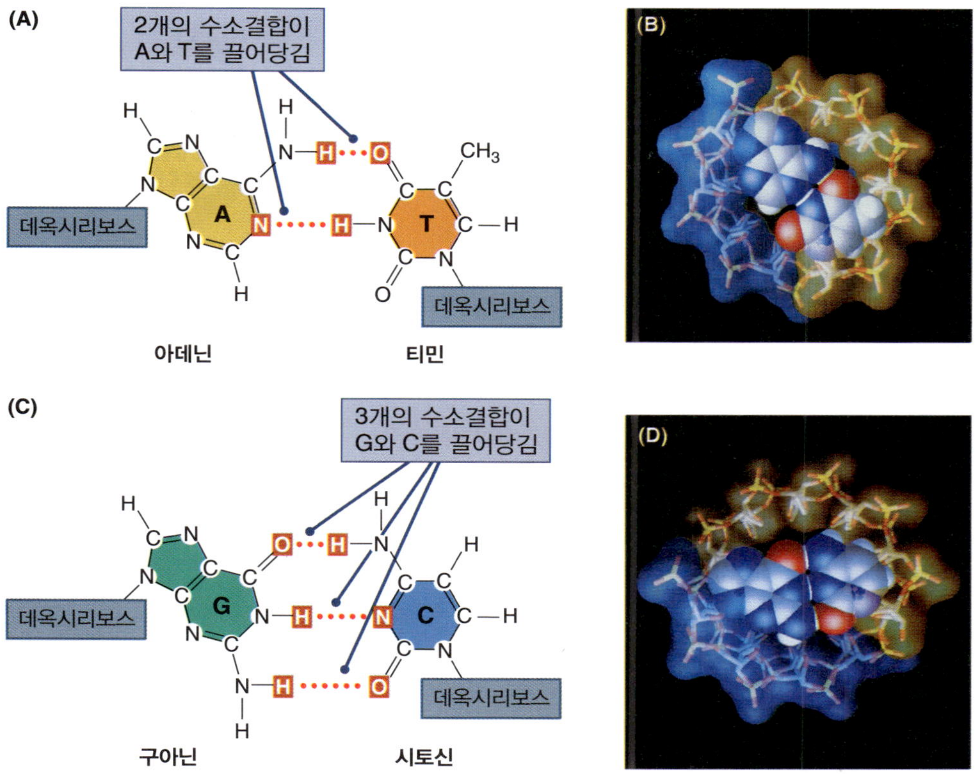

그림 6.5 DNA의 정상 염기쌍들. 그림의 왼편에서, 붉은색은 수소결합(점선)에 참여하는 원소들이다. (A와 B) A–T 염기쌍. (C와 D) G–C 염기쌍. 공간-채움 모델(space-filling model, B와 D)에서 C는 회색, N은 푸른색, O는 붉은색, H는(염기에서만 보임) 흰색이다. 수소결합은 흰색 원단으로 그려져 있으며, 수소를 공유하고 있는 원소들 사이에 끼어 죄여져 있다. 바깥쪽의 막대 그림은 체적된 염기들을 감고 있는 척추를 나타낸 것이다.

(B) and (D) Space-filling models courtesy of Antony M. Dean, University of Minnesota.

이중나선에서 서로 반대 방향으로 달리고 있다. 따라서 쌍을 이룬 DNA 가닥은 **역평행(antiparallel)**이라 할 수 있다. 그림 6.4는 또한 이중나선의 바깥 부위에 2가지 종류의 홈(groove)이 존재함을 보여주고 있다. 홈들은 그 크기가 대칭적이지 않다. 큰 것을 큰 홈(*major groove*), 그 보다 작은 것을 작은 홈(*minor groove*)이라 한다. 이중가닥 DNA와 상호반응하는 단백질들은 큰 홈, 작은 홈, 또는 이들 모두에 들어맞는 부위를 가지고 있다.

그림 6.4(A)와 (B)의 이중가닥 DNA 모형은 정적(static)이기 때문에 잘못 이해되기 쉽다. 실제로 DNA는 끊임없이 움직이는 역동적인 분자이다. 어떤 DNA 부위는 잠깐 분리되었다가 다시 원래의 구조로 되돌아간다. 게다가, 그림 6.4의 오른손 방향 이중나선 구조가 표준 나선구조이기는 하지만 DNA는 20가지 이상의 약간 다른 형태의 오른손 방향(right-handed) 나선구조를 취할 수 있으며, 어떤 부위는 왼손 방향(left-handed)으로 꼬이기도 한다. 동일한 DNA 가닥 내에 상보적인 부위가 있는 경우, 단일가닥 DNA로 분리된 후 재결합하여 머리핀과 같은 구조를 취하기도 한다. 심지어 적절한 염기서열이 존재하는 경우, 세 가닥으로 이루어진 세 가닥 나선(triple helices)도 형성될 수 있다.

6.4 DNA는 기존의 DNA 가닥이 새로 합성되는 DNA 가닥의 주형으로 사용되어 복제된다

DNA 복제 과정은 원칙적으로 간단하다. 이중나선을 이루고 있는 각각의 가닥이 새로 합성되는 DNA 가닥의 **주형(template)**으로 작용한다(그림 6.7). 염기를 결합시키고 있던 수소결합이 깨져 DNA 가닥이 서로 분리되고 4가지 형태의 유리 뉴클레오티드들이 각각의 DNA 가닥의 해당 염기와 쌍을 이룬다. 그러나 복제는 실제로 다양한 효소와 단백질들을 요구하는 복잡한 기하학적 과정이다. 이 절에서는 이러한 과정을 살펴본다.

뉴클레오티드는 한 번에 하나씩, 신장 중인 DNA 가닥 끝에 첨가된다

어떤 형태의 DNA 복제이든지 간에, 복제의 주기능은 어버이 분자의 염기서열이 복사되는 과정이다. 염기쌍 특이성, 즉

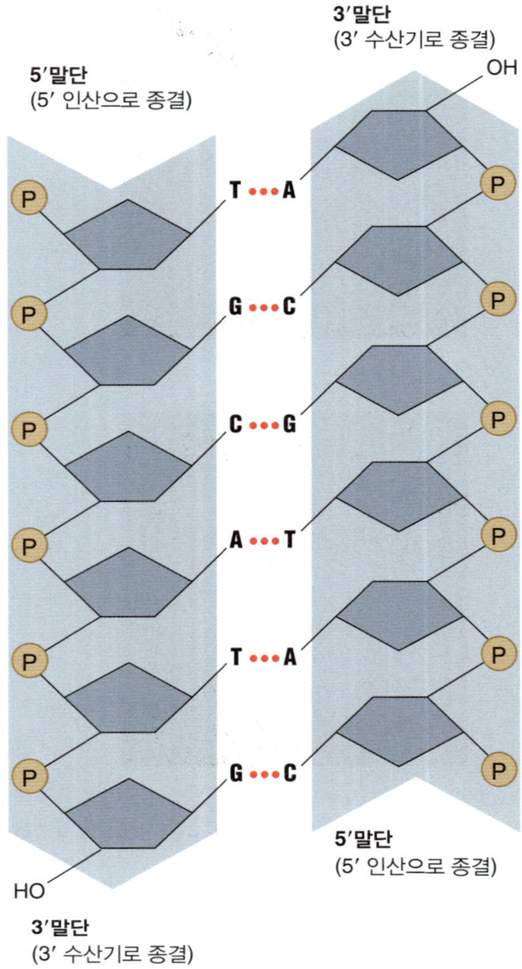

그림 6.6 상보성 가닥의 역평행 방향을 보여주는 DNA 조각. 넓은 화살표는 각 DNA 가닥의 5′ → 3′ 방향을 나타내고 있다. 인산기(P)들은 데옥시리보스의 3′ 탄소 그리고 이웃하는 또 다른 데옥시리보스의 5′ 탄소와 결합한다.

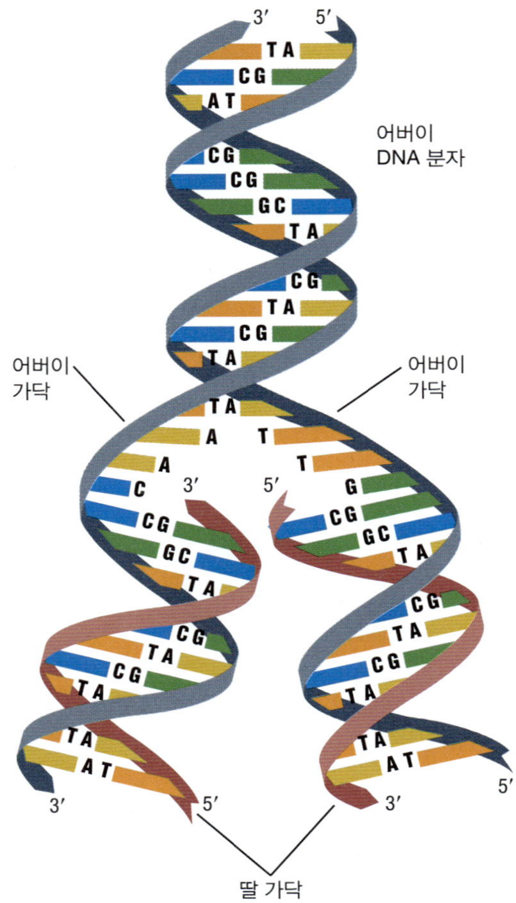

그림 6.7 왓슨–크릭 DNA 복제 모델. 새로 합성된 가닥은 붉은색이다. 새로 합성되는 가닥들은 *3′ 말단에서만* 신장된다.

티민과 아데닌 그리고 시토신과 구아닌 염기쌍이 모든 유전자 복제계에서 사용된다. 또한,

- 뉴클레오티드 단량체(monomer)가 *DNA* 중합효소(*DNA polymerase*)에 의해 신장하는 DNA 가닥의 끝에 한 번에 하나씩 첨가된다.
- 새 뉴클레오티드들은 오로지 신장하는 가닥의 3′말단에만 첨가된다.
- 새로 복제되는 DNA 가닥(또는 **딸 가닥, daughter strand**)의 염기서열은 복제되고 있는 기존 가닥(또는 **어버이 가닥, parental strand**)의 염기서열과 상보적(complementary)이다. 예를 들면, 아데닌 뉴클레오티드가 어버이 가닥에 존재하는 곳마다 티민 뉴클레오티드가 딸 가닥의 신장 말단에 첨가된다.

잠깐 생각해 봅시다 6.1

아래 그림의 위쪽 가닥은 주형 DNA 가닥이고, 아래쪽 가닥은 신장 중에 있는 딸 가닥이다. 어떤 뉴클레오티드가 다음 딸 가닥에 첨가될까?

다음 절에서는 딸 분자의 두 가닥이 어버이 가닥과 물리적으로 어떻게 관련되는지를 설명한다.

DNA 복제는 반보존적이다. 즉, 어버이 가닥이 그대로 남는다

그림 6.7에 그려진 복제 형태는 각 어버이 가닥이 새로 합성되는 가닥의 주형으로 작용하기 때문에 **반보존적 복제(semi-conservative replication)**라 한다. 반보존적 복제 방식에서

두 가닥의 어버이 가닥은 각각 새로 합성되는 딸 가닥 합성을 위한 주형으로 작용하며, 딸 가닥은 어버이 가닥과 수소결합을 한다. 복제가 진행되면 어버이 가닥의 이중나선 가닥이 풀리고 다시 2개의 새로운 이중가닥(한 가닥은 기존의 어버이 가닥이며, 다른 한 가닥은 새로 합성된 딸 가닥이다)으로 감기게 된다.

이론적으로 DNA는 반보존적 복제 기작 이외에 수많은 다른 방식에 의해 복제될 수 있다. 그러나 DNA 복제는 실제로 반보존적으로 이루어진다는 사실이 1958년 미셀슨(Matthew Meselson)과 스탈(Flanklin Stahl)의 실험에 의해 밝혀졌다. 그들은 고속으로 회전해서 밀도가 약간만 다른 분자도 용액 내에서 분리될 수 있도록 새로 개발된 **초원심분리기**(*ultracentrifuge*)를 사용하였다. 그들은 또한 무거운 질소 원소 ^{15}N를 사용하여 어버이 DNA 분자와 딸 DNA 분자를 물리적으로 분리하였다. 유일한 질소원으로 ^{15}N가 함유된 배양액에서 배양한 대장균으로부터 분리한 DNA는 보통의 ^{14}N 동위원소가 함유된 배양액에서 배양한 대장균의 DNA 보다 더 큰 밀도를 지닌다. ^{15}N와 ^{14}N로 표지된 DNA들은 고농도의 염화세슘(CsCl, cesium chloride) 용액에서 거의 동일한 밀도를 가지므로, 초원심분리기를 이용하여 서로 분리할 수 있다.

DNA를 함유하고 있는 CsCl 용액이 고속으로 원심분리될 때, Cs^+ 이온은 점차 원심분리 튜브의 바닥으로 가라앉지만, 확산(분자들의 무작위 이동)에 의해 상쇄되어 완전한 침전은 일어나지 않는다. 평형상태에서 튜브의 위쪽에서 아래쪽으로 점차 높아지는 직선형의 CsCl 농도 기울기(density gradient)가 형성된다. DNA도 튜브의 위쪽 또는 아래쪽으로 이동하여 자신의 밀도에 해당하는 CsCl 용액 밀도 부위에 위치하게 된다. 평형상태에서 ^{14}N("가벼움")와 ^{15}N("무거움")를 함유하는 대장균 DNA들은 약간의 밀도 차이에도 불구하고, 이 CsCl 밀도 기울기에서 뚜렷한 두 위치로 서로 분리된다. 이러한 이유 때문에 이 분리방법을 **평형 밀도-구배 원심분리**(*equilibrium density-gradient centrifugation*)라 한다.

미셀슨-스탈 실험은 가정에 의해 수행되는 과학의 교과서적 예이다. 다시 말하면, 그들은 여타의 다른 복제 기작들로부터 DNA 복제 기작(왓슨-크릭 모델)을 구별할 수 있는 하나의 가설을 세운 다음, 그 가정이 참인지 거짓인지를 알아보는 한 가지 실험을 수행하였다. 그림 6.8은 그들이 유

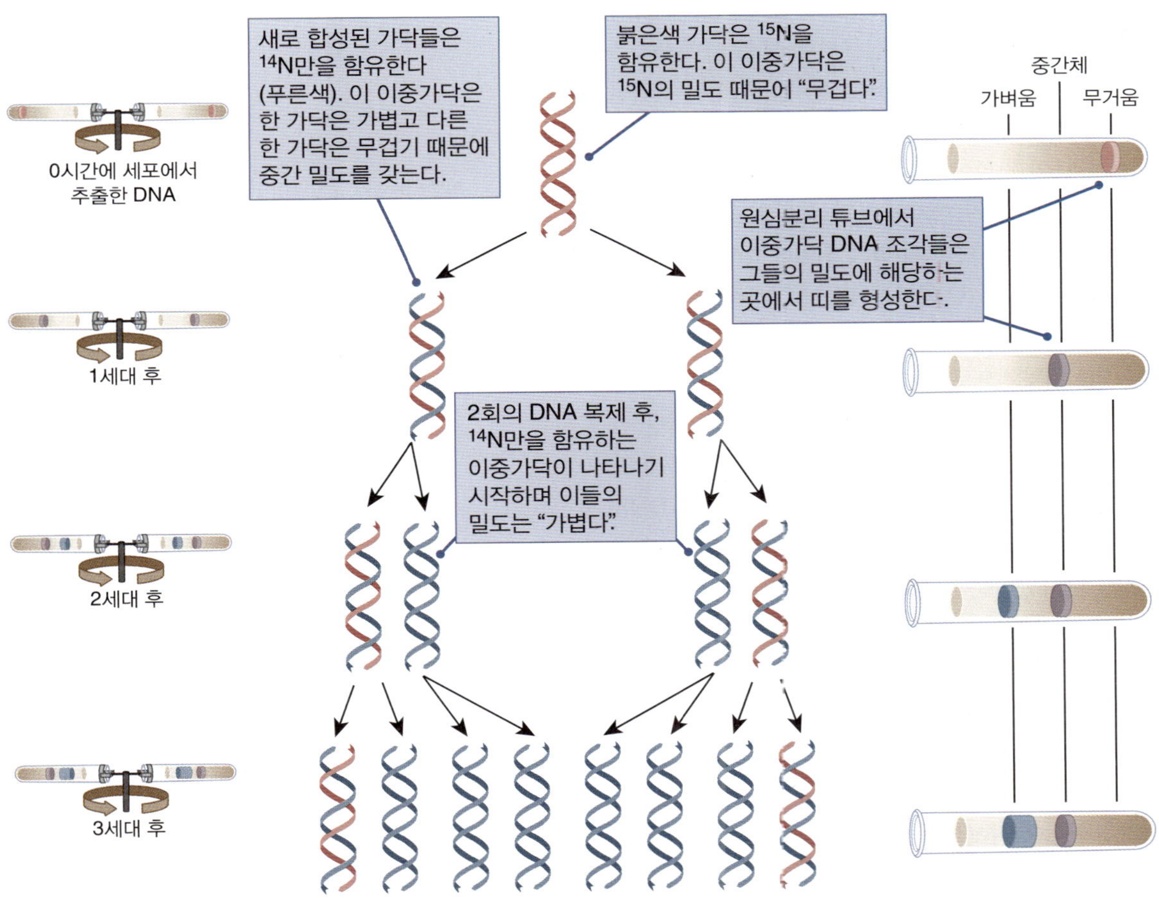

그림 6.8 반보존적 DNA 복제의 예측.

추한 가정을 그린 것이다. 그들은 박테리아를 ^{15}N-함유 배지에서 수 세대 동안 배양하여 모든 어버이 DNA 가닥이 "무거워(heavy)"지는 상황을 상정하였다. 한 시점에서 그 세포들을 ^{14}N-함유 배지에 옮겨 배양하면 새로 합성된 DNA 가닥은 "가벼워(light)"질 것이다. 만일 시간 간격을 두고 세포를 수거하여 이중가닥 DNA를 분리한 다음, DNA 분자들의 밀도를 결정하기 위해 평형 밀도-기울기 원심분리를 수행한다면 어떤 결과가 나올까? 그림 6.8은 반보존적 복제의 예상되는 실험결과를 보여주고 있다. 1회의 복제 후에 각각의 이중가닥 DNA는 한 가닥은 무겁고, 한 가닥은 가벼워야 한다. 따라서 모든 딸 분자들은 중간 밀도를 갖는다. 2회의 복제 후에는 원래의 어버이 가닥을 갖고 있는 이중가닥은 또 다시 중간 밀도를 갖겠지만, 이제 두 가닥 모두 가벼운 가닥으로 이루어진 이중가닥 DNA가 동일한 개수로 존재하게 되기 때문에 밀도가 다른 두 띠(band)가 예상된다. 3회의 복제 후에는 가볍고 중간 밀도를 갖는 DNA 이중가닥을 다시 예상할 수 있다. 그러나 이 세대에서 예상되는 비율은 리본 모식도가 보여주는 것처럼 3 : 1이 된다.

그림 6.9는 미셀슨–스탈 실험의 실제 결과를 보여주고 있다. 각 사진은 260 nm(nanometer)의 자외선(용액 속의 DNA에 의해 흡수됨)을 쪼인 원심분리 튜브의 이미지들을 보여주고 있다. 농도 기울기에서 DNA 분자의 위치는 자외선을 흡수하는 짙은 띠이다. 각 사진에서 오른쪽이 튜브의 바닥이고 왼쪽이 튜브의 위쪽이다. 사진의 오른쪽 그래프는 원심분리 튜브의 위쪽에서 바닥까지의 자외선 흡광도를 나타내고 있다. 그래프의 정점은 사진에서 띠의 위치에 해당하고, 정점의 높이와 넓이는 측정된 각 띠의 DNA 양을 나타낸다.

실험을 시작할 때(0세대), 모든 DNA는 무거운(^{15}N) DNA이다. ^{14}N 배양액으로 옮긴 후, 가벼운 밀도의 띠가 나타나기 시작하여 세포가 DNA를 복제하여 분열함에 따라 점점 더 분명하게 나타난다. 한 세대 후(1회전의 DNA 복제 및 2배의 세포 수), 모든 DNA는 정확히 ^{15}N-DNA와 ^{14}N-DNA의 중간인 "잡종(hybrid)" 밀도를 갖는다. 이런 잡종 밀도를 갖는 DNA가 나타났다는 사실은 복제된 분자가 똑같은 양의 2가지 종류(즉, ^{15}N와 ^{14}N)의 질소 동위원소를 가지고 있음을 의미한다. ^{14}N 배양액에서 1.9 복제 세대 후, DNA 중 약 절반은 양 가닥에 ^{14}N를 갖는 DNA("가벼운" DNA) 밀도를, 나머지 절반은 잡종 밀도를 갖고 있었다. 3세대 후, 가벼운 DNA와 잡종 DNA 비율은 약 3 : 1이었으며, 4.1세대 후에는 약 7 : 1이었다. 이러한 ^{15}N 원소의 분포는 그림 6.8에서 보여주고 있는 것처럼 정확하게 왁슨–크릭 구조의 반보존적 복제로부터 예측했던 결과이다. 수많은 바이러스, 박테리아, 고등생물을 이용한 비슷한 실험에서도 반보존적 복제가 보편적이라는 사실이 밝혀졌다.

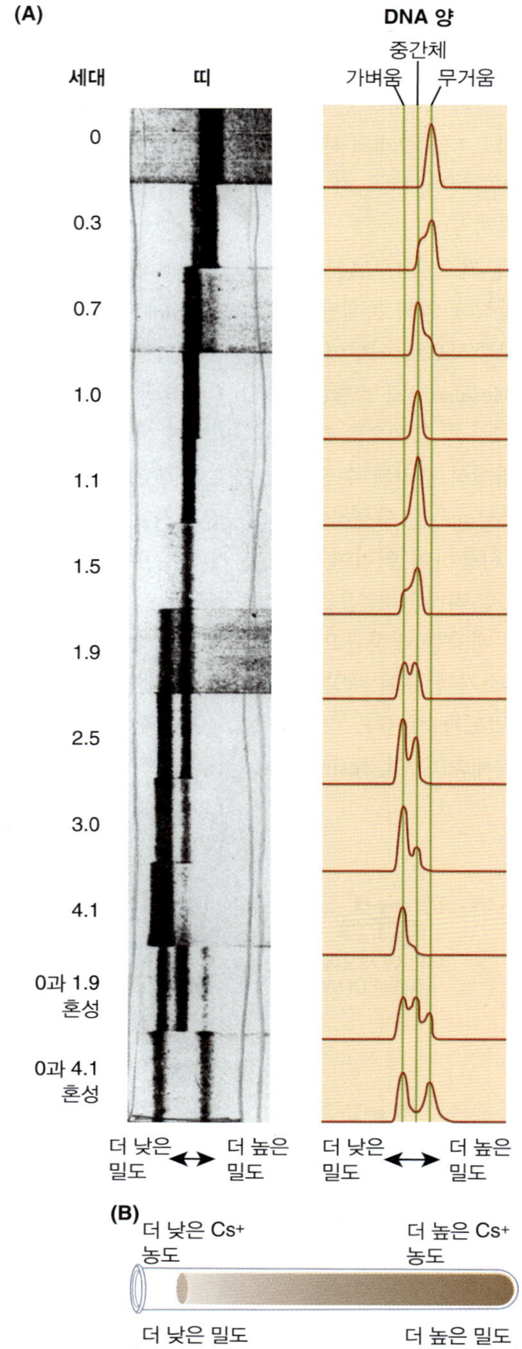

그림 6.9 미셀슨–스탈의 DNA 복제 실험. (A) 자외선을 비춘 원심분리 튜브들의 사진. 오른쪽 부분의 곡선들은 각 튜브 전체에 걸친 자외선 흡수량을 정량적으로 보여주고 있다. (B) 원심분리 튜브의 방향. [Photograph reproduced from M. Meselson and F. W. Stahl, *Proc. Natl. Acad. Sci. USA* 44 (1958): 671–682.]

미셀슨–스탈 실험에서는 DNA가 분리 과정 중에 심하

게 부서져 그 형태를 알 수 없었지만, 추후 온전한 형태의 DNA가 분리되고 여러 방법들에 의해 대장균의 DNA는 실제로 원형임이 밝혀지게 되었다.

잠깐 생각해 봅시다 6.2

반보존적 복제 이외에 *보존적 복제*(*conservative replication*)를 생각해 볼 수 있다. 보존적 복제에서는 어버이 가닥들이 일시적으로 분리되어 딸 가닥의 합성을 위한 주형으로 작용한 후, 다시 원래대로 돌아갈 것이다. 새로 합성된 딸 가닥들 또한 서로 결합하여 이중가닥을 형성할 것이다. 이것이 사실이라면 그림 6.8의 원심분리 튜브에서 DNA 분자들의 위치는 어떻게 달라질까? 미셀슨과 스탈의 실험 결과에서는 어떤 특징 때문에 보존적 복제가 거부되었는가?

복제되려면 DNA 가닥이 풀려야 한다

대장균의 DNA가 원형으로 복제된다는 사실은, 방사성 동위원소 ^{3}H로 표지된 티민(^{3}H-thymine)을 함유하고 있는 배지에서 대장균 세포를 배양함으로써, 모든 대장균 DNA가 ^{3}H으로 표지되도록 한 실험에 의해 최초로 증명되었다. 그 실험에서 조각이 나지 않도록 이 DNA를 분리하여 사진 필름 위에 놓았다. 방사성 동위원소가 붕괴되면서 필름 위에 작고 검은 점들을 만들고, 몇 달 후에는 현미경으로 DNA를 볼 수 있을 만큼 충분한 검은 점들이 나타나게 하였다. 그 결과, 대장균의 DNA는 1.6 mm(4.6 Mb)의 길이를 갖는 원형이라는 사실이 밝혀졌다.

DNA 복제가 시작되는 부위를 **복제기점(replication origin)**이라 하며, 어버이 가닥이 서로 분리되고 새로운 가닥이 합성되는 부위를 **복제분기점(replication fork)**이라 한다. 새로운 복제분기점이 만들어지는 과정을 **개시(initiation)**라 한다. 대부분의 박테리아, 박테리오파아지, 바이러스에서 DNA 복제는 특정 복제기점에서 시작된다. 또한 예외가 있기는 하지만 2개의 복제분기점이 복제기점으로부터 반대 방향으로 이동한다(**그림 6.10**). 이와 같은 사실은 DNA는 거의 항상 양방향으로 복제(bidirectional replication)함을 의미한다. 복제 중에 있는 원형이 마치 그리스 글자 세타(theta, θ)와 비슷하기 때문에 이런 형태의 복제를 세타 **복제(θ replication)**라 한다.

박테리아와 진핵세포 바이러스 같은 많은 종류의 원형의 DNA는 θ-모양의 중간체 없이 복제한다. 이러한 복제 방식을 **돌림바퀴-복제(rolling-circle replication)**라 한다. 돌림바퀴-복제에서 DNA 복제는 원형의 이중가닥의 특정 당-인산 결합이 끊어지면서 시작된다(**그림 6.11**). 이러한 절단은 화학적으로 구별되는 2가지 말단을 생성한다. 즉, 3′-OH기를 갖는 3′말단과 5′-P기를 갖는 5′말단이다. DNA는 바퀴(circle)로부터 5′말단이 풀어짐과 동시에 3′말단에 데옥시뉴클레오티드가 첨가되어 합성된다. 복제가 바퀴를 따라 진행되면 5′말단이 꼬리처럼 길어져 굴러 나온다.

대부분의 경우에서, 5′말단 꼬리는 길어지면서 상보적인 가닥을 합성하여 이중가닥 DNA 꼬리를 만든다. 풀린 가닥은 바퀴에서 새로 합성된 DNA와 화학적으로 연결되기 때문에 복제가 종결되지 않으며, DNA 가닥의 신장이 중단 없이 지속돼서 바퀴의 원주(circumference)보다 몇 배나 더 긴 꼬리가 형성된다. 돌림바퀴-복제는 원형의 중간체를 갖는 이중가닥 DNA 파아지의 복제 과정에서, 후기에 나타나는 일반적인 특징이다.

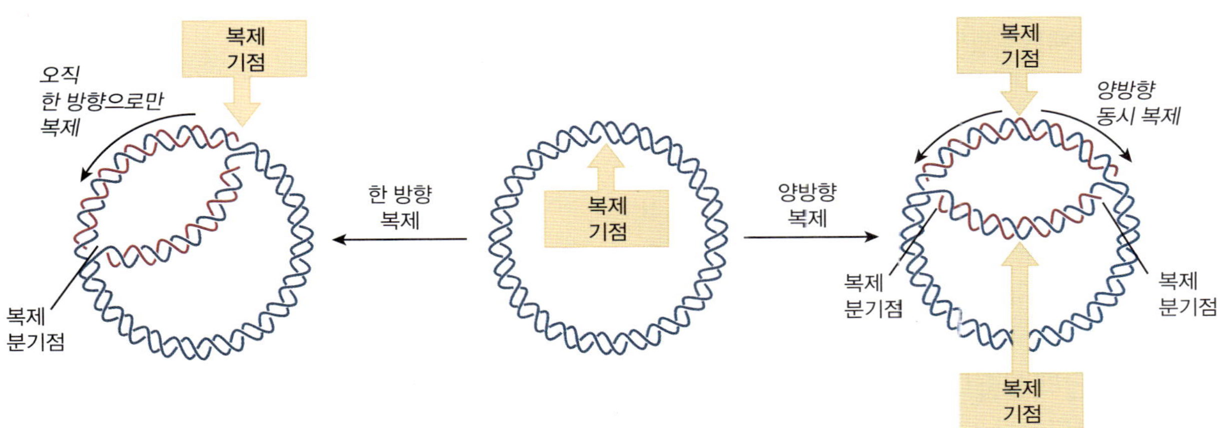

그림 6.10 한 방향 복제와 양방향 복제의 차이. 한 방향 복제에서는 단 1개의 복제분기점만 있지만, 양방향 복제에서는 2개의 복제분기점이 있다. 곡선 화살표는 복제분기점의 이동 방향을 나타낸 것이다. 대부분의 DNA는 양방향으로 복제한다.

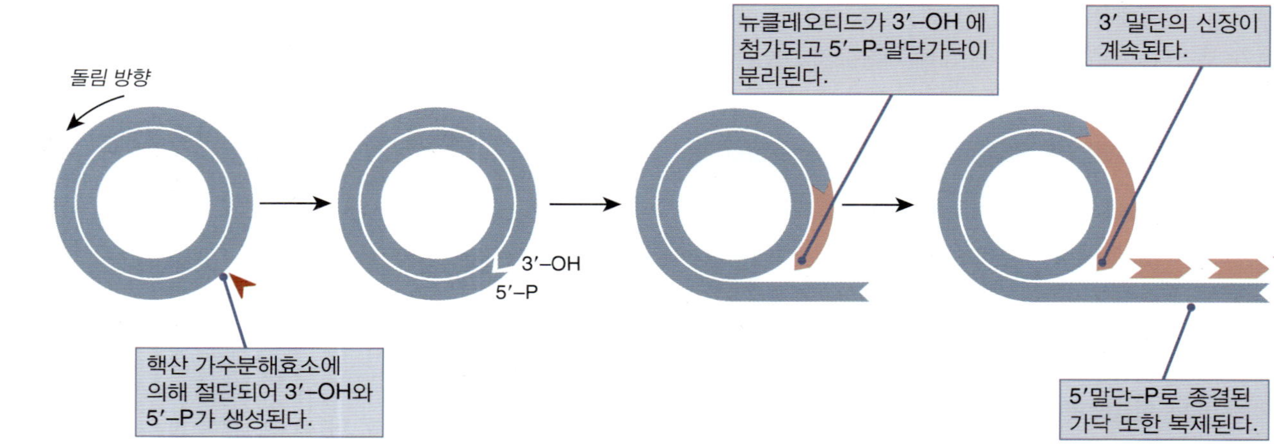

그림 6.11 돌림바퀴-복제. 새로 합성된 DNA는 붉은색이다. 분리되어 "꼬리"를 형성하는 가닥은 짧은 조각들로 복제된다.

진핵세포 DNA는 여러 개의 복제기점을 갖고 있다

진핵세포 염색체에 존재하는 이중가닥 DNA는 선 모양이지만 양방향으로 복제한다. 복제는 거의 동시에 DNA 여러 곳에서 시작된다. 수많은 복제기점에 의해 형성된 구조를 전자현미경으로 관찰할 수 있는데, 여러 개의 고리처럼 보인다(**그림 6.12A**). 이러한 동시 다발적인 복제 개시는 커다란 DNA 분자가 총복제 시간을 줄이기 위해 사용하는 수단으로 볼 수 있다. 진핵세포에서 각 복제분기점의 이동률은 초당 약 10–100 뉴클레오티드 쌍 정도이다. 예를 들면, 노랑초파리(*D. melanogaster*)에서 복제율은 25°C에서 초당 약 50 뉴클레오티드 쌍이다. 초파리에서 가장 큰 염색체에 존재하는 DNA는 약 7×10^7 뉴클레오티드 쌍이기 때문에 한 곳의 복제기점에서 양방향으로 복제가 이루어진다면, 복제의 완성에는 약 8일이 걸릴 것이다. 발생 중에 있는 초파리의 배(embryo)는 염색체당 약 8,500개의 복제기점을 사용하여 복제 시간을 단 몇 분으로 단축시킨다. 전형적인 진핵세포에서 복제기점들 사이의 거리는 약 40,000 뉴클레오티드 쌍 정도 떨어져 있기 때문에 염색체를 복제하는 데는 약 15~30분 정도 걸린다. 그러나 염색체가 동시에 복제하지 않으므로, 진핵세포의 모든 염색체가 복제하는 데는 5~10시간 정도 소요된다.

지금까지 우리는 DNA 복제의 기하학적 특징들만을 살펴보았다. 다음 절에서는 DNA 복제에 관여하는 효소와 단백질들에 관해 살펴본다.

6.5 많은 단백질들이 DNA 복제에 참여한다

그림 6.13은 DNA 복제에 관여하는 주요 분자들을 보여주고 있다. 각 분자들과 그들의 역할은 이어지는 다음 절에서 보다 상세히 다룰 것이다. 또한 이들이 어떻게 함께 행동하는지도 살펴볼 것이다. 어버이 DNA의 두 가닥이 서로 다르게 복제되는 것에 먼저 주목할 것. 두 어버이 가닥 중 한 가닥은 **선도가닥(leading strand)**이라 불리는 딸 가닥의 합성에 주형으로 작용하며 복제분기점 방향으로 연속해서 신장한다. 다른 한 어버이 가닥은 **지체가닥(lagging strand)**의 합성에 주형으로 작용하며, 이 지체가닥은 짧은 **전구체 조각(precursor fragment)**들로 합성되어 서로 이어진다. 이처럼, 복제 양식이 서로 다른 이유는 DNA 중합효소가 오로지 신장하는 사슬의 3′ 말단에만 뉴클레오티드들을 첨가할 수 있기 때문이다. 따라서 5′말단이 복제분기점에 가까이 있는 어버이 가닥은 연속적으로 합성될 수 있는 반면, 3′말단이 복제분기점 가까이에 있는 어버이 가닥은 더 짧은 조각들로 합성되어야 한다.

DNA 복제가 일어나려면 어버이 이중가닥 DNA 분자가 복제분기점의 이동에 따라 점차 풀려야만 한다. **헬리카아제(helicase)** 단백질은 ATP를 가수분해하여 얻은 에너지로 이중나선을 풀므로써, 어버이 가닥이 서로 나뉘도록 한다. 대부분의 세포들은 몇 가지 종류의 헬리카아제를 가지고 있으며, 특정 헬리카아제가 복제(replication), 재조합(recombination), 또는 DNA 수선(repair)에 관여한다. 이중나선의 가닥들은 풀리자마자 다시 서로 결합하려는 경향을 지니기 때문에 DNA 합성의 주형으로 사용되기 위해서는 단일가닥으로 안정하게 유지되어야 한다. 이와 같은 단일가닥의 안정화에는 **단일가닥 DNA 결합 단백질(single-stranded DNA binding protein, SSB)**(그림 6.13)이 관여한다. SSB는 단일가닥 DNA에 협동적(cooperatively)으로 강하게 결합하며, 단일가닥 DNA에 대한 결합 친화력이 이중가닥 DNA 보다 적어도 1,000배 이상 크다. 이러한 SSB의 단일가닥 DNA에 대한 강

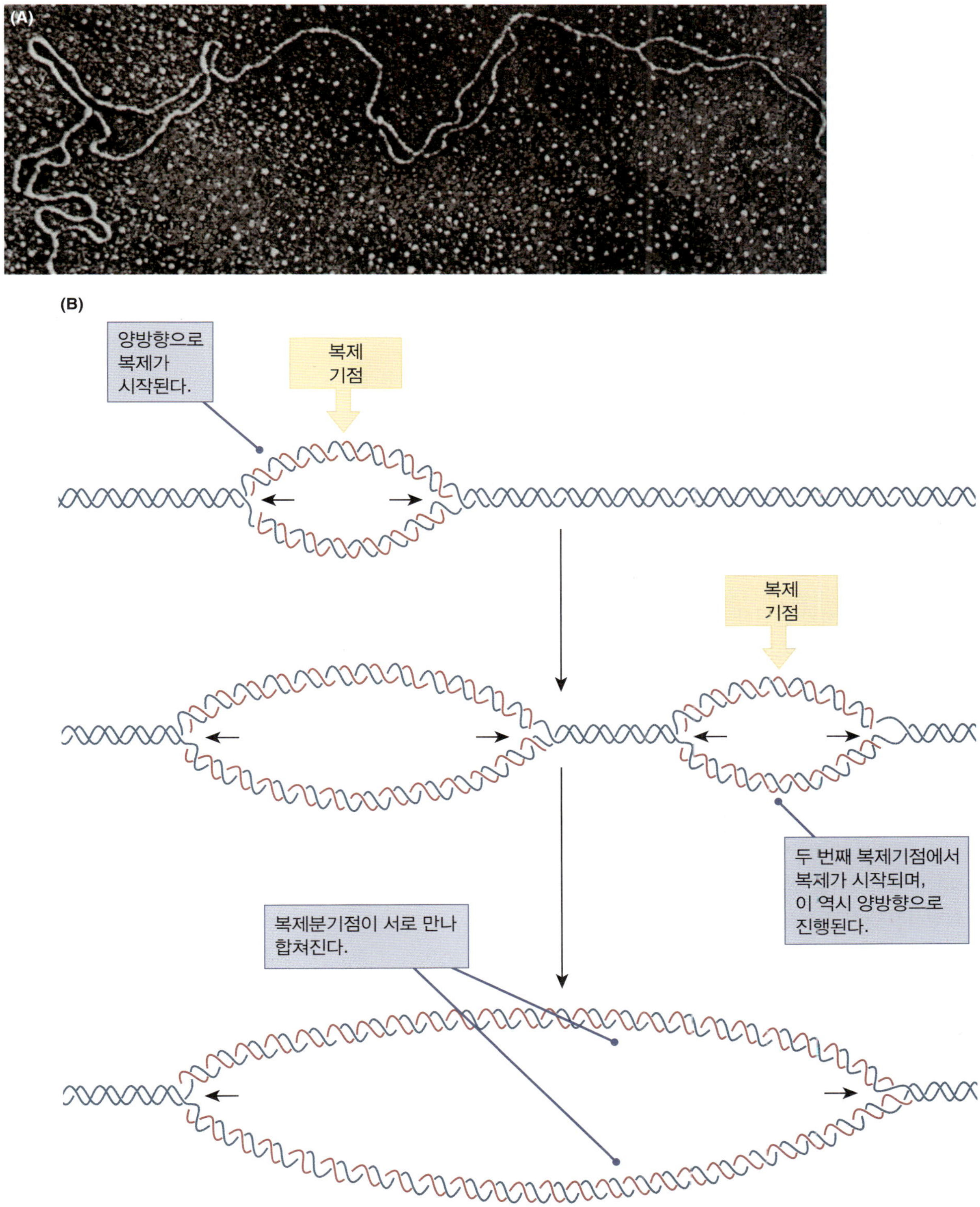

그림 6.12 복제 중인 노랑초파리의 DNA. (A) 5개의 복제 고리(replication loop)를 지닌 30 kb 조각의 전자현미경 사진. (B) 고리들이 어떻게 합쳐지는지를 보여주는 해석 모형. 이 모형에서는 2개의 복제기점을 보여주고 있다. 화살표들은 복제분기점들의 이동 방향이다.

Micrograph courtesy of David S. Hogness, Department of Biochemistry, Stanford School of Medicine.

한 결합 친화성에 의해 복제에 사용될 주형들이 안정화된다. 대장균에서는 동일한 종류의 SSB가 DNA 복제, 재조합 그리고 수선에 사용된다.

복제하고 있는 이중나선이 단일가닥으로 풀리기 위해서

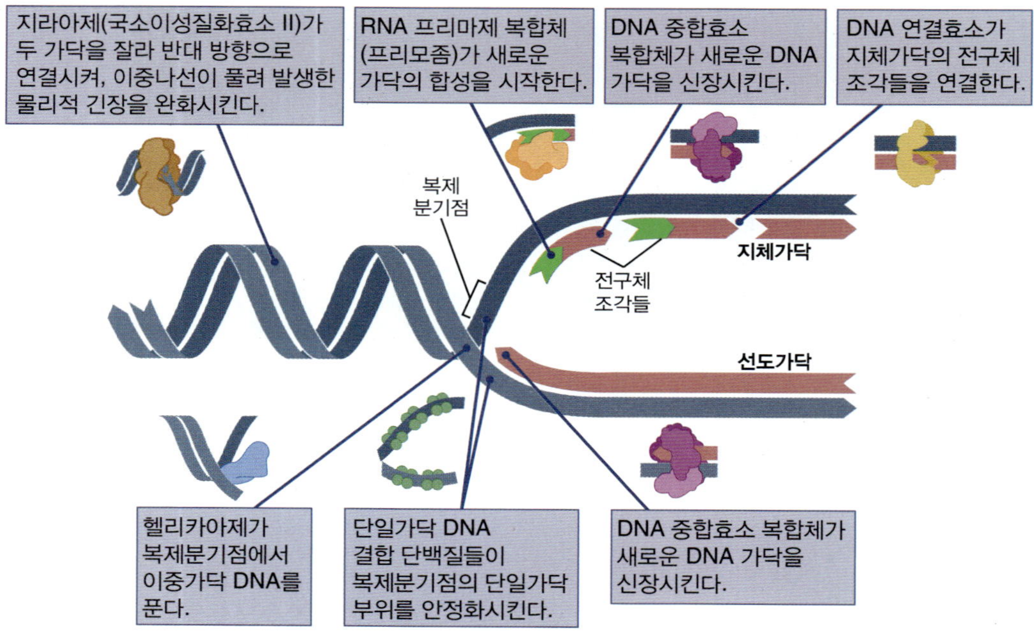

그림 6.13 DNA 복제에 필요한 핵심 단백질들의 역할을 강조한 개요. DNA 중합효소 복합체와 프리마제 복합체(primase complex)는 여러 개의 폴리펩티드 소단위체로 이루어져 있다. 이 그림에서는 전구체 조각들이 서로 만나면 이들을 연결시키는 DNA 중합효소는 생략되었다.

는 이중나선의 선회당 1회씩 완전한 회전이 이루어져야 하기 때문에 복제분기점의 전면에는 매우 큰 꼬임장력이 발생하게 된다. 따라서 꼬임장력에 의한 DNA 가닥의 분리 중단을 피하기 위해서는 어떤 회전고리 기작(swivel mechanism)이 존재해야 한다. 대장균에서는 약 10% 유전체만이 꼬임장력이 너무 커져서 더 이상 풀리지 않을 때까지 복제될 수 있다. 이러한 장력을 완화시켜 주는 회전고리의 역할은 **지라아제(gyrase)**라는 효소가 수행한다(그림 6.13). 지라아제는 이중가닥 DNA의 양쪽가닥을 잘라 이를 꼬이는 방향의 반대방향으로 회전시켜 다시 연결시킴으로써 꼬임장력을 완화시킨다(**그림 6.14**). DNA 가닥을 자르고 다시 이을 수 있는 효소를 **국소이성질화효소**(*topoisomerase*)라 한다. 지라아제는 이중가닥 절단(double stranded break)을 만들 수 있으므로 국소이성질화효소 II(topoisomerase II)라 한다.

헬리카아제에 의해 나선이 풀리고, SSB에 의해 주형가닥 DNA가 안정화돼서, 지라아제에 의한 꼬임장력이 완화되면 몇 개의 뉴클레오티드가 최초로 합성되고, 이것이 딸 가닥의 신장을 위한 **프라이머**(*primer*)로 작용하게 된다. 프라이머 합성은 다음 절에서 살펴본다.

각각의 새로운 DNA 가닥 또는 조각은 짧은 RNA 프라이머에 의해 합성이 시작된다

주 DNA 중합효소(major DNA polymerase)는 새로운 가닥의 합성을 시작하지 못한다. 왜냐하면, 단지 3′말단에서만 기

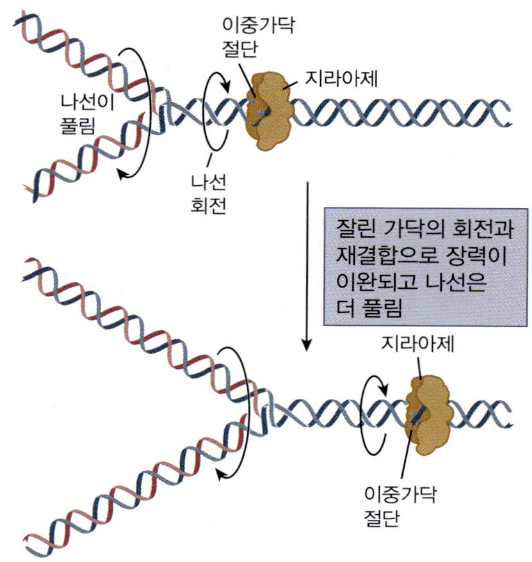

그림 6.14 DNA 지라아제(gyrase)는 복제분기점 앞에서 이중가닥을 절단한 후, 그 DNA 말단들을 중심축을 중심으로 회전시켜 이중나선이 풀리면서 생성된 DNA 가닥의 꼬임을 완화시킨다.

존의 DNA 가닥을 신장시킬 수 있기 때문이다. 대부분의 생물체에서 DNA 가닥의 개시(initiation)는 특정 **RNA 중합효소(RNA polymerase)**에 의해 이루어진다. RNA 중합효소는 프라이머(primer) 없이도 RNA 사슬을 합성할 수 있다는 점에서 DNA 중합효소와는 다르다.

DNA 합성은 짧은 **RNA 프라이머(RNA primer)**에 의해 시작된다(그림 6.13). 박테리아 세포의 RNA 프라이머

는 매우 짧으며, 항상 2~5개의 뉴클레오티드로 이루어져 있다. 이 짧은 RNA가 유리 3′-OH기를 제공하여 DNA 중합효소가 데옥시뉴클레오티드를 첨가하도록 한다(**그림 6.15**). 진핵세포에서 프라이머는 15~20개의 폴리펩티드로 이루어진 **프리모솜(primosome)**이라고 하는 다중효소 복합체(multienzyme complex)에 의해 합성된다. 프라이머는 약 12개 뉴클레오티드의 최초 RNA에 이 보다 약 2배 더 긴 DNA가 더해져 만들어진다.

잠깐 생각해 봅시다 6.3

DNA 주형가닥이 5′—TCAAGAGT—3′의 뉴클레오티드 서열을 갖고 있다면, 이 부위에 합성되는 RNA 프라이머의 서열을 어떻게 될까?

DNA 중합효소는 복제 과정에서 발생하는 오류를 수정하는 교정 기능을 가지고 있다

DNA 중합효소(DNA polymerase)는 새로 합성하는 DNA 사슬에서 이웃하는 뉴클레오티드 사이에 당-인산 결합(인산이에스테르 결합)을 만든다. DNA 중합효소에 의해 촉매되는 반응은 신장 중에 있는 사슬의 유리 3′-수산기(3′-OH)와 그 3′말단에 삽입되는 뉴클레오시드삼인산(nucleoside triphosphate)의 가장 안쪽 인산 원소 사이에 인산이에스테르 결합(phosphodiester bond)이 형성되는 반응이다(**그림 6.16**). 이 반응으로 신장가닥의 3′말단에 존재하는 3′ 수산기가 들어오는 뉴클레오티드의 가장 안쪽 인산기를 공격하면, 인산이에스테르 결합이 형성되고 바깥쪽에 있던 2개의 인산이 방출된다. 그 결과는 다음과 같다.

핵심 개념

DNA 합성은 *항상 5′ → 3′ 방향*으로 프라이머가 신장되어 진행된다.

어떤 뉴클레오시드삼인산이 복제에 사용될지는 주형사슬에 존재하는 뉴클레오티드와 삽입되는 뉴클레오시드삼인산이 서로 염기쌍을 형성할 수 있느냐에 의해 결정된다. DNA 중합효소는 항상 제대로 된 염기쌍이 존재할 때만 프라이머 말단에 새로운 뉴클레오티드를 삽입하는 중합반응을 촉매한다. 동일한 DNA 중합효소가 신장가닥의 3′—OH기 말단에 4가지 종류의 데옥시뉴클레오시드 인산(deoxynucleoside phosphate)을 첨가한다.

대장균에서는 2가지 종류의 DNA 중합효소, 즉 DNA 중합효소 I(DNA polymerase I, 약어로는 Pol I)과 DNA 중합효소 III(DNA polymerase III, 약어로 Pol III)가 DNA 복제에 필요하다. DNA 중합효소 III가 주 복제효소이다. Pol III는 큰 단백질 복합체 형태로 존재하며, DNA 분자의 신장에 관여할 뿐만 아니라 복제기점에서 복제분기점의 개시, RNA 프라이머에 뉴클레오티드의 첨가 등의 역할을 수행한다. Pol I은 다음 부분에서 기술한 것처럼, 복제에 필수적이지만 이차적인 역할을 수행한다. 진핵세포 역시 몇 가지 종류의 DNA 중합효소를 가지고 있다. 염색체 DNA 복제에 관여하는 핵심효소를 델타(δ) 중합효소(polymerase δ)라 한다. 미토콘드리아는 자신의 DNA를 복제하는 고유의 DNA 중합효소를 가지고 있다.

뉴클레오티드들을 중합하는 중합효소로서의 기능과 함께, 주요 DNA 중합효소들은 또한 핵산 사슬의 인산이에스테르 결합을 끊는 핵산말단분해효소(exonuclease) 활성을 가지고 있다. 대장균의 DNA 중합효소 I과 III은 3′말단에만 작용하는 핵산말단분해효소 활성을 가지고 있으며, 가장 마지

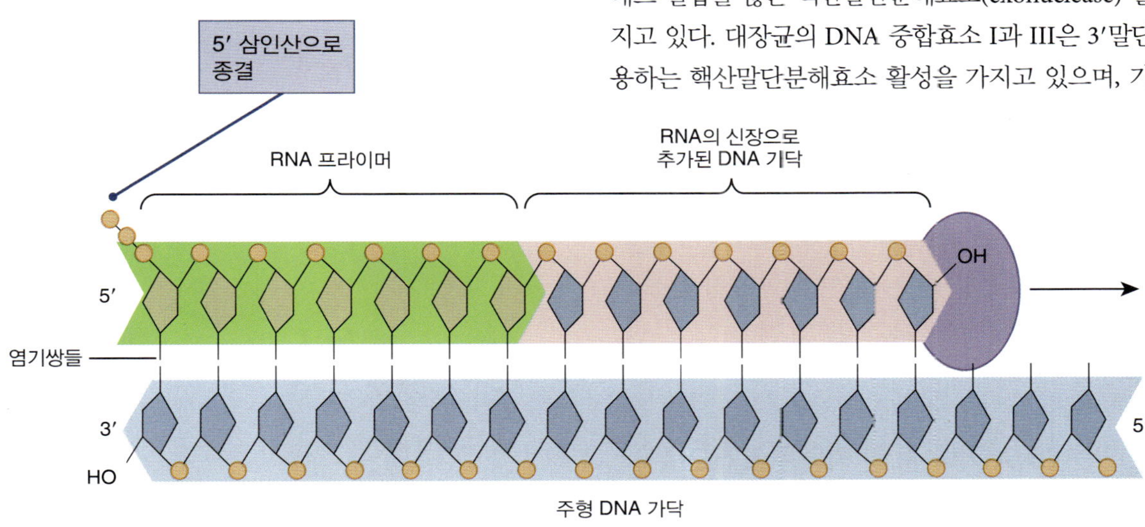

그림 6.15 새로 합성된 DNA 가닥의 구조. 짧은 RNA 프라이머(녹색)는 추후 제거된다.

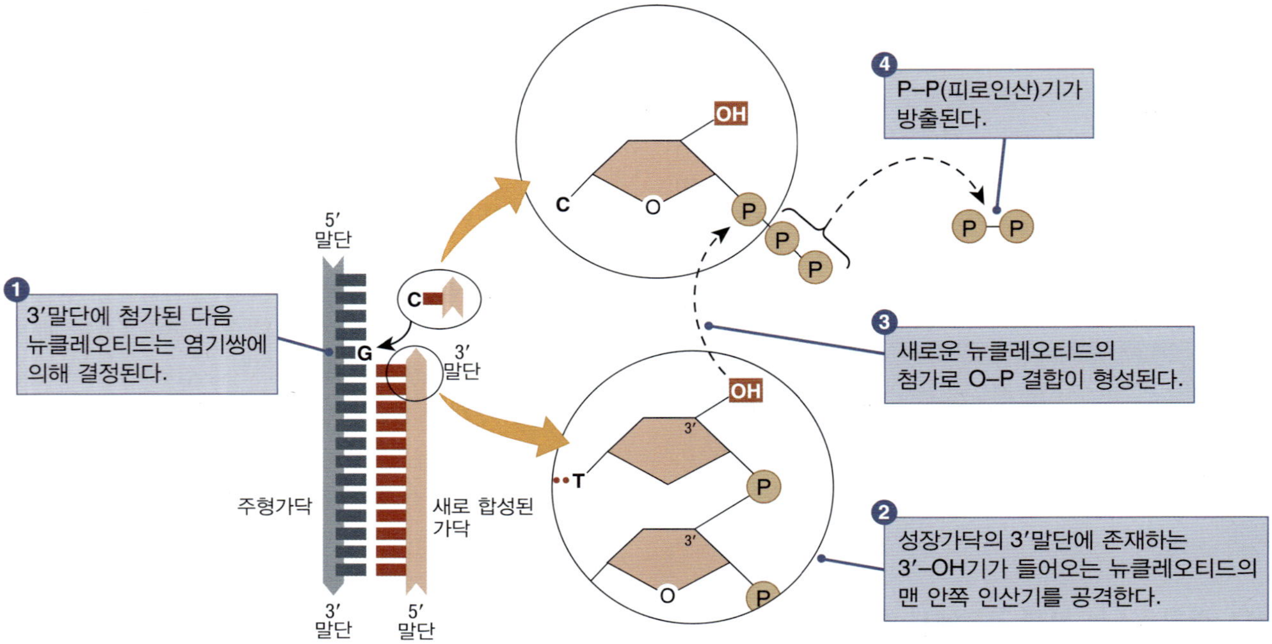

그림 6.16 신장하는 DNA 가닥의 3′-OH 말단에 뉴클레오티드들의 첨가. A와 T 사이의 수소결합 형성이 인식 단계임을 보여주고 있다. 신장하는 사슬의 3′ 말단에 존재하는 3′-OH기가 들어오는 뉴클레오시드 삼인산의 가장 안쪽 인산기를 공격하는 화학반응이 일어난다.

막에 첨가된 뉴클레오티드를 제거한다. 이러한 핵산말단분해효소 활성은 중합반응에서 일어날 수 있는 흔치 않은 실수를 교정하는 데 사용된다. 때때로 중합효소는 주형가닥의 염기와 염기쌍을 이룰 수 없는 부적절한 뉴클레오티드를 신장 중인 사슬에 첨가한다. 쌍을 이루지 못한 뉴클레오티드는 DNA 중합효소의 핵산말단분해효소 활성을 활성화시켜 신장 중인 사슬의 3′-OH 말단으로부터 해당 뉴클레오티드를 제거한다(**그림 6.17**). 적절하지 못한 뉴클레오티드를 잘라내고 중합효소로 하여금 오류를 바로 잡을 수 있는 또 다른 기회를 주기 때문에 DNA 중합효소의 이 핵산말단분해효소 활성을 **편집 기능(editing function)** 또는 **교정 기능(proofreading function)**이라 한다. 교정 기능은 단지 1개의 염기(마지막에 첨가된 염기)만을 "되돌아 볼 수 있다". 그럼에도 불구하고,

핵심 개념

교정 기능은 DNA 복제 과정에서 발생하는 부적절한 뉴클레오티드 삽입에 의해 발생하는 돌연변이 빈도를 감소시키는 실수-교정 기작(error-correcting mechanism)이기 때문에 유전학적으로 중요하다.

복제하고 있는 DNA 가닥 중 한 가닥은 조각으로 합성된다

DNA 중합효소는 오로지 3′말단으로부터 새로 합성되는

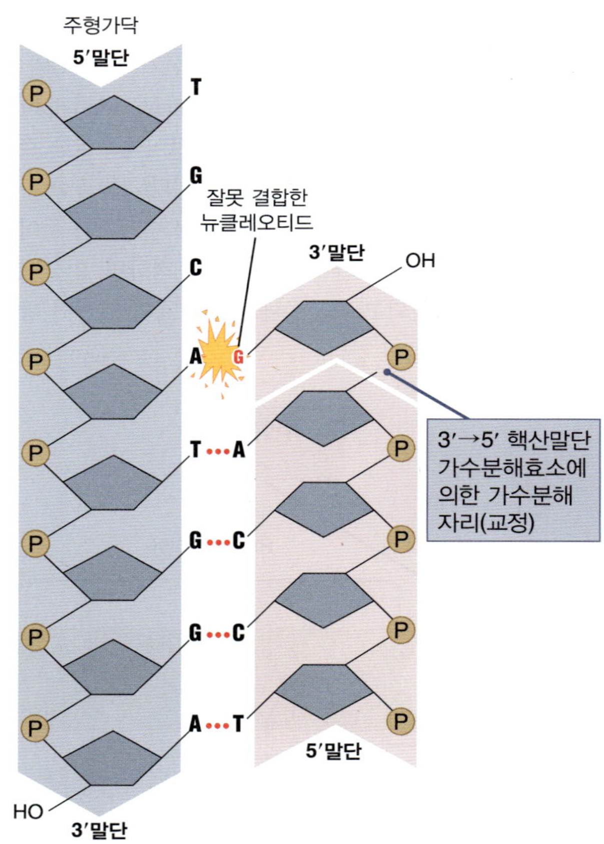

그림 6.17 교정 기능인 3′ → 5′ 핵산말단분해효소(exonuclease) 활성. 주형가닥의 A 염기와 쌍을 이루지 못한 G 염기의 뉴클레오티드가 잘려 신장가닥으로부터 방출된다.

인간 유전학 이야기

낫꼴세포빈혈증(Sickle-Cell Anemia): 최초의 "분자적 질병"

Vernon M. Ingram 1957
Cavendish Laboratory, University of Cambridge, England

인간 헤모글로빈의 유전자 돌연변이: 정상 헤모글로빈과 낫꼴 헤모글로빈의 화학적 차이

낫꼴세포빈혈증은 돌연변이에 의해 헤모글로빈(hemoglobin)의 분자구조가 바뀌어 발생한 질병이다. 그러나 무엇이 이러한 변화를 가져온 걸까? 인그람(Ingram)은 정상 헤모글로빈과 낫꼴 헤모글로빈을 단백질분해효소인 트립신(trypsin)으로 잘라 얻은 펩티드(peptide) 조각을 연구하였다. 그 결과, 오로지 8개의 아미노산으로 이루어진 펩티드에만 차이가 있음을 발견하였다. 그는 이 펩티드 조각을 "핑거 프린팅(finger printing)"라는 방법을 사용하여 더 연구하였다. 핑거 프린팅에서 그는 이 펩티드 조각을 더 조각내서 필터 종이판에 점으로 분리되도록 하였다. 먼저 종이의 끝 부분을 따라 전하(charge) 차이로 조각들이 분리되도록 하였고(전기영동), 그런 후에 용해도(solubility)에 따라 조각들이 다른 방향으로 분리되도록 하였다(크로마토그래피). 이 펩티드의 온전한 서열은 핑거 프린팅한 조각들의 아미노산 서열들로부터 유추하여 결정하였다. 정상 헤모글로빈의 이 펩티드 조각의 아미노산 서열은 다음과 같았다.

Val–His–Leu–Thr–Pro–<u>Glu</u>–Glu–Lys

(한 글자 약어로는 V–H–L–T–P–<u>E</u>–E–K이다). 반면에, 낫꼴세포빈혈증의 펩티드 조각의 아미노산 서열은 아래와 같았다.

Val–His–Leu–Thr–Pro–<u>Val</u>–Glu–Lys

(V–H–L–T–P–<u>V</u>–E–K). 밑줄 친 아미노산만 유일하게 다르다. 이는 유전자들이 비교적 단순한 방식으로 폴리펩티드들을 암호화할 수 있다는 것을 보여준 최초의 증거였다. 즉, 일련의 DNA 서열이 순차적으로 폴리펩티드 사슬의 아미노산 서열을 결정한다(인그람의 펩티드 서열에는 몇 개의 오류가 있었으나 다음의 논문에서 바로 잡았다).

> ***"그 차이는 거의 300개의 아미노산 중 단 한 개의 치환만 존재하는 실제로 아주 작은 변화이다."***

두 단백질의 [많은] 아미노산 중에 오로지 한 개만 차이가 난다. 그 2가지 단백질을 트립신으로 잘라 . . . 한 방향으로 전기영동하고 난 후, 다른 방향으로 크로마토그래피하여 종이 위에 분리하였다. . . 한 점을 제외한 모든 조각들은 동일한 크로마토그래피적 특성을 가졌다. . . 아래의 그림은 이 펩티드를 부분 가수분해시켜 . . . "핑거 프린팅"한 결과이다. 거의 300개의 아미노산 중 딱 한 개만 치환된, 실제로 매우 작은 차이만 있다.

Nature 180: 326–328.

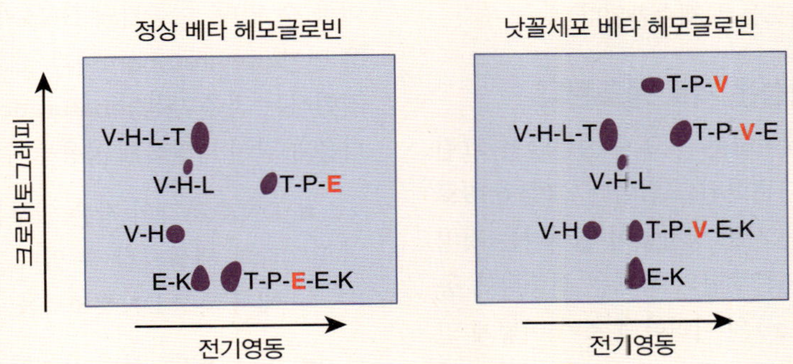

DNA 가닥을 신장시킬 수 있기 때문에 1개의 복제분기점에서 두 가닥 모두 5′ → 3′ 방향으로 신장한다. 즉, 새로 합성되는 두 가닥의 DNA는 어버이 가닥을 따라 서로 반대 방향으로 신장한다(그림 6.13). 새로 합성되는 두 가닥의 DNA 중 한 가닥은 연속적으로 합성되지만, 다른 한 가닥은 작은 전구체 조각들(precursor fragments)로 합성된다. 전구체 조각의 크기는 원핵세포에서는 1,000~2,000 염기쌍 정도이고, 진핵세포에서는 100~200 염기쌍 정도이다.

전구체 조각들은 서로 만나 이어진다

전구체 조각들은 결국 이어져서 연속적인 DNA 가닥을 이룬다. 이 가닥에는 RNA 서열이 없다. 따라서 지체가닥이 이어지려면 최종적으로 다음과 같은 과정이 필요하다.

- RNA 프라이머의 제거
- RNA 서열을 DNA 서열로의 교체
- 이웃하는 DNA 조각들과의 결합

대장균에서 프라이머의 제거와 교체는 특정 DNA 중합효소(Pol I)에 의해 이루어진다. 이 DNA 중합효소의 핵산말단분해효소 활성(exonuclease activity)은 한 번에 1개의 리보뉴클레오티드를 제거한 다음, 중합효소 활성을 통해 데옥시리보뉴클레오티드로 교체한다. 진핵세포에서 프라이머 RNA는 완전히 제거된다(그림 6.18). 중합효소 복합체(polymerase complex)가 다음 전구체 조각의 RNA를 만나면(A 부분) RPA(replication protein A, 복제단백질 A)라고 하는 단백질이 중합효소 복합체에 합류한다. RPA는 단일가닥 DNA 결합단백질(single-stranded DNA binding protein)이며, 이중나선으로부터 RNA와 짧은 DNA 조각을 풀어 그곳에 결합함으로써 풀린 단일가닥을 안정화시킨다(그림 6.18B). RPA는 또한 핵산내부분해효소(endonuclease)를 불러들여 이중나선으로부터 풀린 단일가닥을 자르며, 또한 잘려나간 조각의 RNA와 DNA 가닥을 연결하고 있는 결합을 절단한다. 이렇게 되면 중합효소 복합체는 잘려나간 조각을 DNA 뉴클레오티드들로 교체하고, DNA 연결효소(DNA ligase)가 두 전구체 조각을 연결하는 최종 결합의 형성을 촉매한다(C 부분). 이렇게 잘려나간 RNA와 DNA 조각은 효소들에 의해 뉴클레오티드들로 쪼개지고, 이 뉴클레오티드들은 재순환된다.

선도가닥과 지체가닥의 합성은 서로 동조된다

그림 6.19는 DNA 복제에 참여하는 주요 구성분들을 그린 것이지만 이는 여전히 매우 단순화된 그림이다. 그림 6.19로만 보면 각 주형가닥의 복제는 서로 상관없이 일어나는 것처럼 보이지만, 실제로는 두 가닥 주형의 복제는 신중하게 동조(coordination)된다. 그림 6.20은 이러한 동조가 어떻게 일어나는지를 보여주고 있다(이 그림에서도 단순화를 위해 복제에 참여하는 대부분의 단백질들을 생략하였다). 선도가닥과 지체가닥의 동조는 지체가닥의 주형을 뒤틀어 고리를 만드는 과정을 통해 이루어진다. 고리가 형성되면 지체가닥의 중합효소 복합체가 선도가닥의 중합효소 복합체에 근접하게 되어 두 가닥(선도가닥과 지체가닥)이 단백질 죔쇠(protein clamp)에 의해 서로 결합된다. 따라서 어떤 이유로 든 하나 또는 다른 중합효소 복합체가 느려지거나 멈추게 되면(예를 들어, 손상된 DNA가 복구되는 시간을 주기 위해) 다른 하나도 늦추거나 멈추게 된다. 중합효소 죔쇠(clamp)는 일시적인 것이며, 지체가닥의 중합효소 복합체가 전방 전구체 조각의 RNA 프라이머에 맞닿을 때 방출된다. 이 시점에서 복제분기점이 전진하고, 새로운 RNA 프라이머가 생성되며, DNA 중합효소 복합체는 지체가닥에 합류하여 다시 선도가닥의 중합효소 복합체에 고정된다. 지체가닥의 주형에 있는 고리화 DNA 때문에 이제 이 DNA 복제 모델을 **트롬본 모델(trombone model)**이라 부른다.

6.6 DNA 구조에 대한 지식이 DNA 분자의 조작을 가능하게 한다

이 부분과 다음 부분은 DNA 구조와 복제에 관한 지식이 DNA 분리 및 조작기술을 개발하는 데 실제적으로 어떻게 사용되었는지를 보여줄 것이다

상보적인 염기서열을 지닌 단일가닥의 DNA 또는 RNA는 서로 결합할 수 있다

DNA의 가장 중요한 특징 중 하나는 뉴클레오티드를 연결하는 인산이에스테르결합이 끊어지지 않는 상태에서도 이중가닥이 서로 분리될 수 있다는 점이다. 충분히 높은 온도가 유지되면 무작위 분자운동(random molecular motion)에 의해 DNA 가닥의 분리가 지속된다. 상보적인 염기서열 사이의 수소결합이 안정하게 유지될 수 있을 정도의 낮은 온도라면, 적절한 조건하에서 염기서열이 서로 상보적이거나 거의 상보적인 단일가닥의 DNA들은 서로 결합하여 이중나선을 이룰 수 있다. 이중가닥 DNA가 단일가닥으로 분리되는 것을 **변성(denaturation)**이라 하고, 단일가닥의 DNA가 서로 결합하는 것을 **재생(renaturation)**이라 한다. 변성과 재생은 다음과 같이 다양하게 응용될 수 있다.

- DNA 조각의 작은 일부를 그 보다 훨씬 큰 DNA 조각과 재생시킬 수 있다. 이를 이용하면 복합 혼합물에서 특정 DNA 조각을 찾아낼 수 있다.
- 한 유전자로부터 유래한 DNA 조각은 동일한 유전체 내의 다른 유전자로부터 유래한 서열이 비슷한 DNA 조각과 재생할 수 있다. 이를 이용하면 서열이 동일하지는 않지만 비슷한 그리고 유사한 기능을 갖고 있는 다른 유전자를 찾아낼 수 있다.

원천이 다른 2가지 종류의 DNA가 재생되는 과정을 **핵산 혼성화(nucleic acid hybridization)**라 한다. 왜냐하면 재생된

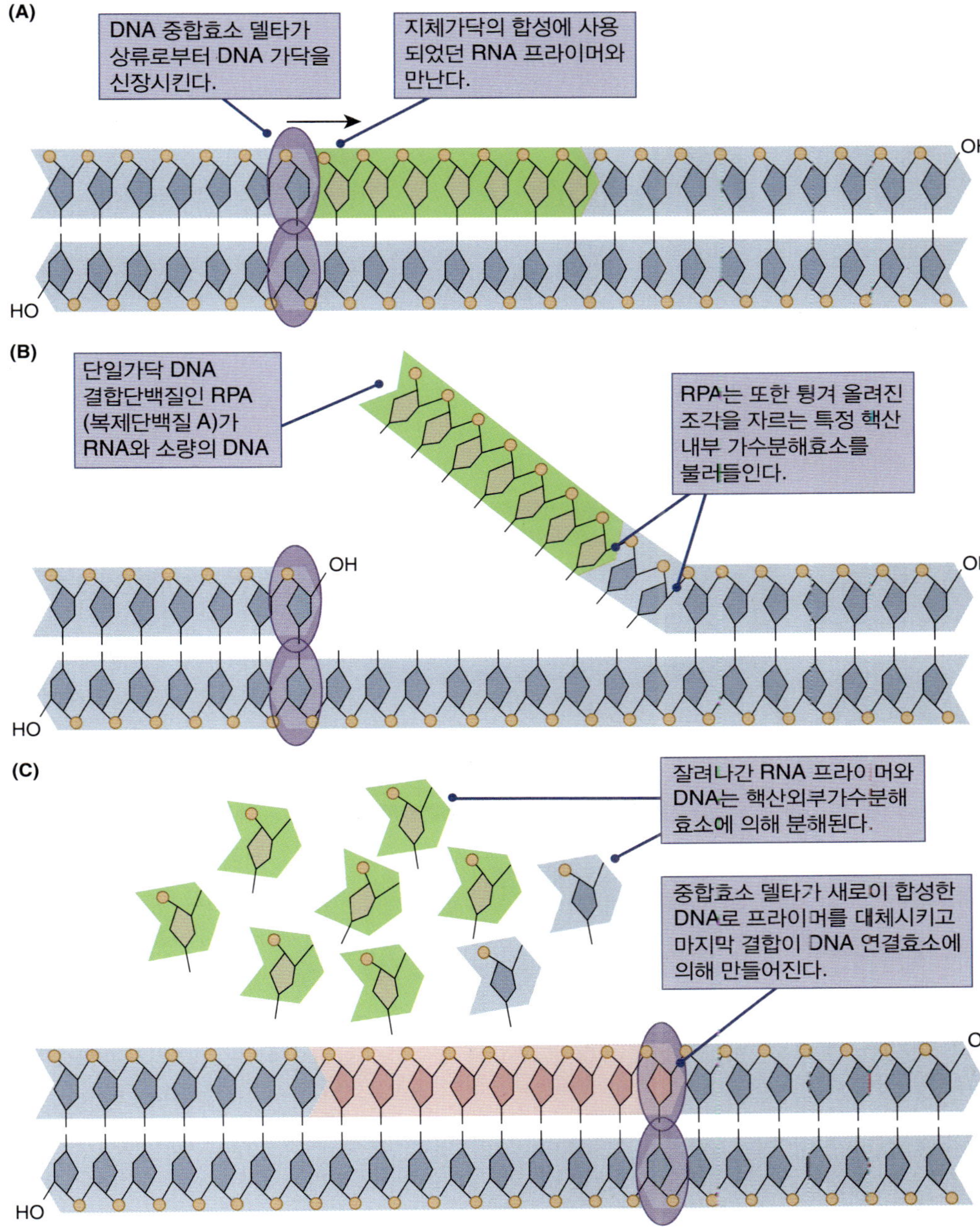

그림 6.18 진핵세포에서 이웃하는 전구체 조각들의 결합 순서.

이중가닥 DNA는 "혼성(hybrid)"이기 때문이다. 혼성화의 정도는 두 상보성 가닥이 무작위적인 기회로 만나 올바른 염기쌍을 형성해야 하는 한계가 있기 때문에 혼성화의 초기 단계는 천천히 일어난다. 이러한 초기 염기쌍 형성 단계는 남아 있는 상보성 염기들의 신속한 염기쌍 형성과 나선의 감김으로 이어진다. 나선의 감김은 초 단위로 일어나며, 그 형성률은 상보성 가닥이 이미 서로 결합해 있기 때문에 DNA 농도와 무관하다.

그림 6.21은 분자수준에서 핵산 혼성화 과정을 보여주고 있으며, "꼬리표(tag)"를 가지고 특정 DNA 조각을 찾는 데 혼성화가 어떻게 사용되는지를 보여주고 있다. (A)는 방사선 동위원소 또는 빛을 발산하는 분자로 표지된 **탐침(probe)**이라고 하는 변성 DNA 용액을 보여주고 있다. 탐침 DNA는 항상 이중가닥의 DNA를 단일가닥으로 변성시킨 것이다. 그림 6.21의 (B)는 니트로셀룰로스(nitrocellulose)에 붙인 염색체 DNA 조각의 고형을 보여주고 있다. 탐침을 유전체 조각과 혼합하면(C), 무작위적 충돌로 짧은 상보성 가닥들이 서로 결합한다. 만약 상보성 서열부위가 너무 짧으면(D), 그때는 무작위성 충돌로는 재생이 시작되지 못한다. 왜냐하면 주변 서열들이 염기쌍을 형성하지 못하기 때문이다. 이 경우에

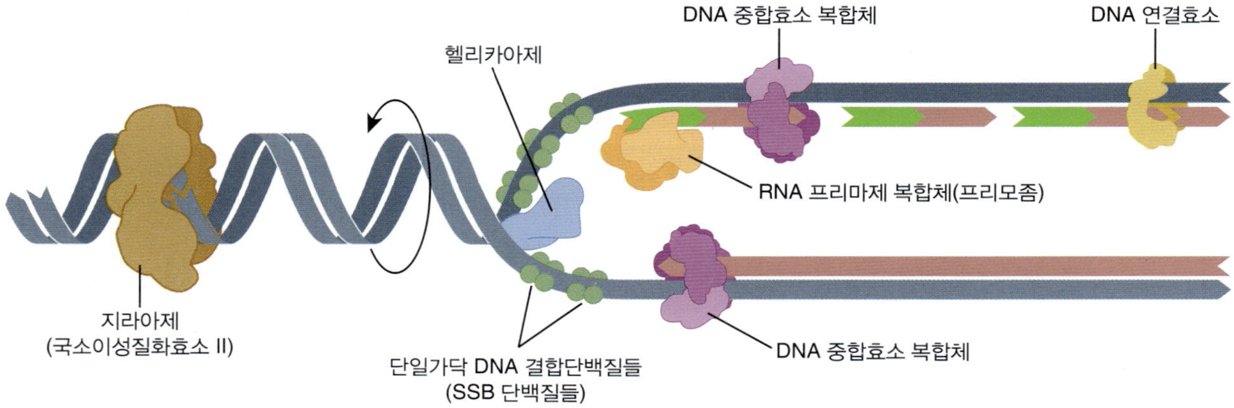

그림 6.19 DNA 복제에 참여하는 몇 가지 핵심 단백질들의 물리적 위치.

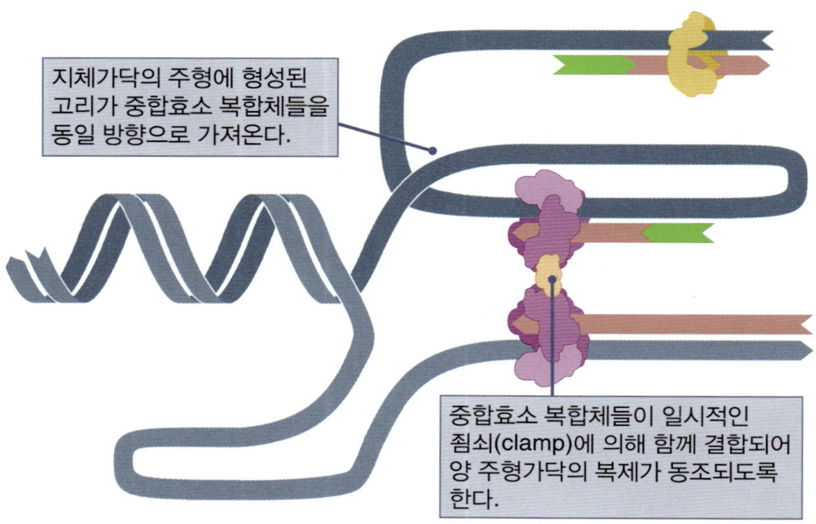

그림 6.20 DNA 복제의 트롬본 모델. 중합효소 복합체들이 어떻게 죔쇠(clamp) 단백질에 결합되어 양 주형가닥들의 복제가 동조되는지 보여주고 있다.

탐침은 곧 떨어지게 된다. 그러나 충돌이 올바른 자리에서 이루어져 짧은 서열끼리의 결합이 이루어지면(E), 염기쌍 형성이 최초의 접촉 부위로부터 지퍼(zipper)처럼 진행되기 때문에 재생이 시작된다. 중요한 것은 DNA 조각들이 충분히 긴 길이의 염기쌍을 형성해야만 혼성화가 이루어진다는 점이다. 염기쌍이 형성된 부위에서 잘못 짝을 이룬(mismatch) 것도 유지될 수 있다. 얼마나 많은 잘못된 염기쌍이 형성되는가는 실험조건에 의해 결정된다. 즉, 잘못된 염기쌍의 형성 비율은 혼성화가 수행될 때, 온도가 낮을수록 또는 염의 농도가 높을수록 더 커진다.

제한효소는 이중가닥 DNA의 특정 염기서열을 인식해서 자른다

무작위 파쇄(random shearing)로 커다란 DNA 분자를 더 작은 조각으로 쪼갤 때 발생하는 문제점 중 하나는 특정 유전자 또는 유전자 일부를 가지는 DNA 조각들이 모두 크기가 다르다는 것이다. 각 DNA 조각의 길이가 무작위의 길이를 가지기 때문에 무작위 파쇄로는 특정 DNA 조각을 분리해서 동정할 수 없다. 그러나 이 부분에서 기술하고자 하는 중요한 효소기술을 이용하면 특정 DNA 부위만을 선택적으로 자를 수 있다.

제한효소(restriction enzyme) 또는 보다 구체적으로는 제한 핵산내부분해효소(*restriction endonuclease*)라고 하는 일련의 효소들은 DNA 상에 존재하는 특정 짧은 염기서열을 자를 수 있다. 예를 들면, *Bam*HI은 아래와 같은 이중가닥 염기서열을 인지하여 붉은색의 G-를 지닌 두 뉴클레오티드 사이를 자른다. **그림 6.22**는 *Bam*HI의 인식서열과 절단 반응을 보여주고 있다.

5′-GGATCC-3′
3′-CCTAGG-5′

표 6.2는 지금까지 알려진 수백 가지 종류의 제한효소 중에 6개를 보여주고 있다. 대부분의 제한효소들은 박테리아에서 분리되었으며, 제한효소가 발견된 종의 이름을 따서 이름이 붙여졌다. 예를 들면, *Bam*HI은 *Bacillus amyloliquefaciens* H 균주에서 분리되었는데, 이 균주에서 분리된 최초(I)의 제한효소이다. 대부분의 제한효소들은 오직 한 종류의 짧은 염기서열(거의 항상 4개 또는 6개의 뉴클레오티드 쌍)만을 인지한다. 제한효소는 자신이 인지하는 염기서열에 결합하여 DNA의 양 가닥을 절단함으로써 각 절단위치에 3′–OH와 5′–P기를 만든다(그림 6.22). 제한효소에 의

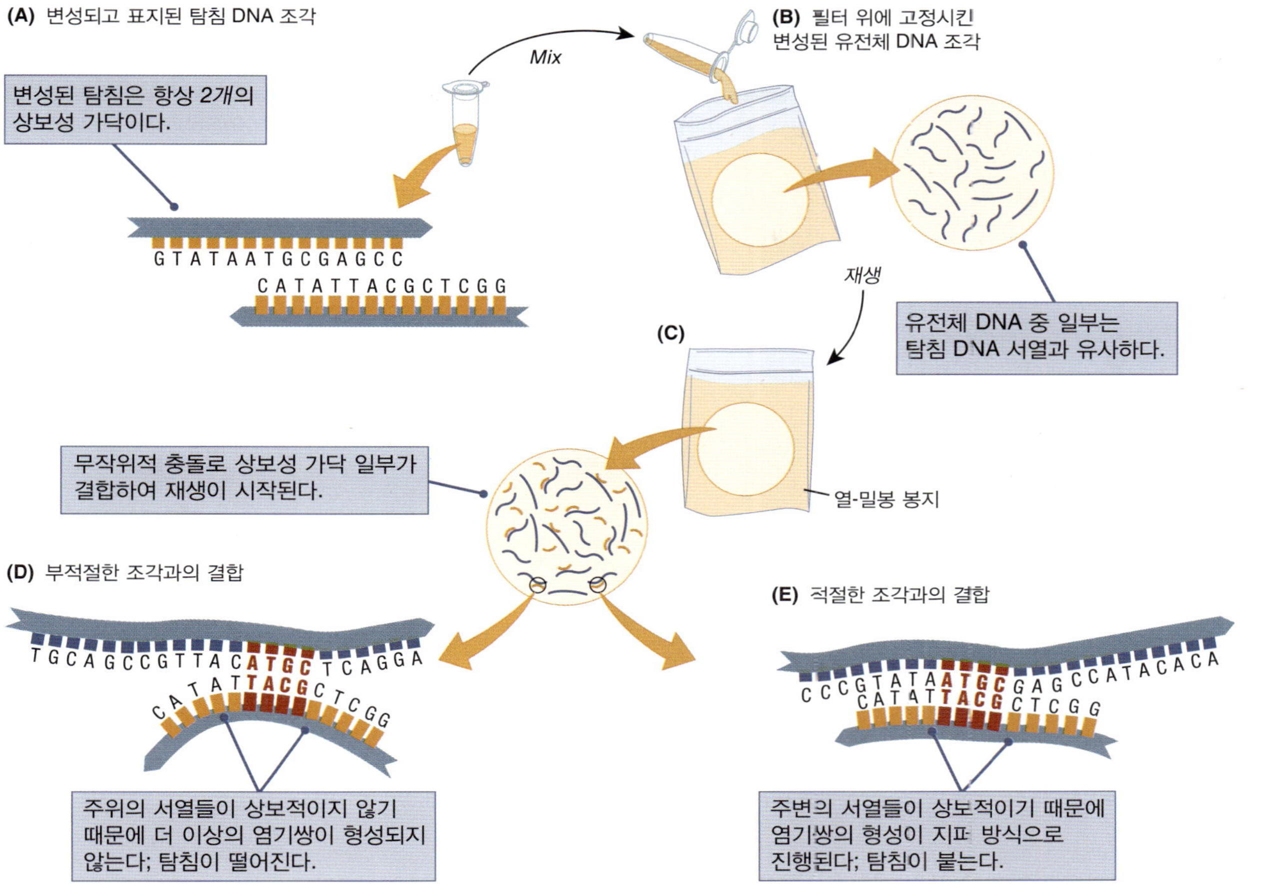

그림 6.21 핵산 혼성화. (A) 탐침 DNA(클론으로부터 얻음)를 변성시켜, (B) 변성시킨 유전체 DNA 가닥을 붙인 필터와 반응시킨다. (C) 적당한 조건의 염 농도와 온도에서 짧은 상보성 가닥들이 무작위 충돌로 서로 만난다. (D) 짝을 이룬 부위 근처의 서열들이 더 이상 상보적이지 않으면 탐침과 유전체 DNA 가닥 사이의 결합이 불안정해져서 이들은 다시 떨어진다. (E) 만일, 짝을 이룬 부위 근처의 서열들이 상보적이면 더 많은 염기쌍이 형성돼서 재생된 이중가닥을 안정화시킨다.

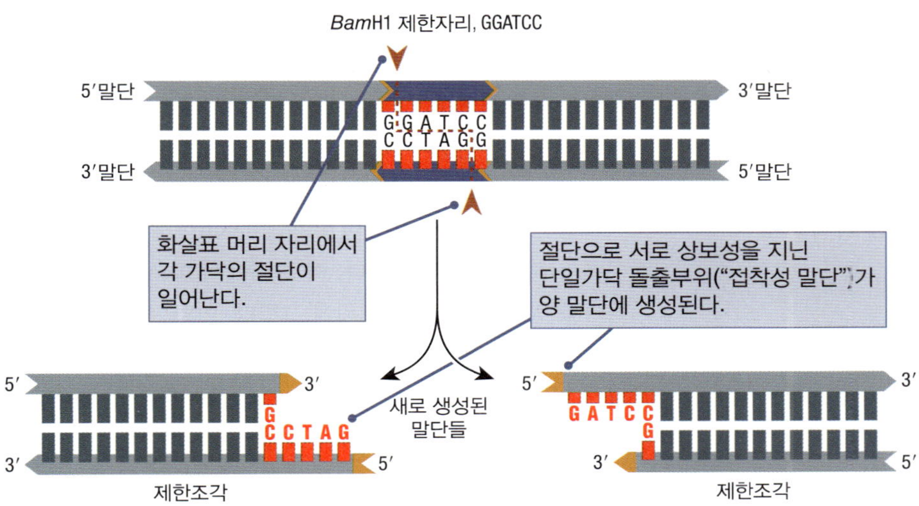

그림 6.22 제한효소 BamHI의 DNA 절단기작. BamHI은 이중가닥 DNA 내에 제한자리가 있는 곳이면 어디든 각 DNA 가닥의 척추를 잘라 단일절단(single cut)을 만든다. 각 단일절단으로 새로운 3′말단과 5′말단이 만들어지고, 이중가닥 DNA는 두 조각으로 나뉜다. BamHI은 엇갈리게 자르기 때문에 4개 뉴클레오티드 길이에 해당하는 단일가닥 부위가 생성된다.

해 인지되어 잘리는 뉴클레오티드 서열을 효소의 **제한자리(restriction site)**라 한다. 표 6.2의 제한효소들은 모두 비대칭적으로 제한자리를 자른다. 즉, 두 DNA 가닥을 다른 위치에서 자른다. 그러나 3개의 제한효소들은 대칭적으로 자른다. 즉, 두 DNA 가닥을 동일한 자리에서 자른다. 비대칭으로 자르는 제한효소는 **접착성 말단**(*sticky end*)을 남긴다. 왜냐하면, 잘린 자리의 양 말단은 서로 상보적인 염기서열을 갖는 단일가닥의 돌출(overhang) 부위를 지니기 때문이

표 6.2 몇 가지 제한효소들, 그들의 원천 및 절단자리

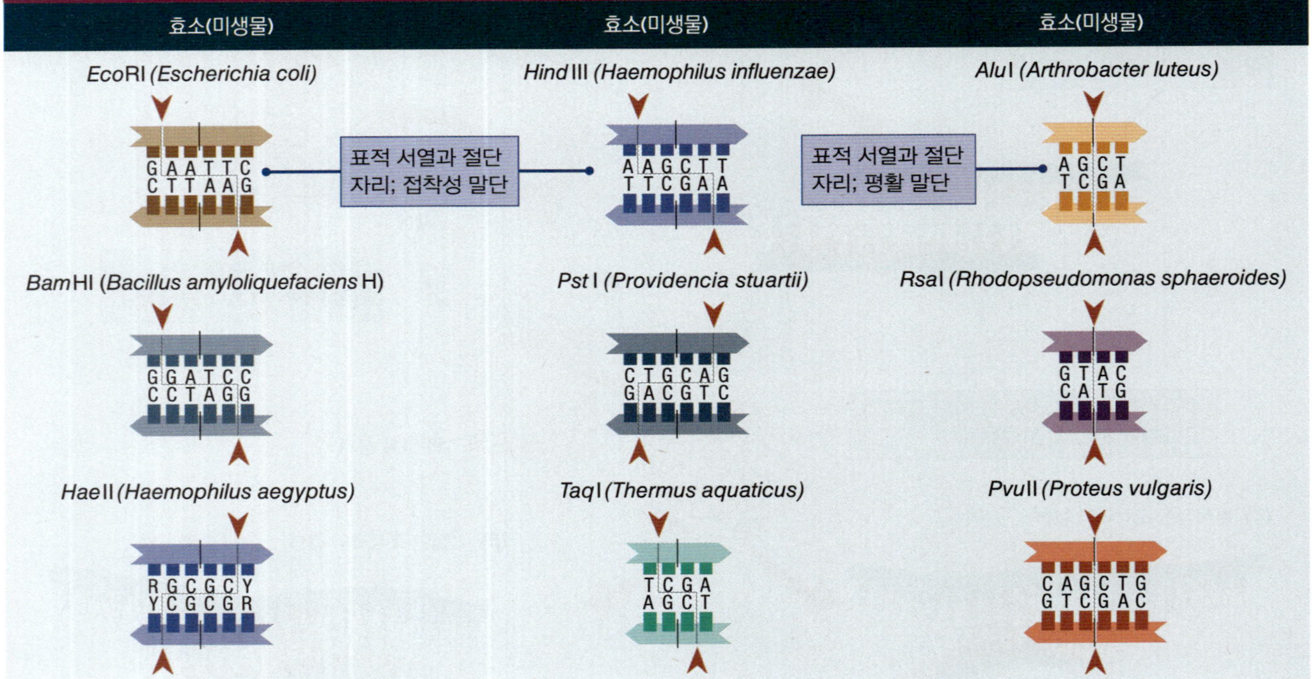

주목 : 수직선들은 각 서열의 대칭축이다. 붉은색 화살표들은 절단자리를 나타낸다. 제한효소 *Taq*I은 2개의 뉴클레오티드로 이루어진 접착성 말단을 만드는 반면, 다른 제한효소들은 4개의 뉴클레오티드로 이루어진 접착성 말단을 만든다. R과 Y는 각각 상보성 퓨린과 피리미딘을 의미한다.

다. 반면에 대칭적 절단자리를 갖는 제한효소들은 **무딘 말단**(*blunt end*)을 갖는 DNA 조각을 만든다.

실제로 모든 경우에 있어, 제한효소의 제한자리는 DNA가 반대 극성(opposite polarity)을 지니고 있기 때문에 양 가닥에서 동일한 자리가 인지된다. 예를 들면, *Bam*HI의 제한자리는 양 가닥에서 모두 5′-GGATCC-3′이다. 이런 형태의 대칭성을 가진 DNA 염기서열을 팰린드롬(*palindrome*)이라 한다(통상 영어에서 팰린드롬은 "madam"에서와 같이 앞뒤로 동일하게 읽히는 단어 또는 구이다).

제한효소는 다음과 같은 중요한 특징을 가지고 있다.

- 대부분의 제한효소는 단일 제한자리를 인지한다.
- 제한자리는 DNA 원천에 관계없이 인지된다.
- 대부분의 제한효소들은 특정 제한자리 서열을 인지하기 때문에, 절단 개수가 곧 그 DNA에 존재하는 제한자리의 수이다.

제한효소에 의해 잘린 DNA 조각을 **제한조각(restriction fragment)**이라 한다. 커다란 DNA는 전형적으로 다양한 길이의 수많은 제한조각으로 절단된다. 예를 들면, 대장균 DNA(4.6×10^6 bp)는 수백~수천 개의 조각으로 잘리고, 포유동물 세포의 핵 DNA(nuclear DNA)는 수백만 개 이상의 조각으로 잘린다.

서열 특이성(sequence specificity) 때문에 **특정 제한효소는 특정 DNA 분자를 잘라 특정 제한조각들을 만든다.** 따라서 종류가 다른 제한효소로 동일한 DNA를 자를 경우, 일련의 다른 DNA 조각들이 생성된다. **그림 6.23**은 10 kb의 길이를 갖는 원형의 이중가닥 DNA를 자를 경우, 이 원칙이 어떻게 적용되는지를 보여주고 있다. 제한효소 *Eco*RI으로 자르면(그림 6.23A), 이 원형의 DNA는 4 kb와 6 kb 띠(band)를 만든다. 이런 절단 양상이 나타난 이유는 겔(gel) 아래의 그림에서처럼 *Eco*RI 제한자리들이 원형의 DNA에 존재(상대적 위치에서)하기 때문일 것이다. 이 그림에서 *Eco*RI(*E*) 자리 중 하나를 임의로 원형의 맨 위에 그렸다. 이와 비슷하게, 동일한 DNA를 제한효소 *Bam*HI으로 자르면(그림 6.23B) 3 kb와 7 kb 띠가 만들어진다. 이는 *Bam*HI 자리들이 원형의 DNA에 겔 아래 그림에서처럼 존재함을 의미한다. 여기서도 *Bam*HI(B) 자리 중 하나를 임의로 원형의 맨 위에 그렸다. DNA 분자에서 제한효소에 의해 절단되는 1개 또는 그 이상의 제한자리를 보여주는 모식도를 **제한지도(restriction map)**라 한다.

*Eco*RI과 *Bam*HI으로 동시에 잘랐을 때 만들어진 DNA 조각들은 *Eco*RI과 *Bam*HI 자리들이 상대적으로 어디에 위

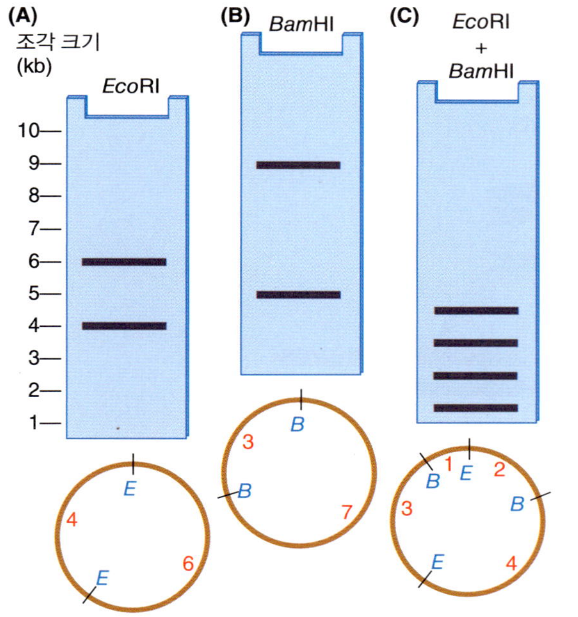

그림 6.23 10 kb 크기를 지닌 원형의 이중가닥 DNA를 *Eco*RI(A), *Bam*HI(B), 그리고 이 둘 모두(C)로 잘랐을 때 생성된 제한조각들의 크기를 보여주는 겔 모식도. 각 모식도의 아래 그림은 그 원형 DNA의 제한지도이며, 제한자리들의 위치를 보여주고 있다. (C)의 제한지도는 (A)와 (B) 제한지도뿐만 아니라 이 두 효소로 자를 때 생성되는 조각들의 크기를 고려하여 작성된 것이다.

치하고 있는지를 보여준다. 이 경우, 1 kb, 2 kb, 3 kb 및 4 kb 띠들이 만들어진다(그림 6.23C). 겔 아래의 제한지도는 이 두 효소의 제한자리들이 이런 크기의 띠들을 만들려면 어디에 위치하고 있어야 하는지를 보여주고 있다. 이 제한지도는 (B) 부분을 (A) 부분에 올려놓고 이웃하는 제한효소 자리 쌍들 사이의 거리가 1, 2, 3, 4 kb가 되도록(순서는 필요 없음) 돌리면 얻을 수 있다. 이 경우에서는 (B) 부분의 제한지도를 단지 오른쪽으로 2 kb 거리만큼만 돌리면 된다. 그림 6.23C의 제한효소 절단에서 4 kb 조각은 (A) 부분의 4 kb 조각과 동일한 조각이 아니고, 3 kb 조각도 (B) 부분의 3 kb 조각과 동일한 것이 아니라는 점에 주목한다. 이런 불일치는 각 제한효소가 서로에 의해 잘린 조각들을 자르기 때문에 발생한다. 그림 6.23C에 그려진 제한지도의 방향은 임의적이다. 따라서 어떤 방향으로 얼마만큼 뒤집거나 회전시킨다 하더라도 동일한 제한지도이다.

어떤 DNA 분자의 제한지도를 만들면 원하는 DNA 조각을 함유하고 있는 겔의 일정 부분을 도려내서 DNA를 추출함으로써 특정 DNA 조각을 분리할 수 있다. 제한조각들의 분리가 중요한 이유 중 하나는 이들을 DNA 연결효소(DNA ligase)를 이용하여 박테리오파아지, 플라스미드 또는 심지어 작은 인공염색체(artificial chromosome)와 같은 자기-복제(self-replicating) 분자에 삽입할 수 있기 때문이다. 이처럼, 어떤 생물체의 유전체로부터 얻은 DNA를 다른 생물체의 유전체로 옮기는 것도 **유전공학**(*genetic engineering*)의 한 형태이다.

6.7 중합효소연쇄반응으로 특정 DNA 조각을 증폭할 수 있다

선택적인 복제만으로도 특정 DNA 서열을 다량으로 얻을 수 있다. 이런 복제 방법을 **중합효소연쇄반응(polymerase chain reaction, PCR)**이라 하며, DNA 중합효소와 한 쌍의 짧은 합성 올리고뉴클레오티드(oligonucleotide, 통상 약 20~30개 길이의 뉴클레오티드를 프라이머로 사용함)를 사용한다. 이 합성 뉴클레오티드는 증폭될 DNA 서열의 말단과 상보적인 염기서열을 가지고 있으므로 DNA 가닥의 신장을 위한 프라이머로서 작용한다. 한 분자의 DNA만으로도 반복적인 DNA 복제를 통해 지수적으로 DNA 분자의 수를 늘릴 수 있다. 예를 들면, 1개의 DNA 분자를 가지고 반응을 시작하여 25회의 DNA 복제를 수행하면 $2^{25} = 3.4 \times 10^7$개의 DNA 분자가 복제된다. 증폭된 DNA 조각 수는 증폭이 안 된 DNA 분자 수 보다 훨씬 많기 때문에 더 이상의 분리를 하지 않은 채로 이를 사용할 수 있다. 예를 들면, 대장균의 3,000 bp의 단일 DNA 조각은 대장균 전체 DNA의 단 0.06%에 해당한다. 그러나 25번 정도 복제하면 99.995%가 증폭된 서열일 것이다.

그림 6.24는 중합효소연쇄반응의 개요를 보여주고 있다. 증폭될 DNA 서열과 올리고뉴클레오티드 서열을 대비색으로 보여주고 있다. 올리고뉴클레오티드들은 증폭될 서열의 말단과 결합하여 DNA 중합효소에 의한 사슬 신장의 기질이 되기 때문에 DNA 복제의 프라이머들로 작용한다. PCR 증폭의 첫 번째 주기에서 DNA는 단일가닥으로 변성된다. 변성온도는 항상 약 95°C이다. 그런 다음, 온도를 낮추어 과량의 올리고뉴클레오티드 프라이머가 결합하도록 한다. 전형적인 결합온도(annealing temperature)는 올리고뉴클레오티드 프라이머의 [G + C] 함량에 따라 50~60°C 범위이다. 각 프라이머의 신장을 위해서 온도를 약 70°C로 약간 높인다. PCR의 첫 번째 주기에서 프라이머와 상보적인 서열을 지닌 2개의 복사본이 만들어진다. 두 번째 PCR 주기에서도 첫 번째 주기와 비슷하다. DNA를 변성(denaturation)시키고 과량의 프라이머 올리고뉴클레오티드들이 존재하는 조건하에서 재생(renaturation)시킨 다음, DNA 중합효소에 의해 프라이머가 신장되게 한다. 두 번째 주기 후에는 네 분자의 복사본이 만들어지게 된다. [변성(denaturation)—재생

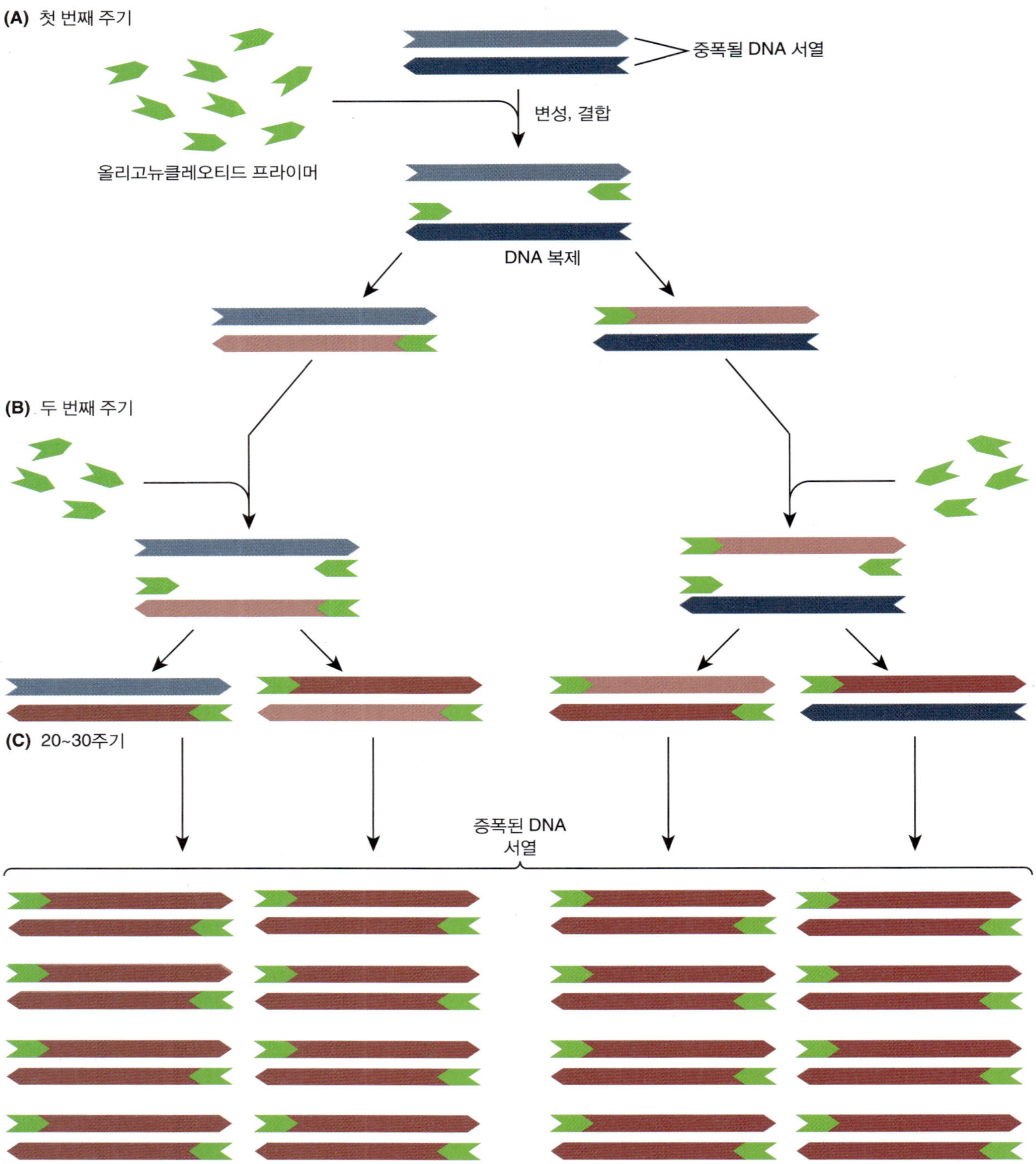

그림 6.24 중합효소연쇄반응(PCR)을 이용한 특정 DNA 서열의 증폭. 증폭될 DNA만 보여주고 있다. 표적 서열(푸른색)의 말단과 상보적인 올리고뉴클레오티드 프라이머(녹색)가 반복적 증폭 반응[즉, 변성(denaturation)–결합(annealing)–DNA 복제(replication)]에 사용된다. 새로 복제된 DNA는 분홍색이다. 증폭 반응마다 표적 서열이 2배씩 늘어나 결국에는 반응물에 존재하는 다른 서열들을 압도할 정도의 양으로 증폭된다.

(renaturation)—복제(replication)] 과정을 20~30회 반복하며, 각 주기마다 증폭되는 DNA 분자의 수는 배로 불어난다. 이론적으로 25회전 증폭하는 경우, 원래의 반응혼합물에 존재하던 각 주형분자의 2^{25}개의 복사본이 만들어진다.

전통적으로 사용하던 DNA 중합효소는 변성 과정의 높은 온도로 효소가 비가역적으로 변성되어 활성을 잃어버리기 때문에 PCR에 적합하지 않다. 그러나 미국의 옐로우스톤 국립공원(Yellowstone National Park)에서 발견된 90°C 이상의 뜨거운 온천수에서 사는 박테리아에서 분리한 DNA 중합효소는 열에 안정하다. 고온에서 사는 생물체들을 호열성 생물(*thermophile*)이라 한다. 가장 널리 사용되는 열에 안정한 DNA 중합효소는 호열성 박테리아인 써무스 아쿠아티

쿠스(*Thermus aquaticus*)로부터 분리된 *Taq* 중합효소(*Taq* polymerase)이다.

PCR 증폭은 특정 DNA 서열을 다량으로 만드는 데 매우 유용하다. 이 기술의 주요 한계는 증폭될 부위의 말단 DNA 서열을 알아야만 올리고뉴클레오티드 프라이머를 합성할 수 있다는 점이다. 또한 5,000 염기쌍 이상의 길이를 갖는 DNA 서열은 일반적인 PCR 방법으로는 복제할 수 없다. 한편 PCR 증폭은 많은 응용성이 있다. PCR은 야생형 유전자에 대한 많은 돌연변이 대립유전자의 돌연변이 과정을 분자수준에서 밝히는 데도 사용된다. 이와 유사하게 자연집단에 존재하는 대립유전자들 사이의 염기서열의 차이도 PCR를 이용해서 쉽게 결정할 수 있다. PCR은 또한 임상에서 진단에 널리 사용된다. 매우 중요한 예를 하나 들면, 바이러스 유전물질과 상보적인 서열을 갖는 프라이머로 PCR를 수행하면 후천성면역결핍증(acquired immune syndrome, AIDS)을 일으키는 인간면역결핍 바이러스(human immunodeficiency virus, HIV)를 미소량의 혈액에서도 찾아낼 수 있다. PCR 과정은 기계 로봇을 사용한 자동화를 통해 임상에 이용할 수 있다.

6.8 화학적 종결자들 및 다른 방법들을 이용하여 염기서열을 결정할 수 있다

유전자의 구조와 발현에 관한 수많은 정보를 DNA 염기서열을 직접 결정함으로써 얻을 수 있다. 단일 실험으로 염색체 상에 존재하는 전체 염기서열을 결정할 수 있는 기술이 없기 때문에 염색체 DNA를 먼저 쉽게 염기서열 분석할 수 있는 크기의 조각으로 나눈다. 다시 말하면, 긴 길이의 DNA 염기서열을 얻기 위해서, 중첩서열을 갖도록 DNA를 조각내고, 각 조각들의 염기서열을 모두 분석한 후, 이를 조합하여 전체 염기서열을 결정한다.

디데옥시 서열 분석법(dideoxy sequencing method)은 데옥시리보스(deoxyribose) 대신, **디데옥시리보스(dideoxyribose)** 당을 갖는 작은 양의 뉴클레오티드들을 DNA 합성에 사용하는 방법이다(그림 6.25). 디데옥시리보스는 신장하고 있는 DNA 가닥에서 다음 뉴클레오티드가 붙는 데 필수적인 3′-OH기가 없기 때문에 데옥시뉴클레오티드(deoxynucleotide) 대신에 디데옥시뉴클레오티드(dideoxynucleotide)가 삽입되면 DNA 가닥의 합성이 즉시 종결된다. DNA 가닥의 서열을 분석하기 위해 모든 4가지 정상 데옥시뉴클레오티드 삼인산(deoxynucleotide triphosphate) 전구체로 DNA 합성 반응을 수행한다. 그 반응 혼합물은 또한 소량의 4가지 종류의 디데옥시뉴클레오시드 삼인산(dideoxynucleoside triphosphate) 유사체를 함유하고 있으며, 이 유사체들은 서로 다른 형광 파장을 발산하는 화학기로 표지되어 있다. 정상 뉴클레오티드와 디데옥시뉴클레오티드의 농도는 각 합성 단계에서 정상 뉴클레오티드가 디데옥시뉴클레오티드 보다 훨씬 더 쉽게 딸 가닥에 삽입되도록 조정한다. 그러나 신장 단계에서 디데옥시뉴클레오티드가 삽입된 소량의 딸 분자들은 합성이 중지된다. 그 결과, 길이가 다른 일련의 DNA 조각들이 생성되며, 3′말단이 형광으로 표지된 디데옥시뉴클레오티드 중 하나를 갖게 된다. 각 딸 가닥의 길이는 디데옥시뉴클레오티드가 삽입되는 위치에 의해 결정된다. 사슬종결에 의해 생성된 조각들의 크기는 겔 전기영동에 의해 결정되며, 그 염기서열은 다음과 같은 규칙에 의해 결정된다:

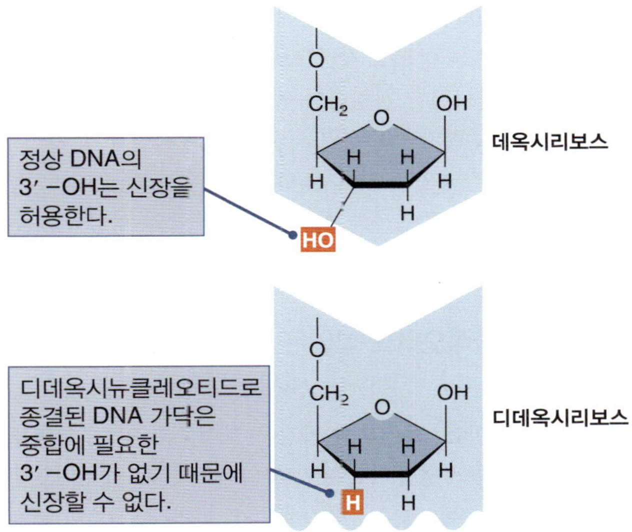

그림 6.25 DNA 서열분석에 사용되는 정상 데옥시리보스와 디데옥시리보스 당의 구조. 디데옥시리보스는 3′ 탄소에 연결된 수소원소(붉은색)를 지니고 있는 반면, 데옥시리보스는 같은 자리에 수산기(붉은색)를 갖고 있다. 3′ 수산기는 신장하는 DNA 가닥에 다음 뉴클레오티드가 결합하는 데 있어 필수적이기 때문에 디데옥시리보스가 삽입되면 DNA 합성이 즉시 종결된다.

핵심 개념

n개의 뉴클레오티드로 이루어진 조각이 특정 디데옥시뉴클레오티드(형광 띠의 색깔로 결정)를 함유하고 있는 반응에서 합성되었다면, *딸 가닥(daughter strand)*에서 n의 위치는 디데옥시뉴클레오티드에 존재하는 염기에 해당한다. 번호는 프라이머의 5′ 뉴클레오티드부터 부여한다.

예를 들면, dATP의 디데옥시형(즉, ddATP)이 함유된 반응에서 400개 염기 길이의 DNA가 합성되었다면, 합성된 딸 가닥에서 400번째 염기는 아데닌(A)일 것이다. 대부분의 이중가닥 DNA는 상보성 가닥으로 이루어져 있기 때문에 주형가닥의 염기서열을 결정하든 딸 가닥을 결정하든 문제가 되지 않는다. 주형가닥의 서열은 딸 가닥의 서열과 상보적이기 때문에 딸 가닥의 서열로부터 유추할 수 있다. 그러나 실제 실험에서는 실수를 줄이기 위해 두 가닥의 서열을 모두 분석하여 비교한다.

디데옥시뉴클레오티드 삽입은 DNA 가닥의 신장을 종결시킨다

그림 6.26은 DNA 서열분석 과정을 보여주고 있다. 서열분석 반응은 소량의 형광으로 표지된 디데옥시뉴클레오티드들(검은색은 G, 초록색은 A, 빨간색은 T, 보라색은 C)의 존재하에 수행한다. 합성된 DNA들은 모세관 튜브에서 전기영동으로 분리한다. 원칙적으로 서열은 겔로부터 직접 읽을 수 있다. 바닥에서 시작하여 위쪽으로 새로 합성된 가닥의 서열을 다음과 같이 읽는다.

5′-GACGCTGCGA-3′

그러나 효율성을 증가시키기 위해 전기영동을 계속하여 각 띠(band)가 겔의 바닥까지 내려오도록 한다. 각 띠가 겔의 바닥에 이르면 레이저 빛에 의해 형광색소가 여기(excite)되고, 그 형광색은 자동적으로 광전관(photocell)에 의해 읽혀져 컴퓨터에 기록된다.

프레더릭 생거(Frederick Sanger)는 1977년 케임브리지 대학교(Cambridge University)에서 디데옥시 염기서열분석법을 발명하였으며, 이 업적으로 두 번째 노벨상을 수상하였다(첫 번째 노벨상은 단백질 서열분석법을 개발하여 수상함). 초기 서열분석 비용은 염기쌍당 30달러 이상으로 높았지만, 형광 종결자(fluorescent terminator)들을 이용한 향상된 분석법의 개발로 그 비용은 점차 낮아졌다. 염기쌍당 서열분석 비용은 1990년대 중반에 약 3달러, 2000년에는 약 3센트로 낮아졌다. 요즘에는 염기쌍당 약 0.00003센트이다. 이를 구체적으로 말하면, 2000년 이래로 한 사람의 유전체 염기서열 분석 비용이 약 1억 달러에서 약 1000달러로 떨어진 것이다. 현재는 서열분석용 DNA를 준비하고, 서열을 데이터베이스에 저장하는 비용이 서열을 결정하는 비용보다 더 많이 든다. 최초의 자동화된 DNA-염기서열 분석기가 출시된 1986년 이후, 비용 감소의 주된 이유는 새로운 염기서열분석법들이 개발되고 수백만 개의 DNA 서열들을 병렬로 결정하고 전자적으로 기록할 수 있는 더욱 강력해진 차세대 염기서열분석기가 개발되었기 때문이다. 이런 고처리 서열

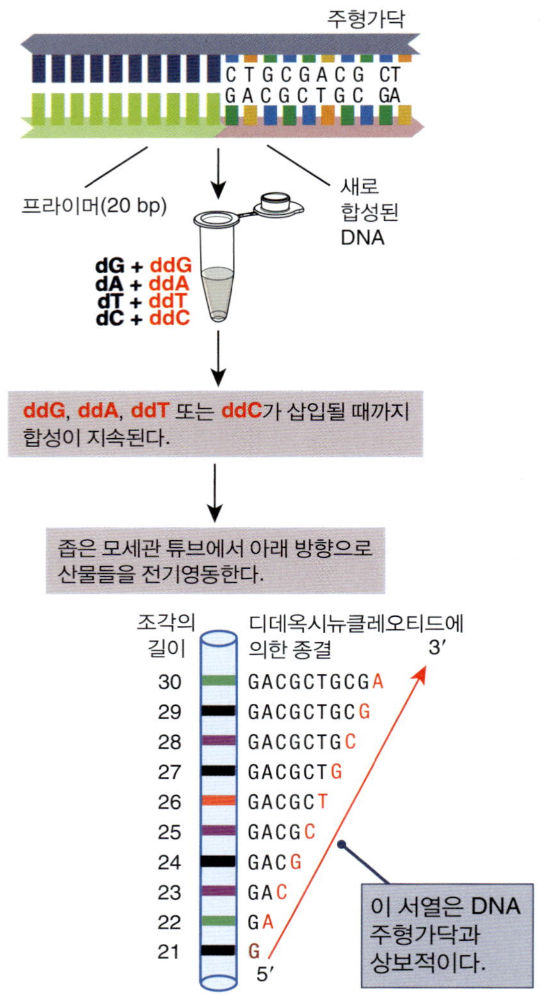

그림 6.26 디데옥시 DNA 서열분석 방법. 종결된 DNA 조각들을 모세관 튜브에서 전기영동하여 크기 별로 분리한다. 딸 가닥의 서열은 각 띠의 색깔에 따라 튜브의 밑바닥에서 위로 다음과 같이 읽을 수 있다. 5′-GACGCTGC-GA-3′.

분석법(high-throughput sequencing method)들과 이를 이용한 개인 유전체 분석에 관해서는 제10장에서 다룬다.

잠깐 생각해 봅시다 6.4

아래 그림은 3′말단을 종결시킨 디데옥시뉴클레오티드의 색을 지닌 DNA 단편들을 전기영동한 겔의 일부를 보여주고 있다. A는 초록색, T는 빨간색, G는 검은색, C는 보라색이다. 이 겔에서 딸 가닥과 주형가닥의 서열은 무엇인가?

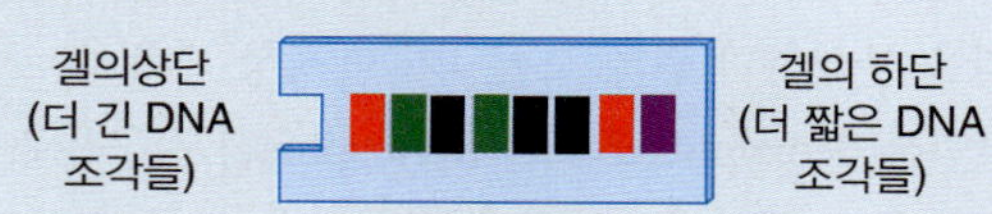

장의 요약

- 일반적으로 원핵세포는 진핵세포보다 더 작은 유전체(더 작은 DNA)를 가지고 있다.
- 진핵세포에서, 유전체 크기와 생물체 복잡성(organismic complexity) 간에는 일정한 관계가 없다.
- DNA 가닥은 A, T, G, C 데옥시뉴클레오티드가 3′ → 5′ 방향으로 인산이에스테르 결합(phosphodiester bond)으로 연결된 중합체이다.
- A–T 및 G–C 염기쌍 사이의 수소결합에 의해 두 DNA 가닥이 유지된다. 왜냐하면, 이 염기쌍들이 이중가닥의 안쪽에 체적되기 때문이다.
- DNA 복제에서 각각의 어버이 DNA 가닥이 주형가닥으로 작용하여 딸 DNA 가닥이 합성된다. DNA 합성 방향은 5′ → 3′이며, 3′말단에만 뉴클레오티드가 연속적으로 첨가된다.
- 제한효소는 대부분 4개 또는 6개의 뉴클레오티드로 이루어진 이중가닥 DNA 내의 특정 염기서열을 인식하여 자른다. 중합효소연쇄반응을 이용하면, 짧은 올리고뉴클레오티드 프라이머(oligonucleotide primer)를 사용하여 순환적 DNA 복제 과정을 통해 이중가닥 DNA 부위의 특정 부위만을 선택적으로 증폭할 수 있다.
- 제한효소로 자른 DNA 가닥은 전기영동으로 분리 및 정제할 수 있으며, 염기서열을 분석하거나 여러 가지 방법으로 조작할 수 있다.
- 디데옥시뉴클레오티드들은 복제 중인 DNA에 삽입되면 어느 곳에서든 사슬 신장을 종결시키기 때문에 자동 DNA 서열분석에 널리 사용된다.
- 보다 새로운 DNA 서열분석법은 수백만 개의 DNA 가닥을 동시에 분석할 수 있으며 하루에 수십억 염기쌍 서열을 분석한다.

쟁점과 착상: 알고 넘어 갑시다

- DNA에서 흔히 발견되는 4종류의 염기는? 이들은 어떤 염기들이 이중가닥 DNA에서 수소결합을 형성하는가?
- 체세포의 DNA 양과 생식세포의 DNA 양 사이에는 어떤 관련성이 있는가?
- 합성되고 있는 DNA 가닥에서 3′말단의 어떤 화학적 특징이 DNA 사슬의 신장에 필수적인가? 5′말단에서도 신장이 가능한가?
- 이중가닥 DNA에서 두 가닥이 역평행(antiparallel)하다는 것은 무엇을 의미하는가?
- 만일 DNA를 이루고 있는 두 가닥이 역평행하지 않고 평행하다면, 복제는 여전히 선도가닥(leading strand)과 지체가닥(lagging strand)으로 이루어질까?
- 중합효소연쇄반응은 왜 특정 DNA 부위만을 지극히 선택적으로 증폭할까? 이 기술은 서열을 증폭하는 데 왜 그렇게 효과적일까?
- DNA 복제의 어떤 특징 때문에 사슬 신장이 디데옥시뉴클레오티드의 삽입으로 종결될까?

문제 풀고 한 걸음씩 앞으로

문제 1 중합효소연쇄반응을 이용하여 아래의 DNA 조각을 증폭하고자 한다. 이 DNA 조각의 양끝에는 올리고뉴클레오티드 프라이머들이 결합할 수 있는 8개의 뉴클레오티드가 있으므로 이 자리를 이용하고자 한다. 중앙의 명시되지 않은 서열의 길이는 3 kb이다. (일반적으로는 8개 뉴클레오티드로 이루어진 프라이머는 너무 짧아서 증폭 특이성을 보장할 수 없지만 단순화하기 위해 이를 선택한 것이다.) 올리고뉴클레오티드 프라이머들은 어떤 서열을 갖도록 합성되어야 하는가? 각 프라이머들의 3′과 5′을 표기하시오.

```
5′-ATGGTGCANN • • • NNAGAAGTCT-3′
3′-TACCACGTNN • • • NNTCTTCAGA-5′
```

풀이. 이 문제에서 사용될 원칙은 프라이머가 주형가닥의 상보성 서열과 이중가닥을 형성할 때 프라이머의 3′말단이 증폭될 부위를 향해야 한다는 것이다. 이렇게 해야만 프라이머들 사이의 증폭이 보장된다. 이 경우에서, 한 프라이머 서열은 5′-ATGGTGCA-3′이어야 한다. 이 프라이머는 아래쪽 가닥을 주형으로 왼편에 결합할 것이다. 또 하나의 프라이머 서열은 3′-TCTTCAGA-5′이어야 한다. 이 프라이머는 위쪽 가닥을 주형으로 오른편에 결합할 것이다.

문제 2 중합효소연쇄반응을 인간 세포의 핵에서 분리한 DNA로부터 3.0 kb 길이의 DNA 부위를 증폭하는 데 사용하였다. 인간 유전체의 크기는 반수체 유전체당 3.0×10^9 염기쌍이다.

(a) 증폭하기 전, 용액에서 3.0 kb 표적서열이 차지하는 비율은? 표적서열은 반수체 유전체당 1 사본수(one copy)라 가정할 것.

(b) 각 증폭 주기당 표적분자의 수는 2배씩 증가한다. 용액 내의 DNA 중 99.9% 이상이 증폭된 DNA일 단계에까지 도달하는 데는 몇 주기의 복제가 필요한가?

풀이. **(a)** 최초 DNA 용액 내에는 3,000 Mb의 반수체 유전체당 1개의 3.0 kb 크기의 표적서열이 있다. 따라서 표적서열을 이루는 DNA 비율은 다음과 같다.

$$\frac{3.0 \times 10^3}{3.0 \times 10^9} = 1 \times 10^{-6} = 0.0001\%$$

(b) 표적서열의 수는 주기마다 2배로 증폭되기 때문에 n번의 복제 후, 최초의 용액 내에 존재하는 각 반수체 인간 유전체로부터 2^n개의 표적분자가 증폭될 것이다. 증폭된 각 분자는 3,000 bp 길이를 가지므로, 증폭된 총 표적 DNA 양은 $2^n \times 3{,}000$ bp가 될 것이다. 이 DNA는 새로 생성된 것이기 때문에 용액 내의 총 DNA 양을 증가시킨다. n회의 복제 후, 반수체 유전체당 존재하는 DNA 양은 [$2^n \times 3{,}000$ bp(새로 생성된 DNA 양) + 3.0×10^9 bp(최초의 DNA 양)]이다. 문제는 용액 내의 총 DNA 중 99.9%가 새로 생성된 DNA가 될 때의 n 값을 물어 본 것이다. 따라서 풀어야 할 부등식(inequality)은 다음과 같다.

$$\frac{2^n \times 3000}{2^n \times 3000 + 3.0 \times 10^9} \geq 0.999$$

이로부터 우리는 다음을 얻을 수 있다.

$$n \geq \frac{1}{\log(2)} \times \log\left[\frac{(3.0 \times 10^9)(0.999)}{(3000)(1-0.999)}\right] = 29.9$$

이로써 30회 증폭으로 용액 내의 표적 DNA가 거의 10^6배로 증가됨을 알 수 있다.

문제 3 다음과 같은 서열의 단일가닥 DNA, 네 종류의 뉴클레오시드 삼인산(nucleoside triphosphate)들 그리고 데옥시아데노신 삼인산(deoxyadenosine triphosphate)과 충분히 경쟁할 만한 양의 디데옥시아데노신 삼인산(dideoxyadenosine triphosphate)이 존재하는 조건하에 시험관에서 DNA 복제를 수행하였다.

5′-ATGGTGCACCTGACTCCTGAGGAGAAGTCTNNNNNNNN-3′

이 서열에서 N은 올리고뉴클레오티드 프라이머와 결합하는 뉴클레오티드들이다. 예상되는 DNA 조각들은?

풀이. 복제는 주형가닥 DNA의 A, G, C 뉴클레오티드에는 정상적으로 진행될 것이다. 그러나 T가 있는 곳에서는 데옥시아데노신 대신에 디데옥시아데노신이 삽입되는 경우도 있어서, 이 경우에는 복제가 중지될 것이다. 따라서 생성되는 조각들은 다음과 같다. XXXXXXXX는 올리고뉴클레오티드 프라이머의 뉴클레오티드들이다.

5′-XXXXXXXXA-3′
5′-XXXXXXXXAGA-3′
5′-XXXXXXXXAGACTTCTCCTCA-3′
5′-XXXXXXXXAGACTTCTCCTCAGGA-3′
5′-XXXXXXXXAGACTTCTCCTCAGGAGTCA-3′
5′-XXXXXXXXAGACTTCTCCTCAGGAGTCATTCA-3′
5′-XXXXXXXXAGACTTCTCCTCAGGAGTCATTCACA-3′
5′-XXXXXXXXAGACTTCTCCTCAGGAGTCATTCACACCA-3′
5′-XXXXXXXXAGACTTCTCCTCAGGAGTCATTCACACCAT-3′

실전에 필요한 개념: 끝까지 풀어 봅시다

6.1 많은 제한효소들은 “접착성 말단(sticky ends)”을 지닌 제한조각을 만든다. 이는 무엇을 의미하는가?

6.2 아래의 서열들은 각 팔린드롬성 제한자리들의 절반을 적은 것이다. 각 제한자리의 N들을 온전한 서열로 바꾸시오.

(a) 5′-ACGNNN-3′
(b) 5′-ATCNNN-3′
(c) 5′-AGNN-3′
(d) 5′-NNNATC-3′

6.3 뉴클레오티드 서열은 제쳐 두고, 다음 제한효소들에 의해 생성되는 제한조각들의 말단은 어떤 차이들이 있을까? (아래로 향한 화살표는 각 가닥에서의 절단자리이다.)

(a) *Nhe*I (5′-G↓CTAG-3′)
(b) *Cfo*I (5′-GCG↓C-3′)
(c) *Sca*I (5′-AGT↓ACT-3′)

6.4 DNA 중합효소가 지닌 3′ → 5′ 핵산말단분해효소(exonuclease) 활성의 기능은 무엇인가? 돌연변이에 의해 이 기능이 불활성화되면 세포에는 어떤 결과가 초래될까?

6.5 DNA 연결효소(DNA ligase)에 의해 연결되는 화학기들은? DNA 중합효소에 의해 연결되는 화학기들은?

6.6 DNA 복제분기점은 비대칭적(asymmetrical)이라는 의미는?

6.7 평균 인간 염색체는 약 130 Mb의 DNA를 함유하고 있다. 이 DNA 분자의 대략적인 길이는 몇 μm일까? (DNA는 Å당 10^{-4} μm이다)

6.8 정확히 중간에 단 1개의 복제기점을 가진 10 Mb 길이의 이중가닥 분자가 있다고 가정하자. DNA 합성률은 다음과 같다고 가정할 때, 만일 복제가 양방향으로 진행된다면 이 분자가 복제되는 데 필요한 시간을 계산하시오:

(a) 초당 1500 뉴클레오티드 쌍(박테리아 세포의 전형적인 합성률)

(b) 초당 50 뉴클레오티드 쌍(진핵세포의 전형적인 합성률)

6.9 전자현미경으로 새로운 바이러스를 발견하였다. 이 바이러스는 이중가닥의 DNA를 갖고 있었으며, 그 길이는 102 μm(102×10^4 Å)였다.

(a) 이 DNA는 몇 개의 뉴클레오티드 쌍으로 이루어져 있는가?

(b) 이 바이러스의 이중가닥 DNA에서 이중나선 선회수는 얼마나 되는가?

6.10 불가사리 탐침을 사용하여 유전물질로 DNA를 가지고 있는 한 박테리아 종을 발견하였다. 미셀슨-스탈 실험을 수행하여 다음과 같은 결과를 얻었다. ^{14}N 배지에서 1회 복제 후, 딸 DNA 이중가닥의 절반은 두 가닥에 ^{15}N를 가지는 반면, 나머지 절반은 양 가닥에 ^{14}N를 가지고 있었다. 이 결과를 해석하시오.

6.11 아래에서 보여주는 서열을 가진 이중가닥 DNA를 *Kas*I으로 절단하였다(이 효소의 절단자리는 5′-G ↓ GCGCC-3′이다. 화살표는 절단되는 자리이다). 만일 잘린 조각들이 원래의 이중가닥에서와 같이 동일한 순서로 합쳐져 척추의 절단들이 봉합되면 어떤 DNA 이중가닥이 가능할까?

5′-CTGGGGCGCCCTCGTCAGCGAGGGGGCGCCGAT-3′
3′-GACCCCGCGGGAGCAGTCGCTCCCCCGCGGCTA-5′

6.12 어떤 친구가 세 종류의 핵산 시료를 여러분에게 가져와서 각 시료의 화학적 정체성(DNA인지 RNA인지)과 그 분자들이 이중가닥인지 단일가닥인지를 묻는다고 가정하자. 여러분은 각 시료들을 완전히 뉴클레오티드 수준으로 분해할 수 있는 강력한 핵산분해효소들을 사용하여 뉴클레오티드들의 상대적 비율을 결정할 수 있다. 다음은 그 실험결과이다. 이 결과로부터 이 시료들의 특성에 관해 그 친구에게 무엇을 말해 줄 수 있을까?

시료 1: dGMP 13% dCMP 14% dAMP 36% dTMP 37%
시료 2: dGMP 12% dCMP 36% dAMP 47% dTMP 5%
시료 3: GMP 22% CMP 47% AMP 17% UMP 14%

6.13 동일한 비율의 4가지 뉴클레오티드들로 이루어진 무작위 서열에서 다음 제한효소들이 자를 수 있는 특정 뉴클레오티드 서열이 있을 확률은?

(a) 4-염기 절단자리를 갖는 제한효소

(b) 6-염기 절단자리를 갖는 제한효소

(c) 8-염기 절단자리를 갖는 제한효소

6.14 선 모양의 3.1 kb DNA 조각을 *Pst*I으로 잘랐더니 2.0 kb와 1.1 kb 조각으로 잘렸다. 이 동일한 DNA를 *Hin*dIII로 잘랐더니 1.5 kb, 1.3 kb, 0.3 kb로 나뉘었으며, *Pst*I과 *Hin*dIII로 동시에 자르면 1.5 kb, 0.8 kb, 0.5 kb, 0.3 kb로 잘렸다. 이 3.1 kb DNA 조각의 제한효소 지도를 작성하시오. 제한자리들과 그 제한자리 사이의 거리를 표기하시오.

6.15 다음 염기서열은 복제분기점을 형성하기 위해 열린 이중가닥 DNA 중 한 가닥이다. 붉은색 염기가 복사되는 것을 시작으로 RNA 프라이머가 이 주형 위에 합성된다.

5′-TCTGATATCAGTACG-3′

만일 RNA 프라이머가 8개의 뉴클레오티드로 합성된다면 그 염기서열은 어떻게 될까?

6.16 노랑초파리(*Drosophila melanogaster*)에서 *dusky* 돌연변이는 X-연관 열성 돌연변이이며, 작고 짙은 날개를 초래한다. 여러분은 야생형 초파리 군에서 *dusky* 표현형을 지닌 수컷 한 마리를 발견하였다. 초파리 유전학 및 유전체학의 온라인 데이터베이스인 FlyBase에서 *dusky*를 검색한 결과, 야생형 초파리에서 *dusky* 유전자는 8 kb의 *Xho*I 제한조각에 위치한다는 것을 알게 되었다. 여러분은 이 돌연변이 수컷의 유전체 DNA을 추출하여 *Xho*I으로 자른 다음, 앞서 언급한 8 kb의 *Xho*I 제한조각을 탐침으로 서던 블롯을 수행하였다. 서던 블롯 결과, 탐침은 10 kb *Xho*I 조각과 결합한다는 사실을 알았다. 여러분은 또한 탐침과 결합한 10 kb *Xho*I 조각을 클론하여 이를 여러 종류의 야생형 초파리 계(strain)의 다사염색체(polytene chromosome)와의 제자리 혼성화(*in situ* hybridization)에 탐침으로 이용하였다. 제자리 혼성화 결과, 10 kb *Xho*I 조각은 다사염색체의 여러 곳에 혼성화한다는 것을 알게 되었다. 또한 각각의 야생형 초파리 계는 서로 다른 혼성화 양상을 보였다. 이러한 실험결과들은 여러분이 분리한 *dusky* 돌연변이의 기원에 관해 무엇을 제시하고 있는가?

6.17 아래 그려진 복제 눈(replication bubble)에 복제분기점(replication fork)의 선도가닥과 지체가닥을 지적하고, 3′ 또는 5′ 말단을 찾아보시오.

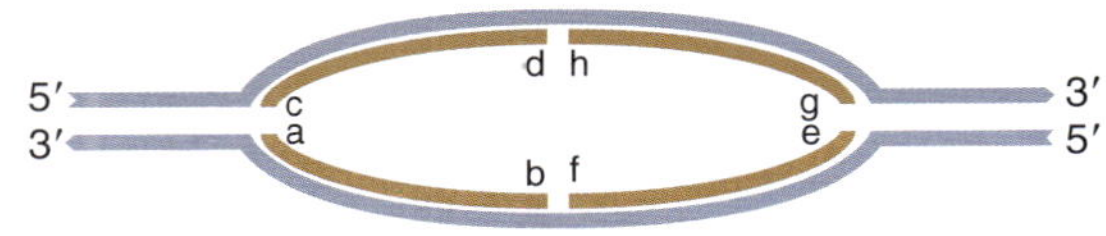

6.18 다음 겔 모식도가 나타내고 있는 DNA 서열을 읽으시

오. A는 초록색, T는 붉은색, G는 검은색, C는 보라색 형광이다.

6.19 다음 각 겔 모식도가 나타내고 있는 DNA 서열을 읽으시오. A는 초록색, T는 붉은색, G는 검은색, C는 보라색 형광색이다. A와 B 겔의 염기서열은 어떻게 다른가?

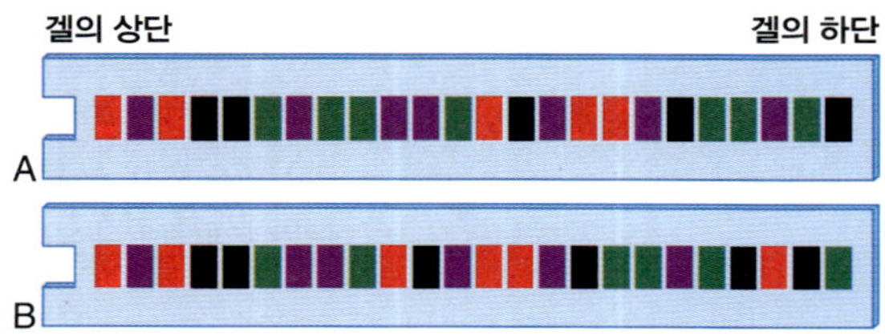

6.20 진핵세포에서 DNA 복제는 반보존적으로 이루어진다는 최초의 증거가 티미딘(thymidine)의 합성 유사체인 브로모데옥시유리딘(bromodeoxyuridine, BUdR)의 사용을 가능하게 하였다. BUdR은 티민의 메틸기를 브롬기(bromine)로 치환한 것이다. BUdR로 표지된 DNA를 가지고 있는 염색분체(chromatid)를 어떤 형광색소로 염색하면, 한 가닥은 표지되고 다른 한 가닥은 표지되지 않은 DNA를 지닌 염색분체들은 매우 밝은 형광(아래 그림에서 밝은 파란색)을 내는 반면, 두 가닥이 모두 표지된 DNA를 지닌 염색분체들은 흐릿한 형광(그림에서 짙은 파란색)을 낸다. 다음 그림은 BUdR이 있는 상태에서 DNA 복제가 1회 및 2회 일어난 후에 만들어진 체세포분열 중기의 염색체에 나타난 형광 양상을 그린 것이다. 점선은 각 염색분체에 존재하는 이중가닥 DNA의 DNA 가닥들을 나타내고 있다. (1) BUdR로 완전히 표지된 가닥이면 연속선으로, (2) BUdR로 절반만 표지된 가닥이면 점선으로 각 염색분체의 BUdR 표지(labeling)를 그리시오.

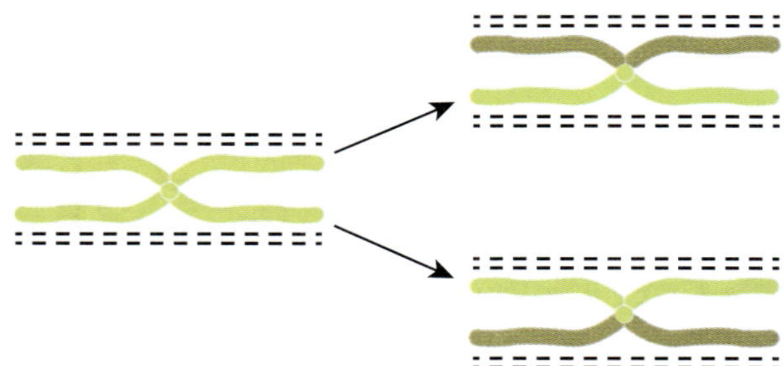

잠깐 생각해 봅시다: 해답

잠깐 생각해 봅시다 6.1의 해답

새로 합성된 DNA 가닥은 오로지 3′말단에서만 신장될 수 있다. 따라서 아래쪽 가닥에 첨가될 다음 뉴클레오티드는 A(T의 상보성)일 것이다.

잠깐 생각해 봅시다 6.2의 해답

다음 모식도는 보존적 복제(conservative replication)가 1회 일어난 후의 예상 결과이다. 한 가닥은 무겁고, 다른 한 가닥은 가벼운 잡종 분자는 형성되지 않음에 주목할 것. 잡종 밀도(hybrid density)를 갖는 분자가 발견된 점이 보존적 복제가 거부된 이유이다.

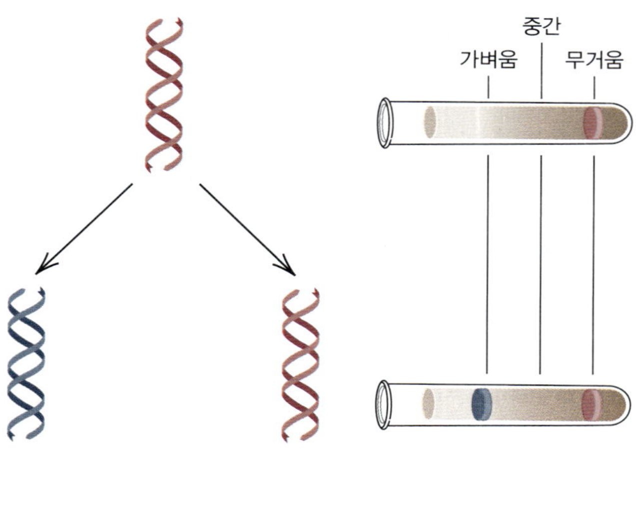

잠깐 생각해 봅시다 6.3의 해답

RNA는 U 뉴클레오티드가 A 뉴클레오티드와 쌍을 이루기 때문에 그 프라이머 서열은 3′–AGUUCUCA–5′이다.

잠깐 생각해 봅시다 6.4의 해답

각 DNA 조각은 3′말단에서 종결하며, 가장 짧은 조각들은 겔의 아래쪽(오른편)에 위치한다. 이 지역에 있는 딸 가닥의 서열은 5′–CTGGAGAT–3′이다. 따라서 주형가닥의 서열은 3′–GACCTCTA–5′이다.

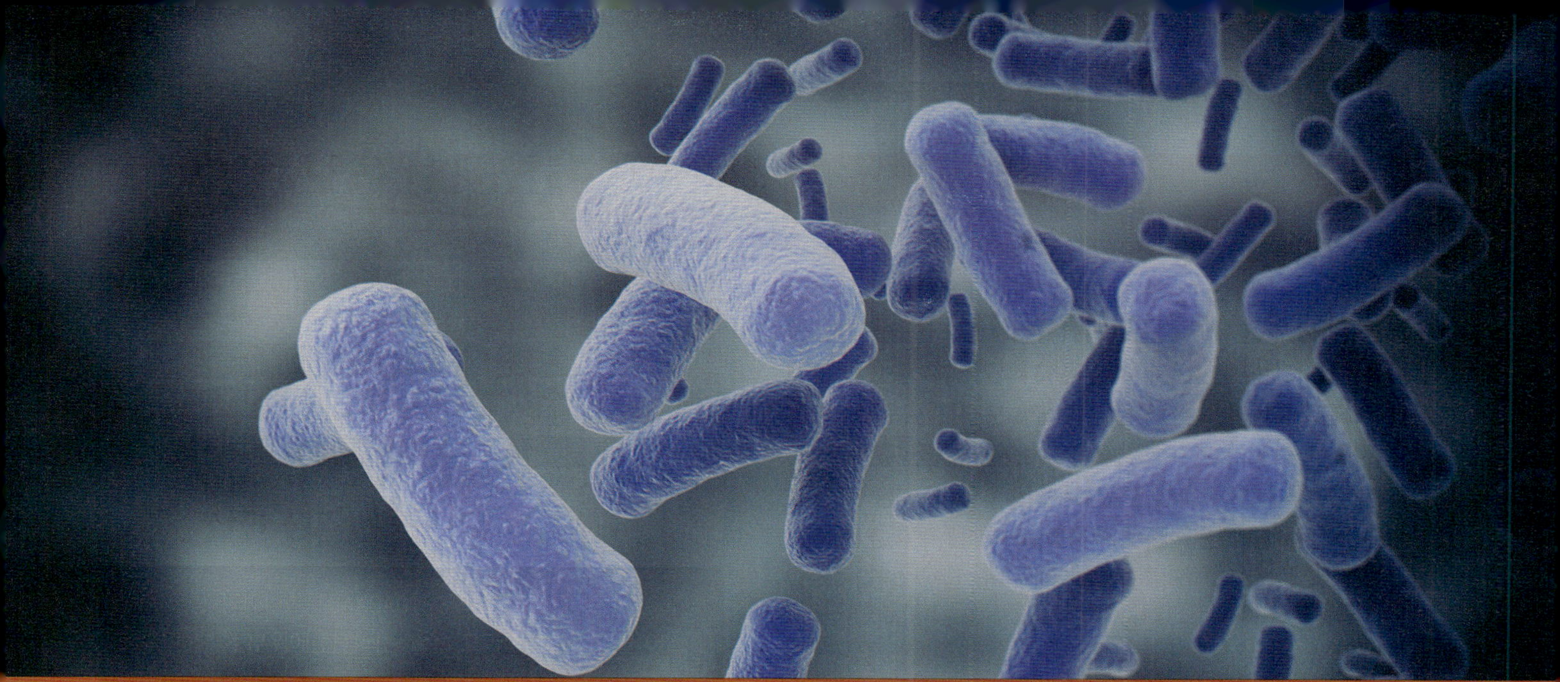

CHAPTER 7

박테리아.

세균과 세균 바이러스의 유전

학습 목표

- 다양한 종류의 연관성 없는 항생제에 대한 내성을 갖도록 함으로써, 감염에 대한 치료를 매우 어렵게 만드는 병원성 세균의 진화에서 플라스미드, 전이인자 및 이동성 DNA의 역할에 대해 설명할 수 있다.
- 세균 및 박테리오파아지의 유전학 연구에서 일반적으로 사용되는 돌연변이의 방법과 주요 유형을 설명할 수 있다.
- 형질도입 파아지에 의한 야생형 대립유전자의 공동형질도입 빈도에 기초하여 돌연변이체 세균 대립유전자의 유전자 지도를 작성할 수 있다.
- Hfr × F^- 세균의 중절교배에서 유전적 표지자의 전달 시간이 주어질 때, 유전자들에 대한 유전자 지도와 Hfr 균주의 전달 개시점 및 방향을 추론할 수 있다.
- 람다 파아지 같은 용원성 박테리오파아지의 자리-특이적 통합과 절제의 공정을 도식화할 수 있다.

세균과 이들에 감염하는 바이러스(박테리오파아지)는 여러 종류의 참신한 유전적 교환 기작을 가진 독특하고 다양한 번식 체계를 가지고 있다. 어떤 세균의 DNA 염기서열은 다양한 기작에 의해 이동될 수 있다. 이러한 특징은 이들이 세균 집단 내에서 널리 퍼지고 심지어는 종간에도 전파될 수 있게 한다. 이 장에서는 세균과 박테리오파아지의 유전자 체계에 대해 논하고자 한다. 먼저 DNA 분자 간 또는 한 세포에서 다른 세포로 전달될 수 있는 염기서열인 **이동성 DNA(mobile DNA)**를 살펴봄으로써 논의를 시작하고자 한다. 서로 다른 세균 종 사이에서 조차 이런 방식으로 유전자를 공유하는 능력은 세균 유전자 체계의 독특한 특징이다.

7.1 세균의 많은 DNA 염기서열은 이동성이 있고 개체 및 종 사이에서 전달될 수 있다

임상적 감염에서 분리된 많은 세균들은 하나 또는 그 이상의 항생제에 대한 저항성을 갖는다. 이들의 대부분은 다중 항생제에 대한 저항성을 갖는데, 어떤 것들은 일상적으로 사용하는 모든 항생제에 대해 저항성을 갖기도 한다. 문제의 심각성은 한때 가장 효과적이고 거의 부작용이 없던 대부분의 항생제들이 이제는 사실상 쓸모없게 되었다는 것이다. 널리 만연된 항생제 저항성 유전자의 대부분은 세균 유전체의 새로운 돌연변이로부터 기원한 것이 아니다. 그것은 보통 한 번에 여러 개씩 다양한 형태의 이동성 DNA로부터 획득된 것이다.

플라스미드는 부수적 DNA 분자이고, 주로 원형이다

플라스미드(plasmid)는 세균의 세포 안에 존재하는 필수적이지 않은 DNA 분자이다. 그들은 세포가 분열할 때 세균 유전체와 독립적으로 복제되어 자손에 전달되므로, 세균 내에서 무한적으로 유지될 수 있다. 많은 플라스미드는 원형의 DNA 분자이지만 어떤 것들은 선형이기도 하다. 세포 안에서 특정 플라스미드 사본의 수는 복제를 조절하는 기작에 따라 다양하다. 사본수가 많은 플라스미드는 숙주 세포당 50개 정도 발견되는 반면, 사본수가 적은 플라스미드는 세포당 한두 개 정도 나타난다. 연구된 대부분의 세균 종에서 발견되는 플라스미드의 크기는 수 kb부터 수백 kb 범위이다(그림 7.1). 대장균에 있는 대부분의 플라스미드는 아주 작거나(약 10 kb까지) 상당히 큰(40 kb 이상) 크기를 가지고 있다. 전형적으로 대장균은 여러 사본을 가진 3종류의 서로 다른 작은 플라스미드들과 세포당 1개의 사본을 가진 1종류의 큰 플라스미드를 포함한다. 플라스미드의 존재는 그림 7.1에서처럼 전자현미경을 통해 물리적으로, 혹은 DNA 표본의 겔 전기영동을 통해 검출할 수 있다. 어떤 플라스미드는 숙주 세포에 영향을 미치는 표현형적 특징 때문에 검출되기도 한다. 가장 일반적으로 연구되는 표현형은 항생제에 대한 저항성이다. 예를 들어, 테트라사이클린 저항성 유전자(*ter-r*)를 가진 플라스미드는 테트라사이클린을 포함한 배지에서 숙주 세균 세포가 콜로니를 형성할 수 있도록 한다.

플라스미드는 그들의 증식을 숙주 세포의 DNA 복제효소에 의존하지만, 복제의 개시는 플라스미드 유전자에 의해

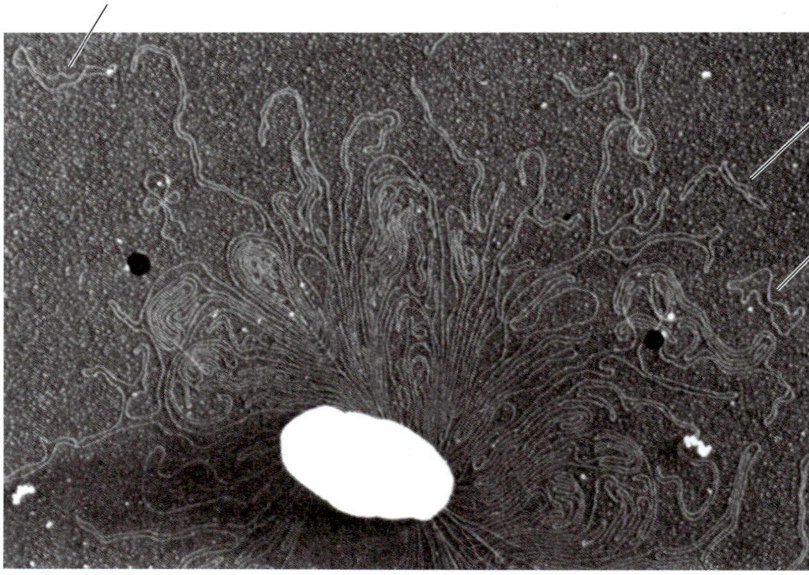

그림 7.1 파쇄된 대장균 세포의 전자현미경 사진으로, 방출된 염색체 DNA와 몇몇 플라스미드 분자가 보인다.

조절된다. 사본수가 많은 플라스미드는 숙주 유전체가 복제하는 동안 여러 번 복제가 개시되지만, 사본수가 적은 플라스미드의 복제는 숙주 유전체의 복제주기 동안 오직 한 번 개시된다. 모든 종류의 플라스미드는 숙주 세포가 분열하여 생성되는 두 딸 세포 내로 분리되도록 유도하는 염기서열을 가지고 있기 때문에, 플라스미드의 자연적인 소실은 거의 없다.

F 플라스미드는 접합 플라스미드이다

큰 플라스미드는 플라스미드 DNA를 세포 간 전달하는 유전자를 가지고 있다. 전달은 세포 간에 형성된 선모(pilus, 복수는 pili)라 불리는 튜브와 같은 구조를 통해 일어나는데, 플라스미드 DNA가 이를 통해 통과한다(그림 7.2). 전달 과정에서 세포들의 결합을 **접합(conjugation)**이라고 하며, 이런 방식으로 전달되는 플라스미드를 **접합 플라스미드(conjugative plasmids)**라고 한다. 모든 플라스미드들이 접합 플라스미드인 것은 아니다. 대부분의 작은 플라스미드들은 비접합 플라스미드이다. 그들은 세포분열시 세균 계통에서 유지될 수 있지만, 선모 조립이나 DNA 전달에 필요한 약 20개의 유전자들을 갖고 있지는 않다. 따라서 그들 스스로는 전달될 수 없다. 하지만 그들은 접합 플라스미드에 붙기 위해서 재조합 과정의 유전적 속임수를 사용할 수 있고, 이러한 방법으로 비접합 플라스미드(nonconjugative plasmid)는 세포간 전달을 위한 이동성을 가질 수 있다.

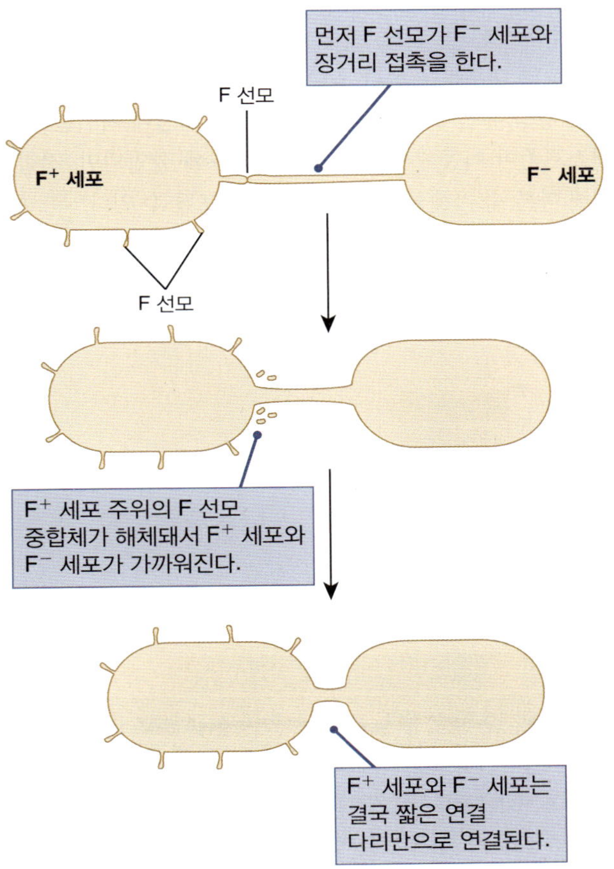

그림 7.2 F 플라스미드는 세포를 표면에 부착하거나 두 세포 사이에 다리를 형성할 수 있는 F 선모를 합성하는 유전자를 가진다.

그림 7.2에서 대장균 세포 사이의 선모는 **F 인자(F factor**, F는 *fertility*를 의미)라고 하는 접합 플라스미드에 의해 생성되는 성 선모(*F pilus*)이다. F 플라스미드를 포함하는 세포는 공여세포이고 **F^+ 세포(F^+ cell)**라고 한다. F가 없는 것은 수용세포이고 **F^- 세포(F^- cell)**라고 한다. F 플라스미드는 사본 수가 적은 플라스미드로, 세포당 한두 개 존재한다. 이것은 세포 주기마다 한 번 복제되어 세포분열 동안 두 딸세포로 분리된다. F 인자는 대략 100 kb 길이로, 세포 안에서의 유지와 세포 간 전달을 조절하는 많은 유전자들을 가지고 있다.

그림 7.2에서와 같이 접합은 공여세포와 수용세포 사이의 물리적 접촉으로 시작된다. 공여세포 DNA는 세포막의 구멍을 통해서 공여세포에서 수용세포로 이동하게 된다. 전달은 항상 플라스미드의 복제를 동반한다. F^+ 세포와 F^- 세포 사이의 접촉은 돌림바퀴 복제(rolling-circle replication)를 시작하게 하고, 돌림바퀴의 단일가닥 직선 가지가 수용세포로 전달된다. 전달 과정 동안, DNA는 공여세포와 수용세포 모두에서 합성된다(그림 7.3). 공여세포에서의 선도가닥 합성은 전달되는 단일가닥을 대체하고 수용세포에서의 지체가닥 합성은 전달된 단일가닥을 이중가닥 DNA로 전환시킨다. 전달이 완성되면, 선형의 F 가닥은 수용세포에서 다시 원형으로 된다. 하나의 복제물이 공여세포에 남아있는 반면 다른 하나는 수용세포에 전달되기 때문에, 전달 후 두 세포는 모두 F를 포함하게 되고, 따라서 공여세포로 기능할 수 있음을 유의한다. 즉, F^- 세포가 F^+ 세포로 바뀌는 것이다.

F 플라스미드의 전달은 불과 몇 분 만에 이루어진다. 실험실 배양에서 적은 수의 공여세포가 많은 수의 수용세포와 섞이게 된다면, 몇 시간 안에 F가 집단에 널리 퍼지게 되고 결국 모든 세포는 F^+ 세포가 될 것이다. 자연 상태에서의 전달은 그렇게 효과적이지 못하기에, 자연적으로 발생하는 대장균 세포의 약 10% 정도 만이 F 인자를 갖는다. 접합은 보통 F^+와 F^- 세포 사이에서만 이루어지는데, 이는 F 플라스미드가 표면 배제(*surface exclusion*)를 위한 2개의 유전자를 가지고 있어서 F^- 세포가 같거나 자기와 유사한 플라스미드를 가진 다른 세포와 접합하는 것을 방해하기 때문이다. 대부분의 접합 플라스미드는 유사한 배제 메커니즘을 가지고 있다.

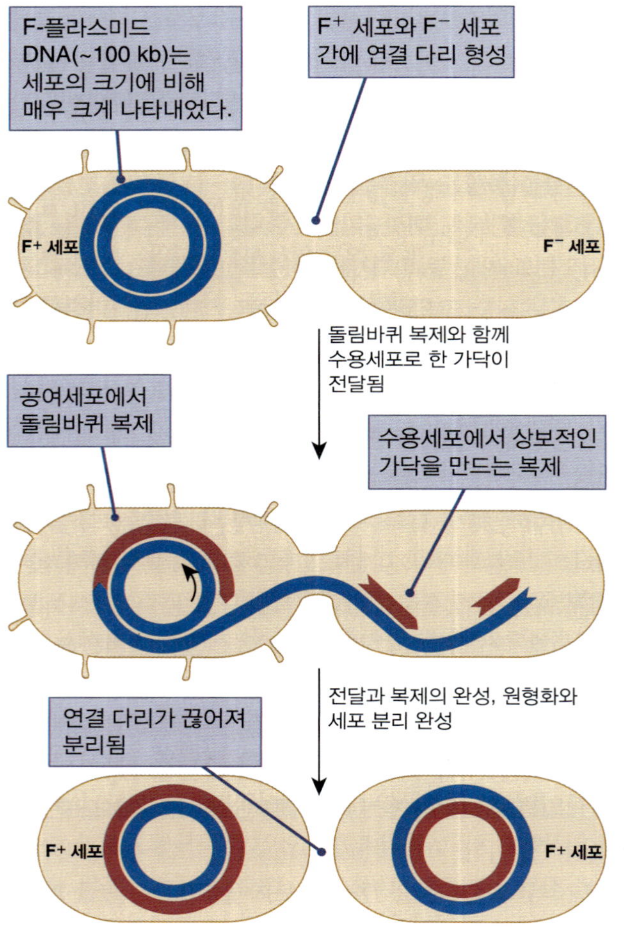

그림 7.3 F^+ 세포에서 F^- 세포로 F 인자의 전달. 세포가 쌍을 이루면 돌림바퀴 복제를 유발한다. 접합동안 합성되는 DNA를 빨간색으로 나타내었다. 보다 명료하게 하기 위해 세균의 염색체는 나타내지 않았고 플라스미드는 실제보다 크게 그렸다; 실제로 플라스미드는 세균 염색체보다 훨씬 작다.

삽입 염기서열과 트랜스포존은 세균 집단에서 중요한 역할을 한다

전위인자(*Transposable element*)는 한 위치에서 다른 위치로, 또는 한 DNA 분자에서 다른 분자로 뛰어넘을 수 있는 DNA 염기서열이다. 세균은 매우 다양한 전위인자를 포함하고 있다. 가장 작고 단순한 것은 **삽입 염기서열(insertion sequence)** 혹은 *IS* 인자(*IS elements*)이며, 일반적으로 길이는 1~3 kb이고 보통 전위에 필요한 전위효소(*transposase*) 단백질과 전위의 속도를 조절하는 하나 또는 그 이상의 부수적인 단백질을 암호화한다. 진핵생물에 존재하는 많은 전위인자처럼, 이들 역시 말단에 역반복(inverted-repeat) 염기서열을 가지고 있어서, 전위효소가 IS 인자를 인식하고 이동시키는는 데 사용된다. 삽입 과정에서 이들은 삽입되는 인자의 양 말단에 짧은 표적 염기서열의 직접적인 복제를 만든다. IS*50*의 삽입 염기서열 DNA 구성은 **그림 7.4**의 (A)에 나타나 있다.

다른 종류의 전위인자는 전위에는 관여하지 않지만 전위인자를 따라 움직일 수 있는 하나 또는 그 이상의 유전자를 포함한다; 이런 종류의 인자를 **트랜스포존(transposon)**이라 한다. 전형적인 트랜스포존의 길이는 수 킬로 염기쌍이지만, 어떤 것은 더 길다. 세균 사이에 널리 퍼져 있는 항생제 저항성의 대부분은 하나 또는 그 이상(보통 여러개)의 항생제 저항성 유전자를 가진 트랜스포존의 확산에 기인한다. 트랜스포존이 이동해서 접합 플라스미드에 삽입되면, 접합에 의해 다른 숙주 세균 사이에서 널리 유포될 수 있다.

어떤 트랜스포존은 그림 7.4의 (B)에 나타낸 것과 같이, 서로 역방향으로 위치한 2개의 IS*50* 인자 사이에 있는 Tn*5* 인자의 경우처럼 삽입 염기서열 사이에 항생제 저항성 부위

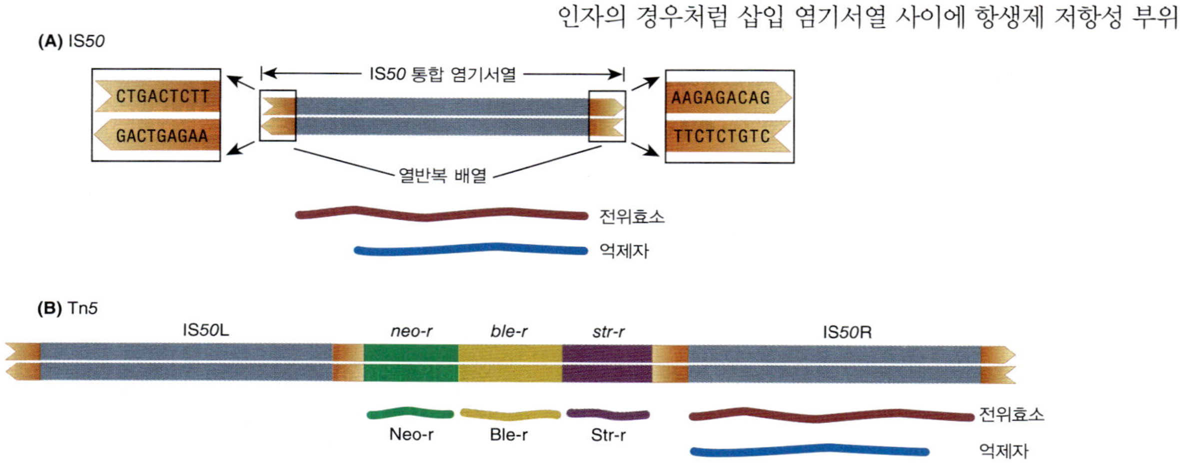

그림 7.4 세균의 전위인자. (A) 삽입 염기서열 IS*50*. 이 인자는 여기서 말단의 9개 염기쌍으로 나타낸 짧고 거의 완벽한 역-반복 염기서열로 종결된다. IS*50*은 전위효소와 전위 억제자를 암호화하는 부위를 포함한다. 중첩되는 부분의 암호화 부위는 동일하지만, 억제자는 다른 위치에서 시작되기 때문에 다소 짧다. (B) 혼성 트랜스포존 Tn*5*. 중심의 염기서열은 네오마이신, *neo-r*; 블레오마이신, *ble-r* 및 스트렙토마이신, *str-r*에 대한 저항성 유전자를 포함한다. 이 부위의 양 옆엔 IS*50*의 두 복사본이 역방향으로 위치한다. 왼쪽의 인자(IS*50*L)는 돌연변이를 가지고 있어 기능이 없으므로 전위효소와 억제자는 오른쪽의 인자(IS*50*R)에 의해 만들어진다.

가 끼워진 혼성 구조(composite structure)를 가진다. 트랜스포존은 보통 이탤릭체로 된 숫자가 따르는 Tn이란 약자(예를 들어, Tn*5*)로 나타낸다. 이 인자에서와 같이 운반되어지는 유전자를 언급할 필요가 있을 때는 일상적인 유전자 명칭을 사용한다. 예를 들면, Tn*5*(*neo-r ble-r str-r*)는 네오마이신, 블레오마이신 및 스트렙토마이신이라는 3종류의 다른 항생제 저항성 유전자들을 포함한다.

비접합 플라스미드는 접합 플라스미드로 동시 통합되어 이동될 수 있다

비접합 플라스미드와 접합 플라스미드는 대개 숙주 유전체의 DNA와 함께 같은 세포에 공존하며, 모든 DNA 분자는 전위인자가 이동할 때 잠정적인 삽입의 표적이 된다. 결국엔, 세균 계열에 있는 많은 플라스미드는 숙주 DNA에 존재하는 전위인자의 사본들을 획득하고, 숙주 DNA는 플라스미드에 존재하는 전위인자의 사본을 얻게 될 것이다. 이러한 방식으로, 전위인자는 독립적으로 복제되는 DNA 분자 간에 유포된다. 그 결과 대부분의 세균은 어떤 것은 숙주 유전체에, 어떤 것은 플라스미드에, 또 어떤 것은 양쪽에 다 있는 서로 다른 타입의 트랜스포존 다중 사본을 가지게 된다. 예를 들어, 자연적으로 분리한 대장균은 6개의 자연적으로 생겨난 각각의 IS 인자에 대해 평균 1~6개의 유전체 사본을 가지고 있으며, 특정한 IS 인자를 가진 세포들 중 20~60%는 마찬가지로 하나 또는 그 이상의 플라스미드 사본을 갖는다.

따라서 세균 세포 내에 있는 많은 비접합 플라스미드와 접합 플라스미드는 하나 또는 그 이상의 동일한 전위인자의 사본을 가진다. 이와 같은 사본들은 상동 DNA 염기서열을 갖기 때문에, 재조합을 위한 기질로서 작용할 수 있다. 두 플라스미드가 상동성 부위에서 재조합될 때의 결과를 **그림 7.5**에 나타내었다. 재조합은 **동시통합체(cointegrate)**라고 하는 혼합 플라스미드를 형성한다. 참여하는 플라스미드 중의 하나가 비접합이고 다른 것은 접합이라면, 동시통합체 역시 접합 플라스미드이고 따라서 접합 과정에서 전달될 수 있다. 접합 후 비접합 플라스미드는 동시통합체를 생성할 때와 같이 염기서열 사이의 재조합에 의해 제거될 수 있다. 따라서 동시통합체의 형성 기작에 의해 비접합 플라스미드는 일시적으로 접합 플라스미드와 함께 따라가므로 세포에서 세포로 전달될 수 있다.

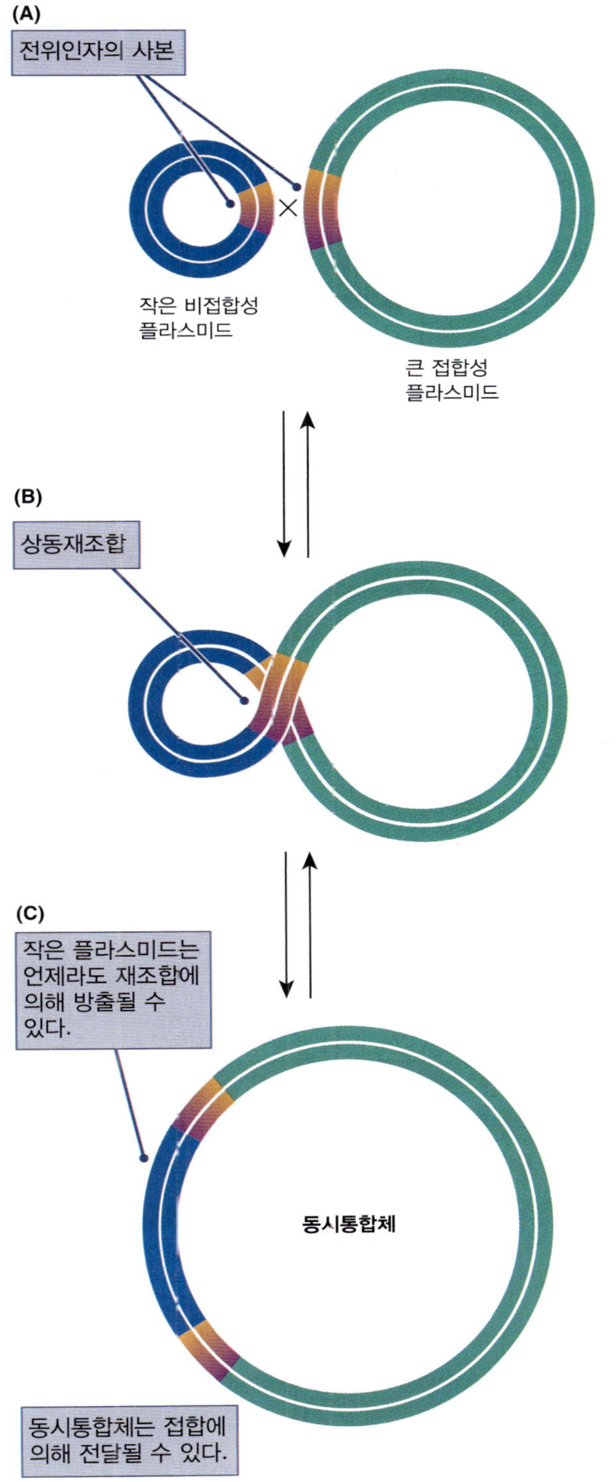

그림 7.5 두 플라스디드 모두에 존재하는 상동 염기서열(예를 들어, 전위인자의 사본) 사이의 재조합에 의해, 2개의 플라스미드 사이에서 동시통합체가 형성된다.

인테그론은 항생제 저항성 카세트의 획득을 위한 특별한 자리-특이적 재조합효소를 가진다

세균은 다양한 항생제 저항성의 진화 과정에서도 자리-특이적 재조합효소라는 일련의 효소들을 자유롭게 사용해 왔는데, 이들은 항생제 사용 시대보다 오래 전에 이미 세균 집단에 존재하여 다른 형질의 진화 과정에서 작용하였다. 각각의 **자리-특이적 재조합효소(site-specific recombinase)**는 중복 DNA 상의 특정한 염기서열과 결합한다. 두 중복 DNA 분자 각각에 결합자리가 존재하면, 재조합 효소가 이 부위들에 함께 작용해서 중복 DNA 분자 간의 상호교환을 촉매한다. **그림 7.6**에 나타낸 것처럼 자리-특이적 재조합효소는 선형 DNA 분자와 원형 DNA 분자를 결합시킨다. 반응은 역방향으로도 진행될 수 있고, 이에 따라 원이 동시통합체로부터 분리될 수 있다는 것에 주목하라.

자리-특이적 재조합효소의 예로 대장균 박테리오파아지 P1에 있는 유전자를 암호화하는 *Cre* 재조합효소(*Cre recombinase*)라 불리는 효소가 있다. Cre 인식 염기서열은 *loxP*라고 불리며, 그림 7.6에서 보는 것처럼 34 bp이고 중심에 비대칭적인 핵심서열을 가진다. 두 *loxP* 자리 사이에서의 재조합은 참여하는 부위가 동일하기 때문에 *loxP* 염기서열이 유지되고, 따라서 재조합 반응이 역으로 일어날 수 있다. 어떤 자리-특이적 재조합 효소는 두 분자 모두가 동시통합체로 통합되는 반응을 선호한다. Cre를 포함한 다른 효소들은 동시통합체가 두 분자로 나누어지는 반응을 선호한다. 어떤 자리-특이적 재조합효소는 비슷하지만 동일하지 않은 자리를 함께 모아 재조합하는데, 이 경우엔 재조합이 인식자리를 보전하지 못하므로 역반응은 일어나지 않는다.

자리-특이적 재조합 효소는 인테그론이라는 다중-항생제-저항성 단위의 조립에 사용된다. **인테그론(integron)**은 인식 부위와 함께 자리-특이적 재조합효소를 암호화하는 부위를 갖는 DNA 인자로서, 재조합에 의해 비슷한 인식 부위를 가진 다른 염기 서열이 인테그론으로 통합되어지도록 한다. 인테그론이 획득한 인자를 카세트라고 한다. 인테그론의 맥락에서 보면, **카세트(cassetes)**는 인테그론의 인식 부위를 가진 원형의 항생제-저항성-암호화 부위이다. 자리-특이적 재조합효소가 카세트를 통합하기 때문에, 인테그론 재조합효소를 종종 **통합효소(integrase)**라고 부른다.

여러 종류의 인테그론에 대한 특성이 밝혀졌다. 이들 중 가장 잘 알려진 것은 1형 인테그론으로 Int1로 명명하는 자리-특이적 재조합효소와 설폰아마이드 항생제에 저항성을 나타내는 암호화 부위(*sul1*)를 반드시 포함한다. 1형 인테그론의 분자 구조는 **그림 7.7**의 (A)에 나타내었다. 여기에 항생제 저항성 카세트가 순차적으로 획득되어지는 기작도 나타내었다. Int1 통합효소는 인테그론에 있는 *attI*로 표시되는 염기서열과 카세트의 *attC*로 표시되는 유사한 염기서열 사이에서 자리-특이적 재조합을 촉매한다. 모든 *attC* 부위들은 서로 유사하지만, 어느 2개도 완전히 일치하는 것은 없다.

그림 7.7(A)는 카세트가 *attI*과 *attC* 사이의 자리-특이적 재조합에 의해 어떻게 포획되는지 보여준다. 일반적으로 항생제 저항성 카세트는 단백질-암호화 부위를 가지지만 전사개시에 필요한 프로모터는 없다. 그들은 인접한 프로모터로부터 개시된 읽고-지나감 전사(read-through transcription)

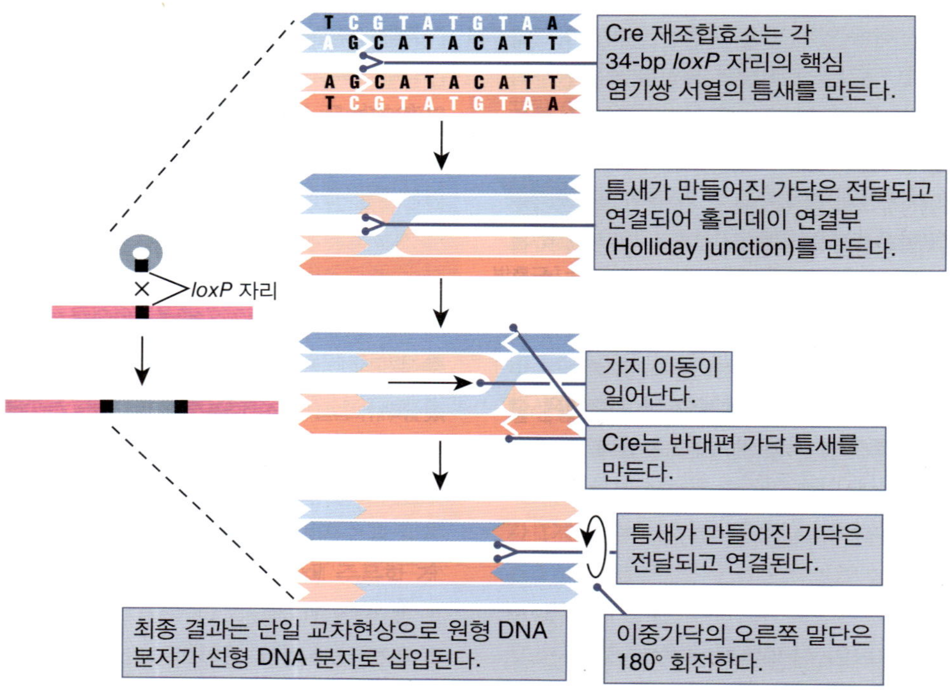

그림 7.6 자리-특이적 재조합효소는 두 특이적 염기서열 사이에 상호교환을 촉매한다. 다른 서열들은 기질로서 작용할 수 없다. Cre 재조합효소의 인식자리는 *loxP*이다.

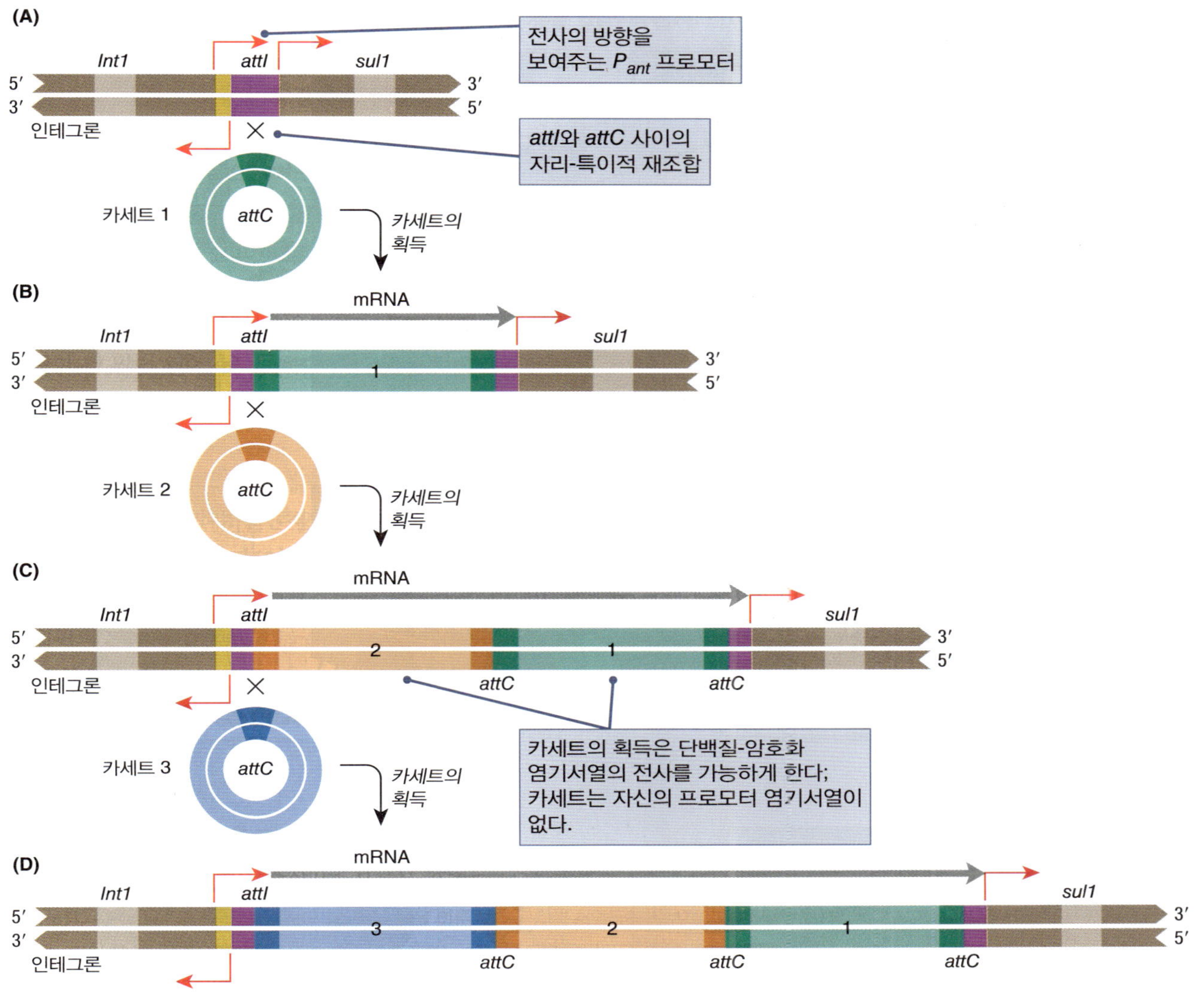

그림 7.7 인테그론의 *attI* 자리와 카세트의 *attC* 자리 사이에서 자리-특이적 재조합에 의해 인테그론이 카세트를 순차적으로 포획하는 기작.

에 의해서만 전사될 수 있다. 인테그론은 *attI* 자리의 상단부에 있는 P_{ant}라는 프로모터를 제공하여 획득한 카세트의 암호 염기서열이 발현되도록 한다. β-락탐, 아미노글리코사이드, 클로람페니콜, 트리메토프림, 스트렙토트리신 같은 항생제 저항성 단백질을 암호화하는 40가지 이상의 다른 프로모터 부재 카세트들이 발견되었다.

그림 7.7의 (B)에 나타낸 것처럼 먼저 하나의 카세트가 자리를 잡으면, 두 번째는 같은 *attI* 자리와 새로운 카세트에 있는 *attC*를 이용하여 포획될 수 있다. 새로운 카세트는 *attI* 자리와 바로 인접한 위치에 통합되고 P_{ant} 프로모터로부터 생성되는 mRNA는 두 카세트의 암호화 염기서열을 포함한다. 그림 7.7의 (C)에서 세 번째 카세트가 인테그론에 더해지고, P_{ant}로부터 만들어지는 mRNA는 더 길어진다. 여기 나타낸 것처럼 다중 카세트는 모두 P_{ant}로부터 동시에 전사되지만, 하단 부위에 있는 암호화 염기서열은 이곳에 도달하기 전에 전사가 종결될 가능성이 높으므로 낮은 빈도로 전사된다. 이러한 제한은 효율적으로 전사될 수 있는 카세트의 수에 대한 실질적인 한계가 되지만 10개에 달하는 항생제 저항성 카세트를 가진 인테그론도 발견되었다.

Int1 통합효소는 비록 훨씬 낮은 수준이지만, 카세트-포획 반응의 역반응을 촉매할 수 있다. 이 반응은 대개 2개의 *attC* 자리를 사용한다. 그 예를 **그림 7.8**에 나타내었다. 인접한 *attC* 자리 사이에서의 자리-특이적 재조합은 프로모터 부재 암호화 서열을 포함하는 원형의 카세트를 방출한다. 카세트는 복제 기점이 없기 때문에 복제될 수 없지만, 포획 반응은 충분히 효율적이어서 카세트는 종종 동일한 인테그론(카세트가 즉시 인접한 *attI*로 위치를 바꿈)이나 동일 세포 내의 다른 인테그론(이미 포함하고 있는 카세트들의 목록에 덧붙

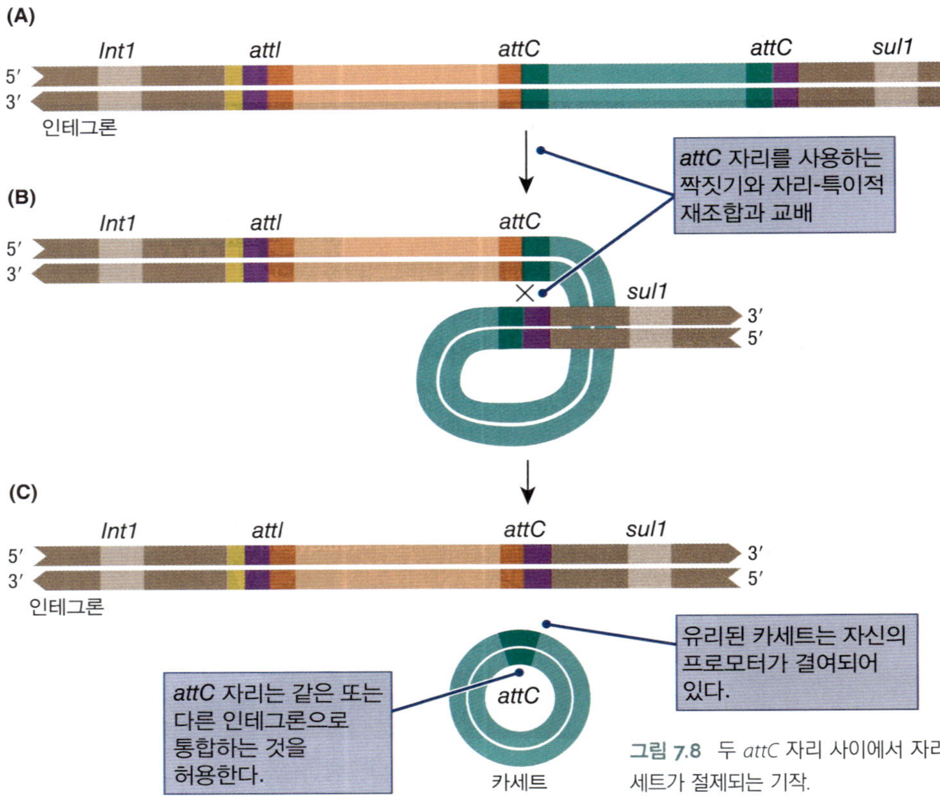

그림 7.8 두 *attC* 자리 사이에서 자리-특이적 재조합에 의해 인테그론으로부터 카세트가 절제되는 기작.

임)에 다시 포획된다.

인테그론 스스로는 이동할 수 없음에도 불구하고, 이들은 세균의 염색체뿐 아니라 트랜스포존, 접합성 플라스미드 및 비접합성 플리스미드에 존재한다. 이동성 DNA 인자의 일부분인 인테그론은 특히 항생제 저항성의 진화에 중요한데, 이는 항생제 저항성 카세트를 포획할 수 있으며 그 결과 항생제 저항성 암호화 염기서열의 전사뿐 아니라 그들의 이동을 가능하게 하기 때문이다.

세균의 유전체는 다른 개체에서 유래한 개별적인 DNA 부위를 가질 수 있다

플라스미드의 모든 행동과 트랜스포존과 인테그론에 의해 도약하는 유전자들은 세균 유전체가 핵심 유전자 세트에 삽입된 다양한 기원의 분절 조각을 이은 패치워크(patchwork)임을 제시한다. 이 패치워크 모델은 몇몇 독립적인 대장균 격리집단(균주)의 유전체 염기서열 분석을 통해 처음으로 높은 지지를 받았다. 균주 간 유전체 크기의 범위는 10%가 넘게 차이가 났으며—한 균주는 4.36 Mb이고 다른 것은 5.23 Mb이었다—이 크기는 유전자 1,000개 이상에 해당된다. 염기서열이 밝혀진 모든 균주는 약 3,800개의 유전자에 해당하는 공통된 세트를 공유하고 있으며, 이들은 현재 우리가 대장균이라 부르는 것의 원 조상으로부터 전해오는 유전자의 핵심 세트에 해당된다.

일부 균주의 유전체 상에만 산재되어 발견되는 부위는 다른 종의 세균으로부터 획득한 다양한 유전자들을 포함하는 DNA의 **유전체 섬**(*genomic islands*) 때문이다. 이들 유전체 섬은 **수평적 전달(horizontal transmission)**에 의해 획득되어졌다고 여겨진다. 유전체 섬이 질병을 유발하는 유전자를 포함하고 있다면, 이들은 **병원성 섬(pathogenicity islands)**이라 불린다. 병원성 섬의 한 예가 O157:H7 대장균 균주에서 발견되었다. 이 병원성 균주는 전형적으로 오염된 음식과 물을 통해 전파되어 출혈성 설사의 원인이 되고, 종종 신부전을 일으킨다. 이 균주에 의해 미국에서만 매년 약 10만 명의 환자가 발생하며 이 중 100여 명이 죽는다. O157:H7 균주는 실험실 균주인 K12 대장균에는 존재하지 않는 약 1,400개의 유전자를 포함한다. 이 획득 유전자들은 세포가 소장의 벽에 고착하고 숙주 세포에 특정 단백질을 분비하도록 하는 인자들을 암호화하는 병원성 섬을 포함한다. 신부전은 통합된 박테리오파아지에 암호화된 독소에 의해 촉진되며, 단백질 합성을 억제하고 혈관 손상을 일으킨다. 출혈성 설사는 플라스미드에 있는 유전자에 의해 촉진되며, 그 산물은 혈액응고인자를 감소시키고 적혈구 파괴의 원인이 된다.

다중 항생제에 저항성을 갖는 세균은 공중보건 문제를 증가시킨다

자연 상태에서, 접합성 플라스미드는 시간이 지남에 따라 독립적인 여러 항생제 저항성 유전자를 포함하는 트랜스포존이나 다중 항생제 저항성 카세트를 획득한 인테그론을 가진 트랜스포존을 축적할 수 있으며, 그 결과 플라스미드는 완전히 무관한 다수의 항생제들에 대한 저항성을 나타낸다. 이러한 다중 저항성 플라스미드를 **R 플라스미드(R plasmid)**라고 한다. 어떤 R 플라스미드는 F 플라스미드와 가깝게 연관되어 있으며, 이들은 확실히 F 인자로부터 진화되었다. 항생제의 존재 하에서 저항성 세포는 감수성 세포보다 성장이 유리하므로, R 플라스미드의 진화는 저항성 세포를 선택하는 항생제의 사용(그리고 과다 사용)에 의해 촉진된다. 환경에 존재하는 다중 항생제는 다중-약물 저항성 개체를 선택한다. 다중 약물에 저항성을 갖는 플라스미드가 질병의 요인이 되는 세균 병원체로 전달되면 심각한 임상적 합병증이 나타난다. R 인자를 갖는 병원체의 감염은 병원체가 현재 사용되는 대부분 또는 모든 항생제에 대한 저항성을 가질 수 있기 때문에 치료가 매우 어렵다.

7.2 세균유전학에서는 콜로니를 형성하는 세포의 능력에 영향을 미치는 돌연변이를 종종 사용한다

세균은 액체 배지나 한천으로 굳힌 반고체 생장배지의 표면에서 자랄 수 있다. 유전적 분석에 사용되는 세균은 보통 **평판**(*plates*)이라고 하는 플라스틱 페트리 접시 속의 한천 표면에서 자란다. 고체배지 위에 접종된 하나의 세균 세포는 성장하고 여러 번 분열하여, **콜로니**(*colony*)라고 하는 눈에 보이는 세포 집단을 형성한다(그림 7.9). 현탁액에 있는 세균 세포의 수는 일정 용량의 현탁액을 한천 표면 위에 도말하여 형성된 콜로니 수를 세어 봄으로써 결정한다. 전형적인 대장균 배양액은 10^9 세포/ml를 포함한다. 특정한 배지 위에서 콜로니의 출현, 즉 콜로니를 형성하고 못하고의 능력은 종종 콜로니를 생성하는 세포의 유전자형을 규명하는 데 사용될 수 있다.

다른 생명체에서처럼, 세균의 유전적 분석을 위해 돌연변이체를 필요로 한다. 세균에서 물질대사 경로나 항생제 저항성에 영향을 미치는 돌연변이는 특히 유용하다. 3가지의 기본적인 돌연변이 유형이 있다.

- **항생제 저항성 돌연변이체(Antibiotic-resistant mutant)** 이러한 돌연변이체는 스트렙토마이신(Str)이나 테트라싸이클린(Tet) 같은 항생제의 존재하에서 자랄 수 있다. 예를 들어, 스트렙토마이신-감수성(Str-s) 세포는 야생형 표현형을 갖고 있어서 스트렙토마이신을 포함한 배지에서 콜로니를 형성하지 못하지만, 스트렙토마이신-저항성(Str-r) 돌연변이체는 콜로니를 형성할 수 있다.

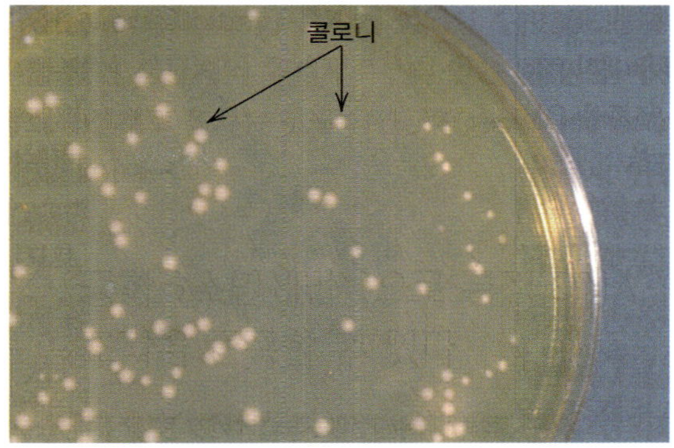

그림 7.9 고형 배지에서 형성된 세균 콜로니를 가진 페트리 접시.
Courtesy of Dr. Jim Feeley/CDC.

- **영양성 돌연변이체(Nutritional mutant)** 야생형 세균은 그들이 필요로 하는 대부분의 복합 영양소를 성장배지에 존재하는 단순한 분자로부터 합성할 수 있다. 야생형 세포를 **자가영양체(prototroph)**라고 한다. 복합 영양소를 합성하는 데 사용되는 효소를 무력하게 하는 돌연변이에 의해 단순배지에서 자라는 능력을 잃게 될 수도 있다. 돌연변이체 세포는 필수 영양소를 합성하지 못하기 때문에 필요한 영양소가 배지에 공급되지 않으면 자랄 수 없다. 이러한 세균 돌연변이체를 특정 영양소를 필요로 하는 **영양요구주(auxotroph)**라고 한다. 예를 들어, 메티오닌 영양요구주(Met^-) 세포는 무기염류와 포도당 같은 에너지 및 탄소 원자의 공급원만을 함유하는 **최소배지(minimal medium)**에서는 자랄 수 없지만, 메티오닌이 공급되면 자랄 수 있다.
- **탄소원 돌연변이체(Carbon-source mutant)** 이들 돌연변이체는 에너지원이나 탄소 원자의 공급원으로 특정 물질을 이용하지 못한다. 예를 들어, Lac^- 돌연변이체는 성장을 위한 양분으로서 유당을 이용하지 못하므로 유당을 유일한 탄소원으로 사용하는 최소배지에서는 콜로니를 형성할 수 없다.

모든 야생형 세포가 콜로니를 형성하는 배지를 **비선택배지(nonselective medium)**라고 한다. 비선택배지에서의 성장으로 돌연변이체와 야생형 세포를 구별할 수도 있고 구별

잠깐 생각해 봅시다 7.1

세균 배양액에는 유전형이 met^+ leu^+ *str-r*, met^+ leu^- *str-r* 및 met^- leu^+ *str-r*인 세균들이 섞여 있다. 여기서 met^-세포는 메티오닌(Met) 영양요구주, leu^-세포는 류신(Leu) 영양요구주이고, *str-r*세포는 스트렙토마이신(Str) 저항성 균주이다. 세포 배양액을 적절하게 희석한 후 같은 부피의 분주를 다양한 평판배지에 도말한 후, 생성된 콜로니의 수를 조사하였다. 아래 표는 각각의 배지에서 관측된 콜로니의 수를 나타낸다.

배지	콜로니 수
최소배지 + Met + Leu + Str	400
최소배지 + Met + Str	300
최소배지 + Leu + Str	260
최소배지 + Str	160

이 데이터에 기초하여, 세균 배양액에 있는 met^+ leu^+ *str-r*, met^+ leu^- *str-r* 및 met^- leu^+ *str-r* 유전형의 비율이 어떻게 될지 추정하시오.

하지 못할 수도 있다. 만일 배지가 야생형이나 돌연변이체 중 단지 한 종류의 세포 성장만을 허용할 때, 이러한 배지를 **선택배지(selective medium)**라고 한다. 예를 들어, 스트렙토마이신을 함유한 배지는 Str-r(저항성) 표현형에는 선택적이고 Str-s(감수성) 표현형에 대해선 선택적이지 않으며, 유당을 유일한 탄소원으로 포함하는 최소 배지는 Lac^+ 세포에 선택적이지만, Lac^- 세포에는 선택적이지 않다.

세균유전학에서, 표현형과 유전자형은 다음의 방법으로 나타낸다. 표현형은 3개의 문자로 나타내며 이들의 첫 번째는 대문자이다; 위첨자 + 및 −는 지정된 특성의 존재 또는 부재를 나타낸다; 그리고 s 또는 r은 감수성 또는 저항성을 나타낸다. 유전자형은 이탤릭체로 된 소문자로 표기한다. 따라서 류신의 공급 없이는 성장할 수 없는 세포(류신 영양요구주)는 Leu^- 표현형을 가지는데, 이것은 대개 류신 생합성에 필요한 유전자들 중 하나에 leu^- 돌연변이가 일어난 결과이다. 종종 위첨자 −는 생략하기도 하지만, 여기서는 혼란을 피하기 위해 일관되게 사용할 것이다.

7.3 형질전환은 DNA의 흡수와 재조합의 결과로 얻어진다

DNA가 유전 물질이라는 중요한 증거는 열처리로 죽인 독성 폐렴 균주에서 얻은 DNA가 다른 균주의 세포를 비독성에서 독성으로 유전적으로 바꿀 수 있다는 실험을 통해 얻게 되었다. 순수한 DNA에 의한 유전적 변화의 과정을 **형질전환(transformation)**이라 하는데, 지금 우리는 실험이 행해졌던 1944년에 알려진 것보다 훨씬 더 많은 것을 알고 있다.

형질전환에서, 수용세포는 주변 배지에 유리된 DNA 분자로부터 유전자를 얻는다. 실험실에서는 공여세포로부터 분리된 DNA를 수용세포의 현탁액에 첨가한다. 자연 상태에서는 공여세포의 자연적 파괴(용균)에 의해 생긴 DNA가 이용될 수 있다. 어느 경우이든 형질전환은 수용세포가 주위 배지로부터 DNA 분절을 흡수함으로써 시작되며, 공여 DNA의 한 가닥이 수용세포 DNA의 상동 절편으로 치환됨으로써 종결된다. 대부분의 세균 종에서 재조합 단계는 가능하지만, DNA를 효율적으로 흡수하는 능력을 가진 세균은 제한적이다. 형질전환이 가능한 종이라도, 성장하는 집단의 단지 몇몇의 세포들만 DNA를 통과시킬 수 있다. 하지만 이러한 종의 세포들에 적절한 화학처리를 해줌으로써 DNA를 흡수할 수 있는 세포 집단을 얻을 수 있다.

형질전환은 유전자 지도 제작에 있어서 편리한 기술을 제공한다. 공여체 세균으로부터 분리된 DNA는 항상 작은 절편으로 쪼개진다. 적합한 수용세포와 과량의 DNA를 사용하면 10^3 세포당 약 1개의 빈도로 형질전환이 일어난다. 만일 두 유전자 *a* 및 *b*가 공여세포의 염색체 상에서 서로 멀리 떨어져 있어서 항상 서로 다른 2개의 DNA 절편에 위치하게 되면, 이들이 동시에 a^- b^- 수용세포에 전달되어 a^+ b^+ 야생형으로 **동시형질전환(cotransformation)**될 확률은 각 표지 유전자가 따로따로 형질전환되는 확률의 곱, 즉 대략 $10^{-3} \times 10^{-3}$이고, 이는 10^6 수용세포당 하나의 야생형 형질전환체가 얻어질 확률이다. 하지만 두 유전자가 공여세포 염색체 상에 서로 가깝게 위치한다면 종종 하나의 공여 절편에 존재하게 되므로, 동시형질전환의 빈도는 단일 유전자 형질전환의 빈도와 같은 10^3 수용세포당 1개의 야생형 형질전환체가

얻어질 것이다. 일반적인 원칙은 다음과 같다:

핵심 개념

두 유전자의 동시형질전환 빈도가 대체로 각 단일유전자의 형질전환 빈도의 곱보다 큰 것은 세균 염색체 상에 두 유전자가 서로 가까이 있음을 의미한다.

다양한 유전자 쌍의 동시형질전환 능력을 조사하면 유전자의 순서를 알 수 있다. 예를 들어, *a* 및 *b* 유전자가 동시형질전환될 수 있고, *b* 및 *c* 유전자도 동시형질전환되지만, *a* 와 *c*는 동시형질전환되지 못한다면, 유전자의 순서는 *a b c* 가 된다(그림 7.10).

7.4 세균의 교배에서 DNA 전달은 한 방향으로 일어난다

접합(*Conjugation*)은 세포와 세포 사이의 접촉에 의해 세균 공여세포에서 수용세포로 DNA가 전달되는 과정이다. 우리는 이미 플라스미드의 접합 전달을 설명하면서 이 과정을 살펴본 적이 있다. 이 절에서는 세균 염색체에 존재하는 유전

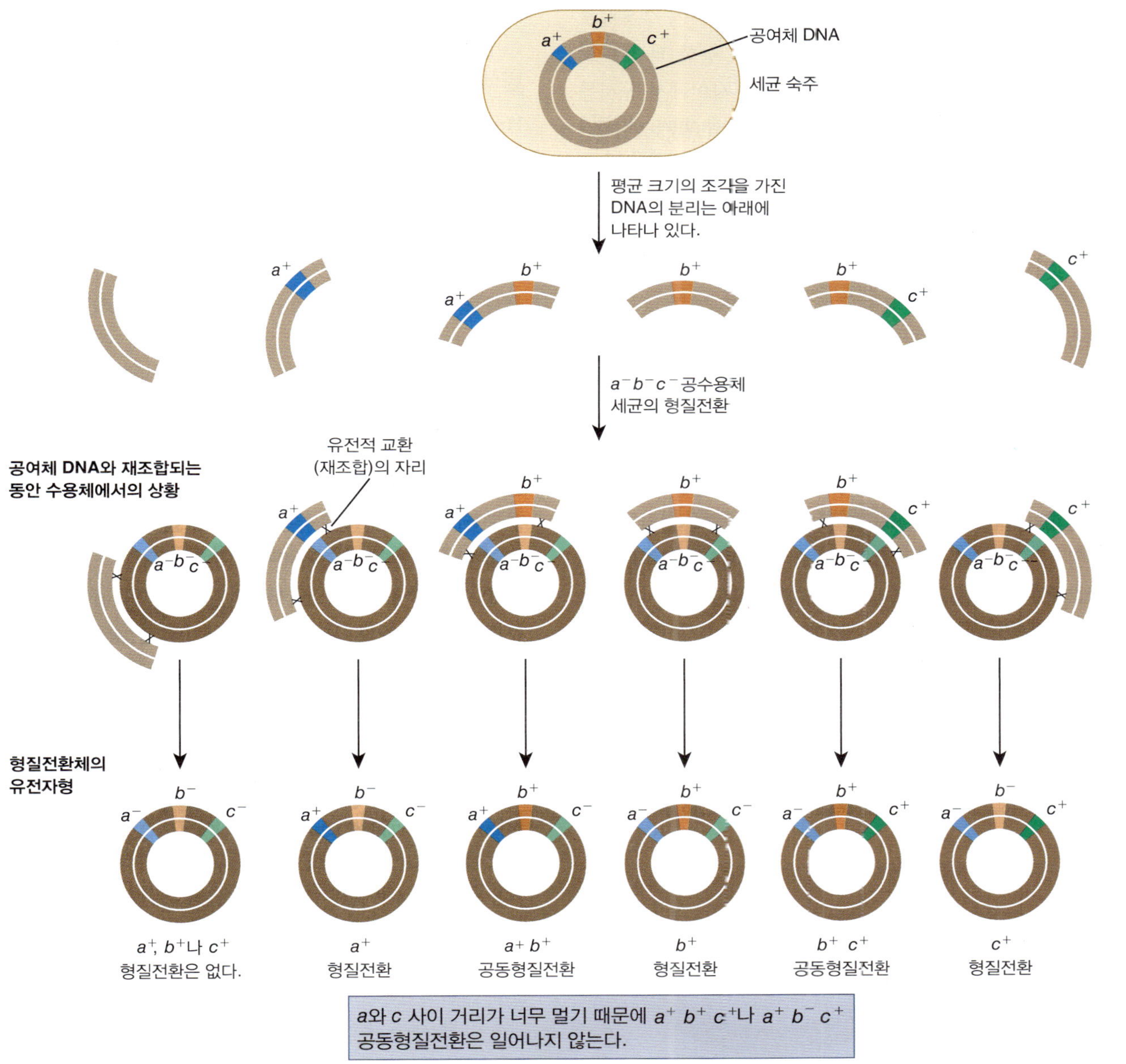

그림 7.10 연관된 표지자들의 동시형질전환. *a*와 *b* 표지자는 *b*와 *c* 표지자처럼 서로 충분히 가까이 있기 때문에, 종종 같은 공여체 절편에 존재한다. *a*와 *c* 표지자는 동시형질전환이 이루어질 만큼 충분히 가까이 있지 않다. 따라서 유전자의 순서는 *a b c*가 된다. 형질전환하는 DNA의 크기는 세균의 염색체와 비교하여 크게 과장되어 있다.

자가 같은 과정을 통해 어떻게 전달될 수 있는지 알아볼 것이다.

F 플라스미드는 세균 염색체로 통합될 수 있다

대장균 세포 사이에서 염색체 유전자의 전달은 1951년 레더버그(Joshua Lederberg)에 의해 처음 발견되었다. 비록 그 당시에는 잘 알 수 없었지만, 공여세포가 F^+이기 때문에 교환이 일어났고, 몇몇 세포에서 F 인자가 세균 염색체로 통합되었던 것이다(그림 7.11). 이 세포들은 **Hfr 세포(Hfr cell)**로 알려져 있다. Hfr은 높은 빈도의 재조합(*high frequency of recombination*)을 의미하는데, 공여세포의 유전자가 수용세포에 전달되는 빈도가 비교적 높게 나타난다. 통합 과정은 그림 7.5에 나타낸 것과 같이 두 플라스미드 사이에서 동시통합체가 형성되는 것과 근본적으로 같다. 삽입 염기서열(7.1절)은 F^+ 세포에서 Hfr 세균의 기원에 중요한 역할을 한다. 왜냐하면 F에 존재하는 IS 인자와 무작위적 자리에 전위된 세균 염색체 상의 상동 사본 사이에서의 유전적 교환을 통해 F 플라스미드가 정상적으로 통합되기 때문이다. F 인자는 염색체로부터 분리되거나 염색체에 삽입된 상태로 존재할 수 있으므로, **에피솜(episome)**의 자격을 갖추고 있다. 에피솜은 세포에서 자유롭거나 염색체에 통합된 DNA 분절로 존재하는 유전 인자이다.

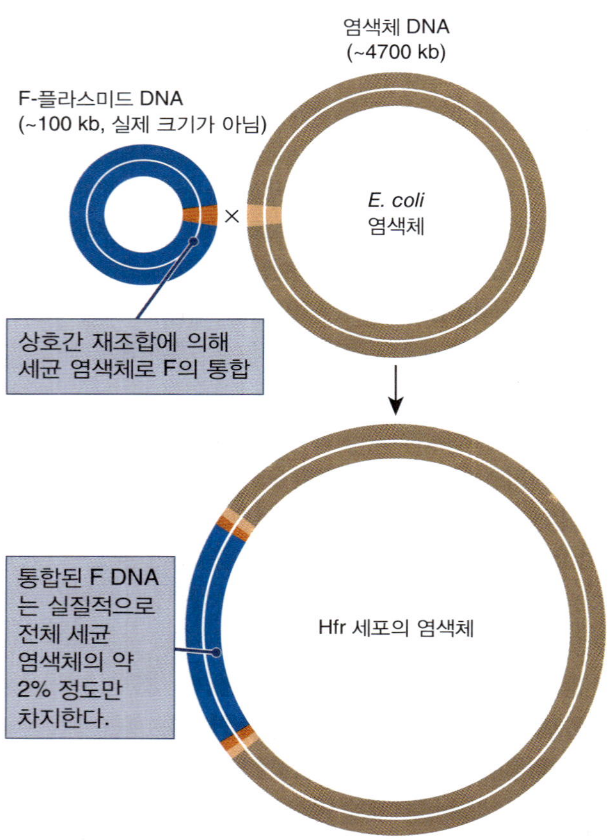

그림 7.11 F 상의 뉴클레오티드 염기서열과 세균 염색체에 있는 상동 염기서열(대개 통합 염기서열) 사이의 재조합에 의한 F(파란 원)의 통합. F 플라스미드 DNA는 세균의 염색체에 비해 아주 크게 나타내었다.

Hfr 세포(그림 7.11)에서, 세균 염색체는 통합된 F 인자 DNA에 의해 2% 정도 증가되었지만 원형으로 남아 있는다. F의 통합은 드물게 일어나지만, 통합된 F를 갖는 단일 세포를 분리하고 배양할 수 있다. Hfr 세포가 접합할 때, F^+ 세포에서와 같은 방식으로 F 인자의 전달 과정이 시작된다. 그러나 F 인자는 세균 염색체의 일부분이기 때문에, Hfr 세포에서는 세균 염색체에서 유래한 DNA도 전달에 포함한다.

염색체 전달은 F에서 시작하고 한 방향으로 진행된다

Hfr × F^- 접합 과정은 그림 7.12에 나타내었다. 공여세포와 수용세포의 만남, 공여세포에서 돌림바퀴 복제, 수용세포에서 지체가닥 합성에 의해 전달된 단일가닥 DNA가 이중가닥 DNA로 변환 등의 전달 단계는 F가 F^- 세포로 전달되는 과정과 아주 유사하다. 그러나 Hfr 교배인 경우, 전달된 DNA는 원형이 되지 않고 전달된 F 인자가 완전하지 않기 때문에 수용세포에서 더 이상의 복제를 할 수 없다. 염색체 DNA의 복제와 이와 연관된 전달은 통합된 F에 의해 조절된다; 그들은 통합되지 않은 F 플라스미드에서 복제와 전달이 시작되는 위치와 같은 Hfr 염색체 상의 지점에서 시작된다. 최초로 전달되는 DNA는 F의 일부분이고, 다음으로 염색체 유전자가 전달되며, 수용세포로 들어가는 마지막 DNA는 F의 남은 부분이다. 대부분의 경우 접합 세포는 세균 염색체가 완전히 전달되기 전에 분리되기 때문에, F의 마지막 분절은 수용세포로 전달되지 않는다.

F 전달과 Hfr 전달 사이에는 몇 가지 중요한 차이점이 있다.

- F의 전달에 약 2분이 걸리는 데 비해, 전체 세균 염색체가 전달되는 데는 일상 조건에서 100분이 소요된다. 시간의 차이는 F와 염색체의 상대적 크기 (F는 100 kb이고 K12 대장균 균주는 4,600 kb임) 때문이다.
- Hfr DNA가 수용세포로 전달되는 동안, 대부분의 교배 쌍은 염색체 전체가 전달되기 전에 분리된다. 통상적 실험 조건 하에서는 세포들이 분리되기 전에 수백 개의 유전자들이 전달된다.
- Hfr과 F^- 세포 사이의 교배에서, F의 마지막 분절이 전달되기 전에 세포의 분리가 일어나므로, F^- 수용세포는 F^-인 채로 남는다.

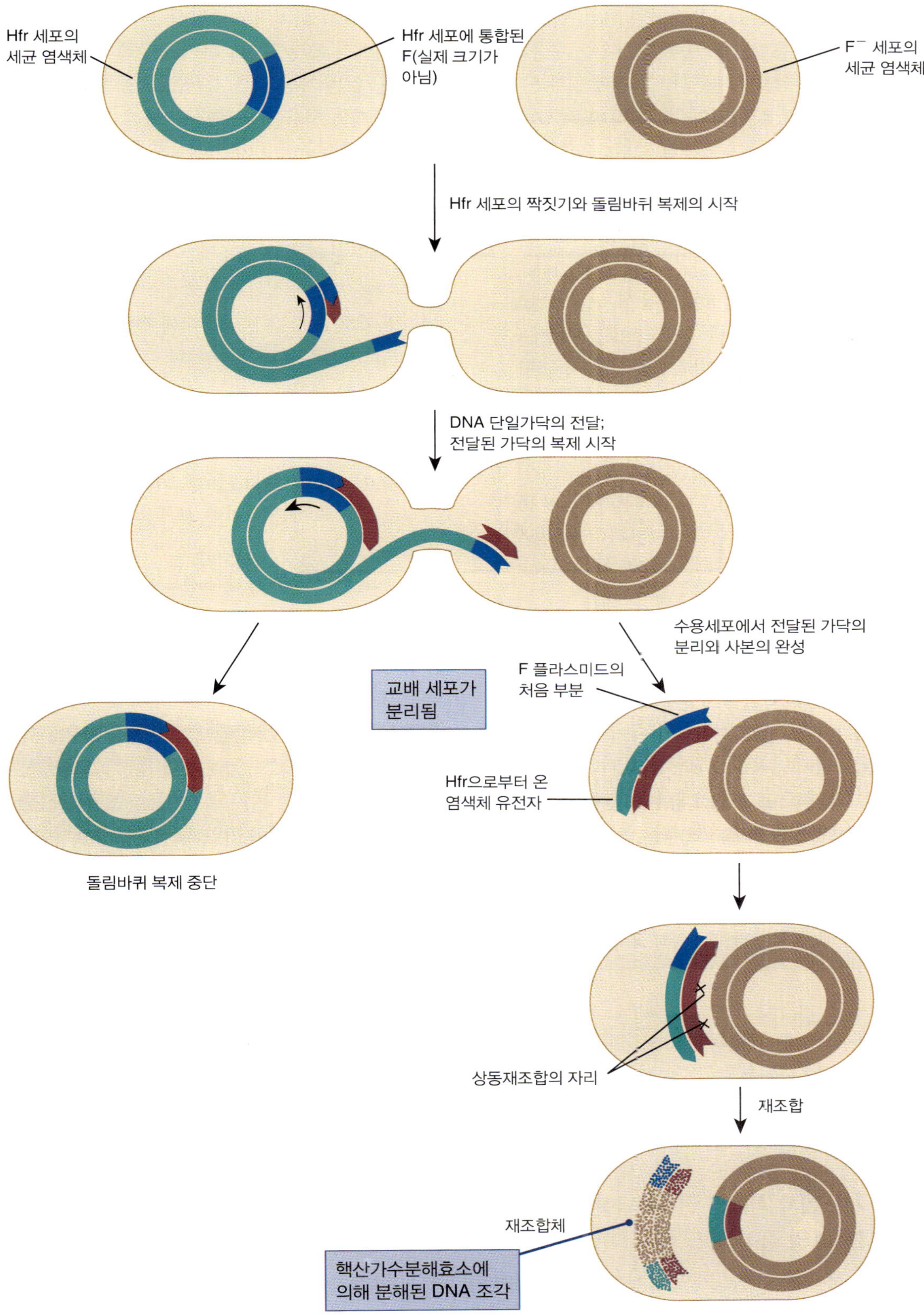

그림 7.12 Hfr × F⁻ 교배에서 전달과 재조합체 생산의 단계. 교배에 의해 Hfr 세포에 있는 F 염기서열 내에서 돌림바퀴 복제가 시작되고, 그 결과 DNA의 단일가닥이 전달된다. 수용세포에서 단일가닥은 이중가닥 DNA로 전환된다. 교배 중인 세포는 대개 완전한 염색체가 전달되기 전에 분리된다. Hfr 절편과 F⁻ 염색체 사이에서 재조합이 일어나 Hfr 세포로부터 유래한 유전자가 재조합체에 포함한다. 이때 F의 일부분만 전달된다는 것에 주목하자. 이러한 F의 일부는 수용체의 염색체로 통합되지 않는다. 수용세포는 F⁻로 남는다.

- Hfr 전달에서, 전달된 DNA 절편의 어떤 부분은 수용세포 염색체로 통합된다. 통합된 부위는 수용세포 염색체의 상동 부위를 치환한다. 그 결과 일부 F^- 세포는 Hfr 공여세포로부터 유래한 하나 또는 그 이상의 유전자를 포함하는 재조합체가 된다. 예를 들어, Hfr *leu*$^+$와 F^- *leu*$^-$ 세포 사이의 교배에서, 어떤 세포는 F^- *leu*$^+$로 된다. 그러나 **공여체 *Hfr* 세포의 유전자형은 변하지 않고 남아 있다.**

유전적 분석을 위해서는 재조합 수용세포를 식별해야 한다. 재조합체는 수용세포로부터 유래되므로, 공여세포를 제거하는 방법을 필요로 한다. 일반적인 방법은 선택될 수 있는 대립유전자를 포함하는 F^- 수용세포를 사용하는 것이다. 선택된 대립유전자는 대부분의 교배 세포에서 선택된 유전자가 전달되기 전에 서로 분리되는 염색체 상의 위치에 존재해야 하며, Hfr 세포에는 선택된 대립유전자가 존재하지 않아야 한다. 그런 다음 선택적 요인을 사용하여 F^- 세포를 선택하고 Hfr 공여세포는 제거한다. 항생제 저항성 유전자는 이러한 목적에 아주 유용하게 사용된다. 예를 들어, Hfr *leu*$^+$ *str-s*와 F^- *leu*$^-$ *str-r* 세포를 교배한 후, 스트렙토마이신을 함유한 배지에서 평판배양하면 Hfr Str-s 세포는 선택적으로 죽게 된다. 그 다음으로 비재조합체와 재조합 수용체를 구별하기 위해 류신이 결핍된 선택배지를 사용할 수 있다. F^- *leu*$^-$ 세포는 류신이 결핍된 배지에서 성장할 수 없지만, *leu*$^+$ 유전자를 가진 F^- *leu*$^+$ 재조합체는 성장할 수 있다. 따라서 *leu*$^+$ *str-r* 유전형을 가지는 재조합 수용체만 스트렙토마이신을 함유하고 류신은 결핍된 선택배지에서 콜로니를 형성한다.

이런 식으로 교배가 일어날 때, 성장 조건에 따라 선택되는 전달된 표지자(이 경우 *leu*$^+$)를 **선택 표지자(selected marker)**라고 하며, 공여자의 성장을 방해하는 데 사용되는 표지자(이 경우 *str-s*)를 **카운터선택 표지자(counterselected marker)**라고 한다. 재조합체는 (높은 빈도의 재조합이라는 명칭에도 불구하고) 전체 세포 집단에서 낮은 비율로 존재하므로, 선택과 카운터선택은 세균 교배에 필수적이다.

대장균 유전자 지도에서 거리의 단위는 1분 동안 전달된 염색체 DNA의 길이이다

Hfr × F^- 교배를 통해 세균 염색체의 유전자 지도를 제작할 수 있다. 이 유전자 지도는 전달 순서에 기초를 두고 있으며, 감수분열 과정의 재조합에 기초한 진핵생물의 연관지도와 전혀 다르다. 이 지도를 얻기 위해, 세포 현탁액을 믹서기로 격렬하게 교반하는 등의 방법을 사용하여 교배 중인 DNA 전달을 고의로 중단시킨다. 교배 중인 세포를 다양한 시점에서 분리시키고, 분리를 통해 재조합체의 출현을 억제할 수 없는 가장 빠른 시간을 찾는 방법으로 특정 유전자가 전달되는 시간을 결정할 수 있다. 이 과정을 **중절교배법(interrupted-mating technique)**이라 한다. Hfr × F^- 교배가 일어날 때, 어느 특정 대립유전자의 재조합체 수는 세포가 접촉해 있는 동안 증가한다. 이러한 현상을 **표 7.1**에 나타내었다. 재조합체 수가 증가하는 이유는 다른 Hfr × F^- 쌍은 조금 다른 시간에 접합과 염색체 전달을 시작하기 때문이다.

몇 개의 표지 유전자에 대해 수행한 교배 결과를 관찰하면 전달 과정을 보다 잘 이해할 수 있다. 예를 들어, 다음과 같은 교배를 생각해 보자.

$$\text{Hfr}\ a^+\ b^+\ c^+\ d^+\ e^+\ str\text{-}s \times \text{F}^-\ a^-\ b^-\ c^-\ d^-\ e^-\ str\text{-}r$$

여기서 a^- 세포는 A 영양소를 필요로 하고, b^- 세포는 B 영양소를 필요로 하는 식이다. 세포를 혼합하고 다양한 시간이 지난 후, 표본을 격렬하게 교반한 다음에 스트렙토마이신과 A부터 E까지 5종류 물질의 서로 다른 조합을 포함하는 배지 위에서 평판배양한다(각 배지에는 5가지 중 하나가 빠져 있다). A가 결핍된 배지에 형성된 콜로니는 a^+ *str-r*이고, B가

표 7.1 자료는 Hfr *leu*$^+$ *str-s*와 F^- *leu*$^-$ *str-r* 세포 사이의 교배에서, 교배를 중절한 다양한 시간에서 Leu$^+$ Str-r 재조합체의 생성을 보여준다.

교배 후 시간(분)	100 Hfr 세포당 Leu$^+$ Str-r 재조합체의 수
0	0
3	0
6	6
9	15
12	24
15	33
18	42
21	43
24	43
27	43

참고: 교배후 시간(분)은 Hfr과 F^- 세포의 현탁액을 혼합한 후의 시간(분)이다. 재조합체의 수가 0이 되도록 재조합 자료를 외삽해 보면 *leu*$^+$ 표지자의 최초 전달 시간은 4분이 된다.

없는 곳에서 자라는 것은 b^+ *str-r* 등이다. 그림 7.13의 (A)에 나타낸 것처럼, 이러한 모든 자료들을 단일 그래프 상에 그려 곡선 세트를 만들 수 있다. 이 곡선 세트엔 4가지의 주목할 만한 특징이 있다.

1. 각 곡선에서 재조합체의 수는 교배 시간의 길이에 따라 증가한다.
2. 각 표지자마다 재조합체가 검출되지 않는 최초의 시간(**전달 시간**, **time of entry**)이 있다.

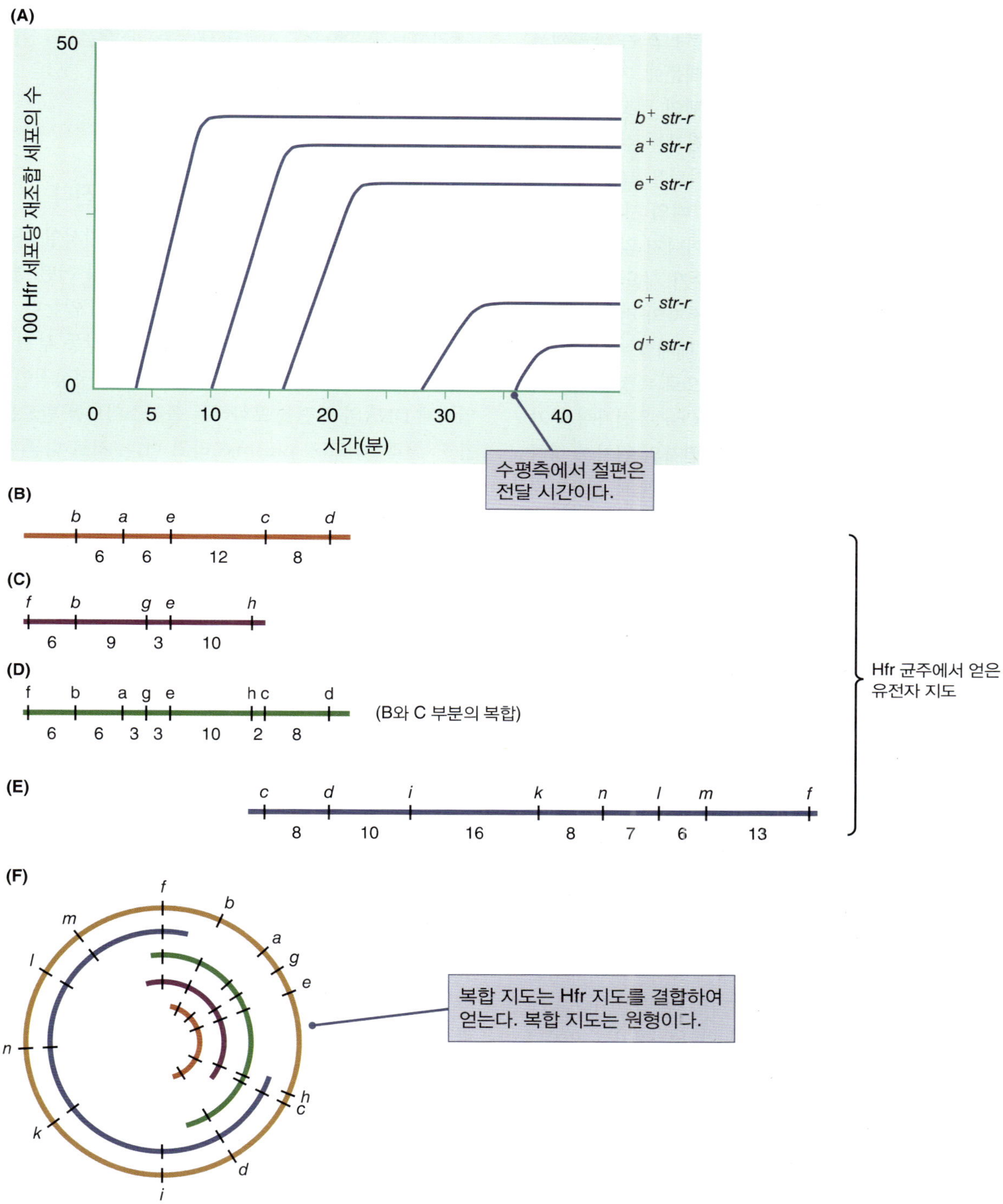

그림 7.13 전달 시간에 대한 지도 제작. (A) 하나의 Hfr 균주에 대한 전달 시간 곡선. (B) A의 자료로부터 얻은 직선 지도. (C) 같은 Hfr에서 얻었지만 b^- e^- f^- g^- h^- 대립유전자를 포함하는 다른 F^- 균주의 직선 지도. (D) B와 C의 지도로부터 만들어진 복합 지도. (E) 다른 Hfr 균주로부터 얻은 직선 지도. (F) 원형 지도(금색)는 D와 E의 두 지도(초록색과 파란색)를 결합하여 만들어졌다.

3. 각 곡선에는 시간 축으로 외삽할 수 있는 선형 부위가 있어서, 각 유전자 a^+, b^+, ..., e^+에 대한 전달 시간을 결정한다.
4. 각 유형의 재조합체의 수는 최대치에 도달하며, 그 값은 전달 시간의 순서에 따라 감소한다.

전달 시간 현상에 대한 설명은 다음과 같다. 모든 공여세포의 DNA 전달이 동시에 시작되지 않기 때문에, 재조합체의 수는 시간이 지나면 증가한다. Hfr 염색체의 특정한 지점(F의 복제 기점)에서 전달이 시작된다. 유전자는 수용체에 선형 순서대로 전달되고, 유전자의 전달 시간은 그 유전자가 집단 중 한 수용세포에 처음으로 들어갈 때의 시간이다. 교배 쌍의 분리에 의해 전달이 더 이상 일어나지 않도록 억제되고 특정 시간에 나타나는 재조합체의 수가 제한된다.

여기서 언급한 교배에서 사용된 유전자의 전달 시간은 그림 7.13(B)에 보이는 것처럼 지도상에 배치할 수 있다. 이 지도에서 숫자는 전달 시간의 차이를 분으로 측정한 표지자 간의 유전적 거리이다. b^- e^- f^- g^- h^- *str-r* 유전자형을 가진 다른 F^-과의 교배는 *f*, *g* 및 *h*의 3 유전자의 위치를 정하는 데 이용할 수 있다. 두 번째 수용세포를 위한 자료를 가지고 그림 7.13(C)에 나타낸 것과 같은 지도를 만들 수 있다. 유전자 *b*와 *e*는 두 지도에서 공통적이므로, 그림 7.13(D)에 나타낸 것처럼 두 지도를 합쳐 보다 완전한 지도를 만들 수 있다.

다른 계통의 Hfr 균주(그림 7.13(E))에 대한 연구 또한 유익하다. 대개 서로 다른 Hfr 균주들은 전달 기점과 방향에 의해 구별할 수 있는데, 이는 F가 염색체 상의 여러 위치에서 어느 방향으로도 통합될 수 있음을 나타낸다. 다른 Hfr 균주들로부터 얻어진 지도를 합치면 그림 7.13(F)에 나타낸 것처럼 원형의 혼합지도가 만들어진다. 지도가 원형인 것은 F^- 세포인 대장균의 염색체가 원형이고 F 플라스미드의 통합 지점이 다양하기 때문이다; 만일 F가 오직 특정한 위치에서 한쪽 방향으로만 통합된다면, 지도는 선형이 될 것이다.

수많은 지도 작성 실험을 통해 얻은 자료를 모아 대장균 염색체 전체에 존재하는 거의 2,000개의 유전자에 대한 정확한 지도를 제작하였다. **그림 7.14**는 위치가 결정된 유전자 표본을 포함하는 대장균의 염색체 지도이다. DNA 분자와 유전자 지도는 둘 다 원형이다. 전체 염색체가 전달되는 데 100분이 필요하기 때문에(대개는 먼저 분리된다), 전체 지도의 길이는 100분이다. 바깥 원에서, 화살표는 전사의 방향과 각 전사체에 포함된 암호화 부위를 나타낸다. 자주색 화살촉은 많은 Hfr 균주의 전달 기점과 방향을 나타낸다. 예를 들어, HfrC로부터의 전달은 *purE acrA lac*에서 시작하여 시계 반대 방향으로 진행된다.

잠깐 생각해 봅시다 7.2

그림 7.14의 대장균 유전자 지도에서 Hfr KL25는 85분의 위치에서 삽입되는 F 인자를 가지고 있다. Hfr KL25에서, *pyr* 유전자는 초기 또는 후기 중 언제 전달되어지는가? *thr* 유전자의 전달은 교배 후 몇 분 후에 일어나는가? 또 *acrA* 유전자의 전달은 교배 후 몇 분 후에 일어나는가?

일부 F 플라스미드는 세균 유전자를 가진다

F는 가끔씩 통합 과정에 이용된 동일한 염기서열 사이의 교환에 의해 Hfr DNA로부터 절제된다. 그러나 어떤 경우에는, 절제 과정이 통합의 정확한 역으로 일어나지 않는다. 대신, F와 근처의 염색체 DNA의 경계에 있는 비상동 부위 사이에서 절단과 재결합이 일어난다(**그림 7.15**). 비정상적인 절제는 염색체 DNA의 절편을 포함하는 플라스미드를 만드는데, 이를 **F′ 플라스미드(F′ plasmid)**라고 한다. 서로 다른 전달 개시점을 가지는 Hfr 균주를 사용하여, 염색체의 많은 부위에서 유래한 염색체 분절을 가지는 F′ 플라스미드들이 분리되었다. 이러한 인자들은 플라스미드에 의해 운반되는 염색체 부위에 대해 임의의 수용체가 이배체가 되도록 하기 때문에 매우 유용하다. 이러한 이배체 부위를 이용하여 우성 시험과 유전자량 실험(유전자 사본 수의 증가가 유전자 발현에 미치는 영향에 대한 연구)을 한다. 유전체의 일부분만 이배체가 되기 때문에, F′ 플라스미드를 포함하는 세포를 **부분 이배체(partial diploid)**, 혹은 **메로이배체**(*merodiploid*)라고 한다.

7.5 어떤 파아지는 세균 DNA의 작은 조각을 전달할 수 있다

형질도입(transduction) 과정에서, 세균의 DNA는 이를 포함하는 파아지 입자에 의해 한 세균 세포에서 다른 세포로 전달된다. 이러한 입자를 **형질도입 파아지(transducing phage)**라고 한다. 두 종류의 형질도입 파아지가 알려져 있다. **일반 형질도입 파아지(generalized transducing phage)**는 파아지 DNA보다 숙주 세균으로부터 얻어진 DNA만을 포함하는 입자를 만든다; 이때 세균 DNA 절편은 세균 염색체의 어느 부위에서도 얻어질 수 있다. **특수 형질도입 파아지(specialized transducing phage)**는 단일 DNA 분자에 연관된 파아지 및 세균 유전자 모두를 가진 입자를 만들지만, 세균 유전자는 세균 염색체의 특정 부위로부터 얻어진다. 이 절에서는 일

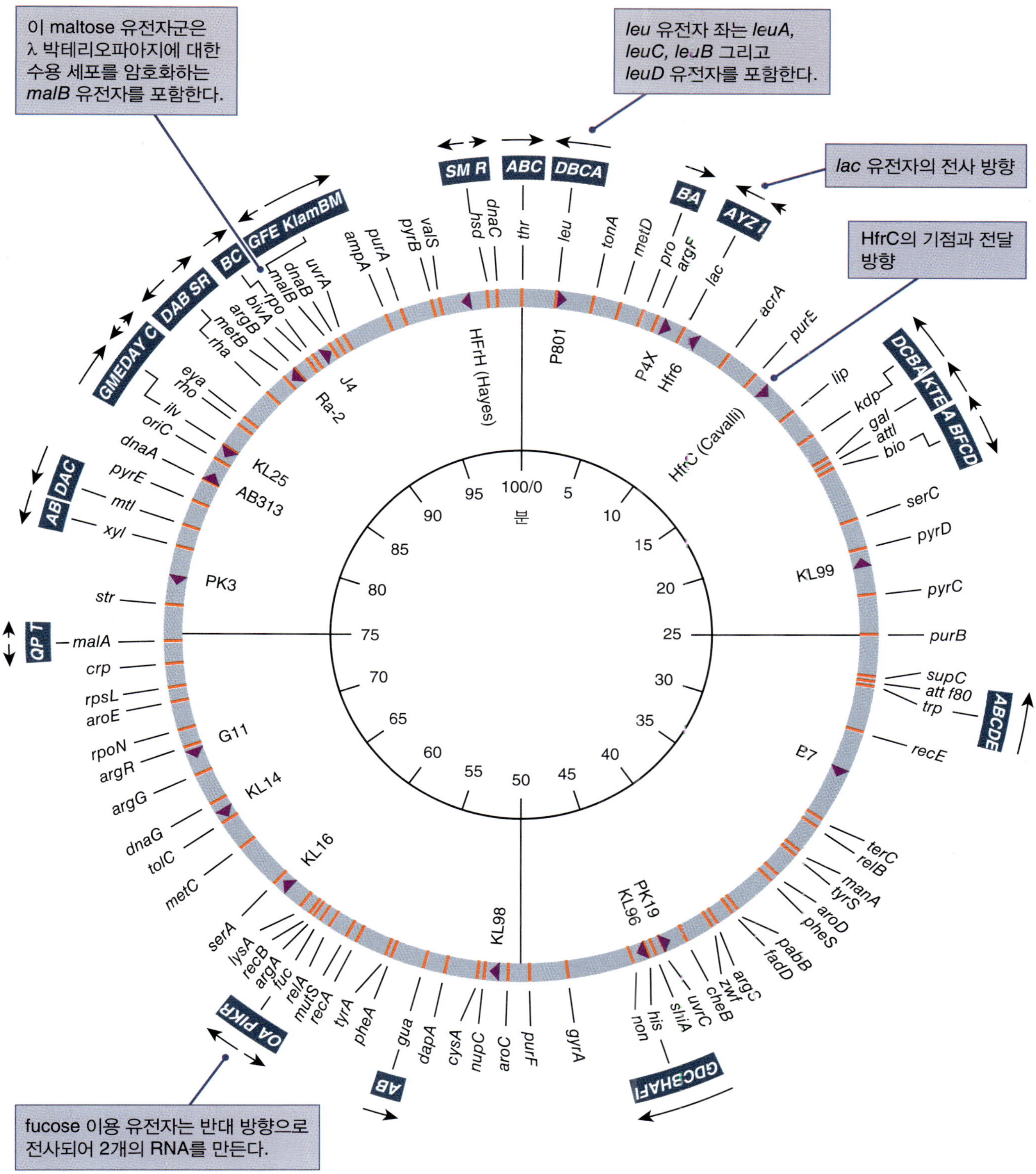

그림 7.14 대장균의 원형 유전자 지도. 지도의 거리는 분으로 주어져 있다; 전체 지도의 길이는 100분이다. 일부 기능적으로 연관된 유전자 산물을 암호화하는 유전자 좌에 대해, 군집을 이루는 유전자의 순서와, 전사 방향 및 전사체의 길이(검은색 화살표)를 나타내었다. 자주색 화살촉은 많은 Hfr 균주의 전달 기점과 방향을 나타낸다. 예를 들어, HfrH는 아주 초기에 *thr*을 전달하고, *leu* 및 다른 유전자가 시계 방향으로 뒤 따른다.

인간 유전학 이야기

세균의 성 생활

Joshua Lederberg and Edward L. Tatum (1946)
Yale University, New Haven, Connecticut

대장균에서의 유전자 재조합

19세기에 발견된 세균은, 그 이후 줄곧 다른 생명체와는 근본적으로 다른 "별개의 것"으로 간주되었다. 처음엔 평범한 성적 주기(sexual cycle)로 보였던 레더버그와 테이텀의 발견은, 전혀 예측하지 못했던 획기적인 것이었다. 이것은 세균이 효모, 붉은빵곰팡이, 초파리나 다른 생명체에 견줄만한 "유전적 개체"로 간주될 수 있음을 의미한다. 이 연구 및 이와 관련된 발견으로 레더버그와 테이텀은 조지 비들(George W. Beadle)과 함께 1958년 노벨상을 수상했다. 이 발췌문에서는 저자들이 양 부모의 유전체를 가져오는 세포의 융합을 필요로 하는 세균의 재조합에 대해 논의하는 것을 볼 수 있다. 이러한 해석은 정확한 관측을 하게 하고 그 중요성을 인식할 수 있다는 것을 보여주지만, 실제로 무슨 일이 일어나는지에 대해서는 정확히 파악하지 못하고 있다. Hfr 균주의 발견과 중절교배 기술이 개발되고 나서 한참 후에야 세균의 재조합이 한쪽 방향으로의 전달에 의한다는 결론에 도달하게 되었다.

레더버그와 테이텀은 X-선 조사로 돌연변이체를 만든 후 판 복제법(replica plating)을 통해 선별하는 과정을 여러 번 반복함으로써 대장균의 다중 영양요구주들을 공들여 만들기 시작했다. 그들의 연구에서. . . .

> . . . 2종류의 삼중 돌연변이체가 사용되었는데, 하나는 트레오닌, 류신 및 티아민이고 다른 것은 바이오틴, 페닐알라닌 및 시스틴이다. 균주들은 완전한 배지에서 혼합 배양하였다. 세포들을 멸균한 물에 세척한 후 합성 아가(agar) 배지에 두껍게 접종하였다. . . . 개별 돌연변이체의 "순수" 배양 과정에서 발견되는 새로운 유형의 개체는 단일 인자에 대한 회귀에 의해서만 우연하게 생성되며, 원래의 세 물질 중 2가지만을 필요로 하는 균주를 만든다. 그러나 혼합 배양에서는 다양한 유형의 균주가 발견된다. 이들 중에는 성장인자 결핍을 보이지 않는 야생형 균주도 있고, 티아민이나 페닐알라닌 하나 만을 필요로 하는 단일 돌연변체도 있다. . . . 이러한 유형들은 새로운 조합의 유전자 섞임의 예로 해석하는 것이 가장 합리적일 것이다. 다양한 유전자들의 재조합 기회를 갖기 위해서는 세포 융합이 필요할 것이다. . . . 이 실험은 대장균에 성적 공정(sexual process)이 존재함을 의미한다.

"이러한 유형들은 새로운 조합의 유전자 섞임의 예로 해석하는 것이 가장 합리적일 것이다."

멘델, 모간, 비들 및 다른 연구자들처럼, 레더버그와 테이텀은 표현형 차이에 대한 분석을 통해 근본적인 유전적 과정을 추론했다. 그들은 비록 점점 DNA가 유전물질이라고 인식되고 있었지만, 아직 그 구조나 세균에서의 조직에 대해 알려져 있지 않았던 당시에 이 연구를 수행했다. 세균의 재조합에 대한 그들의 기초적 가설은 이후의 분자유전학적 분석들에 의해 입증되었다.

J. Lederberg and E. L. Tatum, Gene recombination in *Escherichia coli*. *Nature* 158(1946): 558.

반 형질도입 파아지로 잘 연구된 대장균의 P1 파아지에 대해 논의하고자 한다. 특수 형질도입 입자는 7.7절에서 논의될 것이다.

P1의 감염 동안, 파아지는 세균 DNA를 절편으로 자르는 핵산분해효소를 만든다. 가끔씩 P1의 DNA 크기에 해당하는 세균 DNA의 단일 절편이 P1 DNA 대신 파아지 입자로 포장된다. 숙주 염색체에서 핵산분해효소가 절단하는 위치는 무작위적이므로, 형질도입 입자가 포함하는 절편은 숙주 DNA의 어느 부위도 가능하다. 커다란 P1 파아지 집단은 어떠한 세균 유전자도 포함하는 몇몇 입자들을 가질 것이다. 평균적으로, 어느 특정 유전자는 대략 10^6 파아지당 1개의 형질도입 입자에 존재한다. 형질도입 입자가 세균에 흡착될 때, 파아지 머리에 들어 있는 세균 DNA는 세포로 주입되고 숙주 염색체의 상동 부위와 재조합할 수 있게 된다. 전형적인 P1 형질도입 입자는 100~115 kb의 세균 DNA를 포함한다.

이제 leu^+ 유전자를 가지는 야생형 대장균에서 성장한 P1과 같이 획득된 일반 형질도입 입자에 의해 감염된 세균에서 일어나는 현상에 대해 살펴보자(**그림 7.16**). 만일 이러한 입자가 leu^- 유전자형의 세균에 흡착한 후 가지고 있던

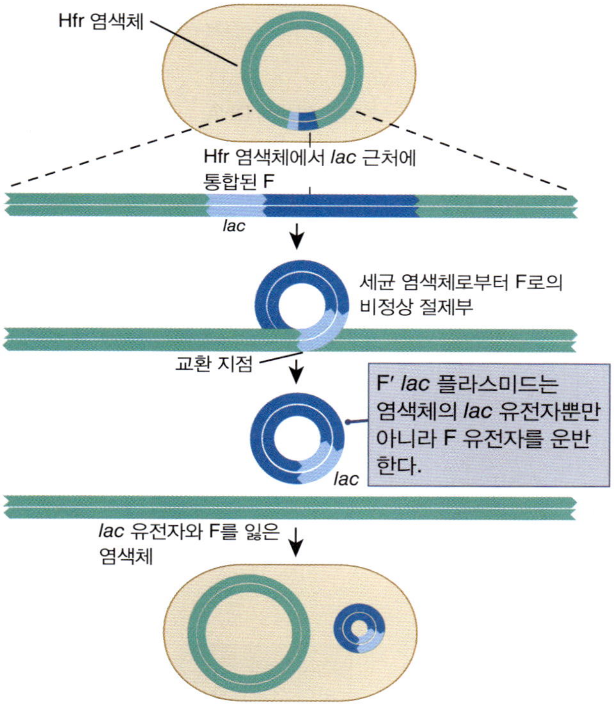

그림 7.15 Hfr 염색체로부터 F의 비정상적 절제에 의한 F′ *lac* 플라스미드의 형성. 절단과 재결합이 비상동 부위 사이에서 일어난다.

DNA를 세포에 주입하면 세포는 살아남는 데, 이는 파아지의 머리에 파아지 유전자 대신 세균 유전자만을 포함하기 때문이다. 숙주의 *leu*⁻ 대립유전자를 파아지의 *leu*⁺ 대립유전자로 교환하는 재조합은 숙주 세포의 유전자형을 *leu*⁻에서 *leu*⁺로 전환시킨다. 이러한 실험에서, 전형적으로 10^6개의 *leu*⁻ 세포당 하나 꼴로 *leu*⁺이 된다. 이러한 빈도는 선택적 성장배지에서 쉽게 관측된다. 예를 들어, 감염된 세포를 류신이 결핍된 고체배지에 접종한다면, 증식하여 *leu*⁺ 콜로니를 형성할 것이다. *leu*⁺ 대립유전자 삽입의 재조합이 없다면 콜로니는 형성되지 않는다.

형질도입 입자 내에 들어 있는 세균 DNA의 작은 절편은 약 50개의 유전자를 포함하므로, 형질도입은 세균 유전체의 짧은 부위에 대한 유전적 연관 연구에 유용한 도구를 제공한다. *leu*⁺ *gal*⁺ *bio*⁺ 세균으로부터 얻은 P1 집단을 생각해보자. 이 집단은 대립유전자들 중 어떤 것도 다른 세포로 전달할 수 있는 입자들을 가지고 있다; 즉, *leu*⁺ 입자는 *leu*⁻ 세포를 *leu*⁺로 형질도입할 수 있고, *gal*⁺ 입자는 *gal*⁻ 세포를 *gal*⁺로 형질도입할 수 있다. 더구나 *leu*⁻ *gal*⁻ 배양세포가 파아지에 의해 감염되면, *leu*⁺ *gal*⁻ 및 *leu*⁻ *gal*⁺ 세균이 모두 만들어진다. 하지만, *leu*⁺ *gal*⁺ 콜로니는 나타나지 않는데, 이는 *leu*와 *gal* 유전자가 너무 떨어져 있어서 같은 DNA 절편에 들어 있지 않기 때문이다(**그림 7.17(A)**).

gal⁻ *bio*⁻ 유전자형을 가진 수용세포에서는 상황이 좀 다른데, *gal*과 *bio* 유전자는 밀접하게 연관되어 있어서 종종 *gal-bio* 입자라 불리는 형질도입 입자에 포함된 단일 DNA 절편에 존재하기 때문이다(그림 7.17B). 그러나 모든 *gal*⁺ 입자가 *bio*⁺를 포함하거나 모든 *bio*⁺ 입자가 *gal*⁺를 포함하지는 않는다. 두 표지자가 단일 입자에 존재할 확률과, 그로 인해 두 표지자의 **공동형질도입(cotransduction)**이 일어날 확률은 각 유전자가 얼마나 가까이 있는가에 달려있다. 그들이 더 가까이 있을수록 공동형질도입의 빈도는 더 커진다. *gal*⁺-*bio*⁺ 쌍의 공동형질도입은 감염된 세포를 적절한 성장배지에서 평판배양하여 관측할 수 있다. 만일 감염된 세포를 바이오틴이 결핍되고 글루코오스가 포함된 배지에서 배양시켜 *bio*⁺ 형질도입체가 선택된다면, *gal*⁺ *bio*⁺ 및 *gal*⁻ *bio*⁺의 두 종류의 콜로니가 자라게 된다. 이 콜로니들에 대해 *gal* 표지자를 조사하면, 42%가 *gal*⁺ *bio*⁺이고 나머지는 *gal*⁻ *bio*⁺이다; 유사하게, *gal*⁺ 형질도입체를 선택하여도 42%는 *gal*⁺ *bio*⁺이다. 바꾸어 말하면, *gal*과 *bio*의 **공동형질도입의 빈도(frequency of cotransduction)**는 42%인데, 이는 하나의 유전자를 포함하는 모든 형질도입 입자의 42%는 다른 유전자도 포함한다는 의미이다.

공동형질도입 연구는 삼인자 교차(three-factor cross)의 방법으로 밀접하게 연관된 표지유전자 지도 작성에 이용될 수 있다. 예를 들어, 야생형 세균에서 자란 P1을 밀접하게 연관된 세 유전자 각각에 돌연변이를 가지는 세포에 형질도입한다고 가정해보자. 다양한 야생형 대립유전자 쌍을 포함하는 공동형질도입체를 조사한다. 중간에 위치한 유전자를 확인할 수 있는데, 이는 그것의 야생형 대립유전자가 거의 항상 옆에 위치한 유전자들의 야생형 대립유전자와 같이 공동형질도입되기 때문이다. 예를 들어, 그림 7.17B의 *gal*⁺과 *bio*⁺ 사이에 위치한 표지유전자는 거의 항상 *gal*⁺ *bio*⁺ 형질도입체에 나타나게 될 것이다.

잠깐 생각해 봅시다 7.3

P1 박테리오파아지의 일반 형질도입에서, 두 유전자 간 공동형질도입의 빈도(c)와 분 단위로 나타난 지도 거리(m) 사이의 연관성은 다음과 같이 주어진다.

$$c = (1/8) \times (2-m)^3$$

이때, 0.5분, 1.0분, 1.5분에 해당하는 공동형질도입의 빈도는 얼마인가? 공동형질도입이 허용되는 두 유전자 간의 최대 거리는 얼마인가?

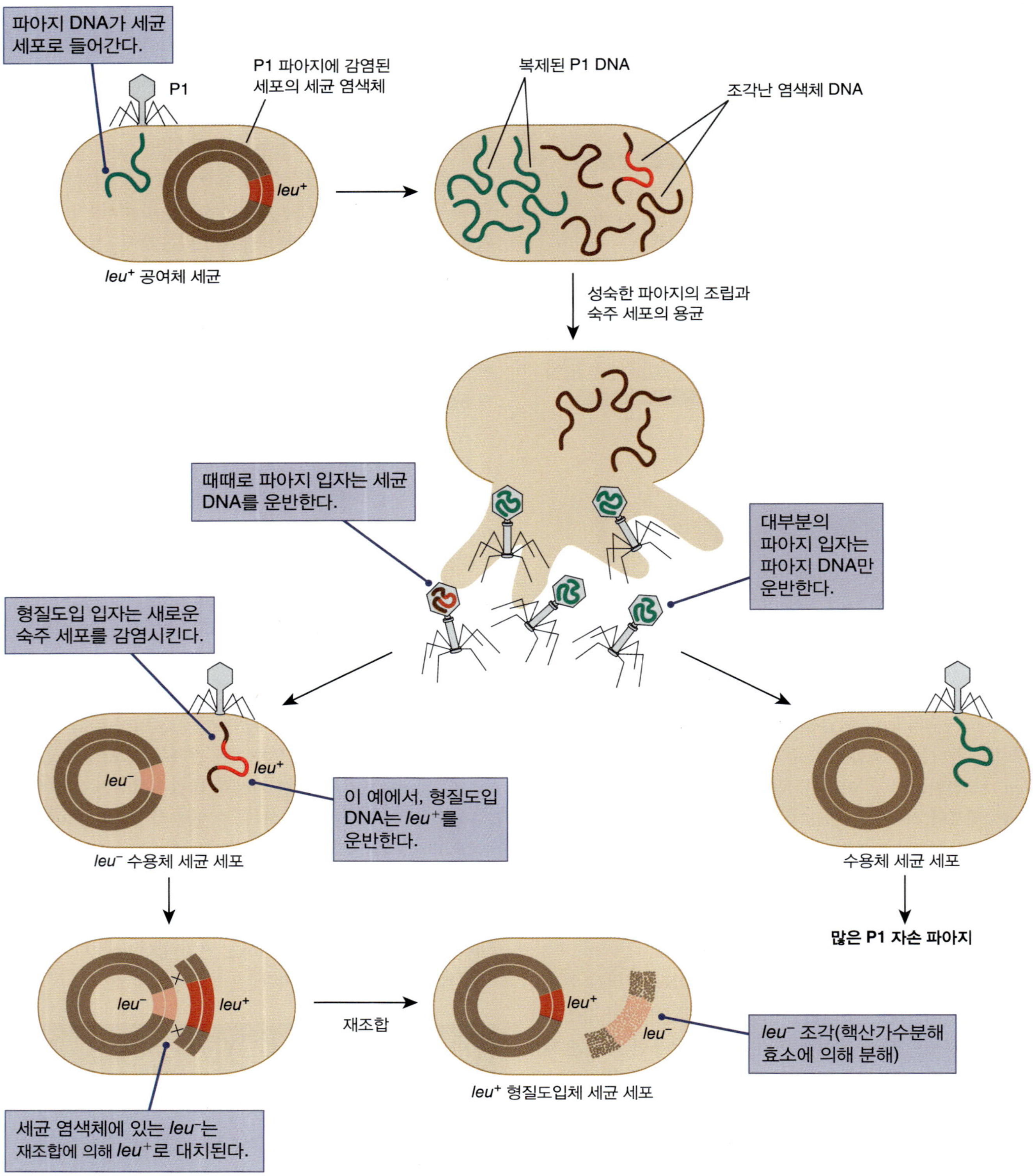

그림 7.16 형질도입. *leu*$^{+}$ 공여체에 감염한 P1 파아지의 대부분은 정상적인 P1 파아지를 만들지만, 가끔씩 파아지 DNA 대신 세균 DNA를 가지는 것이 생긴다. 만약 파아지 집단이 세균 배양액을 감염하면, 정상적인 파아지는 자손 파아지를 만들지만 형질도입 입자는 형질도입체를 만든다. 재조합 과정에는 두 번의 교차가 요구됨에 주목하라. 명확하게 하기 위해, 이중가닥으로 된 파아지 DNA를 하나의 선으로 나타내었다.

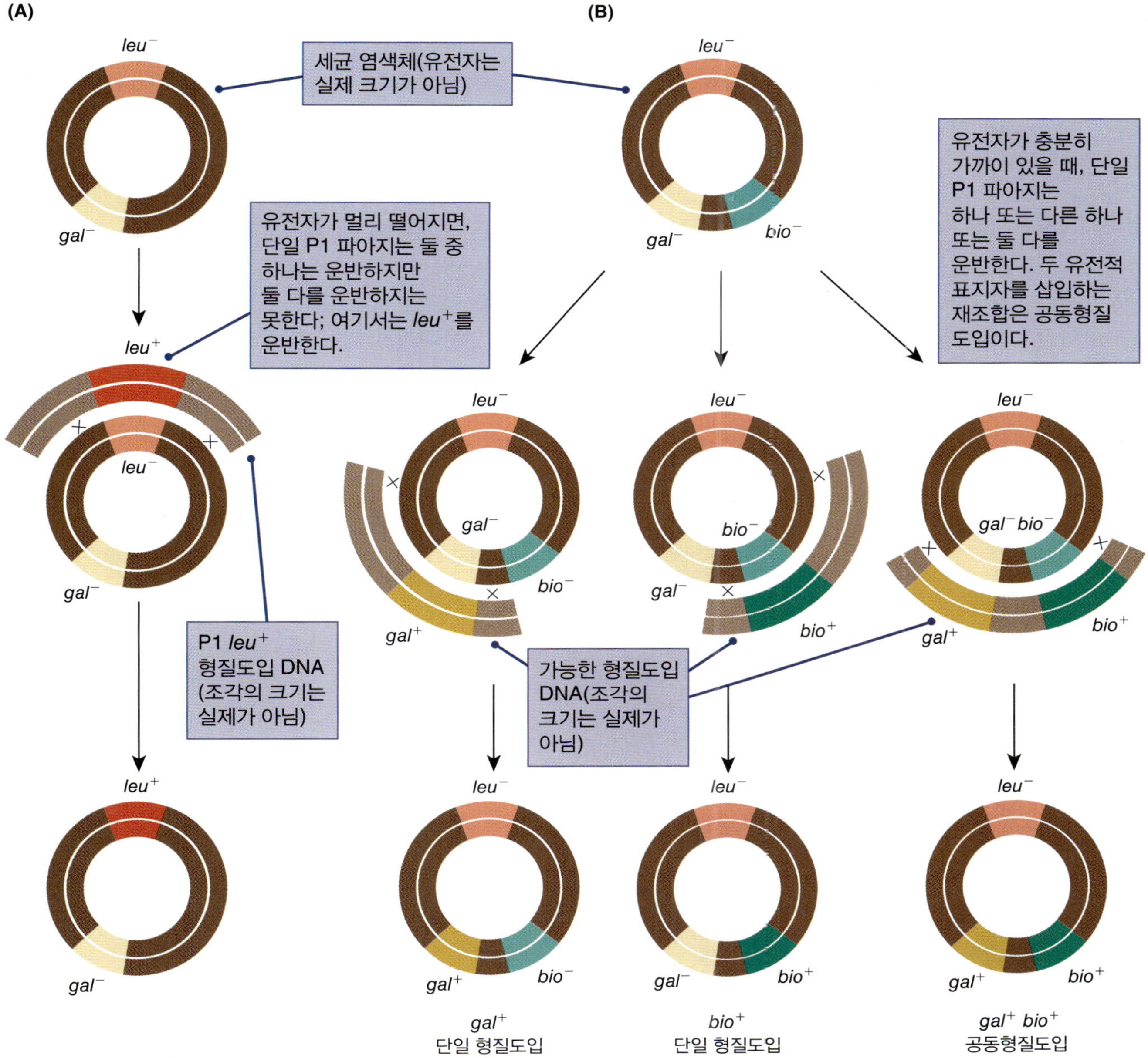

그림 7.17 공동형질도입에 의한 *gal*과 *bio* 유전자 연관에 대한 도시. (A) *leu*$^+$ 대립유전자를 가지는 P1 형질도입 입자는 *leu*$^-$ *gal*$^-$ 세포를 *leu*$^+$ *gal*$^-$ 유전자형으로 전환할 수 있다(하지만 *leu*$^+$ *gal*$^+$ 유전자형은 만들 수 없다). (B) 3가지 가능한 유형의 형질도입 입자에 의해 형질도입체가 형성될 수 있다. 즉, *gal*$^+$을 가진 것, *bio*$^+$을 가진 것, 그리고 연관된 대립유전자 *gal*$^+$ *bio*$^+$을 가진 것이다. 세 번째 유형은 공동형질도입의 결과이다. 명확하게 하기 위해, *gal*과 *bio* 사이의 거리를 *leu*와 *gal* 사이에 비해 매우 과장되게 나타내었고, 형질도입 입자 내의 DNA 절편의 크기도 세균 염색체의 크기와 같은 비율로 그리지 않았다.

7.6 같은 세포 안에 있는 박테리오파아지 DNA 분자는 재조합될 수 있다

파아지의 생식 생할환을 **용균성 생활환(lytic cycle)**이라 부른다. 용균성 생활환에서, 파아지 DNA는 세포에 들어가 반복적으로 복제하고, 세균 리보솜은 파아지 단백질의 구성 성분을 만드는 데 사용되며, 새로 합성된 파아지 DNA 분자는 자손 파아지를 형성하기 위하여 단백질 막으로 포장된 후, 세균이 깨어져 열리면서(**용균**, **lysis**), 세포로부터 자손 파아지가 방출된다. 하나의 파아지에 의해 감염된 세균으로부터 생성되는 자손 파아지는 새로운 돌연변이를 제외하고는 어버이의 유전자형을 가진다. 그러나 다른 유전자형을 갖는 두 파아지 입자가 하나의 세균 세포에 감염된다면, 유전자 재조합에 의해 새로운 유전자형이 생겨날 수 있다. 이 과정은 2가지 방식에서 진핵생물의 유전자 재조합과는 상당히 다르다: (1) 참여하는 DNA 분자의 수가 각 세포에 따라 다양하고, (2) 상호 재조합체는 단일 감염 세포로부터 항상 동일한 빈도로 회복되지 않는다. 박테리오파아지에서의 재조합이 이 절의 주제이다.

박테리오파아지는 세균 깔개 위에 용균반을 형성한다

파아지는 용균성 생활환에서, 감염된 세포가 깨져 열리고 파아지 입자가 성장배지에 방출되기 때문에 쉽게 관측된다. 그림 7.18의 (A)에 나타낸 것처럼 실험을 수행하였다. 많은 수의 세균(약 10^8개)을 고체배지에 접종한다. 성장기가 지나면, 세균의 연속적이고 혼탁한 층이 나타난다. 만일 세균이 배지에 접종될 때 파아지가 함께 존재하면, 각각의 파아지는 세포에 흡착되고, 감염된 세포는 즉시 용균이 되어 많은 자손 파아지를 방출한다. 각각의 자손 파아지는 인접한 세균에 흡착되고 새로운 용균성 생활환을 거쳐 또 다시 부근의 세균에 감염될 수 있는 자손 파아지를 방출한다. 이런 감염의 생활환이 계속되고, 몇 시간이 지나면 원래 존재했던 각 파아지의 후손들이 특정 지역의 모든 세포를 파괴함에 따라, 세균의 성장에 의해 형성된 불투명한 층 사이에 뚜렷하고 투명한 부위—**용균반(plaque)**—가 생겨난다. 파아지는 성장하는 세균 세포에서만 번식할 수 있기 때문에, 성장배지에서 영양분의 고갈은 파아지의 증식과 용균반의 크기를 제한한다. 하나의 용균반은 단일 파아지 입자에 의한 초기 감염의 결과로 생기므로, 원래 배지에 존재했던 파아지 입자의 수를 계산할 수 있다.

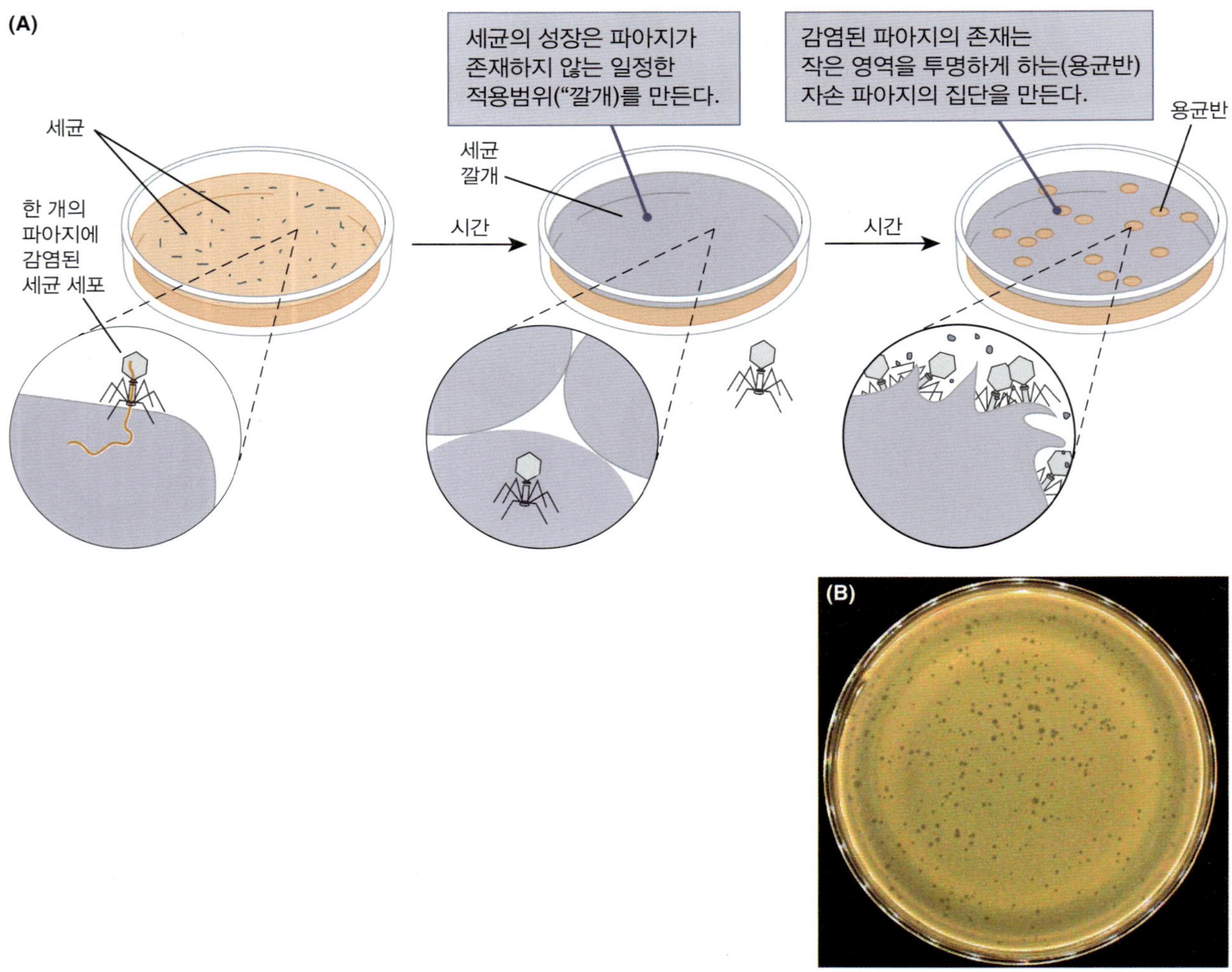

그림 7.18 용균반 형성. (A) 파아지가 없으면, 세균 세포는 자라서 반투명의 깔개를 형성한다. 파아지 부근에 위치한 세균 세포는 감염되어 용균된다. 자손 파아지는 원래 자리로부터 바깥쪽으로 확산하면서 다른 세포들을 감염하고 용균시킨다. 파아지의 감염과 용균에 의해, 배지에서 각각의 파아지 입자가 원래 존재했던 자리 주변의 작은 영역에서는 세균이 자랄 수 없게 된다. 세균이 없는 지역은 투명한 상태로 남으며 이러한 부위를 용균반이라고 한다. (B) 대장균 깔개 상의 커다란 용균반은 λ 박테리오파아지 돌연변이체의 감염에 의해 형성된다. 각각의 용균반은 단일 박테리오파아지에 의한 초기 감염의 결과이다.

(B) Courtesy of Giles Scientific, Inc., CA, www.biomic.com.

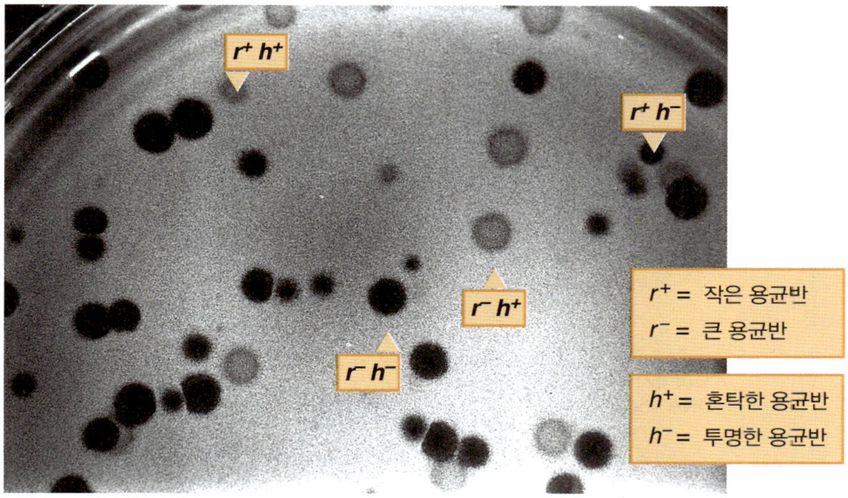

그림 7.19 파아지 교차는 숙주 세포에 2가지 유형의 양친 파아지를 동시에 감염시킴으로써 수행한다. 여기서는 두 어버이 파아지가 대장균 세포를 감염할 때 $r^- h^+$ 및 $r^+ h^-$ 유전자형을 갖는 T4 파아지 사이의 교차가 일어난 자손을 예로 보여준다. $r^+ h^+$ 및 $r^- h^-$ 유전자형은 재조합체이다.

파아지 돌연변이체의 유전자형은 용균반을 연구함으로써 알 수 있다. 어떤 경우에는, 용균반의 외관만으로 충분하다. 예를 들어, 감염된 세포로부터 생성되는 파아지 자손의 수를 감소시키는 돌연변이 파아지는 종종 작은 용균반을 만든다. 커다란 용균반은 감염세포들의 미성숙 용균의 원인이 되는 돌연변이체에 의해 만들어질 수 있는데, 각각의 감염 과정 주기가 더욱 빨라진다(그림 7.18(B)).

2개의 박테리오파아지 돌연변이체에 의한 감염은 재조합 자손을 만든다

다른 유전자형을 갖는 2개의 파아지 입자들이 단일 세균에 감염이 된다면, 어떤 파아지 자손은 유전학적으로 재조합체를 형성한다. **그림 7.19**는 대장균 T4 파아지 돌연변이체들에 의해 혼합 감염된 자손으로부터 얻은 용균반을 보여준다. r^- 대립유전자는 커다란 용균반을 만들고 h^- 대립유전자는 뚜렷한 용균반을 생성한다. 교차는 다음과 같다.

$r^- h^+$	$\times$	$r^+ h^-$
(크고 혼탁한 용균반)		(작고 뚜렷한 용균반)

그림 7.19에서 4종류의 용균반이 관찰된다. 크고 혼탁한 용균반 및 작고 뚜렷한 용균반의 2가지 유형은 어버이 파아지의 표현형과 일치한다. 다른 두 표현형—크고 뚜렷한 용균반과 작고 혼탁한 용균반—은 각각 $r^- h^-$와 $r^+ h^+$ 유전자형과 일치하는 재조합체이다. 많은 수의 세균이 감염되면 자손 파아지 사이에서 대략 같은 수의 상호 재조합체 유형이 관찰된다. 그림 7.19 실험에서와 같이, 4가지 유전자형이 각기 다른 표현형의 용균반 형태를 만들 경우, 형성된 각각의 용균반을 조사함으로써 유전자형의 수를 계산할 수 있다. 재조합 빈도는 재조합체 유전자형을 가지는 자손 파아지의 비율이다.

7.7 용원성 박테리오파아지는 반드시 숙주 세포를 죽이지는 않는다

용균성 생활환은 파아지 생활환의 2가지 대안 중 하나이다. 용균성 생활환에 대한 대안을 **용원성 생활환(lysogenic cycle)**이라고 하는데, 이는 자손 입자가 만들어지지 않으므로 감염된 세균이 살아남고, 세포가 분열할 때 파아지 DNA 분자가 각 세균의 자손 세포로 전달된다. 모든 파아지 종은 용균성 생활환을 가진다. 이들 중 용원성 생활환의 능력도 있는 파아지를 **용원성 파아지**(*temperate phage*)라 부르고, 용균성 생활환만을 가진 것을 **독성 파아지**(*virulent phage*)라고 한다. 용원성 생활환에서, 감염된 파아지 DNA의 복제품은 세균 염색체로 삽입되거나 통합된다(**그림 7.20**). 삽입된 DNA는 **프로파아지(prophage)**라고 하고, 살아남은 세균 세포는 **용원(lysogen)**이라고 한다. 용원은 세균 균주의 명칭을 적고 이어서 괄호 속에 용원성 파아지의 이름을 덧붙여 주는 방식으로 표기한다; 예를 들어, λ 파아지에 대해 용원성인 대장균 균주 K12의 클론은 K12(λ)로 표기한다. 한 균주가 용원성이 된 이후 많은 세대가 지난 후에, 프로파아지는 활성화되어 염색체로부터 절제될 수 있으며, 용균성 생활환이 시작될 수 있다. 프로파아지의 활성은 숙주 세포를 죽이고 자손 파아지가 방출되는 정상적인 용균성 생활환의 결과를 가

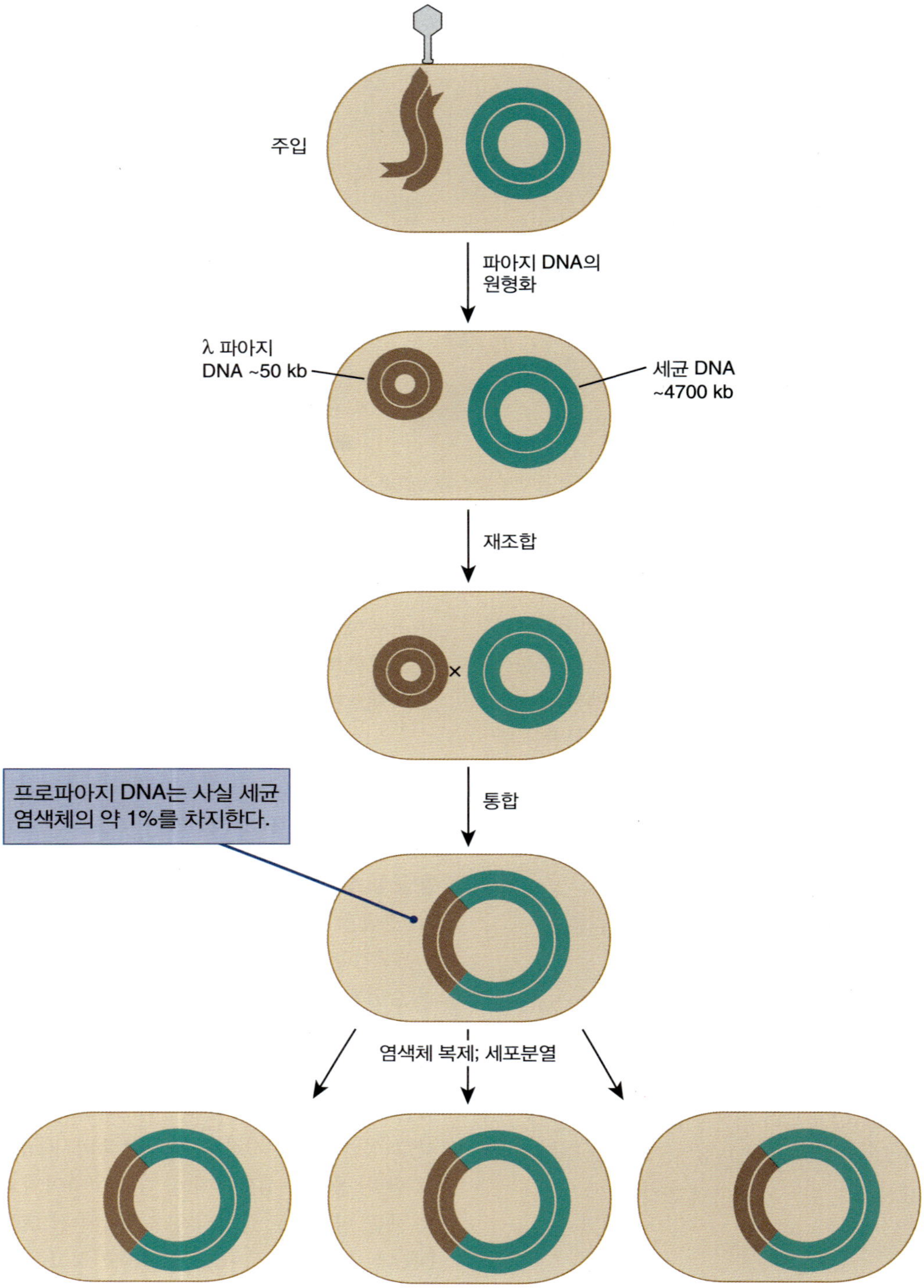

그림 7.20 세균 염색체로 λ 파아지 DNA의 통합에 의한 용원화의 일반적인 방식. 용원성 확립에 필요한 일부 유전자는 감염 후에 잠깐 발현되고 그 다음 사라진다. 통합된 갈색 DNA는 프로파아지이다. 명확하게 하기 위해, 파아지 DNA를 실제보다 훨씬 더 크게 나타내었다; λ 파아지 DNA의 실제 크기는 대장균 유전체의 약 1%이다.

져온다.

대장균 λ 파아지 같은 용원성 파아지는 용균성 생활환에서 증식할 때, T4 파아지에서처럼 일반적인 재조합을 수행한다. 물리적으로 λ 파아지의 DNA는 약 50 kb 길이의 선형 이중가닥 분자이나, 각 분자의 말단은 12 염기쌍의 단일가닥 부위로 끝난다(**그림 7.21**). 이러한 단일가닥의 돌출 부

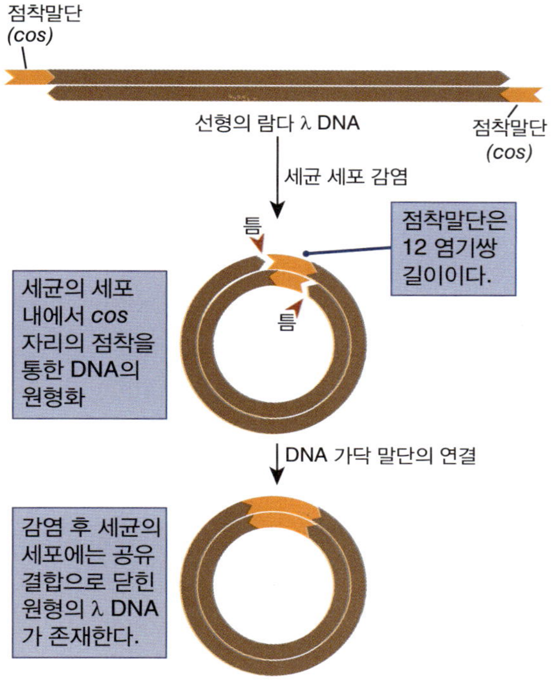

그림 7.21 점착말단(상보적인 단일가닥 말단)을 표시한 선형 λ DNA 분자의 모식도. 점착말단 사이의 염기쌍 형성에 의한 원형화는 열린(틈이 있는) 원형 분자를 형성하고, 단일가닥의 절단을 연결함으로써 공유결합적으로 닫힌(중단되지 않은) 원형 분자로 전환된다. 점착말단의 길이는 대략 50 kb인 전체 분자에서 12개 염기쌍이다.

위는 서열의 상보성으로 인해 염기쌍을 이루고 원형 분자를 형성할 수 있다. 단일가닥의 말단을 **점착말단(cohesive end, cos)**이라 부르며, 이는 그들이 염기쌍을 이룰 수 있는 능력이 있음을 나타낸다. 점착말단의 염기쌍 형성은 2개의 틈을 갖는 원형 분자를 만들고 DNA 연결효소에 의해 연결되어 그림 7.21에 나타낸 것처럼 닫힌 원형 분자를 만든다. 원형화는 용균과 용원성 생활환 초기에 일어나는데, 용균 상태에서의 DNA 복제와 용원성 생활환에서의 프로파아지 통합 과정 모두에서 필수적이다.

세균과 파아지 DNA에서 절단과 재결합이 일어나는 자리를 **세균 부착자리**(*bacterial attachment site*) 및 **파아지 부착자리**(*phage attachment site*)라고 한다. 각각의 부착자리는 3개의 분절로 이루어져 있다. 양쪽의 부착자리 중 가운데 분절은 같은 뉴클레오티드 서열을 가지고 있으며, DNA 분자가 절단되고 재결합되는 부위이다. 파아지 부착자리는 *POP′*(*P*는 파아지를 의미함)로 표기하고, 세균 부착자리는 *BOB′*(B는 세균(박테리아)을 의미함)로 표기한다. 파아지-특이적 **통합효소**(*integrase*)는 자리-특이적 재조합 과정을 촉매하는데, 그 결과 λ DNA 분자가 세균 DNA로 통합된다(**그림 7.22**). *POP′*와 *BOB′* 간에 자리-특이적 재조합은 그림 7.6에 나타낸 *loxP* 자리 사이의 자리-특이적 재조합과 매우 유사하다. 결과적으로 파아지의 원형 DNA는 *BOB′* 자리에서 세균의 원형 DNA로 삽입된다. 파아지 유전자 지도와 프로파아지 유전자 지도의 차이점은 파아지 DNA의 원형화와 *POP′*가 중심에 위치한 결과로 생긴다.

용원성 세포는 자손 프로파아지의 방출 없이 거의 무한정으로 복제할 수 있다. 그러나 어떤 경우엔 프로파아지가 활성화되어 용균성 생활환을 겪으며 일상적인 수의 파아지 자손을 만든다. 이러한 현상을 **프로파아지 유도(prophage induction)**라고 하며, 이것은 세균 DNA에 손상이 있을 때 시작된다. 프로파아지 유도는 화학물질이나 방사선과 같은 DNA를 손상시키는 어떤 환경적 요인에 의해 종종 일어난다. 유도되는 능력은 파아지가 손상된 세포로부터 빠져나올 수 있도록 한다. 유도의 생화학적 기작은 복잡하기에 이 책에서는 논의하지 않겠지만, 파아지의 절제는 간단명료한 일이다.

절제는 통합 과정의 역으로 일어나는 또 다른 자리-특이적 재조합 현상이다. 절제를 위해서는 파아지의 통합효소와 **절제효소(excisionase)**라고 하는 파아지 단백질이 요구된다. 유전적 증거와 정제된 절제효소, 통합효소 및 λ DNA의 물리적 결합에 대한 연구를 통해, 절제효소와 결합한 통합효소는 프로파아지 부착자리인 *BOP′*와 *POB′* 자리를 인지할 수 있게 된다는 것이 밝혀졌다. 이 자리에 결합한 통합효소는 O 염기서열에서 절단을 일으키고 *BOB′* 및 *POP′* 자리를 다시 만들어 낸다. 이것은 통합 반응을 역으로 돌리는 것으로, 그 결과 프로파아지는 절제된다(그림 7.22).

세포가 용원화될 때, 파아지 유전자들이 세균 염색체의 일부가 되므로 세균의 표현형에 변화가 예상되었으며 실제로 그렇게 되었다. 프로파아지에 있는 대부분의 파아지 유전자들은 파아지의 유전자 산물 중 하나인 **파아지 억제자(phage repressor)** 단백질에 의해 불활성화 상태로 유지된다. 억제자 단백질은 초기에는 감염된 파아지에 의해 합성되고 이후엔 프로파아지에 의해 지속적으로 합성된다. 억제자를 암호화하는 유전자는 대개 용원균에서 발현되는 유일한 프로파아지 유전자이다. 용원균이 프로파아지와 같은 종류의 파아지에 감염되면(예를 들어, λ에 감염된 λ 용원균), 프로파아지로부터 나와 세포 내에 존재하는 억제자는 감염성 파아지 유전자의 발현을 억제한다. 프로파아지와 동일한 파아지에 의한 감염에 대한 저항성을 **면역**(*immunity*)이라 부른다. 따라서 λ는 프로파아지를 포함한 세균에서는 용균반을 형성하지 않는데, 이는 감염된 세균이 면역성을 갖기 때문이다.

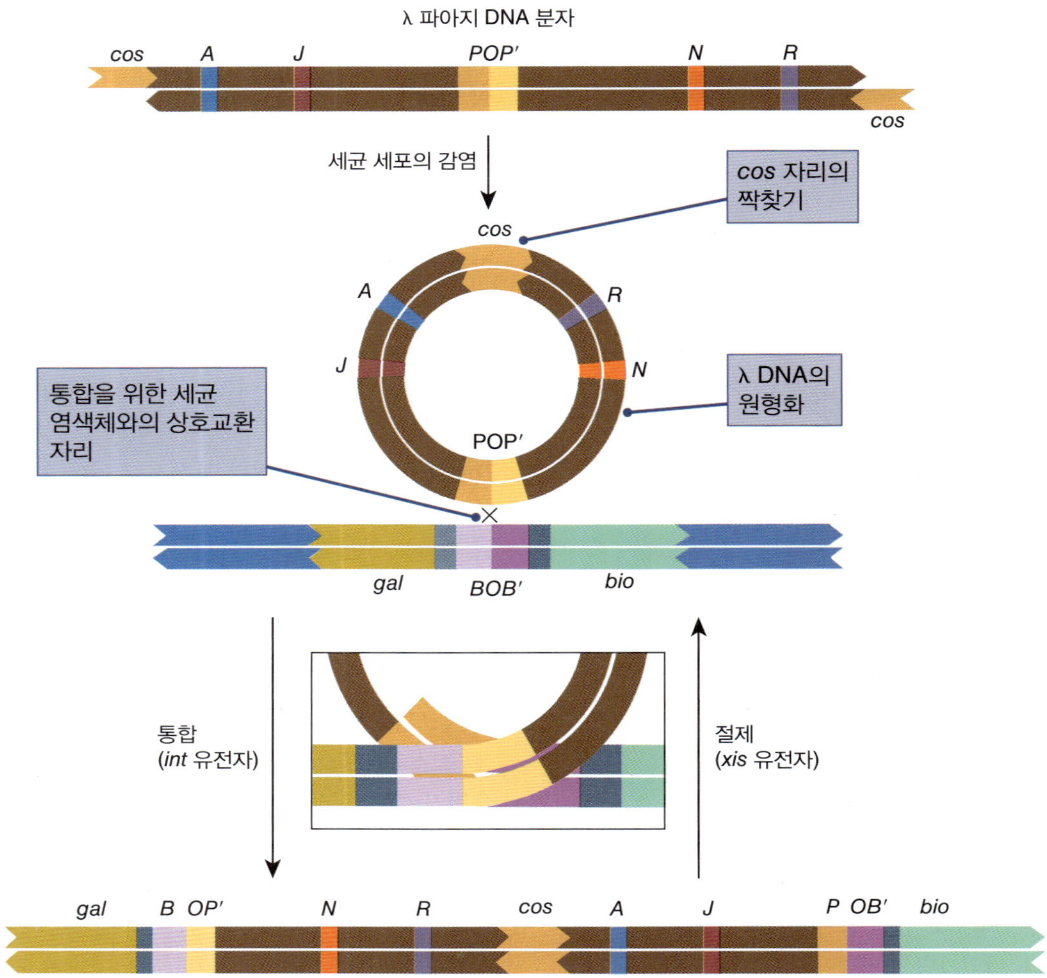

그림 7.22 λ 파아지의 통합과 절제의 기하학. 파아지 부착자리는 *POP′*이고, 세균 부착자리는 *BOB′*이다. 프로파아지의 측면에는 *BOP′* 및 *POB′*로 나타낸 2개의 혼성 부착자리가 위치한다.

특수 형질도입 파아지는 제한된 세트의 세균 유전자를 운반한다

λ 파아지에 용원성인 세균이 DNA 손상을 받아 유도가 일어나면, 프로파아지는 대개 염색체로부터 정밀하게 절제된다. 하지만 10^6에서 10^7 세포당 하나는, 절제 오류가 일어나서 절단 및 재결합 자리가 바뀐다(**그림 7.23**). 바뀐 절단 및 재결합 자리가 항상 λ 파아지 머리에 맞는 DNA 길이를 만들 수 있도록 위치하지는 않으나(DNA가 너무 크거나 너무 작음), 가끔씩은 복제하고 포장될 수 있는 분자를 형성한다. λ 용원균에서, 프로파아지는 *gal*과 *bio* 유전자 사이에 위치하고, 프로파아지의 오른쪽이나 왼쪽에서 세균 DNA의 비정상적 절단이 일어날 수 있기 때문에 비정상 파아지 입자는 *bio* 유전자(오른쪽에서 절단) 또는 *gal* 유전자(왼쪽에서 절단)를 가질 수 있다. 이들을 λ*dbio* 및 λ*dgal* 형질도입 입자라고 한다(그림 7.23). 이들은 어느 유전자도 형질도입할 수 있는 P1-유형의 일반 형질도입 입자와는 대조적으로, 특정한 세균 유전자만 형질도입할 수 있기 때문에 특수 형질도입 파아지라고 한다.

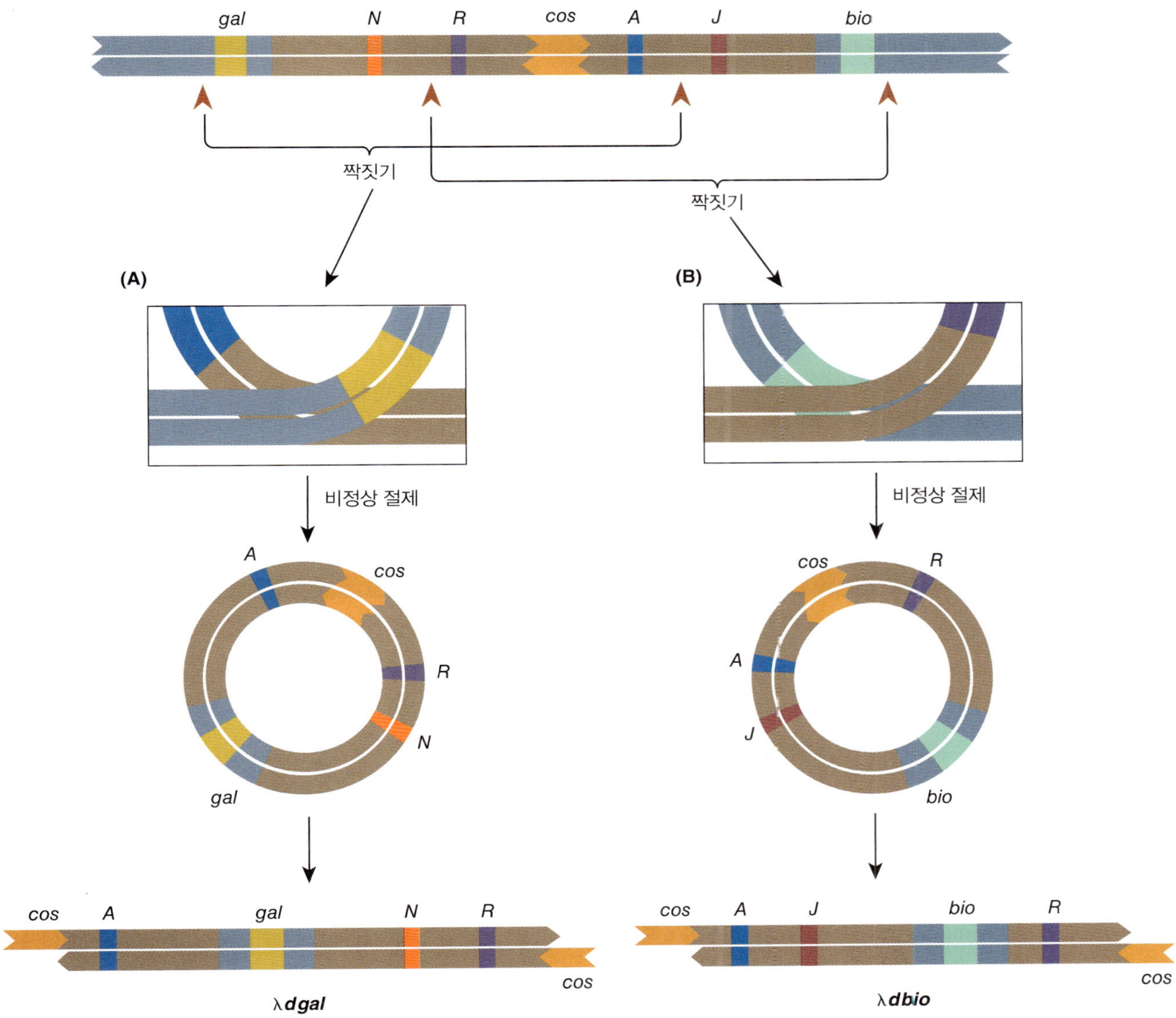

그림 7.23 특수 λ 형질도입 파아지의 생성을 유도하는 비정상적 절제. (A) *gal* 형질도입 파아지의 형성(λ*dgal*). (B) *bio* 형질도입 파아지의 형성(λ*dbio*).

장의 요약

- 세균은 여러 기작을 이용하여 DNA 염기서열이 한 DNA 분자에서 다른 분자로, 또는 한 세포에서 다른 세포로 움직일 수 있게 한다: 이러한 기작은 세균이 다중 항생제에 대한 저항성을 가지도록 진화시켰다.
- 세균은 수평적 전달이라는 과정을 통해 한 종에서 다른 종으로 DNA가 전달될 수 있도록 하는 기작도 가지고 있다. 수평적 전달 덕분에 일부 세균 종은 다른 세균 종으로부터 획득한 특정 부위를 갖는 모자이크 유전체를 가진다.
- 어떤 세균은 DNA 전달과 유전자 재조합을 할 수 있으며, 그 결과 수용세포의 유전자가 공여세포에서 온 유전자로 치환된다.
- 형질전환은 주변으로부터 DNA 분자를 습득함으로써 매개되는 재조합 과정이다.
- 장내 세균인 대장균에서, F 플라스미드는 접합 과정에서 염색체를 움직여 다른 세포로 전달되게 한다.
- 어떤 유형의 세균 바이러스(박테리오파아지)는 형질도입의 과정을 통해서, 숙주 세포에서 유래한 세균 유전자를 삽입하고 다른 세포에 전달할 수 있다.
- 이들이 동일한 숙주 세포 내에 존재하면, 박테리오파아지를 포함하여 연관된 바이러스에서 유래한 DNA 분자들은 유전자 재조합을 수행할 수 있다.
- 일부 박테리오파아지는 그들의 DNA를 숙주 세포의 DNA에 통합할 수 있으며, 여기서 숙주의 DNA와 함께 복제됨으로써 자손 세포에게 전달될 수 있다.

쟁점과 착상: 알고 넘어 갑시다

- 항생제-저항 카세트가 어떻게 인테그론에 의해 얻어지는가? 그들은 한번 획득된 후 잃어버릴 수 있는 가?
- 항생제-저항 유전자, 전위인자 및 전달성 플라스미드는 화학적으로 연관이 없는 다양한 항생제에 모두 저항성을 갖는 특정 병원성 세균에서 어떤 역할을 하는가?
- Lac^+ 표현형과 Lac^- 표현형을 갖는 세균 균주를 어떻게 구별할 수 있을까?
- Lac^+ Amp-r 균주와 Lac^- Amp-s 세균 균주를 어떻게 구별할 수 있는가? (Amp-r과 Amp-s는 각각 앰피실린에 대한 저항성과 감수성을 나타낸다.)
- 동시형질전환의 물리적 기초는 무엇인가? 만일 2개의 유전자가 동시형질전환될 수 있었다면, 이러한 관찰이 유전적 표지자를 사이에 둔 각각의 유전자가 동시형질전환되는 능력에 대해 의미하는 점은 무엇인가?
- F 인자의 물리적 상태는 F^+ 세균 세포와 Hfr 세균 세포에서 어떻게 다른가?
- 세균 세포의 F^+ 상태는 감염성인가? Hfr 상태는 감염성인가? 왜 그런지 또는 왜 그렇지 않은지 설명하시오
- Hfr 세포의 염색체 DNA가 F^- 수용세포로 전달될 때, 염색체의 어느 부분에서 전달 과정이 시작되는가? 염색체 전부가 전달되는 데 걸리는 시간은 얼마인가? 완전한 염색체의 전달은 왜 일어나기 어려운가?
- 형질도입 과정은 형질전환과 어떻게 다른가?

문제 풀고 한 걸음씩 앞으로

문제 1 대장균과 밀접하게 연관된 세균 균주의 염색체 속으로 4개의 독립적인 F 인자가 통합되면, 각각 다른 기점과 다른 표지자의 전달 방향성을 갖는 4종류의 Hft 균주 유도체(HfrW, HfrX, HfrY와 HfrZ)가 얻어진다. 이러한 Hfr 균주들에 대해 F^- 대장균 수용세포를 이용한 중절교배 실험을 수행한 결과, 다음 표와 같이 시간에 따른 염색체 유전자의 전달 양상을 발견하였다.

표지 유전자

Hfr	*his*	*lac*	*leu*	*lip*	*pheS*	*pyrD*	*recE*	*terC*	*tonA*	*trp*
W	–	–	–	6	–	22	–	–	–	34
X	–	30	18	42	–	–	–	–	22	–
Y	–	–	–	–	4	–	22	12	–	26
Z	38	–	–	–	26	–	8	18	–	–

(a) 염색체 상의 유전자 순서와 인접한 유전자 사이의 거리(분 단위로 표시)를 나타내는 원형의 유전자 지도를 0분을 위쪽으로 하여 그리시오. (표준 대장균 지도상에서 *leu* 표지자는 2분 근처에 있다). 유전자 지도에 각 Hfr의 기점과 전달 방향을 화살표로 표시하고, 전달 기점으로부터 전달된 첫 번째 표지자 간의 거리(분으로 표시)를 나타내시오.
(b) 연관된 세균 종의 유전자 지도는 그림 7.14에 있는 표준 대장균 균주의 유전자 지도와 어떻게 다른가? 유전자 지도들 간의 차이점을 설명하시오.

풀이. (a) 각각의 Hfr을 차례로 고려하여, 가장 먼저 이동하는 유전자부터 시작해서 전달된 각 유전자의 이름을 적어 넣는다.

인접한 유전자 사이의 전달 시간의 차이는 분으로 나타내는 유전자 간 거리이다. 각각의 Hfr로부터 유전자 전달에 의한 부분적 유전자 지도가 만들어지면, 지도를 배열하여 2개 또는 그 이상의 Hfr 균주 사이에서 공유된 표지자가 일치되도록 한다. 이 과정을 통해 아래와 같은 유전자 지도를 만들 수 있으며, 이때 화살표는 전달의 방향을 나타내고 숫자는 전달 시간(분)을 나타낸다.

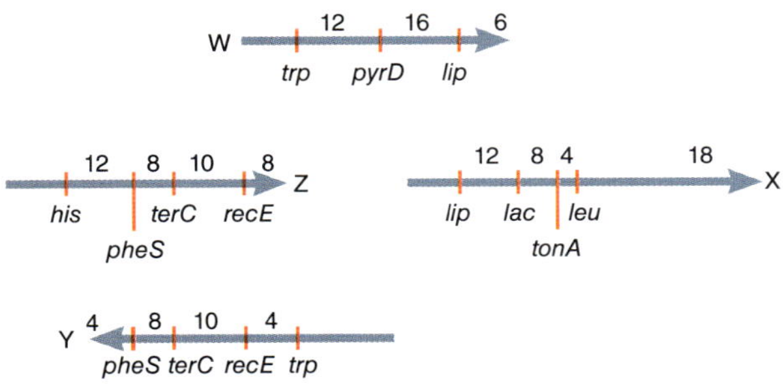

이제 맨 위가 0분을 가리키고, *leu*가 바로 오른쪽 근처에 있는 원형에, 위의 조건을 충족하도록 혼성 유전자 지도를 배열한다. 이 지도는 아래에 나타낸 것과 같다.

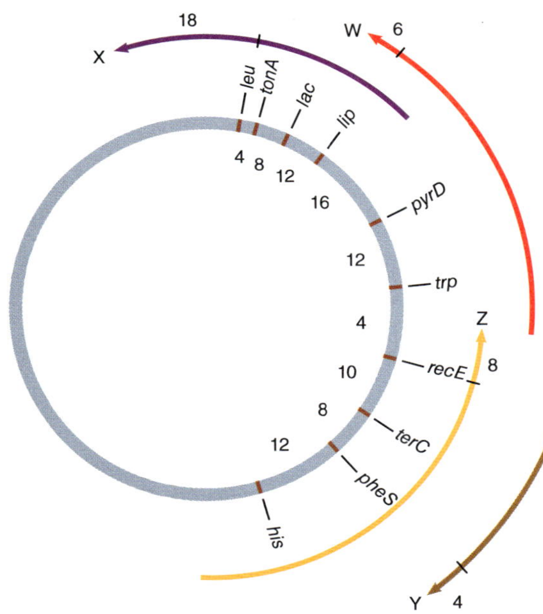

(b) 이 지도를 그림 7.14와 비교해 보면, 표지 유전자들은 모두 같은 순서로 배열되어 있으나 유전자 간 거리는 기대한 것의 2배 가까이 된다. 이에 대한 가장 간단한 해석은, 이 실험에서 조사한 유전자들에 있어서, 연관된 세균 균주들은 대장균과 같은 유전자의 배열 순서를 갖지만 세균 염색체의 Hfr 균주 전달의 속도는 대장균의 절반 정도라는 것이다.

문제 2 대장균 염색체에서 밀접하게 연관된 유전자 *tolC*, *metC* 및 *ebg*의 순서를 결정하기 위하여 공동형질도입 실험이 수행되었다.

$$tolC^{+}\ metC^{+}\ ebg^{+}$$

유전자형의 균주에서 성장한 P1 파아지를

$$tolC^{-}\ metC^{-}\ ebg^{-}$$

유전자형의 수용세포 균주를 형질도입하기 위하여 사용하였다. 그 결과는 첨부된 표에 나타내었다. 이 결과들과 일치하는 유전자들의 순서는 어떻게 되는가?

선택 표지자	비선탁 표자자의 유전형	관측 값(%)
$tolC^{+}$	$metC^{+}\ ebg^{+}$	2
	$metC^{+}\ ebg^{-}$	12
	$metC^{-}\ ebg^{+}$	30
	$metC^{-}\ ebg^{-}$	56
$metC^{+}$	$tolC^{+}\ ebg^{+}$	1
	$tolC^{-}\ ebg^{+}$	0
	$tolC^{+}\ ebg^{-}$	34
	$tolC^{-}\ ebg^{-}$	65

풀이. 만약 우리가 가운데 있는 유전자를 추론할 수 있다면 유전자 순서를 결정할 수 있다. 한 가지 접근법은, 가운데 있는 유전자의 야생형 대립유전자는 측면의 표지 유전자가 모두 형질도입될 때 높은 빈도(대개 90% 이상)로 공동형질도입될 것이라는 점을 주목하는 것이다. $tolC^{+}$가 선택된 유전자일 때의 결과를 살펴보자: $tclC^{+}$ $metC^{+}$ 형질도입체 중에서 2/14가 edg^{+}이며, 이것은 *edg*가 가운데 있지 않다는 것을 의미한다; $tolC^{+}$ edg^{+} 형질도입체 중에서 2/32는 $metC^{+}$이며, 이것은 *metC*가 가운데 있지 않다는 것을 의미한다. 이러한 비교는 *tolC* 유전자가 가운데 위치한다고 제시하지만, 이 가설이 다른 결과들과 일치하는지 확인해 보는 것이 중요하다. $metC^{+}$ ebg^{+} 형질도입체 중에서 1/1이 *tolC*이지만, 이러한 결과를 이끌어 내기에는 정보가 너무 적다. 하지만 $metC^{+}$ $tolC^{+}$ 형질도입체 중에서 1/35만이 ebg^{+}인 것은 다시 한 번 *ebg*가 가운데 있지 않다는 것을 나타낸다. 따라서 이 결과들은 유전자의 순서가 *metC-tolC-ebg*(또는 *ebg-tolC-metC*)이라는 가설과 모두 일치하며, 다른 유전자가 가운데 있을 경우에는 일치하지 않는다.

실전에 필요한 개념: 끝까지 풀어 봅시다

7.1 일반적으로 현탁액에 있는 세균이나 파아지의 수는 매우 크기 때문에 적절한 희석 없이는 하나의 콜로니나 용균반을 관찰하기 어렵다. 통상적으로 희석은 현탁액 0.1 ml와 희석 완충액 9.9 ml를 혼합한 100배 희석 또는, 현탁액 1 ml와 희석 완충액 9 ml를 혼합한 10배 희석으로 한다. 대개는 연속적 희석이 필요한 데, 이 경우 현탁액을 희석 완충액으로 한 번 희석한 후에 희석한 현탁액을 완전히 혼합하고서 2번째 희석시킨다. 희석한 현탁액을 완전히 혼합하고서 3번째 희석시키고 같은 방법으로 4번째 희석을 한다. 연속적인 희석 인자는 곱해지는 데, 예를 들어 3번의 100배 희석과 2번의 10배 희석은 전체적으로 $100 \times 100 \times 100 \times 10 \times 10 = 10^8$의 희석 인자를 만든다. 그러므로 10^8 희석된 1 ml의 부피는 원래 현탁액 10^{-8} ml의 부피와 같다. 유전학자가 T4 박테리오파아지 현탁액을 10^8 희석한 다음 1/10 ml을 대장균 깔개 위에 접종했을 때 16개의 용균반을 관찰하였다고 가정하자. 희석하지 않은 원래 현탁액에 있는 T4 박테리오파아지의 수는 ml당 얼마나 될지 추정하시오.

7.2 만일 1×10^6 파아지를 1×10^6 세균과 혼합했을 때 모든 파아지가 흡착된다면, 감염되지 않고 남아 있는 세균은 얼마나 되는가?

7.3 자연에 존재하는 대장균 균주의 유전체 크기는 일부 계통에는 있고, 다른 계통에는 없는 유전적 섬의 존재 때문에 4 Mb에서 6 Mb 사이이다. 5 Mb의 유전체 크기를 갖는 균주가 100분 길이의 유전자 지도를 갖는다면, 4 Mb 및 6 Mb 크기의 유전체를 갖는 균주의 유전자 지도 길이는 어떻게 되는가?

7.4 Hfr met^+ $kan\text{-}s$ × F^- met^- $kan\text{-}r$ 간의 교배에서 met^+ $kan\text{-}r$ 재조합체를 선택하기 위해서는 어떠한 배지를 사용해야 하는가? (여기서, *kan-s*와 *kan-r*는 각각 카나마이신 항생제에 대한 민감성 또는 저항성을 나타냄.) 이때 선택 표지자와 카운터선택 표지자는 무엇인가? 어떤 균주가 메티오닌 생성을 위한 자가영양체이고, 어떤 것이 영양요구주인가?

7.5 다음 자료로부터 현탁액에 있는 ml당 생존 λ 파아지의 수(파아지 역가)를 추정하시오. 원래 현탁액을 4번의 100배 희석과 1번의 10배 희석을 통해 연속적으로 희석하였다. 마지막 희석액의 0.1 ml을 성장 중인 매우 과도한 양의 세균과 섞은 후 패트리 접시의 영양배지에 분주하고 하룻밤 배양시켰다. 다음날 19개의 용균반이 관찰되었다.

7.6 당신에게 5×10^7 cells/ml의 살아 있는 세포를 포함하고 있는 세균 현탁액이 주어졌다. 100배와 10배의 연속적 희석의 조합으로 최종적으로 0.1 ml에 대략 50개의 생존 세포가 포함되도록 희석하려면 어떻게 해야 하는가?

7.7 대장균의 현탁액을 각각 2번의 100배 희석과 2번의 10배 희석을 통해 연속적으로 희석하였다. 마지막 희석액에서 0.1 ml을 패트리 접시에 있는 영양 한천배지에 분주하고 하룻밤을 배양하였더니, 다음날 42개의 콜로니를 관측할 수 있었다. 희석되지 않는 원래 현탁액 속의 ml당 살아 있는 세균수를 구하시오.

7.8 *x* 유전자는 1×10^{-3}의 빈도로 형질전환되고, 여기서 1 Mb 이상 떨어진 위치에 있는 *y* 유전자는 6×10^{-4} 빈도로 형질전환된다. 기대되는 공동형질전환의 빈도는 얼마인가?

7.9 선택 표지자와 카운터선택 표지자의 차이점은 무엇인가? 이 2가지 모두가 Hfr × F^- 교배에 왜 필요한가?

7.10 h^+ 유전자형의 Hfr 균주와 h^- 유전자형의 F^- 균주를 교배하였다. 카운터선택을 위해 테트라사이클린 감수성을 사용할 경우, 재조합 콜로니의 수는 스트렙토마이신 감수성을 사용했을 때 보다 1,000배 더 낮아진다. 전자의 경우 재조합체들은 h^+ *ter-r*이고, 후자의 경우 재조합체들은 h^+ *str-r*이다. 그 차이점을 설명하시오.

7.11 Hfr 균주는 *a b c* 알파벳 순서로 유전자들을 전달한다. Hfr a^+ b^+ c^+ *str-s* × F^- a^- b^- c^- *str-r* 교배에서, 모든 b^+ *str-r* 재조합체들은 a^+ 대립유전자를 받는가? b^+ *str-r* 재조합체들은 모두 a^+인가? 왜 그런지 또는 왜 그렇지 않은지 설명하시오.

7.12 람다 파아지와 연관된 용원성 박테리오파아지는 *a b c d e f g h*의 유전자 순서를 가지고 있는 반면, 같은 파아지의 프로파아지는 *g h a b c d e f* 유전자 순서를 가지고 있다. 이 순열은 파아지 부착 자리의 위치에 대해 어떤 정보를 주는가?

7.13 a^- b^- c^- 유전자형을 가진 수용 균주를 사용해서, 이와 밀접하게 연관된 3개의 유전자인 a^+ b^+ c^+로 공동 형질도입 실험을 수행하였다. 이때, a^+ b^+ 형질도입체 중 14%는 c^+였고, a^+ c^+ 형질도입체 중 83%는 b^+이었다. 그리고 b^+ c^+ 형질도입체 중에는 18%가 a^+이었다. 세 유전자 중 가운데 위치한 것은?

7.14 pur^- pro^+ his^+ 유전자형의 세균 세포에 pur^+ pro^- his^- 유전자형 세균에서 자란 P1 박테리오파아지를 형질도입하였다. pur^+을 포함하는 형질도입체들을 선택하고 비선택 표지자 *pro*와 *his*에 대해 조사하였다. 4가지 유전자형을 가지는 각 pur^+ 콜로니의 수는 다음과 같다:

pro^+	his^+	102
pro^-	his^+	25
pro^+	his^-	160
pro^-	his^-	1

유전자의 순서는 어떻게 되는가?

7.15 당신은 A 물질의 생산을 유도하는 대장균의 생화학적 경로를 연구하고 있다. 당신은 A를 공급하지 않으면 최소배지에서 자랄 수 없는 한 세트의 돌연변이체를 분리하였다. 적절한 교배를 통하여 모든 돌연변이체들을 *a1*, *a2*, *a3* 및 *a4*라고 하는 4개의 상보성 그룹(유전자들)으로 분류하였다. 당신은 A의 생산을 위한 생화학적 경로는 B, C, D 및 E라는 4개의 중간물질을 포함한다는 것을 이미 알고 있다. 최소배지에 이들 중간물질을 차례로 공급하면서 배양함으로써 돌연변이체의 영양요구 실험을 수행하였다. 그 결과는 다음의 표에 요약하였다. +표시는 성장, −표시는 비성장을 나타낸다.

	A	B	C	D	E
a1	+	+	+	−	+
a2	+	−	+	−	+
a3	+	−	−	−	+
a4	+	−	−	−	−

생화학적 경로에 참여하는 A, B, C, D, E 물질의 순서를 결정하고, 효소적 단계를 화살표로 나타내시오. 해당하는 효소를 암호화하는 유전자의 이름을 각 화살표에 기입하시오.

7.16 *A*, *B*, *G*, *H*, *I* 및 *T* 유전자들에 대하여 P1 박테리오파아지로 공동형질도입이 가능한 모든 쌍들을 조사하였다. 이 중 *G*와 *H*, *G*와 *I*, *T*와 *A*, *I*와 *B*, *A*와 *H*의 쌍만 공동형질도입될 수 있다는 것을 발견하였다. 염색체 상에서 유전자의 순서는 어떻게 되는가? 논리적으로 설명하시오.

7.17 λ 박테리오파아지에서 유전자의 순서는 *A B C D E att int xis N CI O P Q S R*이다.

(a) 세균의 염색체 상에서 *att* 세균 부착자리가 *gal*과 *bio* 사이에 있다면, 프로파아지 유전자의 순서는 어떻게 되는가?

(b) 프로파아지에서의 유전자 순서를 야생형 프로파아지의 역순서로 가지고 있는 파아지 돌연변이체가 발견되었다. 이것이 파아지 염색체의 말단과 관련한 *att* 자리의 방향성에 대해 의미하는 것은 무엇인가?

(c) 야생형 λ 용원균을 *E*와 *att* 사이에 위치하는 *Z* 표지 유전자를 가진 또 다른 λ 파아지와 함께 감염시켰다. 초감염(superinfection)은 드물게 λ와 λZ 프로파아지 2가지를 모두 포함하는 이중 용원성 대장균 균주를 만든다. 두 번째 파아지 또한 *att* 자리에서 염색체로 삽입되는 것으로 가정할 때, 세균 염색체에서 프로파아지들의 2가지 가능한 배열을 도식하고 세균 유전자 *bio*와 *gal*의 위치를 나타내시오.

7.18 어느 세균 유전학자가 X, Y, Z로 명명한 3종류의 Hfr을 사용한 중결교배 실험을 이용하여 *a*부터 *g* 유전자의 지도를 만들려고 한다. 첨부한 표에 나타난 전달 시간(분)의 자료로부터 *a*부터 *g*에 이르는 표지자의 유전자 지도를 추정시오. 전체 대장균 염색체를 나타내는 원주의 둘레가 100분인 원에, 유전자들의 위치를 정확한 순서로 표시하고 인접한 유전자 쌍의 거리를 분으로 나타내시오. 각 Hfr 균주에서 F 플라스미드의 삽입 지점과 방향성을 나타내시오.

전달 시간							
Hfr	*a*	*b*	*c*	*d*	*e*	*f*	*g*
X	11		5				17
Y		9	23		2	17	
Z	27			13			21

7.19 살모넬라는 대장균과 밀접한 관계가 있다. 염색체에 통합해서 Hfr 균주를 생산할 수 있는 F 플라스미드로 감염시킬 수 있다. 이들을 F^- 대장균과 교배함으로써, 표지 유전자들의 전달 시간과 순서를 연구할 수 있다. 주어진 자료는 대장균 Hfr × 대장균 F^-과 살모넬라 Hfr × 대장균 F^-의 교배에서 4개의 표지 유전자들의 전달 시간에 관한 것이다.

	ile	*met*	*pro*	*arg*
대장균 Hfr × 대장균 F^-	28	20	6	22
살모넬라 Hfr × 대장균 F^-	4	22	47	18

(a) 이 유전자들과 관련하여 대장균과 살모넬라의 유전자 지도를 어떻게 비교할 수 있는가?

(b) 각 Hfr의 기점과 전달 방향은 어떻게 되는가?

(c) 살모넬라 Hfr은 대장균 Hfr에 비해 염색체 DNA를 대략 얼마나 빠르게 전달하는가?

7.20 다음과 같은 교배를 통해서 전달 시간 실험을 수행하였다.

$$\text{Hfr } a^+ \ b^+ \ c^+ \ d^+ \ str\text{-}s \times \text{F}^- \ a^- \ b^- \ c^- \ d^- \ str\text{-}r$$

그 결과 첨부된 표와 같은 자료를 얻었다. 각 유전자의 교배 시간(x축)에 대한 100 Hfr당 재조합체의 수(y축)를 나타내는 그래프를 그리고, 이 그래프로부터 각 유전자의 전달 시간을 결정하시오.

교배 시간(분)	100 Hfr당 제시된 유전자형의 재조합체 수			
	a^+ *str-r*	b^+ *str-r*	c^+ *str-r*	d^+ *str-r*
0	0.01	0.006	0.008	0.0001
10	5	0.1	0.01	0.0001
15	50	3	0.1	0.0005
20	95	35	2	0.001
25	97	80	20	0.001
30	98	82	43	0.01
40	98	80	40	8
50	99	80	40	12
60	98	81	42	16
70	99	80	41	16

잠깐 생각해 봅시다: 해답

잠깐 생각해 봅시다 7.1의 해답

Met + Leu + Str을 포함하는 배지는 모든 배양 세포들이 성장할 수 있도록 하므로, 분주의 전체 세포 수는 400이다. Str만을 포함하는 배지는 met^+ leu^+ *str-r* 세포들만 성장할 수 있게 하므로, 분주에는 met^+ leu^+ *str-r* 유전형인 세포가 160개 있다. Met + Str을 포함하는 배지에서는 met^- leu^+ *str-r* 와 met^+ leu^+ *str-r*인 세포들이 자랄 수 있으므로, 분주에 있는 met^- leu^+ *str-r* 세포의 수는 300 − 160 = 140이다. 마찬가지로, Leu + Str을 포함하는 배지에서는 met^+ leu^- *str-r*와 met^+ leu^+ *str-r*인 세포들이 자랄 수 있으므로, 분주에 있는 met^+ leu^- *str-r* 세포의 수는 260 − 160 = 100이다. 대략적인 유전형의 비율은 다음과 같다: met^+ leu^+ *str-r*는 160/400 = 40%, met^+ leu^- *str-r*는 100/400 = 25%, met^- leu^+ *str-r*는 140/400 = 35%이다.

잠깐 생각해 봅시다 7.2의 해답

KL25는 염색체의 시계 방향으로 유전자를 전달하므로, *pyr*는 매우 늦게 전달된다. *thr* 유전자는 0분 위치에 있으므로, 교배 후 100 − 85 = 15분 후 전달된다. *acrA* 유전자는 10분 위치에 있으므로, 교배 후 100 − 85 + 10 = 25분 후에 전달된다.

잠깐 생각해 봅시다 7.3의 해답

c가 공동형질도입의 빈도이고, m은 분으로 나타낸 거리임을 상기한다. m = 0.5, 1.0, 1.5에 대하여 c의 값은 각각 0.42, 0.125, 0.016이다. (지도거리가 증가함에 따라 얼마나 빨리 감소하는지 주목하라.) $m > 2$일 때 c는 음수가 되므로, 최대 거리는 2분이다.

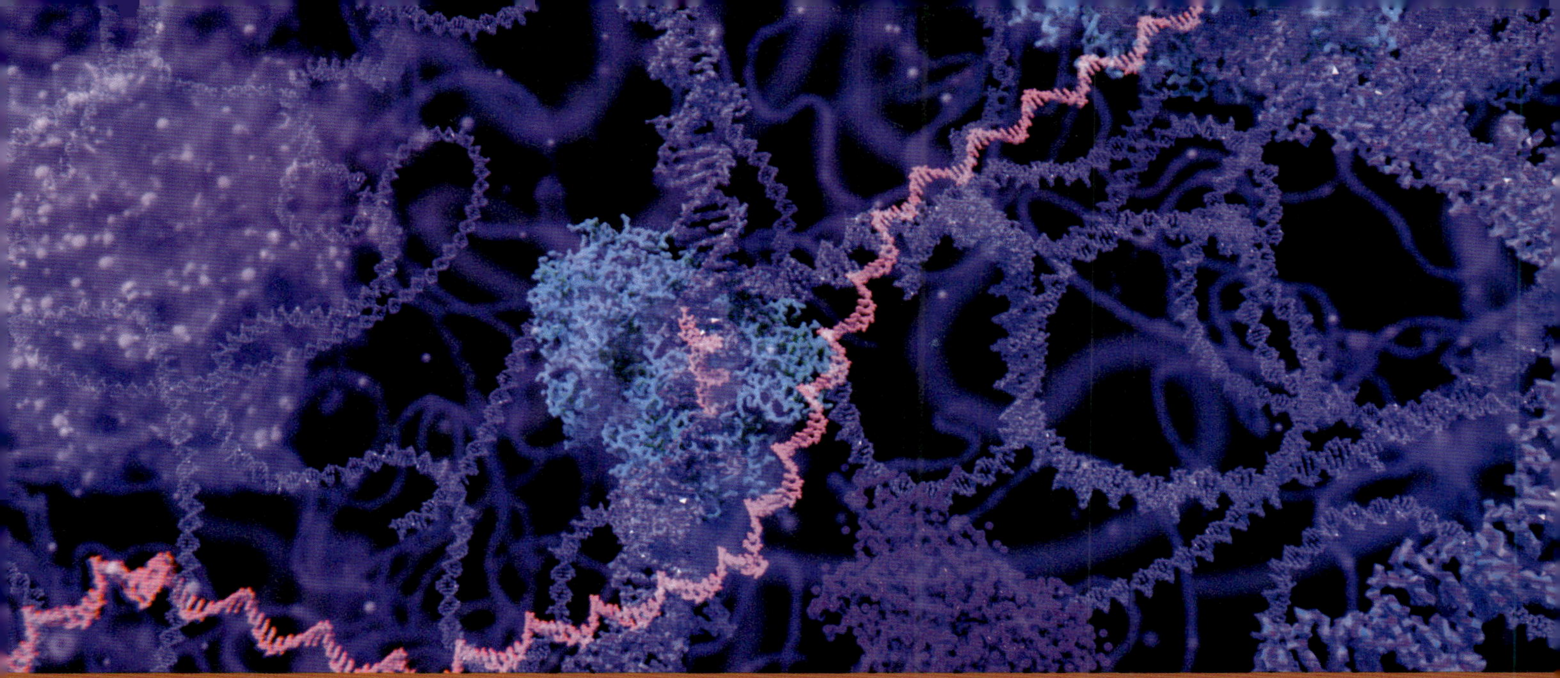

CHAPTER 8

간기의 세포핵

유전자 발현의 분자 유전학

학습 목표

- 3개의 아미노산으로 구성된 폴리펩티드에서 R기 및 펩티드 결합을 표지할 수 있다.
- 전사 과정을 도식화하고, 세포가 전사의 시작 및 정지되는 위치를 어떻게 결정하는지 설명할 수 있다.
- 진핵생물 및 가공된 형태로 가상의 일차 RNA 전사체의 구조를 그리고, 캡 구조, 인트론 및 폴리-A 꼬리를 표시할 수 있다.
- 진핵생물 및 원핵생물에서 번역이 개시되는 방법을 구별하고, 원핵생물에서 개시가 어떻게 폴리시스트론 mRNA의 번역을 허용하는지 설명할 수 있다.
- 아미노산 및 전사 방향을 암호화하는 DNA의 서열이 주어지면, RNA 전사처의 서열 및 폴리펩티드 사슬에서 상응하는 아미노산의 서열을 추론할 수 있다.
- 코돈의 세 번째 뉴클레오티드 위치에서 퓨린 및 피리미딘을 특별히 참조해서 유전자 코드의 일반적인 구조를 설명할 수 있다.
- 유전자 코드가 전령 RNA의 코돈뿐만 아니라 운반 RNA의 역코돈과 아미노아실 tRNA 합성효소의 특이성에 어떻게 해당되는지 설명할 수 있다.

유전자 발현(gene expression)이라는 용어는 유기체의 표현형 특성을 결정하는 다른 분자를 생성하기 위해 유전자에 함유된 정보가 해독되는 과정을 의미한다. 이 과정은 DNA의 염기 서열에 포함된 정보가 RNA 분자에 복사될 때 시작되며, 이 과정은 RNA 분자가 폴리펩티드 사슬에서 아미노산의 선형 순서를 결정하는 데 사용될 때 정점에 도달한다.

이 장에서는 이러한 과정들에 대한 이해를 높일 것이다. 유전자 발현의 주요 단계는 다음과 같다.

1. RNA 분자는 단일가닥 DNA의 일부분을 **주형가닥(template strand)**으로 사용하여 주형 DNA에 대한 염기 서열에서 상보적인 RNA 가닥을 생성하는 *RNA* 중합효소(*RNA polymerase*)에 의해 합성된다. 특정 유전자에 해당하는 부분이 선택되고 RNA 분자가 만들어지는 전체 과정을 **전사(transcription)**라고 한다.
2. 진핵세포의 핵에서, RNA는 일반적으로 **RNA 가공(RNA processing)**이라 불리는 화학적 변형을 겪는다.
3. 가공된 RNA 분자는 아미노산이 함께 결합되어 폴리펩티드 사슬을 형성하는 순서를 지정하는 데 사용된다. 이러한 방식으로, 폴리펩티드의 아미노산 서열은 DNA의 염기 서열의 직접적인 결과이다. RNA 염기 서열로부터 아미노산 서열을 생산하는 것을 **번역(translation)**이라고 하며, 생성된 단백질(protein)을 **유전자 산물(gene product)**이라고 한다.

8.1 폴리펩티드 사슬은 아미노산의 선형 중합체이다

단백질은 대부분의 세포 내 화학 반응을 촉매(효소)하고, 유전자 발현을 조절(조절 단백질)하고, 세포, 조직 및 바이러스 구조의 많은 특징(구조 단백질)을 결정하는 역할을 하는 분자이다. 단백질은 **폴리펩티드 사슬(polypeptide chains)**이라고 하는 하나 이상의 연결된 아미노산 사슬로 구성된다. 일반적으로 20개의 상이한 아미노산이 폴리펩티드에서 발견되며, 임의의 수 및 순서로 연결될 수 있다. 폴리펩티드 내의 아미노산의 수는 대부분 100개부터 1,000개의 범위이므로, 아미노산 서열이 상이한 수많은 종류의 폴리펩티드 사슬이 형성될 수 있다.

각각의 아미노산은 하나의 카르복실기(−COOH), 하나의 아미노기($-NH_2$) 및 일반적으로 **R 그룹(R group)**이라고 하는 곁사슬이 부착된 탄소 원자(탄소)를 함유한다. 그림 8.1에서 α 탄소는 회색, 카르복실기는 빨간색, 아미노기는 파란색, R 그룹은 금색으로 표시되었다. R 그룹은 일반적으로 다양한 화학기를 갖는 탄소 원자의 사슬 또는 고리이다. 가장 간단한 R 그룹은 글리신(−H) 및 알라닌($-CH_3$)의 그룹이다. 20개 아미노산 모두의 화학 구조가 그림 8.2에 나와 있다.

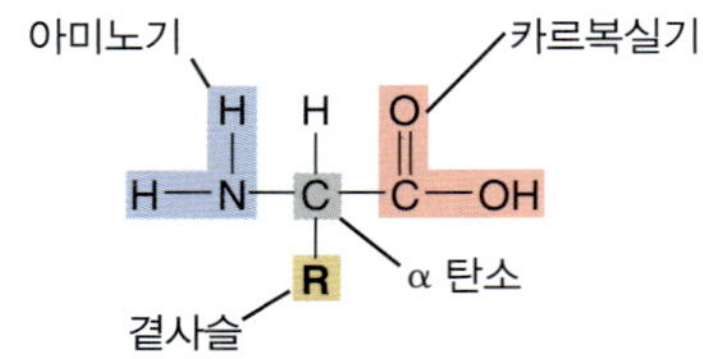

그림 8.1 아미노산의 일반 구조.

폴리펩티드 사슬은 하나의 아미노산 카르복실기가 제2 아미노산의 아미노기와 결합하여 **펩티드 결합(peptide bond)**을 형성할 때 만들어진다(그림 8.3A). 폴리펩티드 사슬에서, 곁사슬을 질서정연한 순서로 갖게 되는 뼈대를 형성하기 위하여 α-탄소 원자 펩티드기와 교차하며 나타난다(그림 8.3B). 폴리펩티드 분자의 양쪽 끝은 화학적으로 다르다. 한쪽 끝은 자유 $-NH_2$ 그룹을 가지며 **아미노 말단(ammo terminus)**이라고 부른다. 다른 쪽 끝은 자유 −COOH 그룹을 가지며 **카르복실 말단(carboxyl terminus)**이라 한다. 폴리펩티드는 성장하는 사슬의 카르복실 말단에 연속적으로 아미노산이 첨가됨에 따라 합성된다. 관례적으로, 폴리펩티드 사슬의 아미노산은 아미노 말단에서부터 번호가 매겨진다. 따라서 아미노산은 합성하는 동안 사슬에 첨가되는 순서대로 번호가 매겨진다.

폴리펩티드 사슬에서 아미노산 사이의 상호작용으로 인해, 대부분의 폴리펩티드 사슬은 복잡한 방식으로 독특한 3차원 형태로 접히고, 경우에 따라 세포의 다른 단백질과의 상호작용에 의해 도움을 받는다. 폴리펩티드 사슬의 약 70~75%가 리보솜(ribosome)으로 부터 방출된 후 수백만 분의 1초 내에 정확하게 접혀진다. 한편 매우 긴 폴리펩티드 사슬 또는 느리거나 매우 복잡한 접힘 경로를 가진 폴리펩티드 사슬은 섹션 8.5절에서 언급할 특수 단백질들의 도움을 받아서 접혀진다.

많은 단백질 분자는 하나 이상의 폴리펩티드 사슬로 구성된다. 이런 경우 그 단백질은 소단위(*subunits*)를 가지고 있다고 말하는데, 소단위는 동일하거나 상이할 수 있다. 예를 들어, 혈액의 산소 운반체인 헤모글로빈(hemoglobin)은 4개의 소단위(2개의 α 폴리펩티드 사슬과 2개의 β 폴리펩티드 사슬)로 구성된다.

인간 및 다른 척추동물의 단백질은 무척추동물의 단백질보다 복잡한 도메인 구조를 갖는다

대부분의 폴리펩티드 사슬들은 그들 자신만의 특징적인 구

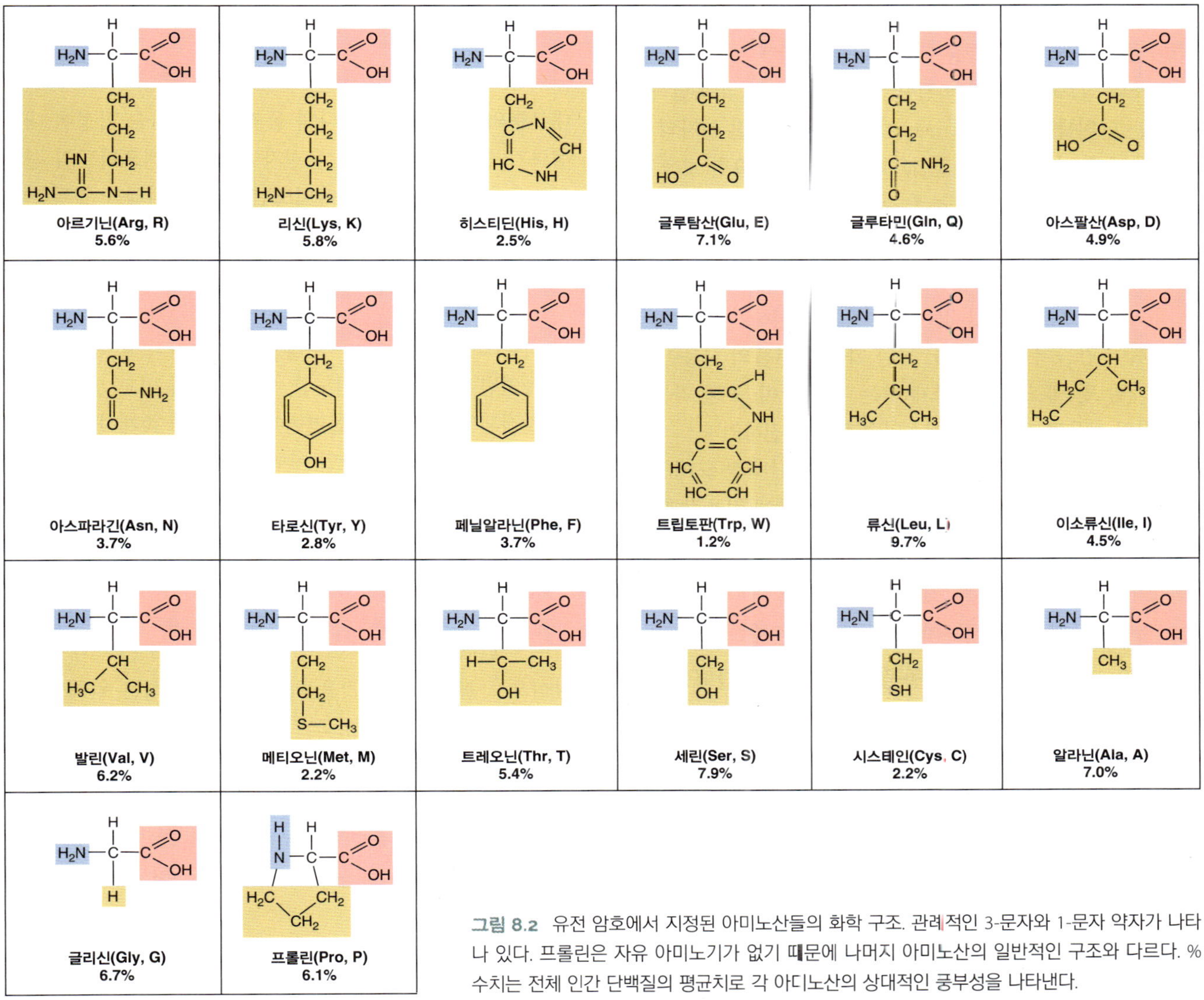

그림 8.2 유전 암호에서 지정된 아미노산들의 화학 구조. 관례적인 3-문자와 1-문자 약자가 나타나 있다. 프롤린은 자유 아미노기가 없기 때문에 나머지 아미노산의 일반적인 구조와 다르다. % 수치는 전체 인간 단백질의 평균치로 각 아미노산의 상대적인 궁부성을 나타낸다.

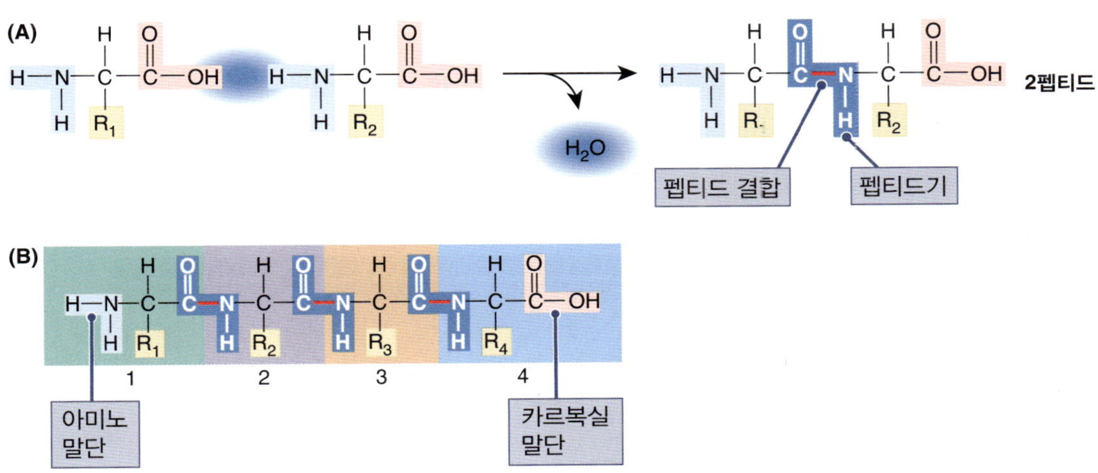

그림 8.3 폴리펩티드 사슬의 성질들. (A) 첫 번째 아미노산의 카르복실기(왼쪽)와 두 번째 아미노산의 아미노기(오른쪽)의 반응에 의한 2펩티드의 생성. 한 분자의 물(H_2O)이 펩티드 결합(빨간색 선)을 만들기 위해서 제거된다. (B) α-탄소(검은색)와 펩티드 결합(파란색)이 교대로 나타나는 4펩티드(tetrapeptide). 4개의 아미노산은 4펩티드 밑에 번호로 표시되었다.

조를 갖기 위하여 스스로 접혀질 수 있는 영역을 갖는데, 이러한 영역은 폴리펩티드 분자들의 다른 영역에 형성된 또 다른 구조와 상호작용을 하게 된다. 이와 같이 비교적 독립적으로 접는 단위를 **도메인(domain)**이라 한다. 단백질 분자의 도메인은 종종 기질 분자의 결합, 효소 활성에 필요한 보조 인자 또는 활성을 조절하는 조절 분자와 같은 특수 기능을 가지고 있다. 단백질의 개별 도메인은 대부분 독립적으로 진화해 왔지만, 암호화 영역과 게놈 재배열의 복제를 통해 유기체에 유익한 새로운 기능을 갖는 유전자를 생성하기 위해 다양한 조합이 만들어질 수 있다. 교환 가능한 부품의 사용이 비행기 개발 및 제조를 용이하게 하는 것과 같이, 교환 가능한 도메인의 사용도 새로운 단백질의 진화를 촉진하였다.

아미노산 서열의 컴퓨터 분석을 통해 단백질 도메인을 확인할 수 있다. 이 방법들이 인간 게놈 서열에 적용될 때, 2가지 흥미로운 결론이 나온다:

- 약 7%에 해당하는 소수의 인간 단백질과 단백질 도메인들만이 척추동물에게 특이하게 존재한다.
- 인간 단백질은 무척추동물에서 발견되는 단백질보다 복잡한 도메인 구조(선형 배열)를 갖는 경향이 있다. 평균적으로, 인간 단백질은 벌레 또는 파리의 도메인 구조보다 약 1.8배 많은 도메인 구조를 포함하고 효모의 도메인 구조보다 5.8배 많은 도메인 구조를 갖고 있다.

이러한 비교는 다음 원리를 뒷받침하고 있다:

핵심 개념

인간 게놈을 포함한 척추동물 게놈에는 다른 생물에서는 발견되지 않는 단백질 또는 단백질 도메인이 비교적 적다. 이들의 복잡성은 부분적으로나마 기존의 도메인을 모아 다른 유기체에서 발견되는 것보다 복잡한 도메인 구조를 갖는 새로운 단백질을 생성하는 혁신에서 기여한 것이다.

8.2 아미노산의 선형 순서는 DNA 염기서열로 암호화되어 있다

대부분의 유전자에는 하나의 폴리펩티드 사슬 합성에 대한 정보가 들어 있다. 또한, 유전자에서 뉴클레오티드의 선형 서열은 폴리펩티드에서 아미노산의 선형 서열을 결정한다. 이 점은 많은 돌연변이가 얻어지고 유전적으로 정확하게 정의된 유전자인 대장균(*Escherichia cili*)에서의 트립토판 합성효소 유전자 *trpA*의 연구에 의해 처음 입증되었다. 효소의 아미노산 서열에 대한 수많은 돌연변이의 효과는 야생형 및 돌연변이 효소의 아미노산 서열을 직접 비교 분석함으로써 결정되었다. 각각의 돌연변이는 효소에 존재하는 야생형 아미노산을 대체하는 단일 아미노산을 생성하는 것으로 밝혀졌다. 더 중요한 것은 유전자 지도에서 돌연변이의 순서는 폴리펩티드 사슬에서 영향을 받는 아미노산의 순서와 같다는 것이다(**그림 8.4**). 유전자 및 폴리펩티드의 이러한 특성을 **공선성(colinearity)**이라고 하며, 이는 DNA의 염기쌍(bp) 서열이 폴리펩티드의 아미노산 서열을 공선 또는 점대응하는 방식으로 결정한다는 것을 의미한다. 공선성은 원핵생물에서 보편적으로 발견된다. 그러나 우리는 진핵생물에서 유전 정보를 가지고 있지 않은 DNA 서열들이 대부분 유전자의 연속성을 방해한다는 것을 나중에 배울 것이다; 이들 유전자에서, 돌연변이 사이의 간격이 아닌 순서가 아미노산 치환과 상관 관계가 있다는 것을 알 수 있다.

8.3 DNA의 염기서열은 RNA 전사체의 염기서열을 지정한다

유전자 발현의 첫 단계는 유전자를 구성하는 DNA 일부분을 복사하여 RNA 분자를 합성하는 것이다. RNA 생산의 기본 특징을 이 절에서 설명한다.

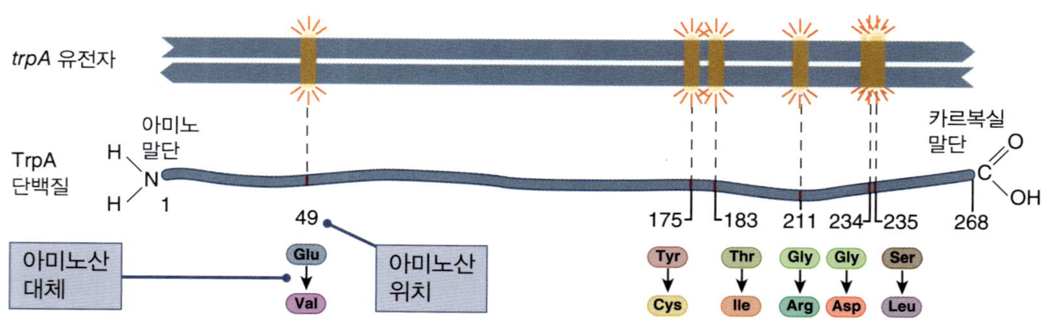

그림 8.4 대장균 *trpA* 유전자 지도에서 DNA와 단백질 위치의 상관관계.

RNA의 화학적 합성은 DNA의 화학적 합성과 유사하다

RNA의 효소 합성에 있어서 필수 화학적 특성은 일반적으로 DNA와 유사하지만 중요한 차이점도 있다.

- 전사에서 생성된 각 RNA 분자는 단일가닥의 DNA에서 유래한다. 왜냐하면 DNA의 특정 영역에서는 대개 한 가닥만 RNA 합성의 주형으로 사용되기 때문이다.
- RNA 합성의 전구체는 4가지 리보뉴클레오시드 5′-삼인산(ribonucleoside 5′-triphosphates): 아데노신 삼인산(adenosine triphosphate: ATP), 구아노신 삼인산(guanosine triphosphate: GTP), 시티딘 삼인산(cytidine triphosphate: CTP) 및 우리딘 삼인산(uridine triphosphate: UTP)이다. 그들은 데옥시리보오스(deoxyribose) 보다는 리보오스(ribose)를 가지고 있고 염기 우라실(uracil: U)이 티민(thymine: T)을 대체한다는 점에서만 DNA 전구체와 다르다(**그림 8.5**).
- RNA 분자의 염기서열은 DNA 주형의 염기서열에 의해 결정된다. RNA 사슬의 성장 말단에 첨가된 각각의 염기는 DNA 주형가닥과 염기쌍을 형성하는 능력으로 선택된다. 따라서 DNA 주형에서 염기 C, T, G 및 A는 각각 G, A, C 및 U가 RNA 분자의 성장 말단에 첨가되게 한다.
- RNA 합성에서, 한 뉴클레오티드의 3′-히드록실 그룹과 다음 뉴클레오티드의 5′-삼인산 사이에 당-인산 결합이 형성되어 있다(**그림 8.6A 및 B**). 형성된 화학적 결합은 DNA 합성과 동일하지만 효소는 다르다. 전사에 사용되는 효소는 DNA 중합효소(DNA polymerase)가 아니고 **RNA 중합효소(RNA polymerase)**이다. RNA 중합효소는 **프로모터(promoter)**라고 불리는 20~200개 뉴클레오티드로 이루어진 DNA 염기서열에 결합한다. 전사는 전사개시자리(*transcription start site*)라 불리는 프로모터 내 또는 근처의 뉴클레오티드에서 시작된다.
- 뉴클레오티드는 성장 사슬의 3′-OH 말단에만 첨가되며; 결과적으로, 성장하는 RNA 분자의 5′말단은 삼인산기를 지니고 있다. 5′ → 3′의 사슬 성장 방향은 DNA 합성과 동일하다(그림 8.6C).
- RNA 중합효소(DNA 중합효소와 달리)는 프라이머(primer) 없이 사슬 성장을 시작할 수 있다(그림 8.6, C 부분).

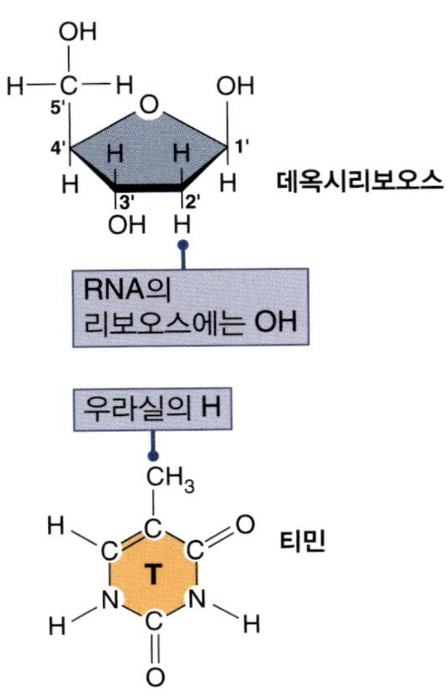

그림 8.5 리보오스와 데옥시리보오스 구조의 차이(왼쪽). 티민과 우라실 구조의 차이(오른쪽).

잠깐 생각해 봅시다 8.1

이중가닥 DNA 분자의 일부 서열이 있다.

5′-ATGCCGTTA-3′
3′-TACGGCAAT-5′

이 영역이 왼쪽에서 오른쪽으로 전사되는 경우, RNA 전사체의 순서는 무엇인가?

진핵생물에는 몇 가지 유형의 RNA 중합효소가 있다

RNA 중합효소는 활성 형태가 **RNA 중합효소 완전효소(RNA polymerase holcenzyme)**라고 하는 큰 여러 개의 소단위로 이루어진 복합체이다. 박테리아 세포는 단지 하나의 RNA 중합효소를 가지며, 이 완전효소는 6개의 폴리펩티드 소단위로 구성된다. 전사 개시에서, 효소는 프로모터 영역에서 70~90 bp에 접촉하지만, 일단 전사가 시작되면, 접촉 영역은 첨가되는 뉴클레오티드를 중심으로 약 35개의 뉴클레오티드로 감소된다. RNA 중합효소의 진행도(*processivity*, 주형으로부터 분리되지 않고 전사된 뉴클레오티드의 수)는 인상적인데 : 원핵생물에서는 10^4개 이상의 뉴클레오티드이고 진핵생물에서는 10^6개 이상이다. RNA 중합효소가 주형에서 분리되면 합성을 재개할 수 없기 때문에 진행도는 중요하다. 또한 전사 속도는 원핵생물에서 초당 약 70개의 뉴클레오티드를 합성하고 진핵생물에서는 초당 40개의 뉴클레오티드로 매우 빠르다.

진핵생물 RNA 중합효소는 원핵생물보다 훨씬 크며, 효소에서 더 많은 소단위를 포함한다. 여러 유형이 있다:

1. *RNA 중합효소 I(RNA polymerase I)*는 리보솜 RNA로 가공되는 전사체를 생산하는 데 전적으로 사용된다. 프로모터 영역은 전사개시자리를 포함한다.
2. *RNA 중합효소 II(RNA polymerase II; Pol II)*는 모든 단백질 암호를 가진 유전자(protein-coding genes) 및

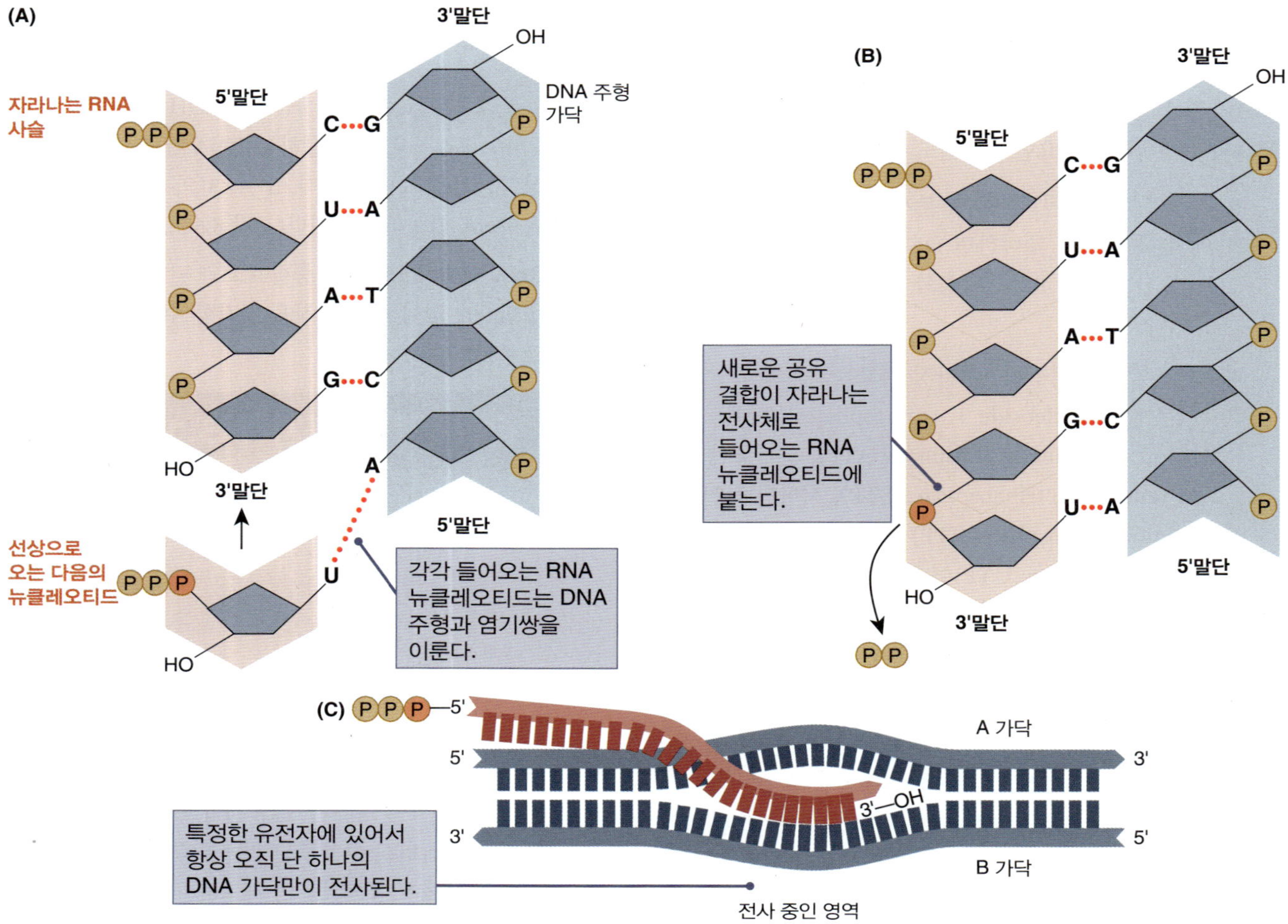

그림 8.6 RNA 합성. (A) 주형가닥과의 염기쌍. (B) 중합단계. (C) RNA 합성 과정.

RNA 가공에 사용되는 다수의 작은 핵 RNA(small nuclear RNAs, 8.4절에서 논의)를 전사하는 책임이 있는 주요 진핵생물 중합효소이다. RNA 중합효소 II 프로모터는 전사개시자리 근처에 있지만 그것의 상류 (5′측)에 위치한다. Pol II의 기작은 진핵생물 중합효소 중에서 가장 잘 알려져 있다. 완전효소는 12개의 폴리펩티드 소단위를 가지고 있고 약 500 kD의 분자질량을 갖는다. 그 구조는 상부의 구멍 또는 홈(groove, 그림 8.7)을 특징으로 하는데, DNA 주형이 분홍색으로 표시된 마그네슘 원자로 표시된 활성 위치로 안내되도록 돕는다.

3. ***RNA 중합효소 III(RNA polymerase III)***는 모든 운반 RNA(transfer RNA) 유전자 및 리보솜 RNA의 5S 성분을 전사하는 데 사용된다. RNA 중합효소 III의 전사를 위한 프로모터는 전사개시자리 근처에 있지만 그것의 하류(3′측)에 위치한다.

프로모터 인식에는 일반적으로 다수의 DNA 결합 단백질이 필요하다

많은 프로모터 서열이 분리되고, 그들의 뉴클레오티드 서열이 결정되었다. 중합효소 I, II 및 III의 프로모터는 서로 간의 공통성이 보이지 않으며, 각각 상당한 염기서열 변이가 존재한다. 박테리아에서의 변이 정도는 비교적 단순하다. 박테리아 프로모터들의 염기서열이 달라서 부분적으로는 중합효소 결합 친화력이 다르게 되는데, 특정 서열 패턴 또는 모티프(*motifs*)는 매우 빈번하게 나타난다. 대장균(*E. coli*)의 프로모터 영역에서 종종 발견되는 이러한 2개의 패턴이 그림 8.8에 예시되어 있다. 각 패턴은 다수의 규칙에 의해 실제 서열로부터 결정된 뉴클레오티드의 공통서열(consensus sequence)에 의해 정의된다: 공통서열의 각 뉴클레오티드는 실제 염기서열의 위치에서 가장 흔히 관찰되는 뉴클레오티드이다. 특정 염기서열은 공통서열과 매우 유사하거나 혹은 아주 다르다.

그림 8.8에 있는 공통서열에서, 전사개시자리는 +1로 번호가 매겨진다. 하나의 공통서열 모티프는 TTGACA인데, 이는 −35 모티프라고 불리며, 일반적으로 전사 시작 위치의 상류에 약 35개의 염기쌍이 있기 때문이다. 다른 공통서열 모티프는 일반적으로 −10 근처에 위치한 TATAAT이다. 이 −10 서열을 **TATA 상자(TATA box)**라고 한다. 프로모터 서열의 위치는 RNA 중합효소가 합성을 시작하는 위치를 결정한다.

상이한 프로모터에 대한 RNA 중합효소의 결합 강도는 크게 다르기 때문에, 한 유전자에서 다른 유전자로의 발현 정도에 차이가 발생한다. 프로모터 강도 차이의 대부분은 −35 및 −10 프로모터 서열의 변이 및 이들 사이의 간격에서 발생한다. 대장균 유전자들 사이의 프로모터 결합 강도는 10^4배 정도 차이가 나며, 대부분의 변이는 프로모터 서열 자체에 기인한다. 일반적으로 프로모터 서열이 공통서열과 비슷할수록 프로모터가 더 강력해진다. 프로모터에서 뉴클레오티드 서열을 변화시키는 돌연변이는 프로모터의 강도를 변화시킬 수 있다. 공통서열과 유사하지 않은 변화는 프로모터의 세기를 낮추는 반면, 공통서열과 유사성이 높은 변화는 프로모터의 세기를 증가시킨다. 또한 일부 프로모터는 −35 영역의 공통서열과 크게 다르다.

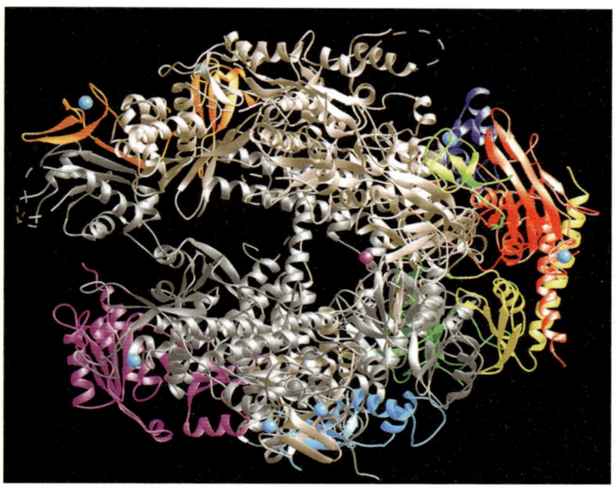

그림 8.7 최상부를 가로지르는 홈을 보여주는 Pol II 완전효소(holoenzyme)의 구조. 이 홈은 마그네슘 이온(분홍색 구형)을 포함하는 활성자리에서 끝난다. 양으로 부하된(positively charged) 마그네슘 이온은 다음 뉴클레오티드의 음으로 부하된(negatively charged) 포스페이트 그룹이 성장 사슬에 첨가될 수 있도록 도와준다. 이 완전 효소의 여러 가지 폴리펩티드 구성성분은 다른 색으로 표시되어 있다.

모든 프로모터는 전형적으로 RNA 중합효소에 의한 전사를 활성화시키기 위해 보조 단백질을 필요로 한다. 박테리아에서 전사에 가장 중요한 보조 단백질 중 하나는 **시그마인자(*sigma factors*)**이다. 시그마인자는 RNA 중합효소와 일시적으로 결합하여 프로모터 영역에 적절하게 결합하게 하는 단백질이다. 모든 박테리아는 정상적인 성장과 대사에 필요한 유전자의 전사를 허용하는 시그마인자를 생산한다. 또한 정상적으로 전사되지 않은 유전자를 특정 조건에서만 전사할 수 있는 특수한 시그마인자도 있다. 열 충격 또는 기아를 포함한 다양한 종류의 스트레스는 이러한 특수 시그마인자의 생성을 유도한다.

진핵생물의 프로모터 서열은 일반적으로 원핵생물의 프로모터 서열보다 훨씬 길고 복잡하다. Pol II에 의해 인식된 많은 프로모터는 TATA-상자 모티프(TATA-box motif)를 함유하는 핵심 영역을 포함하는데, 이는 원핵생물과 유사하지만 전사개시자리까지의 거리가 다르다(**그림 8.9**). 프로모터에 대한 Pol II의 올바른 결합은 적어도 26개의 **일반전사인자(*general transcription factors*)** 세트를 필요로 하지만, 이들 단백질조차 충분하지 않을 수 있다. TATA 상자 모티프가 존재하는 핵심 영역으로부터 아주 먼 상류부나 하류에 종종 존재하는 다른 서열 모티프와 결합해야 할 많은 단백질들이 프로모터르 모여야 한다. 이들 서열 모티프는 **증폭자**

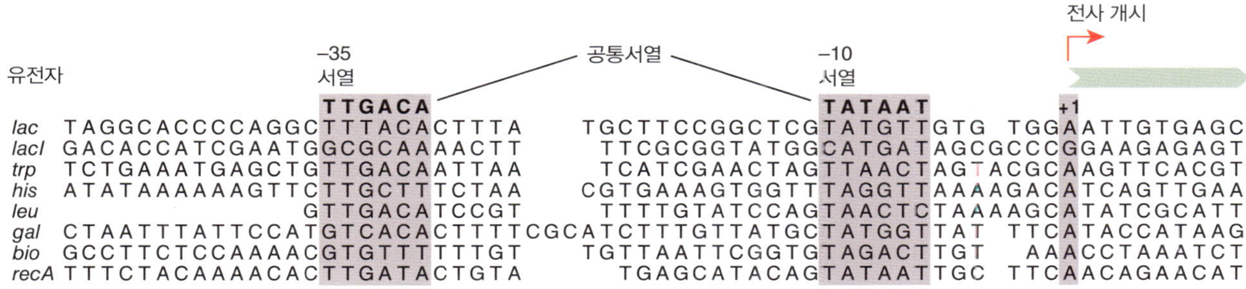

그림 8.8 대장균에서 발견되는 여러 가지 유전자의 프로모터 영역에 있는 염기서열들. 공통서열은 전사-개시자리(+1)로부터 상류에 있는 10과 35 뉴클레오티드에 위치한다. 프로모터는 전사 촉진을 위한 능력에 있어서 커다란 차이를 보인다. 이러한 프로모터 강도의 차이는 −10과 −35에 있는 프로모터 요소와 공통서열 사이의 차이에 기인하고 있다.

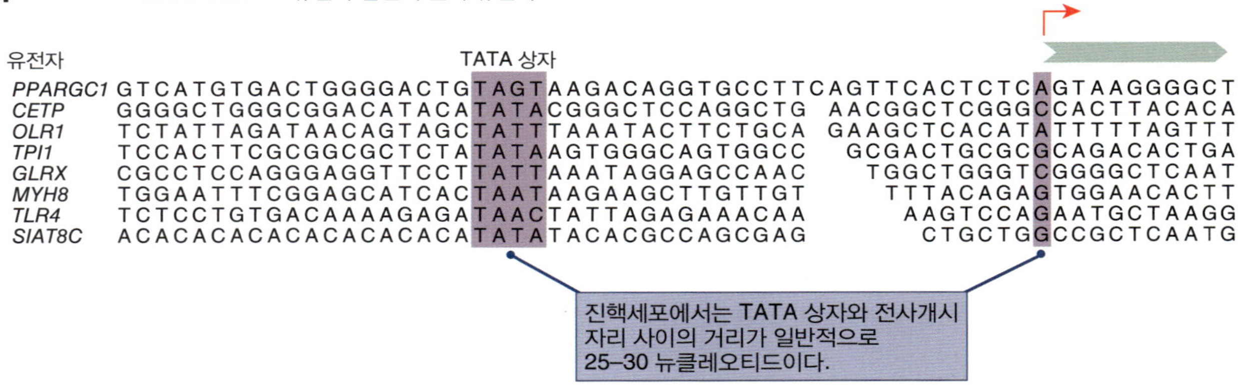

그림 8.9 전사개시 파일 근처의 핵심 프로모터 영역에 있는 염기서열을 보여주는 인간의 TATA-상자 프로모터.

(*enhancers*)나 사일렌서(*silencers*)로서 작용하여 전사 수준에서의 조절을 위한 전사 장치들과 상호작용을 하는 단백질들과 결합한다.

RNA 중합효소는 전사를 위한 분자 기계이다

프로모터 인식이 이루어지면, 전사 기작은 3개의 개별 단계로 설명될 수 있다. 이것들은 진핵생물 Pol II 중합효소의 작용 기작과 관련하여 알아볼 것이다.

Pol II 복합체는 단독으로 작용하지 않고 TFIIB, TFIIE, TFIID, TFIIF 및 TFIIH로 표시된 5개의 일반적인 전사 인자와 조합하여 작용한다. 이들 성분은 노출된 DNA를 정확하게 전사할 수 있지만, 뉴클레오솜(nucleosomes)이 결합된 염색질(chromatin)을 전사할 수는 없다. 세포에서, 노출된 프로모터 DNA에 대한 접근은 **염색질 리모델링 복합체**(*chromatin remodeling complexes*)의 작용을 통한 뉴클레오솜의 일시적 변위에 의해 발생한다. 프로모터 근처의 정확한 개시자리에서만 전사를 시작하게 하는 특이성은 Pol II와 관련된 일반적인 전사 인자에 의해 야기되며, 이들 각각은 필수적인 역할을 한다.

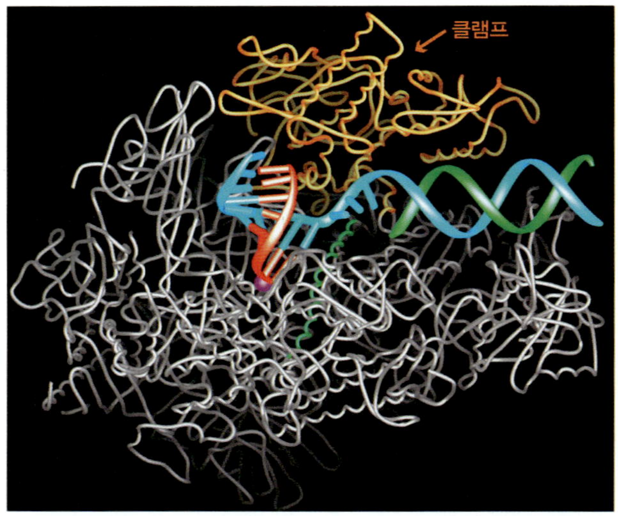

그림 8.10 Pol II의 작용. 주형가닥은 파란색으로, RNA 전사체는 빨간색으로 표시됨. 활성자리의 마그네슘 이온은 분홍색 구형으로 나타나 있다. 비주형가닥 부분은 녹색으로 주형가닥과 함께 쌍을 이루고 있다. 복제 방울은 Pol II의 이동 도메인(클램프, 주황색)에 의하여 정확하게 자리 잡고 있다. Pol II의 가장 큰 2개의 소단위들은 서로 의존하는 나선에 의해서 함께 있다(초록색 나선). Pol II의 다른 폴리펩티드들은 흰색으로 표시하였다.

Courtesy of David A. Bushnell and Roger Kornberg, Stanford University Medical School.

1. **사슬개시(Chain initiation)** 전사의 첫 단계에서, **TATA-상자 결합단백질(TATA-box binding protein, TBP)**은 프로모터 DNA에 결합하고 이를 거의 90° 각도로 구부린다. 물리적으로, TATA-상자 결합단백질은 중합효소와 밀접한 관련이 있고, 이러한 굽힘은 프로모터 DNA를 중합효소의 TFIIB 성분과 만날 수 있게 한다. 이어서, 프로모터 DNA는 TATA 상자로부터 25~30 bp 지점에서 전사개시자리가 중합효소 활성 부위 근처에 위치할 때까지 중합효소의 상단을 가로 질러 직선 경로를 따라 움직인다. 이 시점에서 TFIIE는 합성효소 복합체에 합류하여 DNA의 이중나선을 불안정하게 만드는 헬리카제(helicase)인 TFIIH를 유인한다. 그 결과 이러한 작용은 프로모터의 이중나선 DNA를 열역학적으로 풀리게 하며 일시적으로 풀린 영역, 즉 방울(bubble)을 만든다. 풀린 영역은 비주형가닥에 결합한 TFIIF에 의해 안정화되는데, 그러는 동안에 자유로운 상태가 된 주형가닥은 중합효소의 활성자리가 위치해 있는 홈까지 깊이 내려간다. 홈에서 3개의 뉴클레오티드 깊이로 떨어진 주형가닥은 날카로운 각도로 굽혀져 첫 번째 염기가 활성자리에서 전사되도록 젖혀진다(**그림 8.10**). 동시에 중합효소의 대형 도메인 부분은 프로모터 DNA 전체에 걸쳐 모습을 바꾸면서 전사 방울을 올바른 위치로 붙잡아 주는 클램프(clamp, 죔쇠)를 형성한다.

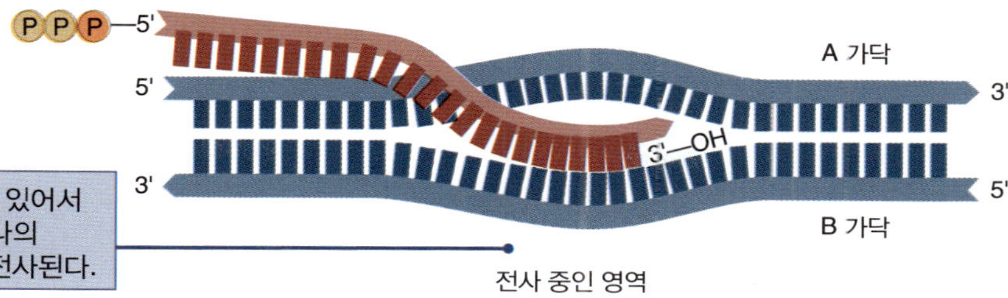

그림 8.11 RNA 합성의 기하학. RNA는 프라이머가 필요 없이 DNA 분자 부위의 한 가닥(이 예에서는 가닥 B)에서만 복사된다.

이제 TFIIB에 의해 안정화된 과정인 전사개시가 시작된다. RNA 전사체의 첫 번째 뉴클레오시드 삼인산이 제자리에 놓인 후, 합성은 5′에서 3′ 방향으로 진행된다. 약 6개의 뉴클레오티드가 전사된 후에 TFIIB는 떨어져 나가고 전사는 계속된다.

2. **사슬 신장(Chain elongation)** 주형 DNA를 따라서 새로운 뉴클레오티드들을 접하게 되는 RNA 중합효소는 연속적으로 RNA 뉴클레오티드를 신장하고 있는 전사체에 첨가한다. 오직 하나의 DNA 가닥, 주형가닥만이 전사된다. 정상 상태에서 전사 방울은 15개의 뉴클레오티드 크기로 풀린 DNA 이중나선으로 구성되며, 이 중 8~9개의 뉴클레오티드는 RNA 전사체의 3′말단과 쌍을 이룬다(**그림 8.11**). 새로 들어오는 뉴클레오티드는 DNA 주형가닥이 비주형가닥으로부터 풀려나는 위치보다 3개 뉴클레오티드 앞선 위치에서 전사체의 3′말단에 첨가된다.

상보적 뉴클레오티드 사이의 수소 결합에 의해 방출된 약한 에너지는 전사의 염기쌍 특이성을 설명하기에 충분하지 않다. 이 특이성은 구체적으로 Pol II의 활성 위치에서 발생하는 구조적 변화에 의해 가능하게 된다. 가장 중요한 움직임은 오직 정확한 염기쌍이 일어날 때만 확실히 움직이는 **방아쇠 루프**(*trigger loop*)라고 불리는 활성자리 주변의 한 도메인에서 일어난다. 방아쇠 루프의 재편성은 중요한 히스티딘(histidine) 잔기를 활성화시켜 중합을 유발하는 전자의 흐름을 촉진한다. 이러한 방법을 통하여 정확한 염기쌍이 물리적으로 신장하고 있는 RNA 사슬 내의 인산디에스터 결합의 형성과 짝지어진다.

각각의 새로운 결합이 전사체 내에 형성됨에 따라, 단일가닥 주형과 접촉하는 Pol II의 나선형 세그먼트는 약 3Å 앞으로 숨겨져 다음 주형 뉴클레오티드를 활성 부위로 가져온다. 활성자리로부터 약 8~9 뉴클레오티드 뒤편에서 Pol II의 두 부분은 RNA-DNA 혼성체를 침입하며 수소결합을 파괴하는데, 이 위치에서 몇 개의 뉴클레오티드 거리에 존재하는 주형 DNA 가닥과 비주형 DNA 가닥들은 다시 연결된다(그림 8.11).

3. **사슬 종결(Chain termination)** RNA 중합효소가 사슬 종결 서열에 도달하면, 새로 합성된 RNA 분자 및 중합효소 복합체는 방출된다. 전사 종결에 대한 필수요소들은 박테리아에서 가장 잘 연구되었으며, 2가지 종결 방법이 알려져 있다. 첫 번째는 박테리아에서 가장 보편적인 경우인 **내재적 종결**(*intrinsic termination*)로 전사 종결 신호가 오로지 DNA 주형에 존재하는 뉴클레오티드 서열에 의존한다. 이 경우 전사는 전사되고 있는 DNA 가닥에 존재하는 서열로 그 자체가 거꾸로 접혀서 헤어핀 루프(hairpin loop)를 형성하는 특별한 뉴클레오티드 서열과 중합효소가 접할 때 종결된다. 대장균에 있어서 이러한 종결 과정의 예를 **그림 8.12**에 보인다. 헤어핀 루프 구조 그 자체로만 전사 종결을 위하여 충분하지 않으며 헤어핀의 끝에 있는 많은 U 또한 필수적이다. 헤어핀 루프는 RNA 중합효소 복합체의 활성자리 근처에 존재하는 주요 통로를 침입함으로써, 헤어핀 루프가 RNA/DNA 혼성체를 파괴하고 더 이상의 RNA 사슬 신장을 방해하게 되면서 전사를 종결한다.

두 번째 유형의 전사 종결은 **로-의존성 종결**(*rho-dependent termination*)인데, 이 경우 중합효소 복합체와 관련된 로(*rho*)라고 알려진 종결단백질의 존재가 필수적이다. 대장균에 있어서 대표적인 전사 종결 단백질이 로이다. 로단백질에 의해서 인식되는 종결 서열은 매우 길며 복잡하지만 종결 기작은 내재적 종결과 유사하다. 이 경우 종결 신호와 만나게 될 때 로단백질의 폴리펩티드 루프가 중합효소 복합체의 주요 통로에 삽입되면서 RNA/DNA 혼성체를 분리시키게 되면 사슬 신장이 중단된다.

제2라운드의 전사의 시작은 첫 번째 전사가 끝나기를 기다릴 필요는 없다. RNA 전사체의 크기가 50~60 뉴클레오티

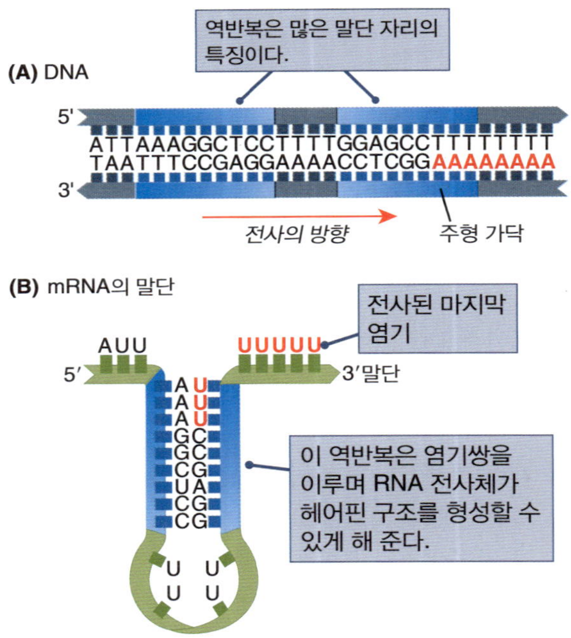

그림 8.12 (A) 대장균의 트립토판-합성 유전자 세트를 위한 전사 종결영역의 염기서열. (B) RNA 전사체의 3′말단은 줄기(stem)와 루프(loop) 구조를 형성하기 위해 접힌다. 많은 원핵생물에 있어서 발견되는 전사체의 끝에 있는 많은 우라실 서열은 빨간색이다. 여기에 보이지 않지만 RNA 중합효소는 전사체에 루프가 형성될 때, 전사를 종결한다.

드의 길이에 도달하게 되면, DNA를 따라 움직이는 RNA 중합효소는 프로모터로부터 충분히 떨어져 있는 거리에 있게 되며, 또 다른 RNA 중합효소가 새로운 전사체의 합성을 시작한다. 이러한 재시작은 반복적으로 일어날 수 있으며, 하나의 유전자는 완성의 정도가 서로 다른 수많은 RNA 분자로 둘러싸여져 있을 수 있다. 대장균을 이용한 유전적 실험은 프로모터의 존재를 처음으로 증명하였다. 이 실험으로부터 다음 2가지의 이상한 성질을 갖고 있는 p^-로 표시된 *Lac*$^-$ 돌연변이의 한 부류가 분리되었다:

- 모든 p^- 돌연변이는 *lacZ* 유전자와 밀접한 관련이 있었다.
- 모든 p^- 돌연변이는 **동일한 *DNA* 분자에 존재하는** 야생형 *lacZ* 유전자의 활성을 없애 버렸다.

*lacZ*의 활성을 제거하기 위한 유전자의 인접한 배치에 대한 필요성은 2개의 *lacZ* 유전자를 갖고 있는 세포를 조사함으로써 알 수 있다. 이러한 세포는 보통 F 플라스미드에 1개의 *lacZ*를 갖고 있는 F′ *lacZ* 플라스미드를 이용하여 만든다. F′ *lacZ* 플라스미드를 감염시키면 세포는 2개의 *lacZ*를 갖게 되는데, 하나는 염색체 내에, 또 다른 하나는 F′ 플라스미드에 있다. *lacZ* 유전자의 전사는 세포로 하여금 효소인

표 8.1 *lacZ* 유전자의 전사에 있어서 프로모터 돌연변이의 효과

유전자형	*lacZ*$^+$ 유전자의 전사
1. $p^+ lacZ^+$	예
2. $p^- lacZ^+$	아니오
3. $p^- lacZ^+/p^+ lacZ^-$	예
4. $p^- lacZ^+/p^+ lacZ^-$	아니오
5. $p^+ lacZ^+/p^- lacZ^-$	예

주의: *lacZ*$^+$는 야생형 유전자이며, *lacZ*$^-$ 돌연변이는 비기능적인 효소를 생성한다.

β-갈락토시다제(β-galactosidase)를 합성하게 한다. **표 8.1**은 p^- 돌연변이가 동일한 DNA 분자(박테리아 염색체 또는 F′ 플라스미드)에 존재할 때 야생형 *lacZ* 유전자(*lacZ*$^+$)가 불활성화되고 있음을 보여준다. 이러한 결과는 항목 4와 5를 비교함으로써 알 수 있다. RNA 분석은 유전자형으로 p^- *lacZ*$^+$를 갖는 세포에서 *lacZ*$^+$ 유전자가 전사되고 있지 않음을 보여준다. 반면에, 유전자형으로 p^+ *lacZ*$^-$를 갖는 세포들은 돌연변이 RNA를 만든다. 이러한 p^- 돌연변이를 **프로모터 돌연변이**(*promoter mutation*)라고 부른다.

돌연변이는 또한 전사종결 영역을 정의하는 데 도움이 된다. 예를 들어, 정상적인 종결서열로부터 상류에 새로운 종료서열을 만든 돌연변이가 분리되었다고 하자. 이러한 돌연변이에서 만들어지는 RNA 분자는 야생형 RNA보다 더 짧아지고, 반대로 종결서열이 돌연변이되면 더 긴 RNA 전사체가 만들어진다.

전령 RNA는 폴리펩티드 사슬의 합성을 지시한다

DNA 주형으로부터 만들어진 RNA 분자를 **일차 전사체(primary transcript)**라고 한다. 각각의 유전자는 주형가닥으로서 역할을 할 수 있는 오직 1개의 DNA 가닥을 갖게 되지만, 주형가닥이 될 수 있는 가닥은 한 DNA 분자에 있어서도 유전자마다 다르다. 그러므로 어떤 특정한 유전자에 있어서 주형으로 기능을 하는 DNA 가닥이 어느 쪽에 존재하느냐에 따라 만들어지는 일차 전사체는 두 방향으로 자라나는 것을 볼 수 있다(**그림 8.13**). 원핵생물에서, 일차 전사체는 폴리펩티드 합성에 사용되는 **전령 RNA(mRNA)**로서 역할을 한다. 하지만 진핵세포의 경우, 일차 전사체는 보통 mRNA로 되기 전에 가공되어야 한다.

한편 mRNA 분자 내의 모든 염기서열이 폴리펩티드의

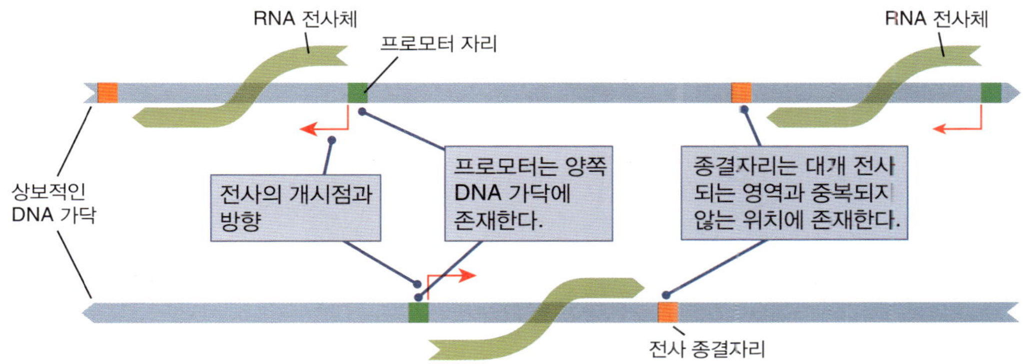

그림 8.13 DNA 조각에 있어 종결자리(빨간색)와 프로모터(녹색)의 전형적인 배열. 프로모터는 두 DNA 가닥에 존재한다. 종결자리는 보통 전사된 영역이 중복되지 않는 곳에 위치해 있다.

아미노산 서열로 번역되는 것은 아니다. 예를 들면, mRNA 분자의 번역이 정확히 한쪽 끝에서 시작하여 다른 쪽 끝으로 진행하는 경우는 흔치 않다. 오히려 폴리펩티드 합성의 시작은 RNA의 5′말단으로부터 하류에 있는 뉴클레오티드에서 시작할 수 있다. 이렇게 RNA의 5′ 부분 중 번역되지 않는 부분을 **5′ 비번역 부위(5′ untranslated region)**라고 부른다. 이것의 다음에는 **열린읽기틀(open reading frame, ORF)**이 오는데, 이는 폴리펩티드 사슬을 지정한다. mRNA 분자의 전형적인 ORF는 500~3000 염기 길이(단백질의 아미노산 수에 따라 다름)이지만 훨씬 길 수 있다. mRNA 분자의 3′말단은 ORF 다음에 오는데, 이 또한 번역되지는 않는다. 이 부분을 **3′ 비번역 부위(3′ untranslated region)**라고 부른다.

원핵생물에서, 대부분의 mRNA 분자는 합성 후 몇 분 내에 분해된다. 진핵생물에서, 전형적인 수명은 몇 시간이지만, 어떤 것은 단지 몇 분 동안 지속되는 반면 다른 것들은 며칠 동안 지속된다. 두 종류의 세포 모두에서 일어나는 이러한 분해 과정은 세포가 더 이상 필요로 하지 않는 mRNA를 처분해 버리고 새로운 RNA를 합성하는 데 재활용할 뉴클레오티드로 이용하게끔 하고 있다. 원핵생물 mRNA의 이러한 짧은 수명은 유전자의 활성을 조절하는 중요한 요인이다.

잠깐 생각해 봅시다 8.2

이중가닥 DNA에서 잠재적으로 전사된 두 영역(A 및 B) 사이에 위치한 프로모터 영역(하늘색)이 여기에 표시되어 있다. 화살표로 표시된 것처럼 프로모터는 주형가닥이 상부에 있고 전사가 오른쪽에서 왼쪽으로 영역 A로 진행되도록 배치되었다.

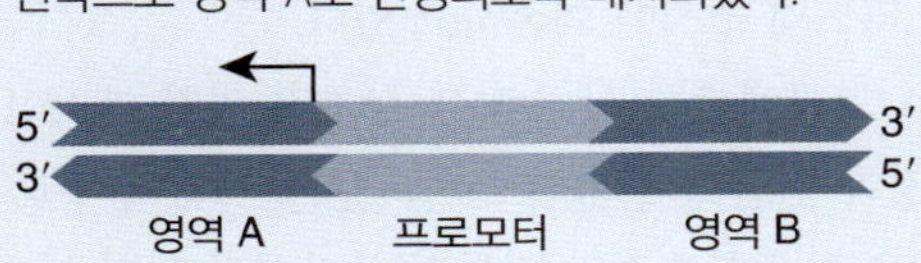

프로모터 영역이 뒤집어진 돌연변이에 의해서 어느 가닥이 전사되는지 그리고 어느 방향으로 전사되는지를 나타내는 유사한 그림을 그리시오.

8.4 RNA 가공은 원래의 RNA 전사체를 전령 RNA로 변환시켜 준다

전사 과정은 원핵생물 및 진핵생물에서 매우 유사하지만, 전사체와 폴리펩티드 합성에 사용되는 mRNA 사이의 관계에는 큰 차이가 있다. 원핵생물에서, 전사의 직접적인 생성물(일차 전사체)은 mRNA이고; **대조적으로, 진핵생물의 일차 전사체는 *mRNA*로 전환되어야만 한다.** 이렇게 원래의 전사체를 mRNA로 변환시키는 과정을 *RNA 가공(RNA processing)*이라고 하며, 이 과정은 3가지의 유형으로 구성되고 있다.

1. 5′말단은 변형된 구아노신(guanosine)의 첨가에 의해서 비정상적인 5′–5′ 결합(전형적인 3′–5′ 결합 대신에)으로 변화된다. 이러한 말단을 **캡(cap)**이라고 부르는데, 5′ 캡은 단백질 합성을 시작하기 위하여 리보솜이 mRNA에 결합하는 데 꼭 필요하다.
2. 3′말단은 보통 **폴리-A 꼬리(poly-A tail)**라고 부르는 서열이 첨가됨으로써 수식된다. 이는 연속적으로 200개 정도의 아데닌(A)을 갖는 폴리뉴클레오티드로 구성되며, mRNA의 안정성을 조절하는 데 도움이 된다고 생각한다.
3. 전사체 내의 어떤 영역(인트론, *introns*)은 이어맞추기(splicing)에 의해서 제거된다. 일차 전사체에서 제거되는 조각을 **인트론(intron)** 혹은 개재배열(*intervening sequences*)이라고 한다. 인트론이 절단됨에 따라서 나머지 **엑손(exons)**은 mRNA를 만들기 위해서 본래 대로 재결합된다. 최종 mRNA를 만들기 위한 이

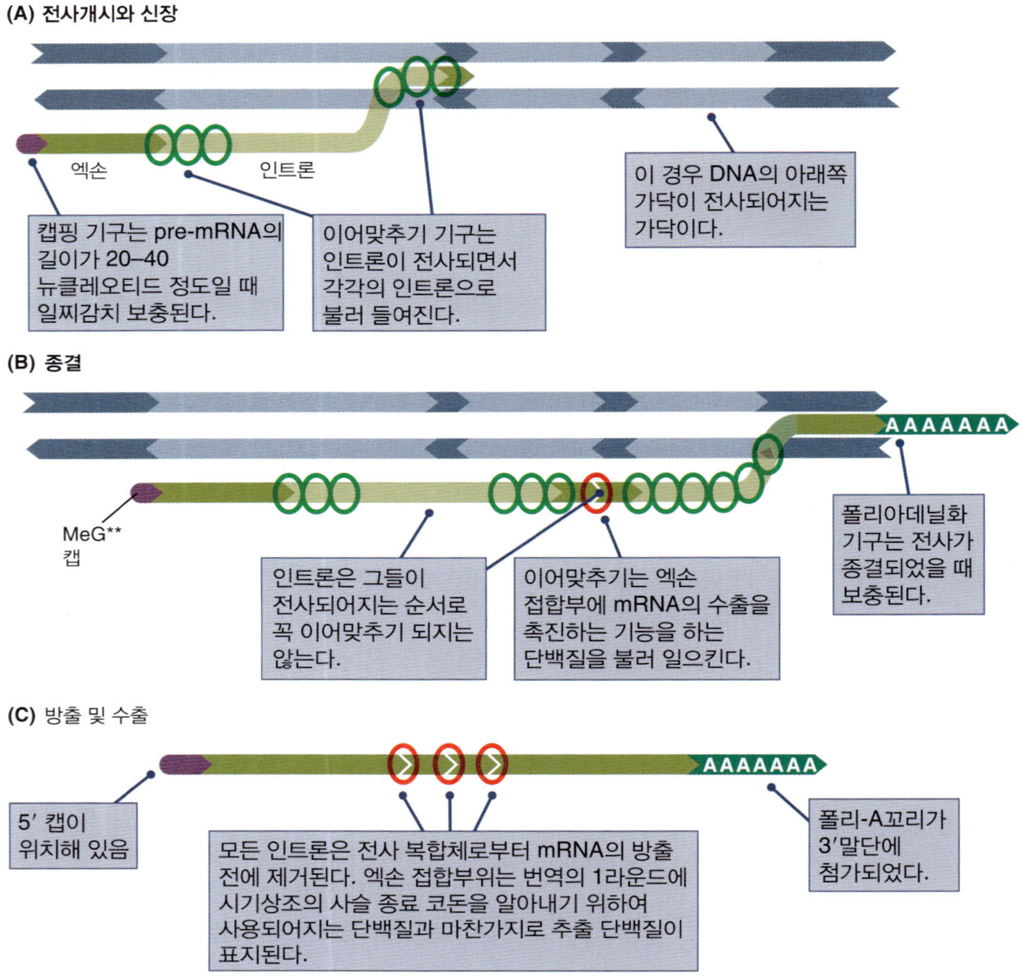

그림 8.14 진핵세포에서 전사와 RNA 가공이 짝지워짐. 각 단계(A, B, C)는 선상으로 바로 옆의 반응을 개시한다. MeG는 7-메틸구아노신(구아노신의 수식된 형태)을 의미하며, 2개의 별표는 리보오스가 메틸화된 2개의 뉴클레오티드를 가리킨다.

러한 인트론의 절단과 엑손의 재결합을 **RNA 이어맞추기(RNA splicing)**라 한다.

RNA 가공 과정은 전사가 끝나지 않은 상태에서도 진행되는데, 이러한 경우를 **짝지음 가공**(*coupled process*)이라고 한다. 즉, 어떤 하나의 절차가 바로 옆에서 개시되는 것을 의미하며, 이러한 상호 연결 작용을 **그림 8.14**에서 보여주고 있다. 이러한 짝지음 가공의 핵심은 RNA 중합효소 II의 큰 소단위에 있는 카르복실 말단 도메인인데, 여기에는 7개 아미노산 서열이 여러 번 연속적으로 존재하고 있다. 이 도메인의 주요 아미노산들이 인산화가 될 때 RNA 중합효소는 캡 구조를 형성하는 기구를 불러들이며, 이들이 탈인산화가 되면 캡 형성 기구를 방출한다. 이 도메인의 다른 아미노산들이 인산화되는 경우에는 이어맞추기와 폴리아데닐화를 위한 기구를 불러들인다.

이러한 짝지음 가공의 효과는 RNA 가공의 속도와 특이성을 엄청나게 증가시킨다. 따라서 짝지음이 없다면, RNA 가공은 확산에 의존하게 돼서 많은 실수가 일어날 것이다. 특히 커다란 인트론의 제거와 작은 엑손의 이어맞추기에 있어서는 더욱 심할 것이다. 따라서 전사가 진행되는 중에 이어맞추기에 필요한 요소들을 불러들이는 것은 정확한 이어맞추기를 촉진하는 것이다. 하지만 인트론은 그들이 전사되는 순서대로 정확히 잘려져 나갈 필요는 없다. 이어맞추기가 일어나는 순서는 전사의 일반적인 속도나 인트론의 크기 및 뉴클레오티드의 조성에 의존하고 있다.

RNA 가공에 있어서 수많은 상호적 연결 과정이 전사의 많은 과정과 연관되어 있다. 예를 들면, 사슬 신장을 촉진하기 위해 RNA 중합효소와 결합되는 단백질 역시 이어맞추기 기구들을 불러들이며, 불러들여진 이어맞추기 기구는 차례차례 사슬 신장을 촉진하는데, 이는 인트론이 포함된 유전자가 보다 더 효과적으로 전사되도록 한다. 이 이어맞추기 기구는 또한 폴리아데닐화를 위한 기구를 불러들이는 것을 돕는다. RNA 가공에 있어서 중요한 단계들은 전사 복합체로부터 mRNA가 방출되기 전에 모두 완결된다. 각각의 인트론이 잘려져 나가면서 단백질들은 엑손 사이의 접합 부위에 결합한다(그림 8.14B와 C). 이러한 단백질의 일부 기능은 mRNA가 완성된 후, mRNA가 핵에서 세포질로 이동되는 것을 돕는다. 또한 나머지 단백질들은 번역의 첫 단계에서 곧바로 파괴되어야 할 결함이 있는 mRNA를 확인하는 기능을 한다.

이어맞추기는 RNA 전사체에서 인트론을 제거한다

RNA 이어맞추기는 **스플라이소좀(spliceosomes)**이라고 알려진 핵 입자 안에서 일어난다. 다량으로 존재하는 이 핵 입자는 단백질과 여러 개의 특수한 소형 핵 RNA를 분자로 구성되어 있으며, 이들은 세포에서 핵내 작은 리보핵산 단백질(small nuclear ribonucleoprotein, **snRNPs**) 입자로 존재한다. 이러한 입자들, 즉 핵내 작은 리보핵산 단백질이라고 불리는 snRNPs는 각 단어의 밑줄이 쳐진 머리글자를 모아서 만든 합성어이다. 이어맞추기의 특이성은 U1, U2, U4, U5 및 U6으로 지칭되는 소형 snRNP RNA로부터 유래한다. 이들은 이어맞추기 교차 부위 및 인트론의 분지점 부위, 그리고 또 다른 것에 상보적인 서열을 갖고 있으며, 또한 100개 이상의 스플라이소좀 단백질은 이어맞추기에 필수적이다. 인트론의 끝 부분은 U1 RNA에 의해 함께 옮겨지며, U1 RNA는 5′말단과 3′말단에서 인트론의 뉴클레오티드와 염기쌍을 형성한다. U2 RNA는 분지점 부위에 결합한다. U2 RNA가 쌍을 이루고 있는 U4/U6 RNA 복합체와 상호작용을 함으로써, 결과적으로 U2 RNA가 U6 RNA와 전사체의 인트론과 쌍을 형성하고 있는 복합체가 만들어지게 된다

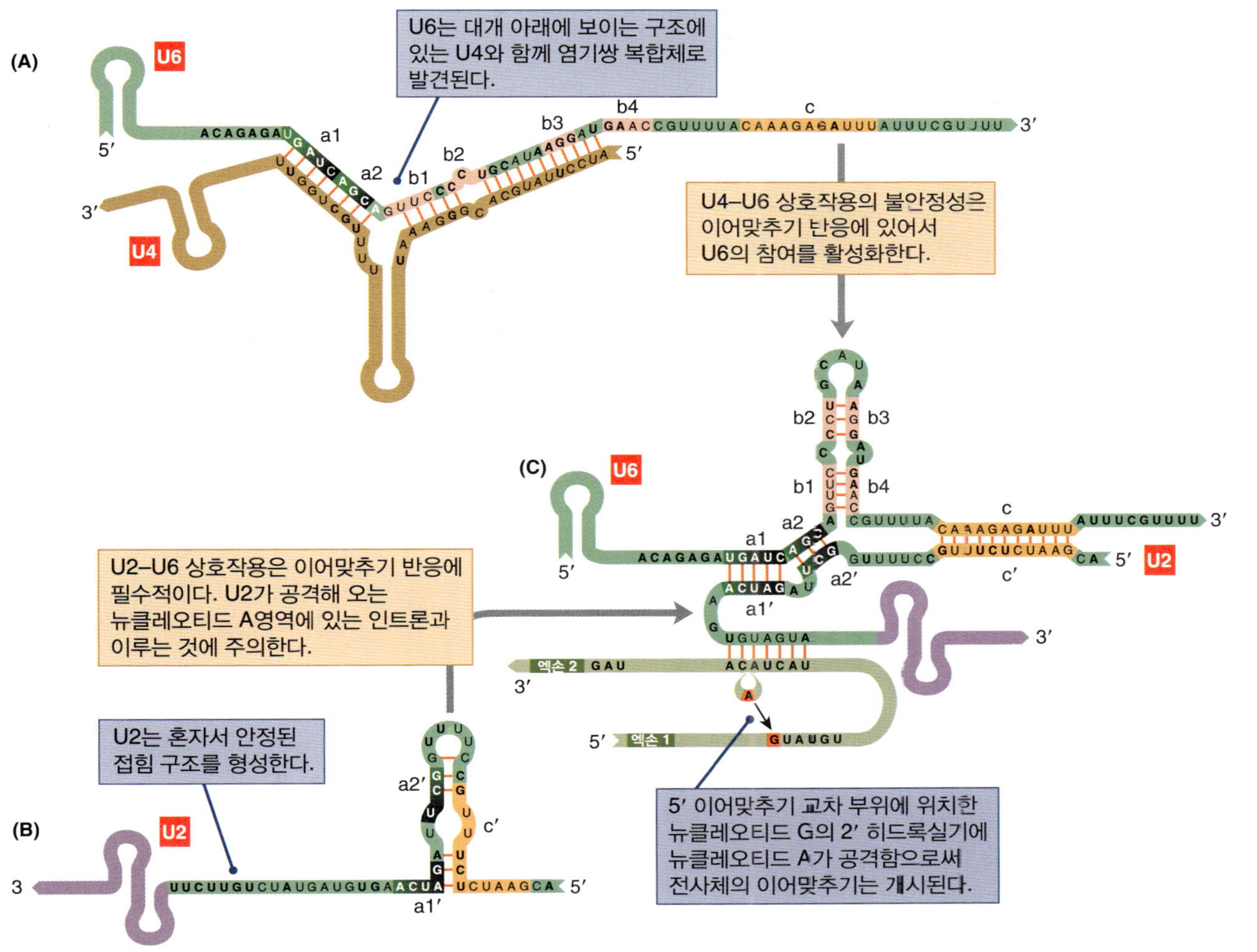

그림 8.15 이어맞추기(splicing)와 관련된 snRNPs에 존재하는 여러 가지 작은 핵 RNA들의 역동적인 상호작용. (A) U6 snFNA는 보통 U4 snRNA와 함께 복합체로 발견된다. (B) U2 snRNA는 그 자체로 안정된 접힘 구조를 형성한다. (C) 이어맞추기 반응에 필수적인 것은 U4–U6 구조의 불안정성이며, U2–U6 구조의 형성인데, 이때 U2는 인트론의 한 부분과 염기쌍을 이룬다. 5′ 이어맞추기 교차점에서 쌍을 이루는 영역에 있는 A는 G를 공격한다. 굵은 글씨의 뉴클레오티드는 그러한 구조에 필수적이며, 아주 많은 종에서 잘 보존되어 있다. G–U 염기쌍은 이중가닥의 RNA에서 가능하다.

Data from H. D. Madhani and C. Guthrie, Annu. Rev. Genet. 1 (1994): 1–26.

(그림 8.15). 이러한 모든 역동적인 상호작용은 분지점 부위(branchpoint region)를 이어맞춤 제공자 자리로 옮겨주며, 분지점 위치에 있는 A가 이어맞춤 제공자의 G를 공격하게 허락하고, 상류부 엑손을 자유롭게 하며 올가미 중간체를 만들게 한다(그림 8.15). U5 RNA는 2개의 엑손이 정렬하는 것을 도우며, 어떻게든지 하류부 엑손으로부터 인트론을 절단하는 것과 상류부의 엑손과 하류부의 엑손의 연결을 초래하는 이어맞추기에 있어서 마지막 단계를 촉진한다.

인트론은 또한 미토콘드리아 같은 세포내 소기관의 몇몇 유전자에 존재하지만, 이들의 절단 기작은 핵에 존재하는 유전자의 인트론과는 다르다. 왜냐하면 그러한 세포내 소기관은 스플라이소좀을 갖고 있지 않기 때문이다. 이러한 세포내 소기관에 존재하는 한 부류의 인트론을 보면, 그 인트론들은 인트론을 제거하는 데 관여하는 하나의 단백질을 암호화한 서열을 갖고 있다. 이러한 상황은 섬충 테트라히메나(*Tetrahymena*)의 리보솜 RNA 전구체의 이어맞추기에 있어서 더욱 현저하다. 이 경우에 있어서, 이어맞추기 반응은 전구체의 접힘이 필수적이다. 즉, RNA 전구체는 **자가-이어맞추기**(*self-splicing*)가 되는데, 접혀진 RNA 전구체는 자신의 RNA-이어맞추기를 활성화한다. 이렇게 자가-이어맞추기를 하는 테트라히메나 RNA는 RNA 분자가 효소로서 화학반응을 촉매하는 기능을 가질 수 있다는 최초의 예이며, 이러한 효소성 RNA 분자를 보통 **리보자임(ribozyme)**이라고 부른다.

특정한 일차 전사체에 있는 인트론의 존재와 위치는 완전히 가공된 mRNA 분자와 전사된 DNA를 재결합시킴으로써 쉽게 알 수 있다. 이러한 DNA-RNA 혼성체는 전자현미경을 이용하여 관찰할 수 있다. 아데노바이러스 mRNA(완전 가공된) 및 해당 DNA의 예는 그림 8.16에 나와 있다. 인트론의 DNA 복사물은 혼성체 분자에서 상응하는 RNA 서열이 없기 때문에 혼성체 분자에서 단일가닥 루프로 나타난다.

RNA 분자당 인트론의 수는 유전자마다 상당히 다르다. 여성에게 있어 선천성 유방암을 일으키는 중요한 유전자 중의 하나인 *BRCA1*은 100,000개 이상의 염기로 이루어지는데, 21개의 인트론이 군데군데 퍼져서 존재하고 있다. 일차 전사체의 90% 이상이 가공 중에 절단되어 버려지고, 약 7,800개 염기를 갖는 가공된 mRNA가 만들어진다. 이들은 1,863개의 아미노산을 갖는 폴리펩티드 사슬을 암호화하고 있다. 인간 유전자 중의 하나로 가장 단순한 인트론–엑손 구조를 갖는 α-글로빈은 2개의 인트론을 갖는다. 인트론의 크기는 그 수만큼이나 다양하다. 인간과 포유류에 있어서, 대부분의 인트론의 크기는 100~10,000개 염기 정도이며, 전형적인 일차 전사체의 가공에 있어서 약 50%에서 90% 이상의 RNA가 버려지게 된다. 예를 들면, 효모, 선충 및 초파리 같은 하등 진핵생물의 경우, 유전자는 포유류의 유전자에 비해 훨씬 적은 수의 인트론을 갖는 것이 일반적이다. 또한 이들의 인트론의 크기는 훨씬 작다.

인간 유전자는 적당한 크기의 단백질을 암호화하더라도 매우 길다

표 8.2는 "전형적인" 인간 유전자의 특징을 요약한 것이다. 이 경우 중앙값과 평균치를 모두 제시하였는데, 왜냐하면 유전자의 크기 분포도는 대부분 매우 긴 꼬리를 갖고 있어 평균치를 잠재적으로 잘못 해석할 가능성이 있기 때문이다. 예를

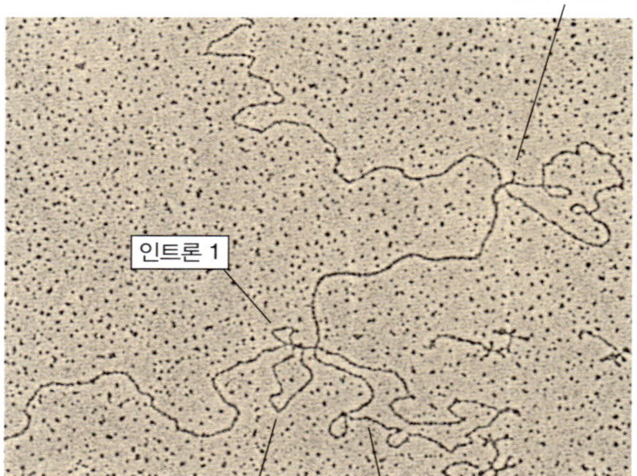

그림 8.16 (A) 아데노바이러스의 단일가닥과 이의 mRNA와 재결합하고 있는 DNA–RNA 혼성체의 전자현미경 사진. 루프는 단일가닥 DNA이다. (B) 해석적인 그림. RNA와 DNA 가닥들은 각각 빨간색과 파란색으로 보인다. 네 영역은 재결합하지 않으며, 인트론과 mRNA 분자의 폴리-A 꼬리에 상응하는 3개의 단일가닥 DNA 조각을 형성하고 있다.

(A) courtesy of Thomas R. Broker and Louise T. Chow, University of Alabama at Birmingham. Original research completed in 1977 at the Cold Spring Harbor Laboratory, New York.

표 8.2 인간 유전자의 특징

유전자의 특징	중앙값	평균치
내부 엑손의 크기	122 bp	145 bp
엑손의 수	7	8.8
인트론의 크기	1023 bp	3356 bp
5′ 비번역 부위	240 bp	300 bp
3′ 비번역 부위	400 bp	770 bp
암호화 서열의 길이	1101 bp	1341 bp
아미노산(aa)의 수	367	447
점유된 유전체의 크기	14 kb	27 kb

Data from E. S. Lander ea al. 2001. *Nature* 409: 860.

들면, 엑손의 평균치는 8.8개인 데 반하여 이러한 평균치는 어떤 유전자가 매우 많은 수의 엑손을 갖는 것에 의해서 과도하게 영향을 받는다. 예를 들면, 근육 단백질인 티틴(titin)의 유전자는 178개의 엑손을 포함하고 있다(인간 유전자에서 가장 많은 경우이다). 마찬가지로 인트론 크기에 대한 분포도 역시 과도하게 곡해되어 있다. 가장 일반적인 인트론의 길이는 87개의 뉴클레오티드이나 분포도의 꼬리는 평균이 3,365개 뉴클레오티드를 넘어서고 있다. 중앙값은 분포를 가운데서 나눈 값이다. 즉, 그 값의 반은 중앙값을 넘어서지만, 나머지 반은 중앙값의 아래인 것이다.

표 8.2의 가장 큰 특징은 인간 유전자들이 지렁이 같은 벌레나 파리의 유전체보다도 더 큰 유전체의 영역에 걸쳐서 퍼져 있다는 것이다. 대부분의 인간 유전자는 긴 인트론에 의해서 분리되어 있는 작은 크기의 엑손들로 구성되며, 많은 유전자들은 100 kb 이상의 길이를 갖고 있다. 인간 유전자의 평균 크기는 유전체 상의 DNA일 경우 27 kb이지만, 이들 중 오직 1.3 kb(약 5%)만이 아미노산을 암호화하는 데 사용될 뿐이다. 이러한 설명은 중앙값과 별다른 차이를 보이지 않는다. 유전자의 중앙값은 14 kb로 오직 1.1 kb(약 8%)만이 아미노산을 암호화하고 있다. 인간의 유전자에 있어서 추가되는 길이의 대부분은 긴 인트론 때문이다. 인간 유전자에서 가장 긴 유전자는 근육 단백질인 디스트로핀(dystrophin)의 유전자로 2.4 Mb의 길이를 갖는다.

많은 엑손은 독특한 단백질-접힘 도메인을 암호화하고 있다

모든 진핵생물에서 정교한 이어맞추기 기작이 존재한다는 것은 인트론이 아주 오래된 고대의 산물임을 암시하고 있다. 인트론은 단백질의 접힘 특성에 있어서 다소 독립적인 아미노산 서열을 암호화하고 있는 엑손의 경계로서 역할을 하면서 유전자가 진화하는 데 중요한 역할을 했을지도 모른다. 예를 들면, β-글로빈 유전자의 가운데 엑손은 헴의 철 함유 분자 주위로 접혀지는 도메인을 암호화한다. 일부의 유전자들로부터 알아낸 엑손과 도메인의 상관관계는 유전자들이 원래 조그만 조각으로부터 조립되었다는 것을 제시하고 있다. 어떤 경우에서는, 엑손의 계통이나 기원을 추적할 수 있다. 예를 들면, 인간의 콜레스테롤을 조절하는 데 관여하는 저밀도 지질단백질 수용체는 어떤 혈액 응고인자 및 표피 생장인자의 엑손을 공유한다. 이러한 다른 부류의 엑손을 조합함으로써 이루어지는 단백질 진화에 대한 모델을 **엑손 뒤섞기(exon shuffle)** 모델이라고 부른다. 서로 다른 유전자로부터 엑손을 조합하는 기작에 대해 아직 모른다. 그러나 우리는 이미 인간 및 다른 척추동물의 단백질이 다른 생물에게서 발견된 어떠한 단백질보다도 더 복잡한 도메인 구조를 갖고 있음을 보아 왔다.

8.5 폴리펩티드 사슬로의 번역은 리보솜에서 일어난다

세포에서 모든 단백질 분자의 합성은 DNA로부터 원래 복사된 mRNA에 의해 지시된다. 단백질 생산에는 (1) RNA 염기서열이 아미노산 서열을 결정하는 정보 전달 과정과 (2) 아미노산이 서로 연결된 화학적 과정의 2가지 과정이 포함된다.

완전한 일련의 이벤트를 번역(translation)이라고 한다. 번역 시스템은 5 가지 주요 구성 요소로 구성된다.

1. **전령 RNA(Messenger RNA)** 전령 RNA는 아래에 설명되어 있는 리보솜의 소단위들과 함께 결합하는 것이 필요하다. 그리고 전령 RNA는 결과 산물인 폴리펩티드 사슬의 아미노산 서열을 결정하는 암호화된 염기서열을 제공하게 된다.
2. **리보솜(Ribosomes)** 이 구성성분은 단백질 합성이 일어나는 입자이다. 이들은 mRNA 분자를 따라 움직이며, 전달 RNA를 연속적으로 정렬하여 자라나는 폴리펩티드 사슬에 펩티드 결합으로 아미노산을 하나씩 붙인다. 리보솜은 2개의 분리된 RNA-단백질 입자로 구성되는데(작은 크기의 소단위와 큰 크기의 소단위), 폴리펩티드 합성시 성숙 리보솜을 형성하기 위하여 이들은 서로 합쳐진다.
3. **운반 RNA(Transfer RNA, tRNA)** 폴리펩티드에 있는 아미노산 서열은 mRNA 상의 염기서열에 의해

서 결정되며 연결 분자인 각각의 tRNA는 특정한 아미노산을 매달고 있다. mRNA 상에서 연속적으로 인접한 3개의 염기의 그룹은 코돈(codon)을 형성하게 되는데, 이는 tRNA 상에 특정하게 인접한 3개의 염기(역코돈, anticodon)에 결합한다. 결과적으로 자라나는 폴리펩티드 사슬의 신장을 위해 첨가되는 아미노산을 일직선상으로 운반한다.

4. **아미노아실-tRNA 합성효소(Aminoacyl-tRNA synthetases)** 하나의 세트로 이루어진 각각의 효소는 특정한 아미노산을 이에 상응하는 tRNA 분자에 결합시키는 것을 촉매한다. tRNA에 아미노산이 결합되어 있는 것을 아미노아실-tRNA(amino-acylated tRNA) 혹은 부하 tRNA(charged tRNA)라 한다.
5. **개시, 신장 및 종결 인자들(Initiation, elongation and termination factors)** 폴리펩티드 합성은 3가지 단계로 나뉠 수 있다. 즉 개시, 신장 및 종결이다. 각각의 단계는 특별한 분자들을 필요로 하고 있다.

원핵생물에서는, 번역을 위한 모든 구성성분이 세포에 퍼져서 존재하는 데 반해서 진핵생물에서는 세포질 내에 위치해 있을 뿐만 아니라 미토콘드리아와 엽록체 내에도 존재한다.

진핵생물에서는 개시코돈을 갖는 mRNA를 주사함으로써 개시가 일어난다

개략적으로 번역 과정은 mRNA 분자가 리보솜에 결합함으로써 시작된다. 아미노아실-tRNA는 순차적으로 하나씩 번역 중인 리보솜으로 들어오게 된다. 펩티드 결합은 연속적으로 나란히 정렬된 아미노산 사이에 만들어지며, 각 단계에서 들어오는 tRNA에 있는 아미노산의 아미노기는 자라나는 사슬의 끝에 존재하는 아미노산의 카르복실기에 결합된다. 따라서 자라나는 사슬은 번역이 끝날 때까지 tRNA로부터 tRNA로 건네지며 완성된 폴리펩티드는 방출된다.

우리는 진핵생물에서 일어나는 번역 과정을 조사하면서 이와 현저하게 다른 원핵생물의 번역 과정과의 차이점을 지적하게 될 것이다. 진핵생물에 있어서 번역 개시(initiation)의 걸출한 형식은 mRNA의 5′ 캡의 역할에서 찾아 볼 수 있다(그림 8.17). 처음에 신장인자 eIF4F가 캡에 결합하며, 이후 eIF4A와 eIF4B가 결합된다(A). 이것은 개시 tRNA로 역할을 하는 전하 $tRNA^{Met}$로 구성되는 개시복합체의 다른 성분들을 위한 결합자리를 형성한다. 여기에 또한 신장인자인 eIF2가 결합하며, eIF3와 eIF5 신장인자들과 함께 하는 40S 리보솜 소단위가 결합한다. 이 모든 구성요소들은 5′ 캡에 같이 있게 되며 48S 개시복합체를 형성한다(B 부분).

일단 개시복합체가 형성되면, 이 개시복합체는 3′ 방향으로 mRNA를 따라 이동하며, 개시코돈(start codon)인 AUG 뉴클레오티드 서열을 발견하기 위해 자세히 주사(scanning)한다. 개시코돈은 단백질 합성의 시작을 알리는 신호이다. 이러한 모티프를 만나게 될 때, AUG는 최초의 메티오닌(methionine) 코돈으로서 인식되며, 폴리펩티드 합성은 시작된다. 이때에 eIF5는 모든 개시인자들의 방출을 유발하며, 큰 60S 리보솜 소단위를 보충한다(C 부분). 이 60S 소단위는 tRNA 분자를 위한 3개의 결합자리를 갖고 있다. 이 결합 부위는 E 자리(exit site), P 자리(peptidyl site) 및 A 자리(aminoacyl site)라고 부른다. 폴리펩티드의 합성이 시작될 때 개시 메티오닌 tRNA가 P 자리에 위치해 있으며, A 자리는 직선상으로 채워져야 할 다음 부위가 된다. tRNA 결합은 mRNA에 있는 AUG 코돈의 염기와 tRNA에 있는 3개의 염기인 역코돈(anticodon) 사이에서 수소결합에 의해 이루어지게 된다.

신장은 코돈을 따라서 일어난다

여러 가지 신장을 위한 인자들이 개시복합체에 보충되면서 폴리펩티드 합성의 신장(elongation) 과정이 시작된다. 신장은 되풀이되면서 일어나는 다음의 3가지 과정으로 구성된다.

1. 각각의 새로운 아미노아실-tRNA를 옮겨와 일렬로 세움.
2. 폴리펩티드를 신장하기 위하여 새로운 펩티드 결합을 형성함.
3. mRNA를 따라서 다음의 코돈으로 리보솜이 이동함.

신장의 과정들이 그림 8.18에 묘사되어 있다. 번역을 위해 필요한 에너지를 제공하는 핵심 인자는 EF-2와 EF-1α인데, 이들은 번갈아 가면서 똑같은 리보솜 결합자리를 차지한다. 이들의 활성형(EF-2-GTP와 EF-1α-GTP)은 구아노신 삼인산(guanosine triphosphate, GTP)과 결합되어 있다. GTP가 GDP로 가수분해될 때, 폴리펩티드 사슬의 신장에 필요한 반응을 수행하는 데 필요한 에너지와 리보솜 소단위가 전령 RNA를 따라서 움직이는 데 필요한 에너지를 방출한다. 신장인자의 GTP 결합 형태에서 GDP 결합 형태로의 변환은 신장인자의 리보솜에 대한 친화력을 감소시키며, 이에 GDP 결합 형태는 확산되어 떨어지고 GTP가 결합된 또 다른 신장인자로 대체된다. 원핵생물에서 GTP 가수분해는 신장을 위한 에너지의 원천이기도 하다. 대장균(*E. coli*)에서 EF-1α와

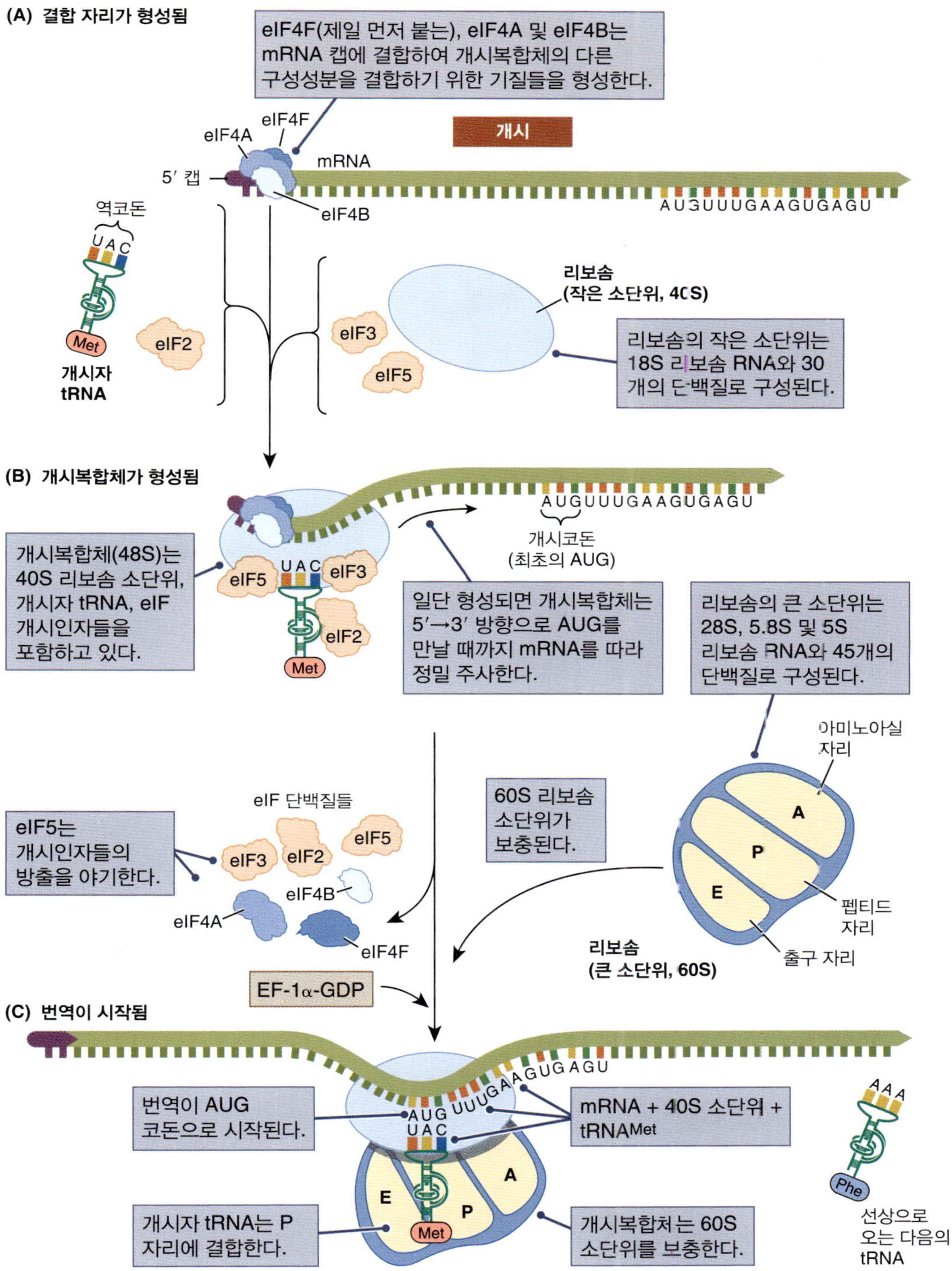

그림 8.17 단백질 합성의 개시. (A) 개시복합체는 mRNA의 5′말단에서 형성된다. (B) 이것은 40S 리보솜 소단위, 개시자 tRNA^{Met} 및 eIF 개시인자 등으로 구성된다. (C) 개시복합체는 tRNA^{Met}가 리보솜의 P(펩티드) 자리를 점유하게 될 60S 리보솜 소단위를 부른다. 이 복합체는 번역이 시작하는 코돈인 첫 번째의 AUG를 만날 때까지 mRNA를 따라 움직인다.

EF-2의 대응관계에 있는 인자를 각각 EF-Tu와 EF-G라고 부른다.

신장의 첫 단계에 있어 40S 소단위는 mRNA를 따라 1개의 코돈씩 이동하며, 새로운 코돈에 해당하는 충전된 부하 tRNA(여기에서는 tRNA^{Phe})가 60S 소단위에 있는 A 자리로 오게 된다(그림 8.18A). 부하 tRNA는 EF-1α-GTP를 갖고 있는 복합체인 리보솜으로 들어온다. 만일 코돈-역코돈의 상호작용이 정확하면 EF-1α-GTP는 EF-1α-GDP로 아주 빠르게 가수분해가 일어난다. EF-1α-GDP는 부하 tRNA에 대한 친화력이 감소하며, 부하 tRNA는 60S 소단위에 있는 활

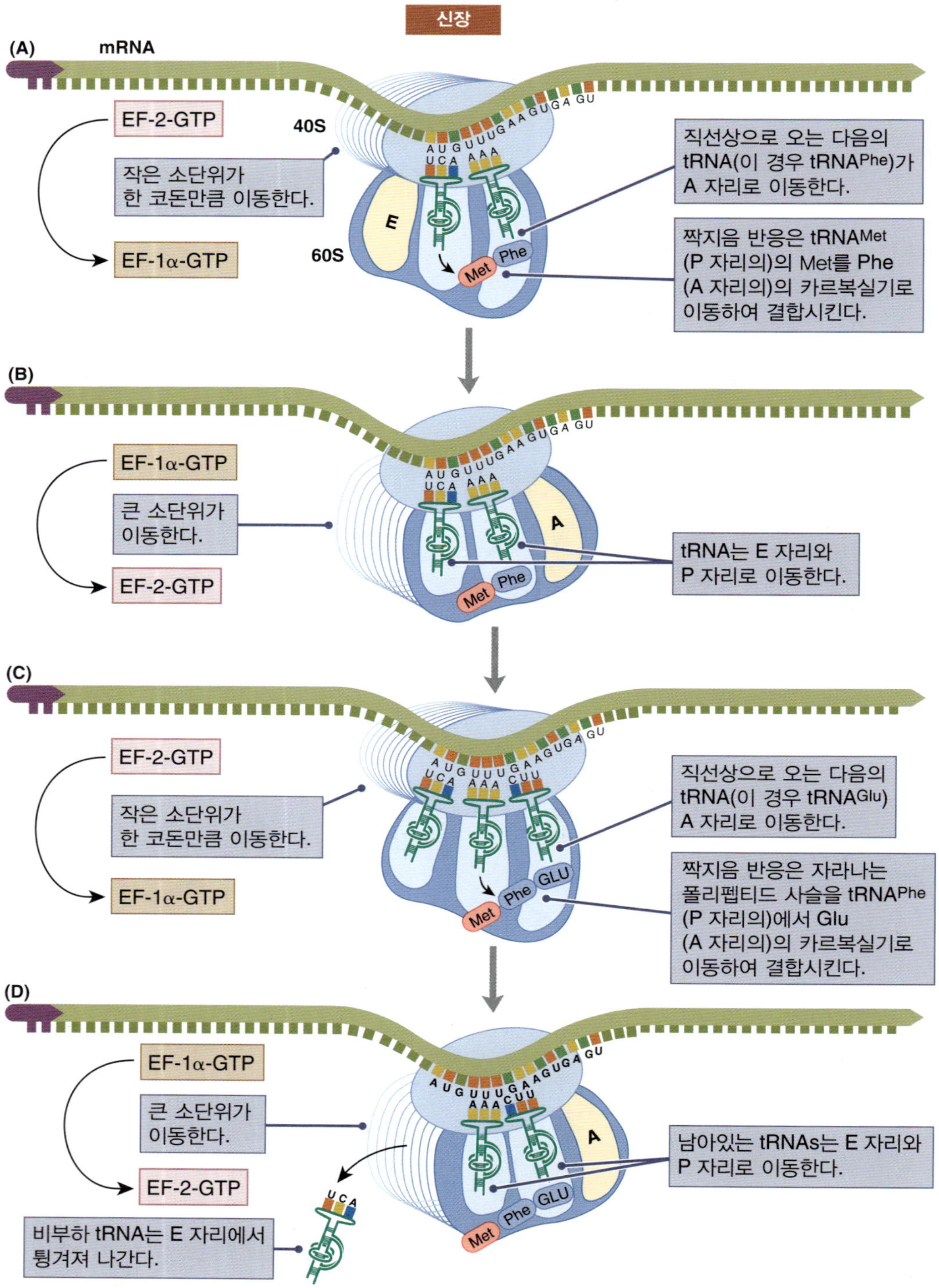

그림 8.18 단백질 합성에 있어서 신장 과정.

성자리 안에 정확하게 끼어질 수 있도록 형태적 변화를 초래한다. 일단 이 tRNA가 활성자리에 놓이게 되면, **펩티드전달효소(peptidyl transferase)**의 활성에 의하여 펩티드 결합이 형성된다. 펩티드 결합의 형성은 짝지음 반응이다. 즉 그림 8.18A에서 보는 것처럼, 메티오닌과 $tRNA^{Met}$에 연결된 결합이 파괴되면서 메티오닌과 페닐알라닌을 연결하는 결합이 만들어진다. 이러한 펩티드전달효소의 활성은 단 하나의 분자에 의존하지 않고 60S 소단위의 복합체를 요구하는데, 60S 소단위 안에는 여러 가지의 단백질과 28S 리보솜 RNA를 포함하고 있다. 몇몇의 증거는 실제적인 촉매 반응이 28S RNA에 의해서 수행되고 있으며, 이는 28S RNA가 리보자임(ribozyme)으로 활동하고 있음을 제시하고 있다. 다음 단계의 신장(B 부분)에 있어서 60S 소단위는 40S 소단위를 따라잡기 위하여 흔들거리며 나아가는데, 동시에 큰 소단위의 P 자리와 A 자리에 있던 tRNA들은 각각 E 자리와 P 자리로 이동한다.

이제 신장의 한 주기가 끝났으며, 이러한 전체 과정이 다음 코돈을 위하여 반복된다(C 부분). 즉 40S 소단위는 한 코돈만큼 오른쪽으로 이동하며, 다음의 아미노아실화된 tRNA(여기에서는 $tRNA^{Glu}$)가 A 자리로 들어오고, 새로운 펩티드 결합이 Phe의 카르복실기와 Glu의 아미노기 사이에 형성된다. 그림 D 부분에서 보여주듯이, P 자리와 A 자리에 있던 tRNA들이 각각 E 자리와 P 자리로 이동함과 동시에 큰 소단위는 앞으로 움직인다. 이때 E 자리를 차지하고 있던 tRNA는 리보솜으로부터 튕겨져 나가게 된다.

폴리펩티드 신장은 C → D → C → D 단계로 구성되며, 종결코돈을 마주칠 때까지 반복적으로 수행된다. 신장주기는 비교적 매우 빠르게 진행된다. 최적의 상태에서, 진핵생물은 1초당 15개의 아미노산을 연결시키는 비율로 폴리펩티드 사슬을 합성하고 있다. 원핵생물에서의 신장은 조금 더 빠르지만(1초당 약 40개 아미노산), 필수적인 과정은 진핵세포와 매우 유사하다.

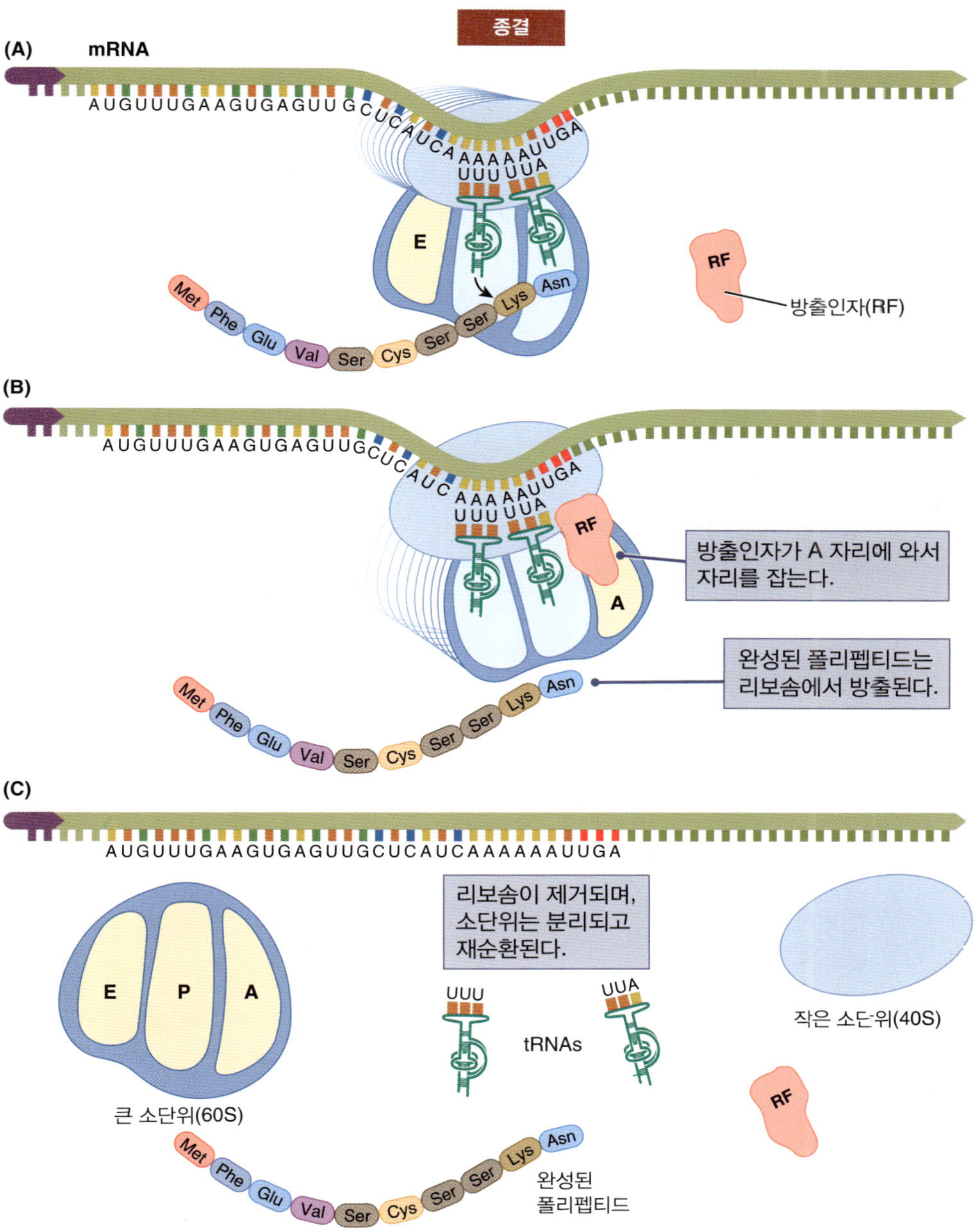

그림 8.19 단백질 합성의 종결. 종결코돈에 도달할 때(A), tRNA는 그 자리에 결합하지 못하며(B), 새로 단들어진 폴리펩티드의 방출 및 남아 있는 tRNA의 방출을 유도한다(C).

종결코돈은 완성된 폴리펩티드 사슬의 방출을 신호한다

개시와 신장과 비교해보면, 폴리펩티드 합성의 종료—**방출기(release phase)**라고 함—는 비교적 간단하다(**그림 8.19**). 종결코돈을 만나게 될 때, 폴리펩티드를 잡고 있는 tRNA는 P 자리에 있으며, 방출인자(*release factor, RF*)는 리보솜과 결합한다. GTP 가수분해는 tRNA로부터 폴리펩티드를 절단하기 위해 필요한 에너지를 마련함과 동시에, 방출인자를 떼어 내며, mRNA로부터 80S 리보솜을 해리시킨다. 이때에, 40S 소단위와 60S 소단위는 또 다른 mRNA의 번역을 시작하기 위하여 재순환된다. 진핵생물은 3가지 모든 **종결코돈(stop codon)**, 즉 UAA, UAG 및 UGA를 모두 인식하는 오직 하나의 방출인자를 갖고 있다. 원핵생물의 경우는 조금 다르다. 대장균의 경우, 방출인자 RF-1은 종결코돈 UAA와 UAG를 인식하는 반면에, 방출인자 RF-2는 UAA와 UGA를 인식한다. 제3의 방출 인자인 RF-3은 번역의 정확성을 보장하는 데 중요한 역할을 한다. 이 주제는 다음에 알아본다.

교정 및 조기 종료로 번역의 정확성을 보장한다

번역에 있어서 실수율은 대략 2,000개의 아미노산당 1개의 부정확한 아미노산이 삽입되는 정도이다. 이 속도는 리보솜이 품질 관리의 2가지 뚜렷한 기작을 감독하지 않는다면 적어도 10배 더 클 것이다.

번역에 대한 품질 관리의 첫 번째 기작은 A 자리에서 이루어지는 일종의 교정(proofreading)이다. 신장 과정에서, 각각의 부하 tRNA는 EF-1α-GTP 분자와 결합된 A 자리에 온다. 부하 tRNA의 역코돈이 코돈과 정확하게 일치할 때, GTP의 GDP로의 가수 분해는 매우 빠르게 발생하며, 이는 부하 tRNA가 활성자리에 단단히 끼워져 펩티드 결합의 형성을 촉진시킨다. 그러나 코돈과 역코돈이 일치하지 않으면, GTP의 가수 분해 속도가 지연되어 잘못된 부하 tRNA가 사라짐으로써, 올바른 것으로 교체될 수 있는 충분한 시간이 허용된다. A 자리에서 일어나는 이러한 유형의 교정을 보통 **속도교정(*kinetic proofreading*)**이라고 부른다.

품질관리를 위한 두 번째 기작은 P 자리에서 일어난다. 기억해 보면 펩티드 결합이 만들어진 후 신장이 일어나는 동안 자라나는 폴리펩티드 사슬을 쥐고 있는 tRNA는 P 자리로 옮겨지게 된다. 이때 tRNA의 역코돈이 mRNA의 코돈과 올바로 짝지어져 있는지 두 번째 조사를 한다. 만일 정확히 짝지어져 있다면 신장은 정상적으로 진행된다. 그러나 잘못 짝지어져 있다면 폴리펩티드 사슬로 연결된 마지막 아미노산이 잘못된 것임을 의미한다. P 자리에서 잘못된 짝지움이 있다면, 리보솜의 형태에 있어 약간의 변화는 E 자리에서 tRNA 선택의 정확도에 문제를 일으킨다. 이러한 동요로부터 올 수 있는 한 가지 결과는 방출인자 2(release factor 2, RF2)가 A 자리에 대한 접근을 허락하여 종료코돈이 존재하지 않음에도 불구하고 번역의 조기 종료를 야기하는 것이다. 아미노산이 잘못 삽입된 실수로 인한 이런 유형의 번역 종료는 방출인자 3(RF3)의 존재 하에서는 매우 빈번하다. 이러한 A 자리의 동요로부터 올 수 있는 또 다른 결과는 번역을 중단하지 않고 계속하는 것으로 이렇게 되면 또 다른 삽입 실수가 일어나기 쉽다. 두 번의 연속적인 삽입 실수가 일어난다면 방출인자들은 리보솜에 보다 더 쉽게 접근하며, 사슬 종료의 확률은 50% 이상이 될 수 있다.

대부분의 폴리펩티드 사슬은 리보솜에서 방출되면서 정확하게 접혀진다

개개의 폴리펩티드는 일차적으로 이들의 아미노산 서열에 의해서 독특한 3차원적 모양으로 접혀지는 경향이 있다. 대체로 폴리펩티드 분자는 하전된 친수성(hydrophilic) 곁사슬을 갖는 아미노산들이 단백질 표면(물과 접하고 있는)에 위치하는 방식으로 접혀지는 반면에, 비전하의 소수성(hydrophobic) 곁사슬을 갖는 아미노산들은 단백질의 내부(물로부터 멀리 있는)에 위치한다. 또한 특이하게 접혀진 입체구조는 펩티드 사이의 수소결합 때문에 나타난다. 2가지의 기본적인 폴리펩티드 구조는 α 나선(α helix)과 β 시트(β sheet)이다(**그림 8.20**). α 나선은 폴리펩티드 뼈대에 가까이 존재하는 펩티드기 사이의 수소결합에 의해서 형성된다. 종종 코일 모습의 리본으로 대표되는 α 나선에는 뼈대가 꼬여 있어 각 펩티드기에 있는 N−H가 나선을 따라 4번째의 아미노산에 위치하고 있는 C=O와 수소결합하게 된다. 이 나선의 꼬임은 오른쪽 감기이거나 왼쪽 감기이지만, 보통은 오른쪽 감기 α-나선이 일반적이다. 그림 8.20에 있는 2개의 α-나선은 오른쪽 감기이다.

한편 β 시트는 폴리펩티드의 멀리 떨어진 부분(혹은 다른 폴리펩티드 사슬)의 펩티드기와 수소결합을 만들면서 형성된다. 보통 β 시트는 "편평한" 평행의 리본으로 나타내고 있는데, 이 구조는 멀리 떨어진 쪽의 폴리펩티드 사슬에 있는 아미노산들 사이의 상호작용에 의해 형성된다. 그 결과 폴리

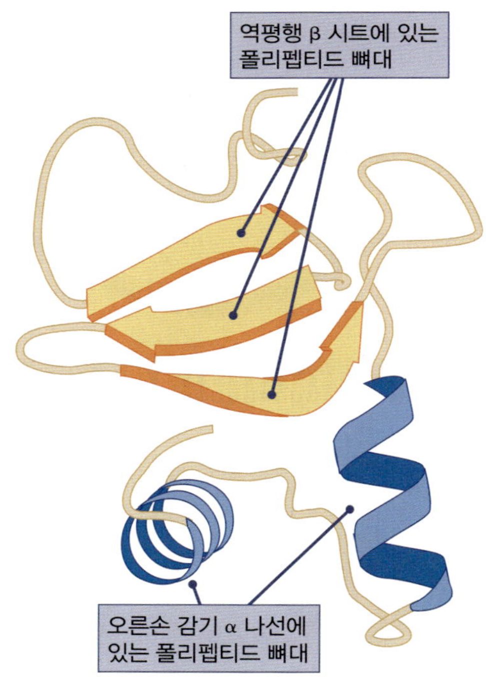

그림 8.20 전형적인 α-나선과 β-시트(β-sheet) 접힘 구조를 가지고 있는 폴리펩티드 뼈대를 리본모양으로 그린 그림. α-나선 부분은 코일형 리본으로 그려져 있다. 화살은 β-시트 구조를 나타내는데, 각각의 시트 구조는 이웃의 시트 구조와 수소결합으로 결합되어 있다.

Modified from W. I. Weiss, K. Drickamer, and W. A. Hendrickson, Nature 360 (1992): 127–134.

펩티드 사슬의 뼈대는 편평하고 견고하다("β 시트"를 형성하게 되면서). 왜냐하면 하나의 폴리펩티드 뼈대에서 교차하는 N−H기가 인근 사슬의 폴리펩티드 뼈대에서 교차하는 C=O기와 수소결합하기 때문이다. 각각의 폴리펩티드 뼈대 내에서, 교차하는(하나 건너서 나타나는) C=O와 N−H기는 반대쪽에 있는 또 다른 폴리펩티드 뼈대에 존재하는 그들의 상대편과 수소결합을 형성하기 위해서 자유롭다. 그래서 결국 β 시트는 같은 폴리펩티드(혹은 다른 폴리펩티드) 사슬 내에 복수로 가지런히 정렬된 조각들을 구성한다. β 시트에 있는 뼈대의 방향은 역평행(이웃에 근접한 뼈대의 방향이 그들의 아미노 말단과 카르복실 말단에 대하여 거꾸로 위치한)이거나 평행일 수 있지만 역평행이 훨씬 더 보편적이다. 그림 8.20에서 β 시트는 역평행이다. 이렇게 단백질 접힘의 규칙은 매우 복잡하며, 단백질의 최종 모습은 비교적 단순한 경우를 제외하고는 일반적으로 아미노산 서열만으로는 예측할 수 없다.

폴리펩티드가 합성되면서 폴리펩티드는 리보솜의 큰 소단위에 존재하는 터널을 통과하는데, 이 터널에는 35개의 아미노산이 충분히 자리를 잡을 수 있다. 이 터널의 직경은 1개의 α 나선을 수용하기에 충분하지만 좀 더 복잡한 구조를 포함할 수 있을 만큼 넓지는 않다. 폴리펩티드가 터널에서 나오게 되면 리보솜과 연관된 단일 단백질에 의해서 형성된 요람 형태의 구조물 안으로 들어간다. 이는 원핵생물에 있어서 **방아쇠 인자**(*trigger factor*)로 알려져 있다. 이 요람은 터널을 빠져 나온 폴리펩티드가 접힘 과정을 수행할 수 있도록 보호구역을 제공하는데, 리보솜의 터널에서 이 보호구역으로 들어오면서 폴리펩티드 사슬의 70~75%가 정확하게 접혀진다(**그림 8.21A**).

그러나 어떤 폴리펩티드 사슬들은 정확히 접혀지기 위한 추가적인 도움이 필요하다. 이들은 천천히 접혀지는 다수의 접힘 도메인을 갖는 큰 크기의 폴리펩티드 사슬들이어서 소수성 잔기가 세포질에 존재하는 고농도의 거대 분자에 노출되게 된다. 또 이러한 복잡한 조건에서는 노출된 소수성 그룹들이 종종 서로를 끌어들이며 함께 결합하면서, 비활성 단백질 덩어리를 형성한다(B 부분). 이렇게 아주 복잡한 폴

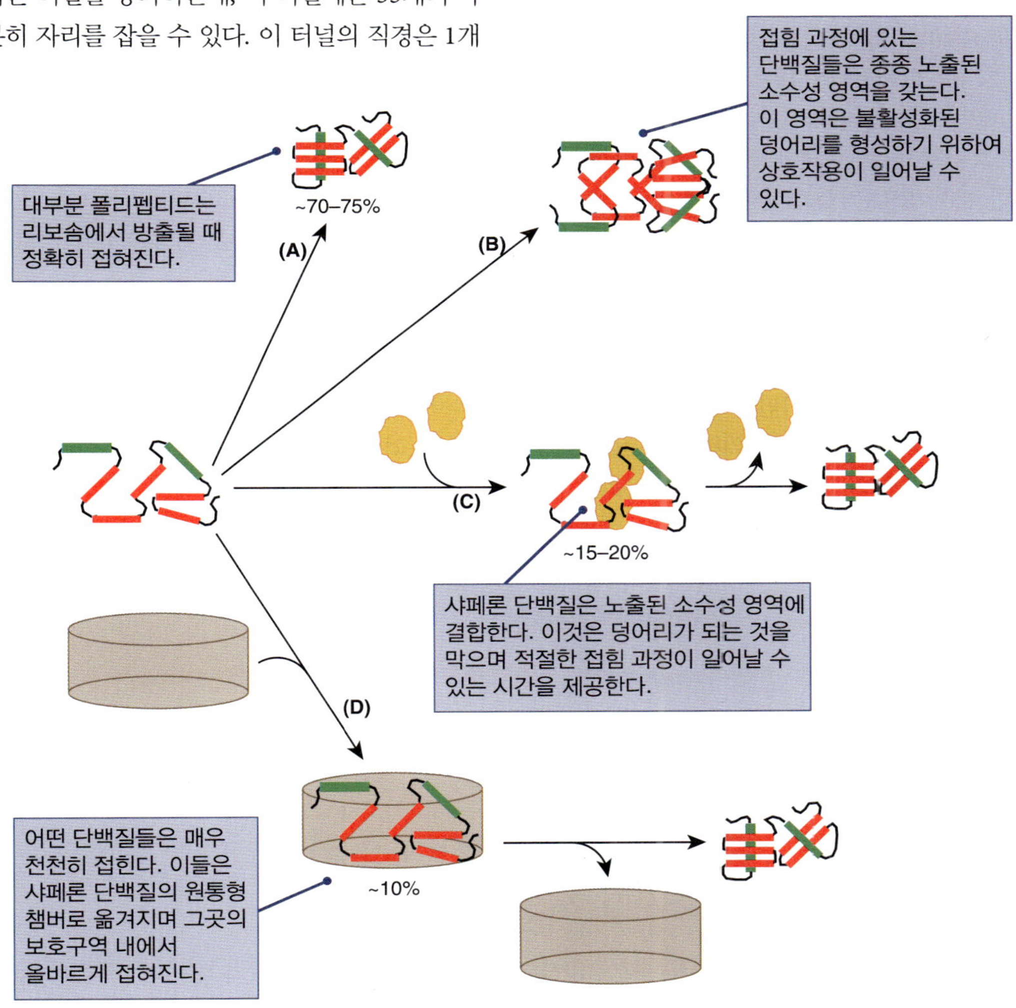

그림 8.21 단백질 접힘의 또 다른 과정. 녹색 영역은 α-나선을, 빨간색 영역은 β-시트를 나타낸다.

리펩티드들이 정확하게 접혀지는 것은 **샤페론(chaperones)**이라 불리는 단백질들에 의해서 도움을 받기 때문이다(C 부분). 이 샤페론 단백질은 소수성 그룹과 비구조적 영역과 결합하여 새로 만들어지는 폴리펩티드들이 비활성 덩어리가 되는 것을 막으며, 폴리펩티드가 정확한 접힘 경로를 발견할 때까지 결합과 풀림을 반복한다. 아주 진행이 늦고 비효율적인 접힘 과정을 갖는 가장 복잡한 단백질들은 **샤페론**(*chaperonins*)으로 알려진 특별한 단백질에 의해서 보호된다. 샤페론은 속이 빈 커다란 원통 모양의 구조물로 불안정한 단백질 중간체를 포획하여 보호구역 안에서 폴리펩티드가 정확히 접히도록 도와준다(D 부분). 진핵생물의 경우, 단백질 접힘을 위해서 샤페론 원통 구조물을 사용하는 가장 많은 폴리펩티드들은 세포 골격 단백질인 액틴(actin)과 튜불린(tubulin)이다.

원핵생물은 종종 단일 mRNA에서 다수의 폴리펩티드 사슬을 암호화한다

원핵생물은 mRNA에 캡이 없으며, 첫 번째 AUG의 위치를 알아 내는 주사(scanning) 기작이 없다. 예를 들면, 대장균의 경우 번역은 2개의 개시인자(IF-1과 IF-3)가 30S 소단위와 상호작용을 할 때 일어나며, 동시에 또 다른 개시인자(IF-2)가 $tRNA^{fMet}$으로 기호화된 포밀메티오닌(formylmethionine)으로 충전된 특별한 개시 tRNA와 결합한다. 요소들은 서로 함께 하여 mRNA와 결합하지만, 끝까지 같이 하지는 않는다. 이러한 결합은 30S 소단위에 있는 16S RNA의 3′말단과 mRNA에 있는 특별한 서열인 **리보솜-결합자리[ribosome-binding site**, 이를 **샤인-달가노 서열**(*Shine-Dalgarno sequence*)이라고도 한다] 사이에 수소 결합이 생기면서 일어난다. 30S + $tRNA^{fMet}$ + mRNA 복합체는 50S 소단위를 불러들이는데, $tRNA^{fMet}$은 마치 그림 8.17의 C 부분에서처럼 P 자리에 위치해 AUG 개시코돈과 정렬되어 있다. 완전한 리보솜이 조립되면, 개시인자는 이 복합체로부터 떨어져 나간다.

원핵생물의 번역 개시와 진핵생물의 번역 개시에 있어서 현격한 차이점은 중요한 암시를 하고 있다. 진핵생물에서는 개시를 위한 정밀 주사 기작 때문에 하나의 mRNA는 보통 단 하나의 폴리펩티드 사슬을 암호화한다. 이에 반하여, 원핵생물에서는 리보솜-결합자리가 AUG 근처 어디에나 존재할 수 있기 때문에 리보솜-결합자리에 의해서 일어나는 폴리펩티드 합성은 모든 AUG에서 시작될 수 있다. 원핵생물은 이러한 특징을 잘 이용하고 있다. 원핵생물에서 mRNA 분자는 보통 여러 개의 다른 폴리펩티드 사슬에 대해 아미노산 서열을 위한 정보를 갖고 있다. 이러한 mRNA를 **폴리시스트론 mRNA(polycistronic mRNA)**라고 부른다. [**시스트론**(*cistron*)이란 하나의 폴리펩티드 사슬을 암호화한 염기서열을 의미하는 용어로 종종 사용된다.] 폴리시스트론 mRNA에 있어서는, 자체의 리보솜-결합자리와 AUG 개시코돈(혹은 시작코돈)이 개개의 폴리펩티드 암호화 영역보다 앞서 있다. 하나의 폴리펩티드 사슬의 합성이 끝난 후에는 계속해서 다음 폴리펩티드 사슬의 번역이 일어난다(**그림 8.22**). 폴리시스트론 mRNA에 포함된 유전자는 종종 하나의 대사경로에 필요한 여러 가지 단백질들을 암호화하고 있다. 예를 들면, 대장균에 있어서 히스티딘이란 아미노산을 합성하는 데 필요한 10가지의 효소들은 단 하나의 폴리시스트론 mRNA에 암호화되어 있다. 폴리시스트론 mRNA의 사용은 세포로 하여금 관련성이 있는 단백질들의 합성을 협조적인 방식으로 조절하게 만드는 경제적인 방법이다.

모든 생물에 있어서 발견되는 번역의 특징은 번역이 mRNA와 폴리펩티드를 따라 특정한 방향으로 진행한다는 것이다.

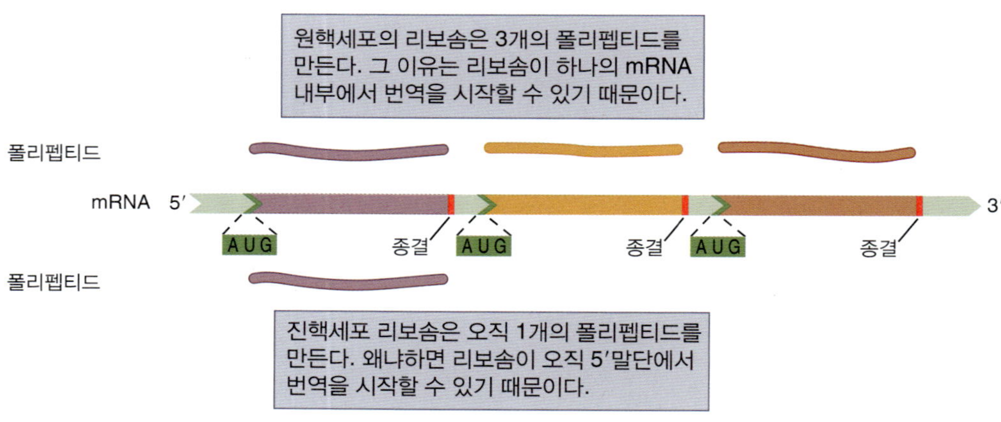

그림 8.22 원핵생물과 진핵생물의 리보솜이 3개의 시스트론을 갖는 mRNA를 번역했을 때 만들어진 산물의 차이점. 원핵생물의 리보솜은 모든 유전자를 번역하지만 진핵생물의 리보솜은 오직 mRNA의 5′말단에 가장 가까운 유전자만 번역한다. 번역된 서열은 보라색, 노란색, 주황색, 종결코돈은 빨간색, 리보솜 결합자리는 진녹색 그리고 Spacer 서열은 연녹색으로 나타나 있다.

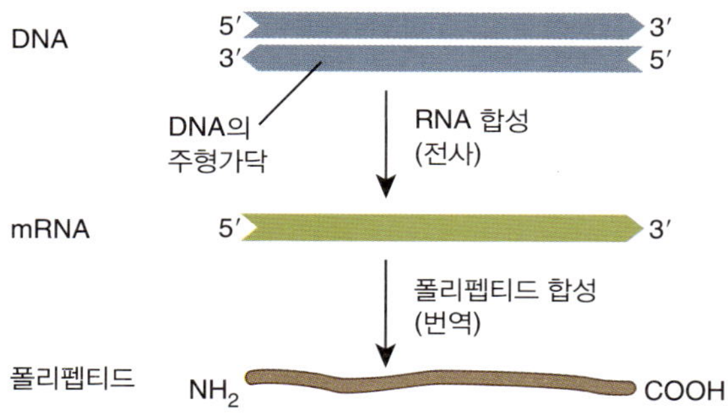

그림 8.23 DNA의 암호가닥 관점에서 본 RNA의 합성의 방향과 mRNA의 관점에서 본 단백질 합성의 방향.

핵심 개념

mRNA는 개시코돈으로부터 종결코돈 쪽으로 5′ 방향에서 3′ 방향으로 번역된다. 폴리펩티드는 아미노산이 하나씩 첨가됨에 따라서 아미노 말단으로부터 카르복실 말단으로 합성된다.

예를 들면, 아미노산 서열이 NH_2−Met−Pro− • • • −Gly−Ser−COOH인 폴리펩티드는 사슬의 첫 번째 아미노산으로 메티오닌으로 시작되며 사슬에 첨가되는 마지막 아미노산인 세린으로 끝난다. 합성의 방향은 그림 8.23에 그림으로 나타나 있다.

뉴클레오티드 서열을 쓰는 데 있어서는 관례적으로 우리는 왼쪽에 5′말단을 적으며, 아미노산 서열을 쓰는 데 있어서는 왼쪽에 아미노말단을 쓴다. 폴리뉴클레오티드는 일반적으로 합성과 번역이 왼쪽에서 오른쪽으로 진행되도록 쓰이며, 폴리펩티드의 합성 역시 왼쪽에서 오른쪽으로 진행되도록 쓰인다. 이러한 관례는 유전암호에 대한 다음의 논의에서 사용될 것이다.

8.6 아미노산의 유전암호는 세 문자 암호이다

단백질의 합성을 시작하거나 중지시키는 신호뿐만 아니라 단백질의 20가지 아미노산을 지정하기 위해서는 DNA에 있는 오직 4가지의 염기만이 필요한데, 이들은 각각의 아미노산을 위해 3개의 염기를 연이어서 조합하여 사용된다. mRNA에서 3개의 인접한 염기서열은 특정한 아미노산(혹은 사슬종결)을 지정해 주는 코돈인 것이다. **유전암호(genetic code)**는 아미노산을 암호화하는 모든 코돈들의 목록이다. 유전암호가 실험적으로 결정되기 전까지, 모든 코돈들이 같은 수의 염기를 갖는다면 각각의 코돈은 적어도 3개의 염기를 가질 것이라고

잠깐 생각해 봅시다 8.3

아래의 이중가닥 DNA 분자 서열을 보자.

```
5′-A¯GCCCTTTGGGCATCAT-3′
3′-TACGGGAAACCCGTAGTA-5′
```

이 DNA 분자가 왼쪽에서 오른쪽으로 전사되는 경우, 결과적으로 다음과 같은 RNA 서열을 가진다. 5′−AUGCCCUUUGGGCAU-CAU−3′, 그리고 이것은 Met−Pro−Phe−Gly−His−His로 번역된다.

상단 가닥에서 CCC 바로 앞에 하나의 T가 추가되는 단일-틀 이동 돌연변이(single-frameshift mutation)가 발생한다면 어떤 아미노산 서열이 발생하는가? 하나의 T가 CCC 바로 앞에 추가된 것뿐만 아니라, 상단 가닥에서 TTT 및 GGG 바로 뒤에 추가된 삼중일조-틀이동 돌연변이(triplet-frameshift mutation)로 인해 어떤 아미노산 서열이 생기는가?

가정했었다. 왜냐하면 만일 코돈이 2개의 염기만으로 구성되는 경우에, 이들로부터 만들어질 수 있는 암호는 오직 $4^2 = 16$쌍 밖에 안 되기 때문에 충분하지 않지만, 코돈이 3개의 염기로 이루어진다면 $4^3 = 64$로 20종의 아미노산을 모두 암호화하는 데 충분하기 때문이다. 실제로, 유전암호는 **세 문자 암호(triplet code)**이며, 64개의 모든 코돈은 여러 가지의 정보를 지니고 있다. 한편 대부분의 아미노산은 1개 이상의 코돈으로 암호화되어 있으며, 더욱이 코돈은 mRNA의 번역에 있어 중복되지 않고 순차적으로 사용된다(그림 8.24).

세 문자 암호에 대한 유전적 증거는 3개의 염기 삽입과 결실로부터 유래하였다

각각의 코돈이 적어도 세 문자를 포함해야만 한다는 이론적 고찰이 나왔음에도 불구하고 세 문자 이상을 갖는 코돈이 잘못된 것이라고는 말할 수 없었다. 세 문자 암호에 대한 광범위한 지지를 얻는 최초의 증거는 화학물질인 프로플라빈(*proflavin*)의 존재 하에서 증식을 유도한 박테리오파아지(bacteriophage) T4의 *rII* 돌연변이를 이용한 유전적 실험으로부터 얻어졌다. 이 실험은 1961년 프란시스 크릭(Francis Crick)과 그의 동료들에 의해서 수행되었다. 프로플라빈으로 유도된 돌연변이는 전형적으로 그 기능을 완전히 상실하였는데, 조사자들은 이러한 기능의 상실이 단 1개의 염기가 첨가되었거나 결실되었기 대문이라고 추측하였다. 이러한 돌연변이의 성질을 분석한 결과, 암호는 한 번에 3개의 뉴클레오티드 단위로 정해진 위치부터 읽혀진다고 추론하였다. 다른 말로 하면, mRNA에는 **읽기틀(reading frame)**이 있다는

것이다. 1개의 염기를 삽입하거나 결실하는 돌연변이는 이 읽기틀을 이동시키기 때문에 이를 **틀이동 돌연변이(frame-shift mutation)**라고 부른다. **그림 8.25**는 돌연변이 유전자의 mRNA로부터 생산된 폴리펩티드의 아미노산 서열에 있어서 틀이동 돌연변이의 중대한 효과를 나타낸 것이다.

암호의 구조에 대한 유전적 분석은 *FC0*라고 명명된 *rII* 돌연변이를 갖고 시작하였는데, 이 돌연변이는 무작위적으로 (+)라고 정했지만 이 돌연변이에는 하나의 염기쌍이 삽입되어 있었다. 이는 대단히 훌륭한 추측으로, 후에 *FC0*의 염기서열이 결정되었을 때 이것은 실제로 1개의 염기가 삽입된 것임이 판명되었다. 만일 *FC0*이 (+) 삽입된 돌연변이였다면, 이것은 근처의 한 염기가 결실됨으로써 *FC0*은 "야생형(wildtype)"으로 복귀될 수 있을지도 모른다. r^+ 복귀돌연변이체(revertants)를 구하기 위해서 파아지 λ에 용원성을 보이는 대장균 K12 균주에서 형성되는 용균반(plaques)을 분리하였다. 이러한 선택의 근거는 *rII* 돌연변이체는 K12(λ)에서 증식이 불가능하다는 것이다. 복귀돌연변이체에 대한 분석은 *rII* 돌연변이가 원래의 *FC0* 돌연변이로부터 *FC0* 돌연변이에 대한 효과가 복귀된 2차(억제인자) 돌연변이임을 밝혀냈다. 이러한 억제인자 돌연변이는 개개의 복귀돌연변이체를 교배한 원래의 돌연변이를 야생형으로 재조합(recombination)함으로써 분리할 수 있었다. 즉, 개개의 억제인자 돌연변이가 그것만으로 *r*(빠른 용균을 의미함) 표현형을 일으키는 *rII* 돌연변이임을 증명하였다. 만일 *FC0*이 삽입된 염기를 갖고 있었다면, 억제인자는 하나의 염기쌍 결실을 초래했을 것이고, 따라서 *FC0*의 개개의 억제인자는 (−)로 불린 것이다. 번역 읽기틀에 대한 3가지의 복귀돌연변이체의 결말이 **그림 8.26**에 보통의 세 문자 단어를 사용하여 묘사되어 있다. 그 (−) 돌연변이체는 $(-)_1$, $(-)_2$ 및 $(-)_3$으로 표시되어 있으며, 정확한 읽기틀에 의해 번역된 mRNA의 부

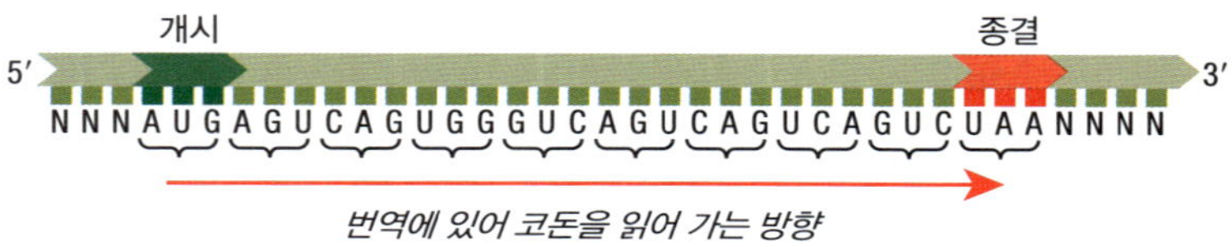

그림 8.24 RNA 분자의 염기들은 3개를 한 단위로 순차적으로 5′ → 3′ 방향으로 읽혀진다.

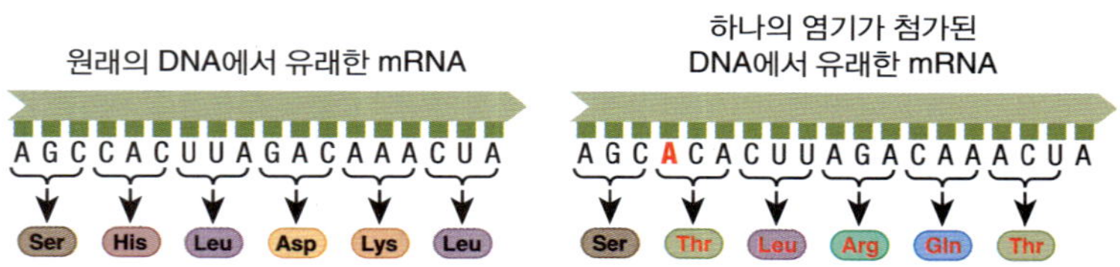

그림 8.25 추가적인 염기의 첨가에 의해서 읽기틀이 이동된 단백질의 아미노산 서열 변화. 염기의 결실 역시 읽기틀을 이동시킨다.

파아지형	삽입/결실	mRNA의 번역 읽기틀
야생형 서열		THE BIG BOY SAW THE NEW CAT EAT THE HOT DOG · ·
+1 서열	(+)	THE BIG BOY SAW TTH ENE WCA TEA TTH EHO TDO G
복귀돌연변이 1	$(-)_1$ (+)	THE BIG OYS AWT THE NEW CAT EAT THE HOT DOG · ·
복귀돌연변이 2	(+) $(-)_2$	THE BIG BOY SAW TTH ENE WCA TEA THE HOT DOG · ·
복귀돌연변이 3	(+) $(-)_3$	THE BIG BOY SAW TTH ENE WAT EAT THE HOT DOG · ·
(−) 결실 숫자 1	$(-)_1$	THE BIG OYS AWT HEN EWC ATE ATT HEH OTD OG · · ·
(−) 결실 숫자 2	$(-)_2$	THE BIG BOY SAW THE NEW CAT EAT HEH OTD OG · · ·
(−) 결실 숫자 3	$(-)_3$	THE BIG BOY SAW THE NEW ATE ATT HEH OTD OG · · ·
이중 (−) 돌연변이체	$(-)_1$ $(-)_2$	THE BIG OYS AWT HEN EWC ATE ATH EHO TDO G · · · ·
삼중 (−) 돌연변이체	$(-)_1$ $(-)_2$ $(-)_3$	THE BIG OYS AWT HEN EWA TEA THE HOT DOG · · · · ·

그림 8.26 적절한 위치에서 (+) 단일염기 삽입과 (−) 단일염기 결실이 올바른 읽기틀(녹색)을 복원시킬 수 있음을 보여주는 *rII* 틀이동 돌연변이에 대한 해석. 중요한 발견은 맨 밑에서 보여주는 3가지의 단일염기 결실의 조합 역시 올바른 읽기틀을 복원하고 있다는 것이다. 2개의 단일염기 결실은 읽기틀을 복원시키지 못한다. 이러한 고전적인 실험은 유전암호가 세 문자 암호라는 강력한 유전적 증거를 제시하였다.

분들은 녹색으로 표시되어 있다.

rII 실험에 있어서, 이러한 복귀돌연변이체들이 (+) 종의 새로운 억제인자 돌연변이를 가질 것이라는 기대감에서 모든 (−) 억제인자 돌연변이들은 또 다른 "야생형" 복귀돌연변이체를 선별하기 위해서 사용되었다. 왜냐하면 (−)(+) 조합은 K12(λ)에서 용균반(plaque)을 형성할 수 있는 파아지를 만들어내야 하기 때문이다.

많은 수의 이중돌연변이체(double-mutant) 조합들이 재조합에 의해서 만들어졌다. 보통 (+)(−) 조합이나 (−)(+) 조합은 야생형 표현형을 초래한 반면, (+)(+)과 (−)(−) 이중돌연변이체 조합은 항상 돌연변이체 표현형을 초래하였다. 가장 눈에 띄는 결과는 삼중 돌연변이가 만들어졌을 때 발생했다. 일반적으로, (+)(+)(+) 및 (−)(−)(−) 삼중돌연변이체는 야생형 표현형을 만들어냈다!

여러 가지의 (+)와 (−) 조합의 표현형들은 읽기틀이라는 관점에서 해석되어졌다. 초기의 *FC0* 돌연변이, 즉 +1 삽입은 읽기틀을 이동시켜 부정확한 아미노산 서열을 초래했으며, 이에 기능을 상실한 단백질을 만들어냈다(그림 8.26). 그 근처의 염기쌍의 결실은 두 돌연변이 사이에 암호화된 아미노산 서열을 바꾸며 부정확할지라도 읽기틀을 복귀시킬 것이다. (+)(+)와 (−)(−) 이중돌연변이체에 있어서는 읽기틀이 2개의 염기씩 이동되었으며, 이로부터 만들어진 단백질은 아직도 기능이 상실되어 있었다. 그러나 (+)(+)(+)와 (−)(−)(−) 삼중돌연변이체에서는 돌연변이 영역 안에 있는 암호화된 모든 아미노산이 부정확할지라도 읽기틀이 복귀되었다. (+)(+)(+) 경우 아미노산 1개의 길이만큼 길어진 단백질이 만들어졌으며, (−)(−)(−) 경우 반대로 1개의 아미노산 길이만큼 줄어든 단백질이 만들어졌다(그림 8.26).

이러한 (+)와 (−) 돌연변이에 대한 유전적 분석은 다음의 결론을 강하게 뒷받침하고 있었다.

- mRNA의 번역은 하나의 고정된 지점에서 시작된다.
- 번역 과정 내내 하나의 읽기틀이 유지된다.
- 개개의 코돈은 3개의 뉴클레오티드로 구성된다.

크릭(F. Crick)과 그의 동료들은 또한 이러한 실험으로부터 또 다른 추리를 이끌어 냈다. 첫째, 유전암호에 있어서 대부분의 코돈은 하나의 아미노산에 대한 명세서 기능을 한다. 둘째, 개개의 아미노산은 하나 이상의 코돈에 의해서 지정되어야만 한다는 것이다. 만일 개개의 아미노산이 오직 하나의 코돈만 갖고 있다면, 64개의 사용가능한 코돈 중에서 오직 20개의 코돈만이 아미노산을 암호화하는 데 사용되어질 수 있다고 그들은 판단했다. 이런 경우에, 대부분의 틀이동 돌연변이는 읽기틀에 남아 있는 44개의 "비암호화된" 코돈 중 하나에 영향을 주어야만 하며, 따라서 반대의 극성을 갖는 돌연변이에 있어서 가까운 틀이동은 원래의 돌연변이를 억압하지 않아야 한다. 결국 1개 이상의 코돈이 어떤 특정한 하나의 아미노산을 지정할 수 있는 것으로 추론되었다.

대부분의 코돈은 시험관내 폴리펩티드 합성으로부터 결정되었다

폴리펩티드 합성은 대장균 세포를 터뜨려 얻은 세포추출물에서 진행된다. 이 세포추출물에는 단백질 합성에 필요한 리보솜, tRNA 분자, mRNA 분자 및 여러 가지 단백질 인자들이 함유되어 있다. 만일 방사성 아미노산을 그 추출물에 첨가한다면 방사능을 띤 폴리펩티드가 만들어지게 된다. 합성은 단지 수 분간만 지속되는데, 그 이유는 추출물 내에 존재하는 여러 가지 핵산 가수분해효소에 의하여 mRNA가 점차로 분해되기 때문이다. 유전암호의 규명은 다음의 관찰로부터 시작되었다. mRNA가 완전히 분해된 후에 합성 폴리뉴클레오티드인 폴리유리딜산(poly-U)을 mRNA 분자로서 첨가하게 되면, 오직 페닐알라닌(phenylalanine)만으로 구성된 폴리펩티드(Phe−Phe−Phe−• • •)만이 합성되었다. 이러한 간단한 결과와 더불어 암호가 세 문자라는 인식으로부터, UUU가 페닐알라닌이라는 아미노산을 암호화하여야 한다는 결론을 얻었다. 이러한 기본적인 실험을 변형하여 실시한 결과로부터 다른 아미노산의 코돈들이 밝혀졌다. 예를 들면, poly-U의 말단에 긴 사슬의 구아닌 서열을 붙이면, 폴리페닐알라닌에 글리신이 붙으면서 사슬이 종료되는데, 이는 GGG가 글리신(glycines)의 코돈이라는 것을 알려주는 것이다(그림 8.27). 약간의 류신(leucine)과 트립토판(tryptophan)이

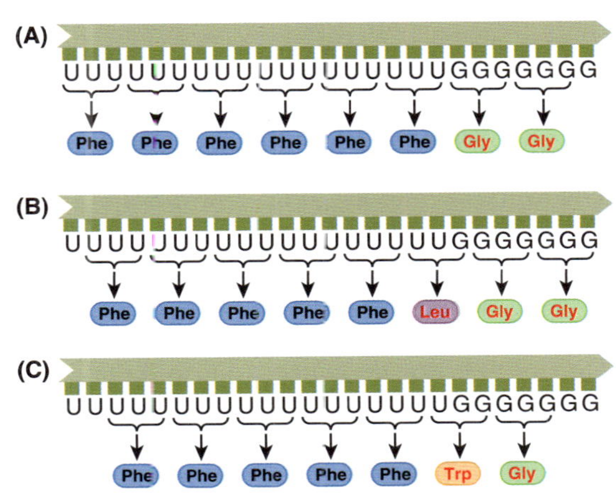

그림 8.27 3개의 각기 다른 읽기틀을 갖는 mRNA인 5′-UUUUUUGGGG-GG-3′을 사용한 폴리펩티드 합성. 글리신, 류신 및 트립토판이 결합하는 이유를 보여주고 있다

인간 유전학 이야기

폴리유리딜산(Poly-U)

Marshall W. Nirenberg and J. Heinrich Matthaei (1961)
National Institutes of Health, Bethesda, Maryland

자연 발생 또는 합성 폴리리보뉴클레오티드(Polyribonucleotides)에 대한 대장균에서의 무세포 단백질 합성의 의존성

1953년 왓슨(Watson)과 크릭(Crick)이 DNA 구조를 발견한 이후 몇 년 동안은 이 발견의 생물학적 의미가 무시되었다. 주된 이유는 대부분의 생화학자들은 여전히 DNA가 단백질 합성과 관련이 없다는 확신을 강하게 유지했기 때문이다. 일반적인 관점은 단백질이 작은 기존 펩티드로부터 특정 순서로 단계별로 만들어졌다는 것이다. RNA 주형 위에 아미노산이 순서대로 놓여 단백질이 만들어질 수 있다고 제안되었지만, 이 가설 역시 크게 무시되었다. 주형 RNA 분자에 의해 지정된 서열에서 개별 아미노산의 단계적 결합에 의해 단백질이 만들어진다는 것을 밝힌 이 중요한 1961년도 논문이 나오기 전까지 마찬가지였다. 주요 발견은 단백질 합성을 할 수 있는 무세포 혼합물에서, 인공 폴리뉴클레오티드 폴리유리딜산(poly-U)이 아미노산 페닐알라닌만으로 구성된 단백질의 합성을 초래한다는 것이었다. 단백질 합성에 필요한 요소에는 리보솜(번역에 필요)과 작은 RNA 분자(부하 tRNA 포함)도 포함된다.

> **"결과는 폴리유리딜산에 폴리페닐알라닌의 특성을 갖는 단백질의 합성에 대한 정보가 포함되어 있음을 나타낸다."**

(방사성) 발린이 단백질에 빠른 속도로 끼어들어 갈 수 있는 안정한 무세포 시스템이 대장균으로부터 얻어졌다....

[특히] 폴리유리딜산의 첨가는 (방사성) 페닐알라닌이 늘어가는 것을 현저히 촉진하였다. 페닐알라닌의 증가는 폴리유리딜산의 첨가에 거의 완전히 의존하였고, 이러한 증가는 대략 30분 동안 선형 속도로 진행되었다. 시험된 다른 폴리뉴클레오티드는 폴리유리딜산을 대체할 수 없었다. 이 반응의 산물은 진짜 폴리페닐알라닌과 같은 정도의 확실한 용해성을 갖고 있었다.... [그리고] 오직 페닐알라닌만 포함되었다....

따라서 하나 이상의 유리딜산 잔기는 페닐알라닌의 코드인 것으로 보인다. 코드가 한 문자인지, 세 문자 혹은 여러 문자인지는 아직 결정되지 않았다. 폴리유리딜산은 합성 주형 또는 전령 RNA로서 기능하는 것으로 보이며, 이 안정한 무세포 시스템은 첨가된 RNA에 포함된 의미 있는 정보에 상응하는 임의의 단백질을 잘 합성할 수 있을 것이다.

이 논문이 등장한 후, 단백질에서 어떤 RNA 분자가 어떤 아미노산을 지정하는가를 밝히는 유전자 암호 해독 경쟁이 시작되었다.

M.W. Nirenberg and J. H. Matthaei, *Proc. Natl. Acad. Sci. USA* 47 (1961): 1588–1602.

또한 글리신으로 끝나는 폴리페닐알라닌에 존재하였다. 이러한 아미노산들이 존재하는 이유는 U와 G 사이에 UUG와 UGG 코돈이 읽혀지기 때문이었다. Poly-U 사슬에 단 하나의 구아닌을 첨가하면, 폴리페닐알라닌은 류신으로 끝을 맺었다. 따라서 UUG는 류신(leucine)의 코돈이며, UGG는 트립토판의 코돈임에 틀림이 없었다. 이와 유사한 실험이 폴리-A로 수행되었는데, 이 경우 폴리리신(poly lysine)을 생산해 냈으며, 폴리-C일 경우 폴리프롤린(polyproline)이 만들어졌다.

또 다른 실험들은 유전암호를 완전히 규명하는 데 공헌을 하였다. 3가지의 코돈, 즉

UAA UAG UGA

는 번역을 종결하는 정지신호임을 밝혀냈다.

잠깐 생각해 봅시다 8.4

서열 5′–CAG–3′의 연속적인 반복으로 구성된 합성 RNA가 만들어졌다. 이 RNA는 번역이 임의의 코돈으로 시작할 수 있는 조건하에서 시험관 내에서 번역되었다. 이로부터 나온 합성 RNA의 폴리펩티드 산물은 무엇인가?

유전암호의 기본적인 특징은 중복성과 보편성이다

박테리아인 대장균의 세포로부터 분리해 낸 성분들을 가지고 실시한 시험관 내 번역 실험은 여러 가지 다른 종들, 세균, 효모, 식물 및 동물로부터 추출한 성분들을 이용하여 반

표 8.3 표준 유전암호

첫 번째 위치 (5′말단)	두 번째 위치				세 번째 위치 (3′말단)
	U	C	A	G	
U	UUU Phe } F UUC Phe UUA Leu } L UUG Leu	UCU Ser } S UCC Ser UCA Ser UCG Ser	UAU Tyr } Y UAC Tyr **UAA Stop** **UAG Stop**	UGU Cys } C UGC Cys **UGA Stop** UGG Trp W	U C A G
C	CUU Leu } L CUC Leu CUA Leu CUG Leu	CCU Pro } P CCC Pro CCA Pro CCG Pro	CAU His } H CAC His CAA Gln } Q CAG Gln	CGU Arg } R CGC Arg CGA Arg CGG Arg	U C A G
A	AUU Ile } I AUC Ile AUA Ile **AUG Met** M	ACU Thr } T ACC Thr ACA Thr ACG Thr	AAU Asn } N AAC Asn AAA Lys } K AAG Lys	AGU Ser } S AGC Ser AGA Arg } R AGG Arg	U C A G
G	GUU Val } V GUC Val GUA Val GUG Val	GCU Ala } A GCC Ala GCA Ala GCG Ala	GAU Asp } D GAC Asp GAA Glu } E GAG Glu	GGU Gly } G GGC Gly GGA Gly GGG Gly	U C A G

주의: 각 아미노산은 1-문자와 3-문자의 약자 형태로 적혀 있다. 코돈 AUG는 메티오닌(녹색)을 암호화하며 일반적으로 개시에 사용된다. 코돈은 관례적으로 왼쪽에는 5′ 염기를, 오른쪽에는 3′ 염기를 쓴다.

복 실시되었다. 이러한 실험들로부터 연역한 표준 유전암호는 거의 보편화된 것임을 알려 주었는데, 왜냐하면 똑같은 코돈의 지시는 실험한 거의 모든 생물의 핵에 존재하는 유전자에게 내려질 수 있다. 그러나 어떤 원생동물이나 세포소기관의 유전암호는 조금 다른 코돈 지시사항을 갖는다.

표준 유전암호는 **표 8.3**에 나타나 있다. 4개의 코돈—3개의 종결코돈과 1개의 개시코돈—은 신호(signal)임에 주목한다. 3개의 종결코돈을 제외한 61개의 모든 코돈은 아미노산을 지정한다. 많은 경우에 있어서 몇 개의 코돈은 폴리펩티드 사슬에 똑같은 아미노산을 삽입하도록 지시한다. 이러한 현상은 유전암호가 중복(*redundant*) 혹은 퇴화(degenerate)되어 있는 *rII* 틀이동 돌연변이로부터의 추론을 확인시켜 준다. 중복된 유전암호에서는 같은 아미노산이 2개 혹은 그 이상의 코돈에 의해서 암호화되어 있다. 유전암호에 있어서 트립토판과 메티오닌을 제외한 모든 아미노산은 1개 이상의 코돈을 지정하고 있다. 이러한 **중복성(redundancy)**은 무작위적인 것이 아니다. 세린, 류신 및 아르기닌을 제외한다면, 같은 아미노산에 상응하는 모든 코돈은 표 8.3의 같은 박스 내(4개가 한 조로 들어 있는)에 존재한다. 즉, 동의코돈(*synonymous codon*)은 오직 세 번째 염기만이 다를 뿐이다. 예를 들면, GGU, GGC, GGA 및 GGG는 모두 글리신을 위한 코돈이다. 더욱이 같은 아미노산을 암호화하는 2개의 코돈의 경우, 일반적으로 세 번째 염기는 A나 G(퓨린, purines)나 T나 C(피리미딘, pyrimidines)이다.

잠깐 생각해 봅시다 8.5

서열 Ser–Met–Ala–Arg–Thr(또는 단일 문자 약어, S–M–A–R–T)로 폴리펩티드의 영역을 암호화할 수 있는 RNA 서열은 몇 개인가?

아미노아실-tRNA 합성효소는 tRNA에 아미노산을 붙인다

mRNA 분자 내의 염기서열이 단백질의 아미노산으로 번역되는 해독 작업은 각각의 아미노아실-tRNA 합성효소에 의해 정확한 아미노산이 연결되어 있는 전하 tRNA 분자에 의해서 이루어진다.

tRNA 분자는 그 크기가 70–90 뉴클레오티드로 비교적 작은 크기의 단일가닥 핵산이다. 모든 RNA 분자처럼, tRNA

는 3′-OH 말단을 갖지만, 반대편 끝(말단)은 5′-삼인산(triphosphate) 대신에 5′-일인산(monophosphate)을 갖는다. 그 이유는 tRNA 분자가 커다란 일차 전사체로부터 잘려져 만들어지기 때문이다. 내부에 존재하는 상보적 염기서열들은 짧은 이중가닥 영역을 형성함으로써 tRNA가 루프(loop)와 이에 연결된 이중가닥 줄기(stem)로 이루어진 하나의 구조로 접혀지게끔 한다(그림 8.28). 2차원적으로, tRNA는 평면의 클로버 잎처럼 묘사된다. tRNA의 3차원 구조는 그림 8.29에서 볼 수 있듯이 매우 복잡하다. 이 그림의 (A)는 효모의 페닐알라닌 tRNA의 뼈대 구조이며, (B)는 이를 해석한 모식도이다. 모든 tRNA는 유사한 구조를 갖고 있다.

tRNA 분자의 특정 영역은 암호의 해독 작업에 사용된다. 역코돈(*anticodon*) 서열이라고 불리는 이 영역은 3개의 염기로 구성되어 있으며, 이 영역이 mRNA의 코돈 서열과 염기쌍을 형성할 수 있다. 종결코돈인 UAG, UAA 및 UGA에 해당하는 상보적인 역코돈을 갖는 tRNA는 존재하지 않는다. tRNA에 있어서 두 번째로 중요한 부위는 아미노산이 결합되어 있는 3′말단에 있는 CCA 끝이다. 특정한 아미노아실-tRNA 합성효소는 아미노산을 A 잔기에 옮긴다. 각각의 아미노산에 해당되는 아미노아실-tRNA 합성효소가 적어도 1개는 존재한다. 정확한 결합을 위하여, 이 합성효소는 각각의 tRNA 분자를 구별해 낼 수 있어야 한다. 이러한 구별 능

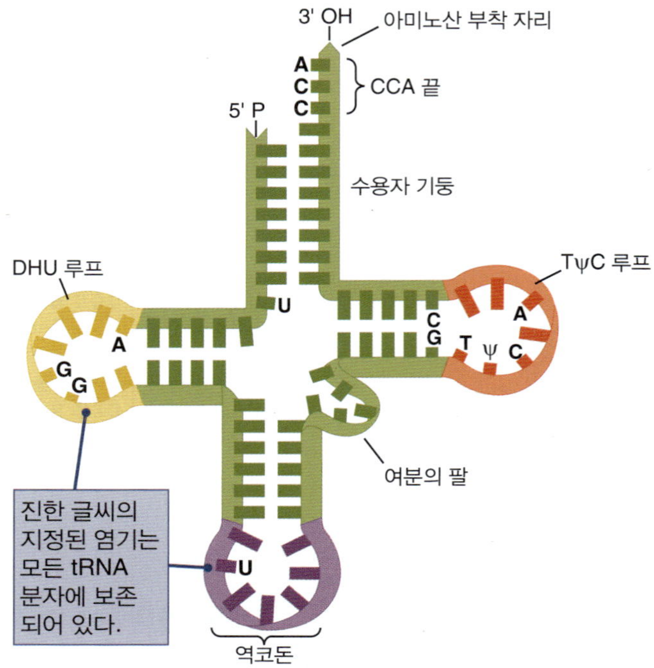

그림 8.28 tRNA의 클로버 잎 형태. 검은색 문자는 모든 tRNA 분자의 서열에 공통적으로 보존되어 있는 염기를 가리킨다. 표시된 루프 영역은 모든 tRNA 분자에서 발견된다. 루프에서 발견되는 DHU는 디히드로우라실(dihydrouracil)을 의미한다. 그리스 문자 ψ는 비정상적인 염기인 슈도우리딘(pseudouridine)의 기호이다.

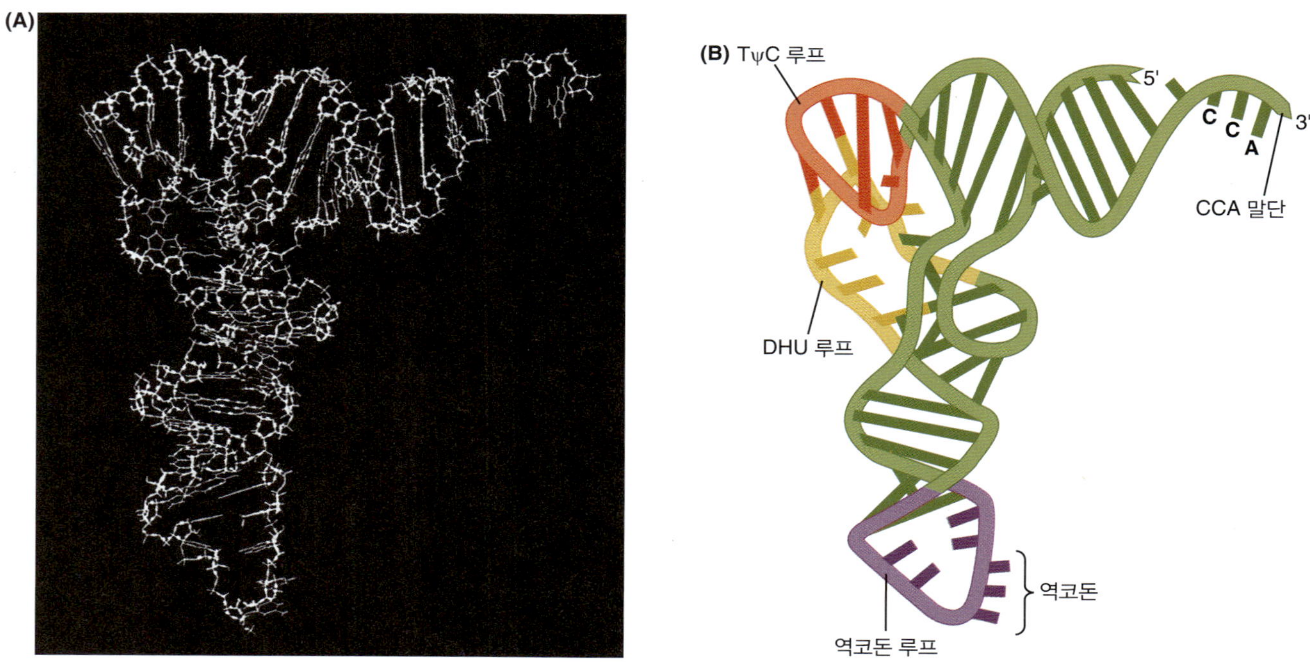

그림 8.29 효모의 페닐알라닌 tRNA($tRNA^{Phe}$). (A) 골격 모델, (B) 효모 $tRNA^{Phe}$의 3차원 구조의 그림.

(A) courtesy of Sung-Hou Kim, University of California, Berkeley.

력은 tRNA 분자의 많은 부분에 망라되어 있는 인식 영역에 의해서 제공된다.

서로 다른 tRNA 분자들과 합성효소들은 특정한 합성효소에 의해 특정한 tRNA에 결합할 아미노산을 지칭함으로써 명명된다. 예를 들면, 세릴-tRNA 합성효소(seryl-tRNA synthetase)는 세린을 $tRNA^{Ser}$에 결합시킨다. 아미노산이 tRNA 분자에 붙게 되면, tRNA는 **충전되었다**(*charged*)라고 말하며, 이를 부하 tRNA라고 한다. 비부하 tRNA는 아미노산이 결여되어 있다.

코드 중복성의 상당 부분은 코돈–역코돈 쌍의 떨림(wobble)에서 비롯된다

유전암호와 암호 해독 체계의 몇 가지 특징들은 코돈과 역코돈 사이의 염기쌍이 특별한 특징을 갖고 있음을 제시하고 있다. 첫째, 암호는 매우 중복적이다. 둘째, 코돈의 세 번째 염기의 존재는 별로 중요하지 않다. 어떤 경우에는 모든 뉴클레오티드가 될 수 있으며, 푸린이든지 피리미딘이든지 같은 기능을 하기도 한다. 셋째, 독특한 tRNA의 수는 생물에 있어 코돈의 수보다 적다. 왜냐하면 모든 코돈이 사용되기 때문에, tRNA의 역코돈은 1개 이상의 코돈과 쌍을 이룰 수 있어야만 한다. 몇몇 잘 정제된 tRNA 분자로 행한 실험은 이러한 사실이 옳음을 보여주었다.

이러한 관찰을 설명하기 위해서 **떨림** 개념(**wobble** concept)이 1966년 프란시스 크릭(Francis Crick)에 의해서 제안되었다. 그는 코돈의 처음 2개의 염기가 평상적인 규칙(A–U 및 G–C)에 의해서 tRNA 역코돈과 염기쌍을 형성하지만, 역코돈의 5′말단에 있는 염기는 처음 2개의 염기보다도 공간적으로 제약을 덜 받으며 코돈의 3′말단에 있는 하나 이상의 염기와 수소결합을 더 잘 형성할 수 있다고 제안하였다. 그의 제안은 매우 적절하였지만 그러한 염기쌍은 개체마다 조금씩 다르다(**표 8.4**).

표 8.4 대장균과 효모의 tRNA에 있어서의 떨림(wobble) 법칙

역코돈의 첫 번째 염기(5′ 위치)	코돈의 세 번째 위치에 가능한 염기들 (3′ 위치) 대장균	효모
A	U	2
C	G	G
U	A 또는 G	A
G	C 또는 U	C 또는 U
I	A, C 또는 U	C 또는 U

주의: 효모에 있어서 역코돈의 5′ 위치에 있는 A는 항상 I로 수정되어 있다. I은 이노신을 의미한다. 이노신은 구조적으로 $-NH_2$가 $-OH$로 대체된 것을 제외하면 아데닌과 닮았다. 마찬가지로 역코돈의 제1염기의 U는 효모에서 종종 수정되어진다.

8.7 전령 RNA를 따라 여러 리보솜이 함께 움직일 수 있다

대부분의 원핵생물과 진핵생물에 있어서 mRNA 분자를 가로질러 가는 번역의 단위는 결코 단 하나의 리보솜일 수는 없다. 폴리펩티드 사슬에 약 25개의 아미노산이 결합된 이후, 개시코돈인 AUG는 리보솜으로 완전히 자유로워지게 되며 두 번째 번역개시 복합체가 형성될 수 있다. 이때 전반적인 모습은 2개의 리보솜이 mRNA를 따라서 같은 속도로 움직이고 있다고 본다. 첫 번째의 리보솜이 가로질러 가는 것과 마찬가지로 두 번째 리보솜이 어느 정도 움직이면 세 번째 리보솜이 번역개시자리에 붙을 수 있다. 이러한 리보솜의 이동과 재개시 과정은 80개의 뉴클레오티드당 1개의 리보솜의 밀도로 mRNA가 리보솜으로 꽉 찰 때까지 계속된다. 이러한 커다란 번역 단위를 **폴리솜(polysome)**이라고 하는데, 이는 원핵생물이나 진핵생물에 있어서 아주 흔한 번역의 형태이다.

원핵생물은 진핵생물과는 달리 DNA와 리보솜의 위치가 핵막에 의해서 분리되어 있지 않기 때문에, mRNA의 전사와 mRNA의 번역이 빠르게 동시에 일어날 수 있다. mRNA의 5′말단 부분이 먼저 합성된다. 이 끝에 리보솜 결합자리가 존재하기 때문에 순서적으로 개시코돈인 AUG가 오고, 그 다음에 일반적인 아미노산의 암호서열이 오게 된다. 번역이 5′ → 3′ 방향으로 진행되기 때문에, 나머지 부분이 아직 전사가 끝나지 않았음에도 불구하고 mRNA의 앞부분은 번역을 시작할 수 있게끔 제공된다. 따라서 핵이 따로 없는 원핵세포는 전사와 번역이 동시에 이루어질 수 있는데, 이를 **짝지음(coupling)**이라고 한다. mRNA가 핵에서 합성 및 가공되고 나중에 핵 외피를 통해 리보솜이 위치한 세포질로 운반되기 때문에 진핵생물에서는 전사 및 번역이 동시에 일어날 수 없다.

장의 요약

- 유전자 발현에 있어서 DNA의 뉴클레오티드 서열에 존재하는 정보는 전령 RNA라고 부르는 RNA 중간체를 통하여 폴리펩티드 사슬에 있는 아미노산의 선형 순서를 결정한다.
- 한 가닥의 DNA에서 RNA를 전사하는 것이 유전자 발현의 첫 단계이다.
- 일차 전사체는 RNA 중합효소가 만든다. 진핵생물은 여러 가지 유형의 RNA 중합효소를 갖고 있는데, 어떤 것은 오직 단백질을 암호화한 유전자만을 전사한다.
- 일차 RNA 전사체의 염기 서열은 RNA가 티민(T) 대신 염기 우라실(U)을 함유한다는 점을 제외하고는 주형 DNA 가닥의 염기서열과 상보적이다.
- 진핵생물에서 RNA 전사체는 5′말단 (5′ 캡)에 특수 뉴클레오티드를 추가하고 3′말단(폴리-A 꼬리)에 연속적으로 A를 추가하여 화학적으로 변형된다. 또한, 비암호화 부분(인트론)이 제거되고 암호화 부분(엑손)이 유지되는 RNA 이어맞추기에 의해 많은 일차 전사체가 처리된다. 완전히 가공되고 접합된 전사체는 전령 RNA(mRNA)가 된다.
- 전령 RNA는 특정한 하나의 아미노산을 지칭하는 3개의 염기(코돈) 단위로 운반 RNA(tRNA)와 상호작용을 함으로써 리보솜에서 번역된다.
- 운반 RNA는 상대적으로 크기가 작은 RNA 분자이다. 이것은 전령 RNA에 존재하는 코돈과 대응하여 쌍을 이루는 염기서열(역코돈)을 갖고 있다. 개개의 운반 RNA에는 그 분자의 3′말단에 정확한 아미노산을 붙여 주는 효소가 존재한다. 따라서 전령 RNA의 각 코돈은 운반 RNA와 더불어 코돈-역코돈 쌍을 이루게 되면서 특정한 아미노산을 지정하게 된다. 번역 과정 중에 각각의 아미노산은 순차적으로 늘어나는 폴리펩티드 사슬의 끝에 첨가된다.
- 처음에 유전암호는 단일 염기 첨가돌연변이나 단일 염기 결실돌연변이 실험을 통하여 세 문자 암호임을 알아냈다. 그 후에 개개의 코돈은 알고 있는 염기서열로 만들어진 화학적으로 합성한 RNA를 번역함으로써 밝혀졌다.

쟁점과 착상: 알고 넘어 갑시다

- 유전자 발현(*gene expression*)이라는 용어는 무엇을 의미하는가? 유전자 발현과 유전자 조절(*regulation*)을 구별할 수 있는가? 그 이유는 무엇인가?
- 원래의 문서를 다른 언어로 번역한다면, 두 언어는 “직선 대응적”이라고 생각하는가? 설명하시오.
- 진핵세포에서는 유전자 발현에 4가지 일반적인 유형의 RNA 분자가 사용된다. 이러한 유형의 RNA는 무엇인가? 어느 것이 원핵세포에서 유전자 발현에 관여하지 않는가?
- 표준 유전자 암호를 사용하지 않는 유전자 시스템의 예를 제시하시오.
- 표준 유전자 암호가 중복된다는 것은 무엇을 의미하는가? 하나의 코돈에 의해 어느 아미노산이 암호화되어 있는가? 2개의 유전암호를 갖는 아미노산은? 4개는? 5개는? 6개는?
- 틀이동 돌연변이란 무엇인가? mRNA가 연속적인 3개의 뉴클레오티드 그룹으로 번역되는 것을 보여주기 위해서 여러 단일 뉴클레오티드 틀이동 돌연변이를 가지고 있는 *rII* 재조합체가 어떻게 사용되었는지를 설명하시오.
- 하나의 이중나선 DNA 분자가 유전자의 프로모터에 아주 가까이에서 2개의 이중가닥으로 절단이 되었으며, 이 프로모터 영역은 이 DNA 골격이 수선효소(repair enzyme)에 의해서 재결합되기 전에 역위되었다고 가정하자. 당신은 이 역위된 프로모터가 전사복합체를 불러 모을 수 있다고 기대하는가? 그렇다면 유전자의 전사체는 무엇이 잘못되어 있는 것인가?

문제 풀고 한 걸음씩 앞으로

문제 1 국제 생화학 및 분자생물학 연합(IUBMB)은 불명료한 할당을 허용하는 뉴클레오티드들을 간략화하는 단일-문자 암호를 정하였다. 이 암호는 아래의 그림에 나온다. RNA와 마찬가지로 DNA에서도 똑같은 암호가 사용된다. 예를 들면, T와 U는 동등하게 여겨진다. 2개의 폴리뉴클레오티드 가닥 사이에 표준적인 왓슨–크릭의 염기쌍이 존재한다고 가정할 때, 표준적인 불명료 암호표에 나오는 적당한 기호를 사용하여 아래 가닥의 서열을 완성하시오.

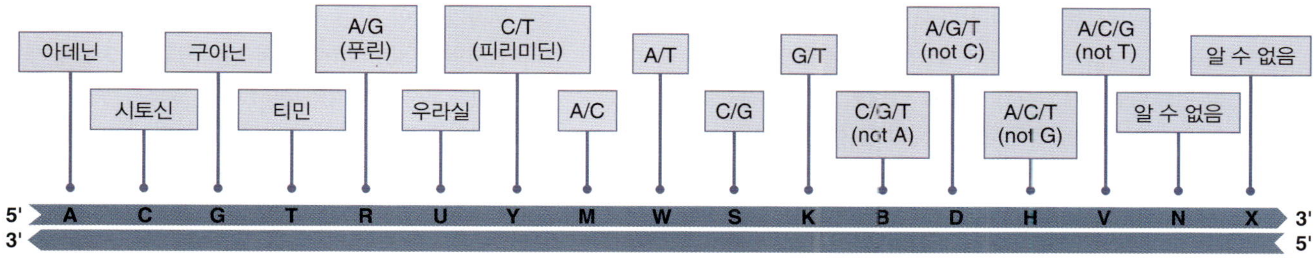

풀이. 이 불명료 암호표는 DNA 서열에 있어, 불확실한 뉴클레오티드들을 지정하는 데 유용할 뿐만 아니라 유전암호에 있어 중복성을 요약하는 데 매우 유용하다(문제 2번 참조). A, T, G, C 및 U에 있어서 쌍을 갖는 관계를 알기는 매우 쉬우나, 불명료한 뉴클레오티드에 있어서는 그렇지 않다. 즉, 불명료한 뉴클레오티드의 경우에, 하나의 뉴클레오티드가 쌍을 이룰 수 있는 가능성을 여러 가지로 열거해야만 하며, 또 이러한 불명료함을 나타내는 기호를 골라야 하기 때문이다. 한 가지 특징은 그들 스스로와 쌍을 갖는 몇 개의 기호이다. 예를 들면, 하나의 가닥에 있는 W(A나 T)는 다른 가닥에 반드시 W(T나 A)를 가져야 하는데, 이러한 관례는 그 뉴클레오티드 쌍이 불명료할지라도 왓슨-크릭 염기쌍 법칙을 반드시 준수해야만 한다. 모든 불명료한 쌍들은 이러한 방법으로 완성될 수 있으며, 그 결과는 다음의 그림에 나타나 있다. N과 X라 불리는 2개의 기호는 "모든 뉴클레오티드"를 위하여 사용되어지며, 따라서 이들은 어떠한 것들과도 쌍을 이룰 수 있다.

문제 2 불명료한 염기들로 써져 있는 다음의 유전암호표를 다시 쓰시오. 문제 1에서 보이는 국제 생화학 및 분자생물학 연합(IUBMB)에 의해서 체계화된 단일-문자 암호를 가능한 많이 사용할 것.

풀이. 이 문제는 당신이 표준 유전암호를 조사하고 불명료한 뉴클레오티드를 위하여 적당한 기호를 선택하도록 요구하고 있다. 그러한 결과로 얻어지는 유전암호의 변형본(version)이 아래에 있다. 그것은 표준 체계보다 상당히 적은 수의 항목들을 갖고 있으며, 언뜻 보기에 암호의 일반적인 모습을 보여준다.

코돈의 첫 번째 뉴클레오티드	코돈의 두 번째 뉴클레오티드: U	C	A	G
U	UUY Phe F UUR Leu L	UCN Ser S	UAY Tyr Y UAR Stop	UGY Cys C UGA Stop UGG Trp W
C	CUN Leu L	CCN Pro P	CAY His H CAR Gln Q	CGN Arg R
A	AUH Ile I AUG Met M	ACN Thr T	AAY Asn N AAR Lys K	AGY Ser S AGR Arg R
G	GUN Val V	GCN Ala A	GAY Asp D GAR Glu E	GGN Gly G

실전에 필요한 개념: 끝까지 풀어 봅시다

8.1 아래의 조건에 맞는 모든 가능한 코돈을 가진 아미노산들은 무엇인가?

(a) 모두 피리미딘?

(b) 모두 퓨린?

8.2 이중가닥 DNA에 있는 하나의 코돈이 역위(도치)되었다.

(a) 만일 전령 RNA의 원래의 코돈이 5′-UGG-3′이라면, 역위된 전사체에 있는 코돈은 무엇인가?

(b) 코돈의 역위는 그 코돈이 지정한 해당 아미노산을 보존할 수 있는가?

(c) 이러한 역위로부터 사슬 종결코돈을 만들어 낼 수 있는 코돈은 무엇인가?

(d) 사슬 종결코돈의 역위는 어떠한 아미노산을 지정할 수 있는가?

8.3 DNA 가닥이 RNA 전사를 위한 주형으로 역할을 하고, 이것이 폴리펩티드로 변역된다는 개념은 유전자 발현

의 "중심원리"로 알려져 있다. 3가지의 분자는 모두 극성을 갖는다. DNA 주형과 RNA 전사체에 있어서, 극성은 폴리뉴클레오티드 사슬의 반대편 끝에서 자유 3′기나 자유 5′기에 의해서 결정되지만, 폴리펩티드 사슬에 있어서는 극성은 반대편 끝에 있는 자유 아미노기(N 말단)이나 카르복실기(C 말단)에 의해서 결정된다. 다음의 문항은 주형으로나 합성에서 사용될 일시적인 순서로 DNA 주형, RNA 전사체 및 폴리펩티드 사슬의 하나의 가능한 극성을 적은 것이다. 다음 문항 중 어떤 것이 옳은 것인가?

(a) 5′에서 3′ DNA; 3′에서 5′ RNA; N 말단에서 C 말단

(b) 3′에서 5′ DNA; 3′에서 5′ RNA; N 말단에서 C 말단

(c) 3′에서 5′ DNA; 3′에서 5′ RNA; C 말단에서 N 말단

(d) 3′에서 5′ DNA; 5′에서 3′ RNA; N 말단에서 C 말단

(e) 5′에서 3′ DNA; 5′에서 3′ RNA; C 말단에서 N 말단

8.4 mRNA의 5′말단을 암호화하는 DNA 분자의 주형가닥 일부분의 서열은 3′-TTTTACCGGAATTAGAGTCG-CAGGATG-5′이다. 이것에 의해 암호화된 폴리펩티드의 아미노산 서열은 무엇인가?(폴리펩티드 합성의 개시를 위한 정상적인 개시코돈을 찾아볼 것.)

8.5 역코돈인 5′-ICU-3′과 쌍을 이룰 수 있는 코돈은 무엇인가? 주어진 I(이노신)는 "H"(A, U, C)와 쌍을 이룰 수 있다. 이 코돈이 의미하는 아미노산은 무엇인가?

8.6 다음의 아미노산을 암호화할 수 있는 서로 다른 9개의 리보뉴클레오티드의 서열은 몇 개씩이나 존재하는가?

(a) Met−His−Pro

(b) Met−Arg−Ser

기호 Y는 모든 피리미딘, R은 모든 퓨린, N은 모든 염기라는 기호를 이용하여 서열을 쓰시오.

8.7 만일 DNA가 오직 2개의 뉴클레오티드(예를 들면, G와 C)로만 구성되어 있다면, 20개의 아미노산 각각을 독자적으로 지정할 수 있는 인접한 뉴클레오티드의 최소한의 개수는 얼마인가?

8.8 합성된 mRNA 분자는 다음의 염기서열을 반복하고 있다.

5′-GAUGAUGAUGAUGAUGA . . . -3′

이 분자가 살아 있는 세포가 아닌 세포추출물을 이용하여 시험관내(*in vitro*)에서 번역되었다. 3개의 가능한 읽기틀로부터 번역이 개시될 수 있도록 무작위적으로 부수어진 RNA 분자의 번역으로부터 폴리펩티드 사슬이 얻어졌다. 이때 일단 mRNA 번역이 시작되면 원래의 읽기틀은 끝까지 보존된다. 이러한 RNA로부터 만들어지는 폴리펩티드는 어떠한 것인가? (주의: 시험관내 단백질 합성체계에서는 번역을 위한 개시코돈인 AUG가 필요치 않다. 리보솜은 처음 코돈이 무엇이든지 간에 mRNA의 5′말단에서 시작할 수 있다.)

8.9 폴리−U RNA는 폴리페닐알라닌을 암호화한다. 만일 이 분자의 5′말단에 A가 첨가된다면, 폴리페닐알라닌의 N 말단은 다른 아미노산을 갖게 된다. 만일 3′말단에 A를 첨가하면 역시 C 말단에 다른 아미노산을 갖게 된다. 이 아미노산들은 무엇일까?

8.10 UGUG...가 계속적으로 나타날 때 시험관 내 단백질 합성체계(개시코돈이 필요하지 않는)에서 만들어지는 폴리펩티드 산물은 무엇인가?

8.11 유전암호에 있어 어떤 코돈은 임의적인 중합체의 번역에 의해서 실험적으로 결정되어진다. 만일 리보뉴클레오티드 중합체가 임의의 순서로 3/4는 A, 1/4은 C를 갖도록 합성되어진다면, 결과적으로 얻어지는 폴리펩티드 사슬에 어떠한 아미노산이 존재하는가? 이들의 빈도는 각각 얼마나 되는가?

8.12 인간의 피브릴린 1 유전자(마르판증후군과 관련된 유전자임)의 염기서열의 일부분이 다음과 같다. 만일 이 DNA 분자가 **오른쪽에서 왼쪽 방향**으로 전사되어 RNA가 될 때 5′ → 3′의 극성을 따라서 나타나는 RNA 염기서열을 추론하시오.

5′-CCGACTGGCTCTGGTTTCCTTCACGTT-3′
3′-GGCTGACCGAGACCAAAGGAAGTGCAA-5′

8.13 원시적인 생명체가 화성에서 발견되었다고 가정해 보자. 이 생물은 유전물질(핵산) 소단위에 서열이 다른 유형의 분자(단백질)인 소단위의 선형서열을 지정하는 암호로 사용되는 인간의 유전체계와 유사한 유전체를 갖고 있다. 이 생물에서는 핵산은 4가지 유형의 뉴클레오티드로 구성되어 있으나, 단백질은 오직 5종류의 아미노산을 갖고 있다. 이 화성 생명체는 100가지 다른 종류의 단백질을 생산하며, 이 각각의 단백질은 10개 아미노산의 길이를 갖는다.

(a) 이 생물에 있어서 코돈에 허용될 수 있는 최소 염기 수는 얼마나 되나?

(b) 10개의 단백질을 만들기 위해서, 이 화성 생명체의 유전체에 존재하는 최소한의 염기 수는 얼마인가?

8.14 다음의 모식도는 2개의 인트론을 포함한 유전자 DNA의 전사가닥과 혼성체화 되어 있는 완전히 가공된 진핵세포의 전령 RNA를 보여주고 있다. 이 모식도는 왼쪽에 프로모터 DNA가 위치해 있다.

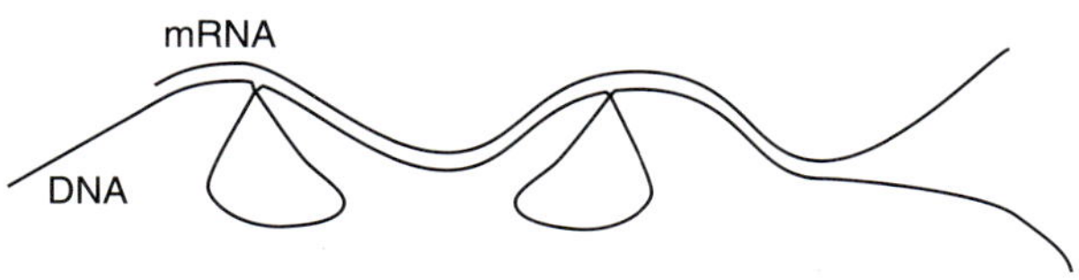

각 부분의 경계선과 위치를 다음의 명칭을 이용하여 적당한 부분에 명기하시오. 어떤 글자는 몇 번이고 중복되어 사용될 수 있다. 또한 어떤 것은 전혀 사용되지 않을 수 있다.

(a) 5′말단
(b) 3′말단
(c) 프로모터 영역
(d) 감쇄기
(e) 인트론
(f) 엑손
(g) 폴리아데닐화 신호
(h) 선도영역
(i) 리보솜-결합자리
(j) 번역 개시코돈
(k) 번역 종결코돈
(l) 5′ 캡
(m) 폴리-A 꼬리

8.15 지도 작성실험으로부터 *A*와 *B*라는 2개의 대장균 유전자는 서로 매우 가까이에 존재함을 알아내었다. *A*와 *B*의 활성이 제거된 1개의 결실 돌연변이를 분리하였다. 이 돌연변이에서는 A와 B 단백질 중 어느 것도 발견되지 않았으나 새로운 단백질이 얻어졌다. 이것의 N 말단 부분에 있는 30개 아미노산은 *B* 유전자 산물과 동일하며, C 말단 부분에 있는 30개 아미노산은 *A* 유전자 산물과 동일하였다.

(a) 비전사되는 DNA 가닥의 5′ → 3′ 방향을 생각한다면, 이 둘의 유전자의 순서는 *A B*이겠는가 혹은 *B A*이겠는가?

(b) 당신은 결실된 염기의 숫자를 추리해 낼 수 있는가?

8.16 첨부된 표는 특정한 유전자에 암호화된 DNA, mRNA, tRNA 및 아미노산이 관련되는 영역을 보여주고 있다. 왼쪽에 5′말단을 갖는 mRNA가 보이며, 왼쪽에 3′말단을 갖는 tRNA가 보인다. 수직선은 읽기틀을 지정하고 있다.

(a) 정상적인 왓슨-크릭 염기쌍을 가정하고 각 코돈과 역코돈 사이의 염기서열을 완성하시오.

(b) 전사되고 있는 DNA 가닥은 위쪽 가닥인가, 아래쪽 가닥인가?

(c) mRNA를 번역하시오.

(d) 유전체 DNA에 대해 혼성화가 수행되는 서던 블롯(Southern blot) 교잡법에서 탐침으로 사용될 수 있는 서열을 갖는 핵산 가닥은 어떤 것인가?

(e) mRNA와 혼성화가 일어나는 노던 블롯(Northern blot) 교잡법에서 탐침으로 사용될 수 있는 서열을 갖는 핵산 가닥은 어떤 것인가?

```
DNA 이중나선   -C---AT-C---------AT--GT
               T------T--------CA------
mRNA 역코돈    --AAC----------GC---GC--
tRNA 아미노산  ---------GCA------------
               |  |  |  | |Trp|  |  |  |
```

8.17 재조합에 의해 만들어진 이중돌연변이체는 2개의 단일 뉴클레오티드 틀이동을 포함하고 있다. 이들은 약 20개의 염기쌍이 떨어져 있는 거리에 존재한다. 첫 번째는 삽입이고, 두 번째는 결실이다. 이 부분에 있는 그 이중돌연변이체 단백질의 야생형과 돌연변이형 폴리펩티드의 아미노산 서열이 아래에 있다.

야생형:

Lys-Lys-Tyr-His-Gln-Trp-Thr-Cys-Asn

이중돌연변이:

Lys-Gln-Ile-Pro-Pro-Val-Asp-Met-Asn

야생형과 이중돌연변이의 mRNA 서열은 무엇인가? 야생형 서열에 있는 어떤 뉴클레오티드가 틀이동으로 첨가된 것인가? 이중돌연변이 서열에 있어서 어떤 뉴클레오티드가 틀이동으로 결실된 것인가? 이 문제를 풀기 위해서, 당신은 Y 기호를 잘 모르는 피리미딘으로, R 기호를 잘 모르는 퓨린으로, N을 잘 모르는 뉴클레오티드로, H를 A나 C나 T를 대신해서 사용하면 쉬울 것이다.

8.18 개시코돈이 필요하지 않는 시험관내 단백질 합성체계에서 GUCGUC ...가 계속될 때 만들어지는 폴리펩티드 산물은 무엇인가?

8.19 전령 RNA가 연속적으로 그리고 비중복적으로 3개의 뉴클레오티드(코돈)가 번역된다는 것이 알려지기 전에는 **중복암호**(*overlapping code*)의 가능성이 고려되어져야만 했다. 중복적인 암호들은 거부되었는데, 왜냐하면 그러한 암호들은 연속적인 아미노산의 쌍이 단백질에서 발견될 수 있다는 제약을 강요하기 때문이다. 그 이유를 이해하기 위해서, 표준 세 문자 암호들이 둘로 중복되어 번역되는 것을 상상해 보자(다른 말로 하자면,

모든 코돈의 마지막 2개의 뉴클레오티드는 직선상의 다음 코돈의 처음 2개 뉴클레오티드이다). 다음에 올 수 있는 아미노산은 무엇인가?

(a) Lys?

(b) Met?

(c) Tyr?

(d) Trp?

8.20 단백질 합성은 고도로 정교하게 그리고 신뢰성을 가지고 일어난다. 원핵생물에서, 잘못된 아미노산이 대략 10^{-3}의 비율로 삽입된다(즉, 번역된 1,000개의 아미노산당 1개꼴로 부정확한 아미노산이 삽입됨). 그렇다면

(a) 300개 아미노산으로 구성된 폴리펩티드가 정확히 mRNA에서 지정된 아미노산을 갖게 될 확률은 얼마인가?

(b) 각 1,000개의 아미노산을 갖는 4개의 소단위로 구성되는 활성형 효소(4량체)에서, 각각의 소단위에 있는 각 아미노산이 실수 없이 번역될 확률은 얼마인가?

잠깐 생각해 봅시다: 해답

잠깐 생각해 봅시다 8.1의 해답

RNA 전사체는 5′에서 3′까지 합성된다. 따라서 왼쪽에서 오른쪽으로 전사되기 위해서는 이중가닥 DNA의 주형가닥이 하단 가닥이어야 한다. 따라서 RNA 서열은 5′−AUGCCGUUA−3′.

잠깐 생각해 봅시다 8.2의 해답

DNA 가닥이 뒤집어지게 되면, 프로모터 영역은 단순히 방향으로 반전될 뿐만 아니라 180° 회전하여 원래 상부에 있는 가닥이 하부와 반대 방향에 있게 된다. 역평행 DNA 가닥의 5′에서 3′까지의 극성을 유지하려면 회전이 필요하다. 돌연변이체에서, 전사는 반대 가닥에서 시작하여 역방향으로 영역 B로 진행된다.

잠깐 생각해 봅시다 8.3의 해답

단일-틀이동 돌연변이는 서열 5′−AUGUCCCUUUGGGCAU-CAU−3′을 갖는 RNA를 만들 것이며, 이는 모든 후속 코돈이 또한 틀이동된 Met−Ser−Leu−Trp−Ala−Ser로 번역된다. 3개의 틀이동 돌연변이는 Met−Ser−Leu−Leu−Gly−His−His로 번역된 RNA 서열 5′−AUGUCCCUUUUGGGUCAUCAU−3′을 생성할 것이다. Met와 His 사이의 아미노산은 정확하지 않으며, 3개의 첨가된 염기로 인해 여분의 아미노산이 있게 된다. 그러나 His−His의 코돈과 그 다음 코돈은 모두 올바른 읽기틀에 있게 된다.

잠깐 생각해 봅시다 8.4의 해답

합성 RNA는 서열 5′−CAGCAGCAG...−3′을 갖는다. 만약 번역이 CAG로 시작하면, 생성된 폴리펩티드는 반복 Gln(폴리 글루타민이라고 함)으로 구성된다. 번역이 AGC로 시작하면 생성되는 폴리펩티드는 폴리 세린이다. 그리고 번역이 GCA로 시작하면, 생성되는 폴리펩티드는 폴리 알라닌이다. 따라서 번역이 시작되는 위치에 따라 시험관내 번역으로부터 3개의 상이한 폴리펩티드가 생성될 수 있다.

잠깐 생각해 봅시다 8.5의 해답

유전자 암호에는 코돈이 세린의 경우 6개, 메티오닌의 경우 1개, 알라닌의 경우 4개, 아르기닌의 경우 6개, 트레오닌의 경우 4개가 있다. 따라서 S−M−A−R−T를 암호화하는 RNA 서열의 총 개수는 $6 \times 1 \times 4 \times 6 \times 4 = 576$개가 된다.

CHAPTER 9

나비들
© Revers/Shutterstock

유전자 조절의 분자적 기작

학습 목표

- 전사에서 음성 조절, 양성 조절, 확률적 변수를 구분할 수 있다.
- 락토오스 오페론의 음성 및 양성 조절 기작을 설명하고, 억제자, 작동자, 프로모터, 구조 유전자의 다양한 유형의 돌연변이체 조절 표현형을 설명할 수 있다.
- 전사 약화자 또는 리보스위치에 의한 전사 종결에서 RNA 이차 구조의 역할을 설명할 수 있다.
- 증폭자와 사일렌서의 조절 활성을 제한하는 위상학적 관련 도메인과 핵 구획의 역할을 설명할 수 있다.
- 유전자 발현 조절에서 siRNA와 microRNA의 역할을 설명할 수 있다.
- 전사 조절 및 후성유전학적 변화와 관련된 DNA 및 염색질 변형의 주요 유형에 대한 "후성유전학"의 정의를 알 수 있다.

인간과 척추동물은 기능적으로 특성화된 약 200가지 종류의 세포들을 가지고 있다. 몇 가지 예외적인 경우를 제외하면 한 생물체를 이루고 있는 모든 세포는 동일한 유전체를 가지고 있다. 세포들은 종류에 따라 유전자 활성이 다르다. 예를 들면, 헤모글로빈 유전자는 적혈구의 전구세포에서만 높은 수준으로 발현된다. **유전자 조절(gene regulation)**의 주제에는 유전자가 전사될 세포 유형, 전사시기, DNA 내에서 전사체 합성의 개시 위치, 전사 종결 위치, 전사체의 이어맞추기 방식, mRNA의 세포질로의 방출, mRNA의 번역시기와 방법, 분해되기 전까지 mRNA의 세포 내 지속시간 등을 결정하는 기작들이 포함된다.

9.1 전사 조절은 원핵생물에서 공통적인 기작이다

세균과 박테리오파지에서 켜짐(on)−꺼짐(off) 유전자 활성은 흔히 전사를 통해 조절된다. 어떤 조건하에서, 유전자 산물이 필요할 때 유전자의 전사는 "켜짐" 상태가 되고, 다른 조건하에서는 "꺼짐" 상태가 된다. 꺼짐(*off*)이라는 용어를 글자 그대로 받아드리면 안 된다. 세균에서 스위치가 완전히 꺼지는 몇 가지 시스템이 알려져 있다. 그러나 이런 시스템에서 조차도 전사가 "꺼짐" 상태일 때, 세포 세대당 한 번 또는 몇 번 정도의 전사는 일어나기 때문에 기본 수준의 유전자 발현은 거의 항상 유지된다. 따라서 실제로 "꺼짐"은 아주 적은 양의 유전자 산물이 만들어지고 있음을 의미한다. 진핵생물의 어떤 유전자들도 지극히 낮은 수준으로 발현된다. 켜짐−꺼짐 형태 이외의 다른 조절기작들 또한 원핵생물과 진핵생물에서 발견되었다. 예를 들면, 어떤 유전자의 발현수준은 세포가 처한 조건에 따라 낮은 수준에서 높은 수준으로 점차적으로 조절될 수 있다.

세균에서 단일 대사경로에 순차적으로 작용하는 몇 가지 효소들은 항상 그 효소들 전부가 동시에 생성되거나 전부 생성되지 않거나 한다. 이런 **협동조절(coordinate regulation)**은 1개 또는 그 이상의 mRNA가 동일한 대사경로에서 기능하는 유전자 산물들을 암호화한다. 이런 형태의 조절은 진핵세포에서는 발견되지 않는다.

음성 조절에서 전사의 초기 설정 상태는 "켜짐"이다

유전자 발현의 분자 조절기작은 항상 다음 두 가지 부류로 나뉜다. 즉 음성적 조절(*negative regulation*)과 양성적 조절(*positive regulation*)이다. 상태(default state)는 "켜짐"이고, 전사는 전사개시자리 상류(upstream) DNA에 **억제자(repressor)** 단백질이 결합하여 "꺼질"때 까지 지속된다. 음성적으로 조절되는 시스템은 활성 억제자(active repressor)가 얼마나 형성되느냐 따라 "유도성(*inducible*)" (B)일 수도 있고 "억제성(*repressible*)" (C)일 수도 있다. **유도성 전사(inducible transcription)**에서 DNA-결합 단백질인 억제자는 통상적으로 전사를 "꺼짐" 상태로 유지시킨다. **유도자(inducer)**라고 하는 작은 분자가 존재하면 억제자는 그 유도자와 선택적으로 결합하여 DNA-결합 능력을 잃게 되고 전사가 허용된다. 많은 분해성 경로(이화경로: catabolic pathway)는 유도성이며, 분해 경로의 최초 기질이 유도자(inducer)로 사용된다. 이런 방식으로 분해에 사용되는 효소들은 기질이 세포에 존재하지 않으면 합성되지 않는다.

억제성 전사(repressible transcription)에서(C) 초기 설정 상태는 활성 억제자(active repressor)가 형성되어 전사를 "끌" 때까지 "켜짐" 상태로 유지된다. 이 경우, 조절성 단백질을 **주억제자(aporepressor)**라 부르며, 이 주억제자는 DNA-결합 활성을 갖고 있지 않다. 활성 억제자는 주억제자와 **보조-억제자(co-repressor)**라고 하는 작은 분자가 결합하여 형성된다. 보조-억제자가 존재하면 전사가 중지된다. 억제성 조절은 생합성 경로(동화경로: anabolic pathway)에 참여하는 효소의 합성 조절에서 흔히 볼 수 있다. 이 경우에, 생합성 경로의 최종산물이 보조-억제자가 되는 경우가 많다. 이런 방식으로 생합성 경로의 효소들은 최종산물의 농도가 너무 낮아 억제를 야기하지 못할 때 합성된다.

양성적 조절에서 전사의 초기 설정 상태는 "꺼짐"이다

양성적으로 조절되는 시스템(그림 9.2)에서 전사의 초기 설정 상태는 "꺼짐"이며, 조절 단백질(regulatory protein)이 결합해야 "켜짐"으로 전환된다. 전사를 켜는 이 단백질을 **전사 활성자 단백질(transcriptional activator protein)**이라고 한다. 음성적 조절과 양성적 조절은 양립할 수도 있으며, 많은 시스템들은 음성적 조절과 양성적 조절, 이 둘 모두에 의해 조절된다. 이 경우, 서로 다른 조건들에 반응하기 위해 두 가지 종류의 조절자(regulator)들이 이용된다. 음성적 조절은 원핵세포에서 더 흔하고, 양성적 조절은 진핵세포에서 더 일반적이다.

몇몇 유전자들은 **자가조절(autoregulation)**을 보이는데, 이는 유전자의 단백질 산물이 유전자 자신의 전사를 조절함을 의미한다. 음성적 자가조절(negative autoregulation)에서 단백질이 유전자의 전사를 억제하고, 그 단백질의 농도가 높을수록 mRNA 전사량은 낮아진다. 이 기작은 세포의 단백질 수준이 자동적으로 일정 수준에서 유지되도록 조절한다. 양

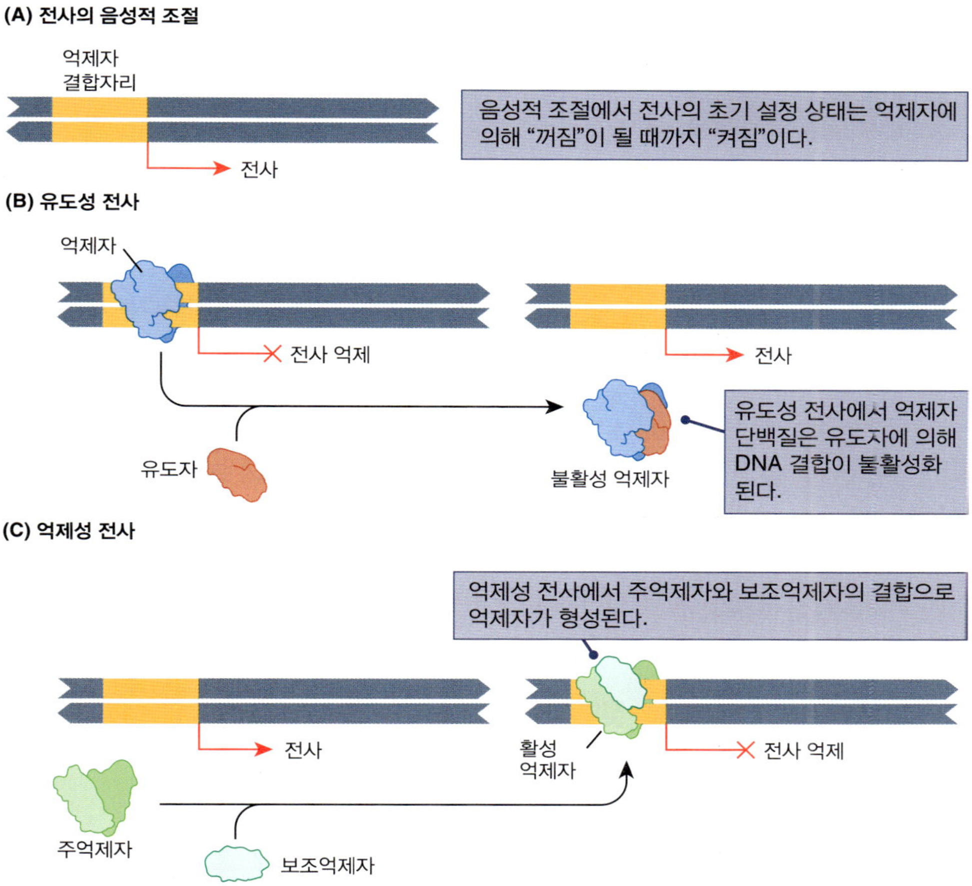

그림 9.1 전사의 음성 조절(A)에는 유도성 기작(B)과 억제성 기작(C)이 있다.

성적 자가조절에서는 합성된 단백질이 전사를 촉진시킨다. 단백질이 많이 만들어질수록 전사는 최대치로 증가한다. 양성적 자가조절은 약한 유도를 증폭시키는 일반적인 방식이다. 약한 신호는 단지 단백질의 생산을 시작시키기 위해 필요할 뿐이지만 단백질이 만들어지기 시작하면 양성적 조절이 이를 이어받아 최대 수준으로의 단백질 생산이 촉진된다.

전사는 종종 실수로 발생한다

대부분의 유전자 조절 기작은 조절 단계가 겹치는 복잡한 형태이다. 그러나 조절을 완벽하게 믿을 수는 없다. 가장 큰 이유는 본질적으로 예측 불가능하거나 분자적 과정의 변수를 들 수 있다. 특히 조절 분자의 수가 작을 때 더 그러하다. 모든 유전자는 가끔 RNA 전사가 파열되기 쉽다. 따라서 mRNA 번역에 의해 단백질이 파열된다. 이러한 유전자 발현의 무작위적 파열은 **확률적 변수(stochastic noise)**로 알려져 있고, 원핵세포와 진핵세포 모두에서 발생한다.

확률적 변수는 낮은 수준의 단백질 발현도 검출할 수 있도록 형광 폴리펩티드와 융합된 균주를 사용하여 출아효모뿐만 아니라 대장균에서 광범위하게 연구되고 있다. 대장균에서 모든 단백질의 절반 정도는 세포당 10~1000 분자 수준으로 생산되고, 하나의 세포에서 다음 세포로의 발현에서 변이는 약 30%이다. 확률적 변수는 더 낮은 수준에서 발현된 단백질에서 더욱 중요하다. 세포당 평균 0.01~1 분자로 생성된 단백질에 대한 유전자 발현의 변이는 평균적으로 1~10배이다.

서로 다른 성리학적 상태를 탐구하기 위해서 또는 유전자 그룹의 발현을 조정하기 위해서 세포가 확률적 변수에 따라 달라질 수 있다는 것이 이상하게 보일 수도 있지만, 이러한 기작은 발전되어 왔다. 다음 절에서는 대장균 세포가 주위 환경에 존재하는 영양소에 반응하기 위해 확률적 변이를

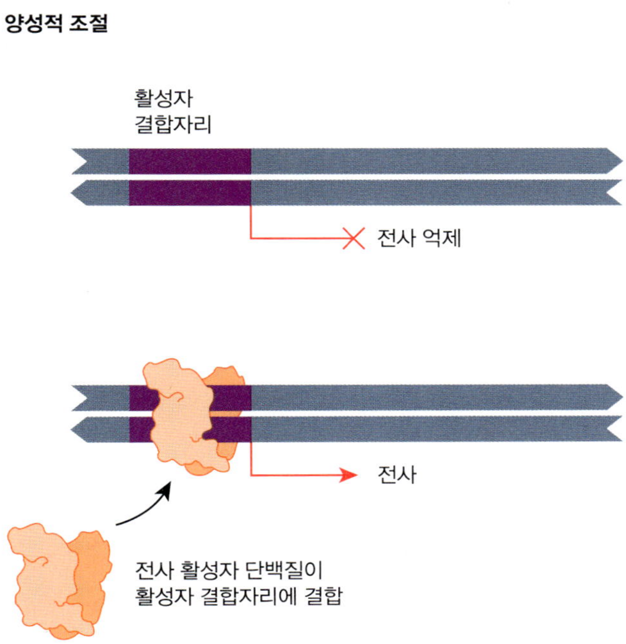

그림 9.2 양성 조절에서 전사의 초기 태는 "꺼짐"이다. 전사는 전사 활성자 단백질의 결합에 의해 촉진된다.

사용하는 방법의 예를 살펴볼 것이다.

잠깐 생각해 봅시다 9.1

박테리아 종의 유전자 *A*는 억제 단백질에 의해 음성으로 조절되는 반면에, 유전자 *B*는 전사 활성 단백질에 의해 양성으로 조절된다. 결합 부위를 바꿀 수 없는 돌연변이 억제자가 결합 부위에 단단히 결합할 수 없는 균주에서 유전자 *A*를 어떻게 조절할 수 있는가? 전사 활성자 단백질에 영향을 미치는 유사 돌연변이를 갖고 있는 균주에서 유전자 *B*를 어떻게 조절할 수 있는가?

9.2 원핵생물에서 이웃하는 유전자 집단은 흔히 단일 단위로 전사된다

유전자 조절의 분석은 대장균에서 젖당 분해에 관계하는 유전자들을 대상으로 수행되었다. 조절을 기술하는 데 사용되는 수많은 전문용어들은 이 유전적 분석에서 유래되었다.

최초로 발견된 조절성 돌연변이는 젖당 대사에 영향을 미쳤다

대장균에서, 두 가지 종류의 단백질이 젖당 대사에 필요하다. 이는 젖당을 분해하여 갈락토오스와 포도당을 만드는 **β-갈락토오시다아제(β-galactosidase)** 효소와 세포로 젖당이 들어가는 데 필요한 운반자인 **젖당 투과효소(lactose permease)**이다. 젖당-이용 시스템에서 2개의 서로 다른 단백질이 존재한다는 사실은 유전학적 실험과 생화학적 분석의 조합으로 처음 밝혀졌다.

탄소원으로 젖당을 사용하지 못하는 Lac^- 돌연변이체로 이름 붙여진 수백 개의 돌연변이체들이 먼저 분리되었다. 돌연변이의 일부는 대장균의 염색체에, 나머지는 젖당의 이용에 필요한 유전자들을 갖고 있는 F′ *lac* 플라스미드(plasmid)에 존재하였다. $F' \times F^-$ 교잡으로 연구자들은 F′ lac^- / lac^+ 또는 F′ lac^+ / lac^- 유전자형을 갖는 부분 이배체(partial diploid)를 만들었다[플라스미드 유전자형은 사선(/) 왼쪽에, 염색체 유전자형은 오른쪽에 표기함]. 이 부분 이배체들 모두는 언제나 Lac^+ 표현형을 갖고 있었다(즉, 이들은 β-갈락토오시다아제와 젖당 투과효소, 두 가지 모두를 만들었다). 그런 다음, F′ *lac* 플라스미드와 lac^- 대립유전자를 지닌 염색체 둘을 모두 갖는 또 다른 부분 이배체를 만들었다. 이 이배체들로 Lac^+ 표현형 실험을 수행한 결과, 최초로 분리된 돌연변이체들 모두는 *lacZ*와 *lacY*라고 하는 두 보상집단(comple-mentation group)에 속하였다. 이러한 결과는 적어도 2개의 유전자가 *lac* 시스템을 이루고 있음을 암시한다. 보상(complementaleme은 F′ $lacY^-$ $lacZ^+$ / $lacY^+$ $lacZ^-$와 F′ $lacY^+$ $lacZ^-$/ $lacY^-$ $lacZ^+$ 부분 이배체들 사이에서 이루어졌다. 표현형은 Lac^+였고 β-갈락토오시다아제와 투과효소를 생산하였다. 그러나 유전자형 F′ $lacY^-$ $lacZ^+$ / $lacY^-$ $lacZ^+$와 F′ $lacY^+$ $lacZ^-$ / $lacY^+$ $lacZ^-$의 표현형은 Lac^-였으며, 이들은 각각 투과효소와 β-갈락토오시다아제를 합성하지 못하였다. 따라서 *lacZ* 유전자는 β′-갈락토오시다아제를, *lacY* 유전자는 젖당 투과효소를 암호화한다는 사실을 알 수 있었다(젖당 대사과정에 관계하는 세 번째 유전자는 나중에 발견되었다. 왜냐하면 젖당은 성장에 필수적이지 않으며, 초기 돌연변이체들에는 그 돌연변이체가 포함되어 있지 않았기 때문이다). *lacZ*와 *lacY* 유전자가 근접하고 있을 것이라는 추측은 유전자 지도 작성 실험에서 이 두 유전자가 높은 동시형질도입(cotransduction)률을 보인다는 사실로부터 짐작되었다. 실제로 *lacZ*와 *lacY* 유전자는 염색체에서 서로 근접해 있다.

젖당-이용 효소들은 유도성(조절성)이거나 항구성일 수 있다

젖당 이용에 관련된 유전자들의 켜짐–꺼짐 특성은 다음의 관찰로 분명해졌다.

- 만일 Lac^+ 대장균을 젖당 또는 다른 어떠한 β-갈락토오시드도 없는 배지에서 배양하면 β-갈락토오시다아제와 젖당 투과효소의 세포 내 농도는 지극히 낮을 것이다. 즉, 세균 세포당 약 1~2 분자 정도만 존재할 것이다. 그러나 성장배지에 젖당이 존재하면 β-갈락토오시다아제와 젖당 투과효소의 농도는 약 1,000배 이상 높아질 것이다.
- 만일 젖당-결핍 배지(포도당 또한 없는 배지)에서 배양 중인 Lac^+ 대장균에 젖당을 첨가하면 그림 9.3에서 보여주는 것처럼 β-갈락토오시다아제와 젖당 투과효소가 거의 동시에 합성될 것이다. 젖당을 첨가하기 전과 후에 세포 내에 존재하는 전체 mRNA를 분석해 보면, *lac* mRNA(β-갈락토오시다아제와 투과효소를 암호화하는 폴리시스트론적 mRNA)는 젖당을 첨가하기 전에는 거의 존재하지 않지만 젖당을 첨가하면 *lac* mRNA의 합성이 시작된다는 것을 알 수 있다.

이 두 가지 실험결과는 젖당 유전자들의 전사는 **유도성 전사**(*inducible transcription*)이며, 젖당은 **유도자**(*inducer*)임을 보여주고 있다. 황-함유 유사체인 IPTG(이소프로필시오갈락토오시드, isopropylthiogalactodise)와 같은 젖당 유사체들

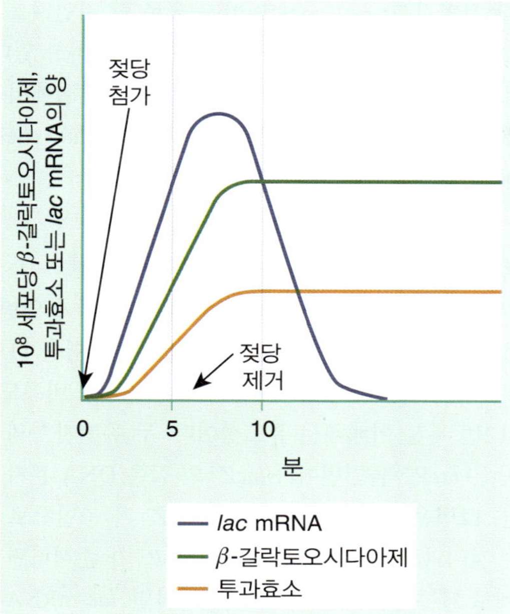

그림 9.3 *lac* 시스템의 "켜짐–꺼짐" 특성. *lac* mRNA는 젖당이나 다른 유도자가 첨가되면 곧바로 나타난다. β-갈락토오시다아제와 젖당 투과효소는 거의 같은 시간에 나타난다. 그러나 번역에는 시간이 필요하기 때문에 효소들의 합성은 mRNA 합성에 비해 지연된다. 젖당이 제거되면 *lac* mRNA는 더 이상 만들어지지 않으며 그 양은 기존의 mRNA가 분해되기 때문에 감소된다. β-갈락토오시다아제와 젖당 투과효소는 안정한 단백질이다. 그 양은 합성이 중지될 때 조차 일정수준으로 남는다. 그러나 세포당 농도는 세포 분열이 반복됨에 따라 점차 감소한다.

도 유도체이다. IPTG는 젖당 유전자의 전사를 유도하지만, β-갈락토오시다아제에 의해 분해되지 않으므로 실험에 용이하게 사용된다. 유도자인 IPTG는 세포에 흡수되어 β-갈락토오시다아제의 존재 유무에 상관없이 일정한 수준으로 유지된다.

유도자가 결핍된 상태에서 뿐만 아니라 존재할 때도 *lac* mRNA를 합성하고 효소를 생산하는 돌연변이체들도 분리되었다. 유도자가 있든 없든 이들은 항구적으로 합성을 계속하기 때문에 이 돌연변이체를 **항구성(constitutive)**이라고 한다. 이 돌연변이체들은 유도 기작을 이해하는 데 핵심이 되었다. 유도자가 존재함에도 불구하고 *lac* mRNA와 효소를 합성하지 못하는 돌연변이체들도 분리되었다. 이러한 비유도성 돌연변이체(uninducible mutant)들은 두 가지 부류, 즉 *lacI^s*와 *lacP*⁻로 나뉜다. **표 9.1**은 이 돌연변이체들의 특징을 보여주고 있으며, 다음 절에서도 설명될 것이다.

억제자는 전령 RNA 합성을 중지시킨다

표 9.1에서 *lacI*⁻ 돌연변이를 보이는 유전자형 3과 4는 열성(recessive)이다. 유도자가 없을 때 *lacI*⁺ 세포는 *lac* mRNA

표 9.1 *lacI*, *lacO*, *lacP* 대립유전자들의 조합에 따른 부분 이배체의 특징

유전자형	*lac* mRNA 합성	Lac 표현형
1. F′ *lacO^c lacZ*⁺/*lacO*⁺ *lacZ*⁺	항구성	+
2. F′ *lacO*⁺ *lacZ*⁺/*lacO^c lacZ*⁺	항구성	+
3. F′ *lacI*⁻ *lacZ*⁺/*lacI*⁺ *lacZ*⁺	유도성	+
4. F′ *lacI*⁺ *lacZ*⁺/*lacI*⁻ *lacZ*⁺	유도성	+
5. F′ *lacO^c lacZ*⁻/*lacO*⁺ *lacZ*⁺	유도성	+
6. F′ *lacO^c lacZ*⁺/*lacO*⁺ *lacZ*⁻	항구성	+
7. F′ *lacI^s lacZ*⁺/*lacI*⁺ *lacZ*⁺	비유도성	−
8. F′ *lacI*⁺ *lacZ*⁺/*lacI^s lacZ*⁺	비유도성	−
9. F′ *lacP*⁻ *lacZ*⁺/*lacP*⁺ *lacZ*⁺	유도성	+
10. F′ *lacP*⁺ *lacZ*⁺/*lacP*⁻ *lacZ*⁺	유도성	+
11. F′ *lacP*⁺ *lacZ*⁻/*lacP*⁻ *lacZ*⁺	비유도성	−
12. F′ *lacP*⁺ *lacZ*⁺/*lacP*⁻ *lacZ*⁻	유도성	+

를 만들지 않는 반면, *lacI*⁻ 돌연변이체는 *lac* mRNA를 만든다. 이러한 결과는 다음과 같은 사실을 제시한다.

핵심 개념

lacI 유전자는 시스템을 꺼진 상태로 유지시키는 억제자 단백질(repressor protein)을 만드는 조절성 유전자이다. 억제자는 mRNA의 합성을 차단하기 때문에 이 억제자에 의한 전사 조절은 음성적 조절(negative regulation)이다.

lacI⁻ 돌연변이체는 억제자를 만들지 못하므로 전사는 항구적(constitutive)이다. *lacI*⁺ / *lacI*⁻ 부분 이배체에는 야생형 억제자 유전자가 존재하기 때문에 전사가 억제된다. 여기서 중요한 것은 1개의 *lacI*⁺ 유전자가 F′ 플라스미드와 염색체 상에 존재하는 *lacI*⁻ 유전자로부터의 mRNA 합성을 모두 억제한다는 사실이다. 따라서 억제자 단백질은 세포 내에 확산되어 부분 이배체에 존재하는 DNA의 mRNA 합성을 억제할 수 있다.

한편, 유전자형 7과 8은 우성 *lacI^s* 돌연변이이며, 이 돌연변이는 유도자의 존재 유무에 관계 없이[*lacI^s*의 위첨자는 초억제자(*super-repressor*)를 뜻함] F′ 플라스미드와 염색체로부터의 mRNA 합성을 억제한다. *lacI^s* 돌연변이는 유도자를 인지하여 결합하는 능력이 없는 억제자를 만들기 때문에 *lac* mRNA 합성을 영구히 억제한다. 유전자 지도 작성 실험에 의해 *lacI* 유전자는 *lacZ* 유전자 근처에 있으며, 유전자의 순서는 *lacI*, *lacZ*, *lacY*임이 밝혀졌다. *lacI* 억제자가 어떻게 *lac* mRNA 합성을 막는지는 조금 뒤에 설명한다.

젖당 작동자는 억제에 필수적인 자리이다

표 9.1의 1번과 2번에서 *lacO*^{c} 돌연변이체는 우성이다. 그러나 이 우성은 5번과 6번 부분 이배체처럼 일정한 *lac* 돌연변이 조합에서만 분명히 나타난다. 이 두 조합에는 기능적(functional)인 *lacZ* 유전자가 존재하기 때문에 표현형은 Lac$^+$이다. 그러나 5번 조합에서는 *lacO*^{c} 돌연변이가 존재하고 있음에도 불구하고 β-갈락토오시다아제의 합성은 유도성이다. 5번과 6번 조합 간의 차이는 5번 조합에서는 *lacO*^{c} 돌연변이가 *lacZ*$^-$ 돌연변이와 동일한 DNA 분자에 존재하고 있는 반면, 6번 조합에서는 *lacO*^{c} 돌연변이가 *lacZ*$^+$와 동일한 DNA 분자에 존재하고 있다는 점이다. 이 결과의 중요한 특징은 다음과 같다.

핵심 개념

lacO^c 돌연변이는 *lacO*^{c}와 *lacZ*$^+$ 대립유전자들이 같은 DNA 분자에 포함될 때만 β-갈락토오시다아제의 항구적 합성을 야기한다.

시스 배치(*cis* configuration: 돌연변이가 동일한 DNA 분자에 존재하는 배열)를 하고 있는 유전자들만 우성 방식으로 발현되기 때문에 *lacO*^{c} 돌연변이를 **시스-우성(*cis*-dominant)**이라 부른다. 이런 결론은 한 중요한 생화학적 관찰로 확증되었다. 즉, *lacZ*$^-$ 대립유전자로부터 만들어지는 돌연변이체 효소는 *lacO*^{c} *lacZ*$^-$ / *lacO*$^+$ *lacZ*$^+$ 부분 이배체(5번)에서 항구적으로 합성되는 반면, *lacZ*$^+$ 대립유전자로부터 만들어지는 야생형 효소는 유도자(inducer)가 첨가되어야만 합성된다. 모든 *lacO*^{c} 돌연변이는 *lacI*와 *lacZ* 유전자 사이에 위치한다. 따라서 *lac* 시스템의 4개 유전자 요소들의 순서는 다음과 같다.

lacI *lacO* *lacZ* *lacY*

모든 *lacO*^{c} 돌연변이들의 중요한 특징은 서로를 보상(complementation)할 수 없다는 점이다(이는 모든 시스-우성 돌연변이들의 특성이다). 즉, *lacO*$^+$ 대립유전자는 *lacO*^{c} 돌연변이의 항구성 활성(constitutive activity)을 바꾸지 못한다. 이런 결과는 *lacO* 부위는 확산성 산물을 암호화하지 않으며, 대신 이웃하는 *lacZ* 유전자 산물의 합성을 유도성(inducible)으로 할 것인지 항구성(constitutive)으로 할 것인지를 결정하는 DNA 부위임에 틀림이 없다는 것을 암시하고 있다. 이 *lacO* 부위를 **작동자(operator)**라 부른다. 다음 절에서 작동자가 실제 억제자 단백질의 DNA **결합자리**(*binding site*)라는 사실을 알 수 있을 것이다.

젖당 프로모터는 전사에 필수적인 자리이다

표 9.1의 11과 12번은 *lacP*$^-$ 돌연변이가 *lacO*^{c} 돌연변이와 같이 시스-우성임을 보여주고 있다. 시스-우성형은 11번 부분 이배체에서 볼 수 있다. 11번의 유전자형은 비유도성인 반면, 12번 부분 이배체는 유도성이다. 두 유전자형의 차이는 11번은 *lacP*$^-$ 돌연변이가 *lacZ*$^+$와 같은 DNA 분자 내에 있지만, 12번은 *lacP*$^-$ 돌연변이와 *lacZ*$^-$가 조합으로 존재한다는 것이다. 즉, 야생형 *lacZ*$^+$는 *lacP*$^-$가 존재하면 비발현 상태로 남는다는 것을 뜻한다. 왜냐하면, *lac* mRNA가 그 DNA 분자로부터 전사되지 않기 때문이다. *lacP*$^-$ 돌연변이는 *lacI*와 *lacO* 사이에 위치한다. 따라서 *lac* 시스템의 5개 유전적 구성요소의 순서는 다음과 같다.

lacI *lacP* *lacO* *lacZ* *lacY*

예상할 수 있듯이, *lacP*$^-$ 돌연변이는 시스-우성이기 때문에 이 유전자들은 서로 보상되지 않는다. 즉, 다른 DNA 분자 상에 존재하는 *lacP*$^+$ 대립유전자에 의해 *lacP*$^-$ 돌연변이를 지닌 DNA 분자의 기능이 보완되지 않는다. 따라서 *lacO* 처럼, *lacP*도 분명히 *lac* mRNA를 합성할 것인지를 결정하는 자리로 규정해야 한다. 만일 그 자리가 결함을 갖거나 결손되면 mRNA 합성이 일어나지 않기 때문에 *lacP*는 mRNA 합성에 필수적인 자리이다. 이 *lacP* 부위를 **프로모터(promoter)**라 한다. 프로모터는 RNA 중합효소가 결합하여 전사가 시작되도록 하는 자리이다.

잠깐 생각해 봅시다 9.2

박테리아 균주의 표현형을 생각해보시오.

F′ *lacO*^{c} *lacZ*$^+$ *lacY*$^-$ / *lacP*$^-$ *lacZ*$^-$ *lacY*$^+$

이 균주에서 대립유전자 *lacZ*$^+$와 *lacY*$^+$에 대해 대립유전자의 조절 상태를 유도성, 비유도성 및 항구성으로 분류하시오.

젖당 오페론은 연결된 구조 유전자와 조절 염기서열을 가지고 있다

lac 시스템의 유전자 조절 기작은 **그림 9.4**에 그려져 있는 자코(Francois Jacob)와 모노(Jacques Monod)의 오페론 모델

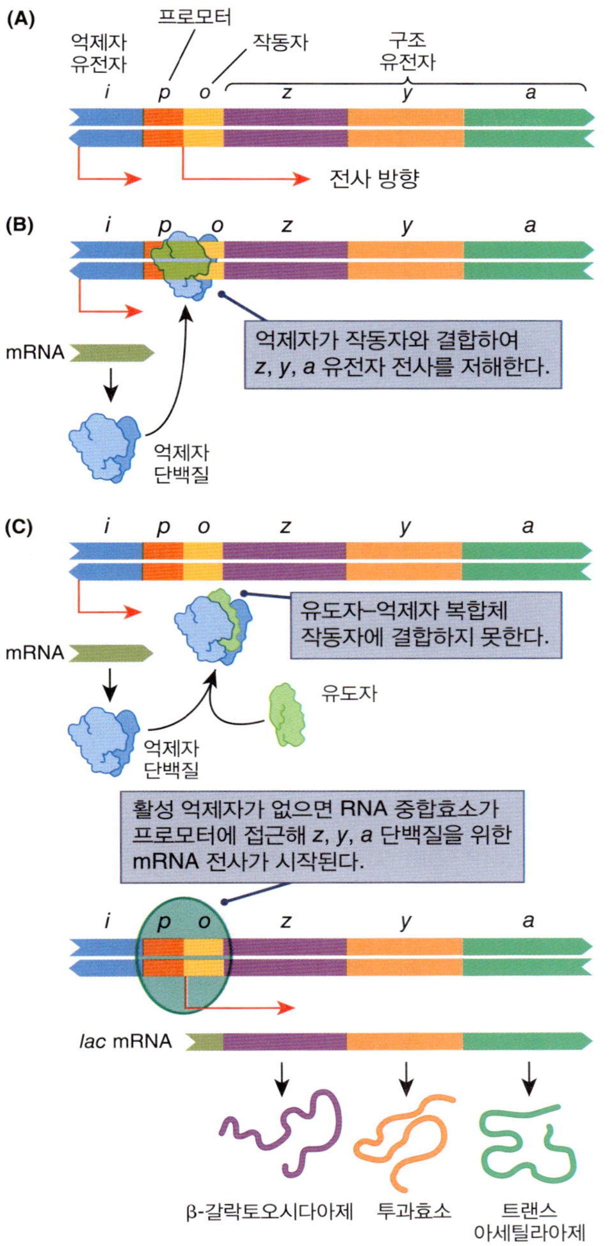

그림 9.4 (A) *lac* 오페론의 구성. 실제 크기와는 다르게 그려져 있다. *p*와 *o* 부위는 다른 자리에 비해 실제로 훨씬 더 작은 83 염기쌍으로 이루어져 있다. (B) 억제된 상태의 *lac* 오페론 모식도. (C) 유도된 상태의 *lac* 오페론 모식도. 유도자는 억제자의 모양을 변형시켜 더 이상 작동자에 결합할 수 없게 한다.

Note: The common abbreviations *i, p, o, z, y*, and a are used instead of *lacI, lacO*, and so forth. The *lacA* gene is not essential for lactose utilization.

에 의해 최초로 설명되었다(그림에는 *lacI*, *lacO*, *lacP*, *lacZ*, *lacY*, *lacA* 유전자의 대체 약어인 *i*, *o*, *p*, *z*, *y*, *a*가 사용되었다). 오페론 모델은 다음과 같은 특징을 가지고 있다.

1. 젖당-이용 시스템은 두 종류의 구성요소로 이루어진다. 즉, 젖당 수송과 대사에 필요한 단백질을 암호화하는 **구조유전자들**(*lacZ*와 *lacY*)과 **조절성 요소들**(*lacI* 억제유전자, *lacP* 프로모터, *lacO* 작동자)이다.
2. *lacZ*와 *lacY* 유전자의 산물들은 단일(single) 폴리시스트론적 mRNA 분자에 의해 암호화된다. 연결된 구조유전자들이 *lacP* 그리고 *lacO*와 함께 *lac* 오페론(operon)을 구성한다. [*lacA*에 의해 암호화되는 세 번째 단백질도 또한 폴리시스트론적 mRNA로부터 전사된다. 이 단백질은 β-갈락토오시드 트랜스아세틸라아제(β-galactoside transacetylase)이며, 젖당 이외의 어떤 β-갈락토오시드 대사에 사용되기 때문에 여기서는 관심 대상에서 제외될 것이다.]
3. 프로모터 돌연변이($lacP^-$)는 *lac* mRNA 합성능을 없앤다.
4. *lacI* 유전자산물은 작동자를 이루는 특정 DNA 서열에 결합하는 억제자이다.
5. 억제자가 작동자에 결합하면 RNA 중합효소에 의해 *lac* mRNA의 전사 개시가 방해된다.
6. 유도자는 억제자에 결합한 후 이를 불활성화시켜 mRNA 합성을 자극한다. 유도자가 존재하면 작동자는 억제자와 결합하지 않고, 프로모터는 mRNA 합성을 시작할 수 있다.

오페론 조절은 억제자의 결합으로 전사가 억제되기 때문에 *lacO* 작동자가 구조유전자의 프로모터에 겹쳐져 있거나 인접해 있을 필요가 있다. *lacI* 억제자는 수용성 단백질이어서 세포 전체에 확산되기 때문에 *lacO*와 *lacI*의 인접이 반드시 필요한 것은 아니다. 유도자가 존재하면 억제자의 DNA-결합 특성은 심대한 영향을 받는다. 왜냐하면 유도자-억제자 복합체의 작동자에 대한 결합 친화력이 억제자 단독일 때 보다 약 1,000배 정도 낮아지기 때문이다.

오페론이 유도될 때, β-갈락토오시다아제, 투과효소, 트랜스아세틸라아제의 단백질 분자 수는 1.0 : 0.5 : 0.2 비율이다. 이런 차이는 부분적으로 mRNA 내의 유전자들의 순서 때문이다. 하류 시스트론(downstream cistron)들은 상류 시스트론이 번역을 끝낼 때까지 재개시를 못하기 때문에 번역이 덜 이루어진다.

확률적인 변수는 젖당 오페론의 유도를 돕는다

젖당 투과효소를 필요로 할 때 젖당은 젖당 오페론이 억제된 세포로 어떻게 수송될까? 그 답은 생물체가 성장배지에서 모든 젖당을 이용할 수 있도록 유전자 발현의 확률적인 변수에 의존한다는 것이다. 젖당 오페론의 경우, mRNA와 단백질 발현의 확률적인 파열은 5~10 세포 세대마다 한 번 이루어진다. 그 결과 평균 파열은 젖당 투과효소 40분자를 가져온다. 각각의 연속된 분열에서 딸세포당 평균 20, 10, 5, … 분자로 세포 분열에 의해 희석된다. 완전히 억제된 조건하의 정상 상태에서, 세포의 약 35%는 확률적 변수로 인해 하나 또는 그 이상의 젖당 투과효소를 가진다. 이러한 세포는 양성 피드백을 통해 오페론을 유도하는 세포 내로 젖당을 수송하여 주위 환경의 젖당 증가에 즉시 반응할 수 있다. 따라서 세포 반응은 "전체 또는 없음"이다. 투과효소가 부족한 세포는 젖당을 사용하기 전에 발현의 확률적 파열을 거쳐야 할 필요가 있다.

젖당 오페론 역시 양성적 조절을 받는다

유전자 조절 기작은 다양하며, 락 오페론의 조절도 예외는 아니다. 락 오페론은 젖당에 의해 음성적 조절을 하고, 포도당에 의해 양성적 조절을 한다. 포도당은 대장균이 선호하는 탄소 에너지원이다. 만일 성장배지에 포도당과 젖당이 존재하면, *lac* 오페론 전사는 배양액의 모든 포도당이 완전히 고갈될 때까지 중지된다. 포도당이 존재할 때는 *lac* mRNA가 만들어지지 않는다는 사실은 *lac* mRNA 합성 개시에 유도자와 함께 또 다른 요소가 필요함을 암시하고 있다.

lac 오페론의 발현에 미치는 포도당의 억제 효과는 간접적이다. 그림 9.5에서 보여주고 있는 **사이클릭 아데노신 일인산**(cyclic adenosine monophosphate, cAMP)이라는 작은 분자는 동물의 조직과 다세포 진핵세포들에 널리 분포하고 있으며, 많은 호르몬의 작용을 매개하는 중요한 역할을 한다. cAMP는 대장균과 많은 다른 세균들에도 역시 존재하며 다른 기능을 한다. cAMP는 **아데닐닐 시클라아제**(adenylyl cyclase)에 의해 합성되며, cAMP의 농도는 포도당 대사에 의해 간접적으로 조절된다. 대장균이 포도당이 첨가되어 있는 배양액에서 자랄 때, 세포내 cAMP 농도는 매우 낮다. 글리세롤이나 다른 탄소원들이 포함된 배양액에서 분해를 위해 호기성 대사가 필요하거나, 세균의 에너지원이 고갈되면 cAMP의 농도는 높아진다(표 9.2). 포도당 수준은 세포에서 cAMP 농도 조절을 도우며, cAMP는 *lac* **오페론의 활성**을 조절할 뿐만 아니라 분해 대사경로를 조절하는 몇몇 다른 오페론들도 조절한다.

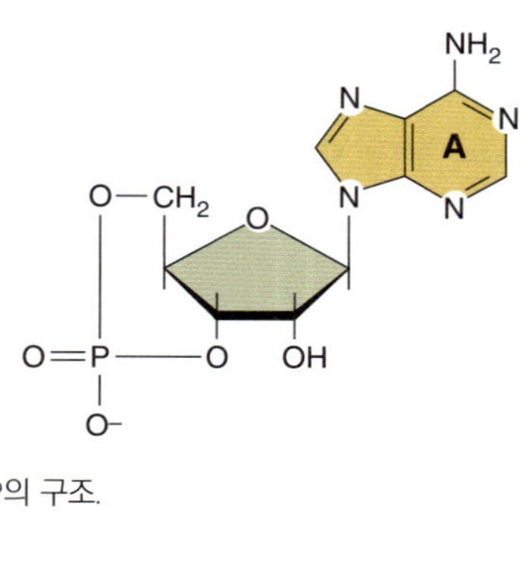

그림 9.5 cAMP의 구조.

대장균을 비롯한 많은 다른 세균 종들은 *crp*라는 유전자에 의해 암호화되는 **사이클릭** ***AMP*** **수용체 단백질**(*cyclic AMP receptor protein*, CRP)이라고 하는 단백질을 가지고 있다. *crp*나 아데닐 시클라아제 유전자에 돌연변이가 발생하면 *lac* mRNA 합성이 일어나지 않는다. 이는 CRP 기능과 cAMP가 모두 *lac* mRNA 합성에 필요하다는 것을 의미한다. CRP와 cAMP는 결합하여 **cAMP–CRP**라고 하는 복합체를 형성한다. *crp*와 아데닐 시클라아제 돌연변이체는 *lacI*⁻ 또는 $lacO^c$ 돌연변이가 존재할 때 조차도 *lac* mRNA를 만들지 못하기 때문에 유도에는 cAMP–CRP가 필요하다. cAMP–CRP 복합체가 필요한 이유는 이 복합체가 프로모터 부위의 특정 DNA 서열에 결합해야만 전사가 일어날 수 있기 때문이다(그림 9.6). 음성적 조절자인 억제자와는 달리 cAMP–CRP 복합체는 양성적 조절자이다. *lac* 오페론의 음성적 조절 시스템과 양성적 조절 시스템은 서로 독립적이다.

lac DNA, *lac* 억제자, cAMP–CRP, RNA 중합효소를 정제하여 *in vitro*에서 수행한 실험 결과로부터 다음과 같은 두 가지 문제가 더 확인되었다.

1. cAMP–CRP 복합체가 없으면 RNA 중합효소는 프로모터에 약하게 결합하지만, cAMP–CRP가 DNA에 결합하면 그 결합이 촉진된다. 약한 결합으로는 전사가 거의 개시되지 않는다. 왜냐하면 RNA 중합효소와 프로모터 간에 정확한 상호작용이 일어나지 않기 때문이다.
2. 억제자가 작동자에 결합하면 RNA 중합효소는 프로모터에 안정적으로 결합하지 못한다.

이러한 결과들은 젖당과 포도당이 함께 *lac* 오페론의 전사를 어떻게 조절하는지를 설명하고 있다. 이 요소들과 또 하나의 요소 그리고 전사 시작 및 염기서열과의 관계는 그림 9.7에

표 9.2 제시된 탄소원이 포함된 배양액에서 세포를 배양할 때 세포내 cAMP의 농도

탄소원	cAMP 농도
포도당	낮음
글리세롤	높음
젖당	높음
젖당 + 포도당	낮음
젖당 + 글리세롤	높음

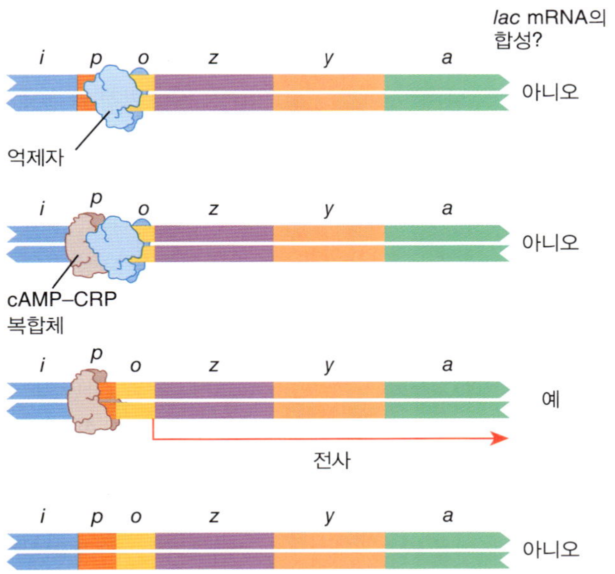

그림 9.6 *lac* 오페론의 4가지 조절상태. *lac* mRNA는 cAMP–CRP가 존재하고 억제자가 없을 때에만 합성된다.

나타내어져 있다.

lac 오페론 조절의 3차 구조에 대해서는 많이 알려져 있다. **그림 9.8**은 CRP 단백질(짙은 푸른색)이 결합하는 부위를 포함하는 고리를 형성하기 위해서 억제자 단백질(보라색)이 2개의 작동자 부위에 어떻게 결합하는지를 보여주고 있다. 그림 9.8에서 보여주는 DNA 부위는 그림 9.7의 작동자 3에서 작동자 1까지의 부위와 일치한다. 그림 9.7의 염기 색깔은 그림 9.8의 부위와 같은 색으로 표시되어 있다. 그림 9.8에서 빨간색에 해당하는 DNA 부위 중 오른쪽은 작동자 1, 왼쪽은 작동자 3과 일치한다. *lac* 억제자 사량체(tetramer, 보라색)가 이 부위에 결합한다. 억제자 결합자리와 CRP 단백질(짙은 푸른색)이 결합하는 CRP 결합자리(중간 푸른색)의 사이에 DNA 고리가 형성된다. 녹색의 DNA 부위는 *lacP* 프로모터의 −10과 −35 자리이다. 그림 9.8의 구조는 *lac* 오페론이 전사되지 않는다. 억제자 단백질이 제거되고 고리가 열리면 전사가 일어난다.

lac 오페론의 DNA 서열은 3개의 작동자 서열이 존재함을 보여준다. 작동자 1과 3은 그림 9.7에서 보여주고 있고, 작동자 2는 *lacZ*를 암호화하는 부위로 약 400개의 뉴클레오티드로 이루어져 있다. 3개의 작동자는 억제자의 결합 효율에 있어서 매우 큰 차이를 보인다. 작동자 1과 2(*lacZ* 유전자 내에 1개)는 억제자 결합 효율이 높은 반면에, 작동자 3의 억제자 결합 효율은 작동자 1과 2의 절반에 해당한다. 오페론의 가장 흔한 억제 상태는 그림 9.8과 유사한 형태로 작동자 1과 2에 억제자가 결합하는 것이다. 완벽한 전사의 억제를 위해서는 3개의 작동자 모두에 억제자가 결합해야 한다. 쟈콥과 모노드는 전형적인 유전실험을 통해 오직 작동자 1이 관여함을 밝혔다.

잠깐 생각해 봅시다 9.3

E. coli 돌연변이 계통은 항상 높은 수준의 cyclic AMP을 생성한다. 이 균주에서 포도당이 포함된 성장 배지에 젖당이 첨가되면 *lac* operon은 어떻게 반응하는가? 이 반응은 비돌연변이 균주와 어떻게 다른가?

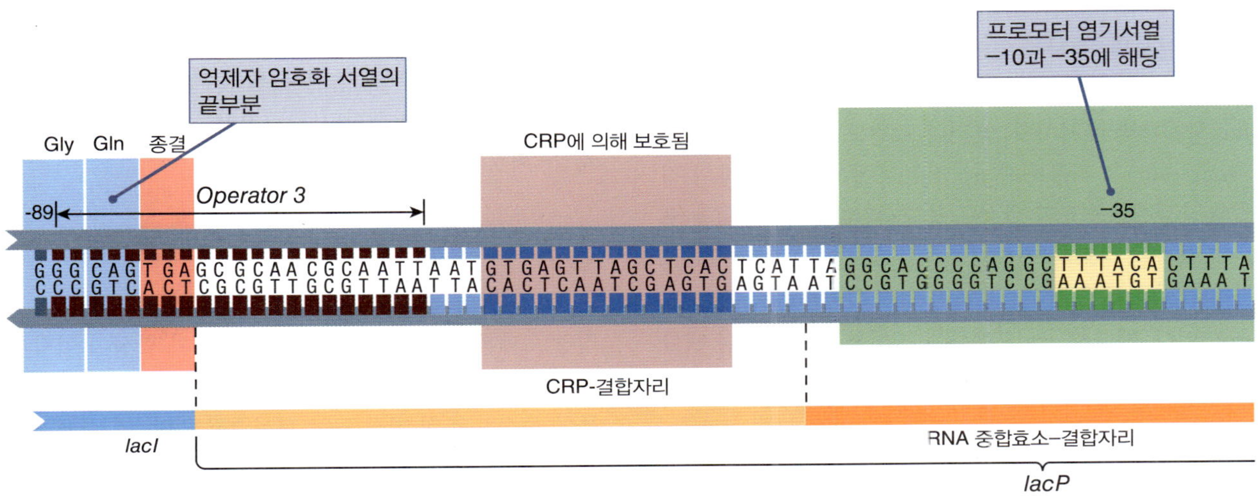

그림 9.7 (위 그림과 다음 쪽에 이어진 그림) *lac* 오페론 조절 부위의 염기서열. 다양한 단백질들과 결합함으로써 DNA 분해효소(DNase)에 의한 절단으로부터 보호된 자리를 나타낸다. *lacI* 유전자의 끝은 맨 왼쪽에 있으며, 리보솜 결합자리는 리보솜이 *lac* mRNA에 결합하는 자리이다. CRP와 RNA 중합효소가 결합하는 공통자리(consensus site)들은 그림의 아래쪽에 표시되어 있다. 염기를 나타내는 탭은 그림 9.8과 일치하는 색으로 표시하였다.

그림 9.8 *lac* 오페론 억제고리의 구조. *lac* 억제자(보라색)는 그림 9.7에서 보여주고 있는 대칭의 작동자 부위와 CRP 결합자리의 바로 상류 부위로 이루어진 두 DNA 부위들(빨간색)과 결합한다. 고리 내에 CRP 단백질(짙은 파란색)이 결합하는 CRP 결합자리(중간 파란색)가 있다. 프로모터의 −10과 −35부위는 녹색이다.

트립토판 생합성은 트립토판 오페론에 의해 조절된다

대장균의 트립토판(*trp*) 오페론은 트립토판 아미노산을 합성하는 효소에 대한 구조 유전자를 가지고 있다. 이 오페론은 적정 수준의 트립토판이 성장배지에 존재하면 오페론의 전사가 억제되는 방식으로 조절된다. 그러나 트립토판의 공급이 불충분하면, 전사가 일어나게 된다. *trp* 오페론의 조절은 mRNA 합성이 억제자에 의해 음성적으로 조절되기 때문에 *lac* 오페론과 유사하다. 그러나 트립토판이 보조-억제자(co-repressor)로 작용해서 *trp* 작동자에 대한 억제자의 결합을 촉진시켜 트립토판 합성을 중지시킨다는 점에서 *lac* 오페론 조절과는 다르다. *trp* 오페론은 **유도성 오페론**(*inducible* operon)이라기보다는 오히려 **억제성 오페론**(*repressible* operon)이다. 게다가, *trp* 오페론은 분해성 효소가 아닌 생합성 효소들을 암호화하기 때문에 포도당이나 cAMP−CRP에 의해 조절되지 않는다.

lac 오페론처럼 간단한 켜짐−꺼짐 시스템은 생합성 과정에서 최적의 시스템이 아니다. 예를 들면, 성장배지에 약간의 트립토판이 존재하지만 그 양이 최적의 성장을 유지시키기에는 충분하지 않은 상황이 발생할 수 있다. 이런 조건하에서는 최대 합성률 이하로 트립토판을 합성하는 것이 유리하다. 세포는 탈억제 상태(dere-pressed state)에서 전사량이 세포내 트립토판 농도에 의해 결정되는 조절 기작을 이용하여 이런 상황에 적응한다. 이 조절 기작은 아미노산 생합성에 관계하는 많은 오페론에서 발견된다.

트립토판은 5단계로 합성되며, 각 단계마다 특정 효소가 요구된다. 효소들을 암호화하는 유전자들은 대장균 염색체에서 인접하고 있으며, 생합성 과정에서의 효소 작용 순서와 똑같은 순서로 일직선상에 배열되어 있다. 이 유전자들을 *trpE*, *trpD*, *trpC*, *trpB*, *trpA*라고 부르며, 효소들은 단일 폴리시스트론적 mRNA로부터 번역된다. *trpE* 암호화 지역이 맨 처음 번역된다. *trpE* 상류(5′ 쪽)에 프로모터, 작동자 그리고 **선도자**(*leader*) 및 **전사약화자**(*attenuator*)로 불리는 두 지역이 있는데, 이를 각각 *trpL*과 *trpa*(*trpA*가 아님)라고 한다(**그림 9.9**). 억제유전자인 *trpR*은 이 오페론으로부터 꽤 멀리 떨어져서 존재한다.

trp 오페론의 조절단백질은 *trpR* 유전자 산물인 주억제자 단백질이다. 주억제자 단백질은 활성억제단백질을 형성하기 위해 보조억제자로 트립토판을 필요로한다. *trpR* 유전자 또는 작동자 모두에 돌연변이가 발생하면 *trp* mRNA의 항구성 전사개시가 야기된다. *trpR* 유전자의 산물은 *trp* 주억제자(aporepressor)이다. 주억제자는 트립토판과 결합하지 않으면 작동자에 결합하지 않는다. 즉, 주억제자와 트립토판이 결합하여 활성 *trp* 억제자(active *trp* repressor)를 형성해야만 작동자에 결합한다. 이 반응체계의 개요는 **그림 9.10**에 요약되어 있다. 트립토판이 충분하지 않을 때, 주억제자는 *trp* 작동자에 결합할 수 없는 형태를 취하고 오페론은 전사된다(그림 9.10, A). 트립토판이 고농도로 충분히 존재할 때는 몇 분자의 트립토판이 주억제자와 결합하여 구조적 변형을 일으켜 활성 억제자가 된다. 활성 억제자는 *trp* 작동자와 결합하여 전사를 방해한다(그림 9.10, B). 이것이 기본적인 켜짐−꺼짐 조절 기작이다.

9.3 유전자 활성은 전사 종결을 통해 조절될 수 있다

젖당 오페론과 트립토판 오페론은 유전자 활성이 어떻게 전사 개시를 통해 조절될 수 있는지를 보여준다. 전사 종결을 통한 유전자 조절 기작 또한 보여주고 있다. 이 절에서는 두 가지 예를 살펴본다.

전사약화는 전사 조절이 미세조율되도록 한다

유리 트립토판의 농도가 충분히 낮아 트립토판 오페론의 전

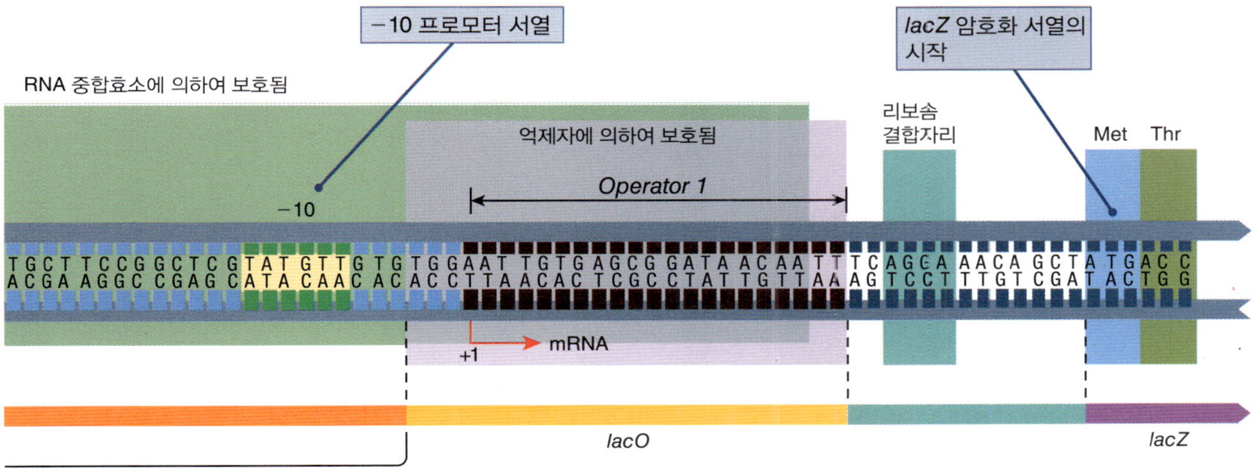

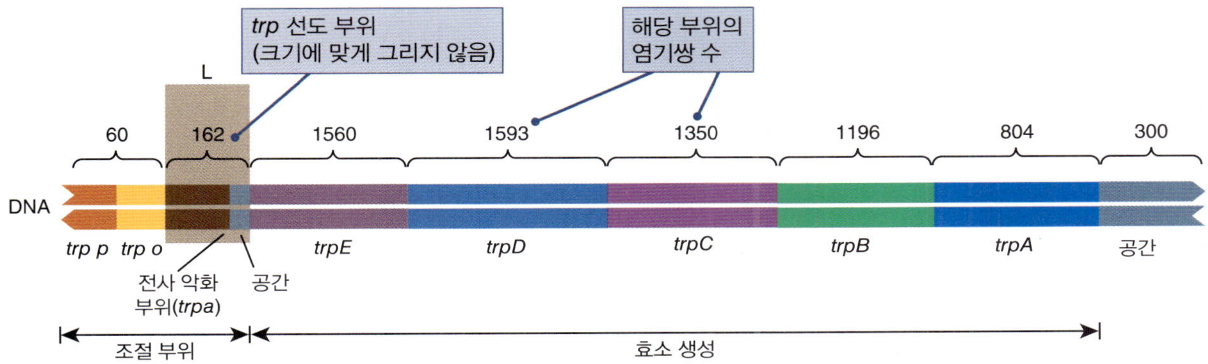

그림 9.9 대장균의 *trp* 오페론. 명확성을 위해 조절성 부위는 암호화 부위에 비해 확대되었다. 각 부위의 실제 크기는 염기쌍 수로 나타냈다. L 지역은 선도 부위(leader)이다.

사가 개시될 때, 충전된 트립토판 tRNA 농도를 기초로 보다 민감한 전사 조절이 작동된다. 이런 형태의 조절을 **전사약화(attenuation)**라 하며, 전사약화는 번역(translation)을 전사 조절에 이용한다. mRNA의 선도지역(leader region)이 번역되면 오페론의 첫 번째 구조유전자가 전사되기도 전에 전사 종결이 야기된다.

전사약화는 *trp* 전사체의 선도 부위 내에 존재하는 DNA 서열들 사이의 상호작용으로 나타난 결과이다. 야생형 세포에서 *trp* 오페론의 전사는 자주 개시된다. 그러나 소량의 트립토판이 존재할 때조차도 대부분의 mRNA 분자들은 선도서열 내의 28-염기 지역(28-base region)에서 전사가 종결된다. 종결 결과, *trp* 효소를 암호화하는 140 뉴클레오티드의 짧은 mRNA 분자가 생성된다. 종결이 일어나는 28-염기 부위를 **전사약화자(attenuator)**라 한다. 이 부위의 염기서열은(**그림 9.11**) 종결자리의 일반적 특징을 가지고 있으며, 8개의 우라실 뉴클레오티드가 그 뒤에 이어지는 줄기-및-고리 배치(stem-and-loop configuration)를 포함하고 있다.

대장균의 트립토판 오페론에서 전사의 종결은 선도서열에서 암호화되는 작은 펩티드의 전사 여부에 의해 결정된다. **그림 9.12**에서 보여주는 암호화 서열은 14개의 아미노산으로 이루어진 **선도 폴리펩티드(leader polypeptide)**를 만들며, 10번과 11번 위치에 2개의 트립토판 코돈(codon)을 가지고 있다. 트립토판이 충전된 트립토판 tRNA가 충분한 양으로 존재하면 트립토판 코돈들의 번역이 허용되고, 새로 합성된 전사체는 전사약화자(attenuator)를 노출시키는 구조를 취하게 되어 전사가 종결된다. 그러나 트립토판이 충전된 트립토판 tRNA가 불충분하면 선도 폴리펩티드의 번역이 허용되어 리보솜이 트립토판 코돈들에서 머뭇거리게 된다. 이 경우 전사약화자가 감춰져 오페론 전체르의 전사가 이루어진다.

전사약화 기작은 **그림 9.13**에 그려져 있다. (A)는 2개의 트립토판 코돈을 포함하고 있는 선도 RNA(leader RNA) 분자를 보여주고 있다. 2번 부위는 1번 부위나 3번 부위와 쌍을 이룰 수 있는 뉴클레오티드 서열을 가지고 있다. 정제된 RNA에서, 1번 부위는 2번 부위와 쌍을 이루고, 3번 부위는 4번 부위와 쌍을 이룬다. (B)는 $tRNA^{Trp}$가 충분하여 선도 폴리펩티드의 번역이 허용되는 세포내 구조를 보여주고 있다.

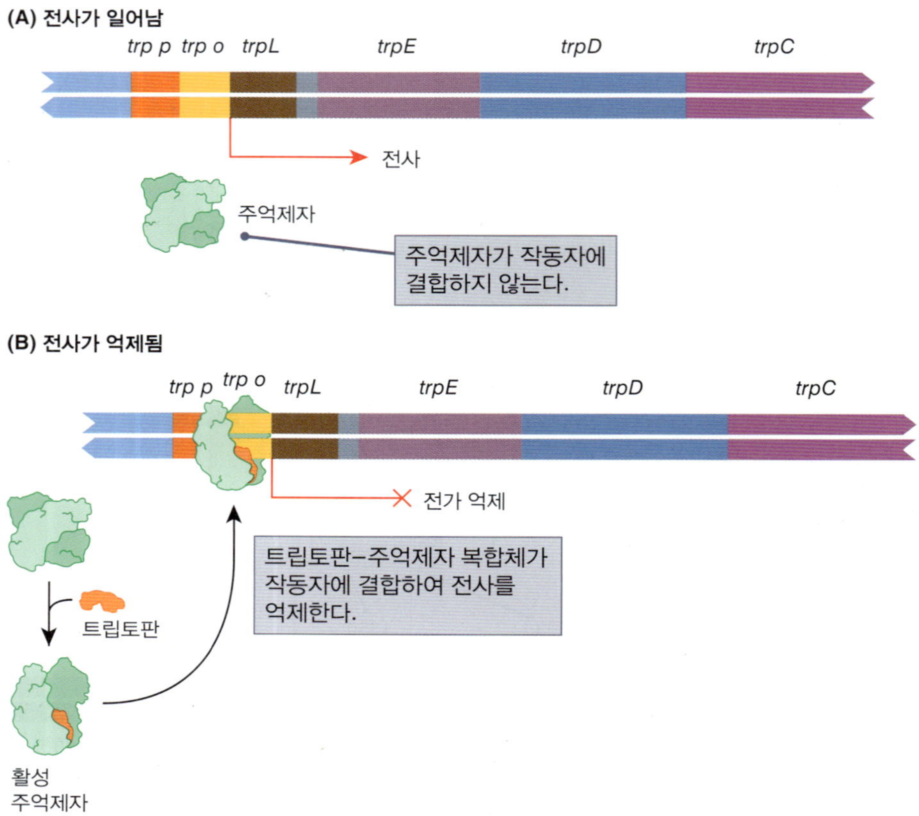

그림 9.10 대장균 *trp* 오페론의 조절. (A) *trp* 주억제자 자체만으로는 작동자에 결합하지 않기 때문에 전사가 일어난다. (B) 충분한 양의 트립토판이 존재하면 주억제자와 트립토판이 결합하여 활성억제자가 형성되고, 이 활성억제자가 작동자에 결합함으로써 전사가 억제된다.

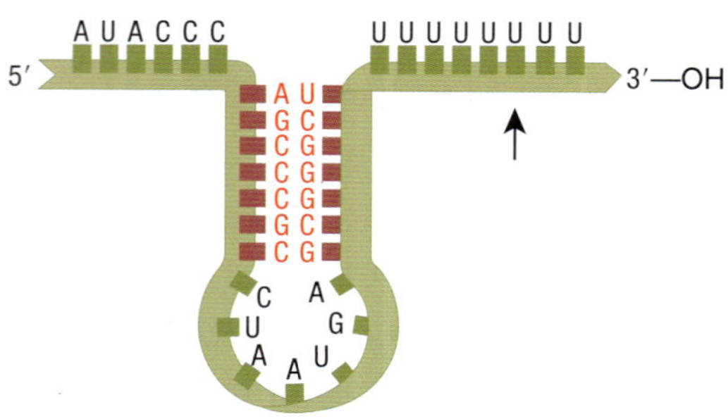

그림 9.11 *trp* 전사약화자 서열의 종결자리. 화살표는 전사약화된 RNA의 마지막 우라실 뉴클레오티드를 지시하고 있다. 전사가 약화되지 않은 RNA는 이 지점을 지나 계속 진행된다. 빨간색 글자의 뉴클레오티드들은 염기쌍을 형성하여 RNA 내에서 줄기 구조를 만든다.

리보솜은 Trp 코돈들을 지나 자리를 이동하여 2번 부위를 차단하기 때문에 3번 부위와 4번 부위가 염기쌍을 형성한다. 이것이 전사 종결자(transcriptional terminator)로 작용하여 4번 부위를 뒤따르는 연속 우라실 서열에서 전사가 종결되도록 한다. (C)는 리보솜이 tRNA[Trp]가 충분하지 않아 Trp 코돈에 머뭇거릴 때 어떻게 되는지를 보여주고 있다. 이 경우, 우선적으로 2번 부위는 3번 부위와 염기쌍을 이룸으로써 종결자 생성을 막아 전사가 오페론의 나머지 부위로 계속 진행되도록 한다. 이 시스템의 미세조율은 트립토판의 중간 농도(intermediate concentration)에서 일어나는데, 온전한 길이를 갖는 새로 합성된 전사체의 양은 얼마나 자주 전사가 중

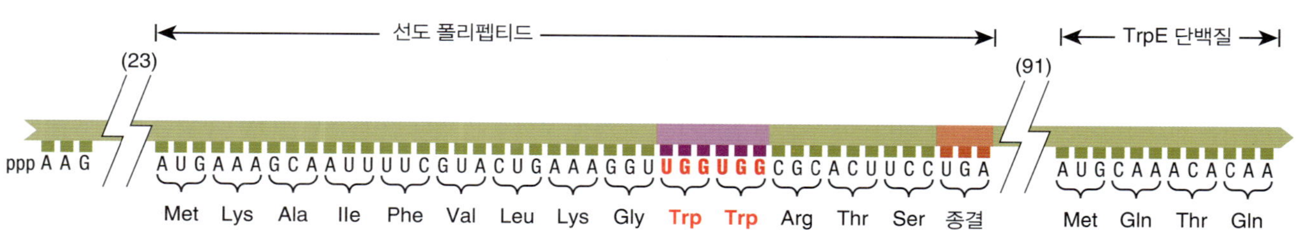

그림 9.12 *trp* 선도 mRNA의 염기서열. 선도 폴리펩티드 2개의 트립토판 코돈(빨간색 글씨) 그리고 TrpE 단백질의 시작 부위를 보여주고 있다. 숫자 23과 91은 명확성을 위해 서열을 보여주지 않은 염기의 수이다.

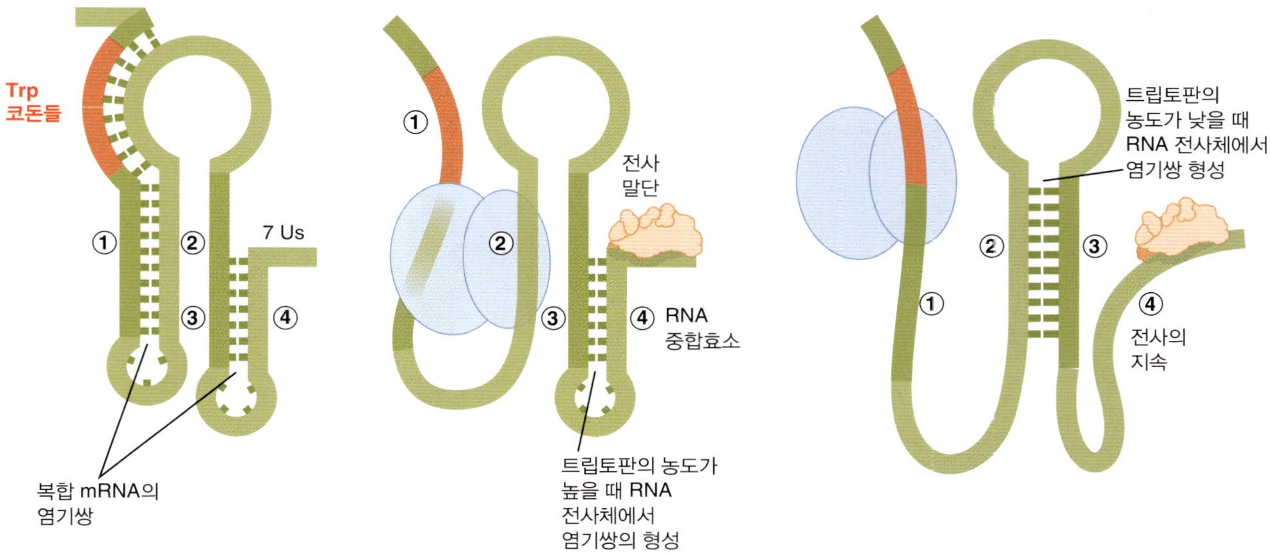

(A) 유리 mRNA. 1번과 2번, 3번과 4번 부위가 염기쌍을 형성한다.

(B) 트립토판의 농도가 높을 때, 리보솜이 2번 부위에 다다르고 3–4의 염기쌍을 형성하여 전사의 종결을 유도한다.

(C) 트립토판의 농도가 낮을 때, 리보솜이 Trp 코돈들이 위치하는 1번 부위에 머뭇거리면 2–3번 부위에 염기쌍이 형성된다. 이렇게 되면 전사종결이 이루어지지 않아 4번 부위 이후까지 전사가 이루어진다.

그림 9.13 대장균 *trp* 오페론의 전사약화 기작. 트립토판 코돈은 붉은색으로 강조하였다.

지되느냐에 달려 있으며, 이는 곧 세포내 $tRNA^{Trp}$의 농도에 의존한다.

요약하면, 전사약화(attenuation)는 *trp* 오페론의 기본인 음성적 조절에 더해지는 미세조율 기작(fine-tuning mechanism)이다.

> **핵심 개념**
>
> 트립토판이 충전된 트립토판 tRNA가 선도 폴리펩티드를 번역할 수 있을 정도로 존재하면 전사가 종결되어 *trp* 효소들이 합성되지 않는다. 트립토판이 충전된 트립토판 tRNA 수준이 너무 낮으면 전사가 종결되지 않아 *trp* 효소들이 만들어진다. 중간 농도에서 *trp* mRNA를 완성시키는 전사개시의 양은 얼마나 자주 전사가 중지되느냐에 달려 있으며, 이는 곧 세포내 트립토판이 충전된 트립토판 tRNA의 농도에 의존한다.

아미노산 생합성에 관련된 많은 오페론들(예를 들면, 루이신, 이소루이신, 페닐알라닌, 히스티딘 오페론들)은 전사체의 선택적인 염기쌍 형성으로 생성되는 전사약화자들에 의해 조절된다. 히스티딘 오페론에서는 선도 폴리펩티드를 암호화하는 부위에 7개의 인접한 히스티딘 코돈을, 페닐알라닌 오페론에서는 7개의 페닐알라닌 코돈을 가지고 있다. 이런 양식은 전사약화가 번역과 연관되는 오페론들의 특징이다. 이러한 선도 폴리펩티드의 번역을 통해 세포는 각 아미노산 생합성 경로의 최종산물인 그 아미노산으로 충전된 아미노아실 tRNA의 수준을 관리한다. 다음과 같은 사실에 주목할 필요가 있다.

> **핵심 개념**
>
> 진핵세포에서는 전사와 번역이 연결되지 않기 때문에 전사약화가 일어나지 않는다. 왜냐하면, 전사는 핵 내에서 일어나고 번역은 세포질에서 일어나기 때문이다.

> **잠깐 생각해 봅시다 9.4**
>
> *trp* 선도 RNA에서 2개의 트립토판 코돈이 결실된 트립토판 오페론의 돌연변이는 전사약화에 어떻게 영향을 미치는가?

리보스위치가 작은 분자들과 결합하여 전사 종결을 제어한다

전사 종결은 또한 작은 분자(small molecule)가 5′-비번역 선도 mRNA(5′-untranslated leader mRNA)에 직접 결합함으로써 시작될 수 있다. 이는 5′ 선도서열이 작은 분자와의 결합 여부에 따라 두 가지 구조 중 하나를 취할 수 있는 데서 비롯되는 기작이다. 항종결자(*antiterminator*) 구조에서 유전

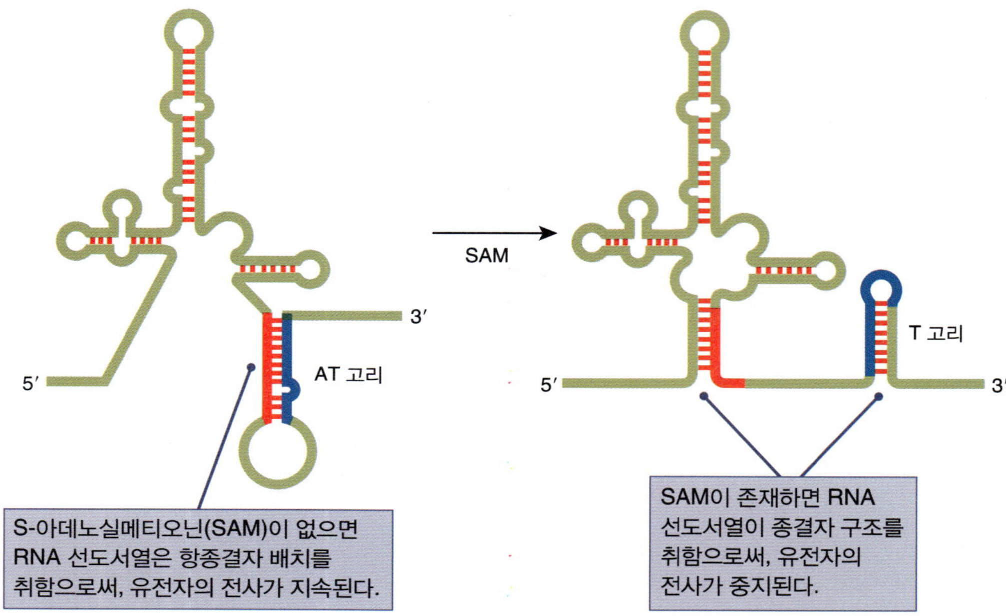

그림 9.14 *Bacillus subtilis*에서 *yitJ* 선도 RNA에 의한 전사종결의 로보스위치 조절. S-아데노실메티오닌(SAM)이 존재하면 전체가 읽히는 형태에서 종결 형태로 구조가 전환된다.

Pairing data from B. A. M. McDaniel, et al., *Proc. Natl. Acad. Sci. USA* 100 (2003): 3083.

자의 전사는 선도서열을 지나 유전자의 나머지 부분까지 계속된다. 작은 분자와 결합하여 형성되는 **종결자**(*terminator*) 구조에서 전사가 종결된다. 항종결자 구조와 종결자 구조 사이를 변환(switch)할 수 있는 RNA 선도서열(RNA leader sequence)을 **리보스위치(riboswitch)**라 한다. 유전체 서열의 비교로 리보스위치가 고세균(archaea), 진성박테리아(eubacteria), 진핵생물(eukarya)에 존재하고 있음을 알게 되었다.

리보스위치는 많은 작은 분자의 합성 또는 수송을 조절하는 것으로 알려져 있다. 특정 예로써 **그림 9.14**는 *Bacillus subtilis*에서 메티오닌 생합성에 관계하는 *yitJ* 유전자의 선도 mRNA를 그린 것이다. 빨간색과 파란색으로 표시된 뉴클레오티드들은 두 가지 쌍-형성 배치(pairing configuration)를 만들 수 있다. 메티오닌의 변형체인 S-아데노실메티오닌(SAM)이 없는 경우, 빨간색 영역은 파란색과 쌍을 이루어 소위 항종결자라 불리는 형태가 되고, 전사가 계속되게 한다. SAM이 존재하면 파란색 영역은 일련의 우리딜레이트 잔기에서 종결되는 헤어핀 형성 부위 근처의 서열과 쌍을 이루는데, 이러한 형태가 전사 종결자이다.

9.4 진핵세포는 전사 활성자 단백질, 증폭자, 사일렌서를 통해 전사를 조절한다

많은 진핵생물 유전자들은 필수 대사효소들이나 세포 구성물들을 암호화하고 모든 세포에서 비교적 낮은 수준으로 항구적으로 발현되는 **항존유전자(housekeeping gene)**들이다. 다른 유전자들은 세포 형태나 세포주기 단계에 따라 그 발현 정도가 다르다. 이런 유전자들은 종종 전사 수준에서 조절된다. 전형적으로, 진핵생물 유전자의 발현 정도는 유도되는 정도에 따라 2~10배 정도 차이가 난다. 이는 유전자의 유도 발현 여부에 따라 약 1,000배 정도로 극적인 차이를 보이는 원핵세포 유전자들과는 대조적이다.

효모에서 갈락토오스 대사는 전사 조절을 설명한다

효모의 갈락토오스 대사조절을 먼저 살펴본 후, 이를 대장균의 *lac* 오페론과 비교함으로써 진핵생물에서의 전사 조절을 소개하고자 한다. **그림 9.15**는 갈락토오스 분해의 생화학적 경로에서 그 첫 단계를 보여주고 있다. *GAL1*, *GAL7*, *GAL10* 유전자에 의해 암호화되는 세 효소들은 갈락토오스를 포도당-1-인산(glucose-1-phosphate)으로 바꾼다. 이 세 구조유전자는 **그림 9.16**에서 보여주는 것처럼 유전적으로 크게 연관되어 있다. 이 세 유전자들은 밀접하게 연관되어 있지만 이들은 오페론의 일부가 아니다. 그 mRNA들은 단일시스트론적이다. *GAL1*과 *GAL10* mRNA들은 이 유전자들 사이에 존재하고 있는 서로 다른 프로모터들로부터 합성되며, *GAL7* mRNA는 자신의 프로모터로부터 합성된다. 한편, 이 유전자들은 오로지 갈락토오스가 존재할 때만 mRNA를 합

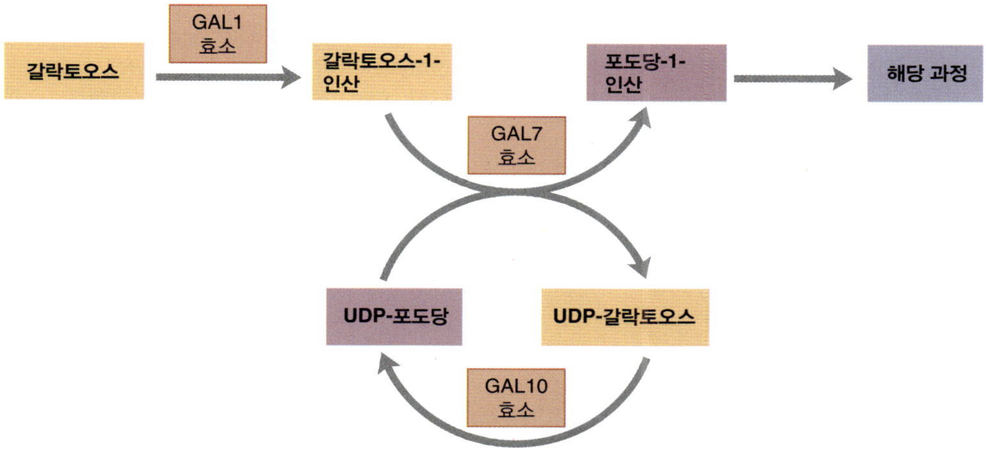

그림 9.15 출아효모인 *Saccharomyces cerevisiae*에서 갈락토오스가 포도당-1-인산으로 전환되는 물질대사 경로

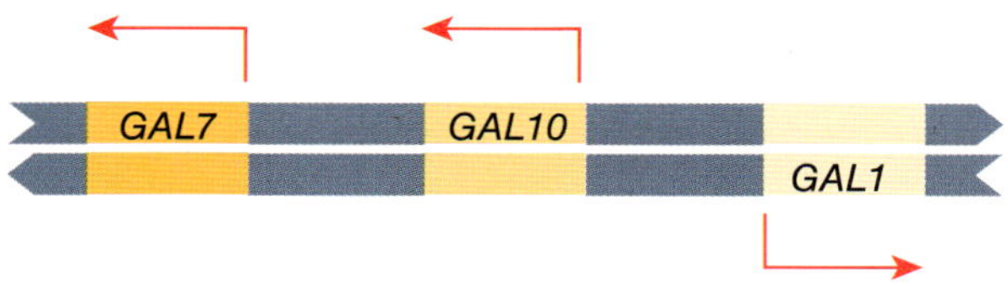

그림 9.16 *Saccharomyces cerevisiae*의 연관 *GAL* 유전자들. 화살표는 전사체의 합성 방향을 나타낸다. *GAL1*과 *GAL10* 전사체는 분기성 프로모터들로부터 만들어지며 *GAL7*은 자신의 프로모터로부터 만들어진다.

성하기 때문에 유도성(inducible)이다.

GAL 유전자 조절에서 *GAL3*, *GAL80*, *GAL4* 유전자의 산물은 중요한 역할을 한다. 효모 유전학협회에서는 이들 유전자 산물을 각각 GAL3p, GAL80p, GAL4p로 표기한다(그림 9.17). GAL4p 단백질은 3개의 모든 *GAL* 유전자들의 전사에 필요하다. 또한 3개의 *GAL* 유전자의 전사를 개별적으로 활성화시키는 양성적 조절단백질이며, 유전자들의 전사는 각 유전자 상류(upstream)의 각기 다른 자리에서 시작된다. *gal80/gal80* 동형접합자 돌연변이가 GAL 효소를 만들어 내기 때문에 *GAL80* 돌연변이(효모 유전학에서는 *gal80*으로 표기)가 *lacI* "억제자(repressor)" 돌연변이와 유사하지만 GAL80p 단백질은 DNA와 결합하는 억제자는 아니다. 대신 GAL80p는 2개의 결합자리를 가지고 있다. 결합자리 중 하나는 GAL4p(전사 활성자)와 결합하고, 다른 하나는 GAL3p와 결합한다.

그림 9.17A는 *GAL* 조절 기작의 개요를 보여주고 있다. GAL3p 단백질이 갈락토오스, ATP와 결합한 후 GAL80p 단백질과 결합하여 세포질에 존재한다. 핵 내에서는, GAL4p 단백질이 *GAL* 유전자와 근접한 자리에 있는 상류 활성 서열에 결합한다. GAL4p의 또 다른 결합자리는 전사 복합체와 결합하여 *GAL* 유전자의 전사를 발생시킨다.

갈락토오스가 없을 때(그림 9.17B), GAL3p 단백질은 GAL80p과 결합할 수 없다. 자유로운 GAL80p 단백질은 핵 내로 들어가서 GAL4p의 전사 활성자리와 결합해서 전사 복합체 형성을 막는다. 그러므로 갈락토오스가 없을 때 GAL80p와 결합하는 GAL4p는 *GAL* 유전자의 전사를 막는다.

갈락토오스가 존재할 때(그림 9.17A), GAL4p는 DNA의 상류 활성 서열(UAS)과 결합한다. GAL4p–UAS 결합 구조는 그림 9.18에서 보여준다. 이량체로 결합하는 GAL4p는 파란색이고, DNA 분자는 빨간색이다. 노란색의 작은 동그라미는 DNA 결합에 있어서 필수 구성요소인 아연 이온을 나타낸다.

전사는 전사 활성자 단백질들에 의해 촉진된다

GAL4 단백질은 상류 DNA 서열에 결합하여 유전자의 전사를 촉진시키는 **전사 활성자 단백질**(*transcriptional activator protein*)의 한 예이다. 몇몇 전사 활성자 단백질들은 전사 복합체(trans-cription complex)의 1개 또는 그 이상의 구성성분과 직접적으로 상호작용하여 그 기능을 발휘한다. 이런 방식으로 전사 활성자 단백질들은 활성화될 유전자의 프로모터에 전사 복합체를 유인한다. 다른 종류의 전사 활성자 단백질들은 이미 형성된 전사 복합체가 전사를 개시하도록 한다. 이 두 경우 모두 활성자 단백질들은 양성적으로 조절되는 유전자의 전사에 필수적이다.

많은 전사 활성자 단백질들은 공통 아미노산 서열의 특징들을 기초로 두 부류로 나뉜다. 예를 들면, 한 부류는 **나선-선회-나선 모티프**(*helix–turn–helix* motif)를 가지고 있다. 이 모티프는 한 쌍의 알파-나선(α-helix)을 이루는 아미노산 서열로 이루어져 있는데, 한 번의 굽힘(bend)으로 분리되어

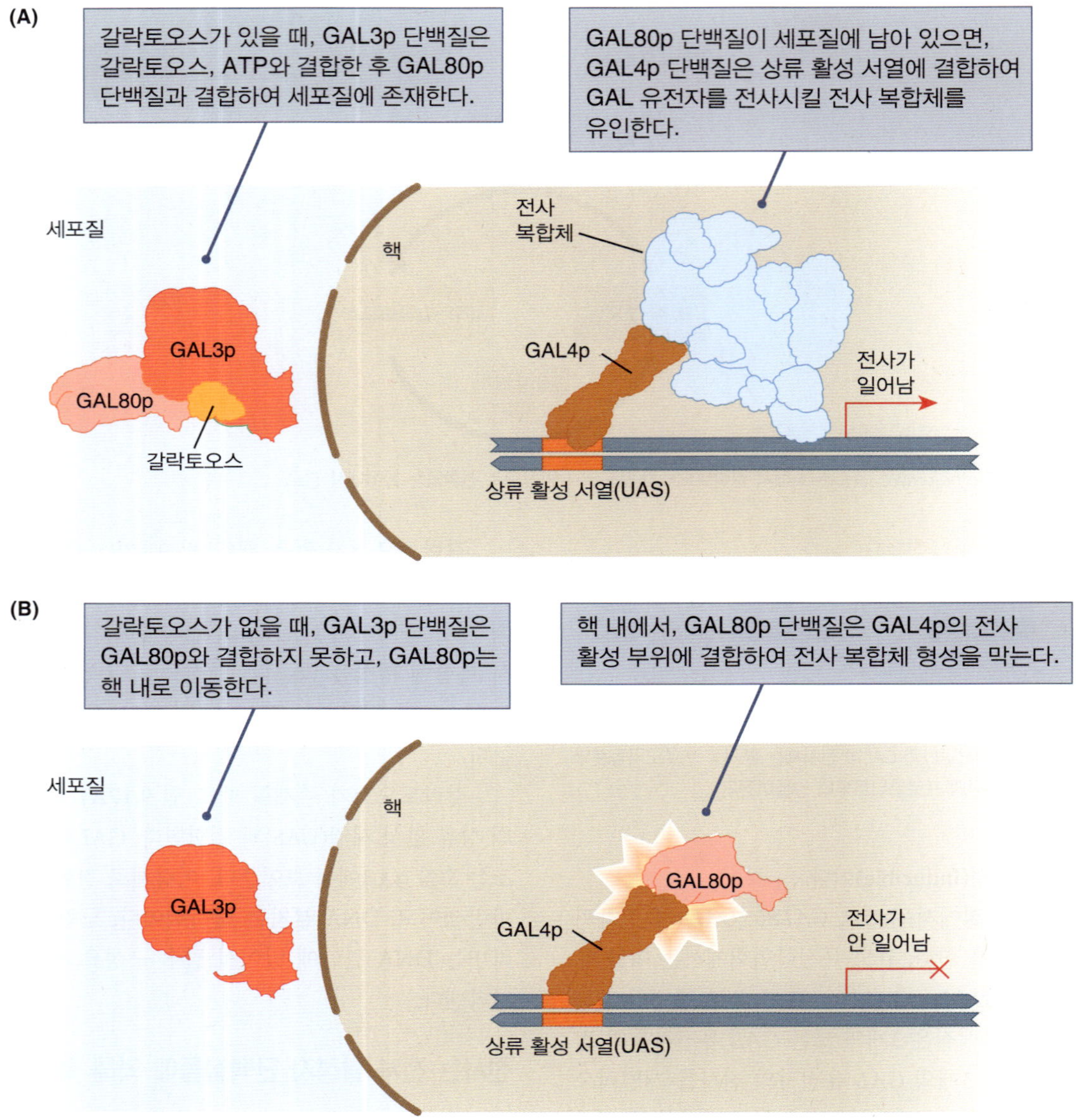

그림 9.17 *GAL3*(GAL3p) *GAL80*(GAL80p) *GAL4*(GAL4p) 단백질에 의한 *GAL* 유전자들의 전사 조절.

있다. 이 나선들은 이중가닥 DNA의 홈(groove)에 아주 잘 들어맞는 구조를 가지고 있다. 비록 결합하는 서열의 특이성은 단백질의 다른 부위에 의해 결정되지만, 나선-선회-나선 모티프는 DNA 결합 능력의 기본이 된다.

전사 활성자 단백질들의 두 번째 큰 부류는 Zn^{2+} 이온을 가지고 있기 때문에 징크핑거(*zinc finger*)라고 불리는 DNA-결합 모티프(DNA-binding motif)를 지닌다. 이미 친숙한 효모의 GAL4 전사 활성자 단백질(그림 9.18)이 그 한 예이다. 그림 9.18에서 Zn^{2+} 이온은 그림의 위와 아래쪽 끝에 보이는 노란색이다. GAL4 단백질에 의해 인지되는 DNA 서열은 17 염기쌍 길이의 대칭서열이며, 양 말단에 CCG 삼중자(triplet)를 가지고 있어 Zn^{2+}-함유 영역(Zn^{2+}-containing domain)과 직접 접촉한다.

증폭자는 전사를 증가시키는 반면, 사일렌서는 전사를 감소시킨다

몇몇 전사 활성자 단백질은 **증폭자(enhancer)**라고 하는 특별한 DNA 서열과 결합한다. 증폭자 서열들은 전형적으로 짧고(보통 20 염기쌍 이하), 그들이 조절하는 유전자 주위의 다양한 부위에서 발견된다. 대부분의 증폭자는 전사 시작자리의 상류에 존재하며 때때로 수 kb 떨어져 있기도 한다. 어떤 증폭자들은 암호화 부위 내의 인트론에 존재하며, 어떤 것은 유전자의 3′말단에 위치하기도 한다. 증폭자들은 방향에 관계없이 기능을 발휘한다. 따라서 증폭자 서열은 전사가

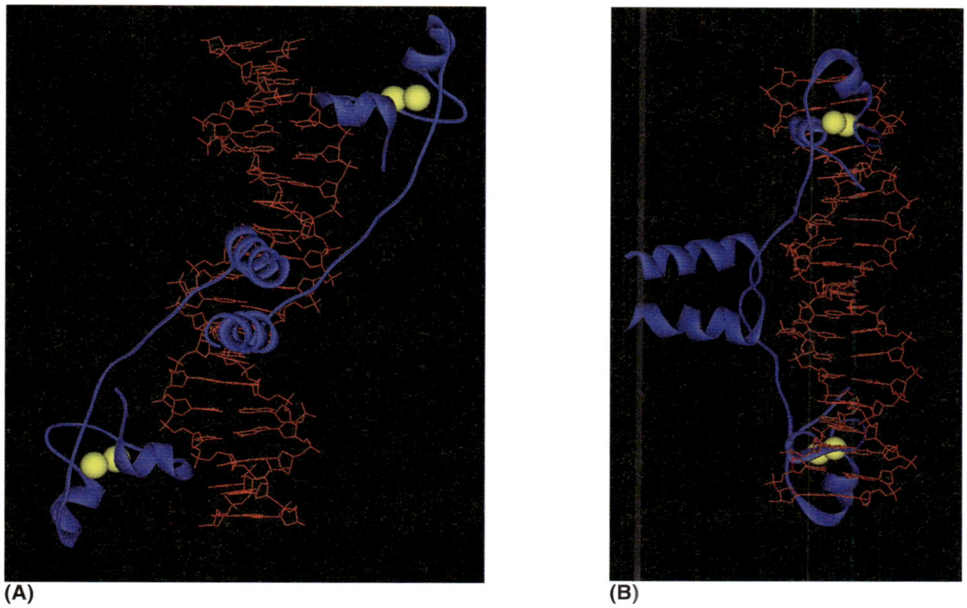

그림 9.18 DNA(빨간색)와 결합하고 있는 GAL4 단백질(파란색)의 3차 구조. GAL4 단백질은 중앙의 꼬인 부위에 의해 연결되는 2개의 폴리펩티드 소단위로 이루어져 있다. DNA-결합 부위는 맨 끝 부위에 있으며, 폴리펩티드 소단위는 각각 DNA 큰 홈의 세 염기쌍과 물리적으로 접촉한다. DNA-결합 영역의 Zn^{2+} 이온은 노란색이다. (A)와 (B)는 오른쪽 각도(right angle)로 바라본 것이다.

(A) and (B) Protein Data Bank 1D66.

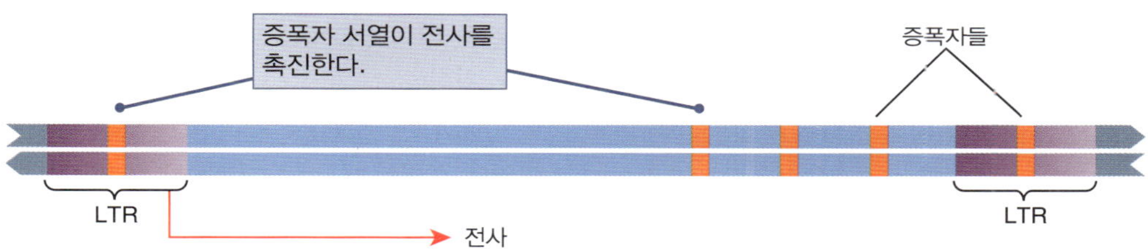

그림 9.19 생쥐 유선 종양 바이러스 서열에서 전사가 일어나도록 하는 증폭자(주황색)의 위치. 이 전사는 스테로이드 호르몬인 글루코코티코이드에 의해 유도된다. LTR은 바이러스의 맨 끝에서 발견되는 긴 말단 반복서열(long terminal repeated sequence)이다.

닥에 또는 비전사가닥에 있을 수 있다. 가장 잘 연구된 증폭자 중 하나인 생쥐 유선 종양(mammary tumor) 바이러스의 증폭자는 스테로이드 호르몬인 글루코코티코이드(glucocorticoid)에 의해 전사 활성을 결정한다. 이 증폭자는 바이러스 유전체(그림 9.19)의 5개의 특정 자리에 존재하는 8개 염기쌍의 특정 서열과 결합하고, 이 5개의 결합자리에 호르몬-수용체 복합체가 결합하여 전사를 촉진한다.

증폭자는 진핵생물에서 유전자의 필수 구성요소이다. 왜냐하면 적절한 전사 활성자가 존재할 때만 유전자가 전사되도록 하기 때문이다. 몇몇 증폭자는 세포 외부 분자와 반응하기도 하는데, 수용체-호르몬 복합체를 형성하는 스테로이드 호르몬이 그 예가 된다. 다른 증폭자들은 예를 들면 발생 과정 중에 세포 내에서 생성되는 분자와 반응하여 유전자들이 세포 분화 조절에 참여하도록 하거나 조직 특이적 방식으로 발현되도록 한다. 많은 유전자들은 몇 가지 다른 증폭자들의 조절을 받아 세포 내부와 외부로부터 오는 다양한 분자 신호에 반응할 수 있다.

몇몇 유전자들은 또한 전사 **사일렌서(silencer)**들에 의해 조절된다. 사일렌서는 DNA-결합 단백질들이 결합하는 짧은 뉴클레오티드 서열이며, 침묵 유전자(silenced gene)의 전사를 막는 커다란 단백질 복합체의 조립(assembly)을 촉진한다. 침묵 복합체(silencing complex)의 예로는 초파리의 발생 과정에서 특정 유전자들의 발현을 침묵시키는 PcG(polycomb group) 단백질들을 들 수 있다.

유전체는 연관 DNA 분자의 조밀한 도메인으로 구성된다

증폭자와 사일렌서는 방향에 관계없이 종종 표적 유전자로부터 먼 거리에서 작용하는 특이한 특성을 가진다. 만약 유전체가 무작위로 복잡하게 뒤엉킨 염색질로 이루어져 있다

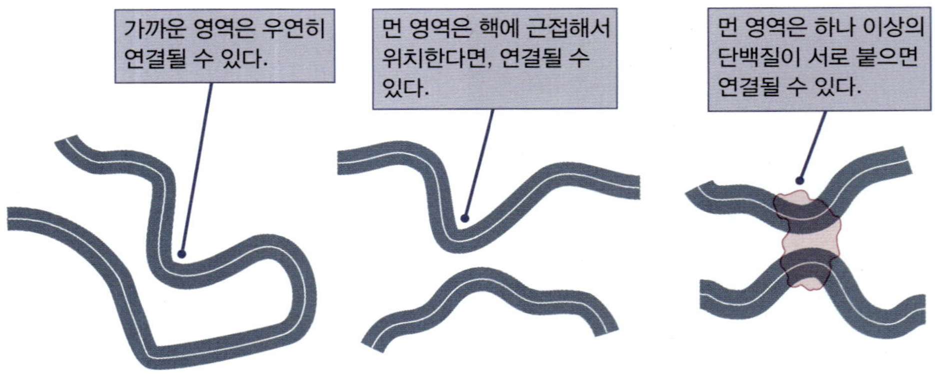

그림 9.20 DNA 분자의 다른 영역은 여러 가지 이유로 연결될 수 있다.

면, 주어진 유전자를 조절하기 위해 증폭자 또는 사일렌서가 근처에 있는 관련 없는 유전자에 영향을 미치는 것을 막을 수 있는 것은 아무것도 없다. 하지만 유전체는 염색질이 무작위로 복잡하게 뒤엉켜 있지 않다. 유전체의 특정 영역은 세포가 존재하는 조직의 유형에 따라 물리적으로 접촉하게 된다. DNA 분자의 영역은 여러 가지 이유로 연관될 수 있다 (**그림 9.20**). 만약 영역이 물리적으로 가까이 있으면 서로 충돌할 수 있다. 만약 불연속적이고 재생산 가능하며 접힌 구조 일부가 규칙적으로 포함되면 더 먼 영역이 접촉할 수 있다. 또는 하나 이상의 단백질에 의해 물리적으로 함께 유지되는 2개의 멀리 떨어진 서열에 의해 형성된 복잡한 고리의 일부일 수 있다.

고차원적 유전체 구조에 대한 이해는 최근 핵에서 DNA 분자의 관련 영역을 검출하는 방법을 개발함으로써 명확해졌다. 관련 DNA 영역의 식별은 기술적 세부 사항과 해상도 수준이 다른 여러 가지 방법으로 수행할 수 있지만 여기서는 현재 사용 중인 두 가지 방법에 중점을 둘 것이다. 약어 *GAM*(genome architecture mapping)으로 식별되는 한 가지 방법은 개념적으로 단순하지만 기술적으로는 어렵다. 핵을 무작위적인 방향으로 매우 얇게 절단하여 DNA 분자를 분리하고 서열을 결정하는 것이다. 이론적으로는 핵에서 밀접하게 연관되어 있는 DNA의 두 영역이 그렇게 연관되지 않은 두 영역의 DNA보다 얇은 조각으로 함께 발견될 수 있다는 것이다.

HiC(**그림 9.21**)로 알려진 또 다른 방법은 연관된 DNA 영역을 식별하기 위해 화학적 교차 및 DNA 염기서열에 의존한다. *HiC*의 첫 번째 단계에서, DNA는 포름알데히드와 같은 작은 반응성 분자를 통해 교차결합된다(그림 9.21A). 그런 다음 교차된 분자는 그림 9.21B에 표시된 대로 처리된다. DNA가 하나 이상의 제한 효소로 절단될 때, 연관 영역은 교차 때문에 함께 유지된다. 절단 후, 절단된 단편의 돌출된 단일가닥 말단은 비타민 비오틴이 염기에 부착된 뉴클레오티드로 연장

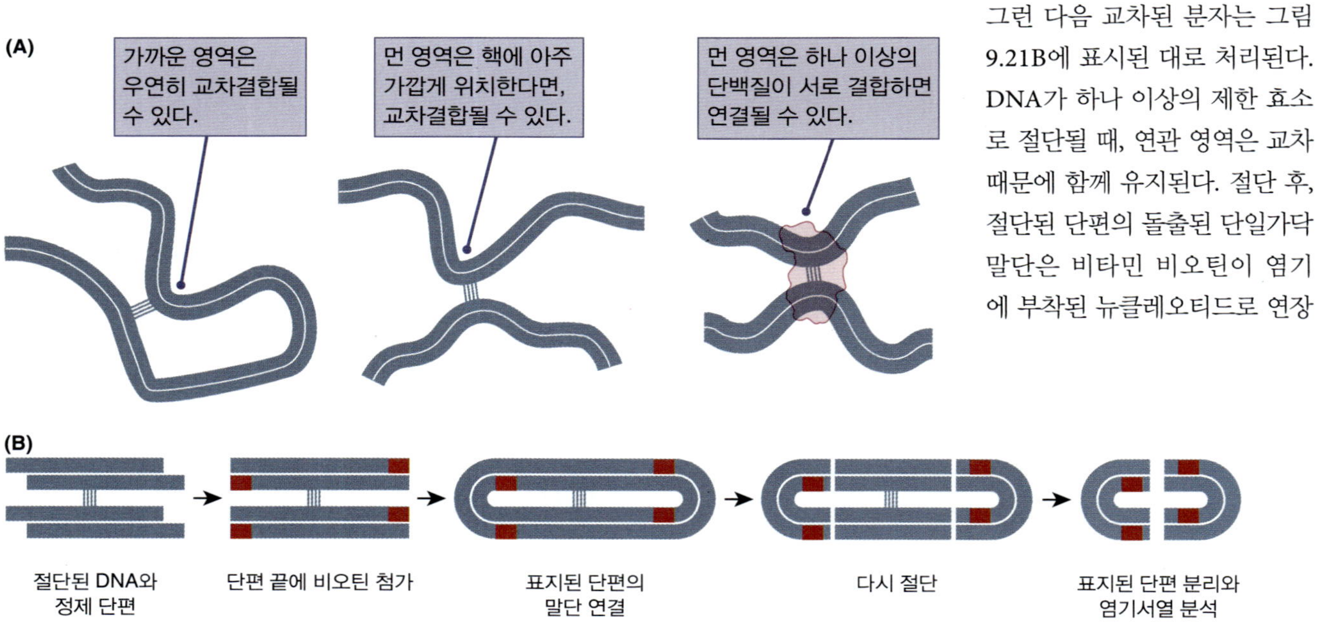

그림 9.21 DNA 연관 영역을 확인하기 위한 HiC 방법. (A) DNA 연관 영역은 화학적으로 상호결합한다. (B) DNA의 어느 영역에 연결되어 있는지 확인하기 위해 상호결합한 DNA를 처리하는 단계.

된다. 각각의 교차 결합된 단편의 현재 이중가닥 말단이 연결되고, DNA 분자가 다시 절단된다. 비오틴을 함유하는 단편은 비오틴에 대한 친화성이 높은 박테리아 단백질 스트렙타비딘을 사용하여 분리된다. 이들 비오틴-표지 분자의 염기서열을 분석하여 DNA의 어느 영역이 원래 교차결합에 서로 연관되어 있는지를 밝혀낸다.

HiC 실험의 결과를 제시할 때, DNA 분자는 그림 9.22와 같이 그래프의 x 및 y 축을 따라 정렬될 수 있다. 이 예는 2 Mb의 뉴클레오티드가 임의로 0 Mb에서 2 Mb의 번호를 갖는 DNA 분자를 나타낸다. 각각의 작은 상자는 DNA 분자를 따라 한 쌍의 영역에 해당하며, 각 상자의 색상 강도는 DNA 영역이 연관되어 있는 빈도를 나타낸다. 대각선을 따라 표시된 상자는 강한 색을 띠므로 DNA의 각 영역이 항상 연관되어 있음을 의미한다. 비대각선 상자의 색상 강도는 DNA 분자의 서로 다른 두 영역 사이의 연관 강도를 나타낸다. 영역 i와 j의 연관은 영역 j와 i 간의 연관과 동일해야 하므로 색상 모형은 대각선 주위에서 대칭이다. (대칭 및 공간 절약을 위해 과학 논문의 HiC 결과는 종종 대각선 이상을 구성하는 블록만 보여줌으로써 삼각형으로 묘사된다.)

HiC 실험의 주요 결과는 대각선을 따라 큰 정사각형 색상 블록으로 구성된다. 이러한 각 블록은 상대적으로 먼 영역 사이에 물리적 연관성이 있는 DNA 영역을 나타낸다. 연관 DNA 영역의 각 블록을 **위상학적 관련 도메인(topologically associating domain)** 또는 **TAD**라고 한다. TAD의 크기는 유기체마다 다르다. 포유동물에서, TAD의 크기는 0.1~2 Mb이고, 초파리에서는 10~100 kb의 범위이다. TAD는 또한 조직 특이적이며, 이는 밀접하게 연관되어 있는 DNA 영역이 한 유형의 조직과 다른 조직에서 다르다는 것을 의미한다.

그림 9.22는 위상학적 관련 도메인의 두 가지 주요 유형을 보여준다. 한 유형은 고리 도메인으로, 포유류에서 CTCF(CCCTC-결합 인자)와 코헤신(세포 분열 중 자매 염색체를 함께 묶는 단백질)의 두 단백질이 존재하는 특이적인 **경계 도메인**을 가지고 있다. 또 다른 유형의 TAD는 CTCF와 코헤신이 없는 경계인 일반적인 도메인이다.

TAD는 그 경계가 한 도메인의 증폭자와 사일렌서가 다른 도메인의 유전자 발현에 영향을 미치는 것을 방지하는 **절연체(insulator)** 역할을 하기 때문에 중요하다. 일부 TAD에서 염색질은 전사적으로 활성이며, 유전자 발현과 관련된 스페어 뉴클레오솜 및 변형된 히스톤 꼬리와 같은 유전자 활성의 모든 마커를 포함한다. 또 다른 TAD에서, 염색질은 유전자 침묵과 관련된 보다 조밀한 뉴클레오솜 및 히스톤 변형으로 억제된다.

TAD는 전사 활성에 따라 핵 **구획(compartment)**으로 구성된다. 활성 유전자를 갖는 TAD는 핵의 중심을 향해 위치하는 경향이 있고, 비활성 유전자를 갖는 TAD는 주변을 향해 위치되는 경향이 있다. 비활성 TAD의 한 구획은 이질염색질의 응집체로 구성된다. 비활성 TAD의 또 다른 구획은 내부 핵막 근처의 고밀도 섬유망인 핵막층과 관련이 있다.

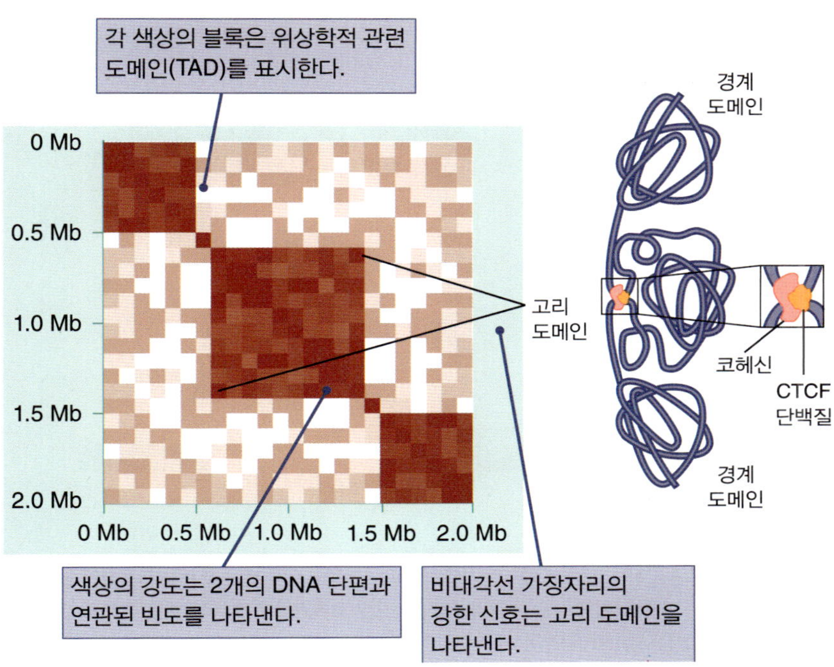

그림 9.22 2 Mb DNA 분자의 연관 영역을 보여주는 HiC 실험 결과. 진한 색상은 더 높은 연관성을 나타낸다.

진핵생물의 전사 복합체는 수많은 단백질 인자들로 이루어져 있다

진핵생물의 **전사 복합체(transcription complex)**는 유전자의 프로모터 부위에 결합하여 전사를 개시시키는 단백질 인자들의 집합체이다. 전사에 필요한 이 인자들 중에는 전사 복합체의 적어도 한 단백질 소단위(subunit)와 상호작용하여 유전자에 전사 복합체를 유인하는 전사 활성자 단백질이 포함되어 있다. 많은 증폭자들은 비교적 멀리 떨어진 DNA 부위들의 물리적 상호작용으로 일컬어지는 **DNA 고리화(DNA looping)**를 통해 전사를 활성

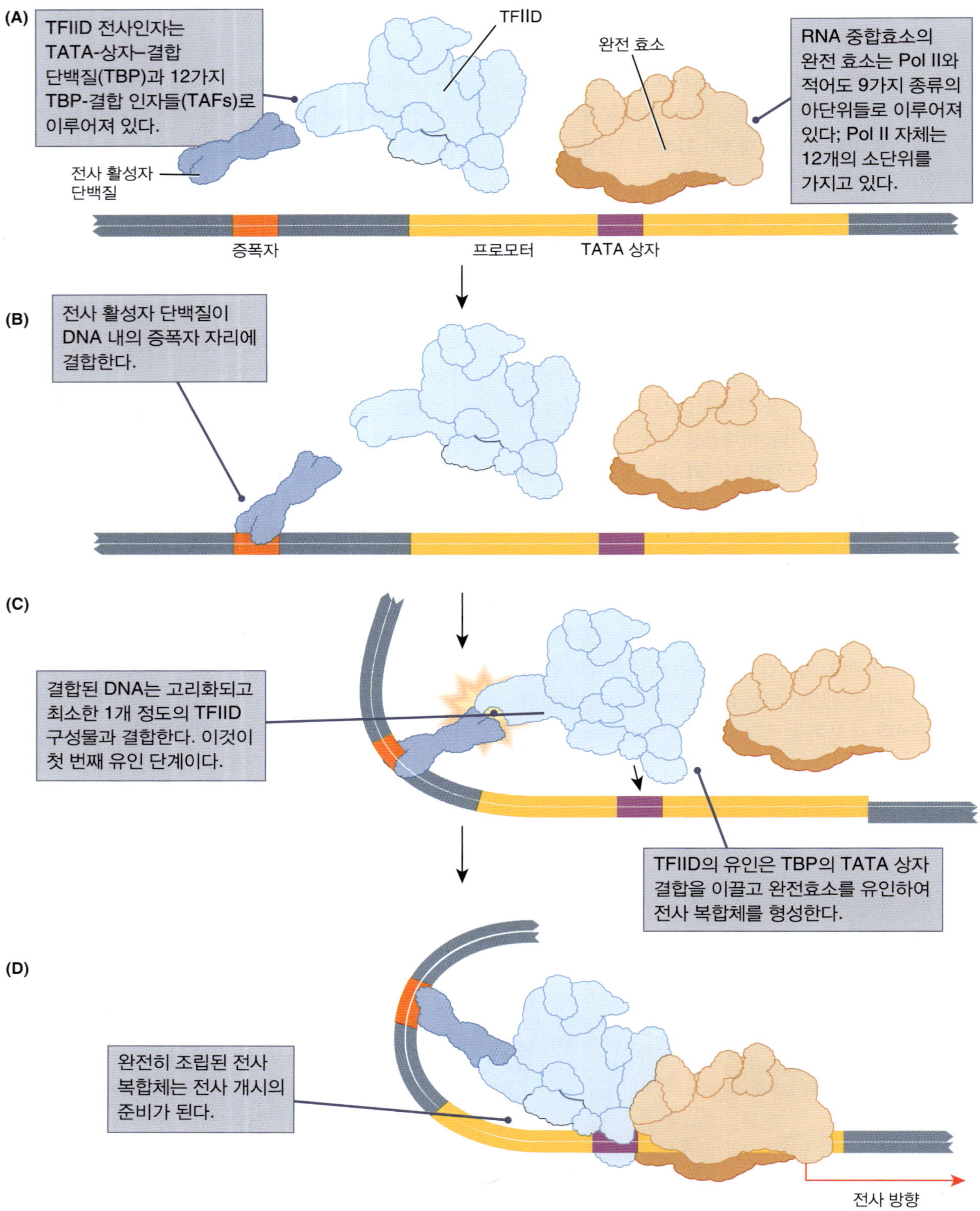

그림 9.23 유인에 의한 전사 활성화. (A) 증폭자와 프로모터 그리고 이들에 결합하는 단백질 인자들 사이의 관계. (B) 증폭자에 전사 활성자 단백질의 결합. (C) 결합한 전사 활성자 단백질이 TATA-상자–결합 단백질(TBP)을 함유하고 있는 TFIID 복합체의 한 소단위와 물리적으로 접촉하여 TFIID 복합체를 프로모터로 유인한다. (D) Pol II 완전효소와 나머지 보편 전사인자들이 TFIID에 의해 유인되고 전사 복합체가 완전히 조립되면 전사가 준비된다. 세포에서는 모든 Pol II가 완전효소로 존재하지 않으며 TBP가 모든 TFIID에서 발견되지는 않는다. 이 그림에서 TFIID와 완전효소에 결합하는 다른 전사인자들은 나타내지 않았다.

화시킨다. 그림 9.23은 그 기작을 보여주고 있다.

기본 전사인자(basic transcription factor)들 또는 **보편 전사인자(general transcription factor)**들은 수많은 유전자의 전사에서 널리 사용되는 전사 복합체의 단백질들이다. 진핵생물에서 기본 전사인자들은 진화적으로 고도로 보존되어 있다. 시험관 내에서 정확한 전사가 이루어지려면 최소한 TFIIB, TFIID, TFIIE, TFIIF, TFIIH, Pol II가 필요하다[TF는 *transcription factor*(전사인자)를 의미한다]. 시험관 내에서 이들은 프로모터에 순차적으로 결합할 수 있다. 첫 단계는 TFIID의 결합이다. TFIID는 단백질 복합체이며, 프로모터의 TATA 상자 부위에 결합하는 **TATA-상자-결합 단백질(TATA-box-binding protein, TBP)**과 **TBP-결합 인자(TBP-associated factors, TAFs)**로 불리는 약 10가지 단백질들을 함유하고 있다. TAFs는 특히 활성자 단백질들과 반응하는 구성물이다. TBP는 DNA의 작은 홈에 결합해서 DNA를 약 80° 정도 구부린다. Pol II RNA 중합효소 또한 여러 개의 단백질 아단위들로 이루어진 복합체 형태이며, 이를 **Pol II 완전효소(Pol II holoenzyme)**라 한다.

시험관내 연구가 제시하는 것처럼, 전사 복합체가 프로모터에 결합하고 순차적으로 조립되는지, 하나 또는 그 이상의 커다란 미리 조립된 Pol II 완전효소 복합체가 결합하는지는 아직 분명하지 않다. 그림 9.23은 TFIID를 포함하고 있는 1개의 미리 조립된 복합체가 유인되고, 이것이 다시 미리 조립된 Pol II 완전효소를 유인하는 모습을 보여주고 있다. 전사 활성화를 위해(B), 전사 활성자 단백질이 DNA의 증폭자에 결합하고 TFIID 복합체의 TAF 소단위 중 하나와 결합한다. 이 상호작용은 프로모터 부위로 TFIID 복합체를 "유인(recruit)"한다(C). 프로모터르 TFIID의 유인은 Pol II 완전효소(D) 뿐만 아니라 나머지 보편 전사인자들도 유인한다. 이 구성요소들이 함께 모이면 전사 복합체는 전사를 시작할 준비가 된다.

그림 9.23에서 보여주는 것처럼, 진핵생물에서 완전히 조립된 전사 복합체는 매우 큰 구조이다. 실제 한 예를 초파리의 초기 발생 과정에서 찾아볼 수 있다(그림 9.24). 이 경우, 각각 비코이드(*bicoid*, *bcd*)와 헌치백(*hunchback*, *hb*) 유전자의 산물인 BCD와 HB 전사 활성자 단백질들이 활성화될 유전자로부터 상당히 먼 상류에 위치하고 있는 증폭자에 결합한다. 이 전사 활성자들은 배(embryo)의 전-후 축을 확립하는 기능을 한다. 유전자의 프로모터에서 TATA 상자의 위치에 주목해야 한다. TBP의 기능은 TATA 상자에 결합하는 것이다. 전사 복합체를 이루고 있는 수많은 다른 구성물들의 기능들 또한 밝혀졌다. 예를 들면, TFIIH는 DNA 가닥을 분리시키는 헬리카아제(helicase) 활성과, RNA 중합효소 II를 인산화시키는 인산화효소(kinase) 활성을 가지고 있다.

인산화가 일어나면 중합효소는 프로모터를 떠나 mRNA를 신장시킨다. 전사 활성자들에 의한 전사 활성화 과정에서 DNA 고리화(DNA looping)는 필수적인 특징이다. 특히 6개의 폴리펩티드 사슬로만 이루어진 원핵세포의 RNA 중합효소와 비교할 때 진핵세포에서의 전사 활성화는 복잡한 과정이다.

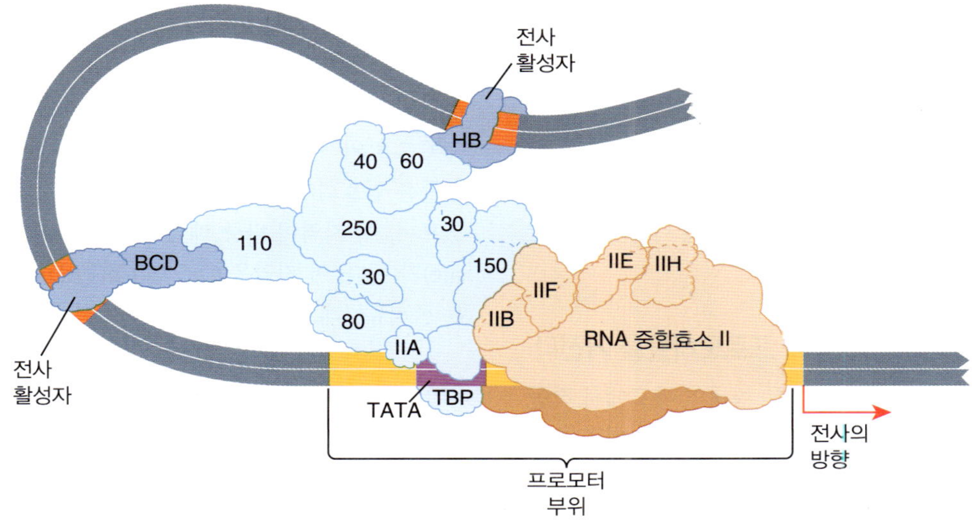

그림 9.24 초파리 발생 과정에서 일어나는 전사 활성화의 한 예. 전사 활성자들은 비코이드 단백질(BCD)과 헌치백 단백질(HB)이다. 숫자가 매겨진 아단위들은 TFIID에 해당하는 TBP(TATA-상자-결합 단백질)와 TAFs(TBP-결합 단백질들)이다. BCD는 110-kDa TAF를 통해 HB는 60-kDa TAF를 통해 작용한다. 전사 활성자는 증폭자를 통해 전사 기구를 유인한다. 완전하게 조립된 전사 복합체는 TBP TAF RNA 중합효소 II 그리고 보편 전사인자들인 TFIIA TFIIB TFIIE TFIIF TFIIH 등이 포함된다.

염색질-리모델링 복합체가 전사를 위해 염색질을 준비한다

진핵세포의 DNA는 전형적으로 뉴클레오좀이 뭉쳐 있는 염색질(chromatin) 형태로 발견된다. 따라서 전사 활성자 단백질과 전사 복합체가 DNA에 접근하기 위해서는 특별한 기작이 필요하며, 히스톤 꼬리의 화학적 변형을 포함한다. 그런 기작이 존재할 것이라는 사실은 시험관 내에서는 정제된 DNA를 전사시키기에 충분한 전사 구성물들이 있더라도 정제된 염색질의 전사는 개시할 수 없다는 사실로부터 짐작할 수 있다. 염색질의 뉴클레오좀은 전사 복합체가 DNA에 결합하거나, DNA를 주형으로 사용하는 것을 막고 있음에 틀림없다.

염색질을 재구축하여 전사가 일어날 수 있도록 하는 몇 가지 다중 단백질 복합체(multiple protein complex)가 발견되었는데, 이를 **염색질-리모델링 복합체(chromatin-remodeling complex, CRCs)**라 한다. 모든 CRC는 ATP로부터 나오는 에너지를 사용하여 염색질을 재구축한다. 염색질 리모델링(chromatin remodeling)의 분자 기작은 아직 잘 알려져 있지 않으며, 몇몇 다른 형태의 CRC들이 존재하기 때문에 몇 가지 종류의 기작이 존재할 수 있다. 일반적인 한 가지 모델은 CRC가 뉴클레오좀들을 제거하지 않으면서 뉴클레오좀 구조를 붕괴시켜 DNA에 전사 활성자들, TATA-상자–결합 단백질 그리고 전사 복합체의 여러 구성물들이 접근할 수 있도록 한다는 것이다. 또 다른 모델은 CRC가 뉴클레오좀들이 DNA를 재배치되게 함으로써 접근이 가능한 핵심 DNA-결합자리(key DNA-binding site)를 만든다는 것이다. 그림 9.25는 그 한 예를 보여주고 있다. (A)는 전사 활성자 단백질(TAP)과 TATA-상자–결합 단백질(TBP)의 DNA 결합자리들과 함께 전사 불활성 상태의 염색질 구조를 보여주고 있다. CRC가 결합하여 뉴클레오좀을 재배치하면(B), 접근 가능한 자리가 만들어진다(C). 이 염색질 구조에서, DNA에 TAP와 TBP가 결합할 수 있고 전사 복합체의 나머지 구성물들도 유인된다.

몇몇 진핵생물 유전자들은 대체 프로모터들을 가진다

몇몇 진핵세포 유전자들은 서로 다른 형태의 세포에서 작동하는 둘 또는 그 이상의 프로모터를 가지고 있다. 이 프로모터들은 각기 동일한 단백질-암호화 부위를 갖는 서로 다른 일차 전사체(primary transcript)들을 만든다. 그림 9.26은 초파리에서 그 예를 보여주고 있다. (A)는 알코올 탈수소효소(alcohol dehydrogenase) 유전자의 유전체 내 구성을 보여주고 있다. 이 유전자는 2개의 인트론에 의해 분리된 3개의 단백질-암호화 부위로 이루어져 있다. 유충에서(B) 전사는 성충(C)의 전사에서 사용되는 것과는 다른 프로모터가 사용된다. 성충의 전사체는 더 긴 5′ 선도서열을 갖고 있지만 그 대부분은 RNA 이어맞추기(RNA splicing) 과정에서 제거된다. 대체 프로모터(alternative promoter)들이 유충과 성충에서 독립적인 전사 조절이 가능하게 한다.

9.5 유전자 발현은 DNA의 유전성 화학적 변형에 의해 영향을 받을 수 있다

이 절에서는 유전자 활성의 **후생적 조절**(*epigenetic* regulation)과 관련된 몇 가지 예를 살펴본다. 접두사 *epi*는 "...에다가 또" 또는 "...에 더하여"를 의미한다. 따라서 **후생적(epigenetic)**이라는 말은 DNA 서열 자체의 변화 때문이 아니라 DNA 서열에 어떤 것(항상 염기의 화학적 변화 또는 DNA와 결합한 단백질 인자들)이 "더해져(in addition to)" 유전자 발현이 달라지는 유전성 변화를 뜻한다. 지금까지 알려진 후생적 변형의 분자 기작을 설명한다.

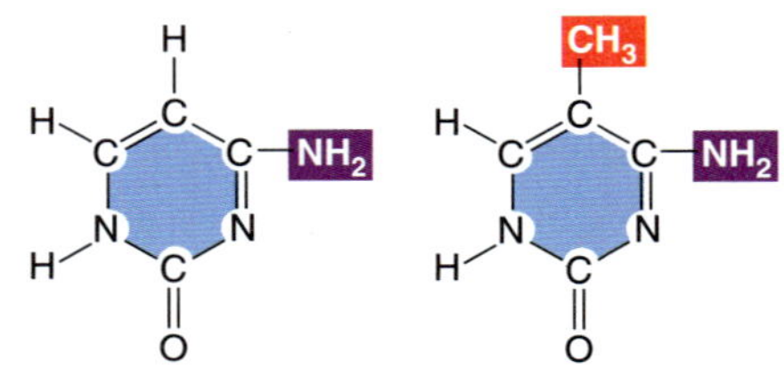

대부분의 고등 진핵생물에서 시토신 염기 중 일부는 5번 탄소 원자에 메틸기(CH_3)가 첨가되어 변형된다. 시토신은 변화되지 않은 정상 형태로 DNA 복제 과정에서 DNA에 삽입된 후, **DNA 메틸화효소(DNA methylase)**에 의해 메틸기가 첨가된다. 포유동물에서는 2뉴클레오티드(dinucleotide)인 5′-CG-3′의 시토신이 주로 메틸화된다. 많은 포유동물 유전자들은 암호화지역 상류에 CG-풍부(CG-rich) 지역을 갖고 있으며, 이 지역이 다중 메틸화 자리(multiple methylation site)가 된다. 이 지역을 *CpG* 섬(*CpG island*)이라 부르며, "p"는 폴리뉴클레오티드 뼈대의 인산기를 뜻한다.

전사 불활성화는 강한 DNA 메틸화와 관련이 있다

수많은 실험결과들은 강한 메틸화(heavy methylation)가 유전자의 전사율을 낮추는 것과 관련이 있음을 보여주고 있다. 그 한 예는 고도로 메틸화된 포유동물 세포의 불활성 X 염색체에서 찾아볼 수 있다. 실제로 성체 포유동물에서 체세포의 모든 염색체에 존재하는 대부분의 CpG 2뉴클레오티드는 메틸화되어 있다. 메틸화되어 있지 않은 CpG는 항상 활성

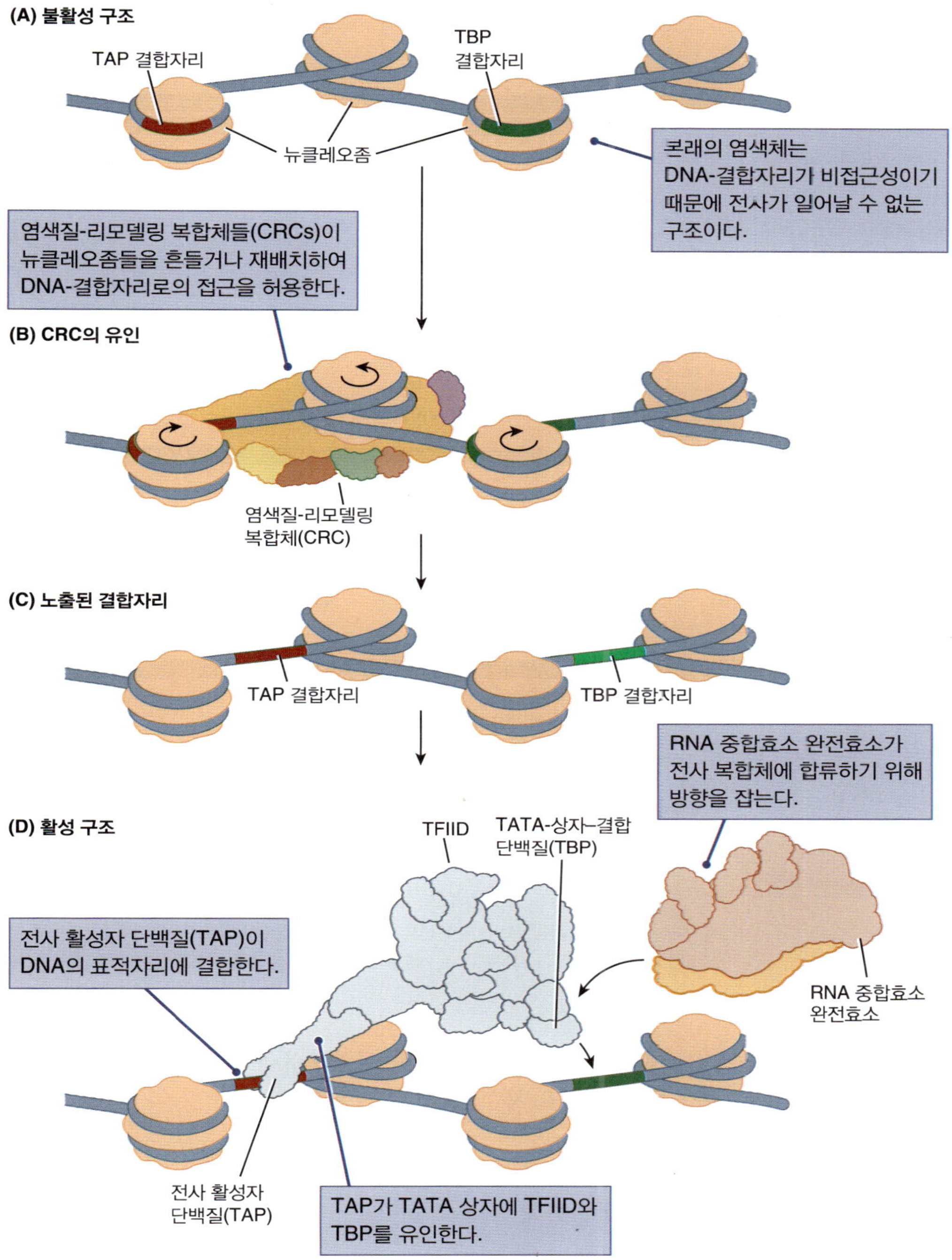

그림 9.25 염색질-리모델링 복합체들의 기능. (A) 고유 염색질은 핵심 DNA-결합자리를 감추고 있다. (B) 염색질-리모델링 복합체가 DNA의 뉴클레오좀을 재배치하거나 히스톤 단백질들을 화학적으로 변화시킨다. (C) DNA-결합자리가 접근성이 있다. (D) 전사 복합체가 그 자리에 결합한다.

화되어 있는 항존 유전자(housekeeping gene)들의 프로모터에 존재한다. 성체의 체세포에 존재하는 불활성 유전자는 광범위하게 메틸화됨으로써 전사수준이 낮아지는 것으로 생각된다.

비록 강한 메틸화와 전사침묵 간에는 매우 긴밀한 관련성이 있지만, 초기 후생적 신호에 의한 강한 메틸화는 침묵시킬 유전자를 표시하고 메틸화 효소를 불러들일 수도 있다. 만약 이러한 초기 신호가 있다면 메틸화는 유전자뿐만 아니라 그 기작을 불활성화시킬 수 있다. 어떤 경우이든, 시토신 유사체인 아자시티딘(*azacytidine*)을 세포에 처리하면 메틸화를 되돌려 전사활성을 복원시킬 수 있다. 예를 들면, 어떤 쥐 뇌하수체 종양 세포주는 프로락틴(prolactin) 유전자를 발현하는 반면, 어떤 세포주는 발현하지 않는다. 프로락틴 유전자는 프로락틴을 생성하지 못하는 세포주에서는 메틸화되어

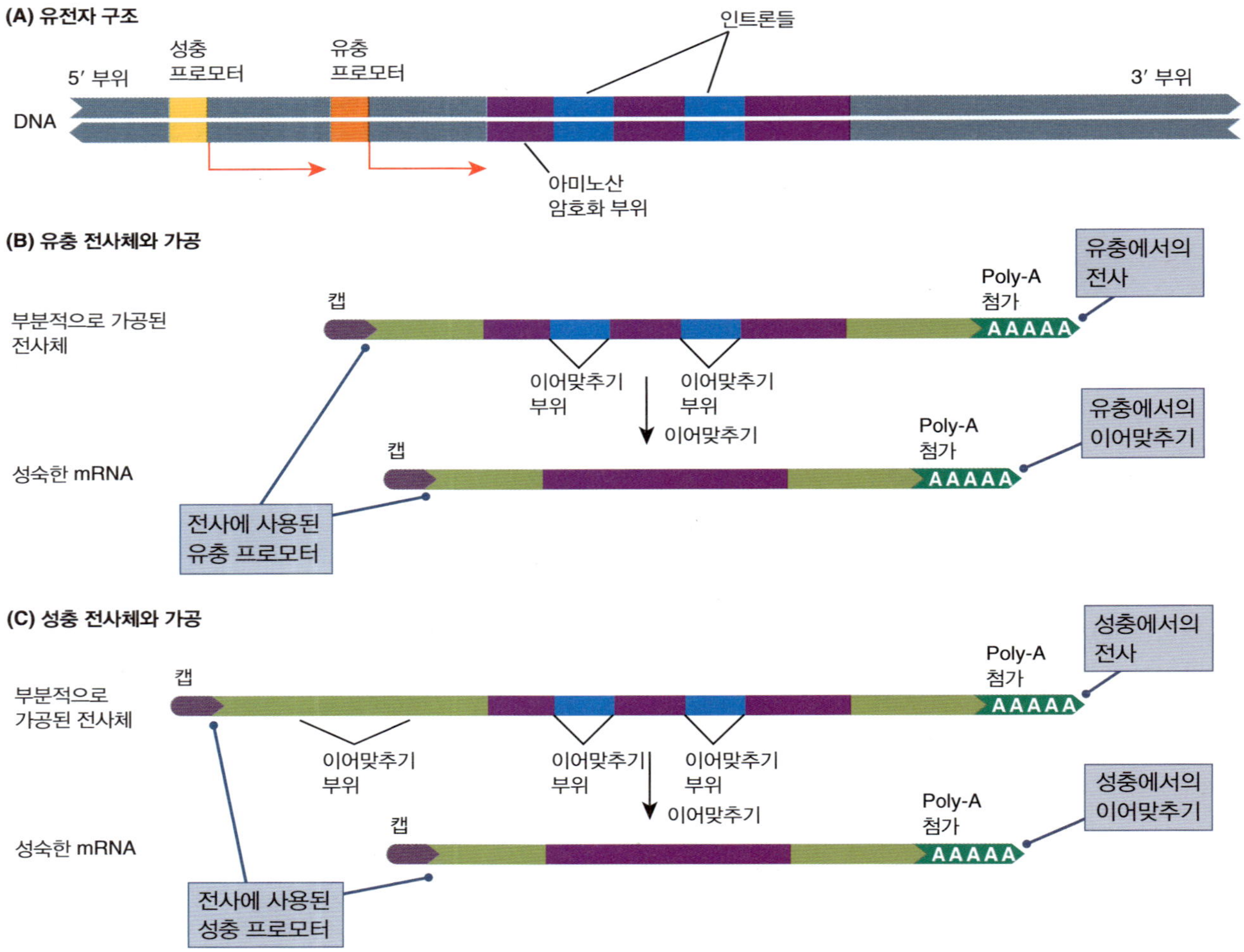

그림 9.26 초파리 알코올 탈수소효소 유전자에서 대체 프로모터의 사용. (A) 전체 유전자 구성에는 아미노산 암호화 부위 내에 2개의 인트론이 포함된다. (B) 유충에서 전사는 암호 부위의 5′말단 근처 가장 가까이에 있는 프로모터가 사용된다. (C) 성충에서 전사는 더 멀리 떨어져 있는 상류의 프로모터가 사용되고, 유충 선도서열의 대부분은 이어맞추기에 의해 제거된다.

있지만 프로락틴을 생성하는 세포주에서는 메틸화되어 있지 않다. 프로락틴을 생성하지 않는 세포주에 아자시티딘을 처리하여 메틸화를 반전시키면 프로락틴을 발현시킨다.

포유동물에서 몇몇 유전자는 생식선에서의 메틸화에 의해 각인된다

포유동물들은 **유전체 각인(genomic imprinting)**이라고 하는 독특한 형태의 후생적 침묵(epigenic silencing)의 특징을 보인다. 그 특징은 다음과 같다:

- 각인은 생식선(germ line)에서 일어난다.
- 각인은 수백 개의 유전자(대부분 집단으로 존재)에 영향을 미친다.
- 각인의 일차 신호가 무엇인지는 알려지지 않았지만 각인에는 강한 메틸화가 수반된다.
- 각인된 유전자들은 암컷과 수컷의 생식선에서 다르게 메틸화된다.
- 한번 각인되고 메틸화되어 침묵 유전자가 되면 배 발생동안 전사적으로 불활성화된다.
- 각인들은 생식선(germ line) 발생 초기에 지워졌다가 후에 다시 성-특이적 양상으로 재각인된다.

비록 포유동물의 배우자(gamete)가 고도로 메틸화되어 있지만, 성-특이적 양상으로 메틸화되어 각인된 유전자들을 제외한 대부분의 DNA는 착상 전에 탈메틸화된다. 배(embryo)의 DNA는 착상 후 다시 메틸화되기 시작하여 점차 성체의 체세포 수준으로 강하게 메틸화된다. 생식선에서 일어난 최초의 각인은 DNA가 전체적으로 탈메틸화되고, 재메틸화가 생식선 발생의 후기에 일어날 때 지워진다. 성-특이적 양상의 각인과 차별적 메틸화가 일어난 유전자를 제외한 모든 재메틸화된 유전자들은 암수 모두의 생식선에서 동일한 메틸화 양상을 갖게 된다. 각인된 유전자들은 암컷에서는 배란 전 난모세포 성장 중에, 수컷에서는 아마도 탄생 시기쯤에 메틸화가 일어난다. 각인과 관련된 메틸화는 배 발생 전반에 걸쳐 이루어지기 때문에 암컷 또는 수컷 생식선에 각인된 모든 유전자는 배에서 활성 복사본(active copy)을 단 1개만 갖게 된다.

각인과 관련된 후생적 성-특이 유전자 침묵 현상은 근신경 결함(neuromuscular defect), 정신지체 그리고 다른 기형의 특징을 보이는 증상들에서 현저하게 나타난다. 이들 증상은 **프라더-윌리 증후군**(*Prader-Willi syndrom*)과 **안젤만 증후군**(*Angelman syndrom*)이다. 이 증후군은 모두 흔하지는 않지만 자연발생적인 *15q11* 염색체 부위의 결손과 관련이 있다. 만일 이 결손이 아버지에서 일어나면 프라더-윌리 증후군이 되며, 어머니에서 일어나면 안젤만 증후군이 된다. 그 이유는 *15q11* 부위가 배우체에서 각인되고 차별적으로 메틸화되는 적어도 3개의 유전자(*SNRPN*, *necdin*과 *UBE3A*)를 포함하고 있기 때문이다. 그림 9.27의 (A)는 정상의 배에서 이들 세 유전자들의 각인 양상을 보여주고 있다. *SNRPN*과 *necdin* 유전자들은 난자에서 각인되고, *UBE3A*는 정자에서 각인된다. 따라서 배에서 모계 염색체의 *UBE3A*와 부계 염색체의 *SNRPN*과 *necdin*은 전사 활성을 갖는다. 그림 9.27의 (B)에서 보여주고 있는 것처럼 여성과 남성의 배 생식선(germ line)에서 성에 따라 각인들이 지워지고 재각인된다. 즉, 여성에서는 양 상동염색체의 *SNRPN*과 *necdin*이 각인되는 반면, 남성에서는 양 상동염색체의 *UBE3A*가 각인된다. 만일 정상의 각인된 여성 배우체가 *15q11* 결손을 갖는 정자와 수정하면, *SNRPN* 또는 *necdin* 중 어느 하나도 전사적으로 활성을 갖지 못하여 프라더-윌리 증후군을 갖는 배로 발생하게 된다. 한편, 만일 정상적으로 각인된 남성 배우체가 *15q11* 결손을 갖는 난자와 수정하면, 전사적 활성을 갖는 *UBE3A* 유전자를 갖지 못하고 배는 안젤만 증후군으로 발생한다. 이러한 증후군들은 각인에 의한 유전자 발현의 후생적 조절뿐만 아니라 성의 차별적 각인 그리고 유전체 내 각인된 유전자들이 집단을 이루고 있다는 사실을 보여주고 있다.

왜 각인이 있는가? 한 제안은 각인이 일처다부제(한 암컷이 여러 수컷과 교배함)를 갖는 초기 포유류에서 진화했다는 것이다. 각인은 일처다부 상황에서 태아를 희생시켜 모계 자원을 보존하는 유전자들을 침묵시켜 수컷의 직접생식(immediate reproduction)을 극대화시키는 전략이기 때문에 수컷에게는 이득이 된다. 그러나 각인은 어미를 희생시켜 태아에게 유전자원을 배분하는 유전자들을 침묵시켜 암컷의 장

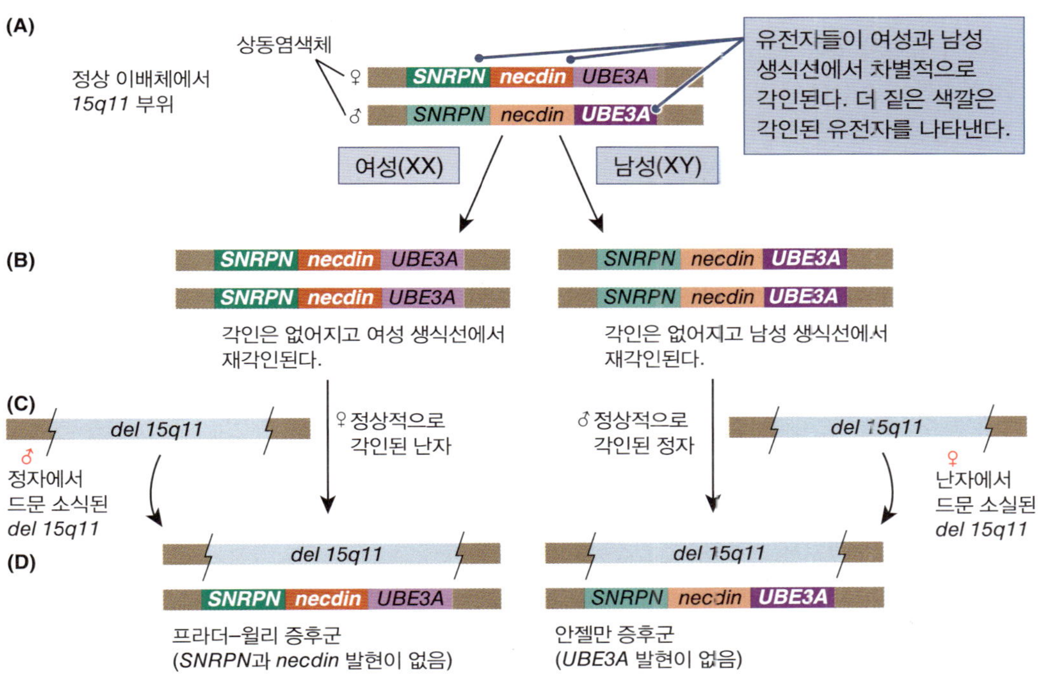

그림 9.27 염색체 *15q11* 부위에 존재하는 유전자의 각인으로 다른 형태의 근신경 증후군이 유발된다. 이는 부모 중 누가 *15q11* 부위 소실에 관계하느냐와 어떤 염색체가 각인되느냐에 의해 결정된다. (A) 정상 이배체에서 각인 양상. 어머니의 염색체는 위쪽에 있고 아버지의 염색체는 아래쪽에 있다. 각인된 유전자들과 전사 비활성 유전자들이 나타나 있다. (B) 생식선에서 여성- 또는 남성-특이적 양상으로 각인들이 지워지고 재각인된다. (C) *15q11*의 결실을 가지고 있는 모계 각인 염색체가 유전된 사람은 프라더-윌리 증상을 가진다. 반면에 *15q11*의 결실을 가지고 있는 부계 각인 염색체가 유전된 사람은 안젤만 증후군을 가진다. 여기서는 보여주지 않은 이 부위의 다른 유전자들도 또한 각인될 수 있다.

기간의 생식을 극대화시키는 전략이기도 하기 때문에 암컷에게도 이득이 된다. 이 가설은 몇몇 각인된 유전자들이 예상 방향으로 엄마와 태아 사이의 자원 분배에 영향을 미친다는 사실로 뒷받침되었다. 그러나 각인된 많은 유전자들은 어머니-태아 충돌(maternal-fetus conflict)과는 분명한 관련성이 없다.

9.6 유전자 발현의 조절은 또한 RNA 가공과 분해 단계에서도 일어난다

유전자 발현의 전사적 조절이 기본적으로 중요한 것이긴 하지만 유전자 활성 조절이 전사수준에서만 일어나는 것은 아니다. 이 절에서는 일차-전사체(primary-transcript) 이어맞추기와 mRNA 안정성 조절 단계에서 일어나는 몇 가지 유전자 발현 조절 기작을 살펴본다.

많은 유전자들의 일차 전사체는 대체 이어맞추기로 다른 산물을 만든다

만들어지는 mRNA가 가공에 의해 달라지기 때문에 똑같은 프로모터가 사용되어 전사되는 유전자 조차도 세포에 따라 생성하는 단백질의 양(또는 다른 종류의 단백질)이 다를 수 있다. 그 이유는 동일한 전사체가 세포에 따라 다른 방식으로 이어맞추어질 수 있기 때문이다. 다른 이어맞추기 양상이 정확하게 똑같은 단백질-암호화 엑손들을 mRNA에 포함시킬 수 있다. 이 경우, 동일한 단백질이 합성되지만 mRNA 분자의 번역률이 달라져 단백질의 합성률은 달라진다. 어떤 경우에서는 전사체의 단백질-암호화 부위가 세포에 따라 이어맞추기 양상이 달라지기도 한다. 이때 만들어진 mRNA 분자는 비록 엑손은 공유하지만 동일하지 않은 단백질을 만든다. 우리는 이미 인간의 유전체에서 만들어지는 전사체들은 빈번히 대체 방식으로 이어맞추어진다는 사실을 공부하였다. 이 때문에 약 25,000개의 인간 유전자가 50,000~100,000개의 단백질을 암호화할 수 있다. 대체 RNA 가공(alternative RNA processing)은 인간 유전자가 유전적 복잡성(genetic complexity)을 가질 수 있도록 하는 주요 원천 중 하나이다.

인간을 포함한 다른 포유동물들의 인슐린 수용체 유전자는 mRNA에 11번 엑손을 포함시키거나 배제하는 대체 이어맞추기(alternative splicing)의 한 예를 보여준다. 이 대체 이어맞추기에 의해 생성된 폴리펩티드 사슬의 길이는 12개 아미노산만큼 차이가 난다. 그림 9.28은 일차 전사체의 관련 부위를 보여주고 있다. 간(liver)에서는 20개 엑손 모두가 mRNA에 포함되어 긴 형태(long form)의 수용체가 만들어지지만(A), 골격근에서는 11번 엑손이 이웃하는 인트론과 함께 mRNA로부터 제거되어 짧은 형태(short form)의 인슐린 수용체가 만들어진다(B). 긴 형태의 수용체는 인슐린에 낮은 친화성을 갖으며, 비교적 높은 농도의 인슐린에 노출되는 간과 같은 조직에서 발현된다. 짧은 형태의 수용체 단백질은 인슐린에 높은 친화성을 갖으며, 일반적으로 낮은 수준의 인슐린에 노출되는 골격근과 같은 조직에서 선택적으로 발현된다. 따라서 대체 이어맞추기는 동일한 유전자로부터 다른 특성을 지닌 단백질들을 만들어낼 수 있는 가능성을 제공한다.

광범위한 대체 이어맞추기에 의해 인간 유전체의 암호화 역량이 커진다

벌레(worm)나 파리(fly)의 유전자들과 비교하면, 인간의 유전자들은 유전체에 더 널리 산재(spreading)해 있으며, 일차 전사체의 길이도 더 길다. 많은 인간 유전자들은 대체 이어

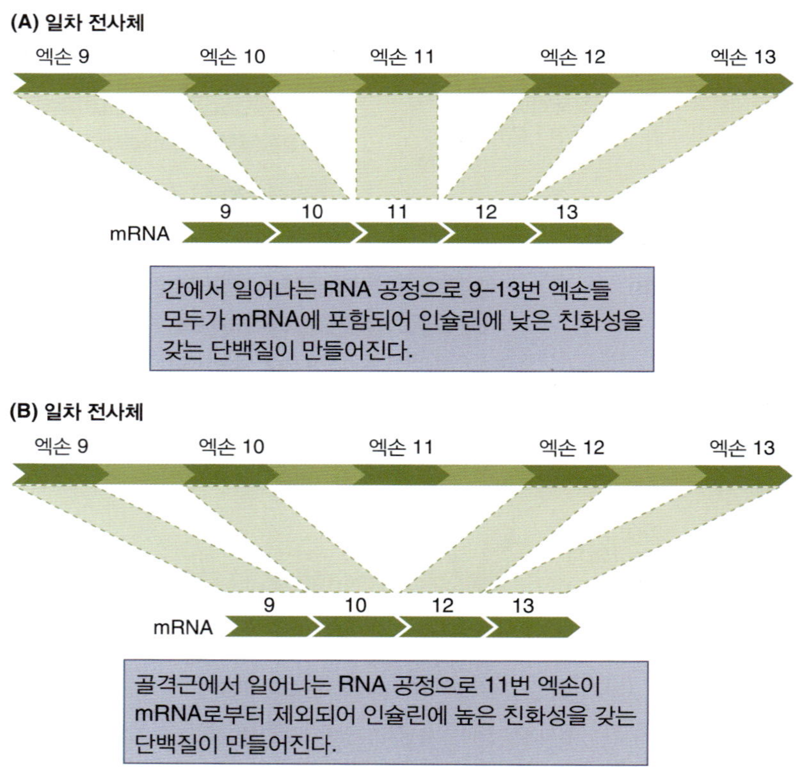

그림 9.28 인간 및 다른 포유류에서 인슐린 수용체 사슬 유전자의 일차 전사체의 대체 이어맞추기. (A) 간에서의 이어맞추기는 낮은-친화성 형태를 만든다. (B) 골격근에서는 이어맞추기로 높은-친화성 형태가 만들어진다.

맞추기로 수많은 단백질을 만든다. 적게는 모든 인간 유전자 중 1/3, 많게는 2/3에서 대체 이어맞추기가 일어난다. 대체 이어맞추어지는 유전자들의 일차 전사체로부터 생성되는 평균 mRNA 종류는 2~7개이다. 유전체 전체에서 한 가지 종류의 mRNA만을 만드는 유전자뿐만 아니라 여러 가지 종류의 mRNA를 만드는 유전자들을 모두 포함하면 유전자당 만들어 내는 평균 mRNA 종류의 수는 2~3개이다. 대체 이어맞추기는 상대적으로 적은 수의 유전자로부터 많은 수의 단백질들이 만들어질 수 있도록 한다.

핵심 개념

대체 이어맞추기는 인간의 유전적 복합성(genetic complexity)의 중요한 원천이다. 비록 인간의 유전자 수가 벌레나 파리에 비해 약 2배 정도 많을 뿐이지만 단백질의 종류와 수는 벌레나 초파리보다 훨씬 많은 약 5배이다.

그림 9.29 짙은 자주빛의 야생형 피튜니아와 흰색 피튜니아의 교배. 안토시아닌 색소를 합성하는 유전자의 여분의 복사본을 가진 식물의 하얀색 꽃이 어두울 것으로 기대했다. 그러나 예상 밖으로 여분의 복사본은 모든 색소를 제거했다.

mRNA는 종류에 따라 세포내 지속성이 다르다

수명이 짧은 mRNA는 수명이 긴 것보다 더 적은 양의 단백질을 합성한다. 따라서 mRNA의 안정성도 유전자 발현수준에 영향을 미친다. mRNA 분해경로 중 하나는 효소가 작용하여 mRNA의 폴리-A 꼬리를 자르는 **탈아데닐화-의존적 경로**(*deadenylation-dependent pathway*)이다. 폴리-A 꼬리가 25~60 뉴클레오티드 길이로 잘리면 5′ 캡(cap)을 제거하는 탈캡효소(decapping enzyme)가 5′ 캡을 제거하여 mRNA의 번역개시를 막는다. 이런 상태의 mRNA는 핵산말단분해효소(exonuclease)에 의해 신속히 분해된다. 또 하나의 mRNA 분해경로는 **탈아데닐화-비의존적 경로**(*deadenylation-independent pathway*)로 캡 제거 또는 핵산내부분해효소(endonuclease)에 의한 mRNA 분해로 시작되어 핵산말단분해효소에 의한 분해로 완결된다. 탈아데닐화-비의존적 경로는 특히 초기 사슬 종결 코돈을 가지고 있거나 이어맞추기가 되지 않은 인트론을 가지고 있는 mRNA에 작용하며, 절단된 폴리펩티드 조각이 세포 내에 축적되는 것을 막는다.

RNA 간섭(RNAi)은 RNA 전사체를 파괴한다

1990년에 식물유전학자들은 피튜니아(*Petunia hybrida*)의 꽃 색깔 연구를 위해 유전자를 조작하여 실험하였다. 정상적인 빨간색 또는 보라색의 꽃은 안토시아닌으로 알려진 플라보노이드 색소의 결과물로 안토시아닌은 **칼콘합성효소**(*chalcone synthase*)에 의해 분해되는 속도 제한(rate-limiting) 단계에서 대사경로를 통해 합성되어진다. 연구자들은 이 유전자의 여분의 복사본이 효소 단계로 증가하고 그래서 색소의 양이 증가해서 더두운 꽃 색깔을 얻을 것이라고 생각했다. 실제 실험에서(그림 9.29), 유전적으로 조작한 식물의 꽃 색깔은 흰색이었다. 칼콘합성효소 mRNA가 정상 식물에서 보다 유전적으로 조작한 식물에서 약 50배 더 낮았다. 그리고 유전자 여분의 복사본에 의해 분리된 색소가 감소되었다. 유전자 여분의 복사본의 침묵뿐만 아니라, 같은 식물의 야생형 유전자에서도 침묵이 일어났다. 유전자 침묵이라는 예상 밖의 이 기작은 1998년까지 수수께끼로 남아 있었다. 1998년 연구자들은 예쁜꼬마선충(*Caenorhabditis elegans*)에서 침묵과 같은 이중가닥 RNA가 만들어짐을 발견하였다.

dsRNA에 의한 유전자 침묵은 **RNA 간섭(RNA interference, RNAi)**의 한 예이다. RNAi 반응은 진핵생물에 널리 퍼져 있고 비록 곰팡이와 원시 원생동물을 포함하는 몇몇의 종족에서는 그 능력이 손실되었을지라도, 아마도 그 조상에서부터 존재했을 것이다. RNAi의 분자적 기작은 바이러스에 대한 방어와 유전적 정보가 이중가닥 RNA를 형성하는 단계에 관여하는 전이인자에 대해 진화하였다. 침묵 효과는 세포당 이중가닥 RNA가 몇 분자만 있어도 높은 특이성을 보이고 매우 강력하다.

기대되는 RNAi 반응은 진핵생물의 진화적 다양성 이전에 진화되어서 그 기작은 다른 방법으로 작용하는 몇몇의 복잡한 경로를 가진다. 그리고 생물체는 다양한 방법으로 그들의 구성물을 사용한다. RNAi 반응에 대한 연구와 이해는 아직 많이 이루어지지 않았지만, 주요 개요는 분명하게 밝혀졌다. RNAi 반응을 매개하는 2개의 중요 경로를 그림 9.30에서 보여주고 있다. A는 이중가닥 RNA의 주요 요소 2개를

인간 유전학 이야기

더블 트러블

Andrew Fire[1], SiQun Xu[1], Mary K. Montgomery[1], Steven A. Kostas[1], Samuel E. Driver[2], and Craig C. Mello[2] (1998)

[1]Carnegie Institution of Washington, Baltimore, Maryland; [2]University of Massachusetts Medical School, Worcester, Massachusetts

예쁜꼬마선충에서 이중가닥 RNA에 의한 강력하면서도 특이적인 유전적 방해

생물에서 RNA 분자를 조작할수 있게 되자마자 초자연적이고 예상할 수 없는 결과들이 보고되기 시작하였다. 극한의 경우, 조작된 RNA는 동일한 서열을 가진 내생 숙주 유전자(endogenous host gene)의 발현을 방해한다. 처음에는 조작된 RNA가 내생 전사체와 염기쌍을 형성하고 그들의 기능을 방해하는 안티센스 억제자로 작용하는 것으로 여겨졌다. 이것이 사실이라면 이 RNA의 억제 효과는 강하게 농도 의존적일 것이다. path-breaking paper에서 저자는 이중가닥 RNA가 억제효과를 매개하고 세포당 몇몇 분자만 필요하다는 것을 소개했다. 다른 생물체와 비교했을 때 예쁜꼬마선충(*Caenorhabditis elegans*)은 dsRNA가 세포에서 세포로 그리고 부모에서 자손으로 이동되어 실험에 사용되었다.

> 세포를 이용한 RNA의 실험은 내생 유전자의 기능을 방해하는 생물학적 시스템에 사용된다.... 여기서 우리는 방해 RNA의 구조와 이동에 필요한 것들을 연구하였다. 놀랍게도 우리는 이중가닥 RNA가 단일가닥 RNA보다 더 방해 기작에 효율적이라는 사실을 발견하였다.... 이중가닥 RNA는 강력하고 특이적인 방해를 일으킨다. 도입된 이중가닥 RNA의 몇몇 분자만이 세포에 영향을 미칠 수 있으며 방해 과정의 구성 요소를 촉매하거나 증폭시킬수 있다....

"놀랍게도 우리는 이중가닥 RNA가 단일가닥 RNA보다 더 간섭기작이 효율적이라는 사실을 발견하였다."

Fire와 그의 동료들은 애벌레에서 몇몇 경련을 유발하는 기능 상실 돌연변이인 *unc-22*(uncoordinated-22) 유전자에 집중해서 이 현상을 좀 더 자세히 살펴보았다. 그들이 *unc-22* mRNA와 동일하거나 상보적인 단일가닥 RNA를 주사할 때, 최소한의 간섭만이 관찰되었다.

> 대조적으로 센스–안티센스 혼합물은 내생 유전자 활성에 대해 높은 간섭효과를 가져온다. 이 혼합물은 각각의 가닥이 따로 존재할 때 보다 두 가닥이 같이 존재할 때 적어도 2배 이상 더 효과적이다.... 센스-안티센스 혼합물의 강력한 간섭 활성은 이중가닥 RNA의 형성 또는 가닥 사이의 상승효과를 초래한다....

도입된 RNA에 의해 유도된 표현형은 *unc-22*의 전형적인 기능 상실 돌연변이와 동일하였다. RNA 간섭이 더 일반적인 현상일 수 있다고 제안하는 것으로 결론을 내렸다.

> 이중가닥 RNA는 선충, 무척추동물, 척추동물에서 더 일반적으로 방해를 매개한다. RNA 방해는 식물에서도 관찰된다.... 이중가닥 RNA에 의한 유전적 방해는 생리적인 유전 침묵을 위해 생물에서 사용되어진다.

A. Fire et al. *Nature* 391(1998): 806–810.

보여준다. 왼쪽 그림은 동일한 이중가닥 DNA 분자의 전사로부터 얻어졌다. 이는 각 가닥이 상류 프로모터 부위를 가지기 때문이다. 이중가닥 DNA의 형태는 RNA 바이러스나 어떤 전이인자에 의해 만들어지고, 그림 9.29에서 소개되었던 피튜니아 칼콘합성효소 유전자에 의해서도 만들어진다. **안티센스 전사체**를 만드는 프로모터 근처에 삽입된 유전자는 정상적으로 전사되지 않은 전사체이다. 안티센스 전사체가 센스 전사체를 가지는 이중가닥 RNA를 형성하면 결과적으로 이중가닥 RNA는 피튜니아 RNAi 반응이 일어나게 된다. 이중가닥 RNA는 정확하게 매치되고 **작은 간섭 RNA(small interfering RNA, siRNA)**의 근원이 된다.

그림 9.30A의 오른쪽 그림은 이중가닥 RNA의 또 다른 요소로 이 경우는 줄기 및 고리(stem-loop) 이차구조가 거꾸로 반복되는 서열을 가지는 이중가닥 DNA의 전사체에서 형성된다. 그림에서 보여주는 구조는 핵내에 존재하는 특이 효소에 의해 정상적으로 만들어진 긴 전사체이다. 쌍을 이루는 줄기(stem)는 보통 잘못 짝지어진 1개 또는 그 이상의 염기쌍을 가진다. 이 잘못 짝지어진 유전체가 진화함으로써 거꾸

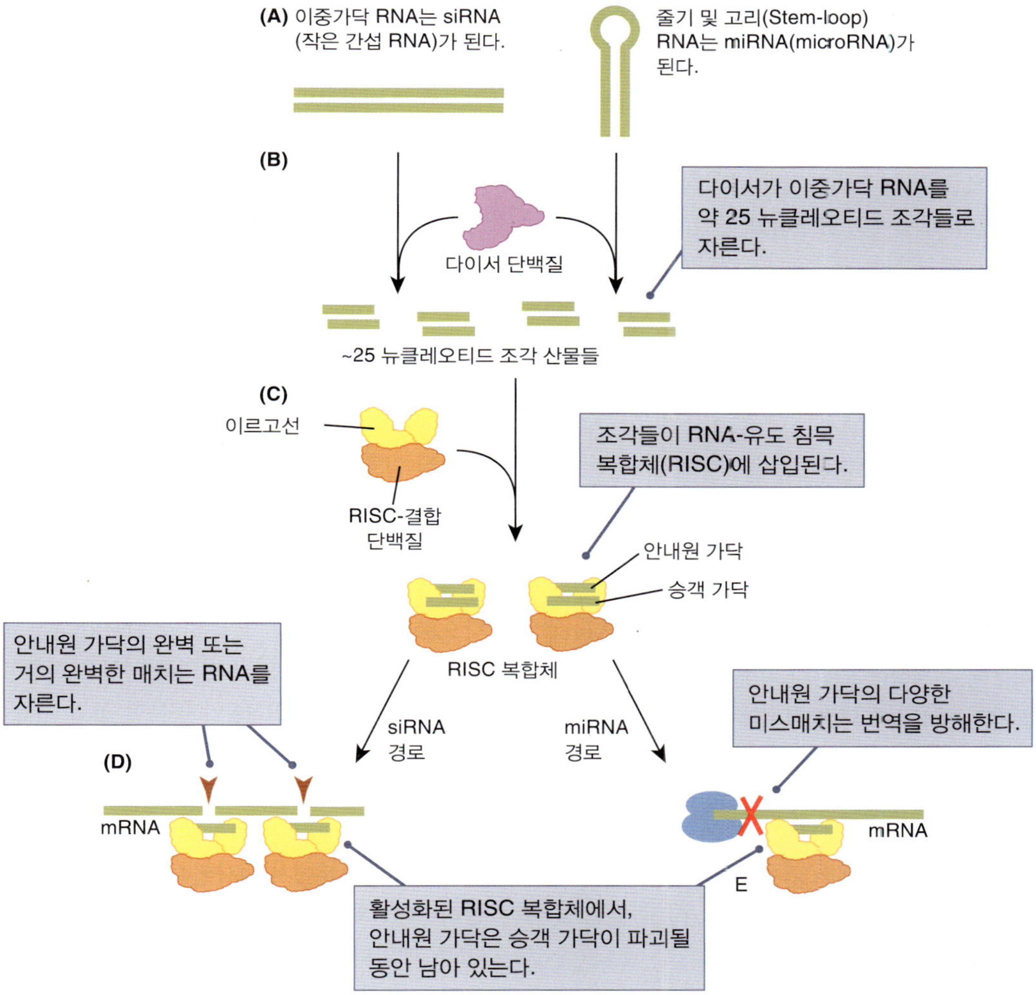

그림 9.30 siRNA와 miRNA에 의한 유전자 침묵 기작.

로 반복되는 서열에 축적된다. 또한 이 잘못 짝지움은 **마이크로 RNA(miRNA)**에 의해 매개되는 또 다른 RNAi 경로의 특징이 된다.

siRNA와 miRNA 둘 모두 세포질에서 만들어지고 이들의 경로는 서로 유사하다. 잘 알려진 효소들 중에 하나가 다이서(*dicer*)이다(그림 9.30B). 다이서는 이중가닥 RNA를 약 25 염기쌍 길이의 작은 이중가닥 단편으로 분해한다. 이 단편은 길이가 짧고 각 말단에 단일가닥이 돌출되어 있다. 그림에서 다이서 효소의 단일 형태를 보여주고 있지만, 많은 생물에서 siRNA 경로와 miRNA 경로는 각각 다른 유전자에서 암호화되는 다이서를 사용한다.

다이서에 의해 만들어지는 이중가닥 RNA의 짧은 단편은 *RNA*-유도 침묵 복합체(*RNA-induced silencing complex, RISC*)에 포함된다. 두 가닥이 포함되지만, 오직 한 가닥만이 상보적 염기쌍에 의해 표적 RNA를 확인하는 유도 RNA로 제공된다. 다른 한 가닥은 승객 가닥으로 활성화된 RISC를 분해한다. 많은 생물에서 RISC의 구성요소는 다이서처럼 siRNA 경로와 miRNA 경로 사이에 차이가 있다. 특히 중요 구성 요소는 아르고선(*argcnaute*)으로 잘 알려져 있다.

RISC 형성 후에, siRNA 경로와 miRNA 경로의 기능은 매우 차이가 있다. siRNA 경로에서 유도 RNA는 표적 RNA 가닥을 정확하게 또는 거의 정확하게 매치시킨다. 유도와 표적은 동일한 두 가닥의 DNA의 반대 가닥으로부터 전사되기 때문이다. 이 경우에 RISC 복합체는 아르고선(그림 9.30D)의 활성을 통해 표적 RNA를 분해한다. 유도 RNA의 완벽 또는 거의 완벽한 매치는 siRNA 경로를 매우 특이적으로 만든다. 정상적으로 오직 하나의 표적 RNA가 파괴된다.

miRNA 경로에서(그림 9.30E), 유도 RNA와 표적 RNA는 일반적으로 몇개의 잘못 짝지움을 포함한다. 이는 유도 RNA와 표적 RNA가 유전체에서 서로 다른 부위로부터 전사되기 때문이다. 이 경우, 활성화된 RISC 복합체는 표적 RNA에 결합하고 자체 버전의 아르고선을 통해 mRNA 절단, 폴리-A 꼬리 단축을 통한 mRNA 불안정화, mRNA 번역 억제 등을 함으로써 번역 효율을 감소시킨다. 몇몇 잘못 짝지움은 묵인되기 때문에, miRNA는 전형적으로 각각 다른 유전자로부터 만들어지는 다양한 전사체이다. 번역에 미치는 영향은 일반적으로 다소 경미하지만 단백질 생산을 50% 미만으로 감소시킨다. 그럼에도 불구하고 단일 miRNA는 전체 유전자 네트워크의 발현을 조절할 수 있다. 인간의 경우, miRNA 경로는 세포주기 및 종양 형성에서 조절 이상과 관련이 있다.

RNAi 반응 기능은 이중가닥 RNA를 통해 인지된 표적을 조절할 뿐만 아니라 반응 구성 요소가 유전체 구조와 구성에 영향을 주게 한다. 예를 들면, 분열효모에서 아르고선 단백질은 이형염색질의 유도와 펼침을 위해 요구되어지고 다이서와 siRNA 경로의 또 다른 구성요소는 이형염색질의 유전자를 전사적 침묵 상태로 만드는 데 이용된다.

RNAi의 발견은 연구에서 뿐만 아니라 실용적 측면에서의 잠재성 때문에 유전학에 커다란 흥분을 불러 일으켰다. 동형 전사체를 가지는 유전자의 발현 수준을 감소시키는 이중가닥 RNA의 능력은 *genetic kockdowns*의 활성에 기초가 된다(침묵이 종종 불완전하기 때문에 *kockouts*이 아닌 *kockdowns*으로 명한다). 실제로 RNAi 반응을 이용하면 돌연변이 야기(mutagenesis)와 유전자 조작기법이 잘 개발되지 않은 생물체에서 유전자 발현을 극적으로 감소시키는 동등 돌연변이(equivalent mutation)를 만들 수 있다.

RNAi는 또한 생물공학과 의학에 중요하게 응용될 수 있다. 예를 들면, chalcone synthase RNAi가 피튜니아(그림 9.29)의 안토시아닌 색소의 양을 감소시키는 것처럼 식물의 생물공학에서 RNAi는 독소의 생산을 감소시키는 데 사용될 수 있다. 의학에서 RNAi는 인간면역결핍바이러스(HIV), 감염, 독감, 홍역 그리고 또 다른 바이러스를 조절함으로써 새로운 치료법을 개발할 수 있을 뿐만 아니라, 암과 퇴행성 신경질환을 치료하기 위한 새로운 접근에 응용될 수 있다.

몇몇 비암호화 RNA 전사체는 유전자 조절에 작용한다

긴 비암호화 RNA(lncRNA)라는 용어는 단백질로 번역되지 않는 뉴클레오티드 200개 이상의 긴 RNA 전사체를 나타낸다. 인간 유전체는 적어도 단백질-암호화 전사체 만큼 많은 긴 비암호화 RNA 전사체를 포함한다. 일부 비암호화 RNA 전사체는 비유전적 영역과 단백질-암호화 유전자 근처 또는 유전자 내에서 비롯하고 다양성을 띠는 반면에, 종종 하나 또는 두 가닥의 DNA를 주형으로 하는 중복 전사체는 5′ 비암호 부위, 인트론, 엑손 또는 3′ 비암호 부위를 포함한다. 종합적으로, 비암호화 RNAs는 많이 존재하지만 보통 단백질-암호화 유전자보다 낮은 속도로 전사된다. 이러한 전사체 대부분은 개방된 염색질 부위에서 무작위로 발생하는 전사에서 오는 확률적 변수(stochastic noise)의 결과이다.

반면, 유전자 조절에 작용하는 비암호화 RNAs의 많은 예들은 잘 알려져 있다. 예를 들어, 자체 보수 부위를 포함하는 몇몇 비암호화 RNAs는 micro RNA가 된다. 많은 비암호화 RNA는 단백질-암호화 유전자 근처 또는 그 안에서 전사되기 때문에, 그들은 유전자 발현에 영향을 주는 RNA/DNA 혼성체를 형성할 수 있다. 예를 들면 RNA/DNA 혼성체는 단백질-암호화 유전자를 침묵시키는 전사 복합체의 조립을 막는다고 알려져 있다. 또 다른 예는 RNA/DNA 혼성체가 단백질-암호화 유전자의 전사를 활성화하는 전사 복합체의 유인을 도와준다고 한다. 단백질-암호화 유전자의 상보적 가닥으로부터 전사되는 몇몇 비암호화 RNA는 mRNA 서열과 염기쌍을 형성할 수 있고 번역에 영향을 미칠 수도 있다.

일부 비암호화 RNA의 독특한 조절 기능은 DNA 메틸화, 히스톤 변형, 염색질 리모델링 그리고 이질 염색질 형성을 통한 유전자 발현의 후생유전 변형에 있다. 포유류에서, Xist으로 알려진 많은 비암호화 RNA는 불활성화된 어떤 X 염색체의 일부분에서 전사된다. Xist 전사체는 스플라이싱과 폴리아데닐화되지만 번역되지는 않는다. 오히려 염색질에서 DNA 메틸화, 히스톤 변형 그리고 또 다른 변화로 단백질을 유인하여 불활성화된 X를 덮음으로써 전사 침묵을 초래한다. 유사하게, HOTAIR로 알려진 비암호화 RNA는 유전자 침묵을 위한 염색질 변형과 다른 단백질 조립에 있어서 표적 부위에 결합하고 뼈대(scaffold)로 작용한다.

9.7 유전자 발현의 조절은 또한 번역 수준에서도 일어날 수 있다

진핵세포에서는 전사와 번역이 일어나는 장소가 다르기 때문에 유전자 발현의 조절은 번역과 전사수준으로 분리되어 일어난다. 번역 조절의 주요 형태는 다음과 같다.

- 특정한 조건하에서의 경우를 제외한 mRNA의 번역 중지
- 전반적인 단백질 합성률의 조절
- mRNA와 염기쌍을 형성하는 마이크로 RNA(micro RNAs)에 의한 번역 억제 또는 활성화(그림 9.30E)

이미 존재하고 있는 비번역 세포질 mRNA들을 활성화시키는 것은 번역 조절의 중요한 예이다. 이 기작은 초기 발

생에서 두드러지는데, 새로 수정한 난자는 거의 모두가 이미 존재하고 있는 세포질 mRNA로부터 빠른 속도로 많은 종류의 단백질들을 합성한다. 몇몇의 경우에서 mRNA 활성화의 분자 기작이 알려져 있다. 예를 들면, 초파리에서 비코이드(*bicoid*), 톨(*Toll*), 토르소(*torso*) 유전자의 mRNA들은 폴리-A 꼬리가 신장되면 활성화된다.

번역 조절의 극적인 예는 누에에서 견사 피브로인(silk fibroin) mRNA의 수명 연장에서 찾아볼 수 있다. 고치 형성 동안 견사선(silk gland)은 매우 많은 양의 단일 형태의 단백질인 견사 피브로인을 합성한다. 피브로인의 양은 세 가지 다른 기작에 의해 증가한다. 첫째, 견사선 세포가 각 염색체를 수천 개로 복사하여 축적함으로써 고도의 배수체가 된다. 둘째, 피브로인 유전자의 전사가 강력한 프로모터에서 개시되어 며칠 안에 유전자당 약 10^4개의 피브로인 mRNA를 만든다. 셋째, 피브로인 mRNA는 매우 긴 수명을 갖고 있다. 약 3시간의 수명을 갖는 일반적인 진핵세포 mRNA와는 대조적으로 피브로인 mRNA는 수일 동안 생존하며, 그 기간 동안 각 mRNA는 반복적으로 번역되어 10^5개의 피브로인 단백질을 만든다. 따라서 고치가 만들어지는 며칠 동안 각 피브로인 유전자당 약 10^9거의 단백질이 합성된다.

작은 조절성 RNA들이 mRNA와 염기쌍을 형성하여 번역을 조절할 수 있다

번역을 조절하는 작은 조절성 RNA들이 원핵생물과 진핵생물에서 발견되었으며, 유전체 서열 분석 결과 더 많은 예들이 있을 것으로 추정된다. 대부분의 조절성 RNA들은 번역을 조절하는 mRNA와 부분적으로 상보적인 서열을 갖는 RNA들이다. 우리는 이미 마이크로 RNA에 의한 번역 억제에 대해 살펴보았다(그림 9.30E). mRNA와 상보적인 서열을 갖고 있는 RNA를 **안티센스 RNA(antisense RNA)**라 한다. 안티센스 조절성 RNA들은 mRNA와 염기쌍을 형성하여 번역을 저해하거나 활성화시킨다(**그림 9.31**). 박테리아의 조

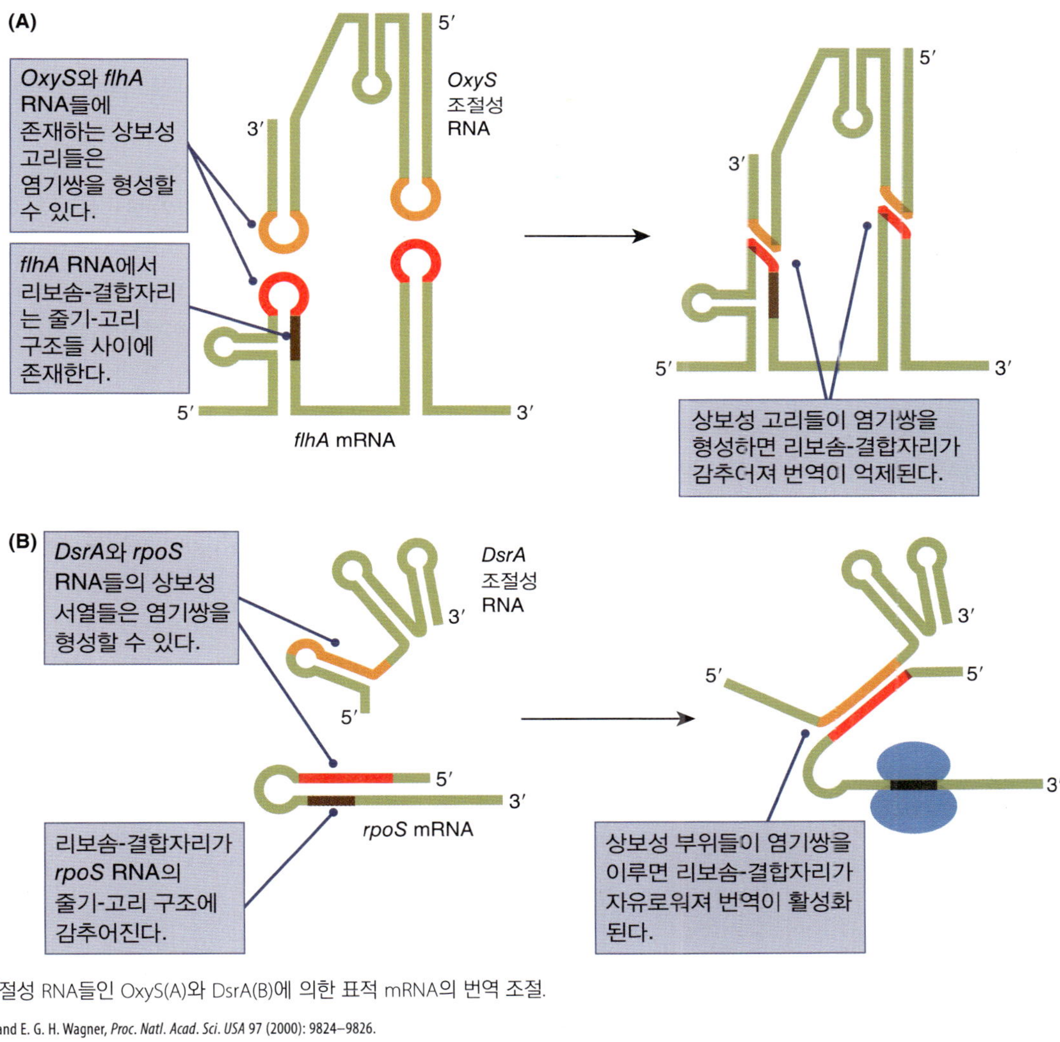

그림 9.31 조절성 RNA들인 OxyS(A)와 DsrA(B)에 의한 표적 mRNA의 번역 조절.

Data from S. Altuvia and E. G. H. Wagner, *Proc. Natl. Acad. Sci. USA* 97 (2000): 9824–9826.

절성 RNA들은 흔히 몇 가지 종류의 mRNA들의 번역을 조절하며, 세포에 일어나는 대사 과정의 포괄적 조절자(global regulator)로 작용한다.

그림 9.31은 대장균에서 산화성 스트레스를 완화시키는 작은 조절성 RNA의 한 예를 보여주고 있다. 과산화수소가 존재할 때 억제되는 유전자들 중 하나인 *oxyS* 유전자는 OxyS라고 하는 조절성 RNA를 암호화한다. 이 RNA는 몇몇 mRNA에 결합한다. mRNA에 결합할 때 OxyS의 일부 상보성 가닥만 표적 RNA와 염기쌍을 형성한다. 예를 들면, OxyS의 두 부위(이들은 서로 분리되어 있음)가 전사 활성자 단백질을 암호화하는 *flhA* 유전자의 mRNA와 결합한다(A). 이 예에서 상보성 부위는 단지 7개 뉴클레오티드로 매우 짧다. 상보성 부위 중 하나는 번역개시 코돈 AUG 근처에, 다른 하나는 40 뉴클레오티드 이상 상류에 있다. OxyS와 *flhA* mRNA 사이의 염기쌍 형성은 리보솜-결합자리를 숨겨 번역을 막는다. [이처럼 작은 조절성 RNA와 mRNA로 이루어진 이원 복합체(bipartite complex)를 **입맞춤 복합체**(*kissing complex*)라 한다.]

작은 조절성 RNA들은 번역을 활성화시킬 수도 있다. 그 한 예는 (B)에서 보여주고 있는 대장균의 DsrA 조절성 RNA이다. 이 경우 번역이 제어되는 mRNA는 *rpoS* 유전자의 mRNA이다. *rpoS* 유전자는 RNA 중합효소의 시그마 인자(sigma factor)를 암호화한다. 시그마 인자와 결합한 RNA 중합효소는 세포 밀도가 높아 세포의 성장과 분열이 느려지는 정지기(stationary phase)에서 특정 프로모터로부터 새로운 RNA들을 전사한다. *rpoS* mRNA의 5′말단은 자기-상보성 서열을 지니고 있어 머리핀 구조를 형성할 수 있기 때문에 리보솜-결합자리와 번역개시 자리가 숨겨진다. 실제로 DsrA의 두 연속성 부위가 *rpoS* mRNA에 결합하며, 이때 리보솜-결합자리가 자유로워져 번역이 일어날 수 있게 된다.

장의 요약

- 유전자는 전사, RNA 가공, 번역, 후번역 등에 의해 조절되어진다.
- 전사 조절은 유전자 조절의 중요한 기작이다.
- 전사 조절에는 음성 조절과 양성 조절이 있다. 많은 유전자들은 음성 조절과 양성 조절을 위한 조절 부위를 가지고 있다.
- 대부분의 유전자는 전사에서 후번역까지 중복 조절 기작을 통해 다양성을 가진다.
- 원핵생물에서, 연관된 기능을 암호화하는 유전자는 종종 유전체에서 무리지어 존재하고 그 집단의 한쪽 말단에 위치한 작동자 부위에 결합하는 조절단백질에 의해 조절되어진다.
- 진핵생물에서, 유전자는 오페론으로 이루어져 있지 않다. 유전체에 분산되어 있는 유전자는 하나 또는 그 이상의 "증폭자"라는 DNA 서열에 의해 조절된다. 증폭자는 유전자 발현을 위해 전사 활성자 단백질과 상호작용하는 유전자의 근처에 위치해 있다.
- 진핵생물에서, 염색질은 조직 특이적이고 다른 도메인으로부터 상대적으로 절연되며 핵 내에서 공간적으로 조직화된 위상학적 관련 도메인 (TADs)으로 구성된다. 일부 TADs에서 유전자는 전사적으로 활성인 반면에 다른 TADs에서 유전자는 억제된다.
- 진핵생물의 전사 복합체는 다양한 단백질로 이루어져 있으며, 염색질의 구조를 적당히 변형시켜 유전자의 프로모터로 모인다.
- 전사 조절의 후생 기작은 DNA 염기의 변화(보통 시토신의 메틸화) 또는 조절 단백질의 결합에 의해 매개되는 유전자 발현을 통한 유전적인 변화이다.
- 유전자 발현은 RNA 가공, 이어맞추기의 대체 양상, 전사 안전성, mRNA 분해 등의 단계에서 조절될 수 있다.
- 이중가닥 RNA 분자는 번역을 막기 위해 표적 동형 RNA 전사체인 짧은 단편에 의해 분해될 수 있다.

쟁점과 착상: 알고 넘어 갑시다

- 전사의 **양성적 조절**은 무엇인가? 전사의 **음성적 조절**은 무엇인가? 각각의 경우에 억제자의 역할은 무엇인가? 각 조절의 예를 들어보시오.
- 자가조절(autoregulation)이란 무엇인가? 양성적 자가조절과 음성적 자가조절을 구별해 보시오. 무엇이 약한 유도신호를 증폭시키기 위해 사용되는가? 과잉 생산을 막기 위해 어떤 것이 사용되는가?
- 세포 성장배지의 젖당은 젖당 이용에 관여하는 유전자들의 발현에 필요하지 않다는 것을 어떤 종류의 *lac* 돌연변이체가 보여주는가?

- 오페론은 유전자들을 어떻게 동등조절(coordinate regulation)하는가? 오페론은 보통 진핵생물에서 발견되는가?
- 전사약화는 아미노산 생합성을 조절하는 오페론의 미세조율 기작에 어떤 의미를 제공하는가?
- 작은 분자가 어떻게 리보스위치를 통해 전사를 조절할 수 있는가?
- 전사 활성자 단백질이란 무엇인가? 전사적 증폭자는? 염색질-리모델링 복합체는? 진핵생물의 유전자 조절에서 이 요소들의 역할은 무엇인가?
- 대체 이어맞추기의 가능성은 하나의 유전자는 하나의 폴리펩티드 사슬을 암호화한다라는 보편적 발언에 어떤 영향을 주는가?
- 후생적 조절이란 용어는 무엇을 의미하는가? 후생적 조절이 어떻게 시토신 메틸화를 통해 이루어질 수 있는지 설명하시오.
- RNA 간섭(RNAi) 현상이란 무엇인가? RNAi는 유전적 분석에 어떻게 이용되는가?

문제 풀고 한 걸음씩 앞으로

문제 1 두 가지 유전자형을 갖고 있는 대장균을 젖당이 있거나 또는 없는 상태에서 배양하여 *lac* 오페론 효소들의 발현수준을 분석하였다. 아래 표에 주어진 정보를 이용하여 (a)~(d)에 열거된 유전자형들의 효소수준을 예측해 보시오. 효소의 활성은 유도된 조건하에서 관찰된 효소 활성에 대한 상대적 단위(unit)로 나타내었다.

유전자형	젖당이 없는 경우 Z 단백질	젖당이 없는 경우 Y 단백질	젖당이 있는 경우 Z 단백질	젖당이 있는 경우 Y 단백질
(1) $I^+ O^+ Z^+ Y^+$	0.1	0.1	100	100
(2) $I^+ O^c Z^+ Y^+$	25	25	100	100

(a) $I^- \ O^+ \ Z^+ \ Y^+$

(b) $F' \ I^+ \ O^+ \ Z^- \ Y^- \ / \ I^- \ O^+ \ Z^+ \ Y^+$

(c) $F' \ I^+ \ O^+ \ Z^- \ Y^- \ / \ I^+ \ O^c \ Z^+ \ Y^+$

(d) $F' \ I^+ \ O^+ \ Z^- \ Y^- \ / \ I^- \ O^c \ Z^+ \ Y^+$

풀이. 야생형 오페론(**1**)은 유도되지 않는 0.1의 효소활성을 보여준다. O^c 돌연변이(**2**)는 오직 25의 효소 활성을 보여주는데, 이는 I^+ 유전자 산물이 O^c에 결합해서 오페론을 억제시킴을 의미한다. 이 추론은 유전자형 **(a)**~**(d)**의 표현형에도 적용시킬 수 있다. 유전자형 **(a)**는 억제되지 않고 젖당의 존재유무에 상관없이 높은 효소 활성(100)을 유도한다. 유전자형 **(b)**는 F′ 플라스미드에 존재하는 I^+ 유전자의 산물에 의해 효소 활성이 높게 조절된다. 즉, 이 표현형은 유전자형 (**1**)과 동일함을 의미한다. 유전자형 **(c)**는 F′ 플라스미드에 존재하는 I^+ 유전자의 산물에 의해 기본 수준으로 억제된다. 그러나 염색체는 O^c를 운반한다. 즉, 이 유전자형은 유전자형 **(2)**와 동일한 표현형을 가질 것으로 예상된다. 유전자형 **(d)** 역시 F′ 플라스미드에 존재하는 I^+ 유전자의 산물에 의해 기본 수준으로 억제되고 염색체는 O^c를 운반한다. 즉, 이 유전자형은 유전자형 **(2)**와 동일한 표현형을 가질 것으로 예상된다. 예상되는 활성은 다음 표에 요약되어 있다.

유전자형	젖당이 없는 경우 Z 단백질	젖당이 없는 경우 Y 단백질	젖당이 있는 경우 Z 단백질	젖당이 있는 경우 Y 단백질
(a)	100	100	100	100
(b)	0.1	0.1	100	100
(c)	25	25	100	100
(d)	25	25	100	100

문제 2 출아효모의 갈락토오스 이용을 위한 유전자의 전사 조절에서, 표현형은 갈락토오스에 의해 항구적이거나 유도적이며, 또는 아래의 각 조건에서 비유도적일 것으로 예상된다:

(a) UAS와 결합할 수 없는 돌연변이 GAL4p

(b) 핵 내로 전위될 수 없는 돌연변이 GAL80p

(c) GAL3p와 결합할 수 없는 돌연변이 GAL80p

(d) GAL80p와 결합할 수 없는 돌연변이 GAL3p

(e) 갈락토오스와 결합할 수 없는 돌연변이 GAL3p

(f) GAL3p와 결합하는 갈락토오스가 존재할 때 성장하는 세포

(g) 갈락토오스가 GAL3p와 결합할 수 없을 때 성장하는 세포

풀이. 갈락토오스 이용을 위한 유전자의 정상적인 전사조절에 대한 여러분의 기억을 새롭게 하자. 왜냐하면 각 조건 아래에서 세포의 표현형은 정상적인 조건과 비교함으로써 추측할 수 있기 때문이다. 정상 세포에서, GAL4p는 핵으로 이동해서 USA에 결합하고, 갈락토오스 이용에 필요한 유전자를 전사하기 위한 전사 복합체를 유인한다. 갈락토오스가 없을 때, GAL80p는 핵으로 이동해서 GAL4p와 결합하여 갈락토오스-이용 유전자의 전사를 막는다. 갈락토오스가 있을 때, 갈락토오스는 세포질에서 GAL3p와 결합한다. 이 복합체는 GAL80p와 결합해서 GAL80p의 핵 내 전위를 막고 핵 내에서 GAL4p는 갈락토오스-이용 유전자의 전사를 활성화한다. (a) UAS와 결합할 수 없는 돌연변이 GAL4p의 표현형은 전사 복합체가 유인되지 않기 때문에 비유도적이다. (b) 핵 내로 전위될 수 없는 돌연변이

GAL80p의 표현형은 GAL4p가 항상 갈락토오스-이용 유전자의 전사를 활성화 하기 때문에 항구적이다. (c) GAL3p와 결합할 수 없는 돌연변이 GAL80p의 표현형은 GAL80p가 항상 핵으로 이동해서 전사를 막기 때문 비유도적이다. (d) GAL80p와 결합할 수 없는 돌연변이 GAL3p의 표현형은 (c)와 같은 이유로 비유도적이다. (e) 갈락토오스와 결합할 수 없는 돌연변이 GAL3p의 표현형은 GAL80p가 GAL3p와 결합하여 세포질에 머물기 때문에 비유도적이다. (f) GAL3p와 결합하는 갈락토오스가 존재할 때 성장하는 세포의 표현형은 GAL3p가 결코 GAL80p를 방출하지 않기 때문에 항구적이다. (g) 갈락토오스가 GAL3p와 결합할 수 없을 때 성장하는 세포의 표현형은 갈락토오스에 의해서 유도적이다. 왜냐하면 갈락토오스는 정상적인 방법으로 GAL3p와 결합할 수 있고, 그 결과 GAL80p는 세포질에 머물게 된다.

실전에 필요한 개념: 끝까지 풀어 봅시다

9.1 *lac* 오페론의 돌연변이들을 왜 시스-우성이라 하는가? *lac* 억제자(*lacI*)의 몇몇 항구성 돌연변이들은 왜 트랜스-열성이라 불리는가? *lacI* 유전자에서 비유도성 돌연변이가 트랜스-우성일 경우를 생각할 수 있는가?

9.2 대장균의 *lac* 오페론은 왜 포도당 존재하에서는 유도성을 보이지 않는가?

9.3 시트로박테리아(*citrobacteria*)에서 아르기닌 생합성 효소들의 항구성에 결함이 있는 돌연변이가 발견되었다. 이 효소는 보통 아르기닌에 의해 억제된다.

(a) 어떤 두 종류의 조절성 돌연변이들이 이런 표현형을 만들 수 있을까?

(b) 아르기닌 생합성 효소의 어떤 돌연변이가 이런 표현형을 나타내는가?

9.4 동물세포에서, 골수의 망상적혈구는 적혈구의 분화 과정에서 핵을 상실한다. 그러나 망상적혈구와 적혈구는 헤모글로빈의 합성을 지속한다. 헤모글로빈 합성이 어떤 기작에 의해 헤모글로빈 유전자 없이도 오랜 기간 동안 계속 될 수 있는지 생각해보시오.

9.5 아래의 대장균 유전자형은 대장균이 젖당 또는 글리세롤이 있는 조건에서 배양될 때 높은 β-갈락토오시다아제 활성을 보이는지 여부를 나타내 준다. *crp*는 cyclic AMP 수용체 단백질에 대한 유전자이다. 모든 대립형질은 야생형이라고 생각하고 문제를 풀으시오.

	β-갈락토오시다아제 활성	
유전자형	젖당	글리세롤
$lacI^+\ O^+\ Z^+$	+	−
$crp^-\ lacI^-\ O^+\ Z^+$		
$lacI^-\ O^+\ Z^+$		
$lacI^S\ O^+\ Z^+$		
F′ $lacI^+\ O^+\ Z^+\ /\ lacI^+\ O^+\ Z^-$		
F′ $lacI^+\ O^c\ Z^-\ /\ lacI^+\ O^+\ Z^+$		
F′ $lacI^S\ O^+\ Z^+\ /\ lacI^+\ O^c\ Z^+$		
F′ $lacI^S\ O^+\ Z^+\ /\ lacI^+\ O^c\ Z^-$		

9.6 증폭자 서열에 결합하여 전사를 촉진하는 진핵생물의 전사 활성자 단백질을 생각해 보시오. 증폭자의 증폭으로 1개가 아니라 여러 개의 증폭자가 존재한다면 전사에는 어떤 변화가 있을까?

9.7 인슐레이터를 포함하는 전위인자가 증폭자와 프로모터 사이에 삽입되는 경우를 제외하고 유전자 조절에 어떤 변화가 있는가?

9.8 유전자형이 $lacI^-\ lacO^+\ lacZ^+\ lacY^+$인 Hfr 세포를 유전자형이 $lacI^+\ lacO^+\ lacZ^+\ lacY^+$인 F^- 세포와 접합시켰다. 배지에 유도자가 존재하지 않으면 β-갈락토오시다아제가 만들어지지 않았다. 그러나 같은 조건에서 $lacI^+\ lacO^+\ lacZ^+\ lacY^+$ 유전자형을 갖는 Hfr 세포와 $lacI^-$ lacO$^+$ $lacZ^-\ lacY^-$ 유전자형을 갖는 F^- 세포를 접합시키면, Hfr과 F^- 세포를 혼합하면 잠시 후 β-갈락토오시다아제는 *lac* 오페론이 이동된 후 잠시 동안 합성되었다. 이런 관찰이 갖는 의미를 설명하시오.

9.9 포도당이 존재할 때 대장균의 cyclic AMP 농도는 높을까 낮을까? 불활성 아데닐 시클라아제 유전자와 불활성 *crp* 유전자에 돌연변이가 일어난 돌연변이체는 β-갈락토오시다아제를 합성할 수 있는가? DNA에 cAMP−CRP의 결합은 억제자의 결합에 영향을 미치는가?

9.10 효모에서, *GAL* 유전자의 전사는 프로모터에 전사 복합체를 유인함으로써 전사를 촉진하는 GAL4 단백질에 의해 조절된다. 갈락토오스가 없을 때, GAL3p는 GAL80p과 결합하고 세포질 내에 존재한다. 갈락토오스가 있을 때, 갈락토오스는 GAL3p와 결합하고 GAL80p의 방출을 유도한다.

(a) GAL4p 돌연변이는 전사 복합체와 상호작용하여 전사를 방해한다. 유도적, 비유도적, 항구적 상호작용 중 어떤 방법으로 상호작용하는가? 돌연변이는 야생형 대립유전자와 비교했을 때 우성인가, 열성인가?

(b) GAL80p 돌연변이는 GAL4p와 상호작용하여 전사를 방해한다. 유도적, 비유도적, 항구적 상호작용 중 어떤 방법으로 상호작용하는가? 돌연변이는 야생형 대립유전자와 비교했을 때 우성인가, 열성인가?

9.11 대장균 돌연변이는 젖당의 존재 여부와 상관없이 β-갈락토오시다아제를 만든다.

(a) 이 돌연변이의 유전자형은 무엇인가?

(b) 돌연변이가 야생형 락오페론을 운반하는 F′ 플라스미드에 의해 부분 이배체로 전환될 때, LacZ와 LacY 효소의 합성이 유도된다. 위 내용은 **(a)** 돌연변이에도 적용되는 내용인가?

9.12 대장균 돌연변이는 젖당이 존재할 때 β-갈락토오시다아제를 만들 수 없다. 유전적 실험은 이 돌연변이가 *lacI* 유전자에 일어났으며 우성임을 보여준다. 이 균주에 돌연변이를 더 일으키기 위해 UV를 조사한 후, 젖당이 있는 배지에서 배양하였다. 2개의 새로운 돌연변이는 β-갈락토오시다아제 발현에 대해 항구적이다. 돌연변이 A는 *lac* 작동자 부위에, B는 *lacI* 유전자에 돌연변이가 일어났다.

(a) 돌연변이 A는 야생형 대립유전자와 비교했을 때 우성인가, 열성인가?

(b) 돌연변이 A가 왜 우성이고 비유도성 돌연변이인지 명백히 설명하시오.

(c) 돌연변이 B는 야생형 대립유전자와 비교했을 때 우성인가, 열성인가?

(d) 돌연변이 B가 왜 우성이고 비유도성 돌연변이인지 명백히 설명하시오.

9.13 *Bacillus subtilis*에서 메티오닌 생합성에 관계하는 *metI* 전사체의 선도서열(leader sequence)은 *yitJ* 선도 RNA와 유사한 방식으로 S-아데노실메티오닌(SAM)과 결합하는 리보스위치처럼 행동한다. 선도서열이 SAM과 결합할 수 없는 *metI* 돌연변이 세포는 어떤 표현형을 보일까?

9.14 오직 전사약화자에 의해서만 조절되고 억제자는 없는 메티오닌 오페론을 가진 박테리아 종(species)을 생각해 보시오. 오페론의 형태를 보면, 메티오닌 전사약화자는 정확하게 대장균의 *trp* 전사약화자와 매우 유사하다. RNA에서 전사약화자 서열에 해당하는 부분 다음과 같다.

5′-AAAAUGAUGAUGAUGAUGAUGAUGAUGGACUAA-3′

번역 시작자리는 이 서열의 앞쪽에 있으며, 보여주고 있는 이 서열은 정확한 읽기틀 내에 있다. 아래에서 나타내는 각각의 돌연변이 RNA에 대한 표현형(항구성, 야생형, 또는 Met⁻)을 생각해보시오.

(a) 빨간색 A가 제거되었다.

(b) 빨간색 A와 밑줄 친 A, 이 둘 모두가 제거되었다.

(c) 서열에서 처음 3개의 A가 제거되었다.

9.15 틀이동(frameshift mutation) 돌연변이는 엑손의 말단 부근에서 발생한다. 이 돌연변이는 가공된 mRNA의 다음(next) 엑손의 읽기틀에 영향을 미치는가?

9.16 당신은 세균이 많은 양의 납에 노출되더라도 생존할 수 있는 단백질을 만들어내는 납 오페론을 디자인할 수 있다. 당신은 많은 양의 납이 존재할 때에만 전사되는 납 오페론을 원한다.

(a) 전사를 음성 조절하는 납 오페론의 간단한 조절 시스템을 그리고 설명하시오.

(b) 열성 표현형인 **(a)**의 돌연변이 조절 시스템을 설명하시오. 납 오페론은 유도성인가, 항구성인가?

(c) 우성 표현형인 **(a)**의 돌연변이 조절 시스템을 설명하시오. 납 오페론은 유도성인가, 항구성인가?

9.17 당신은 앞 문제에서 설명한 납 오페론의 음성 조절보다 더 특별하게 작용하는 조절 시스템을 디자인할 수 있다.

(a) 전사를 양성 조절하는 납 오페론의 간단한 조절 시스템을 그리고 설명하시오.

(b) 열성 표현형인 **(a)**의 돌연변이 조절 시스템을 설명하시오. 납 오페론은 유도성인가, 항구성인가?

(c) 우성 표현형인 **(a)**의 돌연변이 조절 시스템을 설명하시오. 납 오페론은 유도성인가, 항구성인가?

9.18 대장균 *lacI* 유전자의 온도 민감성 돌연변이는 42°C에서 작동자에 결합하지 못하기 때문에 기능을 갖지 못한다. 그러나 30°C에서는 충분히 기능을 수행한다. β-갈락토오시다아제가 생산되는 경우는:

(a) 30°C에서 젖당이 있을 경우?

(b) 42°C에서 젖당이 있을 경우?

(c) 30°C에서 젖당이 없을 경우?

(d) 42°C에서 젖당이 없을 경우?

9.19 아래 그림은 A~F로 표시된 직사각형으로 나타나 있는 6개의 엑손을 가진 RNA 일차 전사체이다. 대체 이어맞추기에 의해 생성된 4개 또는 그 이상의 엑손을 포함한 mRNA들로부터 얼마나 많은 종류의 단백질 산물들이 만들어지는가?

9.20 여기에서 보여주는 3개의 엑손(A, B, C)을 가진 RNA 일차 전사체는 A~B 서열의 mRNA 또는 B~C 서열의 mRNA로 이어맞추기가 일어난다. 어떤 생물체는 이 두 종류의 mRNA로부터 기능성 산물이 만들어지지 않으면 돌연변이체가 된다. 검정색 선들은 엑손에서 기능을 잃게 하는 돌연변이들을 나타낸다.

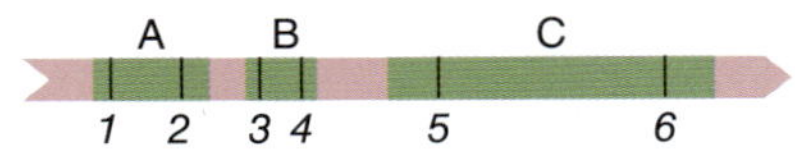

(a) 보상(야생형 표현형)은 "+"를, 보상결핍(돌연변이체 표현형)은 "−" 기호를 사용하여 6개의 돌연변이에 대한 보상(complementation) 모형을 그리시오.

(b) 이 보상 모형의 특이점을 설명하시오.

잠깐 생각해 봅시다: 해답

잠깐 생각해 봅시다 9.1의 해답

음성 조절이 되면, 막지 않는 한 전사가 일어난다. 이러한 이유로, 유전자 *A*는 억제자가 결합 부위에 결합할 수 없다면, 유전자 *A*는 항상 발현되며, 억제자가 너무 단단히 결합하여 바뀔 수 없다면, 유전자 *A*는 결코 발현되지 않을 것이다. 양성 조절이 되면, 전사 활성자가 없는 경우에 전사가 일어나지 않는다. 따라서 유전자 *B*와 관련하여, 결합할 수 없는 돌연변이 전사 활성화 단백질은 유전자 *B*를 발현할 수 없으며, 너무 단단히 결합하여 바뀔 수 없는 돌연변이체는 유전자 *B*가 항상 발현될 것이다.

잠깐 생각해 봅시다 9.2의 해답

$lacZ^+$ 대립유전자는 $lacO^c$가 시스 우성이기 때문에 구조적으로 발현된다. $lacY^+$ 대립유전자는 $lacP^-$가 시스 우성이기 때문에 유도할 수 없다.

잠깐 생각해 봅시다 9.3의 해답

돌연변이 균주에서 높은 수준의 cAMP는 cAMP−CRP 복합체를 항상 사용할 수 있음을 의미한다. 포도당을 함유한 배지에 젖당을 첨가하면 *lacI* 단백질에 의한 억제를 두드러지게 하고, cAMP−CRP의 존재는 오페론을 일으키는 전사를 가능하게 한다. 포도당 존재하에 낮은 수준의 cAMP를 가진 비돌연변이 균주에서, 낮은 수준의 cAMP−CRP는 젖당의 존재 하에서도 락 오페론 전사를 막을 것이다.

잠깐 생각해 봅시다 9.4의 해답

약화는 일어나지 않으며, 트립토판 오페론의 발현은 세포내 트립토판의 농도에 무감각할 것이다.

CHAPTER 10

유전공학과 유전자 조작의 개념

유전체학, 단백질체학 및 유전공학

학습 목표

- 적어도 한 가지의 고속 대량(high-throughput) DNA 염기서열 분석법을 설명하고, 인간 유전학에서 고속 대량 염기서열 분석의 적용점들에 대해 논의할 수 있다.
- 단백질을 암호화하는 유전체 부분에서 관련된 종들 사이에 DNA 서열에서의 차이점들을 특징짓는 진화적 특성들을 명시할 수 있다.
- 네안데르탈인과 데니소바인이 누구인지 그리고 이들 사이의 이종교배가 현대 인간 유전체에 일부분 기여했다고 추론하는 데 어떤 연구방법이 사용되었는지 설명할 수 있다.
- 수십만(혹은 수백만) 인간 유전체의 염기서열을 분석하는 것의 이점과 잠재적 위험요소에 대해 알 수 있다.
- 두 시료 중에서 어떤 것이 더 높은 수준의 전사율을 보이는지 알아내기 위해 DNA 마이크로어레이 위의 지점들의 형광색을 해석할 수 있다.
- ChIP-chip과 ChIP-seq을 통해, 특정 단백질과 결합하는 유전자 또는 DNA 서열을 어떻게 밝혀낼 수 있는지 설명할 수 있다.

- 두-잡종 분석법의 정의를 내리고, 이 방법이 물리적인 접촉을 하고 있는 단백질들을 동정하는 데 어떤 도움을 주는지 설명할 수 있다.
- 정해진 방향으로 DNA 제한 절편이 벡터에 삽입될 수 있게 하는 특정 DNA 절편의 제한효소 자리와 벡터의 클로닝 위치를 찾아낼 수 있다.
- 크리스퍼-캐스9의 구성 요소들을 서술하고, 이것들이 유전자 결손과 유전자 염기서열 변화를 위해 어떻게 사용되는지 설명할 수 있다.

수백 종의 유전체 서열 분석으로 비교 분석에 사용될 엄청난 양의 자료들이 생산되고 있다. 유전체 서열뿐만 아니라 유전체 내의 어떤 유전자가 특정 조직에서, 발생 중의 특정 시기에, 또는 세포주기의 서로 다른 단계에서 전사되는지 확인할 수 있는 방법도 개발되었다. 이러한 것들이 DNA의 염기서열, 구성, 기능, 그리고 유전체의 진화를 다루는 **유전체학(genomics)**의 기초 자료이다. 단백질 수준에서의 상응하는 용어인 **단백질체학(proteomics)**은 세포나 생명체 내의 모든 단백질(번역 후 변환되는 어떠한 형태들도 포함하여)을 동정하는 것뿐만 아니라 그들의 세포내 존재 위치, 기능 및 상호작용을 알아내는 것을 목표로 한다. 단백질체학은 이 장에서 추후 논의하게 될 여러 방법들을 사용하여 세포 내의 어떤 단백질이 물리적 접촉을 하는지를 확인하고, 이를 통해서 단백질 간의 상호작용의 연결 구조를 밝히게 된다.

10.1 유전체 서열분석법은 새로운 기술개발의 결과로 이전보다 빠르고 비용도 저렴해졌다

1985년, 인간의 전체 유전체를 구성하는 30억 뉴클레오티드 서열을 완전히 알게 된다면 유용할 것이라는 생각이 표면화되었다. 이러한 생각은 그 당시로서는 파격적인 것이었는데, 그 이유는 당시 DNA 서열 분석의 비용이 염기쌍당 약 1달러로 고비용이었기 때문이다. 그러나 이러한 아이디어의 제안자들은 이 사업의 추진이 기술 개발을 가능케 하여 염기서열의 분석 비용이 떨어질 것이라고 주장했다. 인간 유전체 사업은 1990년 정식 출범하여 2003년 경에 완료된 가운데, 실제 비용은 크게 낮아졌으며, 계속해서 낮아지고 있다. 현재 하나의 인간 유전체 염기서열을 분석하는 데 약 1000 달러의 비용이 든다.

인간 유전체 사업의 목표는 인간 유전체뿐 아니라 유전학 연구에 사용되는 많은 모델 생물들의 유전체도 함께 분석하는 것이었는데, 그 이유는 유전자의 기능을 밝히는 데 유용하다는 것이 증명되었기 때문이다. 엄청난 양의 자료가 만들어질 것인데, 그것을 저장하고 접근할 수 있어야 할 것이며 또 분석할 수 있는 새로운 방법이 개발되어야 할 것이다. 새로운 학제간 학문 영역인 **생물정보학(bioinformatics)**이 생겨났으며, 이것은 곧 유전체 염기서열과 다른 생물학적 자료를 분석하기 위해 컴퓨터 과학, 공학, 통계학, 그리고 수학 등의 학문과 융합되었다. 유전체 정보는 의약품 개발이나 다른 목적에 사용될 수 있을 것이며, 또한 개인의 유전 정보에 대한 프라이버시와 같은 윤리적 문제도 고려되어야 한다.

인간 유전체 사업은 큰 성공을 거두었으나, 유전체의 기능과 조절 등이 상세히 밝혀지는 데는 앞으로 여러 해, 아마도 수십 년은 걸릴 것이다. 이를 위해서는 유전 정보의 주석 달기, 비교유전체학, 전사에 관한 자료 수집, 단백질의 발현, 기능 및 상호작용에 관한 연구 등을 위한 도구가 개발되어야 할 것이다. 이러한 것들이 유전체학과 단백질체학의 핵심적인 내용이며, 이는 다음 절에서 논의된다.

고속 대량 DNA 염기서열 분석법 개발로 맞춤형 유전체 분석이 가능해졌다

우리는 프레더릭 생어가 dideoxynucleotide를 사용하면 DNA 가닥 합성이 중단된다는 것을 기반으로 한 염기서열 분석법을 개발했다는 것을 제6장에서 배웠다—그래서 이 방법을 흔히 **생거 염기서열분석(*Sanger sequencing*)**이라고 한다. 1977년에 처음 개발된 이 방법은 후에 많은 변형을 거쳐서 현재는 이전과 전혀 다른 방법들이 DNA 염기서열 분석에 도입되고 있다. 이 절에서는 각각의 장점과 단점을 가지고 있는 현재의 4가지 고속 대량 염기서열 분석 방법들에 대해 간략하게 알아보고자 한다. 그리고 비용 효율적이면서 대규모의 유전체 염기서열 분석을 추진해야 하는 주된 이유들 중 하나에 대해서 논의하고자 한다.

모든 염기서열 분석법은 이중가닥 DNA 정제로부터 시

작된다. 일부 방법들에서는 DNA가 기계적인 자극으로 잘려져서 원하는 크기의 DNA 절편이 분리되지만, 다른 방법을 통하게 되면 DNA가 절단되지 않고 긴 DNA 분자를 얻을 수 있다. 대부분의 경우에 짧은 이중가닥 **어댑터 분자(adaptor molecules)**가 DNA 라이게이즈에 의해 DNA 절편 끝부분에 첨가된다. 이런 어댑터들은 DNA 절편의 PCR 증폭에 필요한 프라이머에 상보적이며, 동시에 특정 표면에 부착시키기 위해 화학적으로 변형되기도 한다.

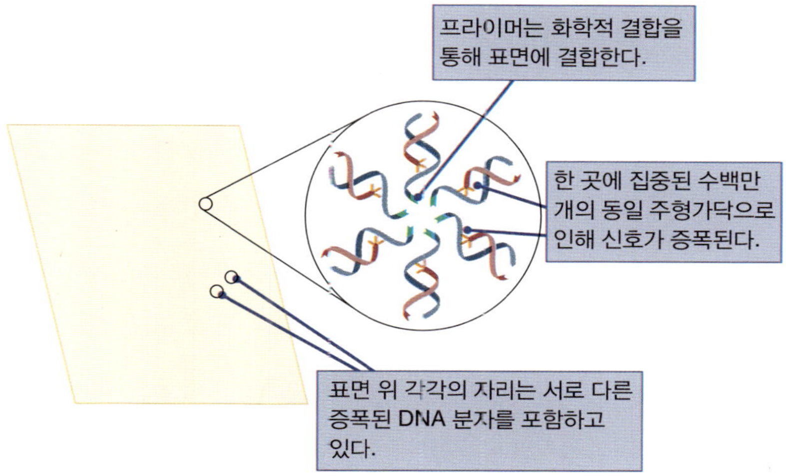

그림 10.1 합성 동시적 염기서열 분석.

고속 대량 염기서열 분석법 중 하나인 **합성 동시적 염기서열 분석(sequencing by synthesis)**의 경우에는 초기 과정에서 유전체 DNA가 작은 조각으로 잘려지고 3′과 5′말단에 PCR 어댑터가 부착된다(**그림 10.1**). PCR 어댑터는 증폭에 필요한 PCR 프라이머와 상보적으로 결합할 수 있는 짧은 서열들이다. 단일가닥으로 분리된 DNA 주형가닥들은 유리 칼날처럼 붙어있는 프라이머들로 덮혀 있는 평평한 표면에 뿌려진다. 각각의 주형 가닥이 하나의 프라이머와 결합하면서 PCR 증폭이 시작된다. 매번 증폭이 될 때, 각 프라이머로부터 합성된 DNA 가닥의 한 쪽 끝은 고정되어 있지만, 반대쪽 끝은 고정되지 않아 근처에 있는 상보적인 프라이머와 결합하게 된다[이 방법을 브릿지 *PCR*(*bridge PCR*)이라고 한다]. 이러한 PCR 증폭이 수차례 반복되면 작은 동일한 DNA 가닥들의 집합체가 만들어진다. 이 PCR 산물들은 종결자 염기서열 분석(terminator sequencing)을 위한 주형으로 사용되는데, 이 분석법은 4가지 DNA 뉴클레오티드 각각의 3′말단은 화학 작용기로 막혀 있고 5′말단에는 서로 다른 형광 염료가 붙어 있는 가역적 종결자(reversible terminator)의 독특한 화학적 성질을 이용한다. 이 뉴클레오티드를 첨가하면 결합하는 모든 자리에는 형광 신호가 나타난다. 그 다음에, 3′ 화학 작용기를 제거하고 형광염료를 절단하기 위해 시약을 처리하고 나면, 이 반응은 다시 반복된다(그림 10.1).

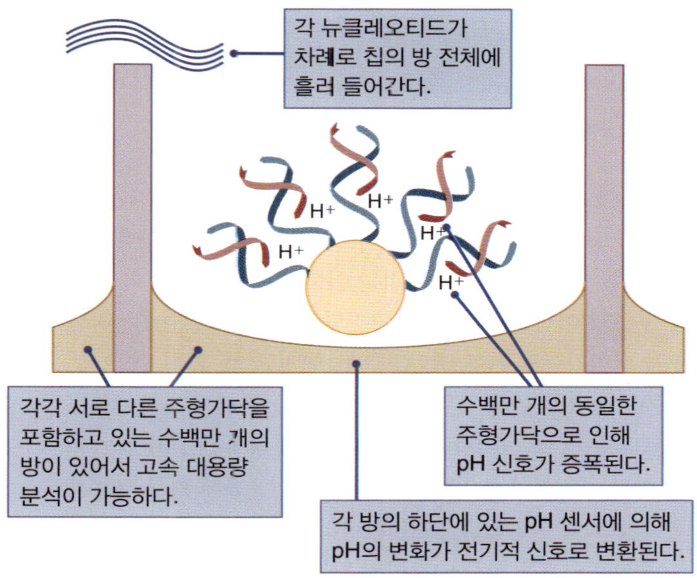

그림 10.2 이온 토렌트 염기서열 분석.

다른 고속 대량 분석법인 **이온 토렌트 염기서열 분석법(ion torrent sequencing)**(**그림 10.2**)에서는 PCR 어댑터가 초소형 구슬 입자에 결합되어 있는 화학 작용기에 연결되어 있다; DNA 샘플이 과량의 구슬 입자와 희석되어 혼합될 때, 각 DNA 절편은 구슬 입자에 부착된다. PCR 재료들이 첨가된 혼합물을 기름 속에 유화시키면 유화액 내의 구슬 입자는 작은 물 공간에 갇히게 되는데, 이 안에서 PCR 반응이 일어난다. 수백만 개의 DNA 절편에 결합된 각각의 구슬 입자가 디지털 카메라에 있는 반도체 칩과 유사한 작은 방에 들어가면 안에서 염기서열 분석 반응이 시작된다(그림 10.2). 이 방법에서는 변형되지 않은 정상적인 DNA 뉴클레오티드가 사용되며, 반응에서 DNA 주형가닥에 상보적 결합을 하면 양성자가 방출된다. 이것으로 인해 발생하는 pH 변화는 센서에 의해 감지되어 전기적 신호로 변환된다. 2개, 3개 혹은 그 이상의 동일한 뉴클레오티드가 연속적으로 나타나는 DNA 주형가닥이 있는 방에서는 그 만큼 많은 양의 양성자가 방출되며, 따라서 pH의 변화도 더 커진다; 하지만 연속으로 나타나는 동일 뉴클레오티드의 길이가 길수록 일반적으로 개수를 셀 때 더 많은 오류가 발생한다.

그림 10.3은 다수의 DNA 주형가닥만으로 충분하기 때

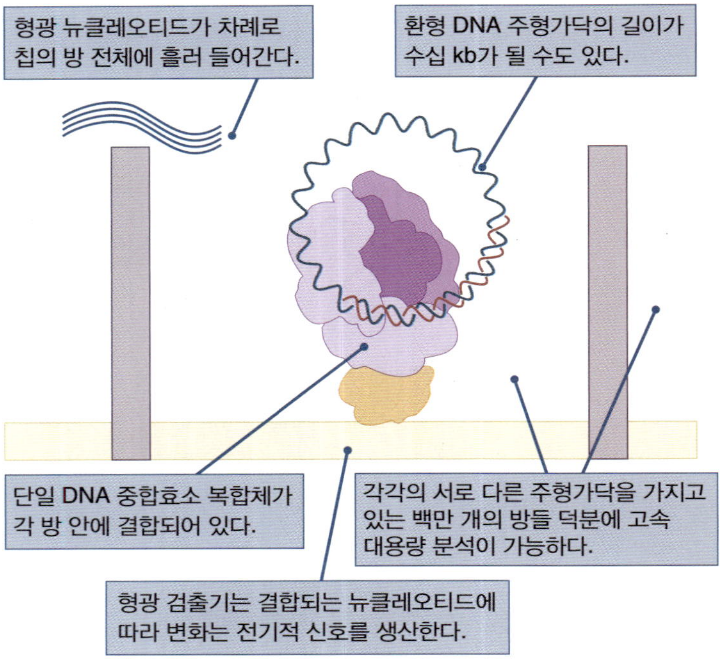

그림 10.3 환형 DNA 주형가닥으로 부터 단일분자 염기서열 분석.

문에 신호 증폭 과정이 없는 단일분자 염기서열 분석법(single-molecule sequencing)을 보여주고 있다. 여기에 사용되는 어댑터는 한쪽 끝이 서로 연결된 이중가닥 분자이다. 이 헤어핀 구조의 어댑터가 DNA에 연결되면 염기쌍 결합이 분리되면서 단일가닥의 환형 DNA가 만들어지고, 이 환형 DNA 분자들은 바닥에 한 분자의 DNA 중합효소 복합체가 붙어있는 작고 얕은 방에 들어간다(그림 10.3). 가역적 종결자를 이용해 염기서열 분석이 이뤄지며, 광검출기를 통해 형광 신호가 전기 신호로 변환된다. 작은 환형 DNA 주형가닥의 경우에는 중합효소 복합체가 수차례 서열분석을 할 수 있어서 정확도가 높아지지만, 크기가 큰 경우에는 주형가닥 전체를 한 번 읽기도 전에 중합효소 복합체가 분리된다. 이 장비로 50 kb 이상 DNA의 서열 분석이 가능하지만 10% 이상의 오차율이 발생할 수 있다.

나노포어 염기서열분석법(nanopore sequencing)을 이용하면 1 Mb 가량의 긴 DNA의 서열분석이 가능하다(그림 10.4). 모터 단백질이 긴 단일가닥 DNA에 결합하여 막단백질의 안쪽 통로를 통해 DNA를 이동시킨다. 각각의 뉴클레오티드가 막단백질을 통과하면 막의 전도도가 뉴클티드의 종류에 따라 변하게 된다. 이러한 작은 전도도의 변화는 증폭이 된 후에 기록된다. 하나의 나노포어 염기서열분석 장치는 스마트폰 보다 작으며 거의 1초에 100개의 뉴클레오티드를 읽을 수 있다. 주된 문제점은 뉴클레티드가 감지되지 않거나 혹은 잘못 첨가될 수도 있으며 다른 뉴클레오티드로 잘못 읽혀질 수도 있다—각각의 오류는 5~10% 만큼 발생할 수 있다.

주석이 없는 유전체 서열은 의미가 없다

유전체 서열은 그 자체가 모든 것을 설명해 주지는 않는다. 그것은 마치 여백과 구두점 및 색인이 없는 오로지 알파벳 4자만으로 인쇄된 책과 같다. 유전체 서열을 이용할 수 있으려면 유전체 주석(genome annotation)이 수반되어야 하는데, 유전체 주석이란 서열에 관한 설명을 기록한 것이다. 유전체 주석은 기능적 요소, 특히 단백질 암호화 엑손과 인트론을 포함하는 암호화 부위 서열뿐만 아니라 이들의 상류 및 하류에 있는 증폭자(enhancer)와 사일런서 요소의 표적이 되는 결합 모티프가 포함된다. 주석을 다는 것에는 tRNA, 스플라이싱에 관여하는 snRNAs 및 microRNAs와 같은 기능적 RNA를 암호화하는 서열도 포함된다. 마찬가지로 전위 인자에 해당하는 서열도 주석이 필요하다.

특히 크고 복잡한 유전체의 경우에는 DNA의 많은 부분이 단백질을 암호화하지 않으며, 또한 단백질을 암호화하

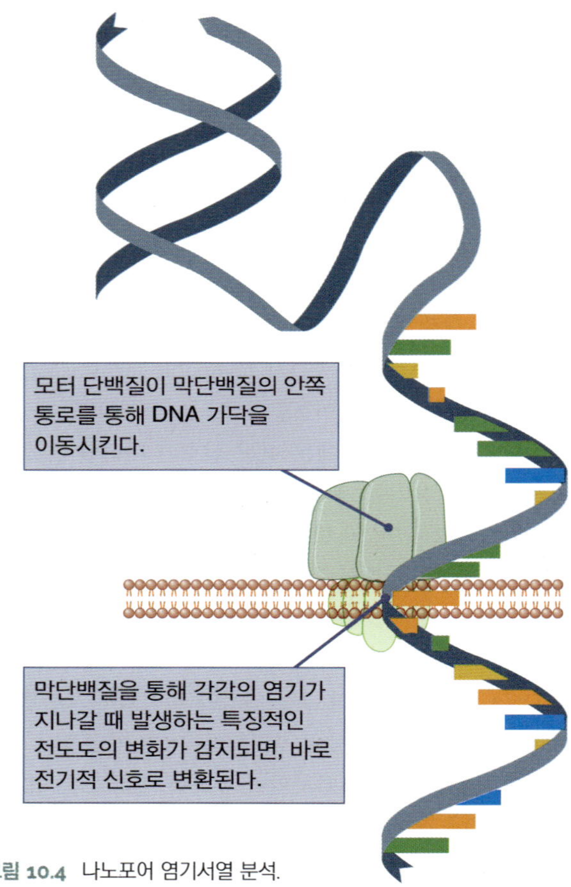

그림 10.4 나노포어 염기서열 분석.

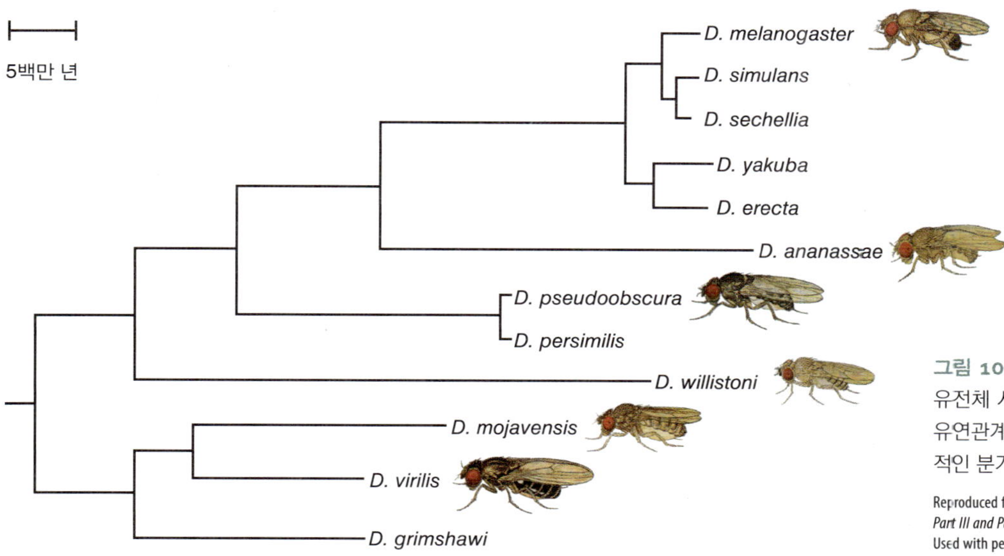

그림 10.5 비교유전체학 연구 과정을 통해 유전체 서열이 분석된 초파리 12종의 진화적 유연관계를 보여주고 있으며, 이 종들의 대략적인 분기 시점으로 조정되었다.

Reproduced from J. T. Patterson, *Studies in the Genetics of Drosophila, Part III and Part IV*. University of Texas Publications (1943 and 1944). Used with permission of the University of Texas at Austin.

는 엑손은 비교적 작고 보다 큰 인트론에 의해 흩어져 있다. 따라서 유전체 서열의 단백질을 암호화하는 엑손을 찾거나, 또 어떤 엑손들이 같은 유전자 내에 속하는 것인지 분석하거나, 유전자 발현을 조절하는 상류 및 하류의 조절 부위를 확인하는 것은 쉽지 않은 도전이다. 이 단계에서 유전체 서열에 대한 주석을 다는 것은 **컴퓨터 유전체학(computational genomics)**의 한 부분으로, 대략적으로 컴퓨터를 이용하여 생물학적 자료를 해석하고 관리하는 분야라고 할 수 있다.

특히 다세포 진핵생물의 경우, 유전자의 기능이 확인된다고 하더라도, 생활사의 어느 시기에 그 유전자가 발현되고, 또 어떤 조직에서 그것이 발현되며, 대안적 이어맞추기(alternative splicing)의 존재 여부 및 양상 그리고 그것의 조직 특이성에 대해서는 보통 알려져 있지 않다. 유전자와 유전자 산물 간의 상호작용 또한 대부분의 경우 알려져 있지 않다. 해결해야 할 가장 큰 과제는 유전체의 유전자가 어떻게 기능하며, 발생, 대사, 생식, 행동 및 환경에 대한 반응을 제어할 수 있도록 통합적으로 조절되는지를 이해하는 것이다.

유전체 간의 비교는 주석 달기에 도움이 된다

많은 경우에, 다른 생물에 있는 비슷한 서열의 유전자를 확인함으로써 유용한 정보가 얻어진다. 그러나 그 생물이 공통 조상으로부터 너무 오래 전에 분기했을 경우, 기능적으로 동일하다고 간주되기 위해서는 어떤 서열이 얼마만큼 비슷해야 할지 판단하는 데 어려움이 따른다. 이런 문제를 해결하는 한 가지 방법은 분기 시점이 다른 일련의 유연종들의 유전체 서열을 비교하는 것이다. 이와 같은 연구를 **비교유전체학(comparative genomics)**라 부르는데, 인간 유전체 및 다른 모델 생물들의 유전적 요소들을 확인하는 데 있어서 가장 유용한 방법이 되고 있다.

12종 초파리의 유전체 서열은 비교유전체학 연구의 결과의 전형적인 예시이다. **그림 10.5**는 이들 종 간의 진화적 관계와 대략적인 분기 시 기 등을 보여주고 있다. 이 종들은 지리적 기원, 세계의 분포지역, 형태, 습성, 섭식 행동, 그 외 다른 여러 표현형에서 서로 다르지만, 세포 생리, 발생 과정, 생활사 등은 서로 비슷하다. 그들의 유전체 서열은 상당한 차이를 보이며(그림 10.5의 축척에서 500만 년은 10 뉴클레오티드 자리당 약 1 뉴클레오티드 차이와 상응한다), 또한 역위에 의한 다수의 유전자 재배열을 있었음을 보여주고 있다. 따라서 12종의 유전체 비교를 통해 보존된 유전자들의 기능이 어떻게 유전체들의 구조와 서열의 상당한 변화에도 불구하고 유지되었는지를 밝혀낼 수 있다.

서로 다른 유형의 기능적 요소들을 보여주는 **진화적 특징(*evolutionary signatures*)**이라고 불리는 명백한 진화적 양상들이 존재하기 대문에 비교유전체학이 매우 효과적인 연구방법이 될 수 있다. 12종의 초파리의 일부 사례를 **그림 10.6**에 나타내었다. (A)는 단백질을 암호화하지 않는 DNA 서열의 특징적인 진화의 흔적을 보여준다. 종 간의 뉴클레오티드 서열의 차이는 전체 서열에 걸쳐 일관성 없이 무작위적이고(적갈색), 사슬 종결 코돈에 해당하는 변이(넌센스)도 보이며(노란색) 작은 삽입이나 결실(회색)도 다양하게 나타난다.

그림 10.6B는 비암호화 부위의 뉴클레오티드의 변화 양상과는 대조적인 단백질 암호화 부위의 양상을 보여주고 있다. 암호화 서열에서는, 확연히 삼중 코돈의 주기성이 종결코돈에 의한 교란 없이 유지되는 진화적 특징이 보인다. 종 사

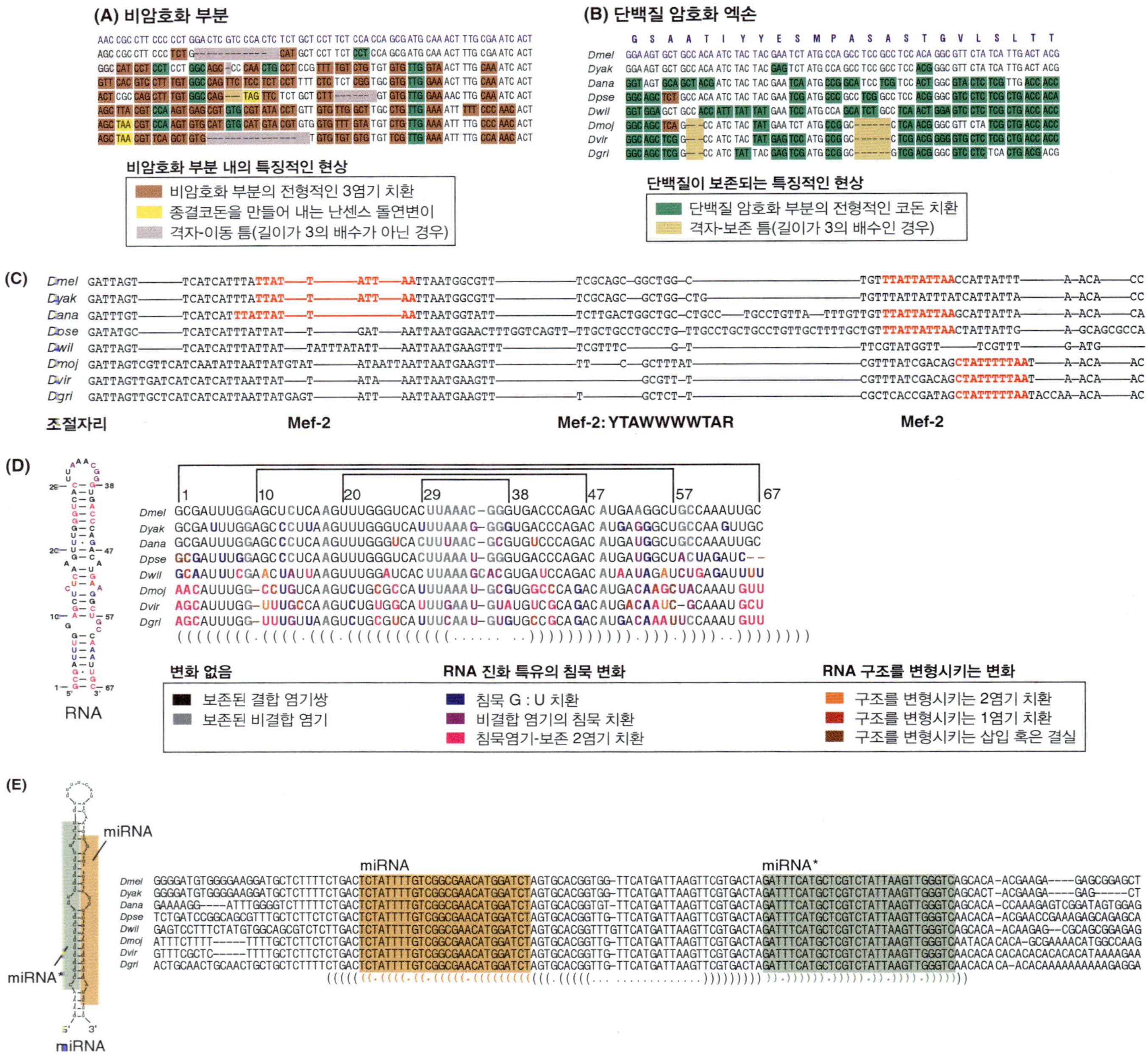

그림 10.6 초파리속 12종의 유전체에서 관찰되는 진화적 차이들. (A) 비암호화 RNA를 암호화 하는 부분, (B) 단백질을 암호화 하는 부분, (C) 전사인자 결합자리를 암호화 하는 부분, (D) RNA 내의 줄기-고리 2차 구조를 암호화 하는 부분, (E) microRNA 내의 줄기-고리 2차 구조를 암호화 하는 부분.

(A) through (E) Data from A. Stark, et al., *Nature* 450 (2007): 219–232.

이의 뉴클레오티드 서열의 차이는 주로 코돈의 세 번째 문자에서 나타나는데, 이 경우 서로 다른 코돈은 흔히 동일한 아미노산을 암호화한다(초록색). 결실이 일어날 때, 뉴클레오티드가 3의 배수로 제거되면(연미색) 읽기틀이 온전하게 보존된다.

비교유전체학은 또한 증폭자와 사일런서의 표적이 되는 조절 자리를 확인하는 데도 도움이 된다. 이들은 대개 찾기가 어려운데, 그 이유는 비교적 짧은데다 DNA의 두 가닥 중 어느 쪽에도 존재할 수 있으며 유전자의 프로모터 내에서 위치를 바꿀 수 있기 때문이다. 그림 10.6C의 예는 Mef-2 단백질의 결합자리를 보여준다. 결합자리의 공통서열은 YTAWWWWTAR로, 여기서 Y는 피리미딘을 R은 퓨린을 나타내며, W는 A 또는 T를 나타낸다. 12종을 비교한 결과, 표적유전자에 대한 Mef-2 단백질의 결합자리의 서열과 위치는 상당히 달랐다. 어떤 종들은 표적 부위의 5′말단 쪽에 가까웠고, 또 다른 종들은 3′말단 쪽에 가까웠으며, 몇몇 종은 양쪽 모두에 Mef-2 결합자리를 가졌다.

tRNA, rRNA 및 snRNAs와 같이 서로 접혀져서 2차 구조를 형성하는 RNA 전사체는 그들 자신의 고유한 진화 양식을 가진다. 예를 들어, 그림 10.6D에서, 상응하는 괄호는 짝을 이룬 줄기 구조에서 보존된 염기쌍을 나타내지만, 염기쌍 자체는 대체적으로 종에 따라 서로 다르다(짝지은 뉴클레오티드들은 색으로 표시하였다). 좋은 예는 29번과 38번 뉴클레오티드의 경우인데, *D. melanogaster*에서는 C−G쌍인 데 반해 *D. yakuba*에서는 U−G쌍이다(이중가닥 RNA에서 U는 A뿐 아니라 G와도 짝을 짓는다).

마이크로 RNAs는 RNAi의 경로에서 조절 기능에 중요한데, 또 다른 진화적 특징을 보여준다(그림 10.6E). 이 경우 줄기 부분의 변화는, 설혹 상보적이라도 거의 내성이 없지만(나타나지 않지만) 고리 부분과 다른 짝을 이루지 않는 부분에서는 나타남을 볼 수 있다.

초파리류 12종의 유전체 비교는 *D. melanogaster*의 수백 가지 단백질 암호화 유전자의 정확한 주석 달기와 번역 조절에 관여하는 것으로 예상되는 여러 비암호화 RNAs의 2차 구조 예측에 도움이 되었으며, 어떤 microRNA 유전자들은 그들의 조절 방법을 증가시키는 여러 가지 기능적 산물을 가지고 있다는 것을 보여주었고, 또한 전사 이전과 전사 후의 miRNA 조절 표적들의 상호 관계를 밝혀주었다. 또 진화적 특징을 밝히는 데 필요한 최적의 분기 시기가 기능적 요소의 길이에 의존한다는 것을 통해 단계적인 일련의 분기시기들의 유용성이 입증되었다. 보다 긴 기능적 요소들은 유연종에서 보다 흔히 나타나는 반면에 짧은 요소들은 근연관계가 보다 먼 종들 사이에서 관찰되었다.

잠깐 생각해 봅시다 10.1

비교유전체학이 유전체 서열에서 증폭자와 사일런스를 찾아내는 데 왜 유용한지 그 이유를 간단히 설명하시오.

고 DNA 연구로 우리의 조상과 절멸된 고 인류군과의 사이에 교잡이 있었음이 확인되었다

1856년 8월의 어느 무더운 날, 독일 뒤셀도르프 인근의 네안데르 계곡에서 채석공 2명이 곰의 뼈로 보이는 것을 발견했다. 그들은 그것을 아마추어 자연과학자인 지역의 한 교사에게 넘겨주었고, 그 교사는 그것이 사람의 뼈임을 알아보았지만 특이한 형태였다. 그 후에 그는 뼈를 전문 해부학자에게 보여주었고, 결국 **네안데르탈인(Neanderthals)**이라 불리는 선사시대 고인류의 뼈임이 확인되었다. 그 뼈의 연대는 현대적 방법으로 분석한 결과 42,000년 전 것이었다. 그 이후 유럽, 극동, 서아시아 등지에서 400구 이상의 네안데르탈인의 유해가 발견되었는데, 그들의 연대는 약 40만 년 전에서 3만 년 전으로 나타났다. 네안데르탈인이라고 하면 흔히 서투르고, 야만적이며, 둔하다는 생각을 떠올리지만 이것은 잘못된 고정관념이다. 그들은 키가 작고, 골격이 컸으며, 가슴이 넓고, 팔다리는 짧았으며, 눈두덩이가 돌출되었고, 넓은 코에 작은 턱을 가졌다. 그러나 그들의 뇌의 크기는 현생 인류보다 약간 더 컸다. 지리적으로 넓은 지역에서 살았지만 작고 비교적 고립된 사회적 집단을 이루었다. 그들은 창으로 동물을 사냥하고 석기를 이용해 그것을 해체했으며, 보온과 요리를 위해 불을 사용하고 사체를 대장하였다.

현생 인류가 약 6만 년 전 아프리카에서 중동지역으로 이동했을 때 그들은 그곳에 살고 있던 네안데르탈인과 조우했다(그림 10.7). 두 집단은 적어도 1만 년 동안 공존했는데, 현대의 과학자들은 과연 그들 사이에 교잡이 있었는지에 관해 많은 궁금증을 가져왔다. 그 해답은 네안데르탈인의 유전체에서 고 DNA를 추출하여 서열을 분석함으로써 분명해졌다. 네안데르탈인의 서열을 현생 인류 집단의 그것과 비교해 본 결과, 아프리카 외의 모든 인류 집단은 그들의 유전체에 네안데르탈인으로부터 유래된 DNA를 포함하고 있었다. 아프리카 외 모든 인류의 유전체의 약 2.5%는 네안데르탈인 선조로부터 유래된 것이었다. 밝혀진 주요한 내용은 다음과 같다.

- 네안데르탈인의 DNA를 전혀 갖지 않는 유일한 인류 집단은 아프리카 원주민이다.
- 아프리카 외의 모든 인류 집단은 약 65,000년 전에 중동으로 이주한 해부학적 현생 인류로부터 유래되었다.
- 네안데르탈인과 해부학적 현생 인류는 중동 지역에서 공존하였다.

이러한 발견은 네안데르탈인과 해부학적 현생 인류의 상호교배가 아마도 중동 지역에서 일어났으며, 그 시점이 현생 인류가 전 세계로 퍼져 나가기 전 이었음을 보여 준다(그림 10.7). 흥미롭게도 오늘날 인류에게 존재하는 네안데르탈인에서 유래된 DNA는 오로지 핵에서만 발견된다. 네안데르탈인의 미토콘드리아 DNA는 현생 인류 집단에서 전혀 발견되지 않는 것이다. 미토콘드리아 DNA는 여성을 통해서만 전달되므로, 네안데르탈인의 미토콘드리아 계통이 존재하지 않는 것은 현생 인류 유전체에 그 흔적이 남아있는 상호교배가 네안데르탈인 남성과 해부학적 현대인 여성 사이에서만

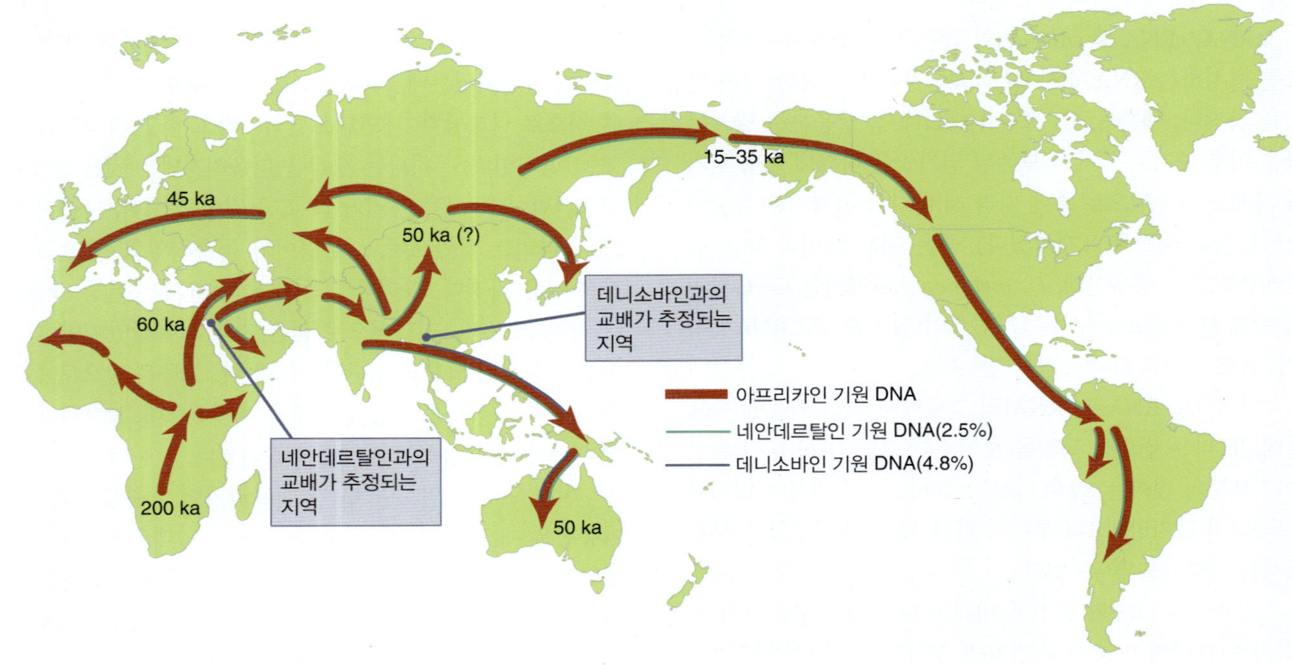

그림 10.7 해부학적 현생 인류는 아프리카 남부에서 발원했으며, 그 후 북쪽으로 이동하여 아프리카 전역으로 확산되었고, 나아가 일부는 중동지역까지 이동하였으며, 그곳에서 전 세계로 퍼져 나갔다. 네안데르탈인 및 데니소바인과의 상호교배가 있었음이 명백한데, 그 이유는 현생 비아프리카인 전부(네안데르탈인), 혹은 일부(데니소바인)에서 이들 고 인류의 DNA 서열이 핵 유전체 내에 존재하기 때문이다. 상호교배가 일어난 지역이 추정되고 있지만 명백한 증거는 없다. Ka = kiloannum(1000년)

있었다는 것을 의미한다.

해부학적 현생 인류는 전 세계로 영역을 넓혀가면서 또 다른 고 인류 원주민 군집들과 조우했다. 이들 군집들 중 하나인 **데니소바인(Denisovans)**은 시베리아 알타이 산맥에 있는 데니소바 동굴에서 처음 이들의 화석 뼈가 발견되었는데, 네안데르탈인과는 전혀 달랐다. 이 뼈의 연대는 41,000년 전으로 측정되었는데, 이 시기는 동일 지역에 네안데르탈인이 함께 살았던 시기이기도 하다.

데니소바인과 현생 인류의 DNA를 비교 분석한 결과는 우리의 조상이 훨씬 더 많은 상호교배를 했었다는 것을 보여준다. 현재의 멜라네시아인, 호주 원주민, 동남아시아와 필리핀 지역에 산재하는 사람들의 핵 유전체의 약 4.8%는 데니소바인으로부터 유래된 것이다. 이 상호교배는 이들 조상들이 아시아 대륙을 떠나기 전인 약 50,000년 전에 일어났을 것이다. 마찬가지로 핵 DNA에서만 상호교배의 증거가 존재하므로 현대의 인류에 유전물질을 제공한 이 교배도 역시 데니소바인 남성과 해부학적 현생 인류 여성 사이에서만 일어났음을 보여준다. 이와 같은 발견을 통해 한 때 데니소바인들이 동부 유라시아에 널리 존재했었음을 예측할 수 있으며, 이들과 현생 인류와의 가능한 상호교배 지역은 그림 10.7에서 보여주고 있다. 데니소바인 유전체에서 유래한 염색체 한 부분은 아주 높은 빈도로 오로지 티벳인에서만 발견된다. 염색체 2번에 있는 이 자리에는 티벳인들이 산소 농도가 낮은 높은 고도에 적응해서 사는 데 중요한 역할을 하는 *EPAS1* 유전자가 존재한다.

당신의 유전체 서열은 개인 맞춤 의료에 도움을 준다

유전체 염기서열 분석은 유전체가 어떻게 구성되어 있고, 무엇을 포함하고 있으며, 또 어떻게 기능하는지를 이해하고 싶은 갈망으로 처음 추진되었다. 염기서열 분석 비용이 감소하면서 유전체 서열분석이 일상적인 의료행위의 일부가 되는 시대를 상상하는 것이 가능해졌다. 이것을 통해 환자 개인의 유전자 구성에 기반한 의료 치료를 할 수 있을 것이다. 전문가들은 질병에 상관없이 대부분의 약들이 복용자의 대략 절반에게 광고를 통해 알려진 것처럼 효과적으로 작용할 것으로 추정한다. 해마다 치료 실패로 인해 약 1,500만 달러가 약물폐기로 낭비되고 있고, 수백만의 사람들이 잠재적으로 해로운 부작용에 노출되어 있다. 약물에 대한 많은 다양한 반응은 환자들 사이에 유전적 변이들이 존재함을 의미한다. 예를 들어, 대장암 치료제인 세툭시맙(얼비툭스)과 파니투무맙(벡티빅스)은 특정 돌연변이를 가지고 있는 종양에만 작용하기 때문에 대략 50% 정도의 치료 실패율을 보인다. 종양세

인간 유전학 이야기

옷장 속 해골 : 감추고 싶은 비밀

Richard E. Green[1], Johannes Krause[1], Adrian W. Briggs[1], Tomislav Maricic[1], Udo Stenzel[1], Martin Kircher[1], Nick Patterson[2], and 49 other authors (2010)

[1]*Max-Planck Institute for Evolutionary Anthropology, Leipzig, Germany;* [2]*Broad Institute of MIT and Harvard, Cambridge, Massachusetts*

네안데르탈인의 유전체 초안 서열

이 중요한 논문의 대부분은 현생 인류의 DNA를 오염시키지 않으면서 죽은 후 골격 내에 침투한 미생물에서 유래된 DNA가 95~99%에 달하는 골격 DNA를 어떻게 처리하여 DNA를 추출하고, 또한 오랜 기간 동안 땅 속에 묻혀 손상된 DNA의 서열 분석 오류를 어떻게 교정하는지에 대해 중점적으로 다루고 있다. 하지만, 이러한 난제들을 성공적으로 극복한 반대급부로 인류의 기원에 관한 훨씬 깊은 이해를 할 수 있게 되었다.

40만 년 전에서 3만 년 전 사이로 추정되는 네안데르탈인 화석 골격들이 유럽 여러 장소에서 발견되었다. 이 논문에서 5.3 Gb의 네안데르탈인의 DNA 서열을 분석하였다. 네안데르탈인 서열은 현재의 아프리카인보다는 비아프리카인과 훨씬 더 비슷하다. 이런 결과는 대략 10만 년 전에서 5만 년 전 사이의 어떤 시기에 아마도 중앙아시아에서 네안데르탈인과 초기 현생 인류가 같은 지역에 존재했을 때 두 집단 사이에 교잡이 있었음을 시사한다. 실제 두 집단 사이의 교배 정도는 매우 제한적이었기 때문에 현재의 비아프리카인의 유전체의 겨우 1~4% 정도가 네안데르탈인에서 유래한 것이다.

“네안데르탈인은 현재의 아프리카인보다는 비아프리카인과 훨씬 더 많은 대립 유전자들을 공유한다.”

> 우리는 크로아티아의 빈디야 동굴(Vindija Cave)에서 발견된 네안데르탈인의 골격을 분석하여 DNA 염기서열을 얻었다... .. 네안데르탈인은 현재의 아프리카인보다는 비아프리카인과 훨씬 더 많은 대립 유전자들을 공유한다..... 이것을 간결하게 설명하면 네안데로탈인이 비아프리카인 조상과 유전자를 교환했다는 것이다..... 거의 대부분이 유럽인, 아시아인, 그리고 파푸아인으로 분기되기 이전에 일어난 것으로 보이는데, 초기 현생 인류가 유라시아로 확산되기 전에 중앙아시아에서 일어난 이들의 유전자 혼합이 이런 사실을 설명해 준다.

R.E. Green. et al. *Science* 328(2010): 710–722.

포의 유전체 서열분석을 통해 치료제에 반응하는 사람과 그렇지 않은 사람을 구별함으로써 반응을 보이지 않는 사람을 위해 좀 더 빠른 대체 치료법을 적용할 수 있을 것이다. 다른 예로, 유방암 치료제로 사용되는 토막시펜(놀바덱스)은 특정 효소가 없는 약 10% 사람에게는 효과가 없으며 이 효소의 발현이 낮은 약 20~40% 사람에서도 잘 작용하지 않는다.

개별 환자에게 딱 맞는 치료를 **맞춤의학(personalized medicine)** 혹은 정밀의학(*precision medicine*)이라고 하는데, 의료행위나 중재시술 또는 치료가 개별 환자의 질병 혹은 치료 반응의 성공 가능성에 따라 결정되는 것을 의미한다. 맞춤의학은 오래전부터 존재해 왔는데, 1300년 직전에 이탈리아에서 개발된 것으로 보이는 맞춤 안경이 좋은 예이다. 맞춤의학에서 치료법을 결정하는 데 유전체 서열분석의 역할만이 유일하게 아주 동시대적인 것 같다.

하지만 수십만(혹은 수백만) 개인 유전체의 서열을 분석하는 것에는 윤리적 문제와 위험요소가 따른다. 미국 국립보건원은 윤리적, 법률적, 사회적 합의(ELSI, Ethical, Legal, and Social Implication) 프로그램을 확립한 초기에 이러한 사항을 인지하고 있었는데, ELSI의 목적은 개인과, 가족, 그리고 지역사회를 위한 유전자 및 유전체 연구의 윤리적, 법률적, 그리고 사회적 합의에 대한 조사 및 검토를 하는 것이다. 일부 윤리적, 법률적 사회적 쟁점들이 질문형식으로 아래에 제시되었다. 의견이 서로 다를 수 있고, 합리적인 대답 또한 시대와 경험 그리고 사용 및 잠재적 남용에 따라 바뀔 수 있다는 것을 인식하는 토론을 위해 질문형식으로 이런 쟁점들을 나열하였다.

- **당신의 유전체 서열 분석에 대한 결정은 누가 할 것인가?** 당신 자신? 주치의? 보험회사? 그리고 서열 분석료를 누가 지불할 것인가?
- **서열 분석은 누가 담당할 것인가?** 이것은 품질 관

리에 관한 문제이다. 어떤 회사가 유전체 분석 장비를 광고할 수 있을까? 만약 한다면 개인 신상정보가 보호받고 DNA 시료가 잘못 판정되거나 잘못 관리 되지 않으려면 어떤 기준으로 시료를 추적 관리해야 할까? 이런 쟁점들은 이미 현재 **소비자 직접 서비스(direct-to-consumer, DTC)** 유전자 검사에서 두드러지게 나타난다. 이 유전자 검사를 위해서 소비자는 자신의 신용카드 정보와 볼 안쪽을 면봉으로 문질러서 같이 보내주면 많은 알려진 유전적 위험인자에 대한 유전자형과 예측된 조상에 대한 검사결과를 받게 된다. 비슷한 쟁점은 **일반 의약품(over-the-counter, OTC)** 유전자 검사에서도 나타나는데, 이 경우에는 소비자가 파킨슨병, 지연발현 알츠하이머, 셀리악병(글루텐 민감성), 그리고 알파-1항 트립신 결핍증(폐질환)과 같은 질병에 대한 많은 알려진 유전적 위험인자를 검사하기 위해 가정용 키트를 구매한다.

- **당신의 유전체 서열은 누가 해석할 것인가?** 당신의 유전체 서열을 통해 어떤 정보를 얻을 수 있을까? 서열 분석을 담당한 회사가 당신에게 온라인 링크를 보내주고 혼자 힘으로 해결하라고 한다면 어떨까? 대부분의 사람들 심지어 상당수의 유전학자들도 유전체 서열을 해석하는 데 필요한 교육을 받지 않는다. 자격을 갖춘 전문가가 해석을 담당하는 것이 이상적이지만, 어떤 자격 조건이 필요하며 또 자문료는 누가 지불해야 할까? 당신에게 존재하거나 혹은 존재하지 않을 수도 있는 유전적 위험인자를 감안하여 어떤 조치를 취해야 하는지에 대한 쟁점 또한 존재한다. 많은 유전적 위험인자들은 단지 질병 발생위험을 조금 증가시키지만, 이런 위험인자를 가지고 있는 어떤 사람은 생물학을 운명으로 여겨 절망할 수도 있다. 다른 극단적인 예로는, 폐암을 유발한다고 알려진 유전적 위험인자가 없다는 것을 알게 된 한 사람은 계속해서 흡연을 해도 안전하다는 의미로 받아들일 수도 있다. 하지만 실제 폐암의 가장 큰 단일 위험인자는 흡연이다.
- **당신의 유전체 서열은 누가 소유하고 보관하며 또한 누구에게 얼마 동안의 접근권한을 줄 것인가?** 이것은 개인 정보 문제이다. 유전체 서열 분석을 통해 당신의 성별, 나이(텔로미어 길이를 통해), 피부색, 머리카락 색, 민족성 등을 포함한 다른 많은 개인의 특징들을 알 수 있다. 누가 당신의 유전체 서열 정보에 대한 접근권한을 가질 수 있을까? 당신의 고용주? 당신의 구혼자? 당신의 보험회사? 유전체 정보가 유지관리된다면 해킹을 막기 위해 어떤 보호 장치가 필요할까? 제3자들이 당신의 유전체 서열 정보에 대한 접근권한을 가지게 된다면 당신의 유전자 구성을 기반으로 하여 특정 고객층에게 광고 목적으로—당뇨 위험인자가 있는 사람들을 위한 체중감량제, 심장병 위험인자가 있는 사람들을 위한 헬스클럽 회원권, 폐기종 위험인자가 있는 사람들을 위한 금연치료제 등—다른 사람들에게 판매될 수 있을까? 얼마나 오랫동안 당신의 유전체 서열 정보가 유지관리될까? 당신 자신의 사후에 자녀, 손주, 혹은 다른 친척들의 고용주나 보험회사에게 당신의 유전체 서열 정보에 대한 접근권한이 있을까?

초반에 언급했듯이, 많은 이런 질문들은 답을 찾기가 쉽지 않으며 윤리적, 법률적, 그리고 사회적 합의에 지대한 영향을 미친다. 명쾌한 해답은 없지만 궁극적으로 정책 결정이 필요하게 될 것이다.

10.2 유전체학과 단백질체학은 유전체 전체의 유전자 발현 양상과 단백질 간의 상호작용의 망 구조를 알려 준다

유전체 서열 분석으로 유전학에 **기능 유전체학(functional genomics)**이라는 새로운 연구 분야가 탄생하게 되었다. 기능 유전체학은 유전체 전체의 유전자 발현과 이 유전자 발현이 조절되는 기작에 초점을 둔다. 세포의 주변 환경이 변화함에 따라서—예컨대, 발생 과정, 노화 또는 외부 환경의 변화에 의한—유전자 발현의 양상도 역시 변화한다. 그러나 유전자는 하나씩이 아닌 대개 세트로 배치되어 있으며, 함께 조절되는 어떤 세트의 발현 수준이 감소하면, 다른 세트의 발현 수준이 증가할 수 있다. 수만 개 유전자를 어떻게 동시에 연구할 수 있을까?

유전체내 각 유전자의 상대적인 발현 수준을 추정하기 위해 DNA 마이크로어레이과 RNA-seq을 사용한다

유전자 발현 양상의 유전체 수준에서의 연구는 **DNA 마이크로어레이(DNA microarray)** 혹은 칩(*chip*)의 개발로 가능해졌다. DNA 칩은 우표 크기의 편편한 표면으로 그 위에는 10,000~100,000개의 점들이 존재하며, 각 점들은 고정된 서로 다른 DNA 서열을 가지고 있다. 이 DNA 서열은 서로 다른 조건에서 배양하거나, 약품이나 유해 화학물질에 노출시

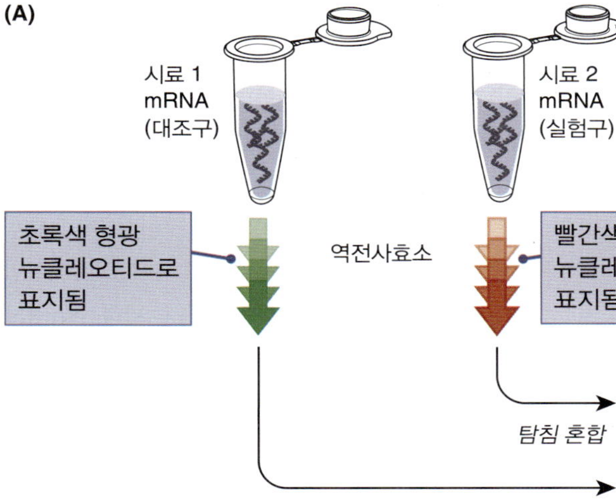

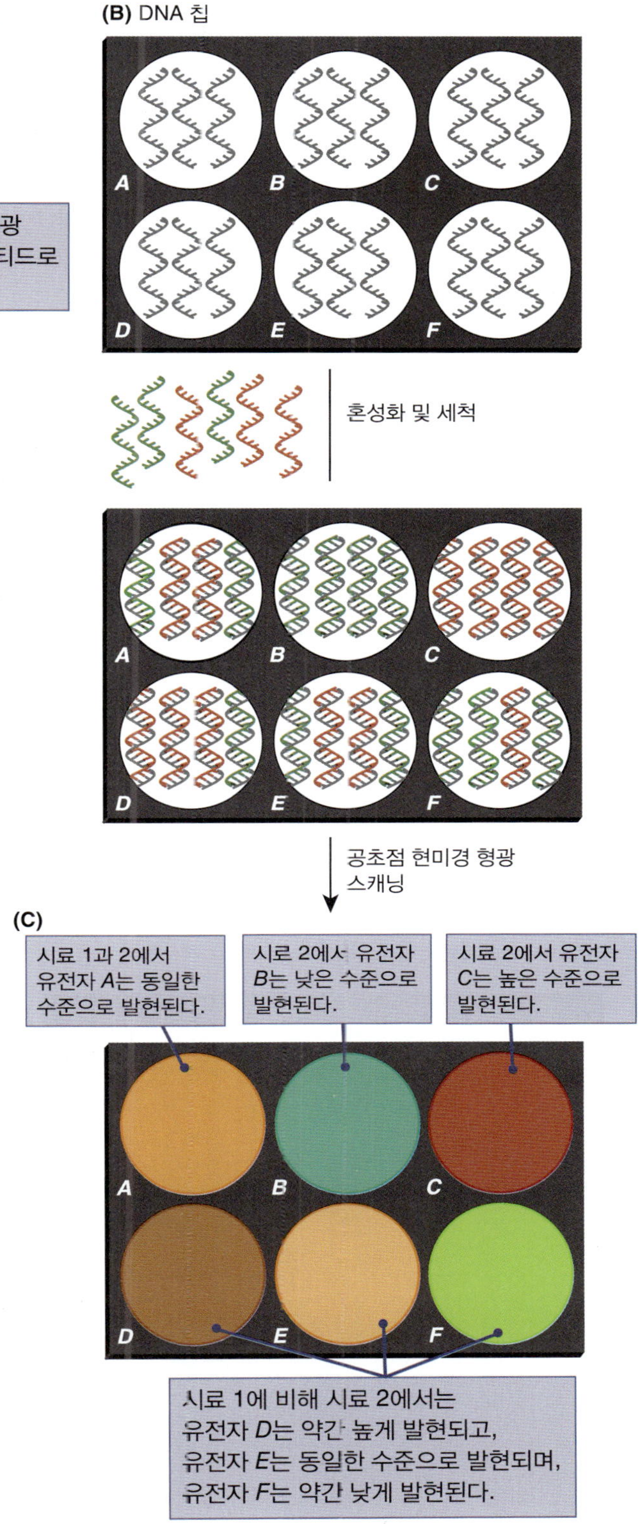

그림 10.8 한 가지 유형의 DNA 마이크로어레이 작동 원리. (A) 건조된 미세 방울들 각각은 서로 다른 유전자에서 유래한 고정된 DNA 가닥(*A~F*)을 가진다. 이들을 세포성 mRNA의 역전사로 얻어진 형광표지 DNA 시료 혼합액과 혼성화시킨다. (B) 빨간색(실험구)과 초록색 표지(대조구)의 경쟁적 혼성화는 시료 내의 각 mRNA의 상대적인 양에 비례한다. 각 점의 빨간색과 초록색 형광의 상대적인 수준은 현미경 스캐너로 분석되어 단일 색깔로 나타나게 된다. (C) 빨간색과 주황색은 실험 시료의 높은 수준의 발현을 나타내고, 초록색과 녹황색은 실험 시료의 낮은 수준의 발현을 나타내며, 노란색은 같은 수준의 발현을 나타낸다.

킨 세포와 노출시키지 않은 세포, 서로 다른 발생 단계에서의 세포, 또는 암과 같은 서로 다른 유형과 단계의 질병 세포로부터 분리된 DNA나 RNA와 혼성화시키기에 적합하다. 현재 2가지 유형의 DNA 칩이 사용되고 있다:

- 한 번에 하나씩의 뉴클레오티드가 자동화된 과정을 통해 칩 상에서 바로 합성된 올리고뉴클레오티드를 가지는 칩; 이러한 칩은 전형적으로 하나의 칩에 수십만 개의 점(spot)을 가진다.
- 변성된, 500~5,000 염기쌍의 이중가닥의 DNA 서열을 가지는 칩의 경우는 평판형 로봇 작업대의 이동식 머리 부분 위에 탑재된 초소형 만년필 형태의 장치에 의해 각기 백만분의 1방울의 양으로 모세관 현상을 통해 분주된다; 이들 칩은 하나에 수만 개의 점을 가지고 있다.

그림 10.8은 대조구에 대한 실험구의 전체 유전체 수준에서의 유전자 발현을 분석하기 위해 DNA 칩을 사용한 한 가지 방법을 보여준다. 오른쪽 상단은 마이크로어레이 위의 6개의 인접한 점들을 나타내는데, 그들 각각은 서로 다른 유전자인 *A~F*를 위한 탐침이 되는 DNA 서열을 가지고 있다. (A)는 실험방법을 보여주고 있다. 먼저 실험 및 대조 시료로부터 mRNA를 추출한 다음 **역전사효소**(*reverse transcriptase*)를 이용하여 한 번 혹은 그 이상의 증폭을 통해 DNA로 역전사 시킨다. 실험 시료의 경우(시료 2) 역전사에 필요한 프라이머에는 빨간색 형광표지를 하고, 대조 시료의 경우(시료 1) 프라이머에는 초록색 형광표지를 한다. 충분한 양의

형광표지된 DNA 가닥을 확보한 후에 이 형광 시료를 DNA 칩에 섞어 혼성화시킨다.

혼성화의 결과는 그림 10.8B에서 보여 준다. 시료가 혼합되었으므로 혼성화는 경쟁적으로 일어난다. 따라서 DNA 칩에 결합된 빨간색 또는 초록색 가닥의 밀도는 혼합액 내에서의 빨간색 또는 초록색 분자의 농도에 비례한다. 시료 1에 비해 시료 2에서 더 많이 발현된 유전자는 점에서 빨간색 가닥이 더 많이 혼성화될 것이다. 반면에 시료 1에 비해 시료 2에서 더 적게 발현된 유전자는 초록색 가닥이 더 많이 혼성화될 것이다.

혼성화시킨 후 DNA 칩은 각 화소(pixel, 시각적으로 구분할 수 있는 가장 작은 요소)를 스캔하도록 공초점 형광 스캐너에 올린 후, 먼저 한 가지 형광 표지의 강도를 기록하고 뒤이어 다른 형광 표지의 강도를 기록한다. 이 신호는 합성되어 마이크로어레이 상의 각 점들에 대한 신호 값을 만든다. **그림 10.9**에서 보는 바와 같이 신호는 유전자 발현의 상대적인 수준을 색깔로 나타낸다. 즉, 빨간색 또는 주황색의 점은 실험 시료의 유전자가 매우 높거나 또는 약간 높게 발현됨을 의미하고, 초록색 또는 연두색 점은 실험 시료의 유전자가 매우 낮거나 약간 낮게 발현됨을 의미한다. 또한 노란색 점은 시료의 유전자 발현이 동등한 수준임을 나타낸다. 이와 같은 방식으로, DNA 칩을 통해 시료 내에서 10^5 분자당 1분자 이상의 빈도로 존재하는 어떤 mRNA 종들의 상대적 수준도 분석할 수 있으며, 약 2배 정도로 적은 발현 수준의 차이도 검출 가능하다.

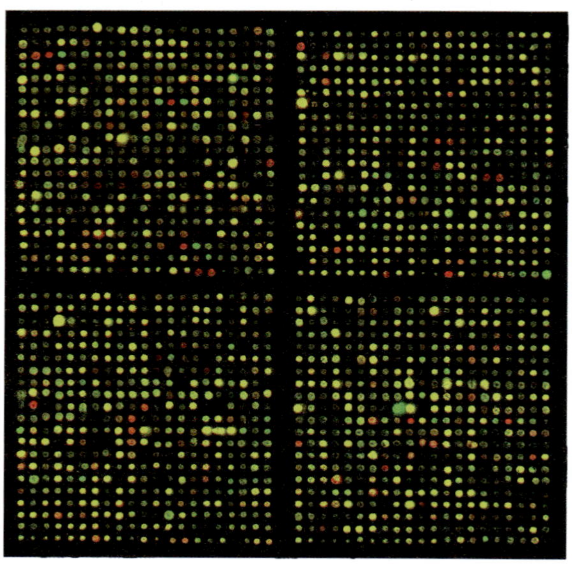

그림 10.9 1,764개의 점을 보여주는 효모의 DNA 칩의 일부분. 각 점은 서로 다른 mRNA 서열과 특이적인 혼성화를 이룬다. 각 점의 색깔은 실험 및 대조구 시료의 상대적인 유전자 발현수준을 나타낸다. 효모의 모든 열린 읽기틀(open reading frame, ORF)의 완전한 칩은 6,200개 이상의 점을 가진다.

Courtesy of Jeffrey P. Townsend, Yale University and Duccio Cavalieri, University of Florence.

전사 정도를 분석할 수 있는 마이크로어레이의 대안으로는 대량 평행 서열분석법이 있다. **RNA-seq**이라 불리는 이 방법은 mRNA의 poly-A 꼬리에 poly-T 올리고뉴클레오티드 프라이머를 붙인 후 역전사효소를 사용하여 이 mRNA 분자의 상보적 단일가닥 DNA를 만드는 것이다. 이 DNA 가닥은 다시 이중가닥의 **complementary DNA(cDNA)**로 만들어지는데, 이것은 추출 당시의 세포 내에 존재하는 mRNA 분자 수에 상응한다. cDNA 분자들은 대량 평행 서열분석법으로 분석되며, 각 cDNA 서열은 그 생물체의 유전체와 비교되어 어떤 유전자에서 전사된 것인지 확인하는 데에 사용된다.

RNA-seq은 DNA 마이크로어레이 혼성법에 비해 여러 이점이 있다. 예를 들어, 마이크로어레이에서는 전사체들 간의 혼성화 효율성에서의 차이가 결과에 영향을 미칠 수 있으나 RNA-seq에서는 각 전사체가 서열에 의해 동정이 되므로 영향을 받지 않는다. RNA-seq의 또 다른 이점으로는, 이형접합 유전자형에서 각 대립유전자의 상대적 전사 수준의 차이를 확인할 수 있다는 것이다. 대립유전자의 편향적인 발현은 각 대립유전자의 프로모터 서열의 차이와 전사를 가능케 해 주는 염색질 리모델링의 차이, 그리고 그 외의 요인 등에 의한 것일 수 있다. 만약 이형접합 유전자형에서 두 대립유전자의 각 DNA 서열에서 평균 하나의 뉴클레오티드 자리에서 서로 다르다면, 모든 RNA-seq의 약 3분의 2에서 한 곳 이상이 서로 다르다는 것을 의미하며, 따라서 그 대립유전자의 기원을 확인할 수 있게 된다. 그렇지만 RNA-seq에도 한계점이 있다. 우선 세포당 겨우 몇 분자 수준으로 존재하는 희소성 전사체의 경우 탐지하거나 풍부도를 정확히 측정하는 것이 어렵다는 점이다. 이런 등등의 이유로 DNA 마이크로어레이와 RNA-seq는 각기 전사 분석의 서로 보완적 접근법으로 간주되어야 할 것이다.

전사 분석으로 발생 과정 중에 통합적으로 발현되는 유전자 그룹을 밝힐 수 있다

유전자 발현 마이크로어레이는 발생 과정 중에 통합적으로 조절되는 유전자 그룹을 밝혀내는 데 사용되고 있다. **그림 10.10**의 예는 예쁜꼬마선충(*C. elegans*)의 발생 초기 과정에서 20개 그룹의 유전자들의 발현 양상을 보여준다. 이들 실험에서, 발생의 시간은 4세포기를 기준으로 하여 분 단위로 측정하였다. 유전자 발현의 상대적 수준은 지수로 나타내었고 따라서 전사체의 상대적 양은 흔히 10^2~10^3배 차이로 나타나게 된다. 발생 시기별로 조사해 보면, 난자에 존재하는 모계 전사체를 통한 조절에서 배아 자체에서 전사는 전사체

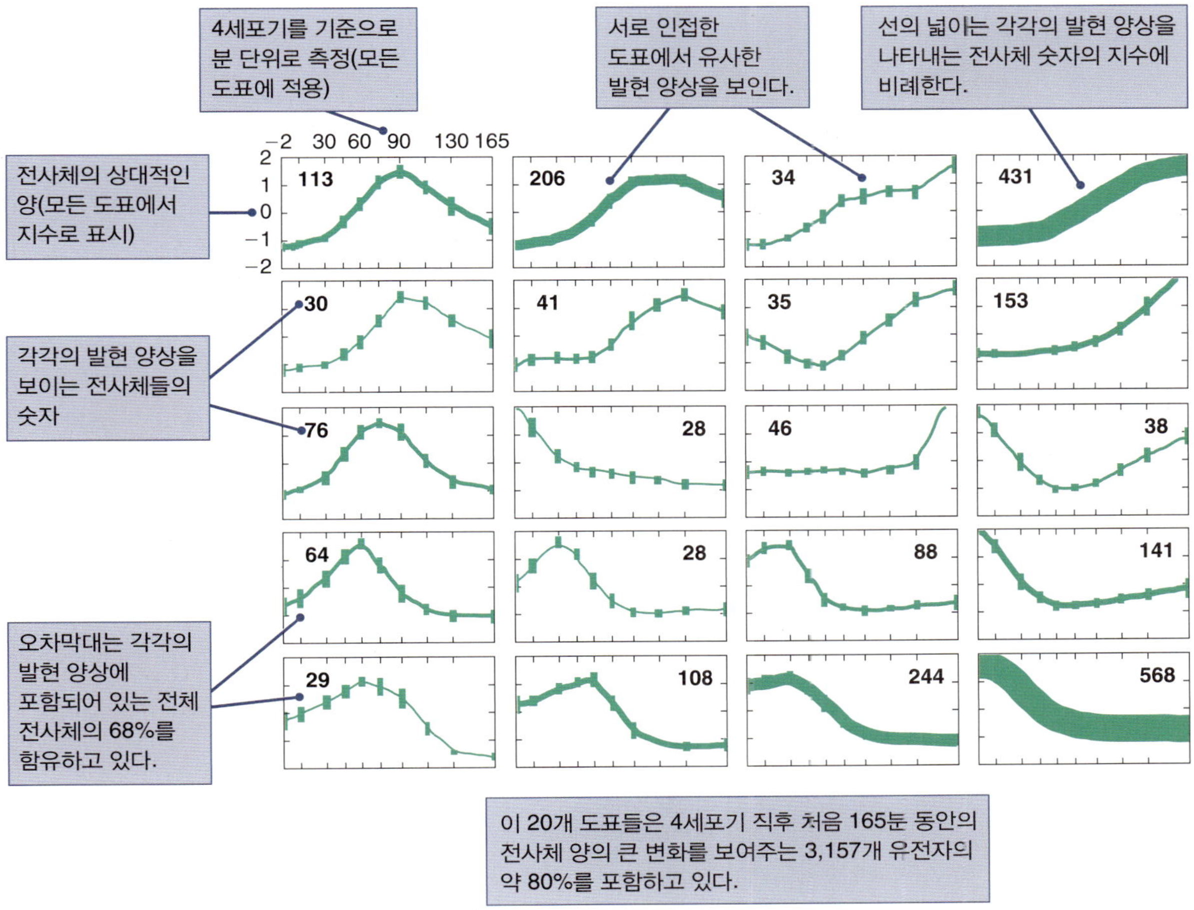

그림 10.10 *C. elegans*의 발생 초기 2.75시간 동안의 약 2,500개 유전자의 전사 조절 양상. 발생이 완료되는 데는 약 14시간이 소요된다.

를 통한 조절로의 변화가 배아 안에서 일어나며, 또한 이때에 대부분의 세포 운명이 결정된다. 이 실험에 사용된 마이크로어레이는 약 9,000개 ORF(open reading frame)의 전사체를 검출할 수 있고 도표들을 통해 약 2,500 유전자를 추적할 수 있는데, 이 유전자들 중 약 80%는 시간대 별로 전사체의 양에 의미 있는 변화를 보인다.

발생 과정 중 4세포기까지는 전사의 양상이 안정적이지만 그 이후부터는 급격히 변한다. 가장 초기 단계의 발생은 대부분 모계에서 유래한 전사체에 의해 이루어진다. 이들 중 다수의 전사체들은 발생이 진행됨에 따라 급속히 사라진다—예를 들어, 그림 10.10 우측 하단의 141, 244 및 568개 유전자 집단의 도표에 나타낸 전사체들이 이에 해당된다. 그림 우측 상단에 있는 431 및 153개 유전자 집단의 양상은 배아세포로부터의 전사체 생산이 유도되었음을 분명히 보여준다. 모계 전사체의 소멸과 배아 전사체의 발현을 보여주는 곡선이 낭배형성기 무렵에 서로 교차되는데, 이는 발생의 조절이 모계에서 배아로 다소 일찍(포배기 중엽) 전환되는 것을 나타낸다. 다수의 유전자들이 아주 짧은 시간 동안만 발현의 최고치를 보이기 때문에 전사의 양상이 매우 복잡한데, 이것은 전사체(반드시 단백질 산물을 의미하는 것은 아님)가 발생 과정 중의 매우 짧은 시기에만 필요함을 시사한다. 그림 10.10에서 왼쪽 편을 따라 있는 5개의 모든 도표들이 그런 종류의 양상을 보여주고 있다.

그림 10.10의 전사 분석은 발생 과정 중 일어나는 것에 대한 정밀하지 않은 조감도 수준이지만 통합적으로 발현되는 유전자 그룹을 확인한다는 것에 상당한 가치가 있다. 왜냐하면, 이들 유전자들이 공통적으로 또는 서로 중첩되는 전사활성화 단백질에 의해 조절되는 *cis*-작용의 공통 및 중첩 조절서열을 서로 공유한다는 것을 시사하기 때문이다.

염색질면역침강법(ChIP)으로 단백질과 DNA 간의 상호작용을 알 수 있다

유전자들의 전사 수준 차이의 정도를 측정하는 것뿐만 아니라 그 수준이 왜 서로 다른지를 알아내는 것도 중요하다. 전

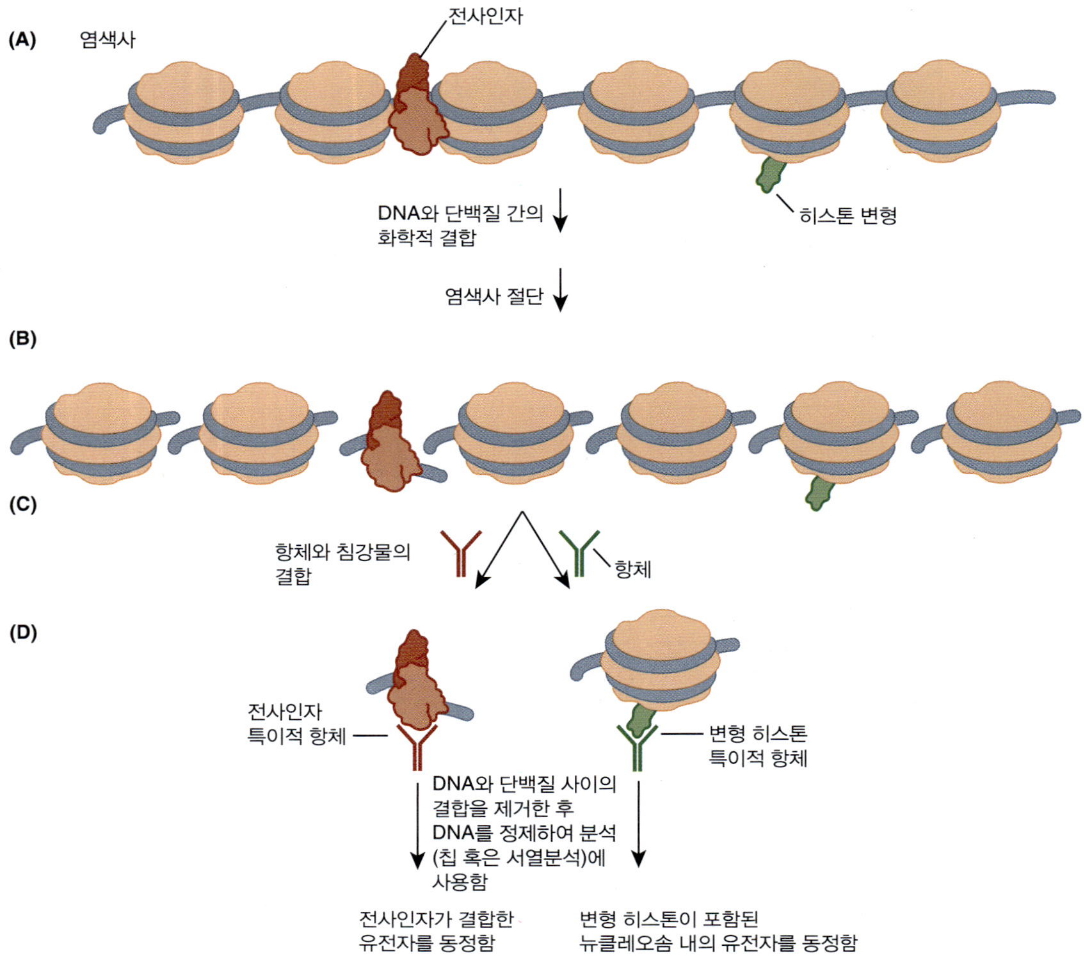

그림 10.11 염색질면역침강법(ChIP). 염색질 내의 단백질과 DNA는 화학적으로 교차 결합하고 있다(A). 그리고 염색질을 절편으로 절단한다(B). 전사인자(빨간색) 및 변형된 히스톤(초록색)과 결합하는 특이적 항체를 첨가하여 항체–단백질–DNA 복합체를 침강시킨다(C). 교차 결합을 역전시켜 복합체 내의 DNA를 추가적인 분석에 사용한다(D).

사 수준이 다양하게 나타나는 데는 흔히 전사인자나 염색질 단백질 같은 단백질들과 DNA 간의 상호작용 때문인 경우가 많다. 이러한 상호작용을 연구하는 한 가지 방법은 특정 DNA 결합단백질과 복합체를 이루는 항체를 이용하는 것이다. 항체는 DNA 결합자리에 붙어 있는 단백질과 복합체를 이루고, 항체–단백질–DNA 복합체는 침강되며, 이것의 구성요소는 추가 연구에 사용될 수 있다.

단백질–DNA 복합체를 분리하는 이 기술을 **염색질면역침강법(Chromatin immunoprecipitation, ChIP)**이라 부르며, **그림 10.11**에 설명되어 있다. 그림에서 (A)는 전사인자(빨간색)와 결합한 DNA 부위를 포함하는 뉴클레오솜과 메틸화 또는 아세틸화(초록색)와 같은 화학적으로 변형된 아미노산을 가지는 뉴클레오솜을 가지는 염색질 부분을 보여주고 있다. ChIP의 첫 단계는 포름알데히드와 같은 화학물질로 처리하여 단백질과 DNA를 결합시키는 것이다. 그 후 염색질은 효소처리나 물리적 절단을 통해 단백질과 DNA가 서로 연결된 작은 절편으로 잘린다(그림 10.11B). 그 다음에 시료를 분류한 후 전사인자 또는 변형된 히스톤에 특이적으로 결합하는 항체가 첨가되는데, 그림에서는 전사인자에 결합하는 항체는 빨간색으로, 변형된 히스톤에 결합하는 항체는 초록색으로 나타내었다. 형성된 항체-단백질-DNA 복합체는 침강 과정을 거쳐 정제된다(그림 10.11C). 그 후에 단백질과 DNA 사이의 화학적 결합이 제거되면, 단백질에서 분리된 DNA는 추가 분석에서 어떤 특정 유전자 또는 DNA 서열이 전사인자나 변형된 히스톤과 결합했는지를 확인하는 데 사용된다(그림 10.11D).

ChIP을 통해 분리된 DNA 절편을 분석하는 2가지의 일반적 방법이 있다. 첫 번째 방법인 *ChIP-chip*은 DNA를 형광 표지하여 마이크로어레이 칩에 혼성화시키는 것이다. 두 번째 방법은 *ChIP-seq* 방법으로 DNA를 대량 평행 서열분석법으로 분석하는 것이다. 두 방법 모두 항체의 표적이 되는 단백질과 결합하는 서열을 밝혀 주고, 이에 따라 어떤 단백질이 특정 DNA 서열에 결합하며 또 인접 유전자의 전사를 증진 또는 억제시키는지 밝혀 준다.

효모 두-잡종 분석으로 단백질 상호작용의 양상을 알 수 있다

단백질–단백질 간의 상호작용 또한 생물학적 과정을 이해하는 데 매우 중요한데, 그 이유는 연관성 있는 세포 과정에 관여하는 단백질들은 흔히 서로 물리적인 접촉을 하고 있기 때문이다. 따라서 어떤 단백질들이 서로 접촉한다는 것을 알아내는 것이 미확인 단백질의 기능을 이해하는 실마리를 제공할 수 있다.

단백질–단백질 간의 상호작용을 확인하는 한 가지 방법은 출아효모에서 GAL4 전사활성화 단백질을 이용하는 것이다. GAL4 단백질은 2개의 도메인을 가지는데, 둘 모두 전사활성화에 필수적이다. 한 도메인은 아연-손가락(zinc-finger) DNA 결합 영역으로 활성화되는 *GAL* 유전자의 프로모터의 표적 자리에 결합한다. 다른 도메인은 전사활성화 영역으로 전사복합체와 결합하여 실제로 전사를 촉발시킨다. 야생형 GAL4 단백질에서는 이 두 도메인은 같은 폴리펩티드 사슬 내에 서로 연결되어 있다.

GAL4를 이용한 단백질-단백질 간의 상호작용을 확인하는 핵심은 이 두 도메인을 지시하는 암호화 부위를 분리하여 다른 단백질의 암호화 부위에 결합시키는 것이다. 이 기술은 **그림 10.12**의 (A)에 설명되어 있는데, 그림에서 GAL4 DNA 결합 도메인과 전사활성화 도메인은 분리된 독립체로 각각 다른 폴리펩티드 사슬에 결합되어 있으며, *GAL* 프로모터 부근에 위치하고 있다. 프로모터에는 **리포터 유전자(reporter gene)**가 연결되어 있다. 리포터 유전자의 전사 여부는 쉽게 탐지될 수 있는데, 예를 들면 콜로니의 색깔이 변하거나, 형광단백질이 생산되거나 또는 항생제 존재 하에서 세포가 성장함으로써 전사 여부를 알 수 있다. 융합된 DNA 결합 도메인과 융합된 전사활성화 도메인 모두 잡종 단백질이므로 이 실험법을 **두-잡종 분석법(two-hybrid analysis)**이라 부른다. 그림의 (A)에서, GAL4 도메인에 융합된 두 단백질은 핵 내에서 상호작용하지 않는다. 이 경우 DNA 결합 도메인은 전사활성화 도메인과 격리되어

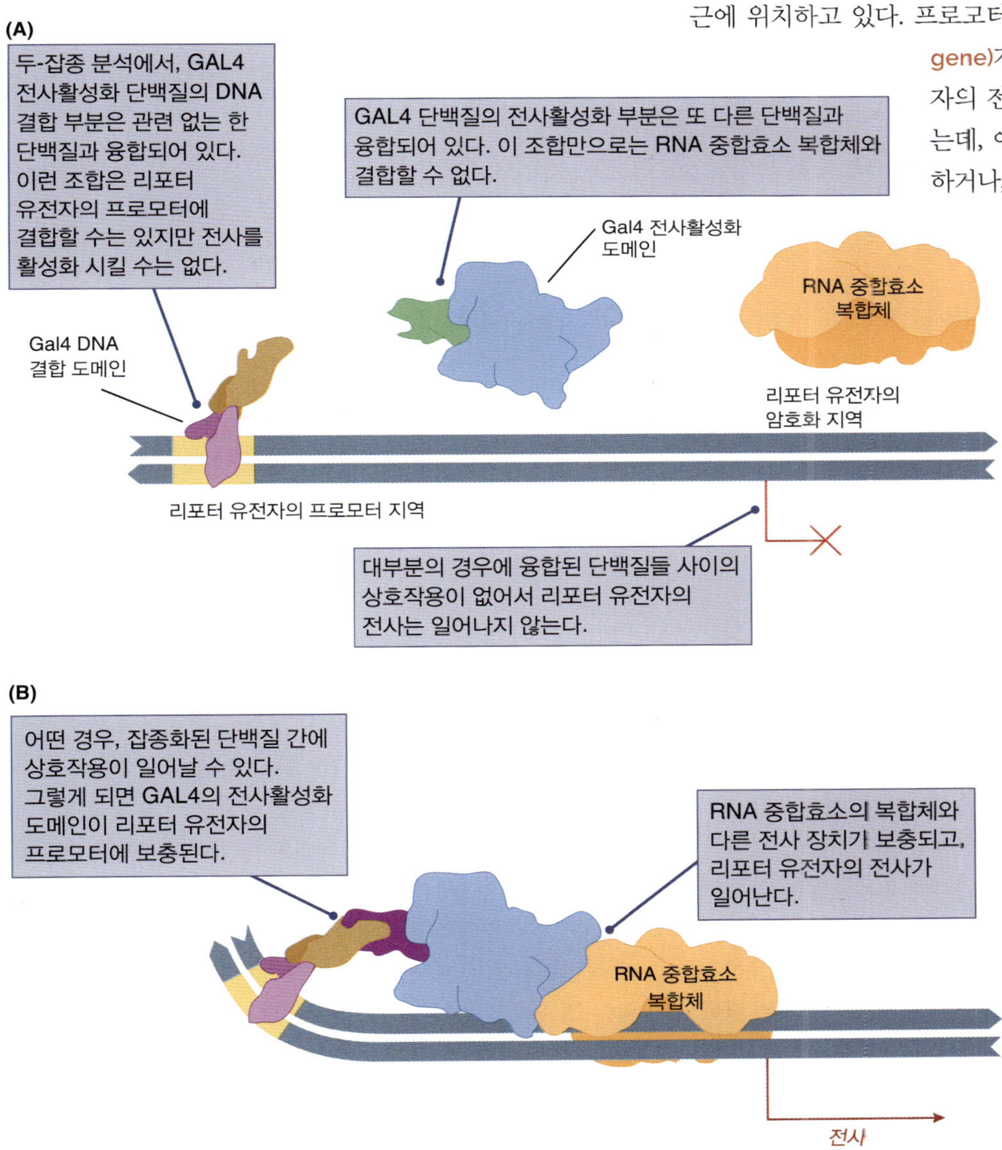

그림 10.12 GAL4 단백질을 이용한 두-잡종 분석법. (A) GAL4 도메인에 융합된 단백질이 상호작용하지 않으면 리포터 유전자의 전사는 일어나지 않는다. (B) 단백질이 상호작용하면, 리포터 유전자는 전사된다.

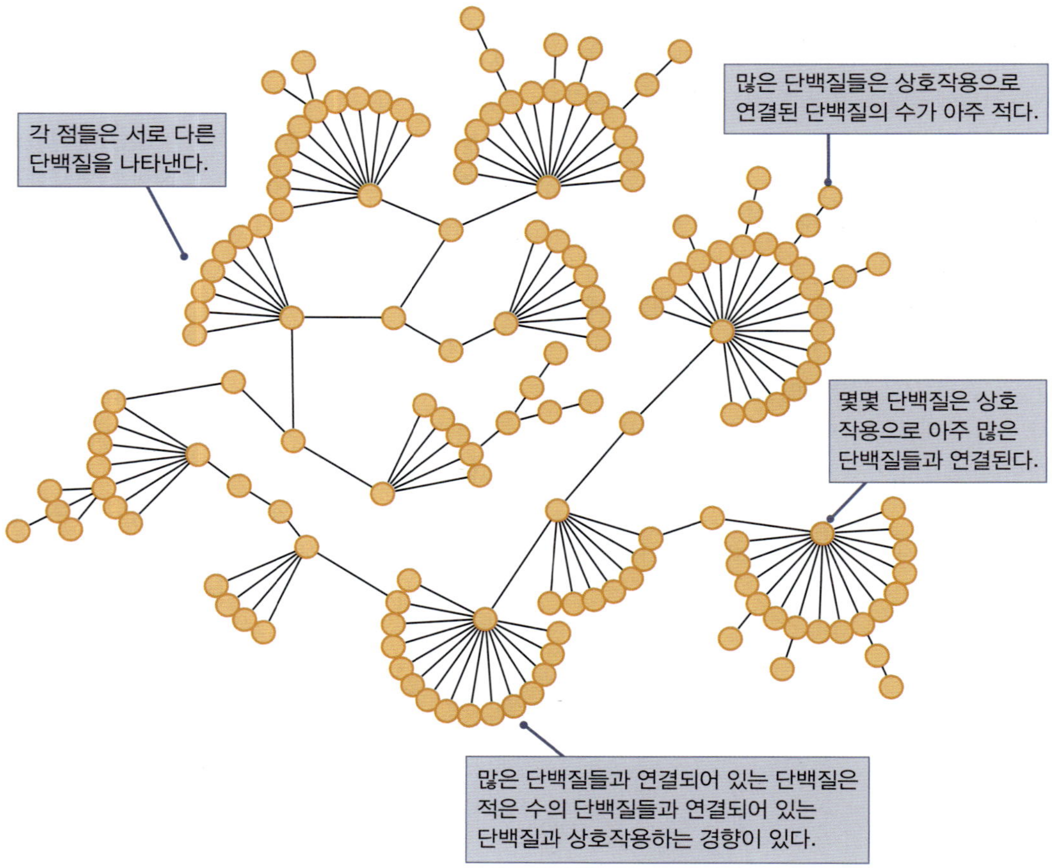

그림 10.13 핵 단백질들 간 물리적 상호작용의 전형적인 망구조.

있으며, 따라서 리포터 유전자의 전사는 일어나지 않는다.

그림 10.12의 (B)는 GAL4 도메인에 융합된 두 단백질이 상호작용하는 경우로, DNA 결합 도메인과 전사활성화 도메인은 서로 접촉하여 리포터 유전자의 전사가 일어나게 된다. 이처럼 두-잡종 분석에서 리포터 유전자의 전사가 일어남은 GAL4 도메인에 융합되어 있는 단백질의 물리적 상호작용을 통해 두 잡종 단백질이 결합한다는 것을 보여준다.

그림 10.13은 두-잡종 분석법을 통해 밝혀진 전형적인 단백질–단백질 간 상호작용의 망구조(network)를 보여주고 있다. 다른 많은 상호작용 망구조에서와 마찬가지로 이런 망구조에서 중요한 특징은 이미 다른 많은 단백질들과 연결이 되어있는 단백질 간의 상호작용은 예상보다 적다는 것이다. 다시 말해, 다른 단백질들과 많은 상호작용으로 연결된 단백질은 역시 많은 단백질들과 상호작용하고 있는 단백질과는 연결되지 않고 오히려 연결이 적은 단백질과 상호작용하는 경향이 있다는 것이다. 많은 단백질들과 상호작용하는 단백질 간의 연결이 구조적으로 억제됨으로써 한쪽 망구조의 무작위적인 환경적 또는 유전적 혼란이 다른 망구조로 확산되는 것을 최소화시키는 효과를 얻게 된다.

두-잡종 분석법은 단백질–단백질 간의 상호작용을 밝혀내는 데 좋은 수단이 된다. 그 이유는 대규모로 수행할 수 있고, 단백질을 정제할 필요가 없으며, 살아 있는 세포 내에서 일어나는 상호작용을 검출하며, 또한 조사할 단백질의 기능에 대해 몰라도 되기 때문이다. 그러나 이 방법에도 한계점은 있다. 우선 두-잡종 분석법은 정량적인 것이 아니고 정성적이므로 아주 약한 상호작용을 가지는 경우가 강한 상호작용을 가지는 것과 쉽게 구분되지 않는다. 또 분석의 신뢰도를 높이기 위해 잡종 단백질을 대개 높은 수준으로 발현시키므로, 정상적인 농도에서는 일어나지 않을 상호작용이 일어날 수도 있다. 또 두-잡종 분석법은 단백질 간의 상호작용이 핵 내에서 일어나는 경우만 확인할 수 있지만, 어떤 단백질은 세포질 환경에서만 상호작용할 수도 있다. 마지막으로, 잡종 단백질이 원래의 단백질과는 다른 방식으로 접혀져서, 원래의 단백질은 상호작용하는데 잡종 단백질은 상호작용하지 않는 결과가 나올 수도 있고 또는 그 반대 현상도 일어날 수 있다. 따라서 두-잡종 분석법으로 얻어진 결과는 해석할 때 주의를 기울여야 한다. 그럼에도 불구하고 이 방법으로 이미 많은 가치 있는 정보를 얻고 있다.

잠깐 생각해 봅시다 10.2

많은 상호작용을 하고 있는 단백질이 대부분 상호작용이 적은 단백질에 주로 연결된 망구조가 무작위 환경적 또는 유전적 혼란의 영향을 최소화하는 이유를 간결하게 서술하시오.

10.3 재조합 DNA는 DNA 절편의 조작을 통해서 만들어진다

본래 유전자 조작과 새로운 유전자형 및 표현형을 가진 유전적으로 가공된 생명체를 만들기 위해 고안된 기술의 개발로 유전체학이라는 학문이 탄생할 수 있었다. **재조합 DNA(recombinant DNA)**로 불리는 이 방법은 **유전자 클로닝**(*gene cloning*) 혹은 **유전 공학**(*genetic engineering*)이라고도 한다. 기본 기술은 아주 간단하다: DNA를 분리한 후 하나 혹은 그 이상의 제한효소로 잘라서 DNA 절편을 만든다; 그 후에 새로운 조합으로 절편들을 연결한 후 유전자형을 바꾸기 위해 세포나 생명체에 다시 도입시킨다. 이렇게 유전공학 기술에 의해 가공된 생명체를 **형질전환 생물(transgenic organisms)**이라고 한다. 형질전환 생물은 흔히 연구 목적으로 만들어지지만, 주요 적용점은 **유전자 변형 생물**(*genetically modified organism, GMO*)이라고 부르는 기능이 향상된 다양한 형질전환된 가축이나 작물을 개발하는 것이다. 이것에 대한 예시는 이 장의 후반부에서 다룰 것이다.

재조합 DNA 연구의 우선 목표는 특정 염색체 DNA 절편을 플라스미드나 바이러스 DNA 분자 내에 삽입하는 것이다. 이 과정은 DNA 분자를 특정 자리에서 절단하고 또, 원하는 DNA 절편을 분리해 내는 기술로 이루어진다. 일반적으로 이렇게 만들어진 DNA 절편은 100 kb 보다 작은데, 그 이유는 현재 기술로는 이것보다 큰 DNA 절편을 다루는 것이 매우 어렵기 때문이다.

제한효소는 DNA를 절단하여 특이적 말단을 가지는 절편을 만든다

DNA 절편은 대개 DNA 시료를 제한효소로 처리하여 만들어진다. **제한효소**(*restriction enzyme*)는 핵산 분해효소로서, 제한효소의 **제한자리**(*restriction site*)와 상응하는 특정 짧은 DNA 염기서열 포함하고 있는 DNA만 절단한다. 대부분의 제한자리는 4~6개의 뉴클레오티드로 구성되며, 이곳에서 제한효소는 두 곳의 단일가닥 절단을 만드는데, 각 가닥에서 두 곳에 각기 3′-OH 말단과 5′-P 말단을 형성한다. 거의 모두가 제각기 다른 제한자리를 가지는 약 1,000개의 제한효소가 미생물로부터 분리되었다.

대부분의 제한자리는 DNA 이중나선의 두 가닥에서 동일하게 나타나는 대칭구조이다. 예컨대, 대장균에서 분리된 *Eco*RI은 제한자리가 5′-GAATTC-3′인데, 상보적 가닥은 3′-CTTAAG-5′로 3′말단을 왼쪽으로 하여 쓰여진 동일 서열이다. *Eco*RI은 각 가닥의 G와 A 사이를 절단한다. 이와 같은 대칭 서열을 **회문구조**(*palindrome*)라 한다.

제한효소가 발견된 직후, 전자현미경으로 관찰한 결과 여러 제한효소들에 의해 생산되는 조각들이 자발적으로 환(circle)을 형성함을 보여주었다. 이 환은 다시 가열하면 선형으로 전환될 수 있다. 반면, 이 자발적으로 형성된 환을 3′-OH 그룹과 5′-P 그룹을 결합시키는 DNA 연결효소(ligase)로 처리하면 말단이 공유결합으로 연결되므로 열처리 후에도 선형으로 전환되지 않는다. 이 발견은 제한효소의 3가지 중요한 특징 중 첫 번째에 해당한다:

- 제한효소는 DNA 분자의 회문구조 서열을 인식하여 절단한다.
- 절단에 의해 항상 평활 말단(blunt end)이 형성되는 것은 아니다.
- DNA 가닥을 비대칭으로 절단하는 효소는 상보적 말단을 가지는 DNA 절편을 만든다.

이 같은 성질은 그림 10.14에서 *Eco*RI을 예로 설명하고 있다.

대부분의 제한효소는 *Eco*RI과 마찬가지로 DNA 가닥을 어긋나게 절단하여 소위 **점착 말단(sticky ends)**을 형성하기 때문에 이들의 상보성으로 인하여 서로 결합할 수 있다. 어떤 제한효소(*Eco*RI도 해당됨)는 각기 5′말단 쪽에 돌출된 단일가닥 DNA 분자(그림 10.15A)를 만든다; 다른 제한효소는 3′말단 쪽이 돌출된 분자를 만든다. 다수의 제한효소는 DNA 두 가닥의 대칭 중앙을 절단하여 **평활 말단(blunt end)**을 형성한다. 그림 10.15의 (B)는 *Bal*I에 의해 형성된 평활 말단을 보여준다. 평활 말단도 마찬가지로 DNA 연결효소에 의해 연결될 수 있다. 그러나 점착 말단이 연결되면 원래의 제한자리가 다시 형성되지만, 평활 말단은 다른 평활 말단과 연결될 때 제한자리가 회복되지 않을 수도 있다.

대부분의 제한효소는 DNA의 근원에 관계없이 제한서열만 인지한다. 따라서:

핵심 개념

만약 동일한 제한효소로 처리할 경우, 한 생물의 DNA의 제한 절편은 다른 생물의 DNA의 제한 절편과 동일한 점착 말단을 형성하게 된다.

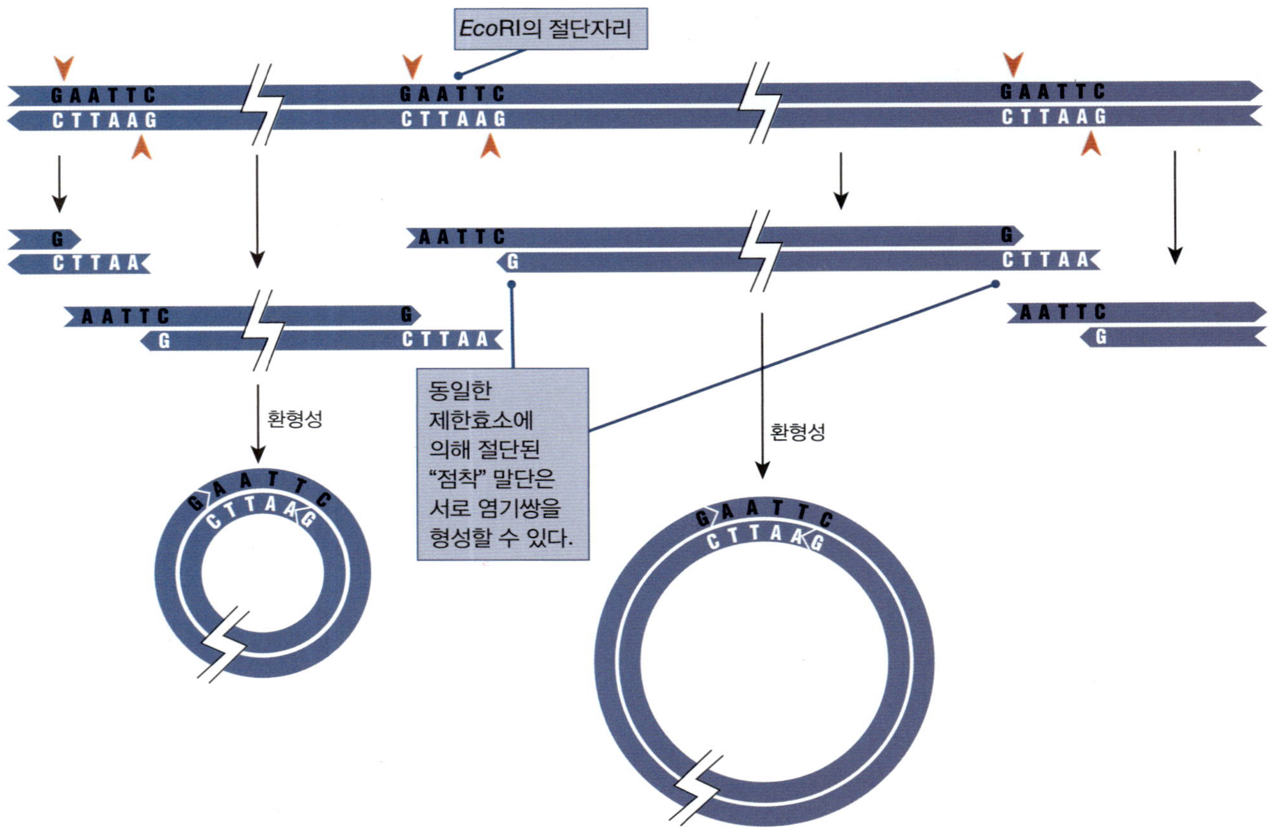

그림 10.14 제한효소에 의해 만들어진 DNA 절편의 환형성. 빨간색 화살표는 *Eco*RI의 절단자리를 가리킴.

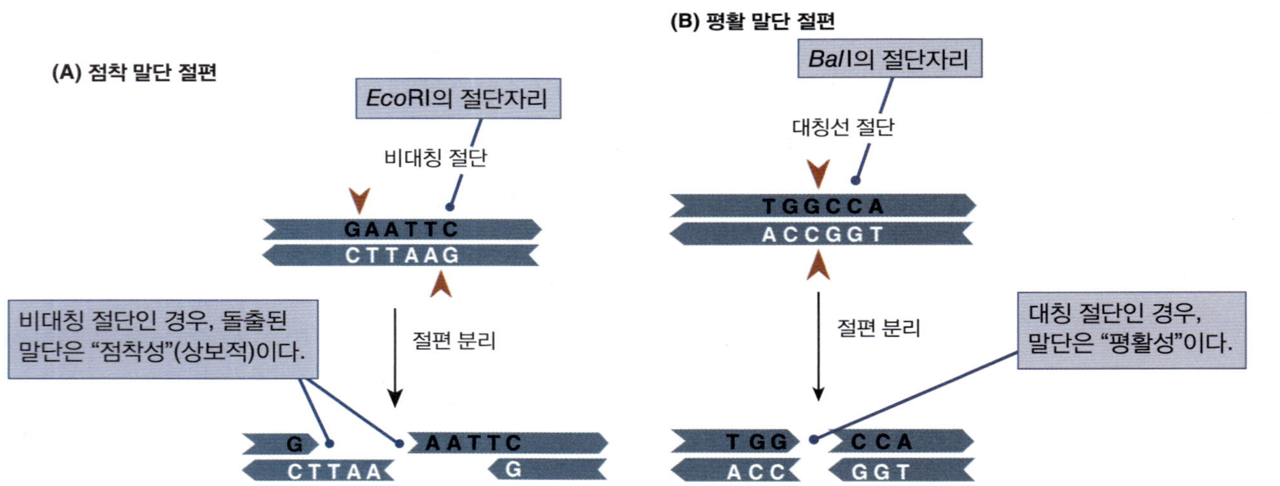

그림 10.15 제한효소에 의해 만들어진 두 종류의 절단. 빨간색 화살표는 절단자리를 나타낸다. (A) 절단이 각 가닥에서 절단자리 대칭의 중심축으로부터 일정 거리 떨어진 지점에서 일어난다. (B) 절단이 두 가닥 모두 절단자리 대칭의 중심축에서 일어났다.

이러한 원리는 재조합 DNA 기술에 하나의 기초가 된다.

대부분의 제한효소가 특정 서열을 인지하므로, 어떤 생물의 DNA를 특정 제한효소로 절단할 때 절단된 숫자는 한정적이다. 예를 들어, 4.6×10^6 염기쌍을 가지는 대장균의 DNA 분자를, 6개의 염기로 이루어진 제한자리를 절단하는 어떤 제한효소로 절단한다면 이 분자는 약 1,000개의 조각을 형성하게 된다. 이 수치는 다음 사실에 기인한다. 즉, 6개 염기로 된 특정 서열(6개 염기로 이루어진 제한자리를 포함)은, 평균적으로 4개 염기의 빈도가 동일하다고 가정할 때 $4^6 = 4096$ 염기쌍마다 한 번 꼴로 나타나게 된다. 같은 이유로 포유류의 핵 DNA는 약 100만 개의 조각으로 나누어지게 될 것이다. 이 숫자는 엄청나지만 절단이 아무 곳에서나 무작위적으로 일어나는 것에 비하면 아주 적은 것이다. 특히 흥미를 끄는 것은 바이러스나 플라스미드 DNA와 같이 보다 작은 DNA 분자는 특정 제한효소에 대해 1에서 10개 정도(때로는 전혀 없음)의 절단자리를 가진다. 특정 제한효소에 의해 단 하나의 절단자리를 가지는 플라스미드는 특히 유용한데, 곧 이에 관해 살펴볼 것이다.

제한절편은 말단끼리 연결되어 재조합 DNA를 형성한다

재조합 DNA에서 원하는 특정 DNA 절편은 벡터(*vector*)에 연결된다. 벡터는 비교적 작은 DNA 분자로 세포 내에서 복제할 수 있으며, 대개 항생제 저항성 유전자를 (또는 다른 탐지 가능한 표현형을) 하나 이상 가진다. 가장 단순한 형태의 벡터는 이중나선 DNA를 가지는 환형의 플라스미드이다(**그림 10.16**). 원하는 DNA 절편이 벡터에 연결되면, 이 재조합된 분자는 DNA 형질전환을 통해 세포 내에 도입된다(**그림 10.17**). 세포 내에서, 재조합 분자는 마치 세포가 자신의 DNA를 복제하듯이 복제된다. 또한 세포가 분열할 때 재조합 분자는 딸 세포에 전달된다. 재조합 분자를 가지는 형질전환체가 분리될 때, 벡터에 연결된 DNA 절편을 **클론(clone)**되었다고 한다. 따라서 **벡터(vector)**는 다른 DNA 절편이 클론될 수 있는 DNA 분자가 된다; 그것은 재조합 DNA를 위한 운반체인 것이다. 다음 절에서 여러 유형의 벡터가 설명될 것이다.

벡터는 재조합 DNA의 운반체이다

일반적으로 가장 유용한 벡터는 다음 3가지 성질을 가진다.

1. 벡터 DNA는 숙주 세포 내에 비교적 쉽게 도입될 수 있다.
2. 벡터는 복제 기점을 가져 숙주 세포 내에서 복제할 수 있다.
3. 벡터를 가지는 세포는 보통 간단한 분석법으로 선별될 수 있다. 가장 일반적인 방법은 숙주 세포를 고체 선별배지에서 배양하는 것이다.

대장균에서 가장 흔히 사용되는 벡터는 플라스미드와 박테리오파지 λ와 M13의 유도체이다. 다른 여러 플라스미드와 바이러스가 동식물 및 세균 세포에서 클로닝 목적으로 개발되었다. 숙주 세포 내의 재조합 DNA는 콜로니나 용균반(plaques)의 모양에서 나타나는 유전적 표지나 표현형적 특징으로 검출될 수 있다. 플라스미드와 파지 DNA는 형질전환으로 세포 내에 도입될 수 있는데, 세포를 염화칼슘 용액에 노출시키면 유리된 DNA를 세포 안으로 삽입시키는 능력을 지니게 되어 형질전환이 일어난다. 재조합 DNA는 또한 **전기천공법**(*electorporation*)에 의해 세포 내에 도입될 수 있다. DNA가 도입되면 세포를 고체배지에서 배양한다. 만약 부가된 DNA가 플라스미드이면 재조합 플라스미드를 가지는 박테리아 세포로 구성된 콜로니가 형성된다. 이때 형질전환체는 플라스미드에 의해 숙주 세포가 획득한 표현형에 의해 검출된다. 예를 들어, 플라스미드 벡터는 항생제에 대해 하나 이상의 저항성 유전자를 가지므로, 형질전환 세포를 항생제를 함유하는 선별배지 위에 배양하면 플라스미드를 가지는 세포만 자라게 된다. 만약 벡터가 파지 DNA라면 감염된 세포를 일반적인 방법으로 배양하면 용균반(plaques)을 형성한다. 동물세포 혹은 식물세포의 형질전환을 위해 이런 방법을 응용한 다양한 방법들이 사용되고 있지만, 기술적인 부분에서 세부사항들은 상당히 다를 수 있다.

대장균 내에서의 클로닝에 주로 사용되는 3가지 유형의 벡터가 **그림 10.18**에 설명되어 있다. 플라스미드(그림 10.18A)는 비교적 작은 DNA 절편(5~10 kb)을 클로닝하는

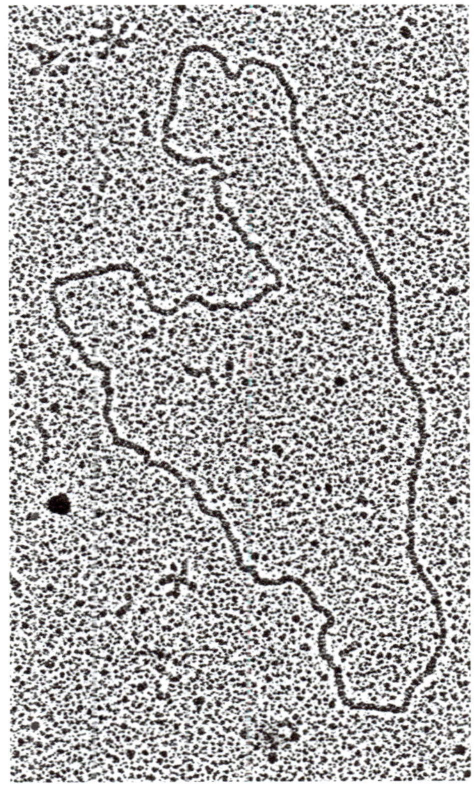

그림 10.16 대장균의 클로닝 벡터로 사용되는 환형 플라스미드의 전자현미경 사진.

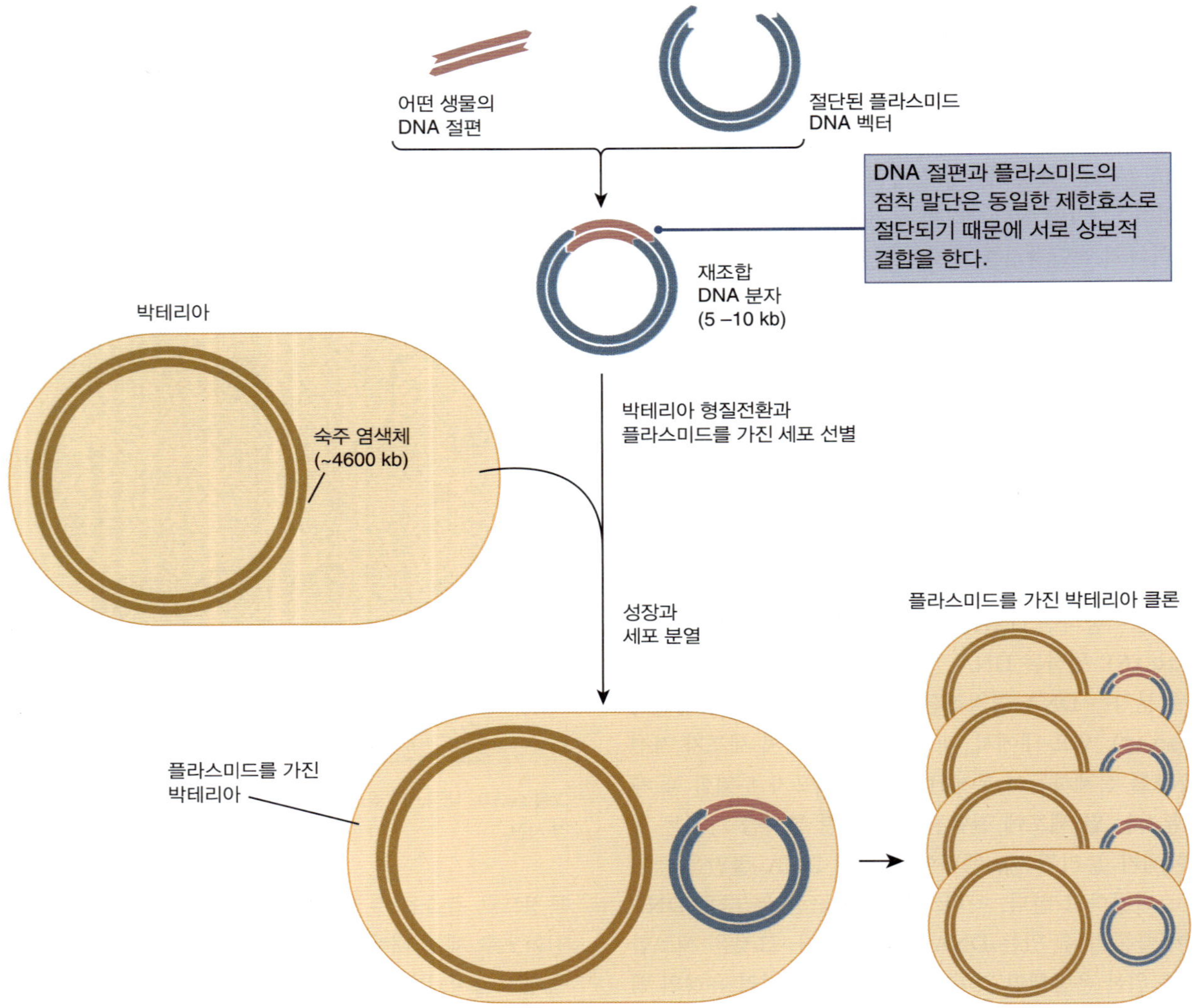

그림 10.17 클로닝의 예. 어떤 생물의 DNA 절편을 절단된 플라스미드에 연결시킨다. 이 재조합 플라스미드는 박테리아 세포를 형질전환시키고, 세포 내에서 이 재조합 플라스미드는 복제되어 박테리아의 후손에게 전달된다. 그림에서 숙주 박테리아의 염색체는 실제 크기로 그려지지 않았다. 일반적으로 염색체는 플라스미드 보다 약 1,000배 더 크다.

데 가장 편리하게 사용된다. 보다 큰 절편은 박테리오파지 λ를 사용하여 클로닝될 수 있다(그림 10.18B). 야생형 파지는 길이가 약 50 kb인데, 유전체의 중앙부는 용균 성장에 필수적이 아니므로 제거한 후 공여 DNA로 대체할 수 있다. 공여 DNA를 대신 연결시킨 후, 재조합 DNA는 시험관 내에서(*in vitro*) 성숙 파지로 조립되고 이 파지를 세포에 감염시키는데 사용한다. 그러나 파지의 머리 부분에 들어가려면 재조합 DNA는 너무 크지도 너무 작지도 않아야 한다. 즉, 공여 DNA의 크기는 제거된 λ 유전체 부분의 크기와 비슷해야 된다. 대부분의 λ 클로닝 벡터는 12 kb에서 20 kb 정도 크기의 DNA를 수용한다. 이보다 더 큰 절편은 코스미드(cosmid) 벡터를 이용한다(그림 10.18C). 이 벡터는 플라스미드처럼 존재할 수 있지만, 또한 파지 λ의 상보적인 돌출성 단일가닥 말단도 가지고 있어서 성숙 파지 내에 조립되어 들어갈 수 있게 한다. 코스미드에 삽입될 수 있는 절편의 크기는 40 kb에서 45 kb 정도이다.

어떤 벡터는 100~200 kb의 큰 DNA 절편을 수용할 수 있다. 이러한 **벡터를 인공염색체**(*artificial chromosome*)라 하는데, 그 중에 **박테리아 인공 염색체(bacterial artificial chromosomes, BACs)**가 가장 널리 사용된다. 그림 10.18D에 있는 BAC 벡터는 대장균의 F 인자에서 유래된 기능을 가지고 있는데, 이 인자는 박테리아 접합시 중요한 역할을 수행한다. 크기가 6.8 kb인 이 벡터 내에 포함된 필수적인 기능은 복제에 필요한 유전자(*repE*와 *oriS*), 복제 사본 수를 조절하는 유전자(*parA*와 *parB*), 그리고 클로람페니콜에 대한 저항성을 부여하는 유전자 등이다. BAC 벡터에 클로닝하기에

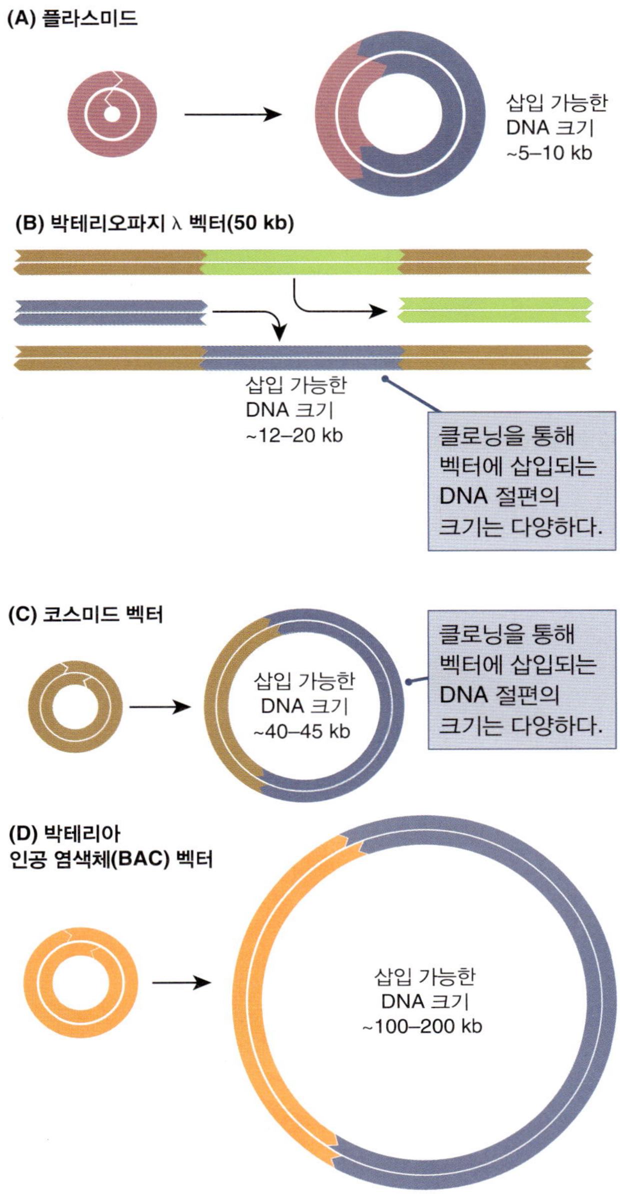

그림 10.18 대장균에 흔히 사용하는 클로닝 벡터. 크기는 실제와 다름. (A) 플라스미드 벡터는 비교적 작은 DNA 절편을 클로닝하는 데 이상적이다. (B) 박테리오파지 λ 벡터는 파지의 중앙 부분을 제거하고 그 자리에 원하는 DNA를 삽입하기에 편리한 제한자리를 가지고 있다. (C) 코스미드 벡터는 약 40~45 kb까지의 DNA 절편을 클로닝하는 데 유용하다; 이들은 플라스미드처럼 복제할 수 있지만 파지의 점착 말단을 가지고 있어서 파지 입자 내에 포장될 수 있다. (D) BAC 벡터는 비교적 큰 DNA 절편을 수용할 수 있기 때문에 유용하다.

적절한 DNA 절편은 드문 절단자리를 가지는 제한효소(예컨대, *Not*I, *Sfi*I 등)를 혹은 제한자리의 단지 일부분만 절단(부분적 분해)되는 조건에서 통상적인 제한효소를 처리하는 등의 물리적인 방법을 통해 큰 분자를 원하는 크기의 절편으로 절단하여 얻을 수 있다.

벡터와 표적 DNA 절편은 DNA 연결효소를 통해 결합하게 된다

말단부에 상보적인 단일가닥 부위를 가진 제한 절편의 환형성은 그림 10.14에 설명되어 있다. 특정 제한효소는 DNA의 종류에 관계없이 동일한 점착 말단을 형성하므로 2가지 서로 다른 생물에서 유래된 DNA 절편은 **그림 10.19**에서처럼 서로 연결될 수 있다. 이 예시에서 제한효소 *Eco*RI은 어떤 생물에서 유래한 DNA도 절단하며, 또한 단 한 곳의 *Eco*RI 절단자리를 가지는 플라스미드를 절단할 수 있다. 공여 DNA는 여러 절편으로 절단되며(그중 하나가 그림에 표시되어 있다), 플라스미드는 하나의 선형 절편이 된다. 공여 절편과 선형 플라스미드를 섞으면 상보적인 단일가닥 말단 사이에 염기쌍이 형성되어 재조합 DNA 분자가 형성될 수 있다. 이 시점에 DNA를 서로 연결시키기 위해 DNA 연결효소로 처리하면 공여 DNA는 이전에 존재하지 않았던 조합으로 영구적으로 결합된다. 원하는 공여 DNA 절편을 벡터에 결합시키는 것은 재조합 DNA 기술의 근본이 된다.

점착 말단의 연결로 DNA 서열이 항상 기능을 유지하는 것은 아니다. 예를 들어, 순서가 ABCD인 어떤 선형 DNA가 4개의 절편—A, B, C, D—으로 절단되었을 때를 생각해보자. 이 절편들의 재결합은 원래의 분자를 만들 수도 있지만, B와 C도 동일한 점착 말단을 가지고 있기 때문에 절편 배열이 ACBD와 BADC인 분자들도 원래의 ABCD와 같은 빈도로 나타나게 될 것이다. 벡터의 제한 절편들도 역시 잘못된 순서로 서로 연결될 수 있다. 그러나 이 문제는 특정 제한효소에 대해 단지 한 곳의 절단자리를 가지는 벡터를 사용하면 해결될 수 있다. 대부분 유전공학 기술로 만들어진 이런 플라스미드를 현재 많이 이용하고 있다. 많은 벡터들이 여러 제한효소에 대해 유일한 절단자리를 가지지만 대개 한 번에 단지 한 가지 제한효소를 사용하게 된다.

점착 말단이 없는 DNA 분자도 또한 서로 연결될 수 있다. 한 가지 직접적인 방법은 대장균의 T4 파지에서 만들어진 DNA 연결효소를 이용하는 것이다. 이 효소는 이중나선 DNA의 단일가닥 절단을 결합시킬 뿐 아니라 평활 말단을 가지는 DNA 분자를 결합시킬 수 있다는 점에서 다른 DNA 연결효소와는 다르다.

재조합 cDNA는 진핵세포 유전자의 암호화 서열을 가진다

고등 진핵생물의 많은 유전자들은 크기가 매우 큰데, 수십만 염기쌍 이상인 것들도 있다. 이것의 상당한 부분은 가공(processing)을 통하여 mRNA로부터 제거되는 인트론으

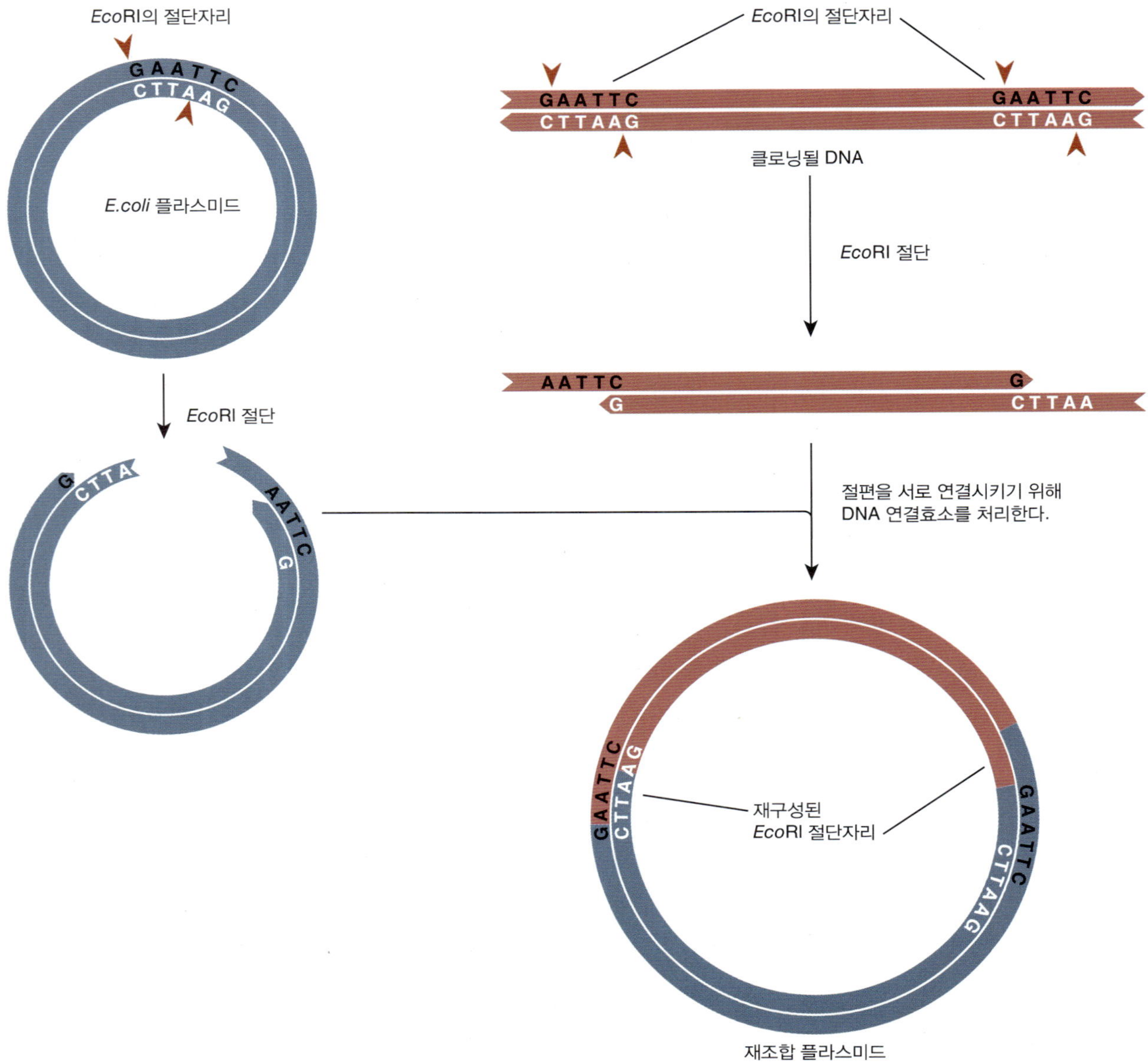

그림 10.19 제한효소(이 경우 *Eco*RI)를 이용하여 상보성(점착성) 말단을 연결시켜 공여 생물에서 유래한 DNA를 가진 재조합 DNA 플라스미드 만들기. 빨간색 화살표 자리는 절단 부위를 가리킴.

로 구성되어 있다. 이런 큰 유전자에서 이어맞추기(splicing)된 mRNA는 대개 유전자의 길이보다 훨씬 짧다. 만약 이렇게 큰 진핵세포의 DNA가 클론되더라도 RNA 이어맞추기를 할 수 없는 박테리아 내에서는 이 유전자의 발현이 불가능하다. 따라서 유전자가 너무 커서 클로닝과 직접적인 발현이 어려운 경우, 염기서열을 확인한 후에 mRNA에 있는 암호화 서열을 클로닝하고 그 단백질 산물을 연구하는 것이 바람직하다. **그림 10.20**에 설명되어 있는 이 방법은 진핵세포의 mRNA에 있는 어떤 암호화 서열이라도 직접 클로닝하는 것을 가능하게 해 준다.

mRNA 분자로부터의 클로닝은 특이한 중합효소인 **역전사효소(reverse transcriptase)**에 의존한다. 역전사효소는 단일가닥의 RNA 분자를 주형으로 사용하여 **상보적 DNA (complementary DNA)** 또는 cDNA라 불리는 상보적인 DNA 가닥을 합성한다. 다른 DNA 중합효소와 마찬가지로 역전사효소도 프라이머를 필요로 한다. 진핵세포 mRNA의 3′ 말단부에 일반적으로 나타나는 A 뉴클레오티드의 반복서열은 편리한 프라이머 결합자리 역할을 한다. 즉, poly-T로 구성된 올리고뉴클레오티드를 프라이머로 사용할 수 있다(그림 10.20). 다른 단일가닥 DNA 분자처럼, RNA 주형으로부터 만들어진 단일가닥 DNA도 3′ 말단부가 스스로 접혀져서 "헤어핀(hairpin)" 구조를 형성할 수 있는데, 이 헤어

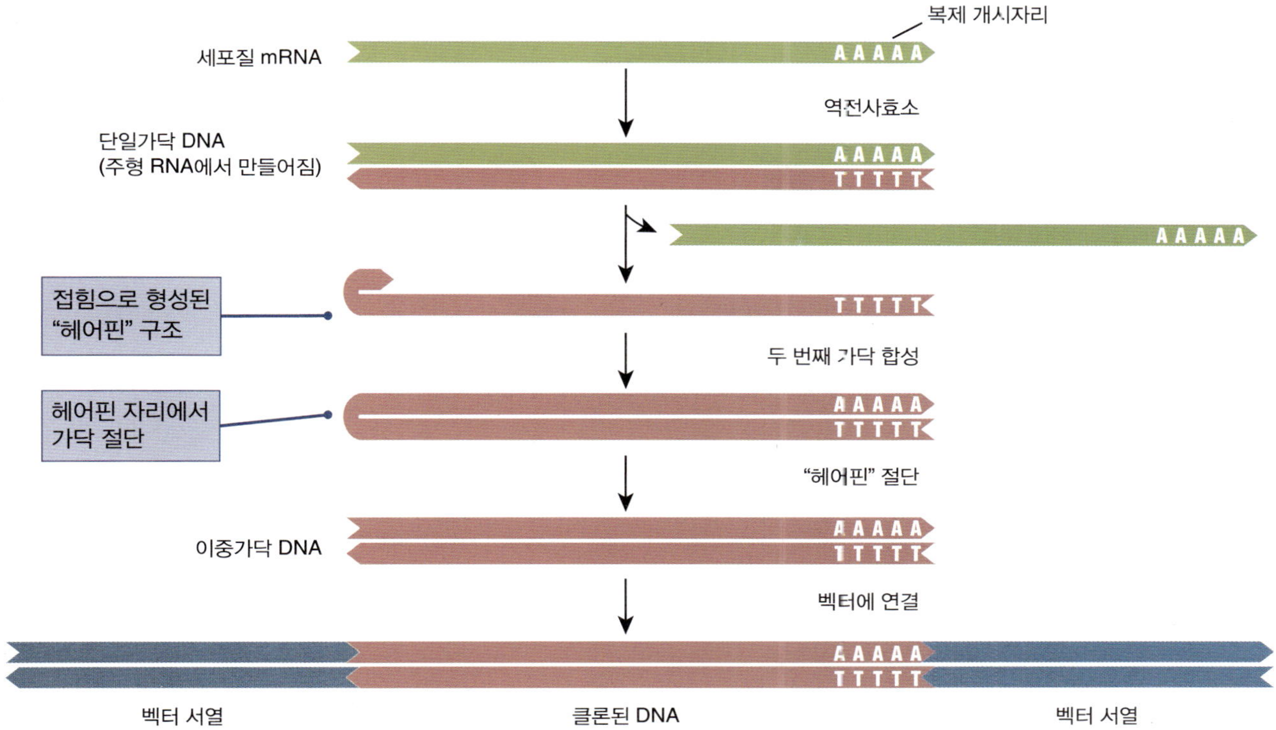

그림 10.20 역전사효소는 주형 RNA 서열에 상보적인 단일가닥 DNA를 만든다. 이 예에서는 세포질의 mRNA가 복제되었다. 그림에서와 같이, 대부분의 진핵세포 mRNA 분자는 3′말단에 연속적인 A 뉴클레오티드의 부위를 가져 편리한 복제 개시자리를 제공한다. 단일가닥 DNA가 만들어진 후 3′ 말단부가 접혀져서 헤어핀 구조를 형성하여 두 번째 가닥 합성의 프라이머 역할을 한다. 헤어핀 구조가 절단된 후의 남은 이중가닥 DNA는 곧 바로 또는 PCR 증폭 후 적절한 벡터에 연결될 수 있다. 그 결과 만들어진 클론은 그 유전자의 단백질 생산에 필요한 전체 암호화 서열을 가지게 된다.

핀 구조는 몇 개의 염기쌍으로 된 아주 짧은 이중가닥 부분을 포함하고 있다. 헤어핀 구조의 3′말단은 두 번째 가닥 합성의 프라이머 역할을 한다. 두 번째 가닥은 DNA 중합효소나 역전사효소 어떤 것으로도 합성할 수 있다. 인간면역결핍바이러스(human immunodeficiency virus, HIV)와 같이 역전사효소를 이용하는 RNA 바이러스에서 두 번째 가닥은 역전사효소에서 기원한 것이다. 합성된 cDNA의 일반적인 이중나선 DNA로의 전환은 핵산분해효소에 의한 헤어핀의 절단을 통해 이루어진다.

mRNA 분자의 역전사로 만들어진 완전한 길이의 cDNA는 원하는 단백질에 대한 교란되지 않은 암호서열을 포함하고 있다. 진핵세포 유전자에는 흔히 인트론(introns)이라고 하는 DNA 서열이 있어 RNA로 전사된 후 성숙 mRNA로 생산될 때 제거된다. mRNA에는 인트론이 없으므로 cDNA의 서열은 공여 생물의 유전체에 있는 서열과는 다르다. 그러나 재조합 DNA 분자를 만드는 목적이 암호화 서열의 확인이나 박테리아 내에서의 유전자 산물의 생산이라면, 처리된 mRNA로부터 형성된 cDNA는 클로닝을 위한 선택 물질이 되는 것이다. cDNA를 벡터에 결합시키기 위해 평활 말단을 가지는 분자의 결합 방법을 사용한다(그림 10.20).

어떤 특정 동물세포는 단 한 가지나 혹은 소수의 단백질을 대량으로 생산한다. 이들 세포의 세포질은 엄청난 양의 특정 mRNA 분자를 가져 전체 mRNA의 큰 비율을 차지한다. 그 한 예로 글로빈을 생산하는 mRNA를 들 수 있는데, 글로빈은 헤모글로빈을 생산하는 망상세포(reticulocyte)에 매우 풍부하다. 이들 세포에서 정제된 mRNA로부터 만들어진 cDNA는 글로빈 cDNA가 아주 많은 양을 차지한다. 높은 수준으로 발현되지 않는 유전자는 mRNA 분자의 양이 적거나 아주 적게 나타난다. 그와 같이 적은 RNA로부터 만들어진 cDNA 분자도 역시 적을 것이다. 적은 cDNA 분자의 클로닝 효율을 크게 높이려면 벡터에 연결하기 전에 PCR 증폭을 이용한다. 이 과정의 한 가지 제한점은 적절한 올리고뉴클레오티드 프라이머를 만들 수 있도록 cDNA의 양쪽 말단부의 DNA 서열을 알아야 한다는 것이다. 역전사효소에 의해 만들어진 cDNA의 PCR 증폭을 **역전사효소 PCR(reverse transcriptase PCR, RT-PCR)**이라 부른다. 이 방법으로 증폭된 분자는 다른 DNA의 오염이 거의 없는 원하는 유전자의 암호 서열을 가지고 있다.

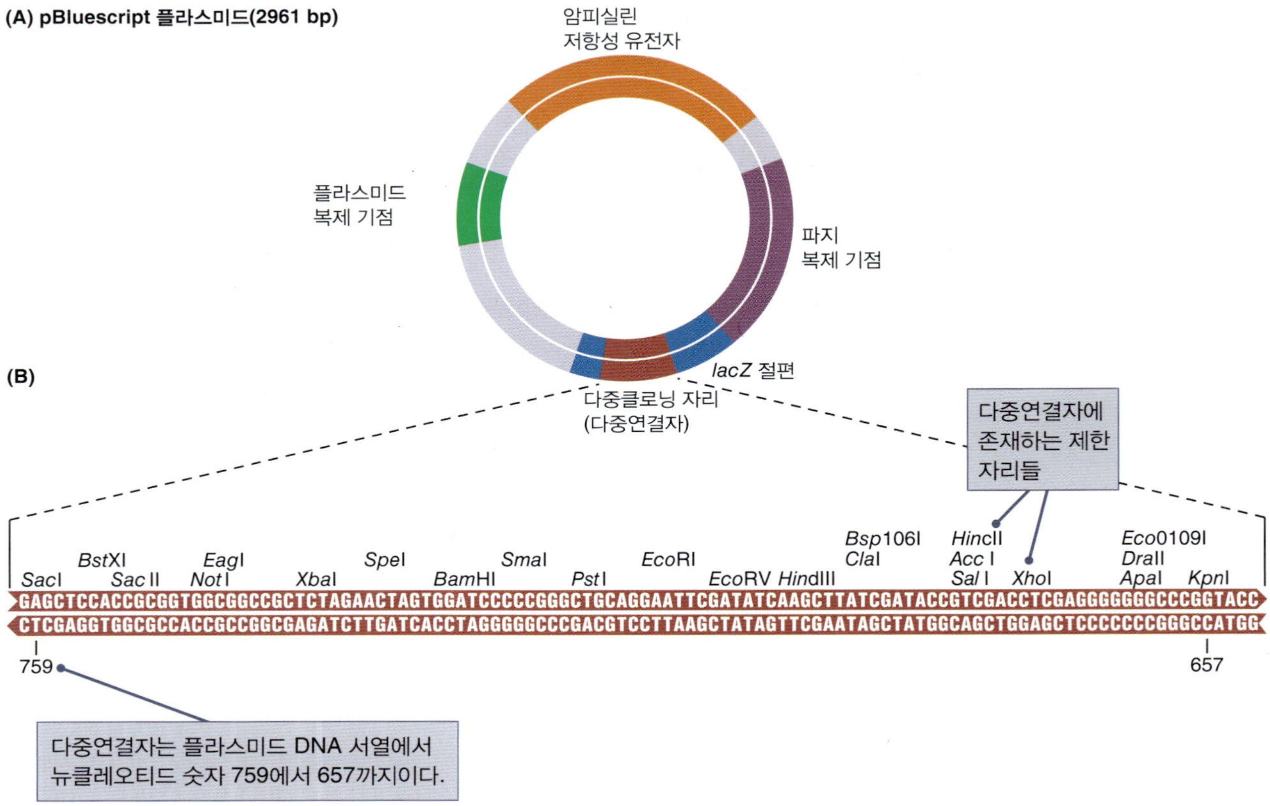

그림 10.21 (A) pBluescript II 클로닝 벡터의 모식도. 이 벡터는 플라스미드의 복제 기점, 암피실린 저항성 유전자, 대장균의 *lacZ* 유전자 내부의 다중클로닝자리(다중연결자) 및 파지의 복제 기점을 가지고 있다. (B) 벡터 내에 DNA 절편이 삽입될 수 있는 유일한 제한자리들을 보여주는 다중클로닝자리의 서열. 숫자 657과 759는 pBluescript의 전체 서열에서 그 염기쌍의 위치를 나타낸다.

β-갈락토시다아제의 활성 상실은 흔히 재조합 벡터의 검출에 사용된다

벡터를 한 제한효소로 절단하여, 특정 생물에서 유래한 많은 서로 다른 제한 절편들이 존재하는 조건에서 연결시키면 여러 유형의 분자가 만들어진다. 즉, 어떤 절편도 갖지 않은 채 스스로 재결합한 환형 벡터, 그리고 하나 또는 그 이상의 절편을 가지는 벡터, 여러 절편들만 연결된 분자 등이 나타날 것이다. 원하는 특정 유전자만 가지는 벡터를 분리해 내기 위해 다음 2가지를 보장하는 어떤 방법이 사용되어야 할 것이다. (1) 실제로 삽입된 DNA 절편을 가지는 벡터일 것, (2) 삽입된 절편이 원하는 DNA 조각일 것. 이 절에서는 이러한 목적으로 사용되는 몇 가지 유용한 방법을 소개한다.

재조합 플라스미드를 박테리아 세포 내에 도입하는 형질전환을 위해 처음 해야 할 일은 플라스미드가 없는 박테리아와 가지고 있는 박테리아의 혼합체에서 플라스미드를 가진 박테리아만 분리해 내는 것이다. 가장 일반적인 방법은 항생제 저항성 표지(marker)를 가진 플라스미드를 사용하여, 형질전환된 박테리아를 그 항생제를 함유하는 배지에서 기르는 것이다: 플라스미드를 가지고 있는 세포들만 콜로니를 형성한다. 그 한 예로 **그림 10.21A**에 클로닝 벡터인 pBluescript 플라스미드가 설명되어 있다. 전체 2,961 염기쌍으로 구성된 이 플라스미드의 여러 부위들이 클로닝 벡터로서의 유용하다는 것을 보여준다.

- 플라스미드의 복제 기점은 대장균의 플라스미드 ColE1에서 유래된 것이다. ColE1은 높은 복제 사본 수를 가지는 플라스미드로 그것의 복제 기점은 pBluescript로 하여금 세포당 약 300 사본을 가지게 해 준다.
- 암피실린 저항성 유전자는 형질전환된 세포를 암피실린 함유 배지에서 선별할 수 있게 해 준다.
- 클로닝자리는 **다중클로닝자리**(*multiple cloning site*, MCS) 또는 **다중연결자**(*polylinker*)라 불리는데, 그 이유는 여러 가지 서로 다른 제한효소에 대해 단일 절

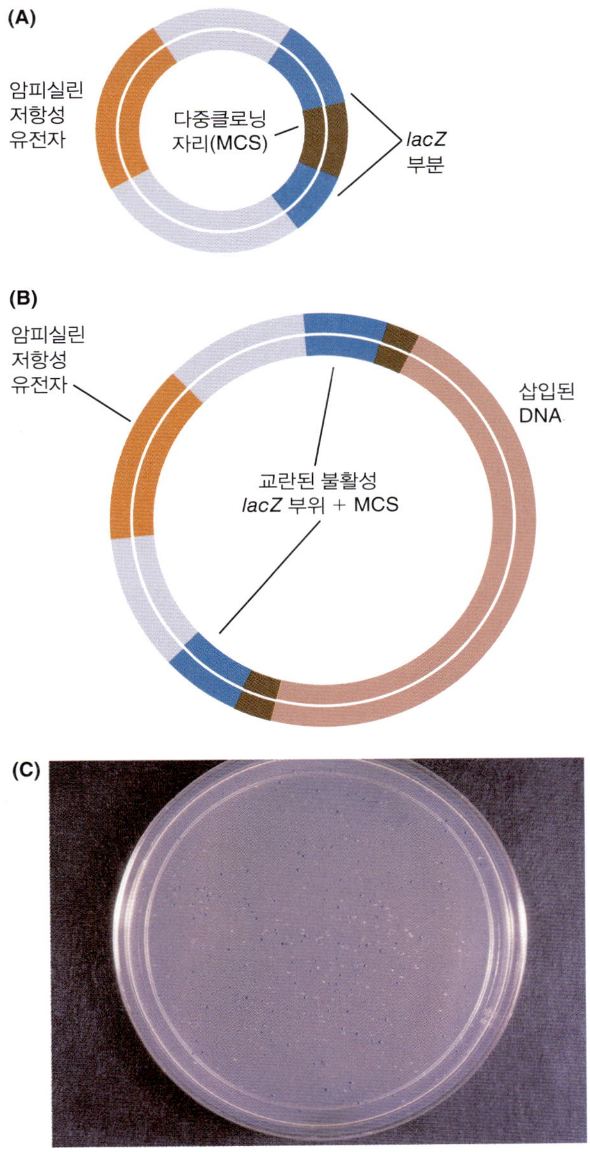

그림 10.22 대장균 *lacZ* 유전자의 내부에 삽입될 때 이 유전자가 불활성화됨을 이용한 재조합 플라스미드의 탐지. (A) 온전한 *lacZ* 부위를 가지는 재조합되지 않은 플라스미드. 이 부위 내의 다중클로닝자리(크기는 실제와 다름)는 아주 작아서 플라스미드는 여전히 β-갈락토시다아제의 활성을 가진다. (B) 공여 DNA가 다중클로닝자리 내에 삽입된 재조합 플라스미드. 이 플라스미드는 암피실린 저항성은 가지지만 *lacZ* 부위 내에 공여 DNA가 삽입되었으므로 β-갈락토시다아제의 활성을 갖고 있지 않다. (C) 형질전환된 박테리아 콜로니. 흰색 콜로니 세포는 *lacZ* 부위 내에 공여 DNA가 삽입된 플라스미드를 갖고 있고, 푸른색 콜로니 세포는 재조합 플라스미드를 갖고 있지 않다.

(C) Courtesy of E. R. Lozovsky.

단자리를 가지고 있어서 많은 종류의 제한 절편들의 삽입이 가능하기 때문이다. pBluescript의 경우, MCS는 108 염기쌍 서열이며, 23가지의 제한효소에 대한 클로닝자리를 가지고 있다(그림 10.21B).

- 그림 10.21A에서 푸른색으로 표시된 것처럼 대장균에서 유래된 *lacZ* 유전자를 이용하여 재조합 플라스미드를 탐지할 수 있다. 선별의 원리는 **그림 10.22**에서 설명하고 있다. *lacZ* 부분의 MCS 내에 DNA 절편이 삽입되면 재조합 플라스미드는 *lacZ* 유전자가 기능을 상실하여 Lac^- 세포가 된다. MCS 내에 삽입된 DNA 절편이 없는 재조합되지 않은 플라스미드를 가진 세포는 Lac^+가 된다. Lac^+와 Lac^- 표현형은 X-gal이라 불리는 특별한 β-갈락토시드 화합물에 배양했을 때 색깔로 구분된다. X-gal은 분해되면 짙은 파란색을 낸다. X-gal을 함유하는 배지에서 재조합되지 않은 플라스미드를 가지는 Lac^+ 콜로니는 짙은 파란색을 띠는 반면 재조합 플라스미드를 가지는 Lac^- 콜로니는 흰색을 띠게 된다.
- 복제 기점은 단일가닥 DNA 파지 f1으로부터 기원된 것이다. 재조합 플라스미드를 가지는 세포가 f1 helper 파지에 감염되면 f1의 복제 기점은 삽입 절편의 단일가닥을 *lacZ*에서 시작하여 자손 파지에 포장해 넣는다. 이러한 성질은 서열 분석(sequencing)에 사용될 단일가닥을 생산한다는 점에서 매우 편리하다. 그림 10.21A의 플라스미드는 SK(+) 종류이며, f1 기점이 반대 방향에 있어 상보적 DNA 가닥을 포장하는 SK(−) 종류도 있다.

좋은 클로닝 벡터는 모두 효율적인 복제 기점을 가지며, DNA 절편의 삽입이 가능한 독특한 클로닝자리를 적어도 하나 가지고 있다. 또한 삽입 DNA에 의해 교란되어 재조합 플라스미드의 선별에 사용될 수 있는 제2의 유전자를 가진다. 일단 **라이브러리(library)** 즉, 대규모의 클론 집단이 특정 벡터에 얻어지면 그 다음 문제는 원하는 유전자를 가지는 특정 재조합 클론을 찾아내는 것이다. 이런 재조합 클론들은 클로닝된 DNA에 상보적인 표지된 탐침을 이용한 혼성화와 같은 방법들로 확인할 수 있다(제6장 그림 6.21). 또한 재조합 클론들은 갖고 있는 DNA 절편이 원하는 절편에 상보적인 PCR 프라이머로 증폭이 가능한지에 대한 분석을 통해 확인할 수도 있다.

10.4 크리스퍼-캐스9 유전자 편집기술은 유전공학에 대변혁을 일으켰다

과학 분야에서 연구 수행방법에 혁신을 일으키는 새로 기술이 발명된 경우는 많지 않다. 하지만 DNA 염기서열 분석법, PCR 증폭, 그리고 최근에 개발된 크리스퍼-캐스9이 이에 해

잠깐 생각해 봅시다 10.1

벡터 내에 존재하는 다중연결자(polylinker) 혹은 다중클로닝자리(multiple cloning site, MCS)는 **지향성 클로닝**(*directional cloning*)을 가능하게 해준다. 이 방법에서, 벡터와 표적서열은 모두 동일한 두 제한효소로 절단되는데, 이때 제한효소는 그들의 상보적 점착 말단이 원하는 DNA 조각이 벡터 내에 정해진 방향으로 삽입되도록 해 주어야한다. 예를 들어, 다음의 그림에서 왼쪽 벡터의 MCS와 오른쪽 표적서열의 제한자리를 생각해보자.

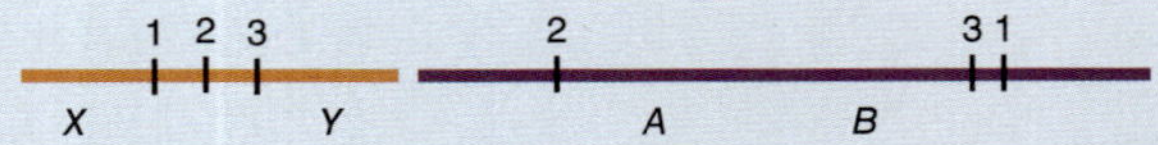

벡터의 MCS 좌측의 *X*는 프로모터 서열이고, MCS의 오른쪽의 벡터 서열 *Y*는 전사종결 부위이다. 표적서열은 단백질 암호화 부위이므로 이것이 발현되기 위해서는 *A*가 프로모터 *X*에 인접하되 오른쪽 방향에 있어야 한다.

당신은 *X*–*A*–*B*–*Y* 순서로 배열된 서열을 가진 재조합 분자를 만들기 원하는 유전학자라고 가정하자. 3가지 제한효소 1, 2, 3의 절단자리 위치가 표시되어 있다. 모든 제한효소는 점착 말단을 만든다. 지향성 클로닝에서 벡터와 표적 DNA를 절단하고 이 둘을 혼합한 후 연결시켜 만들어진 재조합 DNA가 *X*–*A*–*B*–*Y* 순서의 서열을 갖게 하려면 당신은 어떤 제한효소를 사용할 것인가?

당된다. **크리스퍼-캐스9(CRISPR-Cas9)**은 DNA의 유전체의 특정 염기서열을 아주 정밀하게 조작하는 간단한 방법이다. 이 방법은 효과적이고 다양한 용도에 사용되며, 기초과학, 발생, 의학, 생명공학, 원예학, 농업뿐 아니라 다른 많은 생물학 분야에서도 적용된다.

크리스퍼[CRISPR, 위스퍼(whisper)와 비슷한 운]는 일정한 간격을 두고 주기적으로 분포하는 짧은 회문 반복서열(*clustered regularly interspaced short palindromic repeats*)의 약자이다. 이런 반복서열의 분포는 1985년 대장균 유전체에서 처음 발견되었으며, 이 후 몇 년 안에 박테리아와 고세균에 널이 퍼져있다는 것을 알게 되었다. 2005년에는 반복서열들이 다양한 종류의 바이러스와 플라스미드에서 유래했다는 것이 분명해지면서 크리스퍼가 원핵생물 면역체계의 한 부분일 것이라고 이해하기 시작했으며 분자기작이 밝혀진 2012년에 이것이 증명되었다. 다음 연대표에 주목하라: 크리스퍼가 처음 발견된 후 유전공학에 적용할 만큼 충분히 이해하기까지 거의 인간의 한 세대인 30년이 걸렸다. 이것은 중요한 기초과학에서의 발견과 실용화 사이의 전형적인 소요 시간을 보여주고 있을 뿐 아니라 언제 실용화가 될지를 예측하는 것이 불가능하다는 것을 분명하게 보여주고 있다.

크리스퍼-캐스9은 특히 *Streptococcus pyogenes*의 박테리아 면역체계로 처음으로 자세히 설명되었다. 다른 원핵생물종들은 비슷하게 작동하는 조금 다른 면역체계를 가지고 있다. 하지만 크리스퍼-캐스9은 흔히 총칭적으로 모든 이러한 체계를 의미하는 용어로 사용된다.

크리스퍼-캐스9이 유전공학에 어떻게 이용되는지를 논의하기 전에 박테리아 면역에서 어떻게 작용하는지에 대해 먼저 알아보자. **그림 10.23A**에서 그 구성요소들을 보여주고 있다. 우선, 박테리아 유전체(구체적으로는 박테리아 바이러스 유전체의 일부)에 크리스퍼 반복서열이 있다고 가정하자. 이 반복서열에서 전사 과정을 통해 가이드 *RNA*(*guide RNA*, *gRNA*)가 만들어진다. 가이드 RNA는 이 체계에서 가장 핵심적인 요소이다. 다른 두 요소들은 트랜스-액팅 크리스퍼 RNA(*trans*-acting CRISPR RNA(*tracrRNA*)와 크리스퍼-연관 단백질 9 핵산분해효소(*Cas9*)이다. gRNA는 궁극적으로 상보적인 염기서열을 포함하고 있는 어떤 침투한 바이러스의 유전체를 제거하기 위한 일련의 반응들을 개시한다. 첫 번째 과정(그림 10.23B)에서 gRNA가 표적 DNA의 상보적인 가닥에 염기쌍 형성을 통해 결합한다. 이때 tracrRNA가 이 복합체에 결합하면서 Cas9 단백질이 소환된다. Cas9 단백질은 표적 바이러스 DNA 두 가닥을 절단하는 핵산분해효소이다(그림 10.23C). 표적 DNA의 절단된 말단은 세포 내 엑소뉴클레이즈(exonuclease)에 의해 분해된다(그림 10.23D).

크리스퍼-캐스9은 유전자에 녹아웃 돌연변이를 만드는 데 이용될 수 있다

가장 간단한 크리스퍼-캐스9의 적용은 흔히 결실의 결과로 기능이 상실되기 때문에 **녹아웃 돌연변이(knockout mutations)**라고 부르는 표적 결실을 유도하는 것이다. 다른 생물에 크리스퍼-캐스9을 적용할 때는 gRNA가 tracrRNA에 결합될 때 작동하기 때문에 구성요소들을 단순화 한다. 이렇게 두 RNA가 하나로 결합된 구성요소를 **합성 가이드 RNA(synthetic guide RNA, sgRNA)**라고 한다.

그림 10.24는 표적 DNA 결실을 만드는 전체 과정을 간

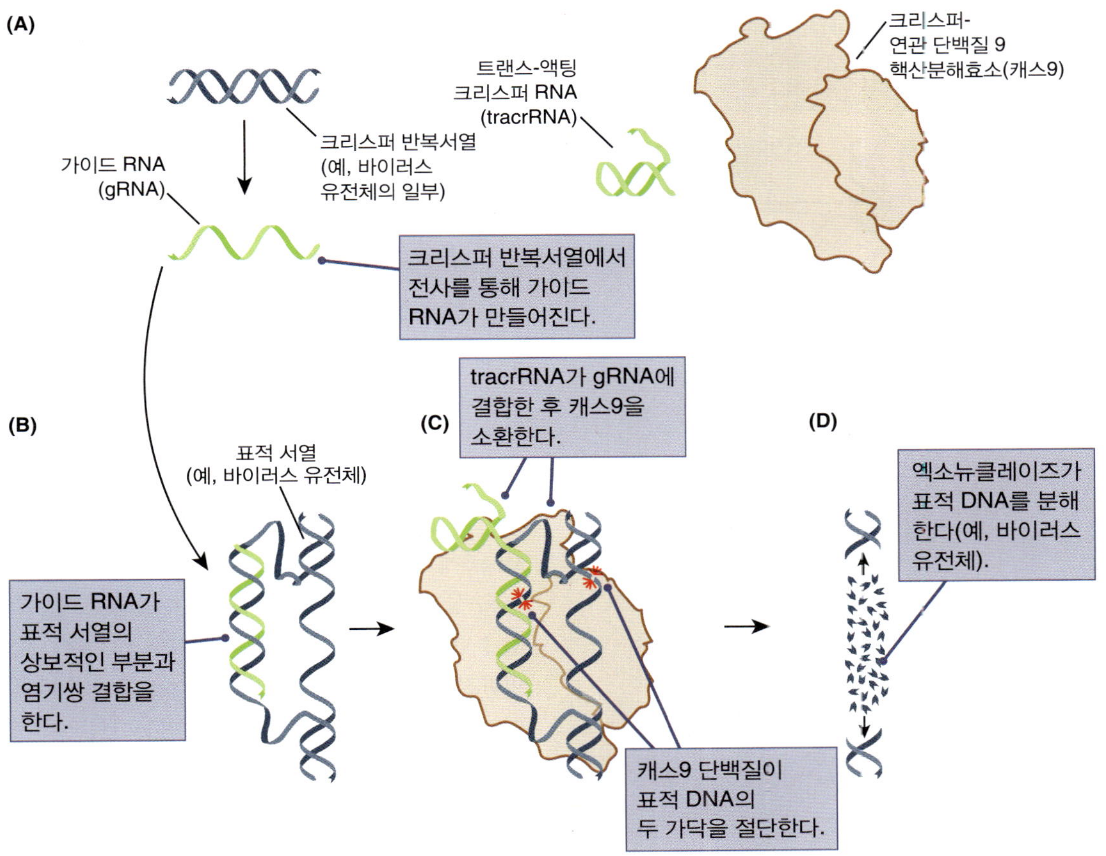

그림 10.23 크리스퍼-캐스9은 박테리아의 면역체계이다. (A) 체계의 구성요소들. (B) 표적 DNA의 침투 과정 (C) 소환된 tracrRNA와 캐스9이 결과적으로 표적 DNA을 절단한다. (D) 엑소뉴클레이즈가 절단된 말단에서 표적 DNA를 분해한다.

략하게 보여주고 있다. 첫 번째 과정은 결실될 유전체 서열에 상보적인 sgRNA를 합성하는 것이고, 그 다음은 유전자 편집을 위해 세포의 핵 안으로 sgRNA와 캐스9을 도입하는 것이다. 그림 10.24에서처럼 sgRNA는 표적 DNA의 상보적인 가닥과 염기쌍 형성을 통해 결합하면, sgRNA의 tracrRNA 요소가 표적 DNA 두 가닥 모두를 절단하는 캐스9을 소환한다. 그 이후에 엑소뉴클레이즈가 절단된 말단에서부터 표적 DNA를 분해하면서 말단 사이의 간격이 벌어진다.

진핵세포의 염색체 DNA는 박테리아 바이러스의 염색체에 비해 훨씬 크며, 진핵 세포는 잘려진 DNA를 감지하여 말단을 서로 연결시키는 기작들을 가지고 있다. 대표적인 예로 그림 10.24와 같이 일정 간격으로 떨어진 DNA 가닥의 말단을 서로 연결시키는 **비상동 말단결합(nonhomologous end joining)**이 있다. 하지만 말단결합으로 이미 분해된 뉴클레오티드를 복구할 수는 없기 때문에 결과적으로 표적 DNA 서열의 일부를 잃게 된다. 이와 같은 표적 DNA 결실 방법은 매우 효과적이어서 많은 경우에 처리된 세포의 50% 이상에서 표적 서열의 1개 혹은 2개의 대립유전자가 소실된다.

크리스퍼-캐스9은 유전자 서열을 편집하는 데 이용될 수 있다

세포는 비상동 말단결합의 대안으로 **주형 재조합 수선(template-directed gap repair)** 기작을 가지고 있다. 이 과정에서 세포 핵 내에 존재하는 어떤 두 가닥 DNA라도 뉴클레오티드 손실로 생긴 간격을 메우는 데 주형으로 사용된다. 단지 주형 DNA가 각 절단 말단에 위치한 DNA 가닥과 염기쌍 결합을 할 수 있을 정도의 충분한 상동성을 갖고 있으면 된다. 유전자 서열을 바꾸기 위해 주형 DNA를 같이 사용하는 경우에는 크리스퍼-캐스9을 **DNA 편집(DNA editing)** 혹은 유전자 편집(*gene editing*)이라고 한다.

그림 10.25는 DNA 편집을 위해 크리스퍼-캐스9을 사용하는 전체 과정을 보여준다. 이미 앞에서 확인한 바와 같이, sgRNA는 캐스9 핵산분해효소와 같이 표적 DNA의 특정 자리에 이중가닥 절단을 만들고 나면, 엑소뉴클레이즈가 두 절단된 말단 사이의 간격을 넓힌다. 세포가 주형 DNA 역시 갖

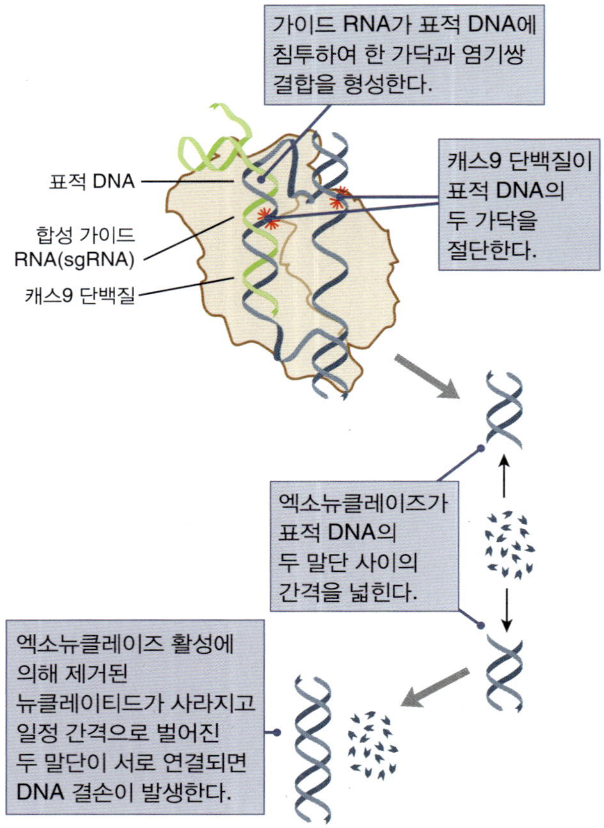

그림 10.24 크리스퍼-캐스9은 표적 DNA 결손을 만드는 데 사용된다.

고 있을 경우에는 일정 간격으로 떨어진 표적 DNA는 염기쌍 결합을 통해 주형가닥과 연결된다; 주형 DNA의 각 가닥은 표적 DNA에서 분해되어 사라진 서열을 복구하는 데 사용된다. 표적 DNA의 두 말단 사이의 간격을 복구하기 위해 주형 DNA를 사용하는 것은 유전자 재조합에서 발생하는 이중가닥 절단 복구(double-strand break repair) 기작과 동일한 것이다.

하지만 DNA 편집에서 주형 DNA 서열이 표적 DNA의 원래 서열과 같을 필요는 없다. 주형 DNA가 하나 혹은 그 이상의 치환된 뉴클레오티드를 가질 수도 있으며, 결과적으로 암호화 지역에 하나 혹은 그 이상의 아미노산이 바뀔 수도 있다. 심지어 주형 DNA가 원래 표적 DNA 보다 길이가 더 길 수도 있으며, 편집 이전에 유전체에 없었던 새로운 하나 혹은 그 이상의 유전자를 가지고 있는 경우도 있다. 이런 방식으로 어떤 한 생물의 유전자가 다른 생물의 유전체에 도입될 수 있다.

크리스퍼-캐스9을 사용하는 방법들은 생물에 따라 다르다

우리는 이미 크리스퍼-캐스9이 표적 DNA 손실과 DNA 편집 과정에서 어떻게 작동하는지에 대해 알아보았다. 실제 이 방법은 어떻게 사용될까? 상황에 따라 다르지만 우선 배양세포에서는 sgRNA, 캐스9 암호화 서열, 그리고 주형 DNA는 10.3절에서 논의된 방법으로 만든 플라스미드 혹은 인공 염색체를 이용하여 DNA 형질전환을 통해 세포 안으로 도입될 수 있다. 곤충에서는 크리스퍼-캐스9의 구성요소들을 초기 배아에 주입시키면 생식연관세포의 핵에 들어간 이 구성요소들에 의해 유전체가 효과적으로 편집될 수 있다. 일반적으로 표적 DNA에 포함되는 유전자 마커를 통해 유전체가 편집된 자손을 찾아 낼 수 있다. 초파리를 포함하는 일부 곤충 품종들은 스스로 캐스9을 만들 수 있으므로, 단지 sgRNA와 주형 DNA만 도입하면 유전체 편집이 가능하다.

쥐에서 크리스퍼-캐스9을 사용하는 한 방법을 **그림 10.26**에서 보여주고 있다. 이 경우에는 핵 안에서 기능을 하는 구성요소들을 단세포 배아에 주입한 후에, 이런 배아 군집을 대리모의 자궁에 이식한다(그림 10.26A). 표적 DNA는 일반적으로 검은 털색 유전자와 같은 유전가 마커를 갖고 있어 자손의 유전체가 성공적으로 편집되었는지 쉽게 확인할 수 있다(그림 10.26B). (실제로, 녹색형광단백질이 마커로 자주 사용되는데, 자외선을 조사할 경우 형질전환된 자손은 독특한 녹색을 띠게 된다.)

크리스퍼-캐스9은 식물에도 이용될 수 있다

식물세포에 크리스퍼-캐스9을 적용하는 실험 과정에서는 토양 박테리아 *Agrobacterium tumefaciens*와 그 유연종에서 발견되는 플라스미드가 이용된다. 이 박테리아에 쉽게 감염되는 식물은 일종의 상처인 감염 부위에 근두암종(crown gall tumor)이 자란다. 쌍떡잎식물로 알려진 약 16만 종의 꽃식물이 여기에 해당되며, 가장 일반적인 꽃식물들 거의 대부분이 포함된다.

*Agrobacterium*은 *Ti* **플라스미드(*Ti* plasmid)**라고 부르는 약 200 kb 크기의 큰 플라스미드를 가지고 있는데, 이 플라스미드는 측면에 25 bp 크기의 직접 반복서열을 갖고 있는 약 25 kb 크기의 ***T* DNA**를 포함하고 있다(**그림 10.27**). 자연 상태에서는 *T* DNA가 식물 유전체에 전이되기 때문에, Agrobacterium은 감염된 세포의 대사에 큰 변화를 일으킨다. *T* DNA는 단백질 암호화 유전자를 갖고 있어 감염된 세포의 분열을 촉진시켜서 종양을 만들며, 또한 효소 암호화 유전자는 아르기닌을 특이한 아미노산 유도체로 변환시키는데, 대개 박테리아 성장에 필요한 노팔린(nopaline) 혹은 옥토핀(octopine)으로 바꾼다. 전이 기능은 *T* DNA 자체에 있는 것이 아니라 약 40 kb 크기의 *vir*(virulence의 약자)로 불

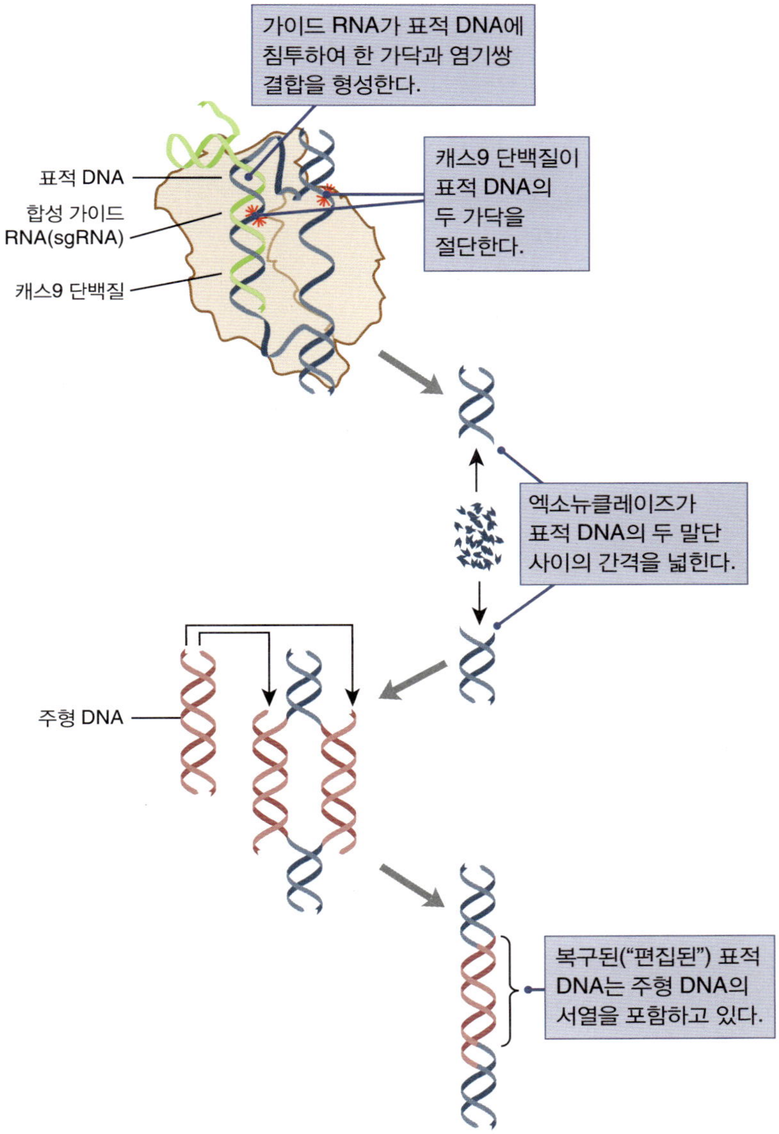

그림 10.25 크리스퍼-캐스9은 DNA 편집에 사용된다.

리는 다른 부위에 존재하며 전이에 필요한 6개의 유전자를 갖고 있다(그림 10.27A).

크리스퍼-캐스9의 벡터로 사용될 경우에 *T* DNA는 주형 DNA뿐만 아니라 sgRNA와 캐스9 단백질을 암호화하는 서열을 포함하기 위해 수정된다(그림 10.27). 식물 유전체에 *T* DNA가 전이되는 것은 박테리아 접합의 일부 핵심 사항들과 유사하다. 그림 10.27에서 설명하고 있는 것처럼, 전이 과정은 *T* DNA에 하나의 자유 말단을 만드는 데 필요한 틈(nick)이 형성되면서 시작되며, 플라스미드에서 분리되어 떨어져 나간 부분은 회전환 복제(rolling-circle replication)에 의해 대체된다. 플라스미드에서 전이되는 부위의 범위는 *T* DNA의 다른 쪽 말단에 형성되는 두 번째 틈에 의해 결정되는데, 그 절단 자리의 위치는 일정하지 않고 다양하게 나타난다. 결과적으로 만들어진 단일가닥 *T* DNA는 단일가닥 DNA 결합단백질과 결합한 후에 식물세포로 도입되어 핵 안으로 들어간다. 핵 염색체에 *T* DNA가 삽입되고 나면, 크리스퍼-캐스9의 구성요소들이 기능을 수행한다(그림 10.27C).

10.5 유전공학은 의약, 산업, 농업 및 연구에 이용되고 있다

크리스퍼-캐스9과 이전의 기술들은 기초 연구에 새로운 방법들을 가능하게 했을 뿐 아니라 또한 농업과 상업의 실용적 이용을 위한 새로운 유전자형을 가진 생물을 창조할 수 있게 함으로써 현대 생물학에 혁명을 일으키고 있다. 이 절에서 우리는 재조합 DNA 기술의 여러 응용 사례에 대해 알아본다.

동물의 성장률을 유전공학적으로 조작할 수 있다

여러 동물에서 성장률은 생산되는 성장호르몬의 양에 의해 조절된다. 매우 높은 전사 활성을 가진 프로모터에 의해 조절되는 성장호르몬 유전자를 갖고 있는 유전자 변형동물은 대개 일반적인 동물보다 더 크게 자란다. 매우 높은 활성을 가진 프로모터는 **메탈로티오네인**(*metallothionein*) 유전자에서 확인할 수 있다. 메탈로티오네인은 중금속과 결합하는 단백질로서, 진핵생물에 아주 흔하게 존재한다. 관련 유전자 집단의 각 개별 유전자에 의해 암호화된다. 인간유전체의 경우 10개 이상의 메탈로티오네인 유전자가 존재하며, 그들의 DNA 서열에 따라 두 부류로 나눌 수 있다. 메탈로티오네인 유전자의 프로모터 부위는 인접해 있는 유전자를 종류에 관계없이 중금속이나 스테로이드 호르몬에 반응하여 전사를 일으킨다. 예컨대 쥐의 성장호르몬 유전자가 메탈로티오네인에 의해 조절되도록 구성된 DNA를 이용하여 유전자 변형 쥐를 만들게 되면, 이 쥐는 정상 쥐의 대략 두 배까지 자라게 된다.

그림 10.28 또 다른 성장호르몬 유전자 조작의 결과를 보여준다. 사진은 14개월된 코호 연어(coho salmon)인데, 왼쪽 있는 것은 정상적인 것이고, 오른쪽은 연어의 성장호르몬 유전자가 메탈로티오네인 조절 부위에 의해 조절되는

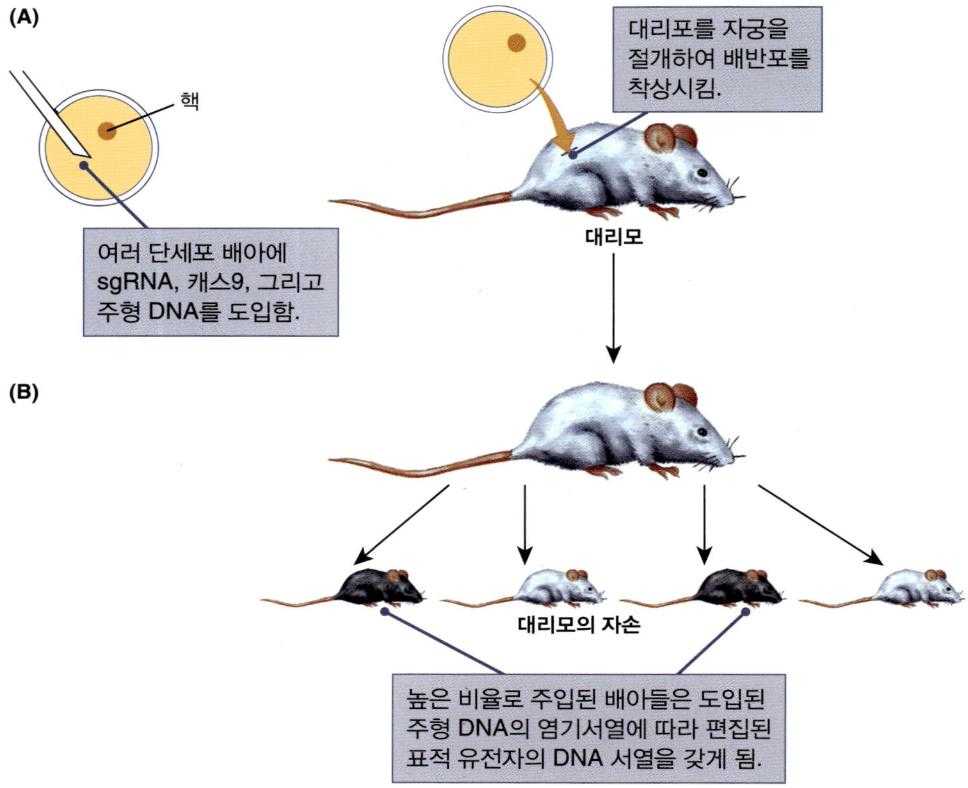

그림 10.26 쥐에서 크리스퍼/캐스9을 이용한 실험 방법. (A) 크리스퍼/캐스9 구성 요소들이 도입된 단세포 배아들을 대리모에 주입한다. (B) 주형 DNA에서 유전자 마커(예, 검은 털색 유전자)를 통해 유전체가 성공적으로 편집된 자손을 동정한다..

유전자 변형 연어이다. 성장호르몬과 메탈로티오네인 유전자 모두 소크아이 연어(sockeye salmon)로부터 클론된 것이다. 오른쪽의 유전자 변형 연어 중 가장 큰 것은 길이가 약 42 cm이고, 평균적으로 형질전환 연어는 정상 대조구에 비해 37배 무거웠으며, 가장 큰 것은 형질전환되지 않은 연어의 평균 무게보다 37배 무거웠다. 형질전환 연어는 빨리, 그리고 더 크게 자랄 뿐 아니라 더 빨리 성숙한다.

영양학적으로 향상된 농작물의 창조가 가능하다

단일 유전자의 조작을 넘어서, 전혀 새로운 대사 경로를 가지는 유전자 변형생물의 제조가 가능하다. 주목할 만한 예로, 녹색 또는 황색 야채류에 주로 존재하는 비타민 A의 전구체인 β-카로틴의 생합성 경로를 도입시킨 유전자 조작 벼를 들 수 있다(비타민 A의 결핍증은 전 세계적으로 4억 명에서 나타나며, 피부병과 야맹증을 유발한다.) β-카로틴 경로는 4가지 효소를 포함하는데, 유전자 조작 벼에서는 각기 다른 생물로부터 이들 유전자를 이식했다(**그림 10.29**). 2개의 유전자는 수선화(*Narcissus pseudonarcissus*)로부터 도입되었으며, 다른 둘은 박테리아인 *Erwinia uredovora*에서 얻은 것이다. 두 쌍의 유전자는 각기 *T* DNA에 클론되었고, 그림 10.27에서 설명된 방법으로 *Agrobacterium tumefaciens*를 사용하여 벼에 도입시켰다. 그 다음 4가지 효소를 모두 가지는 자손을 얻기 위해 유전자 이식 벼를 교배시켰다. 유전자 조작 벼 종자는 하루에 필요한 비타민 A의 양을 조리된 쌀 300 g으로 충분히 공급할 수 있는 β-카로틴을 함유하고 있다. 이 쌀은 그림 10.29B에서처럼 노란 색깔을 띠고 있다(그림 10.29B).

쌀 위주의 식사를 하는 사람들은 또한 철분 결핍증에 걸리기 쉽다. 그 이유는 쌀에는 **피틴산염**(*phytate*)이라는 작은 인산 저장 분자가 있는데, 이것이 철분과 결합하여 장에서의 흡수를 방해하기 때문이다. 이 문제를 해결하기 위해 유전자이식 β-카로틴 벼를 조작하여 만들었다. 즉, 곰팡이인 *Aspergillus ficuum*으로부터 피틴산염을 분해하는 효소와 함께 강낭콩(*Phaseolus vulgaris*)에서 얻은 철분 저장 단백질인 페리틴을 암호화하는 유전자, 그리고 사람의 장에서 철분 흡수를 촉진시키는 메탈로티오네인-유사 유전자를 암호화하는 basmati 벼의 다른 유전자를 같이 이식했다. 결과적으로 β-카로틴이 풍부하고 철분 흡수가 용이한 유전자 변형 벼 품

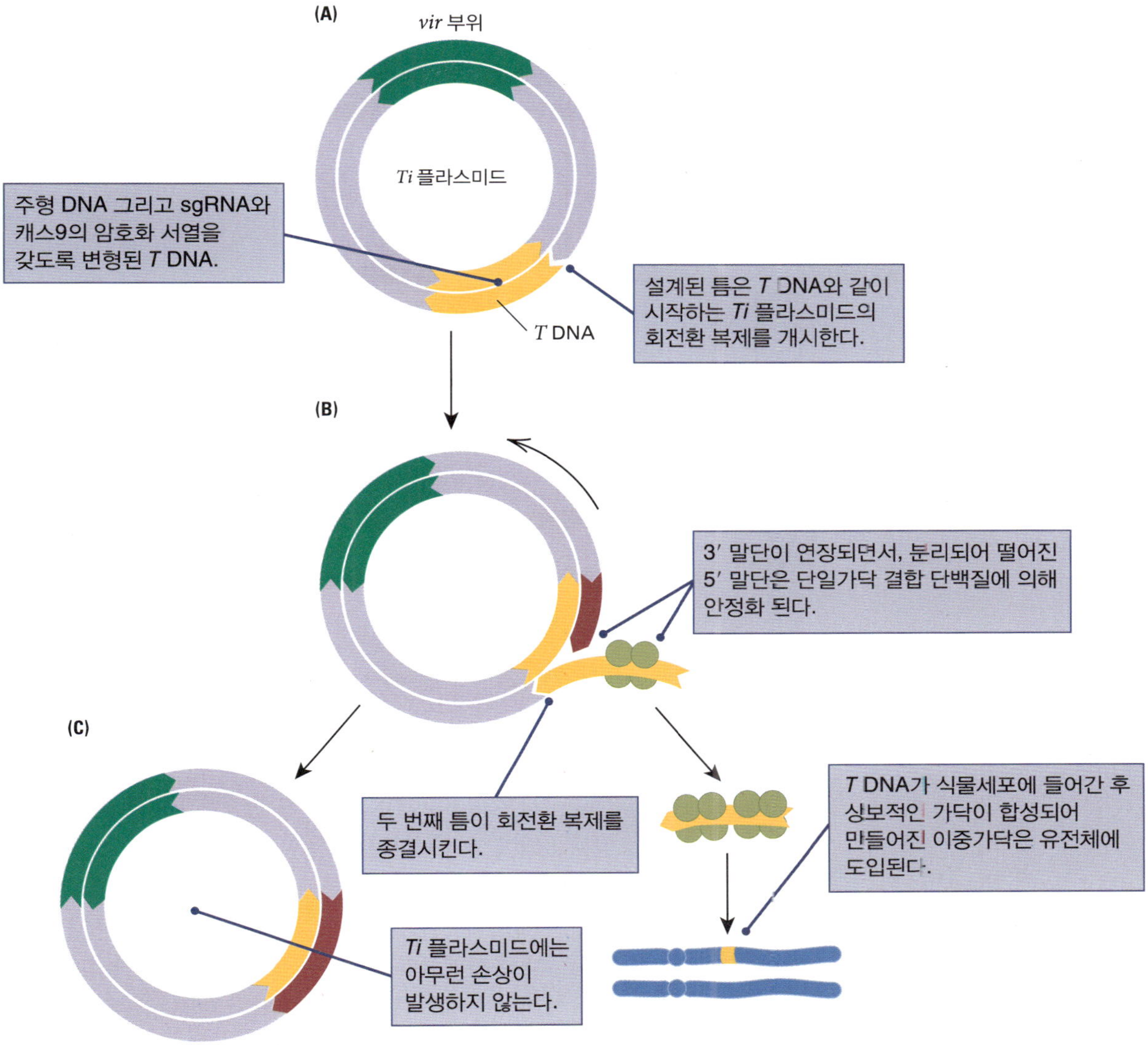

그림 10.27 DNA 편집을 위해 크리스퍼-캐스9 구성요소들을 갖도록 설계된 *T* DNA에 의한 식물 유전체의 형질전환.

종은 근연관계가 없는 4종으로부터 6개의 새 유전자를, 그리고 전혀 다른 계통의 벼 품종으로부터 하나의 유전자를 얻게 된 것이다.

재조합 DNA를 만드는 일차적인 목적은 유용한 단백질의 생산에 있다

유전공학 기술을 적용할 때 가장 중요한 것 중 하나는 다른 방법으로 얻기 어려운 특정 단백질을(예를 들어, 세포당 몇 분자 정도 밖에 없는 단백질이나, 소수의 세포에 의해서만 생산되는 단백질 또는 사람 세포에서만 생산되는 단백질) 대량으로 생산하는 것이다. 이 방법의 원리는 단순하다. 원하는 단백질을 암호화하는 DNA 서열을 벡터의 적절한 조절서열에 인접한 자리에 클로닝한다. 이 과정에는 대개 cDNA를

그림 10.28 정상적인 코호 연어(좌)와 유전자 조작된 코호 연어(우). 우측의 유전자 조작 연어는 메탈로티오네인 유전자의 조절 부위에 의해 조절되는 소크아이 연어의 성장호르몬 유전자를 가진다. 유전자 변형 연어는 정상 연어에 비해 체중이 평균 11배 더 무겁다. 왼쪽의 가장 작은 연어의 길이는 4인치이다.

Courtesy of R. H. Devlin, Fisheries and Oceans Canada (after Devlin et. al. *Nature* 371 (1994): 209–210).

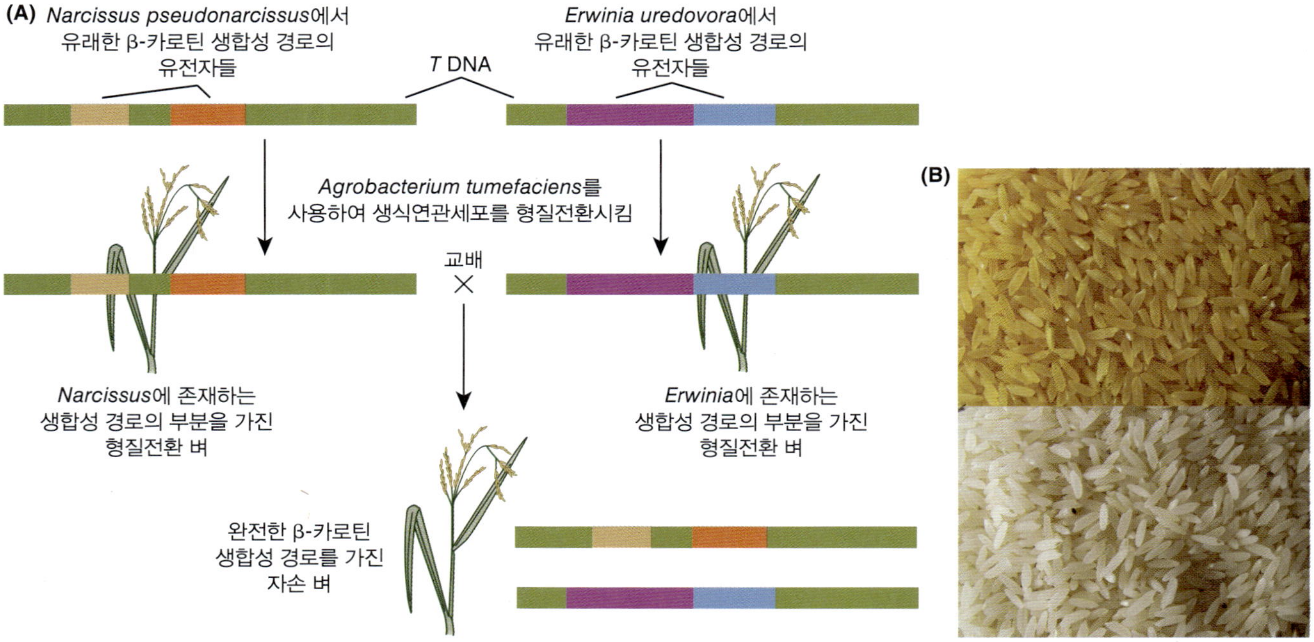

그림 10.29 β-카로틴의 생합성 경로를 가지도록 유전자 조작된 벼. (A) 생합성 경로에 필요한 효소는 서로 다른 두 종의 유전자로부터 유래되었다. (B) 생합성 경로의 양쪽 부분을 모두 가진 벼는 보통 벼의 순백색 쌀과는 달리 함유하는 β-카로틴으로 인해 노란색을 띠는 쌀을 생산한다.

(B) Courtesy of Ingo Potrykus, Institute fur Pflanzenwissenschaften, ETH Zurich.

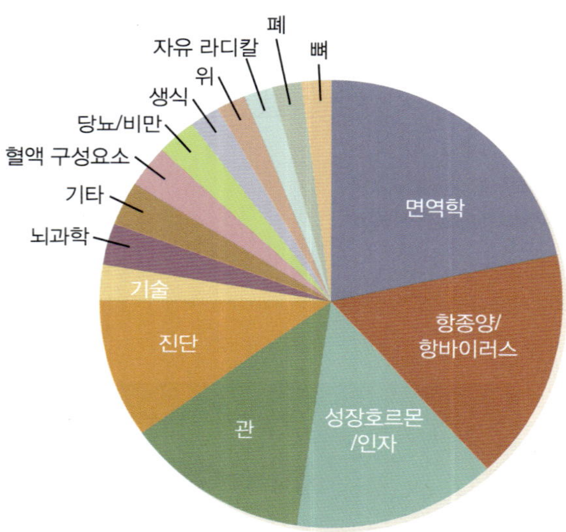

그림 10.30 유전공학 기술로 편집된 인간 유전자 산물의 다양한 임상 적용을 위해 승인된 특허 건수들의 상대적인 수치.

Data from S. M. Thomas, et al., *Nature* 380 (1996): 387-388.

사용하는데, cDNA는 모든 암호화 서열이 바른 순서로 배열되어 있기 때문이다. 높은 복제 사본 수를 가지는 벡터를 사용함으로써 각 박테리아 세포마다 많은 사본의 암호화 서열이 존재하도록 한다. 그 결과 그 유전자 산물의 농도가 세포 내 총단백질의 1~5%에 달하는 합성이 가능하다. 실제로 박테리아 세포 내에서의 단백질의 대량 생산은 간단하지만, 때로는 극복해야 할 문제들도 있다. 박테리아 세포는 원핵세포이므로 진핵 단백질은 불안정할 수 있고, 적절하게 접혀지지 않을 수 있으며, 또한 필요한 화학적 변화를 거치지 못할 수 있다. 사람의 성장호르몬, 혈액응고인자, 그리고 인슐린 등을 포함하는 많은 중요한 단백질이 현재 박테리아 세포로부터 생산되고 있다. 유럽과 미국의 특허청은 유전공학 기술로 조작된 인간 유전자 산물의 임상 적용에 대한 5만 건 이상의 특허를 승인했다. **그림 10.30**은 여러 임상적으로 적용된 특허 수를 항목별로 나누어 본 것이다.

장의 요약

- 고속-대량 자동화 DNA 염기서열 분석법을 통해 많은 박테리아, 고세균, 그리고 진핵생물 종들의 전체 유전체의 서열을 분석할 수 있었다. 이 방법은 곧 일상적인 의료진단과 맞춤 의료의 한 부분을 차지할 수도 있다.
- 유연 종들의 유전체 비교 연구로 암호화 서열과 그 외 여러 기능적인 유전 요소들을 밝혀낼 수 있게 되었다.
- 비아프리카인의 현생 인류 DNA의 유전체 서열은 네안데르탈인, 혹은 데니소바인과의 상호교배를 통해 유전된 유전체의 부분이 있음을 보여준다.
- DNA 마이크로어레이를 이용한 기능유전체학 연구로 유전체 내의 모든 유전자들의 발현 수준을 동시에 분석할 수 있게 되었으며, 그 결과 유전자 발현의 전체적인 양상과 통합조절에 대한 연구가 가능하게 되었다. 단백질의 두 잡종 분석법과 같은 단백질체학 방법으로 단백질−단백질 간의 상호작용 망구조를 밝혀낼 수 있다.
- 재조합 DNA 기술(유전자 클로닝)은 DNA 절편을 분리하여 적절한 벡터에 삽입한 후 숙주 세포(대개 박테리아나 효모)에 도입하여 복제하는 것이다.
- 재조합 DNA 기술은 연구, 의학적 진단, 의약품 제조, 그 외 여러 상업적 산물의 제조에 널리 사용되고 있다.
- 크리스퍼-캐스9은 녹아웃 돌연변이를 만들거나 유전체 조작 혹은 새로운 유전자 도입을 통한 DNA 편집을 위해 사용되는 간단하고 효과적이며 다목적인 연구방법이다.
- 유전자 변형 생물은 크리스퍼-캐스9 또는 다른 방법에 의해 도입된 DNA 서열을 가지고 있다.

쟁점과 착상: 알고 넘어 갑시다

- 재조합 *DNA*(*recombinant DNA*)는 무엇을 의미하는가? 재조합 DNA의 실용적 이용에는 어떤 것이 있는가?
- 박테리아 클로닝 벡터(bacterial cloning vector)는 어떤 특성이 필수적인가? 벡터는 어떻게 하나 이상의 클로닝 자리를 가지는가?
- 역전사효소(reverse transcriptase)는 어떤 반응을 촉매하는가? 이 효소는 재조합 DNA 기술에 어떻게 이용되는가?
- 유전체 주석달기(*genome annotation*)란 무엇을 의미하는가? 유전체 서열에 주석 달기가 필요한 이유를 설명하시오.
- DNA 마이크로어레이란 무엇인가? 그리고 이것이 기능유전체학에서 어떻게 이용되는가?
- 효모의 GAL4 단백질을 이용한 두-잡종 분석법을 설명하시오. 또한 두-잡종 분석법으로 어떻게 단백질 간의 상호작용을 알아낼 수 있는지 설명하시오.
- 유전자 변형 생물(transgenic organism)이란 무엇인가? 유전자 변형 생물의 실용적 이용에는 어떤 것이 있는가?
- 특정 유전자에 녹아웃 돌연변이를 만들어내고 유전자를 편집하는 데 크리스퍼-캐스9이 어떻게 사용되는지 설명하시오.

문제 풀고 한 걸음씩 앞으로

문제 1 다음 제한효소들에 의해 절단되는 자리 간의 평균적인 거리는 얼마인가? 기질 DNA는 각 염기가 동일한 양으로 무작위 서열을 이루고 있다고 가정하시오. N은 아무 뉴클레오티드나 상관없음을 나타내며, R은 퓨린(A 또는 G)을, Y는 피리미딘(T 또는 C)을 나타낸다.

(a) TCGA (*Taq*I)

(b) GGTACC (*Kpn*I)

(c) C (*Mae*III)

(d) GGNNCC (*Nla*IV)

(e) GRCGYC (*Acy*I)

풀이. **(a)** 제한효소에 의해 절단되는 자리 간의 평균적인 거리는 제한자리가 나타나는 상응하는 확률과 일치한다. 따라서 무작위 서열에서 각 제한 자리가 나타날 확률을 계산해야 한다. TCGA 서열의 확률은,

$$1/4 \times 1/4 \times 1/4 \times 1/4 = (1/4)^4 = 1/256$$

따라서 *Taq*I 자리 간의 평균거리는 256 염기가 된다. **(b)** 같은 이유로, *Kpn*I 자리는 $(1/4)^6 = 1/4096$, *Kpn*I 자리 간의 평균거리는 4096 염기이다. **(c)** N(아무 염기나 관계 없음)의 확률은 1이므로, GTNAC의 확률은,

$$1/4 \times 1/4 \times 1 \times 1/4 \times 1/4 = (1/4)^4 = 1/256$$

따라서 *Mae*III 자리 간의 평균거리는 256 염기이다. **(d)** 같은 방법으로 *Nla*IV 자리 간의 평균거리는, 1/4 × 1/4 × 1 × 1 × 1/4 × 1/4 = 1/256 염기가 된다. **(e)** R(A 또는 G)의 확률은, Y(T 또는 C)의 확률도이다. 따라서 GRCGYC 서열의 확률은,

$$1/4 \times 1/2 \times 1/4 \times 1/4 \times 1/2 \times 1/4 = 1/1024$$

따라서 *Acy*I 자리 간의 평균은 1024 염기이다.

문제 2 이배체 유전체의 크기가 6×10^9인 여우원숭이의 DNA 라이브러리를 만들고자 할 때 다음과 같은 조건이라면 얼마나 많은 클론이 요구되어지는가? (1) 하나의 클론이 평균적으로 2×10^4 염기쌍 DNA 절편을 가지는 것으로 가정한다. (2) 유전체 서열의 99%가 적어도 라이브러리 내의 하나 이상의 클론에 존재하도록 한다. (힌트: 만약 유전체가 x-배수로 라이브러리 내로 무작의적으로 클론될 때 라이브러리 내에 특정 서열이 없을 확률은 e^{-x}임.)

풀이. 힌트에 의하면 만약 유전체가 라이브러리 내에 x번 나타난다고 할 때, 특정 서열이 없을 확률을 e^{-x}라고 하였는데, 그 값이 0.01(1%)이 되도록 하는 것이 된다. 따라서 필요한 라이브러리는 x 배수가 될 것이다. 여기서 $e^{-x} = 0.01$, 즉 $x = -\ln(0.01) = 4.6$이 된다. 반수체 유전체는 $(6 \times 10^9)/2 = 3 \times 10^9$ 염기쌍이고, 평균적인 클론의 크기는 2×10^4 염기쌍이므로 필요한 라이브러리의 수는 $[(3 \times 10^9)/(2 \times 10^4)] \times 4.6 = 6.9 \times 10^5$ 클론이 된다.

실전에 필요한 개념: 끝까지 풀어 봅시다

10.1 이중나선 DNA 분자 내의 5′−GGCC−3′ 서열과 3′−GGCC−5′ 서열은 동일한 제한효소에 의해 절단될 수 있을까?

10.2 환형의 어떤 플라스미드 내부에는 ATGCA↓T 자리를 절단하는 *Zsp2*I 효소에 의한 절단자리가 두 곳이 있다(화살표는 절단 지점을 나타냄). 이 효소로 절단한 DNA 절편을 다시 연결한 후 각 절편 사본을 하나씩 가지는 환형의 DNA 분자가 분리되었다. 이러한 결과는 연결된 플라스미드가 원래의 분자와 같음을 의미하는가? 설명하시오.

10.3 재조합 DNA 기술에서, 연구자들은 평활 말단을 가지는 제한 절편보다는 점착 말단(단일가닥 돌출 부위)을 가지는 절편의 재결합을 선호한다. 그 이유를 설명할 수 있는가?

10.4 *kan-r*, *tet-r*인 어떤 플라스미드를 *kan*(kanamycin) 유전자를 절단하는 제한효소인 *Bgl*I으로 처리하였다. 이 DNA를 *Bgl*I으로 처리한 *Neurospora* DNA에 연결시켜 대장균의 형질전환에 사용하였다.

(a) 각 콜로니가 플라스미드를 가지는 것을 보장하려면, 배지에 어떤 항체를 첨가해야 하는가?

(b) 이 실험 결과로 나타난 콜로니는 어떤 항생제에 저항성을 가지게 되는가?

(c) 삽입된 *Neurospora* DNA는 어떤 표현형을 가질 것으로 기대되는가?

10.5 당신은 사람의 인슐린을 대량으로 생산하기 위해 사람의 인슐린 유전자를 박테리아 숙주에 넣으려고 한다. 당신은 유전체 DNA와 cDNA 중 어느 것을 사용해야 하는가? 그 이유를 설명하시오.

10.6 당신은 검은색 점을 가진 갈색의 애완견을 복제하려고 한다. 개의 체세포를 채취한 후 검은색 암캐의 난자를 사용하여 체세포 핵 치환을 한다고 하자. 이 과정에서 난자의 핵은 제거되고 체세포의 핵으로 대체될 것이다. 태어나는 강아지는 어떤 털색을 가지게 되는가?

10.7 인식 서열이 5′−CCTGCA↓GG−3′(화살표는 절단자리를 나타냄)인 제한효소 *Sse*I으로 절단한 DNA 절편을 아가로스겔로 분리하고자 한다. 아가로스의 적절한 농도를 선택하기 위해 당신은 예상되는 절편의 크기를 알 필요가 있다. 표적 DNA 내에 4가지 뉴클레오티드가 동일한 양으로 존재한다면 절편의 평균적인 크기는 얼마가 될 것으로 예상되는가?

10.8 제한효소 *Acc*651과 *Kpn*I은 다음과 같은 제한자리를 가진다.

G↓GTACCT (*Acc*651)
GGTAC↓C (*Kpn*I)

위 서열의 5′말단은 좌측이고, 화살 표시는 절단자리를 나타낸다. 이 제한효소에 의해 형성된 점착 말단은 서로 호환성이 있는가? 설명하시오.

10.9 박테리아 벡터에 클로닝할 때, DNA 절편을 항생제 저항성 유전자 내부의 제한자리에 삽입하는 것이 왜 유용한가? 또한 제2의 항생제 저항성 유전자가 왜 필요한가?

10.10 한 돌연변이 대립유전자는 야생형 유전자 산물을 생산하지만 야생형의 20% 수준만 생산한다. 이 돌연

변이는 아래와 같은 제한 지도를 가진 DNA 절편으로 길이가 3.1 kb로 늘어난 인트론에서 발견된다. *A*, *B*, *C*, *D*, *E*, *H*, *K*, *P*, *S* 및 *X*는 각기 제한효소 *Alu*I, *Bam*HI, *Cla*I, *Dde*I, *Eco*RI, *Hind*III, *Kpn*I, *Pst*I, *Sac*I 및 *Xho*II에 대한 절단자리이다. 삽입된 제한지도는 그것이 무엇인지 대한 어떤 단서를 제공하는가?

10.11 만약 어떤 유전자의 유전체 DNA와 cDNA를 비교했을 때, cDNA가 유전체 서열과 분명히 다르게 제공하는 정보는 무엇인가? 유전체 서열은 cDNA에는 없는 어떤 정보를 가지고 있는가?

10.12 대장균의 유도적 오페론의 작동자를 연구하기 위해 시험관 내에서 아래와 같이 DNA 4가지 구성의 전사 수준을 조사하였다. 각 그림의 수치는 억제 물질이 존재하는 조건에서 관찰된 상대적인 전사수준이다. *E*, *B*, *H*와 *S*는 각기 *Eco*RI, *Bam*HI, *Hind*III 및 *Sac*I에 의한 제한자리를 나타낸다. 구성 **(a)**는 야생형 작동자 부위이다. **(b~d)**에서의 빈 상자는 결실된 제한 절편을 나타낸다. 억제물질과 작동자 간의 상호작용에 관한 어떤 가설이 이 실험 결과를 설명할 수 있겠는가? 그리고 이 가설은 어떻게 입증할 수 있겠는가?

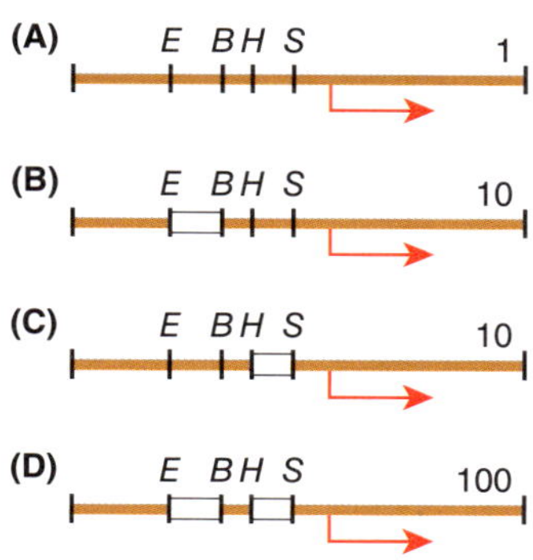

10.13 헤시안 파리(*Mayetiola destructor*)는 아주 작은 유전체를 가지는 곤충 중 하나로, 반수체 유전체의 크기는 약 88 Mb이다. 만약 이 유전체를 *Not*I(8염기짜리를 절단함)으로 분해시킨다면 대략 몇 개 정도의 단편이 생산되겠는가? 4가지 뉴클레오티드는 거의 동일한 무작위적 비율로 존재한다고 가정하시오.

10.14 8 kb의 환형 플라스미드를 *Eco*RI(E)와/또는 *Bam*HI(B)로 절단하여 절편을 아가로스 겔에 전기영동한 후 염색하였다. 결과는 다음과 같았고, 분자 크기를 알 수 있는 표준이 함께 제시되었다.

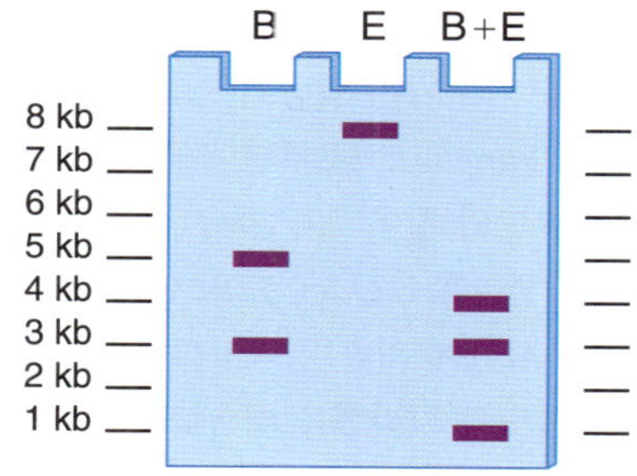

플라스미드의 지도를 그리시오.

10.15 *Taq*I(제한자리 TCGA)과 *Mae*III(제한자리 GTNAC, N은 어떤 뉴클레오티드이든지 무방함)로 다음의 작위적 서열을 가지는 이중가닥 DNA 분자를 자른다면 얼마나 빈번하게 절단이 일어나겠는가?

(a) 20% A, 20% T, 30% G, and 30% C

(b) 30% A, 30% T, 20% G, and 20% C

10.16 이배체 유전체의 크기가 1.6×10^{10}인 어떤 메뚜기 종으로부터 DNA 라이브러리를 만들고자 할 때, (1) 절편의 평균 크기가 1×10^4 염기쌍이고 (2) 유전체 서열의 95%가 라이브러리에 존재하게 하고자 할 경우 얼마나 많은 클론이 필요한가? (**힌트**: 만약 유전체가 x-배수로 라이브러리 내로 무작위적으로 클로닝될 때 라이브러리 내에 특정 서열이 없을 확률은 e^{-x}임.)

10.17 당신이 *Sau*3A(↓GATC)를 가지는 어떤 생물의 유전체 DNA를 절단한다고 가정해보자(화살표는 절단점을 표시한다). 절단 후 만들어진 절편을 플라스미드 벡터의 *Bam*HI(G↓GATCC) 클로닝 자리에 넣어 연결시킨다. 클로닝된 조각을 *Bam*HI을 사용하여 벡터로부터 분리해 내는 것이 가능하겠는가? 어느 정도 비율의 클론으로부터 이것이 가능하겠는가?

10.18 어떤 DNA 마이크로어레이를 본문에서 설명한 대로 형광으로 표지한 역전사시킨 DNA와 혼성화시켰다. 이때 대조구 mRNA(C)는 초록색 형광으로, 실험구 mRNA(E)는 빨간색 형광으로 표지하였다. 마이크로어레이 상에 다음과 같은 색으로 나타난 점의 상대적인 발현 수준에 대해 어떤 결론 내릴 수 있겠는가?

(a) 빨간색

(b) 초록색

(c) 노란색

(d) 주황색

(e) 연녹색

10.19 다음의 제한 지도는 *Ixodes* 진드기에 의해 전파되어 라임병을 일으키는 일종의 스피로헤타 박테리아인 *Borrelia burgdorferi*로부터 분리한 12-kb 짜리 선형 플라스미드의 것이다. 기호 *D, P, C, H, K, S* 및 *A*는 각각 제한효소 *Dde*I, *Pst*I, *Cla*I, *Hind*III, *Kpm*I, *Sac*I 및 *Alu*I에 의한 절단자리이다. 각 제한효소로 플라스미드를 처리했을 때 밴드가 위치하는 지점을 겔 상에 나타내시오.

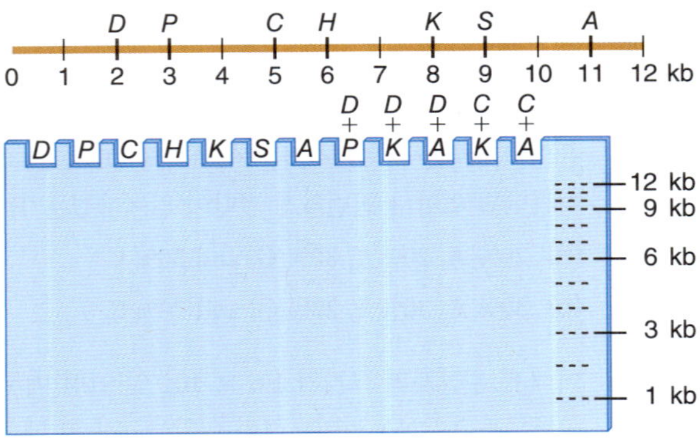

10.20 어떤 박테리아 종의 유전자 발현 수준을 분석하기 위해 DNA 마이크로어레이를 사용하여 기능 유전체 실험을 하였다. 완전배지에서 배양한 세포에 비해 최소배지에서 배양한 세포는 어떤 유전자가 과잉 발현되겠는가?

10.21 대장균에서 여러 유형의 최소배지에서의 전체적인 유전자 발현 수준을 조사하기 위해 기능 유전체 실험을 하였다. 실험 배양액에서 추출한 RNA는 빨간색 형광으로, 대조 배양액에서 추출한 RNA는 초록색 형광으로 표지하였다. 실험구와 대조구 시료는 혼성시키기 전에 혼합되었다. 다음 표의 점들은 다음 유전자들과 상응하는 마이크로어레이 상의 점들이다: *trpE*(트립토판 생합성 오페론의 첫 번째 유전자), *lacI, lacZ, lacY* 및 *crp*(cAMP 수용체 단백질을 암호화하는 유전자). 점들을 실험구 및 대조구의 각 유전자의 상대적인 발현 수준에 따라 빨간색, 초록색 또는 노란색으로 표시하시오(힌트: 답을 쓰기 전에 cAMP 수용체 단백질이 어떻게 *lac* 오페론을 함께 조절하는지를 생각하시오).

실험구 최소배지	대조구 최소배지	전사체				
		trpE	*lacI*	*lacZ*	*lacY*	*crp*
포도당	포도당	○	○	○	○	○
포도당	글리세롤	○	○	○	○	○
글리세롤	포도당	○	○	○	○	○
젖당	포도당	○	○	○	○	○
포도당	젖당	○	○	○	○	○
젖당	글리세롤	○	○	○	○	○
글리세롤	젖당	○	○	○	○	○

잠깐 생각해 봅시다: 해답

잠깐 생각해 봅시다 10.1의 해답

증폭자와 사일런서는 비교적 짧은 서열로서 이들이 영향을 미치는 유전자에 대한 방향성뿐만 아니라 유전자로부터의 거리도 서로 다를 수 있다. 유연종들의 유전체를 비교해 보면 어떤 짧은 서열들이 영향을 주는 유전자에서의 거리와 방향에 관계없이 종들 사이에 보존되어 있는지 알 수 있다. 이런 짧은 보존 서열들은 증폭자와 사일런서의 좋은 후보들이다.

잠깐 생각해 봅시다 10.2의 해답

많은 상호작용을 하고 있는 단백질들이 마찬가지로 다른 많은 단백질들과 상호작용하고 있는 단백질들과 연결되어 있다면 어떤 변화가 대부분의 상호작용 망구조 전체에 발생하겠는가? 단백질을 많은 상호작용을 하고 있는 어떤 단백질에 연결하는 것을 최소화하면 변화의 확산을 주로 한 중심주에 연결된 단백질로 제한된다.

잠깐 생각해 봅시다 10.3의 해답

효소 2와 3을 사용한다. 절편 2—*A*—*B*—3이 만들어져 벡터에 삽입되면 *A*가 *X*의 바로 오른쪽에 위치하게 된다. 하지만 효소 1과 2를 사용할 경우에는 절편 2—*A*—*B*—1이 만들어져 벡터에 반대 방향으로 삽입된다.

CHAPTER 11

동식물의 기본적인 형태형성 과정은 대부분 서로 유사하다.

유전자 차원에서의 발생 조절

학습 목표

- 리간드와 수용체를 구별하고, 발생 과정에서 각각의 역할을 구별할 수 있다.
- 스위치 조절이 일어나는 일직선 경로에서 상위 개념에 따라 어떤 유전자 산물이 먼저 기능할지의 순서가 정해지는 원리를 설명할 수 있다.
- 초파리 발생에서 조화 유전자, 간극 유전자, 쌍지배 유전자, 체절 극성 유전자, 기초 유전자들의 역할에 대해 설명할 수 있으며, 각 유전자에서 돌연변이가 일어나면 표현형이 어떻게 변하는지를 설명할 수 있다.
- 새로 발견된 동물 종에서 눈 발생 과정에 *PAX6* 같은 유전자가 포함되어 있는지를 결정하기 위한 실험을 디자인할 수 있다.
- 애기장대의 꽃 발생에서 ABC 모델을 설명할 수 있고, 꽃의 특정 부속지가 발생할 때 어떤 전사인자들이 어떻게 통합적으로 작용하는지 설명할 수 있다.

개체가 발생할 때 유전자들은 미리 정해진 순서에 따라 발현이 된다. 수정란은 난할을 거듭하고, 각 세포는 특수화되면서 결과적으로 완전히 분화된 개체로의 발생이 이루어진다. 이 과정에서 중요한 것은 다양한 환경적 요인들이다. 특히 유전자의 구성은 어떤 일이 발생 과정 중에 일어날까를 결정할 뿐만 아니라 그 발생 사건들이 일어나는 순서까지도 결정해 준다. 발생 과정의 핵심은 **형태 형성(pattern formation)**이다. 즉, 세포 분열과 분화의 결과로 나타난 특수화된 세포들이 어떻게 자기 위치를 찾아 배열하게 되는지의 문제이다.

어떤 유전자가 발생에서 어떤 역할을 하는지를 알고 싶을 때 우리는 종종 인위적으로 돌연변이를 일으켜서 발생 과정을 변화시켜 보기도 한다. 이런 돌연변이를 연구하면 발생을 조절하는 유전자들을 확인할 수 있고, 또 그들 유전자끼리의 상호작용을 연구할 수도 있기 때문이다. 이번 장에서는 유전학적 기술들이 발생 연구에서 어떻게 이용되고 있는지 알아볼 것이다. 그 원리를 이해하기 위해서 우리는 예쁜꼬마선충(*C. elegans*), 노랑초파리(*D. melanogaster*), 애기장대(*A. thaliana*) 등 3종류의 생물 모델을 특별히 살펴본다.

11.1 예쁜꼬마선충 발생에서 세포 운명은 자율적으로 결정된다

토양 선충인 예쁜꼬마선충(*Caenorhabditis elegans*)(그림 11.1)은 작아서 배양하기 쉽고, 세대가 짧으며, 새끼를 한 번에 많이 낳기 때문에 유전학 연구에 널리 이용되고 있다. 예쁜꼬마선충은 배양접시에서 배지를 이용해 쉽게 키울 수 있으며, 대장균(*E. coli*) 같은 박테리아를 먹고 산다. 예쁜꼬마선충은 현미경으로나 볼 수 있을 정도로 작아 배양접시 하나에 105마리가 들어갈 수 있을 정도이다. 예쁜꼬마선충은 불과 수일 동안에 알을 300개 이상 낳을 수 있고, 20°C에서 60시간이 지나면 이 알들이 부화되며, 4번의 애벌레 시기를 탈피하여 성체가 된다.

선충류는 이배체 개체로서 2가지 성별이 있다. 이 2가지란 자웅동체와 웅성(수컷)을 말한다. 자웅동체는 2개의 X 염색체를 가지고 있고(XX), 기능적으로 온전한 난자와 정자를 만들어 낼 수 있다. 그리고 이렇게 만든 난자와 정자를 한 몸 속에서 자체 수정시킬 수 있다. 웅성은 단지 정자만을 만들어 내며 만들어진 정자는 자웅동체의 난자와 수정을 한다. 예쁜꼬마선충에는 성염색체가 X 하나뿐이고, Y 염색체는 가지고 있지 않다. 웅성은 염색체가 XO이다.

예쁜꼬마선충의 발생에서 세포분열과 계보는 항상 고정된 패턴을 유지한다

예쁜꼬마선충은 몸체가 투명하기 때문에 발생 과정에서 세포가 분열하고 이동하는 모습과 분화하거나 사멸해 버리는 현상들을 편리하게 관찰할 수 있다. 선충은 세포가 분열하고 분화하는 과정이 모든 개체에서 거의 동일하다는 것이 특징이 있다. 즉, 세포 분열과 분화가 아주 판에 박힌 것 같다는 것이다. 그 결과 성(sex)만 같으면 모든 개체의 체세포가 숫자적으로 똑같으며, 배열 역시 기하학적으로 똑같다는 것이다. 자웅동체에서 체세포는 정확하게 959개이며, 웅성에서는 정확하게 1,031개이다. 예쁜꼬마선충의 체세포가 어떻게 발생하는지에 대해서는 연구가 잘 이루어져 있다.

초기 발생이 어떻게 조절되는지에 대한 유전적 데이터는 비정상적이거나 돌연변이되어 버린 개체 조사를 통해 집중적으로 모을 수 있었다. 대부분의 생물에서는 배아(embryo)가 투명하지 않고 너무 작으며, 세포의 이동 정도도 심해 이러한 연구가 어려운 편이다. 특히 개개 세포가 어떻게 분화되어서 무엇이 되는지에 대한 계보를 체계적으로 추적

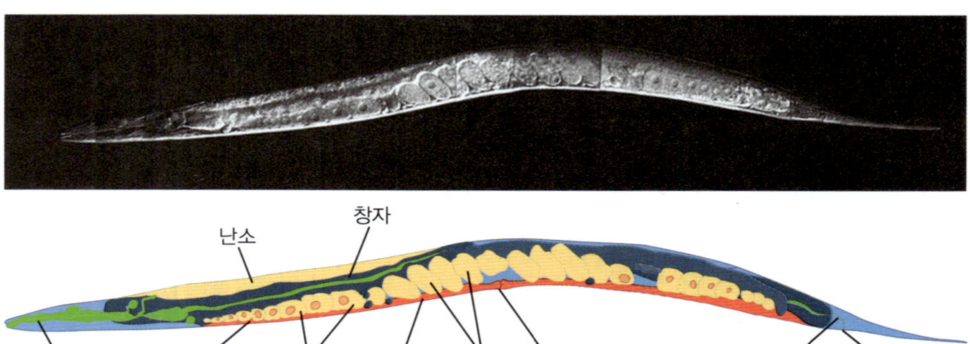

그림 11.1 토양 선충인 예쁜꼬마선충은 암·수 각 개체에서 체세포가 발생할 때 세포 계보가 동일한 패턴을 나타낸다는 사실 등 유전자 차원에서의 발생 연구에 장점이 많은 생물이다. 예쁜꼬마선충은 1억 개에 달하는 전체 유전체의 염기서열이 최초로 밝혀진 진핵세포이다.

Photo courtesy of Tim Schedl, Washington University School of Medicine.

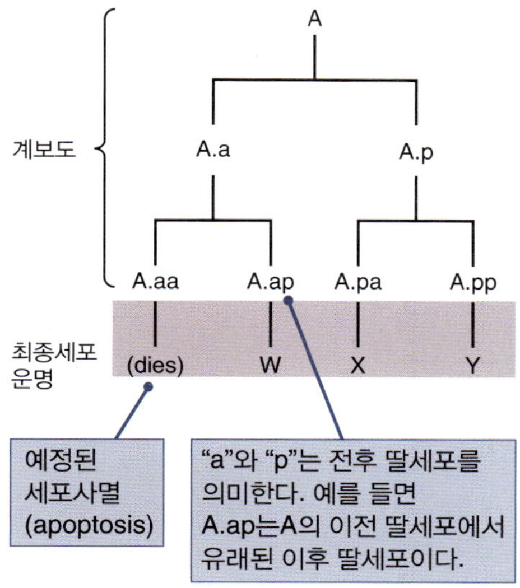

그림 11.2 세포 계보에 대한 가설. 세포가 최종적으로 서로 다르게 분화되는 경로를 W, X, 그리고 Y로 표시하였다. 이 계보에서 어떤 세포(세포 A.aa)는 예정된 세포 죽음에 따라 죽고 만다.

하기가 쉽지 않다. 세포 **계보**(*cell lineage*)란 한 그룹의 세포가 조직을 이루어 모여 있을 때 이 중 어느 것이 조상 세포이고, 어느 것이 나중에 분열되어 나온 것인지처럼 서로 간의 관계를 말하는 것이다. 각각의 세포가 분열하고 분화하여 최종적으로 어떻게 되는지를 나타낸 그림이 바로 세포 **계보도(lineage diagram)**이다. **그림 11.2**는 세포가 예정된 세포 죽음(programmed cell death)의 길을 걷거나, 아니면 W, X, Y로 분화되어 가는 경로를 나타낸 계보도이다. 여기에서 알파벳 문자들은 배아 세포의 계보 관계와 상호 위치를 나타내기 위한 것이다. 예를 들어, A.a와 A.p는 세포 A로부터 유래되어 앞쪽에 위치한 딸 세포와 뒤쪽에 위치한 딸 세포를 각각 지칭한다. A.aa와 A.ap는 세포 A.a에서 또 다시 유래한 앞쪽과 뒤쪽의 딸 세포들을 각각 나타내는 표시이다.

세포의 운명은 자율적 발생에 의해 결정되거나 세포 간 신호교류를 통해서 결정된다

같은 계보 내에 **세포 운명**, 또는 이들이 분화되어 최종적으로 무엇이 될 것인지를 결정하는 2개의 중요한 기작이 있다.

- 발생 조절은 **자율적(autonomous)**이다. 발생이란 세포에 내장되어 있는 유전적으로 예정된 변화에 따라 결정된다는 의미이다.
- 세포는 자신의 **위치 정보**에 대해 민감하게 반응을 한다. 즉, 세포가 배아 내 어디에 위치해 있느냐에 따라 차후에 있을 발생학적 변화가 결정된다는 말이다. 위치에 따른 정보는 인접한 세포와 신호를 주고받거나 특별한 분자의 농도 기울기가 어떻게 되어 있느냐에 따라서 달라지는 것으로 믿어진다.

선충류의 발생에서 각각의 세포들은 대부분 자율적으로 분화해 나간다. 즉, 대부분의 선충류 체세포는 서로 인접해 있더라도 특별히 영향을 주거나 받지 않는다는 것이다. 그러나 일부 세포는 초기 배(embryo) 때부터 서로 대화를 시작하는데, 이런 대화를 통해 결정된 세포의 운명은 나중이 될수록 점점 더 굳어지게 된다.

우리는 예쁜꼬마선충의 발생을 통해 세포 간 신호교류 기작에 대해 많은 정보를 얻을 수 있다. **그림 11.3**의 (A)에서 보듯이 수정 후 세포분열이 3회 거듭되면 8개의 세포가 만들어진다. 이때부터 이들은 유전적 활성과 발생의 운명이 전혀 다른 세포들이다. 상기한 대로 이들 세포가 무엇으로 분화해 나갈지는 상당 부분 자율적이지만, 부분적으로는 세포 간 신호교류가 있었던 결과이다. 그림 11.3의 (B)는 세포들 간의 계보적 관계를 설명하는 것이다. 세포-자율에 의한 분화 기작은 극과립(*polar granule*)이라고 불리는 세포질 내의 성분이 어떻게 P0에서 P1, P2, P3 세포까지 계속 전달되는 지를 보면 쉽게 이해될 수 있다. 극과립들이 다음 세포로 정교하게 전달될 수 있는 이유는 세포골격이라 불리는 미세 필라멘트가 있기 때문이다. 반대로 세포-신호에 의한 분화는 P2가 어떻게 해서 EMS와 ABp에 영향을 미치는지를 보면 설명될 수 있다. EMS의 운명은 P2 세포의 *mom*-2 유전자 활성에 의해 결정이 된다. P2 세포는 또한 APX-1이라 불리는 신호 분자를 만들어 낸다. 이 신호 분자는 세포 표면수용체(cell surface receptor)인 GLP-1을 통해서 ABp 세포가 무엇이 될지를 차례로 결정해 준다. 대부분의 세포가 자율적으로 발생과정을 결정해 나가는 예쁜꼬마선충과 달리 초파리나 생쥐에서는 세포 간 신호교류가 훨씬 발생에 중요한 영향을 미친다. 세포 간 신호교류가 중요한 이유는 만일의 경우 어느 한 세포가 발생 중 사멸해 버리면 세포-자율 기작에서는 다른 세포가 대신해 줄 수 없어 기형이 되지만, 세포-신호 기작에 따르면 죽은 세포와 인접한 다른 세포들이 그 분화와 기능을 대신 떠맡아 줄 수 있기 때문이다.

발생 중에 생기는 돌연변이는 종종 세포 계보에 영향을 미친다

선충을 모델로 발생 과정을 연구하던 중 세포 계보에 영향을 미치는 여러 가지 돌연변이가 발견되었다. 이들에 대한 유전자 연구 결과 밝혀진 규칙들은 다음과 같다.

- 분열 양상과 세포의 운명 결정은 일반적으로 하나 이

상의 유전자에 의해 결정된다. 이렇게 여러 유전자가 관여할 때 이 중 어느 것에라도 돌연변이가 생기면 발생이 저해받게 된다.

- 발생 유전자는 대부분 여러 종류의 세포에서 동시에 활성을 보인다.
- 복잡한 세포 계보는 간단한 **소계보**(*sub-lineage*)들이 여럿 모여서 만들어진 것이다. 이들은 유전적으로 이미 운명이 결정된 상태로서, 그들 각각의 세포분열과 분화가 통합될 때 전체적인 패턴이 만들어지고, 또 온전한 발생이 이루어지기 때문에 소계보라 부른다.
- 세포 계보는 세포-자율 기작 또는 세포-신호 기작 중 어느 것에 의해서도 시작될 수 있다.
- 발생 과정에 대한 전체적인 조절은 각각의 소계보가 어떻게 분화될지를 구분해 주는 유전자와 각 소계보 내의 세포들이 어떻게 분화할지를 결정하는 유전자들에 의해 이루어진다.

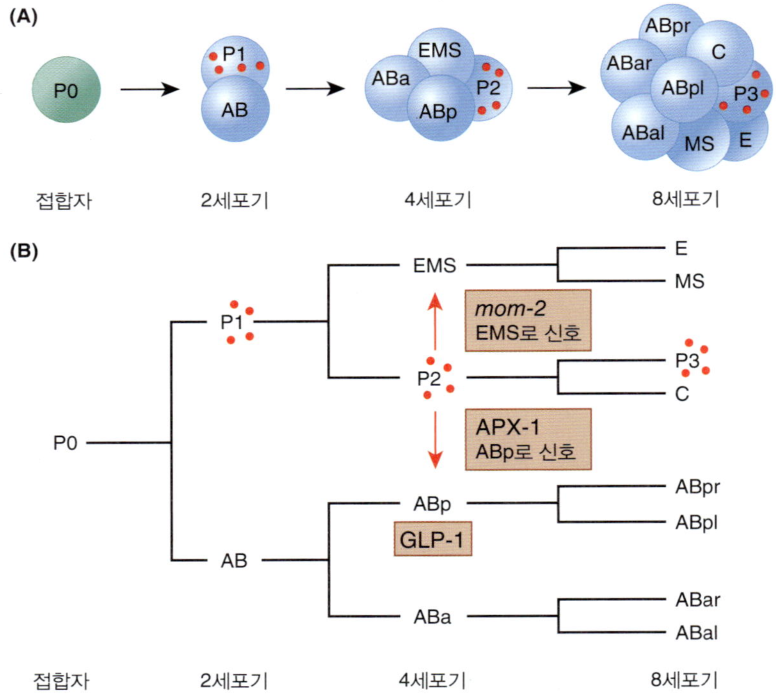

그림 11.3 예쁜꼬마선충의 발생 초기 세포 분열. (A) 세포들의 3차원적 공간배치도. (B) 세포들 간의 계보 관계. 극과립이 세포 분열시 다음 세대로 그대로 전달되는 것처럼 한 세포가 궁극적으로 무엇이 될지는 세포의 자율성에 따라 결정될 수 있다. 한편, 화살표로 지적했듯이 다른 세포와 신호 교류를 통해서 그 세포가 무엇으로 발생할지 운명을 결정해 줄 수도 있다.

세포 계보와 발생에 영향을 주는 몇 가지 돌연변이에 대해 아래와 같이 서술하였다.

막관통 수용체에 의해 세포 간 신호교류가 이루어진다

세포의 발생학적 운명이 하나씩 갈려 나갈 때 어느 유전자들이 이에 관여되어 있는지를 알아내기란 그리 쉬운 일이 아니다. 돌연변이가 일어난 개체를 조사하면 특정한 발생 과정에 관여하는 유전자를 확인할 수 있지만, 그렇다고 해서 그 유전자 하나가 그 발생 과정 전체를 결정한다고 말할 수 없기 때문이다. 이런 이유 때문에 특정 프로그램에 관여하는 발생 유전자들을 일일이 찾아내는 작업이 쉽지 않은 것이다.

그럼에도 불구하고 우성 돌연변이나 열성 돌연변이가 정반대의 효과를 나타낸다면 세포의 운명 결정에 있어 중요한 역할을 하는 유전자를 비교적 용이하게 찾아낼 수 있다. 즉, 우성이나 열성 대립유전자들이 고장 났을 때 세포의 운명이 정반대가 되어 버린다면 그 유전자가 세포의 운명을 결정짓는다고 유추할 수 있기 때문이다. 발생 유전자의 열성 돌연변이란 mRNA나 단백질이 아예 만들어지지 않아서 기능을 상실한 경우를 말하는 것이다. 반대로 우성 돌연변이란 유전자 발현이 과잉되거나 잘못된 시점에 마구 발현되어 없었던 기능을 오히려 얻는 경우이다.

예쁜꼬마선충에서는 우성과 열성을 동시에 나타내는 대립유전자가 몇 개 되지 않아 비교적 연구가 용이한 편이다. 이 중 하나가 *lin-12* 유전자이다. *lin-12*는 여러 종류의 세포에서 발생학적 결정을 조절해 주는 유전자이다. 좋은 예는 그림 11.4의 (A)에 보이는 Z1.ppp와 Z4.aaa 세포들이다. 이들은 배아 내 위치만 본다면 서로 나란하게 배열되어 있는 것 같지만 계보상 완전히 다른 것들이다. 어쨌든 이 세포들 중에서 하나가 닻꼴세포(*anchor cell*, AC)로 분화를 하며, 닻꼴세포는 음문(vulva)의 발생에 참여한다. Z1.ppp와 Z4.aaa는 원래 닻꼴세포로 분화될 확률이 똑같지만, 일단 이중 어느 것이 먼저 닻꼴세포로 될지가 결정되면 다른 세포들은 **복부자궁전구세포**(*ventral uterine precursor cell; VU*)로 분화하게 된다.

Z1.ppp와 Z4.aaa는 직접 반응을 해서 AC−VU 중 어느 것이 될지를 서로 조절한다. 만일 두 세포 중 하나를 레이저로 태워버리면, 나머지 세포가 AC 세포로 분화를 한다 (B). 이 실험 결과는 Z1.ppp와 Z4.aaa 양쪽 모두 예정된 운명이고, 또한 닻꼴세포의 예정된 운명을 의미한다. 이들은

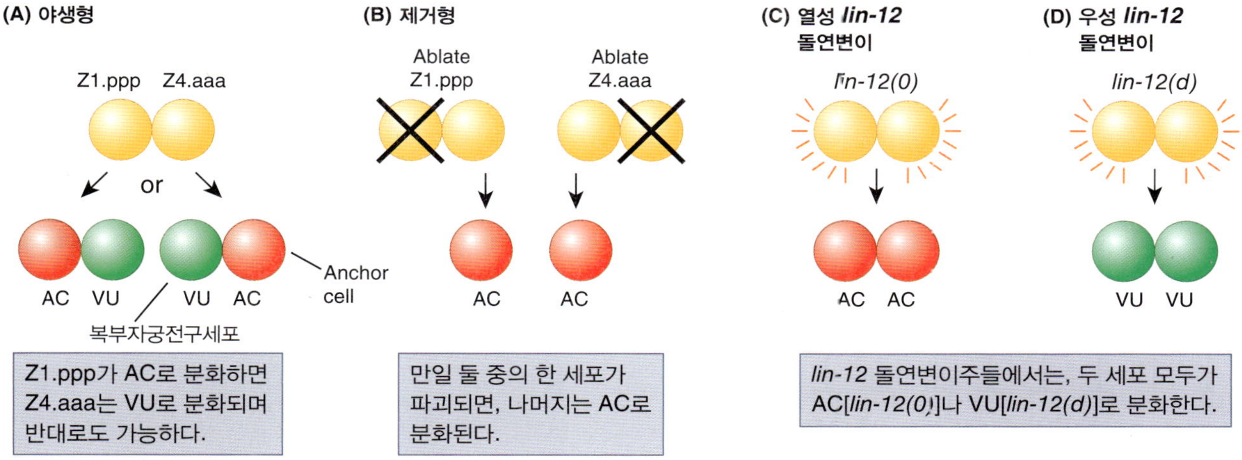

그림 11.4 음문 발생에서 Z1.ppp와 Z4.aaa의 발생 경로 조절과 *lin-12* 유전자에 의한 세포 운명 조절. 열성 돌연변이 결과 *lin-12* 유전자가 기능을 잃으면[*lin-12(0)*], 두 세포 모두 닻꼴세포로 분화한다. 돌연변이 결과로 *lin-12* 유전자가 기능을 새로 획득하면[*lin-12(d)*], 두 종류 모두 복부자궁전구세포로 분화한다.

AC 세포로의 분화 과정에서 인접한 다른 세포들과 또 접촉하게 되고 그 접촉을 통해 VC 세포로의 분화 역시 감당하게 되는 것이다. 앞에서 말한 것처럼, *lin-12* 유전자는 우성과 열성의 돌연변이가 정확히 대립되는 효과를 나타낸다. 열성 돌연변이는 *lin-12*의 활성이 완전히 없어지거나 아주 감소된 것으로 *lin-12(0)*라 부른다. 그리고 이런 열성 돌연변이에서 Z1.ppp와 Z4.aaa는 점차 AC 세포가 된다(C). 반대로 *lin-12*의 활성이 과발현되는 경우는 우성 돌연변이로서 *lin-12(d)*라 기재한다. 우성 돌연변이에서는 Z1.ppp와 Z4.aaa가 모두 VU 세포로 분화를 한다(D).

*lin-12*의 돌연변이들을 조사하면 이 유전자의 산물이 발생 신호에 대한 수용체라는 것을 쉽게 알 수 있다. *lin-12*가 만들어 낸 LIN-12 단백질이 세포막을 가로지르는 전형적인 **막관통 수용체(transmembrane receptor)**이기 때문이다. 또한 LIN-12의 구조는 세포내 중요한 생리 활성을 담당하는 여러 단백질들과도 유사하다(**그림 11.5**). 즉, LIN-12 단백질은 세포외 부분(아미노말단)과 세포내 부분(카복실 말단)으로 나누어지는데, 세포외 부분에는 단백질 호르몬인 표피생장인자(epidermal growth factor; EGF)나 초파리의 *Notch* 단백질—세포가 상피와 신경으로 각각 분화되는 것을 결정하는 효소—에서도 공통으로 발견되는 단백질 서열이 13번이나 되풀이되어 있다. 세포막에 가까운 부분에서도 *Notch* 유전자에서 발견되는 시스테인이 풍부한 도메인(cysteine-rich domain)이 3개 발견되며, 세포내 부분인 카르복실 말단에도 효모의 세포분열을 제어하는 SWI6 단백질의 도메인이 6번이나 되풀이되어 있다. 이처럼 발생 조절에 중요한 유전자들은 유사한 기능을 하는 다른 유전자들과 많은 공통점을 가지고 있다.

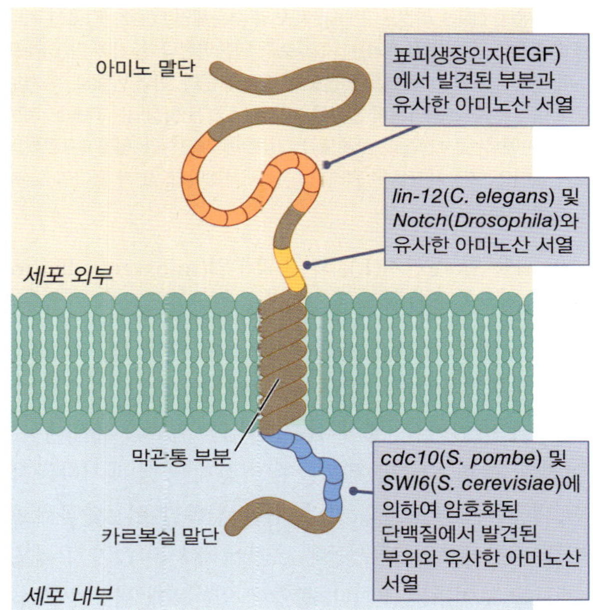

그림 11.5 LIN-12는 전형적인 막관통 단백질 수용체 구조를 하고 있으며, 표피생장인자(epidermal growth factor, EGF)나 발생 유전자들에서 흔히 볼 수 있는 반복적 구조를 가지고 있다.

세포는 리간드(ligand)가 막관통 수용체와 결합하는 성질을 이용해 인접한 다른 세포의 운명을 결정해준다

닻꼴세포에서는 생식기가 발생할 때 인접한 다른 세포들의 운명을 조절해 주는 *lin-3* 또한 발현된다. *lin-3*는 일종의 신호 유전자이다. **그림 11.6**에 보면 P4.p에서 P8.p까지 모두 전구세포가 그려져 있다. 이들은 모두 음문 발생에 관여하는 것으로 1°, 2°, 3°라 불리는 3가지 계보 중 하나로 분화할 수 있는 능력이 있다. 이 3가지 계보는 딸 세포들이 합포체(syncytium, S) 내에 그냥 머물러 있을 건지, 종분열(longitudinal

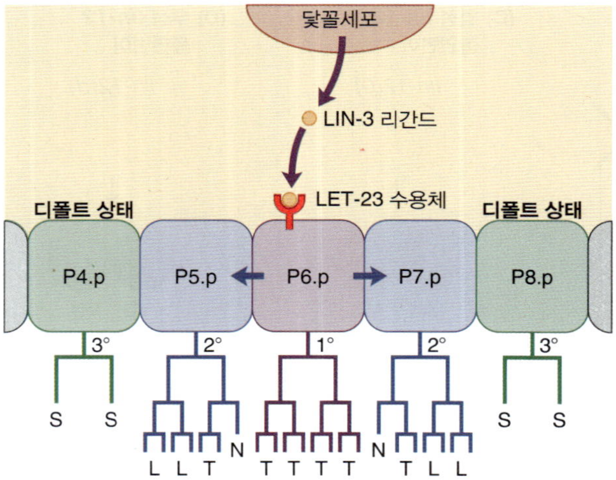

그림 11.6 음문이 발생할 때의 세포 간 신호교류. 자웅동체에서는 P4.p부터 P8.p까지 5종류의 세포가 발생에 필요한 세포 계보를 순차적으로 만들어 낸다. 그림에서 보는 3가지 계보는 각각 1°, 2°, 3°로 표시된 것들이다. 닻꼴세포에서 방출된 LIN-3 리간드가 P6.p 세포의 수용체인 LET-23 티로신-키나아제를 자극하면 P6.p 세포에서는 1° 계보가 만들어진다. 동시에 P6.p 세포는 P5.p와 P7.p 세포가 2° 계보를 만들도록 자극해 준다. 이와 반대로 3° 계보는 세포에 아무 신호도 주어지지 않았을 때 자연스럽게 형성되는 디폴트 계보이다. 이 그림에서는 P4.p와 P8.p 세포가 디폴트에 해당한다. 닻꼴세포로부터의 신호가 없다면 모든 세포들은 원래가 디폴트 상태이다. AC가 없다면 모든 세포가 디폴트이다.

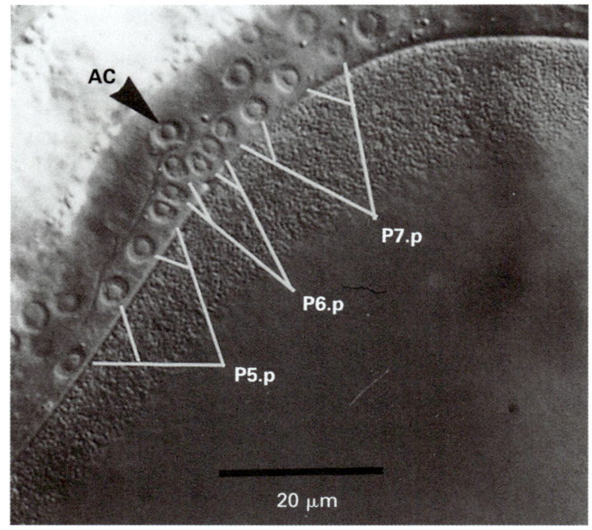

그림 11.7 닻꼴세포(검은색 화살표)와 P5.p, P6.p, P7.p 세포에서 유래된 딸세포(흰색 선)를 포함한 음문 세포들의 공간적 배치. 눈금자는 20 μm에 해당한다.

division)을 할 것인지(L), 혹은 횡분열(transverse division)을 하는지(T), 아니면 전혀 분열하지 않을 것인지(N)에 따라 서로 구별된다. 대개는 전구세포들이 그림 11.7에 보이는 것처럼 분화를 해서 3°-2°-1°-2°-3°의 순서대로 5가지 계보가 생기게 마련이다. 생식기는 1°와 2° 계보의 세포에서 만들어진다. 특히 중요한 세포들이 어떻게 공간 배치하는지에 대한 내용은 **그림 11.7**과 같다. 검은색 화살표는 닻꼴세포를 나타내는 것이고, 흰색 선들은 여기에 배치된 12가지 세포들의 계보를 보여주는 것이다. 중앙에 있는 4개 세포가 P6.p에서 유래된 것이고, 양옆에 4개씩 있는 세포들은 각각 P5.p와 P7.p에서 유래된 것이다.

lin-3 유전자는 LIN-3 단백질을 만들어 낸다. 이 단백질의 중요 기능은 우성 및 열성 돌연변이에 의해 쉽게 설명되어진다. LIN-3가 없으면 음문 생식기가 전혀 발생할 수 없는 반면에, 과발현되면 음문 자체가 지나치게 유도되어져 버린다. LIN-3는 표피생장인자(EGF)와 같은 종류로서 막관통 수용체를 통해 리간드와 상호 반응하는 대표적인 예이다. 이 경우에는 수용체가 P6.p 세포에 있으며, 유전자 *let-23*의 만들어 낸 산물이다. LET-23 단백질은 LIN-3 리간드와 결합하여 세포 내에서 일어나는 일련의 신호전달 과정을 자극하게 되고, 그 결과 1° 운명을 결정짓는 전사요소들을 합성시키는 티로신-키나아제(tyrosine-kinase) 수용체이다. 유도되는 유전자 중에 P5.p와 P7.p 세포의 수용체와 결합하는 또 다른 리간드 유전자도 있다. 이 유전자는 세포를 2° 계통으로 들어가게 한다(그림 11.6의 수평 화살표).

음문 생식기 발생에서 P4.p와 P8.p 세포가 3° 계보로 분화하는 것은 양성적 신호에 의해 결정되는 것이 아니라 반대로 신호가 없기 때문에 결정되는 과정이다. 왜냐하면 닻꼴세포가 없으면 P4.p부터 P8.p까지의 모든 세포들이 다 3° 계보로 들어가기 때문이다. 이처럼 3° 계보로의 발생은 차라리 유전자 발현과 상관이 없다고 표현하든지, 아니면 **디폴트 상태**라고 말하는 게 옳다. 즉, 아무 신호가 없을 때 세포는 3° 계보로 당연히 분화하게 프로그램되어 있으므로 이를 변화시키려면 반드시 더 강한 다른 신호가 있어야 한다는 것이다.

11.2 돌연변이 유전자들의 순차적인 연관성은 발생 과정에서의 신호전달 체계를 이해하는 데 도움을 준다

때로는 돌연변이가 발생 순서를 추적하는 데에 아주 유용하게 쓰일 수 있다. 논리는 발생 경로가 단계별로 **스위치를 켜고 끄는 방식**이라는 데에 기인한다. 즉, 발생학적 과정은 앞 단계에서의 결과가 다음 단계와 연결되어 있기 때문에 이전 단계의 결과가 다음 단계에 영향을 주어 자극하거나 억제하는 스위치 조절 방식이라는 것이다. 다음 단계를 자극해서 촉진시키는 발생 인자를 **"양성 조절인자"**라 하며, 그 반대로 억제하는 인자를 "**음성 조절인자**"라 한다.

예쁜꼬마선충의 생식기(음문)가 어떻게 유도되는지를 살펴보면 방금 언급한 스위치 조절 방식의 유전학적 분석 논리를 잘 이해할 수 있을 것이다. 분석을 위해 몇 가지 미리 강조할 점은 다음과 같다.

- 열성 돌연변이가 일어나면 그 기능이 완전히 소실되어야 한다는 것이다. 돌연변이가 일어나더라도 일부 기능이 여전히 남아 있다면 이는 잘못된 해석을 내리는 근거가 된다.
- 조사하려는 유전자는 다른 유전자와 전혀 중복되지 않는 고유의 기능을 가지고 있어야 한다. 만약 다른 유전자와 기능이 일부 겹치거나 동일한 유전자가 유전체 상에 복수로 존재한다면 유전자 분석 대상으로 적합하지 않다.
- 돌연변이 인자들은 동일한 발생 과정에 관여하여 영향을 미쳐야 한다.
- 조사하려는 발생 과정은 일련의 연결된 순서가 있어야 한다. 즉, 단계들이 서로 끈처럼 이어져 있어야 하므로 옆으로 가지를 쳐나가서는 안 된다.

상기와 같은 조건을 토대로 하여 연구될 수 있는 발생 과정들이 여럿 있지만 스위치에 의해 단계별로 조절되는 예쁜꼬마선충의 생식기 발생 과정이 유전자 분석의 대표적인 예로서 자주 인용되고 있다. 중요한 것은 열성 돌연변이로 인해 기능을 잃어버린 많은 유전자들을 제1장과 제2장에 기술한 유전자들과 매치시키는 작업이다. 스위치 조절 과정에서 어떤 돌연변이 유전자들은 다음 발생을 억제하는 반면, 어떤 것은 오히려 촉진시키는 등 상반된 결과를 나타내기 때문이다. 예를 들어, 예쁜꼬마선충의 생식기 발달을 보면 어떤 돌연변이는 음문이 없는 결과를 가져오는 반면(무음문 증상이라고 부른다), 또 다른 돌연변이는 여러 개의 음문을 한꺼번에 발달시켜 준다(다음문 증상이라고 부른다). 즉, 발생 과정에서 돌연변이에 따라 어떤 유전자는 기능을 완전하게 잃게 만드는 반면, 정반대로 어떤 유전자는 기능을 오히려 획득시켜 준다는 것이다.

발생 조절에 관여하는 스위치 유전자들을 분석한다는 것은 여러 쌍의 유전자들에서 정반대의 표현형을 보이는 두 종류의 돌연변이를 상호 관찰하는 것이다. 예쁜꼬마선충의 음문 발달을 예로 들어 보자. 지금 우리는 기술적으로 모든 가능한 종류의 무음문, 그리고 다음문 돌연변이를 만들어 낼 수 있다. 이러한 돌연변이를 순서대로 추적해 가면 이들 유전자가 관여하는 상호 간 순서를 파악해 낼 수 있다는 것이다. 제2장에서 우리는 **상위**(*epistasis*)라는 단어를 정의하기를 멘델의 독립의 법칙, 즉 9 : 3 : 3 : 1의 비율을 변형시키는 돌연변이 인자들의 상호작용이라고 하였다. 그러나 발생에서는 이 단어가 조금 다른 의미로 사용되어진다. 만약 어떤 유전자에서 두 종류의 돌연변이가 일어날 때 정반대의 표현형이 나타나면, 이를 **상위 유전자(epistatic gene)**라고 부르는 것이다. 그리고 상위 유전자는 그 자신에서 일어난 돌연변이가 다른 유전자에서 일어난 돌연변이의 효과를 가릴 수 있다는 것이 특징이다. 예를 들어, *aa bb*의 표현형이 $aa\ b^+b^+$와 같다면 *a* 유전자는 *b* 유전자에 대해 상위에 있다고 볼 수 있다. 그러나 자신의 돌연변이 형질이 다른 것에 의해 가려지면 그 유전자를 **하위 유전자(hypostatic gene)**라고 부르는데, 바로 앞의 예에서 *b*가 *a*에 대해 하위인 셈이다. 어떤 유전자의 돌연변이가 무음문이라는 결과로 나타난다면 그 유전자는 다음문 유전자에 비해 상위인 셈이다. 이는 다른 말로 다음문 유전자가 무음문 유전자에 비해 하위 유전자라는 말이다. 상위와 하위의 개념은 발생에 관여하는 유전 인자들의 상호간 작용 순서를 결정하는 데에 아주 요긴한 도구이다.

> **상위의 원리:** 발생은 단계별로 스위치가 붙어 있듯이 차례로 이어진 연쇄 과정이다. 이 조절 과정에서 상위 유전자는 바로 다음 단계 발생에 영향을 미친다. 이 말은 아래 단계에 관여하는 유전자가 하위 유전자로 작용한다는 뜻이다. 또 다른 말로 표현하면 위 단계의 유전자는 상위 유전자이고, 아래 단계의 유전자는 하위 유전자라는 말이다.

이 개념에 대한 원리가 **그림 11.8**에 표시되어 있다. 그림에 보면 2개의 스위치가 있는데, 각각의 돌연변이들은 무음문,

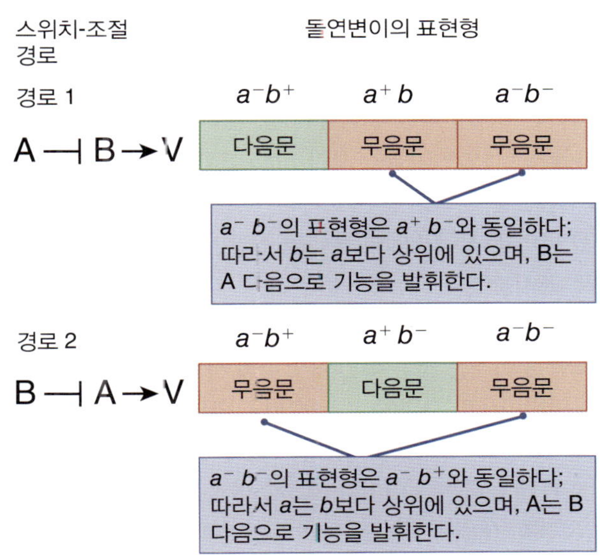

그림 11.8 상위 개념을 뒷받침하는 이론. 상위에 해당하는 유전자는 하위 유전자의 산물이 어떻게 만들어지는지를 결정한다.

또는 다음문이라는 정반대의 표현형을 나타내는 것이다. 이 두 과정에서 만들어지는 단백질인 A와 B는 각각 a 유전자와 b 유전자의 야생형 유전자 산물이다. 요약하면 화살표는 양성조절(촉진)을 나타내고, T 막대는 음성조절(억제)을 나타낸다. 유전자 산물인 A와 B가 서로 직접 반응할 필요까지는 없다. 만약 여기에 또 다른 인자들이 개입한다면 그때는 화살표와 막대가 개입한 인자들의 순수효과를 나타내게 된다.

그림 11.8에 있는 화살표와 막대는 a^-a^- b^+b^+과 a^+a^+ b^-b^- 돌연변이들이 서로 다른 표현형을 나타내기 때문에 연구 목적으로 선택된 것이다. 1번 과정에서 보면 A는 B를 억제하고, B는 음문의 발달(V)을 촉진시킨다. a^-a^- b^+b^+ 유전형은 그런 까닭에 B에 대한 억제 효과가 적으며, 결과적으로 B의 기능이 상대적으로 크기에 다음문을 만들어 내는 것이다. 반대로 a^+a^+ b^-b^- 유전형은 B를 만들지 못하기 때문에 음문이 유도되지 못해 결과적으로 무음문이 되는 것이다. 2번 과정에서 보면 A와 B가 서로 바뀌어 있다. 이 경우에는 a^-a^- b^+b^+가 무음문이고, a^+a^+ b^-b^-가 다음문이다.

그리고 이 두 유전자 사이의 상호 관계가 마지막 열에 잘 표시되어 있다. 1번과 2번 모두 a와 b에 동시에 돌연변이가 일어난 경우이지만 내용상 조금 다르다. 1번에서는 a^-a^- b^-b^-가 무음문인 이유가 B가 없기 때문인 반면, 2번에서는 A가 없기 때문이다. 상위와 하위 개념으로 생각하면 일리가 있는데, 이 2개의 유전자가 바로 상위와 하위 관계에 있기 때문이다.

이제 우리는 이 원리를 예쁜꼬마선충에서 음문 유도에 관여하는 돌연변이들에 적용해 볼 필요가 있다. **그림 11.9A**에 나타난 돌연변이들을 보자 : *let-23*과 *lin-45*의 돌연변이는 무음문을 만드는 반면, *lin-1*과 *let-60*의 돌연변이는 다음문을 나타낸다. 그림에서는 이들 돌연변이들을 각각 다른 색깔로 표시하였다. 즉, 무음문은 갈색, 다음문은 녹색으로 표시하였다. 그리고 발생 단계별 스위치 조절이 상하위 개념에 기초한 것이라는 것을 확인하기 위해 사각형 내에 기술한 이중돌연변이들의 결과를 조사하였다. 확인한 바에 따르면 상위 유전자의 작용 원리는 훨씬 아래쪽에 관여하는 돌연변이의 효과와 같다는 것이었다. 즉, 각 열과 행에 기재된 사실들은 유전자 산물이 기능을 발휘하는 순서에 관한 정보를 우리에게 제공하여 주는 것이다. 이 정보는 (B)에 따로 요약되어 있다. 2개의 유전자 산물이 작용하는 순서를 결정할 수 없을 경우에는 유전자들을 수직으로 나열하여 놓았다. 여기에서 심볼 표시는 (촉진을 나타내는) 화살표와 (억제를 나타내는) T 막대 대신에 짧은 선으로 표시하였다. 이유는 과정에 관여하는 인자들의 순서가 먼저 확실하게 결정되어야 하기 때문이다. 어떤 짧은 선이 촉진을 나타내고, 또 억제를 나타내는지는 이제부터 차례로 하나씩 결정해 나갈 것이다. 그림 11.9(A)와 (B)의 도해를 종합하여 유전자 산물이 작용하는 순서를 결정한 결과는 (C)에 보인 바와 같다.

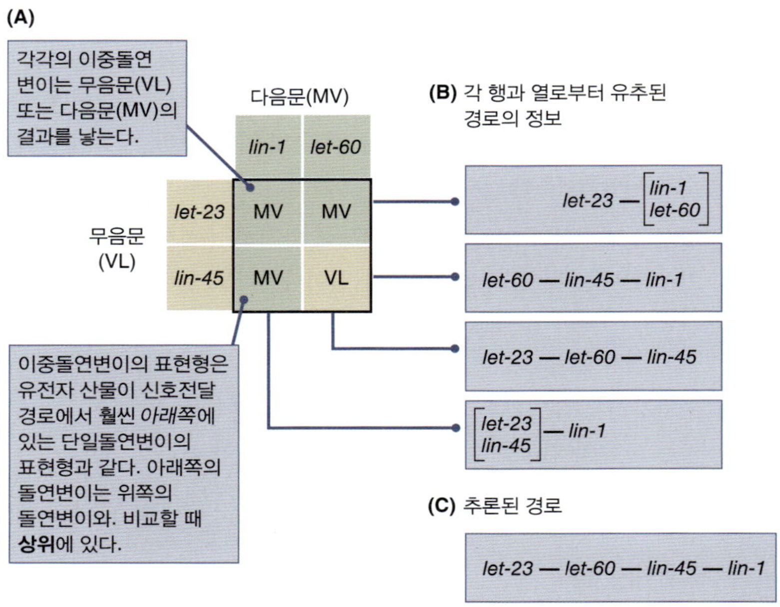

그림 11.9 음문 유도에 있어서 상위 개념의 적용. (A) 실험적 결과. (B) 각각의 행과 열로 복잡하게 얽힌 유전자 스위치들의 통합 조절을 보여주는 정보. (C) 유전자들을 서로 이어주는 총합 경로.

잠깐 생각해 봅시다 11.1

다음 계보에서 스위치를 조절하는 X와 Y는 각각 해당 유전자들의 산물이다. 화살표는 양성적 조절을 의미하고, T 막대는 음성적 조절(억제)을 의미한다.

$$X \dashv Y \rightarrow \text{흉점}$$

곤충의 흉점은 경로에 의해 결정된다. 야생형은 흉곽에 단일한 흉점이 형성되는 것이다. *aa* 돌연변이는 흉점이 형성되지 않는다. 반면 *bb* 돌연변이에서는 여러 개의 흉점이 형성된다. *a*와 *b*는 모두 기능을 소실하거나 획득하는 돌연변이들이다. *aa bb*처럼 이중돌연변이가 되면 흉곽에 아무런 점도 형성되지 않는다. 여기서 A는 비돌연변이형인 a^+를, B는 비돌연변이형인 b^+를 표시한다. X는 A 또는 B 중 어느 것에 해당하는가? 또한 Y는 어떤 유전자 산물에 해당하는가?

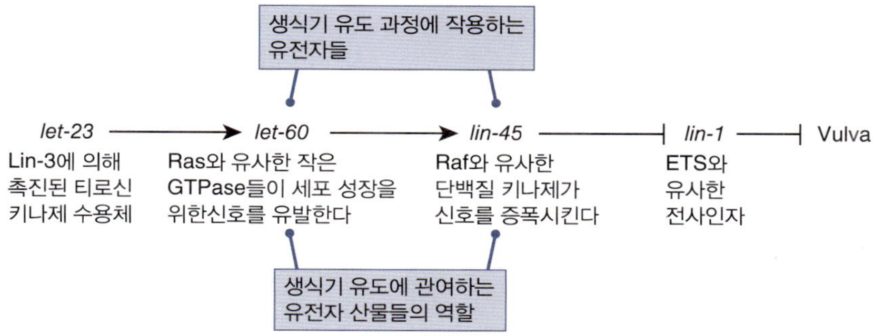

그림 11.10 음문 발생에 중요한 유전자들과 그 단백질 산물들. 각 단계별로 순수 효과를 나타내 보이고 있다. 화살표는 자극을, T 자형 막대는 억제를 의미한다.

이제 우리는 그림 11.9C에 있는 짧은 선들을 (촉진을 나타내는) 화살표 또는 (억제를 나타내는) T 막대로 바꾸어야 한다. 이에 대한 전략은 전체 과정의 마지막 표현형을 보면서 관여한 요인들을 하나씩 역추적해 나가는 것이다. 그리고 그 결과는 **그림 11.10**에 표시되어 있다. 이렇게 하는 이유는 마지막 표현형이 각각 단계의 돌연변이(기능의 소실 또는 획득)에 따라서 결정된 것이기 때문이다. 예를 들어, *lin-1*은 돌연변이가 일어나면 기능이 소실되는 인자로서 그럴 경우 표현형 결과는 다음문이다. *lin-1*의 기능이 소실되면 음문의 형성이 촉진되고 Lin-1 단백질은 억제 작용을 해야만 한다. 그렇기 때문에 그림의 *lin-1*과 음문 사이에는 T 막대가 당연히 있어야 한다. *lin-45* 돌연변이 역시 기능의 소실을 나타내는 돌연변이이다. 그러나 이 경우에는 무음문의 표현형을 나타낸다. 무음문 표현형은 Lin-1 단백질이 과발현될 때 생기므로 Lin-45 단백질의 야생형 기능은 그림 11.10에 표시된 것처럼 *lin-1*을 억제하는 것이어야 한다. 이 경우 *lin-45*의 기능 소실은 *lin-1*의 기능을 오히려 더 증폭시켜 줄 것이고, 그 결과 무음문으로 표현형이 관찰되는 것이다.

한 단계 더 뒤로 돌아가 보면, *let-60*도 조사할 수 있다. 이 유전자는 돌연변이에 의해 기능이 오히려 획득되는데, 그 결과 다음문의 표현형이 만들어진다. 지나치게 큰 *lin-45*의 기능은 *lin-1*을 더욱 억제해 버리는데, 그 결과 음문의 유도를 다소 덜 억제하게 된다. 그리고 그 결과 Let-60 단백질은 Lin-45의 효과를 더 크게 만들어 준다. 그런 까닭에 *let-60*의 기능 획득은 다음문의 결과로 끝나게 된다. (이 결과는 또한 *let-60*의 기능 소실이 무음문의 표현형을 나타낼 것임을 암시하는데, 실제 그것이 관찰되기도 한다.) 우리는 앞서 말한 이들에서와 마찬가지로 *let-23*, 즉 기능 소실 인자를 또 조사해 볼 수 있다. 이 경우 Let-23 단백질의 기능이 Let-60 단백질을 촉진한다는 것을 전제하면 왜 무음문 표현형이 나타나는지가 설명된다.

그러면 왜 하필 예쁜꼬마선충 같은 벌레에서 생식기가 유도되는 것을 이처럼 중요하게 강조하는 것일까? 그 이유는 음문의 유도가, 발생은 스위치 조절에 따라 단계별로 이루어지는 사건이라는 것을 잘 설명해 주기 때문이다. 그림 11.10에서 보다시피 각 단백질들은 해당 유전자에 의해 결정되기 때문에 결국 유전자의 발현과 조절이 중요할 수밖에 없다. 아마도 실제로는 지금 여기에 설명한 것 보다 훨씬 더 많은 발생 인자들이 관여할 것이다. 어떤 것들은 아마도 *let-23*과 *let-60* 사이에서 작용할 것이고, 또 어떤 것은 *lin-45*와 *lin-1* 사이에 작용할 것이다. 이처럼 아직까지 알려지지 않은 또 다른 인자들이 분명히 있을지라도 우리는 돌연변이를 통해 적어도 현재 알려진 인자들의 작용 순위는 파악할 수 있다는 점이 중요하다. 그리고 각 단계별로(촉진이든지, 억제이든지) 관여하는 인자들의 순수효과를 추적할 수 있다. 우리는 여기서 대부분의 암이 *let-60*에서 일어나는 기능 획득 돌연변이와 유사한 돌연변이 때문에 기인한다는 점을 강조하고자 한다.

11.3 초파리에서는 발생이 진행됨에 따라 분화가 점차 지역 별로 이루어지며 각 세포들의 운명도 특수화된다

발생 연구에 있어서 초파리는 대단히 유용한 실험 대상이다. 전체 유전자가 잘 분석되어 있어 유전학적인 접근이 용이하기 때문이다. 알에서 애벌레와 번데기를 거쳐 성체에 이르는 노랑초파리(*D. melanogaster*)의 발생 주기는 **그림 11.11**에 요약되어 있다. 초기 발생시에는 세포 분열에 따른 세포 이동 그리고 낭배를 형성하기 위해 배엽이 주름을 형성하는 과정 등이 일어나게 된다. 수정 후 약 24시간이 지나면 10^4개의 세포로 된 첫 번째 애벌레가 알에서 나오게 된다. 이런 초기 애벌레 시기를 우리는 영충(instar)이라고 부른다. 이후 연속해서 두 번의 애벌레 탈피 현상이 일어나면서 2차와 3차의 영충 시기를 거치게 되고, 번데기를 지나 복잡한 변태 과정을 거친 다음 마침내 10^6개 세포로 된 성체 초파리가 탄생하게 된다. 자연 상태에서 초파리가 발생하는 시간은 25°C에서 약 10~12일 정도이다.

초파리의 초기 발생은 알상자 내에서 일어난다(**그림 11.12A**). 초기 9번의 체세포분열은 매 분열마다 세포질이 채 분리되지도 못할 정도로 빠르게 일어나기 때문에 핵이 알 내부에 무리지어 위치하는 모습이 된다(B). 이렇게 해서 무리

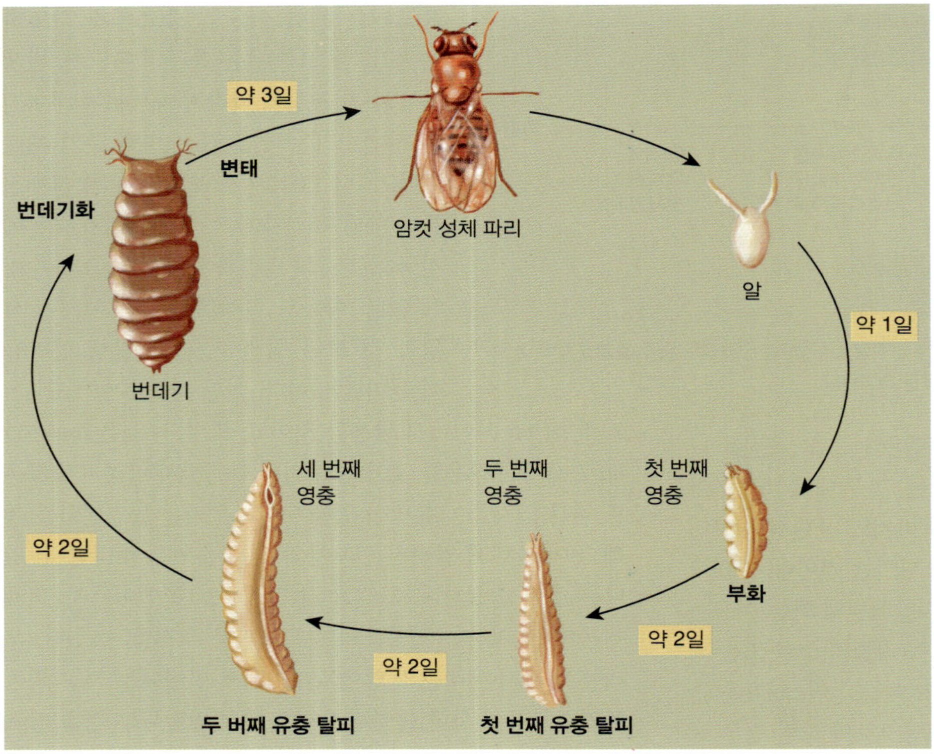

그림 11.11 노랑초파리의 발생 프로그램. 각 단계별로 표시된 시간은 25°C 조건에서 발생할 때 소요되는 시간을 말한다.

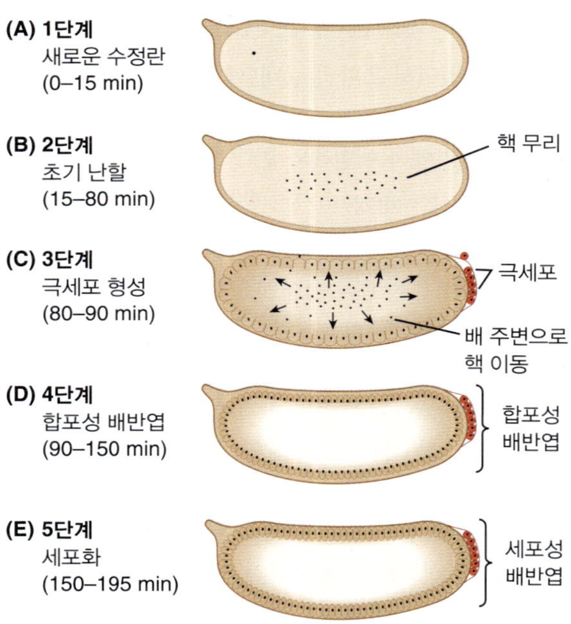

그림 11.12 초파리의 초기 발생. (A) 수정란의 핵. (B) 핵분열이 합포 내에서 일어난다. (C) 몇몇 핵들이 배 주변을 따라 사방으로 이동을 한다. 특히 후미에서는 극세포(생식세포를 형성하는)가 완전한 세포 모양을 갖추게 된다. (D) 합포성 배반엽 내에서 세포분열이 계속 일어난다. (E) 핵 주위에 막이 나타나면서 세포성 배반엽이 형성된다.

진 핵은 세포의 여러 주변으로 점차 이동하는데, 후면에는 특히 **극세포(pole cell)**가 10개 정도 위치하면서 생식선이 형성된다(C). 극세포들은 계속 두 번에 걸쳐 추가 분열을 한 다음 배아 속으로 재함입되어 들어가게 된다. 배아 내에서 각 주변으로 퍼져나간 핵들은 세포질 분열 없이 핵만 4회 정도 더 분열을 하는데, 이렇게 해서 만들어진 것이 **합포성 배반엽**(*syncytial blastoderm*)이고, 이 안에 대충 6,000개 정도 핵이 들어 있게 된다(D). 완전한 세포 형태가 나타나는 데에는 수정 후 150~195분 정도가 필요하며, 이때 비로소 개개의 핵을 구분 짓는 핵막이 출현하게 된다. 각 세포들의 형태가 뚜렷해지면서 비로소 모양이 형성된 **배반엽(blastoderm)**(E)은 전체적으로 편평하면서도 속이 텅 빈 공 모양의 세포덩어리이다. 이것은 다른 동물의 포배(blastula)에 해당한다.

초파리에서 배반엽 세포의 한쪽 부분을 파괴해 버리면 그 효과가 애벌레와 성체에 즉각 나타난다. 때문에 이런 방법을 되풀이하면 배반엽 이쪽 저쪽에 위치한 각 세포들의 발생학적 운명을 알아낼 수 있다. 또 이로부터 배반엽 세포들은 인접한 다른 세포에 의해서 영향을 받지 않으며, 자기 스스로도 영향을 미치지 않는다는 것을 알 수가 있다. 유전학적 방법으로 표지해 놓은 배반엽 세포를 배반엽의 다른 부위로 이식할 때에도 매우 비슷한 결과가 나타난다. 즉, 배반엽 세포를 자율적으로 발생하고 있는 다른 부위로 이식해도 기능상 이식된 부위와 통합되지를 못한다는 것이다.

초파리에서는 세포의 운명이 배반엽 시기에 이미 결정되기 때문에 유전자 차원에서의 분석은 그 보다 훨씬 빠른 초기 체형 계획(body plan)이 막 시작되려는 때에 초점을 맞추어야 한다. 초기 체형 계획과 발생 조절이 유전자 차원에서 어떻게 이루어지는지에 대해서는 다음 절에서 다룬다.

모계 영향 유전자에서 돌연변이가 일어나면 결손된 난자가 만들어진다

초파리가 발생할 초기에는 난자에 미리부터 분포되어 있는

mRNA, 즉 모계로부터 전해 내려온 mRNA의 유전정보가 대단히 중요하다. 만약 발생 초기에 단백질 합성을 억제해 버리면 난할이 아예 멈추어 버리고 만다. 물론 부계 유전자도 함께 발현은 되겠지만 그 유전정보가 발생 단계에서 언제 필요할지는 알 수가 없다. 세포 분열이 9회 정도 일어난 다음에 전사를 아예 억제해 버리면 배반엽이 형성되지 못한다.

초파리 발생의 초기 단계가 분명히 난자 어딘가에 프로그램되어 있기 때문에 난자의 구성성분이나 구조에 영향을 미치는 어떤 돌연변이라도 배아 발생을 아예 망가뜨릴 수 있다. 배아 발생에 필수적인 모계 유전자들을 **모계 영향 유전자(maternal-effect gene)**라 부른다. 그리고 배아 발생에 영향을 미치는 유전자들을 통틀어서 **접합 유전자(zygotic gene)**라 부른다. 이 두 종류의 유전자들이 서로 어떻게 작용하는지에 대한 설명은 다음과 같다.

핵심 개념

접합 유전자들은 난자가 모계 영향 유전자를 통해 제공하는 자기의 상대적 위치 정보를 해석하고 여기에 적절히 반응을 한다.

암컷 초파리의 모계 영향 유전자에 생긴 돌연변이가 2개의 동형접합 염색체 모두에 생겼다면, 이 초파리에서 만들어지는 난자는 모두 비정상적이기 때문에 쉽게 구별될 수 있다. 그런 까닭에 염색체 교차가 일어나면 생각지도 않은 극적인 결과가 종종 초래되기도 한다. 예를 들면, 열성 모계 영향 유전자 돌연변이인 *m*은 염색체가 교차할 때 다음과 같은 유전자 조합을 만들어 낸다.

$$m/m\,♀ \times +/+ \rightarrow ♂ \rightarrow +/m \text{ 자손}$$

(비정상적 발생)

$$+/+\,♀ \times m/m \rightarrow ♂ \rightarrow +/m \text{ 자손}$$

(정상 발생)

상반교차(reciprocal cross)의 결과, 자손의 유전자 조합은 위 아래 모두 +/*m*로서 동일하다. 그러나 모계가 동형접합인 *m*/*m*일 때 발생은 비정상적으로 되기 마련이다.

그 이유는 모계 영향 유전자가 초파리 난자에 극성을 제공하기 때문이다. 또한 모계 영향 유전자는 발생의 아주 초기에 활발하게 발현되는 유전자들이므로, 배아 발생이 앞으로 어떤 모습으로 전개해 나갈지 전체적인 체형 계획(body plan)을 짜는 데 있어 중요한 유전자들이다. 모계 영향 돌연변이를 조사하면 패턴 형성의 유전적 조절 기작과 형태 형성에 중요한 분자들을 확인할 수 있다.

잠깐 생각해 봅시다 11.2

만일 열성 모계유전자인 *m*의 동형접합형인 *m*/*m*이 비정상적인 알을 낳아 자손을 이어갈 수 없을 경우에, *m*/*m* 암컷은 어떻게 만들어질 수 있을까?

배아의 패턴 형성은 유전자 차원에서 조절된다

초파리 발생의 초기 몇 단계가 그림 11.13에 보이고 있다. 알에서 막 깨어난 애벌레들은 표면상 비슷하게 보이는 띠구조가 몸체를 따라 14번 반복되어 있기 때문에 언뜻 보기에 줄무늬 패턴처럼 보일 수도 있다(그림 11.14). 이 줄무늬의 이름은 소치(*denticle*)이다. 소치는 작고 색소가 침착된 이빨 같은 구조이다. 애벌레에서 보는 이 14줄의 무늬는 **체절(segment)**에 해당된다. 각 체절은 형태학적으로 말한다면 애벌레 각질에 근육이 붙어 있는 자리에 의해 생긴 함입으로 생각하면 된다. 체절의 세부적인 모습은 그림 11.14에 그려 놓았다. 이들 체절은 위치에 따라 3개의 두부체절(C1−C3)과, 3개의 흉부체절(T1−T3), 그리고 8개의 복부체절(A1−A8)로 나누어진다. 체절 말고도 반복구조(repeating unit)가 또 있는데, **부체절(parasegment)**이 그것이다. 부체절 또한 정상적인 발생에 꼭 필요한 구조이다. 부체절은 앞체절의 뒷부분과 뒷체절의 앞부분을 합해서 부르는 명칭이다. 부체절은 배아가 발생할 때 잠시 나타났다가 사라지는 구조이다. 외관상으로는 보이지 않는 구조지만 체절과 체절 사이보다 오히려 부체절 간의 경계 부위가 발생에 관여하는 유전자들이 많이 발현되는 부분이기 때문에 초파리 발생에서 유전자 조절이 어떻게 실행되는지를 연구하기 위해 중요하게 취급되는 구조이다.

패턴 형성의 초기 단계에서 체절과 부체절이 만들어지는 과정과 순서는 **분절 형성 유전자(segmentation gene)**가 결정하기 때문에 가장 중요한 발생 단계가 이들에 의해 결정된다고 해도 과언이 아니다. 분절 형성 유전자에는 발현되는 시기와 패턴에 따라 4종류가 있다.

1. 조화 유전자(*coordinate gene*)는 배아의 주요 축들을 결정해 준다. 즉, 앞과 뒤를 결정하는 전축−후축과, 위와 아래를 결정하는 상축−하축의 위치를 지정해 준다.
2. 간극 유전자(*gap gene*)는 체절을 따라서 각 그룹으로 발현이 된다(그림 11.15A). 간극 유전자가 하는 일은 다음 체절을 온전하게 발달시키는 일이다. 만일 간극

인간 유전학 이야기

특별한 계보

John E. Sulston,[1] E. Schierenberg,[2] J. G. White,[1] and J. N. Thomson[1] (1983)

[1]*Medical Research Council Laboratory for Molecular Biology, Cambridge, England, United Kingdom;*
[2]*Max Planck Institute for Experimental Medicine, Gottingen, Germany*

예쁜꼬마선충의 발생학적 세포 계보

이러한 이정표적인 연구에서 우리가 얻은 결과들은 선충에서 일어나는 돌연변이를 해석하는 데에 기초가 되었다. 이에 관한 정보는 책자를 통해서도 얻을 수 있고 인터넷으로도 논문 검색이 가능하다. 선충은 발생 과정에서 모두 1,030개의 세포가 만들어진다. 이들 중 131개, 즉 13%는 진행성 세포사멸사를 겪게 된다. 이처럼 세포사멸의 비율이 높은 이유는 무엇일까? 선충은 세포 계보가 거의 불변적이고 모든 개체에서의 발생 과정이 거의 동일하다는 것이 특징이다. 그렇다면 왜 다른 동물에서처럼 조금 더 발생학적 융통성을 보여줄 수 없는 것일까? 이러한 질문은 연구의 주제, 발생이라는 커다란 그림, 선충의 진화라는 관점들에서 세포 계보를 다시 조명하도록 해주고 있다.

Nomarski 현미경이라고도 부르는 일종의 간섭현미경(differential interference contrast microscopy)은 이에 관한 연구가 오늘날 가능하도록 촉진시켜 주었다. 이 현미경의 원리는 빛이 살아 있는 물체를 통과하면서 회절각도에 따라 상을 변화시킨다는 데에 있다. 두 세트의 파장이 물체를 통과해 합쳐지면서 물체의 영상을 만들어 내는 것이다. 이 현미경의 장점은 살아 있는 물체를 직접 부수거나 죽이지 않고 관찰할 수 있다는 것이다.

> 이 보고서는 이미 100여 년 전에 시작된 프로젝트의 최종 완성을 알리는 것이라고 할 수 있다. 프로젝트는 선충의 전체 세포 계보를 결정하는 것이다. 선충의 배자는 단순하면서도 발생 과정이 정확하게 되풀이되기 때문에 19세기 과학자들에게 매력적인 연구 대상이었다. . . . 게다가 Nomarski 현미경이 개발되면서 세포를 부수지 않고도 높은 해상력으로 살아 있는 상태로 관찰할 수 있었다. 바로 이러한 장점 때문에 과학자들은 예쁜꼬마선충의 모든 세포마다 그 기원을 추적할 수 있었다. 예쁜꼬마선충의 세포들은 본질적으로 불변이다. 이 말은 분열의 패턴이나 세포 계보, 진행성 세포사멸사, 분화 등 발생과 관련된 사건들이 개체마다 거의 동일하다는 것이다. . . .

조직을 고정시켜 관찰하는 고전적 방식을 취하든, 또는 생검 분석을 통하든지 간에 결론은 배아 발달의 전체적인 계보는 변함이 없다. 즉, 모든 배아는 세포 분열, 세포예정사, 그리고 최종적 분화라는 일정한 패턴을 통해서 발생한다는 것이다. 특정한 기능의 세포가 발달하는 세포 소계보를 들여다보면 2가지 양상이 관찰된다.

"선충은 고생물 계보에 속한다. 선충의 세포 계보를 들여다보면 그동안 제대로 연구되지 못했던 진화의 연결 고리가 모습을 드러낸다. 발생하면서 새로운 세포가 전구체로부터 계속 만들어져 나올지라도 그 세포의 배자 내 위치 등 고유의 과정이 변함없기 때문이다."

> 아마도 가장 주목할 결과는 첫째 복잡성이고, 둘째 계보의 세포자율성일 것이다. 선충은 분류상 "문(門에)" 속하며, 그것의 세포 계보는 더 이상의 진화가 멈춘 상태이다. 발생학적 결정을 위해 필요했던 최초의 세포-세포 상호작용은 점차 빠르고 경제적이며, 신뢰도는 높지만 효율성을 우선시하여 융통성이 사라진 자율 프로그램에 의해 점진적으로 대체되었을 것이다. 이런 관점에서 보면 발생학적 화석들에는 효율을 너무 앞세우느라 제외되어 버린 것으로 보이는 많은 특징들이 여전히 남아 있다.

가설을 설명할 수 있는 또 다른 방법은 선충의 진화 과정에서 조상 세포의 계보와 운명이 대부분 위치 정보 메커니즘에 의해 결정되었다는 것이다. 그리고 시간이 지남에 따라 자율적 메커니즘이 진화하면서 그것을 대체시켰다는 것이다. 따라서 오늘날 우리가 보는 것은 가장 "효율적인" 발달 경로를 거쳐서 만들어진 현대 선충이 아니라, 진화 과정에서 조상 세포가 어떤 제약을 받으며 조직되어져 왔는지를 나타내는 진화의 결과이다.

J. E. Sulston, et al., *Dev. Biol.* 100 (1983): 64–119.

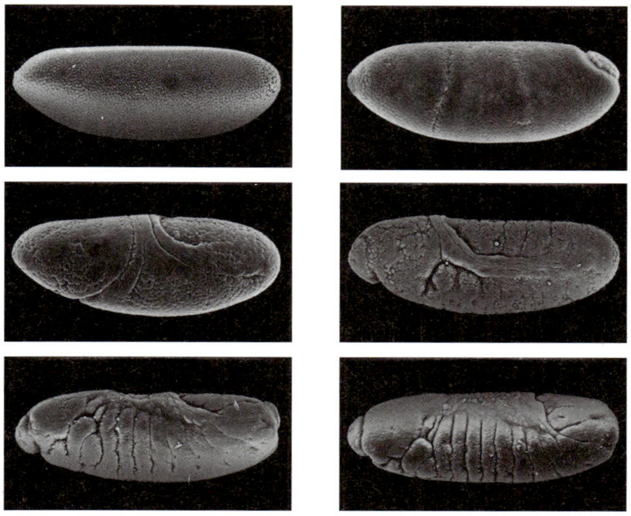

그림 11.13 초파리의 초기 발생에서 애벌레의 체절이 만들어지는 것을 보여주는 단계적 사진들.

Courtesy of Thomas Kaufman and F. Rudolf Turner, Indiana University at Bloomington.

유전자에 돌연변이가 생기면 인접한 체절이 없어지게 된다. 이런 돌연변이를 통해서 우리는 간극 유전자가 정상적인 패턴 형성에 관여한다는 사실을 배우게 된다.

3. **쌍지배 유전자**(*pair-rule gene*)는 배아가 여러 체절로 나눠지는 것을 결정해 준다(B). 쌍지배 유전자에 돌연변이가 생기면 체절이 하나 건너서 교대로 소실되어 버린다. 쌍지배 유전자가 두 체절 주기를 보이는 이유는 이들이 배아를 따라서 마치 얼룩말의 띠와 같은 패턴으로 발현되기 때문이다.

4. **체절 극성 유전자**(*segment polarity gene*)는 배아의 각 체절 내에서 앞쪽과 뒤쪽이 구별되어 발생될 수 있도록 극성을 결정해 준다(C). 체절 극성 유전자의 돌연변이는 체절뿐 아니라 유전자들이 정상적으로 발현되고 있는 부체절에까지 영향을 미친다. 체절 극성 돌연변이들에서 주로 발견되는 현상은 체절 숫자는 정상이지만, 각 체절의 부분 부분이 결손되었거나 앞뒤 구별이 명확하지 않고 거울상 이미지로 복제되어 있다는 것이다.

상기한 4종류의 체절 유전자, 즉 조화 유전자, 간극 유전자, 쌍지배 유전자, 체절 극성 유전자들에 대한 추가 증거는 다음에 기술하는 바와 같다.

조화 유전자는 몸통의 주축들을 결정해 준다

조화 유전자(coordinate genes)는 알 안쪽에다가 자기가 만든 단백질을 쌓아 놓음으로써 기울기를 형성시켜 극성을 나타내는 유전자이다. 그럼으로써 전축과 후축을 결정하는 이 유전자는 그 돌연변이 효과에 따라 그림 11.16에 있는 것처럼 다시 3개 그룹으로 나누어진다.

1. 조화 유전자의 첫 번째 그룹은 두부(head)와 흉부(thoracic)에 영향을 미치는 **전방 유전자**(*anterior gene*)들이다. 대표적인 것은 **비코이드**(*bicoid*)이다. 비코이드 유전자에 돌연변이가 생기면 머리가 아예 없거나 극성이 뒤바뀌어 버린 비정상적 체절의 배아가 발생된다. 비코이드 유전자가 만드는 것은 앞부분의 구조를 결정짓는 유전자에 대한 전사 인자이다. 비코이드 유전자의 mRNA는 대부분 난할 중인 배아의 머리 부분에 위치하므로 당연히 그 머리 부분에서 발현도 된다. 비코이드 mRNA를 만드는 것은 알을 둘러싸고 있는 간호세포(nurse cell)다. 간호세포에서 만든 비코이드 mRNA는 알로 배출이 되어 그 앞쪽에 위치하게 되는 것이다. mRNA와 달리 간호세포에서 직접 번역(translation)까지 해서 만든 다음 배출하는 단백질 자체는 별로 많지 않은 편이다. 합포 상태르 난할을 계속하면서 배아 전체적으로 앞–뒤에 걸쳐 농도 기울기가 형성되는데, 앞쪽 끝부분의 농도가 최고로 높게 된다. 비코이드는 사실 나선(helix)–회전(turn)–나선(helix)으로 반복되는 단백질 구조를 가지고 있어 DNA와 결합할 수 있는 전사 활성인자(transcriptional activator)이다. 따라서 비코이드 단백질이 조절하는 유전자들을 보면 앞부분에 5′-TCTAATCCC-3′라는 염기서열이 있고, 여기에 비코이드가 결합하게 마련이다. 만약 염기가 2개 정도 차이가 난다면 여전히 친화력에 문제가 없겠지만, 4개 이상 차이가 나게 되면 둘 사이의 결합력은 급속도로 떨어지게 된다. 이처럼 결합자리에 따라 친화력이 높거나 낮기 때문에 유전자 활성을 위해 필요한 비코이드 단백질의 농도도 이에 따라 결정이 된다. 즉, 친화력이 높은 유전자라면 적은 비코이드 농도에서도 쉽게 활성화될 수 있을 것이고, 친화력이 낮은 유전자라면 더 높은 비코이드 농도가 요구될 것이다. 결합력에서 차이가 난다는 말은 곧 비코이드 단백질의 기울기에 따라 어느 유전자가 발현될지 결정된다는 말이다. 이렇게 비코이드 농도에 따라 발현이 조절되는 유전자 중 하나가 간극 유전자이고, 대표적인 예는 **헌치백**(*hunchback*) 유전자이다.

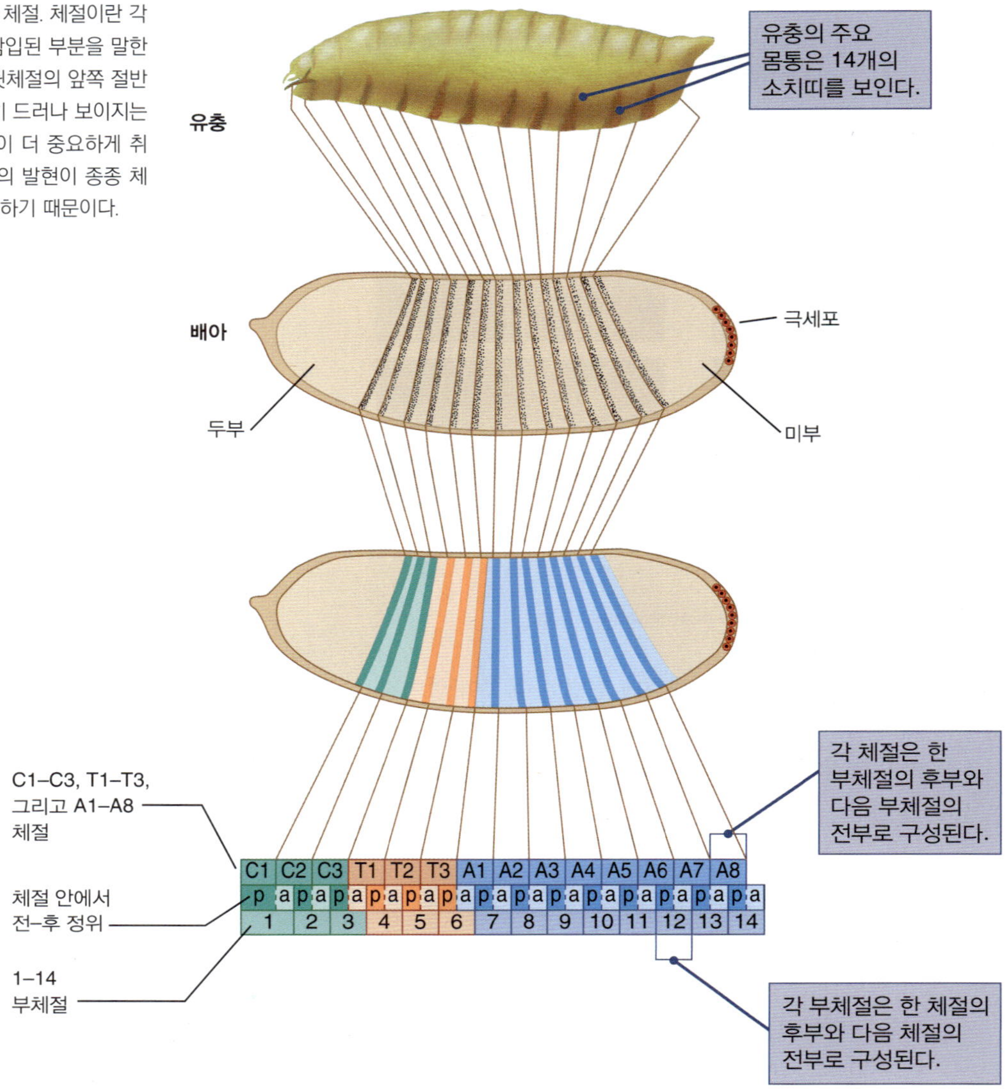

그림 11.14 초파리의 배와 애벌레의 체절. 체절이란 각피에 붙은 근육 때문에 연속적으로 함입된 부분을 말한다. 부체절은 앞체절의 뒤쪽 절반과 뒷체절의 앞쪽 절반을 합한 것을 말하는데, 겉으로 특별히 드러나 보이지는 않는다. 발생유전학적으로는 부체절이 더 중요하게 취급된다. 그 이유는 체절 형성 유전자의 발현이 종종 체절보다 각 부체절의 경계 부분과 일치하기 때문이다.

2. 조화 유전자의 두 번째 그룹은 복부 체절에 영향을 주는 **후방 유전자**(*posterior gene*)들이다(그림 11.16). 어떤 돌연변이에서는 극세포 조차 발견되지 않는 경우가 있다. 또 **나노스**(*nanos*)라 불리는 돌연변이는 복부 체절이 고장났지만 극세포는 정상이기도 하다. 나노스 mRNA는 알 뒷부분에만 분포해 있으며, 이것이 만드는 단백질은 일종의 억제인자(repressor)이다. 나노스 단백질 때문에 발현이 억제되는 유전자 중 하나가 **헌치백**이다. 헌치백 유전자의 발현은 비코이드와 나노스 단백질에 의해 엄격하게 제어를 받는다. 비코이드 단백질은 앞서 말한 대로 전–후 농도 기울기를 따라 이 유전자의 발현을 활성화시키는 반면(전사 단계), 나노스 단백질은 뒷부분에서 발현을 억제시킨다(번역 단계).

3. 조화 유전자의 세 번째 그룹은 **말단 유전자**(*terminal gene*)들이다. 이는 제일 앞부분인 선체(acron)와 제일 뒷부분인 미절(telson)에 영향을 미치는 유전자들(그림 11.16)이다. 대표적인 것은 **토르소**(*torso*) 유전자이다. 토르소 단백질은 발생 초기에 배아 전체에 걸쳐 균일하게 분포되는 막관통 수용체이다. 그러면서도 토르소 수용체는 배아의 양끝에서만 활성화되는 것이 특징이다.

지금까지 이야기한 전–후를 결정짓는 3개 유전자 그룹 외에도 유사한 방법에 의해 배와 등쪽으로 이어지는 축을 결정짓는 또 다른 유전자들이 있다. 대표적인 것인 **등쪽**(*dorsal*) 유전자이며, 합포성 배반엽 후기에 농도 기울기를 형성한다.

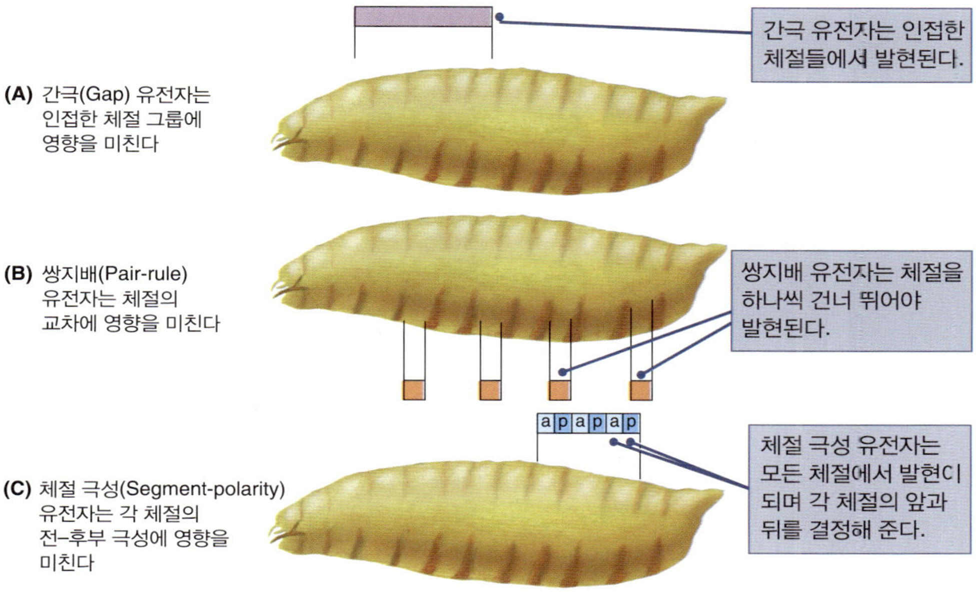

그림 11.15 여러 체절 형성 유전자들의 발현 패턴.

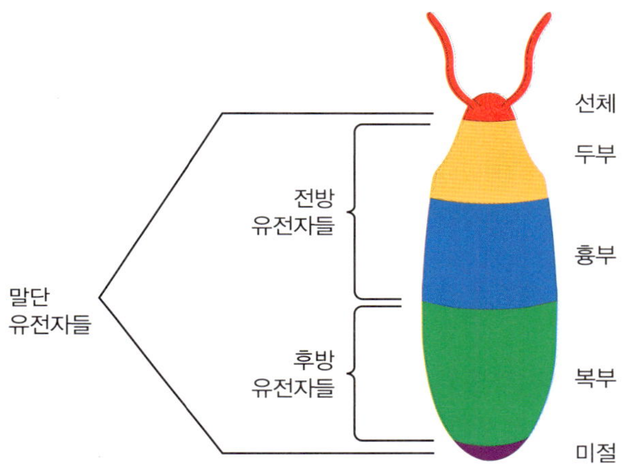

그림 11.16 초파리의 초기 배발생에서 전–후 축에 따른 부위별 분화. 이 유전자들 중 어느 것에라도 돌연변이가 일어나면 그에 해당하는 부위가 발생 중 사라지고 만다.

간극 유전자는 전–후 광범위한 부위에서 여러 유전자들을 조절해 준다

조화 유전자의 주된 역할은 전축–후축의 농도 기울기를 따라 인접한 다른 유전자들이 발현되는 정도를 조절해 주는 것이다. 이렇게 조절되는 유전자 중 하나가 바로 **간극 유전자(gap genes)**이다. 왜냐하면 이 유전자에 돌연변이가 생기면 바로 인접한 체절의 패턴이 결손되어 하나씩 건너뛰어 버리기 때문이다(그림 11.15). 대표적인 예가 헌치백 유전자이다. 앞서 말한 대로 헌치백 유전자의 발현 정도는 비코이드와 나노스의 상호 상쇄효과에 의해 조절이 된다. 헌치백 유전자는 비코이드 전사 인자의 농도 기울기에 따라 앞쪽과 뒤쪽 모두에서 발현되는 것이 이론상 맞다. 그러나 뒷부분에서는 헌치백 유전자가 나노스 단백질에 의해 억제되어 버리고 된다. 그림 11.17의 (A)는 발생 초기의 초파리 배아를 보여주고 있다. 여기에서 녹색 형광으로 표시된 부분은 헌치백 유전자가 발현되는 부위이다. 빨간색 형광은 또 다른 간극 유전자인 크루펠(*krüppel*)이 만든 단백질에 특이적인 항체로 표지(labelling)한 부분이다. 이들의 유전자 발현이 서로 겹친 곳은 노란색으로 표시되었다. 헌치백과 크루펠이 만든 단백질의 구조를 보면 모두가 아연-손가락(Zinc-finger) 형의 전사 인자들이다. 언급하지는 않았지만 또 다른 간극 유전자들도 역시 모두가 다른 유전자를 조절해 주는 전사 인자이다. 이렇게 간극 유전자들은 배아 내 위치에 따라 특이적인 발현 패턴을 보이면서 쌍지배 유전자를 제어하여 체절을 조화롭게 만들어 나가게 된다.

쌍지배 유전자들은 부체절에서 발현되거나 체절을 하나씩 건너뛰어 발현된다

조화 유전자와 간극 유전자는 배아의 극성을 결정해 주는 동시에 다음 발생이 여러 부분에서 조화롭게 진행될 수 있도록 조절해 준다. 발생이 점차 진행되면서 배아의 조직이 더욱 세분화되어야 하는데, 이것은 분절 형성 유전자 발현과 밀접한 관계가 있다. 분절 형성 유전자 중 하나가 **쌍지배 유전자(pair-rule gene)**들이다. 이 유전자들에서 돌연변이가 일어나면 체절이 하나 건너 없어져 버리거나 아예 기형이 되어 버리게 된다(그림 11.15). 예를 들어, 쌍지배 유전자 중 하나인 짝수 건너뛰기(*even-skipped*) 유전자는 짝수 번호 체절에 영향을 미친다. 반면에 홀수 건너뛰기(*odd-skipped*) 유전자는 홀수 번호 체절에 영향을 미친다. 쌍지배 유전자들은 초기 초파리 애벌레가 체절로 만들어질 수 있도록 해주는 것이다. 그 결과 각 체절들은 반복된 구조를 하면서도 개별적인 특징과 성질을 가질 수 있다. 예를 들면, 규칙적이고 반복적으로 배쪽에 위치한 체절이 8개 있는데, 비록 공통된 모습을 하고

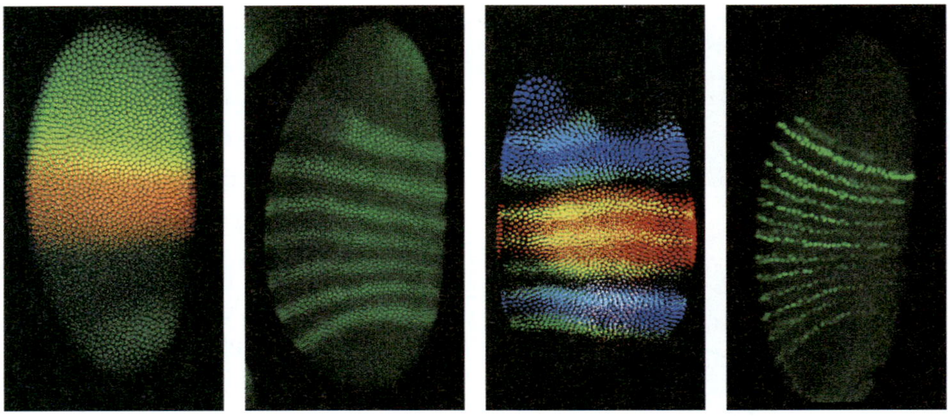

그림 11.17 (A) 수정 후 약 2.5시간이 지난 초파리의 배. 헌치백(녹색)과 크루펠(빨간색) 유전자의 단백질 분포와 이들의 발현이 겹치는 부분(노란색)을 나타내고 있다. (B) 수정 후 약 3시간 만에 발현되는 털 유전자의 7개 띠 모양 패턴. (C) 수정 후 약 3시간 후에 털(녹색), 크루펠(빨간색), 자이언트(파란색) 유전자가 공동발현되는 패턴. 유전자 발현에서 보듯이 이미 상당한 분화가 진행되고 있음을 알 수 있다. (D) 초파리의 초기 배에서 체절 극성 유전자인 engrailed 유전자가 14개 부분에서 발현되는 패턴. 궁극적으로 3개의 두부 체절, 3개의 흉부체절, 그리고 8개의 복부 체절로 분화한다.

있을지라도 서로의 기능과 분화 과정은 모두 다르다.

쌍지배 유전자 중에서 가장 먼저 발현되는 것은 털(*hairy*) 유전자이다. 털 유전자의 발현은 헌치백이나 크루펠 같은 간극 유전자들에 의해 양성적, 또는 음성적으로 조절이 된다. 털 유전자는 7개의 체절띠에서 발현되는데(그림 11.17B), 쌍지배 유전자가 띠 모양을 따라 발현되는 건 흔한 일이다. 발생이 진행되면 간극 유전자가 점점 더 여러 곳에서 발현이 되고, 배아는 더욱 복잡한 유전자 발현 양상을 보일 수밖에 없다. (C)에서 우리는 털(녹색), 크루펠(빨간색), 자이언트(파란색) 등 3가지 유전자로부터 만들어진 단백질들의 분포를 관찰할 수 있다. 유전자 발현이 서로 겹치는 곳은 주황, 노랑, 밝은 녹색, 보라 등 혼합색으로 보이고 있다. 자세히 관찰해 보면 발생 초기의 모든 체절과 부체절마다 독특한 유전자 발현 패턴이 있다는 것을 알 수 있을 것이다. 뿐만 아니라 7번 띠에서 털 유전자가 발현되기 위해 꼬리(*caudal*), 헌치백(*hunchback*), 닙스(*knirps*), 크루펠(*krüppel*), 테일리스(*tailless*), 헉케베인(*huckbein*), 비코이드(*bicoid*) 등 우리가 알고 있는 유전자뿐 아니라 아직 알려지지 않은 단백질까지의 복잡한 제어가 필요하다는 것을 생각하면 전체적으로 유전자 발현의 양상과 조절이 대단히 복잡하다는 것을 잘 알 수 있을 것이다. 이러한 조절은 털 유전자의 프로모터(promoter) 앞부분 약 1.5 kb 내에 간극 유전자들을 위한 결합자리가 들어 있기 때문에 가능한 것이다. 쌍지배 유전자가 발현되고 나면 체절 극성 유전자가 계속해서 다음 단계의 발생을 진행시켜 준다.

체절 극성 유전자는 동일 체절 내에서의 분화를 조절해 준다

쌍지배 유전자들이 체절과 부체절에서 발현되어 몸통이 전체적으로 조화 있게 발생되도록 조절하는 반면, **체절 극성 유전자(segment-polarity genes)**는 각 체절 내에서의 분화가 공간적으로 조화되도록 조절해 준다. 만일 이 유전자가 돌연변이를 일으키면 배아 전체를 따라 이어지는 체절의 패턴이 사라지게 되며(그림 11.15), 남아있는 체절도 앞뒤가 마치 거울 이미지처럼 똑같게 복제되고 만다. 체절 극성 유전자 중 제일 먼저 발현되는 것은 *engrailed* 유전자이다. 이 유전자가 발현되는 지점은 대개 부체절의 경계와 일치하기 때문에 이를 경계로 각 체절이 앞뒤로 나뉘게 된다(그림 11.17D).

체절 극성 유전자가 발현되면, 배아는 비로소 체절과 부체절의 분화가 뚜렷해지고 발생이 체계적으로 진행될 수 있게 된다.

조절 유전자들은 서로 상호작용하면서 발생이 체계적으로 진행되게 한다

어떤 유전자가 먼저 발현되는가 하는 것은 체계적인 발생에 중요한 요소이다. 순서에 의해서 발생에 필요한 분자 기작이 결정되기 때문이다. 간극 유전자, 쌍지배 유전자, 그리고 체절 극성 유전자들이 서로 어떻게 반응하는가를 그림 11.18에 표시하였다. 녹색 화살표는 자극 반응을 표시한 것이고, 빨간색 화살표는 억제 반응을 나타낸 것이다. 여기서 보는 것처럼 대부분의 유전자는 서로 간의 억제와 자극이라는 복잡한 신호교류에 의해 조절된다. 조화 유전자들이 먼저 배아의 극성을 결정해 주면 간극 유전자들이 전체적인 분화를 맡아 작용한다. 그러고 나서 쌍지배 유전자가 마치 얼룩말의 줄무늬처럼 배아의 체절 주기를 조절해 주고, 마지막으로 체절 극성 유전자가 각 체절의 발생학적 운명을 결정해 준다. 이 모든 과정에서 유전자들은 같은 단계에서 발현되는 다른 유전자들의 발현을 조절하고, 다음 단계에서 발현되는 유전자들

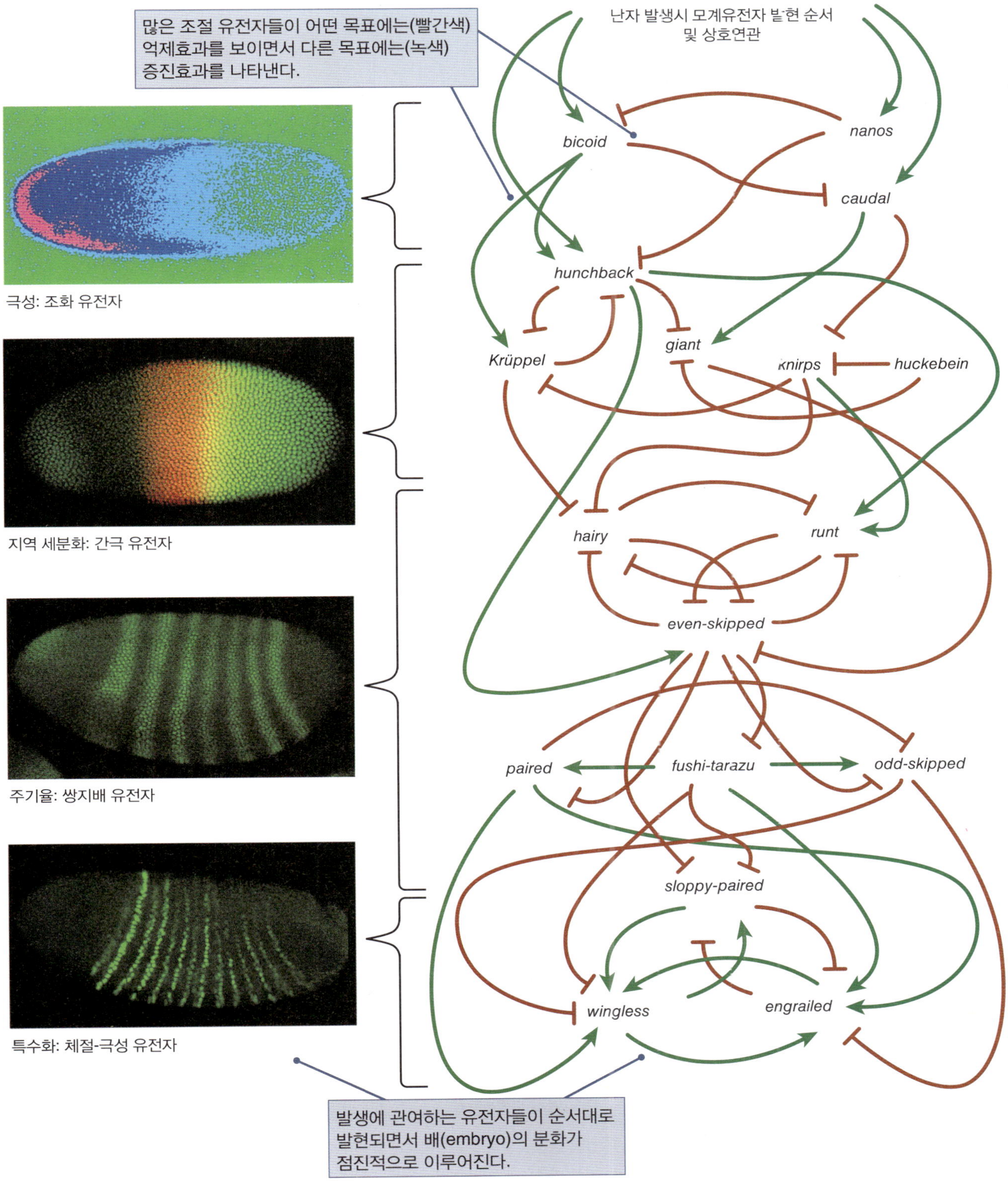

그림 11.18 초파리의 초기 발생을 조절하는 유전자들의 상호조절 관계.

Photos courtesy of James Langeland, Sean Carroll, and Stephen Paddock, University of Wisconsin at Madison. Diagram adapted from an illustration by George von Dassow, Center for Cell Dynamics, University of Washington.

의 활성도 조절한다.

체절 극성 유전자들은 또한 각 체절에서 또는 부체절에서 발현되어야 하는 유전자들 순서를 결정해 준다. 이런 결정에 의해서 최종적으로 성체 파리의 모습이 갖추어지는 것이다. 파리가 변태 과정을 어떻게 겪어나가는지에 대해서는 다음에 논의하기로 한다.

체절 결정 유전자들에 의해 각 체절이 명확하게 구분된다

다른 곤충과 마찬가지로 초파리의 몸체도 애벌레와 성체 모두 체절로 이루어져 있다. 머리는 C1–C3 체절로부터, 흉부는 T1–T3 체절로부터, 그리고 복부는 A1–A8 체절로부터 만들어진다(**그림 11.19**). 변태(metamorphosis)를 할 때는 애벌레 내부에 있는 20여 개의 **성충판(imaginal disk)**을 분화시킨다(**그림 11.20**). 이 성충판은 발생 초기 때 만들어진 것으로서 궁극적으로는 주요 조직들로 분화될 구조이다. 성충판의 한 예는 한 쌍의 날개 디스크(wing disk)들이다(몸통 양쪽에 하나씩 있음). 이 디스크들은 흉부체절 T2에 붙어 있으며 나중에 여기에서 날개가 발생된다. 또 평균곤(haltere) 디스크는 흉부체절 T3에 붙어 있어 여기에서 나중에 평균곤이 발생하게 된다. 평균곤이란 초파리가 비행할 때 균형을 잡아주는 구조이다(그림 11.19). 이런 디스크들은 애벌레가 되면서 어린 조직과 기관들이 퇴화해 없어질 때에 맞추어 점차 성체에서 볼 수 있는 조직과 구조로 분화되어 간다. 애벌레에서 관찰되는 것처럼, 여러 가지 형태와 구조가 갖추어져 가는 일련의 과정은 애벌레의 뇌에서 분비되는 **용화호르몬**(*ecdysone*)에 의한 것이다.

초기 배아에서는 유전자들이 서로 겹치면서 발현이 되고, 또 혼합되어 조절되면서 전체적인 패턴이 만들어지게 된다. 그리고 이런 패턴은 나중에 초파리가 발생하는 일련의 사건들을 순서대로 조절해 준다. 한 예로 날개 발생에 아주 중요한 흔적(vestigial) 유전자가 날개 디스크에서 어떻게 발현되는지 **그림 11.21**의 (A)에 잘 서술되어 있다. 여기에서 보는 것처럼 흔적 유전자가 균일하게 동그란 패턴을 그리며 발현되는 이유는 **그림 11.22**의 설명처럼 2가지 신호경로에 대해 반응하기 때문이다. 2가지 신호경로란 그림의 밑 부분에서 보듯이 십자형 또는 4개의 반구 형태(quadrant)로 유전자가 발현되게 만드는 신호체계를 말하는 것이다. 그림 11.21(B)에 날개 디스크에서 이 유전자가 발현되는 패턴을 따로 표시하였다. 그림 11.22의 경로 A에는 *apterous*, *fringe*, *serrate* 등의 유전자가 함께 관여하고 있으며, 경로 B에는 *engrailed*, *hedgehog* 등의 유전자가 포함되어 있다. 털 단백질의 억제 인자는 흔적 유전자의 **2반구 증폭자**(*boundary enhancer*)에 결합을 해서 그 결과 유전자가 십자꼴로 발현되도록 해 준다. Mad 단백질은 **4반구 증폭자**(*quadrant enhancer*)에 결합하여 유전자가 4개의 반구 형태로 발현될 수 있도록 해 준다. 날개가 발생할 때 흔적 유전자가 여러 다른 유전자들과 함께 조화를 이루어 발현되는 패턴 덕분에 아주 정교한 발생과 형태학적 분화가 가능한 것이다.

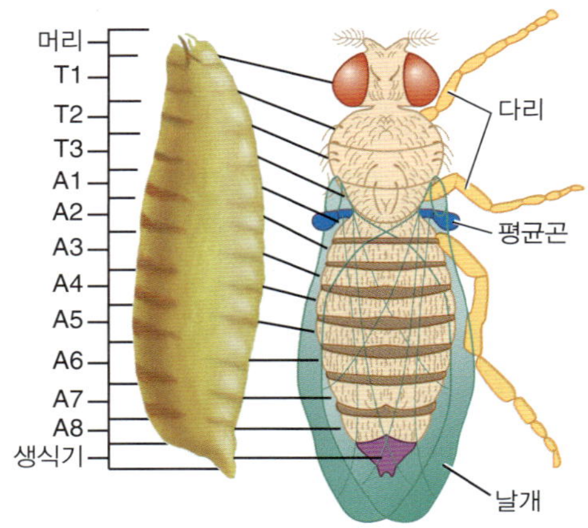

그림 11.19 초파리의 애벌레와 성체의 체절 비교. 성체에는 흉부체절이 3개 있는데, 각각에 다리가 한 쌍씩 붙어 있다. 날개는 두 번째 흉부체절(T2)에서 발달하고, 비행시 균형을 잡아 주는 평균곤은 세 번째 흉부체절(T3)에서 발달한다.

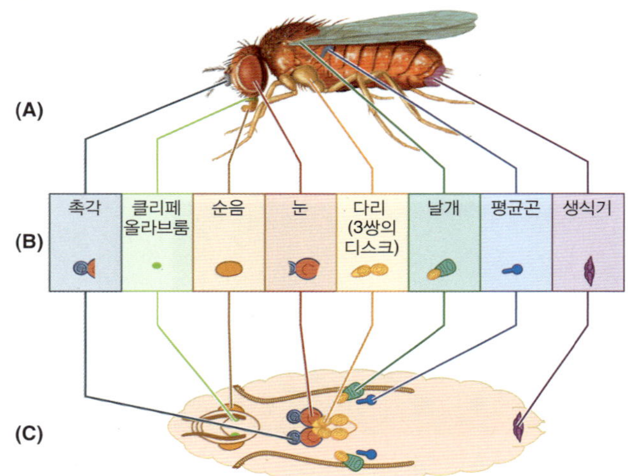

그림 11.20 (A) 성충판과 이로부터 유래된 각 조직과의 관계를 보여주는 초파리 성체의 구조. (B) 애벌레의 후기 발생 때 성충판 모습. (C) 애벌레에서의 성충판의 위치.

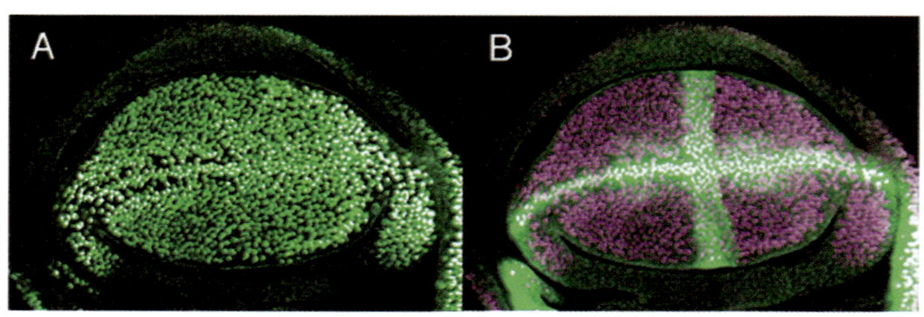

그림 11.21 날개 성충판 발생과 관련된 흔적유전자의 발현(녹색). 원형 형태로 발현되는 부위에서 날개가 발생한다. (B) 동일한 성충판에서 흔적 유전자가 4반구 형태로 발현되는 패턴과 경계부분의 모습.

Courtesy of Jim Williams, Sean Carroll, and Stephen Paddock, University of Wisconsin at Madison.

초파리의 배아에서 T2 체절로부터 날개를 발생시키고,

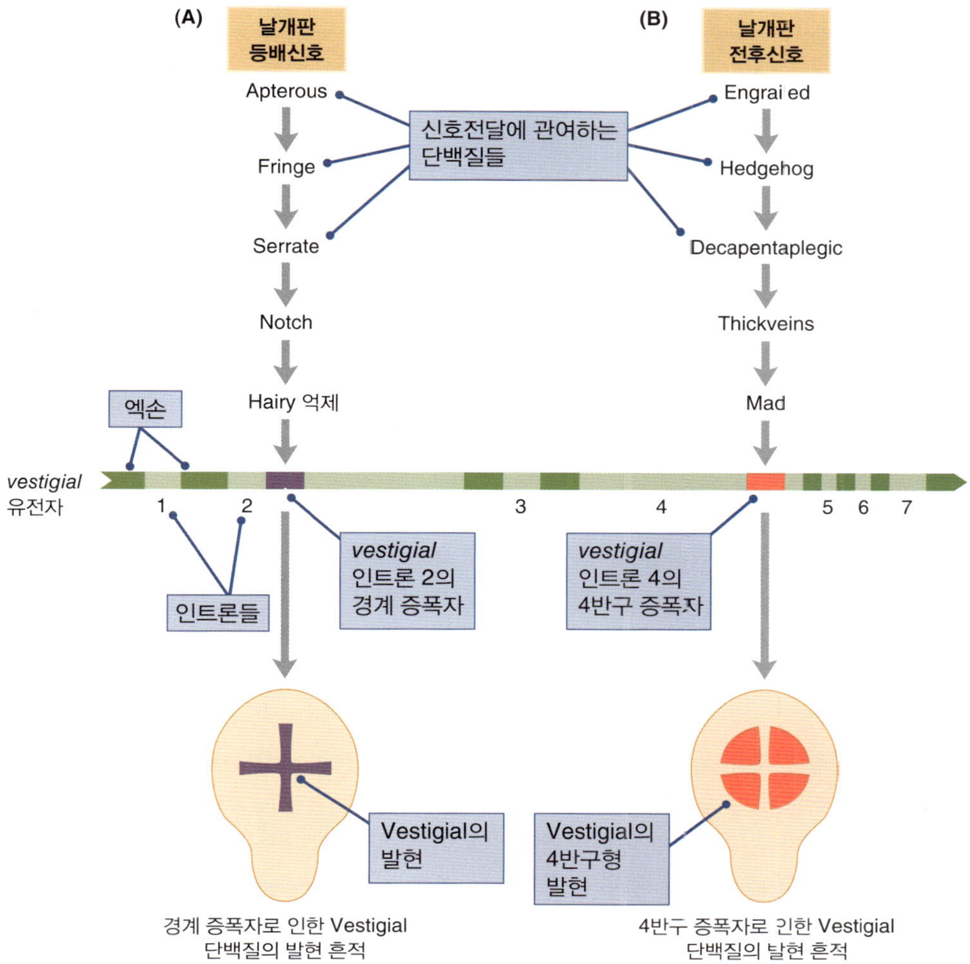

그림 11.22 날개 성충판이 분화될 때 흔적 유전자는 다음 2가지 신호 경로에 따라 다르게 발현된다. (A) 경계를 따라 발현되는 패턴은 등-배 축을 따라 전달되는 신호에 의해 결정된다. (B) 4반구형의 발현 패턴은 앞- 뒤축을 따라 전달되는 신호에 결정된다.

T3 체절로부터 평균곤을 발생시키는 등 체계적 분화를 통해 체발생을 제어하는 유전자 중에 **체절 결정(homeotic)**, 또는 ***Hox* 유전자**라 부르는 두 세트의 유전자가 있다. 만약 이 유전자들에서 돌연변이가 생기게 되면 몸의 체절들이 전혀 다른 형태의 체절로 변해 버리고 만다. 즉, 몸통 한쪽에 있어야 될 구조가 엉뚱한 곳에 가서 발생되는 것이다. 이런 체절 결정 돌연변이의 한 예가 이중흉부 돌연변이(bithorax mutation)이다. 이중흉부 돌연변이가 일어나면 3번째 위치한 흉부 체절의 전반부가 2번째 체절로 바뀌어 버리고 만다. 그 결과 평균곤이 날개로 발생하게 되고, 결국 여기에서 날개가 추가로 한 쌍 만들어지게 된다(그림 11.23B). 또 다른 체절 결정 돌연변이는 더듬이다리(*antennapedia*)인데, 이 돌연변이 경우에는 더듬이가 다리로 발생이 된다. 이중흉부와 더듬이다리 유전자들은 사실 유전자 하나의 이름이 아니고, 비슷한 기능의 여러 유전자 그룹을 한꺼번에 칭하는 용어이다. 정확하게는 이중흉부 유전자 그룹을 BX-C(이중흉부 복합체)로, 더듬이다리 유전자 그룹은 ANT-C(더듬이다리 복합체)로 표기한다. 그 동안에는 이들 두 종류의 유전자들 모두가 성체의 체절을 결정하는 것이 유일한 기능인 것으로 알려져 왔다. 그러나 연구가 거듭되면서 이 유전자들이 발생 초기인 애벌레의 체절에까지 영향을 미치는 것으로 확인되었다. BX-C는 애벌레의 T3 체절에서 A8까지의 발생과 관련되어 있다(그림 11.19). 그중에서도 특히 T3와 A1에 영향을 미친다고 알려져 있다. ANT-C는 주로 머리(H)와 흉부체절 T1 및 T2의 발생과 관련되어 있다고 알려져 있다.

체절 결정 유전자 역시 전사 활성인자이다. 즉, 이들을 통해 다른 여러 유전자들의 전사가 순차적으로 촉진된다는 말이다. *HOX* 유전자들은 180여 개의 염기로 구성된 **호메오박스(homeobox)**라 불리는 특수 염기서열을 적어도 1개 이상 가지고 있다. 이 호메오박스는 체절 형성을 바탕으로 발생하는 곤충, 거구리, 닭, 생쥐, 사람들의 발생과 관련된 여러 유전자에서도 발견되는 것이다. 호메오박스의 염기서열

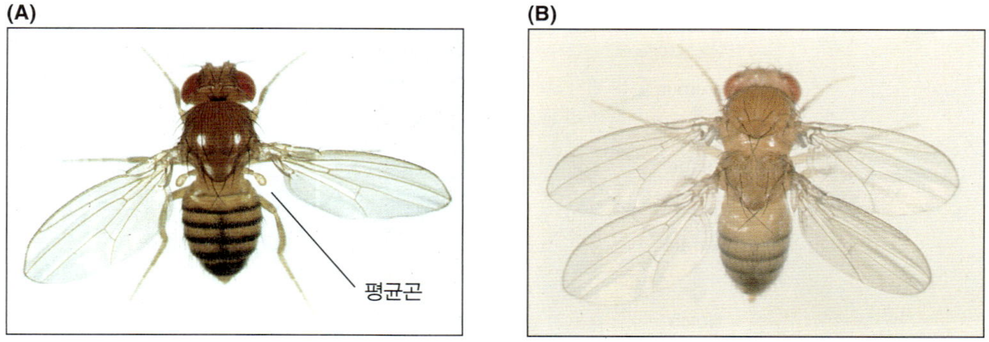

그림 11.23 (A) 정상 초파리의 날개와 평균곤(날개 뒤쪽으로 튀어나온 한 쌍의 단추 같은 구조) (B) 이중 흉부 유전자의 돌연변이로 말미암아 날개가 4개가 된 초파리. 돌연변이로 인해 3번 흉부체절이 2번 흉부체절처럼 변해 버렸다. 평균곤은 원래 3번 흉부체절에 붙어 있어야 하는데, 이 역시 뒷날개처럼 변해 버렸다.

(A) and (B) Courtesy of Edward B. Lewis. Used with permission of Hugh Lewis.

은 엑손에 있으며, 나선-회전-나선 구조를 암호하기 때문에 DNA 결합 도메인이 있는 여러 조절 단백질들과의 결합이 가능하도록 해 준다.

Hox 유전자는 동물 발생에서 중요한 마스터 키로 작용한다

Hox 유전자들은 몸의 전-후 측을 따라 전체적인 체구조 결정에 마스터 키로 작용한다. 때문에 발생 과정에서 중요한 위치를 차지하고 있다. *Hox* 유전자는 예쁜꼬마선충에서처럼 세포가 계보를 따라 정해진 운명대로 발생하는 경우와, 초파리처럼 체절 분화를 통해 발생이 일어나는 동물, 그리고 사람이나 포유동물처럼 세포의 운명이 복잡한 경로를 통해 결정되는 경우에 이르기까지 신경계, 근육계 및 골격계 등 신체 전반에 걸쳐 분화를 총괄 조절한다. *Hox* 유전자는 진화상 염기서열이 잘 보존되어 있다. 또한 염색체 상에 배열된 순서도 여러 동물에서의 경우를 보면 잘 보존되어 있다. 신체의 앞쪽 부위(anterior)를 조절하는 *Hox* 유전자들은 유전자군의 3′ 쪽에 위치해 있고, 뒤쪽 부위(posterior)를 조절하는 것들은 5′말단에 위치해 있다. 이런 배열은 발생 과정에서 유전자가 순차적으로 발현되는 순서와 일치하는 것이다. *Hox* 유전자들의 순서가 잘 보존되어 있는 이유는 발현 조절 인자들이 각 *Hox* 유전자군과 인접해서 위치하기 때문이다.

*Pax6*는 안구 발달의 마스터 조절인자이다

발생에는 마스터 키 역할을 하는 유전자들이 있다. 이 유전자들은 비교적 잘 보존되어 있는데, 그중 대표적인 것이 *Pax*라 불리는 것들이다. 이로부터 만들어지는 PAX 단백질은 모두 구조상 호메오박스(homeobox)를 포함하고 있다. 호메오박스 외에도 **쌍틀**(*paired box*)이라 불리는 DNA 결합부위가 이들 단백질에 있다. 가장 잘 알려진 예는 *Pax6* 유전자이다. 이 유전자는 원래 작은 눈 돌연변이 쥐(small-eye mutant mouse)의 원인 유전자라고 밝혀진 것이다. 사람에서는 홍체가 없어서 시력이 상실되는 *aniridia*라는 질환이 이에 해당한다. 쥐에서나 사람 모두에서 동형접합 돌연변이체(homozygous mutant)는 머리와 뇌의 발달이 심각하게 영향을 받기 때문에 살아남을 수가 없고, 살아남은 개체들은 모두 이형접합 돌연변이체(heterozygous mutant)이다.

사람과 쥐의 PAX6 단백질은 아미노산 서열이 동일하다. 이는 서로 다른 동물에서 단백질의 구조가 극도로 잘 보존된 좋은 예이다. *Pax* 관련 유전자는 사실 한 세기 이전에 이미 초파리에서 발견되었는데, 눈의 결핍을 초래하는 *eyeless* 유전자가 바로 그것이다. 이름처럼 *eyeless* 돌연변이는 눈이 안 만들어지거나 작게 만들어진다. 과학자들은 *eyeless* 유전자를 날개, 다리, 더듬이에서도 발현되게 조작하였는데, 그 결과 이런 조직들에서도 복합적인 눈이 형성되는 것을 발견하였다.

중요한 실험적 관찰은 쥐의 *Pax6* 유전자를 초파리에 넣었을 때 초파리의 눈 발생이 유도되는데, 그 결과가 쥐의 눈이 아니고 정상적인 초파리의 눈이라는 것이다. 이 말은 *Pax6* 유전자가 눈 발생의 복잡한 순서 체계의 맨 윗부분에서 초기에 작용한다는 것이다.

이처럼 *Pax* 유전자가 눈 발생에 마스터 유전자로 작용한 것은 언제부터일까? 지금까지의 연구를 종합해 보면 이들 *Pax* 유전자는 진화상의 눈 발생 초기부터 존재한 것으로 밝혀졌다(그림 11.24). 심지어는 플라나리아의 단순한 안점(그림 11.24A), 즉 컵 모양의 색소세포에 길게 늘어진 빛 감지 신경세포 하나가 배열된 정도의 단순한 안점에도 *Pax* 유전자가 관련되어 있다. 나아가 해파리, 문어, 척추동물에서 발견되는 사진기 형태의 눈 발생에도 역시 이들 유전자가 관련되어 있다(그림 11.24B~D). 이런 눈들은 빛을 감지하는 망막과 밖으로 돌출된 렌즈의 보다 진보된 구조를 하고 있

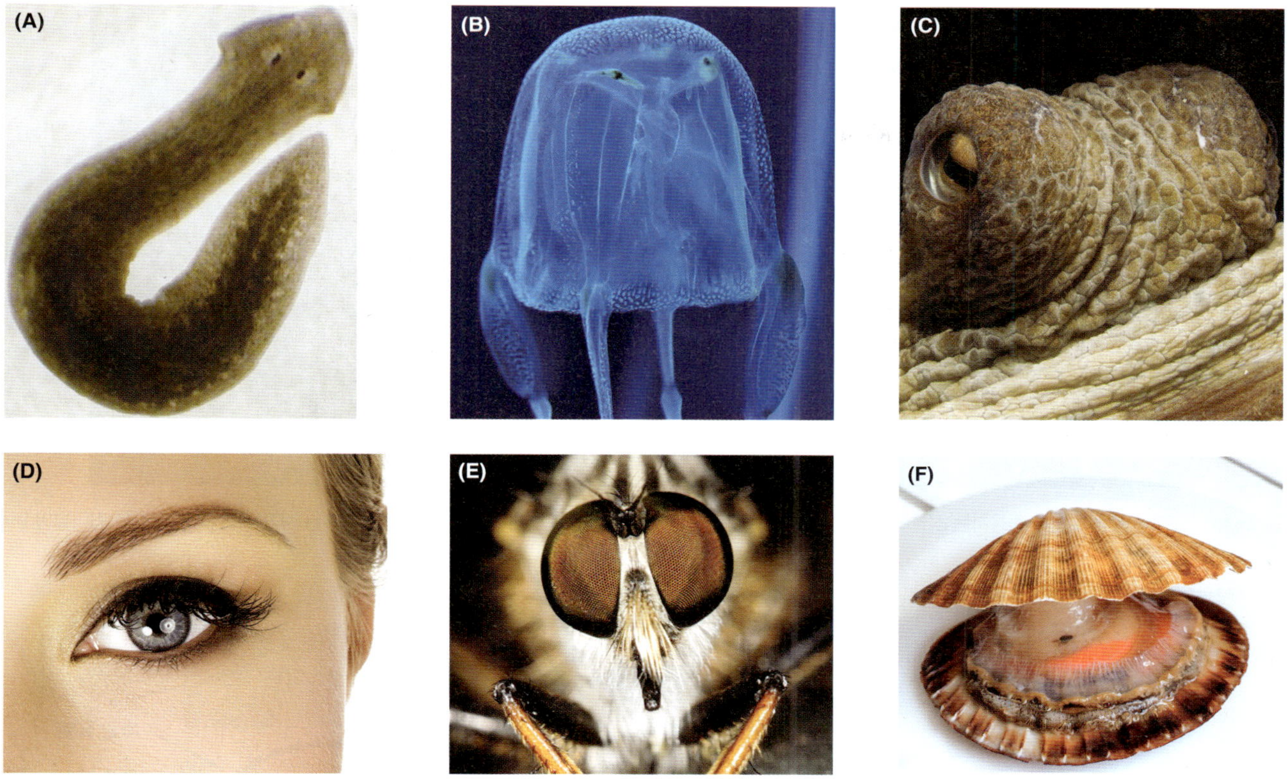

그림 11.24 동물에서 발견되는 주요 형태의 안구들. (A) 플라나리아, (B) 해파리, (C) 문어, (D) 척추동물, (E) 잠자리, (F) 가리비조개.

(A) Courtesy of Randy Schietzelt, Harper College; (B) © Daleen Loest/Shutterstock; (C) © Jose Hernaiz/fotolia.com; (D) © Ivanova Inga/Shutterstock; (E) © Armin Rose/Dreamstime.com; (F) © Asinka Photography/Shutterstock.

다. *Pax* 유전자들은 또한 곤충의 겹눈 발생도 조절한다(그림 11.24E). 겹눈에는 수백 개의 실린더가 있고, 그 안에 빛을 받아들이는 세포와 렌즈가 세트로 들어 있다. 가리비 조개의 거울형 눈도 이 유전자에 의해 발생한다(그림 11.24F). 거울형이라는 뜻은 빛이 망막에 비춰지기만 하는 것이 아니라 감지도를 증가시키기 위해 반사시키기도 한다는 것이다. *Pax* 유전자, 그리고 관련 유전자들이 중요한 것은 이들이 수백만 년 이상 동안, 이처럼 다양한 눈 발생을 조절해 왔다는 것이다. 그 말은 진화의 아주 초기에 어떤 눈의 형태가 하나 만들어졌고, 그 후 계속해서 다양하게 발전해 나왔다는 것이다. 그리고 화석이나 현존하는 생물체에서 발견되는 여러 형태의 눈들은 결국 동일한 유전자의 마스터 조절로 인해 공통 조상에서 발전해 왔음을 말해 주는 것이다.

11.4 애기장대의 꽃 발생은 유전자 발현이 통합 조절되는 좋은 예이다

이미 보았던 것처럼, 동물은 배아 초기의 발생이 아주 중요하다. 이 시기에 각 세포, 또는 조직이 무엇으로 분화될지가 결정되기 때문이다. 고등식물에서는 분화가 영양기관(뿌리, 줄기, 그리고 잎) 및 꽃기관(꽃잎, 수술, 심피)의 **분열조직(meristem)**이라 부르는 곳에서 진행이 평생 동안 계속된다. 분열조직은 세포가 항상 왕성하게 분열하고 있는 조직이다. 줄기와 뿌리의 분열조직은 배아발생(embryogenesis) 시기에 만들어지며, 같은 분열조직이라도 개개 세포는 상대적 위치에 따라 서로 뚜렷이 구별이 된다. 분열조직의 세포들은 분열 속도를 서로 달리하는 방법으로 조화를 이루면서 각 기관으로 분화해 나간다. 꽃의 분열조직은 배아 발생이 끝나면서 뿌리의 분열조직이 재배열되어 만들어진 것이다. 꽃 분열조직의 구조는 각 식물마다 독특하게 분화되어 있다. 동식물 발생에서 한 가지 중요한 차이점은 다음과 같다.

핵심 개념

고등식물에서는 세포들이 분열조직에서 증식을 한 다음 이동하여 영양기관이나 꽃기관으로 분화해 나간다. 그리고 이 세포들의 발생학적 운명은 완전히 이웃 세포와의 상대적 위치에 따라 결정된다.

고등식물의 발생에서 위치 정보가 중요한 역할을 한다는 것은 동물과 정반대되는 현상이다. 동물에서는 그 세포가

그림 11.25 환경적 장애에 쉽게 적응하는 식물의 발생 능력을 보여주는 나무. 성장 과정 중에 담장을 만나게 되면 나무는 자기 몸통 속에 담장을 집어넣어 버리고 만다.

Courtesy of Robert E. Pruitt, Purdue University.

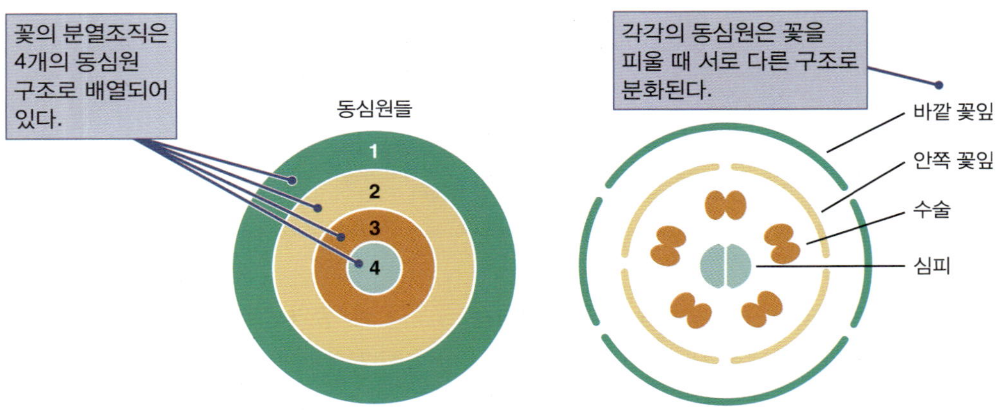

그림 11.26 분열조직의 동심원들로부터 분화되는 각각의 꽃기관들.

어느 계보에서 유래되었는가가 종종 발생학적 운명을 결정하기 때문이다.

식물에는 플라스틱(plastic) 또는 무한(indeterminate)이라고 부르는 생장 패턴이 있다. 이것은 영양기관과 꽃기관을 계속해서 만들어 내는 현상이다. 무한생장에 영향을 미치는 요인에는 낮의 길이, 빛의 양과 강도 등이 있다. 식물은 이런 다양성 때문에 주변 환경에 아주 잘 적응할 수 있다. 그림 11.25에서 보는 나무는 담장 근처에서 자랐기 때문에 그 담장을 아예 자기 몸통 속으로 함입시켜 버렸다. 고등식물들은 또한 유전자 돌연변이에도 놀랄 정도로 적응을 잘 한다.

애기장대의 꽃 발생은 MADS 전사 인자에 의해 조절된다

갓과 식물인 애기장대(*Arabidopsis thaliana*)를 유전자 차원에서 분석해 보면 꽃의 구조가 어떻게 유전적으로 결정되는지를 이해할 수 있다. 대부분의 개화식물이 그렇듯이 애기장대의 꽃도 동심원 모양으로 보이는 4가지 기하학적 구조로 되어 있다. 그림 11.26은 꽃을 위에서 내려다 본 기하학적 모습이다. 각 동심원마다 바깥쪽에서 안으로 순서에 따라 1, 2, 3, 4의 번호가 붙여져 있다(A). 꽃이 발생할 때에 각각의 동심원은 서로 다른 부분으로 분화가 된다(B). 동심원 1(녹색, 바깥쪽 꽃잎)과 동심원 2(흰색, 안쪽 꽃잎)는 각각 꽃잎을, 동심원 3은 수술(웅성기관, 꽃가루 형성)을, 그리고 동심원 4는 심피(서로 융합되어서 암술을 형성)를 만드는 조직들이다.

꽃 발생에 영향을 미치는 돌연변이에는 3가지가 있으며, 이들의 표현형은 각각 아주 특징적이다(그림 11.27). 정상적인 꽃(A)과 비교해 보면, 하나는 바깥 꽃잎과 안쪽 꽃잎이 아예 없고(B), 또 다른 하나는 안쪽 꽃잎과 수술이 없으며(C), 세 번째 것은 수술과 심피가 없다(D). 동형접합 돌연변이끼리 교배를 한 결과에 따르면 여기에 관련된 유전자들이

(A) 야생형 (B) *apetala-2* (*ap2*) (C) *pistillata* (*pi*) (D) *agamous* (*ag*)

그림 11.27 애기장대의 돌연변이 꽃들. (A) 정상적인 꽃은 바깥쪽과 안쪽의 꽃잎, 수술, 심피가 각각의 동심원상에 잘 배열되어 있다. (B) *ap1*(*apetala-1*) 동형접합 돌연변이에서는 꽃잎이 전혀 분화하지 못한다. (C) *ap3*(*apetala-3*) 또는 *pi*(*pistillala*) 동형접합 돌연변이에서는 바깥 꽃잎과 심피는 있지만 안쪽 꽃잎과 수술이 분화하지 않는다. (D) *ag*(*agamous*) 동형접합 돌연변이에서는 꽃잎은 모두 있지만 수술과 심피가 분화하지 않는다.

(A) Courtesy of Elliot M. Meyerowitz, California Institute of Technology.; (B) Reproduced from E. M. Meyerowitz and J. L. Bowman, *Sci. Am.* 271 (1994): 56-65. Used with permission of Elliot M. Meyerowitz, California Institute of Technology.; (C) and (D) Courtesy of Elliot M. Meyerowitz, California Institute of Technology.

서로 상보적인 관계에 있음을 알 수가 있다. 중요한 유전자들과 그 돌연변이를 **표 11.1**에 나열하였다.

표 11.1 애기장대에서 돌연변이별 꽃의 발달

유전형	동심원 1	동심원 2	동심원 3	동심원 4
야생형	꽃받침	꽃잎	수술	암술
ap2/ap2	암술	수술	수술	암술
ap3/ap3	꽃받침	꽃받침	암술	암술
pi/pi	꽃받침	꽃받침	암술	암술
ag/ag	꽃받침	꽃잎	꽃잎	꽃받침

- 안쪽과 바깥쪽의 꽃잎이 모두 결핍된 경우는 *ap2*(*apetala-2*) 유전자의 돌연변이에 의해서 야기된다.
- 수술과 안쪽 꽃잎이 결핍된 경우는 *ap3*(*apetala-3*) 또는 *pi*(*pistillata*) 유전자의 돌연변이에 의해서 야기된다.
- 수술과 심피가 결핍된 경우는 *ag*(*agamous*) 유전자의 돌연변이에 의해서 야기된다.

위에 언급된 것은 모두 *MADS box* 군에 속하는 전사 인자 유전자들이다. 이들 MADS box 전사 인자들은 58개의 아미노산으로 된 공통서열을 가지고 있다. 이들은 식물의 유전자 발현을 전사 차원에서 조절하는데, 동물에서도 식물만큼 뚜렷하지는 않지만 이 유전자들이 있어 유사한 기능을 하는 것으로 알려져 있다.

애기장대의 꽃 발생은 각 동심원에서의 유전자 발현이 기능적으로 조합된 결과이다

꽃기관에서 *ap2*, *ap3*, *pi* 및 *ag* 전사 인자들이 어떤 역할을 하는지는 돌연변이를 조사하면 쉽게 알 수가 있다. 그 이유는 이들 유전자 중 어느 것에서나 돌연변이가 생겼을 때 인접한 2개의 동심원에서 발생해야 하는 꽃기관들이 결핍되기 때문이다(표 11.1 참조). 이러한 패턴은 곧 *ap2*이 안쪽과 바깥쪽 꽃잎 발생에 필수적이라는 것과, *ap3* 및 *pi*가 안쪽 꽃잎과 수술 발생에 필수적이라는 것, 그리고 *ag*는 수술 및 심피 발생에 필수적이라는 것을 말해 주는 것이다. 돌연변이의 결과가 대립유전자의 기능이 소실될 때 생기기 때문에 *ap2*은 동심원 1과 2에서, *ap3*와 *pi*는 동심원 2와 3에서, 그리고 *ag*는 동심원 3과 4에서 발현된다고 유추할 수 있다. 이렇게 유전자 발현이 서로 겹치는 패턴이 **표 11.2**에 요약되어 있다.

표 11.2에 요약된 유전자 발현의 종합적인 결론은 꽃 발생이 4개의 유전자가 서로 어떻게 조합되는가에 달려 있다는 것이다. 바깥쪽 꽃잎은 단지 *ap2*만이 활성화된 조직에서, 안쪽 꽃잎은 *ap2*, *ap3*, *pi*의 상호 조합에 의해서, 수술은 *ap3*,

표 11.2 꽃의 발생을 결정하는 유전자들의 발현 부위

동심원	발현되는 유전자	결과
1	*ap2*	꽃받침
2	*ap2* + *ap3* 그리고 *pi*	꽃잎
3	*ap3* and *pi* + *ag*	수술
4	*ag*	암술

pi, *ag*의 조합에 의해서, 그리고 심피는 단지 *ag*만이 발현되는 조직에서 분화되어 만들어진다는 것이다. 이에 대한 모델은 그림 11.28에 그래프로 표시되어 있다. 모델의 이름은 "꽃 ABC 모델"인데, *ap2*의 활성이 원래 A로, *ap3*와 *pi*의 활성은 둘을 합쳐서 B로, 그리고 *ag*의 활성은 C로 표시되었기 때문이다. 그렇기 때문에 각 동심원에 나타나는 이들 유전자의 활성은 동심원 1에서 A로, 동심원 2에서 AB로, 동심원 3에서 BC로, 동심원 4에서 C로 표시된다(그림 11.28).

그러나 자세히 보면, 표 11.2에 표시된 모델이 표 11.1의 *ap2* 및 *ag* 돌연변이에 대한 모든 것을 설명할 수는 없다는 것을 알 수 있다. 특별히 표 11.2의 조합 모델(combinatorial model)에 따라 동형접합 *ap2* 식물의 동심원 1, 2로부터 심피와 수술이 발달하려면 동심원 1, 2에서 *ag*가 반드시 발현되어야만 한다. 비슷한 원리로 동형접합 *ag* 식물의 동심원 3, 4에서 안쪽과 바깥쪽 꽃잎이 각각 발생하려면 역시 동심원 3, 4에서 *ap2* 발현이 필수적이라는 것이다. 이러한 불일치 현상은 *ap2*과 *ag*가 서로의 발현을 억제한다고 가정하면 설명될 수 있다. 즉, *ap2* 전사 인자가 있을 때는 *ag*가 억제되며, 반대로 AG 전사 인자가 있을 때는 *ap2*이 억제된다는 것이다. 만일 이것이 사실이라면, *ap2* 돌연변이에서는 *ag*가 동심원 1, 2 전체에서 발현되어야 할 것이다. 또한 *ag* 돌연변이에서는 *ap2*이 동심원 3, 4 전체에서 발현되어야 할 것이다. 이

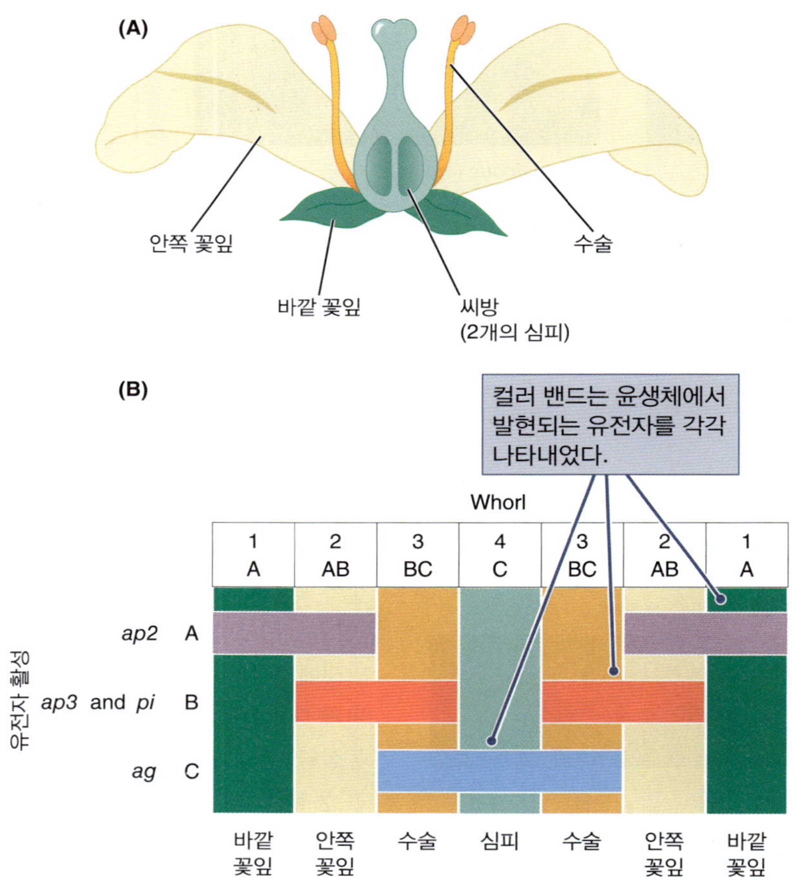

그림 11.28 애기장대의 꽃 발생은 4종류의 유전자가 어떤 조합으로 발현되는가에 따라 조절된다. 바깥 꽃잎, 안쪽 꽃잎, 수술, 그리고 심피는 각각 동심원 형태로 배열되어 분화하는 꽃의 기관들이다. 각 동심원은 발생학적인 차원에서 서로 독립적이다. 이 독립성은 *ap2*, *ap3*, *pi* 그리고 *ag* 유전자가 어떻게 발현되느냐에 따라 결정된다. 각각의 유전자들은 인접한 동심원 2개씩에서 발현이 된다. 따라서 각각의 동심원은 A, B, C로 표기되는 활성화된 유전자들의 독특한 조합을 나타내는 것이다.

렇게 가정을 할 때 우리는 비로소 단일, 더 나아가 이중돌연변이에 대해서까지 설명할 수 있게 된다.

이처럼 *ap2*과 *ag*의 상호 억제 작용에 대해 가정했을 때, 표 11.2의 모델은 여러 데이터와 들어맞게 된다. 그러나 이 모델이 정말 옳을까? 유전자 발현의 패턴을 알기 위해서 각 유전자 별로 표지된 탐침을 만들고, 이를 이용해 개화 중인 세포에서 RNA 정도를 조사해 보면 유전자 발현의 패턴이 표 11.2와 꼭 들어맞는 것을 알 수 있다. 특별히 *ap2*은 동심원 1과 2에서 발현이 되고, *ap3*와 *pi*는 동심원 2와 3에서, *ag*도 동심원 3과 4에서 발현되는 것이 관찰된다. 뿐만 아니라 *ap2*과 *ag*의 발현은 서로 영향을 주지 않는다는 가정도 들어맞는 것처럼 나타났다. *ap2* 돌연변이에서는 *ag*가 동심원 1과 2에서 발현되는 반면, *ag* 돌연변이에서는 *ap2*이 동심원 3과 4에서 독자적으로 발현된다. 연구결과는 또한 *ap3*와 *pi*가 서로 어떻게 작용하는지 설명해 준다. 이 유전자들은 Ap3와 Pi라 불리는 단백질을 만들어 낸다. 이 단백질들은 서로 결합해 이합체(dimer)를 이루면 활성이 높은 전사 인자로 기능을 발휘할 수 있지만, 서로 떨어져 있으면 그저 불활성화된 상태로 세포질 내에 머무를 뿐이다. 일단 이 둘이 합쳐져 활성화되면 이 전사 인자는 핵 속으로 이동하게 된다.

잠깐 생각해 봅시다 11.3

꽃이 발생할 때 Ap2, Ap3/Pi, Ag 전사 인자들이 대단히 중요한 기능을 담당하고 있다는 것을 되새겨 본다면, 이들이 모두 결손된 경우도 생각해 볼 수 있을 것이다. *ap2, pi, ag* 유전자 모두에서 돌연변이가 일어났을 때 어떤 형태의 꽃이 발생할지를 그려보시오.

장의 요약

- 동물세포에서, 난자에 있는 모계 유전자 산물은 체축(body axes) 결정 등 발생의 초기 상태를 결정해 준다.
- 발생에 관여하는 유전자들은 종종 유전자 산물의 기울기에 의해 조절된다. 이 조절은 세포내 또는 배자의 축을 따라 이루어진다.
- 발생에 관여하는 유전자들은 상위와 하위의 순서적 체계가 있다. 먼저 발현된 유전자가 나중에 발현되는 유전자들을 조절해 준다.
- 발생에 관여하는 유전자의 조절은 대단히 복합적이다. 즉, 각각의 유전자는 다른 유전자들의 복합적인 기능적 조합에 의해 조절된다.
- 발생 유전자들의 조절은 기능을 소실하거나 획득하는 것으로 결정되는데, 그 결과 대부분 표현형이 정반대로 나타난다.
- 상위와 하위의 원리는 발생 과정에서 스위치 조절에 관여하는 유전자들의 순서를 결정하는 것을 도와준다. 이 원리는 상위 유전자가 하위 유전자에 관여하여 그 활성을 조절해 준다는 것이다.
- 형태 형성의 기초 과정은 대부분의 동물과 식물에서도 유사하게 나타난다.

쟁점과 착상: 알고 넘어 갑시다

- 발생과 관련된 용어로서 "위치 정보"란 무슨 뜻인지 말하시오. 이 위치 정보는 어떻게 세포 운명에 영향을 주는가?
- 어떤 유전자 하나가 발생 전체를 결정하는 데 충분하다면 기능소실 돌연변이와 기능획득 돌연변이의 표현형이 다를 것으로 예상되는 이유는 무엇인가?
- 막관통 수용체란 무엇인가? 리간드란 무엇인가? 세포 간 신호교류에서 이들 분자들이 수행하는 역할은 무엇인가?
- 상위 개념의 원리는 무엇인가? 스위치 조절이 가능한 일련의 대사작용에서 이 개념이 유전자 산물의 기능별 순서를 결정하는 데에 어떻게 우용한가?
- 초파리의 발생 초기에서 발현되는 유전자의 조절 기작을 연구할 때 모계 영향 유전자가 중요한 이유는?
- 식물에도 동물과 비슷한 의미의 생식세포가 있는가? 생물체가 진화할 때 생식세포에서의 돌연변이는 체세포 돌연변이에 어떻게 영향을 미치는가?
- 애기장대에서 꽃이 발달할 때에 여러 유전자가 함께 무리지어서 이 과정을 조절한다고 한다. 이에 대해 설명하시오.

문제 풀고 한 걸음씩 앞으로

문제 1 그림에서 보듯이, A라는 물질은 꽃의 붉은색 색소가 만들어지는 것을 저해한다. 원래 야생형 꽃은 분홍색이지만 돌연변이가 일어나면 흰색 또는 빨간색이 된다. A가 유전자 A의 산물이라고 가정할 때 유전자 A의 기능이 소실되면 꽃은 어떤 색으로 나타나게 될지 설명하시오. 반대로 유전자 A의 기능을 획득한다면 어떤 색이 될지 말하시오. 이런 상황들은 발생 유전학의 무슨 원리가 적용된 것인가?

풀이. A가 꽃의 붉은색을 억제하기 때문에 야생형 꽃은 분홍색이다. A 유전자의 기능이 소실되면 A가 사라질 것이고, 그 결과 억제의 정도도 줄어들게 된다. 따라서 예상되는 표현형은 빨간색이다. 반대로 A 유전자의 기능을 획득하면 A가 많이 만들어질 것이고 억제되는 정도가 더욱 심해질 것이다. 그러므로 예상되는 꽃의 표현형은 흰색이다. 이것은 발생 조절 유전자들의 돌연변이로 인해 기능을 잃거나 얻으면 표현형이 정반대가 된다는 원리를 말해 주는 것이다.

문제 2 그림은 어떤 곤충의 부속지를 관찰한 것이다. 원래 야생형은 털이 외줄이다. 그러나 돌연변이가 일어나면 털이 없거나 오히려 두 줄의 털이 나기도 한다. 이 털이 만들어지는 과정은 발생 순서에서 스위치가 작용하기 때문인데, *A*, *B*, *C*, *D* 유전자가 만들어 내는 *A*, *B*, *C*, *D*라는 물질에 의해서 조절이 된다. 이 유전자들의 상호작용 순서는 알려져 있지 않다. *a*, *b*의 돌연변이는 털이 없는(M) 형태를 만들어 내고, *c*, *d*의 돌연변이는 여분의 털을 만들어 낸다(E). 표를 보면 이중돌연변이의 가능한 조합이 표시되어 있다. *A*, *B*, *C*, *D*의 유전자 작용 순서를 추론하시오.

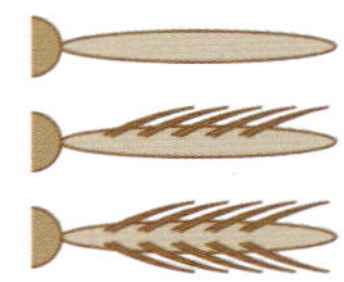

	c	*d*
a	E	M
b	M	M

풀이. 상위와 하위의 개념에 따르면 이중돌연변이의 상위 유전자 산물은 하위 유전자 산물의 아래쪽에서 작용하게 되어 있다. 그런 까닭에 첫 번째 열은 A−C와 D−A의 순서를 말해 주고 있다. 반면에 두 번째 열은 C−B와 D−B의 순서를 나타내 준다. 이들 정보를 함께 종합하면 전체적인 유전자 작용 순서는 D−A−C−B이다.

문제 3 애기장대에는 꽃 발생에 영향을 미치는 단백질분해효소(protease)가 있다. 만약 이 단백질분해효소에 돌연변이가 일어나서 기질특이성이 변했다고 가정해 보라. 또 그 결과 이 단백질분해효소는 Ap2과 Ag 단백질(*ap2*과 *ag* 유전자의 산물)을 마구 자르게 되고 결국 이 두 단백질의 기능을 없애 버린다고 가정하자. 그리고 Ap3/pi의 이합체 단백질만 있고, Ap2와 Ag가 없는 경우에는 안쪽 꽃잎과 수술의 모양이 뚜렷하지 못하고, 중간 형태로 변형된다는 것을 참고하자. 이러한 정보를 종합할 때 이 단백질분해효소 돌연변이의 꽃은 어떤 형태일지 설명하시오.

풀이. 동심원 1은 Ap2가 발현되지 않으므로 디폴트 상태로서 잎이 될 것이다. 동심원 4도 Ag가 발현되지 않으므로 역시 잎으로 발생한다. 동심원 2와 3에서는 Ap3/Pi만이 발현되므로 꽃잎과 수술의 중간 형태가 될 것이다. 따라서 전체적인 꽃 모양은 동심원 1, 4는 잎이고, 동심원 2, 3은 꽃잎과 수술의 중간 형태인 모습이 될 것이다.

실전에 필요한 개념: 끝까지 풀어 봅시다

11.1 배아의 초기 발생 단계에서 많은 양의 rRNA가 공급되어야 하는 이유는 무엇인가?

11.2 기능소실 돌연변이와 기능획득 돌연변이를 구별하시오. 동일한 유전자가 이 2가지 현상을 모두 일으킬 수 있는지, 그리고 같은 대립유전자가 이 2가지 현상을 모두 일으킬 수 있는지 말하시오.

11.3 다음의 돌연변이들을 세포 계보(cell-lineage) 돌연변이, 호메오틱(homeotic) 돌연변이, 쌍지배(pair-rule) 돌연변이 중 하나로 분류하시오.

(a) 예쁜꼬마선충에서 원래는 서로 다른 운명을 가진 2개의 딸 세포를 만드는 세포가 같은 운명의 딸 세포를 2개 만드는 돌연변이.

(b) 초파리의 더듬이가 다리가 나올 자리에 위치하는 돌연변이.

(c) 초파리 배아의 체절에서 비정상적인 유전자 발현을 일으키는 치사 돌연변이.

11.4 세포 죽음(세포자살)은 발생 과정에서 조직과 기관의 형태가 정상적으로 형성되는 데 필수적인 현상이다. 오리의 원시 다리 조직에서 사멸하기로 예정되었던 세포들을 사멸 바로 직전에 배(embryo)의 다른 부분으로 옮겨도 이 세포들은 결국 사멸하고 만다. 그러나 몇 시간만 더 일찍 이런 처치를 수행하면

이 세포들은 살아남아서 사멸하지 않게 된다. 이 관찰에 대하여 설명하시오.

11.5 예쁜꼬마선충이 발생할 때 진행성 세포예정사가 일어나지 않으면, 그 결과는?

11.6 아래의 어떤 서술이 맞는 것인지 말하시오.

(a) 홀수 건너뛰기 돌연변이는 쌍지배(pair-rule) 유전자의 한 예이다. 이 돌연변이로 인해 유전자의 기능이 소실되면 유충의 체절이 하나씩 건너뛰면서 결실되어 버린다.

(b) 몇 개의 유전자들은 돌연변이가 일어나면 날개가 없는 파리가 발생된다. 그러나 이 유전자들이 각각 홀로 발현될 때는 날개가 발생하지 않는다. 따라서 이들 유전자들은 날개 발생에 필요하지만 그 자체만으로 충분하지는 않다.

(c) 초파리의 돌연변이 중 어떤 것은 소치(denticle)가 없는 유충이 발생되게 한다. 그러나 이때 체절의 숫자는 정상이다. 이것은 gap 유전자가 돌연변이된 결과이다.

11.7 "*o*"라고 표시하는 axolot1 유전자의 돌연변이는 모계 영향 유전자에서 일어난 돌연변이이다. 유전자가 "*oo*"인 모계에서 유래된 배는 유전자형이 구체적으로 어떻게 되든지 상관없이 낭배기에서 치사하고 만다. 그러나 이런 배에 "o^+o^+" 또는 "o^+o"에서 유래된 핵 추출물을 주사해 주면 배는 살아남을 수 있다. 반면에 세포질을 주사하면 큰 효과가 없는 것으로 관찰된다. 이 현상에 대한 적절한 설명은 무엇인가?

11.8 *lin-12* 유전자가 만드는 똑같은 막관통 수용체일지라도 이들이 다른 세포에서 발현되면 발생과 분화에 미치는 영향이 전혀 다르게 된다. 이처럼 동일한 수용체인 Lin-12이지만 두 세포가 서로 다르게 반응하도록 만드는 이유는 무엇인가?

11.9 동물의 체절 결정 유전자와 마찬가지로 애기장대의 꽃 모양이 정상적으로 형성될 수 있도록 조절해 주는 중요 유전자들을 설명하시오.

11.10 어떤 유전자가 특정한 발생 과정을 조절하는 데 있어 필수적이기는 하지만 그것 하나만으로 그 발생 과정이 충분하게 조절될 수는 없는 경우가 종종 있다. 이런 유전자가 기능소실 돌연변이 되었다면 표현형은 어떻게 나타날지 설명하시오. 이 대립유전자가 우성인지 열성인지 설명하시오.

11.11 초파리에서 Bicoid와 Nanos 단백질은 배자의 앞부분(전체의 1/3)에서 gap 유전자인 *hunchback*의 발현을 억제하기 위해 함께 작용한다. *hunchback* 유전자가 기능이 소실되면 돌연변이 유충의 표현형은 어떻게 되는가?

11.12 *ap3*와 *pi*의 기능소실 돌연변이에서 표현형이 어떻게 나타날지 설명하시오. 또 기능획득 돌연변이로 인해 *ap3*와 *pi*가 동심원 1, 2, 3, 4 모두에서 발현된다면 그 표현형은 어떻게 될까? 한편, 이 결과들은 Ap3/Pi가 4가지 동심원 발생에 필수적인지, 또는 필수적이면서도 충분한지를 설명해 줄 수 있는지 설명하시오.

11.13 애기장대에서 기능획득돌연변이가 일어나 *Ap3*와 *Pi*가 동심원 1에서 발현된다면 그 표현형은 어떻게 되는가?

11.14 꽃의 모양을 결정하는 3가지 유전자 X, Y, Z는 자기 혼자서, 또는 서로 쌍을 이루어 발현됨으로써 꽃의 각 기관이 발생할 수 있도록 도와준다. 꽃은 모두 4개의 동심원 구조로 되어 있다. 가장 바깥쪽이 동심원 1이고, 가장 안쪽이 동심원 4이다. 유전자 X는 동심원 1과 2에서 발현되고, Y는 2와 3에서, Z는 3과 4에서 각각 발현된다. Y 없이 X만 발현되면 바깥쪽 꽃잎을, X + Y는 함께 안쪽 꽃잎을, Y + Z는 함께 수술을 만들어 내고, Y 없이 Z만 발현되면 심피가 만들어진다. X가 없으면 Z가 동심원 4개에서 모두 발현되며, Z가 없으면 반대로 X가 모든 동심원에서 발현이 된다. X, Y, Z 유전자가 모두 돌연변이되어 버리면 특정한 동심원으로부터 그에 해당하는 꽃 기관들이 사라지게 되며 대신에 다른 꽃 기관의 모습이 그 자리에 나타나게 된다. 다음의 경우에 어떤 표현형이 각각 예상되는지 설명하시오.

(a) *X* 대립인자의 기능 소실

(b) *Y* 대립인자의 기능 소실

(c) *Z* 대립인자의 기능 소실

11.15 앞의 문제에 주어진 내용을 토대로 하여 *X*와 *Y* 유전자에 동형접합 기능소실 돌연변이가 일어날 경우, 꽃 모양이 어떻게 변할지 설명하시오.

11.16 초파리에는 배가 발생할 때 어느 한 부분에서만 발현되는 간극 유전자와 7개의 체절 띠에서 골고루 발현되는 쌍지배 유전자가 있다. 간극 유전자에서 돌연변이가 일어나면 애벌레의 체절 구분이 없어지게 되며, 쌍지배 유전자에서 돌연변이가 일어나면 체절이 교대로 구분할 수 없게 된다. 제자리(*in situ*) 유전자 교배실험에서 mRNA의 발현을 조사해 보면, (1) 간극 유전자의 발현은 정상이지만 쌍지배 유전

자가 동형접합 돌연변이인 경우와 (2) 간극 유전자가 동형접합 돌연변이이면서 동시에 쌍지배 유전자의 발현도 비정상인 경우들이 발견된다. 이러한 관찰을 통해 체절이 형성되는 여러 단계적 순서에서 간극 유전자와 쌍지배 유전자의 역할을 유추해보시오.

11.17 개구리의 뇌세포는 보통 분열하지도 않고 새로운 DNA를 합성하지도 않는다. 그러나 그 뇌세포를 발생 중인 난자에 집어넣으면 뇌세포의 핵들이 (a) 신속하게 자라고 있는 감수분열 이전 단계의 난자에서는 RNA를 합성하고, (b) 조금 더 성숙한 난자에서는 DNA나 RNA를 합성하지 않지만, 염색체가 응축되어 있으며 곧 감수분열을 시작하는 것이 관찰된다. 이 현상에 대해 설명하시오.

11.18 Edward B. Lewis, Christianne Nusslein-Volhard, 그리고 Eric Wieschaus는 Drosophila의 발생유전학 연구로 노벨물리상과 노벨의학상을 각각 수여받았다. 그들의 연구는 발생에 관련된 유전자들을 분리하는 것이었는데, 특히 Nusslein-Volhard와 Wieschaus는 앞부분의 구조가 사라진 동시에 뒷부분이 복제된 모계 영향 유전자 돌연변이를 20여 종이나 발견하였다. Nusslein-Volhard가 자기의 이런 관찰을 동료에게 말했을 때, 그 동료는 무려 20여 개의 유전자가 이 현상에 관여하고 있다는 사실에 깜짝 놀랐다. 그러나 사실 이 동료가 그렇게까지 놀랄 필요는 없었던 이유를 설명하시오.

11.19 애기장대풀에서 돌연변이된 꽃의 모습을 설명하기 위해서, 다음 사실들을 왜 미리 가정해야 하는지 말하시오:

(a) *agamous* 돌연변이에서 *apetala-2*의 발현은 동심원 3, 4 영역에까지 확대되어 있다.

(b) *apetala-2* 돌연변이에서 *agamous*의 발현은 동심원 1, 2 영역에까지 확대되어 있다.

11.20 초파리의 *rosy*(*ry*) 유전자는 xanthine dehydrogenase(XDH) 효소 유전자로서 눈의 색깔이 정상적으로 발달하는 데 필수이다. *ry*/*ry* 유전자 조합을 가진 파리는 XDH 활성이 없기 때문에 눈이 장미 빛을 띠게 된다. 한편 X-염색체에 있는 *maroonlike*(*mal*) 유전자 역시 XDH 활성에 필수적이다. *mal*/*mal*; ry^+/ry^+ 암컷과, *mal*/*Y*; ry^+/ry^+ 수컷에서는 XDH가 활성이 없다. 이들의 눈은 밤색이다. mal^+/mal; *ry*/*ry* 암컷과 *mal*/*Y*; ry^+/ry^+ 수컷을 교배해 나오는 *mal*/*mal*; ry^+/ry 암컷과 *mal*/*Y*; ry^+/ry 수컷의 경우 유전자형으로만 보면 장미색 눈이어야 하지만 실제로는 정상적인 눈 색깔을 하고 있다. 이 현상을 설명하시오.

잠깐 생각해 봅시다: 해답

잠깐 생각해 봅시다 11.1의 해답

*aa bb*는 *aa* b^+b^+와 표현형이 동일하기 때문에 *a* 유전자가 *b* 유전자보다 더 상위에 있다. 즉, a^+의 산물인 A가 b^+의 산물인 B보다 아래 단계에서 작용을 한다. 다른 말로 표현하면 A는 Y에, B는 X에 해당한다.

잠깐 생각해 봅시다 11.2의 해답

m/*m* 암컷은 이형접합자인 *m*/+ 암컷과 *m*/*m* 또는 *m*/+ 형의 수컷을 교배시킴으로써 얻을 수 있다. 동형접합자인 *m*/*m* 암컷은 결함이 있는 알을 낳지만, *m*/+ 암컷은 정상적인 알을 낳을 수 있다. *m* 유전자를 가진 알이 *m* 유전자를 가진 정자와 수정되면 살아 있는 *m*/*m* 암컷이 결과적으로 얻어진다.

잠깐 생각해 봅시다 11.3의 해답

ap2 pi ag 3가지 모두 돌연변이가 되더라도 꽃은 여전히 4개의 동심원을 가지고 발생한다. 그러나 각각의 동심원에는 암술과, 수술, 꽃받침, 심피 등이 발생하는 데 필요한 전사인자들이 모두 결핍되어 있다. 따라서 각각의 동심원마다 원시적인 모습, 즉, 잎 모양으로만 발생할 것이다. 결국 예상되는 꽃의 표현형은 모든 꽃의 기관들이 결핍된 상태이고, 동심원을 따라 잎 모양만 나타날 것이므로 대단히 기이한 형태가 될 것이다.

CHAPTER 12

조지아 남부의 프리온 섬에 있는 순백의 펭귄.

돌연변이와 DNA 수선의 분자적 기작

학습 목표

- 자연발생 돌연변이와 유도 돌연변이, 생식계통 돌연변이와 체세포 돌연변이, 조건 돌연변이와 비조건 돌연변이, 기능상실 돌연변이와 기능획득 돌연변이를 구분할 수 있다.
- 유전 암호의 첫 번째와 두 번째 위치에서의 뉴클레오티드 치환이 동의적이기 보다는 비동의적인 경향을 나타내는 이유와 세 번째 위치에서의 염기 전이가 이 위치에서의 염기 교차보다 더 동의적인 이유를 설명할 수 있다.
- 항생제 내성 돌연변이가 항생제 없이도 생겨날 수 있으며, 돌연변이가 그 개체에 유리한 영향을 미치는지 불리한 영향을 미치는지에 상관없이 생겨난다는 것을 보여주는 복제 평판 실험을 설명할 수 있다.
- 세포에 염기 유사체, X 선, 자외선 등을 처리했을 때 주로 생기는 돌연변이의 종류를 예측할 수 있다.
- 잘못짝지음 수선과 뉴클레오티드 절제 수선을 구분하고, 잘못짝지음 수선이 DNA 복제의 정확도에 왜 더 중요한지 설명할 수 있다.
- 시토신의 탈아미노화에 의해 형성된 우라실과 5-메틸시토신의 탈아미노화에 의해 형성된 티민을 수선하는 주요 기작을 설명하고, 이 두 기작이 왜 동일하지 않은지 설명할 수 있다.

돌연변이(mutation)는 유전될 수 있는 유전물질의 변화이다. 이 장에서 우리는 돌연변이의 본질을 분자 수준에서 고찰하고자 한다. 여러분은 돌연변이가 어떻게 일어나며, 어떻게 표현형에 의해 확인되고, 어떻게 많은 돌연변이들이 생기자마자 특수한 DNA 수선효소에 의해 고쳐지는지를 알게 될 것이다. 또한 돌연변이가 가닥 절단이나 기타 다양한 형태의 DNA 손상을 일으키는 방사선과 여러 화학물질에 의해 유도될 수 있음을 알게 될 것이다.

12.1 돌연변이는 여러 방법으로 분류된다

돌연변이를 분류하는 주요한 방식들이 **표 12.1**에 정리되어 있다. 처음 5개 범주는 어떤 종류의 돌연변이에나 적용되지만, 마지막 것은 단백질 유전 암호가 위치한 DNA 부위에서의 돌연변이에만 국한된다.

돌연변이 유발원은 유전자에 돌연변이가 일어날 기회를 증가시킨다

대부분의 돌연변이는 자연발생적(spontaneous)인데, 이것은 그들이 통계적으로 무작위적이며 예측할 수 없는 사건이라는 것을 의미한다. 그럼에도 불구하고, 각 유전자는 특징적인 돌연변이율(rate of mutation)을 가지는데, 돌연변이율은 단일 세대 기간에 DNA 서열이 변경될 확률로 측정된다. 돌연변이율은 화학적 돌연변이 유발원(mutagen)이나 방사선 처리에 의해 증가될 수 있는데, 이런 경우 이 돌연변이는 유도(induced)되었다고 말한다. 그러나 돌연변이 유발원 존재 하에 일어난 돌연변이 중 일부는 유발원이 없더라도 일어났을 수 있으며, 따라서 하나의 특정한 돌연변이가 돌연변이 유발원에 의해 유도되었는지 아닌지를 명확하게 언급하는 것은 대개 불가능하다. 예를 들면, 만일 어떤 돌연변이 유발원의 처리가 자연발생 돌연변이율을 10배 증가시킨다면 유발원이 없더라도 일어났을 돌연변이 하나가 이제 10개가 되는 것이다. 이것은 돌연변이 유발원 존재 하에 일어난 10개 중 하나 또는 10%는 돌연변이 유발원 없이도 일어난다는 것을 의미한다.

생식계통 돌연변이는 유전되지만 체세포 돌연변이는 유전되지 않는다

다세포 생물에서 돌연변이를 구분하는 중요한 특징 중 하나는 돌연변이가 처음 어떤 세포에서 일어났느냐 하는 것이다. 배우자를 형성하는 세포에서 일어나는 돌연변이는 생식계통 돌연변이(germ-line mutation)이며, 다른 모든 것들은 체세

표 12.1 돌연변이의 주된 종류와 그들의 특징

분류의 기준	돌연변이의 주된 종류	주된 특징들
기원	자연발생	알려진 돌연변이원 없이 일어남
	유도	알려진 돌연변이원 존재 하에 일어남
세포 종류	체세포	비생식세포에서 일어남
	생식계통	생식세포에서 일어남
발현	조건	제한조건 (높은 온도같은) 하에서 나타남
	무조건	제한조건은 물론 허용조건 하에서 나타남
기능에의 영향	기능손실 (유전자 결실, 무형질)	정상적인 기능을 제거함
	저형태 (누출)	정상적인 기능을 줄임
	과형태	정상적인 기능을 증가시킴
	기능획득 (변위 발현)	부정확한 시간 또는 부적당한 세포 종류에서 발현됨
분자 변화	염기 치환	이중나선 DNA에 있는 한 염기쌍이 다른 염기쌍으로 대체됨
	염기 전이	피리미딘 (T 또는 C)이 피리미딘으로, 또는 퓨린(A 또는 G)이 퓨린으로
	염기 교차	피리미딘(T 또는 C)이 퓨린으로, 또는 퓨린(A 또는 G)이 피리미딘으로
	삽입	하나 또는 그 이상의 여분의 뉴클레오티드가 존재
	결실	하나 또는 그 이상의 뉴클레오티드가 손실됨
번역에의 영향	동의 (잠재성)	암호화된 아미노산에 변화가 없음
	과오 (비동의)	암호화된 아미노산에 변화
	정지 (종료)	해독종결코돈(UAA, UAG, 또는 UGA)을 만듦
	틀 이동	코돈의 3개 해독을 올바른 상 밖으로 이동시킴

포 돌연변이(somatic mutation)이다. 체세포 돌연변이는 유전자형이 정상인 조직과 돌연변이 조직이 혼합(모자이크)된 생물체를 생기게 한다. 대부분의 흔한 암들은 체세포의 돌연변이에 의해 생겨난다. 동물에서 체세포 돌연변이는 자손으로 전달될 수 없다. 고등식물에서는 체세포 돌연변이가 접목 또는 꺾꽂이로 뿌리를 내리게 하는 것처럼 씨앗 생산을 통하지 않는 영양생식 방법을 통해 전파될 수 있다. 영양 번식의 대표적인 예로는 "Delicious" 사과와 "Florida" 배꼽오렌지 같은 상업적으로 중요한 많은 과일들이 있다.

조건 돌연변이는 특정한 조건에서만 발현된다

유전적 분석을 위해 유용한 돌연변이들 중에는 돌연변이의 효과가 실험적으로 나타나거나 나타나지 않게 조절할 수 있는 것들이 있다. 이들을 조건 돌연변이(conditional mutation)라 부르는데, 그 이유는 이들이 특정한 환경조건[제한조건(restrictive condition)이라 부름]에서는 표현형의 변화가 나타나지만, 다른 조건[허용조건(permissive condition)이라 부름]에서는 변화가 나타나지 않기 때문이다. 예를 들면, 온도민감성 돌연변이(temperature-sensitive mutation)는 표현형이 온도에 의존하는 조건 돌연변이이다. 제한온도는 대개의 경우 높은데(초파리의 경우 29°C), 이 생물은 이 임계 온도 이상에서는 돌연변이 표현형을 나타낸다. 허용온도는 낮은데(초파리의 경우 18°C), 허용조건 하에서는 표현형이 정상이거나 거의 정상이다. 아미노산이 치환된 단백질들이 때때로 온도민감성을 나타낸다. 이 단백질은 허용조건에서는 올바르게 3차 구조를 형성하고 거의 정상적으로 기능하지만, 제한조건 하에서는 구조가 불안정하여 변성된다. 온도민감성 아미노산 치환은 DNA 복제와 같은 여러 세포내 과정에서 그 경로의 중요성을 검정하기 위해, 특정 생화학 경로를 제한조건 하에서 차단하는 데 자주 사용된다.

잠깐 생각해 봅시다 12.1

주요한 조건 돌연변이의 종류 중 하나가 *온도민감성 치사* 돌연변이인데, 이 돌연변이 유전자형의 개체는 제한온도에서는 살 수 없지만 허용온도에서는 살 수 있다. 초파리에서 온도민감성 치사 돌연변이의 제한 온도는 30°C이며, 허용 온도는 18°C이다. *X* 염색체 연관 온도민감성 치사 돌연변이에 대해 이형접합인 초파리 암컷을 정상적인 수컷과 교배했다. 한 집단의 알은 18°C에서 키우고 다른 집단의 알은 30°C에서 키웠다. 각 집단에서 암컷 한 마리당 예상되는 암컷과 수컷의 비율은 무엇인가?

그림 12.1 특징적인 색소침착 양상을 보여주는 샴 고양이.

온도민감성의 한 예를 끝이 검은 발, 귀, 꼬리를 가진 샴 고양이에서 발견할 수 있다(그림 12.1). 이 품종에서는 검은 색소인 멜라닌(melanin)의 침착 경로에 관여하는 한 효소가 온도민감성이다. 이 경로는 정상적인 체온에서는 차단된다. 따라서 색소는 몸의 대부분에서는 침착되지 않는다. 색소가 발, 귀, 코와 꼬리의 끝에만 침착되는데, 그 이유는 이들 말단 부분들이 몸의 나머지 부분들보다 차갑기 때문이다.

돌연변이는 유전자 산물의 양이나 활성 또는 발현의 시기나 조직 특이성에 영향을 줄 수 있다

돌연변이들은 드한 유전자 기능에 미치는 영향에 따라 분류될 수도 있다. 중요한 범주들이 표 12.1에 나타나 있다.

- 유전자가 완전히 불활성화되거나 또는 완전히 기능이 없는 유전자 산물을 만드는 돌연변이는 기능상실 돌연변이(loss-of-function mutation)이며, 유전자 제거(*knockout*) 또는 삭제(*null*) 돌연변이라고도 불린다. 유전자의 일부 또는 전부가 결실되거나, 아미노산 치환에 의해 단백질이 불활성화되는 것 등이 그 예이다.
- 유전자의 발현 수준이나 유전자 산물의 활성을 감소시키지만 없애지는 않는 돌연변이를 저활성 돌연변이(hypomorphic mutation)라 부른다. 이러한 돌연변이는 일반적으로 전사 수준을 감소시키는 뉴클레오티드 치환이나 단백질 기능을 손상시키는 아미노산 치환에 의해 생기는데, 이런 종류의 돌연변이를 때로는 누출성(leaky)이 있다고 부른다. 이 말은 이들 돌연변이체에서 발현 수준이나 활성이 개체마다 다르기 때문에, 일부 개체에서는 정상과 유사한 표현형을 나타내기에 충분한 만큼의 단백질 활성이 "누출"된다는 의미이다.

- 저활성 돌연변이의 반대는 **과활성 돌연변이(hypermorphic mutation)**이다. 접두사 '과'가 의미하듯이 과활성 돌연변이체는 정상보다 높은 수준의 유전자 발현을 일으키는데, 이는 주로 돌연변이가 유전자의 조절을 변화시켜 유전자 산물이 과잉 생산되기 때문이다.
- **기능획득 돌연변이(gain-of-function mutation)**는 유전자의 작용이 정성적으로 변하는 것이다. 예를 들면, 기능획득 돌연변이는 세포나 조직에서 통상적으로는 활성이 없는 유전자를 활성을 가지게 만들거나, 또는 야생형 유전자가 보통은 발현되지 않는 발생기간 동안에 유전자 발현을 일으키게 할 수 있다. 대부분의 기능상실 돌연변이와 저활성 돌연변이는 열성인 반면, 많은 기능획득 돌연변이는 우성이다. 비정상적인 위치에서의 야생형 유전자의 발현을 **변위 발현**(*ectopic expression*)이라고도 부른다. 예를 들면, 초파리의 야생형 *eyeless* 유전자를 정상적으로는 눈을 형성하지 않는 조직에 발현시키면, 눈 색소를 전부 갖춘 겹눈의 일부가 다리, 입 부분, 복부 또는 날개와 같은 비정상적인 부위에서 발생한다.

12.2 돌연변이는 DNA 서열의 변화에 의해 일어난다

모든 돌연변이는 DNA의 뉴클레오티드 서열 변화, 결실, 삽입, 재배열에 의해 일어난다. 한 염기쌍이 다른 염기쌍으로 치환되거나 첨가 또는 결실되는 돌연변이를 모두 **점 돌연변이(point mutation)**라고 한다.

염기 치환은 한 뉴클레오티드쌍이 다른 쌍으로 바뀌는 것이다

돌연변이의 가장 간단한 형태는 DNA 이중나선에 있는 한 뉴클레오티드쌍이 다른 뉴클레오티드쌍으로 바뀌는 **염기 치환(base substitution)**이다(표 12.1). 예를 들면, A → G 치환은 하나의 DNA 가닥에서 A가 G로 대체되는 것이다. 이 치환에 의해 일시적으로 잘못 짝지어진 G–T 염기쌍이 만들어 진다. 그러나 바로 다음 복제에서 이 염기쌍의 잘못짝지움(mismatch)이 한 딸분자에서는 G–C 염기쌍으로, 그리고 다른 딸분자에서는 A–T 염기쌍으로 해소된다. 이 경우, G–C 염기쌍은 돌연변이이지만, A–T 염기쌍은 돌연변이가 아니다. 마찬가지로, A → T 치환에서는 한 가닥에서 A가 T로 바뀌어 일시적인 T–T 잘못짝지음을 일으키는데, 이것 역시 복제에 의해 한 딸분자에서는 T–A로, 다른 딸분자에서는 A–T로 해소된다. 이 예에서 T–A 염기쌍은 돌연변이이고 A–T 염기쌍은 돌연변이가 아니다. T–A와 A–T는 극성을 고려하면 동등한 것이 아니다. 예를 들면, 만일 돌연변이가 일어나지 않은 원래 DNA 가닥이 5′-GAC-3′ 서열을 가지고 있다면 돌연변이 가닥은 5′-GTC-3′(우리가 T–A라고 쓴) 서열을 가지며, 다른 가닥은 5′-GAC-3′(우리가 A–T라고 쓴) 서열을 가진다.

어떤 염기치환에서는 한 피리미딘 염기가 다른 피리미딘으로, 또는 한 퓨린 염기가 다른 퓨린으로 바뀌게 된다. 이들을 **염기 전이 돌연변이(transition mutation)**라 부른다. 4가지 가능한 염기전이 돌연변이는 다음과 같다:

$$T \rightarrow C \quad 또는 \quad C \rightarrow T$$
(피리미딘 → 피리미딘)

$$A \rightarrow G \quad 또는 \quad G \rightarrow A$$
(퓨린 → 퓨린)

다른 염기 치환의 경우에는 피리미딘이 퓨린으로 또는 퓨린이 피리미딘으로 바뀌게 된다. 이들은 **염기 교차 돌연변이(transversion mutation)**라 불린다. 8가지 가능한 염기 교차 돌연변이는 다음과 같다:

$$T \rightarrow A \quad T \rightarrow G \quad C \rightarrow A \quad 또는 \quad C \rightarrow G$$
(피리미딘 → 퓨린)

$$A \rightarrow T \quad A \rightarrow C \quad G \rightarrow T \quad 또는 \quad G \rightarrow C$$
(퓨린 → 피리미딘)

4가지 가능한 염기 전이와 8가지 가능한 염기 교차가 있으므로, 만일 염기 치환이 완전히 무작위적이라면 염기 전이 대 염기 교차의 비율이 1 : 2일 것이다. 그러나

> **핵심 개념**
>
> 자연발생적 염기 치환에서는 염기 전이가 더 잘 일어난다. 자연발생적 염기 치환들 사이에서 염기 전이 대 염기 교차의 비는 대략 2 : 1이다.

단백질 암호화 부위에서의 돌연변이는 아미노산을 바꾸거나, 단백질의 끝이 잘리게 하거나, 읽기틀을 이동시킨다

암호화 부위(coding region)에서의 염기 치환은 대부분 한 아미노산을 다른 아미노산으로 대체시킨다. 이들은 **과오 돌**

연변이(missense mutation) 또는 비동의 돌연변이(*nonsynonymous mutation*)라 불린다(표 12.1). 단백질에서 한 아미노산의 치환은 그 단백질의 생물학적 특성을 변경시킬 수도 있다. 한 예는 페닐알라닌 하이드록실레이즈(phenylalanine hydroxylase)에서의 R408W 아미노산 치환인데, 이것은 이 유전자의 408번째 코돈 첫 번째 위치에서 C−G가 T−A로 염기쌍이 치환된 결과에 의해서 일어난다. 따라서 mRNA에 있는 408번째 코돈은 CGG(R, 아르기닌)에서 UGG(W, 트립토판)로 바뀐다. 이 변화는 효소를 비활성화시키고 페닐케톤뇨증(phenylketonuria)을 일으킨다.

유전 암호를 살펴보면 모든 염기 치환이 아미노산 치환을 일으키는 것은 아니라는 것을 알 수 있는데, 특히 염기치환이 세 번째 코돈 위치에서 일어날 때 그러하다. 세 번째 위치에 피리미딘이 있는 모든 코돈에서 어떤 피리미딘이 있는지는 중요하지 않다. 마찬가지로, 퓨린으로 끝나는 대부분의 코돈에서는 2종류의 퓨린 모두 상관없다. 이것은 세 번째 코돈 위치에서의 염기전이 돌연변이는 대부분이 암호화되는 아미노산을 변화시키지 않는다는 것을 의미한다. 이러한 돌연변이들은 아미노산 서열의 변화 없이 뉴클레오티드 서열 만을 변화시킨다. 이들은 표현형의 변화가 없기 때문에 동의 치환(synonymous substitution) 또는 잠재성 치환(silent substitution)이라고 불린다(표 12.1).

가끔 한 염기 치환은 새로운 종결코돈 UAA, UAG 또는 UGA를 만든다. 예를 들면, 정상적인 트립토판 코돈인 UGG의 세 번째 위치에서의 G → A 변화는 이 코돈을 UGA로 전환시킨다. 그 결과 번역은 돌연변이 코돈의 위치에서 종결되고 폴리펩티드는 끝이 잘리게 된다. 새로운 종결코돈을 만드는 염기 치환을 정지 돌연변이(nonsense mutation)라 한다. 정지 돌연변이가 생기면 거의 대부분 유전자의 기능이 상실되는데, 이는 대부분의 경우 RNA 가공이 중지되거나 전사체가 핵을 떠나기도 전에 분해되기 때문이다.

암호화 부위에서 일어나는 작은 삽입이나 결손은 더해지거나 빠진 뉴클레오티드의 수가 정확히 3(한 코돈의 길이)의 배수일 때만 아미노산을 더하거나 뺄 수 있다. 그렇지 않으면 삽입이나 결손은 리보솜이 3개의 염기로 된 코돈을 읽는 상을 변동시켜, 결국 돌연변이 자리 다음에 있는 모든 아미노산을 변경시킨다. mRNA에 있는 코돈의 읽기틀(reading frame)을 변동시키는 돌연변이를 틀이동 돌연변이(frameshift mutation)라 부른다. 틀이동 돌연변이의 흔한 형태는 단일염기의 삽입이나 결실이다. 틀이동의 결과는 다음 mRNA 서열에서 화살표가 있는 위치에 아데닌을 삽입시키는 것으로 설명될 수 있다:

```
        LeuLeuLeuLeu
. . .   CUGCUGCUGCUG   . . .
              ↓
. . .   CUGCAUGCUGCUG   . . .
        LeuHisAlaAla
```

틀이동 때문에 이 삽입 다음에 있는 모든 아미노산들은 원래와 달라진다. 3뉴클레오티드의 배수가 아닌 삽입이나 결손은 모두 틀이동을 일으킨다. 이것이 단백질의 카르복실 말단에 있지 않는 한 틀이동 돌연변이는 일반적으로 활성이 없는 단백질을 만들어 낸다.

낫꼴세포 빈혈증은 말라리아에 내성을 부여하는 과오 돌연변이에 의해 생긴다

단일 아미노산의 치환이 표현형에 심각한 영향을 미치는 잘 알려진 예로는 인간의 유전성 질병인 낫꼴세포 빈혈증(sickle-cell anemia)의 원인이 되는 들연변이가 있다. 낫꼴세포 빈혈증이 생기는 분자적인 근본 원인은 적혈구세포에 존재하는 헤모글로빈의 한 성분인 β-글로빈에 대한 돌연변이 유전자이다(그림 12.2). 이 낫꼴세포 돌연변이는 암호 서열의 여섯 번째 코돈을 글루탐산을 암호화하는 정상적인 GAG에서 발린을 암호화하는 GUG 코돈으로 변화시킨다. 돌연변이의 DNA에서는 A−T 염기쌍(코돈에서 가운데 A로 전사되는)이 T−A 염기쌍(돌연변이 코돈에서 가운데 U로 전사된)으로 치환되어 있다. 단순해 보이는 이 Glu → Val 치환의 결과, 결함이 있는 β 폴리펩티드 사슬을 가지고 있는 헤모글로빈은 긴 바늘 같은 결정을 형성하는 경향을 나타낸다. 결정화가 일어난 적혈구 세포는 초승달 모양의 낫 같은 형태로 변형된다. 변형된 적혈구 세포의 일부는 바로 파괴되는 반면(혈액의 산소 운반 능력이 줄어 빈혈을 일으킴), 나머지들은 서로 응집되어 모세혈관에서의 피의 순환을 방해한다. 순환에 결함이 생기면 심장, 폐, 뇌, 비장, 신장, 골수, 힘줄과 관절에 영향을 준다. 환자들은 심한 고통의 순간들을 경험한다. 이 빈혈은 발육부진, 허약, 황달 및 그 밖의 다른 증상들을 일으킨다. 환자들은 일반적으로 약해져 세균 감염에 민감하게 되며, 세균 감염은 이 병을 앓는 아이들이 사망하는 가장 흔한 원인이다.

낫꼴세포 빈혈증은 때로는 어린 나이에 사망에까지 이르게 하는 심각한 유전병이다. 그런데도 이 병은 기생 원생동물인 악성 말라리아 원충(*Plasmodium falciparum*)에 의해 일어나는 말라리아가 널리 퍼져 있는 중동과 아프리카 지역에서는 비교적 흔한 질병이다. 말라리아와 낫꼴세포 빈혈증

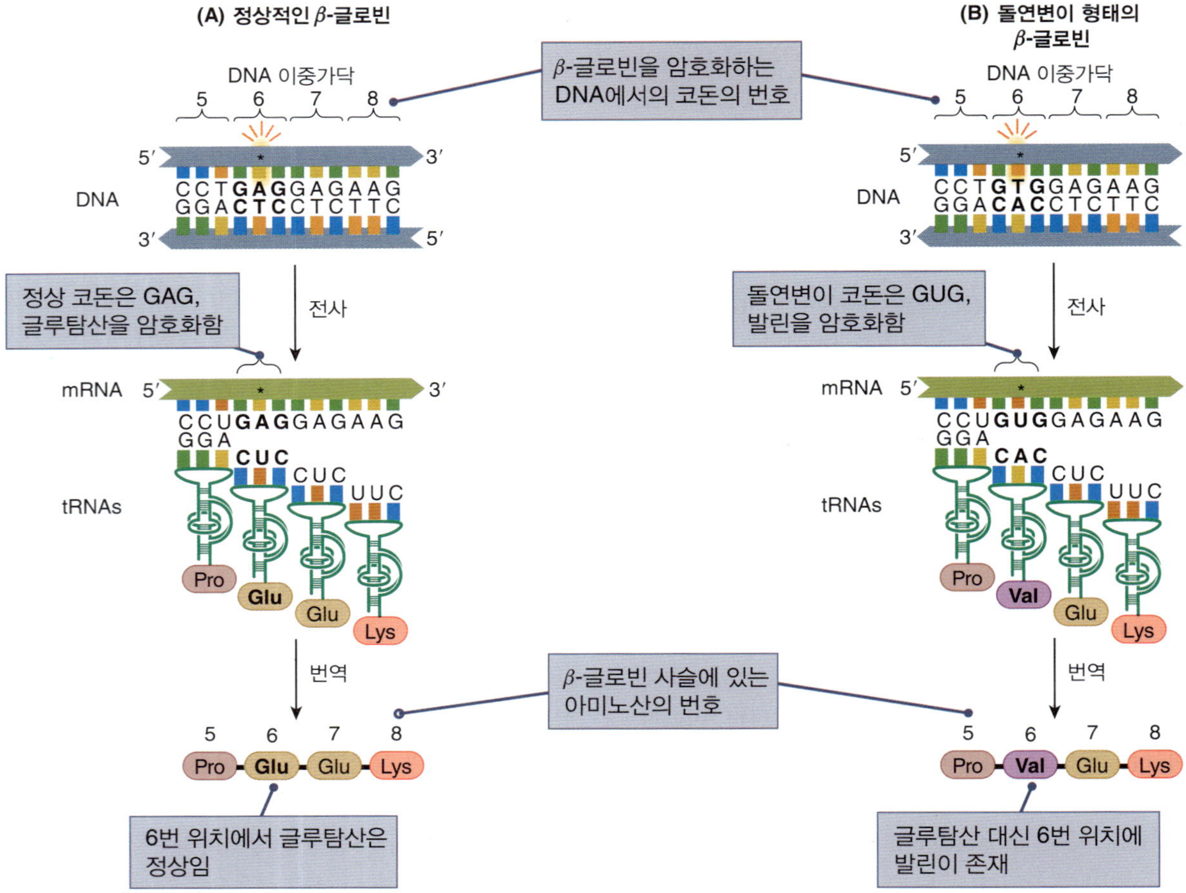

그림 12.2 낫꼴세포 빈혈증의 분자적 기본 원리. (A) 정상적인 β-글로빈 유전자에 있는 DNA의 일부. (B) 정상적인 A–T 염기쌍의 T–A 염기쌍으로의 돌연변이는 GAG (글루탐산) 대신 GUG (발린) 코돈을 만든다.

사이의 관계는 우연의 일치가 아니다. 이것은 말라리아 감염에 대해 돌연변이체 헤모글로빈이 갖는 방어 능력의 결과이다. 이 기생생물의 생활주기에서 기생충은 모기가 물 때 모기에서 사람으로 전달된다. 감염의 초기 단계는 간세포에서 진행되는데, 여기에서 감염 능력이 있고 적혈구세포에서 증식할 수 있는 특별한 형태의 기생 생물이 생산된다. 적혈구세포에 널리 감염되면 혈액의 산소를 운반하는 능력이 손상되어 말라리아의 특징인 허약, 빈혈 및 황달을 일으킨다. 그러나 돌연변이 헤모글로빈을 가진 사람은 말라리아에 덜 감염되고 그 증상도 덜하다.

따라서 유전병인 낫꼴세포 빈혈증의 전파와 기생병인 말라리아 사이의 유전적 균형 작용이 존재한다. 만일 돌연변이 헤모글로빈이 너무 많게 되면 말라리아로부터의 보호에 의해 구해지는 것보다 많은 생명을 낫꼴세포 빈혈증으로 잃게 된다. 반대로, 만일 돌연변이 헤모글로빈이 드물게 되면 낫꼴세포 빈혈증으로 잃는 생명은 줄지만, 이러한 이득은 말라리아로 더 많은 사람이 죽기 때문에 상쇄된다.

낫꼴세포 빈혈증의 상황과는 대조적으로, 아미노산 치환이 항상 돌연변이체 표현형을 만드는 것은 아니다. 예를 들면, 한 아미노산이 같은 전하를 가진 다른 아미노산으로(이를테면, 아르기닌 대신 리신으로) 치환되는 경우에는 단백질의 구조나 표현형에 영향을 주지 않을 수도 있다. 한 아미노산을 다른 비슷한 아미노산으로 대치하는 것이 어떤 영향을 나타내는지의 여부는 그 단백질의 구조와 기능에서 그 특정 아미노산의 정확한 역할에 달려 있다. 효소의 활성자리에서의 변화는 일반적으로 효소 활성을 감소시킨다.

인간 유전체에서 일부의 3뉴클레오티드 반복 부위는 높은 돌연변이율을 나타낸다

X 염색체와 연관된 정신발육 지연에 대한 유전적 연구로부터 **동적 돌연변이(dynamic mutation)**라는 뜻밖의 종류의 돌연변이가 밝혀졌는데, 이것은 DNA 부위의 비정상적인 유전적 불안정성 때문에 나타난다. 동적 돌연변이와 관련된 12가지 이상의 유전적 질환 중 하나인 이 X-연관 질환은 DNA

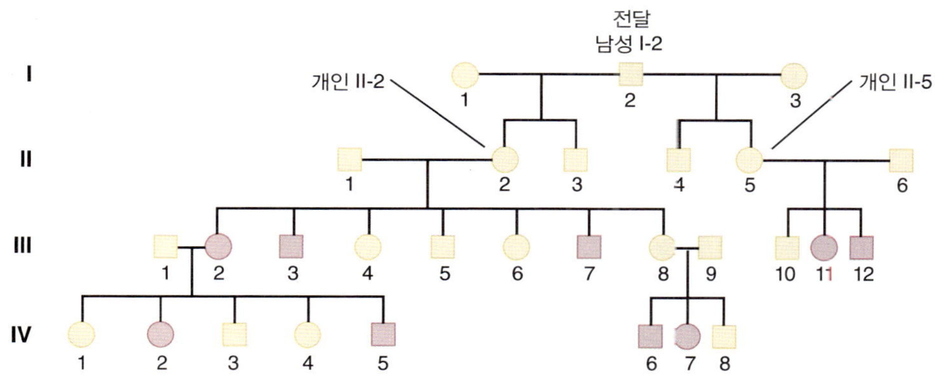

그림 12.3 부서지기 쉬운-X-염색체증후군의 전달을 보여주는 가계도. 남성 I-2는 증후군을 갖지 않았지만, 그의 딸들(II-2와 I-5)은 증후군을 가진 자식들과 손자, 손녀를 갖게 된다.

Data from C. D. Laird, *Genetics* 117 (1987): 587–599.

전구물질이 부족한 배양세포에서는 부서지는 경향이 있는 한 종류의 X 염색체와 관련이 있다. 부서지는 위치는 장완의 끝 부분에 있는 Xq27.3 부위이다. 이 자리를 가지고 있는 X 염색체를 **부서지기 쉬운(*fragile*)** X 염색체라 부르며, 이와 연관된 형태의 정신발육 지연이 **부서지기 쉬운–*X*-염색체증후군(*fragile-X syndrome*)**이다. 부서지기 쉬운-X-염색체증후군은 약 2,500명의 아이들 중 1명꼴로 나타난다. 이것은 모든 경우의 X-연관 정신발육 지연들 중 약 절반을 차지하며, 유전적 정신장애의 원인으로는 다운증후군에 이어 두 번째이다.

부서지기 쉬운-X-염색체증후군은 증상이 매우 다양하다. 일반적으로 남성이 여성보다 더 심각하게 영향을 받는다. 앉았다 일어나기나 걷기 같은 운동 기능과 언어와 의사소통 기능의 발달지연이 흔히 나타나는 증상이다. 물리적인 증상으로는 돌출된 귀를 가진 긴 얼굴, 약한 연결 조직에 의한 근육 긴장 부족과 극히 유연한 관절, 그리고 사춘기가 지난 남성에서의 고환의 비대를 포함한다. 정신발육 지연은 남성에서는 보통 정도이고 여성에서는 가볍다. 행동 결과는 불안, 집중력 부족, 감각적 자극에의 거친 대항, 눈 마주침의 회피, 울화 또는 감정폭발을 포함한다. 이들 증상들은 비특이적이고 자폐성과 주의력 결핍-과잉 행동 장애 같은 상태들과 중복된다.

부서지기 쉬운-X-염색체증후군에서 특이한 점은 이것이 모순된 유전 양상을 나타낸다는 것으로, 그 특징은 **그림 12.3**과 같다. 부서지기 쉬운-X 염색체를 가지고 있는 5명의 남자들 중 대략 1명은 그들 자신도 표현형적으로 정상이고 또한 표현형적으로 정상인 아이를 가진다. 기이한 것은 그런 "전달 남성(transmitting male)"의 이형접합(heterozygous) 딸은 병에 걸린 남녀 아이를 자주 낳는다는 것이다. 그림 12.3에서 I-2로 표시된 전달 남성은 병에 걸리지 않았지만, 그가 그의 딸(II-2와 II-5)로 전달한 X 염색체는 여자의 생식계통에서 그 과정은 알 수 없지만 그 다음 세대(III)의 아들과 딸들이 병에 걸리도록 변화된다. 이 전달 남성의 손녀들은 병에 걸렸거나 걸리지 않았거나 모두 병에 걸린 자손(IV)을 가질 수 있다.

부서지기 쉬운-X 염색체가 나타나는 분자적 기본 원리는 절단이 일어나는 자리의 DNA에 존재하는 CGG 형태(또는 동등하게 다른 가닥 위의 CCG)의 **3뉴클레오티드 반복(trinucleotide repeat)**에 기인한다(**그림 12.4**). 정상적인 X 염색체는 이 반복 단위가 6개에서 54개 정도로 평균 약 30개의 순차적으로 반복된 사본을 가지고 있는 반면, 증후군을 가진 사람은 230에서 2,300개 또는 그 이상으로 반복되어 있다. 전달 남성의 X 염색체에서는 이 3뉴클레오티드 반복이 52에서 230개까지 범위의 중간 수의 사본을 가지고 있으므로 **전돌연변이(*premutation*)**라 불린다. 대략 여성 250명 중 1명과 남성 800명 중 1명이 전돌연변이를 가진 X 염색체를 가지고 있다. 3뉴클레오티드 전돌연변이의 독특한 특징은 여자에 의해 전달될 때에만 사본수를 230 또는 그 이상으로 증가시키고(**3뉴클레오티드 확장**이라 부름), 이 단계에서 이 염색체는 부서지기 쉬운-X-염색체증후군을 일으킨다는 것이다. 이 증폭은 남성에게 전달되는 동안에는 일어나지 않는다. 이 질환이 발생하는 기본 원리는 CGG 반복의 지나친 사본 수가 CGG 반복이 존재하는 *FMR1*(fragile-site mental retardation, 부서지기 쉬운 자리 정신발육 지연) 유전자의 기능을 손실시킨다는 것이다. 대부분의 부서지기 쉬운 X-염색체 환자는 *FMR1* 전령 RNA를 발현시키지 못하지만, 정상적인 사람과 보인자는 발현시킨다. *FMR1* 유전자는 주로 뇌와 고환에서 발현되는데, 이것은 병에 걸린 남성에서 나타나는 정신적 증상과 고환의 증상들 사이의 이상한 연관성을 설명해 준다.

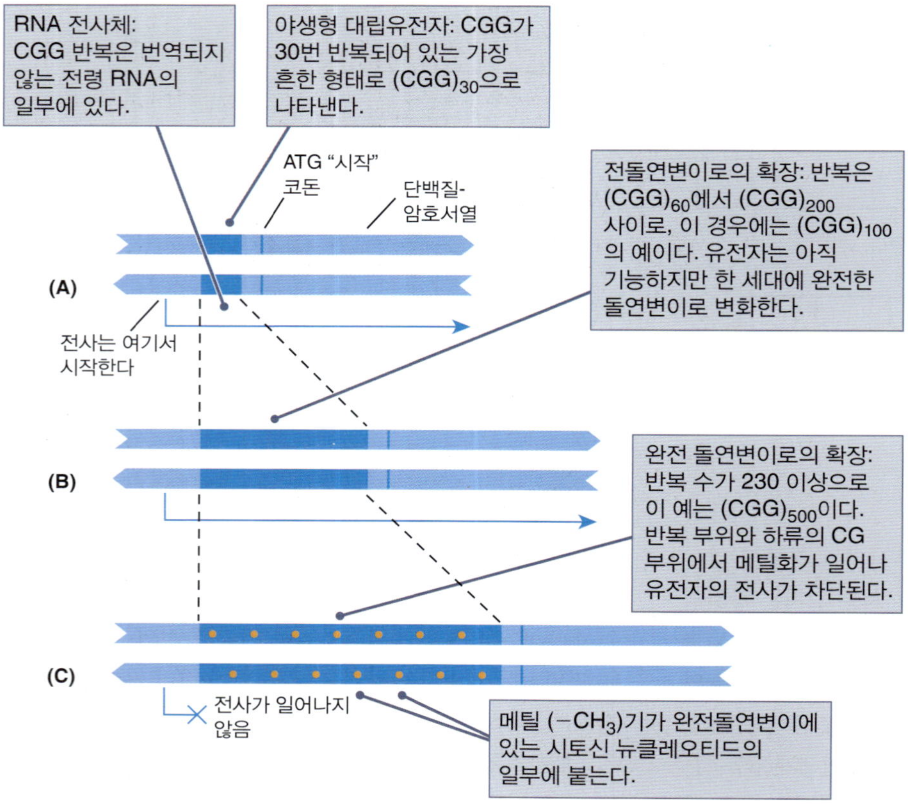

그림 12.4 부서지기 쉬운-X-염색체증후군과 관련된 *FMR1* 유전자에 있는 CGG 반복에서의 동적 돌연변이. (A) 야생형 대립유전자는 전형적으로 30 사본의 반복을 갖고 있다. (B) 전돌연변이는 60에서 200 사본을 갖고 있는데, 이것은 여성을 통해 전달될 때는 더 증폭되기 쉽다. (C) 230 사본 이상을 갖고 있는 완전돌연변이. 완전돌연변이에서 이 유전자가 전사되지 않는 것은 이 지역에 있는 어떤 CG 디뉴클레오티드의 메틸화와 연관되어 있다.

여성에 의해 전달된 전돌연변이가 증폭을 진행할 확률은 약 80%이다. 놀랍게도 이 증폭은 어머니의 생식세포 계열에서는 일어나지 않고 초기 배아의 체세포에서 일어난다. 증폭은 다른 체세포들에서 다른 정도로 일어나며, 따라서 부서지기 쉬운-X 염색체증후군을 가진 개인은 X 염색체에 있는 CGG 반복의 수가 서로 다른 세포들을 가진 체세포 모자이크이다. 이것은 증후군을 가진 사람마다 부서지기 쉬운-X-염색체증후군의 증상이 크게 다른 이유를 잘 설명해 준다.

동적 돌연변이와 관련된 다른 유전병들에는 신경질환인 근영양실조(CTG의 불안정한 반복을 가진), 케네디 병(AGC), 프리드라이히 운동실조(AAG), 1형 척수소뇌성 운동실조(AGC)와 헌팅턴 병(AGC)이 있다. 부서지기 쉬운-X-염색체증후군과 근영양실조에서는 3뉴클레오티드 확장이 주로 또는 전적으로 여성에 의해 전달될 때만 일어나지만, I형 척수소뇌성 운동실조와 헌팅턴 병에서는 주로 또는 전적으로 남성에 의해 전달될 때 일어난다. 일부 3뉴클레오티드 반복은 남녀 모두에 의해 전달될 때 확장을 진행할 수 있다.

3뉴클레오티드 확장의 분자적 기작에 대한 모델은 그림 12.5에 나타나 있다. 이 과정을 **복제 미끄러짐(replication slippage)** 또는 미끄러진-가닥의 짝짓기 오류(*slipped-strand mispairing*)라 부른다. 복제가 이 반복을 포함하고 있는 주형가닥을 따라 진행될 때(A), 이 복제 복합체는 일시적으로 이 주형가닥으로부터 분리된다. 이 주형과 다시 결합할 때, 새로운 가닥의 3′말단이 주형을 따라 되돌아가서 반복의 앞부분과 짝을 이룬다(B). 복제는 이 위치로부터 정상적으로 계속되지만(C), 이 반복의 일부분은 2번 복제될 것이고(확장되고), 확장의 수준은 이 복제 복합체가 재결합시 얼마나 멀리 되돌아가는가에 달려 있다. 주형과 딸가닥은 이들이 다른 수의 반복을 가지고 있기 때문에 올바르게 짝을 이룰 수 없지만, 이 상황은 뉴클레오티드 절제회복(nucleotide-excision repair)에 의해 교정되고(12.6절), 수선의 한 결과는 확장된 부분이 주형가닥에 포함된다는 것이다(D). 비록 동적 돌연변이의 기작은 알려져 있지만, 왜 유전체에 있는 다른 3뉴클레오티드 반복은 안정한 반면 어떤 것들은 유전적으로 불안정한지, 또는 왜 단지 어느 정도 적은 수의 사본을 가진 염색체들은 유전적으로 안정한 반면 3뉴클레오티드 전돌연변이 상태는 독특하게 확장되기 쉬운지는 알려져 있지 않다.

FMR1 불활성화의 분자적 기작은 *FMR1* 유전자의 5′ 지역에 있는 특정한 시토신 뉴클레오티드 각각에 메틸(−CH3)기를 효소적으로 붙이는 것과 관련되어 있다(그림 12.5). 시토신 메틸화는 많은 고등 진핵생물에서 시토신 뉴클레오티드의 일부에서 일어나는데, 포유동물에서는 주로 CG 디뉴클레오티드에 일어난다. *FMR1*의 증폭된 지역에 있는 각 CGG 반복은 잠재적인 메틸화 자리를 포함하고 있다. 높은 밀도로 메틸화된 CG 디뉴클레오티드는 보통 그 영향을 받는 유전자의 전사 억제와 연관되어 있다. *FMR1*의 경우 환자의 유전자 전사 결핍은 확장된 CGG 반복의 메틸화는 물론 인근의 다른 CG 디뉴클레오티드의 증가된 메틸화와도 연관되어 있다.

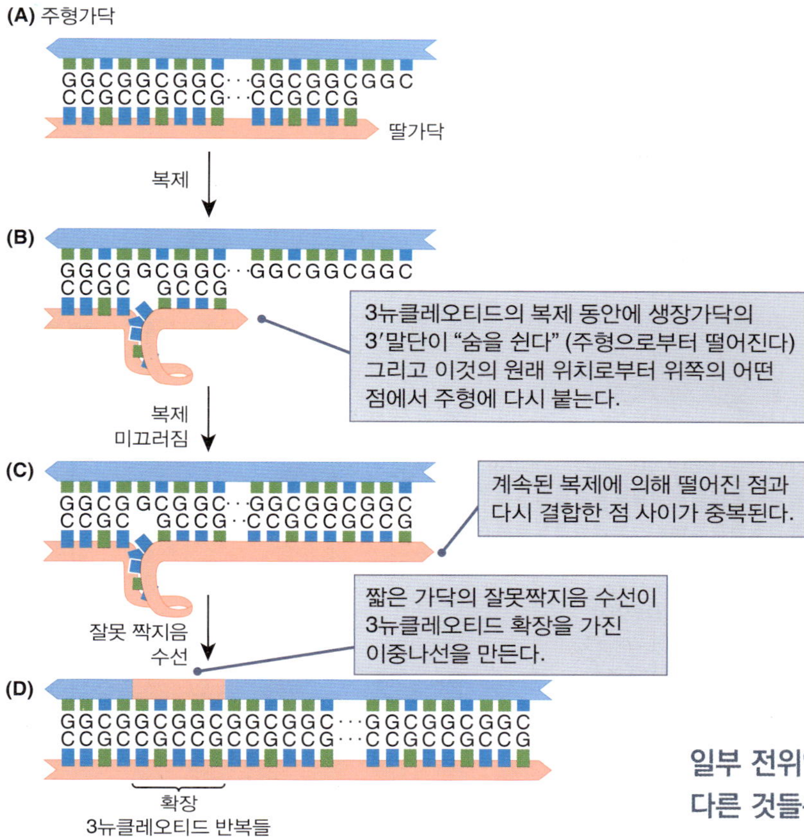

그림 12.5 복제 미끄러짐의 모델.

FMR1 단백질은 무엇을 하는가? FMRP(부서지기 쉬운-X 정신지체 단백질)이라 부르는 이 단백질은 특정 mRNA의 5′말단에 결합해서 이 RNA의 단백질 번역과 세포질의 위치 또는 이 둘 다를 조절하는 RNA-결합 단백질이다. FMRP는 모든 mRNA 분자에 결합하지 않고 안면골격과 신경계의 발달에 작용하거나 학습과 기억에서 작용하는 단백질들을 암호화하는 특정 집단의 mRNA에만 결합한다. 이들 중 많은 것이 신경 사이의 신호교환에 작용하는 단백질이다.

12.3 전위인자는 돌연변이원이다

1940년대에 옥수수의 낟알 반점(**그림 12.6**)에 대한 유전학적 연구를 통해, 맥클린톡(Barbara McClintock)은 반점을 조절할 뿐만 아니라 염색체 절단을 일으키는 유전인자를 발견했다. 그녀는 이 인자를 해리인자(*Dissociation*, *Ds*)라 불렀다. 유전자 지도를 작성한 결과로부터 *Ds*의 위치 또는 바로 근처에서 염색체 절단이 항상 일어난다는 것을 알았다. 맥클린톡의 중요한 관찰 결과는 *Ds*가 일정한 위치를 갖는 것이 아니라 가끔 새로운 위치로 이동하여(**전위, transposition**), 이 새 자리에서 염색체 절단을 일으킨다는 것이었다. 더구나, *Ds*는 활성화인자(*Activator*, *Ac*)라 부르는 두 번째 인자가 같은 유전체에 존재해야만 움직인다. 게다가 *Ac*는 스스로 유전체 내에서 움직이며, 이것이 삽입된 자리 또는 그 근처에 있는 유전자의 발현에 변화를 일으킬 수 있다. 맥클린톡의 최초의 발견이래, 많은 다른 **전위인자(transposable element)**가 발견되었다. 그들은 DNA 서열의 유사성에 따라 몇 가지 종류로 분류될 수 있다. 대부분 생물의 유전체는 여러 다른 종류의 전위인자 사본을 다수 가지고 있다. 일단 유전체에 위치하면 전위인자는 오랫동안 유지될 수 있고 많은 돌연변이에 의해 변할 수 있다. 대략 인간유전체의 50%가 전위인자로 구성되어 있는데, 나중에 알게 되겠지만 이들의 대부분은 더 이상 전위할 수 없다.

일부 전위인자는 DNA 중간물질을 통해 전위하고, 다른 것들은 RNA 중간물질을 통해 전위한다

*Ds*가 전위되는 분자 기작이 **그림 12.7**에 나타나 있다. 이 예에서는 Ds가 옥수수의 9번 염색체에 있는 야생형의 *shrunken*(*sh*) 유전자에 삽입되어 유전자 제거 돌연변이(knockout mutation)를 일으킨다. 이 과정을 시작하기 위해서 먼저 삽입될 표적자리는 어긋나게 잘려 각 가닥에 8개 뉴클레오티드의 3′ 돌출을 남긴다(A). 돌출된 3′말단은 각 가닥에 8개

그림 12.6 전위인자 *Ds*와 *Ac*의 존재의 결과로 일어난 옥수수 낟알의 배젖에 있는 보라색과 노란색 조직의 구역(sector). 일부 옥수수 열매에서 다른 수준의 구역화는 *Ac*의 용량 효과(dosage effect)의 결과로 일어난다.

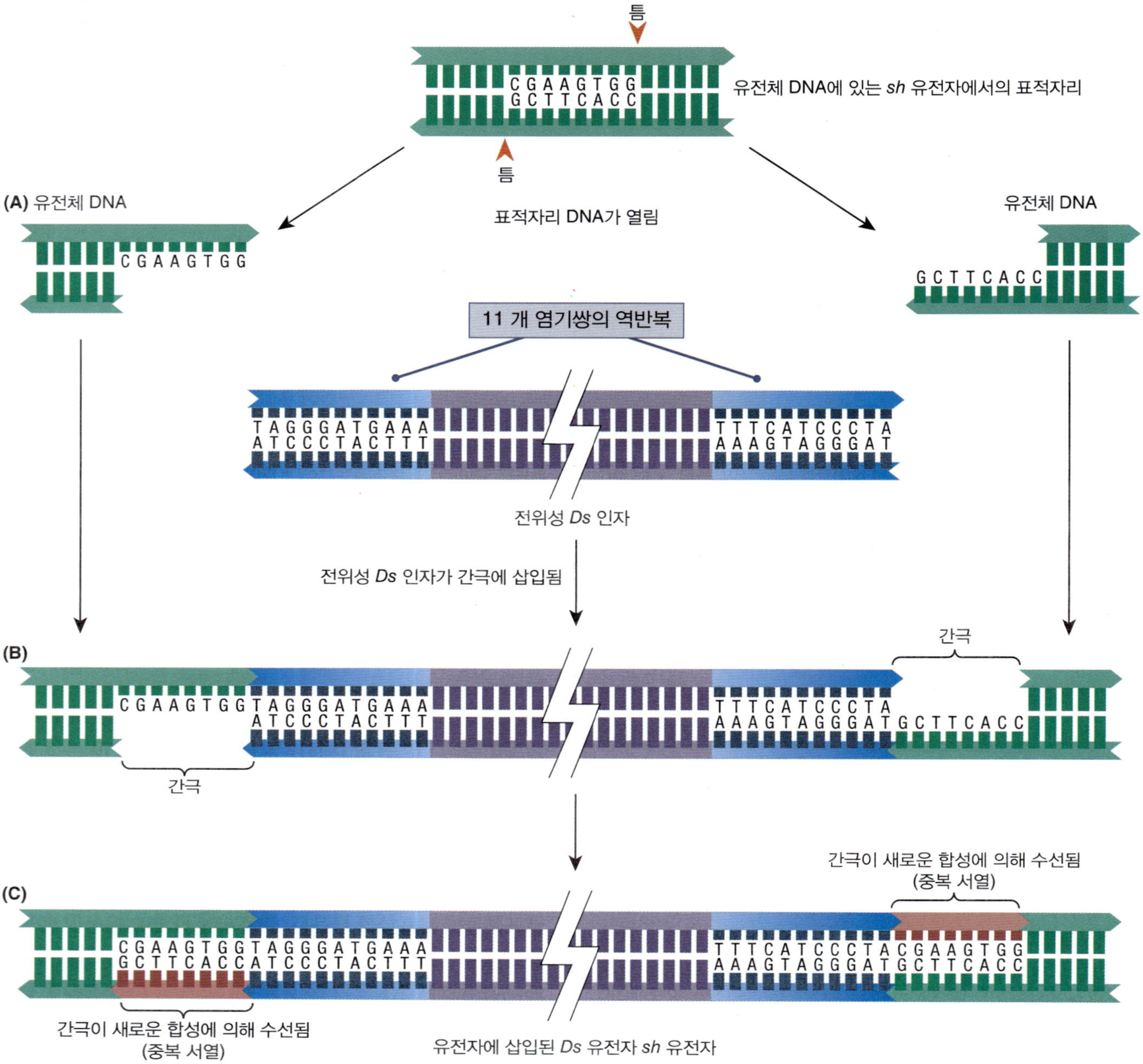

그림 12.7 잘라붙이기(cut-and-paste) 전위인자(이 경우 옥수수의 *Ds*)의 염기배열과 이것이 유전체에 삽입될 때 일어나는 변화들. *Ds*는 표시된 위치에서 옥수수 *sh* 유전자에 삽입되었다. 이 삽입 과정에서 삽입 자리 옆에 8개 염기쌍의 서열이 중복되어 *Ds* 인자 옆에 위치한다.

의 뉴클레오티드 간극(gap)을 남긴 채, 삽입될 *Ds* 인자의 5′ 말단과 연결된다(B). 이 간극이 수선효소에 의해 채워지면, 그 결과 표적 서열의 8개 염기쌍 중복이 양끝에 있는 *Ds*가 새로 삽입된다(C). 이 *Ds* 인자는 어느 방향으로나 삽입될 수 있다.

표적자리가 중복되어 있는 것은 대부분의 전위인자 삽입의 특징으로 표적 서열의 비대칭적인 절단의 결과이다. *Ds*와 같은 인자들에서 표적자리 절단은 전위를 촉매하는 전위효소 단백질이 담당하는 기능이다. 각각의 전위인자들은 고유의 **전위효소(transposase)**를 가지고 있고, 이들에 의해 표적 DNA 가닥에 만들어지는 절단 사이의 거리가 결정된다. 전위인자에 따라 이 거리는 1~12개 염기쌍 사이이며, 이것이 표적자리 중복의 길이를 결정한다. 대부분의 전위인자들은 유전체 전체에 퍼져 있는 많은 잠재성 표적자리를 가지고 있는데, 그들 사이에는 보통 서열 유사성이 적거나 없다.

Ds 인자는 **잘라붙이기 전위(cut-and-paste transposi-**

tion)로 알려진 기작을 통해 전위하는 **DNA 전위인자(DNA transposon)**들 중 하나인데, 이 전위인자는 유전체의 한 위치로부터 잘려나가 다른 곳에 삽입된다. DNA 전위인자의 특징은 인자의 양끝에 반대 방향으로 반복되어 있는 서열인 **말단 역반복**(*terminal inverted repeats*)이 있다는 것이다. *Ds*의 경우, 말단 역반복은 길이가 11 bp이지만(그림 12.7), 다른 종류의 DNA 전위인자들에서는 길이가 수백 염기쌍까지인 경우도 있다. 이 말단 역반복은 보통 효과적인 전위를 위해 필수적인데, 왜냐하면 이들이 전위효소에 대한 결합자리를 가지고 있기 때문이다. 전위인자는 이 자리를 인식하여 절단된 표적자리와 연결시킨다. 많은 전위인자들이 말단 역반복 사이의 중앙에 위치한 서열에서 그들 고유의 전위효소를 암호화하므로, 이들 인자들은 그들 자신의 전위를 촉진시킬 수 있다. 전위효소 유전자가 결실되거나 돌연변이에 의해 불활성화된 인자들은 오직 기능이 있는 전위효소를 암호화하는 같은 종류의 전위인자가 같은 유전체에 존재해서 이 활성을 제공할 때만 전위될 수 있다. 옥수수의 *Ds* 인자가 *Ac* 없이 전위될 수 없는 것은 *Ds*에 기능적인 전위효소 유전자가 없기 때문이다. *Ac* 인자의 존재는 *Ds* 인자가 전위할 수 있게 하는 전위 활성(*transactivation*)을 제공한다.

다른 큰 종류의 전위인자로는 **긴 말단 반복**(*long terminal repeats*) 또는 LTRs이라 부르는 200~500 bp 길이의 말단 직접 반복(direct repeat)을 가지는 것이 있다. 이름이 암시하듯 말단 직접 반복은 인자의 양끝에 같은 방향으로 존재하는 것이며(그림 12.8A), 말단 역서열 반복은 반대 방향으로 존재하는 것이다(그림 12.8B). 긴 말단 반복을 가진 전위인자들은 **LTR RNA 유래 전위인자(LTR retrotransposon)**라 불리는데, 왜냐하면 그들은 중간물질로 RNA 전사체를 사용하여 전위하기 때문이다. 전형적인 LTR RNA유래 전위인자로는 그림 12.9에 나타나 있는 초파리의 *copia* 인자가 있다. 이 경우 각 LTR은 그 자체가 짧은 말단 역반복을 양쪽에 가지고 있다. RNA 유래 전위인자의 전위는 이 인자가 RNA 사본으로 전사되는 것으로부터 시작한다. 암호화하는 단백질 중에는 역전사효소(reverse transcriptase)로 알려진 효소가 있는데, 이것은 상보적인 DNA 딸가닥을 만들기 위해 주형으로 RNA 전사체를 사용하여 "역전사"할 수 있다. 역전사를 위해서는 시발체(primer)가 필요하다. RNA 유래 전위인자를 위한 시발체는 보통 LTR의 일부와 상보적인 3′말단을 가지고 있는 운반 RNA(transfer RNA) 분자이다. 이 역전사효소는 원래 RNA 전사체를 주형으로 사용하여 이 tRNA의 3′말단에 연속적으로 디옥시리보뉴클레오티드를 붙인다. 이 전위인자가 암호화하고 있는 RNA 분해효소에 의한 RNA

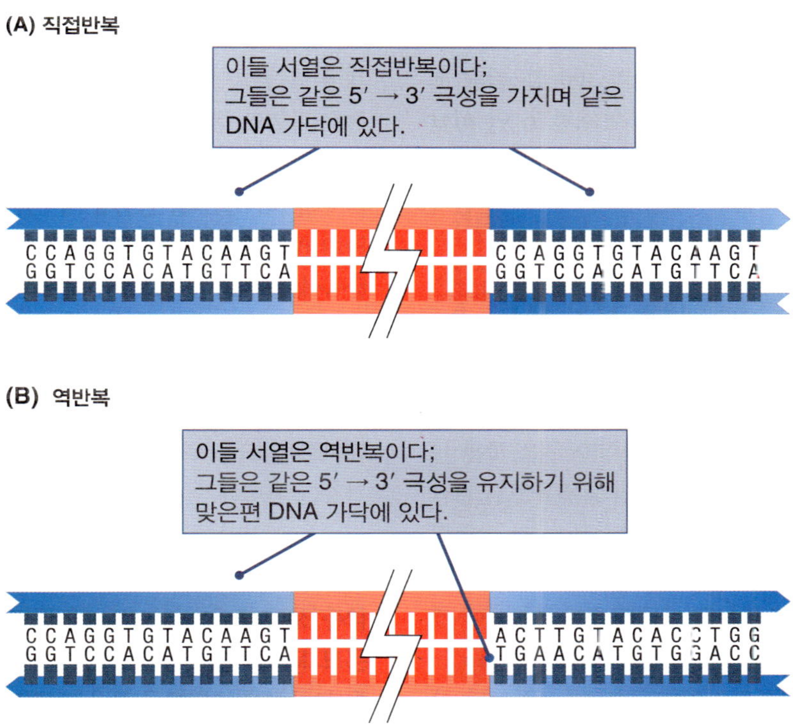

그림 12.8 직접반복에서 DNA 서열은 같은 왼쪽에서 오른쪽 방향으로 반복되어 있다. (B) 역반복에서 이 서열은 맞은편 가닥에서 왼쪽에서 오른쪽 방향의 반대로 반복되어 있다. 맞은편 가닥은 올바른 5′ → 3′ 극성을 유지하기 위해 필요하다.

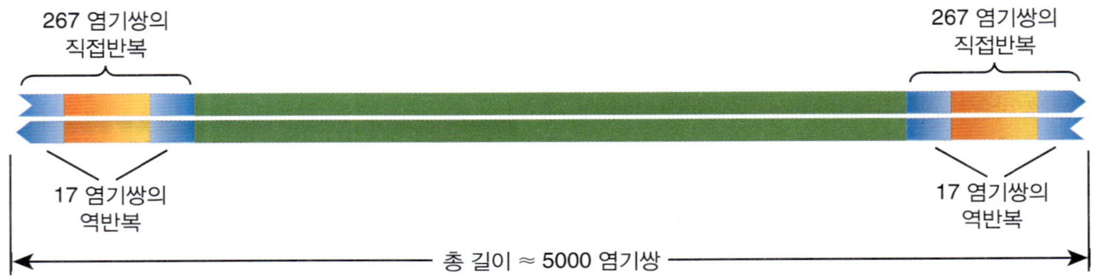

그림 12.9 노랑초파리(*Drosophila melanogaster*)의 *copia* RNA 유래 전위인자의 서열 구성.

주형의 단일가닥 절단은 첫 번째 DNA 가닥을 주형으로 사용하여 두 번째 DNA 가닥을 합성하기 위한 시발체를 제공한다. 이 방법으로 RNA 전사체의 이중가닥 DNA 사본이 만들어지고, 이것이 표적자리로 삽입된다.

일부 RNA 유래 전위인자들은 말단 반복이 없으며, **비-LTR RNA 유래 전위인자(non-LTR retrotransposon)**라 부른다. 이 종류는 **LINE 인자**(긴 산재요소, long interspersed element)와 **SINE 인자**(짧은 산재요소, short interspersed element)로 명명된 인자들을 포함한다. 비록 DNA 전위인자와 LTR RNA 유래 전위인자 역시 발견되기는 하지만, 포유동물의 유전체에서는 LINE와 SINE 인자가 가장 흔한 종류의 전위인자이다. 인간 유전체에 있는 SINE의 한 예로 *Alu*I 종류라 불리는 일련의 연관된 서열이 있는데, 이들은 제한효소인 *Alu*I에 대한 특징적인 제한효소자리를 가지고 있어 이렇게 불린다. 이 *Alu*I 서열들은 길이가 약 300 염기쌍이고 인간 유전체에 대략 100만 개의 사본이 존재한다. 이 *Alu*I 종류 하나가 인간 DNA의 약 11%를 차지한다. 많은 생물에서 총 유전체 크기의 상당 부분을 여러 종류의 전위인자들이 차지하고 있다.

전위인자는 삽입이나 재조합에 의해 돌연변이를 일으킬 수 있다

전위인자는 돌연변이를 일으킬 수 있다. 예를 들면, 초파리의 일부 유전자에서는 표현형에 가시적인 영향을 주는 모든 자연발생 돌연변이의 약 반이 전위인자 삽입의 결과로 생겨난다. 우리는 이미 옥수수의 *shrunken* 유전자로 *Ds*가 삽입되어 생겨나는 돌연변이의 예를 보았다(그림 12.7). 멘델의 완두콩에서 주름진 씨앗 돌연변이는 다른 좋은 예이다. 이 경우 전위인자는 옥수수 *Ac* 인자와 유사한 종류로써, 8-bp 표적자리 중복을 만드는 DNA 인자이다. 삽입 자리는 녹말-분지효소 I(starch-branching enzyme I, SBEI) 유전자에 있으며, 이 삽입에 의해 기능손실 대립유전자가 만들어진다. 대부분의 전위인자들은 유전체의 중요하지 않은 부분에 존재하며 보통 표현형으로는 찾아낼 수 없는 변화를 일으킨다. 그러나 인자가 전위할 때 이것이 중요한 부분으로 삽입되어 돌연변이 표현형을 일으킬 수 있다. 만일 전위인자가 DNA의 암호화 부위(coding region)에 삽입되면 이 삽입된 인자는 암호화 부위를 방해한다. 대부분의 전위인자들은 그들 자신의 암호화 부위를 가지고 있으므로, 전위인자의 전사가 이것이 삽입된 유전자의 전사를 방해하거나 또는 그 유전자의 전사가 전위인자 내에서 종료된다. 그러므로 이 삽입은 유전자 제거 돌연변이(knockout mutation)를 일으킨다. 비록 전사가 인자를 통과해 진행되더라도 암호화 부위가 올바르지 않은 서열을 가지므로 표현형은 돌연변이가 될 것이다.

유전적 이상은 다른 위치에 있는 전위인자 사본 사이의 재조합에 의해 생겨날 수 있다. **그림 12.10**은 같은 염색체에 위치한 두 사본 사이의 재조합 결과 생겨날 수 있는 2가지 가능한 경우를 나타낸다. 그림의 (A)에서 사본들은 같은 방향으로 존재한다. 이 경우 사본들 사이의 짝짓기는 고리(loop)를 형성한다. 사본들 사이의 재조합 결과 두 인자 사이의 부위를 가지고 있는 환형 DNA가 형성된다. 이 환형 DNA는 동원체가 없기 때문에 소실된다. 재조합에 의해 만들어지는 다른 분자에서는 이 전위인자들 사이 부위가 결실(*deletion*)된다. 그림 12.10의 (B)에서는 사본들이 역방향으로 존재한다. 이 경우 사본들 사이의 짝짓기는 고리 대신에 헤어핀(hairpin) 구조를 만들고, 사본들 사이의 재조합은 이 인자들 사이에 있는 유전자들의 순서가 뒤집힌 역위(*inversion*)를 일으킨다.

비상동염색체 상의 두 전위인자 사본에 재조합이 일어나는 경우가 **그림 12.11**에 나타나 있다. 전위인자들의 방향이 그림과 같을 때 사본들 사이에 재조합이 일어나면 비상동염색체 사이에서 말단 부위가 교환될 것이다. 그 결과 재조합 산물은 비상동염색체 사이의 상호전좌(reciprocal translocation)를 가지게 된다.

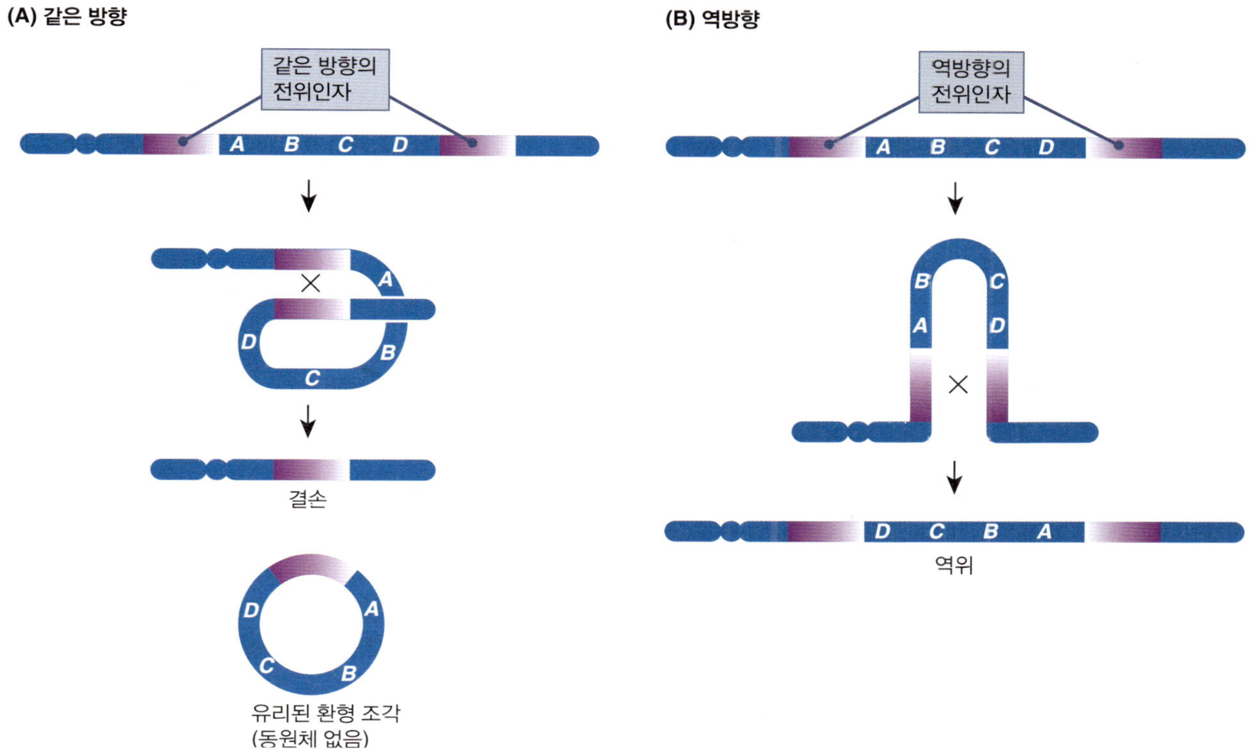

그림 12.10 같은 염색체에 있는 전위인자들(또는 다른 반복 서열들) 사이의 재조합. (A) 만일 반복들이 같은 방향이면, 재조합은 결실된 이중나선과 결실된 지역을 가지고 있는 환형의 분자를 만든다. (B) 만일 이 반복들이 역방향이면, 재조합은 그들 사이의 지역의 역위를 만든다.

잠깐 생각해 봅시다 12.2

한 중부동원체 염색체(동원체가 대략 가운데 있는 염색체)가 각 팔의 말단소체 아주 가까이에 전위인자 한 사본씩을 가지고 있다. 이 두 사본은 모두 왼쪽에서 오른쪽으로 같은 방향으로 존재한다. 이 두 사본들이 짝을 이루어 전위인자 내에서 교차가 진행되는 단일 염색분체의 모식도를 그리시오. 교차의 상호 생성물로부터 어떤 종류의 염색체가 생겨나는가?

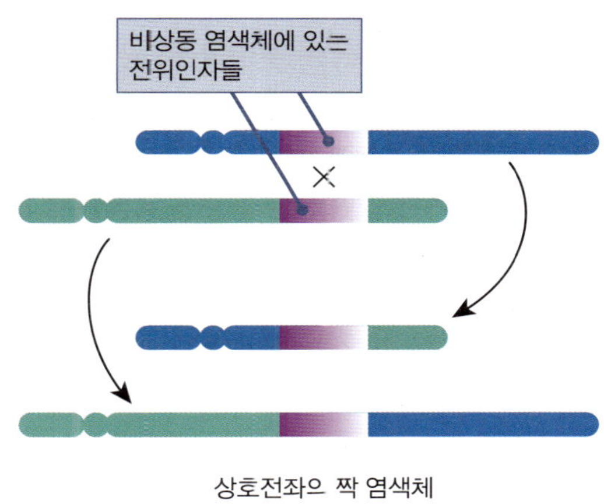

그림 12.11 다른 염색분체에서 같은 방향으로 존재하는 상동 전위인자 사이의 불균형 교차는 이 인자들 사이의 DNA 서열의 중복이나 결실을 일으킨다. 교차는 감수분열의 네 가닥 단계에서 일어나지만 교차에 참여하고 있는 두 가닥만 나타내었다.

인간 유전체의 거의 50%는 전위인자로 구성되어 있고, 이들 대부분은 더 이상 전위할 수 없다

인간 유전체가 상당히 큰 데도 단지 약 25,000개의 유전자만 가지고 있는 이유 중의 하나는 전위인자들을 높은 비율로 가지고 있기 때문이다. 그들의 주된 종류와 세포내 수가 **표 12.2**에 나타나 있다. 인간 유전체는 약 50%가 전위인자들로 구성되어 있다. 단일 범주로 가장 큰 것은 SINE 인자들인데, 이것 중에는 *Alu*I 인자가 가장 수가 많다. 비록 전위인자들은 오랫동안 "이기적 DNA"—일종의 유전체 기생충—로 간주되어 왔지만, 적어도 *Alu*I 인자는 인간 유전체에게 이롭다는 증거가 제시되기 시작했다. 첫째, *Alu*I 인자들은 유전체에서 G + C 양이 높은 유전자가 많은 지역에 불균형적으로 존재하는데, 이것은 이들이 어떤 기능적인 역할을 한다는 것을 암시한다. 둘째, 일부 다른 생물에서처럼 SINE 인자들은 인간이 스트레스 하에 있을 때 전사된다. 그 결과 생겨난

표 12.2 인간 유전체에 있는 전위인자들

종류	사본의 수	총유전체의 비율
SINEs	1,558,000	13.1
AluI	1,090,000	10.6
LINEs	868,000	20.4
LINE1	516,000	16.9
LTR 인자들	443,000	8.3
DNA 인자들	294,000	2.8
마리너(*mariner*)	14,000	0.1
분류되지 않은	3,000	0.1
모든 종류의 합계		**44.7**

Data from: E. S. Landers et al., *Nature* 409 (2001): 860.

전사체는 스트레스 하에서 번역을 차단하는 특정한 단백질 키나아제(protein kinase)에 결합할 수 있다. 이런 방법으로 SINE 인자들은 생물체적 스트레스 하에서 번역을 촉진할 수 있을 것이다.

두 번째로 많은 인간 전위인자는 LINE 인자인데, 이 중에서는 LINE 1이 가장 많이 존재한다. 세 번째는 LTR RNA 유래 전위인자들이고, 그 다음 네 번째가 DNA 인자들로 마리너 전위인자(*mariner* transposon)가 그 예이다. 이 마리너 전위인자는 진핵생물의 유전체 사이에 널리 퍼져 있다는 점에서 흥미로운데, 예를 들면 모든 곤충 종의 약 14%가 마리너를 가지고 있다. 이것이 널리 퍼져 있는 이유 중 하나는 마리너가 한 종에서 관련이 없는 다른 종으로 비교적 효율적으로 전달되기 때문인데, 이 **수평 전달**(*horizontal transmission*)이 어떻게 일어나는지에 대해서는 잘 알려져 있지 않다.

인간 유전체의 DNA 서열을 통해 유전체에 있는 대부분의 전위인자들이 더 이상 전위할 수 없다는 것을 알 수 있다. 한 가지 증거는 유전체 전체에 퍼져 있는 같은 인자의 다른 사본들의 서열을 비교한 것이다. 전위가 활발한 인자는 서로 서열이 같거나 거의 같은 새로운 사본들을 만들기 때문에, 사본들 사이의 가까운 서열 유사성은 활발한 전위를 의미한다. 반면에, 더 이상 이동하지 않는 전위인자의 사본들은 연속적으로 돌연변이가 생겨나 집단 내로 편입되므로, 사본들 사이의 커다란 서열 차이는 낮은 비율의 전이를 의미한다. 인간 유전체에서 염기쌍 당 뉴클레오티드 치환의 평균 빈도는 시간에 따라 대략 일정하기 때문에, 사본들 사이의 서열 상이성 정도는 전위된 이후의 시간을 측정하는 데 사용될 수 있다.

인간의 전위인자들 사이의 서열 차이를 분석한 결과, 인간 유전체에 있는 전위인자들의 전반적인 활성이 지난 3천5백만 년에서 5천만 년에 걸쳐 꾸준히 상당한 수준으로 감소되어 왔음을 알 수 있다. 이는 전위의 감소가 인류가 한 종으로 존재하기 오래 전인 원시인 계통에서 시작되었다는 것을 의미한다. 연구된 다른 포유동물에서는 더 크고 전형적인 전위 빈도가 나타났다. 예를 들면, 쥐에서 SINE과 LINE 인자의 전위율은 인간유전체와 비교해서 지난 1억 년 동안에는 1.7배였던 것이 지난 2천5백만 년 동안에는 2.6배까지 증가되었다. 이러한 비교는 인간 유전체에서는 약 600개의 새로운 돌연변이들 중 하나가 전위에 의한 것인 반면, 쥐에서는 약 10개의 새로운 돌연변이들 중 하나가 전위 때문이라는 연구 결과와 일치한다. LTR RNA 유래 전위인자들은 인간 유전체에서 현재 전위가 진행되고 있다는 신빙성 있는 증거를 나타내지 않았으며, DNA 전위인자는 약 5천만 년 전에 전위하는 능력을 잃은 것으로 보인다. 따라서 인간은 전위가 돌연변이와 진화의 주된 요인으로 작용하는 다른 포유동물을 포함한 많은 생물들과는 매우 대조적이다.

12.4 돌연변이는 통계상 무작위적 사건이다

돌연변이가 언제, 어느 세포에서 일어날 것인가를 예측할 수 있는 방법은 없다. 그러나 모든 유전자에서는 자연발생적으로 특정한 비율로 돌연변이가 일어나기 때문에, 특정한 돌연변이 사건에 확률을 적용하는 것은 가능하다. 다시 말하면, 특별한 유전자가 특정 세포에서 돌연변이를 일으킬 일정한 확률이 있다는 것이다. 마찬가지로 일정한 크기의 집단에서는 특정 유전자의 돌연변이 대립유전자가 나타날 확률이 일정하다. DNA에서 여러 형태의 돌연변이적 변화는 그 복잡성이 크게 다르기 때문에, 그들이 일어날 확률도 매우 다르다. 돌연변이에 대한 근본적인 원리는:

핵심 개념

돌연변이의 과정은 특정 돌연변이가 일어나는지 여부가 이 돌연변이가 특정 환경에서 그 생물체에 부여할지도 모르는 적응 이점과는 전혀 관련이 없다는 점에서 역시 무작위적이다. 잠재적으로 유리한 돌연변이가 그 생물이 필요로 한다고 해서 일어나는 것은 아니다.

이 결론에 대한 실험적인 근거는 다음 절에서 제시된다.

돌연변이는 그 생물의 적응 요구에 관계없이 일어난다

1940년대 후반까지는 돌연변이가 자연발생적이고, 적응과는 관련이 없는 통계적으로 무작위적인 사건이라는 개념이 널리 받아들여지지 않았다. 그 이전까지 돌연변이는 세균집단에서 특정한 선택 조건에 대응하여 일어난다고 믿어졌다. 이 믿음에 대한 근거는 항생제에 민감한 세균을 항생제를 포함하고 있는 고체 성장배지에 도말하였을 때, 그 항생제에 대한 선천적 내성을 가지고 있는 세포로 구성된 콜로니가 형성되는 것이 관찰되는 것이다. 이 관찰(그리고 비슷한 것들)에 대한 초기 해석은 이들 적응변이가 선택적 작용 물질 자체에 의해 유도되었다는 것이었다.

여러 종류의 실험을 통해 적응 돌연변이가 저절로 생겨났으며, 세균이 항생제에 노출되기 이전에 이미 세균 집단에 낮은 빈도지만 존재하였다는 것이 밝혀졌다. 그중 한 실험은 요수아(Joshua)와 에스터 레더버그(Esther Lederberg) 부부에 의해 개발된 **복제 평판법(replica plating)**(**그림 12.12**)이라 부르는 기술을 이용한 것이다. 이 실험에서는 세균의 현탁액을 고체 배지 위에 도말한다. 콜로니가 형성된 다음, 고체 지지물 위에 고정된 한 조각의 멸균된 벨벳으로 평판의 표면 위를 누른다. 그림 12.12A에 나타난 것처럼 각 콜로니로부터 일부 세균들이 섬유에 붙는다. 그 다음 이 벨벳을 새 배지 표면에 눌러서 각 콜로니로부터 온 세포들을 옮겨서 첫 번째 평판 위에 있던 콜로니들과 동일한 위치에 새로운 콜로니들이 생기게 한다. 그림 12.12B는 이 방법이 파아지 T1-저

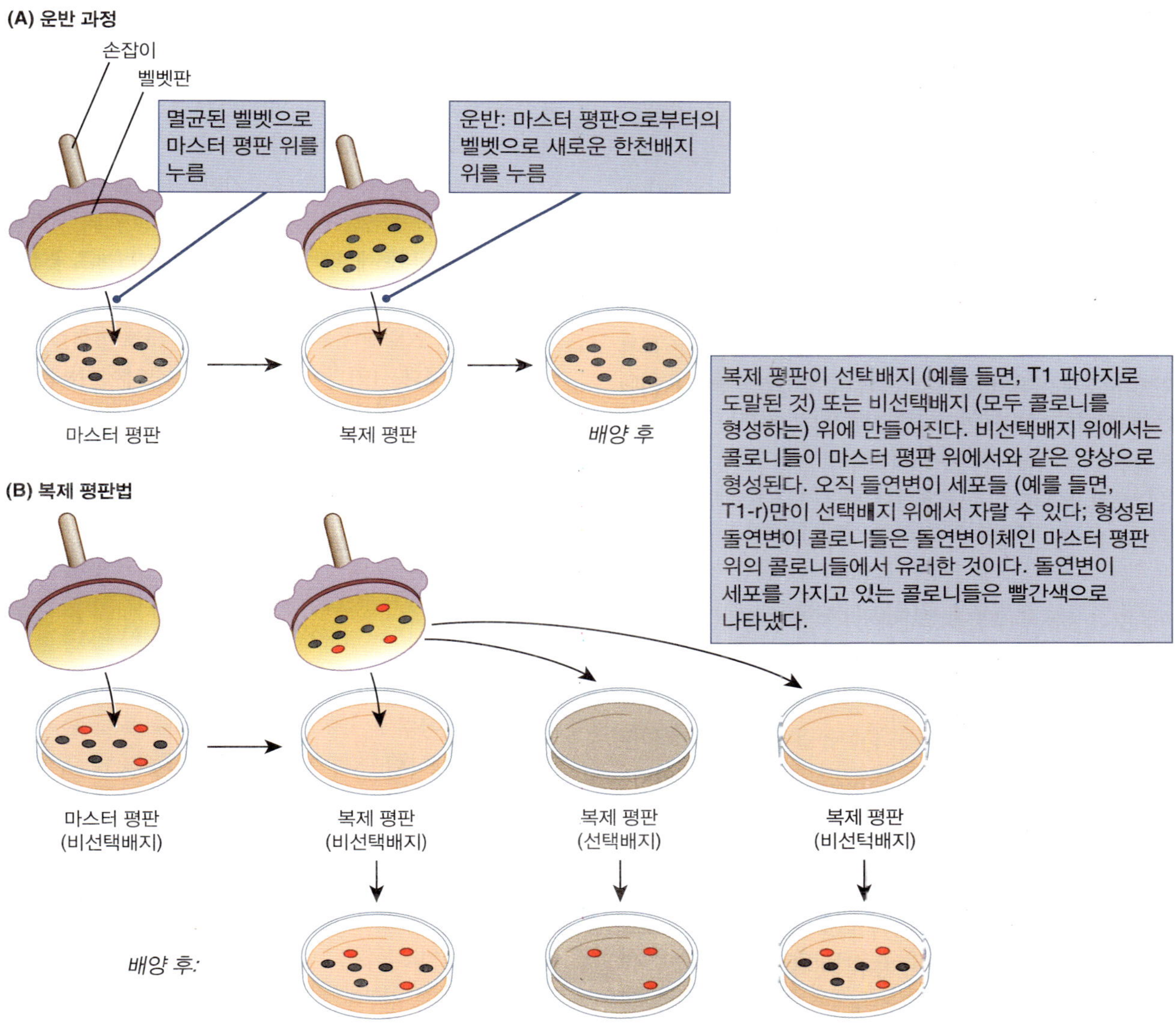

그림 12.12 복제 평판법. (A) 옮기는 과정에서 마스터 평판 위의 콜로니들로부터 세포들을 두 번째 배지로 옮기기 위해 벨벳으로 덮힌 원판으로 마스터 평판의 표면을 누른다. (B) 세포들은 돌연변이체들을 찾아내기 위해 연속적인 평판들로 옮겨진다.

항성(T1-r) T1-r 돌연변이체들의 자연발생적인 기원을 증명하는 데 어떻게 사용되었는지를 나타낸다. 비선택배지(파아지가 없는) 위에서 자라고 있는 약 10^7 세포를 가지고 있는 마스터 평판을 복제 평판법으로 약 10^9개의 T1 파아지가 도말된 일련의 평판배지로 옮겼다. 콜로니가 형성되기에 충분한 시간 동안 배양하였을 때, 몇 개의 파아지 내성 세균 콜로니가 각 선택 복제 평판 위의 같은 위치에 나타났다. 이것은 콜로니를 형성한 T1-r 세포들이 마스터 평판 위의 상응하는 위치로부터 옮겨 왔음을 의미한다. 마스터 평판 위의 콜로니들은 파아지에 노출된 적이 없으므로 내성을 나타내는 돌연변이들은 파아지에 노출되지 않은 원래 세포들에 이미 우연히 존재했어야 한다.

이 복제 평판 실험은 다음과 같은 원리를 설명해 준다:

핵심 개념

선택 기술은 단지 그 집단에 이미 존재하고 있는 돌연변이체를 선택할 뿐이다.

이 원리는 설치류, 곤충 그리고 병원균들의 자연 집단이 이들을 없애기 위해 사용되는 화학물질에 어떻게 내성을 갖게 되는지를 이해할 수 있는 기본 원리이다. 잘 알려진 사례는 DDT와 같은 살충제에 대한 높은 수준의 내성인데, 이제는 많은 곤충 집단에 존재하는 이러한 내성은 곤충이 이 화학물질을 피하거나 견디게 만드는 행동적, 해부학적, 효소적 특성에 영향을 주는 자연발생 돌연변이에 대한 선택의 결과이다. 비슷한 문제가 식물 병원균의 통제에서도 나타난다. 예를 들면, 병을 일으키는 특정 곰팡이에 내성이 있는 새로운 품종의 작물 식물을 도입하는 것은 이 질병에 대한 단지 일시적인 보호로 끝난다. 곰팡이에서 새로운 식물 유전자형을 공격할 수 있게 하는 자연발생 돌연변이가 생기기 때문에 이 내성은 결국에는 파괴된다. 그런 돌연변이들은 확실한 선택적 이점을 가지고 있기 때문에 돌연변이 대립유전자가 곰팡이 집단에서 빠르게 널리 퍼지게 된다.

사람의 생식세포에서는 아버지의 나이에 따라 놀랄 만큼 많은 수의 새로운 돌연변이가 증가한다

돌연변이에 대한 전통적인 실험에서는 확인 가능한 표현형을 만들어내는 경우에만 새로운 돌연변이를 확인할 수 있었다. 표현형에 영향을 미치지 않는 돌연변이는 확인할 수 없었으며, 따라서 이들이 생기는 속도도 측정할 수 없었다. 고속, 고용량의 정확한 유전체 염기서열 분석이 가능해지게 되면서 표현형과는 상관없이 모든 돌연변이의 생성을 확인할 수 있게 되었다. 아이슬란드에서 78 가족의 아버지-어머니-자손을 대상으로 사람의 유전체에서 각 세대당 새로운 염기치환이 나타나는 수를 조사하였는데, 그 값은 놀랄 만큼 높았다. 평균적으로 새로운 수정란에서 발견된 염기치환은 약 60개였는데, 이중 15개는 어머니로부터, 45개는 아버지로부터 유전된 것이었다. 뉴클레오타이드당 평균 염기치환 속도는 10^8 뉴클레오타이드당 하나였는데, 이 속도는 아버지의 나이에 따라 증가하였다.

각 세대당, 한 접합자당 60개의 새로운 돌연변이가 많게 느껴지겠지만 이렇게 생각해보자. 우리는 이미 인간의 유전체에 수백만 개의 단일염기 다형성(SNP)이 존재한다는 것을 알고 있는데(제4장), 이들 각각은 과거 어느 세대에서 새로운 돌연변이에 의해 만들어진 것이다. 평균적으로 접합자는 대략 300만 개의 SNP에 대해 이형접합이다. 이 숫자는 접합자에서 발현된 새로운 염기 치환 돌연변이 하나에 대해 이전 세대로부터 이미 50,000개의 오래된 염기 치환 돌연변이가 유전되어 오고 있다는 것을 의미한다.

그림 12.13은 정자 하나당 새로운 돌연변이 수의 평균이 아버지의 나이에 따라 얼마나 증가하는지를 보여준다. 이 증가는 선형으로, 15세에서는 정자 하나당 30개의 새로운 돌연변이가 발견되는데, 45세의 나이에는 약 95개로 증가하여, 아버지의 나이가 한 살씩 증가할 때마다 약 2개의 돌연변이가 더 생겨나는 양상을 보인다. 그림 12.13에서 점선은 난자핵에서의 새로운 돌연변이 숫자로 약 15개이며, 어머니의 나이에 따라 변하지 않는다.

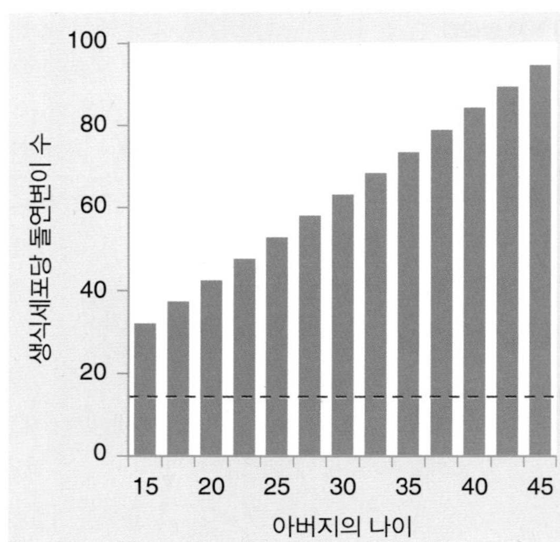

그림 12.13 아버지의 나이에 따른 생식세포당 새로운 염기 치환 돌연변이의 평균 수. 점선은 난자에서 새로운 돌연변이 수의 평균으로, 어머니의 나이에 상관없이 약 15개이다.

Data from A. Kong, et al., *Nature* 488 (2012): 471–475.

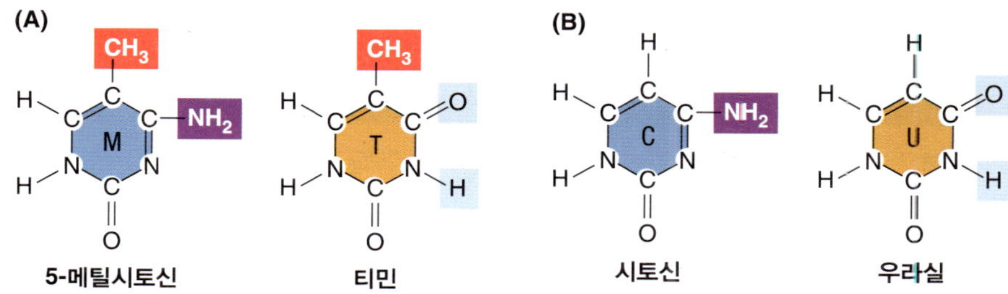

그림 12.14 (A) 5-메틸시토신으로부터 아미노기의 자연발생적 손실은 티민이 생기게 한다. (B) 정상적인 시토신으로부터의 아미노기의 손실은 우라실이 생기게 한다.

남성에서만 나이에 따른 영향이 나타나는 것이 처음에는 모순적으로 보일 수 있겠지만, 이 결과는 두 성별에서의 생식세포 형성 과정에 대해 알려진 사실과 완전히 일치하는 것이다. 여성에서는 난자를 형성할 운명의 세포가 생명 초기에 모두 DNA 복제를 마친 후 감수분열을 시작한다. 대부분의 난자는 실제로 자궁 내의 태아 때에 생성되지만, 감수 1분열은 복사기(diplotene)까지만 진행된 후 사춘기에 도달할 때까지 멈춘 상태를 유지한다. 사춘기에 황체호르몬의 급격한 증가에 의해 자극되면 감수분열이 재개되어 중기 II까지 진행되고, 여기서 다시 한 번 멈추게 된다. 정자가 난자에 침투하면 감수분열이 완성되고 난자 핵과 정자 핵이 융합된다.

반면에 남성에서는 정자가 될 운명의 세포는 살아있는 동안 DNA 복제와 체세포분열을 계속하고, 정자 형성 직전에 감수분열을 하게 된다. 따라서 나이든 남성의 정자는 젊은 남자에 비해 DNA 복제를 더 많이 겪게 된다. 대부분의 염기 치환은 DNA 복제 과정에서 생기기 때문에 나이 많은 남성에서는 여러 번의 복제 과정에서 젊은 남성에 비해 더 많은 수의 새로운 돌연변이가 정자에 생기게 된다.

돌연변이는 유전자 또는 유전체에서의 위치에 관계 없이 무작위적으로 일어나는 것이 아니다

어떤 DNA 서열은 다른 서열들보다 돌연변이를 일으키기 쉽기 때문에 **돌연변이 다발점(hotspot)**이라 불린다. 돌연변이 다발점은 복제 미끄러짐에 의해 확장될 수 있는 불안정한 3뉴클레오티드 반복을 포함한다(그림 12.5). 돌연변이 다발점은 유전체와 유전자 내의 많은 곳에서 발견된다. 돌연변이에 대한 유전적 연구의 관점에서 돌연변이 다발점의 존재는 비교적 적은 수의 위치에서 생기는 돌연변이가 전체 돌연변이의 큰 부분을 불균형적으로 차지한다는 것을 의미한다.

시토신 메틸화(cytosine methylation)가 일어난 자리에는 돌연변이가 보통 많이 일어나는데, 이 돌연변이는 대부분 G−C → A−T 염기 전이(transition)이다. 세균, 옥수수 및 포유동물을 포함한 많은 생물들에서(그러나 초파리는 아님) 일부의 시토신은 5번 탄소 위치에 메틸화가 일어나 정상적인 시토신 대신 5-메틸시토신이 된다(**그림 12.14**). 특별한 효소가 DNA의 어떤 표적 서열에 있는 시토신 염기에 메틸기를 붙인다. DNA 복제에서 이 5-메틸시토신은 구아닌과 짝을 이루어 정상적으로 복제된다.

시토신 메틸화는 그림 12.14에 설명되어 있는 것처럼 돌연변이 다발점에 크게 영향을 미친다. 5-메틸시토신과 시토신 모두에서 **탈아미노화**(*deamination*)라고 부르는 아미노기의 우발적 손실이 생기기 쉽다. 5-메틸시토신이 탈아미노화되면 정상적인 티민으로 바뀐다(A). 이것은 이중나선 DNA에서 일시적인 G−T 잘못짝지음을 만들고, 이것은 잘못짝지음 수선계에 의해 수선될 수 있는 기회를 가진다. 만일 이것이 A−T로 수선되면 이 이중나선은 염기 전이 돌연변이를 만들게 된다. 만일 이것이 바로 수선되지 않으면, 다음 세대에서 T를 가지고 있는 가닥이 A와 쌍을 이루게 되어 돌연변이 A−T 염기쌍이 생기게 된다.

5-메틸시토신의 탈아미노화가 자주 돌연변이를 유발하는 반면, 정상적인 시토신의 탈아미노화는 그렇지 않다. 그 이유는 정상적인 시토신의 탈아미노화는 시토신을 우라실로 변화시키기 때문이다(B). 다행히도 우라실은 12.6절에서 살펴보게 될 **염기 절제 회복**(*base excision repair*)이라 불리는 수선체계에 의해 인식된다. 이러한 수선 방법에 의해 우라실이 제거되고 정상적인 시토신으로 대체된다. 따라서 시토신의 탈아미노화에 의해 생겨난 우라실은 쉽게 확인되고 수선된다.

12.5 자연발생 돌연변이와 유도 돌연변이는 비슷한 화학적 성질을 가진다

돌연변이 유발원에 의해 유도될 수 있는 거의 모든 종류의 돌연변이가 역시 자연발생적으로도 일어날 수 있다. 그러나 돌연변이 유발원은 그들이 만드는 DNA 손상의 종류에 따라 일어나는 돌연변이의 종류를 편중되게 만든다. 유전학자에게는 돌연변이 유발원의 사용이 실험에서 분리할 수 있는 돌연변이체의 수를 크게 증가시키는 수단이 된다. 그러나 돌연

표 12.3 돌연변이의 주된 작용 물질들과 그들의 작용 기작

돌연변이 물질	예	돌연변이 유발의 주요 기작
물	가수분해	탈퓨린화 (A 또는 G가 디옥시리보오스 당으로부터 떨어짐)
산화제	아질산	탈아미노화 ($-NH_2 \rightarrow = O$): C → U, 5-MeC → T, A → 하이포크산틴
염기유사체	5-브로모데옥시우리딘	염기 잘못 짝짓기 비율을 증가시킴
알킬화제	에틸메탄설포네이트 질소 머스타드	염기의 곁사슬에 부피가 큰 부착물을 만듦
산업물질	프로플라빈	DNA 회전효소 II가 DNA 가닥에 틈이 남게 만듦: 착오 수선이 하나 또는 몇 개의 뉴클레오티드가 삽입되거나 결손되게 함
자외선	자연 햇빛 자외선 등	같은 DNA 가닥에 피리미딘 이합체[이웃하는 피리미딘(주로 T) 사이의 공유결합]를 형성
이온화 방사선	X 선 라돈 가스 방사능 물질	DNA에서의 단일가닥과 이중가닥 절단; 뉴클레오티드의 손상

변이 유발원은 공중보건에서도 역시 매우 중요한데, 왜냐하면 담배에서 발견되는 많은 화학물질과 같은 여러 환경 오염물질이 돌연변이를 일으킬 수 있기 때문이다.

퓨린 염기는 자연발생적으로 손실되기 쉽다

DNA를 손상시키는 주된 작용 물질의 일부가 그들이 일으키는 손상의 주된 형태와 함께 **표 12.3**에 실려 있다. 목록의 처음에는 물이 있다. 퓨린 뉴클레오티드에서 당과 퓨린의 결합은 비교적 약해서 가수분해되기 쉽다. **탈퓨린화(depurination)**라고 부르는 퓨린 염기의 손실이 **그림 12.15**에 나타나 있다. 탈퓨린화가 돌연변이를 반드시 일으키는 것은 아닌데, 왜냐하면 염기가 없는 자리는 우라실이 제거된 자리를 수선하는 동일한 시스템에 의해 고쳐질 수 있기 때문이다. 그러나 만일 수선이 일어나기 전에 복제 분기점이 탈퓨린 자리에 도착하면, 복제는 거의 항상 탈퓨린 자리의 맞은편에 있는 딸 가닥에 아데닌 뉴클레오티드를 삽입시킨다. 그 다음 복제 후에는 원래 G–C 쌍이었던 것이 T–A 쌍이 되는데, 이것은 염기 교차 돌연변이(transversion mutation)이다.

공기 중에서 자연발생적 탈퓨린화의 속도는 대략 분당 퓨린 뉴클레오티드당 3×10^{-9}이다. 이 속도는 자발적인 DNA 분해의 다른 어떤 원인보다도 10배 이상 큰 것이다. 이 속도에서 공기 중에 노출된 퓨린 뉴클레오티드의 반감기는 약 300년이다. 이것은 DNA가 생물학적 활성을 잃기 전에 환경에서 얼마나 오래 존속할 수 있는가에 대한 실제적인 한계를 결정한다.

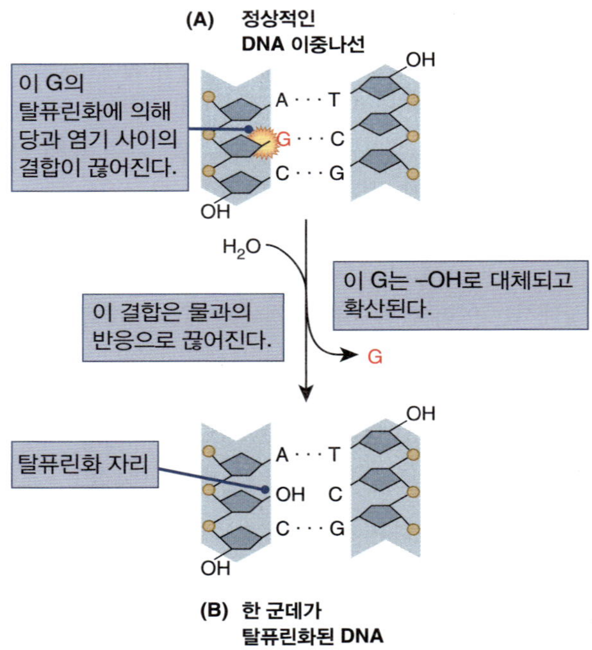

그림 12.15 탈퓨린화. (A) 탈퓨린화 전의 DNA 분자의 일부. 표지된 G와 디옥시리보오스 사이의 결합이 가수분해되려고 한다. (B) 이 결합의 가수분해는 G 퓨린을 유리시키고, DNA의 탈퓨린화된 위치에 히드록시기(—OH)를 남긴다.

일부 약산은 돌연변이를 유발한다

많은 돌연변이원들은 DNA와 반응하여 염기의 수소결합 특성을 변화시키는 화학물질이다. 한 예로 **아질산(nitrous**

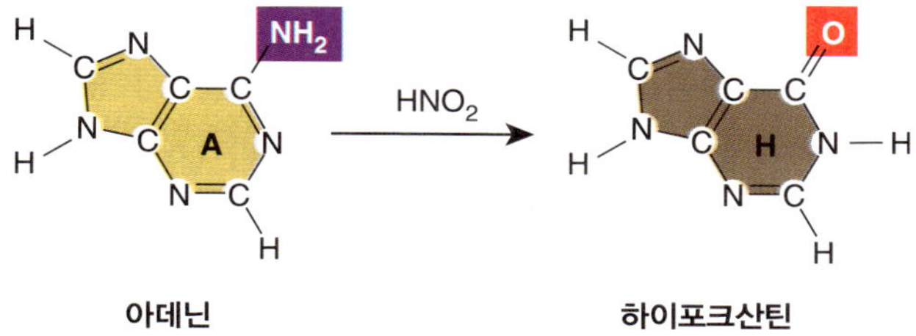

그림 12.16 아데닌의 탈아미노화의 결과는 하이포크산틴이다.

acid)이 있는데, 이것은 아데닌, 시토신 및 구아닌 염기의 탈아미노화를 일으켜 돌연변이 유발원으로 작용한다.

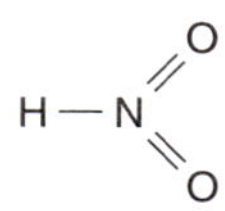

탈아미노화는 각 염기의 수소결합 특이성을 변경시킨다. 그림 12.14에서 이미 보았듯이, 5-메틸시토신의 탈아미노화 결과는 티민이고, 시토신의 탈아미노화 결과는 우라실이다. 아데닌 탈아미노화의 결과는 그림 12.16에 나타나 있다. 그 생성물은 하이포크산틴(*hypoxanthine*)이라 부르는 염기인데, 이것은 티민 대신 시토신과 결합하기 때문에 A의 탈아미노화 결과 A−T → G−C 염기전이가 일어난다.

염기유사체는 진짜 염기처럼 사용된다

염기유사체(base analog)는 DNA의 4염기들 중 하나와 매우 비슷해서 정상적인 복제 동안에 DNA 이중나선에 편입될 수 있는 분자이다. 이런 물질은 주형가닥에 있는 염기와 짝을 이룰 수 있어야 한다. 일부 염기유사체들은 그들이 정상적인 뉴클레오티드 보다 더 잘못 짝짓기 쉽기 때문에 돌연변이를 유발한다. 돌연변이 유발의 분자적 기본 원리는 세균과 바이러스의 DNA에 효과적으로 편입되며, 흔히 사용되는 염기유사체인 5-브로모우라실(BU, 5-bromouracil)을 이용해 설명할 수 있다.

5-브로모우라실 염기는 티민의 유사체로 브롬 원자는 티민의 메틸기와 크기가 같다(그림 12.17A). 보통은 5-브로모우라실이 아데닌과 짝을 이루는 케토(*keto*) 형태로 있지만 (B), 이것이 가끔 모양을 에놀(*enol*) 형태로 전환하여 구아닌과 짝을 이룬다(C). 이 전환은 브롬 원자에 의해 영향을 받아 티민에서보다 5-브로모우라실에서 더 자주 일어난다.

5-브로모우라실이 돌연변이를 유발할 수 있는 2가지 경로가 있다. 이것은 그림 12.18에 설명되어 있다. 경로 A에서 5-브로모우라실은 에놀 형태로 삽입되어 G와 짝을 이룬다. 이런 형태의 삽입은 매우 드물지만, 돌연변이 유발 염기쌍이

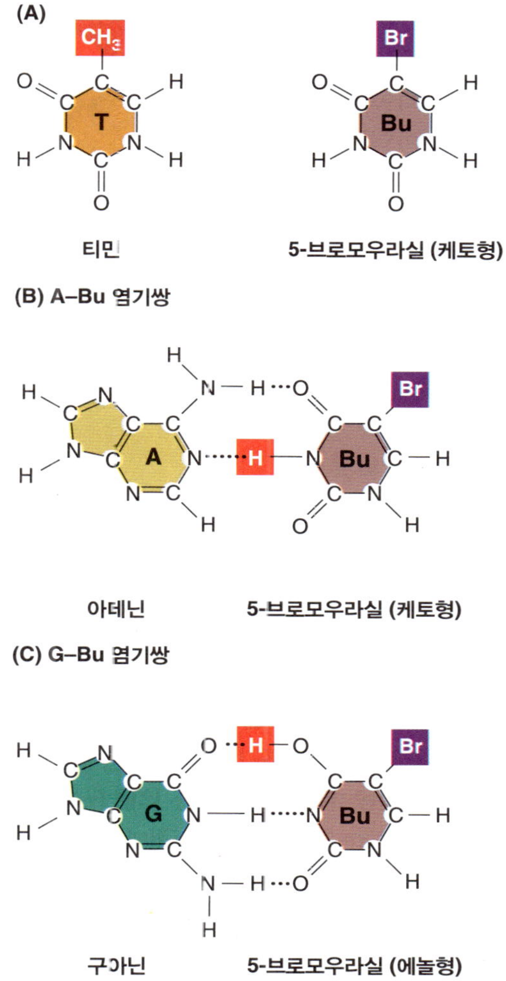

그림 12.17 5-브로모우라실에 의한 짝짓기 오류 돌연변이. (A) 티민과 5-브로모우라실의 구조. (B) 아데닌과 케토형의 5-브로모우라실 사이의 염기쌍. (C) 구아닌과 드문 에놀형의 5-브로모우라실 사이의 염기쌍. 이 분자가 케토형일 때 수소결합들 중 하나(빨간색으로 나타낸)가 위치를 바꾼다.

첫 번째 복제에서 만들어진다. 그 다음 번의 복제에서 BU는 보통 A와 짝을 이루어 G−C → A−T 염기 전이가 된다. 경로 B에서 5-브로모우라실은 케토 형태로 편입되어 A와 짝을 이룬다. 이것이 훨씬 더 빈번한 삽입 방식인데, 다음 번의 복제에서 BU가 G와 짝을 이루기 전까지는 돌연변이 염기쌍이 형성되지 않는다. 이 경우 A−T → G−C 염기 전이가 만들어진다.

반응성이 큰 화학물질은 DNA를 손상시킨다

일부 돌연변이 유발원들은 다양한 방법으로 DNA와 반응하여 광범위한 결과를 나타낸다. 이들 중에 알킬화제가 있는데, 이들은 원핵생물과 진핵생물 모두에서 강력한 돌연변이 유발원으로 작용하는 매우 반응성이 큰 화학물질이다. 알킬화제

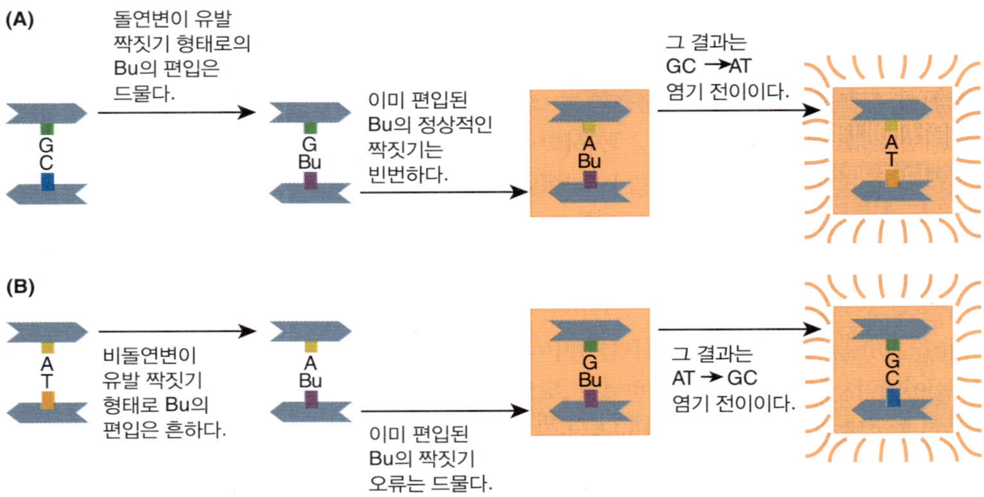

그림 12.18 그림은 5-브로모우라실(Bu)에 의해 돌연변이가 유발되는 2가지 경로이다. 화살표의 위치는 각 DNA 이중나선에서 다음 번에 복제되는 가닥을 나타낸 것이다. (A) G와 쌍을 이루게 삽입되는 경우는 드물다. 이 경우 이 돌연변이 유발 염기쌍은 첫 번째의 복제에서 형성된다. (B) A와 쌍을 이루는 삽입은 빈번하게 일어난다. 이 경우 이 돌연변이 유발 염기쌍은 첫 번째의 복제 이후에 형성된다.

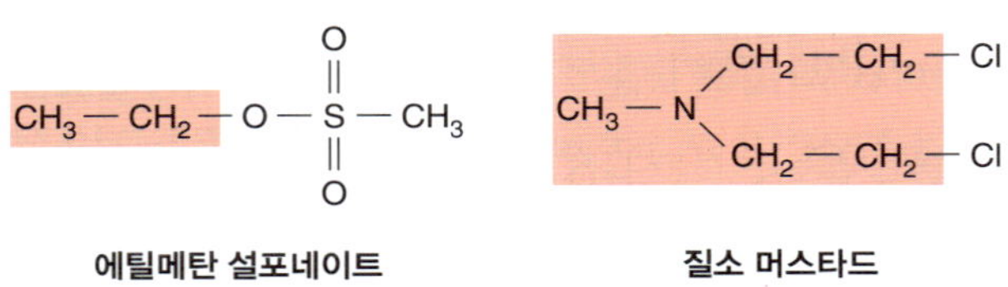

그림 12.19 강력한 돌연변이 유발원인 두 알킬화제의 화학 구조; 알킬기들은 분홍색의 사각형 안에 나타나 있다.

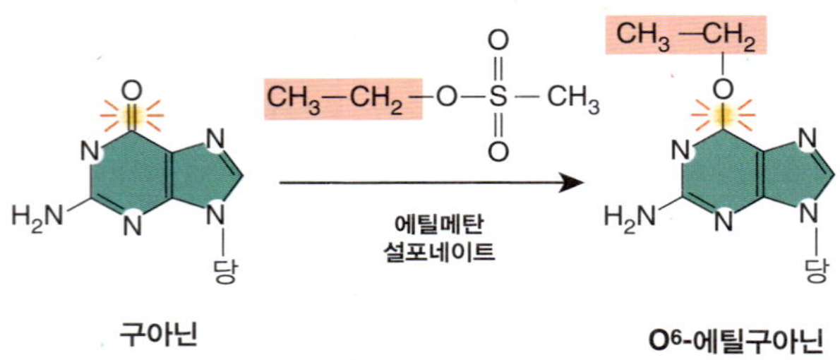

그림 12.20 에틸메탄설포네이트(EMS)에 의한 구아닌의 돌연변이 유발.

의 예로는 에틸메탄 설포네이트(ethylmethane sulfonate, EMS)와 질소 머스타드(nitrogen mustard)가 있는데, 이들의 구조가 **그림 12.19**에 나타나 있다. 질소 머스타드는 흡입하였을 때 강한 고통과 광범위한 폐 손상을 일으키는 가스이며, 제1차 세계대전(1914−1918)때 유럽에서 화학전에 사용되었다. 에틸메탄 설포네이트는 수용성의 고체로 유전학 연구를 위해 돌연변이를 일으키는 데 널리 사용되어 왔다. 알킬화제는 DNA 염기들에 커다란 곁가지를 붙여 이들의 염기쌍 특성을 변경시키거나 DNA 분자의 구조적 비틀림을 일으킨다. 예를 들면, EMS가 구아닌과 반응하면 O^6-에틸구아닌이 형성된다(**그림 12.20**). 구아닌 또는 티민의 알킬화는 짝짓기 오류를 일으켜 A−T → G−C 염기 전이 또는 G−C → A−T 염기 전이를 일으킨다. EMS는 티민과 구아닌에 비해 아데닌과 시토신에 잘 반응하지 않는다.

일부 작용물질들은 염기쌍의 삽입이나 결실을 일으킨다

아크리딘(acridine) 분자는 크기가 대략 퓨린-피리미딘 쌍의 크기와 비슷한 평면의 세 고리로 된 분자이다. 아크리딘 오렌지가 예이며, 이것의 구조는 아래와 같다.

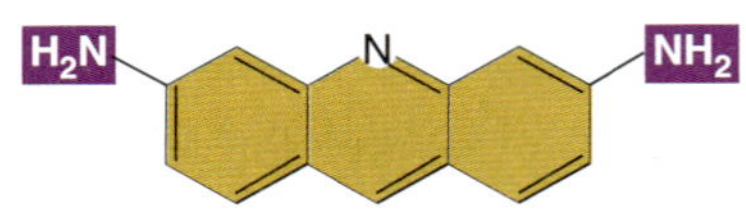

한때 DNA의 염기쌍 사이에 삽입되는 것으로 생각되었었지만, 사실 아크리딘은 DNA 회전효소 II(topoisomerase II)를 방해함으로써 손상을 입힌다. 이 DNA 회전효소 II는 이중가닥 절단을 만들어 잘린 끝을 회전시킨 다음 다시 연결해서 DNA의 비틀림 스트레스를 완화시키는 효소이다. 아크리딘 존재 하에서 이 효소는 DNA를 끊어진 상태로 남겨둔다. 빨리 수선되지 않으면 이 자리에 하나 또는 몇 개의 염기쌍이 더해지거나 결실되는 결과가 생긴다. 암호화 부위에서 단일 염기가 삽입 또는 결실되면 틀이동 돌연변이가 생긴다.

DNA에 의해 흡수된 자외선은 돌연변이를 유발한다

자외선(UV)은 모든 바이러스와 세포에서 돌연변이를 유발한다. 그 효과는 이 빛 에너지의 흡수에 의해 일어난 염기의 화학적 변화에 의한 것이다. UV 조사 후에 DNA에 형성되

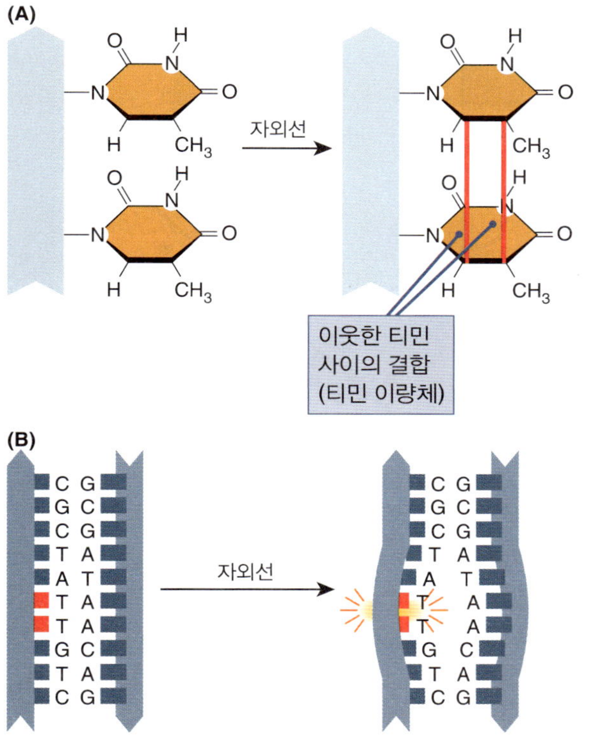

그림 12.21 (A) 형성된 티민 이합체의 구조. 자외선을 조사한 DNA 가닥에서 이웃한 티민은 빨간색으로 표시한 결합을 형성해서 서로 연결된다. 티민 고리 사이에서 다른 형태의 결합도 가능하다. 비율에 맞추어 그리지는 않았지만 이 결합들은 이웃한 티민 면 사이의 거리보다 더 짧으며, 따라서 이중나선의 구조가 뒤틀리게 된다. 각각의 티민 고리의 구조 또한 변화한다. (B) 이합체가 형성될 때 두 티민이 가까워짐으로써 DNA 나선의 뒤틀림이 생겨난다.

는 주된 생성물은 같은 폴리뉴클레오티드 가닥에 이웃하고 있는 피리미딘(주로 티민)들이 공유결합으로 연결된 **피리미딘 이합체(pyrimidine dimers)**(**그림 12.21**A)이다. 이 화학결합은 염기들을 가까이 오게 해서 이중나선의 뒤틀림을 일으키는데(B), 이를 통해 전사를 차단하고 DNA 복제를 일시적으로 차단한다. 피리미딘 이합체는 이 장에서 나중에 논의될 방법에 의해 수선될 수 있다. 그럼에도 불구하고 햇빛의 UV 광선에 피부를 지나치게 노출하면 피부암의 위험이 증가한다.

이온화 방사선은 강력한 돌연변이 유발원이다

이온화 방사선은 X-선과 방사능 물질에서 방출되는 방사선 및 그 입자(α 입자와 β 입자 그리고 γ 선)를 포함한다. X-선이 19세기 말에 처음 발견되었을 때, 고체 물질을 통과하는 힘은 무해한 오락과 큰 재미의 원천으로 간주되었다. 그 시대의 역사로부터 그 이유를 살펴보자:

> 1898년까지 개인적으로 X-선을 갖는 것은 뉴욕에서 대중적 지위의 상징이 되었다. 뉴욕 타임즈는 "X-선 사진에서는 세탁부의 손과 멋진 숙녀의 손 모양에 실제 만큼의 큰 차이가 있다"라고 보도하였다. 전시회 시즌의 히트 작품은 몰톤(Morton) 박사의 "X-선 숙녀"라는 전신 초상화였는데, 그녀는 분명히 뼈를 보려는 과학적 열망을 지닌 사교계의 여성이었다. 이 초상화는 "매혹적이고 요염한" 사진이라고 말할 수 있는데, 이 숙녀는 코르셋을 입지 않고 사진 찍는 것에 동의하였고, "잘 발달된 갈빗대의 초상화를 가지기를 열망하였다"고 하는 것이 더 적절할 것이다. 몰톤 박사는 여자들은 X-선을 두려워하지 않았다며 이렇게 말했다: "위험하지 않다고 안심시킨 후에는 그들은 두려움 없이 X-선을 받아들였다."
>
> 옷을 투과해 보는 데 또는 잠긴 방의 사생활을 침해하기 위해 X-선을 이용하는 흥미 위주의 가능성으로 인해 X-선은 대중적 토론과 만화 및 농담에서 친숙한 화제였다. 신문들은 X-선 검사로부터 자신의 보호를 추구하는 사람들을 위한 "X-선 차단 속옷" 광고를 실었다.
>
> 라듐의 빛을 내는 특성은 곧 선풍적인 라듐 열광을 일으켰다. 어떤 유명한 여자 무용가는 라듐을 포함하고 있는 형광염에 담근 베일을 사용하여 라듐 춤을 공연하였다. 라듐 룰렛이 뉴욕 카지노에서 유행하였는데, "룰렛 회전판을 라듐 용액으로 씻어 어둠 속에서 밝게 빛을 내고, 보이지 않는 손이 회전바퀴 위에 공을 던지고, 공이 포켓으로부터 희미하게 빛나는 포켓으로 튀어 오를 때 불꽃들이 공의 진로를 두드러지게 한다"라고 대서특필 하였다. 라듐으로 빛나는 여자 드레스를 만드는 과정에 대한 특허가 출원되었고, 브로드웨이 감독인 지그펠드(Florenz Ziegfeld)는 그의 무대 광상극을 위한 권리를 움켜잡았다.
>
> X-선과 라듐의 자유로운 사용이 증가하고 있는 동안에도 이 새로운 힘이 결코 그렇게 자비롭지 않다는 증거들이 축적되고 있었다. 암과 싸우는 도구라고 불렸지만, 그것들 역시 암을 일으킬 수 있다. X-선을 다루는 의사들이 이 쓴 교훈을 첫 번째로 배우게 되었다.
>
> Quoted from S. Hilgartner, R. C. Bell, and R. O'Connor. 1982. *Nukespeak*. Sierra Club Books, San Francisco.

의사들이 실제로 이 교훈을 배운 첫 번째 사람들이었다. 많은 의사들이 심각한 X-선 화상을 입거나 과다 노출된 손이나 팔을 절단해야 했다. 다른 많은 사람들은 방사능 중독 또는 방사능에 의해 유발된 암으로 죽었다. 1930년대 중반까지 X-선으로 인해 죽는 사람이 크게 늘어났으며, 독일에 있는 한 병원 안마당에는 "X-선 순교자"를 위한 기념비가 세워졌다. 그럼에도 X-선 피폭의 본질적인 위험은 1960년대까지도 충분히 알려지지 않았다.

이온화 방사선이 물이나 살아 있는 조직과 반응할 때 **자유라디칼(*free radical*)**이라 부르는 매우 반응성이 큰 이온이 형성된다. 이 자유라디칼은 DNA를 포함한 다른 분자들과 반응하여 암이나 돌연변이를 유발한다. 이온화 방사선의 광선의 세기는 여러 가지 방법으로 정량적으로 표시할 수 있다. 사실, 당황스러울 정도로 가지각색의 단위들이 흔히 사용되고 있다(**표 12.4**). 이 단위들의 일부(베크렐, 큐리)는 물질로부터 방사(발산)되는 붕괴 수를 다루고, 다른 것(뢴트겐)은 공기에서 생성되는 방사선의 이온화 수를 다루며, 또 다른 것들(그레이, 라드)은 이 방사선에 노출된 물질에 전해지는

표 12.4 방사선의 단위들

단위 (생략형)	크기
베크렐 (Bq)*	1개의 원자핵 붕괴/초 = 2.7×10^{-11} Ci
큐리 (Ci)	3.7×10^{10}개의 붕괴/초 = 3.7×10^{10} Bq
그레이 (Gy)*	1주울/킬로그램 = 100라드
라드 (rad)	100에르그(erg)/그램 = 0.01 Gy
렘 (rem)	1라드에 의해 살아 있는 조직에 가해진 손상 = 0.01 Sv
뢴트겐 (R)	정상적인 조건의 압력과 온도 하에서 마른 공기 1 입방 센티미터당 1정전기 단위를 생산 (정의상, 1 센티미터 거리에서 1다인의 힘으로 1정전기 단위가 반발)
시버트 (Sv)	100 rem

*무게와 도량형에 대한 일반 협정에 의해 정의된 국제 단위 시스템에서 공식적으로 인정되는 단위

에너지의 양을 다룬다. 그리고 일부(렘, 시버트)는 살아 있는 조직에 대한 방사선의 영향을 다룬다. 단위의 종류는 비이온화 방사선을 포함한 여러 종류의 방사선을 공통적인 기준에 포함시키려는 시도 속에서 시간의 흐름에 따라 급격히 늘어났다. 표 12.4에 있는 단위들은 건강에 미치는 방사선의 영향에 관한 문헌에서 발견되는 다수의 단위들을 이해하는 데 도움을 주고자 제시되었다.

이온화 방사선에 대한 유전적 연구는 다음과 같은 일반적 원칙을 지지한다:

핵심 개념

넓은 범위의 X-선 선량에 걸쳐서, X-선에 의해 유도되는 돌연변이의 빈도는 그 방사선 선량에 비례한다.

이 이론을 지지하는 하나의 증거는 초파리에서 X 염색체 열성치사가 유도되는 빈도이다(**그림 12.22**). 이 돌연변이 비율은 증가하는 X-선 선량에 비례하여 증가한다. 예를 들면, 10 시버트의 노출은 빈도를 0.15%의 자연발생 돌연변이 값에서 약 3%로 증가시킨다. 낮은 것에서부터 중간 정도의 선량에서 이온화 방사선의 치사 효과는 주로 DNA 손상의 결과로 일어난다. 이온화 방사선에 의해 DNA에 단일가닥 절단(당-인산 골격에서), 이중가닥 절단, 그리고 뉴클레오티드 염기

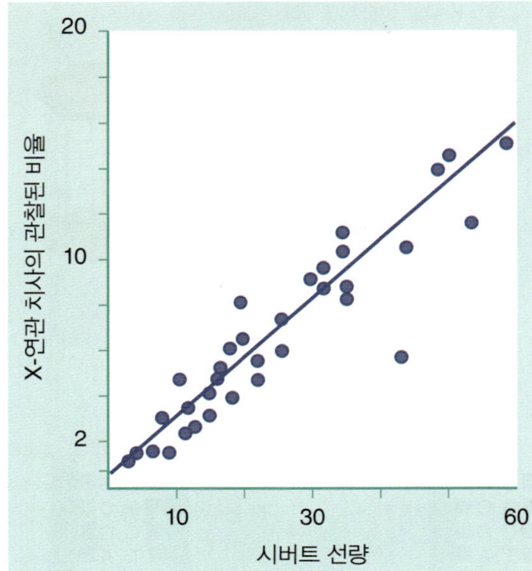

그림 12.22 X-선 선량과 초파리에서 X-연관 열성치사 비율 사이의 관계. 자연발생 X-연관 치사 돌연변이의 빈도는 세대당, X 염색체당 0.15%이다.

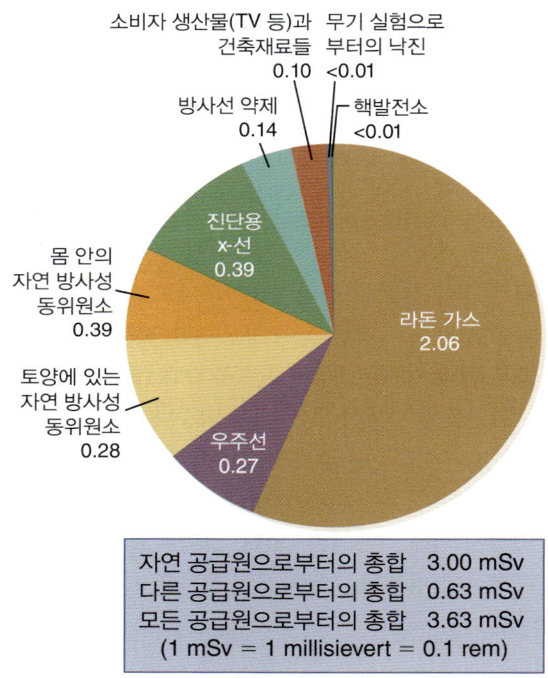

그림 12.23 여러 형태의 이온화 방사선에 대한 미국인의 연간 피폭.
Data from the National Research Council.

변화와 같은 3종류 손상이 생성된다. 단일가닥의 절단은 효과적으로 수선되지만, 다른 손상은 돌연변이의 원인이 된다. 진핵세포에서 이온화 방사선은 염색체 절단도 일으킨다. 비록 이 절단을 수선하는 시스템이 존재하지만, 이 수선은 가끔 전좌, 역위, 중복, 결실을 일으킨다. 배양한 인간세포에서

잠깐 생각해 봅시다 12.3

이 그래프는 X-선량의 증가에 따라 관찰되는 점돌연변이 수의 증가와 상호전좌의 수를 보여준다. 점돌연변이는 선량에 따라 선형으로 증가하는 반면에, 상호전좌는 처음에는 느리게 증가하다가 선량이 증가함에 따라 더 빠르게 증가하여 대략적으로 선량의 제곱에 비례하는 것으로 보인다. 점돌연변이는 선형적으로 증가하는데, 상호전좌는 왜 비선형적으로 증가하는지 설명할 수 있는 가설을 제안하시오..

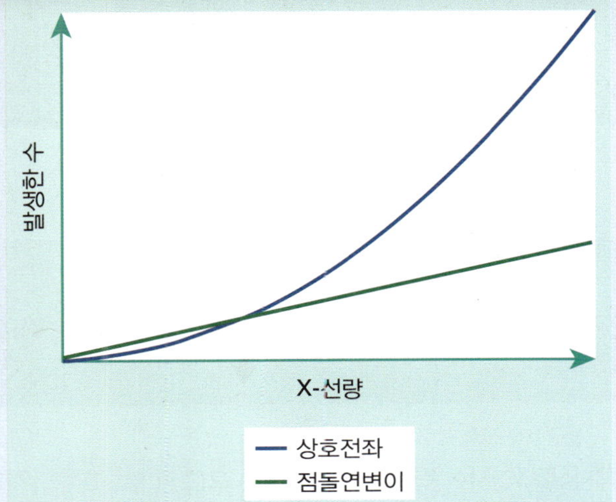

0.2 시버트의 선량은 세포당 평균 하나의 가시적인 염색체 절단을 일으킨다.

이온화 방사선은 암 치료에 널리 사용된다. 이 치료의 기본 원리는 분열을 진행 중인 세포에서 염색체 절단(그리고 그 결과로 일어나는 치사성)의 빈도가 증가된다는 것이다. 암은 보통 대부분의 정상 조직보다 더 많은 체세포분열 세포를 가지고 있어 암세포들이 정상 세포보다 더 많이 파괴된다. 모든 암세포들이 동시에 체세포분열 상태에 있지는 않기 때문에 방사선 조사는 간기의 암세포가 체세포분열로 들어가도록 수일의 간격으로 수행된다. 시간이 경과하면 대부분의 암세포는 파괴된다.

그림 12.23은 1년 동안에 미국에 있는 사람들이 받는 이온화 방사선 선량의 대표적인 값을 나타낸다. 측정 단위는 밀리시버트(millisievert)인데, 이것은 0.1 rem과 같다. 그림 12.23에 있는 피폭은 1년간을 기준으로 한 것으로 한 세대 동안에 총 피폭은 대략 100 밀리시버트이다. 중요한 보상 이익을 주는 진단용 X-선을 제외하고는 총 방사선 피폭의 대부분은 자연적 근원, 특히 라돈 가스로부터 온다는 것에 주목하라. 인공적인 근원으로부터 오는 것은 평균 방사선 피폭의 20% 이하이다. 그럼에도 불구하고 이온화 방사선에 대한 피폭은 그 자체로 위험하며, 특히 피폭된 사람에서 백혈병과 다른 특정한 암의 위험성이 증가한다. 돌연변이 유발 효과에 의해 생기는 미래 세대에서의 유전병 증가라는 점에서는, 소량의 방사선은 위험이 낮기 때문에 대부분의 유전학자들은 다양한 근원으로부터 환경으로 유입

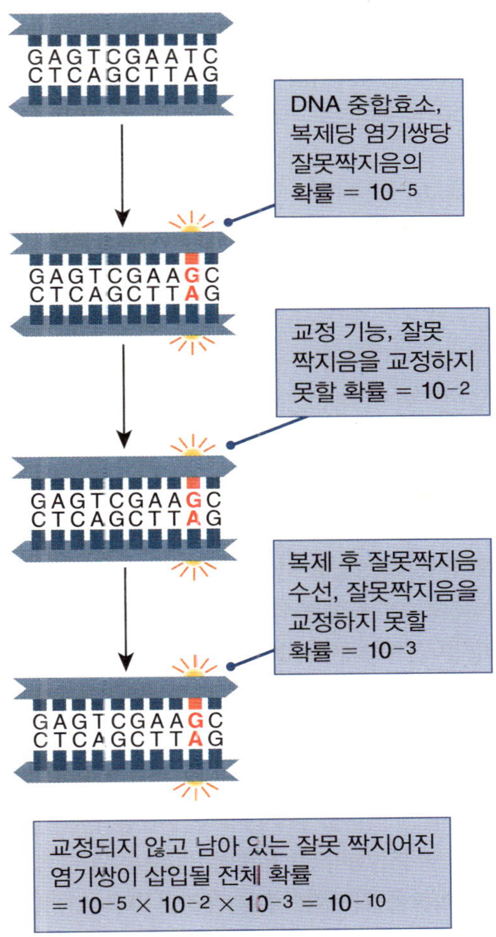

그림 12.24 DNA 중합 과정, 교정, 복제 후 잘못짝지음 수선에서의 착오비율 요약. 수선되지 않은 잘못 삽입된 누클레오티드의 전체 비율은 복제당, 염기쌍당 10^{-10}이다.

표 12.5 세대당 추가적인 10밀리시버트가 미치는 유전적 영향의 추정치

		세대당 10 mSv당 100만 명당 추가 사례	
질환의 종류	100만 명당 현재의 발생률	첫 번째 세대	평형시
상염색체 우성			
임상적으로 심한	2500	5~20	25
임상적으로 약한	7500	1~15	75
X-연관된	400	<1	<5
상염색체 열성	2500	<1	매우 느린 증가
염색체성			
불균형적 전좌	600	<5	매우 적은 증가
3염색체성	3800	<1	<1
선천성 기형 (다인성)	20,000~30,000	10	10~100
심장병	600,000	알려지지 않음	알려지지 않음
암	300,000	알려지지 않음	알려지지 않음
기타	300,000	알려지지 않음	알려지지 않음

출처: 낮은 수준의 이온화 방사선 피폭이 건강에 미치는 영향(*BEIR V*), 국립연구위원회, 워싱턴 D.C.

되는 돌연변이 유발(또한 암 유발) 화학물질들의 영향에 현재는 더 주목하고 있다.

미국의 국립과학원은 방사선 피폭의 위험성을 정기적으로 추정하여 갱신하고 있다. 가장 최근의 추정치가 **표 12.5**에 요약되어 있다. 여기서의 교훈은 세대당 10 밀리시버트의 방사선(연간 피폭에서의 약 10% 증가)에 추가로 피폭된다면 유전적 요인에 의한 질병의 발생을 비교적 작긴 하지만 증가시킬 것으로 예상된다는 것이다. 표에서 볼 수 있는 가장 흔한 증상은 심장병과 암이다. 이 두 질환에 대해서는 방사선에 의해 유도되는 증가가 얼마나 되는지 추정할 수가 없는데, 이는 전체 발생률에 유전적 요인이 얼마나 기여하는지가 아직 명확하지 않기 때문이다.

12.6 많은 종류의 DNA 손상은 수선될 수 있다

인간 세포에서 자연발생적으로 생긴 DNA 손상은 대략 1분당 10억 뉴클레오티드 쌍당 1건의 비율로 일어난다(또는 뉴클레오티드 쌍당으로 표현하면, 분당 뉴클레오티드 쌍당 1×10^{-9}의 비율로). 이것은 매우 낮은 비율로 보일지 모른다. 그러나 이것은 매 24시간마다, 각각의 인간세포에서, DNA가 대략 10,000 군데의 다른 자리에서 손상을 입는다는 것을 의미한다. 다행히도 우리와 모든 살아 있는 생물에서는 핵에서의 자연발생적 화학반응, 화학적 돌연변이 유발원, 방사선에 의해 DNA에 가해지는 많은 손상들이 수선될 수 있다. **표 12.6**에 가장 중요한 DNA 수선 기작들을 요약하였다. 목록에 있는 첫 번째는 간단하다. DNA 가닥에서의 틈(nick)은 골격에 있는 인산디에스테르 결합 중 하나가 잘린 것이다. 틈은 공유결합을 수선시키는 DNA 연결효소(ligase)에 의해 수선된다. 다음 절에서는 비정상형 또는 손상된 DNA의 수선에 대한 다른 주요 분자적 기작에 대해 살펴본다.

잘못짝지음 수선은 잘못 짝지어진 염기쌍들을 수선한다

잘못짝지음 수선(mismatch repair)은 DNA 복제에서 생긴 오류를 교정하는 "마지막 기회"로써 기능을 한다. DNA 복제 동안에 잘못 짝지어진 뉴클레오티드들은 매 복제당, 주형 가닥당 약 10^{-5}의 빈도로 삽입된다. **그림 12.24**에 나타나 있

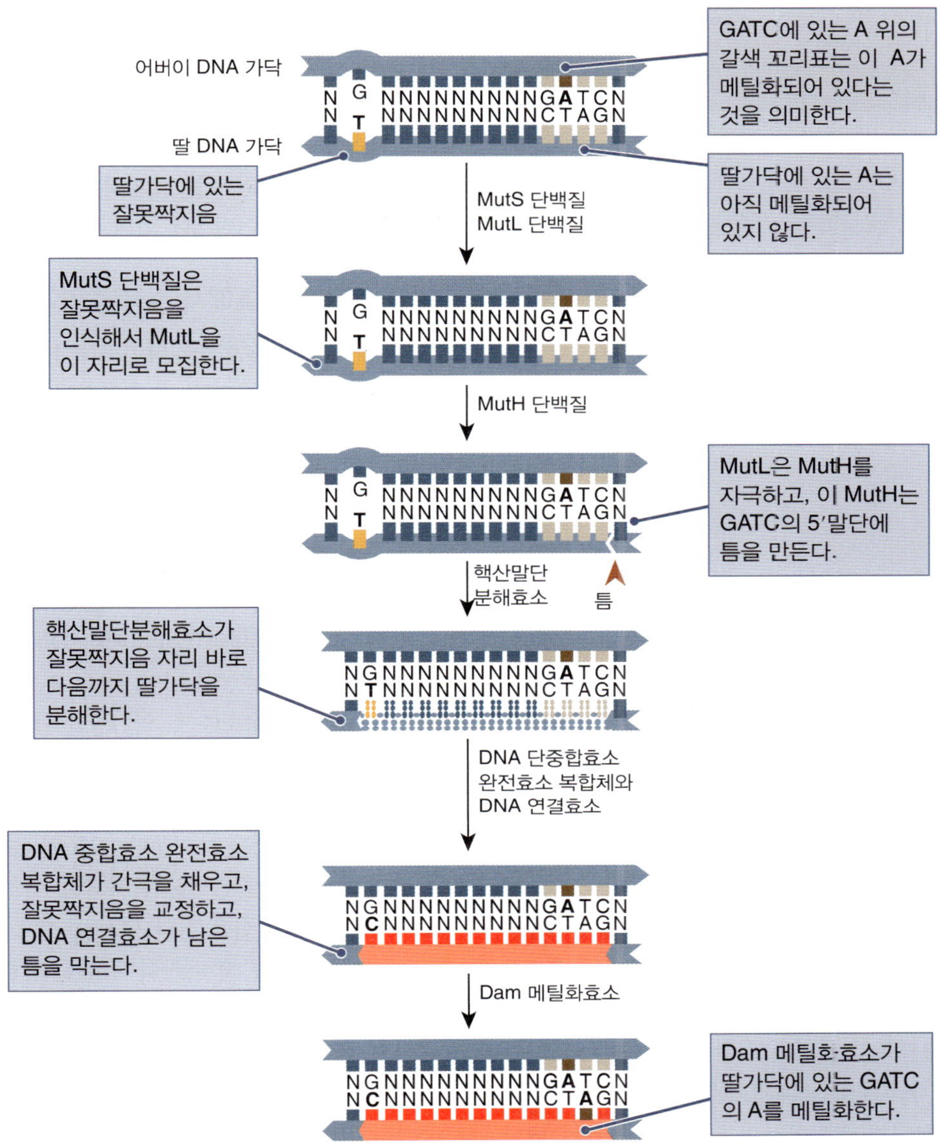

그림 12.25 잘못짝지음 수선은 염기 잘못짝지음을 가지고 있는 DNA 가닥에서의 조각 절제와 그 뒤의 수선 합성으로 구성되어 있다. 대장균에서 절제는 메틸화되지 않은 가닥의 가장 가까운 메틸화된 GATC 서열에서 일어난다. 핵산말단분해효소가 잘못짝지음을 막 지날 때까지 연속적으로 뉴클레오티드를 제거하고, 그 결과 생긴 간극은 수선된다. 어느 가닥이나 잘리고 교정될 수 있지만, 새로 합성된 DNA에서는 주형가닥에 있는 메틸화된 염기들이 잘못된 뉴클레오티드를 가지고 있는 새로 합성된 가닥이 절제되도록 절제 기작을 지시한다.

듯이, 이들의 대략 99%는 주요 복제중합효소가 지니는 교정 기능($3' \rightarrow 5'$ 핵산말단가수분해효소 활성)에 의해 즉각 교정된다. 그 결과 잘못짝지음은 매 복제당, 주형 뉴클레오티드당 10^{-7}의 비율로 나타난다. 남은 잘못짝지음의 99.9%는 잘못짝지음 수선계에 의해 교정되어 전체적으로

$$10^{-5} \times 10^{-2} \times 10^{-3} = 10^{-10}$$

의 잘못짝지음 비율을 가지게 된다.

잘못짝지음 수선의 작용은 **그림 12.25**에 설명되어 있다. 잘못 짝지어진 염기가 탐지되면 그 가닥들 중 하나가 2군데에서 잘리고 잘못짝지음 주위의 지역이 제거된다. 잘려진 지역은 크기가 일정치 않다. 대장균에서는 잘못짝지음 부위의 약 1 kb 이내에서 한 효소가 메틸화되지 않은(새로 합성된) 가닥 위의 가장 가까운 GATC 서열 부위 DNA를 절단한다. 그런 다음 한 핵산말단분해효소(exonuclease)가 잘려진 DNA 가닥을 잘못짝지음의 다른 쪽 자리까지 분해하여(절제 단계) 단일가닥의 간극(gap)을 만든다. 절제 후, DNA 중합효소가 남은 가닥을 주형으로 사용하여 간극을 채움으로써 잘못짝지음을 저거한다. 잘못짝지음 수선계는 또한 대부분의 작은 삽입이나 결실도 교정한다.

표 12.6 DNA 손상의 종류와 수선 기작

손상의 종류	수선의 주된 기작
DNA 가닥의 틈	DNA 연결효소에 의해 수선됨
화학적으로 변형된 염기	염기 절제수선(염기 특이적인 DNA 글리코실아제에 의한 제거)
잘못 짝지어진 염기들	잘못짝지음 수선에 의해 수선됨(절제와 재합성)
탈퓨린 또는 탈피리미딘 자리	AP 핵산내부분해효소 수선계에 의해 수선됨
DNA의 손상된 부분	뉴클레오티드 절제 수선(절제와 상대가닥 맞은편에서의 재합성)
피리미딘 이량체	효소적으로 수선(자외선으로부터)
DNA의 손상된 부분	DNA 손상의 우회(손상된 부분의 서열은 재조합을 통해 수선됨)

만일 잘못짝지음 수선에서 제거되는 DNA 가닥이 무작위로 선택된다면, 이 수선 과정은 때로는 올바른 염기를 가지고 있는 가닥을 자르고 돌연변이 가닥을 주형으로 사용하여 돌연변이 분자를 만들어 낼 것이다. 그러나 딸가닥은 부모가닥보다 덜 메틸화되어 있기 때문에 새로 합성된 DNA에서 이런 일이 일어나는 것이 방지된다. 잘못짝지음 수선계는 가닥의 메틸화 정도를 인식해서 **덜 메틸화된 가닥의 뉴클레오티드를 선택적으로 절단한다**. 이것은 복제에서 딸가닥으로 삽입된 틀린 뉴클레오티드가 제거되고 수선되게 하는 것을 확실하게 돕는다. 딸가닥은 항상 메틸화가 적게 되어 있는 가닥인데, 왜냐하면 부모가닥은 이전의 복제에서 완전히 메틸화되어 있는 반면 딸가닥의 메틸화는 움직이고 있는 복제 분기점 뒤에서 어느 정도 지연되어 일어나기 때문이다.

잘못짝지음 수선계의 작용 기작은 세균에서 광범위하게 연구되었다. 이 과정에 결함이 있는 돌연변이체는 높은 비율의 자연발생 돌연변이를 갖는 것으로 확인되었다. *mutL*과 *mutS* 두 유전자의 생성물은 잘못 짝지어진 염기쌍을 인식해서 결합한다. 이것이 새로 합성된 가닥으로부터 뉴클레오티드의 절단을 유발한다. 효모에서 수행된 실험 결과에 따르면 야생형의 효모에서보다 잘못짝지음 수선이 결핍된 돌연변이체에서 짧은 뉴클레오티드 서열들의 순차반복이 1,000배 정도 불안정하다는 것이 밝혀졌다. 이 당시에 이미 인간의 유전성 직장암의 한 종류가 단순 반복 서열의 안정성이 감소되어 일어난다는 것이 알려졌고, 효모 연구자들은 이런 위험이 높은 가족에서 잘못짝지음 수선에 결함이 있는 대립유전자를 분리할 수 있을 것이라고 제안하였다. 2년도 걸리지 않아서 *mutL*, *mutS*와 상동성이 있는 4개의 인간 유전자들이 밝혀졌으며, 이들 중 어느 하나라도 돌연변이가 일어나면 유전성 비용종증 대장암(HNPCC)을 일으킨다는 것도 알아냈다. 이런 암의 대부분은 이들 4개의 잘못짝지음 수선 유전자들 중 하나에서의 돌연변이에 의해 생겨날 수 있다.

염기절제는 DNA에서 손상된 염기를 제거한다

우리는 이미 DNA 이중가닥이 시토신의 탈아미노화에 의해 형성되는 우라실을 가질 수 있음을 살펴보았다. 구아닌에서 탈아미노화가 일어나면 8-옥소구아닌(8-oxoguanine)이 만들어진다. DNA 상에 이들을 포함한 잘못된 염기들이 세포당 하루에 약 수천 개의 비율로 만들어진다. 이들 중 대부분은 곧바로 잘못된 염기를 특이적으로 인식하는 8개 효소들 중 하나를 이용해 염기 절제수선 방법으로 제거된다. 예를 들면 ***DNA* 우라실 글리코실라아제**는 DNA 상의 잘못된 G–U 염기쌍을 인식하는 효소이며, ***DNA* 8-옥소구아닌 글리코실라아제**는 잘못된 8-옥소G–C 염기쌍을 인식하는 효소이다.

염기 절제수선 과정은 **그림 12.26**에 잘 나타나 있다. 그림의 (A)는 시토신의 탈아미노화가 우라실을 포함하는 염기를 만들어 내는 것을 보여준다. 잘못된 G–U 염기쌍은 특정한 글리코실라아제에 의해 인지되며, 이 효소가 디옥시리보오스 당에서 우라실을 잘라낸다. 이 효소는 이중가닥 DNA를 따라서 검색을 해 나가다 우라실 뉴클레오티드를 만나면, 부홈(minor groove)으로 끼어 들어가서 우라실을 이중나선 바깥으로 뒤집어 놓는다. 노출된 우라실은 우라실 글리코실라아제가 접근하여 자를 수 있다. 우라실이 제거되면 이중가닥 상에 피리미딘 염기가 없는 디옥시리보오스 당이 남게 되며, 이것이 **탈피리미딘 자리**(*apyrimidinic site*)이다. 그림 12.26B는 8-옥소구아닌이 어떻게 특정한 글리코실라아제에 의해 제거되어 **탈퓨린 자리**(*apurinic site*)가 만들어지는지를 보여준다. 탈피리미딘 자리와 탈퓨린 자리는 다음에 기술하게 될 기작에 의해 수선된다.

AP 핵산내부분해효소는 염기를 잃은 뉴클레오티드 자리를 수선한다

탈피리미딘과 탈퓨린 자리는 **AP 수선**이라는 방법으로 회복된다. 탈퓨린 자리에서 이 수선 과정이 진행되는 과정이 **그림 12.27**에 나타나 있다. 이 과정의 가장 핵심이 되는 효소는 ***AP* 핵산내부분해효소**(*AP endonuclease*)로써, 이 효소는 DNA에서 염기가 없는 당을 절제해 내어 단일가닥의 간극을 남기고, 이 간극이 특수한 DNA 중합효소(중합효소 β)에 의

인간 유전학 이야기

수선을 넘는 손상

Frederick S. Leach and 34 other investigators (1993)
Johns Hopkins University, Baltimore, MD, and ten other research institutions

유전성 비용종증 대장암에서 mutS 동족체의 돌연변이

유전성 비용종증 대장암(Hereditary nonpolyposis colorectal cancer, HNPCC)은 결장암에 걸리기 쉽게 하는 가장 흔한 질환 중의 하나이다. 이 병은 서양에서는 200명 중 1명 꼴로 발생한다. 이 질환에는 여러 형태가 있는데, 한 형태는 2번 염색체에 있는 유전자 돌연변이에 의해 일어난다는 것이 밝혀졌다. 이런 형태의 가족성 결장암을 가지고 있는 세포에서는 DNA 복제 동안에 짧고 반복되는 특정한 뉴클레오티드 서열(2뉴클레오티드 반복)이 유전적으로 불안정한 것으로 알려져 있다. 그런 서열들이 정확히 복제되려면 잘못짝지음 수선계의 작용이 필요한데, 이 수선계는 세균에서 널리 연구되어 왔다. 이 과정에 결함이 있는 돌연변이체들은 높은 자연발생 돌연변이율을 가지고 있는 것으로 밝혀졌다. 세균에서는 *mutL*과 *mutS* 두 유전자 생성물이 잘못 짝지어진 염기쌍을 인식해서 결합한다. 이 결합은 새로 합성된 가닥으로부터 뉴클레오티드 일부의 절제를 유발한다. 진핵세포도 비슷한 잘못짝지음 수선계를 가지고 있는데, 잘못짝지음 수선에 관여하는 효모의 효소들은 세균의 효소와 비슷한 아미노산 서열을 가지고 있다. 효모에서는 *mutS* 유전자 산물과 유사한 단백질을 만드는 유전자가 *MSH2*라 불리는데, *MSH2*에 결함이 있는 효모 돌연변이체에서는 2뉴클레오티드 반복 부분이 1,000배 이상 불안정하다는 것이 밝혀졌다. 이러한 결과와 유전성 비용종증 대장암에서의 유전적 불안정성의 연관성을 통해, 이 논문의 저자들은 이런 고위험성의 가계는 잘못짝지음 수선의 결함을 일으키는 대립유전자를 가지고 있을 것이라는 가설을 제안하였다. 이들은 인간의 2번 염색체에서 *MSH2* 산물과 유사한 아미노산 서열을 가지는 단백질을 생산하는 유전자(*hMSH2*라고 불림)를 확인하였다. 친족들 중에 증상이 있는 사람들과 없는 사람들을 비교한 결과는 *hMSH2*의 돌연변이가 HNPCC의 원인이라는 것을 입증하는 강력한 증거이다.

> ***"11명의 환자 모두 C에서 T로의 전이를 가진 한 대립유전자를 가지고 있는 반면, 병에 걸리지 않은 10명의 사람들 모두는 2개의 정상 대립유전자를 가지고 있다."***

> 증상을 나타내는 친척들을 포함하여 21명을 분석하였다.... 11명의 증상을 나타내는 사람들 모두 C에서 T로의 염기 전이가 있는 대립유전자 하나를 가지고 있는 반면, 증상을 나타내지 않는 10명의 사람들은 모두 2개의 정상적인 대립유전자를 가지고 있었는데, 이는 이 질병이 완전히 분리됨을 의미한다. 중요한 것은, 돌연변이 *hMSH2* 대립유전자에서 바뀐 이 프롤린이 매우 잘 보존된 위치에 있는 것으로, 동일한 프롤린이 원핵세포와 진핵세포의 모든 알려진 *mutS*-연관 유전자에서 발견된다는 것이다.

F.S. Leach et al. *Cell* 75: 1215–1225.

해 수선된다. 이 간극이 채워지면 수선된 가닥에 하나의 틈이 남는데, 이는 DNA 연결효소(ligase)에 의해 이어지고 수선이 끝난다.

뉴클레오티드 절제수선은 다양한 종류의 손상된 DNA에 작용한다

뉴클레오티드 절제수선(nucleotide excision repair)은 여러 단계의 효소 작용으로 진행되는데, 손상된 부위의 DNA 가닥을 이중나선 분자로부터 제거하고 손상되지 않은 가닥을 주형으로 사용하여 재합성한 DNA로 교체한다(**그림 12.28**). 이 수선의 기질은 이중나선 분자의 비틀림을 만드는 모든 손상들이다. DNA의 비틀림은 수선 단백질을 끌어오고, DNA가 풀리게 된다. DNA가 풀린 다음에는 수선 핵산내부분해효소(endonuclease)가 당-인산 골격의 두 곳을 절단한다. 절단자리는 상당히 일정한데, 원핵세포에서는 절단자리가 손상 부위로부터 5′ 쪽으로 8 뉴클레오티드, 3′ 쪽으로 5 뉴클레오티드 위치이다. 진핵세포에서는 손상 부위로부터 5′으로 24 뉴클레오티드, 3′ 쪽으로 5 뉴클레오티드 위치가 절단된다. 생겨난 간극의 3′-OH기가 특수한 중합효소가 새로운 가닥을 합성하기 위한 시발체(primer)로 사용된다. 이 수선 과정의 마지막 단계는 새로 합성된 조각이 DNA 연결효소에 의해 인접한 가닥에 연결되는 것이다.

여러 질병 증후군이 뉴클레오티드 절제수선의 결함과 관련이 있는데, 그 예로는 색소건피증(xeroderma pigmen-

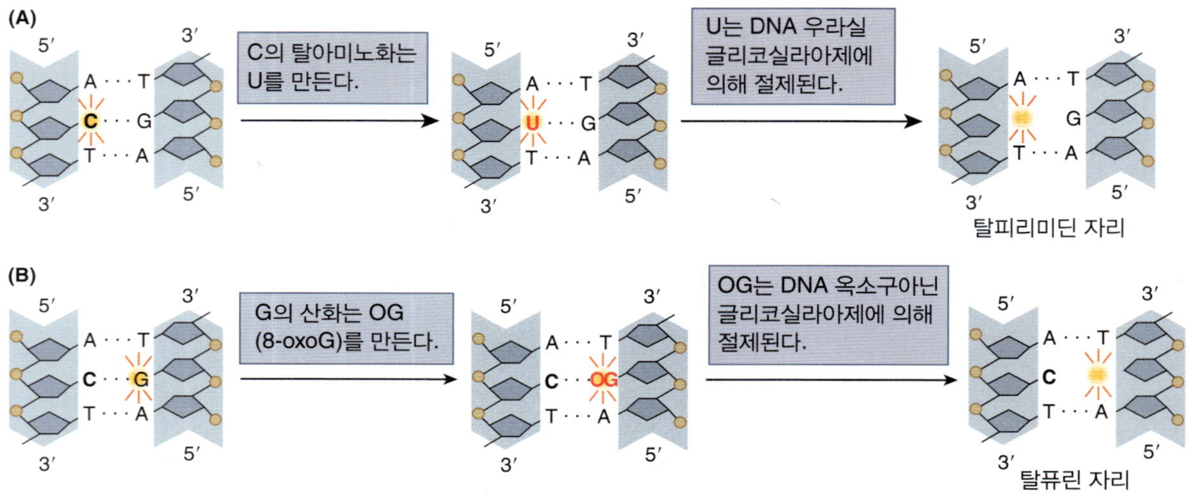

그림 12.26 염기 절제. (A) 우라실의 절제는 탈피리미딘 자리를 만든다. (B) 8-옥소구아닌의 절제는 탈퓨린 자리를 만든다.

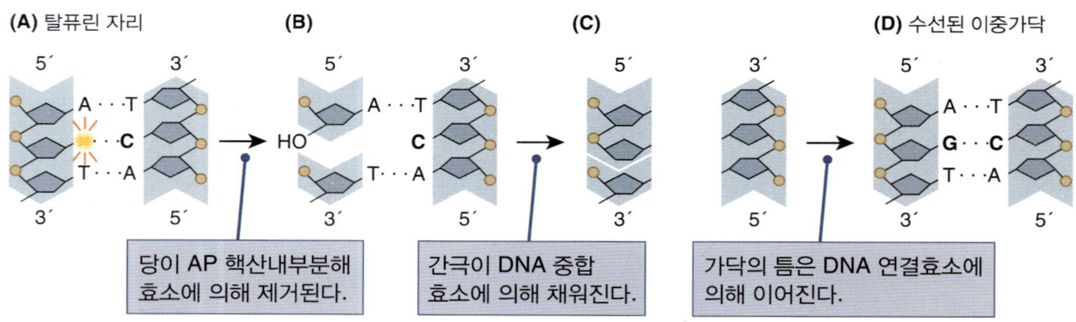

그림 12.27 AP 핵산내부분해효소의 작용. (A) DNA 이중가닥에서 탈퓨린 자리 (B) AP 핵산내부분해효소가 DNA 가닥으로부터 빈 디옥시리보오스를 절개한다. (C) 특수한 DNA 중합효소가 연속적인 가닥을 주형으로 사용하여 간극을 채운다. (D) 남은 틈은 DNA 연결효소에 의해 닫히고 원래 서열이 회복된다. AP 핵산내부분해효소는 탈피리미딘 부위에도 같은 방식으로 작용한다.

tosum), 코케인증후군(Cockayne9s syndrome), 모발유황이영양증(trichothiodystrophy) 등이 있다. 비록 이들 증후군의 환자들이 비정상적인 피부 또는 신경계 결함과 같은 증상을 공유하지만, 빛에 대한 민감성, 암으로의 소인, 키, 모발 조직, 안면 비정상의 유무에서는 크게 다르다. 예를 들면, 색소건피증은 심각한 빛 민감성 및 피부암의 높은 조기 발생과 관련이 있고, 코케인증후군은 난쟁이증과 연관이 있으며, 모발유황이영양증은 황 결핍과 부서지기 쉬운 머리털과 관련이 있다.

특별한 효소들이 자외선에 의한 DNA 손상을 수선한다

특별한 DNA 손상을 인식해서 직접 되돌리는 반응을 촉매하는 효소들이 있다. 대표적인 예로는 UV에 의해 유도된 피리미딘 이합체가 피리미딘을 연결하는 결합을 절단하여 원래 염기로 되돌리는 효소의 작용에 의해 수선되는 것을 들 수 있다. 이런 종류의 효소들 중 일부는 작용에 빛이 필요하다. 이들은 어둠 속에서 이합체에 결합은 하지만, 이합체의 결합을 끊기 위해서는 청색광의 에너지를 필요로 한다.

DNA 손상우회는 손상된 염기들을 건너뛴다

가끔은 DNA 손상이 수선되거나 제거되지 않고 남아 있지만, 그것의 해로운 효과는 최소화될 수 있다. 이를 위해서는 DNA 복제가 손상된 지역을 지나쳐서 진행되어야 하며, 따라서 이 과정을 DNA 손상우회(DNA damage bypass)라고 한다. 예를 들면, DNA 중합효소가 손상된 자리(피리미딘 이합체와 같은)에 도달하면, 새로운 가닥의 합성이 멈추게 된다(그림 12.29A). 그러나 잠시 후에는 합성이 그 손상 부위를 넘어서 다시 시작되고, 사슬 신장이 일어나 손상된 부위 건너편에 간극이 있는 가닥을 만든다(B). 이 간극은 같은 극성을 가진 부모 가닥과의 가닥교환에 의해 채워질 수 있고(C), 손상이 안 된 가닥에 생성된 이차 간극은 수선합성에 의해 채

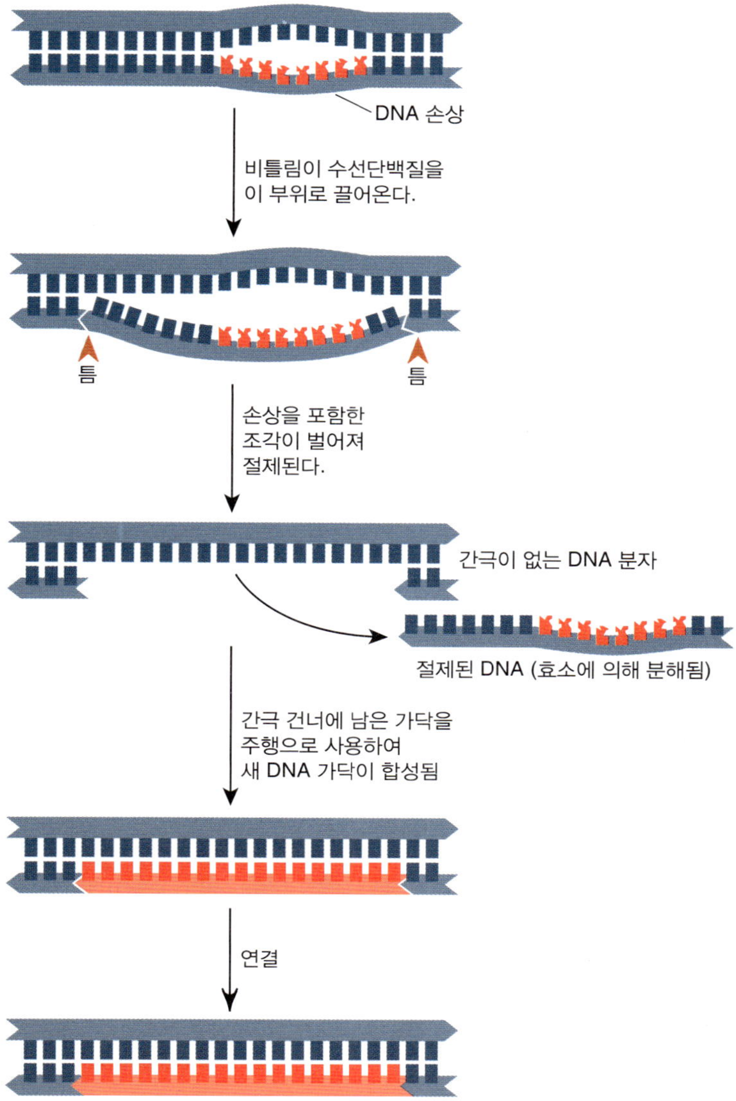

그림 12.28 DNA의 손상에 대한 뉴클레오티드 절제수선의 기작.

워진다(D). 이 교환과 재합성의 결과 두 완전한 단일가닥이 만들어지면, 이들 각각은 그 다음 번의 복제 과정에서 손상이 안 된 DNA 분자의 합성을 위한 주형으로 사용될 수 있다.

이중가닥 간극은 상동성 분자를 주형으로 사용하여 수선할 수 있다

DNA에 이중가닥 간극(**그림 12.30A**)이 생기는 것은 흔한 일로, 미처 수선되지 못한 단일가닥 틈이 있거나 심하게 손상 또는 교차연결된 주형가닥 부위에서의 복제, 효소에 의한 절단, 전위인자의 절제, DNA 회전효소의 저해, 이온화방사선 조사 및 기타 여러 요인에 의해 생겨날 수 있다.

비상동말단결합(nonhomologous end joining)이라고 알려진 효소 작용에서는 간극 옆의 DNA 가닥 말단이 단순히 서로 연결되는데, 이러한 형태의 해결법에서는 원래 간극 부위에 존재했던 DNA 서열의 일부분이 소실된다. 다른 방법으로는 세포 내에 상동의 DNA 분자가 존재하는 경우, 이 분자를 주형으로 사용하여 DNA를 합성함으로써 간극 부분에 소실된 뉴클레오티드 서열을 복원할 수 있다. 수선의 주형은 상동염색체 가닥 또는 자매염색분체 가닥이다.

주형의존적 간극 수선(template directed gap repair) 과정은 그림 12.30에 요약되어 있다. 이중가닥 절단 간극에서 간극 옆의 말단은 대개 5′말단이 세포에 존재하는 특수한 핵산가수분해효소에 의해 잘려나가기 때문에 3′이 돌출되어 있다(그림 12.30, A). 3′ 돌출에는 여러 단일가닥 결합 단백질이 붙어 안정화되는데, RAD51이라는 특수한 단백질이 3′ 돌출부에 결합하여 주형가닥에서 상동성이 있는 서열을 찾아 대체할 수 있는 필라멘트를 형성한다(B). 가닥 침투 결과 잘려진 3′말단에서 주형을 따라 새로운 합성이 진행된다(C). 인간의 유방암 유전자 *BRCA1*과 *BRCA2*의 유전자 산물은 이중가닥 간극 수선의 가닥 침투 과정에 참여한다.

잘려진 가닥의 3′말단이 충분히 연장되면, 이것이 원래 가닥으로 되돌아가서(D) 각 가닥에 단일가닥 간극을 가진 분자가 만들어진다. 그러나 각각의 단일가닥 간극은 간극을 따라 연장될 수 있는 자유로운 3′말단을 가지며, 따라서 완전히 회복된 DNA 분자를 만들어낼 수 있다(E).

DNA의 이중가닥 절단이 감수분열 동안에는 상동재조합을 시작시키는 정상적인 기질이다. 실제로 그림 12.30에 있는 수선 과정에는 상동재조합에 필요한 것과 같은 단백질이 사용된다(박테리아의 RecA에 해당하는 것이 진핵생물의 RAD51이다). 그림 12.30에 있는 회복된 DNA 분자는 재조합되지 않았지만, 간극을 가진 분자와 주형 분자가 재조합되는 다른 형태의 회복된 분자가 생겨날 수도 있다. 이중가닥 간극수선(double-stranded gap repair)은 CRISPR-Cas9을 이용한 DNA 편집(제10장)에서도 핵심적인 과정이다.

12.7 유전적 검정은 돌연변이와 암을 일으키는 작용물질을 찾아내는 데 유용하다

세균에서의 돌연변이에 대한 유전적 검정 중 하나가 화학적

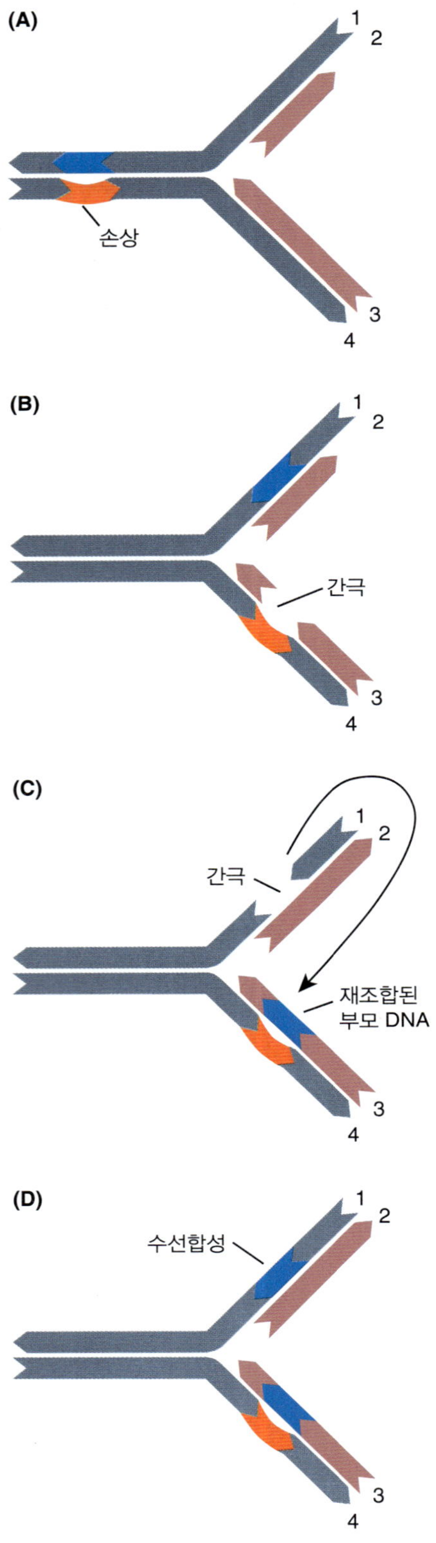

그림 12.29 DNA 손상우회. (A) 가닥 4에 DNA 손상을 가진 분자가 복제되고 있다. (B) 이 손상을 넘어 합성을 재시작함으로서, 가닥 3에 간극이 형성된다. (C) 부모가닥 1의 일부가 절개되고, 가닥 3에 삽입된다. (D) 가닥 1에 있는 간극은 다음에 수선합성에 의해 채워진다.

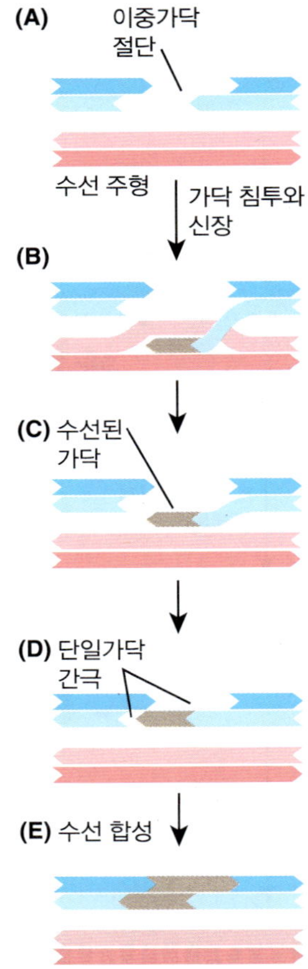

그림 12.30 주형 의존적 간극 수선. (A) 간극이 있는 DNA 분자의 3′말단이 돌출되어 있음. (B) 주형의 침투와 3′말단에서의 신장. (C) 신장된 3′말단의 방출. (D) 3′말단이 원래의 가닥과 재결합. (E) 단일가닥 간극 부위의 DNA 합성에 의해 원래의 DNA 분자를 회복시킨다. 주형으로부터 얻은 부분은 다를 수 있다.

돌연변이 유발원의 탐지를 위해 널리 사용된다. 사용되는 화학물질과 환경 오염물질의 존재가 늘어난다는 점에서 볼 때, 이들 물질의 돌연변이 유발성에 대한 검정은 더욱 더 중요하게 되었다. 더구나, 암을 일으키는 대부분의 물질(**발암물질**)들 역시 돌연변이 유발원이다. 따라서 돌연변이 유발성은 잠재적인 위험물질에 대한 초기 선별 방법을 제공해 준다.

돌연변이에 대한 **에임스 검사(Ames test)**에서는 염기 치환이나 틀이동 돌연변이를 가지고 있는 세균인 **살모넬라**(*Salmonella typhimurium*)의 히스티딘 요구성(His^-) 돌연변이체를 대상으로 His^+로의 역돌연변이, 즉 **복귀(reversion)**를 검사한다. 또한 이 균주는 절제수선계를 불활성화하고, 이 세포에 외래 분자들이 더 잘 침투하게 하는 여러 돌연변이 대립유전자를 삽입시킴으로써 돌연변이에 더 민감하게 만들어졌다. 어떤 돌연변이 유발원은 복제되고 있는 DNA에만 작용하기 때문에, 사용되는 고체배지는 몇 번의 복제는 허용하되 눈에 보일 정도로 큰 콜로니는 형성되지 않을 정도의 히스티딘을 포함하고 있다. 이 배지는 또한 검사될 잠재적 돌연변이 유발원과 쥐의 간 추출물을 포함하고 있다. 간 추출물의 역할은 직접 돌연변이(또는 암)를 유발하지는 않지만 동물의 간에서 일어나는 효소 반응에 의해 돌연변이 유발원으로 바뀌는 물질들을 확인하기 위한 것이다. 이들 효소의 정상적인 기능은 여러 가지 자연적으로 생기는 해로운 물질들을 소변으로 배출될 수 있는 수용성의 비독성 물질로 바꿈으로써 개체를 보호하는 것이다. 그러나 이들 효소들이 어떤 인공적인 또는 자연적인 물질들을 만나면, 그 자체로는 해롭지 않을 수도 있는 이 물질들을 돌연변이 유발원이나 암 유발원으로 바꾸기도 한다.

에임스 검사에서, 만일 시험물질이 돌연변이 유발원이거나 또는 돌연변이 유발원으로 바뀌는 경우에 콜로니들이 일부 형성된다. 복귀 빈도의 정량적 분석도 잠재적인 돌연변이 유발원을 다른 양으로 배지에 포함시킴으로써 가능하다. 복귀 빈도는 일반적으로 검사되는 물질의 농도에 의존적이며, 알려진 암유발원이나 돌연변이 유발원에 대해서는 대략적으로 동물에서의 암 유발 효과와 상관관계가 있다. 에임스 검사는 간단하고 빠르며, 비싸지 않고 매우 민감하다. 일부 화학물질들은 10^{-9} g의 적은 양에서도 돌연변이 유발원으로 탐지될 수 있으며, 담배 하나의 1/100에 해당하는 적은 응축물도 돌연변이를 일으키는 것으로 판별될 수 있다. 이 검사는 또한 매우 정량적이다(**그림 12.31**). 화학물질들은 단순히 "돌연변이 유발" 또는 "비돌연변이 유발"로 분류될 필요가 없다. 그들은 돌연변이 유발원으로서의 잠재력에 따라 분류될 수 있는데, 왜냐하면 잠재성에서 100만 배 범위 이상이 이 살모넬라 검사에서 탐지될 수 있기 때문이다.

이러한 검사의 중요성을 보여주는 예로는 tris-BP로 알려진 화학물질이 있다. 이 물질은 1972년에서 1977년까지 아이들의 폴리에스터 잠옷에 내화성 물질로 사용되어졌다. 그 때 tris-BP가 살모넬라와 초파리에서 강력한 돌연변이 유발원이라는 것이 알려졌으며, 이후 Tris-BP가 인간 DNA와 상호작용하며 포유동물의 염색체를 손상시킨다는 것이 밝혀졌다. 이것은 또한 쥐에서의 실험 평가에서도 발암물질인 것으로 밝혀졌고, 실험동물에서 불임을 일으킬 수 있다는 것도 밝혀졌다. 더구나, 이 물질은 피부를 통해 흡수되는 것으로 나타나, 이 물질로 처리한 잠옷을 입은 아이들의 소변에서 그 분해산물이 검출되었다. 이 정보가 알려지기 전까지, 그리고 옷에서 이 물질의 사용이 중단되기 전까지 5천만 명 이상

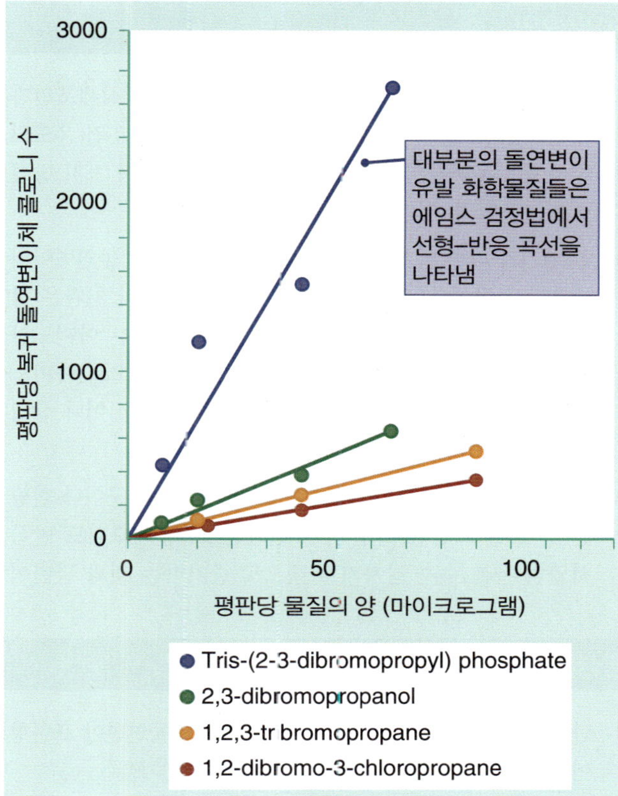

그림 12.31 여러 화학적 돌연변이 유발원들의 에임스 검사에서 얻어진 선형의 양-반응 관계.

Data from B. N. Ames, *Science* 204 (1979): 587–593.

의 아이들이 잠옷과의 접촉을 통해 이 화학물질에 노출되었다.

에임스 검사는 수천의 물질과 혼합물(공업 화학물, 식품첨가물, 농약, 머리 염색약, 그리고 화장품과 같은)을 검사하는 데 사용되어 왔고, 의심 받지 않았던 수많은 물질들이 이 검사에서 역돌연변이를 유발하는 것으로 밝혀졌다. 그러나 높은 빈도의 역돌연변이는 그 물질이 확실히 발암물질이라는 것을 가리키는 것이 아니라 단지 그렇게 될 확률이 높다는 것을 가리키는 것이다. 이 검사의 결과로 많은 산업체가 그들의 제품을 다시 구성하였다. 예를 들면, 화장품 산업은 많은 머리 염색약과 화장품의 조성을 바꿈으로써 돌연변이를 유발하지 않게 하였다. 발암성의 궁극적인 증명은 실험동물에서의 암 형성을 검사함으로써 결정된다. 그러나 동물 실험으로부터 발암물질인 것으로 알려진 물질들 중 에임스 검사에서 복귀 빈도를 증가시키지 않은 것은 단지 몇 %에 불과하다.

장의 요약

- 돌연변이는 돌연변이가 생기는 세포의 종류(생식세포인가 체세포인가), 분자 수준에서 변화의 종류, 발현 조건(온도의 존성 등), 유전자의 기능에 미치는 영향 등 여러 가지 방법으로 분류할 수 있다.
- 한 염기가 다른 염기로 치환되는 것은 자연발생 돌연변이의 중요한 기작이다. 암호화 부위에서의 단일-염기 치환은 잠재성(동의 치환)에 이어서 코돈에 의해 지정되는 아미노산에 변화를 초래하지 않을 수도 있으며, 이형성으로 아미노산의 치환을 일으킬 수도 있다. 단일염기의 결실이나 삽입은 읽기틀의 이동을 일으킨다.
- 인간 유전체에서 부서지기 쉬운-X-염색체 증후군이나 헌팅턴 병 등을 포함한 일부 유전 질환은 3뉴클레오티드 반복 서열의 사본 수가 갑자기 극적으로 증가하는 것과 관련이 있다.
- 전위인자는 염색체 내에서 또는 염색체 사이에서 위치를 이동할 수 있는 DNA 서열이다. 이들 이동하는 인자들에 연관된 행동이 자연발생 돌연변이가 생기는 중요한 기작이다.
- 돌연변이는 일부 화학 물질과 여러 형태의 방사선을 포함한 여러 가지 작용 물질에 의해 유도될 수 있다.
- 세포는 DNA에 대한 여러 종류의 손상을 수선하기 위해 효소를 사용하는 여러 경로를 가지고 있다. 중요한 수선계로는 잘못짝지음 수선, 탈피리미딘 및 탈퓨린 자리의 AP 수선, 염기절제수선, 뉴클레오티드 절제수선, 심각한 DNA 손상의 복제 우회 후 수선 등이 있다.
- 돌연변이를 일으키는 대부분의 물질은 암도 일으킨다.

쟁점과 착상: 알고 넘어 갑시다

- 만일 어떤 돌연변이가 조건 돌연변이라면, 돌연변이 표현형이 발현될지 아닐지를 결정하는 것은 무엇인가?
- 온도민감성이자 열성치사 돌연변이를 가진 생물이 어떻게 동형접합의 유전자형으로 생존할 수 있는가?
- 어떤 특정 대립유전자가 세대당 유전자당 10^{-6}의 돌연변이율을 가지고 있다고 말하는 것은 무엇을 의미하는가?
- 복제 평판법이 항생제 내성에 대한 돌연변이가 그 항생제에 노출된 적이 없는 세포들에서 일어날 수 있는지를 어떻게 증명하는가?
- 생성물이 DNA 수선에 관여하는 유전자에서의 돌연변이는 가끔 암의 위험 증가와 연관되어 있다. 이러한 관찰은 암의 발생 과정에서 자연발생 돌연변이의 역할에 대하여 무엇을 암시하는가?
- 잘못짝지음 수선의 과정에서 "잘못짝지음"이란 무엇인가?
- 화학 돌연변이원에 대한 에임스 검사에서 간 추출액을 사용하는 이유는 무엇인가?

문제 풀고 한 걸음씩 앞으로

문제 1 2-아미노퓨린(2-aminopurine) 분자는 티민과 짝을 이루는 아데닌의 유사체이다. 이것은 가끔 시토신과 짝을 이루기도 한다. 어떤 경로의 돌연변이가 가능한가? 또 어떤 종류의 돌연변이가 형성되는가?

풀이. 이런 유형의 문제에서는 먼저 보통 형성되는 염기쌍(비돌연변이 유발 염기쌍)에 주목하고 그 다음 드물게 형성되는 염기쌍(돌연변이 유발 염기쌍)에 주목하라. 이 경우에서 비돌연변이 유발 염기쌍은 Ap−T이고, 돌연변이 유발 염기쌍은 Ap−C이다. 그림 12.18에서 설명된 5-브로모우라실의 경우와 유사한 두 경로의 돌연변이가 있다. 만일 Ap가 이 둘 중 돌연변이 유발 양식으로 삽입된다면, 이것은 C의 반대편에 삽입되어 Ap−C 염기쌍을 만들 것이다. 그 다음 번의 복제에서 Ap는 통례적으로 T와 짝을 지어 Ap−T 염기쌍을 형성할 것이다. 최종 결과는 G−C → A−T 염기 전이이다. 반면에, 만일 Ap가 비돌연변이 유발 양식으로 삽입된다면, T의 반대편에 삽입되어 Ap−T 염기쌍을 만들 것이다. 그 다음 번의 복제에서 Ap는 C와 짝을 지어 Ap−C 염기쌍을 형성할 수도 있다. 최종 결과는 A−T → G−C 염기 전이이다.

문제 2 대장균의 돌연변이주들을 비교해 보았다. DNA 수선에 영향을 주는 다음과 같은 돌연변이의 표현형은 (1) 전체적인 돌연변이율과 (2) 뉴클레오티드 쌍에서의 치환율에 큰 차이가 있을지 등의 관점에서 어떠할 것으로 예상되는가?

(a) 유전자 산물이 잘못짝지음 수선에서 중요한 역할을 담당하는 돌연변이

(b) DNA 우라실 글리코실라아제 유전자의 돌연변이

풀이. **(a)** 잘못짝지음 수선 돌연변이는 DNA 합성 과정에서 잘못 삽입된 것을 수선하지 못한다. 돌연변이율은 크게 증가할 것

이다. 특정한 종류의 치환이 증가하지는 않을 것이다. **(b)** 우라실(정상적으로는 A와 짝을 이룸)은 DNA에서 시토신(G와 짝을 이룸)의 탈아미노화에 의해 생겨난다. 돌연변이율은 전체적으로 증가할 것이다. 그러나 C−G에서 T−A로의 돌연변이는 다른 뉴클레오티드의 치환보다 크게 증가할 것이다.

실전에 필요한 개념: 끝까지 풀어 봅시다

12.1 자외선 조사는 DNA를 다음의 어떤 방법으로 손상시키는가?

(a) 잘못짝지음 수선 효소를 불활성화하여

(b) 결합된 티민 이합체를 형성하여

(c) DNA의 염기를 알킬화하여

(d) DNA의 염기를 탈아미노화하여

(e) 물과 상호작용해서 자유라디칼을 생성하여

12.2 가끔 한쪽 눈은 파랗지만 다른 쪽 눈은 갈색인 사람 또는 눈의 일부분이 다른 부분과 다른 색을 가지고 있는 사람이 발견된다. 이들 표현형이 새로운 돌연변이에 의해 설명될 수 있는가? 만일 그렇다면, 어떤 종류의 세포에 돌연변이가 일어나야만 하는가?

12.3 DNA 중합효소의 교정 기능과 복제 후의 잘못짝지음 수선에 의해 제거되지 못하고 염기가 잘못 삽입되는 비율은 얼마일까?

12.4 염전성 이긴장증(torsion dystonia)은 상염색체 우성 질환으로 돌연변이율이 세대당 약 2×10^{-4}이다. 평균 하나의 새로운 돌연변이를 가지는 배우자의 수는 얼마인가?

12.5 만일 DNA의 자연발생적인 탈퓨린화가 분당 퓨린 뉴클레오티드당 대략 3×10^{-9} 탈퓨린화의 비율로 일어난다면, 이배체인 인간 세포가 6×10^{9} 염기쌍의 유전체 크기를 가지고 있다는 것을 고려할 때, 하룻동안 각 세포에서 반드시 수선되어야 할 자연발생 탈퓨린화의 수는 대략 몇 개인가?

12.6 시스테인 코돈인 UGC를 암호화하는 DNA에서 하나의 염기치환에 의해 얼마나 많은 다른 코돈이 생길 수 있는가? 각각을 동의(잠재성), 비동의(과오), 또는 정지(사슬종결)로 분류하시오.

12.7 시토신 탈아미노화는 다음 서열에서 위쪽 가닥에서 일어난다.

```
5′-TTGGGCA-3′
3′-AACCCGT-5′
```

(a) 다음 번 DNA 복제가 일어나기 이전에 수선이 일어나지 않는다면, 이 가닥과 새로 합성된 상보적인 가닥의 서열은 무엇인가?

(b) 만일 손상된 염기가 우라실 DNA 글리코실라아제에 의해 다음 번 복제 이전에 수선된다면, 이 가닥과 새로 합성된 상보적인 가닥의 서열은 무엇인가?

(c) 만일 우라실 DNA 글리코실라아제 수선 기작이 불활성화되어 있으며, 잘못짝지음 수선이 손상된 염기를 다음 복제 이전에 수선한다면, 이 가닥과 새로 합성된 상보적인 가닥의 서열은 무엇인가?

12.8 제초제인 아트라진(atrazine)에 내성이 있는 잡초식물은 *psbA* 유전자에서 하나의 뉴클레오티드 치환에 의해 폴리펩티드에서 세린이 알라닌으로 치환되어 있다. 이 아미노산 치환을 일으키는 *psbA* 유전자에서의 염기 변화는 염기전이인가 염기교차인가?

12.9 다음의 각 아미노산 치환에 필요한 단일 뉴클레오티드 치환의 최소수는 얼마인가?

(a) Trp → Lys **(b)** Tyr → Gly

(c) Met → His **(d)** Ala → Asp

12.10 어떤 초파리 수컷이 18°C에서는 살 수 있지만, 29°C에서는 치사인 X-연관 온도민감성 열성 대립유전자를 가지고 있다고 하자. 만일 이 수컷이 다음과 같이 교배되고 그 자손들이 29°C에서 키워진다면 자손들 사이에서 기대되는 성비는 무엇인가?

(a) 정상인 XX 암컷?

(b) 2개의 X 염색체가 하나의 동원체에 연결된 부착-X(attached-X) 암컷?

12.11 DNA에서의 단일 염기 치환에 의해 몇 개의 아미노산이 티로신을 대체할 수 있는가? (어떤 티로신 코돈이 사용되고 있는지를 모른다고 가정하시오.)

12.12 DNA 전위인자의 삽입에 의해 일어나는 돌연변이는 흔히 유전적으로 불안정해서 비교적 높은 비율로 야생형(또는 야생형을 닮은 표현형)으로 되돌아간다. 이런 일이 일어날 수 있는 이유를 제시하시오.

12.13 세균 세포 1×10^6개의 집단이 한 번의 DNA 복제와 세포 분열을 진행하였다. 어떤 유전자의 정돌연변이율이 복제당 1×10^{-6}이었다.

(a) 세포 분열 후 기대되는 돌연변이 세포의 수는 얼마인가?

(b) 이 집단이 돌연변이 세포를 가지지 않을 확률은 얼마인가?

12.14 쥐에서 대략 1 시버트(Sv)의 X-선 선량은 자연발생 돌연변이율과 동일한 유도 돌연변이율을 만들어낸다. 1 Sv에서 총돌연변이율은 자연발생 돌연변이율의 배수로 표현해서 얼마인가? 총돌연변이율이 X-선 선량과 비례한다고 가정하면, 어떤 선량의 X-선이 돌연변이율을 50%로 증가시키는가? 어떤 선량이 돌연변이율을 20%로 증가시키는가?

12.15 만일 사람의 모든 배우자가 25,000개의 유전자를 가지고 있다면, 그리고 정돌연변이율이 세대당 유전자당 1×10^{-5}과 1×10^{-6} 사이의 새 돌연변이라면, 세대당 배우자당 새 돌연변이의 평균수는 얼마인가?

12.16 인간의 헤모글로빈 C는 베타-헤모글로빈 사슬에 있는 리신이 특정 글루탐산으로 대체되어 있는 변이체이다. 어떤 단일 염기치환이 헤모글로빈 C 돌연변이의 원인이 되는가?

12.17 유전자 전환은 2A : 2*a* 대신 3A : 1*a*와 1A : 3*a* 같은 대립유전자 비를 가진 곰팡이 자낭을 생기게 하는 이형이중가닥 DNA에서의 잘못짝지음 수선의 결과로 생긴다.

(a) 2A : 2*a*의 비가 왜 예상되는가?

(b) 유전자 전환에도 불구하고 무작위로 선택된 많은 수의 배우자 중에서 1A : 1*a*의 멘델의 분리비가 왜 여전히 관찰되는가?

12.18 이 문제는 어떻게 조건 돌연변이가 발생 과정에서 유전적으로 조절되는 단계들의 순서를 결정하는 데 사용될 수 있는지를 보여준다. 어떤 기관은 A → B → C 단계의 순서로 발생을 진행하고 유전자 *X*와 유전자 *Y*가 이 순서가 진행되는 데 필요하다. 한 조건 돌연변이 *X′*은 열에 민감하고(유전자 산물이 높은 온도에서 불활성화됨), 조건 돌연변이 *Y′*은 추운 것에 민감하다(유전자 산물이 찬 온도에서 불활성화됨). 이중돌연변이 *X′* / *X′*; *Y′* / *Y′*이 만들어져 높은 온도 또는 낮은 온도에서 키워졌다. 높은 온도와 낮은 온도에서 다음 각각의 경우 어느 단계까지 발생이 진행하는가?

(a) A → B 단계를 위해 *X*와 *Y* 둘 다 필요

(b) B → C 단계를 위해 *X*와 *Y* 둘 다 필요

(c) A → B 단계를 위해서는 *X*가 필요하고, B → C 단계를 위해서는 *Y*가 필요

(d) A → B 단계를 위해서는 *Y*가 필요하고, B → C 단계를 위해서는 *X*가 필요

12.19 다음 그림은 각각 한 사본의 전위인자(어둡게 표시)를 가지고 있는 두 비상동염색체를 나타낸 것인데, 이 전위인자는 동원체에 관하여 **(a)** 서로 같은 방향 또는 **(b)** 서로 반대 방향으로 위치될 수 있다. 명확하게 하기 위해 전위인자의 길이를 염색체의 길이와 비교해서 크게 과장해 그렸다(실제로 초파리에 있는 전위인자의 평균 길이는 염색체 길이의 약 0.01%이다). 전위인자들 사이의 변위 재조합(ectopic recombination)의 결과를 설명하는 그림을 그리시오.

12.20 당신이 유전자형 *A m B* × *a* + *b*의 붉은빵곰팡이 두 균주 간에 대량 교배를 수행한 결과 많은 수의 비정상적인 포자낭을 관찰하였고, 그 일부를 여기에 나타내었다.

A m B	*A m B*	*A m B*	*A m B*	*A m B*
A m B	*A m B*	*A m B*	*A m B*	*A m B*
A m b	*A m b*	*A m b*	*A m b*	*A* + *b*
A + *b*	*A m b*	*A* + *b*	*A m b*	*A* + *b*
a m B	*a m B*	*a* + *B*	*a m B*	*a* + *B*
a + *B*	*a* + *B*	*a* + *B*	*a m B*	*a* + *B*
a + *b*	*a* + *b*	*a* + *b*	*a* + *b*	*a* + *b*
a + *b*	*a* + *b*	*a* + *b*	*a* + *b*	*a* + *b*

이 균주들을 제공한 당신의 동료는 그들이 모두 DNA 잘못짝지음 수선 경로에 있는 같은 유전자가 결실되었다고 주장한다. 그러나 교배 결과는 이 주장과는 다른 것처럼 보인다.

(a) 여기 그려진 포자낭 중 어느 것이 당신의 동료가 틀렸다는 증거를 제공하는가?

(b) 어떤 포자낭(또는 포자낭들)이 이들 균주에서 DNA 잘못짝지음 수선이 100% 효율적이 아니라는 명백한 증거를 나타내는가?

잠깐 생각해 봅시다: 해답

잠깐 생각해 봅시다 12.1의 해답

이 교배에서, 모든 암컷 자손은 두 온도에서 모두 살아남을 것이다. 그 이유는 이들이 부계로부터 하나의 비돌연변이 X-염색체를 받기 때문이다. 수컷 자손의 반은 모계로부터 비돌연변이 X-염색체를 받게 되지만, 나머지 반은 온도민감성 치사 돌연변이를 가진 X 염색체를 받게 된다. 돌연변이 X-염색체를 가진 수컷은 18°C(허용온도)에서 살 수 있으므로, 이 온도에서 수컷대 암컷의 비율은 1 : 1이 될 것이다. 돌연변이 X-염색체를 가진 수컷은 30°C(제한온도)에서는 죽으므로, 30°C에서 암컷대 수컷의 비율은 2 : 1이 될 것이다.

잠깐 생각해 봅시다 12.2의 해답

다음 그림은 짝지은 모양과 교차의 위치를 나타낸다. 염색분체를 따라 추적하면 한 생성물은 동원체를 가지고 있는 환(ring) 염색체이고, 다른 생성물은 각 끝에 말단소체를 가지고 있는 비동원체(acentric) 조각임을 알 수 있다.

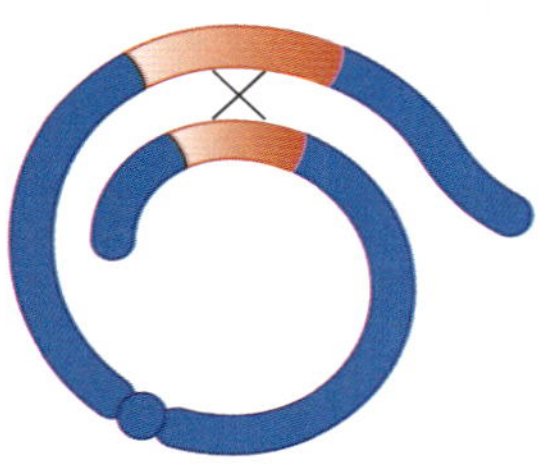

잠깐 생각해 봅시다 12.3의 해답

하나의 점 돌연변이는 한 번의 X-선 조사에 의해 발생하는 한 줄의 자유라디칼이 염색체에 단일가닥 절단을 유발하고, 이것이 잘못 수선돼서 한번에 생겨날 수 있다. 따라서 단일가닥 절단의 수는 X-선량에 정비례해서 증가할 것으로 기대된다. 반면에 상호전좌는 2개의 다른 염색체가 한 세포 안에서 동시에 절단되어야 하므로, 2개의 사건에 의해 생겨난다. 두 번의 사건에 기초한 이 현상은 두 줄의 자유라디칼을 필요로 하며, 이러한 현상이 나타나는 경향은 X-선량의 제곱에 비례해 증가할 것으로 기대된다. (실제로 지수는 2보다 약간 작은데, 왜냐하면 일부의 자유라디칼 줄은 2개의 절단을 만들어낼 수도 있기 때문이다.)

CHAPTER 13

암은 유전적 질병이다.

© Photographee.eu/Shutterstock

세포주기와 암의 분자유전학

학습 목표

- 세포주기 진행에 있어서 시클린, 시클린-의존 단백질인산화효소 및 단백질 분해의 역할을 설명할 수 있다.
- 세포주기의 주요 점검점을 확인하고, 점검점 실패가 돌연변이, 염색체 이상, 그리고 염색체 비분리와 배수체화를 초래하는 기작을 설명할 수 있다.
- DNA 손상을 수선하거나 세포자살을 촉진하도록 세포주기를 억류하는 데 있어서 p53 단백질의 중심 역할을 설명할 수 있다.
- 암억제유전자와 발암유전자를 정의하고, 이들 유전자의 돌연변이가 암을 초래하는 기작을 설명할 수 있다.
- 백혈병의 원인이 되는 프로모터 융합과 유전자 융합의 차이를 구분할 수 있다.

암은 세포가 조절 받지 않고 계속 증식하는 질병이다. 이때 세포의 성장과 분열을 조절하는 정상적인 기작은 파괴된다. 암은 유전적 질환이다. 각 세포계보에서 일어날 수 있는 분열횟수의 한계를 극복하는 돌연변이의 결과로 암이 발생한다. 이들 돌연변이는 보통 체세포에서 일어나며, 완전히 성숙한 악성종양이 되기 위해서는 여러 돌연변이가 연속적으로 더 일어나야 한다. 그러나 세포주기 조절에 영향을 미치는 변이가 생식계통을 통하여 가끔 유전되기도 하며, 이때 돌연변이를 물려받은 사람은 추가적인 체세포 돌연변이에 의하여 악성종양으로 발전할 가능성(때때로 100%)이 매우 높다. 그러므로 암을 이해하기 위해서는 세포주기를 조절하고 유전적으로 손상된 세포의 증식을 억제하는 정상적인 기작에 대해 이해하여야 한다.

13.1 세포주기는 유전적 조절을 받는다

세포주기는 세 단계, 즉 G_1기(*gap 1*), *S*기(*DNA* 합성기), G_2기(*gap 2*)가 순차적으로 일어나는 간기와 딸 염색분체가 2개의 딸세포에 물리적으로 분리되는 *M*기(체세포분열기)로 나누어진다. 체세포분열 세포주기의 필수적 기능은 다음과 같다.

1. 각 염색체 DNA가 세포주기당 한 번만 복제하는 것을 보장한다.
2. 각 염색체의 같은 복제물(염색분체)이 2개의 딸세포에 균등하게 배분되는 것을 보장한다.

염색체의 적당한 복제와 분배를 위해 일어나야 하는 주요 사건의 일부가 **그림 13.1**에 요약되어 있다. 방추체 극은 간기의 핵에 가까이 있는 세포질의 작은 영역, 즉 **중심체(centrosome)**에서 형성된다; 많은 생물체에서 이 역할은 외관상으로 더 뚜렷한 **중심립(centriole)** 쌍에 의해 이루어진다. 이들은 복제되고 적당한 장소에 위치해야 하는 미세소관형성중심이다. 대부분 세포에서 중심체 복제는 늦은 G_1기에 시작하여 S기 동안 완성된다. 그 다음, 복제된 극은 핵의 반대편 위치로 서서히 이동하기 시작한다. 그러면서 핵 내에서는 S기 동안 DNA 복제가 일어난다. DNA 복제가 완성되면 G_2기가 개시된다. M기 개시 직후 중심체는 최종 위치에 도달하고 염색체는 응축하기 시작한다. 각 중심체는 방추체와 성상형 미세소관을 형성하는 핵을 이룸으로써 방추체의 한 극을 형성한다. 핵막이 소실된 후 응축한 염색체에 존재하는 방추사 부착점(동원체) 양쪽에 방추체 미세소관이 붙게 된다. 각 염색체는 물리적으로 양 방추체 극에 연결되게 되고 둘 사이의 중간쯤에 위치하게 된다. 후기가 시작되면서 방추체는 짧아지고, 동원체는 분리되며, 딸 염색분체는 양극으로 이동한다. 일단 딸 염색분체가 극에 도달하면 방추체는 해체되고 염색체는 다시 풀리고 핵막은 재형성된다. 그래서 세포는 G_1기로 되돌아간다.

세포성장과 세포주기가 조절되는 기작은 생화학, 세포생물학, 유전학적인 방법으로 연구되어져 왔다. 가장 광범위한 유전적 연구의 일부는 출아 효모 *Saccharomyces cerevisiae*에서 이루어졌다. 이름에서 의미하듯이, 출아 효모는 출아에 의해 증식한다. 세포주기의 상대적 위치는 돌기(bud)의 크기에

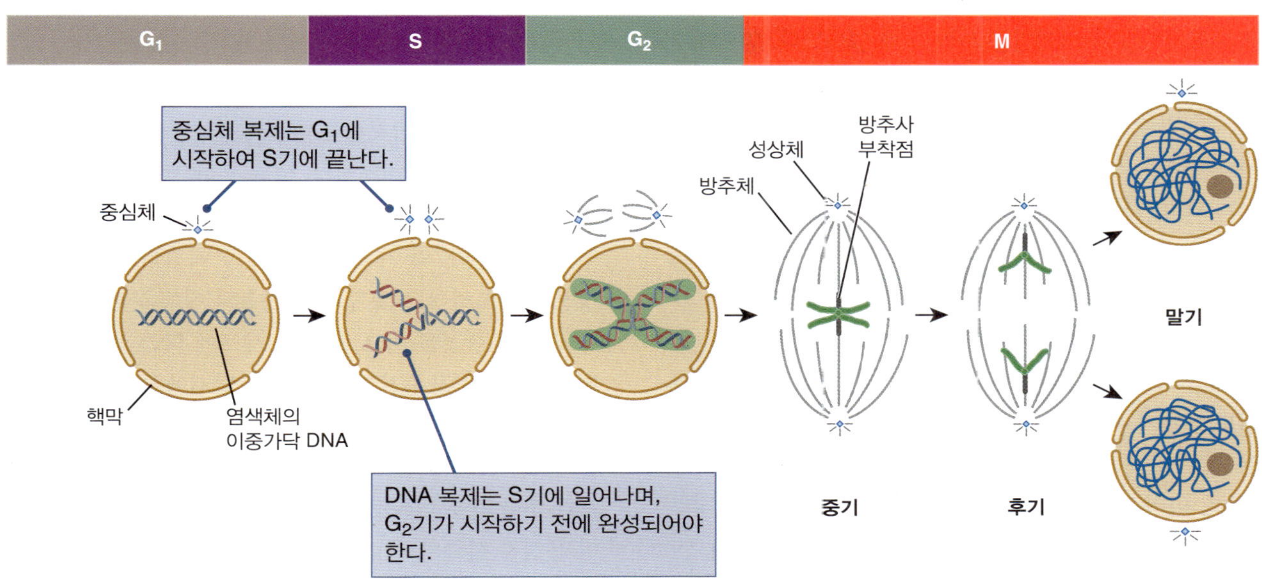

그림 13.1 세포주기의 주요 사건들. 효모에서 방추체 극체는 다른 생물체에서의 중심체(centrosome)처럼 기능한다. 둘 다 방추체가 나타나는 미세소관 형성중심이다. 대부분 다른 생물체에서 핵 분열이 일어난 후에 세포질 분열이 일어난다. 효모에서는 핵 분열이 일어나기 전에 딸세포의 외곽이 형성되고 커진다. 핵(핵막이 파괴되지 않음)은 어미세포와 딸세포 사이의 다리로 움직이고, 그곳에서 핵분열이 일어난다. 딸 핵이 두 세포로 이동한 후 격막이 두 세포 사이에 형성된다.

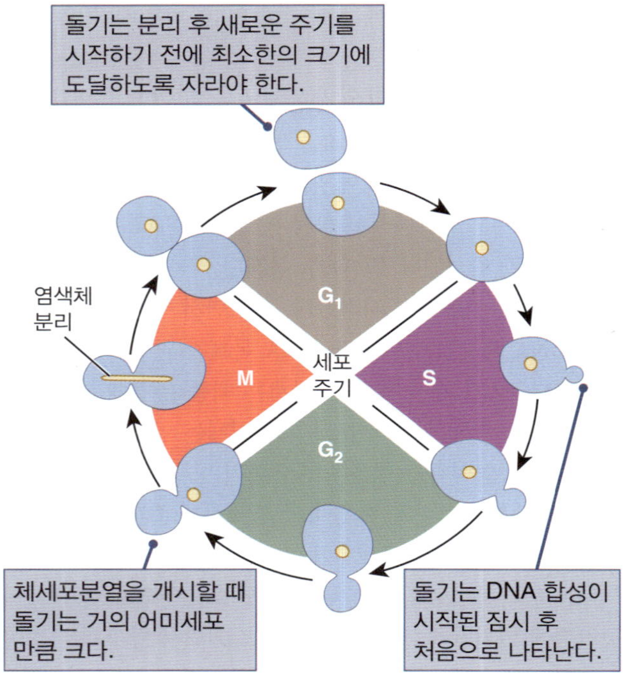

그림 13.2 출아 효모 *Saccharomyces cerevisiae*의 세포주기.

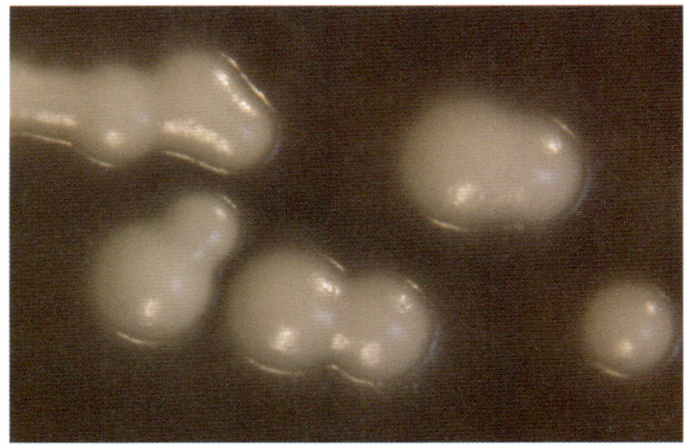

그림 13.3 세포주기 여러 단계에 있는 이배체 출아 효모 *S. cerevisiae* 세포의 사진. 돌기의 크기는 세포주기의 단계와 관련되어 있다. 돌기의 크기가 아주 작은 것부터 어미세포와 비슷한 것까지 보인다.

의해 시각적으로 추적할 수 있다. 이러한 세포주기의 간편한 특성이 그림 13.2에 도식적으로 묘사되어져 있다. 돌기는 S기 진입 직후에 처음으로 나타나고 세포주기를 통과하면서 자란다. 효모의 체세포분열은 핵막의 소실 없이 핵 안에서 일어난다. 방추체 극은 핵막 내에 묻혀 있고, 한 극은 다른 한 극과 정확히 반대편에 위치하도록 이동한다. 체세포분열은 돌기가 어미세포와 비슷한 크기만큼 자랐을 때 일어난다. 염색체 분리 직후 어미세포와 딸세포 사이에 격막이 만들어진다. 세포가 분리되었을 때 딸세포는 어미세포보다 약간 작지만, 자신의 세포주기를 시작하기 전까지 적당한 크기로 자란다. 돌기 성장의 다양한 단계는 그림 13.3의 사진에서 볼 수 있다.

많은 유전자들은 세포주기 동안 유전자 산물이 필요하기 직전에 발현된다

출아 효모의 전체 유전체의 DNA 서열이 알려졌기 때문에, 고밀도 유전자 미세서열(microarray)을 사용하는 단일 실험으로 세포내 약 6,000개 유전자의 모든 전사 패턴을 분석할 수 있다. 이런 실험은 약 800개 유전자의 전사체가 세포주기를 통해 주기적으로 변한다는 사실을 보여준다. 일반적으로 세포주기의 특정 시기에 필요한 단백질을 암호화하는 유전자는 그 시기의 직전에 전사된다. 예를 들면, DNA의 전구체 뉴클레오티드의 합성과 DNA 복제에 필요한 효소는 S기에 사용되기 직전인 G_1기에서 만들어진다. 유사하게 히스톤 단백질은 염색질에 통합되어 염색체 응축에 사용되기 직전에 S기 동안 합성된다.

세포주기에 영향을 주는 변이는 주요 조절경로를 확인하는 데 도움을 준다

효모에서 어미세포와 돌기의 상대적 크기를 기준으로 세포주기 단계를 알 수 있다는 장점은 온도감수성 변이주 분리 및 연구를 통하여 효모의 세포주기 분석을 가능하게 하였다. 온도감수성 **세포 분열주기(*cdc*) 변이주**는 23°C(허용온도)에서는 전형적인 야생 표현형이지만, 36°C(제한온도)에서는 세포주기를 완성할 수 없다. 고온에서 이 변이주는 세포주기의 특정 단계에서 축적되는데, 이는 세포주기의 진행이 멈추는 시기이다. 시기 특이적으로 멈추는 현상은 세포 기능에 영향을 주는 변이 중 예외적이다. 예를 들면, 단백질 합성이 결손된 온도감수성 변이주는 온도를 올렸을 때 성장이 갑자기 멈추지는 않는다. 각 세포는 기능적 단백질이 고갈될 때까지 성장을 계속하며, 세포주기의 연속된 진행을 위해서는 새로운 단백질 합성을 필요로 한다. 세포에 따라 정지점이 다른 변이세포는 세포주기의 서로 다른 단계에서 성장을 멈춘다. 현미경으로 볼 때 동시배양하지 않은(asynchronous) 세포집단에서는 돌기가 없는 세포, 돌기가 작은 세포, 돌기가 큰 세포가 대략 같은 비율로 관찰된다. 그러나 각 *cdc* 변이주는 변이 유전자 산물의 기능에 따라서 변이주마다 특이적인 지점에서 멈춘다. 일단 *cdc* 변이주가 어느 세포주기에서 차단되었는지 확인되면, 변이주에서 DNA 합성과 방추체 형성과 같은 어느 특정 과정이 일어났는지 분석한다.

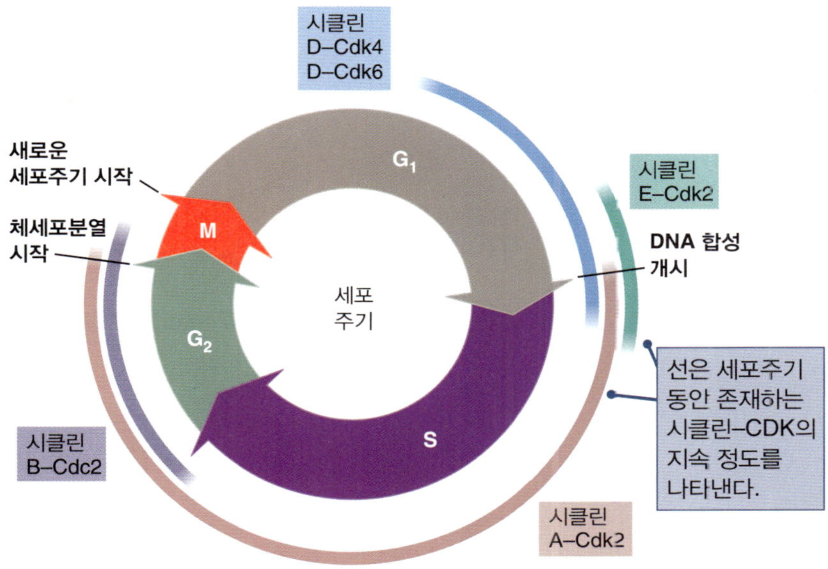

그림 13.4 포유동물 세포에서 시클린–CDK의 일시적 발현 양상.

시클린과 시클린-의존성 단백질인산화효소는 세포주기를 추진한다

세포주기의 초기 단계에서, 한 시기로부터 다음 시기로의 진행은 **시클린(cyclin)**과 **시클린-의존성 단백질인산화효소(cyclin-dependent protein kinase, CDK)**로 구성되어 있는 복합체, 즉 **시클린–CDK 복합체**에 의해 조절된다(그림 13.4). 비록 생물체에 따라 그들의 세부적 구조와 작용 기작이 다를 수 있지만, 시클린–CDK 복합체가 모든 진핵세포의 세포주기 진행을 조절한다.

많은 시클린 단백질들의 양이 세포주기 동안 주기적으로 변하고 일부는 특정 시기에만 존재하기 때문에 시클린이란 용어는 적합하다. 대부분의 시클린은 갑자기 나타나고 잠시 후 사라진다(그림 13.4). 하나 이상의 시클린이 세포주기의 같은 시기에 나타나기도 하고, 어떤 CDK들은 서로 다른 시클린과 복합체를 이룰 수도 있다. 각 시클린은 그 이전에 발현된 시클린을 통해 세포주기와 연계되어 전사가 이루어지기 때문에 세포주기의 특정 시기에 발현된다. 일반적으로 하나의 활성형 시클린–CDK 복합체가 존재하면 세포주기에 필요한 다음 단계의 시클린 단백질을 암호화하는 유전자의 전사를 촉진하는 전사인자가 활성화된다. 시클린 단백질은 유전자가 더 이상 전사되지 않고 이미 만들어진 mRNA와 단백질이 분해되면 사라지게 된다. 활성형 시클린–CDK 복합체는 시클린 외의 다른 유전자의 전사를 활성화시키기도 한다.

시클린–CDK 복합체는 단백질 인산화효소로서의 활성을 통해서 세포주기 진행을 조절한다. 그들은 일부 단백질내에서 발견되는 세린, 트레오닌, 티로신에 존재하는 히드록시기에 인산기를 첨가한다. 복합체의 시클린은 단백질 기질에 결합하여 붙잡음으로써 CDK가 기질을 인산화하는 것을 도와준다. 일단 표적단백질이 인산화되면 시클린–CDK 복합체로부터 유리된다. 표적단백질의 인산화된 형태의 활성은 인산화되지 않은 형태의 활성과 아주 다른 것이 일반적이다. 인산화에 의해 어떤 효소는 활성화되고, 어떤 효소는 불활성화된다. 단일 효소 분자에서 조차 다른 자리에서의 인산화는 반대 효과를 나타낼 수 있다.

세포주기 조절의 다른 경로는 CDK에 의해 인산화된 단백질을 탈인산화하는 포스파타제(*phosphatase*)를 통해 매개된다. CDK의 효과를 되돌리면서, 포스파타제는 불활성화된 효소를 활성화시키거나, 활성화된 효소를 불활성화시킨다.

망막아종단백질은 DNA 합성개시를 조절한다

세포주기 조절과 암과의 관계는 망막 종양에 관련된 단백질로부터 처음 제시되었다. 이런 형태의 암을 망막아종이라 부르는데, 13.4절에서 자세히 살펴볼 것이다. **망막아종(RB) 단백질**의 정상 역할은 세포가 적당한 크기에 도달할 때까지 **G_1 제한점(restriction point)** 혹은 출발점(*start*)이라 불리는 G_1의 어느 지점에 세포주기를 머물게 한다. RB 단백질은 세포주기의 진행에 필요한 전사인자 E2F에 결합하여 E2F의 기능을 억제한다(그림 13.5A). 만약 세포가 적당히 성장하는 중이면 시클린 D는 G_1기의 중간에 생산되고, RB 단백질은 시클린 D–Cdk4와 시클린 D–Cdk6에 의해 인산화 된다. G_1 후반기에 RB 인산화는 시클린 E–Cdk2에 의해 완성되며 세

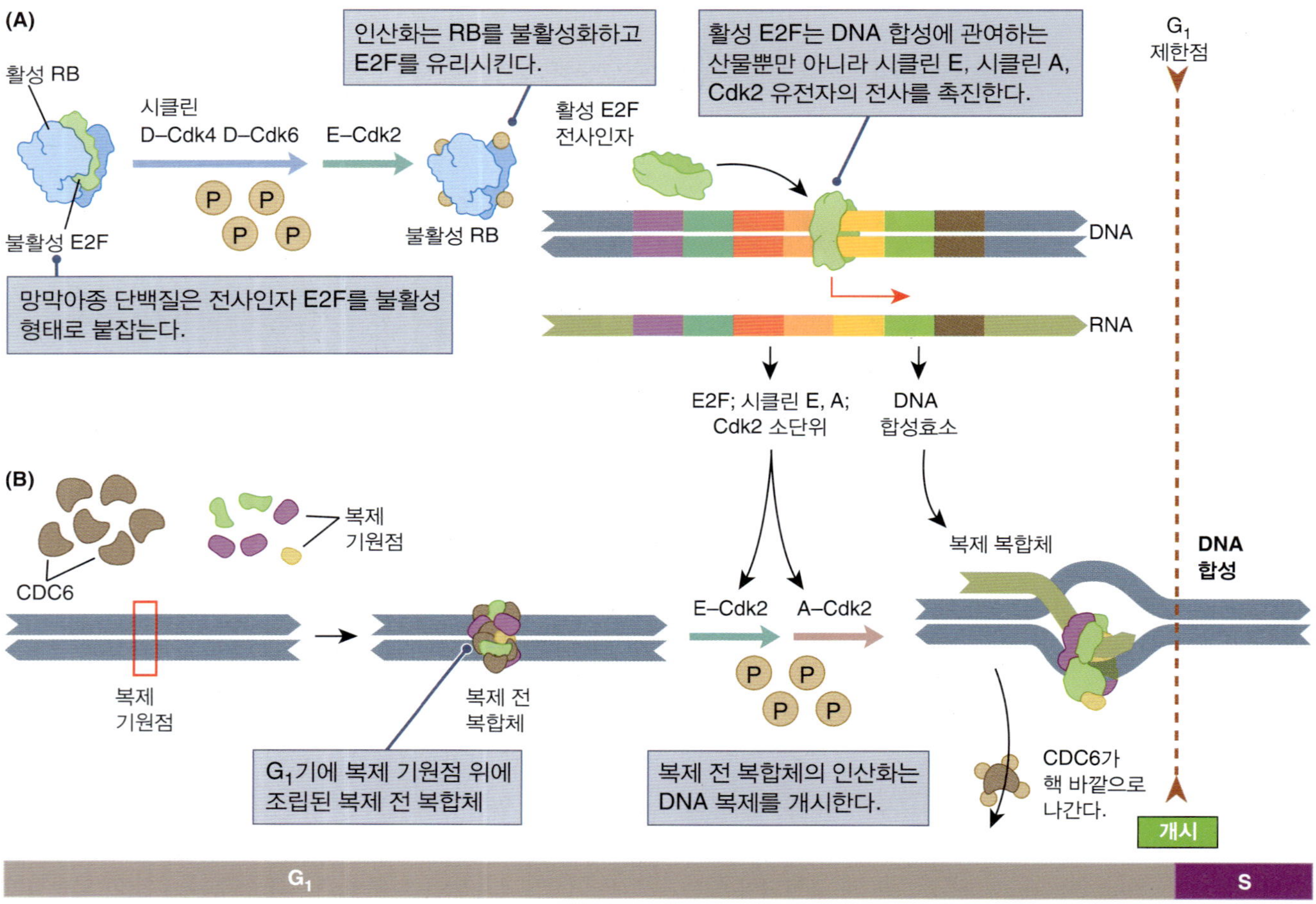

그림 13.5 (A) G_1기에서 S기로의 전이를 조절하는 데 있어서 망막아종 단백질 RB의 역할. 시클린D-의존성 인산화효소 Cdk4와 Cdk6가 G_1기 중간에서 RB의 인산화를 개시하며, 이 과정은 시클린E–Cdk2에 의해 완성된다; 이것은 전사인자 E2F를 유리시켜 DNA 합성에 필요한 효소의 전사를 활성화한다. (B) 유리된 E2F는 S기로 넘어가기 위해 복제 전 복합체가 복제 복합체로 전환되는 것을 도와주는 시클린 A, 시클린 E, 및 Cdc2의 전사를 활성화한다.

포는 DNA 복제가 시작되는 G_1/S 전이기에 접근하게 된다. RB는 인산화되면 E2F 전사인자에 결합할 수 없게 된다(그림 A). 이처럼 E2F가 유리되어 나오면, DNA 중합효소를 비롯하여 DNA 합성에 관여하는 효소 유전자의 전사와 번역이 일어난다. E2F는 시클린 E와 A, 그리고 Cdk2 인산화효소 소단위뿐만 아니라 E2F 자신 유전자의 전사도 활성화한다(양성적 자가조절의 예).

일단 세포가 S기로 진입하면, 시클린 A–Cdk2는 E2F를 인산화하고 DNA에 결합을 저해하여 전사인자로서의 기능을 불활성화한다. RB 단백질의 인산화 상태를 확실히 유지하기 위하여 시클린 A–Cdk2 활성이 S기 동안 전반적으로 요구된다. G_2기로부터 M기로의 진행(G_2/M 전이기)은 성숙촉진인자(*maturation promoting factor*)로 알려져 있는 시클린 B–Cdc2 복합체에 의해 조절된다. 이 전이 시점에 염색체는 응축되고, 방추체는 조립되며, 염색체 분리기구는 활성화된다.

단백질 분해 역시 세포주기 조절을 돕는다

세포주기의 기본적인 특징은 그것이 진정한 순환이고, 비가역적이라는 것이다. 세포주기는 시클린–CDK 복합체의 주기적인 활성화를 보완하는 단백질 분해 과정을 통하여 앞으로만 추진된다. 단백질 분해(*proteolysis*)는 단계를 진행하는 데 사용되었던 단백질뿐만 아니라 다음 단계의 진행을 저해하는 단백질을 제거한다. 세포주기 초기 단계에서의 진행은 시클린–CDK들의 연속적인 활성화를 요구한다. 새로운 각 단계로의 진입은 이전 단계에서 사용된 시클린의 분해도 요구한다. 세포주기의 후반 단계에서의 진행은 단백질 가수분해만으로 추진된다. 이 과정은 효모에서 가장 알려져 있으며, 효모 용어를 사용하여 여기에 설명한다. 체세포분열의 완성과 G_1기로의 복귀에서 2가지의 주요 조절 사건이 일어나야 한다:

1. 딸 염색분체는 분리되어야 한다(후기 개시를 표시

하며).

2. 세포는 염색체 탈응축, 방추체 해체, 염색체 분리기구의 불활성화, 그리고 세포질 분열을 동반하는 체세포분열기로부터 탈출해야 한다.

그림 13.6에 나타나 있듯이, 이들 주요 사건 둘 다 단백질 분해에 의해 개시된다. 체세포분열기로부터 탈출은 시클린 B의 분해를 요구한다. 시클린 B는 세포가 체세포분열기로 진입할 때는 매우 풍부하지만, 중기에서 후기로 전이되는 시점에 염색체 분리가 일어난 후에는 사라진다. 시클린 B는 **후기-촉진복합체(anaphase-promoting complex, APC/C)**에 의해 분해될 운명에 놓이게 되며, APC/C는 76개의 아미노산으로 구성된 단백질인 **유비퀴틴**(*ubiquitin*)을 표적단백질에 첨가해서, 이를 **프로테아솜**(*proteasome*)에서 분해되게 하는 유비퀴틴-단백질 연결효소(ubiquitin-protein ligase)이다. 프로테아솜이란 여러 개의 아단위로 구성된 다기능의 거대 복합체로서 리소솜에서 일어나는 것 외에 대부분 세포질 단백질의 분해를 담당한다. APC/C의 다른 기질로는 *separase*라 불리는 단백질 가수분해효소를 저해하는 *securin* 단백질, 그리고 방추체 극체로부터 역평행 미세소관에 결합하는 미세소관-연관 단백질인 Ase1p가 있다. securin이 분해됨에 따라 유리된 separase는 비로소 Scc1p(염색체를 응축하고 딸 염색분체를 묶어주는 *cohesin* 복합체의 구성요소임)를 분해한다. Scc1p의 절단 염색질로부터 Scc1p의 해리를 초래하고, 그 결과 딸 염색분체는 서로 분리되어 방추체의 반대 극으로 끌려가게 된다.

13.2 세포주기 점검점은 손상 받은 세포가 수선되거나 자가 파괴되도록 한다

세포는 그들의 외부환경뿐만 아니라 내부의 생리적 상태와 기능을 감시한다. 필요한 영양분이나 성장인자의 결핍시, 동물세포는 세포주기를 이탈하여 정지하게 된다. 성장자극을 받으면, 이들은 시클린 D-CDK 활성을 요구하는 과정으로 세포주기를 재진입하게 된다. 또한 세포는 DNA 손상, 산소 결핍, 뉴클레오시드 삼인산의 부적절한 양, 그리고 (동물세포의 경우) 세포 간 부착 소실 등 여러 스트레스에 반응하는 기작을 가진다. 세포 내부에는 세포주기의 여러 주요 사건들이 감시되고 있다. 손상이 감지되면, **점검점(checkpoint)**에서 세포주기 진행이 멈추게 된다.

핵심 개념

세포주기에 있어서 점검점은 세포주기가 진행될 때 각 단계에서 서로 간의 정확한 순서를 유지시켜 준다; 점검점은 세포손상이 수선되거나 회복될 때까지 세포주기를 정지시켜서 이러한 작용을 한다.

세포의 유전적 완전을 유지시키기 위해 기능하는 3가지 주요 점검점은 다음과 같다.

- DNA 손상 점검점
- 중심체(centrosome) 복제 점검점
- 방추체(spindle) 점검점

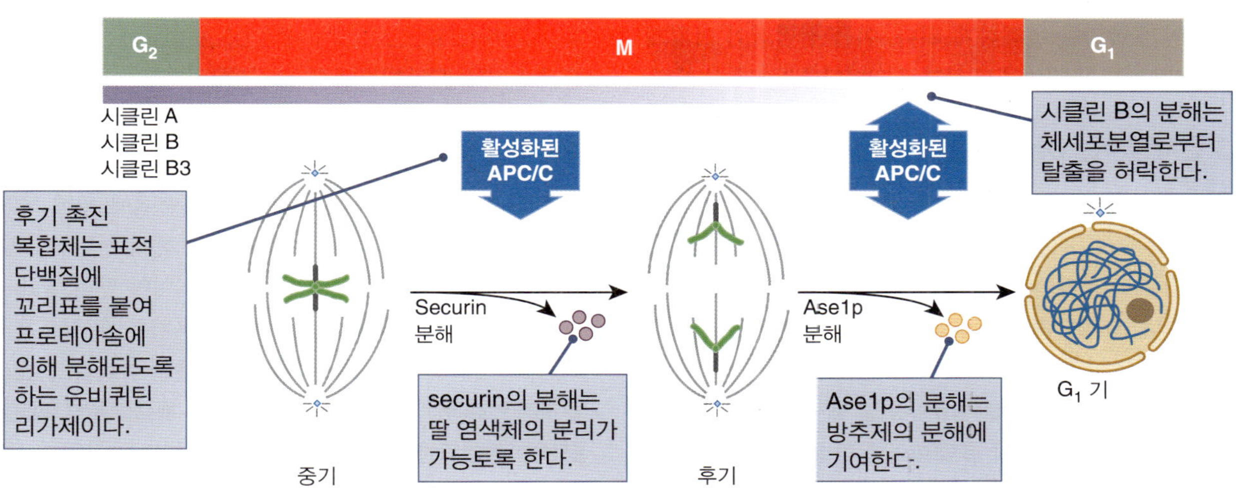

그림 13.6 후기로의 전이와 체세포분열로부터의 탈출을 위해 필요한 단백질 분해 과정을 조절하는 데 있어서 활성화된 후기촉진복합체(APC/C)의 역할. APC/C는 프로테아솜(proteasome) 분해를 위해 단백질을 표지하는 유비퀴틴 리가제(ubiquitin ligase)이다. 이것의 기질에는, 딸 염색분체를 서로 묶어주어 "접착제" 역할을 하는 Scc1p의 분해를 저해하는 securin과 방추체 중간 영역에서 역평행의 미세소관을 묶는 미세소관 결합단백질인 Ase1p가 포함된다. 시클린 B의 분해에 의해 체세포분열로부터 탈출이 일어난다.

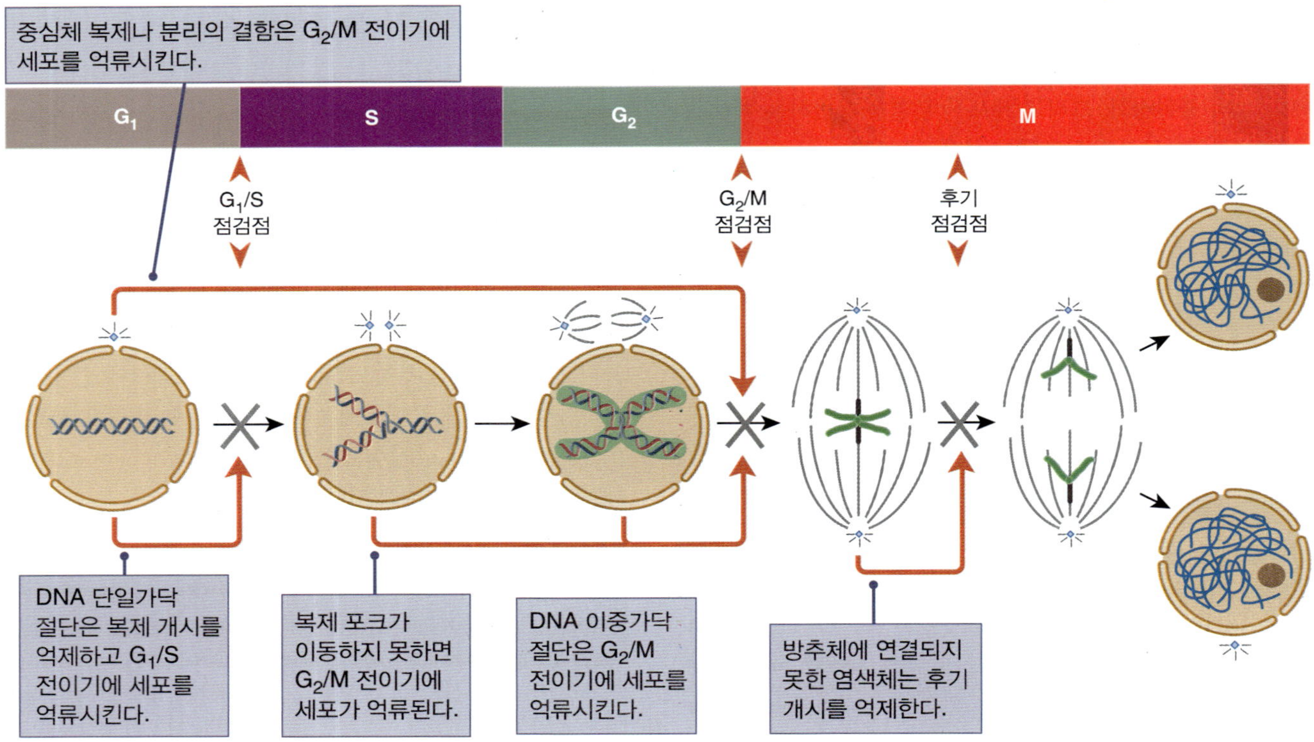

그림 13.7 세포의 유전적 안전성을 유지하기 위해 작용하는 주요 세포주기 점검점. 네모 안의 글은 사건을 설명한다.

이상의 3가지 점검점은 그림 13.7에 요약되어 있다. 3가지 점검점 모두 염색체 구성(complement)의 안전성을 유지시키는 데 중요하다. 점검점에 의해 감시되는 3가지 과정 중 어느 곳에서 잘못이 생길 때, 점검점에서 세포주기가 멈추지 못하게 되고, 이것은 이수성(aneuploidy, 상동염색체 중 어느 한 염색체 수가 늘어나거나 줄어드는 것), 배수성(polyploidy), 혹은 변이의 증가를 초래하게 된다. 이들 점검점이 어떻게 작동하는지는 다음 단락에서 살펴볼 것이다.

p53 전사인자는 DNA 손상 점검점에서 주요하게 작용한다

DNA 손상 점검점(DNA damage checkpoint)은 DNA가 손상 받았을 때나 복제가 불완전할 때 세포주기를 정지시키는 역할을 한다. DNA 손상에는 염기 수식이나 포스포디에스테르 골격 절단이 포함된다. 변형된 뉴클레오티드가 절제수선(excision repair) 경로에 의해 수선될 때에는 문제의 뉴클레오티드를 제거하고 다시 중합효소로 합성한 후 연결한다. DNA 골격이 절단된 경우, 수선은 상동적 재조합(homology-based recombination), 비상동적 말단결합(nonhomologous end joining), 혹은 새로운 말단소체의 추가에 의해 이루어진다. 동물세포에서 DNA 손상 점검점은 세포주기의 세 단계, 즉 G_1/S 전이기, S기(DNA 합성기), 그리고 G_2/M 경계에서 작용한다. S기 점검점은 DNA 복제 진행을 계속해서 감시한다. 비록 3가지 DNA 손상 점검점이 있지만, 각각은 DNA의 손상 혹은 불완전한 복제를 감시한다. 만약 어떤 형태의 손상이 감지되면, DNA 점검점이 작동하여 여러 지점에서 세포주기를 멈추게 한다.

일반적으로 스트레스, 특히 DNA 손상에 대해 반응하는 동물세포의 주요 단백질은 p53 전사인자(transcription factor)이다. 정상 세포에는 비록 상당한 양의 p53 mRNA와 단백질이 존재하지만, 활성화된 p53 단백질의 양은 매우 낮다. p53의 활성은 Mdm2라는 또 다른 단백질에 의해 낮게 유지된다. p53이 전사인자로 작용하기 위해서는 인산화 및 아세틸화의 순차적 변형에 의해 활성화되어야 한다. Mdm2는 p53에 결합하여 p53이 전사인자로 작용하는 데 필요한 인산화 및 아세틸화 반응을 저해한다. 이 뿐만 아니라, Mdm2는 연속적으로 핵과 세포질을 왕복하면서 핵으로부터 세포질로 p53을 수송하여 p53이 세포질에서 분해되도록 한다. p53–Mdm2의 수송회로는 그림 13.8에 설명되어 있다.

세포가 DNA를 손상시키는 약물로 처리되었을 때, 어떤 세포는 G_1에서, 어떤 세포는 G_2에서 세포주기가 정지된다. DNA 손상 신호가 감지되면, p53이 단백질인산화효소 및 아

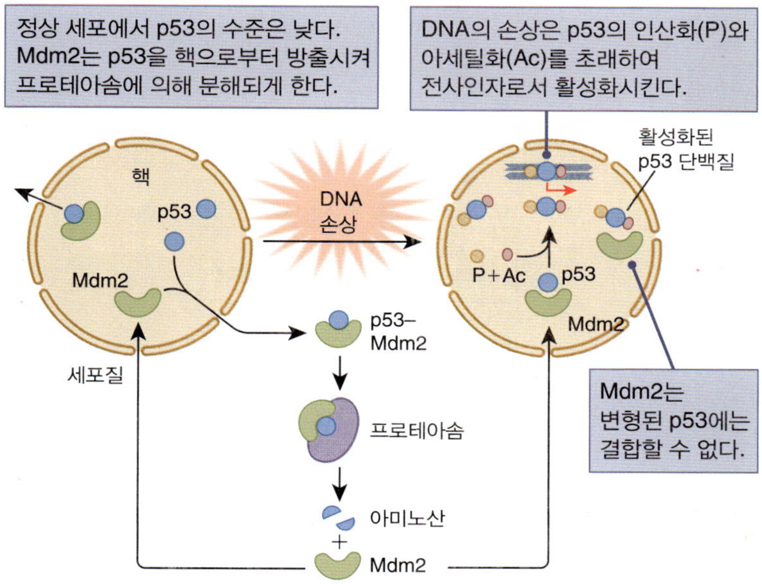

그림 13.8 전사인자 p53에 대한 DNA 손상 효과. 정상 세포에서 p53은 낮은 농도로 존재한다. 왜냐하면 Mdm2가 p53이 프로테아솜에 의해 분해되는 장소인 세포질로 p53을 이동시키기 때문이다. DNA 손상은 p53의 인산화와 아세틸화를 초래하여 Mdm2가 결합하지 못하게 만들어, p53의 핵 내 농도를 높이게 된다.

세틸화효소(acetylase)에 의해 활성화되는데, 이때 Mdm2의 저해 효과는 무시된다. p53의 활성화는 p53을 Mdm2로부터 유리시키게 되고, 이것은 p53을 안정화시켜 결과적으로 활성화된 p53 전사인자의 양을 증가시키게 된다. 그러면 p53은 많은 유전자의 전사를 촉진시키거나 억제시키게 된다. p53에 의해 전사가 촉진되는 주요 단백질의 일부가 **표 13.1**에 정리되어 있으며, 이들 단백질이 세포주기의 과정에 어떻게 영향을 미치는지에 대한 순서와 다른 세포적 성질은 **그림 13.9**에 나타나 있다.

그림 13.10에 설명된 바와 같이, p21, GADD45, 14-3-3σ, 및 miRNA34a 유전자의 전사 증가와 시클린 B 유전자의 전사 감소는 특별한 지점에서 세포주기를 멈추게 한다. G_1/S 전이 점검점은 활성화된 p21의 증가에 의해 매개되는데, 이것으로 인해 G_1 시클린–CDK 활성의 저해가 초래되고 G_1/S 전이가 억제된다. 그래서 만약 G_1기에 DNA 손상이 감지되면 세포는 G_1/S 전이기에서 멈추게 된다. DNA 손상에 대한 S기의 반응은 p21, GADD45 단백질에 의해 매개되며, 이것들은 다른 단백질과 복합체를 이루어 DNA 중합효소의 **진행도(processivity)**를 감소시키게 된다. DNA 중합효소의 진행도란 DNA 중합효소가 주형으로부터 떨어지기 전에 동일 주형에서 복제하는 연속적인 뉴클레오티드의 수를 말한다. 그러므로 진행도의 감소는 DNA 합성을 지연시키게 되고, 결과적으로 DNA 손상을 수리하는 데 필요한 시간을 벌게 된다. G_2/M 점검점은 14-3-3σ 단백질에 의해 매개되며, 시클린 B–Cdc2의 활성화를 저해하여 G_2/M 전이를 막게 된다. 동시에, 시클린 B 양의 감소는 활성화된 시클린 B–Cdc2 복합체의 양을 감소시키게 되고, 결국 세포를 G_2기에 머물게 한다. 그래서 만약 S기나 G_2기에 DNA 손상이 감지되면 세포주기는 G_2/M 점검점에서 멈추게 된다.

DNA 손상은 또 다른 경로인 **세포자살(apoptosis)**, 즉 **세포예정사(programmed cell death)** 경로를 활성화시킨다. 세포자살 경로가 활성화 될 때 일련의 단백질 가수분해가 시작되어 결국 세포가 죽음에 이르게 된다. 여기에 관련하는 단백질 가수분해효소를 카스파제(*caspase*)라 부른다. 이들의 활성화는 결국 세포내 DNA, 세포내 소기관, 액틴 세포골격을 파괴시키고(**그림 13.11**), 핵 응축을 동반하며, 세포 잔여물은 식세포 작용에 의해 잡아먹힌다. p53은 *Bax*와 *Apaf1*의 전사를 활성화하고, Bcl2 발현을 억제함으로써 세포자살 경로를 활성화한다. **그림 13.12**에 설명된 바와 같이, Bax 단백질은 정상적으로 Bcl2라 불리는 세포자살 저해제와 이질이량체(heterodimer)를 형성하여 존재한다. p53이 Bax의 전사를 활성화하면, Bcl2와의 이질이량체보다 Bax 동질이량체(homodimer)를 형성하는 쪽으로 균형이 기울게 되고, 이로써 세포의 세포자살과 자기파괴를 촉진하게 된다. 한편으로, **암유전자(oncogene)**의 활성화는 활성화(인산화)된 Bcl2의 양을 증가시킬 수 있으며, 이것은 세포자살을 억제하고 세포를 무한정 성장하고 증식하게 만든다. 암유전자가 활성화된다고 해서 항상 세포가 불멸화되는 것은 아니다. 왜냐하면 어떤 경우에 있어서는 암유전자 활성화가 어쩌면 p53의 암유전자-감지 기능을 통해서 세포자살 경로를 활성화할 수 있기 때문이다. p53은 뉴클레오티드 서열과 가닥의 완전성, 그리고 염색체의 정배수성(euploidy)에 관해서 유전체의 완전성을 보호한다. 유전체의 불안전성, 불균형적인 유전체, 그리고 손상된 DNA는 생물체를 위험에 빠지게 한다. 세포자살은 손상 받아 위험한 세포를 죽이는 기작이다.

DNA 손상 점검점의 중요성을 이해하기 위해, 그림 13.10을 보면서 이 안전 조치 기작의 일부 혹은 전부가 제대로 기능을 못한다면 어떻게 될지 생각해 보자. 예를 들어, 세포가 p21 단백질은 없으면서 나머지 기작은 가지고 있다고 상상해 보라. 만약 DNA 손상이 적절히 감지되고, p53이 보통처럼 작용하여 14-3-3σ와 GADD45의 양을 증가시키면,

표 13.1 p53에 의해 전사가 활성화되는 유전자의 산물

유전자 산물	기능
p21	다양한 시클린-의존성 키나아제를 저해; G_1/S 경계에서 세포 억류.
14-3-3σ	세포질에서 인산화된 형태의 Cdc25C 포스파타제에 결합하여 Cdc25C가 시클린 B–Cdc2 키나아제를 활성화하지 못하도록 할 것으로 예상; G_2/M 경계에서 세포 억류.
GADD45	DNA 중합효소의 진행도에 관여하는 PCNA에 결합하여 그 역할을 방해함으로써 DNA 복제를 지연; DNA 수선에 직접 기능함.
Bax	세포자살(세포예정사)을 유도하는 조절자로 작용.
Apaf1	시토크롬 c에 의해 활성화되었을 때 caspase를 세포자살 촉진하는 복합체로 만드는 뼈대단백질.
Maspin	세린 프로테아제의 저해제로 작용하여 혈관신생(혈관 형성)과 암 전이를 저해.
miRNA34a, b/c	노화와 세포자살을 유도하는 마이크로 RNA.

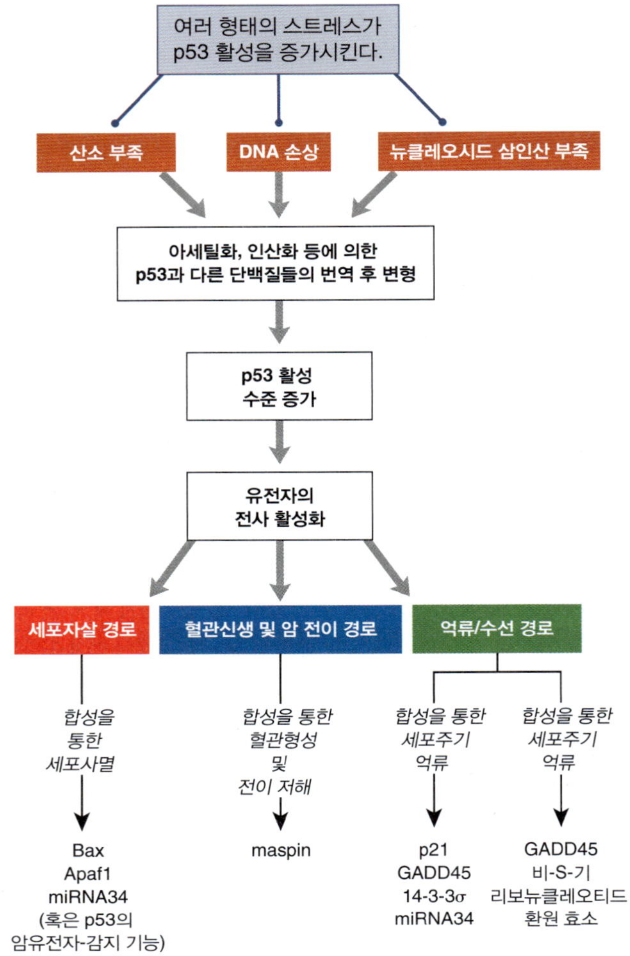

그림 13.9 p53 단백질의 활성화는 하류에 있는 p21, GADD45, 14-3-3σ, Bax, maspin 및 Apaf1의 전사 활성화를 유발한다. p53에 의한 세포자살 경로 활성화는 Bax의 전사를 활성화하고 세포 혹은 바이러스 유래의 활성형 암유전자를 감지하게 한다.

세포는 G_2에서 축적되고 체세포분열을 하지 못할 것이다. 그러나 DNA는 계속 합성될 것이다. 더구나 p21 단백질이 결핍된 세포는 G_1/S 점검점이 결손되어 있기 때문에 새로운 DNA 복제에 착수하게 될 것이다. 그러므로 p21의 기능부전으로 인해 예측되는 결과는 배수체 세포가 만들어지는 것이다. 사실 이것이 *p21*이 변이된 세포의 표현형이다.

또 다른 예를 들어, p53이 작동하지 못할 때 어떤 결과가 초래될지 생각해 보자. DNA 손상이 검출되더라도 세포는 반응할 수 없고, 그래서 DNA 손상을 수리하는 데 필요한 시간을 벌 수 없을 것이다. 이 세포는 손상된 염색체를 가지고 있음에도 불구하고 새로운 복제를 개시할 것이다. 이런 복제는 변이 빈도를 증가시킬 뿐만 아니라 유전자 증폭도 초래하게 될 것이다. 시클린 *D* 혹은 *CDK4* 유전자가 증폭하면 세포가 DNA 합성과 증식에 대해 정상적으로 조절되지 않게 할 것이다. 이미 S기나 G_2기에 있는 세포는 손상을 수리하는 데 필요한 충분한 시간이 주어지지 않기 때문에, 염색체가 손상된 상태로 체세포분열에 들어갈 것이다. 더구나 이 생물체는 손상된 세포에 대한 궁극적인 보호, 즉 세포자살을 잃어버리게 될 것이다. p53이 결핍되면 *Bax*와 *Apaf1*의 전사가 증가하지 않는데, 이는 세포자살 경로가 작동하지 않을 것이라는 것을 의미한다; 즉 Bax와 Bcl2의 정상적인 균형이 유지되어 이들 손상된 세포를 생존시키게 되고, 결국 생물체를 위험에 확실히 빠뜨리게 될 것이다. 암세포는 점검점 기작의 파괴에 의해 암세포가 되어 무한 증식한다는 것을 의미한다.

잠깐 생각해 봅시다 13.1

배지에 구리 이온을 첨가함으로써 metallothionein 프로모터의 전사활성을 10배 이상 증가시킬 수 있다. CRISPR-Cas9 시스템을 이용하여, 배양세포 내에서 metallothionein 프로모터 하에 *Bax* 유전자 발현이 조절되도록 편집하였다. 만약 이 편집 세포를 배양하는 배지에 구리 이온을 첨가하는 경우, 이 세포는 어떻게 반응하겠는가?

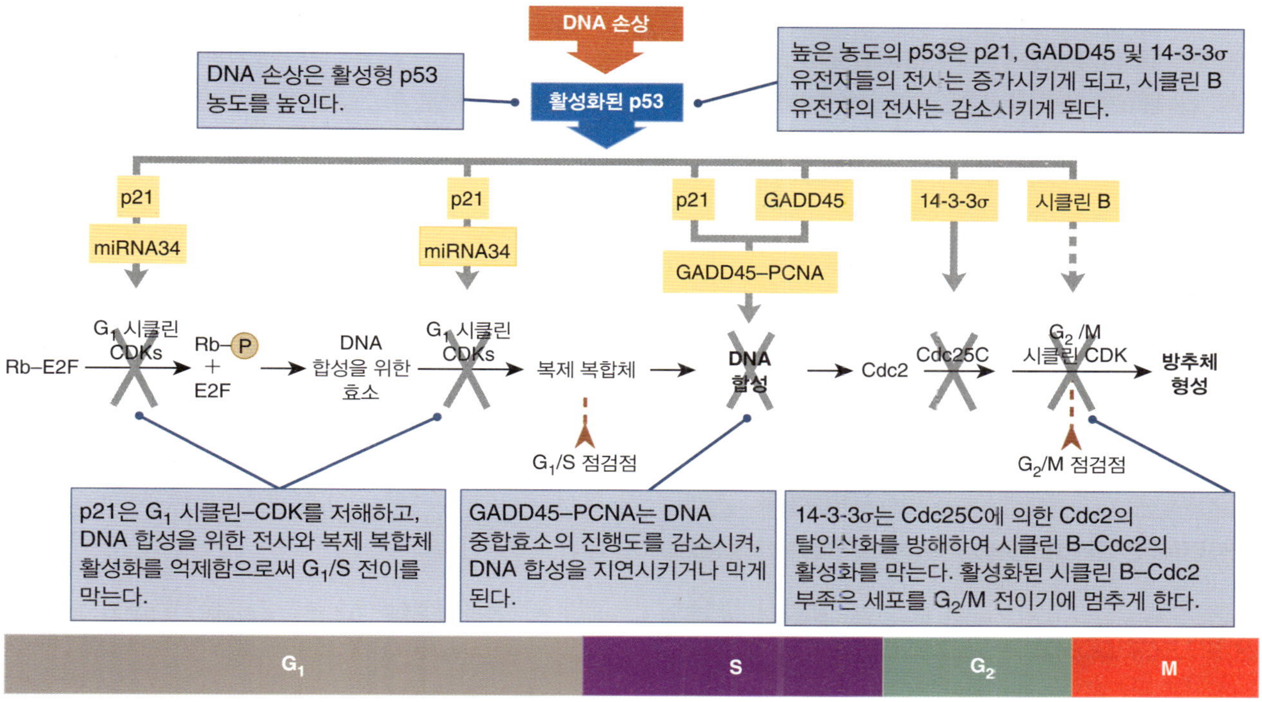

그림 13.10 DNA 손상 점검점에 있어서 활성화된 p53 단백질의 역할.

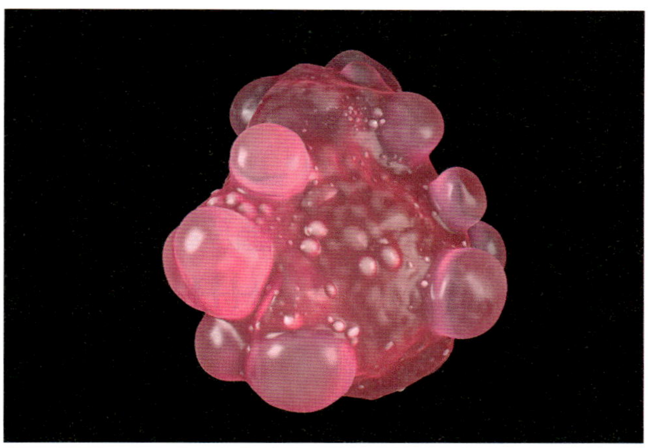

그림 13.11 세포막에서의 큰 수포의 생성은 세포자살이 진행되는 세포의 특징이다.

중심체(centrosome) 복제 점검점과 방추체(spindle) 점검점은 정상적인 염색체 구성이 유지되도록 작용한다

중심체는 양극성의 방추체가 형성되는 세포내 소기관이다. **중심체 복제 점검점(centrosome duplication checkpoint)**은 방추체의 형성을 감시한다. 그것은 체세포분열로의 진입과 대등한 것 같다. 왜냐하면 시클린 B–Cdc2 인산화효소의 활성화가 중심체 복제 및 방추체의 형성과 연관 있기 때문이다. 어떤 생물체에서는, 중심체 복제 점검점은 방추체 에서의 점검점 및 체세포분열로부터의 탈출과 대등할 수도 있다.

방추체 조립 점검점(spindle assembly checkpoint)은 방추체의 조립과 방추사 부착점에 방추체가 결합하는 것을 감시한다(방추사 부착점은 방추사가 결합하는 염색체 상의 위치를 말한다). 부적절하거나 불완전한 방추체 조립은 후기로 들어가는 데 필요한 후기촉진복합체(anaphase-promoting complex)의 활성화를 억제함으로써 딸 염색분체의 분리를 막는다.

세포는 방추체가 부착하지 않거나 잘못 부착한 단일 염색체를 검출하여 후기를 지연시킬 수 있다. 곤충과 인간 염색체에 대한 연구는 동원체에서의 인장력 부재가 세포주기 정지를 위한 개시 신호라고 제안한다. 동원체 상에서의 인장력은 동원체에서의 인산화 정도와 관련이 있다; 즉 부착하지 않은 동원체는 부착한 동원체보다 비교적 더 많이 인산화되어 있다. 만약 모든 염색체의 동원체가 방추사와 안정하면서 양극성으로 부착되어 있다면 후기촉진복합체는 활성화된다. 그림 13.13에 설명된 것처럼, 부착하지 않은 동원체가 검출되면, Bub, Mad 및 Mps1 단백질이 Cdc20 단백질을 저해하여 후기의 개시를 방해하게 된다. Cdc20이 활성화되지 않으면 후기촉진복합체는 활성화되지 않고, 세포는 모든 염색체의 동원체가 방추사와 양극성으로 안정한 부착을 할 때까지 중기(metaphase)에 남게 된다.

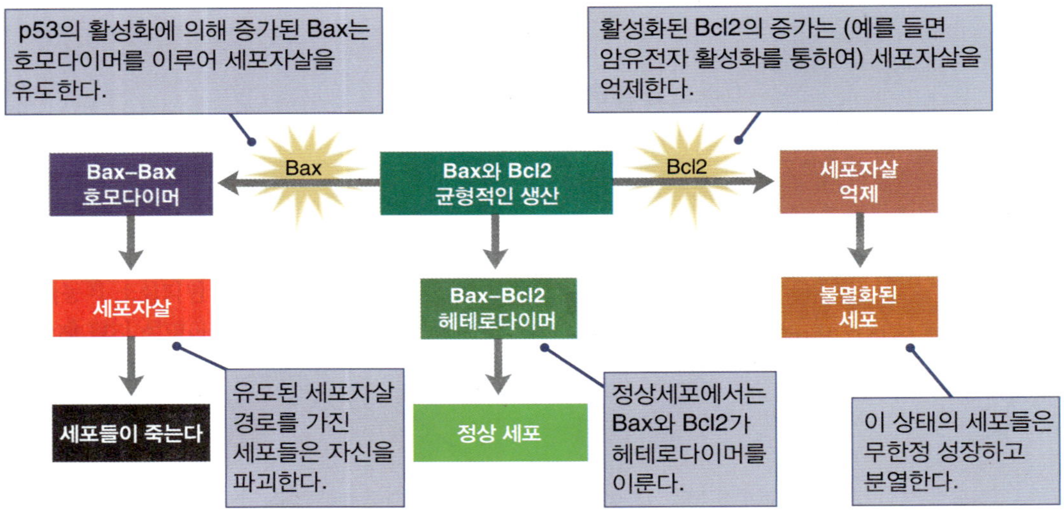

그림 13.12 Bax 단백질과 Bcl2 단백질이 세포자살을 조절하기 위해 상호작용하는 기작.

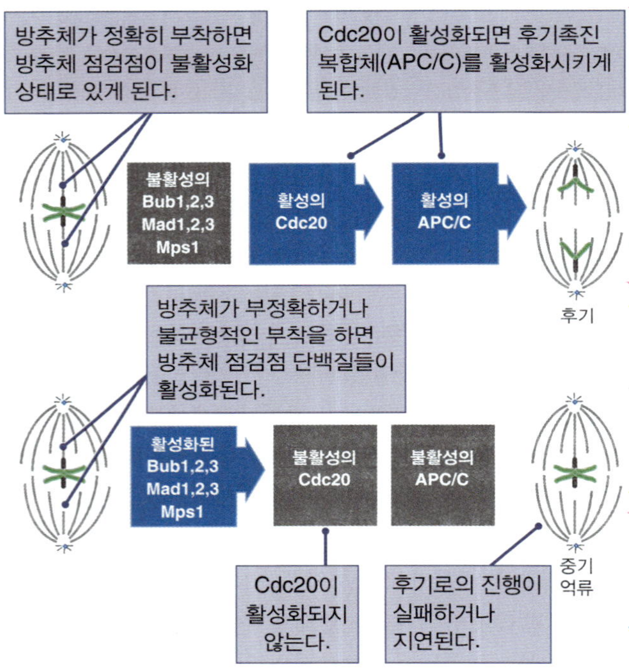

그림 13.13 방추체 점검점. 후기촉진복합체가 활성화되기 위해 모든 염색체는 방추사에 안정한 양극성 부착을 형성해야 한다. 이렇게 함으로써 후기의 개시와 딸 염색분체의 분리를 촉진하게 된다.

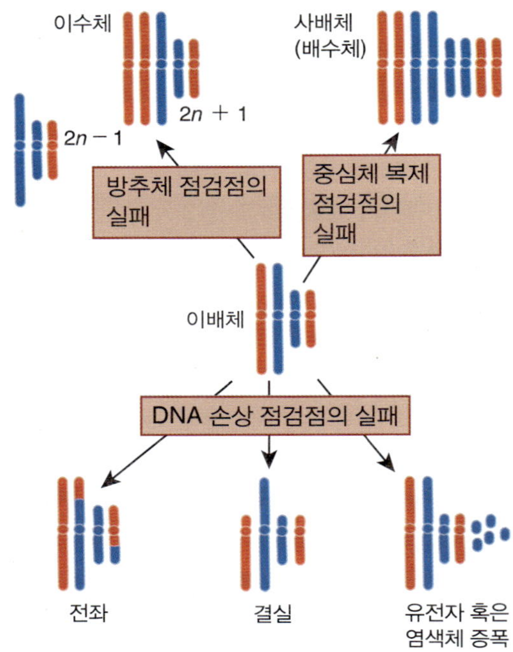

그림 13.14 점검점 실패로 인한 유전적 불안정성.

어떤 점검점의 실패도 유전적 불안정성을 초래하게 된다. 특별한 종류의 유전체 불안정성은 3가지 점검점의 결손과 관련되어 있는데, 이는 **그림 13.14**에 요약되어 있다. 방추체 자체의 기능부전은 이수체(aneuploidy)를 초래할 수 있는 반면, 방추극(spindle pole) 복제의 실패는 배수체(polyploidy)를 초래할 수 있다. DNA 손상 점검점의 결손은 유전자나 염색체 일부의 전좌, 결실, 증폭 등 다양한 염색체 이상을 초래할 수 있다. 증폭된 유전자는 염색체 내에서 순차 반복으로 혹은 동원체와 말단소체가 없는 염색체 외 환형(extrachromosomal circle)으로 발견되기도 한다.

13.3 암세포는 정상적인 점검점 기능을 방해하는 소수의 변이를 가진다

암(cancer)은 하나의 질병이라기보다 유사한 세포적 속성들을 공유하는 여러 질병을 지칭한다. 모든 암세포는 비교적 소수의 유전자들에 영향을 미치는 변이들의 결과로 인해 무한정 성장하게 된다. 이것은 체세포 질병이다. 암의 약 1퍼센트는 **가족성(familial)**으로, 개인의 암 발생빈도가 높은 가계도에서 암 관련 유전자의 분리에 대한 명확한 증거가 있다. 암의 나머지 99퍼센트는 **산발성(sporadic)**인데, 이것은 가족성이 아니라 체세포의 유전적 변이의 결과라는 것을 의미한다. 암세포들은 정상 세포에서 발견되지 않는 여러 성질을 가진다. **그림 13.15**는 정상 세포에서 발견되지 않는 암세포의 6가지 특징을 보여준다:

- 성장인자 의존성 소실
- 성장억제 신호에 대한 둔감성
- 세포자살 회피
- 불멸화(세포가 노화되지 않음)
- 암 전이능과 다른 조직으로 침투능
- 지속적인 혈관 신생

생물체 내에서 종양세포들은 **클론적**(*clonal*)이다. 즉, 이것은 종양세포들은 암화된 한 개의 조상세포가 분열하여 생긴 집단이라는 뜻이다. 이 결론은 여성의 종양세포에서 유전자가 하나의 X 염색체에서만 발현하고, 다른 하나는 불활성화 된다는 관측에 부분적으로 기초한다. 만약 종양세포들이 클론적이지 않다면, 각 세포 계보에서 한 X 염색체의 무작위적인 불활성화를 반영하면서 양 X 염색체로부터의 유전자 발현이 기대될 것이다. 그러므로 하나의 X 염색체로부터 유전자가 발현한다는 사실은 클론성을 반영한다.

다행히도 대부분의 사람에 있어서 정상 체세포가 암세포로 전환되기 위해서는 여러 변이 단계를 요구한다. 암세포 전환에 있어서 중요한 것은 암세포에 대한 전구체를 제공하는 세포 집단에서의 유전적 불안정성이다. 이 유전적 불안정성은 뉴클레오티드 염기서열 수준에서 일어날 수도 있고, 염색체 구조나 수의 수준에서 일어날 수도 있다. 유전적 불안정성은 변이나 유전자 증폭, 염색체 재배열, 이수성의 증가로 나타난다. 변이는 유전적으로 이질적인 세포 집단을 초래한다. 그런 혼합된 집단에서 증식의 이점을 가진 세포는 후대에서 인접한 세포들보다 많이 존재하게 될 것이고, 이러한 이점 때문에 그 클론은 다른 넓은 장소까지 퍼지게 된다. 이 세포 후손들에서의 부가적인 변이와 이로부터 파생된 세포의 추가적인 클론 확장은 전형적인 암세포의 증식 능력을 가진 세포 클론을 발생시킬 수 있다.

많은 암은 세포주기 조절, 특히 G_1에서 S로의 전이 조절 및 이와 관련된 G_1/S 점검점에서의 변화 때문에 발생한다. 이들 변화는 p53과의 상호작용을 통하여 세포자살에도 영향을 준다. 세포주기 진행을 촉진하거나, 점검점을 활성화하거나, 세포자살 경로를 제어하는 단백질들을 포함하여 G_1/S 전이를 제어하는 조절회로의 주요 인자들이 **그림 13.16**에 요약되어 있다. 종양세포들은 보통 이들 유전자 중 하나 이상의 발현 변화를 나타내거나 기능 불활성화를 나타낸다. **표 13.2**에는 암세포에서 변화가 검출된 유전자들의 일부가 정리되어 있다. 암세포 진행을 위한 주요 변이의 표적에는 **원종양유전자**(*proto-oncogene gene*)와 **암억제유전자**(*tumor-suppressor gene*) 등 2가지 형태가 있다.

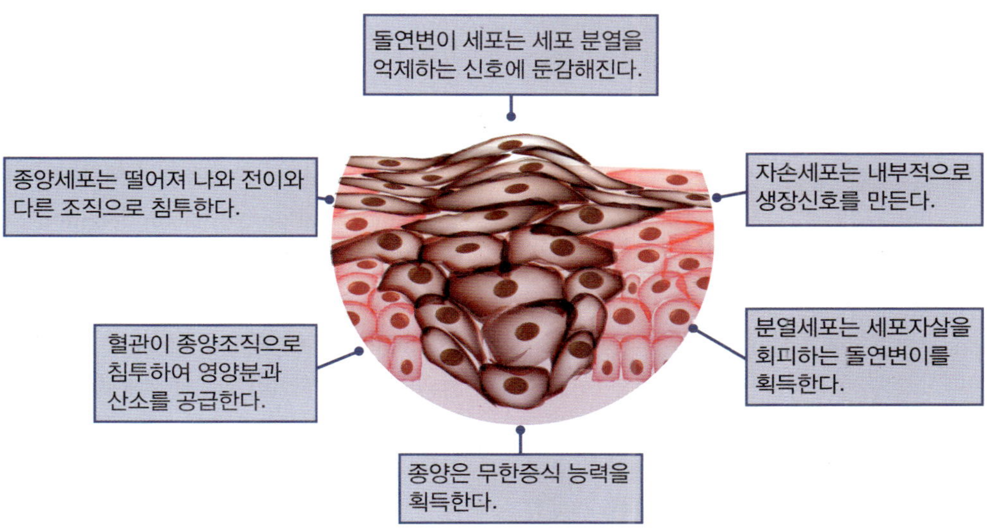

그림 13.15 암세포에 의해 획득되는 능력.

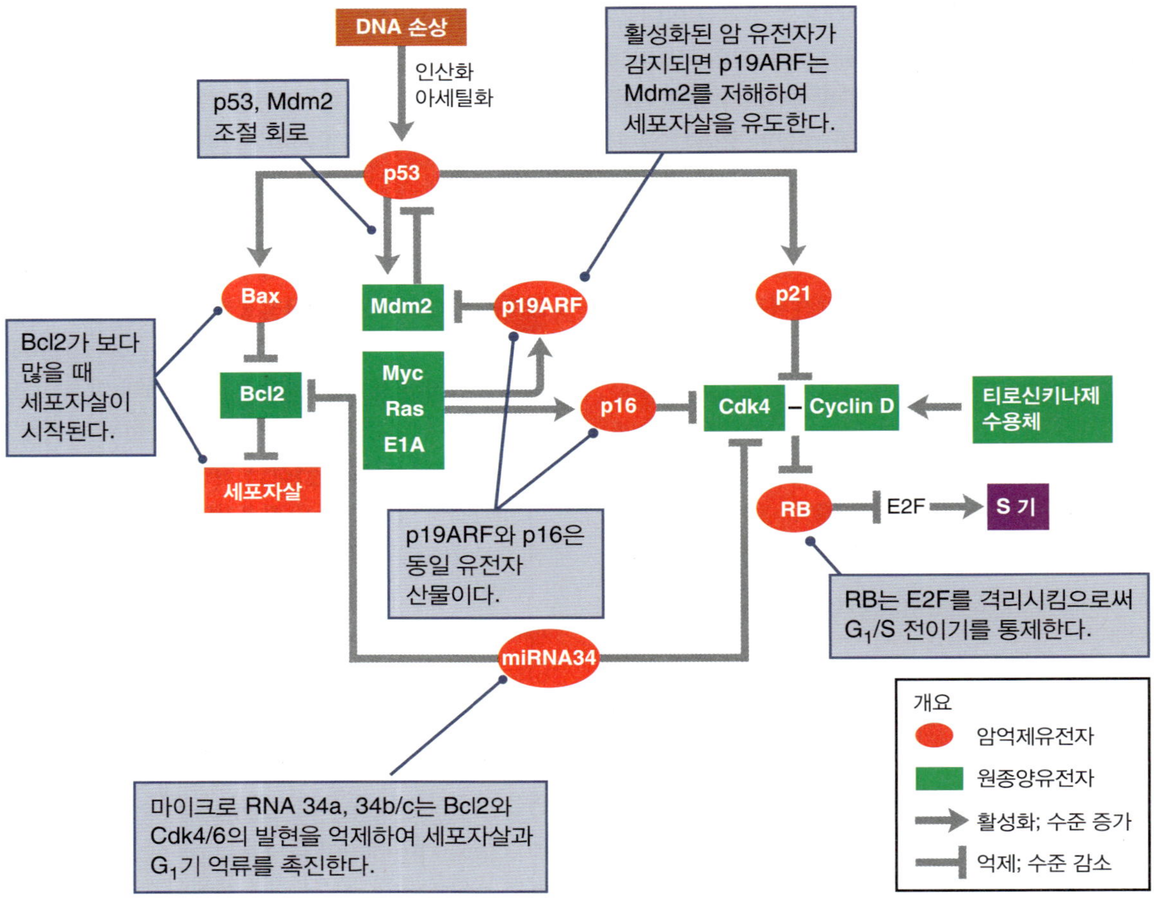

그림 13.16 세포자살이나 DNA 합성을 조절하는 데 있어서 p53 경로와 RB 경로 사이의 상호작용.

핵심 개념

원종양유전자의 정상 기능은 세포 분열을 촉진하거나 세포자살을 억제하는 것이다; 암억제유전자의 정상 기능은 세포 분열을 억제하거나 세포자살을 촉진하는 것이다.

이들 유전자에 대해서는 다음 절에서 설명한다.

원종양유전자는 세포 증식을 촉진하거나 세포자살을 억제하도록 정상적인 기능을 한다

암유전자(oncogene)는 암 진행과 연관된 기능획득(gain-of-function) 변이이다. 그들은 **원종양유전자(proto-oncogene)**라 불리는 정상 세포 유전자로부터 유래한다. 암세포는 세포 증식을 촉진하거나 세포자살을 억제하는 유전자의 발현을 부적절하게 증가시키기 때문에 기능획득 변이이다. 그림 13.16에서 사각형 내에 표시되어 있는 것들은 변이에 의해 암유전자로 될 수 있는 원종양유전자의 산물들이다. 일부 암에서 발견되는 발암유전자의 돌연변이의 예가 표 13.2에 나열되어 있다. 이들 중 3가지에 대해 상세히 알아보자.

성장인자 수용체 및 Ras 세포의 성장인자는 막에 있는 성장인자 수용체에 결합함으로써 성장을 촉진한다. 이 결합은 Ras, 시클린 D, 그리고 시클린 D 결합상대인 CDK들을 통해 작용하는 신호전달경로를 활성화한다. 표피성장인자 수용체(epidermal growth factor receptor, EGFR) 혹은 섬유아세포성장인자 수용체(fibroblast growth factor receptor, FGFR)의 유전자는 많은 암에서 증폭되어 있다.

EGFR과 FGFR 같은 tyrosine kinase 수용체들이 활성화되면 **G 단백질**이라 불리는 저분자 신호단백질을 활성화하는 신호전달경로를 자극하게 된다. G 단백질인 Ras에 대해서는 그림 13.17에 설명되어 있다. Ras는 보통 GDP와 결합해 있고, 이때는 불활성화 상태이다. 수용체의 활성화는 하위 단백질의 활성화를 통하여 Ras에 결합하고 있던 GDP를 GTP로 교환시키고, GTP의 결합에 의해 Ras는 활성화된다.

표 13.2 종양에 영향을 주는 세포주기 조절성 유전자

원종양유전자	변화	결과
Cyclin D	증폭 혹은 과발현	S기로 진입을 촉진.
Cdk4	증폭	S기로 진입을 촉진.
Cdk4	변이	p16에 의한 저해에 내성; S기로 진입을 촉진.
EGFR (표피성장인자 수용체, 티로신 키나제 수용체)	증폭	성장인자 수용체로부터의 경로를 항상 활성화함으로써 증식 촉진.
FGFR (섬유아세포성장인자 수용체)	증폭	성장인자 수용체로부터의 경로를 항상 활성화함으로써 증식 촉진.
Ras	증폭	성장 신호를 항상 전달함으로써 증식 촉진.
Ras	변이	GTPase 활성의 불활성화: 성장인자 수용체로부터의 경로를 항상 활성화.
Bcl2	강한 증폭자에 인접한 전좌에 의한 과발현	세포자살을 억제.
Mdm2	증폭	p53의 소실과 유사하게 G_1/S, S, 및 G_2/M 점검점 기능의 소실.
말단소체복원효소	과발현	세포 노화 억제
암억제유전자	**변화**	**결과**
p53	변이	G_1/S, S, 및 G_2/M 점검점 기능의 소실.
p21	변이	G_1/S 및 S 점검점 기능의 소실.
RB	변이	증식 촉진; E2F가 저해되지 않음.
Bax	변이	손상된 세포의 자살 촉진 실패.
Bub1p	변이	방추체 점검점 기능의 소실.
E-cadherin	변이	접촉저해현상 소실; 조직 침투와 전이

Ras–GTP는 성장 신호를 전달하면서 또 다른 하위 단백질을 활성화하게 된다. Ras–GTP로서 Ras의 활성화는 일시적이다. 또 다른 단백질(GAP)은 Ras의 내재성 GTPase를 활성화시킨 후에 GTP를 가수분해하여 Ras–GDP 상태로 불활성화시킨다. Ras 유전자에서 GTPase 기능을 저해하는 변이가 일어나면, 이 변이주는 GAP에 의한 GTPase 활성화가 일어나지 않아 세포가 성장인자 수용체의 신호와 상관없이 Ras–GTP의 활성화된 상태로 존재하게 된다. 이것은 세포 성장을 위한 신호가 항상 전달되도록 하여 세포 성장과 분열이 계속해서 일어나게 한다.

EGFR과 FGFR EGFR이나 FGFR의 증폭 혹은 과발현은 수용체의 자가 활성화를 초래하고, Ras 경로를 통하여 활동하는 성장 신호를 계속 전달시키게 한다. Ras의 과발현도 신호전달을 촉진하여 증식이 일어나게 한다.

말단소체복원효소 배양 중인 정상 세포는 배양 조건에 따라 약 50~70번의 분열 후 증식을 멈추는데, 이를 **노화**라고 부른다. 그러나 암세포는 구한정 분열할 수 있다(불멸화). 정상 세포의 노화는 말단소체복원효소의 활성 소실과 연관되어 있다. 이때 말단소체는 더 이상 길어지지 않고 세포는 노화되거나 죽게 된다. 암세포는 충분한 양의 말단소체복원효소를 가지고 있어 노화도부터 자신을 보호하고 불멸화할 수 있다.

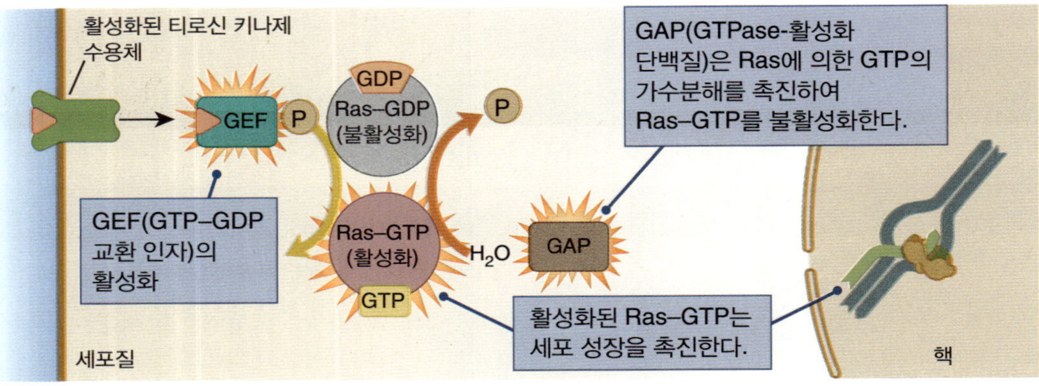

그림 13.17 Ras 단백질의 기능. 원종양유전자의 산물인 Ras 단백질은 성장인자의 존재 하에서 세포 성장을 촉진하는 스위치 역할을 한다. G19V(19번 위치의 glycine이 valine으로 치환)와 같은 어떤 돌연변이 Ras 단백질은 GTPase 활성이 결손되어 Ras–GTP 형태로 남아있게 되어 성장 인자가 없을 때도 성장촉진 신호를 보내게 된다.

암 억제유전자는 정상적으로 세포 분열을 억제하거나 세포자살을 촉진한다

암 억제유전자는 정상적으로 세포 분열을 억제하거나 세포자살 경로를 활성화하는 유전자이다. 암 억제유전자의 기능 소실(loss-of function) 변이는 암 진행에 기여한다. 암 억제유전자의 주요한 기능들 중의 일부가 표 13.2에 설명되어 있다. 이들에 대해 더 세부적으로 본 절에서 알아본다. 일부 암에서 발견되는 암 억제유전자의 돌연변이 예가 표 13.2에 나열되어 있다. 이들 중 3가지에 대해 더 상세하게 알아보자.

p53 p53의 기능 소실로 인해 암세포의 2가지 특성, 즉 성장억제 신호에 대한 무감각 및 세포자살 회피가 초래된다. p53의 기능 소실은 G_1과 S에서 DNA 손상을 검사하는 DNA 손상 점검점을 없애는 것이다. p53이 기능을 하지 못할 때는, DNA 손상이 있어도 G_1 혹은 G_2에서 세포를 정지시키는 데 필요한 단백질들이 합성되지 않는다. 따라서 세포내 염색체가 손상되거나 염색체 수가 변하거나 유전자 증폭이 있더라도 세포가 S기나 M기로 진행하는 것을 막지 못한다. 더구나 p53의 기능 소실은 생물체 비정상적인 세포에 대한 최종적인 방어를 잃게 한다. 왜냐하면 DNA 손상은 더 이상 Apaf1과 Bax의 과발현을 유도할 수 없고, 이에 따라 비정상적 세포의 자가 파괴가 일어날 수 없기 때문이다. 손상된 세포는 살아남아 증식하게 된다. 더구나 그들의 유전적 불안정성은 부가적인 유전적 변화를 증가시켜서, 암 상태로의 진행을 촉진하게 된다. 이런 시나리오와 DNA 손상으로부터 세포를 보호하는 p53의 주요 역할을 볼 때, 모든 암의 절반 이상에서 p53의 기능부전이 발견된다는 것은 놀라운 일이 아니다.

RB 망막아종(retinoblastoma) 단백질은 전사인자 E2F의 활성을 조절함으로써 G_1에서 S기로의 전이를 조절한다. RB의 기능 소실은 E2F가 세포주기 내내 DNA 합성에 필요한 효소의 전사를 개시할 수 있도록 해서, DNA 합성이 연속적으로 개시되게 한다. 종양세포에서 거의 항상 RB, p16, 시클린 D, 혹은 Cdk4가 변이되지만, 이들 중 둘 이상이 동시에 변이되는 경우는 거의 없다. 이 발견으로부터 p16이나 RB의 기능 소실이 시클린 D나 Cdk4의 과발현과 효과에 있어서 동등하다는 것을 알 수 있다. 이들 중 어떤 하나가 결함되어도 같은 결과를 초래하게 되는데, 이때 세포는 G_1/S 전이를 조절하지 못하게 되어 무계획적으로 DNA 합성을 시작하게 되며 성장억제 신호에 둔해지는 것이다.

E-cadherin 정상 세포에서 세포-세포 접촉은 더 이상의 세포 성장과 분열을 억제하는데, 이를 **접촉저해(contact inhibition)**라 부른다. 암세포는 접촉저해가 일어나지 않는다. 암세포는 계속 성장 분열하여 여러 층으로 쌓이기도 한다. 인접한 세포에 있는 분자 사이의 상호작용은 성장억제인자와 다른 신호의 전달을 허용한다. E-cadherin은 표피세포에 의한 침투와 암전이를 억제하는데, 이것의 불활성화는 암전이 능력 획득의 주요 단계이다.

13.4 암에 걸리기 쉽게 하는 변이는 생식계통을 통하여 유전될 수 있다

이미 살펴보았듯이, 암의 약 99퍼센트는 산발성이다. 즉, 암을 일으키는 모든 유전적 변이는 체세포에서 일어난다. 더구나 정상 세포에서 암세포로의 전환은 진행적이다. 새로운 체세포 변이가 세포주기 조절의 다른 기작을 손상시킴에 따라 암은 단계적으로 진행한다.

암의 개시와 진행은 정상적인 세포주기 점검점을 피하게 하는 변이를 통해서 일어난다

암의 약 1퍼센트는 가족성이다. 이 경우 암 진행과 관련된 변이 중 하나는 생식계통을 통해서 유전된다. 이 변이의 존재는 예비 암세포가 악성으로 진행하는 데 필요한 추가적인 체세포 변이수를 줄이기 때문에 더 암에 걸리기 쉽게 한다. **그림 13.18**은 **선종성폴립증**(*adenomatous polyposis*)이라 불리는 가족성 결장암의 진행에서 일어나는 유전적 변이의 일부와 세포 형태 변화를 설명한다. 이 경우, 유전되는 변이는 5번 염색체에 있는 *APC* 유전자에 일어나 있으며, 이 유전자는 본래 접촉저해 신호를 세포에 전달하여 더 이상 성장과 분열을 하지 못하게 하는 기능을 한다. 악성으로 진행하는 데는 *Ras* 유전자의 발암성 변이와 *p53*의 소실이 관여한다. 이 시나리오는 여러 가지 암 진행 경로 중 가능한 한 경로에 불과하다. 다른 종양들에서는 어떠한 변이가 어떤 순서로 일어나는가에 따라 다른 경로에 의해 진행될 수 있다.

결장의 가족성 선종성폴립증과 기타 중요한 가족성 암의 일부가 **표 13.3**에 정리되어 있다. Li-Fraumeni 증후군, 가족성 망막아종, 가족성 흑색종은 일부의 산발성 암에서 변이되어 있는 유전자와 동일한 유전자가 생식계통에서 변이되어 있다. 이들 증후군에서 변이되는 유전자들은 각각 *p53* 유전자, *RB1* 유전자, 그리고 *p16* 유전자이다. 암 소인이 있는 가족(Li-Fraumeni 증후군)의 가계도에서 *p53* 유전자의 변이가 분리되는 예를 **그림 13.19**에 나타내었다. 이 증후군은 확실히 상염색체의 우성 유전이다. 그러나 병에 걸린 사람들은 서로 다른 종양을 나타내며, 골육종, 백혈병, 유방암, 폐암, 연조직육종, 그리고 뇌종양(brain tumor)을 포함하여 하나 이상의 암을 가지기도 한다. 많은 Li-Fraumeni 가족은 *p53* 유전자 변이의 분리현상을 나타낸다. 이 가족의 경우 환자들은 이형접합자이다.

사람 Li-Fraumeni와 유사한 증상을 나타내는 쥐가, 11장에서 설명한 생식계통 형질전환법을 사용하여 *p53*을 유전자 제거돌연변이(knockout, 기능 소실)시킴으로써 만들어졌다. *p53* 유전자 제거돌연변이의 이형접합자와 동형접합자의 쥐를 야생형 쥐와 비교하였다(**그림 13.20**). 정상 쥐는 암에 걸리지 않았고 절반이 120주까지 살 수 있었으며, 5퍼센트의 쥐는 적어도 160주를 살 수 있었다. 그러나 *p53* 유전자를 제거해서 돌연변이시킨 이형접합자 쥐는 절반이 55주 내에 죽었으며, 120주를 사는 쥐는 거의 없었다. 더구나 이들 쥐의 50퍼센트는 18달 내에 종양(대부분 골육종)이 발달하였다. 동형접합자 유전자의 제거돌연변이 쥐는 증상이 훨씬 나빠, 75퍼센트는 6개월 내에 종양이 생겼고, 50퍼센트는 20주 내

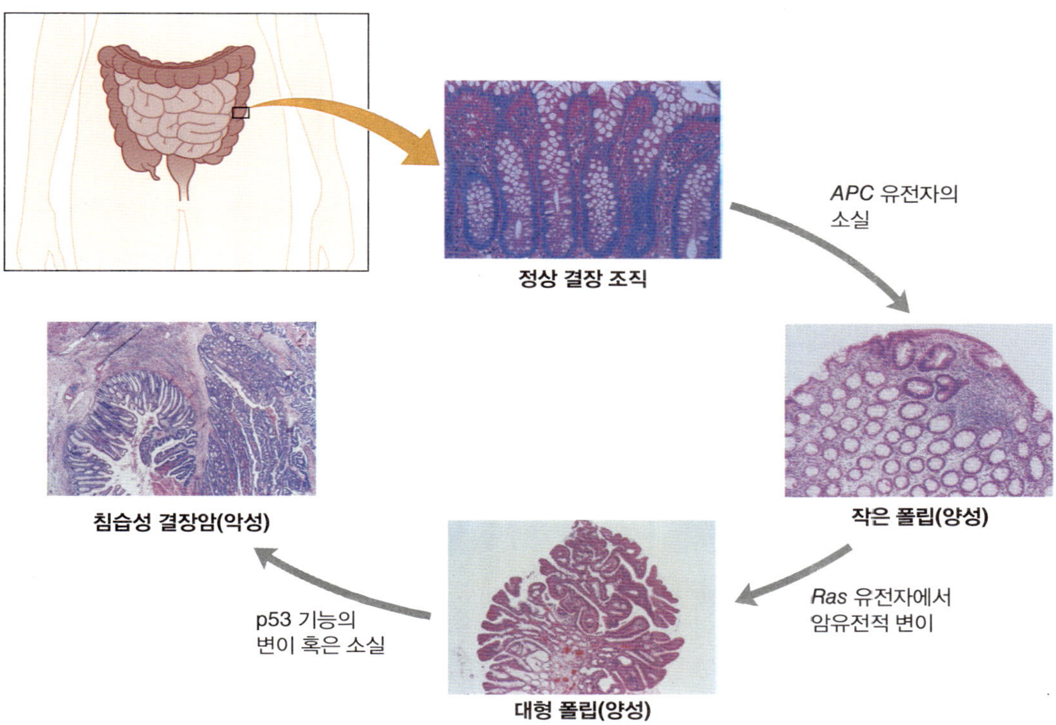

그림 13.18 공격적인 결장암의 진행에 있어서 체세포 변이와 세포 형태.

Photos courtesy of Kathleen R. Cho, University of Michigan Medical School.

표 13.3 선천성 암증후군들

증후군	1차 종양	1차 종양	염색체	유전자	예상 기능
Li-Fraumeni 증후군	육종, 유방암	뇌종양, 백혈병	*17p13*	*p53*	인자(전사인사)
가족성 망막아종	망막아종	골육종	*13q14*	*RB1*	세포주기 조절자
가족성 흑색종	흑색종	췌장암	*9p21*	*p16*	Cdk4와 Cdk6의 저해제
유전적 비폴립증 결장직장암 (HNPCC)	결장직장암	난소암, 신경교아세포종	*2p22* *3p21* *2q32* *7p22*	*MSH2* *MLH1* *PMS1* *PMS2*	DNA-잘못짝지음 수선
가족성 유방암	유방암	난소암	*17q21*	*BRCA1*	DNA 이중가닥 절단의 수선
결장의 가족성 선종성 폴립증	결장직장암	기타 위장 종양들	*5q21*	*APC*	β-catenin의 조절
색소 건피증	피부암		여러 상보성 그룹들	*XPB* *XPD* *XPA*	DNA 수선 헬리카제, 뉴클레오티드 결제수선

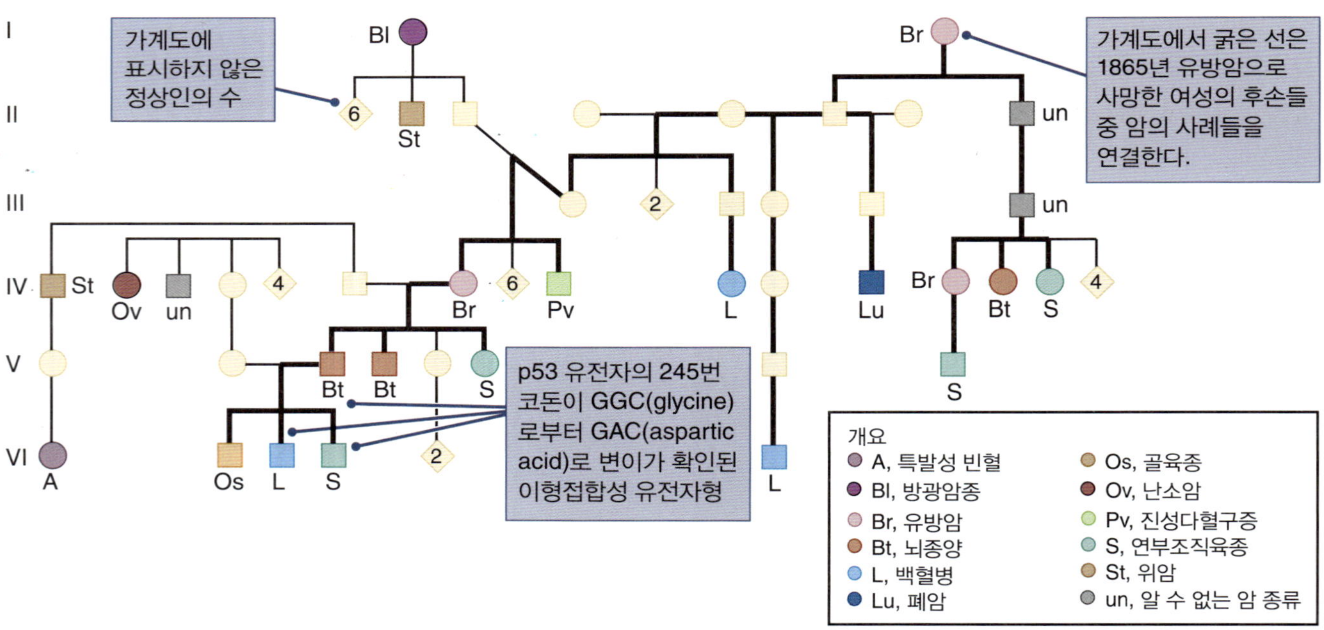

그림 13.19 *p53* 유전자의 변이와 관련된 Li-Fraumeni 증후군의 가계도. 가계 구성원들은 다양한 암을 가지는 경향이 있다.

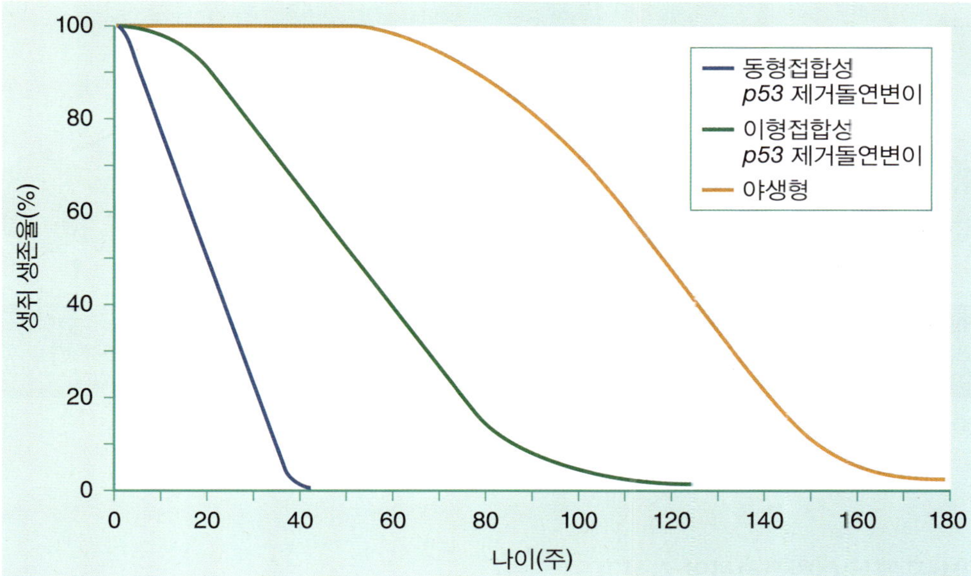

그림 13.20 *p53* 유전자에 있어서 이형접합성 혹은 동형접합성 유전자 제거(knockout) 돌연변이를 가지도록 조작된 쥐의 생존 곡선.

에 죽었고, 모든 쥐가 40주 내에 죽었다. 동형접합자에서는 골육종(osteosarcoma)보다 림프종(lymphoma)이 발생하였다. 이것은 아마도 면역계의 정상적인 발달을 위해서는 흉선 내의 많은 세포자살이 요구되는데, *p53* 유전자 제거돌연변이 동형접합자에서는 정상 쥐나 이형접합자 쥐에서처럼 Bax가 높게 발현되지 않는 이유로 인해 세포자살이 이루어지지 않기 때문일 것이다.

p53 유전자 제거돌연변이 이형접합자가 수명이나 암 발생에서 심하게 영향을 받는다는 사실은 *p53* 변이가 각 세포에서 우성으로 작용한다는 것을 반드시 의미하는 것은 아니다. 사실 p53의 경우, 변이 효과는 단지 유전자 제거돌연변이 시킨 동형접합자를 가지는 세포 및 상동염색체 내 야생형 대립유전자를 잃어버린(혹은 체세포 변이가 일어난) 세포에서만 명백하다. 이형접합자에서는 하나의 야생형 *p53* 유전자가 세포를 보호하고 있다. 그런데 한 개 남은 야생형 대립유전자가 불활성화되면 p53 단백질에 의존하는 점검점은 작동을 할 수 없게 된다. 그런 이상이 일어날 수 있는 체세포는 많기 때문에 이형접합성 개체의 어디에선가 *p53*의 불활성화나 소실이 일어날 것은 거의 확실하다.

그러나 *p53* 유전자에서 대부분의 변이는 우성억제변이(*dominant negative mutation*)이다. 그들은 아미노산 치환에 의해 p53 활성을 잃어버리는데, 이것은 개체와 세포 수준에서 모두 우성을 나타낸다. 우성을 나타내는 이유가 **그림 13.21**에 설명되어 있다. p53은 사량체로 작용한다. 우성억제변이를 나타내는 이형접합자에서 p53의 가능한 16가지 4량체 중 15가지는 적어도 하나의 변이 소단위체를 가진다. 아미노산 하나가 치환된 돌연변이 소단위체가 4량체의 활성에 "독(poison)"이 될 때, 남은 1/16의 4량체로는 정상 기능을 하기에는 부족하기 때문에 이 변이는 우성이 된다.

잠깐 생각해 봅시다 13.2

3개의 소단위체로 정상 기능을 하는 어떤 3량체 단백질이 있다. 이 소단위체를 암호화하는 유전자에 돌연변이가 일어나면 독성(poison) 소단위체가 된다. 이형접합자에서는 야생형 소단위체와 독성 소단위체가 동량으로 존재하면서 무작위적으로 서로 결합한다고 가정할 때, 기능적인 3량체가 나타날 기대 빈도는 얼마인가?

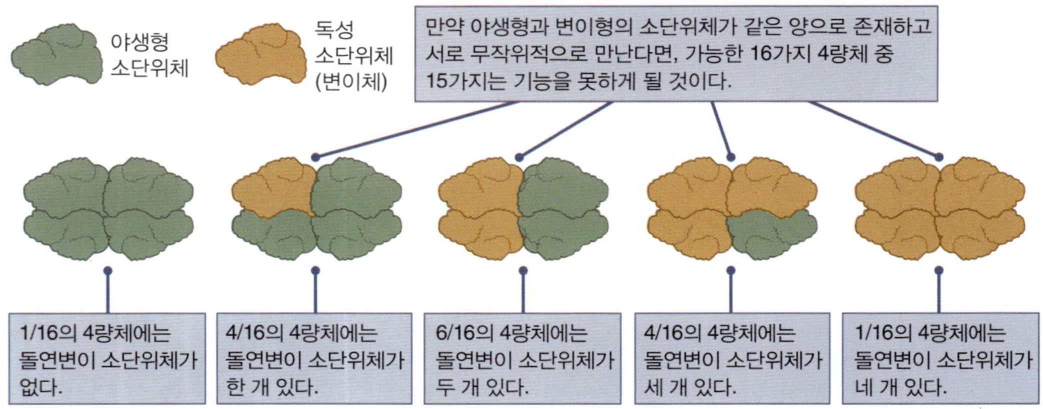

그림 13.21 *p53* 유전자의 우성-억제 돌연변이가 p53의 기능에 미치는 영향.

망막아종은 종양세포에서 이형접합성의 소실과 관련 있는 선천성 암증후군이다

세포주기에서 세포들은 그들의 내외적인 환경을 감시한다. 여러 조건이 분열을 개시하기 적당할 때까지 세포는 G_1 제한점(restriction point), 혹은 출발점(*start*)라 불리는 G_1의 한 점에 축적된다. 동물세포에서 망막아종(RB) 단백질은 세포주기 진행에 필요한 전사인자 E2F에 결합하여 격리시킴으로써 세포를 제한점에 붙잡아 둔다. 변이된 RB 단백질은 사람의 망막 내 악성종양(눈의 외과적 제거가 필요할 수 있음) 형성에 관여하기 때문에, 사람의 가계도에서 처음으로 동정되었다.

암억제유전자의 야생형 대립유전자 소실이 이형접합성 유전자형에서 종양 형성을 유발할 수 있다는 생각은 *RB* 유전자가 발견되기 오래 전인 1971년, Alfred Knudson의 망막아종 연구에서 제안되었다. Knudson은 망막아종의 산발성 환자들은 단안성 종양(single tumor)을 가지지만, 가족성 망막아종 환자는 양안성 종양(bilateral tumors)과 둘 이상의 종양을 가진다는 사실에 주목하였다. 종양 진단 시기의 통계적 분석에 기초하여, 가족성 환자의 종양 형성을 위해서는 체세포에서 "단일 안타(single hit)"가 필요하지만, 산발성 환자의 종양 형성에는 아주 드물게 일어나는 "안타 둘(two-hit)"이 필요하다고 제안하였다. "안타 둘" 모델은 산발성 환자에서 두 번째 암이 왜 잘 발생하지 않는가를 설명해 준다.

p53 결손과 마찬가지로 망막아종도 멘델 우성으로 유전한다. 그러나 Knudson의 가설은 가족성 환자에서조차 종양 발생을 개시하는 또 다른 변이가 있어야 한다는 것을 의미한다. 종양세포 내에서 *RB* 유전자 주위의 유전적 표지 분석은 일단 *RB1* 유전자가 존재하면 야생형 RB1 대립유전자의 소실이 종양을 발생시킨다는 것을 말해준다. 염색체 소실, 감수분열시 재조합, 결실, 뉴클레오티드 치환 등의 어떠한 기작도 변이 대립유전자를 표현형으로 나타나게 할 수 있다. 이것들은 종양세포에서 소실되었거나 남아 있는 유전적 표지에 근거하여 서로 분석되어질 수 있다. 여러 기작들에 대한 설명이 그림 13.22에 나타나 있다. 개체 수준에서 변이 유전자의 발현은 우성이다. 그러나 세포 수준에서 변이 유전자 발현은 열성이다. 여러 기작에 의한 열성 대립유전자의 노출을 **이형접합성의 소실(loss of heterozygosity)**이라 부른다.

표 13.3에 정리되어 있는 선청성 암증후군들은 암 억제 유전자들의 변이에 의해 생긴다. 열성으로 유전하는 색소건피증(xeroderma pigmentosum)을 제외하고, 모두 상염색체의 우성 유전을 나타낸다. 우성 유전을 나타내는 모든 암증후군들에서 이형접합성의 소실은 종양이 표현되기 위해 필요하다. 변이 대립유전자의 발현은 세포가 암화되기 쉽게 하는 것은 사실이지만, 그것만으로는 암세포 생성을 위해 충분하지 못하다. 종양의 진행은 부가적인 체세포 변이와 클론 확장이 일어날 때만 가능하다. 생식계통 변이들은 그들 스스로 암을 초래하지 않으며, 그들은 단지 암 진행이 "더 일어나기 쉽게" 만들 뿐이다.

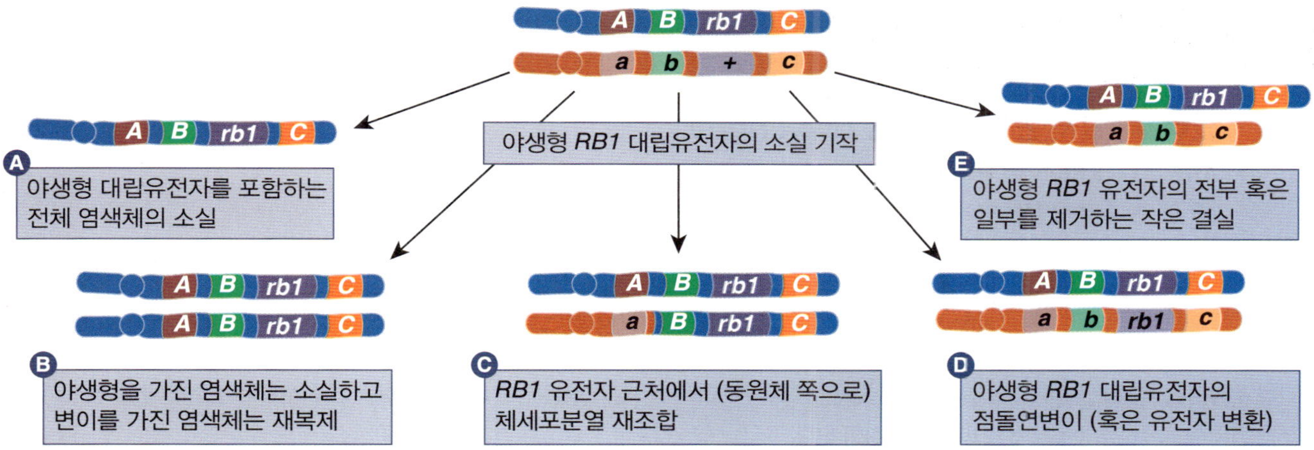

그림 13.22 가족성 망막아종을 가진 환자에 있어서 이형접합성 소실에 의해 야생형 *RB1* 대립유전자를 잃어버리는 우전적 기작.

잠깐 생각해 봅시다 13.3

DNA 전기영동은 망막아종과 기타 선천성 암증후군에서 이형접합성 소실의 원인을 규명하는 데 사용될 수 있다. 다음 겔의 그림은 야생형 $RB1^+$ 대립유전자와 변이형 $RB1^-$ 대립유전자 유래의 *Eco*RI 제한효소 단편의 관찰된 밴드의 패턴을 보여준다. 변이형 $RB1^-$ 대립유전자 유래의 *Eco*RI 단편은 내부에 10 kb 결실되어 있다. 다양한 크기의 표지 DNA의 전기이동도가 오른쪽에 나타나 있다.

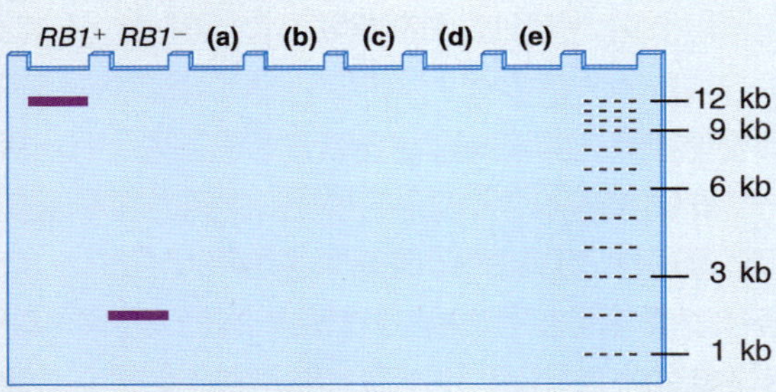

다음 경우에 예상되는 밴드의 위치를 표시하시오. (a) $RB1^+/RB1^-$ 이형접합성인 사람의 정상적인 망막세포. (b) 야생형 $RB1^+$가 존재하는 염색체를 소실하여 망막아종이 된 세포. (c) 체세포분열 재조합(mitotic recombination)에 의해 망막아종이 된 세포. (d) $RB1^+$에서 염기치환에 의해 망막아종이 된 세포. (e) *Eco*RI 단편에서 6 kb 결실에 의해 망막아종이 된 세포.

일부 선천성 암증후군은 DNA 수선 과정에서의 결함 때문에 생긴다

유전적 불안정성은 분명히 종양세포 발생에 기여한다. 효모와 세균에서 DNA 손상의 수선에 대한 기작은 잘 알려져 있다. 수선 과정에서의 결함은 변이율과 유전적 불안정성을 아주 증가시키게 된다. 그러므로 선천성 암증후군이 DNA 수선 과정에서의 유전적 결함에 의해 발생된다는 것은 놀라운 일이 아니다.

표 13.3에 정리된 여러 선천성 암증후군들은 DNA 수선의 결함 때문에 발생한다. DNA 잘못짝지음 수선에 관여하는 단백질들을 지시하는 4가지 유전자 중 어느 하나의 결함에 의해 상염색체 우성유전을 나타내는 선천성 비폴립성 결장직장암(nonpolyposis colorectal cancer)이 발생한다. 변이 세포는 더 높은 변이율을 가지게 되고, 이것은 암 상태로의 진행을 촉진하게 된다. 선천성 유방암증후군은 이중가닥 절단(double-strand break)의 수선에 관여하는 *BRCA1* 혹은 *BRCA2* 유전자의 변이와 관련되어 있다는 것이 알려졌다. 선천성 피부암증후군은 색소건피증이라 불린다. 색소건피증 세포는 뉴클레오티드 절제수선(nucleotide excision repair)이 결함되어 있다. 그들은 자외선에 의해 생긴 티민 이합체(thymine dimer)와 같은 손상을 수선할 수 없다. 따라서 이 증후군 환자들은 태양광선이나 형광등에서 나오는 자외선에 매우 민감하다.

인간 유전학 이야기

안타 둘, 실책 둘(Two Hits, Two Errors)

Alfred G. Knudson (1971)
M. D. Anderson Hospital, University of Texas, Houston, Texas

변이와 암: 망막아종의 통계적 연구

이 획기적인 논문은 유전학과 암의 관련성에 대해 생각하는 데 하나의 전환점이 되었다. 이미 가계도 연구를 통해 망막아종과 같은 어떤 암에서는 유전성이 있다는 것을 보여준 적이 있다. 그러나 혈연관계의 구성원만 병에 걸리는 가운데, "산발성"의 환자도 역시 발생하였다. 이들 둘 사이의 관계는 무엇인가? Knudson은 통계적 분석을 통하여, 산발성 환자는 연령의 함수로서 "안타 둘(two-hit)" 속도론을 나타낸다는 사실을 보여주었는데, 이것은 산발성 환자의 경우 2번의 독립적 변이들이 동일한 망막세포에 관여한다는 것을 말해준다. 반면에 가족성 환자는 "안타 하나(one-hit)" 속도론을 나타낸다. 이것에 대한 가장 간단한 해석은 산발성 환자의 경우 첫 번째 변이가 주요 유전자를 돌연변이시키고, 두 번째 변이가 그 대립유전자를 변이시킨다는 것이다. 반면, 가족성 환자의 경우 첫 번째 변이 대립유전자는 유전되기 때문에 암을 일으키기 위해서는 야생형의 대립유전자에서 하나의 변이만 일어나면 된다. 그러므로 개개의 세포로 볼 때 망막아종 유전자(*RB1*)의 변이는 열성이다. 그러나 가족 수준에서 볼 때, 이 질병은 우성으로 유전한다. 왜냐하면 변이 대립유전자를 물려받은 대부분의 사람은 적어도 하나의 망막세포에서 두 번째 변이가 일어날 것이기 때문이다.

> **"망막아종은 2개의 돌연변이에 의해 생긴다는 가설이 망막아종 환자 48명과 이미 출판된 논문에 기초하여 도출되었다. 우성으로 유전되는 암은 하나의 돌연변이가 생식세포를 통해 유전되고 두 번째 돌연변이는 체세포에서 일어난다. 비유전성 암은 두 돌연변이 모두 체세포에서 일어난다."**

> 이 가설은 망막아종이 두 번의 돌연변이에 의해 발생한다는 사실을 말한다. 우성으로 유전하는 형태에서 첫 번째 변이는 생식계통을 통해 유전하고, 두 번째 변이는 체세포에서 일어난다. 비유전성 형태의 암에서는 두 변이가 다 체세포에서 일어난다. . . . 여러 연구자들은 망막아종은 생식계통 혹은 체세포 변이에 의해 유발될 것이라고 결론지었다. . . . 모든 양안성(bilateral) 환자[25~30퍼센트]는 선천성으로 간주되어야 한다. 왜냐하면 암에 걸린 자손의 비율이 우성 유전으로 기대되는 50퍼센트에 가깝기 때문이다. . . .

이 가설에 근거하여, Knudson은 유전성 (양안성) 암이 일어나는 시기는 예측 가능할 것이라고 추론하였다—위에서 말한 체세포 돌연변이는 시간이 지남에 따라 어떤 비율로 일어날 것이고, 시간에 따른 양안성 환자의 분포는 지수함수가 되어야 한다. 즉, 암이 발달하는 총환자의 비율은 $dS/dt = -kS$이고 $ln(S) = -kt$ 관계로 표현되는 것처럼 일정해야 한다. 여기서 S는 시간 t에서 아직 암으로 진단되지 않은 생존자의 비율, dS는 간격 dt에서 이 비율의 변화이다. 그림에서 보는 바와 같이, 이것이 그 실제 경우이다. 대조적으로 단안성(unilateral) 환자에서 단위 시간당 분획의 감소는 이런 관계를 보여주지 않는다.

진단에서 연령에 따른 양안성 암 발생의 로그-선형 회귀분석했을 때 기울기는 이들 체세포 돌연변이가 일어나는 비율을 결정하는 데 사용될 수 있다.

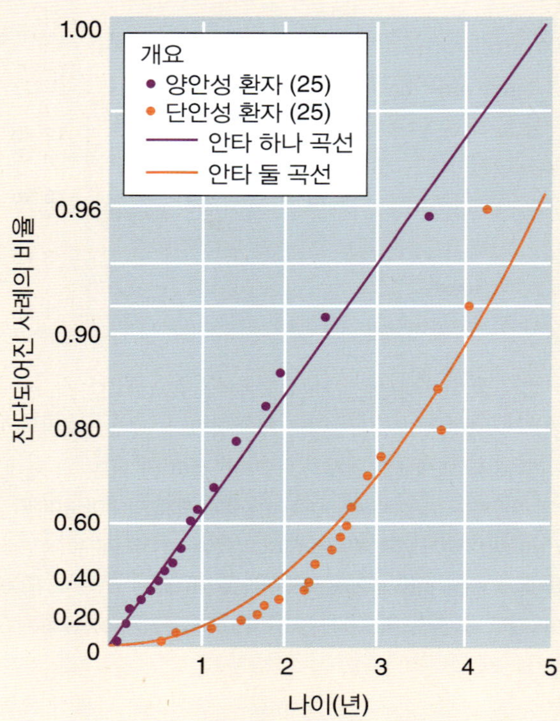

Data from Knudson, A. G. (1971). Mutation and Cancer: Statistical Study of Retinoblastoma. *Proceedings of the National Academy of Sciences of the United States of America*, 68(4), 820–823.

.... 시간에 따른 새로운 선천성 환자에서 지수적 감소는 일정한 (매년 2×10^{-7}) 비율로 두 번째 변이가 일어남을 반영한다.... 2-변이 가설(two-mutation hypothesis)은 보통 암이 약 3~7개의 변이에 의해 발생한다는 현재의 생각과 일치한다. 흥미롭게도, 가장 낮은 측정들 중의 하나는 망막아종처럼 신경으로부터 유라한 뇌종양이다.

A.G. Knudson, *Proc. Natl. Acad. Sci. USA* 68(1971): 820–823.

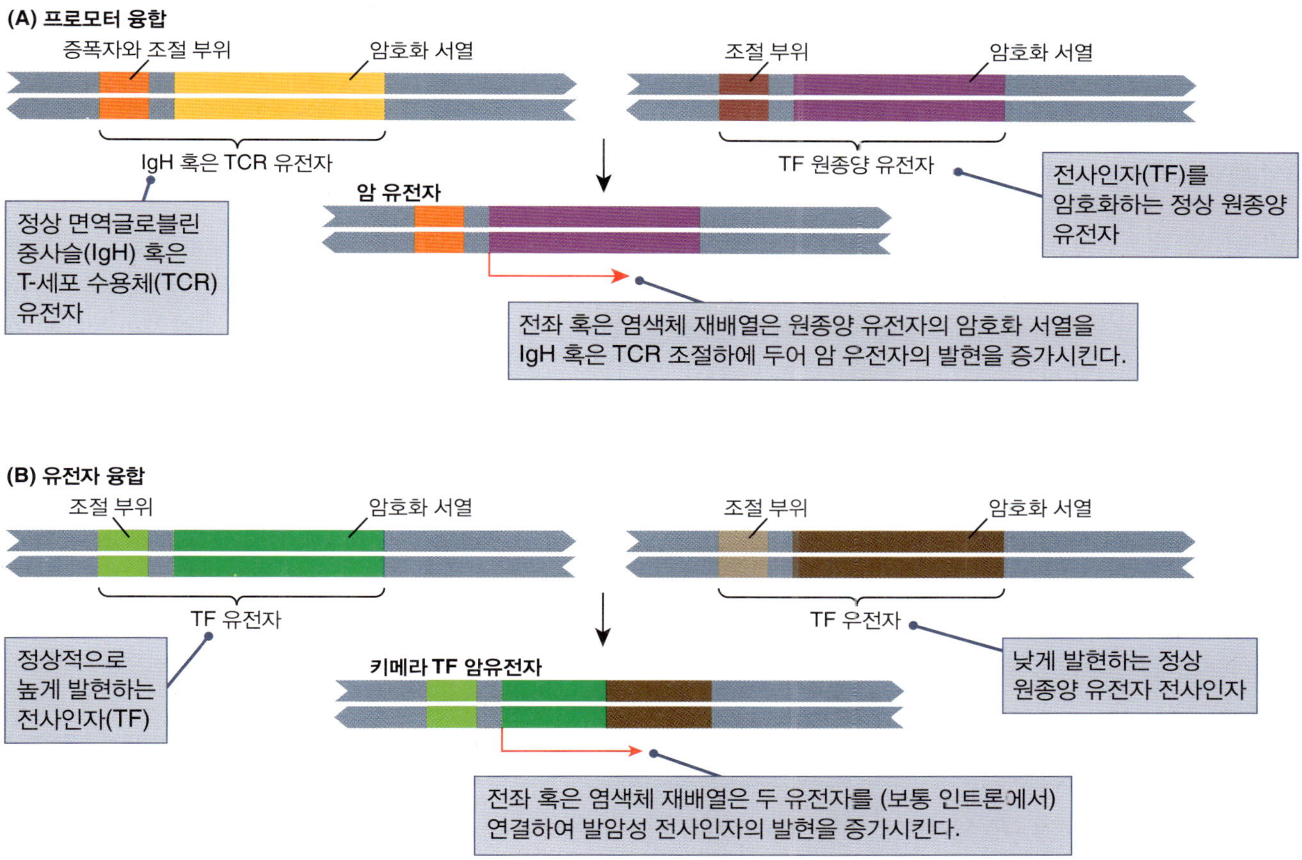

그림 13.23 급성 백혈병에서 전사인자를 비정상적으로 활성화하는 염색체 전좌. (A) 프로모터 융합. (B) 우전자 융합

13.5 급성 백혈병은 백혈구와 그 전구체가 증식하는 질병이다

급성 백혈병(*leukemia*)은 **백혈구(leukocyte)**나 그 전구체의 무한 증식과 관련되어 있는 골수, 비장, 림프절(lymph node)의 악성 질병이다. 급성 백혈병을 초래하는 초기의 유전적 변이는 이미 설명한 암의 경우와 매우 다르게 나타난다. 이들은 세포주기나 점검점의 변이 때문에 발생하는 것도 아니고, 가족성도 아니다.

일부 급성 백혈병들은 전사인자를 백혈구 조절 서열과 융합하는 염색체 전좌로부터 생긴다

급성 백혈병의 65퍼센트는 혈구 분화(혈액 생성)에 중요하게 역할하는 전사인자를 암호화하는 유전자를 포함하는 염색체 전좌로부터 발생한다. 염색체 전좌의 2가지 형태가 그림 13.23에 설명되어 있다. **프로모터 융합**(A)에서는, 전사인자를 암호화하는 유전자의 단백질 암호화 부위(coding region)가 면역글로블린 중사슬(heavy-chain)이나 T-세포 수용체 유전자의 증폭자(enhancer) 가까이에 전좌되어 있다. 그 결과 전사인자가 과발현되어 정상적인 혈액 생성 과정이 교란되고, 림프구가 과량 생산된다. 정상적인 혈액 생성 과정의 중요한 측면은 항원-수용체(antigen-receptor) 유전자를 정확하게 재배열하지 못한 전구체 세포는 세포자살을 통해 파괴된다는 사실이다. B-세포의 75퍼센트와 T-세포의 95퍼센트가 정상적인 혈구 분화 동안 죽는다. *Bcl2*(*Bcl*은 B-cell lymphoma로부터 유래)는 면역글로블린 중사슬 유전자의 증폭자 옆에 *Bcl2*가 위치해 있는 프로모터 융합으로부터 처음 발견되었다. *Bcl2*의 과발현은 Bax 동형이합체(homodimer)의 형성을 억제함으로써 세포자살을 막는다(그림 13.16). 이처럼 "부당하게 살아남은" 림프구는 증식하여 백혈구 집단을 지배하게 된다. 그러나 그들은 면역글로블린 유전자가 적절히 재배열되지 않았기 때문에 감염에 대항하여 싸우지 못한다. 골수의 거의 대부분이 암화된 백혈구 세포로 채워지면, 심각한 빈혈증과 출혈이 초래된다. 때때로 *p53* 유전자를 활성화하는 약물치료는 어린 아이의 백혈병을 치료하는 데 매우 효과적이다. 이러한 사실은 암화된 백혈구 세포가 *p53*의 야생형 대립유전자를 가지고 있다는 것을 의미한다.

다른 급성 백혈병들은 새로운 키메라 유전자가 생성되도록 두 유전자를 융합하는 염색체 전좌로부터 발생한다

급성 백혈병과 관련된 2번째 형태의 전좌는 **유전자 융합(gene fusion)**(그림 13.23B)이다. 급성 백혈병에서 이런 형태의 재배열은 프로모터 융합보다 더 자주 발견된다. 대부분 전좌의 구분점(breakpoint)은 서로 다른 2 염색체에서 전사인자를 암호화하는 유전자의 인트론에서 발견된다. 그 결과 본래 유전자의 부분으로 구성된 **키메라 유전자(chimeric gene)**라 불리는 융합 유전자가 만들어진다. 키메라 유전자는 키메라 단백질을 만든다. 급성 백혈병에서 키메라 단백질은 정상적인 혈액 생성을 방해하는 변이된 기능을 가지는 전사인자이다. 이런 키메라 단백질의 특이성과 이것이 암세포에만 있고 정상 세포에는 없다는 사실 때문에 키메라 단백질은 치료약이나 화학요법 개발을 위한 표적으로 적당하다. 만약 어떤 약제가 키메라 단백질을 발현하는 세포를 성공적으로 공격한다면, 그것은 성공적으로 암세포를 죽일 수 있을 것이다.

만성 골수성백혈병(CML)은 전체 백혈병의 15~20퍼센트를 차지한다. CML의 특징은 골수의 조혈간세포에서 9번과 22번 염색체 사이의 상호전좌에 의해 생긴 **필라델피아(*Philadelphia*) 염색체**의 존재이다. 이들 세포는 혈액과 면역계의 일부가 되는 세포의 다양한 특징적인 형태로 분화한다. *t*(*9, 22*) 전좌의 결과, Bcr-Abl 융합단백질이 만들어지면서 *c-abl*의 첫 번째 엑손이 *bcr* 유전자의 서열로 대체된다. Abl의 N-말단 부위는 정상적으로 촉매 활성 도메인의 기능을 저해하므로, 저해 도메인이 없는 융합단백질은 항상 활성형의 인산화효소가 된다.

장의 요약

- 세포주기의 한 단계에서 다음 단계로의 진행은 시클린-의존성 단백질인산화효소(CDK) 복합체라 불리는 단백질 복합체에 의해 조절된다. 이들은 시클린과 시클린-의존성 단백질인산화효소로 구성된다. 단백질 분해 역시 중요한데, 특히 세포주기의 늦은 단계에서 중요하다.
- 점검점은 DNA 손상, 세포 결함, 세포주기의 비정상, 세포 크기를 감시한다. 비정상이 검출되면 세포주기를 억류시켜 손상을 수선(혹은 세포자살)할 시간을 벌도록 하고 그래서 세포주기가 정확한 순서로 유지되도록 한다.
- 암세포는 계속해서 성장 증식하며, 접촉저해가 일어나지 않는다.
- 정상에서 암 상태로의 진행은 여러 가지 유전적 변화를 요구한다. 대부분의 암은 산발성이며, 유전되지 않는다.
- 일부의 암은 생식계통에 의해 전달되는 변이와 연관되어 있다. 이 경우 변이를 가지는 사람의 체세포는 암으로 진행되기가 더 쉽다.
- 암 진행에서 일어나는 유전적 변화는 종종 세포주기나 점검점을 조절하는 기능을 가진 유전자의 결함이나 과발현을 포함한다.

쟁점과 착상: 알고 넘어 갑시다

- 중심립(어떤 생물체에서는 중심체)은 세포 분열에서 어떤 역할을 하는가?
- 핵 내에서 일어나는 어떤 분자적 과정이 S기를 규정짓는가?
- 효모에서 *cdc* 변이주의 표현형은 무엇인가? 온도감수성 *cdc* 변이주를 제한온도에서 배양하였을 때, 왜 세포주기의 특정 단계에서 정지하게 되는가?
- 세포주기 점검점이란 무엇인가? 이 장에서 강조되는 3가지 점검점은 무엇이며, 각각은 무엇을 검사하는가?
- 세포자살이란 무엇이며, 이것은 다세포 생물체의 유전체의 완전성을 보존하는 데 어떤 역할을 하는가?
- DNA 수선에 관여하는 유전자의 변이는 종종 암 발생 위험성의 증가와 연관되어 있다. 이러한 관찰은 암 발생에 있어서의 자연발생 돌연변이(spontaneous mutation)의 역할에 대해 어떤 의미를 부여하는가?
- 다음 두 문장 "암은 유전적 질병이다"와 "암은 산발성(비유전적)이다"가 어떻게 양립될 수 있는가?
- 원종양유전자와 암억제유전자를 구별하고, 각각의 예를 하나씩 드시오. 기능 소실 변이에 의해 암이 발생하는 것은 무엇이며, 기능 획득 변이에 의해 암이 발생하는 것은 무엇인가?
- "이형접합성의 소실"이란 무엇이며, 이 현상은 일부 암의 진행과 어떻게 연관되는가?

문제 풀고 한 걸음씩 앞으로

문제 1 다음 원인에 의한 유전체의 변화를 막기 위해 세포주기의 3가지 점검점들 중 어느 것이 주요하게 작용할지 적으시오.

(a) X 선이나 다른 형태의 이온화 방사선의 효과

(b) 배수성(polyploidy)의 원인으로서 자가 재복제

(c) 다염색체성(polysomy)의 원인이 되는 비분리현상

풀이. (a) X 선이나 다른 형태의 이온화 방사선은 DNA에 단일가닥과 이중가닥 절단을 만든다. 그래서 이들 요인으로 인한 변이를 막는 데 DNA 손상 점검점이 주로 작용한다. (b) 세포가 방추체를 적절히 형성하지 못하여 염색체 분리 없이 염색체를 복제할 때 자가-재복제가 일어난다. 이 경우 중심체 복제점검점이 주요하게 작용한다. (c) 배수성과는 달리 다염색체성은 후기에서 염색체 전체 세트보다는 단일 염색체의 잘못에 의해 발생한다. 그러므로 방추체 점검점이 비분리현상에 대하여 주요하게 방어한다.

문제 2 암유전자와 암억제유전자를 구별하시오. 암유전자는 암 기능 획득 변이와 관련되는 반면에 암억제유전자는 왜 암 기능 소실 변이와 관련되는가?

풀이. 암유전자는 세포 증식을 촉진하거나 세포자살을 저해하는 단백질을 암호화하는 정상적인 원종양유전자의 변이 형태이다. 암억제유전자의 산물은 세포 증식을 저해하거나 세포자살 경로를 활성화한다. 암유전자는 그들의 발현이 촉진되면 무한정 세포 분열이 가능하도록 하거나 세포자살 경로를 막으므로 기능 획득 변이이다. 암억제유전자 변이는 기능적인 산물이 없을 때 세포 분열을 저해하지 못하거나 세포자살 경로를 활성화하지 못하므로, 암과 관련하여 기능 소실 변이이다.

문제 3 다음 가계도는 망막아종을 가지는 개인들을 나타내고, 겔의 그림은 망막아종과 연관된 *RB1* 대립유전자의 제한효소 단편을 보여준다. 3가지 크기의 제한효소 단편(a, b, c)이 관찰되었다. 세대 I과 II에서 개인들은 변이 *RB1* 대립유전자를 가지는 경우 암에 걸릴 만큼 나이가 충분히 많고, 세대 III의 개인들은 발병하기에는 아직 어리다. 세대 III에서 암에 걸릴 위험성이 있는 사람과 암에 걸릴 위험성이 없는 사람을 적으시오.

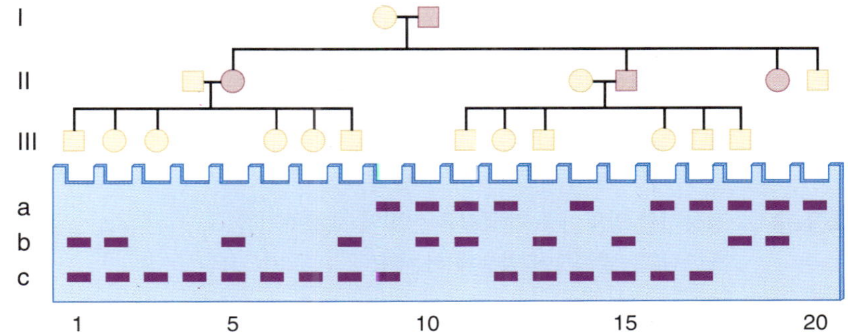

풀이. 먼저 어떤 제한효소 단편이 변이 *RB1* 대립유전자와 관련있는지 조사하기 위하여 가계도와 겔의 패턴을 비교한다. I 세대에서 아버지(개인 10)가 발병되었으므로, 변이 대립유전자는 a 혹은 b 밴드와 관련이 있을 것이다. II 세대에 감염된 모든 사람은 b 밴드를 가지므로 b 밴드는 변이 *RB1* 대립유전자를 틀림없이 나타낸다. 그러므로 III 세대에서 b 밴드를 가지는 사람은 발암의 위험이 있고, 그렇지 않은 사람은 위험이 없다고 할 수 있다. 발암 위험성이 높은 사람은 1, 2, 8, 11, 13, 18; 그렇지 않은 사람은 3, 6, 7, 12, 16, 17이다.

실전에 필요한 개념: 끝까지 풀어 봅시다

13.1 *KRAS* 유전자의 변이가 직장결장암에서 종종 발견된다. 이들 변이는 주로 코돈 12 혹은 61에서 미센스돌연변이이다. *APC* 유전자의 변이도 결장직장암과 연관되어 있다. 그러나 이 경우는 넌센스와 틀이동 돌연변이가 주로 일어나고 변이 자리도 암호화 영역 전체에 퍼져 있다. 이러한 사실로부터 아래의 질문에 답하시오.

(a) *KRAS*는 암유전자인가, 암억제유전자인가?

(b) *APC*는 암유전자인가, 암억제유전자인가?

13.2 만약 암이 "유전적 질환"이라면, 대부분의 암이 산발성(즉, 비가족성)이라는 사실은 어떻게 설명될 수 있는가?

13.3 DNA의 이중가닥 절단을 수선하는 데 필요한 유전자가 온도감수성 변이된 사람의 배양세포가 있다. 이 세포가 제한온도에서 방사선에 노출되면 세포주기의 어느 단계에서 멈추겠는가?

13.4 *Ras*가 원종양유전자인 세포내 신호전달에서 Ras–GTP의 역할은 무엇인가?

13.5 Bax는 세포자살을 촉진하는 단백질이지만, 건강한 세포에서는 Bax와 이질이량체를 형성하는 Bcl2에 의해 불활성화되어 있다. 암세포에서는 *Bax* 유전자에서 변이가 발견된다.

(a) *Bax*는 암유전자인가, 암억제유전자인가?

(b) 암세포 내의 이 유전자에는 어떤 형태의 변이가 일어나겠는가?

(c) 이 변이는 열성인가 우성인가?

13.6 p53 단백질은 모든 암의 반 이상에서 결함을 가지고 있다. 이렇게 되는 이유는 무엇인가?

13.7 망막아종 유전자인 *RB1*에서의 변이가 "개체 수준에서 볼 때는 우성이지만, 세포 수준에서는 열성"이라는 것은 무슨 의미인가?

13.8 체세포분열 동안 상동염색체 사이의 재조합이 *p53* 변이의 이형접합성 소실을 어떻게 초래할 수 있는지 그림으로 표시하시오. 이 과정에서 다른 유전자들도 이형접합성이 소실될 수 있는가?

13.9 정상적인 망막아종 단백질은 어떻게 세포주기를 G_1 제한점("출발점")에 멈추게 하는가?

13.10 어떤 종류의 세포주기 점검점이 이 장에서 설명되었는가? 어떤 사건이 세포 분열주기를 멈추도록 각 점검점을 활성화시키는가?

13.11 많은 형태의 암세포는 G_1/S 점검점에서 결함을 가지고 있다. 이들은 염색체 수나 구조에 이상을 가지는 경향이 있다. 이 경우 염색체 이상들이 왜 나타나게 되나?

13.12 망막아종 환자의 세포로부터 추출한 DNA가 *RB1* 유전자의 특정 제한단편을 탐침으로 하는 서던 블롯을 통해서 분석되었다. 비종양세포와 각 눈의 종양세포 결과가 그림에 나타나 있다.

(a) 어느 밴드가 변이 대립유전자와 관련 있으며, 어느 밴드가 정상 대립유전자와 관련 있는가?

(b) 왼쪽 눈과 오른쪽 눈의 종양으로부터의 밴드가 서로 어떻게 다를 수 있는가?

(c) 오른쪽 눈의 종양세포는 비종양세포와 구별할 수 없는 밴드를 가짐에도 불구하고 어떻게 "이형접합성의 소실"을 가질 수 있나?

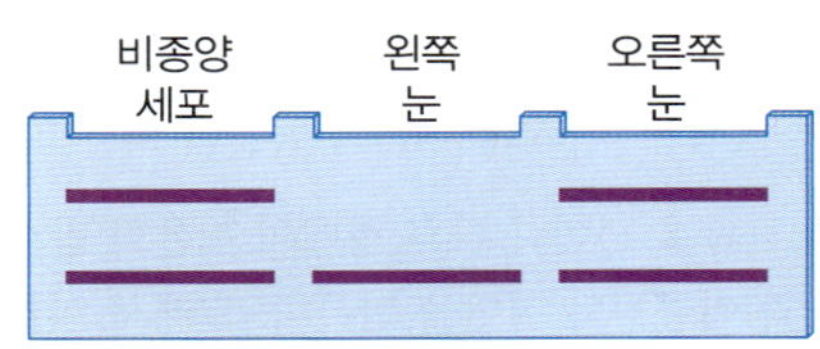

13.13 어떤 여성에서 유방 뢴트겐 조사에 의해 조직의 혹덩어리를 발견하였다. 세포학적 분석에 의해 이들 세포가 매우 다양한 염색체 수와 많은 염색체 재배열을 가지고 있음을 알았다. 이 발견은 혹 덩어리가 악성인지 그렇지 않은지에 대해 무엇을 제안하는가?

13.14 가족성 망막아종에서 변이의 이형접합성 보인자당 평균 3개의 망막종양들이 있다. 각 눈당 2×10^6개의 망막세포가 존재하고, 각 종양은 독립적인 이형접합성의 소실 결과라고 가정했을 때, 각 세포당 이형접합성이 소실되는 비율은 얼마인가? 이것은 "변이율"과 동일하게 간주되어야 하나? 그 이유는?

13.15 췌장암의 선천성 암증후군에는 이형접합성의 소실로 인해 평균 2개의 독립적인 암이 있으며, 8×10^6 세포가 이 형태의 암을 발생할 위험이 있다. 이 가족성 암의 침투율은 얼마인가?

13.16 양안성 망막아종을 가진 환자에서 각 눈의 종양에 일어난 이형접합성의 소실 기작이 같을 것인가, 아니면 다를 수 있는가?

13.17 다음 겔의 그림은 Li–Fraumeni 증후군의 가족에서 *p53* 유전자 부근 3개의 연관된 RFLP를 위한 서던 블롯의 결과들을 보여준다. 어머니와 아들은 환자이고, 아버지는 정상이다. AL과 AS 밴드들은 (대립유전자 *AL*과 *AS*를 가지는) 하나의 RFLP 결과이고, BL과 BS 밴드는 (대립유전자 *BL*과 *BS*를 가지는) 다른 하나의 RFLP 결과이다. $p53^+$와 $p53^-$ 밴드는 *p53*의 RFLP 결과이다. 야생형 $p53^+$ 대립유전자는 $p53^+$ 밴드를, 1-kb가 삽입된 변이 *p53*은 $p53^-$ 밴드를 형성한다. (3 RFLP를 위해 각각의 제한효소 단편을 탐침으로 사용했기 때문에 같은 브롯에서 3 밴드가 모두 보일 수 있다.) 염색체 상의 이들 유전자의 순서는 **동원체**–*A*–*p53*–*B*–**말단소체**이다. 부모의 것으로부터 판단할 때, 아들에 있어서 어느 RFLP 대립유전자들이 $p53^+$와 연관되어 있는가? 만약 아들의 종양세포로부터 DNA가 이들 RFLP를 위해 분석된다면, 다음 각 세포로부터 기대되는 밴드의 패턴은 어떠한가?

(a) $p53^+$가 위치하는 염색체를 잃어버리고, $p53^-$가 위치하는 염색체를 복제한 세포

(b) **동원체**와 *A* 사이에서 체세포분열 재조합이 일어난 세포

(c) *A*와 *p53* 사이에서 체세포분열 재조합이 일어난 세포

(d) $p53^+$ 대립유전자에서 새로운 정지 돌연변이(nonsense mutation)가 일어난 세포

(e) $p53^+$가 $p53^-$로 유전자 변환(gene conversion)이 일어난 세포

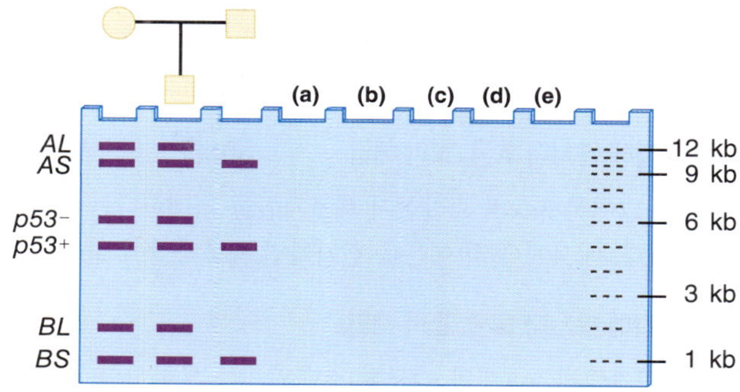

13.18 *RAS* 유전자의 온도감수성 변이를 가지는 출아 효모가 있다.

(a) GDP를 GTP로 교환하지 못하는 Ras 변이를 가진 세포는 제한온도에서 분열 가능한가?

(b) 이 변이는 우성인가, 열성인가?

(c) 36°C에서 Ras의 GTPase 활성을 불활성화시키는 변이를 가진 세포는 제한온도에서 분열 가능한가?

(d) 이 변이는 우성인가, 열성인가?

13.19 사람 파필로마 바이러스(HPV)는 자궁암의 90% 이상에서 발견된다. HPV는 종양 생성에 관여하는 E6과 E7 단백질을 암호화한다. E7은 RB를 불활성화시키고, E6는 p53에 결합하여 분해가 되게 한다. 이 활성들이 암을 발생하는 데 어떻게 기여하는지 설명하시오.

13.20 다음 가계도는 선종성 폴립증에 감염된 사람들을 포함하며, 겔의 그림은 *APC* 대립유전자들의 제한효소 단편을 보여준다. *APC*의 변이 형태는 암과 관련이 있다. 4개의 제한효소단편(a~d)이 관찰되었다. I 세대와 II 세대는 변이 *APC*를 가지고 있는 경우 암이 발생하기에 충분한 연령이지만, III 세대는 암이 발생하기에 아직 어리다. III 세대에서 암 발생 위험이 있는 사람과 그렇지 않은 사람을 구별하시오(변이 대립유전자와 정상 대립유전자는 같은 크기의 제한효소 단편을 만들 수도 있다).

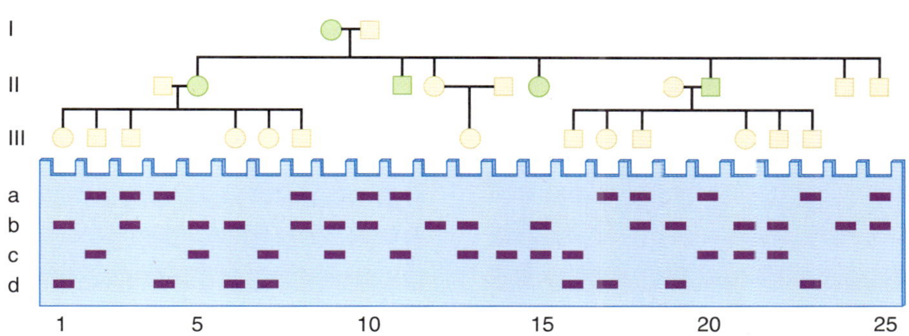

잠깐 생각해 봅시다: 해답

잠깐 생각해 봅시다 13.1의 해답

그림 13.12에서 *Bax*의 과발현이 세포자살을 초래한다는 사실을 알 수 있다. 배지에 구리 이온을 첨가하면 세포자살이 일어난다.

잠깐 생각해 봅시다 13.2의 해답

기능적인 3량체는 3개의 야생형 소단위체를 포함한다. 따라서 기대빈도는 $1/2 \times 1/2 \times 1/2 = 1/8$이다.

잠깐 생각해 봅시다 13.3의 해답

각 경우에 예상되는 밴드의 패턴을 도출하기 위해서는, 먼저 이형접합성이 소실된 세포에 존재하는 *RB1* 대립유전자에 관해서 각 사건의 결과를 생각하라. (a) 정상 이형접합성 세포는 2 DNA 단편을 모두 가질 것이다. (b) 야생형 염색체의 소실은 $RB1^+$ 대립유전자를 없어지게 한다. (c) 체세포분열 재조합은 암세포에서 $RB1^-$ 대립유전자를 동형접합성으로 만든다. (d) $RB1^+$ 대립유전자에서 과오 돌연변이(missense mutation)는 *Eco*RI 단편의 크기를 변화시키지 않는다(아주 극단적으로 *Eco*RI 인식 부위에서의 변이는 제외). (e) 12 kb 대신에 6 kb의 새로운 *Eco*RI 단편이 나타날 것이다. 그러므로 예상되는 겔의 패턴은 그림과 같다.

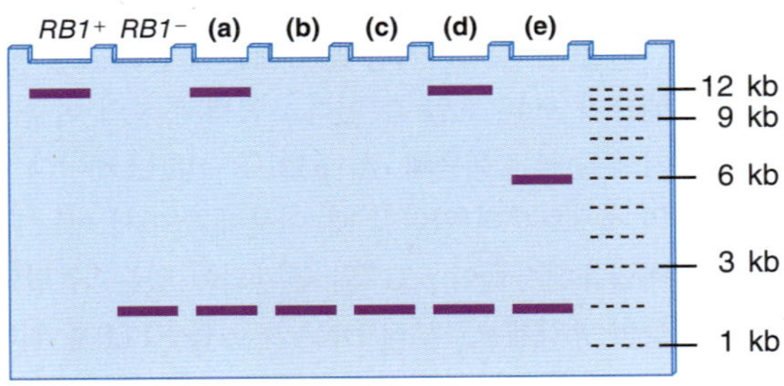

CHAPTER 14

집단유전학은 전체 생물집단에 유전학의 원리를 적용하는 것이다.

집단유전학과 분자 진화

학습 목표

- 유전자 계통수와 종 계통수를 구별하고, 그것이 왜 다른지 이유를 명시할 수 있다.
- 한 유전체 내에서 어떤 특정 뉴클레오티드 부위가 다른 뉴클레오티드들 보다 더 급속한 진화적 변화를 겪을 수 있는 이유를 설명할 수 있다.
- 어떤 단일유전자의 2개 대립형질에 대한 유전자형 빈도에 있어서 대립유전자의 빈도를 계산하고, 어떤 특정 대립유전자 빈도에서 무작위 교배가 일어났을 경우 예상되는 유전자형 빈도를 추정할 수 있다.
- 동계교배가 희귀 열성 대립형질에 미치는 중요한 영향에 대하여 설명할 수 있다.
- "돌연변이-선택 균형"을 일상용어로 번역할 수 있다.
- "기회적 유전적 부동"(소위 "임의적 번식 실패")을 정의하고, 그것이 대립유전자 빈도에 미치는 영향이 집단 내의 번식 개체 수에 따라 달라지는 이유를 설명할 수 있다.
- 현대 인류가 가지고 있는 모든 미토콘드리아 DNA 서열은 약 200,000년 전의 단일 공통조상으로부터 물려받았다는 증거에 대해 설명할 수 있다.

분자유전학은 생물학자들이 생물의 자연집단 내부와 집단들 사이의 유전적 차이를 연구하는 방법에 있어서 중요한 변화를 가져왔다. 전통적으로 개체들 간의 유전적 차이를 연구하기 위해서는 교배 통제와 자손에 대한 분석이 필요하다. 이러한 조건 때문에 종간의 유전적 차이에 대한 연구가 불가능하게 되었다. 왜냐하면 유연관계가 가장 밀접한 종을 제외하고는 교배가 전혀 되지 않든지 혹은 그들이 생존 불가능이거나 불임인 자손을 생산하기 때문이다. 그러나 DNA가 유전물질이라는 것이 밝혀짐으로써 유연관계가 먼 종간의 유전자를 비교할 수 있게 되었다. 이 장에서는 다른 종간의 DNA 서열을 연구함으로써 유전자가 어떻게 진화하는지 뿐만 아니라 종간의 진화적 유연관계에 대한 정보도 얻을 수 있다는 것을 알게 될 것이다. 종 내부와 종 사이의 고분자에 대한 비교연구는 **분자진화학**(*molecular evolution*) 분야의 연구에 유용하다.

분자학적 연구방법의 발달로 인하여 종 내부의 유전적 변이에 대한 연구 방법도 달라졌다. 이전에는 표현형에 차이가 나타나지 않으면 동일종 개체들 사이의 유전적 차이는 검출할 수 없었다. 한 개체군 내의 개체들 사이에서는 어떤 표현형이든지 뚜렷한 유전적 차이가 거의 나타나지 않기 때문에, 표현형 차이에 대한 연구만으로 수행될 수 있는 개체군에 대한 연구의 종류는 극히 제한적이다. 그러나 분자 마커를 이용함으로써 자연 개체군 내의 유전적 변이를 분자수준에서 밝힐 수 있다. 이러한 유형의 유전적 변이는 유전병을 일으키는 위험 유전인자의 염색체 상의 위치는 물론, 개체군의 역사, 분화, 개체들 사이의 혈통관계 연구 등에 이용될 수 있다. 전체 생물집단에 유전학적 원리를 적용하는 것이 **집단유전학**(*population genetics*)이다.

14.1 DNA와 단백질 서열에는 종들 사이의 진화적 유연관계에 대한 정보가 들어있다

DNA, RNA 그리고 단백질과 같은 고분자 물질은 단위체가 선상으로 결합된 중합체이다. 각 분자를 이루는 단위체의 특이 서열이 각 분자의 특성이나 기능을 결정한다. 대규모의 유전 서열에 대한 자료가 대량으로 검출되면서 종간 관련 분자들의 서열 비교에 대한 관심이 증대되었고, 특히 단백질 서열의 차이와 기능 사이의 상관관계에 대한 연구가 진행되었다.

고분자의 서열에는 기능에 대한 정보도 들어있지만 진화적 역사에 관한 정보도 포함되어 있다. 시간이 경과하게 되면 고분자의 기능은 동일하게 유지되더라도 서열에 변화가 일어난다. 실제로 종 사이에 나타나는 서열상의 차이가 분자의 기능에 있어서 어떤 중요한 역할을 하는지, 그리고 어떤 차이로 인해 진화적 시간 동안에 우연히 변화가 일어나고, 그러한 작은 효과가 나타나는지를 밝히는 것은 아주 어렵다.

시간의 흐름에 따라 고분자의 서열이 어떻게 변화하는가를 연구하는 것이 **분자진화학(molecular evolution)**이다. 이 장에서는 분자 진화의 다양한 측면에 대하여 자세히 살펴볼 것이다. 종들의 진화 관계를 추정하기 위해서 분석한 유전체 서열이 정리된 **분자계통학(molecular phylogenetics)**으로부터 시작하여, 새로운 유전자의 기원에 대한 내용으로 끝을 맺을 것이다.

종의 조상에 대한 역사는 그들의 유전체 서열에 기록되어 있다

찰스 다윈은 생물들의 진화가 나무와 같은 구조로 일어난다는 것을 최초로 밝혔다. 진화 계보에서 나뭇가지의 끝부분은 현생 종을 나타내고, 내부의 마디는 멸종된 공통조상을 나타낸다(**그림 14.1**). 유성생식을 하는 진핵생물에 있어서, 생물을 같은 **종(species)**으로 분류하는 기준은 그들이 짝짓기를 할 수 있고, 독자적으로 생존 가능하며 생식 능력이 있는 잡종의 자손을 생산할 수 있어야 한다는 것이다. 무성생식을 하는 진핵생물과 원핵생물에서는 이 문제가 그렇게 간단하지 않다; 그렇지만, 우리의 목적에 부합하는 종의 정의는 다른 집단 구성원들과의 관계보다 서로 더 밀접한 관련성을 가지고 있는 생물들의 집단이다. 실제로 유성생식을 하는 진핵생물에서 생식 적합성에 따라 분류된 생물집단은 다른 집단 생물과의 관계보다 더 밀접한 관련성이 있다.

생물들 사이의 관련성은 그들의 유전체 서열의 유사성에서 가장 직접적으로 드러난다. 그 이유는 시간이 흐름에 따라 유전체 서열이 변하게 되고, 이에 따라 세월이 흐를수록 그 서열의 변이가 축적되기 때문이다. 변이의 축적은 유

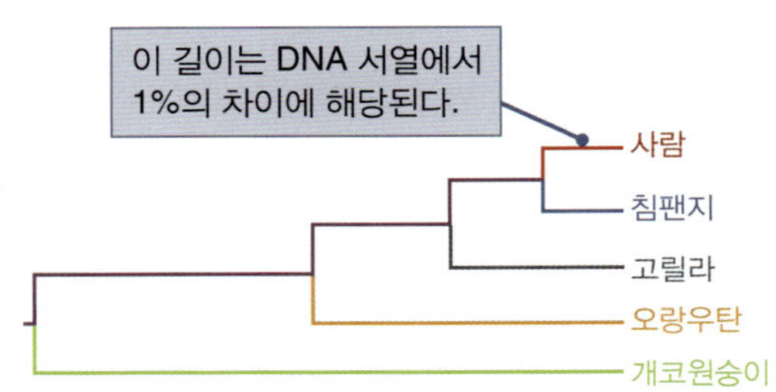

그림 14.1 DNA 서열의 유사성을 바탕으로 나타낸 고등영장류의 진화적 관계. 1%의 다양성이라는 것은 게놈 DNA 서열 간에 1%의 뉴클레오티드가 다르다는 의미이다.

전체 사이의 서열 다양성의 근거가 되며, 서열 다양성의 다른 면은 서열의 유사성이다.

무작위로 선택된 두 사람의 유전체는 뉴클레오티드의 약 99.9%가 동일하다. 사람의 유전체와 침팬지의 유전체는 뉴클레오티드의 약 98%가 일치한다(그림 14.1). 관련성이 멀어지면 멀어질수록 서열의 다양성은 더욱 증가한다.

유전체 전체의 서열을 분석할 때에는 3가지의 잠재적인 문제를 고려해야 한다. 첫 번째 문제는 서열의 변이는 돌연변이가 일어나서 집단 내에 고정되어 있는 가능성에 따라 달라지는 기회의 문제라는 것이다. (만약 그 집단에서 어떤 돌연변이 대립형질이 나머지 모든 대립형질을 대체하였다면 그 돌연변이 대립형질을 **고정**되었다고 한다.) 왜냐하면, 새로운 돌연변이는 무작위로 일어나기 때문에 같은 시간 간격 만큼 떨어져 있는 두 분자는 우연한 기회에 의해 변이가 더 많이 일어나거나 적게 일어날 수 있다. 실제로, 이러한 문제는 그들 사이의 기대 변이 수가 무작위 변이와 같은 크기인 아주 밀접한 관련성이 있는 서열을 피함으로써 최소화시킬 수 있다.

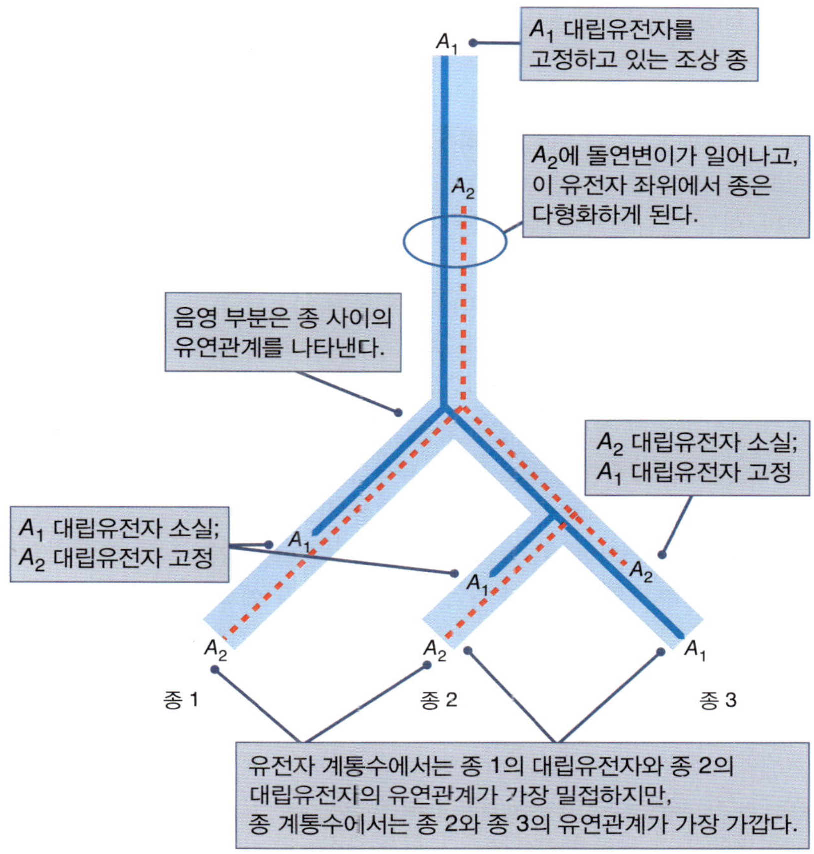

그림 14.2 서로 다른 계통 내에 존재하는 다형성 대립유전자들 때문에 유전자 계통수는 종 계통수와 일치하지 않을 수 있다.

두 번째 문제는 어떤 돌연변이는 생물의 생존 능력과 생식력을 증가시킬 수도 있으며, 이러한 돌연변이가 집단 내에 고정될 기회는 훨씬 더 많다는 것이다. 이 문제는 유리한 돌연변이를 포함하고 있을 가능성이 적은 단백질이나 DNA, RNA 영역을 연구함으로써 감소시킬 수 있지만, 그러한 집단이 존재하는 장소를 알기 어렵다.

세 번째로, 유전자의 수가 너무 적은 집단에서 재구성된 조상의 역사에 대한 문제는 다음 절의 주제로 다룰 것이다.

유전자 계통수는 어떤 집단의 조상에 대한 유전자 서열의 진화 역사를 추정하여 도식화한 것이다

분자 진화학의 목표는 서로 다른 종이 가지고 있는 동일한 유전자 서열들에 대한 진화적 연관성을 측정하는 것으로서, 이것은 하나의 유전자를 대상으로 하기 때문에 **유전자 계통수(gene tree)**라고 한다. 유전자가 어떤 종의 유전체 내에 있기 때문에 다른 종으로부터 얻은 유전자들의 진화적 유연관계가 종 사이의 유연관계(**종 계통수**, **species tree**)와 반드시 일치해야 한다는 가정을 할 수도 있다. 그러나 이것은 사실이 아니다. 유전자 계통수와 종 계통수가 반드시 일치하지는 않는다.

유전자 계통수가 종 계통수와 다를 수 있다는 예는 그림 14.2에 나타나 있다. 조상 개체군에는 원래 A_1 대립유전자(상단)가, 이후 A_2로 돌연변이가 일어나서 개체군에 다형화가 나타나게 된다. 다형현상은 종 1이 분리되는 순간과 종 2와 종 3이 분리되는 순간에도 지속된다. 결론적으로 하나의 대립유전자가 소실되면(다른 더립유전자는 고정), 이 보기에서는 종 1과 2는 대립유전자 A_2로 고정되게 하는 반면에, 종 3은 A_1으로 고정되게 된다. 유전자 계통수에서는 종 1과 종 2의 대립유전자의 유연관계가 가장 밀접한 것으로 분류되지만, 종 계통수에서는 종 2와 종 3의 유연관계가 가장 가깝다는 것을 나타낸다.

이러한 현상은 재조합으로 인하여 더욱 복잡하게 나타난다. 유전자들이 재조합될 수 있는 기회가 있다는 것은 각 유전자들이 서로 다른 진화 역사를 가질 수 있다는 것을 의미한다. 왜냐하면, 한 유전자 내에서 재조합이 일어나기 때문에 같은 유전자 내에서도 부위마다 진화 역사가 달라질 수 있다. 이것이 Y 염색체에서 재조합이 일어나지 않는 부위나 미토콘드리아 DNA가 인간의 최근 역사를 추적하는 데 유용하게 쓰이는 이유 중의 하나이다. 한편, 이러한 연구를 통하여 Y 염색체 계통수나 미토콘드리아 DNA 계통수를 만들 수 있고, 핵 유전자들에 대한 계통수들과 반드시 일치하지는 않으며, 어떤 핵 유전자의 계통수는 다른 핵 유전자 계통수와 다를 수 있다는 것을 알아야 한다.

또 한편으로는, 다형현상이 비교적 짧게 지속된 유전자나 아주 오래 유지된 종에 대한 유전자 계통수와 종 계통수는 서로 일치하는 경우가 많다. 유전자 계통수와 종 계통수 사이의 불일치 현상은 다형현상이 장기간 지속된 유전자나 유연관계가 밀접한 종들에서 주로 나타나는 문제이다. 아주 오랜 기간 동안 일어난 다형현상에 대한 것으로는, 새로운 종의 형성에 필요한 시간보다 더 오랫동안 다형화가 지속되었고 다형화가 많이 일어난 면역계의 유전자들을 예로 들 수 있다. 이 경우, 그림 14.2에 있는 대립유전자의 분리 과정에서 유전자 계통수와 종 계통수 사이의 불일치가 일어날 수 있다. 다형화 기간이 길지 않은 분류군으로는 인간, 침팬지, 고릴라의 분지 순서를 예로 들 수 있다. 그 종들은 비교적 아주 최근에 진화한 종이므로, 어떤 유전자들은 어느 한 분지 순서를 따르고, 다른 유전자들은 또 다른 분지 순서를 구성하는 형태로 나누어진다. (자료가 축적되어 가면서 대부분의 유전자 계통수는 고릴라가 맨 처음 분리되는 순서를 따르는 것으로 나타났다.) 예를 들면, 사람의 유전체에서는 유전자의 약 3분의 2정도가 침팬지와 아주 밀접한 관련성이 있고, 고릴라와는 약 3분의 1정도의 유전자가 아주 가까운 유연관계에 있다. 한때 이러한 차이로 인해 심각한 혼란과 논쟁이 야기되었다; 그러나 완전한 유전체의 서열이 분석됨으로써 공통조상으로부터 제일 먼저 분지된 것은 고릴라 계열이라는 것이 밝혀졌다.

진화의 속도는 단백질의 종류에 따라 다르다

어떤 분자 서열의 진화 속도는 전체 부위 중에서 정해진 시간 간격 동안 변화가 일어나는 부분의 비율을 가리킨다. 예를 들면, 사람과 생쥐의 베타 글로빈 분자의 서열 진화 속도는 10억 년마다 아미노산 부위당 1.23아미노산, 또는 연간 하나의 아미노산당 1.23×10^{-9}개의 아미노산이 대치된다.

단백질은 종류에 따라 (때로는 단백질의 일부가 다르면) 진화 속도가 아주 다르다. 히스톤 H3와 H4 같은 분자들의 진화 속도는 아주 느리다. 예를 들어, 사람과 쌀의 히스톤 분자 H4를 구성하고 있는 103개 아미노산 가운데 다른 것은 단지 2개뿐이다. 다른 분자들은 비교적 신속하게 진화한다. 예를 들면, 생쥐와 사람에서 볼 수 있는 항 바이러스성 단백질인 γ-인터페론은 β-글로빈보다 거의 4배 이상 빠르고, 히스톤 H4보다도 훨씬 빨라서 연간 아미노산당 약 5×10^{-9}개의 아미노산이 치환되는 속도로 진화하였다(사람과 생쥐의 히스톤 H4 단백질은 차이가 없다).

단백질 서열의 진화 속도는 아주 다양하지만, 특정 분류군에 속하는 어떤 단백질 종류는 진화적으로 긴 시간 동안 진행되는 아미노산의 대치 속도가 거의 일정하다. 이렇게 일정한 서열 변화의 속도를 **분자시계(molecular clock)**라고 하는데, 이것은 유전자 계통수에서 시간 척도의 기준으로 사용되며, 화석 상의 기록과는 무관하게 종이 분지되는 시간의 척도로도 쓰인다. 일정한 서열 진화 속도를 어떻게 예측할 수 있는지를 설명하는 이론이 있다. N 배수체로 된 개체로 이루어진 집단 내의 한 유전자를 생각해보자. 전체 집단 내에 $2N$개의 유전자가 존재한다. 새로운 돌연변이의 일부는 **선택적으로 중립(selectively neutral)**이라고 가정하라. 이것은 그 돌연변이가 개체의 생존과 생식 능력에 아무런 영향을 미치지 않으며, 선택적으로 중립인 대립유전자의 돌연변이율이 한 세대마다 한 유전자당 μ라는 것을 의미한다. 그러면 어떤 세대에서도 선택적 중립인 새 대립유전자의 기대치는 $2N\mu$가 된다. 개체군의 크기는 한정되어 있기 때문에 시간이 흐르면 그 유전자 계통의 일부는 우연히 멸종하게 되고, 그 유전자는 다른 유전자 계통으로 대치될 것이다. 결국, 하나를 제외하고 모든 유전자 계통이 멸종하게 되는 때가 오게 될 것이다. 어떤 특정 유전자 계통이 모두 다른 것들로 대치될 확률은 $1/(2N)$이고, $2N\mu$ 만큼의 새로운 돌연변이가 나타나므로 각 세대에 고정되게 되는 새로운 돌연변이의 기대치는:

$$\text{중립진화율} = \frac{2N\mu}{2N} = \mu\text{이다.}$$

그러므로 중립 진화의 기대 속도는 중립 돌연변이의 속도와 같은데, 이것이 일종의 분자시계를 구성하며, 돌연변이가 고정되는 순간이 분자시계의 작동 간격에 해당된다.

이 모델을 적용함에 있어서 몇 가지 주의해야 할 사항이 있다. 한 가지는 새 돌연변이의 어떤 부분이 중립인지 아니면 거의 중립에 가까운지에 따라서 한 유전자와 다음 유전자의 중립돌연변이 속도가 달라질 수 있다는 것이다. 히스톤 H4와 같이 진화가 아주 느린 유전자에서 일어나는 아미노산의 변화는 대부분 아주 위해한 것으로 알려져 있으며, 중립돌연변이의 속도도 매우 느릴 것으로 생각된다. 반대로, γ-인터페론과 같이 진화 속도가 아주 빠른 유전자는 고정될 아미노산 대치 부분이 유익한 돌연변이일 수 있으며, 이는 중립이라는 가정으로부터 어긋나는 것이다. 두 번째 사항은 분자시계는 일정한 간격으로 움직임을 재현하는 시계와 같지 않다는 것이다. 이것은 무작위적 또는 확률론적인 시계이며, 점 사이의 평균 간격으로만 예측할 수 있다. 이와 유사한 것으로 방사성 자연붕괴가 이용되고 있으며, 이것은 무작위적이지만 시계와 같은 작용을 한다. 그러나 분자시계 내의 무작위적인 변이가 원자시계의 무작위적 변이보다 훨씬 크다는 단점이 있다. 세 번째 주의 사항은 유전자 계통수의 가지마다 서열 진화의 속도가 다르기 때문에 많은 경우에서 분자시계처럼 규칙적인 작용이 관찰되지 않는다는 것이다. 예를 들어, 인간과 생쥐의 계통에서 생쥐로 분화되는 가지의 서열 진화 속도가 사람으로 분화되는 가지의 진화 속도보다 약 2배 더 빠른데, 이것은 생쥐 계통의 세대 길이가 짧아서 같은 기간에 더 많은 세대가 발생하기 때문이라고 생각된다. 유전자 계통수를 재구성하는 최선의 방법은 변이에 관한 이러한 정보와 자료를 고려하여 계산에 넣는 것이다.

뉴클레오티드의 진화 속도는 그것의 기능에 따라 다르다

단백질 분자 서열의 진화에 대한 일반적인 원리가 DNA 서열 진화에서도 적용되지만 몇 가지 중요한 차이가 있다. 단백질은 20종류의 아미노산으로 구성되어 있지만, DNA는 4가지의 뉴클레오티드로 이루어진다. 구성 단위의 수가 적다는 것은, 핵산에서는 독립적이면서도 동일한 변화가 아미노산보다 훨씬 더 많이 일어나고, 두 번의 연속 돌연변이를 거친 DNA는 원래의 상태로 돌아올 가능성이 아미노산보다 더 클 것이라는 것을 의미한다. DNA 서열 분석에 있어서 이러한 문제를 해결하기 위하여 알려져 있는 복수-적중 보정치를 이용한다.

유전체 내에는 그들의 위치와 기능에 따라 여러 종류의 뉴클레오티드가 있으며, 이것들의 진화 속도도 각각 다르다(**그림 14.3**). 그림 14.3의 수직으로 된 자는 대수로 표시되어 있어서 이렇게 크기 차이가 심한 3가지 종류의 배열 순서도 모두 표시할 수 있다. 우측에는 43개 유전자 각각의 동일성 치환율(붉은색)과 비동일성 치환율(푸른색)을 나타내고 있다. 암호 서열의 **동일성 치환(synonymous substitution)**에서는 아미노산의 교체가 일어나지 않는다. 동일성 뉴클레오티드치환에서는 주로 아미노산 세 번째 암호자리에서 동일치환이 일어난다. **비동일성 치환(nonsynonymous substitution)**에서는 아미노산의 교체가 일어난다. 비동일성 뉴클레오티드 부위는 첫 번째와 두 번째 암호자리에서 치환이 일어나는 것이다. 단백질 종류에 따라 아미노산 대치율의 차이가 크다는 것을 나타낸 그림 14.3에서는 유전자들의 비동일성 치환율이 매우 다양하다는 것을 알 수 있다. 같은 유전자에서는 동일성 치환율의 다양성이 더 적어지고, 속도는 훨씬 더 빨라진다.

그림 14.3의 좌측에는 종류가 다른 DNA 서열의 평균 뉴클레오티드 치환율이 표시되어 있다. 가장 진화가 빠른 DNA 서열은 **의사유전자(pseudogenes)**인데, 이것은 돌연변이로 인하여 기능이 상실된 복제 유전자이다. 인트론과 **4중 변질자리(fourfolded degenerate sites)**의 진화 속도도 아주 빠르다. (4중 변질자리는 어떤 뉴클레오티드이든지 동일한 아미노산으로 지정되는 동일성 뉴클레오티드 부위를 말한다; 2중 변질자리(*twofolded degenerate sites*)는 그 부위의 뉴클레오티드에 피리미딘이 오는지 퓨린이 오는지에 따라 아미노산이 결정되는 부위이다.) DNA 서열의 종류에 따라 평균 뉴클레오티드 치환율에 차이가 나타나는 것은 뉴클레오티드 치환에 대한 내성에 차이가 있기 때문으로 판단된다. 뉴클레오티드가 치환되어 대부분 생물에게 위해한 영향을 미치게

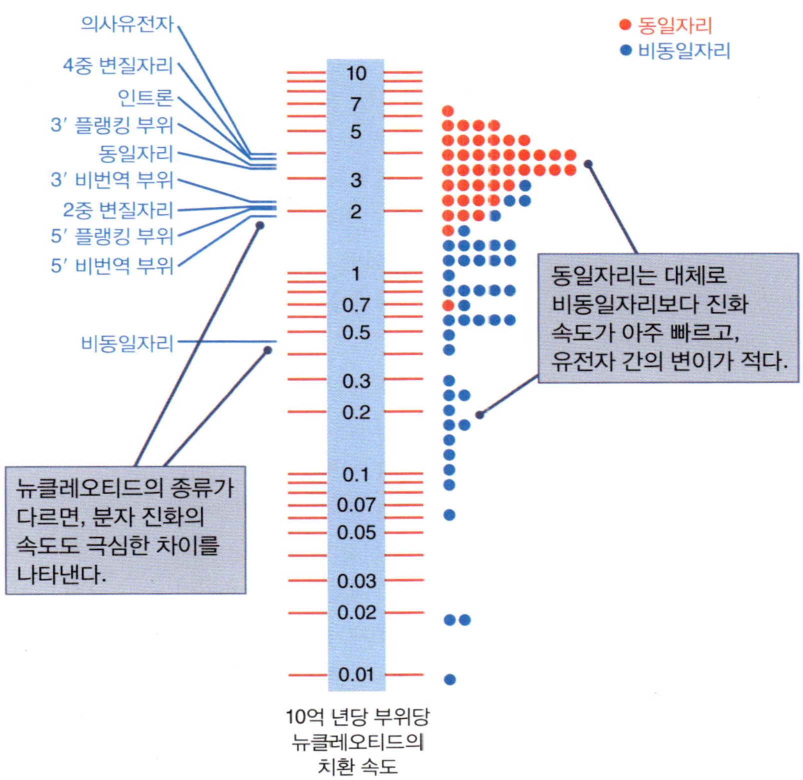

그림 14.3 포유동물 유전자의 뉴클레오티드 치환 속도. 왼쪽은 여러 가지 생물군의 평균적인 서열 치환 속도를 나타내고; 오른쪽은 43개 유전자의 동일자리와 비동일자리에 대한 속도를 보여준다.

되는 DNA 서열은 뉴클레오티드 치환에 대한 내성이 없으며, 뉴클레오티드 치환율도 비교적 낮다. 반대로, 많은 뉴클레오티드가 치환되어도 생존과 생식에 미치는 영향이 같거나 거의 동등한 DNA 서열은 뉴클레오티드 치환율이 비교적 높다. 이러한 관점에서 의사유전자의 뉴클레오티드 치환율이 높다는 것은 이해가 가능한데, 4중 변질자리와 인트론에서도 역시 높게 나타난다.

K_a/K_s 비율을 이용하여 단백질 암호 서열에 일어난 선택작용을 알아볼 수 있다

진화 기간 동안, 단백질 암호 부위에 축적되어 있는 동일 아미노산으로의 뉴클레오티드 치환율과 비동일 뉴클레오티드로의 치환율(아미노산이 달라짐)을 비교해 보면, 단백질의 진화가 선택에 의한 변이인지, 또는 선택에 의한 변이가 아닌지를 알 수 있다. 동일 아미노산 치환의 대부분은 코돈의 세 번째 뉴클레오티드에서 치환이 일어나서 어떤 뉴클레오티드로 바뀌더라도 같은 아미노산을 지칭하게 되므로, 피리미딘 염기 중의 하나가 바뀌거나 퓨린 염기 중의 하나가 치환되어 동일 아미노산을 구성하게 된다.

코돈의 첫 번째나 두 번째의 염기가 치환된 뉴클레오티드는 거의 대부분 아미노산의 종류가 달라지는 비동일성이지만, 세 번째 염기치환의 대부분은 동일 아미노산이기 때문에, 단백질 암호 부위 전체에서 일어난 치환의 수와 변이를 초래할 수 있는 뉴클레오티드 치환의 수를 상대적으로 비교해 볼 필요가 있다. 비동일성 뉴클레오티드 치환에 대한 동일성 뉴클레오티드 치환의 비율은 K_a/K_s로 표시된다. K_a/K_s 비율은 아미노산의 변이를 일으킨 총돌연변이의 수(K_a), 즉 단백질에서 실제 아미노산의 변화가 일어난 수와 동일 아미노산 돌연변이의 수(K_s), 즉 실제 암호 서열에서 일어난 동일성 아미노산 변이의 수를 비교한 것이다.

만약 어떤 단백질-암호 유전자가 그 뉴클레오티드나 아미노산 서열과 무관하게 의사유전자와 같은 형태의 중립적 진화를 하고 있다면, K_a/K_s의 기대치는 1.0이다. 만약, $K_a/K_s < 1.0$이면 비동일성 치환이 중립 치환보다 더 적게 일어난다는 것을 의미하며, 이론상으로는 선택적 압력에 의해 단백질 서열에 아미노산의 치환이 일어나면 해로운 유전자로의 변이가 많아지므로, 선택적 작용에 의해 제거되었다는 것을 추정할 수 있다. 대부분의 단백질 암호 유전자는 $K_a/K_s >$ 1.0이다.

어떤 단백질에서 $K_a/K_s > 1.0$이면, 그 단백질의 아미노산에 이로운 변이가 일어나는 경우에 기대되는 결과로서, 아미노산 변이가 중립 치환보다 더 빠르게 일어난다는 것을 암시한다. $K_a/K_s > 1.0$인 경우에 대한 예를 들면, 사람의 성 결정 유전자 Sry, 호메오-도메인 단백질 중의 일부, 척추동물의 성장호르몬, 초파리의 후각수용체와 미각수용체 그리고 정자 형성에 필요한 히스톤 단백질 등을 들 수 있다.

사람과 원숭이 간에 K_a/K_s를 비교해 보면, 최근의 조상에서 강한 선택 작용이 일어났었다는 것을 분명히 알 수 있다. 이런 단백질의 종류에는 피부세포 단백질, 모발의 케라틴 단백질, 임신 관련 단백질, 후각, 면역, 세포 기능 조절 단백질들이 포함된다. 특히, 발생 초기에 작용하는 전사인자들은 사람과 침팬지 사이에 $K_a/K_s > 1.0$의 과도한 변이가 있었음을 보여주는 단백질 집단이다.

K_a/K_s 비에 대한 설명은 그렇게 간단하지는 않다. 복잡한 문제들을 살펴보면,

- 돌연변이는 편향적이다. 예를 들면, 대부분의 생물은 염기치환 돌연변이를 넘어 염기전이 돌연변이로의 편향성을 나타낸다. 이러한 돌연변이 편향성으로 인해서 K_a/K_s의 중립적 기대치가 변할 수 있다.
- 기나긴 진화의 시간을 거치는 동안 어떤 종류의 뉴클레오티드가 다른 것으로 바뀌었다가 후에 또 다른 뉴클레오티드로 바뀌거나 혹은 원래대로 되돌아가는 돌연변이가 일어날 수 있다. K_a/K_s를 적합하게 추정하기 위해서는 "다중변이"에 대한 보정이 필요하다.
- K_a/K_s의 값이 1.0보다 유의적으로 큰 값이 되기 위해서는 단백질 분자 내의 많은 아미노산에 강한 선택이 일어나야 한다. 그러므로 선택에 의해 아미노산의 변이가 일어날 수는 있지만 1.0보다 유의적으로 큰 K_a/K_s 값이 얻어질 수는 없다.
- K_a/K_s는 아미노산 수준에서 가능한 선택 작용에 대한 정보만 제공한다. 이것은 유전자 발현 수준의 변이와는 전혀 관계가 없다; 그러므로 어떤 유전자가 조절적 변이를 일으킬 수 있는 강력한 양성 선택의 압력하에 놓일 수 있지만 K_a/K_s 값은 크지 않다.

새로운 유전자는 일반적으로 복제와 분화를 통해서 진화한다

진화 과정에서 새로운 유전자는 이전에 존재하던 유전자로부터 발생하는 것이 일반적이며, 유전자의 새로운 기능도 이전 유전자의 기능에서 진화한 것이다. 새 유전자의 소재는 유전체의 복제 부위에서 유래하며, 여기에는 1개 이상의 유전자가 들어있다. 복제 현상은 비교적 자주 일어난다. 진핵생물에 대한 광범위한 유전체 서열의 분석에서, 30,000개의 유전자

를 가지고 있는 진핵생물의 유전체에서는 100만 년마다 거의 60에서 600의 복제 현상이 일어나는 것으로 예측되었다.

복제는 진화적인 관점에서 2종류로 구분된다. 그 중 한 가지는 종 분화를 일으키는 유전자의 복제이다. 유연관계가 밀접한 종들에서 같은 기능을 가진 유전자를 **이종상동성 유전자(orthologous genes)**라고 한다. 이러한 유전자를 "복제"의 한 형태라고 생각할 수도 있지만, 각각의 파생 종이 보유한 유전자가 조상이 가지고 있던 유전자의 복사본이라는 관점에서 볼 때에는 복제라고 할 수 있을지도 모른다. 이와는 대조적으로 단일 종의 유전체 내에서 발생하는 유전자 복제를 **유사유전자(paralogous genes)**라고 한다. 이종상동성 유전자와 유사유전자를 구별하는 원칙은 이종상동성 유전자는 다른 종의 유전체 안에 그들의 복사본을 가지고 있고, 유사유전자는 단일종의 유전체 내에 복사본을 가지고 있는 것이다.

어떤 유사유전자의 복제가 일어나면 여분의 유전자가 만들어지는 것이므로 복제된 복사본 중의 하나는 어떤 경로든지 자유롭게 진화할 수 있다. 가장 일반적인 현상은 유사유전자 중의 하나가 그것의 기능을 파괴하는 돌연변이를 거치거나, 아니면 그 기능을 제거하게 되는 결실을 일으키는 것이다. 그러나 가끔 유사유전자의 기능을 분화시키는 돌연변이가 일어난다. 예를 들면, 그들은 최적 pH를 달리하는 방향으로 진화함으로써, 한 유전자에서 생산된 물질이 염기성 조건에서 최적으로 반응할 수 있다면, 다른 유전자는 산성 환경에서 최적 반응을 한다. 또는 유전자의 재배열이 일어나서 연관이 없는 두 유전자가 융합하게 됨으로써 새로운 기능이 만들어지기도 한다. 그 예로서, 전사인자와 발암 유전자가 융합되는 전좌 작용이 일어난 결과 급성 백혈병이 초래되는 과정을 제13장에서 설명하였다. 이러한 특별한 재배열 현상은 극도로 위해하지만, 어떻게 새로운 기능이 획득되는지에 대한 정보는 가공의 유전자를 만드는 데 좋은 예시가 된다.

유전자 복제에는 더 특별한 기능이 분화되도록 진화를 일으키는 유사유전자 복제도 있다. 그 예는 **그림 14.4**에 있다. 그림의 제일 위에 있는 것은 조직 타입1(노란색)과 타입2(초록색)의 발현에 필요한 증폭자를 가지고 있는 다세포성 진핵생물의 유전자이다. 나머지 그림은 타입-2 증폭자(왼쪽)나 타입-1 증폭자(오른쪽) 중의 하나를 발현시키는 연속적인 돌연변이를 일으키는 유전자 복제 현상을 보여주고 있다. 그 결과 좌측의 유사유전자는 조직 타입1에서만 발현되고, 우측의 유사유전자는 조직 타입2에서만 발현된다. 기능적 손실을 수반하는 유사유전자의 특수화 현상을 **기능세분화(subfunctionalization)**라고 한다. 이것은 특화된 유전자 각각이 그들 자신의 발현 도메인 내에서 최적의 기능을 발휘하도록 진화할 수 있기 때문에 이익이 될 수도 있다.

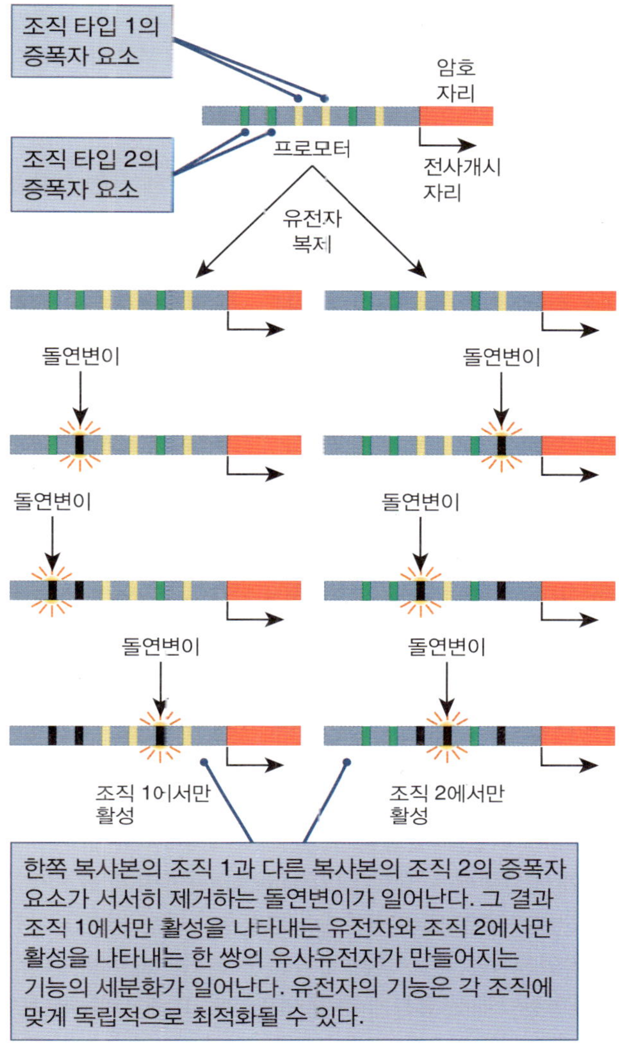

그림 14.4 기능 세분화에 의한 유사유전자의 분화. 이 예에서 유사유전자는 조직 특이성 발현을 할 수 있도록 분화되었다.

14.2 유전자형은 집단 간에 서로 다른 빈도로 나타날 수 있다

서열 진화의 속도는 이러한 유전자 고정이 얼마나 신속하게 일어날 수 있는가에 따라 달라지기 때문에 우리는 그 계통에 고정되는 새로운 돌연변이의 분자 진화에 대한 연구에 초점을 맞추고 있다. 새 돌연변이가 발생하는 시기에서부터 마지막으로 고정되거나 소멸되기까지의 기간은 돌연변이의 운명이 궁극적으로 어떻게 될 것인지, 그리고 그 운명이 얼마나 빠르게 현실화될 것인지가 결정되는 중요한 과정이다. 집단 내의 대립형질의 운명을 결정하는 과정에 관한 연구는 집단 유전학의 한 분야이다.

집단(population)이란 용어는 지리적으로 특정 지역에 서식하는 동종 개체의 무리를 말한다. 넓게 분포하는 집단은 대부분 지리적이거나 또 다른 특징에 의해 더 작은 단위인 **아군집(subpopulation)**이나 국소집단(*local population*)으로 세분화된다. 사람 집단을 예로 들면, 미국에 사는 사람들을 여러 가지의 아군집으로 나눌 수 있다. 교배는 각 아군집 내에서 우선적으로 일어나지만, 아군집 사이에는 이주현상이 자주 나타나기 때문에 그들 모두는 **유전자 풀(gene pool)**이라는 공통적인 유전정보의 풀을 공유하고 있다. 이 장은 2개의 대립유전자에 의해 결정되는 표현형에 관하여 국소집단을 대상으로 분석함으로써 시작된다. 표현형은 AIDS (acquired immune deficiency syndrome; 후천성면역결핍증)에 대한 유전적 내성과 관련되기 때문에 그 중요성을 무시할 수 없다.

대립유전자의 빈도는 유전자형 빈도로부터 추정할 수 있다

집단의 유전적 구성은 흔히 빈도, 또는 대립유전자의 상대적 수도라는 용어로 설명될 수 있다. 이 개념은 비교적 일반적인 돌연변이 대립유전자에 의해 나타나는 AIDS 내성 표현형을 예로 들어 설명할 수 있다. 이 문제의 유전자는 사람에게서 발견되는 케모카인(chemokine) 수용체 유전자인 *CCR5*이다(케모카인은 면역계의 백혈구가 다른 물질을 유인할 때 이용되는 물질이다). *CCR5* 수용체는 HIV 바이러스가 원형질막과 결합하게 하여 면역계의 T 세포 중 하나인 CD4(+)를 감염시키는데, 이는 완전한 AIDS를 발병시키기 위해서 필수적인 것이다. 사람의 아집단에서는 대부분 이 암호화되는 부분에 32-bp의 결실이 일어나기 때문에 Δ*32*로 알려진 *CCR5* 대립유전자를 가지고 있다. **그림 14.5**는 결실이 있는 부분의 염기 배열을 보여준다. 정상적인 *CCR5* DNA 염기서열과 관련된 부분은 폴리펩티드의 아미노산 배열에 따른 유전 암호로 정리하여 단일 문자의 약자로 표시되어 있다. Δ*32* 결실로 오류가 생긴 뉴클레오티드는 붉은색으로 표시하였다. 그 DNA 염기서열의 위쪽은 정상 CCR5 폴리펩티드이며, 아래는 Δ*32* 돌연변이 폴리펩티드이다. 결실은 184 코돈 이후의 번역 과정에서부터 해독틀 이동 돌연변이를 일으켜서, 215번째 아미노산 뒤에서 종결코돈과 만날 때까지 31개의 잘못된 아미노산이 삽입된다. 불완전한 단백질은 기능이 없어져서 HIV가 CD4(+) 세포에 침입할 수 없게 된다. Δ*32* 돌연변이는 최소한 10년 이상 AIDS에 감염되지 않은 채로 HIV-1을 가지고 있는 사람들에게서 처음으로 발견되었다. 보통 이형접합성 유전자형의 빈도는 약 20%이지만, AIDS가 발병하지 않는 사람들에서는 그 빈도가 거의 40%가 된다. 동형접합성 Δ*32* 유전자형의 빈도는 훨씬 더 낮으며 평균 수준 이상의 높은 면역력을 가진 것으로 보인다.

Δ*32* 동형접합 유전자형의 빈도가 Δ*32* 이형접합성 유전자형의 빈도보다 왜 훨씬 낮을까? 그리고 동형접합과 이형접합의 빈도 사이에는 무슨 관계가 있을까? 이 질문에 대한 답을 찾는 데 참고할 자료가 있다. 편의상 정상인 *CCR5* 대립유전자를 *A*, 결실이 일어난 Δ*32* 대립유전자를 *a*로 표기하였

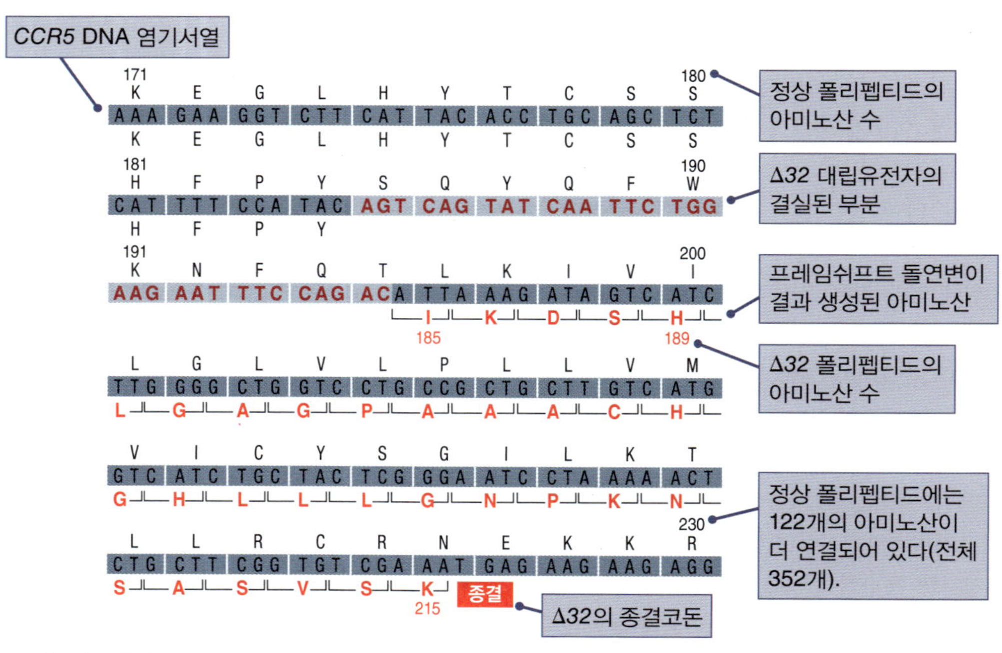

그림 14.5 정상 *CCR5* 케모킨 수용체 유전자와 Δ*32* 결실 대립유전자의 DNA 염기서열과 번역된 아미노산.

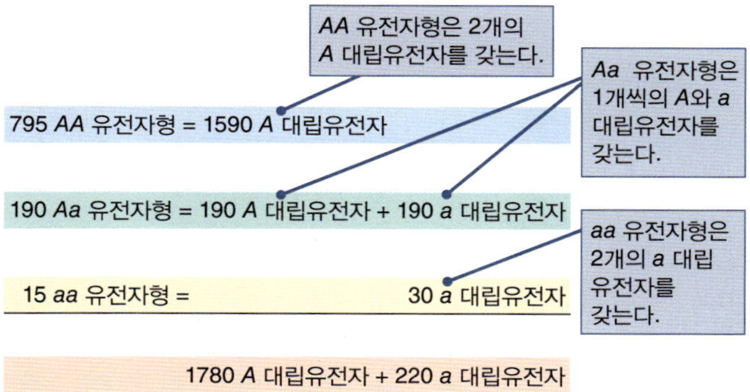

그림 14.6 프랑스인 1,000명의 유전자형 분석으로 나타난 *CCR5* 수용체 유전자의 대립유전자 빈도. *a*는 Δ*32*가 결실된 대립유전자이다.

다. 프랑스인 1,000명을 대상으로 *CCR5*의 유전자형에 대한 DNA를 연구한 결과에서 동형접합성 정상(*AA*), 이형접합성 Δ*32* (*Aa*), 동형접합성 Δ*32* (*aa*)인 사람 수는 각각 다음과 같았다.

795 *AA* 190 *Aa* 15 *aa*

이 수치는 동질적인 하나의 집단이든지, 유전적으로 다소 다른 아집단이 혼합된 집단이든지 간에 그 집단에 대한 많은 정보를 포함하고 있다. 이 정보를 이해하기 위해서는 먼저 이 표본이 2종류의 자료로 구성되어 있다는 것을 알아야 한다. 즉, (1) 3가지 유전자형 각각의 개체 수, (2) *CCR5* 야생형(*A*)와 Δ*32* (*a*) 대립유전자의 개체 수이다. 그리고 사람 유전체는 이배체이므로 1,000개의 유전자형은 2,000개의 *CCR5* 대립유전자를 가지며, 이 대립유전자들은 **그림 14.6**과 같이 나누어진다. 동형접합 유전자형 *AA*는 2개의 *A* 대립유전자를, 동형접합 *aa* 유전자형은 2개의 *a* 대립유전자를, 그리고 이형접합 *Aa* 유전자형은 각각의 대립유전자를 하나씩 가진다. 그림 14.6에서 종류별 대립유전자의 수를 보면 1,000명의 표본 중에서 *CCR5* 정상 대립유전자(*A*)는 1,780개, Δ*32* 대립유전자(*a*)는 220개이다.

일반적으로 관찰된 수보다 유전자형과 대립유전자의 상대 빈도에 관한 자료를 분석하는 것이 더 편리하다. 유전자형에서 있어서 **유전자형 빈도(genetype frequency)**는 집단 내에서 특정 유전자형을 가진 생물체의 비율이다. 어떤 특정 대립유전자에서 대립유전자 **빈도(allele frequency)**는 모든 대립유전자에 대한 특정 유전자형의 비율이다. *CCR5*의 예에서 유전자형의 빈도는 관찰된 수를 전체 표본(이 경우 1,000)의 크기로 나눈 것이다. 그러므로 유전자형 빈도는 다음과 같다.

0.795 *AA* 0.190 *Aa* 0.015 *aa*

그리고 대립유전자의 빈도는 관찰된 각 종류별 대립유전자의 수를 전체 대립유전자의 수(이 경우 2,000)로 나눈 것이다:

$$A \text{ 대립유전자의 빈도} = 1780/2000 = 0.89$$
$$a \text{ 대립유전자의 빈도} = 220/2000 = 0.11$$

유전자 빈도의 합과 대립유전자 빈도의 합은 1.0임을 기억하라. 이것은 비율이란 용어를 사용하였기 때문이다. 모든 가능성을 고려할 때 비율의 합은 1.0이 되어야 한다. 어떤 집단에서 한 대립유전자의 빈도가 1.0이면 **고정되었다(*fixed*)**고 하고, 만약 대립유전자 빈도가 0이 되면 그 대립유전자는 **소멸(*lost*)**되었다고 한다.

성체의 대립유전자 빈도와 성체가 생산하는 배우자의 대립유전자 빈도는 동일하다

이번 절에서 제기되는 한 가지 문제는 만약 대립유전자가 무작위적인 결합으로 쌍을 이루었다면, 표본의 유전자형 빈도가 예측대로 나타나는가 하는 것이다. *A* 대립유전자가 쌍을 이룰 때(*AA*) 그 빈도는 0.89 × 0.89 = 0.7921이고, 대립유전자 *A*와 대립유전자 *a*가 쌍을 이룬 경우(*Aa*)는 그 빈도가 2 × 0.89 × 0.11 = 0.1958이며, 대립유전자 *a*가 쌍을 이룬 경우(*aa*)는 0.11 × 0.11 = 0.0121의 빈도를 나타낸다. 사실 이 값은 유전자형 빈도의 관찰 값과 매우 가깝다. 그림 14.8에서 계산된 것과 같이, 성체들의 대립유전자 빈도는 성체가 생산한 배우자들의 빈도와 같다는 것도 주목할 만하다. 이는 각 이형접합성 유전자형은 각 타입의 배우자를 같은 수로 생산하는 멘델식 분리법칙을 따르기 때문이다(**그림 4.7**). 그러므로 배우자 빈도를 계산할 때, 이형접합 유전자형은 두 종류의 배우자에 동일하게 적용되지만, 동형접합성인 *AA*와 *aa* 유전자형은 *A*만 가진 배우자 또는 *a*만 가진 배우자에 적용된다. 결국, 이형접합성 *Aa* 유전자형의 멘델식 분리와 부모

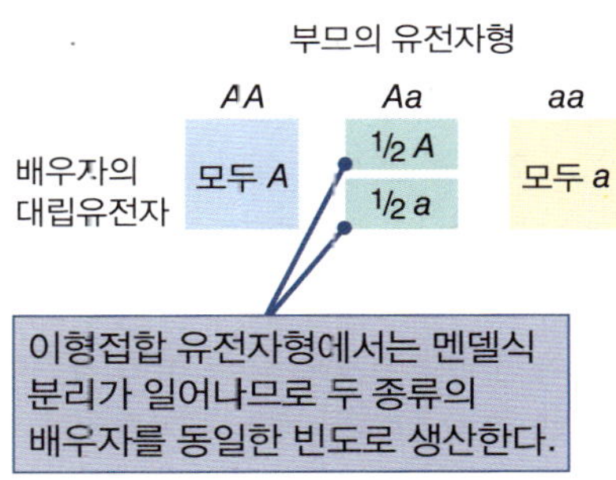

그림 14.7 집단 유전학에 있어서의 멘델식 연구. 동형접합 유전자형은 1종류의 대립유전자를 가진 배우자만 생산한다. 그러나 이형접합 유전자형에서는 멘델식 분리가 일어나므로 2종류의 배우자를 동일한 빈도로 생산한다.

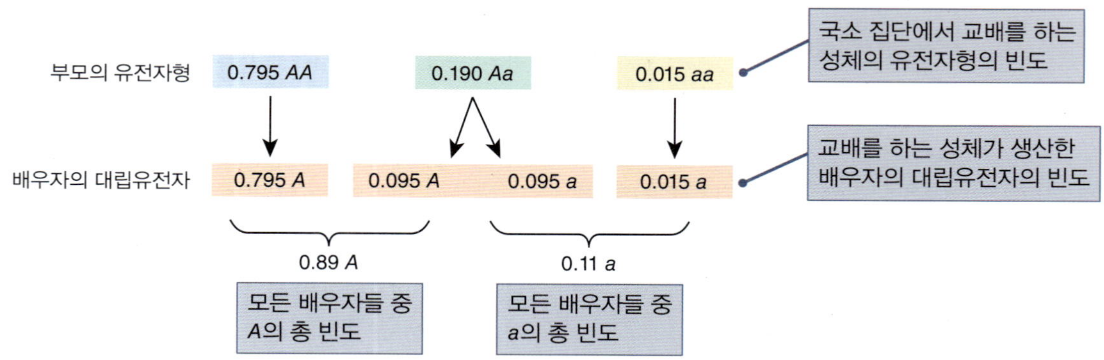

그림 14.8 배우자의 대립유전자 빈도의 계산. 어느 집단에서나 특정 대립유전자를 가진 배우자의 빈도는 동형접합성 대립유전자의 유전자형 빈도와 이형접합성 대립유전자의 모든 유전자형 빈도의 1/2을 합한 것과 같다.

의 유전자형 빈도를 함께 고려할 때, 그 집단에서 생산되는 배우자는 **그림 14.8**과 같이 추론할 수 있다. 성체들과 성체가 생산한 배우자의 대립유전자 빈도(0.89 *A*와 0.11 *a*)의 동일성이 그 집단 내의 각 성체가 동일한 수의 기능적인 배우자를 생산할 때에는 반드시 나타난다. 성체의 유전자형에 있어서 대립유전자의 무작위적인 조합은 수정이 일어날 때 배우자들이 어떻게 결합하는가에 대한 단서가 되기 때문에 중요하다. 이 문제는 다음 절에서 설명된다.

14.3 무작위적 교배란 유전자형에 상관없이 짝을 짓는 것이다

국소 집단에서 **무작위적 교배(random mating)**가 이루어진다는 것은 국소 집단에 소속된 생물체 사이에 유전자형과 관계 없이 교배쌍이 형성된다는 것을 의미한다. 각 종의 교배쌍은 우연한 기회에 의해 이루어진다. 자가수분으로 번식하는 식물을 제외하고 무작위적 교배는 대부분의 동식물에서 가장 효과적인 교배 기작이다. 자가수분은 **동계교배**(*inbreeding*) 또는 근연간의 교배라고도 하는 또 다른 종류의 중요한 교배 기작 중 하나이다. **그림 14.9**에서는 동계교배의 예를 보여주는데, 이 경우 여자 I는 사촌 간에 결혼한 부부(G와 H)의 자녀이다. 닫힌 고리를 보이는 가계도는 동계교배의 특징이며, A와 B로 표시된 개체들은 I의 **공통조상**(*common ancestors*)이 되는데, 왜냐하면 I의 양쪽 부모의 조상이기 때문이다. A와 B는 공통조상이기 때문에 A(또는 B)의 어떤 특정 대립유전자가 가계도 상의 양쪽 자손에게 전달되어 I가 출생될 때 다시 나타날 가능성이 있다. 이 가능성은 동계교배의 가장 중요한 특징이므로, 이 장의 뒷부분에서 논의될 것이다.

무작위적 교배는 대립유전자의 빈도와 유전자형의 빈도 사이의 명쾌할 정도로 단순한 관계를 의미한다. 이것은 다음과 같은 원칙으로 요약된다.

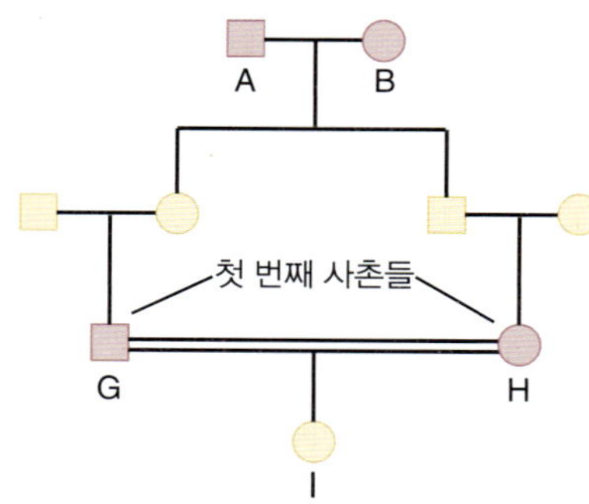

그림 14.9 근친 결혼 가계도에서 개체 I은 사촌 간에 결혼한 부부의 자녀이다.

핵심 개념

개체들의 무작위적 교배는 배우자가 무작위적으로 결합하는 것과 같다.

이 원칙을 근거로 하면 무작위적 교배는 커다란 컨테이너에서 무작위적으로 암수 배우자를 뽑아내는 것과 같다고 생각할 수 있다. 각 접합자의 유전자형은 하나의 암 배우자와 하나의 수 배우자가 결합함으로써 이루어진다. 구체적으로 대립유전자 빈도가 각각 p와 q인 (여기서 $p + q = 1$) 2개의 대립유전자 *A*와 *a*가 있다고 하자. 이 장의 앞부분에서 설명한 *CCR5* 수용체 유전자형의 표본에서 p와 q는 다음과 같았다.

$$p = 0.89 \ (A \text{ 대립유전자})$$
$$q = 0.11 \ (a \text{ 대립유전자})$$

무작위적 교배로 예상되는 유전자형의 빈도는 **그림 14.10**에

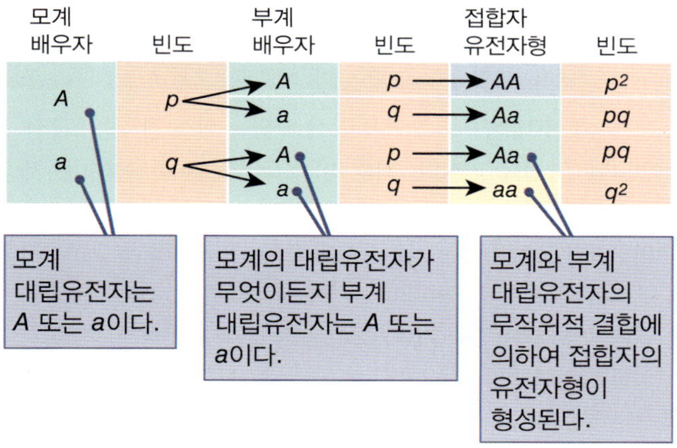

그림 14.10 2개의 대립유전자 중 어느 1개를 가진 배우자가 무작위적으로 결합하여 다음 세대를 형성할 때, 접합자의 유전자형 빈도는 $p^2 : 2pq : q^2$의 비율로 나타난다. 이것이 하디–와인버그 법칙의 원리이다.

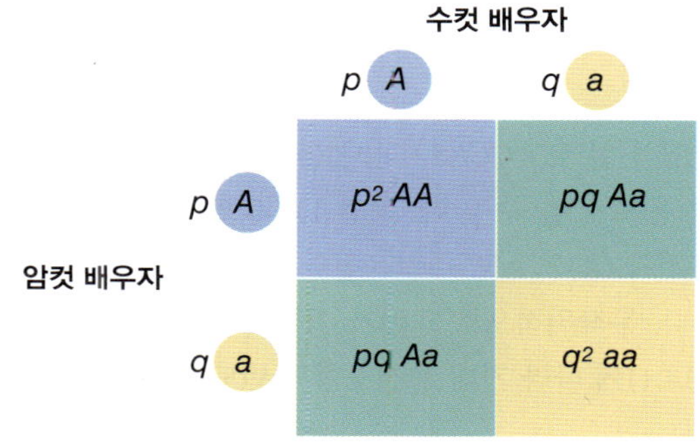

그림 14.11 퍼네트 네모꼴에서 비율 $p^2 : 2pq : q^2$은 무작위적 교배의 특징을 나타낸다.

서와 같이 추정할 수 있다. 왼쪽의 배우자는 난자이고, 중간에 있는 배우자는 정자이다. 오른쪽은 2개의 대립유전자로 형성될 수 있는 유전자형을 나타내며, 무작위적 교배가 일어났을 때 각 유전자형의 빈도는 이에 상응하는 배우자의 대립유전자 빈도를 곱하여 계산되었다. 그러나 유전자형 *Aa*는 2가지 방법으로 만들어진다: *A* 대립유전자는 어머니(그림의 위 부분)로부터 혹은 아버지(그림의 아래 부분)로부터 받을 수 있다. 각각의 경우에서 *Aa* 유전자형의 빈도는 *pg*이다. 양쪽 모두의 가능성을 고려하면, *Aa*의 빈도는 $pq + pq = 2pq$가 된다. 따라서 무작위적인 교배로 예상되는 모든 유전자형의 빈도는 다음과 같다.

$$AA: p^2 \qquad Aa: 2pq \qquad aa: q^2 \tag{14.1}$$

p^2, $2pq$, 그리고 q^2라는 빈도는 2개의 대립유전자를 가진 유전자의 무작위적인 교배로 얻어진 결과이다. 1908년 Godfrey Hardy와 Wilhelm Weinberg가 각각 독자적으로 유도하기에, 이들의 이름을 따서 **하디–와인버그 법칙(Hardy–Weinberg principle)**이라고 한다. 하디–와인버그 법칙은 **그림 14.11**에 그려진 퍼네트 네모꼴로도 설명된다. 이 사각형은 그림 14.10과 똑같다. 하디–와인버그 법칙은 아주 단순하지만 중요한 내용이 많이 함축하고 있다.

하디–와인버그 법칙은 집단유전학에 중요한 영향을 미친다

하디–와인버그 법칙의 한 가지 중요한 의미는 **대립유전자 빈도는 대대로 일정하게 유지된다**는 것이다. 그 이유를 이해하기 위해 각각의 빈도가 *p*와 *q*인 $(p + q = 1)$ 2개의 대립유전자 *A*와 *a*를 가진 유전자를 생각해보자. 무작위적 교배로 생긴 접합자 *AA*, *Aa*, *aa* 유전자형의 빈도는 각각 p^2, $2pq$, q^2이다. 유전자형들의 생존 능력이 동일하다면, 이 빈도는 성체들의 빈도와 동일하다. 이때 성체의 모든 유전자형의 생식력이 동일하다면, 다음 세대에 접합자를 형성하는 배우자들 가운데에서 대립유전자 *A*의 빈도는 이전 세대의 대립유전자 *A*의 빈도로 계산될 수 있다. 다음 세대의 대립유전자 *A*의 빈도를 (′)로 표시하면 그 대립유전자의 빈도는 p'이다. 이전 세대에 존재하는 대립유전자에 의하여 환산하면, p'는 동형접합 *AA* 유전자형(빈도는 p^2)에서 *A* 대립유전자 전부와, 이형접합 *Aa* 유전자형(빈도는 $2pq$)의 대립유전자의 반을 더한 값이다. *Aa* 이형접합체는 멘델식 분리를 하므로 1/2이 된다. *Aa* 유전자형에서 생산된 배우자의 절반만이 *A*를 가지고 있다. 이 모두를 고려하면, 다음 세대에서 *A* 대립유전자의 빈도 p'는

$$p' = p^2 + 2pq/2 = p(p + q) = p$$

이다. 마지막 계산이 $p + q = 1$이기 때문이다. 그러므로 대립유전자 *A*의 빈도는 다음 세대 혹은 그 다음의 여러 세대를 거치더라도 *p*로 항상 일정하게 유지된다는 것을 알 수 있다. 이 법칙은 다음의 중요한 가정을 기초로 하고 있다.

- 교배는 무작위적으로 이루어진다; 이때 대립유전자 빈도가 다른 아집단은 없다.
- 대립유전자 빈도는 암컷, 수컷 모두에서 동일하다.
- 모든 유전자형의 생존 능력과 생식 능력은 동일하다(선택압이 없어야 한다).
- 돌연변이가 일어나지 않는다.
- 집단으로의 이주가 없다.
- 집단은 여러 세대를 거쳐도 우연한 기회에 의하여 대

립유전자의 빈도가 변화되지 않을 만큼 충분히 커야 한다.

14.2절에서 설명한 *CCR5* 수용체를 하디-와인버그 법칙에 실제로 적용시켜 볼 수 있다. 성인 1,000명 가운데 *CCR5* 정상 대립유전자 (A)와 $\Delta 32$ 대립유전자 (a)의 빈도는 각각 0.89와 0.11이다. 무작위적으로 교배가 이루어진다고 가정하고서 방정식 (14.1)에 따라 기대 유전자형의 빈도를 계산하면,

$$AA: \quad (0.89)^2 = 0.7921$$
$$Aa: \quad 2(0.89)(0.11) = 0.1958$$
$$aa: \quad (0.4575)^2 = 0.0121$$

이다. 이 값들은 이전에 대립유전자가 무작위적으로 쌍을 이루었다는 가정 하에서 산출되었던 빈도였다는 것을 주목하라. 이제 하디-와인버그 법칙을 이용하여 유전자형의 빈도를 계산할 수 있다는 것을 알게 되었다. 표본의 총인원이 1,000명이므로 유전자형의 기대값은 *AA* 792.1, *Aa* 195.8 그리고 *aa* 12.1이다. 실제 관찰된 값은 *AA* 795명, *Aa* 190명 그리고 *aa* 15명이다. 관찰값과 기대값의 적합성 검정은 제3장에서 설명한 카이제곱(χ^2) 검정을 이용할 수 있다. 이 경우에는

$$\chi^2 = \frac{(795 - 792.1)^2}{792.1} + \frac{(190 - 195.8)^2}{195.8} + \frac{(15 - 12.1)^2}{12.1} = 0.877$$

이다. 적합성은 타당하지만, P값을 측정하기 위해서는 자유도의 조정이 필요하다. 일반적으로 3가지로 분류한 자료의 자유도는 2이다. 그러나 자료에서 대립유전자 빈도와 같은 정량적인 측면이 평가될 때에는 측정된 각 수량에서 자유도 1을 빼야 한다. 이 경우 대립유전자 빈도가 p이므로(자동적으로 $q = 1 - p$이다) 자유도 2에서 1을 뺀다. 그러므로 검증을 위해 적당한 자유도는 1이다. 이렇게 얻은 0.35라는 P값은 이 자료가 무작위 교배의 가설로 설명될 수 있다는 것을 의미한다. 한편, 카이제곱 검정은 비교적 큰 편차만 밝혀내는 것이므로 하디-와인버그 빈도에 대한 적합성을 과잉 해석해서는 안 된다. 왜냐하면,

핵심 개념

무작위적 교배라는 가정을 비롯하여 하디-와인버그 법칙에 위배되는 가정이 1개 이상일 수 있고, 카이제곱 검정으로 분석될 수 있을 만큼 유전자형의 기대 빈도가 충분히 클 경우에는 편차가 발생하지 않기 때문이다.

잠깐 생각해 봅시다 14.1

전기영동 겔에는 이배체 개체군 내에 있는 한 유전자의 2개 대립형질(*F*와 *S*)을 구별하는 빠른-이동(*F*)과 느린-이동(*S*)을 하는 제한효소의 단편이 밴드로 나타나 있다. 맨 위의 숫자는 100개체로 이루어진 표본에서 관찰된 각 유전자형(*F*/*F*, *F*/*S*, 또는 *S*/*S*)의 개체의 수이다. *F* 대립형질의 대립유전자 기대빈도(p)와 느린(*S*) 대립형질의 대립유전자 기대빈도(q)는 무엇인가? 무작위교배를 가정하였을 때, 하디-와인버그 법칙에 근거한 유전자형의 기대치는 무엇인가?

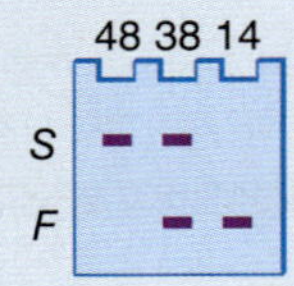

희귀성 대립유전자는 대부분 이형접합성 유전자형에서 나타난다

하디-와인버그 법칙에서 또 다른 중요한 내용은 희귀성 대립유전자에 관한 것인데, **이형접합자의 희귀성 대립유전자 빈도가 동형접합자의 희귀성 대립유전자 빈도보다 훨씬 많다는 것**이다. 예를 들어, 희귀성 대립유전자의 빈도가 $q = 0.1$이면, 이형접합자와 동형접합자의 비는 $2pq/q^2 = 2(0.9)/(0.1)^2$가 되어 거의 20배이다. 그리고 $q = 0.01$일 때는 약 200배가 되며, $q = 0.001$에서는 2,000배이다.

핵심 개념

희귀성 대립유전자는 동형접합자보다 이형접합자에서 더 많이 나타난다.

이러한 가정의 근거는 무작위적 교배에서 동형접합과 이형접합 유전자형의 빈도를 나타낸 **그림 14.12**에 표시되어 있다. 대립유전자의 빈도가 0 또는 1에 가까우면, 이형접합성 희귀 유전자형의 빈도는 동형접합성 희귀 유전자형의 빈도보다 훨씬 더 천천히 0에 접근한다.

이 법칙에 대한 실질적 예로는 췌장과 폐의 유전성 분비 질환인 낭포성 섬유증(cystic fibrosis)을 들 수 있다. 낭포성 섬유증은 백인에게서 쉽게 발견되는 중증의 열성 유전병으로 신생아 1,700명당 1명꼴로 나타난다. 이 경우, 이형접합자는 표현형적으로는 쉽게 확인되지 않기 때문에 대립유전자 빈도를 계산하는 방법이 앞부분에서 유전자를 계산하던 방

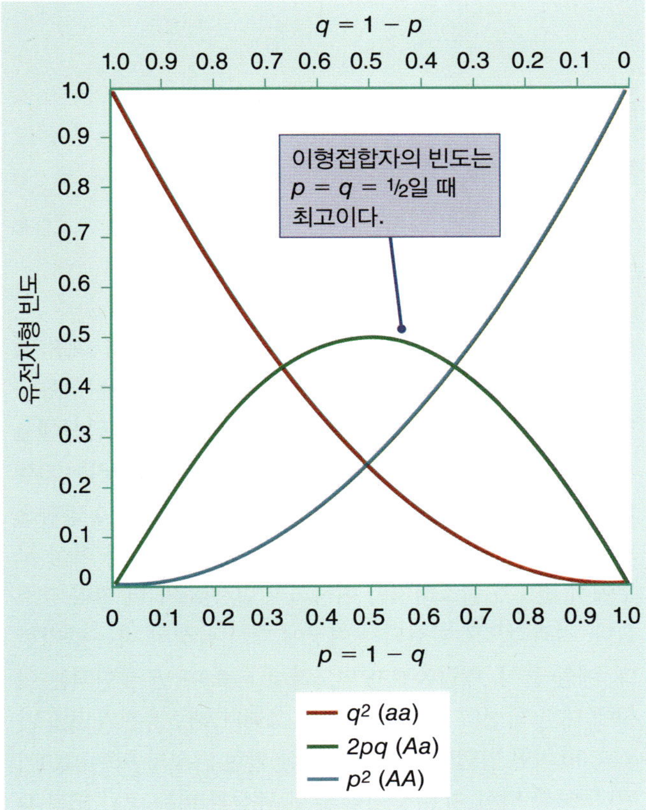

그림 14.12 p^2, $2pq$, q^2의 그래프. 대립유전자 빈도가 1/3과 2/3 사이이면 이형접합자의 유전자형이 가장 높은 빈도를 나타낸다.

법과는 다르다. 이 방법은 무작위적 교배에 의한 열성 동형접합자의 빈도가 q^2과 같기 때문에 간단하게 계산될 수 있다.

$$q^2 = 1/1{,}700 = 0.00059$$

또는

$$q = (0.00059)^{1/2} = 0.024$$

따라서

$$p = 1 - q = 1 - 0.024 = 0.976$$

이다. 낭포성 섬유증의 돌연변이 대립유전자를 전달하는 이형접합 유전자형의 빈도를 계산하면

$$2pq = 2(0.976)(0.024) = 0.047 = 1/21$$

이다. 계산 결과는 1,700명 중 단 1명이 낭포성 섬유증(동형접합성)의 영향을 받고, 21명 중 1명은 보인자(이형접합성)라는 것을 의미한다. 이 계산은 하디–와인버그의 유전자형 빈도에 대한 가정이 전제되므로 근사치로 간주될 수 있다. 그럼에도 불구하고 이러한 연구는 유해한 열성 대립유전자를 가진 보인자를 검출하기 위해 조사된 집단에 대한 검진 결과를 예측하는 데 중요하다.

하디–와인버그 빈도는 복대립유전자에도 적용될 수 있다

한 개의 상염색체성 유전자의 복대립유전자에 대하여 하디–와인버그 법칙에 확대 적용시키면, 3가지 대립유전자를 가진 경우를 예를 들어 설명할 수 있다. **그림 14.13**은 3가지 대립유전자가 작용한 무작위적 교배의 결과이다. 유전자를 대문자로 표시하고, 특정 대립유전자를 아래 첨자로 나타내어 A_1, A_2, A_3로 표기하였다. 대립유전자 빈도는 각각 p_1, p_2, p_3이다. 3개의 대립유전자에서(어떤 수의 대립유전자를 가지든지) 모든 대립유전자 빈도의 합은 1이며, 이 경우 $p_1 + p_2 + p_3 = 1.0$이다. 그림 14.11에서 각 칸에 기입된 것은 가장자리에 있는 대립유전자 빈도들을 곱하여 얻어진 것이다. 어떤 동형접합 유전자형(A_1A_1 같은)이라도 상응하는 대립유전자 빈도를 제곱한 것과 같은 무작위적 교배 빈도를 나타낸다(이 경우 p_1^2). 또 어떤 이형접합 유전자형이라도(A_1A_2 같은) 상응하는 대립유전자 빈도의 곱을 두 배한 값과 같은 무작위적 교배 빈도를 나타낸다($2p_1p_2$). 대립유전자의 수가 더 많아져도 계산은 간단하다.

동형접합 유전자형의 빈도
  = 대립유전자 빈도의 제곱
이형접합 유전자형의 빈도
  = 2 × 대립유전자 빈도의 곱 (14.2)

사람의 ABO식 혈액형은 복대립유전자에 의해 결정된다. 유전자는 I^A, I^B, I^O로 표기된 3개의 대립유전자로 나타낼 수 있다. 스위스인 3,977명에 대한 연구에서, 대립유전자 빈도는 I^A 0.27, I^B 0.06, I^O 0.67로 나타났다. 복대립유전자에 대

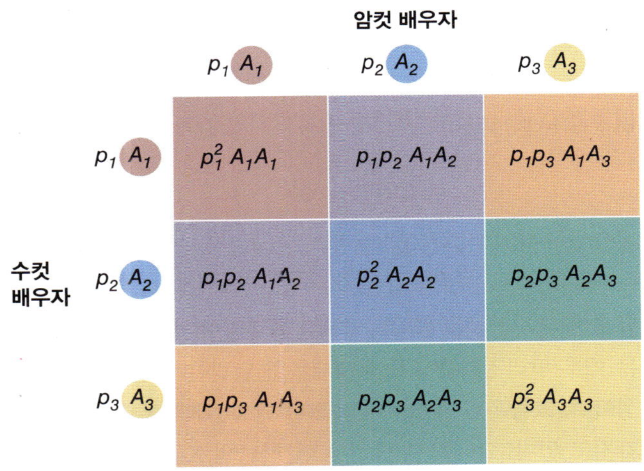

그림 14.13 3개의 대립유전자를 가진 무작위적 교배의 결과를 보여주는 퍼네트 네모꼴.

유전자형	무작위적 교배에 의한 기대 빈도	혈액형	빈도
I^AI^A	$(0.27)^2 = 0.0729$	A	0.4347
I^AI^O	$2(0.27)(0.67) = 0.3618$		
I^BI^B	$(0.06)^2 = 0.0036$	B	0.0840
I^BI^O	$2(0.06)(0.67) = 0.0804$		
I^OI^O	$(0.67)^2 = 0.4489$	O	0.4489
I^AI^B	$2(0.27)(0.06) = 0.0324$	AB	0.0324

집단에서 A형의 83%, B형의 96%가 I^O 이형접합성이다.

AB형은 모든 사람 집단에서 가장 소수의 혈액형 집단이다.

그림 14.14 3가지 대립유전자가 작용하는 ABO식 혈액형의 무작위적 교배에 의한 빈도.

한 규칙을 적용하면, 무작위적 교배의 결과로 예상되는 유전자형 빈도는 **그림 14.14**와 같다. I^A와 I^B는 I^O에 대해 모두 우성이기 때문에 **혈액 표현형** 예상 빈도는 그림의 오른쪽과 같이 나타난다. A형과 B형의 대부분이 실제로는 I^O 대립유전자의 이형접합자임에 주목할 필요가 있다. 이는 집단에서 I^O 대립유전자가 빈도가 높기 때문이다.

남성은 X-염색체를 하나만 가지므로 X-연관 유전자는 특별하다

X-연관 대립유전자 H와 h의 무작위적 교배 결과를 **그림 14.15**에 나타내었다. 그 원리는 앞에서 설명한 것과 동일하다. 그러나 남성 배우자의 X 염색체 전달은(A) Y 염색체 전달과는 차이가 있다(B). 남성 배우자가 한 개의 X 염색체를 전달할 때, 퍼네트 네모꼴은 그림 14.11에서와 같이 상염색체성 유전자에서 2개의 대립유전자를 전달하는 것과 동일하다. 그러나 남성 배우자가 한 개의 X 염색체를 전달하기 때문에 문제가 되는 자손은 여성이다. 따라서 여성의 유전자형 빈도는 다음과 같다.

$$HH \text{ 여성의 빈도} = p^2$$
$$Hh \text{ 여성의 빈도} = 2pq$$
$$hh \text{ 여성의 빈도} = q^2$$

남성 배우자가 한 개의 Y 염색체를 전달하게 되면, 그 결과는 매우 달라진다(B). Y 염색체를 전달받은 모든 자손은 남성이며, 그들은 모계로부터 유전된 단 한 개의 X 염색체만을 가지고 있다. 그러므로 남성은 단 하나의 X-연관 유전자 복사본을 받게 되므로, 남성의 유전자형 빈도는 대립유전자의 빈도와 같다.

$$H \text{ 남성의 빈도} = p$$
$$h \text{ 남성의 빈도} = q$$

그림 14.15에 함축된 중요한 의미는, 만약 h가 희귀 열성 대립유전자라면, 영향을 받은 여성의 빈도(q^2)는 영향을 받은 남성의 빈도(q)보다 훨씬 낮으므로 여성보다 남성에서 형질이 발현되는 경우가 더 많다는 것이다. 이 원리는 **그림 14.16**에서 설명하였다. 열성 대립유전자의 빈도가 0 방향으로 점점 감소해 감에 따라 형질이 발현되는 남성과 여성 모두에서 빈도가 감소하지만 여성의 발현 빈도가 더 빨리 감소한다. 결과적으로 발현되는 여성에 대한 남성의 비는 증가한다. 예를 들어, 대립유전자 빈도가 $q = 0.3$이면 발현되는 여성에 대한 남성의 비는 3.33이다; 그러나 대립유전자 빈도가 $q = 0.1$이면 발현되는 여성에 대한 발현 남성의 비는 10.0이 된다. 보통 발현 여성에 대한 발현 남성의 비는 q/q^2 또는 $1/q$이다.

X-연관 열성 형질에서, 발현되는 남성의 빈도는 열성 대립유전자 빈도에 대한 추정치를 제공한다. 구체적인 예로, 사람에게서 나타나는 X-연관 색맹 유전을 들 수 있다. 이 형질은 $q = 1/20 = 0.05$로 백인 20명당 1명이 영향을 받는다.

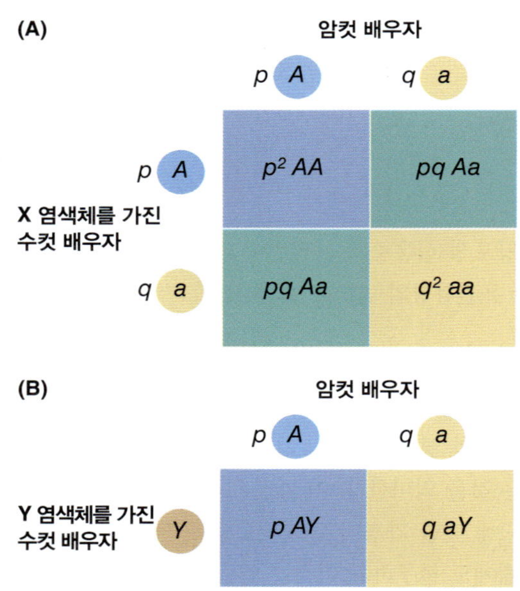

그림 14.15 X-연관 유전자에 대한 무작위적 교배의 결과. (A) 암컷의 유전자형 빈도. (B) 수컷의 유전자형 빈도.

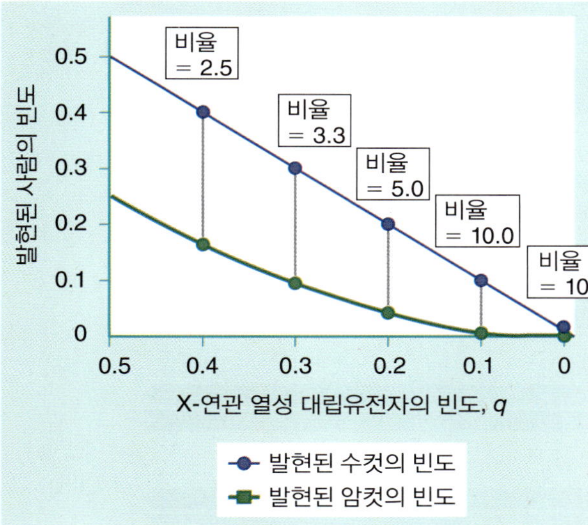

그림 14.16 위의 곡선은 열성 X-연관 대립유전자에서 발현된 수컷의 빈도(q)를 나타내며, 아래의 곡선은 발현된 암컷의 빈도(q^2)로 $q < 0.5$이다. 열성 대립유전자가 점차 희귀해져 감에 따라서 양쪽 빈도가 모두 감소하지만 발현된 암컷의 빈도는 더 급격하게 감소한다. 결론적으로 대립유전자 빈도가 감소함에 따라 발현된 암컷에 대한 발현된 수컷의 비율은 증가한다.

색맹 여성의 기대 빈도는 $q^2 = (0.05)^2 = 0.0025$, 즉 400명당 1명꼴로 추정된다.

14.4 다형성이 높은 염기서열은 DNA 감식에 이용된다

사람의 유전자 중에서 많은 유전자가 **다형성(polymorphic)** 나타내는데, 이것은 그 집단 내에서 흔히 나타나는 2개 이상의 대립유전자를 가지고 있다는 것을 의미한다. (양적으로 말하면, 보통 이형접합 유전자형의 빈도가 10% 혹은 그 이상이면 유전자가 다형적이라고 본다). 사람 유전체의 평균 교차율은 1,000개의 뉴클레오티드마다 1개 정도로 나타나며, 다형적이라고 간주할 정도로 충분한 기대빈도는 개체마다 다르다. 사람은 유전적 변이율이 높기 때문에, 유전적으로 동일한 두 사람이 존재한다는 것은 사실상 불가능하다. 단, 유전적으로 동일한 쌍둥이, 3쌍둥이, 4쌍둥이의 경우는 예외이다. 사람마다 유전자형은 독특하다. 유전적 유일성에 대한 이론은 DNA 다형성에 대한 연구를 통하여 밝혀졌다. 어떤 미확인 인물로부터 나온 아주 작은 조직 샘플 속에는 여러 가지 유전적 다형현상을 분석하여 용의자 집단의 유전자형과 대조하기에 충분한 양의 DNA가 들어 있다. 범죄 현장의 대표적인 증거물로는 혈액, 정액, 모근 그리고 피부조직 등을 들 수 있다. 중합효소 연쇄반응(polymerase chain reaction, PCR)을 이용하여 특정 DNA 부위를 증폭시킬 수 있기 때문에 아주 소량의 세포 조직만으로도 식별이 가능하다.

범죄 현장의 샘플에서 용의자의 염기서열과 일치하는 DNA가 발견되지 않는다면, 샘플은 용의자의 것이 아닌 다른 사람의 것이다. 반면에 용의자의 DNA와 범죄 현장의 샘플 DNA가 일치한다면 그 용의자가 곧 범인일 것이다. DNA가 증거물로서 가지는 설득력은 조사 관찰된 다형성의 유전자의 수와 집단 내에 존재하는 대립유전자의 수에 따라 달라진다. 특히 많은 다형성을 가지고 있다면, 일치하는 다형성의 수가 많을수록 범죄 현장에서 가져온 샘플과 용의자와의 연관성은 더욱 더 높아진다. 용의자와의 연관성을 조사하기 위하여 사람의 조직 샘플로 DNA의 다형성을 분석하는 방법을 **DNA 감식법(DNA typing)**이라고 한다. 이러한 개인 확인 방법은 1세기 훨씬 전에 개발된 지문인식법 이후 범죄 수사에서 가장 중요한 신기술로 여겨지고 있다.

그림 14.17은 DNA 감식법을 이용한 다형성 분석의 예이다. 각 대립유전자에 해당하는 제한효소 단편은 세로로 나란히 반복되는 단위의 수가 각각 다르기 때문에 길이도 다르다. 이런 유형의 다형성을 **단순종열중복(simple tandem repeat, STR)**이라 부른다. STRs는 사람의 유전체에 많다(**표 14.1**). 전체 DNA의 약 3% 정도에 해당하며, 2kb당 약 1개의 STR이 나타난다.

보통 DNA 감식에 사용되는 STRs는 14개에서부터 500개 염기가 반복 단위로 되어 있다. 각 염색체마다 특정 부위에 존재하는 반복 단위의 수가 다르고, 이에 따라 많은 대립유전자들을 사용할 수 있기 때문에 STRs가 DNA 감식에 유용하게 쓰인다. 비록 전체 집단에 많은 대립유전자가 존재한다고 해도 각 개인은 하나의 STR 다형성에 대하여 2개 이상의 대립유전자를 가질 수는 없다. **그림 14.18**은 DNA 감식에 사용된 STR의 사례이다. 겔 상에 M으로 표시된 선상에는 분자량 표지로써 분자량이 알려져 있는 여러 가지 DNA 단편들이 배열되어 있다. 1번 선에서 9번 선까지 각 선마다 한 사람의 DNA가 배열되어 있다. STRs은 다음과 같은 2가지 특징을 가지고 있다.

1. 대부분의 사람들은 STR 대립유전자가 이형접합성이며, 크기가 다른 제한효소 단편을 생성한다. 뚜렷한 2개의 밴드가 나타난 것으로써 이형접합성임을 알 수 있다. 그림 14.18에서 1번 사람만이 특이한 동형접합성 대립유전자인 것으로 나타났다.
2. 여러 사람으로부터 나온 제한 조각은 크기가 다양하다. 크기가 다양하다는 것은 집단 전체가 많은 STR 대립유전자를 가지고 있다는 것을 나타낸다.

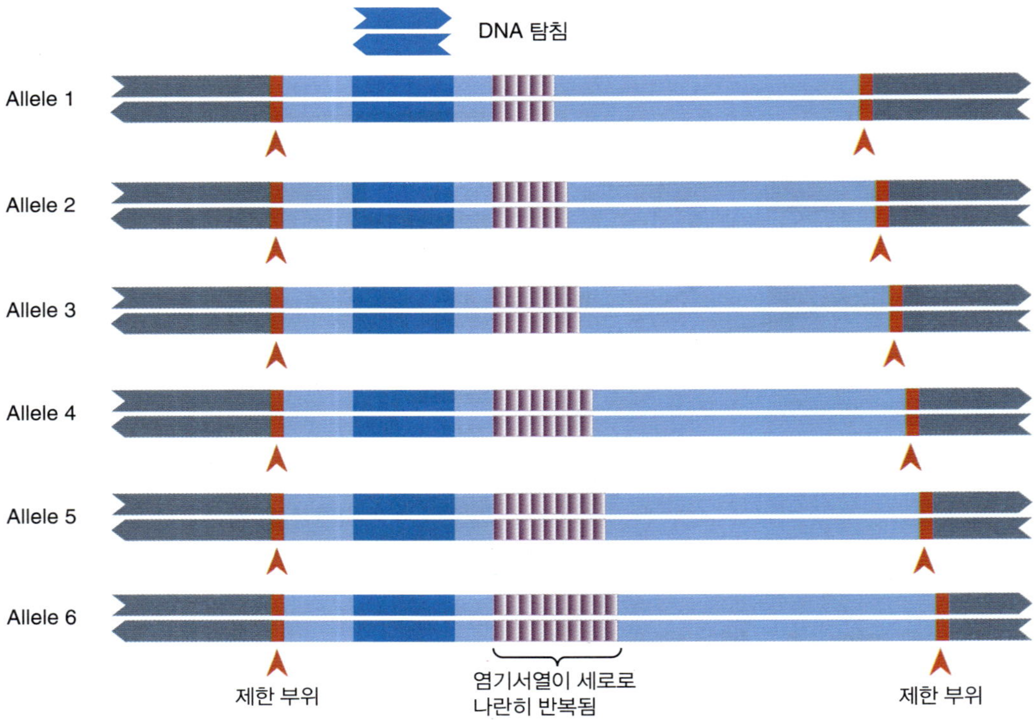

그림 14.17 어떤 유전자의 비필수 부위에 존재하는 반복 단위의 수가 다르기 때문에 나타나는 대립유전자의 변이. DNA는 탐침으로 각 대립유전자의 제한 조각을 찾아낼 수 있다. 조각의 길이는 반복 단위의 출현 개수에 따라 달라진다.

표 14.1 사람 유전체에서 단순 염기서열 반복(SSRs)

반복 단위의 길이	Mb당 평균 발생 수	발생 횟수당 평균 반복 수
1	36.7	45
2	43.1	59
3	11.8	29
4	32.5	26
5	17.6	31
6	15.2	15
7	8.4	15
8	11.1	13
9	8.6	12
10	8.6	18
11	8.7	8

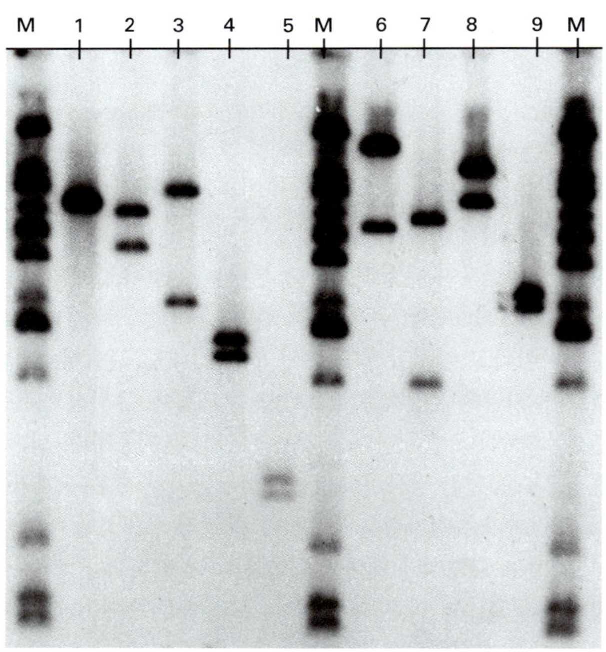

그림 14.18 DNA 감식법에 이용한 SSR 유전적 변이. 번호가 붙여진 각 라인에는 각기 다른 사람의 DNA가 배열되어 있다. DNA는 제한효소로 처리하여 전기영동으로 분리하고, 방사성 DNA 탐침으로 표지하였다. M으로 표시된 라인에는 분자량 마커가 들어있다

Courtesy of Robert W. Allen, Human Identity Testing Laboratory, Oklahoma State University.

STRs가 DNA 감식법에 유용하게 쓰이는 이유는 그림 14.18을 통해서 알 수 있다. 9명에 대한 밴드 패턴이 각각 다르기 때문에 이 STR을 이용한 방법만으로도 개인을 식별할 수 있다. 한편, 그림 14.18과 같은 각 개인의 특이성은 STR의 다형성이 높고 표본의 크기가 작았기 때문이다. 만약 좀 더 많은 사람들을 검사하여 표본의 크기가 더 컸다면, STR 유형이 우연히 일치되는 쌍도 분명히 발견될 것이다.

DNA 불일치는 결정적인 증거가 된다

DNA 감식법은 범죄자를 인정하는 수단으로만 사용되는 것이 아니며, DNA 타입이 증거물과 일치하지 않는 무혐의자의 결백을 밝히는 데 사용될 수도 있다. 예를 들어, 강간범으로 의심되는 사람의 DNA 유형이 피해자로부터 채취한 정액의 DNA 유형과 일치하지 않는다면, 그 용의자는 가해자가 아니다. 다른 예로, **그림 14.19**는 DNA 감식법을 이용하여 부자 관계를 검사한 것이다. 1번 2번은 아이의 아버지라고 주장하는 각각 다른 사건의 사람들이다. 각각의 경우, 어머니(M), 아이(C) 그리고 남자(A)에게서 DNA가 채취되었다. 하나의 STR에 대하여 나타난 밴드의 패턴을 보여준다. A + C로 표시된 선은 남자와 아이의 DNA가 혼합된 것이다. 1번의 경우, 아이 쪽의 가장 아래 밴드는 어머니로부터 유전되었고, 위쪽 밴드는 아버지로부터 유전되었다; 위쪽 밴드는 아버지라고 주장하는 사람의 밴드와 같은 크기이므로 그 남자가 아이에게 이 대립유전자를 전달하였다고 할 수 있다. 그러나 이 분석 결과로 이 사람이 아버지라고 입증된 것은 아

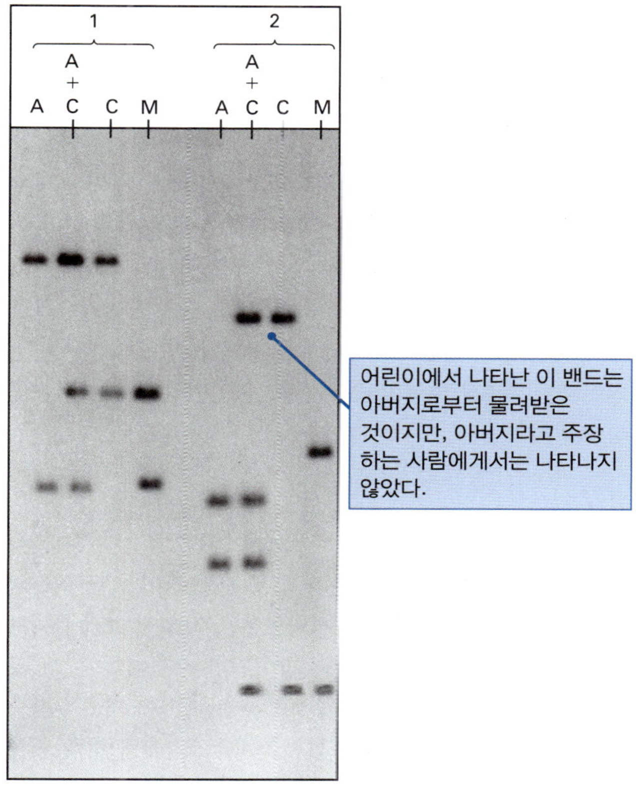

그림 14.19 DNA 감식법을 이용한 부자 관계 검사. 1번과 2번으로 표시된 부분들은 각각 다른 2가지 부자 확인 사례의 DNA 샘플이다. 각 라인에는 어머니 M, 어린이 C, 아버지라고 주장하는 사람 A의 DNA 조각이 들어있다. A + C로 표시된 라인은 아버지라고 주장하는 사람의 DNA와 아이의 DNA 조각이 같이 들어있다. 어린이에서 나타난 이 밴드는 아버지로부터 물려받은 것이지만, 아버지라고 주장하는 사람에게서는 나타나지 않았다.

Courtesy of Robert W. Allen, Human Identity Testing Laboratory, Oklahoma State University.

잠깐 생각해 봅시다 14.2

1918년 7월 17일 이른 아침, 러시아 마지막 황제인 Nicholas 2세는 Bolshevik의 당수 Vladmir Lenin의 지령에 의해 러시아 Ekaterinburg(현재 Sverdlovsk)의 저택 지하실에서 기관총으로 살해되었다. 그의 아내 Tsarina Alexandra와 4명의 딸 Olga, Tatiana, Marie, Anastasia 그리고 혈우병 환자인 아들 Tsarevitch Alexis도 같이 살해되었다. 또 그 가족의 개인 주치의였던, 남자 1명과 여자 하녀 3명도 같이 살해되었다. 1979년에 살해되었다는 소문이 있는 지역에서 암매장된 시신 9구를 발견하였고, 1991년에는 DNA 검사가 가능하게 되었다. 하나의 STR 탐침을 사용하여 나타낸 겔 패턴이 옆에 그려져 있다.

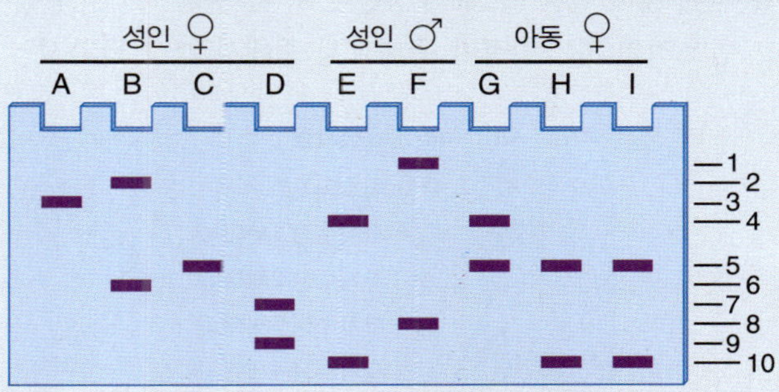

밴드는 전기적 이동성이 증가하는 순서로 번호를 붙였다. 이들은 뼈의 발육 정도와 Y-염색체 상의 특이 DNA의 존재 유무로써 성인 여성 4명(A–D), 성인 남성 2명(E–F), 그리고 3명의 어린 소녀(G–I)라는 것이 밝혀졌다. (a) DNA 감식 결과로써 비혈연 관계인 성인 6명의 존재를 확인할 수 있는가? (b) 부모와 세 딸이 포함되어 있다고 볼 수 있는가? (C) 황제 Nicholas 2세와 그의 부인 Alexandra의 DNA가 들어있는 열을 찾으시오.

니다; 단지 이 특정 STR을 근거로 할 때 그 남자는 아버지일 가능성에서 배제될 수 없다는 것이다(그러나 충분히 많은 STR이 분석되어 그 결과 중 어느 것에서도 이 사람이 배제되지 않는다면 그가 아버지일 가능성은 더 높아진다). 그림 14.19의 사례 2에서는 아버지일 가능성에서 제외된 경우이다. 겔의 가장 아래에 있는 작은 밴드는 어머니로부터 아이에게 유전된 밴드이다. 아이 쪽의 다른 밴드는 아버지라고 주장하는 사람의 두 밴드 중 어느 쪽과도 일치하지 않으므로 이 남자는 생물학적으로 아버지가 아니다(이 논의에서 돌연변이라는 결과를 예상할 수 있지만, 돌연변이일 가능성은 극히 희박하다).

14.5 동계교배는 친족 간의 교배이다

동계교배(inbreeding)는 사촌과 같은 친족 사이의 교배를 의미한다. 동계교배의 중요한 결과로는 무작위적 교배에서보다 이형접합 자손의 빈도가 더 낮아진다는 것이다. 이는 특정 식물들에서 자연적으로 발생하는 반복적인 자가수정으로 인해 가장 현저하게 나타난다. 자가수정으로 인하여 이형접합 유전자형의 빈도가 감소하는 이유를 이해하기 위해 *Aa* 이형접합자로만 구성된 가상적인 하나의 최초 집단을 생각해보자(**그림 14.20**). 자가 수정을 하는 식물은 1/4 *AA*, 1/2 *Aa*, 1/4 *aa*의 비율로 열매를 생산한다. 따라서 1세대의 자가수정의 결과로 이형접합자의 비율은 1에서 1/2로 감소한다. 제2세대에서는 이형접합 식물에서만 이형접합성 자손을 생산할 수 있으며, 그 자손의 반만 다시 이형접합성이 될 것이다. 따라서 이형접합자는 처음의 1/4로 감소한다. 자가수정 제3세대에서는 이형접합자가 1/4 × 1/2 = 1/8로 감소한다. 다음 절에서는 동계교배로 인해 이형접합자가 어떻게 감소하는지에 대해 정량적으로 설명한다.

반복적인 자가수정이 동계교배 중에서 가장 극단적인

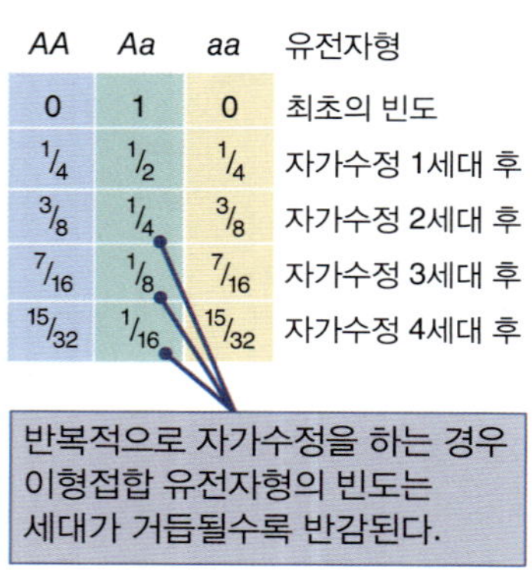

그림 14.20 유전자형 빈도에 대한 반복적인 자가수정의 영향. 각 세대에서의 이형접합 유전자형의 비율은 이전 세대의 반으로 감소한다.

형태이지만, 이형접합자의 수를 감소시킨다는 점에서는 다소 약한 형태의 동계교배와 질적으로 유사하다. 동계교배의 영향은 이형접합자의 감소를 통해서 쉽게 알 수 있다. H_1이 동계교배 생물체 집단 내의 이형접합성 유전자형의 빈도라고 가정하자. 동계교배의 측정에 가장 널리 이용되는 것은 **동계교배계수(inbreeding coefficient)**이며, 약자 ***F***로 나타낸다. F는 무작위적 교배에서 예상될 수 있는 값 $2pq$와 비교되는 H_1의 비례적인 감소로 정의된다.

$$F = (2pq - H_1)/2pq$$

이를 다시 정리하면,

$$H_1 = 2pq(1 - F)$$

이다. 이것은 동계교배계수가 F인 생물 집단에서 이형접합 유전자형의 비율은 무작위적 교배를 하는 생물 집단의 이형접합 유전자형 비율에 비하여 F 만큼 감소된다는 것을 의미한다. 이형접합 유전자형 비율이 감소함에 따라 동형접합 유전자형의 비율은 상대적으로 증가한다. 동족 번식 집단에서 전체 유전자형의 빈도는 다음과 같다.

$$\begin{aligned} AA \text{ 유전자형의 빈도} &= p^2(1 - F) + pF \\ Aa \text{ 유전자형의 빈도} &= 2pq(1 - F) \qquad (14.3) \\ aa \text{ 유전자형의 빈도} &= q^2(1 - F) + qF \end{aligned}$$

이 빈도들은 동계교배를 고려하여 하디-와인버그 법칙을 변형한 것이다. $F = 0$일 때(동계교배가 아닐 때), 유전자형 빈도는 하디-와인버그 법칙의 방정식(14.1)에서 주어진 p^2, $2pq$ 그리고 q^2과 같다. 반대로, $F = 1$일 때(완전 동계교배일 때), 동계교배 집단은 빈도가 각각 p인 AA와 q인 aa 유전자로 이루어진다. 그러나 F 값이 어떻든 간에 대립유전자 빈도는 여전히 p 와 q이다. 왜냐하면,

$$\begin{aligned} &p^2(1 - F) + pF + (1/2)[2pq(1 - F)] \\ &\quad = p(p + q)(1 - F) + pF = p \end{aligned}$$

이기 때문이다. **그림 14.21**은 방정식(14.3)에서 유도되는 유전자형 빈도를 그림으로 설명한 것이다. 집단은 개념상 두 그룹으로 나뉜다. 한 그룹에서는 (집단의 비율이 F) 문제의 유전자가 동계교배의 영향을 받았는데, 이는 한 생물체 내에 존재하는 2개의 대립유전자가 동계교배를 번식을 한 공통조상에서 DNA 복제가 되었기 때문에 유전적으로 동일하다는 것을 의미한다. 다른 그룹에서는 (집단의 비율이 $1 - F$) 문제의 유전자가 우연히 동계교배의 영향을 받지 않았는데, 이는 유전자형의 빈도가 무작위적 교배로 예상되는 빈도와 같다는 것을 의미한다. 방정식(14.3)으로 두 그룹의 유전자형

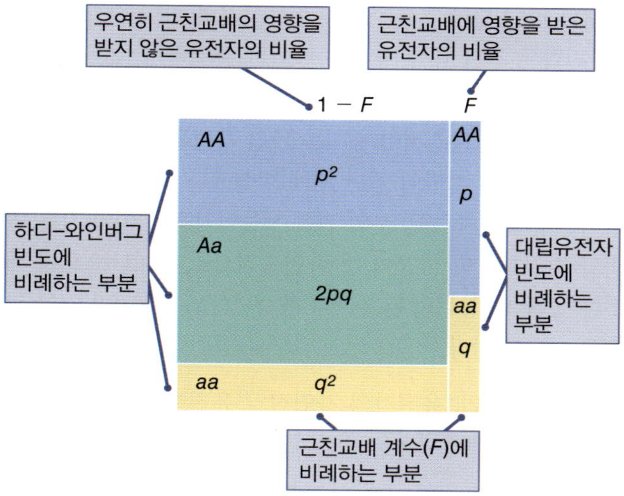

그림 14.21 유전자형 빈도에 있어서 근친교배의 영향. 왼쪽의 큰 직사각형 상에 있는 조상 대립유전자는 근친교배의 영향을 받지 않았으며, 유전자형 빈도는 하디-와인버그의 비율과 같다. 오른쪽의 작은 직사각형의 조상 대립유전자는 근친교배의 영향을 받았으며, *AA*와 *aa*의 유전자형 빈도는 *p* : *q*이다(후자의 경우에는 이형접합 유전자형이 없다는 것에 주의하라).

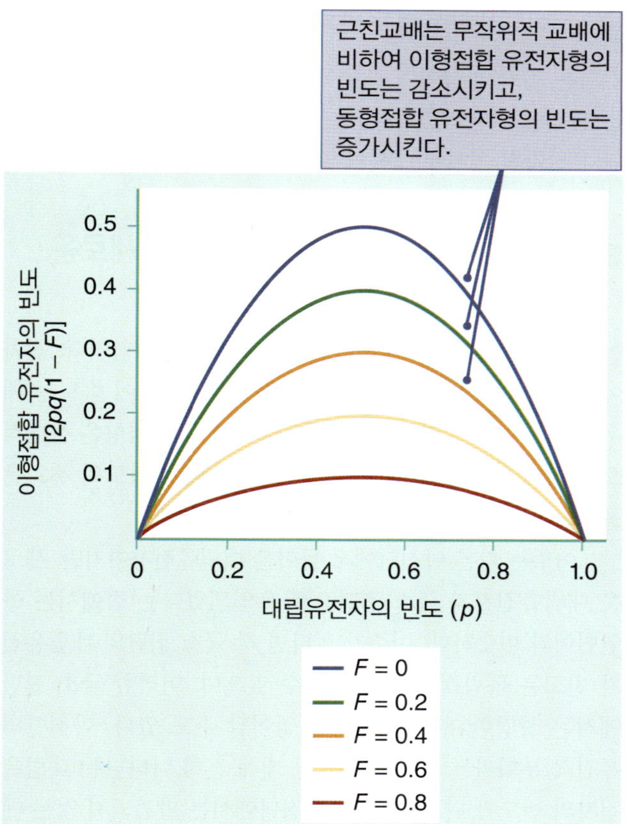

그림 14.22 대립유전자 빈도(*x* 축)에 대한 근친교배 집단 내 이형접합 유전자형의 빈도(*y* 축). 근친교배가 증가함에 따라(근친교배 계수 *F*의 증가), 이형접합 유전자형의 비율은 감소한다.

빈도를 계산한 결과가 그림 14.21에 나타나 있다.

동계교배로 인한 이형접합체 감소 경향은 **그림 14.22**에 나타나 있다. 각 곡선은 $H_1 = 2pq(1 - F)$ 방정식으로 계산하였다. $F = 0$은 무작위적 교배와 같다. 곡선은 동계교배계수가 증가함에 따라 이형접합 유전자형의 빈도가 $F = 1$이 될 때까지 비례적으로 감소하는데, $F = 1$이라는 것은 동계교배를 하는 집단에 남아있는 이형접합체가 없는 것이다. 바꾸어 말하면, $F = 1$로 동계교배율이 높은 집단에서는 유전자형의 상대 비율이 각각 p와 q인 AA와 aa로 이루어진다.

동계교배는 무작위적 교배에 비하여 동형접합자의 과잉 생산을 초래한다

동계교배의 효과는 생물체의 교배 방식에 따라서 달라진다. 한 예로 규칙적으로 자가수분을 하는 식물에서는 이미 동계교배가 많이 이루어져서 동형접합성이 매우 높기 때문에 추가적인 동계교배 효과는 사실상 없다. 그러나

핵심 개념

대부분 종에서 동계교배는 유해한데, 왜냐하면 그 유해 효과의 대부분이 동계교배 이외의 방법으로는 동형접합이 이루어지지 않았을 희귀 열성 대립유전자 때문이다.

사람들은 사회적 관습 때문에, 가까운 근친 간에는 결혼을 잘 하지 않는다. 근친결혼의 일반적인 유형은 사촌 간의 결혼이다. 원주민 집단이나 종교집단처럼 격리된 작은 집단은 먼 인척 간의 결혼으로 인하여 어느 정도의 근친 교배는 불가피하다. 동계교배의 효과는 일반적으로 해로운 희귀 열성 동형접합 유전자형의 빈도를 증가시킨다는 것이다. 미국의 백인을 예로 들면, 비친척 관계의 사람들 사이에서 태어난 자녀들 가운데 백화증의 빈도는 약 20,000명당 1명이지만, 사촌 간의 근친결혼으로 태어난 자녀에서는 약 2,000명당 1명 정도이다. 이렇게 위험률이 증가하는 이유는 14.3의 방정식(동계교배)과 14.1의 방정식(무작위적 교배)에서 동형접합성 열성 유전자형의 빈도를 비교함으로써 이해할 수 있을 것이다. 사람들에서 가장 흔한 동계교배는 사촌 간 결혼이며, 그 자손의 $F = 0.062(= 1/16)$이다. 따라서 사촌 간의 근친결혼으로 나타날 열성 동형접합자의 빈도는

$$q^2(1 - 0.062) + q(0.062)$$

이다. 반면, 근친관계가 없는 사람들 간의 결혼으로 태어난 자녀의 열성 동형접합자 빈도는 q^2이다. 백화증의 경우, 그 빈도는 약 $q = 0.007$로, 사촌 간의 자녀에서는 5×10^{-4}, 친

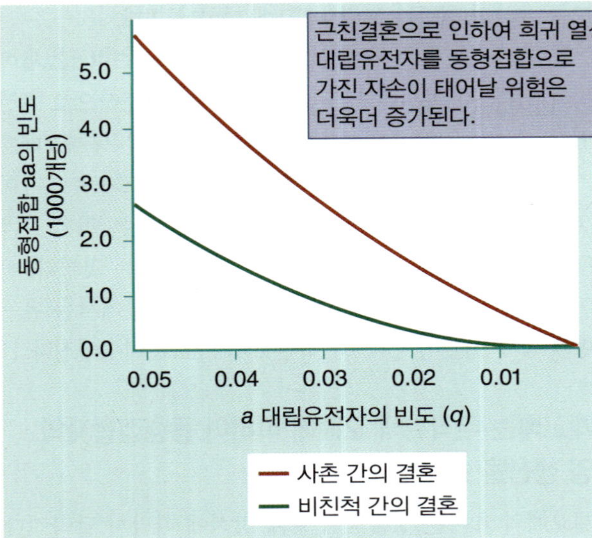

그림 14.23 사촌 간의 결혼이 상염색체성 희귀 열성 대립유전자의 동형접합 유전자형을 가진 자녀의 빈도에 미치는 영향. 대립유전자 빈도가 낮아짐에 따라 두 곡선 모두 감소하지만, 비친척 간의 결혼 곡선이 더 급격하게 감소한다. 결과적으로 더 희귀한 열성 대립유전자일수록 사촌 간의 결혼에서 태어나는 자손에게 더 많은 영향을 준다.

척 간이 아닌 경우의 자녀에서는 5×10^{-5}이다.

희귀 열성 대립유전자를 동형접합으로 가진 자녀의 빈도를 증가시키게 되는 근친결혼의 효과는 **그림 14.23**에 나타나 있다. 빈도의 증가가 어떤 대립유전자에서도 일어나지만 더 희귀한 대립유전자일수록 상대적인 증가율이 더 높다. 예를 들어, 그림 14.23의 곡선에서 대립유전자 빈도가 $q = 0.05$이면 동형접합 자손이 태어날 상대적인 위험은 $0.0335938/0.0025 = 13.4$이다. 반면에 대립유전자 빈도가 $q = 0.01$이면 동형접합 자손이 태어날 상대적인 위험은 $0.00634375/0.0001 = 63.4$이다.

잠깐 생각해 봅시다 14.3

미국 내 모든 결혼 중에서 약 1%는 사촌 간의 결혼이다. 희귀 대립유전자에서 $q = 0.001$이므로 비인척 간인 부모로부터 태어난 동형접합성 자손의 비율은 $q^2 = 1 \times 10^{-6}$이고, 사촌 간인 부모에서 태어난 자손의 수는 $q^2(1 - 0.062) + q(0.062) = 6 \times 10^{-5}$이다. 돌연변이 유전자가 동형접합으로 태어난 신생아 가운데 부모가 사촌 간일 확률은 얼마인가?

14.6 진화는 종 내의 유전적 변화에 의해서 일어난다

가장 넓은 의미로, **진화(evolution)**는 한 집단의 유전자 풀의 변화나 한 집단에 존재하는 대립유전자의 빈도 변화를 뜻한다. 진화는 집단 내에 유전적 변이가 존재하기 때문에 가능하다. 진화적 변화는 대부분 다음의 4가지 과정을 거친다. 이 과정에 의하여 특징적인 변이를 가진 가계를 만들어 나갈 누적적인 변화의 기반이 집단 내에 형성된다. 비록 이 점이 증명되진 않았으나, 대부분의 진화 생물학자들은 이와 같은 변화가 지질학적인 시간에 걸쳐 연속적으로 일어남으로써 새로운 종과 더 상위의 분류군이 형성된다고 믿고 있다. 그 과정은 다음과 같다.

1. **돌연변이**, 유전자의 자연적인 유전적 변화에 의하여 집단 내에 새로운 유전적인 능력이 발생되는 기원.
2. **이주**, 큰 집단 내의 아집단 간 생물체들의 이동.
3. **자연선택**, 그들이 속한 환경 내에서 생물의 생존력과 생식력의 차이로 인하여 나타나는 결과. 자연선택은 생물체 집단이 그들의 환경에 점차적으로 적응하게 되는 첫 번째 과정이다.
4. **무작위적 유전적 부동**, 모든 집단, 특히 작은 집단 내에서 우연히 일어나는 대립유전자 빈도의 무작위적이고 방향성 없는 변화.

진화는 집단 현상이기 때문에 편의상 대립유전자의 빈도라는 관점에서 논하였다. 다음 절에서는 주요 진화 과정의 집단 유전학적 의미에 대하여 알아본다.

14.7 돌연변이와 이주는 집단에 새로운 대립유전자를 제공한다

돌연변이는 유전적 변이를 일으키는 근본적 원인이다. 진화에서는 필수적인 과정이지만, 일반적인 돌연변이 속도는 매우 낮아서 대립유전자의 빈도 변화에 미치는 영향은 상대적으로 작다. 게다가 표현형이 출현할 수 있는 정도의 새로운 돌연변이는 대부분 생물체에게 해로운 것이다.

이주는 다른 아집단에서 들어온 대립유전자이지만, 새로운 대립유전자가 국소 집단으로 유입되었다는 점에서는 돌연변이와 비슷하다. 이주가 없다면 각 국소 집단의 대립유전자 빈도는 독립적으로 변화할 수 있으며, 이러한 국소 집단에서는 상당한 유전적 분화가 일어날 수도 있다. 아집단의 유전적 분화라는 것은 국소집단 내에 흔히 나타나는 대립유전자의 빈도가 다르거나, 다른 집단에서는 발견되지 않는 매우 희귀한 대립유전자를 집단 내에 가지고 있는 국소 집단을 말한다. 아집단 사이에 생물의 이주가 어느 정도 가능하다면 아집단 간에 누적되는 유전적 차이를 최소화할 수 있다. 사실 아집단 사이에 이주가 비교적 적게 일어나더라도 (각 국소 집단 내에 존재하는 각 세대 가운데 단지 몇 개체의 이주만 일어나더라도) 유전적 분화가 높은 수준으로 일어날 수 없다. 반면에 지역 환경에 적응하기 위해서 일어나는 자연선택과 같은 또 다른 강력한 진화 작용이 일어난다면, 이주가 일어남에도 불구하고 어느 정도의 유전적 분화가 축적될 수 있다.

14.8 자연선택은 생존과 번식에 더 잘 대처할 수 있는 유전자형에게 유리하다

적응 진화의 추진력은 자연선택인데, 이는 생물체가 존재하는 환경 내에 존재하는 생존과 번식 능력의 유전적 차이로 인하여 나타난다. 1859년 다윈(Charles Darwin)이 처음으로 제안한 이후로 자연선택의 개념에 대한 수정과 확대 해석이 일어나게 되었다. 현대적 표현으로 자연선택의 개념은 다음의 3가지를 전제로 한다.

- 모든 생물체는 더 많은 자손을 낳는다.
- 생물체의 생존과 번식 능력은 각기 다르며, 이 차이의 상당 부분은 유전자형이 다르기 때문이다.
- 모든 세대에서, 환경에서의 생존을 촉진하는 유전자형은 번식기에 과잉으로 나타나며, 이것이 다음 세대에 자손이 불균형적으로 나타나는 원인이 된다. 이러한 방식으로 생존과 번식을 증가시키는 대립유전자의 빈도는 계속적으로 증가하게 되고, 그 집단은 그 환경에서의 생존과 번식이 점점 더 유리하게 된다는 것이다. 집단에서의 점진적인 유전적 진보는 진화적인 적응(adaptation)의 과정을 형성한다.

적응력은 생존과 번식을 위한 유전자의 상대적인 능력이다

여러 세대에 걸쳐 일어나는 선택 현상은 세대가 짧은(약 30분) 세균 집단을 대상으로 연구할 수 있다. **그림 14.24**는 세균의 유전자형 A와 B의 경쟁 결과를 보여준다. A 유전자형은 특정 조건에서 B보다 우세한 경쟁자이다. 120세대 동안 계속된 이 경쟁 실험에서, A 유전자형의 비율(p)이 0.60에서 0.9995까지 증가하는 동안 B 유전자형의 비율은 0.40에서 0.0005까지 감소하였다. 자료의 각 지점은 아래 방정식에 대입하여 얻어진 값이다.

$$\frac{p_n}{q_n} = \left(\frac{p_o}{q_o}\right)\left(\frac{1}{w}\right)^n \quad (14.4)$$

여기에서 p_0와 q_0는 A와 B의 최초 빈도이며, (각각 0.6과 0.4), p_n과 q_n은 n 세대 경쟁 후에 나타난 빈도이다. 그리고 n은 경쟁이 일어난 세대 수, w는 실험조건 하에서 A에 대한 B의 경쟁 능력의 측정치이다. 이론상 유도방정식(14.4)은, w를 실험 조건하에서 유전자형 A에 대한 유전자형 B의 생존률 그리고/또는 번식률로 정의하고, 모든 세대에서 일정하다고 가정한다. 이것은 0세대에서 $A : B$의 상대빈도가 $p_0 : q_0$이면, 다음 세대의 상대빈도는 $p_0 : q_0w$가 되어 $p_1/q_1 = (p_0/q_0)(1/w)$라고 할 수 있다. 마찬가지로 다음 세대에서 상대빈도가 $p_2/q_2 = (p_1/q_1)(1/w)$로 주어지고, p_1/q_1을 대입하면 $p_2/q_2 = (p_0/q_0)(1/w)^2$이다. 세대가 거듭되면서 이 방법으로 방정식 14.4를 얻었다. 모든 세대에서 $q = 1 - p$임으로 방정식(14.4)을 적용하면

$$p_n = \frac{p_o}{p_o + q_o w^n} \quad (14.5)$$

그림 14.24는 $p_0 = 0.6$, $q_0 = 0.4$, $w = 0.96$ 값을 가질 때 나타나는 완만한 곡선이다. 표시 점들은 실험 자료와 일치함을 보여준다.

$w = 0.96$은 특별한 조건하에서 A 유전자형에 대한 B 유전자형의 **상대적 적응력(relative fitness)**이다. 상대적 적응력은 각 세대에 생산된 자손의 유전자형 풀에 대한 각 부모 유전자형의 상대적 기여도로 측정된다. $w = 0.96$은 A 유전자형에 의해서 1개체의 자손이 생산될 때, B 유전자형은 평

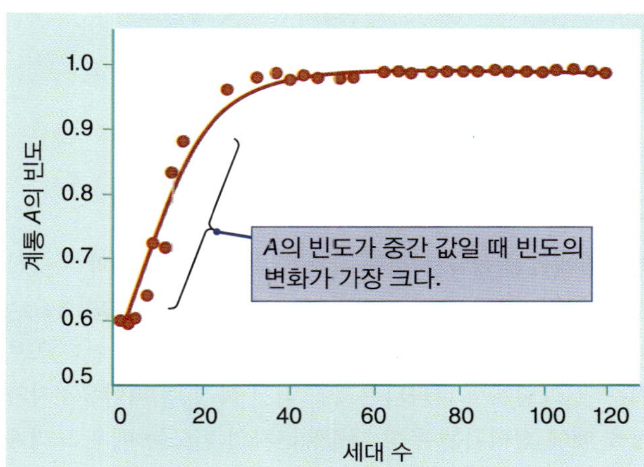

그림 14.24 지속적으로 성장을 하는 집단에서, 선택의 결과로 선호된 대장균 계통의 빈도의 증가. 각 점에 대한 y는 어떤 시간의 A 세균수를 전체 균수($A + B$)로 나눈 값이다. 빈도의 변화는 선호된 계통 A의 빈도가 중간 값일 때 최고로 높다.

균 0.96개체의 자손을 생산한다는 것을 의미한다.

집단 유전학에서 상대적 적응력은 일반적으로 우세한 유전자형(이 경우에는 A)의 적응력 1.0을 기준으로 하여 평가한다. 그러나 가끔 불리한 유전자형의 선택이 상대적 적응력보다 더 중요하다. 비선호성 유전자형에 대한 불리한 선택을 그 유전자형의 **선택 계수(selection coefficient)**라 하며, 기준 적응력(1.0)과 문제가 되는 유전자형의 상대적인 적응력 사이의 차이로 계산된다. 본문의 예에서 B에 대한 선택 계수 s는 다음과 같다.

$$s = 1.000 - 0.96 = 0.04 \qquad (14.6)$$

앞의 예에서 s가 구체적으로 의미하는 것은 계통 B의 불리한 선택률이 세대당 4%라는 것이다. 선택 계수를 알고 있을 때, 최초의 빈도가 주어지면 14.5의 식을 이용하여 미래 세대의 대립유전자 빈도를 예상할 수 있다. 다른 방법으로 특정 초기 값에서 후대의 어떤 값까지 대립유전자의 빈도 변화가 일어나기 위한 선택에 필요한 세대 수를 산정할 수 있다. 예를 들어, 산정된 A와 B의 상대적응력으로부터 A의 빈도가 0.1에서 0.8로 변화되기 위해 필요한 세대 수를 구하면 어떻게 될까? 이 문제에서 $p_0/q_0 = 0.1/0.9$, $p_n/q_n = 0.8/0.2$, $w = 0.96$이다. 방정식 (14.4)를 약간 변형하면 다음과 같다.

$$n = [\log(0.1/0.9) - \log(0.8/0.2)]/\log(0.96)$$
$$= 87.8\text{세대}$$

잠깐 생각해 봅시다 14.4

위의 보기에서와 같이, 유해 대립유전자에 대항하는 선택 계수 $s = 1 - 0.96 = 0.04$이다. 이 대립유전자 빈도가 0.9에서 0.2로 감소되기까지는 얼마나 걸리겠는가?

대립유전자가 매우 희귀하거나 매우 흔할 때 대립유전자의 빈도는 서서히 변화한다

이배체에서 일어나는 선택 작용은 반수체의 경우와 비슷하지만 우성과 열성을 고려하면 더욱 복잡해진다. **그림 14.25**는 선택이 일어난 우성과 열성 대립유전자의 빈도 변화를 보여준다. 그림에서 나타나는 두드러진 특징은, 대립유전자가 많을 때에 선택되는 우성 대립유전자의 빈도는 매우 느리게 변하며, 대립유전자가 희귀한 경우에도 열성 대립유전자의 빈도가 매우 느리게 변한다는 것이다. 그 이유는, 동형접합체보다 이형접합체에서 좀 더 높은 빈도로 희귀 대립유전자가 발견되기 때문이다. 우성 대립유전자의 선택 빈도가 높아지면 대부분의 열성 대립유전자는 이형접합체 내에 존재하게 되며, 이형접합체는 선택의 영향을 받지 않으므로, 결국 대립유전자 빈도의 변화에 영향을 주지 않는다. 반대로 선택되는 열성 대립유전자의 빈도가 낮아진다면, 선택되는 대립유전자 대부분이 이형접합체 내에 있으며, 이형접합체는 선택의 영향을 받지 않으므로, 결국 대립유전자 빈도 변화에 영향을 주지 않게 된다. 원리는 다음과 같이 매우 단순하다.

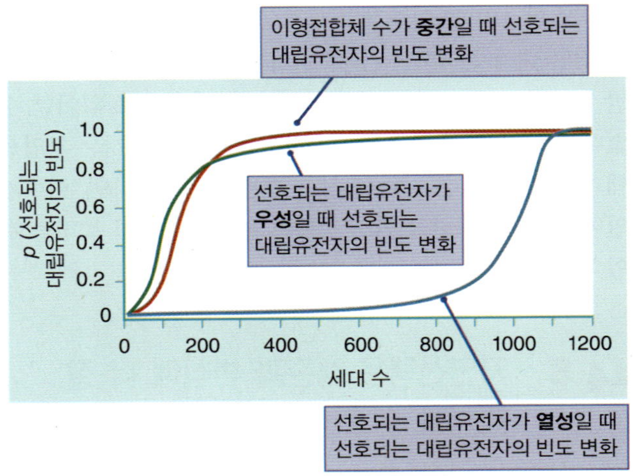

그림 14.25 선호되는 대립유전자가 우성이거나 열성일 때 또는 이형접합체의 적응력이 정확히 중간일 때, 무작위적 교배를 하는 이배체 생물에 있어서 선택적으로 선호되는 대립유전자 빈도에서 이론적으로 예측 가능한 변화(부가적인 경우). 각각의 경우, 적응력이 가장 낮은 동형접합성 유전자형에 대한 선택 계수는 5%이다.

핵심 개념

열성 대립유전자가 희귀한 경우에는 열성 대립유전자에 대한 선택 작용이나 비선택 작용이 거의 나타나지 않는다.

이 원리의 간단한 예로서 열성 치사유전자에 대한 선택 작용을 들 수 있다. 여기에서 열성 대립유전자의 빈도를 q에서 $q/2$로 감소시키는 데 필요한 세대의 수는 $1/q$와 같다는 것을 알 수 있다. 예를 들어, $q = 0.01$일 때, 열성 대립유전자의 빈도를 계속적으로 반감시키기 위해서는 100, 200, 400, 800, 1,600, . . . 세대가 필요하며, 이처럼 열성의 치사 대립유전자는 아주 천천히 제거된다.

희귀 열성 대립유전자에 대해서 선택 작용의 효과가 나타나지 않는다는 것은 현실적으로 중요한 사실이다. 의학적 치료를 통하여 희귀 열성 질환을 가진 사람의 생명을 살리고, 유해한 유전자를 보유한 사람이 자녀를 출산하게 됨으로써 사람의 유전자 풀을 질 적으로 퇴보시킬 수 있다는 의

견이 있지만, 이에 대한 근거가 없다. 희귀 대립유전자를 가진 동형접합체의 비율은 아주 낮아서 동형접합체의 생식으로 인하여 나타나는 대립유전자 빈도의 변화는 무시해도 좋은 정도로 미약하다. 빈도가 낮을 때에는 동형접합체가 생식을 하든지 안 하든지 관계 없다. 비슷한 이유로, 우생학적인 계획 하에 유해한 영향을 미칠 수 있는 사람의 자녀 출산을 금지시킴으로써 사람의 유전자 풀에서 유해한 열성유전자를 "제거"하는 데 이용할 수드 있다. 여하튼 심한 유전적 질환을 가진 사람의 자녀 출산이 이루어진다하더라도 대립유전자의 빈도에는 원칙적으로 영향이 없다.

인간 유전학 이야기

혈액 내성

Anthony C. allison (1954)

Radcliffe infirmary, Oxford England

말라리아 감염에 저항하는 낫꼴-세포 형질의 방어 작용

말라리아는 전 세계의 열대와 아열대지역에서 가장 유행하는 전염성 질병으로 매년 약 3억 명이 감염되어 100만 명 이상이 사망한다. 이 질병은 오한과 발한이 주기적으로 일어난다. 환자는 비장 확대, 소화계 염증, 기관지염 및 다른 심한 합병증을 비롯하여 적혈구 파괴로 인한 빈혈을 앓는다. 말라리아는 기생성 원생동물인 *Plasmodium falciparum* 이 원인이며, 사흘째마다 열이 나므로 "3일열" 말라리아라고도 한다. *Anopheles gambiae* 모기에 물리면서 이 기생체에 감염된다. 기생체는 간에서 약 일주일간 번식한 후에 적혈구로 침입하여 증식하고, 며칠 후에 적혈구가 용혈을 일으켜 파괴된다.

"낫꼴세포가 말라리아 감염에 대하여 어느 정도의 방어력을 제공하는지에 대한 확인이 필요하게 되었다."

풍토병인 *falciparum* 말라리아가 발병되는 아프리카 일부와 중동, 지중해 지역 그리고 인도에서는 헤모글로빈 베타 사슬의 아미노산 염기서열에 영향을 미치는 낫꼴세포 돌연변이의 빈도가 상대적으로 높다. 이형접합 보인자인 사람에서는 심한 임상적 증상은 없지만, 현미경으로 관찰할 때, 1~3일 후에 적혈구 세포가 반달

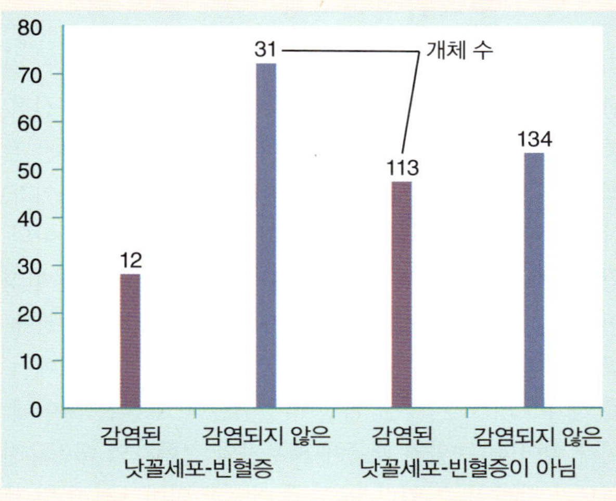

모양이나 낫모양으로 변하는 소위 "낫꼴세포(겸상적혈구) 증상"이 나타난다. 동형접합으로 발현된 사람은 자연적으로 많은 적혈구가 낫모양으로 변하므로, 혈관에 무르는 동안 심한 합병증과 사망을 일으키는 "낫꼴세포빈혈증(겸상적혈구 빈혈증)"을 앓는다. 유전질환은 집단에서 동형접합성이 10%나 혹은 그 이상의 빈도로 유지될 때 치사 효과가 나타나는데, 그 이유는 무엇일까? Allison은 낫꼴세포 돌연변이와 말라리아의 연관성에 대하여 주목한 후, 낫꼴세포 형질은 이형접합 보인자로 하여금 말라리아에 대해 상당한 내성을 가지도록 한다고 추측하였고, 이 가설을 지지하는 중요한 증거를 제시하였다. 다음은 이형접합 보인자가 말라리아에 대한 내성을 가지게 됨으로써 선택적으로 약 15% 정도 더 유리하게 된다는 것을 보여준다.

> [1949의 자료에 의하면] 낫꼴세포-빈혈 형질의 발생률은 말라리아가 유행한 지역의 발생률이 다른 지역보다 더 높게 나타났으며, [그리고] 낫꼴세포가 말라리아 감염에 대하여 어느 정도의 방어 효과를 제공할 수도 있을 것이라는 정보를 확인할 필요성이 대두되었다. . . . [그래프에서 볼 수 있듯이, 낫꼴세포-빈혈증을 가진 어린이들에게 있어서는 기생충의 발생률이 대조군에서보다 유의하게 낮은 것으로 나타났다.] [그러므로] 말라리아가 [널리 유행하는] 지역에서는 이형접합성의 낫꼴세포-빈혈증 유전자를 가진 어린이들이 선택적 이익을 가진다. 이러한 사실은 낫꼴세포-빈혈증 환자가 사망함으로써, 유전자가 제거되어 감에도 불구하고 낫꼴세포-빈혈증 유전자가 이 지역에 여전히 남아 있는 이유를 말해준다.

출처: A. A. Allison, *British Medical Journal* 1 (1954): 290–294.

핵심 개념

유해한 열성 대립유전자의 가장 큰 저장 장소는 표현형적으로는 정상인 이형접합성 보인자의 유전체이다.

선택은 새로운 돌연변이에 의해 안정화된다

그림 14.25에서 볼 때, 선택 작용이 집단으로부터 유해한 대립유전자를 제거하려는 경향으로 나타나는 것은 분명하다. 그러나 유해한 대립유전자는 완전히 제거될 수 없다. 왜냐하면 정상 대립유전자에 돌연변이가 일어나서 유해한 대립유전자가 계속 만들어지기 때문이다. 이 새로운 돌연변이는 선택 작용으로 제거된 유해 대립유전자가 다시 채우게 된다. 결국 집단은 새로운 돌연변이 형성과 선택적 제거가 정확하게 균형을 이루는 **평형상태**(*equilibrium*)에 도달하게 될 것이다. 이 평형상태를 **돌연변이-선택 균형(mutation-selection balance)**이라고 한다. 완전 열성에 속하는 경우와 부분적 우성에 속하는 경우를 반드시 고려해야 된다. 이 두 경우에 있어서 평형상태는 선택으로 제거된 대립유전자와 새로운 돌연변이가 균형을 이룬 에 의해서 안정된 것이다.

대립유전자가 완전한 열성인지 아닌지에 따라서 평형으로 유지되는 유해 대립유전자의 빈도가 아주 달라진다. 왜냐하면, 완전 열성에 대한 선택 작용은 대립유전자가 희귀할 때에는 매우 비효율적으로 작용하기 때문에, 이형접합성 보인자에 대한 선택 작용이 아주 적다고 해도 평형 대립유전자의 빈도에 있어서는 급격한 감소가 일어난다. 예를 들어, 완전히 열성일 때 0.01이라는 평형 빈도를 가지는 동형접합성 치사 대립유전자를 생각해보자; 만약 이형접합성 보인자의 상대적응력이 1.0 대신 0.99라면, 평형 빈도는 0.001로 감소할 것이다. 즉, 이형접합 보인자의 적응력이 단지 1% 감소함으로써 평형 빈도는 10배 감소하게 된다. 이러한 감소는 희귀 대립유전자가 동형접합체보다 이형접합체에서 훨씬 더 많이 존재하기 때문이다. 그러므로 이형접합체에 대한 선택 작용이 적다고 해도 상대적으로 많은 수의 생물체가 영향을 받게 된다.

때로는 이형접합체가 우수한 유전자형이다

이형접합체의 적응력은 양쪽 동형접합체들 사이의 중간쯤일 것으로 생각되어진다(또는 한쪽 동형접합체의 적응력과 같다고 생각할 수 있다). 이 경우, 돌연변이에 의하여 선택이 방해되지 않는다면 우세한 동형접합체와 연관된 대립유전자가 고정되게 된다. 여기에서, 우성과 열성 양쪽 동형접합체의 적응력보다 이형접합체의 적응력이 더 크다는 **이형접합체 우세(heterozygote superiority)**를 생각할 수 있다.

이형접합체가 우세할 때는 어떤 대립유전자도 선택에 의하여 제거될 수 없다. 각 세대에서 이형접합체가 동형접합체보다 더 많은 자손을 낳으며, 이형접합체에 대한 선택으로 집단 내에 양쪽 대립유전자가 모두 유지된다. 마침내 선택작용은 대립유전자 빈도가 더 이상 변하지 않는 평형에 도달하게 한다. *AA*, *Aa*, *aa* 유전자형의 상대 적응력이 $1 - s : 1 : 1 - t$이면 평형을 나타내며, p와 q 값은 $p/q = t/s$에 의해 주어진다. 이 공식은 *aa* (t)에 대한 선택계수가 클수록 p/q 평형비가 더욱 더 커지기 때문에 상당한 의미가 있다. 그리고 그 반대도 또한 같아진다.

이형접합체 우세는 자연집단에서 특히 보편적으로 나타나는 선택 작용의 유형이 아니다. 낫꼴세포 빈혈증 돌연변이(Hb^s)와 기생성 원생동물인 악성 말라리아원충(*Plasmodium falciparum*)이 일으키는 말라리아와의 관계가 잘 알려져 있다(그림 4.26). 낫꼴세포 빈혈증의 돌연변이는 β-글로빈의 유전자에서 일어나는데, 유전 암호 서열 중 6번째 암호가 정상인 5′-GAG-3′의 글루탐산 대신 5′-GUG-3′의 발린으로 치환된 것이다. 의학적 치료가 효과적으로 이루어질 수 없는 곳에서 Hb^s 대립유전자를 동형접합으로 가지게 되면 사실상 죽게 된다. 아직까지 아프리카와 중동의 일부 지역에서는 이 대립유전자의 빈도가 10%나 그 이상에 이른다. 이형접합인 사람들은 말라리아의 감염률이 낮고, 감염되더라도 동형접합성의 정상인보다 증상이 가볍기 때문에 Hb^s 대립유전자가 유되고 있다. 그러므로 이형접합 유전자형의 적응력 더 높게 나타난다.

14.9 대립유전자 빈도의 변화는 무작위적이다

처음부터 가정한 것과 같이, 집단이 무제한적으로 크지 않고 한정되어 있기 때문에(크기가 제한적임) 무작위적 유전적 부동이 발생한다. 어떤 한 세대에 번식을 하는 생물체는 잠재적으로 무한한 배우자 풀을 생산한다. 번식력에서 차이가 없다면 배우자들 사이의 대립유전자 빈도는 성체들 사이의 대립유전자 빈도와 같을 것이다. 그러나 집단의 크기가 한정되어 있으므로, 다음 세대의 접합자 형성 과정에서 수정에 성공할 수 있는 배우자는 상대적으로 적다. 즉, 한 세대에서 다음 세대로의 표본 추출 과정이 일어난다; 표본들 사이에 변이가 일어날 수 있기 때문에 배우자와 접합자의 대립유전자 빈도가 달라질 수 있다. 표본에 변이가 일어나서 어떤 세대

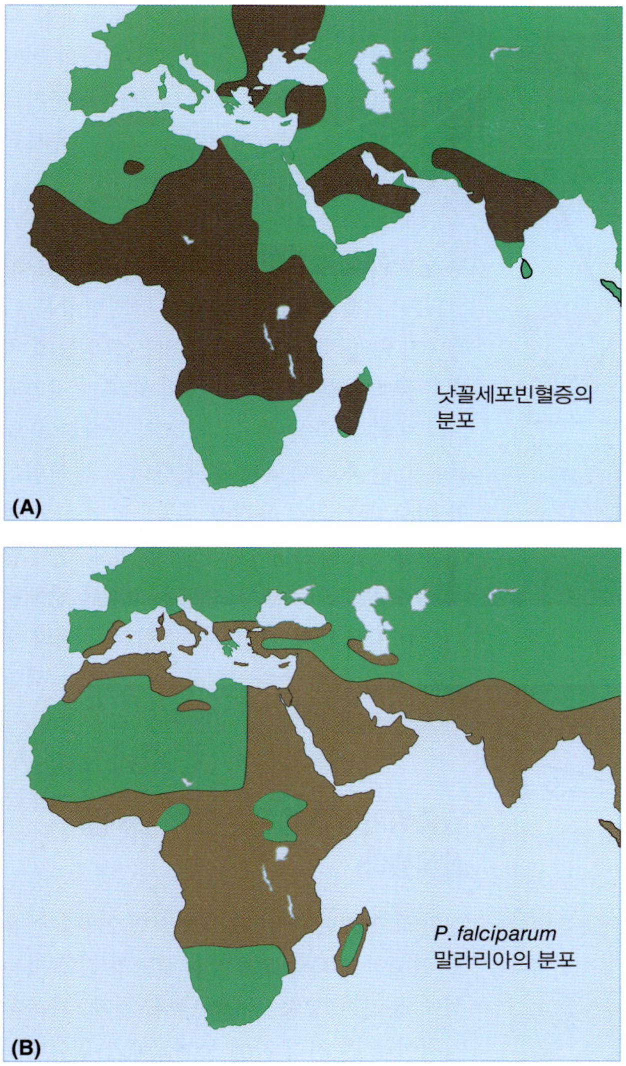

그림 14.26 말라리아 퇴치 프로그램이 시행되기 전인 1920년대의 낫꼴세포빈혈증과 *Falciparum* 말라리아(B)의 지리적 분포.

에서는 몇몇 개체들이 다음 세대에 자손을 남기지 못할 수도 있기 때문에 무작위적 유전적 부동을 **무작위 생식 실패**(*random failure to breed*)라고도 한다.

구체적인 예로, **그림 4.27**에서는 무작위적 유전적 부동의 가장 본질적인 특징을 보여준다. 그래프 A 부분은 각각 8개의 이배체 개체로 이루어져 있으며, 초기에는 모두 같은 수의 *A*와 *a* 대립유전자를 가지고 있었던 가상적인 12개 아집단 각각에 있는 대립유전자 *A*의 수를 나타낸다. 각 아집단 내에서의 교배는 무작위적이다. 컴퓨터 프로그램으로 각 세대 별로 이전 세대의 아집단이 생산한 배우자 풀에서 16개의 배우자를 선택했다. 무작위적 유전적 부동의 결과로 인한 대립유전자 빈도의 분산이 뚜렷이 나타난다. 아주 작은 집단보다는 큰 집단에서의 대립유전자 빈도 변화가 덜 현저하고, 많은 세대가 요구되겠지만 전체적인 효과는 같을 것이다. 무작위적 유전적 브동으로 초래되는 대립유전자 빈도의 분산 범위는 집단 크기에 따라 달라진다; 집단이 작을수록 분산은 점점 더 크게, 더 빨리 일어난다.

그림 14.27의 A에서는 무작위적 유전적 부동의 주된 영향이 처음 몇 세대에서는 더욱 분명하게 나타난다: 대립유전자 빈도는 더욱더 넓은 범위로 분산되기 시작한다. 제7세대에는 분산이 극대화되고, *A* 대립유전자의 수는 1에서 15까지 분포하게 된다. 이러한 분산은 아집단 간의 대립유전자 빈도가 점차적으로 달라진다는 것을 의미한다. 일반적으로,

핵심 개념

무작위적 유전적 부동은 아집단 사이에 대립유전자 빈도의 차이를 유발하며, 아집단 간에 유전적 분화를 일으킨다.

비록, 무작위적 유전적 부동으로 인해 아집단 간 대립유전자 빈도가 매우 넓은 범위에 걸쳐 분포하게 되더라도 아집단간 **평균** 대립유전자 빈도는 거의 일정하게 유지된다. 이러한 사실은 그림 14.27B에서 확인된다. 평균 대립유전자 빈도는 초기값인 0.5에 가깝다. 만약 아집단이 단지 12개가 아니라 무한정 많다고 한다면, 평균 대립유전자 빈도는 모든 세대에서 정확히 0.5가 될 것이다. 이 원리는 개개의 아집단에서 대립유전자 빈도의 무작위적 부동에도 불구하고, 많은 아집단들 사이의 평균 대립유전자 빈도는 일정하게 유지되며 최초의 아집단 간 평균 대립유전자 빈도와 같다는 것을 의미한다.

충분히 많은 세대에 걸쳐서 무작위적 유전적 부동이 진행되고 나면 아집단의 일부분은 *A*로, 다른 일부분은 *a*로 고정되게 된다. 돌연변이의 발생을 배제하였으므로, 개체군은 그렇게 고정된 한 가지 대립유전자로 남아 있게 된다. 그림 14.27에서 21세대 후에는 단 4개의 집단만이 여전히 분리된 상태로 남아 있으며, 결국에는 이들 역시 고정될 것이다. *A*의 평균 대립유전자는 일정하기 때문에 집단의 p_0는 마침내 *A*로 고정되고, $1 - p_0$는 *a*로 고정되게 되기 때문이다(기호 p_0는 최초 세대에서의 *A*의 대립유전자 빈도를 나타낸다). 그러므로,

핵심 개념

무작위적 유전적 부동에 의한 특정 대립유전자의 최종적인 고정 확률은 최초 집단의 대립유전자 빈도와 같다.

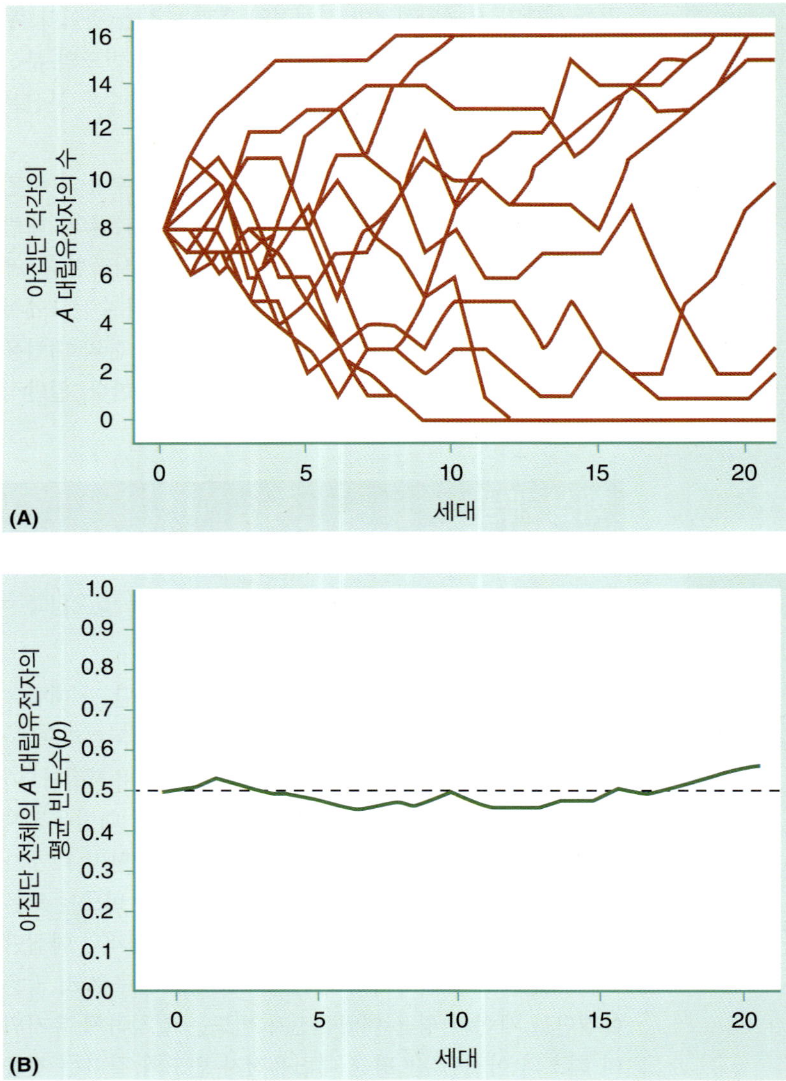

그림 14.27 (A) 8개체씩의 이배체 생물로 구성된 가상적인 12개 아집단에서의 무작위적 유전적 부동. (B) A의 아집단 간 평균 대립유전자 빈도.

그림 14.27에서 5개 집단은 A에 그리고 3개는 a에 고정되었으며, 이는 무한한 개체수를 가진 아집단으로부터 이론적으로 예측된 수와 크게 다르지 않다.

그림 14.27과 관련된 특징은 개체수가 작은 초파리 실험 집단의 무작위적 유전적 부동에 대한 실제적인 보기로 **그림 14.28**의 A에 나타내었다. 그래프는 각각 bw^{75}/bw(bw = 갈색눈)의 암컷 8마리와 수컷 8마리로 구성된 107개 아집단을 대상으로 하였다. 그리고 각 세대의 자손에서 각각 8마리씩의 암컷과 수컷을 무작위로 선택하여 집단의 크기를 일정하게 16마리로 유지하였다. 무작위적 유전적 부동 때문에 아집단 간의 대립유전자 빈도 범위가 어떻게 넓어지며, 얼마나 빨리 아집단이 bw^{75}나 bw로 고정되기 시작하는지 주의 깊게 보아야한다. 아집단이 107개에 불과한 다소 개략적인 자료이지만, 유전적 분화의 전체적인 유형은 이항분포(그림 14.28B)를 근거로 한 이론에서 유도된 기대치와 상당한 유사점이 있다.

만약, 무작위적 유전적 부동이라는 한 가지 힘만이 작용했다면, 모든 대립유전자는 고정되거나 제거되었을 것이고 다형현상은 나타나지 않을 것이다. 그러나 많은 요인들에 의해서 무작위적 유전적 부동의 효과는 지연되거나 방해를 받을 수 있다. 그의 중요한 요인들은 다음과 같다, (1) 큰 집단; (2) 돌연변이와 이주, 무작위적 유전적 부동으로 소실된 대립유전자는 돌연변이나 이주로 인해 다시 발생될 수 있으므로 이 요인들은 고정을 방해한다; (3) 자연선택, 특히 이형접합자 우세의 경우와 같이 유전적 다양성을 유지하려는 경향이 있는 선택 방식.

멸종위기의 종들은 유전적 변이를 상실했다

집단의 크기에 제한이 가해지면 2가지 이유로 인해서 개체의 생명력과 집단의 진화 가능성에 불리한 영향이 나타난다. 첫째, 가까운 친척이나 먼 친척 간에 동계교배가 일어나기 위해서는 집단의 유지가 필수적인데, 이것은 동계교배의 부진으로 인하여 생식 적합성을 상실하게 된다. 두 번째 이유는 첫 번째 이유와 연관된 것으로서 무작위적 유전적 부동은 대립유전자 빈도와 무작위적 고정이나 대립유전자의 감소에 상당한 영향을 미칠 수 있다. 2가지 과정은 자연집단이나 포획집단뿐만 아니라 농업적으로 중요한 대부분의 동식물에서 볼 수 있다. 멸종위기의 종에 대한 연구는 동계교배와 무작위적 유전적 부동으로부터 초래되는 유전적 다양성 상실을 최소화함으로써 생물다양성을 보존하고 복원하는 것을 목표로 하는 **보존유전학(conservation genetics)**의 중심이 된다.

어떤 집단에서 한 특정 유전자의 유전적 다양성은 이형접합성 유전자형의 비율을 이용하여 측정할 수 있다. 앞에서 설명한 무작위적 유전적 부동의 이론에 따르면, 이형접합성 유전자형의 비율은 각 세대에서 $1/(2N)$의 비율로 감소가 일어날 것으로 예측되는데, 여기서 N은 집단 내에서 교배하는

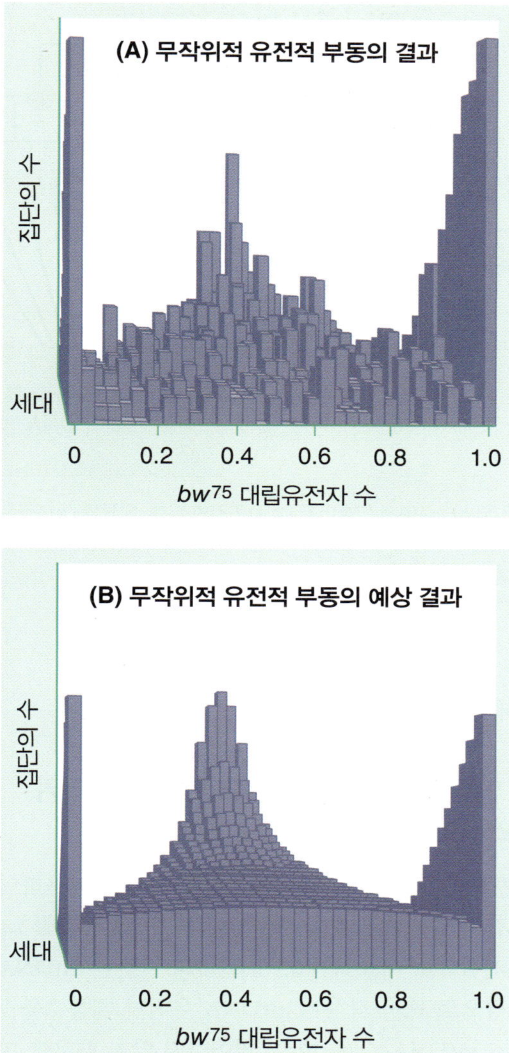

그림 14.28 (A) 각각 8마리의 암컷과 수컷으로 이루어진 107개 *Drosophila melanogaster* 실험 집단의 무작위적 유전적 부동. (B) 동일한 조건에서 이항분포로 계산된 이론상 기대치.

(A) Data from P. Buri, *Evolution* 10 (1956): 367–402.

개체의 수(전문적으로는 유효 집단 크기라고 한다)이다. 이 이론은 대립유전자가 선택적으로 중립이고 유전자가 연관되어 있지 않은 최적 환경하에 있는 집단에 적용할 수 있다.

포획 집단에 대한 실제 실험에서 그 집단의 유전적 다양성 수준은 중립 이론에서 예측된 것보다 훨씬 더 빠르게 감소하는 것으로 나타났다. 실제 집단에서는 새로운 돌연변이가 반드시 선택적 중립으로만 일어나는 것이 아니다. 새로운 돌연변이의 상당수가 유해하지만, 그렇게 때문에 선택적으로 제거되고, 그 염색체에 함께 연관된 유전자의 대립유전자들 역시 제거된다. 이러한 염색체로 인해 유효집단 크기가 감소되며, 재조합의 수준이 제한될수록 그 영향은 더 커진다. 비슷하게, 우연히 발생한 새로운 돌연변이가 이로울 수도 있어서(특히, 자연 상태와 환경이 전혀 다른 포획집단에서), 유익한 대립유전자가 고정되는 선택이 일어나게 되고, 염색체에 같이 연관된 유전자의 대립유전자들도 역시 고정될 것으로 예상된다. 이에 따라 유익한 돌연변이 또한 그들의 유전체가 있는 지역의 유효집단 크기를 감소시키게 되는데, 재조합의 속도가 낮아질수록 그 효과는 더 증대된다. 그래서 연관유전자에 작용하는 선택의 효과로 인해서, 그 유전체가 있는 다른 지역들의 유효집단 크기가 서로 다르다.

중립이론으로부터 추정된 유전적 다양성 상실의 예측치와 평균 교배의 크기를 비교해 보면, 실제 집단에서는 10~30% 더 빠르게 유전적 다양성을 상실하는 것으로 나타난다. 유전 다양성의 감소는 엽록체 DNA와 미토콘드리아는 물론 Y 염색체를 비롯하여 재조합이 제한된 유전체 부위에서 훨씬 더 급속하게 일어난다. 몇몇 소수의 유전자에서는 중립이론에서 추정된 것 보다 더 오랫동안 유전 다양성이 유지되는 반대 효과가 나타난다. 이러한 유전자들은 이형접합체의 우월성이나 희귀 대립유전자를 선호하는 선택에 대한 명백한 증거를 보여준다. 이런 이유로 무작위적 유전적 부동의 중립이론이 크기가 한정된 집단의 유전적 다양성의 상실을 예측하는 데 유용함에도 불구하고, 실제 상실 속도가 예측치보다 더 증가될 수도 있다는 점에서 최선의 시나리오가 된다.

14.10 미토콘드리아 DNA는 모성유전이다

미토콘드리아 DNA(mitochondrial DNA, **mtDNA**)는 생물체 사이의 유전 관계 연구에 유용한 몇 가지 특징을 가지고 있다. 고등동물에서 미토콘드리아는 일반적으로 암컷만을 통한 유전적 전달을 의미하는 **모성유전(maternal inheritances)**을 나타낸다. 난자가 접합자 세포질의 주요 공여자이므로, 미토콘드리아는 전형적으로 모계에 의해서만 유전된다. 미토콘드리아의 전형적인 모성유전의 유형을 **그림 14.29**의 가계도에서 보여준다. 사람의 미토콘드리아 DNA가 제한효소 *Hae*II로 잘려졌을 때, 잘린 DNA는 8.6 kb의 한 개로 된 조각이거나, 4.5 kb와 4.1 kb의 2개의 조각으로 되어 있다(그림 14.29A). 작은 2개의 조각은 8.6 kb 조각에 *Hae*II로 잘려지는 부위가 있기 때문에 나타나는 것이다. 8.6 kb 미토콘드리아 DNA 조각의 모성유전을 B에 나타내었다. 남자(I-2, II-7, II-10)는 자손에게 DNA 유형을 전달하지 않는 반면, 여자(I-3, I-5, II-8)는 그 유형을 자손 모두에게 전달한다.

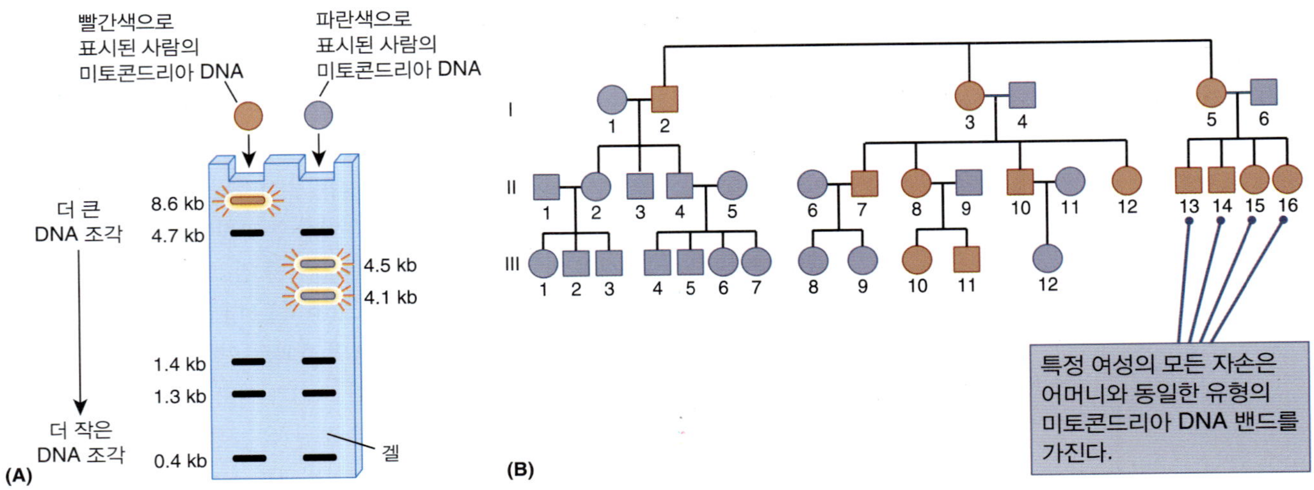

그림 14.29 사람의 미토콘드리아 DNA의 모성유전. (A) 제한효소 *Hae*II로 잘려진 미토콘드리아 DNA에서 만들어진 DNA 조각의 유형. 왼쪽의 DNA형은 8.6 kb의 조각(빨간색)을 나타낸다. 오른쪽의 DNA형은 8.6 kb 조각이 *Hae*II로 잘려져서 작은 4.5 kb와 4.1 kb의 조각(파란색)으로 나타난다. (B) 8.6 kb 조각(빨간색 기호)을 가진 DNA 유형의 모성유전을 보여주는 가계도. 미토콘드리아 DNA형은 어머니를 통해서만 전달된다.

8.6 kb 조각을 생성하는 *Hae*II 부위에 돌연변이가 생기더라도 질병과는 관련이 없지만, 미토콘드리아 DNA에 일어나는 여러 가지의 다른 돌연변이는 질병을 일으키며, 미토콘드리아와 유사한 유전 형태를 보인다. 이러한 상태의 질병들은 대부분 미토콘드리아의 ATP 생성 능력을 감소시키고 근육과 신경세포의 기능에 영향을 미친다. 특히 중추신경계에 영향을 주어서 실명, 청력 상실 또는 발작적인 증상을 일으킨다. 많은 경우에 있어서, 어느 정도 이상의 정상 미토콘드리아가 없을 때는 치명적이 되며, 그 영향을 받은 사람들은 정상 미토콘드리아와 돌연변이 미토콘드리아의 비율의 차이로 인하여 다양한 증상이 나타나게 된다. 동일한 세포에 2가지 또는 그 이상의 유전적으로 다른 형태의 미토콘드리아가 존재하는 것이 동물에서는 드문 일이다. 예를 들어, 사람의 세포에는 1,000에서 10,000개 정도의 미토콘드리아가 있으며, 이들 모두는 유전적으로 동일하다.

인류의 mtDNA 염기서열은 거의 일정한 속도로 변화한다

미토콘드리아 DNA의 또 다른 중요한 특징은 유전자 재조합이 일어나지 않는다는 것이다. 즉, 어떤 미토콘드리아의 DNA 분자는 하나의 조상 분자로부터 파생된 것이다. 또한 미토콘드리아 DNA는 핵의 유전자보다 훨씬 빠르게 진화하기 때문에 인류조상을 추적하는 데 유용한 유전자 표식이 된다. 미토콘드리아 DNA 염기서열의 차이는 매 3,800년마다 미토콘드리아 계통당 한 개가 변하는 정도로 사람의 유전자 계통에 축적된다.

현대 인류 집단은 약 200,000년 전 아프리카 사하라 사막 이남지역에서 시작되었다

미토콘드리아의 DNA 뉴클레오티드 차이를 이용하여 인류 집단 간의 역사적 관계를 재구성해 볼 수 있다. **그림 14.30**은 전 세계적으로 대표적인 53개 민족의 완전한 mtDNA 서열을 바탕으로 해서 작성된 mtDNA 유전자 계통수를 나타낸 것이다. mtDNA는 재조합이 일어나지 않기 때문에 이 계통도는 단 1개의 유전자 좌위에 대한 유전적 역사이다; 그리고 mtDNA는 모성유전이므로 여성의 유전적 역사가 된다. 그럼에도 불구하고 계통도는 주목할 만한 여러 가지 특징을 보여준다.

- 아프리카인 집단에서의 높은 mtDNA 다양성은 아프리카인이 아닌 사람들의 집단에서는 발견되지 않는다. 평균적으로 아프리카인의 mtDNA는 비아프리카인의 mtDNA보다 약 2배나 더 많은 유전 변이를 보여준다.
- 주요한 mtDNA 4계통 중 3계통은 아프리카 사하라 사막 이남에서만 발견된다(녹색); 이 염기서열의 **가장 최근의 공통조상(Most Recent Common Ancestor, MRCA)**의 출현 시기(녹색 원)는 대략 170,000 ± 50,000년 전이다.
- mtDNA 계통의 일정 부분은 비아프리카인들 가운

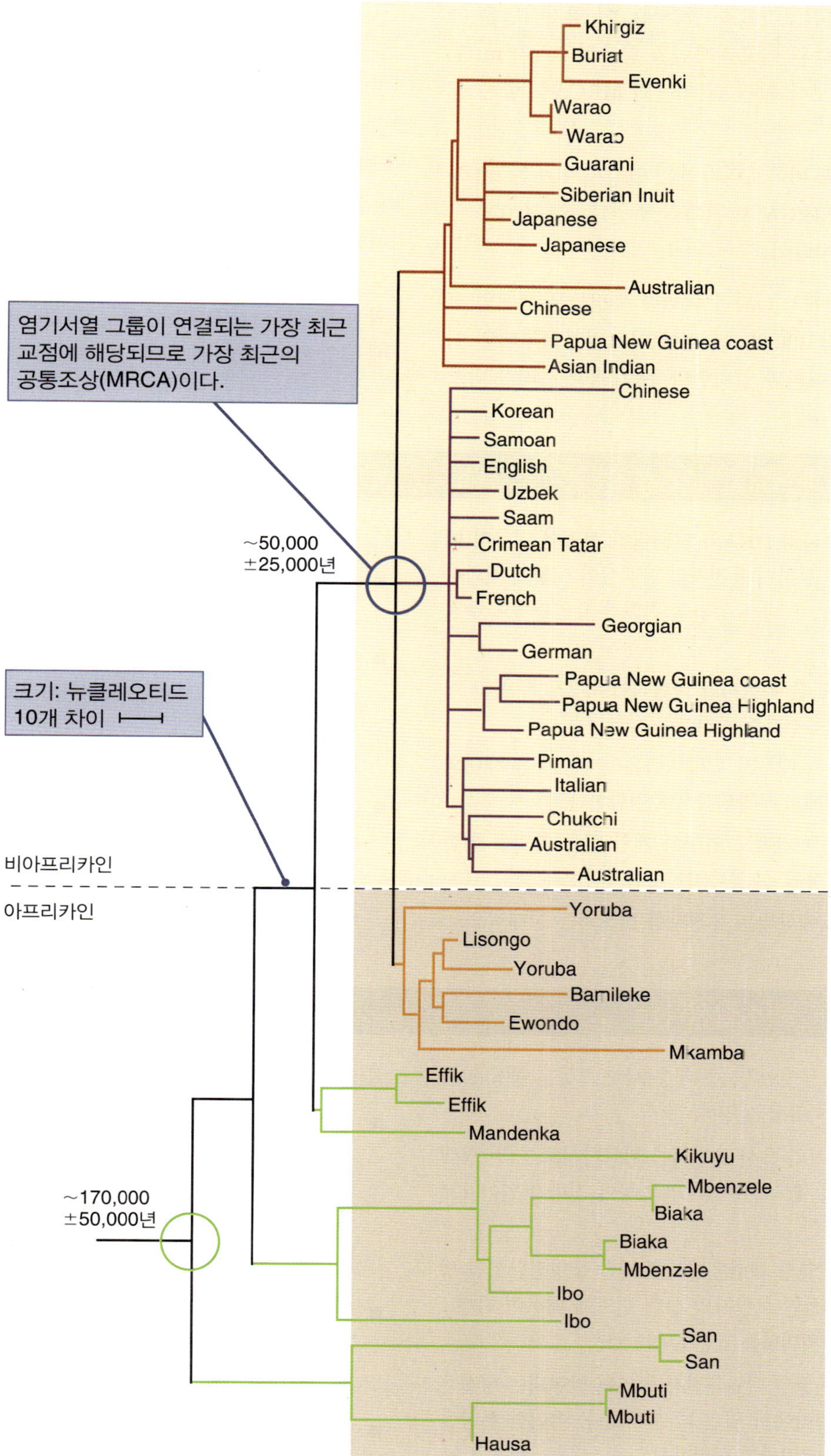

그림 14.30 53개 민족의 mtDNA 전체 뉴클레오티드의 염기서열 분석에 의한 인류 미토콘드리아 DNA 계통도.

Data from M. Ingman, et al., *Nature* 408 (2000): 708–713.

데서 발견된다(보라색과 빨간색). 이 염기서열은 아프리카인이 다른 아프리카인과 공유한 5가지 mtDNA(주황색)보다 훨씬 더 최근의 MRCA를 함께 공유한다.

- 아프리카인과 비아프리카인을 연결시켜 주는 mtDNA 계통의 MRCA 시대(파란색 원)는 약 50,000 ± 25,000년 전이다.

mtDNA 계통수에서 나타난 이러한 특징들은 현대의 모든 인류 집단이 대략 200,000년 전에 아프리카로부터의 이주로 유래되었다는 이론과 일치한다. 초기에 아프리카 밖으로 이주한 사람들이 있었으나, 이 초기 이민자들의 자손은 뒤늦게 이주한 사람들에 의해 추방된 것이 분명하다. 고인류 집단과 현대인의 조상의 존재 시기가 중복되었지만 이후에 멸종하게 되었다. 그들은 현대 인류의 조상과 부분적으로 동계교배가 이루어졌으며, 아프리카 원주민을 제외한 거의 대부분의 현대 인류의 핵 유전체 내에 그들의 존재에 대한 증거를 남겼다. 고인류 집단의 뼈에서 추출된 DNA 염기서열로부터 동계교배에 대한 증거가 밝혀졌지만, 현대 인류 집단의 미토콘드리아 DNA는 모두 약 200,000년 전에 아프리카에 살았던 한 명의 여성 조상으로부터 분화되었다.

장의 요약

- 시간이 경과함에 따라 DNA와 단백질의 서열이 변하기 때문에 서열 비교를 통하여 유전자와 단백질이 어떻게 진화하였는지 알 수 있으며, 다른 종과의 진화적 유연관계도 추정할 수 있다.
- 자연집단에서는 많은 유전자가 다형적이며, 2개 혹은 그 이상의 공통된 대립유전자를 가진다.
- 무작위적 교배에서 배우자들의 대립유전자는 다음 세대의 접합자 형성 과정에서 무작위적으로 결합한다.
- 유전적 다형현상은 가계도 연구와 개인 신분 확인을 위한 유전적 표지로 이용될 수 있다(DNA 감식법).
- 무작위적 교배로 예상되는 유전자형 빈도와는 상대적으로, 동계교배는 동형접합 유전자형을 증가시킨다.
- 돌연변이와 이주에 의하여 집단에 새로운 대립유전자가 유입된다.
- 자연선택과 무작위적 유전적 부동은 대립유전자의 빈도에 변화를 일으킨다. 선택은 일정한 방향으로 대립유전자 빈도를 변화시키는 반면, 무작위적 유전적 부동은 예상할 수 없는 방향으로 대립유전자 빈도를 변화시킨다.
- 사람의 미토콘드리아 DNA 염기서열에 대한 분석 결과는, 대략 200,000년 전 아프리카 사하라 사막 이남 지역으로 이주한 사람이 현재 아프리카 이외의 모든 지역에 살고 있는 현대 인류의 조상이라는 가설과 일치한다.

쟁점과 착상: 알고 넘어 갑시다

- 유전자 계통수는 무엇인가? 종 계통수는? 그들은 항상 일치해야 되는가? 그 이유를 설명하시오.
- 이종상동성 유전자와 유사 유전자를 비교하시오. 어떤 형태의 복제에 의하여 새로운 유전자의 기능에 진화가 일어나게 되는가?
- 희귀하고 유해한 열성 대립유전자에 대한 동형접합성인 생물체와 이형접합성인 보인자의 상대 빈도에 대하여 하디-와인버그 법칙이 의미하는 것은 무엇인가?
- X-염색체에 있는 열성 대립유전자에 의해 발현되는 형질은 보통 암컷보다 수컷에서 훨씬 더 우세하다. 이러한 현상을 무작위적 교배를 고려하여 설명하시오.
- 희귀 우성 대립유전자보다 희귀 열성 대립유전자에서 동계교배의 영향이 더 크게 관찰되는 이유는?
- 생식 연령 이전에 죽는 생물체의 적응력은 얼마인가? 불임인 생물체의 적응력은 얼마인가?
- 많은 열성 대립유전자는 동형접합일 때 매우 유해하다. 그래서 매 세대에 대립유전자 빈도를 감소하려는 방향으로 선택이 이루어진다. 그러나 거의 모든 유전자에서 유해한 열성 대립유전자는 낮은 빈도로 유지된다. 무엇이 유해한 열성 대립유전자의 완전 제거를 방해하고 있는가?
- 낫꼴세포 빈혈증에서 관찰되는 이형접합체 우세를 **평형 선택**(*balancing selection*)이라고 한다. 이것이 적당한 용어라고 생각하는가? 그 이유를 설명하시오
- 무작위적 유전적 부동이란 무엇이며, 이 현상이 나타나는 이유는 무엇인가? 다른 힘이 작용하지 않을 때, 몇몇 조상집단의 단일 대립유전자를 역추적함으로써 결국에는 어떤 집단의 한 유전자 좌위에 있는 모든 대립유전자의 조상을 밝혀낼 수 있게 되는지를 유전적 부동의 의미로 설명하시오.

문제 풀고 한 걸음씩 앞으로

문제 1 사람(Hu), 침팬지(Ch) 그리고 고릴라(Go)의 유전자 *A*, *B*, *C*의 DNA 서열을 비교하였다. *A* 유전자 분석에서 나온 유전자 계통수(**1**)에서는 사람과 침팬지의 대립유전자가 고릴라의 대립유전자보다 더 유사하게 나타났다. 유전자 *B*의 분석 결과(**2**)에서는 사람의 대립유전자가 침팬지보다 고릴라와 더 비슷한 것으로 나타났다. *C* 유전자의 분석 결과는 (**3**)과 같다. 각 유전자 계통수의 아래 부분에 표시된 바와 같이, 각각의 계통수를 통하여 사람과 침팬지 그리고 고릴라 사이의 진화적 유연관계가 다르다는 것을 알 수 있다.

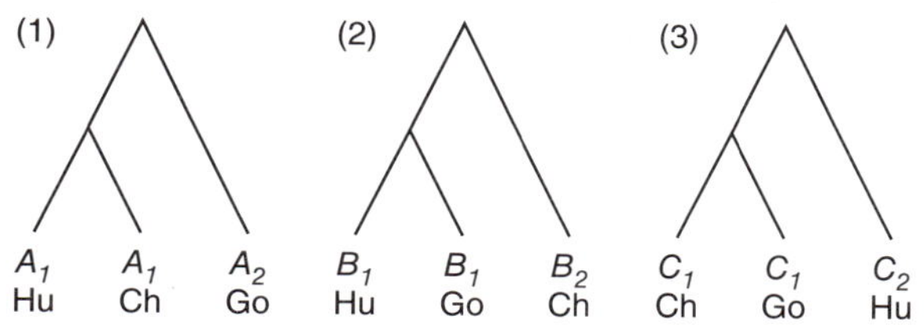

(a) 유전자 계통수와 종 계통수 사이의 이러한 불일치 현상은 어떻게 발생하였을까?

(b) 이 3가지 유전자로부터 나온 자료를 기초로 종간의 진화적 유연관계에 대하여 어떤 판단을 내릴 수 있는가?

(c) 어떤 분자학적 자료를 이용하면 종간의 진화적 유연관계를 밝힐 수 있을까?

풀이. 이 문제는 유연관계가 밀접한 유전자들을 비교할 때 자주 마주치게 되는 유전자 계통수와 종 계통수 사이에 일치점이 없는 전형적인 사례이다. **(a)** 이러한 불일치는 조상 집단의 유전적 다형성으로 인하여 그들이 공통조상으로부터 진화하여 그 종으로 분리되어 나올 때 형성된 것이다. 이러한 과정을 **계통 선택**(*lineage sorting*)이라고 한다. 가장 유사한 시나리오는 유전자 *A*와 *B*와 *C*가 공통조상 내에서 모두 다형이었다는 것이다. *A*의 대립유전자는 (**1**)의 형태로, *B*의 대립유전자는 (**2**), *C* 유전자는 (**3**)의 형태로 갈라진다. **(b)** 만약 이 3가지 유전자로부터 나온 자료가 유일하게 사용할 수 있는 자료라면, 어떤 종 계통수의 유연관계 유사성에 대하여 어떤 판단도 내릴 수 없을 것이다. **(c)** 종 계통수를 명확히 해주는 추가적인 분자학적 자료는 더 많은 유전자를 분석함으로써 얻을 수 있을 것이다. 만약 어떤 형태의 계통수가 우세하다면 그 형태에 따라 만들어진 종 계통수가 정확할 수 있다. 사람, 침팬지, 고릴라의 경우에서 전체 유전자를 모두 비교하면 (**1**)에 그려진 종 계통수가 가장 유력해진다.

문제 2 사람의 집단에서 *secretor*라는 유전자 좌위는 ABO식 혈액형 그룹의 탄수화물 항원 A와 B가 침이나 다른 체액에 분비되는지 여부를 결정한다. 유전자형 *Se*/*Se*와 *Se*/*se*는 분비형이며, 유전자형 *se*/*se*는 분비되지 않는 형이다. 백인들에는 적혈구 세포에 이들 항원의 존재 여부에 따라 A, B 또는 AB 혈액형이 있으며, 분비되지 않는 표현형의 빈도는 약 33%이다.

(a) 무작위적 교배라고 가정하고 대립유전자 *se*의 빈도는?

(b) A, B 또는 AB 혈액형을 가진 백인들 가운데, 동형접합성의 분비형과 이형접합성의 비분비형의 기대 비율은 얼마인가?

풀이. 이 문제는 무작위적 교배에 대하여 하디-와인버그 법칙을 적용시킨 전형적인 문제이다. **(a)** 하디-와인버그 비율에서 열성 동형접합 표현형의 빈도는 q^2과 같으며, 여기에서는 0.33으로 주어졌다. 그러므로

$$q = \sqrt{0.33} = 0.574$$

그래서 $p = 1 - q = 0.426$이다. **(b)** *Se*/*Se* 유전자형의 기대치는 $p^2 = (0.426)^2 = 0.181$이며, *Se*/*se* 유전자형의 기대치는 $2pq = 2(0.574)(0.426) = 0.489$이다. 집단에 있는 유전자형 가운데 *secretor* 유전자 좌위의 거의 절반은 이형접합성인 것에 주목하라.

문제 3 산필리포(Sanfilippo) 증후군은 선천성 대사이상이다. 이 병에 걸린 어린이는 성장 초기에는 아주 정상적인 발육을 하지만 시간이 갈수록 증세가 심해진다. 그래서 울화증, 과격 행동, 파괴성과 공격성을 비롯한 행동 장애를 나타내고 말하기를 배우는 데도 어려움을 겪는다. 이에 따라 운동 능력이 점차 상실되고 반응이 없어지게 되며, 보통 10대 후반이나 20대에 사망하게 된다. 이 병은 친족이 아닌 부모 사이에서 태어난 신생아 50,000명 중에 1명이 걸리는 상염색체성 열성 질병이다.

(a) 사촌 간의 결혼에서 출생한 자녀들 가운데, 이 병에 걸릴 자녀의 기대 빈도는?

(b) 비친족 간의 결혼에서 출생한 자녀들에 비해 사촌 간의 결혼으로 태어난 자녀들의 이 질병에 대한 상대적인 위험성은 무엇인가?

풀이. 먼저 열성 동형접합자의 빈도가 1/50,000이라는 자료를 이용하여 열성 대립유전자의 빈도 q를 계산해야 한다. 무작위적 교배로 가정하면,

$$q = \sqrt{(1/50,000)} = 0.00447\text{이다.}$$

(a) 사촌 간의 결혼으로 태어나는 산필리포 증후군 자손의 기대 빈도는

$$q^2(1 - F) + qF,$$

여기서 $F = 1/16$이다. 공식에 따라 계산하면, $(0.00447)^2 + (0.00447)(1/16) = 0.000298$ 또는 1/3,353이 된다. **(b)** $q^2 = 0.00002$는 비친족 관계인 개체들의 자손 가운데 질병에 걸릴 자손의 비율이기 때문에 사촌 간의 결혼으로 인한 상대적인 위험도는 $0.000298/0.00002 = 14.9$가 된다. 즉, 사촌 간의 결혼에서는 그 자손의 산필리포 증후군에 대한 위험성이 거의 15배 증가한다.

실전에 필요한 개념: 끝까지 풀어 봅시다

14.1 어떤 집단의 유전자형 빈도가 $A_1A_1 = 0.20$, $A_1A_2 = 0.30$, $A_2A_2 = 0.50$일 때, 이 집단에서 대립유전자 A_1의 빈도는?

14.2 문제 14.1에 있는 유전자 좌위의 대립유전자에 선택, 무작위적 유전적 부동, 이주 또는 돌연변이의 영향이 없다고 가정할 때, 다음 세대에서 A_2의 기대빈도는 무엇인가?

14.3 만약 *AA* 유전자형이면 뱃속의 태아는 치사되고, *aa* 유전자형은 모두 생존하지만 불임이라면, *A*와 *a* 대립유전자를 가진 평형 집단에서 성인의 유전자형 빈도는? 여기에서 무작위적 교배라는 가정이 필요한가?

14.4 어떤 집단이 불명확한 이유로 몇몇 유전자에 대해서는 하디–와인버그 평형이 아니라고 하자.

(a) 만약 대립유전자 빈도를 안다면 유전자형의 빈도를 계산할 수 있는가?

(b) 만약 유전자형 빈도를 안다면 대립유전자의 빈도를 계산할 수 있는가?

14.5 집단의 크기가 크고 무작위적으로 교배가 이루어질 때, 유해한 X-연관 열성 대립유전자에 의해 발현되는 A 형질에 대해 남자 50명 중 1명이 영향을 받는다고 할 때, 이형접합성 여성 보인자의 빈도는? 질병에 걸린 여성의 기대 빈도는?

14.6 친족이 아닌 사람들 100명의 DNA를 제한효소 *HindIII*로 처리하여 얻은 조각들을 분리하고 특정 유전자의 염기서열을 가진 프로브로 실험하여 그 염기서열을 조사하였다. 5.7, 6.0, 6.2, 6.5 kb 크기로 표시된 4종류의 조각이 관찰되었다. 여기에서 각 조각은 각기 다른 제한 조각 대립유전자를 나타낸다. 아래의 그림은 관찰된 표본의 겔 유형을 보여준다. 각각의 겔 유형을 나타내는 개체의 수는 맨 위에 적혀 있다. 4개의 제한 조각의 대립유전자 빈도를 추정하시오.

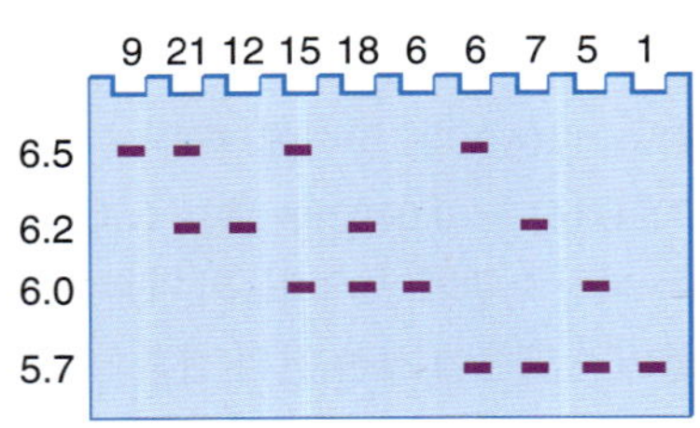

14.7 무증후성 열성 청신경장애라고 하는 병은 종국에 농아가 되는 질병으로 상염색체성 열성 유전자가 원인중의 하나이다. 한 집단에서 돌연변이 유전자로 인하여 이 질병에 걸릴 사람의 빈도는 0.003이다. 하디–와인버그 평형상태라고 가정할 때, 양쪽 부모가 모두 이형접합성 보인자일 때 그 자손의 질병 발생 기대빈도는?

14.8 어떤 집단에서 36%의 사람들이 동형접합성 열성 돌연변이로 인한 형질을 나타낸다고 하자. 만약 이 집단이 하디–와인버그 평형상태라면 우성 대립유전자에 대한 대립유전자 빈도는?

14.9 테이-삭스 병에 걸린 사람들이 모두 자손을 낳기 전에 죽는다면, 이 질병을 일으키는 열성 대립유전자는 이 집단에서 어떻게 살아남을 수 있을까?

14.10 오스트리아 인구 집단에서 ABO 혈액형을 결정하는 대립유전자의 빈도는 $I^A = 0.20$, $I^B = 0.15$, $I^O = 0.65$로 알려져 있다. ABO 유전자형의 기대빈도는?

14.11 무작위적 교배를 하는 이배체 집단에서 상염색체의 한 유전자 좌위에 있는 대립유전자 빈도가 *n*으로 동일하다고 가정할 때 다음의 기대 빈도는:

(a) 특정 동형접합 유전자형은?

(b) 특정 이형접합 유전자형은?

(c) 전체 동형접합 유전자형은?

(d) 전체 이형접합 유전자형은?

14.12 하디–와인버그 법칙을 만족하는 유전자형 *AA*, *Aa*, *aa* 각각의 빈도는 ?

(a) 0.25, 0.50, 0.25

(b) 0.36, 0.55, 0.09

(c) 0.49, 0.42, 0.09

(d) 0.64, 0.27, 0.09

(e) 0.29, 0.42, 0.29

14.13 어떤 집단이 *N* 이배체 개체 집단의 한 유전자의 돌연변이 대립유전자의 복제 유전자를 *n*개 가지고 있다고 하자. 만약 돌연변이 대립유전자가 선택적으로 중립이고, 돌연변이와 이주를 무시한다면, 무작위적 유전적 부동의 효과로 인해서 돌연변이 대립유전자의 빈도가 결국 1.0에 이를 확률은 무엇인가?

14.14 갈락토오스혈증은 간 비대, 백내장, 정신박약을 일으키는 상염색체 열성 질환이다. 혈연관계가 없는 사람들의 결혼으로 출생한 자녀들에서 갈락토오스혈증의 빈도는 1×10^{-5}이다. 4촌 간($F = 1/16$)과

8촌 간(F = 1/64)의 결혼으로 출생하는 자녀에서 갈락토오스혈증의 기대빈도는 ?

14.15 페닐케톤뇨증에 걸린 형제가 있는 정상 부모로부터 태어난 한 남성이 표현형적으로 정상인 여성과 결혼했다. 일반 집단에서 페닐케톤뇨증은 10,000명당 약 1명꼴로 발생한다. 하디–와인버그 비율로 가정할 때,

(a) 이 남자가 보인자일 확률은?

(b) 부인도 보인자일 확률은?

(c) 첫 자녀가 병에 걸릴 확률은?

14.16 개화식물인 *Phlox drummondii*의 알콜탈수소효소 단백질에 대한 전기영동상의 차이는 한 유전자의 공우성 대립유전자에 의해 결정된다. 식물 35개체로 이루어진 표본에서 다음과 같은 결과를 얻었다

유전자형	*AA*	*AB*	*BB*	*BC*	*CC*	*AC*
수	2	5	12	10	5	1

이 표본에서 대립유전자의 빈도는? 무작위적 교배를 한다고 할 때 기대되는 각 유전자형의 수는?

14.17 Hartnup 증후군(트립토판 흡수장애)은 장과 신장에서 아미노산의 수송에 장애를 일으키는 상염색체성 열성 질환이다. 신생아 약 14,000명당 약 1명꼴로 이 질환이 나타난다. 무작위적 교배가 이루어진다고 가정할 때 이형접합체의 빈도는?

14.18 일년생 식물인 *Phlox cuspidats*의 자가수분의 결과 동계교배 계수는 평균 F = 0.66이다.

(a) 빈도가 0.43인 대립유전자 A와 0.57인 대립유전자 B를 가진 집단에서 phosphoglucose isomerase 효소에 대한 유전자형의 기대빈도는?

(b) 무작위교배로 기대되는 유전자형의 빈도는?

14.19 다음 표에는 이종상동성의 단백질 암호 유전자 A, B, C, D 4종에서의 유사성 차이를 나타낸 숫자가 기록되어 있다.

	종 A	종 B	종 C	종 D
종 A	–			
종 B	25	–		
종 C	23	16	–	
종 D	36	35	33	–

(a) 이 자료에 가장 적합한 유전자-계통수의 배치모양은 어떤 것인가?

(b) 만약 이 유전자의 유사성의 차이를 나타내는 수치가 분자시계를 따르고, 종 B와 종 C가 600만 년 전에 분화되었다면, 종 A와 종 D 사이의 분화 시간을 얼마로 추정할 수 있는가?

14.20 두 계통의 박테리아 A와 B를 한 배양기 내에서 직접적으로 경쟁하게 두었다. A는 B보다 우세하다. 세대당 선택 계수가 일정하고, 100세대의 간격을 둔다고 할 때 다음 값은?

(a) B 세균에 대한 A 세균의 비율이 10% 증가한다면?

(b) B 세균에 대한 A 세균의 비율의 90% 증가한다면?

(c) B 세균에 대하여 A 세균이 2배로 증가한다면, 그 요인은?

14.21 대립유전자 A는 세대당 10^{-5} 비율로 대립유전자 a로의 돌연변이가 발생한다. 매우 큰 집단에서 A가 고정되어 있다면(0세대), 다음 세대(1세대)에서 A의 기대빈도는? 제2세대에서 A의 기대빈도는? n 세대에서 A의 빈도에 대한 규칙을 추론하시오.

잠깐 생각해 봅시다: 해답

잠깐 생각해 봅시다 14.1의 해답

F의 추정 대립유전자 빈도 p = (2 × 48 + 38)/200 = 0.67이고, S의 추정치 q = (38 = 2 × 14)/200 = 0.33. 무작위 교배를 가정할 때, F/F, F/S, S/S의 기대치는 각각 $(0.67)^2 \times 100$ = 44.89, 2 × 0.67 × 0.33 × 100 = 44.22, 그리고 $(0.33)^2 \times 100$ = 10.89. 만약 적합도를 검정하기 위하여 chi-square test를 수행하였다면, 이 숫자들이 하디–와인버그 법칙과 일치하고 있다는 것을 알게 될 것이다.

잠깐 생각해 봅시다 14.2의 해답

(a) 성인 6명의 DNA 샘플에서 공통적인 밴드가 나타나지 않았다는 것은 6명이 인척관계가 아니라는 의미이다. (b) 성인의 DNA와 어린이의 DNA를 비교하면 남성 E의 DNA만 개체 G에서 크기 4의 DNA 절편과 개체 H와 I에서 크기 10의 절편과

일치하였다. 또 여성 C는 어린이 3명 모두에게 나타난 크기 5의 절편과 일치하였다. (C) 결론적으로 나머지 C는 Tsarina Alexandra의 것과 일치하고, STR에 있어서 동형접합성이며, 나머지 E는 Tsar Nicholas II의 것과 일치한다. Tsarevitch Alexis와 딸들 중의 1명(Maria로 생각되는)은 2007년 발견되어 분석되었다.

잠깐 생각해 봅시다 14.3의 해답

전체 집단에서, 사촌 간의 결혼으로 태어난 자손의 수는 $(0.01)(6 \times 10^{-5}) = 6 \times 10^{-7}$에 비례하고, 친척 사이가 아닌 부모로부터 태어난 자손의 수는 $(1 - 0.01)(1 \times 10^{-6}) = 9.9 \times 10^{-7}$에 비례한다. 사촌 간에 결혼한 부모가 흰둥이 자녀를 가질 확률은 $(6 \times 10^{-7})/(6 \times 10^{-7} + 9.9 \times 10^{-7}) = 0.38$이다. 전체 결혼 건수의 1% 정도인 사촌 간의 결혼이지만, 동형접합 열성 자손을 출산한 부부 중의 40%에 해당한다.

잠깐 생각해 봅시다 14.4의 해답

여기서 $w = 1 - s = 1 - 0.02 = 0.98$이므로, $n = [\log(0.1/0.9) - \log(0.8/0.2)]/\log(0.98) = 177.4$세대, 또는 $s = 0.04$이면 약 2배가 된다. 기본 원칙은 선택이 아주 강력하지 않았을 때, 선택계수는 대립유전자 빈도에 특별한 변화가 나타나는 데 필요한 시간에 반비례한다는 것이다.

CHAPTER 15

복합형질은 함께 작용하는 수 많은 유전적 요인들과 환경요인들에 의해 결정된다.

복합형질의 유전적 기초

학습 목표

- 복합형질을 정의하고, 연속(양적), 구획 및 역치 형질을 구별할 수 있다.
- 복합형질의 표현형 변이원 중에서, 유전자형, 환경, 유전자-환경 상호작용 그리고 유전자형-환경 연관에 의한 변이들을 구별할 수 있다.
- 표현형이 주어진 평균과 분산을 가진 집단에서 정상 분포하는 형질의 경우, 집단의 95%와 99%를 포함할 것이라고 예측되는 표현형들의 범위를 계산할 수 있다.
- 양적형질의 인위선택을 위해, 무작위로 짝짓기한 집단에서 주어진 평균 표현형에 의한 다음 세대의 예측 평균값, 선택된 부모 사이에 포함될 수 있는 표현형의 역치값, 그리고 그 형질의 좁은 의미의 유전율을 계산할 수 있다.
- 복합형질에 영향을 미치는 유전자들을 찾아내는 연구에서, 양적형질위치(QTL) 및 후보 유전자를 구별하기, 그리고 광역유전체 연관 연구가 QTL을 찾는 데 어떻게 사용되는지 설명할 수 있다.

의학유전학(medical genetics), 동물의 품종개량(animal breeding), 식물의 육종(plant breeding) 등에 있어 중요한 여러 형질들은 환경의 영향뿐만 아니라 다수의 유전자들에 의해서도 영향을 받는다. 이들의 인과관계에 연루된 유전적 요인과 환경적 요인이 복합적이기에, **다인자형질(multifactorial traits)**로 알려졌다. 다인자형질 때문에, 단 하나의 유전자형이 여러 가능한 표현형 중 (환경에 따라) 단 하나의 표현형만을 나타낼 수 있고, 유사한 표현형이 여러 다른 유전자형에서 생겨날 수도 있다.

전체 집단에서 관찰된 형질의 변이 전체에 비해, 인자 각각은 형질에 영향을 크게 미치지 않기 때문에, 다인자형질을 흔히 **복합형질(complex traits)**로 부른다. 인류 집단 및 유전 요소를 지닌 사람에서 흔히 발생하는 질병뿐 아니라, 생물들의 집단에서 변화되는 대부분의 형질들은 복합형질이다. 복합형질에 관한 **유전적 구조(genetic architecture)**는 형질에 영향을 주는 유전적 요인과 환경적 요인으로 설명되며, 각 요인의 효과 및 요인들 사이의 상호작용으로 이루어진다. 원칙적으로 멘델식 분리 및 유전자 지도(genetic map)로 결정된 위치로 유전 요소를 명확히 밝히는 것은 가능하다. 환경적 요인에서 각각이 나타내는 효과 및 그들의 상호작용을 추려낼 수 있는 요인을 개별적으로 분리하는 것은 어렵다. 복합형질에 관한 유전 분석은 본 장에서 소개되는 특별한 개념 및 방법을 필요로 한다.

15.1 다인자형질은 다수의 유전자 및 환경으로 결정된다

집단의 표현형들은 등급으로 분리되기보다 양적으로 다르기 때문에 복합형질, 즉 다인자형질을 흔히 **양적형질(quantitative trait)**이라고 부른다. 키 같은 형질이 양적형질이다. 키는 등급이 별도로 있는 것이 아니라 사람마다 단순히 크기만 다를 뿐이다. 양적형질의 반대는 "급수형질(discrete trait)"이며, 이는 표현형이 갈색 눈과 푸른색 눈처럼 종류가 다른 형질이다.

양적형질은 보편적으로 둘 이상의 대립유전자뿐만 아니라 환경의 영향을 받는다. 그러므로 생물에서 양적형질로 나타나는 표현형은 다음의 요인들에 의해 영향을 받을 수 있다.

- 여러 유전자들 중에 선택된 표현형을 나타내는 **유전적 요인들**.
- 형질 발달에 유리하거나 불리한 조건으로 작용하는 **환경적 요인들**. 사람에서 폐암 발병에 미치는 흡연 효과, 동물의 성장 속도에 미치는 영양의 효과, 그리고 농작물의 생산량에 미치는 비료, 강우, 파종 밀도 등이 예이다.

어떤 양적형질에서, 표현형의 차이는 주로 유전자형의 차이로 인해 나타나며, 환경은 부수적인 역할을 한다. 다른 양적형질에서, 표현형의 차이는 주로 환경의 효과로 나타나며, 유전적 요인은 부수적인 역할을 한다. 대부분의 양적형질은 이러한 양극단의 중간으로 나타나므로, 유전자형 및 환경 둘 다 고려하여 분석해야 한다.

유전적으로 이질성(heterogeneous)인 집단에서는 분리 및 재조합 과정에 의해 여러 유전자형이 형성된다. 대부분의 유전자에 대해서 동질성(homozygous)인 **근교계**(*inbred line*)를 연구하여 유전자형의 변이를 배제할 수 있으며, 근교계인 부모는 서로 다르지만 교배시키면 모든 유전자에 대해서 이질성인 F_1 자손이 균일하게 나타난다(**그림 15.1**). 대조적으로, 실험자가 집단의 모든 구성원에게 환경을 어떻게든 똑같이 조성하려고 노력한다 할지라도, 환경의 변화를 완벽하게 배제시키기는 것은 불가능하다. 예를 들면, 토질의 미세한 변화 또는 햇빛에 노출되면 식물의 환경이 약간 다르게 변화될 것이고, 가끔은 인접한 식물조차도 환경을 변화시킬 것이다. 마찬가지로, 같은 배양 병에서 키운 근교의 초파리 사이에서도 환경 차이로 인한 표현형의 변화(예로, 신체 크기)가 지금도 일어나고 있다. 그러므로 미세 환경에 민감한 형질들은 결코 동일하게 나타나지 않으며, 근교계 조차도 똑같은 형질을 보이지 않을 것이다.

인간 유전학에서 중요한 양적형질에는 유아 성장 속도, 성인의 체중, 혈압, 혈청 콜레스테롤, 수명 등이 포함된다. 동식물 품종 개량(breeding)에서, 핵심적이고 경제적으로 중요한 형질은 대개 양적형질들이다. 농작물에서 경제적으로 중요한 양적형질 중 하나는 옥수수, 토마토, 콩, 포도 등 어느 것이든 간에 단위면적당 생산량이다. 가축에서 중요한 양적형질들은 육질, 젖소 한 마리당 우유 생산량, 닭 한 마리당 산란 수, 양 한 마리당 양털 무게, 돼지 한 마리당 새끼 수 등이다. 진화 연구에서, 적자는 두드러진 양적형질이다. 대부분의 양적형질들은 한 유전자의 대립유전자 분리 효과가 다른 유전자들의 효과로 가려질 수 있기 때문에, 그리고 동일한 유전자형이 환경 효과로 인해 다른 표현형을 나타내게 할 수 있기 때문에 통상적인 가계도(pedigree) 방법으로는 연구할 수 없다. 그러므로 양적형질에 관한 각 가계도는 우성, 열성, 또는 X 연관 등의 어떤 간단한 형태에도 적합하지 않다. 그렇지만, 양적형질에 미치는 유전 효과는 가족 관계 때문에, 그들이 지니고 있는 유전자들의 어떤 부분을 공통적으로 갖고 있어야 하는 친척(relatives)의 표현형을 비교함으로써 평

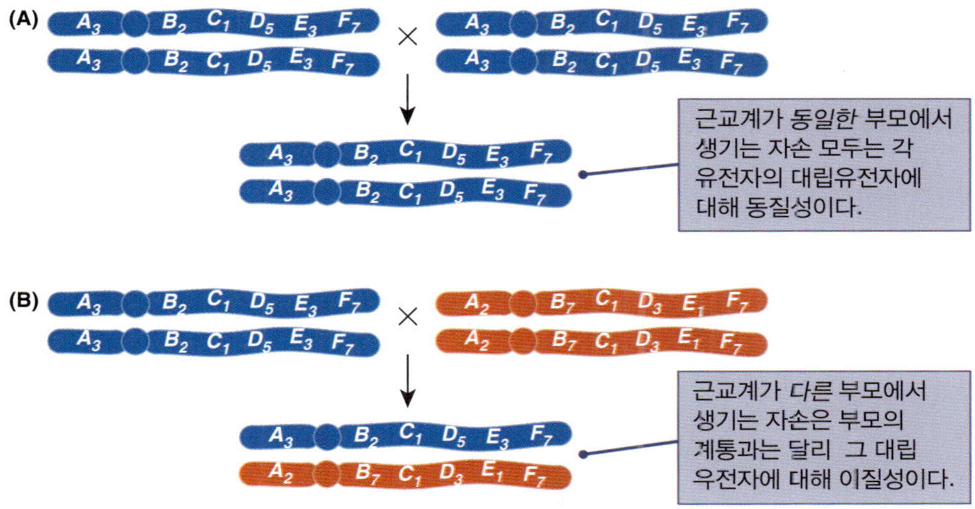

그림 15.1 정의에 따라, 완벽한 근교계는 모든 유전자에 대해 동질성이다. 유전자형이 동일한 생물 집단은 근교 부도를 교배하여 만들어 낼 수 있다. (A) 만일 부모의 근교계가 같다면, 그 자손은 모두 유전적으로 동일하고 동질성이 된다. (B) 만일 부모의 근교계가 다르다면, 자손은 모드 유전적으로 동일하지만, 부모의 근교계와는 다른 이질성 대립유전자로 된다.

가될 수 있다.

3종류의 형질들이 대개 양적유전(quantitative inheritance)과 관련되어 있음이 밝혀졌다. 그에 대한 것은 이어지는 절에서 설명한다.

연속형질, 구획형질, 역치형질 등은 보통 다인자성이다

집단에서 대부분의 표현형 분산(phenotypic variance)은 쉽게 구별되는 몇몇 종류로 구분되지 않는다. 형질들은 한 극단적인 표현형에서 다른 극단적인 표현형으로, 그 양극 사이에서 명백하게 끊어지지 않고 연속적으로 변한다. 그러한 형질 중 가장 좋은 예는 사람의 신장이다. 다른 예로는 소의 우유 생산, 가금의 성장 속도, 옥수수 생산량, 사람의 혈압 등이 있다. 그러한 형질들은 한 표현형에서 다음 표현형까지 연속적이고 단계적으로 변화하기에 **연속형질(continuous trait)**이라고 부른다. 표현형의 범위는 최소에서 최대까지 뚜렷한 구별 없이 연속적이다. 어떤 생물의 체중은 무게를 재는 저울 눈금의 어느 곳에도 해당될 수 있기 때문에, 체중은 연속적인 형질의 예가 되며, 가능한 표현형의 수는 사실상 무한하다.

양적형질의 나머지 둘은 연속적이 아니다.

구획형질(categorical traits)은 표현형을 세어서 결정하는 형질들이다. 지문을 형성하는 피부 융기 수, 옥수수 열매에 있는 알의 수, 암탉의 산란 수, 파리 복부의 강모 수, 한 배의 강아지 수 등이 예이다. 구획형질의 한 예는 특정 줄기에 붙어 있는 열매를 숫자 1, 2, 3, 4로 나타내는, 옥수수 대에 붙어 있는 열매의 수이다.

역치형질(threshold traits)은 표현형의 종류가 둘 또는 몇 가지만 보이는 형질이지만, 그들의 유전은 환경과 더불어 다수의 유전자로 결정된다. 가축의 쌍둥이, 칠면조의 단성생식(무수정란의 발생)이 역치형질의 예이다. 역치형질에서 각 생물은 잠재성을 지니고 있지만, 쌍둥이를 잘 낳는 암소의 체질 같이, 형질을 직접적으로 관찰할 수 있는 특징은 없다. 만일 그 잠재적인 특징이 아주 뚜렷하다면, ("역치"를 넘어) 그 암소는 실제로 쌍둥이를 낳을 것이지만, 그렇지 않다면 송아지를 한 마리만 낳을 것이다. 어떤 유전 요소를 지닌 사람들의 질병들은 역치형질 질환이며, 표현형 종류로는 "영향 받은 것"과 "영향 받지 않은 것"으로 된다. 성인이 되어서 시작되는 당뇨병, 정신분열증, 척추이분증 같은 선천성 기형 등이 그와 같은 질환의 예가 된다. 역치형질은 그 상태를 나타내는 잠재적인 경향, 즉 위험성(liability)을 각 개인이 지니고 있다고 생각되므로, 연속형질로 해석될 수 있다. 어떤 한계, 즉 역치를 넘은 경향성은 그 상태가 나타나게 한다. 역치 아래의 경향성은 정상으로 나타난다. 역치형질에 관한 개인의 경향성을 직접 관찰할 수는 없지만, 개인 및 친척 사이에서 그 상태가 발생하는 경향성으로 추정할 수 있다.

집단에서 한 형질의 분포는 단지 그 형질의 유전을 의미한다

집단에서 한 형질의 **분포(distribution)**는 표현형 각각을 보이는 개인의 비율로 설명된다. 몇몇 형질의 분포를 특징짓

표 15.1 영국 여성의 신장 분포도

계급, i	신장 크기 (인치)	중앙값, x_i	여성의 수, f_i
1	53~55	54	5
2	55~57	56	33
3	57~59	58	254
4	59~61	60	813
5	61~63	62	1340
6	63~65	64	1454
7	65~67	66	750
8	67~69	68	275
9	69~71	70	56
10	71~73	72	11
11	73~75	74	4
			총계 N = 4995

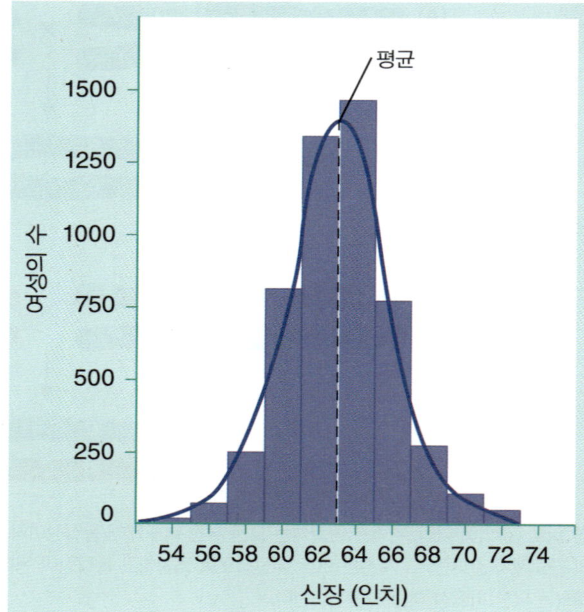

그림 15.2 영국 여성 4,995명의 신장 분포 및 그 자료에 근접하게 한 정규분포 곡선.

그림 15.3 코네티컷 대학에서 일하는 유전학자들이 도움을 주기 위해 신장 순으로 정렬해서 "생생한 히스토그램"을 만들고 있다.

Peter Morenus/UConn.

는 일은 표현형의 종류 수가 적기 때문에 수월하다. 예를 들면, 어떤 완두 교배에서 자손의 분포는 초록색 콩 3/4과 노란색 콩 1/4로 될 수 있다. 그리스인의 표본 집단에서 ABO식 혈액형의 분포는 O형 42%, A형 39%, B형 14%, AB형 5%으로 될 수 있다. 그러나 연속형질에서 가능한 표현형 다수는 그처럼 집계될 수 없다. 종종, 유사한 표현형을 함께 묶어 표현형 종류의 수를 줄이는 것이 편리하다. 신장의 분포에 관한 예로, 영국의 여성 4,995명에 대한 자료를 **표 15.1**과 **그림 15.2**에 나타냈다. 여성 각자의 신장을 측정하고, x 축에 각 여성의 신장에 해당하는 위치에 작은 네모를 놓음으로써, 하나씩 하나씩 세워진 그림 15.2의 막대그래프를 보자. 계속 신장을 측정함에 따라 그 네모는 어떤 위치에 쌓이기 시작하고, 결국 막대그래프로 나타나게 된다.

그림 15.2의 그래프 같은 히스토그램(histogram)이 진정 무엇을 보여주는가에 관하여 더 생생한 예를 잠시 시간을 내어 생각하는 것도 가치 있는 일일 것이다. **그림 15.3**에 보인 "사람들"은 미국 코네티컷 주 스토르(Storr)시에 위치한 코네티컷 대학(University of Connecticut)에서 유전학에 종사하는 162명 학자들의 사진이며, 이들은 스스로 신장순으로 정렬하였다. 여성은 흰색 옷을 입었고, 남성은 푸른색 옷을 입었다. 이 사진은 "생생한 히스토그램"이며, 각 구성원은 단순히 사람을 대표하는 것이 아니라 실제로 사람이다.

표 15.1처럼 표로 만들거나 그림 15.2처럼(또는 그림 15.3까지도) 그래프로 만들거나 하여, 분포를 완벽하게 나열하는 것은 많은 도움이 된다. 하지만 불필요할 때도 있다. 많은 경우에, 분포를 주요 특징 2가지로 설명하는 것이 가능하다. 이 특징들은 **평균**(*mean*)과 **분산**(*variance*)이다. 평균

과 분산을 양적인 용어로 논의하기 위해서, 표 15.1의 자료를 사용할 것이다. 신장의 간격(interval)은 1(53~55인치)부터 11(73~75인치)까지 번호를 매겼다. 기호 x_i는 i로 번호를 매긴 신장 간격의 중앙값을 가리킨다. 일례로, x_1 = 54인치, x_2 = 56인치 등등. 신장 간격에 속하는 여성의 수는 f_i로 나타냈다. 예를 들어, f_1 = 여성 5명, f_2 = 여성 33명 등등. 이 경우에 표본의 전체 크기인 4,995명을 N으로 나타냈다. 평균과 분산은 많은 다른 양적형질의 분포뿐만 아니라, 이들 여성 사이의 신장 분포에 관한 특징을 보여준다.

- **평균(mean)** 혹은 평균치는 분포의 정점이다. 집단의 평균은 다음과 같이 집단을 구성하는 개체의 실제 값으로 추정된다.

$$\bar{x} = \frac{\sum f_i x_i}{N} \tag{15.1}$$

$\bar{x}$는 평균을 추정한 값이고, Σ는 모든 종류의 자료 합을 나타내는 기호이다(현재의 예에서, 신장 간격 11 종류 모두의 합). 표 15.1의 여성의 표본에서 평균 신장은 63.1인치이다.

- **분산(variance)**은 분포의 폭 측정이며, 각 관찰치가 평균에서 벗어난 편차(차이)의 제곱으로 추정된다. 분산은 각각의 표본에서 다음과 같이 추정된다.

$$s^2 = \frac{\sum f_i (x_i - \bar{x})^2}{N - 1} \tag{15.2}$$

s^2는 추정된 분산이고, x_i, f_i, N은 표 15.1에 나타냈다. $(x_i - \bar{x})$는 각각의 신장에 대한 평균과의 차이이고, 분모는 전체 개체 수에서 1을 뺀 수임을 알아야 한다. 그림 15.4에 나타낸 바와 같이, 분산은 표현형이 평균 주위에 밀집되어 있는 정도를 알려준다. 분산 값이 크면 널리 분포되어 있고, 작으면 평균 주위에 밀집되어 있음을 의미한다. 표 15.1의 자료로부터, 영국 여성 집단의 분산 s^2 = 7.24 in^2로 추정된다.

분산과 밀접하게 관련된 수치, 즉 분포의 **표준편차(standard deviation)**는 분산의 제곱근으로 정의된다. 표 15.1의 자료에 대해서 추정된 표준편차는 식 15.2로부터 $s = (s^2)^{1/2}$ = $(7.24\ \text{in}^2)^{1/2}$ = 2.69인치이다. 표준편차는 유용하며, 현재의 예에서 인치로 나타낸 평균과 같은 단위로 나타낸다.

자료가 대칭이거나 거의 대칭일 때, 형질의 분포는 그림 15.4에 나타낸 형으로, 흔히 매끄럽고, 종 모양(bell-shape)의 곡선과 비슷하다. 종 모양 곡선을 **정규분포(normal distribution)**라 부른다. 정규분포 곡선은 대칭이기 때문에 면적의 절반은 평균보다 큰 값이 되고, 나머지 절반은 평균보다 작은 값이 되므로, 평균을 넘는 표현형의 비율은 1/2이 된다. 정규분포의 중요한 특징 중 하나는 전체 분포가 평균 및 분산 값으로 완벽하게 결정된다는 점이다.

정규분포의 평균 및 표준편차(분산의 제곱근)는 그림 15.5에 도해된 바와 같이, 집단의 표현형 분포에 관하여 다량의 정보를 제공한다. 특히, 정규분포에 대하여

1. 집단의 거의 68%는 평균의 표준편차 1 이내의 표현형을 보이고 있다(그림 15.5의 기호에서, μ − σ와 μ + σ 사이).
2. 거의 95%는 평균의 표준편차 2 이내에 놓여 있다(μ − 2σ와 μ + 2σ 사이).
3. 거의 99.7%는 평균의 표준편차 3 이내에 놓여 있다(μ − 3σ와 μ + 3σ 사이).

평균 및 표준편차가 각각 63.1과 2.69인치인 그림 15.2의 자료에 이 규칙을 적용하면, 그 여성들의 거의 68%는 63.1 − 2.69인치부터 63.1 + 2.69인치 범위의 신장을 지니는 것으로 기대되며(즉, 60.4~65.8), 거의 95%는 63.1 − 2 × 2.69인치부터 63.1 + 2 × 2.69인치(즉, 57.7~68.5) 범위의 신장을 지니는 것으로 기대된다.

실제 자료는 정규분포에 따른다. 정규분포는 보통 표현형 각각의 작은 독립 인자들이 많이 누적되는 결과로 나타난다. 이는 여러 다인자형질의 경우이다.

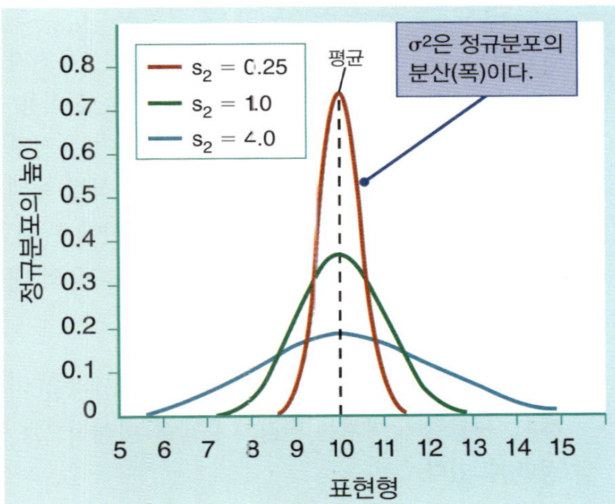

그림 15.4 분산은 평균 전후에서 그 분포의 폭이 된다는 것을 보여주는 그래프. 표현형의 범위를 망라하는 각 곡선 아래의 넓이는 그 범위 안에 표현형을 갖는 개체들의 비율에 해당한다.

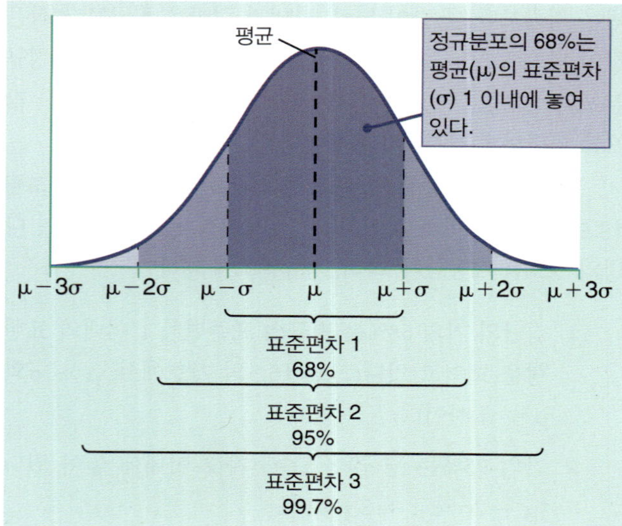

그림 15.5 정규분포 모양. 평균에서부터 표준편차 1, 2, 3 안에 놓여 있는 개체들의 비율은 각각 거의 68%, 95%, 99.7%이다. 이 정규분포에서 평균은 기호 μ로 나타냈고, 표준편차는 기호 σ로 나타냈다.

잠깐 생각해 봅시다 15.1

꽃의 수가 평균 18개이고, 표준편차가 2인, 정규분포하는 꽃 수를 가진 야생 무 (*Raphanus raphanistrum*) 집단이 있다. 꽃의 수가 15와 21 사이인 집단의 비율은 얼마로 예측되는가? 12와 24 사이는? 12보다 작은 것은? 24보다 큰 것은?

15.2 한 형질의 변이는 유전적 요소와 환경적 요소로 분리될 수 있다

다인자형질의 유전학을 생각할 때, 중요한 목표는 유전자형과 환경의 상대적인 중요성을 평가하는 일이다. 실험용 생물의 몇몇 예에서, 평균에 미치는 효과에 관하여 유전자형과 환경을 분리하는 것이 가능하다. 예를 들면, 식물 재배자는 다른 환경 조건에서 자란 일련의 근교계 생산에 관해 파종 밀도나 비료의 양을 연구할 수 있다. 그러면 다음의 내용이 가능하다.

1. 다른 환경에서 자란 같은 유전자형의 생산량을 비교해서, 생산량에 미치는 환경의 등급을 비례적으로 결정할 수 있다.
2. 같은 환경에서 자란 다른 유전자형의 생산량을 비교해서, 생산량에 미치는 유전자형의 등급을 비례적으로 결정할 수 있다.

유전적인 영향과 환경의 영향을 자세히 식별하는 일은 특히 사람의 양적 유전학(quantitative genetics)에서는 가능하지 않다. 일례로 그림 15.2의 여성 신장에 있어서, 다른 환경에서 자란 유전적으로 동일한 집단의 평균 신장과 비교될 때에만 그 환경이 큰 키에 유리하거나 불리하다고 생각할 수 있다. 이러한 대조 집단(reference population)은 존재하지 않는다. 마찬가지로, 집단의 유전적 성분은 동일한 환경에서 자란 유전적으로 다른 집단의 평균과 비교될 때에만 큰 신장에 유리하거나 불리하다고 생각할 수 있다. 이러한 대조 집단 또한 존재하지 않는다.

그러한 비교 기준 없이, 평균에 미치는 유전적 효과와 환경 효과를 결정하기는 불가능하다. 그러나 둘 이상 집단의 평균을 비교하는 대신 같은 집단 내 각자의 표현형을 비교할 수 있기 때문에, 분산에 대해서는 유전의 영향과 환경의 영향을 평가하는 것이 가능하다. 표현형의 어떤 차이는 유전자형의 차이로 나타나고, 표현형의 또 다른 차이는 환경의 차이로 초래되므로, 이 효과들을 식별하는 것은 가능하다.

그림 15.2의 그래프와 같은 표현형 분포에서, 4가지의 원인이 표현형 분산에 영향을 미친다.

1. 유전자형 분산
2. 환경 분산
3. 유전자와 환경의 상호작용(interaction)에 의한 분산
4. 유전자와 환경의 연관작용(association)에 의한 분산

분산의 이러한 원인 각각은 이어지는 절에서 논의된다.

유전자형 분산은 유전자형의 차이로 나타난다

개체들 사이에 유전자형의 차이로 발생된 표현형의 분산을 **유전자형 분산(genotypic variance)**이라 한다. **그림 15.6**은 연관되지 않은 3개 유전자들의 유전자형이 다른 두 근교계의 교배로 나타난 F_2 세대에서 예상되는 유전자형 분산을 보여준다. 세 유전자들의 대립유전자들은 A/a, B/b, C/c로 나타냈으며, 분리 및 재조합으로 발생된 F_2 세대의 유전적 분산은 색깔 차이로 명백하게 나타내었다. 구획형질(표현형이 옥수수의 줄기당 열매 같이 숫자를 세어 결정되는 형질)에 대해서, 만일 대문자로 쓰는 대립유전자 각각이 그 형질 표현에 유리하므로, 그 표현형에 1이라는 단위를 부여한다. 한편 소문자로 쓰는 대립유전자 각각이 효과가 없다고 가정한다면, 그때 *aa bb cc* 유전자형은 0의 표현형을 나타내고, *AA BB CC* 유전자형은 6의 표현형을 나타낸다. F_2 세대에는 가능한 표현형(0부터 6까지)이 7가지가 된다. **그림 15.7**에 F_2

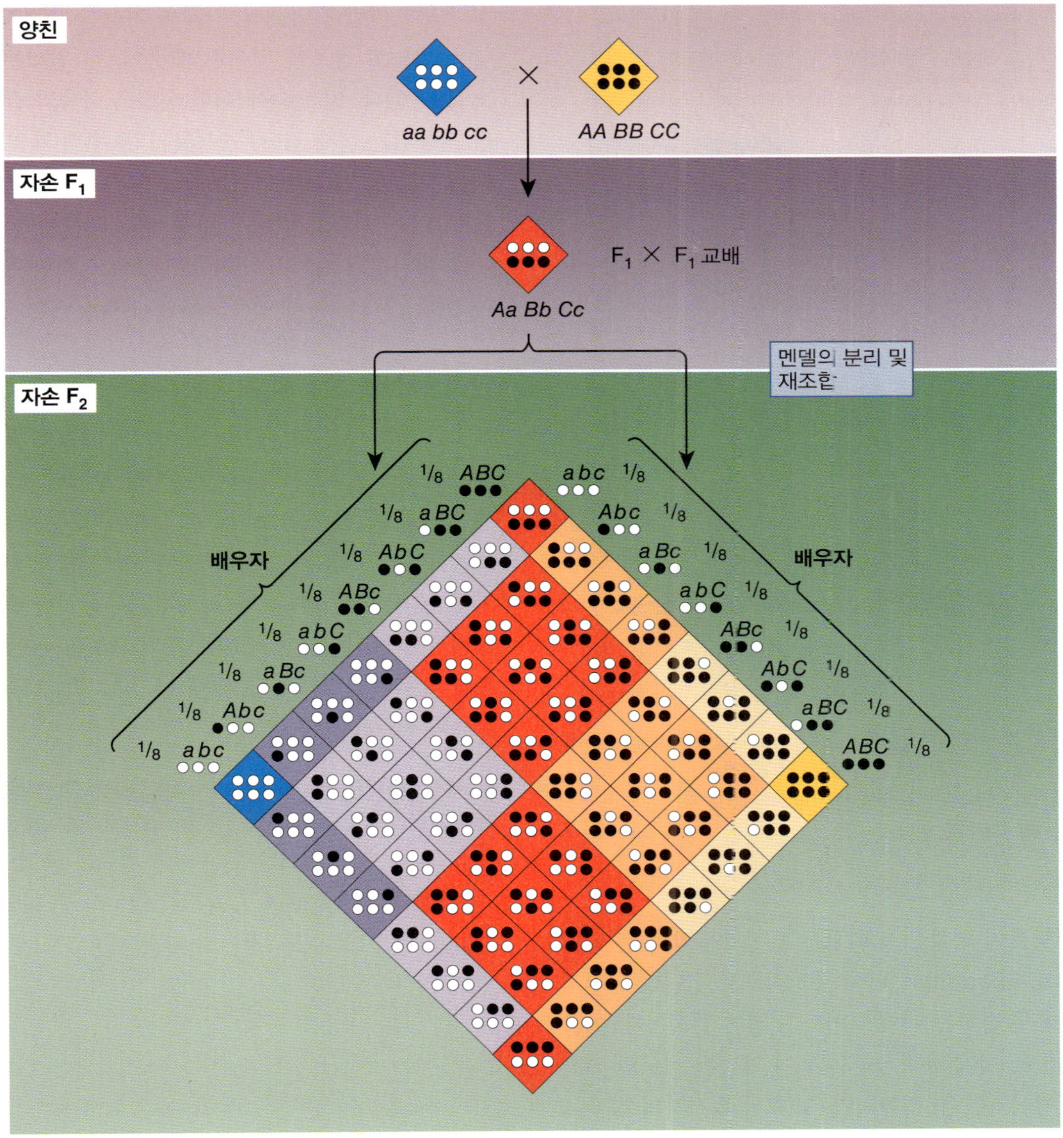

그림 15.6 양적형질에 영향을 주는 독립적인 3개 유전자들의 분리. 유전자형에서 대문자 각각의 대립유전자는 표현형 단위 1로 나타냈다.

세대 표현형의 분포를 색깔 있는 막대그래프로 나타냈다. 그 자료에 근접하는 정규분포는 평균 3과 분산 1.5가 된다. 이 경우에, 집단에서 표현형의 변이(variation)는 모두 개체 사이의 유전자형 차이 때문에 발생한다고 가정한다.

그림 15.7은 이론적인 분포를 나타내는 사선을 친 막대그래프도 내포하고 있다. 이때 형질은 무작위로 결혼하는 집단에서 분리되는 30개의 서로 연관되지 않은 유전자에 의해 결정되며, 이들을 세 유전자의 경우처럼 표현형 등급을 같은 수로 분류하였다. 그 유전자들 중 15개는 유리한 대립유전자로 나타나고, 나머지 15개의 유전자는 불리한 대립유전자로 나타난다. 그 표현형에 유리한 대립유전자 각각의 영향을 분포의 평균이 3, 분산이 1.5에 해당되게 선택되었다. 30개 유전자의 분포는 사실상 세 유전자의 분포와 동일하고, 그 둘은 동일한 정규분포 곡선에 근접함을 알 수 있다. 만일 그러한 분포가 실제로 연구된다면, 실험자는 그들 사이를 식별하지 못할 것이다.

핵심 개념

환경 변이가 없는 경우, 표현형의 분포 그 자체로는 한 형질에 미치는 유전자의 수에 대한 정보나 대립형질의 우성 관련에 대한 정보를 얻을 수 없다.

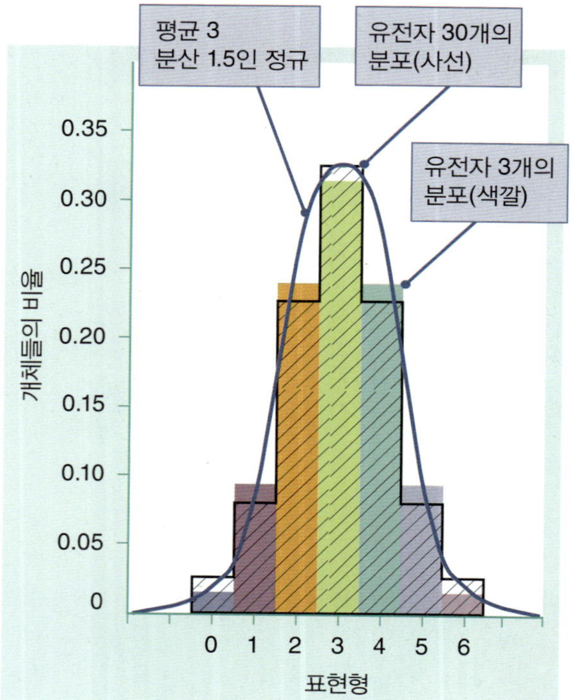

그림 15.7 색깔로 표시된 막대그래프는 그림 15.6에 나타낸 3개 유전자들의 분리로 결정된 표현형 분포이다. 사선을 친 막대그래프는 30개의 독립적인 유전자들의 분리로 예상된 이론적인 분포이다. 두 분포 모두 동일하게 정규분포(검정 곡선)에 근접하고 있다.

그러나 양적형질에 영향을 발휘하는 유전자들의 수는 인위선택(artificial selection)에 의해 장기적으로 집단의 유전적 향상 가능성을 결정하는 데 중요하다는 점이 핵심이다. 예를 들어, 그림 15.7의 3개 유전자의 경우에 가능한 최상의 유전자형은 표현형이 6이 될 것이지만, 30개의 유전자의 경우에 가능한 최상의 유전자형(30개 유전자 모두에게 유리한 동질성)은 60의 표현형을 가질 것이다.

유전자 수의 중요성을 보여주는 실제 예로서, 여러 세대에 걸쳐 번데기 무게를 증가시키기 위한 선택이 풍뎅이(*Tribolium*) 집단에서 수행되었다. 각 세대에서는 전 세대에서 가장 큰 번데기 무게를 가지는 개체들을 부모로 선택하였다. 이러한 선택이 번데기 무게를 증가시키는 데 더 이상 효율적이지 않는 시점에 이르렀을 때, 이 선택된 집단의 평균 번데기 무게는 원래 집단의 평균보다 큰 17 표준편차였다. 다수의 유전자들에 의한 형질들의 결정은 다음을 반영한다.

핵심 개념

선택교배는 각 개체들의 값이 원래 집단에서의 최상의 개체를 크게 초과하는, 개선된 집단을 참조할 수 있다.

하나의 커다란 집단에서, 각각의 가능한 유전자형들은 다소 낮은 빈도로 참조될 것이기 때문에, 이 원리는 모순적으로 보일 수 있다. 이 모순에 대한 설명은 다음과 같다. 선택교배가 적용되는 실제 집단은 보통(거의) 수백 개의 개체로 구성되어, 이론상 가능한 유전형들의 대부분이 결코 형성되지 않는데, 이는 이러한 빈도가 너무 낮기 때문이다. 선택이 일어나고 대립형질 빈도가 변화함에 따라 이러한 유전형들이 더욱 흔해지고, 이후 세대에 초우량 개체의 선택이 가능해진다.

환경 분산은 환경의 차이로 나타난다

개체들 사이에 환경의 차이로 야기되는 표현형 분산을 **환경 분산(environmental variance)**이라 부른다. **그림 15.8**은 식용 콩의 무게 분포를 보여주는 실례이다. 분포의 평균은 500 mg이며, 표준편차는 95 mg이다. 이 개체군에서 콩은 모두 아주 근교배이기 때문에 유전적으로 동일하고 동질성이다. 그러므로 이 개체군에서 콩 무게의 표현형 분산은 모두 환경 분산의 결과로 생각된다. 그림 15.7과 그림 15.8을 비교하면 다음의 원리를 알 수 있다.

핵심 개념

집단에서 한 형질의 분포는 유전자형과 환경의 상대적인 중요성에 관한 정보를 제공하지 않는다. 형질의 변이는 완전히 유전적일 수도, 완전히 환경적일 수도, 혹은 그 둘의 조합일 수도 있다.

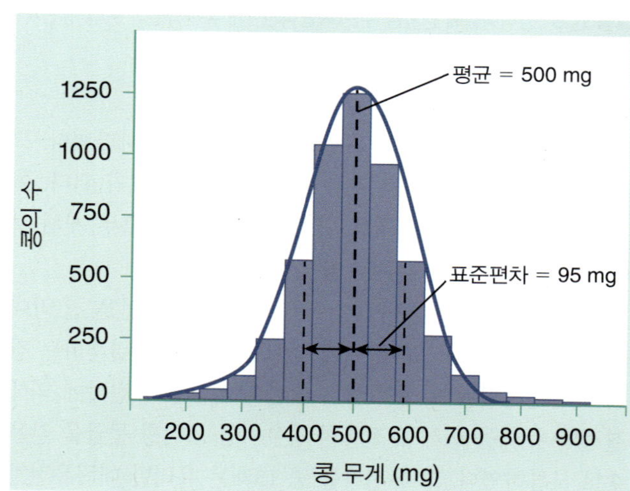

그림 15.8 식용 콩의 동질성 계통에서 콩 무게 분포. 개체들 사이의 표현형 변이는 모두 환경 차이로 나타난다.

유전적 분산 및 환경 분산은 보통 함께 작용하기 때문에, 그림 15.7 및 그림 15.8처럼 좀처럼 명쾌하게 분리되지 않는다. 단순히 가설적인 경우로 그들의 조합 효과를 그림 15.9에 도해로 나타냈다. 좌측 상부는 환경의 영향을 받지 않는다고 가정한 세 유전자형에 대한 표현형 분포이다. 도해된 바와 같이, 그 형질은 두 대립유전자 효과로 결정된 뚜렷하고 중복되지 않는 표현형 셋 중 하나가 될 수 있다. 유전자형은 1/2의 대립유전자 빈도에 대해 무작위 교배 비율이며, 표현형의 빈도는 평균 5와 분산 2를 갖는다. 단순히 유전자형의 차이로 발생되기 때문에, 분산은 **유전자형 분산**이며, 이는 σ_g^2 기호로 나타낸다. 우측 상부에 있는 그림 3개는 환경적 변이가 있을 때 세 유전자형 각각의 표현형 분포를 도해로 보여준다. 각 경우에 환경에만 기인한 표현형의 분산은 1이 된다. 이 분산은 단순히 환경 차이로 발생하기 때문에 **환경 분산**이 되며, σ_e^2 기호로 나타낸다. 유전자형 및 환경의 효과가 같은 집단에서 조합될 때, 유전자형의 차이 및 환경 차이 둘 다 그 형질의 변이에 영향을 주며, 그림의 하부에 보인 분포 결과로 나타난다. 이 분포 분산은 표현형의 **전체 분산(total variance)**이며, σ_p^2 기호로 나타낸다. 유전자형과 환경은 표현형에 대해 개별적이고 독립적인 효과를 나타낸다고 가정하기 때문에, σ_p^2가 σ_g^2나 σ_e^2보다 더 클 것으로 기대한다. 사실,

$$\sigma_p^2 = \sigma_g^2 + \sigma_e^2 \tag{15.3}$$

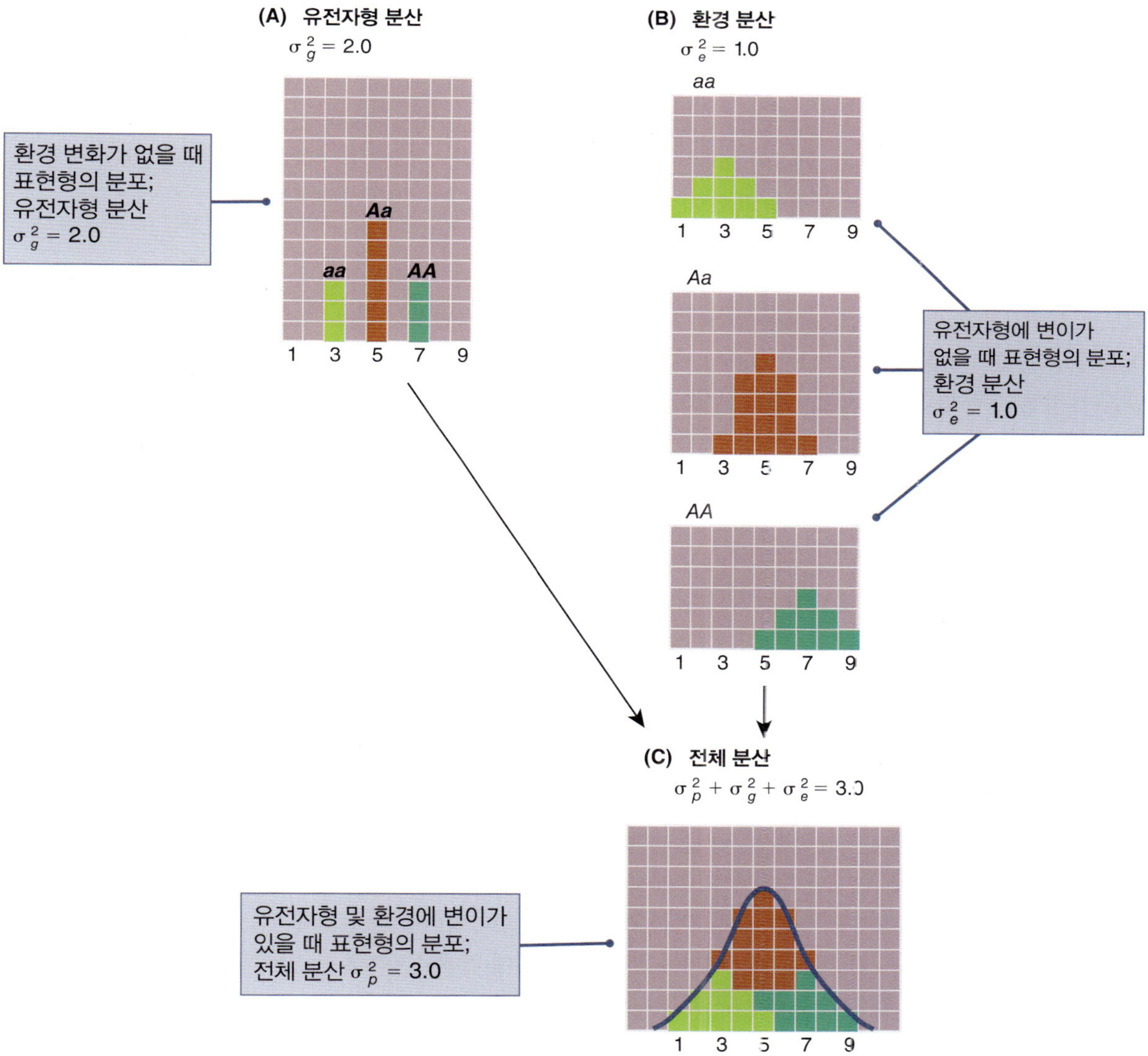

그림 15.9 유전자형 분산 및 환경 분산이 조합으로 나타내는 효과. (A) 유전자형 분산 σ_g^2에 의해서만 영향 받은 집단. (B) 환경 분산 σ_e^2의 효과를 유전자형 별로 따로따로 보이는 집단. (C) 유전자형 분산 및 환경 분산 둘 모두에서 영향 받는 집단. 전체 표현형 분산 σ_p^2는 σ_g^2과 σ_e^2의 합과 같다.

말하자면, 식 (15.3)은 다음을 진술한다.

핵심 개념

유전적 효과 및 환경 효과가 표현형에 독자적으로 영향을 미칠 때, 전체 분산은 유전자형 분산 및 환경 분산의 합과 같다.

식 (15.3)은 양적 유전학의 가장 중요한 관계 중 하나이다. 자료를 분석하기 위하여 그것을 어떻게 사용할 것인가를 간단히 설명할 것이다. 비록 그 식이 아주 많은 경우에 훌륭한 접근법으로 작용하지만, 유전자형 및 환경이 표현형에 미치는 효과가 독립적일 때에만 정확한 의미로 유효하다. 독립에서 벗어난 가장 중요한 점 2가지를 다음 절에서 논의한다.

유전자형 및 환경은 상호작용할 수 있으므로 관련지어 생각할 수 있다

가장 간단한 경우에, 표현형에 미치는 환경의 효과는 상가적이어서, 유전자형과는 관계없이 각 환경은 표현형에 (혹은 으로부터) 효과를 더해 준다(혹은 뺀다). 그렇게 나타나지 않을 때, 표현형에 미치는 환경의 효과는 유전자형에 따라 다르게 되므로, **유전자형-환경 상호작용[genotype-by-environment interaction, G-E 상호작용(G-E interaction)]**이 존재한다고 말한다. 어떤 경우에, G-E 상호작용은 유전자형들의 상대적인 등급을 변화시키기까지 할 수 있어서, 한 환경에 우세한 유전자형은 다른 환경에서 열등하게 될 수 있다.

유전자형-환경 상호작용에 관한 옥수수의 예를 그림 15.10에 나타냈다. 옥수수의 두 품종은 근교계가 다른 쌍을 교배하여 형성된 잡종이며, 환경 전반에 걸쳐서 평균을 낸 전체적인 평균은 거의 같다. 그러나 A로 지칭된 품종은 좋지 않음에도 불구하고 스트레스가 많은 환경에서는 B 품종을 확실히 능가하지만, 환경이 아주 좋을 때는 그 결과가 역전된다. (환경 품질은 토양의 비옥도, 습기, 기타 인자들에 근거하여 판단된다.)

유전자형과 환경의 상호작용은 흔하지만 동식물에 아주 중요하다. 그 상호작용 때문에, 다양한 토양과 기후에서 한 식물 품종이 나머지 품종들을 능가하지 못하므로, 식물 재배자는 성장 지역에 적합한 특별한 품종들을 개발하여야 한다.

상호작용의 또 다른 중요한 형은 **유전자형-성 상호작용(genotype-by-sex interaction)**으로, 같은 유전자형이 성에 따라 표현형이 다르게 된다는 점이다. 유전자형-성 상호작용은 양적 유전학에서 아주 흔하다. 한 예는 그림 15.3의 생생한 히스토그램에서 볼 수 있다. 여성의 신장 분포(흰색 옷을 입은)는 남성의 신장 분포(푸른색 옷을 입은)와 비교하면 확실히 왼쪽으로 치우쳐져 있다. 평균은 5인치 이상 다르다(여성은 64.8인치, 남성은 70.1인치). 그러나 신장에 영향을 주는 유전자들이 남녀에서 다르게 분포되어 있다고 생각할 만한 이유는 없다. 유전자들이 단순히 성에 따라서 효과를 약간 다르게 나타내므로 성별 유전자 상호작용의 예가 된다.

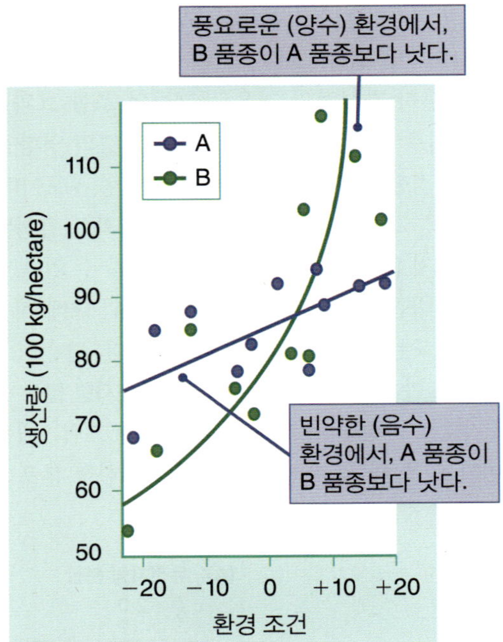

그림 15.10 옥수수에서의 유전자형-환경 상호작용. A 품종은 환경 조건이 나쁠 때 (음수) 우수하지만, B 품종은 환경 조건이 좋을 때 우수하다.

Data from W. A. Russel. *Annual Corn & Sorghum Research Conference* 29 (1974): 81.

집단의 여러 유전자형들이 각종 환경에서 고르게 분포하지 않을 때, **유전자형-환경 연관[genotype-by-environment association, G-E 연합(G-E associantion)]**이 있다고 한다. 이러한 환경에서, 어떤 유전자형들은 G-E 연관이 없는 결과를 초래할 수 있는 것과 비교할 때, 그 유전자형들의 표현형을 증가시키거나 감소시키는 특정 환경과 우선적으로 연관되어 있다. 검토된 G-E 연관의 예는 낙농장에서 발견되며, 어떤 농부들은 우유 생산 정도에 비례해서 젖소들 각각에게 먹이를 다르게 준다. 이러한 관습 때문에 우유 생산과 관련하여 우수한 유전자형을 지닌 젖소들은 또한 우수한 환경에 처해서 먹이를 더 많이 받는다. 식물 재배시, 흔히 실험 구획의 토지 내에 적당히 유전자형을 고르게 하여 G-E 연관을 배제시키거나 최소화할 수 있다. 다시 말하지만, 가장 좋은 예가 되는 사람의 유전학에서 G-E 연관의 가능성은 보통 조절될 수 없다.

유전적으로 동질성인 집단에서는 유전자형 분산이 없다

식 (15.3)은 전체 표현형 분산(total phenotypic variance)에 미치는 유전자형 및 환경의 효과를 분리하기 위하여 사용될 수 있으며, 이때에는 2종류의 자료가 필요하다.

1. 유전적으로 똑같은 집단은 $\sigma_g^2 = 0$의 값을 가지므로, 유전적으로 똑같은 집단의 표현형 분산은 $\sigma_e{}^2$의 추정치를 알려준다.
2. 유전적으로 이질성인 집단의 표현형 분산은 $\sigma_g^2 + \sigma_e^2$의 추정치를 알려준다.

유전적으로 똑같은 집단의 예는 근교계 처럼, 아주 동질성인 품종 둘의 교배 결과로 나타나는 F_1 세대이다(그림 15.1). 유전적으로 이질성인 집단은 그림 15.6에 나타낸 바와 같이, 위와 같은 교배의 F_2 세대이다. 만일 두 집단의 환경이 똑같고 G-E 상호작용이 없다면, 그때 그 추정치는 σ_g^2의 값을 추론하기 위해 조합될 것이다.

숫자를 사용해 구체적으로 나타내기 위하여, 똑같은 환경에서 자란, 동굴에 서식하는 물고기인 아스티아낙스(Astyanax, 멕시칸 테트라)의 눈 크기 변이를 생각해 보자(그림 15.11). 고도로 동질성인 품종 둘을 교배했을 때, F_1 세대 및 F_2 세대에서 눈의 직경 분산은 각각 0.057과 0.563으로 추정되었다. 분산을 구성하는 요소로 적으면, 이들은

$$F_2\text{: } \sigma_p^2 = \sigma_g^2 + \sigma_e^2 = 0.563$$
$$F_1\text{: } \sigma_e^2 = 0.057$$

유전자형 분산 σ_g^2의 추정은 첫 번째 식에서 두 번째 식을 빼서 얻는다. 즉,

$$\sigma_g^2 = 0.563 - 0.057 = 0.506$$

그림 15.11 수면에 사는 근연 종(위)과 비교되는, 동굴에 사는 아스티아낙스(*Astyanax*)(아래)의 눈 크기 및 색소 감소.

Courtesy of Richard L. Borowsky, New York University.

이기 때문에,

$$(\sigma_g^2 + \sigma_e^2) - \sigma_e^2 = \sigma_g^2$$

따라서 σ_g^2의 추정치는 0.506이며, σ_e^2의 추정치는 0.057이다. 이 예에서 유전자형 분산은 환경 분산보다 훨씬 더 크지만, 항상 그렇지는 않다.

잠깐 생각해 봅시다 15.2

초파리의 두 근친 라인의 교배에서, F_1 세대의 흉부 길이의 분산은 0.0018 mm이고, F_2 세대의 분산은 0.0036 mm로 나타났다. 흉부 길이의 환경 분산과 유전형 분산을 계산하시오.

넓은 의미의 유전율은 조합된 유전적 효과를 모두 포함한다

양적형질을 결정하는 유전자 수의 추정은, 필요한 실험이 비현실적이서 실제로 실험할 수 없기 때문에 종종 불가능하다. 추정하기 위한 자료가 적지 필요한 양적형질의 또 다른 속성으로는 전체 표현형 분산에 대한 유전자형 분산의 비율을 사용한다. σ_g^2에 대한 σ_p^2의 비율을 넓은 의미의 **유전율(broad-sense heritability)**이라 부르고, H^2 기호로 나타내며, 관심 있는 형질의 표현형 분산을 나타낼 때 환경 분산과 관련하여 유전적 분산을 측정할 수 있게 한다. 넓은 의미의 유전율은 분산의 비율이며, 특히

$$H^2 = \frac{\sigma_g^2}{\sigma_p^2} = \frac{\sigma_g^2}{\sigma_p^2 + \sigma_e^2} \tag{15.4}$$

$\sigma_g^2 = 0.506$이고, $\sigma_g^2 + \sigma_e^2 = 0.563$인 아스티아낙스에서 눈의 직경 자료를 식 (15.4)에 대입하면, 넓은 의미의 유전율 추정치 $H^2 = 0.506/0.563 = 0.9$가 된다. 이 값은 그 집단에서 눈 직경 변이의 90%는 물고기 사이의 유전자형 차이로 발생함을 의미한다.

집단 개량의 크기 및 속도를 예측하기 위하여 유전율을 사용할 수 있기 때문에, 유전율에 관한 지식은 동식물의 품종개량 상황에 유용하다. 식 (15.4)에 정의된 넓은 의미의 유전율은 복제, 근교계, 품종 사이에서 여러 번 실시한 선택의 성과를 예측하는 데 사용된다. 무작위로 교배하는 집단에 대해 마찬가지로 예측하기 위해서는 또 다른 형의 유전율(좁은 의미의 유전율, narrow-sense heritability)을 활용하는데, 이는 다음 절에서 논의한다. 넓은 의미의 유전율은 표현형의 전체 분산이 얼마만큼 유전자형의 차이로 나타나는가를 측정한다. 이러한 이유로 흔히 H^2를 사람의 양적형질과 관련

지으면 흥미를 불러일으킨다.

형질의 변이에 미치는 유전적 효과를 평가하기 위하여 쌍둥이를 많이 연구한다

사람에서, 단 하나의 수정란이 분리되어 발생하는 **일란성 쌍둥이**는 유전적으로 동일하고 얼굴 모습과 체격 같은 형질이 놀랍도록 비슷하기 때문에, 유전적 변이와 환경 변화를 분리할 수 있는 이상적인 연구 대상처럼 보인다. 2개의 수정란에서 발생되는 **이란성 쌍둥이**는 보통 형제자매와 같은 유전적 관계를 갖기 때문에, 쌍둥이 한쪽 유전자의 절반만 나머지 다른 쪽 유전자와 동일하다. 이론적으로, 일란성 쌍둥이는 유전적으로 동일하기 때문에 그들 둘 사이의 분산은 σ_e^2와 같게 될 것이다. 이란성 쌍둥이 둘 사이의 분산은 σ_e^2뿐만 아니라 유전자형 분산의 일부(이란성 쌍둥이에서 유전자들의 반이 동일하기 때문에 거의 $\sigma_g^2/2$)를 포함할 것이다. 결과적으로 σ_g^2와 σ_e^2 둘 다 쌍둥이 자료로 추정될 수 있고, H^2를 추정하기 위하여 식 (15.5)에서와 같이 합쳐질 수 있다. **표 15.2**는 쌍둥이 연구에 근거한 몇가지 형질의 H^2 추정치를 요약한 것이다.

불행히도, 쌍둥이 연구는 오류를 몇 가지 유발시키는 주요 원인이 되기 쉽고, 오류 대부분이 일란성 쌍둥이의 유사성을 증가시키므로, 표 15.2의 숫자는 아주 근접한 값, 즉 아마도 아주 가까운 근사치로 생각하여야 한다. 오류를 범할 수 있는 원인 4가지를 아래에 열거하였다.

1. 유전자형-환경 상호작용으로, 이란성 쌍둥이에서는 분산이 증가되지만 일란성 쌍둥이에서는 분산이 증가되지 않는다.
2. 일란성 쌍둥이에서 흔히 일어나는 배아막 공유 현상으로, 자궁 내 환경이 더 비슷하다.
3. 부모, 선생님, 동료들이 일란성 쌍둥이들의 유사성이 더 크다고 생각하기에, 일란성 쌍둥이에서의 환경 분산을 감소시킨다.

이러한 편견 및 기타 이유들로 인해 사람의 쌍둥이 연구에서 얻은 자료는 신중하고도 조건부로 해석되어야 한다.

15.3 인위선택은 "관리되는 진화" 형태이다

한 집단에서 정선한 부류의 생물을 선택하고 교배하여 다음 세대의 부모가 되게 하는 양육자의 작업을 **인위선택(artificial selection)**이라 한다. 무성생식으로 번식하는 종에서 최상의 생물을 선택하거나 또는 동계교배(close inbreeding)(자가수정 같은)로 증식하는 아집단(subpopulation) 중에 최상을 선택하여 인위선택을 수행할 때, 넓은 의미의 유전율은 품종개량이 어떻게 달성되는지를 알려준다. 복제, 근교계, 품종 등에서 우수한 유전자형은 멘델식 분리로 유망한 유전자 조합이 파괴되지 않고 영속될 수 있기 때문에 넓은 의미의 유전율은 이러한 정황에 중요하다. 삽목이나 접목 수단에 의해 무성생식으로 증식하는 식물이나 복제로 번식하는 동물의 우수한 품종 선택이 예가 된다. 유성생식이 없기 때문에, 각 자손은 부모와 정확하게 같은 표현형을 갖는다.

표 15.2 쌍둥이 연구에 근거한 넓은 의미의 유전율

형질	유전율, H^2
수명	29
신장	85
체중	63
아미노산 분비	72
혈청 지질 수준	44
최대 혈액 젖산	34
최대 심장 박동 수	84
어휘력	63
계산 능력	76
기억	47
사교성	66
남성미	12
체온지수	58

유전적으로 이질성인 집단이 유성생식으로 번식할 때, 우수한 유전자형은 분리 및 재조합 과정에서 필연적으로 분리되어야 하기 때문에 넓은 의미의 유전율은 인위선택으로 발생하는 품종개량을 예측하기는 어렵다. 예를 들어, 최상의 유전자형이 관련 없는 두 유전자 자리(unlinked loci) A/a, B/b 각각에 대해 이질성이라면, 분리 및 독립 때문에 최상의 유전자형을 지닌 부모 교배로 생긴 후손 중에, 단지 1/4만이 부모와 똑같이 유망한 A/a, B/b 유전자형을 가질 것이다. 나머지 자손들은 유전적으로 부모보다 열등할 것이다. 이러한 이유 때문에, 유전의 최고 장점은 대립유전자의 특별한 조합에 좌우될 것이고, 우수한 부모에서 생겨난 자손들은 일반적

으로 부모 자체처럼 훌륭하지는 않아서 인위선택의 각 세대는 약간 퇴보한다. 그래도 선택 과정에서 나타나는 향상을 예측할 수 있지만, 그 예측은 다음 절에서 논의되는 좁은 의미의 유전율이라는 또 다른 유형의 유전율을 사용해야 한다.

좁은 의미의 유전율은 보통 인위선택에서 가장 중요하다

그림 15.12는 대표적인 형태의 인위선택 및 그 결과를 보여준다. 그 생물은 담배(*Nicotiana longiflora*)이며, 형질은 화관(corolla tube)의 길이이다(화관은 꽃의 모든 꽃잎을 일컫는 총괄적인 용어이다). 그림 15.13의 (A)는 부모 세대의 표현형 분포를 보여주며, (B)는 자손 세대의 표현형 분포를 보여준다. 부모 세대는 번식을 위해 선택된 집단이다. 선택되는 집단의 각 구성원은 자신의 표현형 각각에 따라 평가되기 때문에, 이러한 선택의 방식을 **개체선택(individual selection)**이라 부른다. 선택은 번식 목적으로 어떤 개체가 보관될 것인가를 결정하는 **절단점(truncation point)**이라 부르는 어떤 임의의 표현형 수준을 기준으로 택하여 실행된다. 역치를 상회하는 표현형을 지니는 모든 개체는 무작위로 스스로 교배하여 다음 세대를 만들어낸다.

개체 선택을 통하여 개선되었는지를 평가하기 위해서는 뚜렷한 유전자형의 평균 3가지가 중요하다. 그림 15.13에서 이들 평균은 M, M^*, M'로 기호화되었으며, 다음과 같이 정의된다.

1. M은 선택되었든 선택되지 않았든 간에 모든 개체를 포함하는 부모 세대의 집단 전체의 평균 표현형이다.
2. M^*은 부모로서 선택된 개체들의 평균 표현형이다.
3. M'은 선택된 부모에서 생긴 자손의 평균 표현형이다.

세 평균 사이의 관계는 다음과 같이 결정된다.

$$M' = M + h^2(M^* - M) \qquad (15.5)$$

h^2 기호는 의문시되는 형질의 **좁은 의미의 유전율(narrow-sense heritability)**이다.

이 장의 후반부에, 친척들(relatives) 사이에 표현형의 유사성으로부터 좁은 의미의 유전율을 추정하는 방법이 설명될 것이다. 그림 15.12에서, h^2은 단지 미지의 값이므로, 자료 자체로부터 추정될 수 있다. 식 (15.5)을 재배열하고, 그림 15.12에서 나온 평균값을 대입하여, 다음을 얻는다.

$$h^2 = \frac{M' - M}{M^* - M} = \frac{77 - 70}{81 - 70} = 0.64$$

전체 표현형 분산이 유전자형 분산과 환경 분산의 합으로 나눠질 수 있는 방법과 유사한 방식으로(식 15.3), 유전자형 분산은 대립유전자의 상가적 효과, 우성 효과, 다른 유전자의 대립유전자 사이의 상호작용 효과로 발생되는 부분으로 나눠질 수 있다. 넓은 의미의 유전율인 H^2과 좁은 의미의 유전율인 h^2 사이의 차이는, H^2은 변이에 미치는 유전의 영향 모두를 포함하지만, h^2은 단지 대립유전자의 상가적 효과만을 포함한다는 점이다. 달리 말하면, 대립유전자의 상가적 효과는 부모에서 자손으로 전달되는 유전효과이다. 우수한 효과라도 분리 때문에 전달되지 않으며, 후성적(상호작용) 효과도 독립 및 재조합 때문에 전달되지 않는다. 동식물 품종개량의 관점에서 보면, h^2은 다음의 이유 때문에 관심을 받는 유전율이 된다.

핵심 개념

좁은 의미의 유전율 h^2은 부모로부터 자손으로 전달되는 표현형 분산의 비율이며, 식 (15.5)에 따라 개체 선택으로 집단의 변화를 예측하기 위해 사용될 수 있다.

희귀 열성 유전자가 나타난 집단을 생각할 때, 넓은 의미의 유전율과 좁은 의미의 유전율을 직관적으로 식별할 수 있다. 그러한 경우에, 대부분의 동형 열성 유전자형은 이형 보인자 간 교배로 나타난다. 일부 그런 가계에는 희귀 열성 유전자를 지닌 사람이 한 명 이상 출현한다. 따라서 그 질환에 걸린 형제는 부모를 닮기보다 서로를 닮을 수 있다. 예를 들면, 만일 a가 열성 대립유전자라면, 부모 모두가 우성 표현형을 보이는 $Aa \times Aa$ 교배로 aa인 자손을 둘 낳을 수 있으며, 그 둘 다 열성 유전자를 나타낼 수 있다. 이 경우에, 자손은 부모의 한쪽보다 자신들끼리 더 비슷하다. 이렇게 역설적이 되는 것은 야생형 대립유전자가 우성이 되기 때문이다. 우성 및 상호작용은 그 형질의 넓은 의미의 유전율에는 영향을 발휘하지만 좁은 의미의 유전율에는 영향을 발휘하지 않는다. 좁은 의미의 유전율은 자손들이 부모와 얼마나 비슷한가를 측정하기 때문에, 단지 부모와 그 자손 사이의 닮음에 영향을 미치는 유전적 효과들만 포함한다.

일반적으로, 한 형질에 대한 좁은 의미의 유전율은 넓은 의미의 유전율보다 작다. 예를 들면, 그림 15.12의 부모 세대에서, 화관의 길이에 관한 넓은 의미의 유전율 $H^2 = 0.82$이다. 이 두 유형의 유전율은 그 형질에 영향을 미치는 대립유전자가 효과면에서 상가적일 때에만 같게 된다. **상가적 효과**란 이질성 유전자형 각각이 각 동질성 유전자형의 표현형들 사이에 정확하게 중간 표현형을 보이며, 그 효과 또한 유전

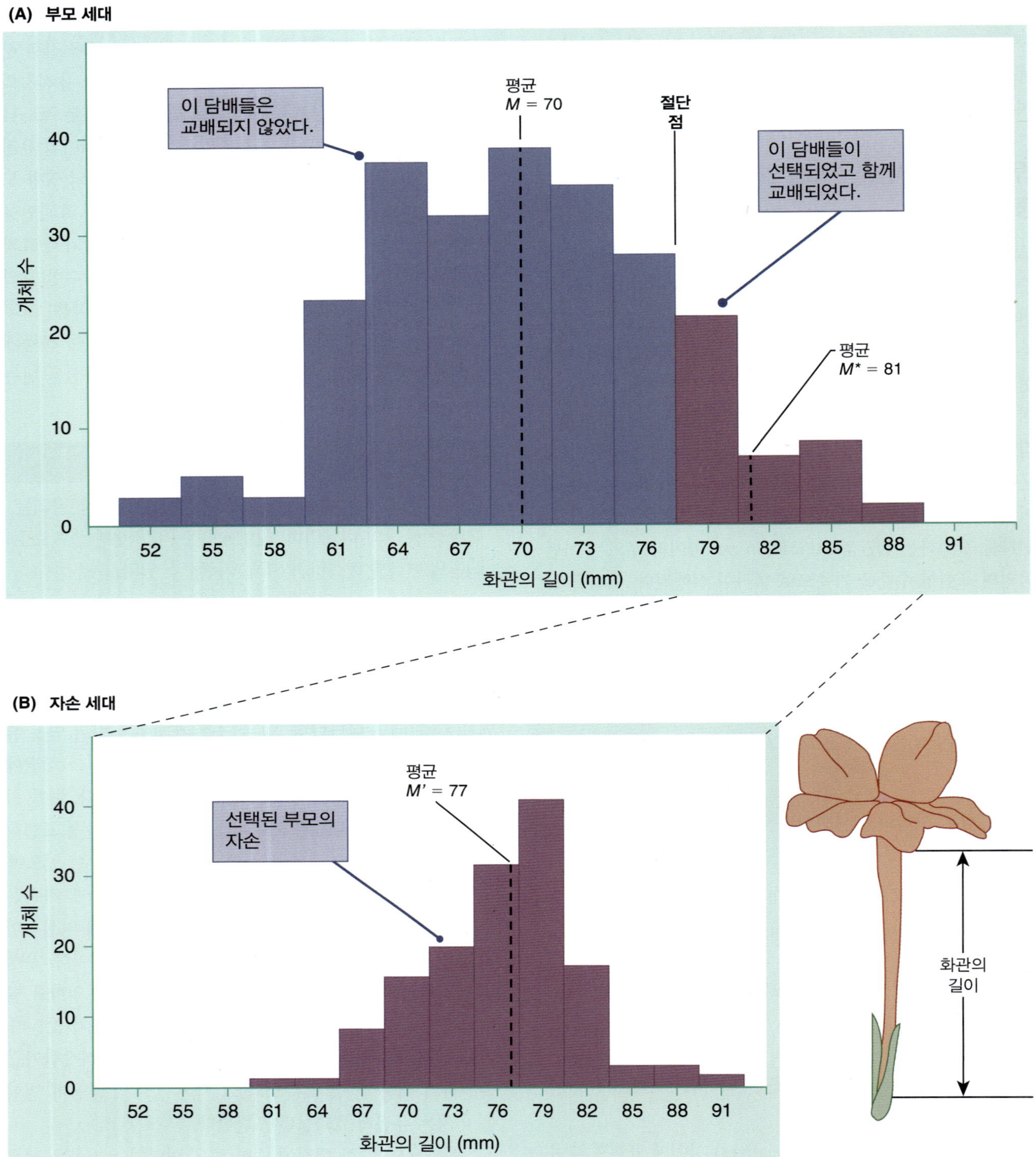

그림 15.12 담배의 화관 길이를 증가시킨 선택. (A) 부모 세대의 표현형 분포. 기호 *M*은 집단 전체의 표현형 평균을 나타내고, *M**은 번식용으로 선택된 담배의 표현형 평균을 나타낸다(절단점을 능가하는 표현형을 지닌 담배). (B) 선택된 부모를 교배하여 생긴 자손의 표현형 분포. 기호 *M′*는 평균을 나타낸다.

자 자리를 교차하여 상가적임을 의미한다.

식 (15.5)는 예측력 때문에 양적 유전학(quantitative genetics)에 있어서 근본적으로 중요하다. 다음의 예에서 이를 살펴볼 수 있다. 그림 15.12은 서너 세대 동안 선택된 결과를 보여준다. 두 세대 후에, 집단의 평균은 83이었으며, 평균 90을 갖는 부모가 선택되었다. $h^2 = 0.64$라는 추정치를 사용하여 다음 세대의 평균을 예측할 수 있다. 제공된 정보는 $M = 83$이고, $M^* = 90$이다. 그러므로 식 (15.5)에서 예측된 평균은

$$M' = 83 + (0.64)(90 - 83) = 87.5$$

가 됨을 의미한다. 이 값은 관찰 값인 87.9와 잘 맞는다.

잠깐 생각해 봅시다 15.3

사람의 손가락에 융기된 피부는 고유한 지문형을 형성한다. 각 손가락에는 반원형, 고리형, 나선형 등의 형태로 융기 패턴이 있을 수 있다. 중심과 변두리 사이의 융기 수는 모든 손가락에 나타나므로, 열 손가락 모두에 대한 지문 융기의 합은 지문 융기 총수가 된다. 융기 총수는 평균 125와 표준편차 50을 가지는 정규분포로 나타난다. 지문 패턴은 특이하게 일란성 쌍둥이 사이에서도 현저하게 다르며, 융기 총수는 좁은 의미의 유전율(h^2) 86%를 갖는 고도로 유전성인 다인자형질이다. 융기 총수 200을 가지는 남자와 융기 총수 100을 가지는 여자가 결혼했다고 가정하자. 그들 자녀에서의 예상 융기 총수는 얼마인가?

인위선택으로 향상시킬 수 있는 개선에는 한계가 있다

인위선택과 자연선택은 둘 다 선택된 형질(형질들)을 향상시킬 수 있는 대립유전자의 빈도를 증가시키기 때문에 유사하게 작용한다. 제14장에서 논의된 자연선택의 원리는 인위선택에도 적용된다. 예를 들면, 인위선택은 중간 범위 ($0.2 < p < 0.8$)의 대립유전자 빈도를 변화시키는 데 가장 효과적이다. 이 범위 밖의 빈도를 가진 대립유전자에 대한 선택 효과는 줄어들기 때문에, 희귀 열성 대립유전자에 대해서는 효과가 가장 낮다. 건강 상태와 관련된 양적형질에 관하여, 전체 선택(total selection)은 그 형질에 영향을 미치는 모든 유전자들에게도 똑같이 적용되므로, 각 대립유전자에 영향을 주는 선택 계수(selection coefficient)는 (1) 대립유전자의 효과 크기, (2) 대립유전자의 빈도, (3) 형질에 영향을 주는 유전자의 총수, (4) 형질의 좁은 의미의 유전율, (5) 번식용으로 선택된 집단의 비율 등에 의해 결정된다.

유전율의 값(value of inheritability)은 대립유전자의 효과 크기 및 대립유전자의 빈도들에 의해 결정된다. 만일 유망한 대립유전자가 모두 정착되었거나($p = 1$) 상실되었다면($p = 0$), 그 형질의 유전율은 0이 될 것이다. 그러므로 유망한 대립유전자가 거의 정착되어감에 따라 여러 세대에 걸친 인위선택으로 양적형질의 유전율은 감소된다고 예상된다. 예를 들면, 미국산 듀록 저지종의 돼지(Duroc pig) 집단에서 저지방용으로 10세대를 선택한 결과, 대립유전자 빈도의 변화에 기인하여 지방의 유전율이 73%에서 30%로 감소되었다.

인위선택에 의한 집단의 품종개량은 무한히 계속될 수 없다. 집단의 평균이 원래 집단의 평균과 다르고 표준편차가 다양하게 될 때까지 선택에 반응할 수 있지만, 사실상 후속 세대에서는 더 이상 향상되지 않는 **선택한계(selection limit)**에 도달한다. (이 일반화의 예외는 다수의 유전자로 영향 받은 형질과 아주 커다란 집단에서 수행된 어떤 선택에서 발견된다. 그러한 경우에 새로운 돌연변이가 유전 변이로 계속 첨가되기 때문에, 선택으로 인한 발전은 무한히 계속될 수 있다.) 몇몇 경우에, 형질에 영향을 주는 모든 대립유전자가 정착되었거나 상실되면 선택으로 인한 개선이 중단되며, 따라서 그 형질에 관한 좁은 의미의 유전율은 0이 된다. 그렇지만, 관련된 대립유전자들이 모두 정착되거나 상실되는 현상은 드물다. 선택한계의 통상적인 이유는 자연선택이 인위선택을 방해한다는 점이다. 선택된 형질에 유리한 효과를 나타내는 인위선택에 반응하는 많은 유전자들은 건강상태에 간접적으로 해가 되기도 한다. 예를 들면, 가금의 알 크기를 크게 하려는 선택은 알의 수를 감소시키며, 대개의 동물에서 극단적인 체격(크건 작건)에 대한 선택은 번식력의 감소를 초래한다. 하나의 형질이 (예를 들어, 산란 수) 다른 형질 (예를 들어, 알의 크기) 선택 과정에서 변할 때, 선택되지 않은 형질은 선택에 **상호관련 반응(correlated response)**을 겪었다고 말한다. 건강상태에 관한 상호관련 반응은 보편적으로 장기간의 인위선택과 관련 있다. 선택된 형질이 향상될 때마다 상호관련 반응 때문에 건강상태 쇠약으로 상쇄된다. 사실상, 관심 있는 형질의 인위선택은 그 형질에 역행하는 자연선택으로 정확하게 저울질되어 선택한계에 도달하며, 선택 방법의 변화 없이는 더 이상의 발전이 불가능하게 된다.

동계교배는 일반적으로 해로우며, 잡종이 최상일 것이다

동계교배는 곡물 및 알 생산 같이 경제적으로 중요한 형질에 해로운 효과를 끼칠 수 있다. 이러한 생산량의 감소를 **동계교**

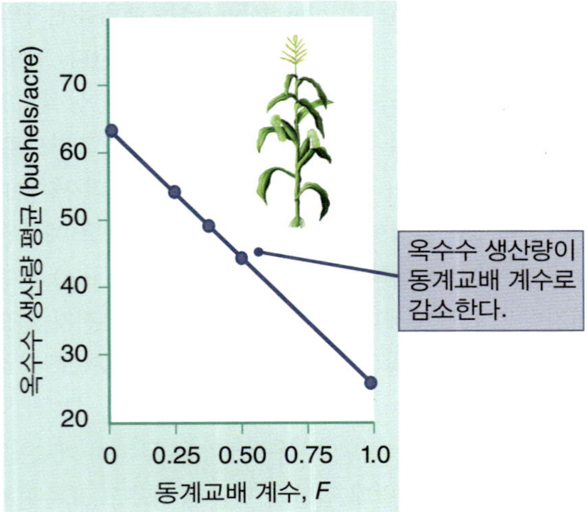

그림 15.13 옥수수 생산량에 대한 동계교배 약세.

Data from N. P. Neal, *Agron. J.* 27 (1935): 666–670.

배 약세(inbreeding depression)라 부르며, 동계교배 때문에 동형으로 나타나는 해로운 희귀 열성 대립유전자에 주로 기인한다. **그림 15.13**은 옥수수 생산량에 대한 동계교배 약세의 예로, 동계교배 계수가 증가함에 따라 생산량이 반비례적으로 감소하였다.

동형으로 되면 해로운 열성 대립유전자를 예상할 수 있는 바와 같이, 대개의 근교 품종은 여러 유전적 결함으로 인해 병에 걸린다. 만일 서로 다른 근교 품종 둘이 교배된다면, 부모 한쪽으로부터 유전된 해로운 열성 대립유전자는 부모의 다른 한쪽의 정상 우성 대립유전자로 보완될 수 있기 때문에, F_1은 향상된 특징을 나타낼 것으로 예상할 수 있다. 많은 생물에서, 근교계 간의 교배로 생기는 F_1은 부모의 계통보다 우수하므로, 그 현상을 잡종강세(heterosis 또는 hybrid vigor)라 부른다. 옥수수 및 기타 농산물 생산에 널리 사용되는 이 현상은 근교를 이끌어 낸 조상 식물의 형질보다 가끔은 더 유망한 형질을 지닌 유전적으로 똑같은 잡종 식물을 만들어 낸다. 잡종 식물을 그들의 근교 부모와 구별하는 가장 보편적인 특징은 빠른 성장, 크기 증가, 생산량 증가이다. 더욱이, 근교 부모의 자손은 모두 같은 표현형을 나타내고(그림 15.1), $\sigma_g^2 = 0$이 되어서, 표현형 분산이 모두 환경 분산에 기인하기 때문에, F_1 식물의 표현형이 아주 똑같게 된다. 생산량이 높거나 또는 어떤 다른 바람직한 특징을 지닌 유전적으로 이질성의 농작물 또한 전통적인 식물 재배 프로그램으로 수확될 수 있지만, 표현형이 비교적 일정하기 때문에 재배자는 흔히 잡종 식물을 선호한다. 예를 들면, 일정한 높이 및 성숙기는 기계 수확을 용이하게 하므로, 동시에 열매를 맺는 식물은 수확 및 선적 스케줄을 편리하게 해준다.

옥수수 잡종 품종들은 상업적 농작물로 거의 독점적으로 미국에서 사용된다. F_2 세대는 다양한 유전자형으로 구성되어 있어, 잡종 강세를 보이지 않기 때문에 농부들이 키운 수확물의 종자를 심을 수 없다. 잡종 종자 생산은 미국의 옥수수 개발 분야의 주요 산업이다. 잡종 옥수수가 처음 미국으로 도입되었을 때인 1930년대 이래, 평균 생산량이 약 5배 증가했다. 이러한 증가의 약 70%는 잡종 생산성 증대 덕분이고, 나머지는 비료 및 용수로를 포함한 농업기술 덕분이다.

15.4 유전 변이는 친척 사이에 상호작용으로 나타난다

양적 유전학은 유전 인자의 중요성을 평가하기 위하여 친척(relatives)들 사이의 유사성에 크게 의존한다. 특히 사람의 복합적인 행동형질 연구에서, 가족의 닮음에 대한 해석은 비유전적 가능성 때문에 항상 간단하지는 않지만, 가족은 근본적으로 닮는다. 동식물의 교배에서 유전자형 및 환경을 실험으로 조절할 수 있으므로, 그 상황은 대부분 덜 복합적이다.

공분산은 형질들이 함께 변하는 경향이다

가족에 관한 유전 자료는 흔히 쌍으로 되어 있다: 부부라는 쌍, 쌍둥이라는 쌍, 한쪽 부모와 자손 한 명으로 된 쌍. 양적 유전학에서 중요한 문제는 각 쌍의 구성원들이 관련된 정도이다. 그 관련성을 추정하기 위한 보편적인 방법은 각 쌍의 구성원들 간의 **상관계수**(*correlation coefficient*)라는 통계학적인 수치를 계산하는 것이다.

친척들 사이의 상관계수는 그들 사이의 표현형 분산에 근거를 두고 있다. 분산이 측정 범위가 변하는 경향을 분산으로 설명하는 만큼 [식 (15.2)], 공분산(covariance)은 구성원 쌍이 함께 변하는 경향을 설명한다. 편차를 제곱한 부분인 $(x_i - \bar{x})^2$을 쌍에서 각각의 평균으로 측정한 쌍의 편차 값인 $(x_i - \bar{x})(y_i - \bar{y})$로 치환되는 점을 제외하면, 공분산 계산은 식 (15.2)의 분산 계산법과 비슷하다.

예를 들어, $(x_i - \bar{x})$는 부계 전체의 평균에서 특정 부계의 신장 편차가 될 것이고, $(y_i - \bar{y})$는 아들 전체의 평균에서 그 아들의 신장 편차가 될 것이다. 기호로 나타내기 위하여, f_i가 표현형 측정치인 x_i와 y_i를 갖는 친척 쌍의 구성원이 되게 하자. 그러면, 친척들 사이에서 그 형질에 관해 추정된 공분산(Cov)은

$$Cov(x, y) = \frac{\sum f_i(x_i - \bar{x}_i)(y_i - \bar{y})}{N - 1} \qquad (15.6)$$

이 된다. N은 연구된 친척 쌍의 총계가 된다.

친척들 사이에 그 형질의 **상관계수(correlation coefficient, r)**는 다음과 같이 공분산으로부터 계산된다.

$$r = \frac{Cov(x, y)}{s_x s_y} \qquad (15.7)$$

s_x와 s_y는 식 (15.2)로부터 추정된 표준편차이다. 상관계수는 -1.0에서 $+1.0$의 범위가 될 수 있다. $+1.0$이라는 값은 완벽한 관련성을 의미한다. $r = 0$일 때, x와 y는 관련되어 있지 않다.

상가적 유전 분산은 전달될 수 있지만, 우성 분산은 그렇지 않다

유전 관계가 다양한 개인들 사이에서 한 형질의 상관계수는 좁은 의미의 유전율 및 넓은 의미의 유전율과 아주 단순하게 관련되어 있기 때문에, 공분산 및 상관관계는 양적 유전학에서 중요하다. 다양한 친척 쌍에 관하여 이론적인 상관계수 값을 **표 15.3**에 나타냈다. h^2은 좁은 의미의 유전율을 나타내고, H^2은 넓은 의미의 유전율을 나타낸다. 부모–자손, 형제들 중 반, 또는 친사촌을 생각할 때, 좁은 의미의 유전율은 직접 곱하여 추정될 수 있다. 보다 명확히 말하면, h^2은 부모–자손 상관관계의 2배, 형제자매들 중 반의 상관관계의 4배, 친사촌 상관관계의 8배로 추정될 수 있다.

형제 전부, 일란성 쌍둥이, 6촌에 대한 표현형은 상가적 효과뿐만 아니라 우성에도 좌우되어 닮기 때문에, 상관계수는 넓은 의미의 유전율 H^2와 관련 있다. 친척들이 공통조상을 가지는 결과로 대립유전자 둘을 공유할 수 있기 때문에 우성이 닮음에 영향을 미친다. 한편 부모와 자손, 형제들 중 반, 친사촌은 기껏해야 공통조상 때문에 어떤 유전자의 대립

표 15.3 친척들 사이에 표현형의 이론적인상관 계수

촌수	상관계수*
자식과 부모 한쪽	$h^2/2$
자식과 부모의 평균	$h^2/\sqrt{2}$
형제의 반	$h^2/4$
친사촌	$h^2/8$
일란성 쌍생아	H^2
형제 전체	$H^2/2$

*유전자들의 대립유전자 중에 상호의 영향은 무시되었다. 이 이유 및 다른 이유 때문에, H^2 상관관계는 근사치이다.

유전자 중 한쪽만 공유할 수 있다. 그러므로 표현형이 우성에 좌우된다는 점에서, 전체 형제는 부모를 닮기보다 서로 서로를 더 닮을 것이다.

사람의 가계에서 가장 흔한 질환은 다인자성이다

가장 흔한 사람의 질환은 유전 인자 및 환경 인자가 함께 작용하여 발생된다. 형질을 명백히 나타내는 인자들 각각은 사람이 가지고 있는 **위험성(liability)**에 가산된다. 예를 들면, 심장 질환에 대한 유전적 위험 요인은 그 질환에 대한 가족의 역사에서 나타나므로, 환경적 위험 요인들로서 비만 및 흡연 같은 행동이 포함된다. 질환을 명백히 보이는 사람의 총괄적인 위험성은 수많은 유전적 요인과 환경적 요인들 사이의 상호작용으로 결정되는 다인자형질이다. 그러한 형질은 **역치형질(*threshold trait*)**이다. 비록 잠재적인 위험성 자체가 직접 관찰되지는 않지만, 그 위험성이 결정적인 역치값을 넘는가 아닌가에 따라서 그 형질이 나타나거나 사라질 것이다.

기타 다인자형질에 관하여 역치형질을 명백히 보여주는 위험성은, 대립유전자 빈도 및 위험성 환경 인자들의 분포에 따른 집단 사이에 다르게 나타날 수 있는 넓은 의미의 유전율 및 좁은 의미의 유전율을 갖고 있다. 위험성을 바로 관찰할 수는 없기 때문에 유전율을 직접 추정할 수도 없지만, 개체들 및 그들의 친척 사이에 그 형질의 발생으로부터 유전율을 추론할 수 있다. 이를 행하기 위하여 통계적 기술이 아주 전문화되었다. 백인종(Caucasian)에 가장 흔한 선천성 기형에 대해 관찰한 자료로, 이론적인 결과의 일부를 **그림 15.14**에 나타냈다. x 축은 일반집단(general population)에서 그 형질의 발생률이며, y 축은 그 질환에 걸린 형제나 자매들 형질의 위험성이다. 상부에 있는 수평선 둘은 각각 50%(우성) 및 25%(열성)인, 단순히 멘델의 우성 유전 및 열성 유전을 비율로 보여준다. 이 비율은 집단에서 형질의 발생률에 의존하지 않음을 알아야 한다. 그래프의 나머지 선들은 보는 바와 같이 좁은 의미의 위험성 유전율과 함께 역치형질과 관련되어 있다. 질환에 걸린 형제의 비율은, 위험성 유전율에 좌우될 뿐만 아니라, 집단 전체에서 그 형질의 발생률에 달려 있다. 집단 발생률이 0.05%(2000대 1)인 형질을 생각해 보자. 만일 위험성 유전율이 0.40이라면, 질환에 걸린 사람들 중에 질환에 걸린 형제들의 비율은 0.5%(200대 1)보다 약간 낮게 되어, 집단 전체의 발병율을 넘어 약 10배 증가한다. 만일 유전율이 1.00이라면, 질환에 걸린 개인들 중에 질환에 걸린 형제의 비율은 5%보다 약간 낮아(20대 1), 집단 전체의 발병율을 넘어 약 100배 증가한다. 그림 15.15에서 가장 흔한 형질들은 역치형질이 되려는 경향이 있음을 알아야 한다.

예외가 몇몇 있지만, 질환에 걸린 형제의 비율은 유전율에 대응시키면 중간 정도 혹은 그 아래로 되는 경향이 있다.

15.5 양적형질의 유전자 자리를 지도로 나타내기 위하여 유전적 다형성에 관한 가계도를 연구한다

양적형질에 영향을 미치는 유전자들은 각각의 효과가 다른 유전자들의 분리 및 환경 변화로 인해서 애매하게 되기 때문에 가계도에서 대부분 확인할 수 없다. 비록 그렇다하더라도, 양적형질에 영향을 미치는 유전자들이 단일염기다형성들(Single-nucleotide-ploymorphisms, SNPs)과 같은 유전자 표지(genetic marker)와 유전적으로 연관되어 있다면, 그 유전자들의 위치를 찾을 수 있다. 양적형질에 영향을 주는 한 유전자는 **양적형질 유전자 자리(quantitative-trait locus, QTL)**이다. 유전체에서 QTL의 위치 수색은 품종개량 프로그램에서 유전자 조작에 중요하고, 그들의 기능을 증명하기 위한 유전자 복제 및 연구에도 중요하다.

토마토의 양적형질 몇몇에 관한 양적형질 유전자 자리의 유전자 지도 작성을 **그림 15.15**에 예로서 나타냈다. 고도로 다형(poly-morphic)인 유전 표지들 300개 이상이 표지 사이에 평균 간격 5 지도단위(map unit)로 토마토 유전체에 표시되었다. 그림 15.15의 염색체 지도(chromosome map)는 미국산 토마토와 야생 남아메리카 근친의 교배로 분리된 일부 표지 67개를 보여준다. 표지들 사이의 평균 간격은 20 지도단위이다. F_1 × 미국산 토마토 교배의 역교배 자손으로 유전적 표지에 대해 검증되었고, 역교배 자손의 토마토는 3 종류의 양적형질에 대해 분석되었다—토마토의 무게, 용해되는 고형분의 양, 산도(acidity). 그 형질들의 어느 것에서라도 표현형 차이와 관련되어 있는 표지 대립유전자를 탐지하

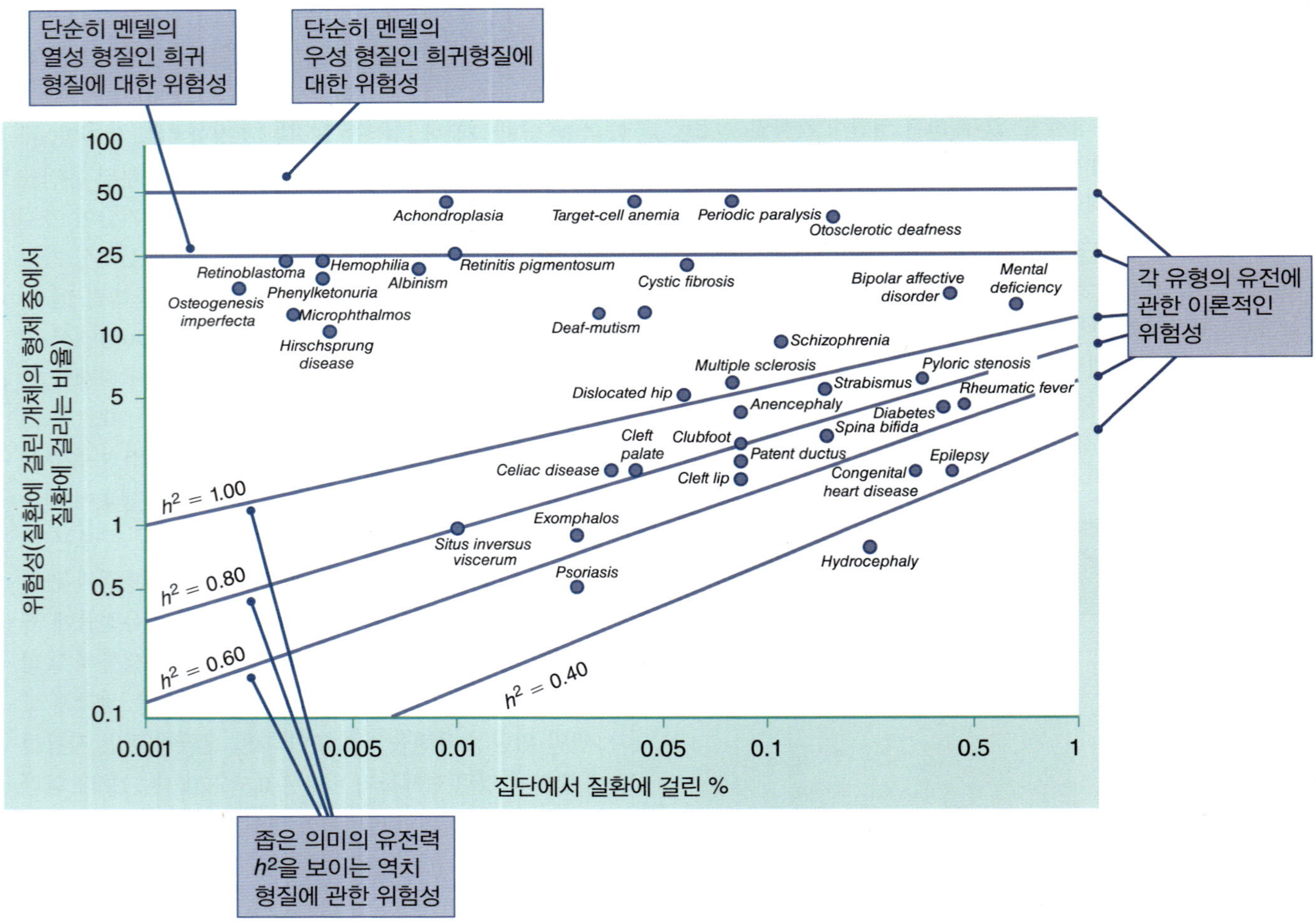

그림 15.14 질환에 걸린 사람들의 형제들 사이에서 나타나는 공통적 기형 위험성. 대각선은 좁은 의미의 유전력 위험성 수치로 표시된 역치형질에 관한 이론적인 위험성이다. 수평선은 단순한 우성형질 또는 열성형질에 관한 이론적인 위험성이다.

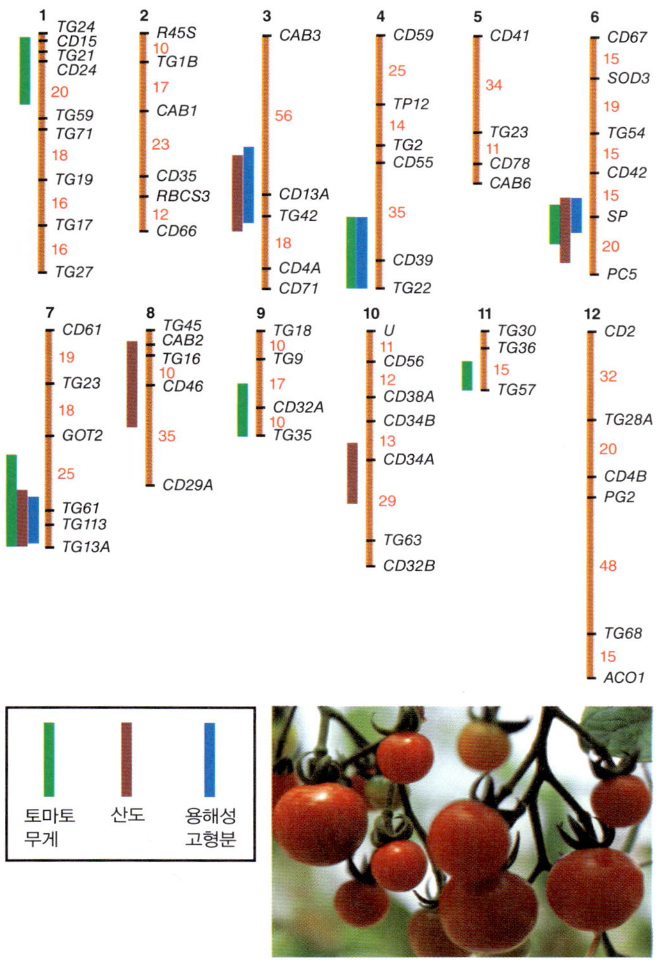

그림 15.15 토마토 유전체에서의 몇몇 양적형질에 대한 QTLs의 위치. 유전적 표지들을 12개의 염색체 각각에 나타냈다. 빨간색 숫자는 인접한 표지들 사이를 지도 단위로 나타낸 거리이지만, 단지 10 이상의 지도 거리만을 나타냈다. QTLs이 위치하고 있는 부분은 막대로 나타냈다. 토마토 무게에 관한 QTLs은 초록색 막대로, 용해성 고형분 양에 관한 QTLs은 푸른색 막대로, 산도(pH)에 관한 QTLs은 암적색 막대로 나타냈다. 자료는 길들인 토마토(*Solanum esculentum*)와 작고 초록색 토마토를 맺는 야생 남아메리카 친척(*Solanum chmielewskii*)을 교배하여 얻었다. 사진은 야생 토마토의 열매이다. 동전 보다 크기가 작다. F_1 세대는 길들인 토마토와 역교배되었으며, 그 자손의 토마토는 유전적 표지 및 각각의 양적형질에 대해 분석되었다.

Data from A. H. Paterson, et al., *Nature* 335 (1988): 721–725; photo Photos.com.

기 위해 자료를 통계적으로 분석한다. 관련성이 의미 있으면 표지 유전자와 그 형질에 영향을 주는 하나 이상의 QTL 사이에 유전적인 연관을 나타낸다. 토마토의 무게에 영향을 미치는 전체 6개의 QTL이 탐지되었으며(초록색 막대), 마찬가지로, 고형분 용해에 영향을 주는 4개의 QTL(푸른색 막대), 그리고 산도에 영향을 주는 5개의 QTL(암적색 막대)이 탐지되었다. 비록 효과가 더 적은 부수적인 QTL이 이러한 유형의 실험에 의심할 바 없이 탐지되지 않은 채로 남아 있기는 하지만, 지도에 표시된 QTL의 효과가 실제적으로 중요하다. 지도에 표시된 QTL은 토마토 무게에 대한 전체 표현형 분산의 58%에 해당하며, 고형분 용해에 대해서는 표현형 분산의 44%, 산도의 표현형 분산에 대해서는 48%에 해당한다. 실제로 효과가 중요한 QTL과 관련되어 있는 유전적 표지들은 가계도(pedigree)에서 QTL의 유전을 추적할 수 있게 하며, 연관된 표지 유전자의 유전 후 따라오는 품종개량 프로그램에서도 그들을 조작할 수 있게 한다. 그림 15.15는 또한 둘 이상의 형질에 대해, 예를 들면 염색체 번호 6과 7에 있는 QTL 지역에서 QTL을 포함하는 염색체 부분의 수를 보여준다.

복합형질들은 통상적으로 거의 모두가 작은 효과를 지니는 수많은 유전자들에 의해 영향을 받는다

미세 단위의 유전자 위치와 QTL의 동정은 최근에야 가능하게 되었고, 이 분야에 대한 유전학적 연구는 현재 아주 활발하게 연구되고 있다. 인간집단에서의 대부분 연구는 **광역 유전자 연관 연구(genome-wide association study, GWAS)**에 기인하고 있다. 전형적인 WGA 연구는 질병을 가진 상당수의 환자와 나이, 성, 인종집단, 거주지 등등에서 환자와 비교한 질병이 없는 상당수의 대조군을 포함하고 있다. 자료의 크기는 환자와 대조군 모두에서 최소한 수천 명에서 수만 명에 이를 정도로 커야만 한다. 각 환자와 대조군은 보통 단일염기다형성칩(SNP chip)을 이용하여 그 유전자형을 밝힌다. 이 칩은 유전체 상에 있는 50만 개 이상의 SNP들을 동시에 분석할 수 있다. 그 후 어떤 SNP들이 질병과 관련이 있는지, 어떤 SNP들이 질병위험성을 증가시키거나 감소시키는지를 확인하기 위한 통계 분석을 실시한다. SNP 자체는 질병과 인과관계로 크게 연관되어 있지 않으나 연관 연구는 질병과 인과적으로 관련된, 유전적으로 SNP와 연관된 QTL들이 있음을 암시한다. QTL의 본성, 수 그리고 그들 효과의 크기들에 대해 일단 일반화시키기에 충분한 연구가 WGA 연구를 통해 수행되었다.

첫 번째 발견은 복합형질의 변이에 많은 유전자들이 관여한다는 것이다. **그림 15.16**에 있는 각 막대 위의 숫자는 복합형질 각각에 영향을 미친다고 추정되는 유전자들의 숫자이다. 이 숫자는 형질에 따라 50~수백에 이른다. 각 추정치는 최소이다. 연관 연구에서 탐색될 수 있는 유전자들의 숫자는 연구 디자인과 특히 표본 크기에 달려 있기 때문이다. 표본에서 개체의 숫자가 증가함에 따라, 더욱 많은 수의 형질에 영향을 미치는 유전자들이 통계적으로 유의해지고, 결국은 밝혀진다. 그림에서 가장 큰 숫자는 성인 키에 영향을

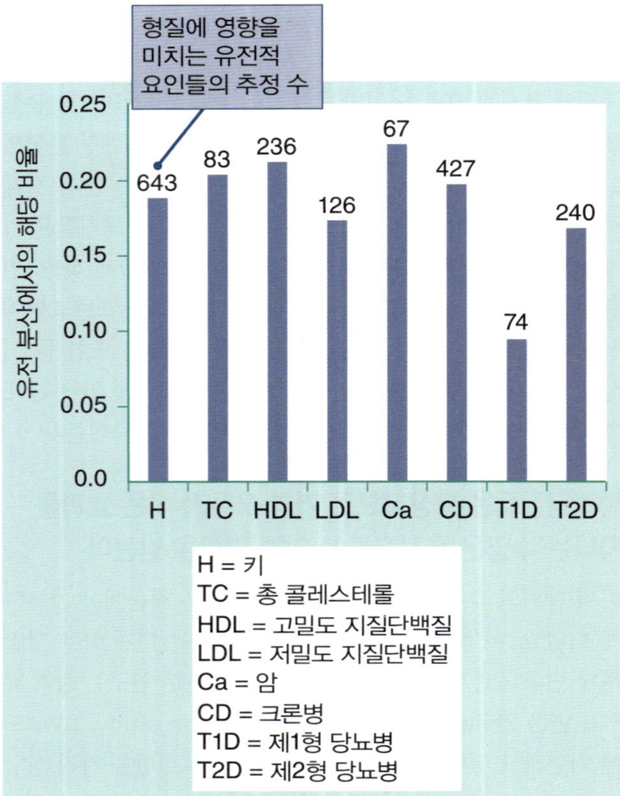

그림 15.16 인간 복합형질에 영향을 미치는 유전자 수의 추정치 및 이들 유전자에 의해 설명되는 총유전 분산에서의 비율.

Data from J.-H.Park, et al., Proc. Natl. Acad. Sci. USA 108 (2011): 18026–18031.

미치는 유전자들의 수인 643으로, 이 큰 숫자가 나온 것은 부분적으로 이 연구가 수백만의 개체를 대상으로 하는 연구가 기반이 되었기 때문이다.

두 번째 발견은 복합형질에 영향을 미치는 것으로 밝혀진 유전자들이 그 형질의 유전 변이에서 오직 작은 부분만을 설명한다는 것이다. 그림 15.16에서, 각 막대의 길이는 밝혀진 유전자들에 의해 설명되는 유전 분산의 비율에 해당하며, 이 비율은 약 10%에서 20% 정도이다. 만일 일련의 유전자들이 유전적 변이의 100%를 설명할 수 있다면, 이들 유전자들이 그 형질의 유전율 전부를 설명할 것이다. 통계학적으로 유의한 유전적 요인들에 의한 유전 분산을 설명함에 부족함이 있는 것을 **실종유전율(missing heritability)**이라 한다. 이 실종유전율에 대한 가장 일반적인 해석은 유전적 요인들이 늘상 서로 상호작용한다는 것이다. 분자, 세포 그리고 기관 수준에서의 유전자 상호작용들은 **생리적 상위(physiological epostasis)**를 구성한다. 연관 연구들에서 통계학적으로 유의한 집단 수준에서의 유전자 상호작용들은 **통계학적 상위(statistical epistasis)**를 구성한다. 이 2종류의 상위는 서로 아주 다른 방법, 즉 분자생물학적 방법과 통계학적 방법에 의해 밝혀진 것이다. 특히 생리학적 상위의 대부분을 차지하는 유전자들은 통계학적 상위 수준에서는 아직 밝혀지지 않았다.

실종유전율에 대한 더 그럴듯한 다른 설명은 연관 연구들이 작은 효과를 지닌 유전적 요인들을 밝히지 못한다는 것이다; 만일 이렇게 밝혀지지 않은 유전적 요인들이 모두 고려된다면, 대부분의 실종유전율이 더 이상 나타나지 않을 것이다. 일례로, 유전자 간의 연관이 아닌 염색체 간의 연관 연구에 의해 추정된 사람 키에 대한 한 연관 연구에서 유전율의 92%를 설명할 수 있었다.

그림 15.17에 성인 키에 영향을 미치는 QTL이 상세하게 나타난다. (A) 부분은 약 20만 명의 표본에 기초한 QTL의 상대효과의 추정 분포이다. 양쪽 음영 영역들은 이 표본 크기에서 통계학적으로 유의한 영역을 나타낸다. 상대효과의 전체적 분포는 정규분포라 가정한다. X-축에서, 상대효과는 어느 한 QTL에 의해 예측되는 키에서의 변화 정도이다. 이 값은 이 연구 표본에서 키에 영향을 미칠 것으로 여겨지는 모든 다른 QTL들에서의 동시다발적 변화를 포함한다. (기술적으로 상대효과는 각 QTL의 유전형에 대한 키의 부분 회귀 상관계수이다.)

키에 있어 유전자들의 효과에 대한 그럴듯하고 쉬운 해석은 각 QTL이 그 형질의 유전적 변이에 얼마나 많이 기여하는지를 설명해 준다. 이 분포는 그림 15.17의 (B) 부분에 나타나 있다. 이는 (A) 부분의 오른쪽 음영 끝부분을 확대한 것이다. 각각의 통계학적으로 유의한 QTL은 전체 유전 분산에 아주 적은 부분, 즉 1%보다 적게 기여한다. 이러한 사실은 그림 15.16에 나타난 수많은 유전자들이 왜 유전 분산의 아주 작은 부분만을 차지하는지를 설명해준다.

그림 15.16과 그림 15.17에 요약되어 있는 연구들은 복합형질에 영향을 미치는 유전자들에 대한 아래의 관찰들을 지지한다. 우리는 이들을 일반화(generalization) 대신 관찰(obsevation)이라 부른다. 이들은 모든 생명체의 모든 복합형질에 필연적으로 적용되지는 않기 때문이다.

- 대부분의 복합형질들이 많은 QTL에 영향을 받는다.
- 복합형질에 영향을 미치는 보통 대립형질들의 대다수는 형질의 유전 분산에서 상대적으로 작은 부분만을 설명한다. 키에 영향을 미치는 수많은 유전자들과는 달리, 대부분의 유전 질병들은 더 작은 수의 유전적 위험 요인들에 의해 영향 받는 것으로 나타난다; 그러나 키에 영향을 미치는 유전자들이 많은 것처럼,

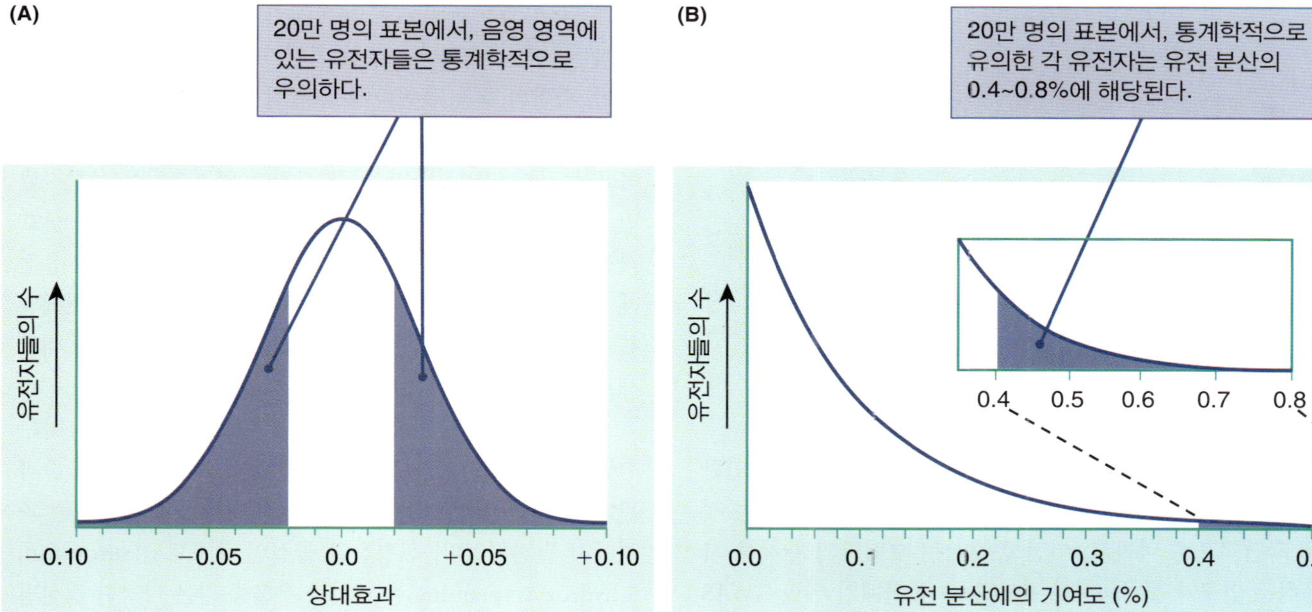

그림 15.17 성인 키에 미치는 양적형질 위치(QTLs). (A) 약 20만 명의 표본에 기초한 QTL 효과의 추정 분산. (B) 성인 키의 유전 분산에 대한 QTL들의 추정 분산

Data from H.L. Allen, etal., Nature 467 (2010) 832–838.

지금까지 밝혀진 대부분의 유전적 위험 요인들은 위험에 대한 유전적 분산의 적은 일부만을 설명한다. 이러한 관찰은 DTC(Direct-to-consumer)나 OTC(Over-the-counter) 유전자 검사결과에 대하여 적당한 해석이 필요하다는 것을 뒷받침한다. 왜냐하면 대부분의 유전적 위험 요인들이 질병 위험을 증가시키는 데에 오직 적당히 기여하기 때문이다.

- 복합형질들에 영향을 미치는 많은 QTL들이 많은 복합형질들에 동시에 영향을 미친다; 다른 말로 하자면 QTL들은 대개 다면발현효과(pleotropic effect)를 가진다.

- 복합형질에 영향을 미치는 많은 QTL들 사이에, 분자·세포·기관 수준에서의 유전자 상호작용(생리학적 상위)은 상당히 흔한 듯 하다; 그러나 집단 수준에서는 생리학적 상위가 통계학적 상위로서 나타나지 않는다.

- QTL들의 효과는 종종 환경에 매우 의존적이다. 성별 유전자형 상호작용은 특히 중요하다; 즉 한 QTL의 효과는 여성과 남성에서 극적으로 다르게 나타날 수 있다.

- 일부 QTL들은 집단특이성을 가진 효과를 가진다. 예를 들면, 인간 9번 염색체에 있는 한 QTL은 관상동맥 질환의 위험성을 백인에서는 30~40% 증가시키는 반면 흑인에서는 그렇지 않다.

- 유전 분산에 대한 QTL들의 기여도는 그림 15.17의 (B) 부분에 나타낸 바와 같이 거의 지수함수적 분포와 닮았다. 유전 분산에 미치는 영향에 있어, 대부분의 QTL들은 아주 적으며, 좀 더 적은 수의 많은 QTL들은 적당하고, 아주 작은 수의 QTL들은 아주 크다. 특히 복합 인간질병의 대부분 QTL들은 질병위험성을 10%에서 30% 정도 증가시키며, 일부는 30%에서 50%의 범위에서 증가시킨다. 커다란 효과를 가지는 QTL들은 흔하지 않다.

- 많은 QTL들의 효과는 단일유전자보다는 가까이 연관된 여러 유전자들의 조합 효과에 기인한다. 이러한 발견들은 기능적으로 관련 있는 유전자들이 진화함으로써 일어나는 유전자 중복과 분기 과정을 반영하며, 기능적으로 관련 있는 유전자들이 바로 그 복합형질들에게 영향을 미침을 의미한다.

- 비록 형질에 관한 생물학과 유전체 서열상에서 주석이 달린 유전자들의 추측된 기능에 근거하여, 복합형질에 영향을 미치는 일부 유전자가 예측될 수 있다하더라도, 매우 많은 유전자들은 예측될 수 없다. 알려진 기능을 가진 것들이 형질들과 연관을 가지는 것이

분명치 않으며, 대부분은 그 기능이 알려져 있지 않은 유전자들이다.

- 복합형질에 영향을 미치는 유전자들에서의 돌연변이들이 일부는 단백질 암호화 영역에서, 일부는 유전자 조절에 영향을 미치는 영역에 존재한다(eQTLs).
- 복합형질에 영향을 미치는 돌연변이 대립형질들은 흔하거나(0.05 이상의 대립형질빈도) 희귀하다(0.05 이하의 대립형질빈도).

QTL들은 후보 유전자들을 조사하여 확인되었다

수많은 종들에서, QTL들을 찾아내기 위해 광역유전체연관연구(GWAS)를 통해 수백만 개체의 유전형을 분석하는 것은 극단적으로 비싸고, 어떤 종에서는 수백만의 개체를 사용하는 연구가 불가능하다. QTL들을 찾아내기 위한 GWAS의 대안은 교육된 추측 작업과 후보 유전자를 찾아내기 위해 형질의 생물학을 이해하는 것이다. 한 형질에 대한 **후보 유전자(candidate gene)**는, 형질에 영향을 주는 유전자로 의심되는 어떤 **선험적**(*a priori*) 근거가 있는 유전자이다. 예를 들어, 사람의 행동 유전학에서, 만일 어떤 약품이 성격 형질(personality trait)에 영향을 준다고 알려져 있고, 그 약품의 목표 분자가 알려졌다면, 목표 분자를 암호화하는 유전자뿐만 아니라, 유전자의 산물이 그 약품이나 목표 분자와 상호작용하는 모든 유전자들이 후보 유전자가 된다. 사람의 유전체 서열 초안으로 다양한 형태의 유전 질환, 특히 유전체의 특정 부분에 지도화된 유전 위험성 인자를 갖는 형질에 대한 새로운 후보 유전자들이 다수 확인되었다.

사람의 행동 유전학 연구에서, 후보 유전자를 사용하는 한 예는 스트레스성 인생 경험에 반응하는 심각한 우울증과 관련된, 자연적으로 발생하는 유전적 다형성을 확인하는 과정에서 발견되었다. 신경전달 물질인 세로토닌(serotonin, 5-hydroxytryptamine)은 불안과 우울증 같은 다양한 정신병적인 상태에 영향을 준다고 알려져 있다. 세로토닌이 작용하는 과정에서 중요한 요소는 세로토닌 수송단백질이다. 다른

인간 유전학 이야기

이것 조금 저것 조금

Oliver Smithies 2005

University of North Carolina, Chapel Hill, NC

많은 작은 것들: 복합질병에 대한 한 유전학자의 견해

이 논문은 포유류 유전체의 선택된 자리에 외인성 DNA를 도입하는 데 처음으로 성공한 Oliver Smithies의 실험의 25주년 기념식을 위해 쓰였다. 초기 적용은 주요한 영향을 가지는 단일유전자에서 표현형의 유전적 분석이었다. 여기서 Smithies는 각자 상대적으로 적은 영향을 미치는 서로 연관된 많은 유전자들에 의해 영향을 받는 복합적인 질병 연구에 대한 접근방법을 어떻게 깨닫게 되었는지 이야기하고 있다. 그의 생각은 유전자를 결핍시키거나 부가적인 유전자의 사본을 포함하는 쥐의 염색체를 만드는 것이었다. 교배를 통해 염색체를 결합시킴으로써, 그는 0배의 유전자를 가지는(그 쥐가 생존할 수 있다면), 또는 1배, 2배, 3배, 4배수의 유전자를 가지는 쥐를 만들어 낼 수 있었다. 그러고 나서 그는 그 쥐들에 대해 조사할 수 있었고, 표현형에서 연관된 변화들을 찾아낼 수 있었다. 그의 이러한 접근의 초기 적용은 혈압의 조절이었다. 이런 형질은 Smithies의 특별한 관심을 끌었다. 왜냐하면 그의 아버지는 고혈압 합병증 때문에 사망하였고, 그 또한 자신의 혈압을 조절하기 위해 약물치료가 필요로 했기 때문이다. Smithies의 통찰력과 접근은 훌륭한 성공을 거두었고, 2007년 노벨 생리의학상을 받을 충분한 가치가 있었다.

> ***"나의 사고방식은 [고혈압]이 '많은 작은 것들의 결과일 가능성이 높다'는 생각에 의해 달라지기 시작했다."***

나의 사고방식은 적은 수의 주요한 차이점들이 복잡한 표현형을 결정짓는다는 생각에서, "많은 수의 작은 요인들"의 결과로 복잡한 표현형을 결정짓는다는 생각.... 으로 바뀌었다. 많은 양적 차이들은 인간 진화 동안 축적되었다(이들은 매우 작은 효과를 지닌다). 이 "많은 작은 것들"은 우리 개인에게 재미난 원천이다. 또한 그들은 아마도 [복잡한 질병들]에 대한 개개인의 민감성에 대한 차이들을 알아가는 데에 아직까지 거의 이해되지 않았던 원천이 될 수도 있다.

출처: O. Smithies, *Nat. Rev. Genet.* 6 (2005): 419–425.

뉴런을 자극하기 위하여 세로토닌을 분비하는 뉴런은 또한 세로토닌 수송물질을 통해서 세로토닌을 다시 흡수한다. 이 흡수로 자극이 끝나고, 나중에 사용하기 위해 그 분자를 재활용한다.

그 수송물질이 선택적 세로토닌 재흡수 억제제(reuptake inhibitor)로 알려진 항우울제(antidepressant) 종류의 목표가 된다는 것이 발견되었을 때, 불안과 관련된 성격 형질에 대해서 세로토닌 수송물질이 강력한 후보 유전자가 되었다. 광범위하게 처방되는 항우울제인 프로작(Prozac)은 그러한 약품의 예가 된다.

세로토닌 수송물질이 불안과 관련된 형질에 관련되어 있을 것이라는 강력한 암시가 동기로 작용하여, 연구자들은 인류 집단에서 수송물질 유전자에 영향을 주는 유전적 다형성의 근거를 찾았다. 그러한 다형성은 수송물질 유전자의 프로모터 부위에서 발견되었다. 전사 개시자리(transcription start site)에서 상류 약 1 kb에 약 15 염기쌍이 거의 동일한 DNA 서열로 일련의 직렬 반복(tandem repeat)이 16번 나타났다. 이를 *L*(*long*) 대립유전자라 하며, 백인종 사이에는 57%의 대립유전자 빈도를 갖는다. 또한 *S*(*short*) 대립유전자가 있으며, 반복되는 서열 중 3종류는 존재하지 않는다. *s* 대립유전자는 대립유전자 빈도를 43% 보인다. 유전자형 *L*/*L*, *L*/*S*, *S*/*S* 등은 각각 32%, 49%, 19%의 하디-와인버그 비율(Hardy-Weinberg proportion)로 발견된다.

계속된 연구에서 다형성이 생리적 효과를 나타내는 것으로 밝혀졌다. 배양하여 키운 세포에서, *L*/*L* 세포들은 수송물질을 *L*/*S*나 *S*/*S* 세포들보다 mRNA를 거의 50% 더 많이 갖고 있었으며, 막 결합 수송물질 단백질을 *L*/*S*나 *S*/*S*보다 35% 더 많이 갖고 있었다. 이러한 차이로 보아, *S*/*S*나 *S*/*L* 유전자형이 *L*/*L* 유전자형과 비교하여 중증우울증의 위험성이 훨씬 높은 것은 놀라운 일이 아니다. 흥미롭게도 이 높은 위험성은 유전자형-환경 상호작용을 보여준다. 즉, 이 질병은 5년 이내에 발생한 3회 이상의 스트레스성 인생사건(협박, 패배, 치욕, 또는 사랑하는 사람의 죽음)을 겪은 사람들 중에서만 나타난다.

세로토닌 수송자의 *S*형과 *L*형은 또한 약물 반응에 영향을 미친다. 널리 사용되는 불법 약물 중의 하나는 엑스타시로 불리는 "클럽약물" MDMA(3,4-methylene dioxymethamphetamine)이다. 이는 세로토닌 수송자에 결합하고, 재흡수를 저해한다. 엑스타시 상습복용자는 세로토닌의 방출 및 재흡수에서 장기간에 걸쳐 변화를 일으킨다. 이것은 심각한 문제(troubling)이며, 12세 이상의 미국인들의 5%에 달하는 1,230만 명의 미국인들이 이 약물을 적어도 한 번 이상 복용하였다.

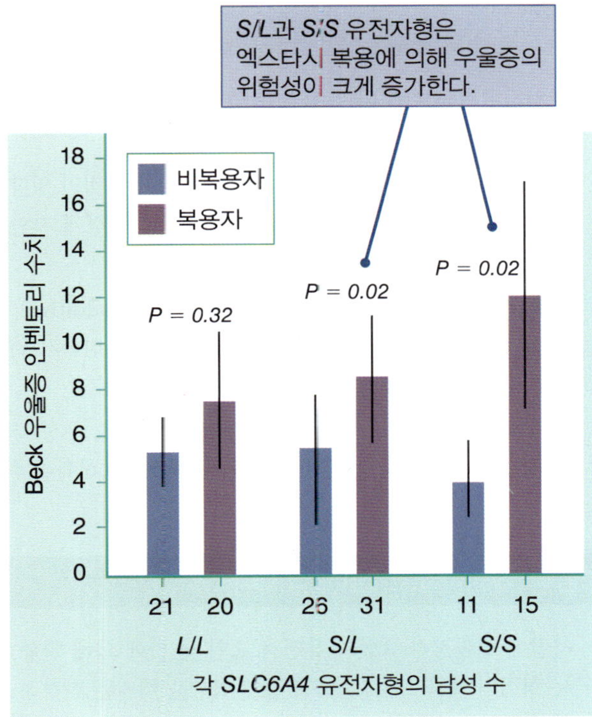

그림 15.18 세로토닌 흡수 수송 유전자인 *SLC6A4*에 대해 유전자형의 기능에 대비한 향정신성 약물인 엑스타시를 투약한 남성 복용자의 우울증 수치. *P* 값은 남성 비복용자와 비교한 각 유전자형에서의 유의수준이다.

Data from J. P. Roiser, et al., *Am. J. Psychiatry* 162 (2005): 639–612.

상습 엑스타시 복용자에서의 *SLC6A4*의 효과가 **그림 15.18**에 나타나 있다. 이 연구에서, 남성 엑스타시 복용자와 비복용자가 *SLC6A4* 유전자형(*L*/*L*, *S*/*L*, *S*/*S*)에 따라 분류되어 있으며, 이들의 Beck 우울증 인벤토리 수치가 표시되어 있다. Beck 우울증 인벤토리 수치는 우울증의 다양한 증후군을 포괄하는 질문들에 기초하는 표준화된 등급 단위이다. 9보다 큰 수치는 우울증의 증거로서 간주된다.

비록 엑스타시 복용자들이 검사 전 최소 3주 동안 약물의 복용을 중지하였음에도 불구하고, 그림 15.18에서 복용의 장기간 효과가 분명하게 나타난다. 비록 *L*/*L* 유전자형에서는 우울증 수치의 차이가 통계적으로 유의하지 않다하더라도($P = 0.32$), *S*/*L*과 *S*/*S* 유전자형에서는 엑스타시 복용자와 비복용자에서의 우울증 수치에서 차이가 훨씬 크다($P = 0.02$). 간단히 이야기하자면, 우울증의 위험성이 *S*/*L*에서는 2배, *S*/*S*에서는 10배 정도이다. 이러한 형태의 유전자형-환경 상호작용은 약물에 대한 유전자형 특이 반응을 다루는 **약물유전학**의 한 예이다

장의 요약

- 다인자형질은 다수의 유전적 요인 및 환경적 요인이 함께 작용하여 결정된다.
- 유전자형 및 환경이 하나의 형질에 미치는 상대적인 영향은 유전자형에 기인한 분산(유전자형 분산)과 환경에 기인한 분산(환경 분산)으로 추정된다.
- 친척 간의 상관관계는 유전자형 분산, 상가적(additive) 분산, 우성 분산 등과 같이 다양한 분산 요소를 추정하기 위하여 사용된다.
- 상가적 분산은 부모–자손 상관관계를 설명하고, 우성 분산은 상가적 분산에서 예상된 것 외에 근친–근친 상관관계를 설명한다.
- 좁은 의미의 유전율은 전체 표현형 분산에 대한 상가적 (유전 가능한) 분산의 비율이고, 동물과 식물의 품종 개량(육종)에 널리 이용된다.
- 양적형질에 영향을 미치는 유전자들은 다양한 종류의 유전적 다형성을 사용하여 검증될 수 있고, 유전자 지도로도 만들어질 수 있다.
- 복합적인 사람의 행동 대부분은 다수의 유전적 요인 및 환경적 요인, 그리고 그들 사이의 상호작용에 영향을 받는다.

쟁점과 착상: 알고 넘어 갑시다

- 사람에서 환경적 요인과 유전적 요인 둘 다에 의해 영향 받는 형질의 예를 드시오. 그 형질에 영향을 미치는 환경적 요인의 일부를 열거하시오.
- 집단에서 한 형질의 표현형 분포가 개체들 사이에 표현형 차이를 야기시킬 때, 유전자와 환경의 상대적 중요성에 관해 무엇을 말하는가? 그 형질에 영향을 주는 유전자들의 수에 관하여 무엇을 말하는가? 설명하시오.
- 유전자형 분산에 관하여, 근교계에 대해 무엇이 특별하고 근교계 둘 사이의 교배로 태어난 F_1 자손에 대해서 무엇이 특별한가?
- 초파리 집단에서 복부 체절 하나에 나 있는 강모 수의 분포는 12에서 26의 범위이다. 이 형질의 좁은 의미의 유전율은 거의 50%이다. 여러 세대에 걸친 인위 선택을 수행하여 평균 강모 수가 26보다 크게 되는 집단을 만드는 것이 가능하다고 생각하는가? **최소** 강모 수가 26보다 크게 되는 집단을 만드는 것이 가능하다고 생각하는가? 그 이유를 설명하시오.
- 친척들 간의 상관관계가 왜 양적 유전학자들의 흥미를 끄는가?
- 다인자 유전 상황에서, QTL은 무엇인가? QTL이 어떤 다른 종류의 유전자와 다른가? QTL들이 어떻게 탐지될 수 있는가?
- 다인자 유전 상황에서, 후보 유전자는 무엇인가? 페닐알라닌 수산화효소(phenylalanine hydroxylase, *PAH*)에 대한 사람의 *PAH* 유전자를 정신박약아에 대한 선천성 후보 유전자로 생각할 수 있는가? 그 이유를 기술하시오.

문제 풀고 한 걸음씩 앞으로

문제 1 한 무리의 양떼에서 무작위로 추출하여 100일 째 이유 시기의 몸무게를 측정하였다. 20마리 각각의 몸무게가 아래 표에 나타나 있다. 이 집단에서의 평균, 분산, 그리고 표준편차를 구하시오.

37	37	38	46	39
30	31	35	30	42
43	39	48	27	41
43	41	37	29	26

풀이. 이유몸무게의 평균과 분산은 각 개체 값의 합과 평균으로부터의 분산의 합에서 본문에 나와 있는 식 (15.1)과 (15.2)를 이용하여 각각 추정할 수 있다. 분산은 kg 단위의 제곱임을 주지하라. 원래의 kg 단위는 제곱근을 취하여 얻어지며, 이는 표준편차이다

$$s = \sqrt{40.16\ \text{kg}^2} = 6.34\ \text{kg}$$

계산은 아래와 같다.

$$\bar{x} = \frac{\sum x_i}{N} = \frac{739}{20} = 36.95\ \text{kg}$$

$$s^2 = \frac{\sum (x_i - \bar{x})^2}{N - 1} = \frac{762.95}{19} = 40.16\ \text{kg}^2$$

분산을 쉽게 계산할 수 있는 동등한 식이 아래에 있다. 기호 Σx_i^2은 각 개체 값의 제곱의 합을 의미하고, $(\Sigma x_i)^2$은 각 개체 값의 합의 제곱을 의미한다.

$$s^2 = \frac{\sum x_i^2}{N-1} - \frac{\left(\sum x_i\right)^2}{N(N-1)}$$
$$= 1477.32 - 1437.16$$
$$= 40.16\ \text{kg}^2$$

문제 2 문제 1의 양떼에 대해 젖 뗀 100일된 새끼 양의 이유몸무게는 정규분포를 이룬다고 가정하자. 새끼 양의 68%를 포함하는 이유몸무게의 범위는? 새끼 양의 95%를 포함하는 이유몸무게의 범위는?

풀이. 정규분포에서 관측치의 86%는 평균의 표준편차 1범위에 그리고 관측치의 95%는 평균의 표준편차 2범위에 있다고 예상된다. 이 경우 이유몸무게는 36.95 kg으로 예상되며 표준편차는 6.34 kg이다. 그러므로 새끼 양의 68%를 포함하는 이유몸무게의 범위는 36.95~6.34부터 36.95 + 6.34 kg, 즉 30.61~43.29 kg이다. 새끼 양의 95%를 포함하는 이유몸무게 범위는 36.95 − 2 × 6.34부터 36.95 + 2 × 6.34 kg, 즉 24.27~47.63 kg이다.

문제 3 문제 1의 양떼에 대해, 젖 뗀 100일된 새끼 양의 이유몸무게의 좁은 의미의 유전율은 30%이다. 현재 집단 평균보다 표준편차 1만큼은 이유몸무게를 가진 새끼 양들을 부모 양으로 선택해서 인위선택을 수행하고자 한다.

(a) 인위선택 1세대 후 새끼 양의 예상 이유몸무게는 얼마인가?

(b) 인위선택 5세대 후 새끼 양의 예상 이유몸무게는 얼마인가? (유전율과 표준편차는 이 기간 동안 일정하게 유지된다고 가정하자.)

풀이. **(a)** 인위선택 1세대 후, 현 집단의 평균은 $M = 36.95$ kg이고, 선택된 부모들의 평균은 $M^* = 36.95 + 6.34 = 43.29$ kg이다. 좁은 의미의 유전율 h^2은 0.30이다. 예측 방정식

$$M' = M + h^2(M^* - M)$$

을 이 경우에 적용하자. M'은 선택된 부모에서 자식의 예상 평균이다. 따라서 $M' = 36.95 + (0.30) \times (43.29 - 36.95) = 38.85$ kg이다. **(b)** 만일 인위선택된 부모가 항상 현재 집단으로부터 표준편차 1만큼 변이한다면, 선택된 각 세대에서 $M^* - M = 6.34$ kg이다. 드한 h^2은 30%로 유지된다. 따라서 각 선택 세대에서 젖 뗀 100일된 새끼 양의 이유몸무게가 0.30 × 6.34 = 1.90 kg 만큼씩 증가한다고 예상할 수 있다. 그러므로 인위선택 5세대 후 예상되는 이유몸무게는 36.95 + 5 × 0.30 × 6.34 = 46.46 kg이다.

실전에 필요한 개념: 끝까지 풀어 봅시다

15.1 인간에서 몇 가지 형질에 대한 넓은 의미의 유전율의 추정치는 다음과 같다. 최대 심박 수 $H^2 = 0.84$, 심실 수축 혈압 $H^2 = 0.57$, 그리고 혈청지질수준 $H^2 = 0.44$. 개인 간의 유전적 차이가 그 표현형의 분산에 가장 영향을 많이 미치는 형질은 무엇인가?

15.2 아래의 질문은 정규분포에 대한 것들이다.

(a) 분산의 정점에 상응하는 X-축 상의 값을 나타내는 용어는 무엇인가?

(b) 평균은 같으나 분산이 다른 두 정규분표가 있다면 어떤 것이 더 넓게 퍼져 있는가?

(c) 평균의 표준편차 1 안에서 예상되는 집단의 비율은 얼마인가?

(d) 평균의 표준편차 2 안에서 예상되는 집단의 비율은 얼마인가?

15.3 2개의 매우 동질적인 장미 변종 (장미 I과 II) 및 그 F_1, F_2 자손에서 줄기 길이의 평균과 변이를 아래에 나타내었다. 넓은 의미의 유전율을 구하시오.

변이	평균 길이 (cm)	분산 (cm^2)
I (short)	35.21	2.365
II (long)	81.56	2.934
F_1	55.59	3.590
F_2	59.79	36.110

15.4 옥수수의 두 품종 A와 B를 인디애나(Indiana) 주와 노스캐롤라이나(North Carolina) 주에서 현장 실험하였다. A 품종은 인디애나 주에서 생산성이 더 좋았지만, B 품종은 노스캐롤라이나 주에서 생산성이 더 좋았다. 이 예를 양적 유전학의 무슨 현상으로 설명할 수 있는가?

15.5 사람의 형질에서 넓은 의미의 유전율에 대한 어떤 추정치는 신장에 대해서 0.85, 체중에 대해서 0.62, 심실 수축 혈압에 대해서 0.57, 심방 수축 혈압에 대해서 0.44, 쌍둥이 출산에 대해서 0.50, 총체적인 출생률에 대해서 0.1~0.2이다. 이 특징들 중에 어느 것이 "이 혈통에서" 가장 일어나기 쉬운가? 만일 당신의 부모 중 한 사람과 조부모 중 한 사람이 고혈압을

갖고 있다면, 당신도 같은 문제를 가질 수 있는 가능성에 대해 관심을 기울여야 하는가?

15.6 아주 근교계인 생쥐 두 마리가 교배되어, F_1 세대에서 5 cm의 평균 꼬리 길이와 1.5 cm의 표준편차를 보였다. F_2 세대에서 5 cm의 평균 꼬리 길이와 4 cm의 표준편차를 보였다. 이 집단에서 꼬리 길이에 대하여 환경 분산, 유전자형 분산, 넓은 의미의 유전율을 구하시오.

15.7 미국산 토마토(*Solanum esculentum*)와 야생 남아메리카 친척(*Solanum chmielewskii*) 간의 차이에 대해, 환경 분산은 과일 무게의 경우 전체 표현형적 분산의 13%이고, 용해 고형물의 경우 전체 분산의 9%이며,산도의 경우 전체 분산의 11%이다. 이 형질에 대해 넓은 의미에서의 유전율을 구하시오.

15.8 동형 유전자형을 가진 두 마리의 초파리는 복부의 강모 수에서 다르다. 유전자형 *AA*에서, 평균 강모 수는 20이고 표준편차는 2이다. 유전자형 *aa*에서, 평균 강모 수는 23이고 표준편차는 3이다. 둘 모두 정규분포 곡선에 따르며, 평균 ±1, ±1.5, ±2, ±3 표준편차로 정의된 구간에서 표현형의 집단내 비율이 각각 68, 87, 95, 99.7%이다.

(a) 유전자형 *AA*에서, 강모 수를 20과 23 사이로 갖는 초파리의 비율은 얼마인가?

(b) 유전자형 *aa*에서, 강모 수를 20과 23 사이로 갖는 초파리의 비율은 얼마인가?

(c) *AA* 초파리의 어떤 비율이 *aa* 초파리의 평균보다 많은 강모 수를 갖게 되는가?

(d) *aa* 초파리의 어떤 비율이 *AA* 초파리의 평균보다 많은 강모 수를 갖게 되는가?

15.9 단거리 경주마 집단에서 양 어깨뼈 사이에 있는 융기에 관한 좁은 의미의 유전율은 30%이다. (융기의 높이는 어깨뼈 사이에 가장 높은 곳의 높이이다.) 이 집단에서 평균 융기 높이는 19핸드(hand)이다. (1핸드는 사람 손의 폭에 해당하는 전통적인 도량법으로, 지금은 4인치에 해당한다.) 이 집단에서, 평균 융기 높이가 16핸드인 종마와 암말이 선택되어 무작위로 교배되었다. 자손에서 예상되는 융기 높이를 구하시오. 만일 융기의 높이가 핸드가 아닌 미터로 측정된다면 좁은 의미의 유전율 값이 어떻게 변하는가?

15.10 대규모 집단에서 표현형 값이 평균 100, 표준편차 15로 거의 정규분포를 따르는 복합형질을 생각하자. 집단의 어떤 비율이 130을 넘는 표현형 값, 85를 밑도는 표현형 값, 85를 넘는 표현형 값을 보이는가?

15.11 당신은 토마토의 과일 무게, 씨앗의 숫자 및 산 함량에 대한 연구를 수행하고 있다. 100개의 온실 식물로부터 하나씩의 열매를 채취하고, 3형질에 대해 측정해서 아래의 데이터를 얻었다:

(a) 이 형질들 중 가장 유전적 변이가 크다고 생각되는 것은 무엇인가? 그 이유는?

(b) 이 형질들 중 가장 큰 유전율을 가지는 것은 무엇인가? 그 이유는?

15.12 밀가루 벌레인 거짓쌀도둑거저리(*Tribolium castaneum*)를 사용하는 실험 집단에서, 번데기 무게는 평균 2.0 mg, 표준편차는 0.2 mg인 정규분포로 되어 있다. 번데기 무게가 1.8과 2.2 mg 사이일 때 집단의 비율이 어떻게 예상되고, 번데기 무게가 1.6과 2.4 mg 사이일 때는 어떻게 예상되는가? 무게가 3.0 mg 이상 나가는 번데기를 가끔 발견할 것으로 예상하는가?

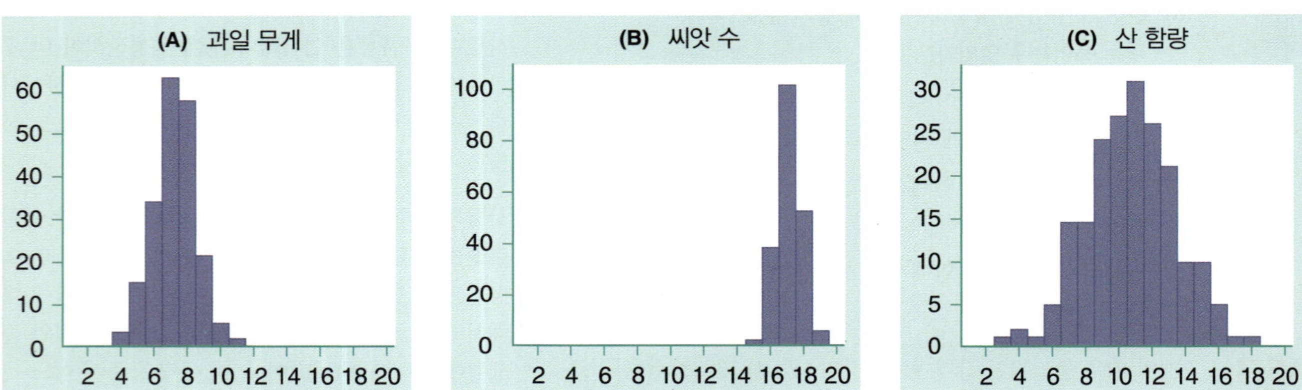

15.13 두 근계종의 토마토를 교배하여 얻은 제1세대 자손의 분산은 12 gm^2이고, 제2세대 자손의 분산은 30 gm^2이다. 유전 분산, 환경 분산 및 넓은 의미의 유전율을 구하시오.

15.14 사람에서 총지문 융기 수에 대한 좁은 의미의 유전율은 90%이다. 이 수치에 근거하여 총지문 융기 수에서 친사촌들 사이의 상관계수를 추정하시오.

15.15 모계 효과(maternal effect)는 어미의 표현형에 유래하여 자손의 표현형에 미치는 비유전적인 영향이다. 예를 들어, 많은 포유동물에서 덩치 큰 어미는 출생무게에 미치는 모계 효과 때문에 부분적으로 덩치 큰 새끼를 낳는다. 아비와 새끼 사이를 비교할 때 어미와 새끼 사이에 출생 무게의 상관관계에 있어서 모계 효과가 어떠한 결과를 나타내는가? 이런 모계 효과가 좁은 의미의 유전율 값에 어떤 영향을 미치는가?

15.16 친사촌 사이에서 한 형질의 상관계수가 0.09일 때, 그 형질에 관하여 좁은 의미의 유전율을 추정하시오.

15.17 당신은 도마뱀의 질주 속도에 대하여 연구하고 있다. 당신은 실험실에서 두 세대의 도마뱀을 키우고 있으며, 그 부모와 자식들이 1년생일 때, 트랙에서의 속도를 측정하였다. 이 결과 데이터는 10쌍의 부모-자식 값으로 구성된다. 부모 속도는 부모들의 평균 속도이다.

쌍번호 #	부모 평균 속도	자식 속도
1	2.15	1.83
2	2.48	2.91
3	1.29	1.34
4	1.90	2.63
5	2.87	2.95
6	1.91	1.72
7	1.78	1.81
8	1.87	2.62
9	2.18	2.02
10	1.83	1.94

(a) 부모와 자식에서의 평균과 분산을 구하시오.

(b) 아래의 그래프에 10개의 점을 표시하시오.

(c) 이 그래프로부터 도마뱀에 있어서 질주 속도에 대한 형질의 유전율이 높은지 낮은지를 추측할 수 있는가?

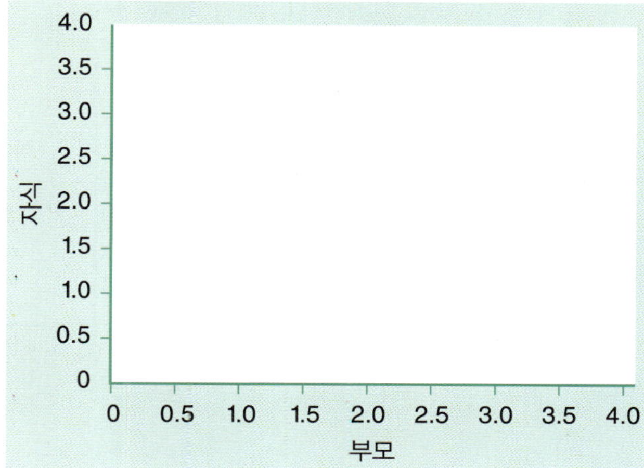

15.18 생쥐 집단에서 생후 3주와 6주 사이에 체중이 평균 12 g 증가한다. 3주와 6주 사이의 체중 증가에 대한 좁은 의미의 유전율은 20%이다.

(a) 평균 무게 증가가 16 g인 새끼의 평균 무게 증가는 어떻게 예측되는가?

(b) 평균 무게 증가가 8 g인 새끼의 평균 무게 증가는 어떻게 예측되는가?

15.19 쥐에서 미로-학습 능력에 대한 유전율을 추정하기 위하여, 선택 실험을 수행하였다. 미로를 배우기 위한 필수적인 평균 시도 횟수가 10.8번이고 분산이 4.0인 집단에서, 평균 시도 횟수가 5.8번인 동물들이 선택되었다. 그들의 자손들은 미로 학습에 평균 시도 횟수 8.8번이 필요했다. 이 집단에서 미로-학습 능력에 관한 좁은 의미의 유전율을 추정하시오.

15.20 아래 표는 콜로라도주의 주화인 Colorado Blue Columbine(*Aguilegia caerulea*)의 3형질에 대한 양친-자식 간의 펼침도표(scatter plot)이다. 양친 값은 부모 값들의 평균이다.

한 원예가는 이 3형질 값을 증대시키기를 원하는데, 그것이 이 꽃의 상품성을 높일 수 있다고 믿기 때문이다. 그러나 그 원예가는 온실사업이 성공할 수 있도록 빨리 인상적인 꽃들을 생산하고 싶어한다. 유전학자로서 이 원예가에게 조언한다면 어떤 형질에 집중하라고 해야 하겠는가? 그 이유는?

15.21 무작위로 교배하는 집단에서, 빈도 q를 갖고 있으며 완전 침투하는 단 하나의 열성 대립유전자로 결정된 표현형에 대해, 좁은 의미의 유전율이 $2q/(1 + q)$로

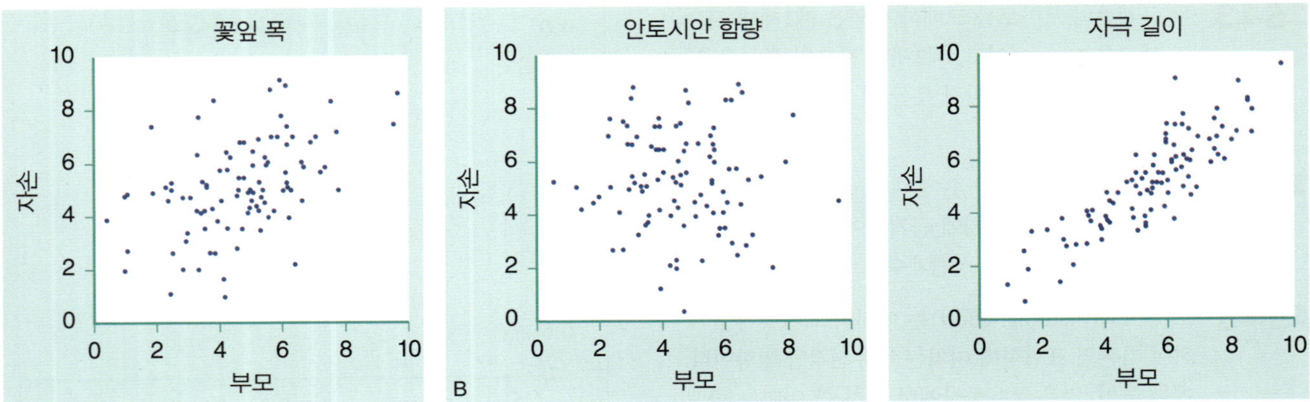

나타날 수 있다.

(a) 평균 q = 1.0, 0.5, 0.1, 0.05, 0.01, 0.005, 0.001에 대해 좁은 의미의 유전율을 계산하시오.

(b) 표현형은 전적으로 유전율에 의해 결정되므로, q가 0으로 됨에 따라 좁은 의미의 유전율은 0까지 됨을 알 수 있다. 어떻게 설명할 수 있는가?

잠깐 생각해 봅시다: 해답

잠깐 생각해 봅시다 15.1의 해답

15~21 범위는 평균 ± 1 표준편차이므로, 식물체의 약 68%가 이 범위의 꽃 수를 가질 것이다. 12~24 범위는 평균 ± 2 표준편차이므로, 식물체의 약 95%가 이 범위의 꽃 수를 가질 것이다. 정규분포는 대칭적이므로, 12 이하의 꽃 수를 가지는 식물체의 예상 비율은 (1 − 0.95)/2 = 0.025 = 2.5%와 같다. 24 이상의 꽃 수를 가지는 식물체에도 같은 비율이 예상된다.

잠깐 생각해 봅시다 15.2의 해답

흉부 길이의 경우 $\sigma_e^2 = 0.0018\ \text{mm}^2$이고, $\sigma_g^2 + \sigma_e^2 = 0.0036\ \text{mm}^2$이므로, $\sigma_g^2 = 0.0036 - 0.0018 = 0.0018\ \text{mm}^2$이다. 이 경우 유전 분산과 환경 분산이 같다.

잠깐 생각해 봅시다 15.3의 해답

$M = 125$, $h^2 = 0.86$인 이 조건을, 식 (15.5) $[M' = M + h^2(M^* - M)]$에 적용하면 $M^* = (200 + 100)/2 = 150$. 그러므로 자손의 예상 지문 융기 수는 $125 + 0.86(150 - 125) = 146.5$이다.

끝까지 풀어봅시다 (짝수 문제 해답)

Chapter 1

1.2 일반적으로 유전물질은 매우 복잡한 분자가 되어야만 할 것으로 믿었다. 단백질이 화학적으로 가장 복잡한 거대분자라는 게 그 당시에 알려져 있었다. DNA는 하나의 반복 단위로 구성된 거대한 중합체로 알려져 있었다.

1.4 RNA는 당-인산 골격에서 리보스를 갖고, DNA는 데옥시리보스를 가지는 점에서 다르다. RNA는 티민(T) 대신에 우라실(U)를 가진다. RNA는 일반적으로 외가닥 구조이다(비록 특별한 RNA 분자는 짧은 지역에서 부분적으로 상보적 염기쌍을 형성하여 이중가닥을 형성하기는 하지만).

1.6 G = 23.6%이므로 C = 23.6%이다. 또한 A + T = 100 − 47.2 = 52.8%, 그러나 A = T이므로 A = 26.4%이다.

1.8 3′-CA-5′이다. 3′-CA-5′는 5′-GT-3′와 쌍을 이루므로 한 가닥이 5′-GT-3′을 가지면 상대편 가닥은 3′-CA-5′을 다시 가진다.

1.10 5′-ATGAC-3′

1.12 5′-TGTCGTATTTGCAAG-3′

1.14 Cys–Arg–Ile–Cys–Lys 혹은 단문자 약어로 쓰면, CRICK.

1.16 프롤린(Pro)은 5′-CCU-3′ 혹은 5′-CCC-3′에 의해 지정된다. 전자는 3/4 × 3/4 × 1/4 = 9/64로 후자는 3/4 × 3/4 × 3/4 = 27/64의 빈도로 나타난다. 따라서 전체적인 빈도는 9/16이다. 페닐알라닌(Phe)은 5′-UUU-3′ 혹은 5′-UUC-3′에 의해 지정되므로 (1/4 × 1/4 × 1/4 = 1/64 및 1/4 × 1/4 × 3/4 = 3/64)이므로 1/64 + 3/64 = 1/16의 빈도로 나타난다. +

1.18 **(a)** Met–Ser–Thr–Ala–Val–Leu–Glu–Asn–Pro–Gly. **(b)** 개시코돈을 개시코돈이 아닌 코돈으로 돌연변이시키면 첫 AUG에서 번역이 시작되지 못한다. 그러면 그 다음의 AUG 코돈에서 번역이 개시되거나 혹은 AUG가 너무 뒤에 존재하면 전혀 번역이 일어나지 못한다. **(c)** Met–Ser–Thr–Ala–Val–Leu–Glu–Asn–Pro–Gly이며 변화가 일어나지 않는다. 왜냐하면, 5′-UCC-3′이나 5′-UCG-3′은 세린을 암호화하기 때문이다. **(d)** Met–Ser–Thr–Ala–Ala–Leu–Glu–Asn–Pro–Gly 이며 Val이 Ala로 변화된다. 왜냐하면, 5′-GUC-3′는 Val을 암호화하고 5′-GCC-3′는 Ala을 암호화하기 때문이다. **(e)** Met–Ser–Thr–Ala–Val–Leu이다. 번역은 UAA에서 종결된다. 왜냐하면, 5′-UAA-3′은 종결코돈이기 때문이다.

1.20 **(a)** Y, Z 및 W이 결핍되고, X가 농축됨; **(b)** Z와 W가 결핍되고 Y가 농축됨; **(c)** W가 결핍되고 Z가 농축됨.

Chapter 2

2.2 2/3. 선택된 완드가 둥근 완두이므로 동형접합성 열성(*ww*)일 수는 없다. 겔 상의 양상은 공동우성을 보여주고 있으며, DNA가 이형접합성 유전자형으로부터 유래된 것이므로, F_2 세대에서 동형접합성(*WW*) 대 이형접합성(*Ww*)의 비율은 1/3 : 2/3이다.

2.4 유전적 질환을 갖는 자식을 이미 가지고 있는 부모는 다음에 태어날 자식 중 유전질환이 나타날 수 있다. 부모의 유전자형이 그들의 표현형과 유전질환을 갖는 자식으로 인해 한번 추정되면, 다음에 태어날 자식이 유전질환을 가질 위험성을 확률로 계산할 수 있다. **(a)** 이 결혼은 *Aa* × *aa*이어야만 하고, 따라서 다음에 태어날 자식이 *Aa*가 될 확률은 1/2이다. **(b)** 이 결혼은 *Aa* × *Aa*이어야만 하고, 따라서 다음에 태어날 자식이 *aa*가 될 확률은 1/4이다. **(c)** 이 결혼은 *Aa* × *aa*이어야만 하고, 따라서 다음에 태어날 자식이 *aa*가 될 확률은 1/2이다.

2.6 DNA 조각 a_1은 2-kb 크기가 삽입되어 있으므로 이로부터 형성되는 밴드는 3 kb + 2 kb = 5 kb가 되고, a_2는 1-kb가 결핍되어 있으므로 이로부터는 3 kb − 1 kb = 2 kb 크기의 밴드가 형성된다. 동형접합자 유전자형으로부터는 단일 밴드만 생성되고, 이형접합자로부터는 2개의 밴드가 형성된다.

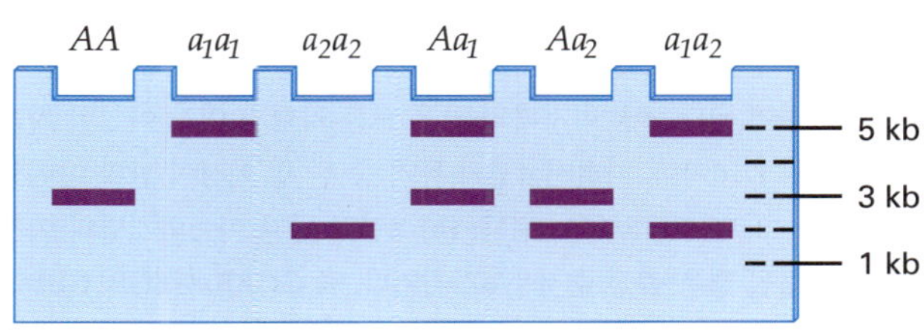

2.8 **(a)** II-2가 유전형질이 나타난 사람이므로, 유전자형은 *aa*이다. **(b)** I-1과 I-2가 유전형질이 나타난 사람의 부모이고 이들 중 어느 누구도 유전형질이 나타나지 않았기 때문에 이들의 유전자형은 둘 다 *Aa*이다. **(c)** II-1과 II-3는 유전형질이 나타난 사람과 동기 간이고 이들에게서는 유전형질이 나타나지 않았으며, *Aa* × *Aa* 결혼에서 태어났으므로 이들 둘의 가능한 유전자형은 *AA*와 *Aa*이다. **(d)** *Aa* × *Aa* 결혼에서 태어날 자손 중 *AA* : *Aa* 비율은 1 : 2이므로, II-3의 유전자형이 *Aa*인 보인자가 될 확률은 2/3이다.

2.10 만일 IV-3이 질환자라면 III-2와 III-3은 이형접합성이다. 이형접합자 사이(*Aa* × *Aa*)에 자녀가 생기면, 그 결과는 1 *AA* : 2 *Aa* : 1 *aa*가 된다. 이 경우 정상 자녀는 *aa*가 될 수 없으므로 유전자형과 그 비율은 1/3 *AA* : 2/3 *Aa*가 된다. IV-1, IV-2 그리고 IV-4 중 적어도 한 자녀가 보인자일 확률은 1에서 모든 자녀가 동형접합성 *AA*일 확률을 뺀 값, 즉 $1 - (1/3)^3 = 26/27 = 0.96$이 된다.

2.12 주어진 자료에 의하면 돌연변이들을 {*a*, *c*, *d*}, {*b*, *f*}, {*e*} 등 세 그룹으로 나눌 수 있다. 다음의 표에 빠져 있는 답이 있다.

	a	*b*	*c*	*d*	*e*	*f*
a	⊖	+	−	⊖	+	⊕
b		⊖	⊕	⊕	⊕	−
c			⊖	−	⊕	⊕
d				⊖	⊕	⊕
e					⊖	+
f						⊖

2.14 2개의 유전자가 서로 다른 염색체 위에 있기 때문에, 둘을 서로 분리하여 따져 볼 수 있다. 이 여성이 낳은 한 명의 딸이 페닐케톤 뇨증(PKU) 열성 대립유전자를 물려 받을 확률은 1/2이고, 낭포성 섬유증(CF) 열성 대립유전자를 물려 받을 확률 역시 1/2이다. 둘 중 단 하나의 열성인자를 물려 받을 확률은 1/2 × 1/2 + 1/2 × 1/2 = 1/2이다. 2개의 열성인자를 다 물려 받을 확률은 1/2 × 1/2 = 1/4이다. 만약 이 여성에게 한 명의 손녀가 있다면, 손녀가 2개의 열성인자를 다 물려 받을 확률은 1/4 × 1/4 = 1/16이다. 이때 앞의 1/4은 손녀의 어머니가 2개의 열성 대립유전자를 다 물려 받을 확률이고, 뒤의 1/4는 손녀가 어머니로부터 열성 대립유전자를 다 물려 받을 확률이다.

2.16 멘델의 분리에 따라 기대치는 다음과 같다. **(a)** 0; **(b)** 100; **(c)** 200; **(d)** 100; **(e)** 0; **(f)** 0.

2.18 **(a)** 이런 종류의 문제에서 어떤 경우에 문제된 결과의 전체 확률을 계산하는 것은 대단히 간단하다. 1에서 이 확률을 빼기만 하면 된다. 이 경우에, 적어도 한 남자 아이가 들어 있는 동기(형제자매)는, 여자 아이만으로 구성된 동기를 제외하고는 모든 경우를 포함하고 있다는 사실에 주의하면 된다. 4명의 자녀의 경우 모든 자녀가 여자 아이일 확률은 $(1/2)^4$ = 1/16이다. 따라서 4명의 동기 중 한 명 이상이 남자 아이일 확률은 1 − 1/16 = 15/16이 된다. **(b)** 2명의 남자 아이와 2명의 여자 아이로 구성될 경우 출생 순서는 6가지이다. 즉 GGBB, GBGB, GBBG, BGGB, BGBG, BBGG이다. 각각의 확률은 $(1/2)^4$ = 1/16이고, 6가지 상호배제의 확률이 있으므로 더해 주어야 한다. 따라서 한 출생 순서의 확률은 6/16 = 3/8이다. **(c)** 이 경우 정해진 한 가지 출생 순서는 특별하기 때문에 답은 $(1/2)^4$ = 1/16이다.

2.20 기능이 정상인 암컷 배우자 세포(난세포)에서 *A* : *a*의 비율은 멘델의 분리에 의해 1/2 : 1/2이다. 한편, 수컷에서는 감수분열 결과로 생성되는 화분세포는 *A* + *A* + *a* + *a*로 구성되는데, 이 문제에서는 *A*를 갖는 화분세포 중 절반은 기능이 없으므로 배우자는 *A* + *A* + *a*로 구성된다. 따라서 화분세포의 비는 1/3 A : 2/3 *a*이다. 이를 다음 그림과 같이 퍼네트 네모꼴에 적용하면, 잡종 제2세대에서 *AA* : *Aa* : *aa*의 비는 1/6 : 3/6 : 2/6 (또는 약분하여 1/6 : 1/2 : 1/3)이다.

		난세포 1/2 *A*	난세포 1/2 *a*
기능성 화분	1/3 *A*	1/6 *AA*	1/6 *Aa*
기능성 화분	2/3 *a*	2/6 *Aa*	2/6 *aa*

Chapter 3

3.2 콜히친 존재 하에 1회의 세포주기를 거친 후, 침팬지의 세포는 48 × 2 = 96개 염색체를 가질 것으로 예상된다.

3.4 **(a)** 2/3 × 2/3 × 1/4 = 1/9; **(b)** 0; **(c)** 1 × 1/2 = 1/2.

3.6 9 *R*− *S*− : 6 *rr S*− 또는 *R*− *ss*: 1 *rr ss*.

3.8 모식도 A는 상동염색체가 짝을 이루고 있으므로 감수분열 제1 분열 후기이다. 모식도 B는 염색체 수가 반으로 감소되어 있으므로 감수분열 제2분열 후기이다. 모식도 C는 상동염색체가 짝을 이루고 있지 않으므로 유사분열 후기이다.

3.10 이 문제를 푸는 가장 쉬운 방법은 죽은 수정란 부분을 계산하고 1에서 이 부분을 빼는 것이다. XXX 수정란의 예상치는 1/6 × 1/2 = 1/12, YY 수정란의 예상치는 1/6 × 1/2 = 1/12. 수정란의 1/6이 죽을 것으로 예상되므로 수정란의 5/6가 생존할 것이다.

3.12 **(a)** 1 − [1/2 × 1/2] = 3/4; **(b)** 1/2 × 1/2 = 1/4.

3.14 가계도에서 옆으로 두 줄로 나타낸 친족 간의 결혼으로부터 상염색체 열성임을 알 수 있다. 이러한 추론은 질병을 가진 자의 부모가 정상이고 남녀 모두 질병을 나타낸다는 점에 의해 반증된다.

3.16 **(c)** *P* 값은 가설이 옳을 때 조사된 것보다 더 큰 카이-제곱 값을 가질 확률이다.

3.18 *P* = 0.05인 *P*-값에 대한 카이-제곱 값은 자유도 1일 때 3.84, 자유도 2일 때 5.99, 자유도 3일 때 7.81, 자유도 4일 때 9.48, 자유도 5일 때 11.07이다. (이 값은 직접적인 계산으로 얻은 것이다 그래프로부터 얻은 값은 이만큼 정확하지는 못할 것이다.) 이 장의 카이-제곱 검정의 적합도에 대해 자유도 1–5는 자료의 항이 각각 2, 3, 4, 5, 6인 경우이다. 놀라운 것은 통계적으로 유의적인 카이-제곱 값이 증가한다는 것은 자유도가 증가함에 따라 통계적으로 유의적인 카이-제곱 값을 얻을 가능성이 적다는 것을 의미하지는 않는다. 유전적 가설이 옳을 때 자유도와 상관없이 통계적으로 유의적인 카이-제곱 값의 확률은 5%이다.

3.20 가능한 출생 순서를 모두 나열할 수도 있다. 그러나 나열한다면 너무 길어질 것이다. 세 명의 아들과 다섯 명의 딸이 출생할 확률은 정확히 8!/(3! × 5!) = 56이 된다. 이 표현은 공식 3.1의 *n*!/(*s*! *t*!)에서 온 것으로, 이는 한 종류(아들)가 나올 경우는 *s*, 다른 종류(딸)가 나올 경우 *t* = *n* − *s*일 때, *n*의 경우(여기에서는 출생)에서 나올 수 있는 모든 가능한 조합을 계산한 것이다.

Chapter 4

4.2 암컷은 *A B*, *a b*, *A b*, 그리고 *a B*의 배우자형을 만들고 그 비율은 각각 (1 − 0.08)/2 = 0.46, (1 − 0.08)/2 = 0.46, 0.08/2 = 0.04 그리고 0.08/2 = 0.04가 된다. 초파리 수컷에서는 교차가 일어나지 않기 때문에 *A B*와 *a b*만 생기고 그 비율은 0.50와 0.50이다.

4.4 **(b)**만 맞고, 나머지는 모두 잘못되었다.

4.6 검정교배이기에 자식의 표현형은 이중이형접합성 부모로부터 만들

어진 감수분열의 산물의 비율을 나타낸다. 기대되는 자식은 82% 부모형(41% 야생형 + 41% 보라색 눈, crossvein이 없는 날개)과 18% 교차형(9% 보라색 눈 + 9% crossvein이 없는 날개)이다.

4.8 2개의 돌연변이를 모두 갖거나 혹은 갖지 않은 자식은 49 + 59 = 108이고, 하나만 지닌 개체는 51 + 41 = 92이다. 이 그룹 중의 첫 번째는 부모형 염색체로 이루어져 있고 두 번째는 재조합형 염색체로 되어 있다. 그러므로 연관이 없을 때 실측치가 108 : 92로 이론치 100 : 100과 비교하는 경우로 χ^2 검사를 행하면 그 값은 1.28이 되고, 자유도는 1이며, 확률 *P*는 약 0.26이 된다. 그러므로 두 유전자가 X 염색체에 있다고 할지라도 연관성은 거의 없다.

4.10 (a) 이 돌연변이 유전자들은 분리를 보여주지 않기 때문에 대립유전자는 아니다. 왜냐하면 이들이 대립유전자라면 모든 자식은 한 살충제 또는 다른 살충제에 저항성을 나타냈어야만 하기 때문이다. **(b)** 이 유전자들은 서로 연관되어 있지 않다. 191 : 191 이론치와 비교하여 볼 때 부모형 177 : 재조합형 205의 χ^2 값을 계산하면 2.05가 되고 자유도 1인 경우로 통계적으로 유의하지 않다(*P* = 0.15). **(c)** 이 두 유전자는 염색체 상에 아주 멀리 떨어져 있을 것으로 추론할 수 있다.

4.12 (a) 양친형은 v^+ *pr bm*과 *v* pr^+ bm^+이고 이중교차형은 v^+ pr^+ bm^+과 *v pr bm*이다. *v*가 가운데 있어야만 한다. *pr–v* 재조합 빈도는 (59 + 71 + 36 + 41)/1000 = 20.7%이고 *v–bm* 재조합 빈도는 (153 + 185 + 36 + 41)/1000 = 41.5%이다. 이중교차의 이론치는 0.207 × 0.415 × 1000 = 85.9가 되므로, 병발률은 (36 + 41)/85.9 = 0.90이다. 그러므로 간섭은 1 − 0.90 = 0.10이다. **(b)** 실제 지도거리는 20.7과 41.5 cM보다 확실히 크다. 이들 유전자들 사이의 재조합 빈도는 매우 커서 각 부위에서 검출되지 않은 이중교차가 의심할 여지없이 많이 있다.

4.14 (a) 3개의 대립유전자 가설에서 예상되는 것은 *FS* × *FS* and should yield *FF* : *FS* : *SS* = 1 : 2 : 1이다. **(b)** 이 비율은 관찰되지 않았고, 더군다나 어떤 자식은 "부재" 형태를 보여주었다. **(c)** 하나의 가능성은 *F*와 *S* 밴드가 연관되지 않은 좌위에 있고 "부재"는 *f*와 *s*의 "부재" 대립유전자가 있다는 것이다. *f*와 *s*가 흔하고, *F*와 *S*가 드물면 두 밴드를 갖는 대부분의 사람은 *Ff Ss* 유전자형을 지닐 것이다. 그러므로 교배는 9/16 *F– S–* (두 밴드), 3/16 *F– ss* (오직 빠른 밴드만), 3/16 *ff S–* (오직 느린 밴드만), 1/16 *ff ss* (무 밴드). **(d)** 이 자료는 이 가설과 일치한다(χ^2 = 2.67, 자유도 = 3, *P* = 약 0.50).

4.16 이런 형태의 문제에서, 간섭이 주어지면 이중교차의 배우자 수를 계산하는 것으로부터 시작하여야 한다. 관찰된 이중교차의 수는 예상된 이중교차를 병발율로 곱한 값과 같다. 즉 0.15 × 0.20 × 0.20 = 0.006 또는 1000개의 배우자 가운데 각각 3개의 *o* + +와 + *ci p*가 된다. *o–ci* 사이에서 한 번의 재조합이 일어난 개체 수는 0.15 × 1000 − 6 = 144이므로, *o* + *p*가 72, + *ci* +가 72개가 기대된다. *ci–p* 사이에서도 한 번의 재조합이 일어난 개체 수는 0.20 × 1000 − 6 = 194로 *o ci p*와 + + +가 각각 97개가 기대된다. 나머지 656 개의 배우자는 비교차형으로 *o ci* +와 + + *p*가 각각 328개씩이다.

4.18 유전자-동원체 지도거리는 제2분열 분리 빈도의 1/2과 같고 이는 이 부위에서의 교차 빈도와 같다. 이 문제에서 질문에 대한 답을 푸는 데 있어 순서를 무시하고 제2분열 분리부터 시작하는 것이 좋다. **(a)** *cys-1*의 제2분열 분리의 빈도는 지도거리가 7 cM이기 때문에 14%가 되어야만 한다. 완전 간섭 때문에 동원체의 한쪽 편에서의 교차는 다른 쪽에서의 교차를 배제한다. 그러므로 이 자낭은 *pan-2*의 제1분열 분리를 갖고 있어야만 한다. **(b)** 마찬가지로 *pan-2*의 제2분열 분리의 빈도는 지도거리가 3 cM이기 때문에 6%가 되어야만 한다. 이 자낭은 *cys-1*의 제1분열 분리를 갖고 있어야만 한다. **(c)** 완전 간섭 때문에 양 표지자의 제2분열 분리는 불가능하다. **(d)** 남은 단 하나의 가능성은 양 표지자의 제1분열 분리하는 것으로 그 빈도는 1 − 0.14 − 0.06 = 80%이다. **(e)** 양 표지자의 제1분열 분리는 양친성 이분자형(PD) 사분염색체를 그리고 양 표지자 중의 하나의 제2분열 분리는 사분자형(TT) 사분염색체를 준다. 이중교차가 없기 때문에 비양친성 이분자형(NPD) 사분염색체는 없을 수 있다. 그러므로 PD = 80%, 그리고 TT = 20%의 빈도가 된다.

4.20 (a) 이와 같은 문제를 풀기 위해서는 각 자손의 각각에 해당하는 삼점교배 부모에 의해 제공되는 배우자의 유전자형을 추론하여야만 한다. 이 경우에 위에서부터 끝까지의 배우자형은 + + +, + + *unc*, + *dor unc*, *dpy* + +, *dpy dor* +, *dpy dor unc*이다. 유전자의 순서를 결정하기 위하여 어떤 유전자가 가운데 있는가를 식별해 내어야만 한다. 이와 같은 것은 이중교차형을 지닌 부모형 배우자들을 비교함으로써 알아낼 수 있다. 2개의 부모형은 *dpy dor* +와 + + *unc*인데, 그 이유는 가장 많은 개체수를 지녔기 때문이다. 이 데이터에 의하면 이중교차형은 관찰되지 않았다. (이는 이 부위에서의 간섭이 완전하다는 것을 의미한다) 보이지 않는 자손의 표현형의 하나는 정상 체형, 짙은 오렌지색 눈, 대칭형으로 해당되는 유전자형으로 + *dor* +이고, 다른 하나는 땅딸막한 체형, 붉은 눈, 비대칭형이며 해당되는 유전자형은 *dpy* + *unc*이다. 이중교차형으로부터 추론되는 부모형을 비교해 보면 다른 두 유전자의 대립유전자에 비해 교환되는 것은 dpy^+와 *dpy*임을 알 수 있다. 그러므로 F_1 암컷 이형접합성의 유전자형은 *dor dpy* unc^+ / dor^+ dpy^+ *unc* 또는 unc^+ *dpy dor* / *unc* dpy^+ dor^+이다.

(b) 단일교차형을 분석해 보면 *dor*과 *dpy* 사이의 재조합은 (96 + 110)/1000 = 20.6%이고, *dpy*와 *unc* 사이의 재조합은 (75 + 65)/ = 14.0%이다.

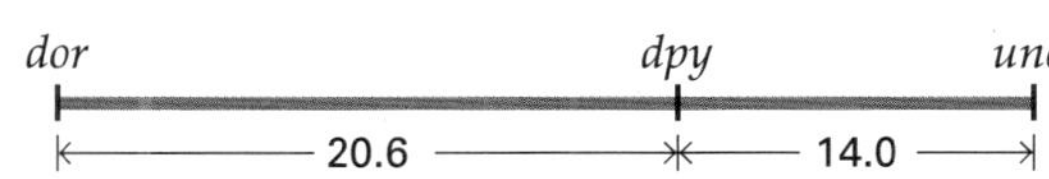

또는 같은 의미로,

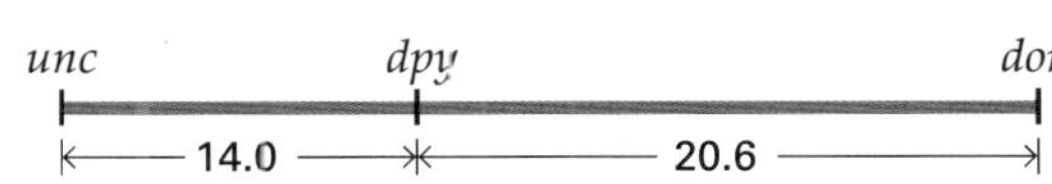

(c) 이중교차형이 관찰되지 않기 때문에 간섭은 완전하고 이는 간섭 = 1임을 나타낸다.

Chapter 5

5.2 절대 교차의 유전적 중요성은 X 염색체 헛상염색체 부위의 대립인자들은 Y 염색체 헛상염색체 부위의 대립인자들과 교차에 의하여 교

환되어 가계도에서 일반 상염색체 유전과 차이가 없는 유전양상을 나타낸다는 것이다.

5.4 모자이크 암컷은 이형접합이다: 어떤 피부세포 계열들은 야생형 대립인자를 가지고 있는 X 염색체가 발현되고, 다른 피부세포 계열들은 돌연변이 대립인자를 가지고 있는 X 염색체가 발현된다..

5.6 이런 현상은 매우 예외적이다. 왜냐하면 47, XXX의 여성은 많은 XX를 갖는 난자를 만들 것이고 47, XYY를 갖는 남성은 많은 XY정자를 생성할 것으로 예상되기 때문이다. 분명히, 47, XXX의 여성에서 여분의 X 염색체와 47, XYY의 남성에서 여분의 Y 염색체는 감수분열 전에 핵에서 제거되었다.

5.8 점박이 고양이 수컷은 XXY의 핵형을 가지고 있다. 여분의 X 염색체들 중의 하나에는 검은색 털과 관련 있는 X 염색체인데, 이 점박이 수컷 고양이는 그 고양이의 부모 고양이 중 수컷에서 성염색체 비분리에 의해 생겨났기 때문이다.

5.10 결실 사이에 겹쳐진 부분은 1과 2 사이의 *w*와 *x* 그리고 2와 3사이의 *v*이다. 이들 데이터로부터 추측할 수 있는 유전자들의 배열순서는 *z* (*w x*) *y v u*(혹은 반대의 순서로)이다. 이는 이 데이터로는 유전자의 순서를 결정할 수 없다는 것을 의미한다. 유전자 배열순서는 이 부분에서 또 다른 결실이 발견되어야 완성된다. 어느 쪽이든 또 다른 쪽에 적어도 1개에 더하여 *w*나 혹은 *x*(그러나 둘 다는 안 됨)를 발현되게 하는 결실이 유전자 순서를 완성하는 데 필요한 정보를 제공한다. 또 다른 방법으로 4장에서 논의한 원리를 이용하여 *z* (*w x*) 혹은 (*w x*) *y*와 삼점검정교배를 통하여 유전자 순서를 결정할 수 있다.

5.12 어머니가 21번 염색체의 장완이 다른 단부염색체의 장완과 결합한 로버트소니언 전좌를 가지고 있다. 유전병을 가지고 있는 아이의 염색체 수는 46이다. 여분의 21번 염색체는 자유로운 염색체가 아니기 때문에 이 아이의 핵형은 보통 사람의 것과 다르다.

5.14 결실은 분명히 중복된 부분 사이에 부등교차가 일어남으로써 발생하고 중복을 하나만 가진 염색체와 남성-임성 유전자들이 포함되어 있는 사이의 염색체 부분의 결실이 일어난다. 이 현상은 중복이 역위되어 있다기보다는 같은 방향으로 존재한다는 것을 의미한다.

5.16 **(a)** 역위가 상동염색체의 같은 부위에 존재하는 동형접합의 암컷에서는 교차가 일어나는 데 문제가 없다. 그런 까닭에 염색 지도에서 12 단위의 거리에 대하여 교차에 의해 12%의 재조합이 발생할 것이라고 예상할 수 있다. 왜냐하면 이 정도의 염색체 거리에서는 여러 번 일어난 교차는 무시할 수 없기 때문이다. **(b)** 역위가 상동염색체의 하나에만 일어난 이형접합인 암컷에서 재조합에 의해 만들어진 것은 원래대로 되지 않는다. 그리고 유전자 사이의 전체가 역위된 것이라면 재조합 빈도는 0이 된다. 이 경우에 그 사이 중 1/3이 역위되었다면 재조합 빈도는 $(2/3) \times 12\% = 8\%$가 된다.

5.18 종 A(반수체 염색체 수가 $n = 6$)가 종 B(이종 역시 $n = 6$)와 교배하였다. F_1에서 내재복제가 일어난다면 생식 능력을 갖게 되며 이 경우에 $2n = 24$의 염색체를 갖는 새로운 종이 생겨난다. 만약 이 새로운 종($n = 12$)이 세 번째의 종 C(반수체의 수 $n = 6$)과 교배한다면 염색체 수가 18인 F_1 자손이 생겨나며 이는 불임이다. 그러나 이 불임의 F_1에서 내재복제가 일어나면 염색체 수가 $2n = 36$인 생식 능력이 있는 신종이 생겨난다. 육배체 말이 이것과 매우 유사한 과정에 의해 만들어졌다.

5.20 *a* (*c e*) *g b h d f*이거나 혹은 역순의 유전자 배열이 데이터로는 유전자 *c*와 *e*의 순서는 결정할 수 없다.

Chapter 6

6.2 **(a)** 5′-ATGCAT-3′. **(b)** 5′-ATTAAT-3′. **(c)** 5′-AGCT-3′. **(d)** 5′-GCTAGC-3′.

6.4 DNA 중합효소의 3′ → 5′ 핵산 말단분해효소(exonuclease) 활성은 결정적으로 중요한 교정 기능을 갖고 있다. 만일 이러한 실수-교정 기작이 없으면 잘못된 뉴클레오티드의 삽입으로 발생하는 돌연변이 빈도가 약 100배 정도 증가할 것이다.

6.6 복제분기점은 비대칭 구조를 가진다. 왜냐하면, DNA 중합효소는 3′ → 5′ 방향으로는 합성하지 못하며, DNA 이중나선 가닥은 반평행 방향이기 때문이다. 두 딸가닥은 5′ → 3′ 방향으로만 합성된다. 따라서 한 가닥(선도가닥)은 연속적으로 합성되는 반면, 다른 가닥(지체가닥)은 복제 중간체로 작용하는 짧은 DNA 조각(전구체 조각)들이 일시적으로 존재해야 한다. 전구체 조각들은 DNA 연결효소(DNA ligase)에 의해 함께 연결된다.

6.8 그 분자의 길이는 10^7 염기쌍이고, 복제는 양방향이기 때문에 복제에 필요한 시간은 5×10^6 염기쌍을 복제하는 데 필요한 시간이다. **(a)** 초당 1,500 뉴클레오티드 쌍 속도로는 56분이 소요된다. **(b)** 초당 50 뉴클레오티드 쌍 속도에서는 28시간이 필요하다. 이 크기에 해당하는 실제 진핵세포 염색체의 복제는 여러 개의 복제기점이 염색체에 존재하기 때문에 이보다는 덜 걸린다.

6.10 명백하게 이 종(species)의 DNA는 어버이가닥이 함께 남고, 딸가닥이 함께 남는 보존 기작(conservative mechanism)으로 복제된다.

6.12 1번과 2번 시료는 데옥시리보뉴클레오티드로 이루어져 있다. 따라서 DNA 시료들이다. 3번 시료는 리보뉴클레오티드로 구성되어 있으며 우라실을 함유하고 있다. 따라서 이는 RNA 시료이다. 왓슨-크릭 염기쌍 때문에 이중가닥 DNA는 dATP와 dTTP 뿐만 아니라 dGTP와 dCTP를 동일한 비율로 가져야 한다. 1번 시료만 이런 특징을 가지고 있다(실험 오차에 의한 약간의 차이는 무시하라). 따라서 이중가닥 DNA일 것이다. 2번 시료는 단일가닥 DNA이며, 3번 시료는 단일가닥 RNA이다.

6.14

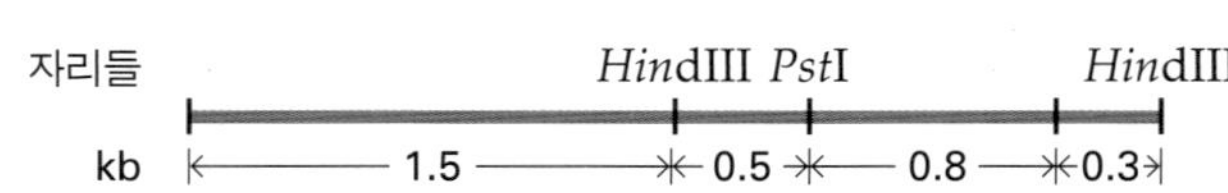

6.16 제한조각 길이의 차이는 두 제한자리 사이에 DNA가 삽입(insertion)하였거나 인접하고 있는 두 *Xho*I 자리 중 하나가 사라졌기 때문에 생겨날 수 있다. 다사성 염색체(polytene chromosome)를 따라 여러 곳에서 나타나는 10 kb 조각의 혼성화 양상(초파리 계에 따라 다름)은

DNA 삽입에 의해 돌연변이가 발생하였음을 제시할 뿐만 아니라, 그 삽입된 DNA가 전이요소(transposable element)임을 시사하고 있다. 전이요소들은 흔히 유전체에서 다수의 복사본으로 존재하며, 삽입자리의 특이성이 없기 때문에 독립적인 두 야생형 분리계(isolate)의 동일한 유전체 자리에서 전이요소의 발견을 기대할 수는 없다.

6.18 왼쪽에서 오른쪽으로 읽은 서열은 다음과 같다

3′-CTTGACCGATACACAACTGAGACT-5′.

6.20

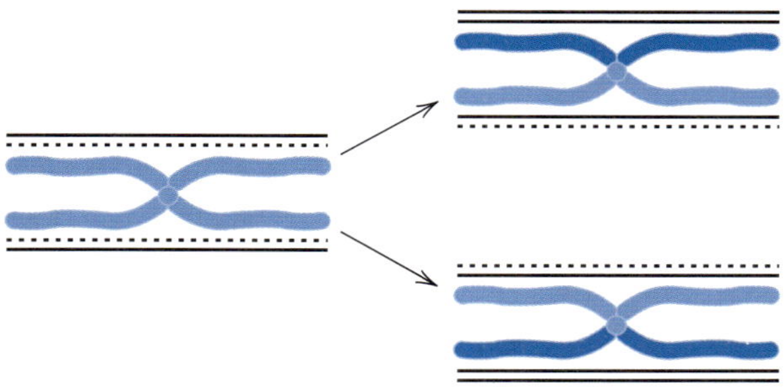

Chapter 7

7.2 1 세포당 파아지의 의미와 관련해서, 감염되지 않은 세포의 기대치는 프와송(Poison) 분포에서 $e^{-1} = 0.368$이다. 만일 프와송 분포에 익숙하지 않다면, 다음과 같이 풀 수 있다. 특정 세균이 특정 파아지에 의해 감염될 확률은 1×10^{-6}이고, 따라서, 특정 세균이 파아지에 감염되지 않을 확률은 0.999999이다. 결국 특정 세균이 1,000,000개의 파아지로부터 감염되지 않을 확률은 $(0.999999)^{1000000} = 0.368$이며, 이는 비감염세포의 기대치와 같다.

7.4 교배 쌍은 카나마이신(카운터 선택 표지자)을 보충하고 메티오닌이 결핍(선택 표지자)된 배지에 배양해야 한다. Hfr 균주는 메티오닌 합성에 대해 자가영양체이고, F^- 균주는 메티오닌 영양요구주이다.

7.6 0.1 ml당 50개의 세포가 있도록 해야 하므로, 최종적인 희석 농도는 ml당 5×10^2의 생존 세포이다. 원래 5×10^7 세포를 최종적으로 5×10^2로 희석하려면 10^5배 희석, 즉 두 번의 100배 희석과 한 번의 10배 희석을 필요로 한다.

7.8 DNA 상의 유전자들은 상당한 거리가 떨어져 있으므로, 그들의 공동형질전환은 독립적이다. 따라서 공동형질전환의 기대 빈도는 $(6 \times 10^{-4} \times 1 \times 10^{-3}) = 6 \times 10^{-7}$이다.

7.10 확실히 *h*와 *tet*는 밀접하게 연관되어 있고, 따라서 h^+ 대립형질의 Hfr을 포함하는 재조합체는 *tet-s* 대립형질의 Hfr을 갖는 경향이 있으며, 이들 재조합체들은 *tet-r*에 대한 카운터 선택에 의해 제거된다.

7.12 부착자리인 *att*는 *f*와 *g* 유전자 사이에 있어야 한다.

7.14 세 가지 가능한 순서는 (1) *pur* – *pro*– *his*, (2) *pur* – *his* – *pro*, (3) *pro* – *pur* – *his*이다. 이 세 가지 순서에 대한 예측은 다음과 같다: (1) 거의 모든 pur^+ his^- 형질도입체는 pro^-이어야 하나, 이는 사실이 아니다. (2) 거의 모든 pur^+ pro^- 형질도입체는 his^-이어야 하나, 이는 사실이 아니다. (3) 일부의 pur^+ pro^- 형질도입체는 his^-이고, 일부의 pur^+ his^- 형질도입체는 pro^-이다(교환되는 위치에 의존). 따라서, (3)만이 데이터에 모순되지 않는다.

7.16 어떤 파아지는 작고 연속적인 DNA 일부를 형질도입한다. 때문에 공동형질도입은 매우 밀접한 연관을 나타낸다. 따라서, *G*와 *H*가 가까이 있고, *G*와 *I*가 가까이 있지만, *H*와 *I*는 가까이 있지 않으며(왜냐하면 그들은 공동형질도입되지 않으므로), 따라서 이 세 유전자의 순서는 *I G H*이거나 그 역이다. 나머지 세 유전자들의 위치도 유사한 방법으로 결정되어질 수 있다: *A*는 *H*와 가깝고, *B*는 *I*에 가까운 반면, *T*는 *A*에는 가까우나 *H*와는 가깝지 않다. 따라서 유전자의 순서는 *B I G H A T*이거나 *T A H G I B*이다.

7.18

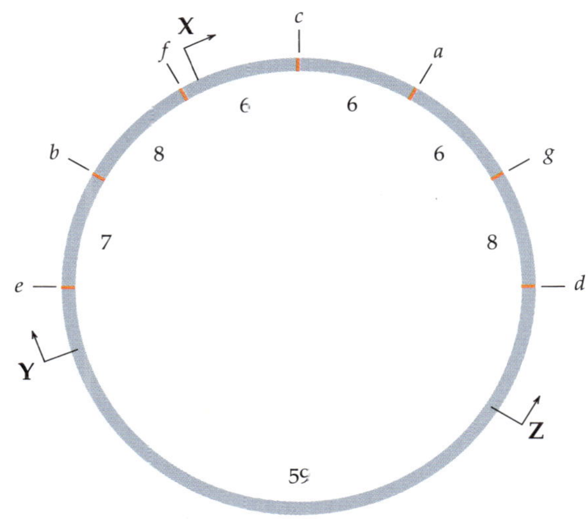

7.20 이동 시간은 아래 그림의 X-좌표에 상응한다. *a*, *b*, *c* 및 *d* 유전자의 이동 시간은 각각 10, 15, 20, 30분이다.

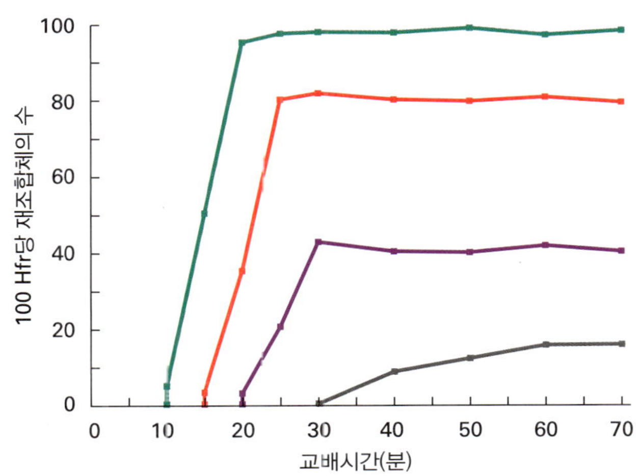

Chapter 8

8.2 (a) 원래의 DNA는 5′-TGG-3′/3′-ACC-5′라는 아래 가닥이 전사되는 서열을 가져야만 한다(사선의 오른쪽). 이의 역서열은 5′-CCA-3′/3′-GGT-5′이며, 이 역시 아래 가닥이 전사된다. 그러므로 mRNA

는 5′-CCA-3′(원래 코돈의 "역상보적임")로 Asn을 지정한다. **(b)** 역상보 코돈의 어느 것도 같은 의미를 갖지 않는다. 해답은 각 코돈의 역상보 코돈을 조사하면 얻어질 수 있다. 혹은 더 쉽게는 두 번째 위치에 존재하는 상보적인 염기를 갖는 같은 의미가 아닌 코돈을 찾으면 된다. **(c)** 사슬종료 코돈은 5′-UAA-3′, 5′-UAG-3′ 및 5′-UGA-3′인데, 이들의 역상보 코돈은 5′-UUA-3′ (Leu), 5′-CUA-3′ (Leu) 및 5′-UCA-3′ (Ser)이다. 따라서 이 역상보 코돈의 어떠한 도치는 사슬종료 코돈을 만든다. **(d)** 사슬종료 코돈은 5′-UAA-3′, 5′-UAG-3′ 및 5′-UGA-3′이며, 이들의 역상보 코돈은 5′-UUA-3′ (Leu), 5′-CUA-3′ (Leu) 및 5′-UCA-3′ (Ser)이다.

8.4 mRNA의 서열은 5′-AAAAUGGCCUUAAUCUCAGCGUC-CUAC-3′이 된다. 그리고 처음의 AUG는 개시코돈이다. 따라서 나머지 아미노산 서열은 Met–Ala–Leu–Ile–Ser–Ala–Ser–Tyr이며, 1-문자 약어로 쓰면, M–A–L–I–S–A–S–Y이다.

8.6 **(a)** 메티오닌은 1개의 코돈을, 히스티딘은 2개의 코돈을 그리고 트레오닌은 4개의 코돈을 갖는다. 따라서 총 수는 $1 \times 2 \times 4 = 8$. **(b)** 아르기닌과 세린은 6개의 코돈을 갖는다. 따라서 Met–Arg–Ser을 암호화하는 서열의 가능한 수는 $1 \times 6 \times 6 = 36$가지이다.

8.8 첫 번째 읽기틀은 폴리아스파르탐산(Asp)을 번역하고, 두 번째는 폴리메티오닌(Met)을 번역한다. 세 번째 읽기틀에서는 번역 산물이 없다. 왜냐하면 5′-UGA-3′가 종결코돈이기 때문이다.

8.10 반복되는 중합체 UGUGU는 반복되는 폴리펩티드 Cys–Val을 암호화한다.

8.12

3′-GGCUGACCGAGACCAAAGGAAGUGCAA-5′.

8.14

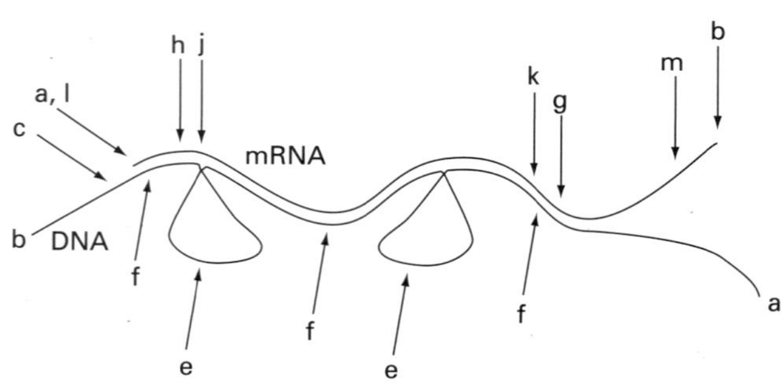

8.16 **(a)** DNA 이중나선:

```
         ACTTGATACGCAACCCGTATCGGT
         TGAACTATGCGTTGGGCATAGCCA
mRNA     UGAACUAUGCGUUGGGCAUAGCCA
tRNA 역코돈: ACUUGAUACGCAACCCGUAUCGGU
```

(b) 위쪽 가닥이 전사된다.

(c) 읽기틀

```
UGA ACU AUG CGU UGG GCA UAG CCA
 *  Thr Met Arg Trp Ala  *  Pro
U GAA CUA UGC GUU GGG CAU AGC CA
  Glu Leu Cys Val Gly His Ser
UG AAC UAU GCG UUG GGC AUA GCC A
   Asn Tyr Ala Leu Gly Ile Ala
```

*는 종결코돈이다.

(d) 서던 블로트(Southern blot) 교잡법에서 이중나선 DNA는 변성되어 필터로 옮겨지는데, 이 두 가닥 중 어떤 가닥이든 상보적인 탐침은 상보적이다. 따라서 DNA의 어떤 가닥이든지 사용될 수 있다. (mRNA 역시 사용될 수 있다. 하지만 mRNA는 쉽게 분해되기 때문에 보통 사용하지 않는다.)

(e) 노던 블로트(Northern blot) 교잡법은 필터에 고정된 mRNA를 탐지한다. 그러므로 탐침은 mRNA에 상보적인 가닥이어야 하며, 따라서 여기에서는 DNA의 위쪽 가닥이어야만 한다.

8.18 반복되는 중합체인 GUCGUC는 세 가지 가능한 읽기틀이 있다. 각각은 서로 다른 반복되는 중합체를 암호화한다. 첫째는 반복되는 Val (GUC), 둘째는 반복되는 Ser (UCG) 및 셋째는 반복되는 Arg (CGU)이다.

8.20 **(a)** 실수 비율이 10^{-3}이라면 300개 아미노산에서 실수가 일어나지 않을 확률은 $(1 - 10^{-3})^{300} = 0.74$이다. (만일 포아쌍 분포도의 제로항을 이용하게 되면, 실수율의 평균치는 $300 \times (1 - 10^{-3}) = 0.30$이며, 따라서 실수가 일어나지 않을 확률은 $e^{-0.30} = 0.74$가 된다.) **(b)** 1,000개의 아미노산을 갖는 폴리펩티드 사슬에서 실수가 일어나지 않을 확률은 $(1 - 10^{-3})^{1000} = 0.368$이다. (마찬가지로 $e^{-1} = 0.368$); 따라서 완전한 4량체에서 실수가 일어나지 않을 확률은 $(0.368)^4 = 0.018$이다. (다른 말로 하면 전체 4량체의 2%보다 적은 수만이 완전히 실수가 없이 만들어지게 된다.)

Chapter 9

9.2 포도당이 존재할 때 박테리아 세포는 매우 낮은 수준의 cAMP를 갖는다. cAMP가 없으면 CRP 단백질의 결합이 일어날 수 없고, 전사는 낮은 수준으로 일어나며, *lac* 단백질도 거의 만들어지지 않는다. 이는 세포가 2차 탄소원들(젖당)의 이용에 필요한 효소들을 합성하는 데 에너지를 사용하기 전에 1차 탄소원(포도당)들을 모두 사용하도록 하는 시스템이다.

9.4 헤모글로빈 전령 RNA는 매우 안정적이고 파괴되지 않는다.

9.6 그 돌연변이 유전자는 더 많이 활성자 단백질과 결합하거나, 더 효과적으로 활성자 단백질과 결합해야 한다. 따라서 그 돌연변이 유전자는 낮은 수준의 활성자 단백질로 유도되거나, 야생형 유전자 보다 더 높은 수준으로 발현되어야 한다.

9.8 첫 번째 교잡에서 활성 억제자(active repressor)가 수용세포(recipient cell)에 이미 존재하고 있으므로 *lac* 유전자들은 활성화되지 않는다. 두번째 교잡에서 *lac* 유전자들이 수용세포에 들어갈때 억제자가 존

재하지 않으므로 *lac* mRNA가 생성되어 β-갈락토오시다아제가 합성된다. 그 효과는 일시적인 것이다. 왜냐하면 잠시 후 억제자가 $lacI^+$ 유전자로부터 만들어져 *lac* 유전자들의 전사가 억제되기 때문이다.

9.10 **(a)** GAL4p 돌연변이 세포의 표현형은 비유도성이다. 야생형 GAL4p가 정상적으로 기능을 수행할 수 있기 때문에 돌연변이 유전자는 열성이다. **(b)** GAL80p 돌연변이 세포의 표현형은 항구성이다. 야생형 GAL80p가 정상적인 경로로 GAL4p와 결합하기 때문에 돌연변이 유전자는 열성이다.

9.12 **(a)** 돌연변이 A는 O^c 돌연변이이고 야생형 대립형질에 대해 시스-우성이다. **(b)** O^c 돌연변이 작동자는 돌연변이 억제자 단백질에 결합하지 못한다. **(c)** 돌연변이 B는 I^- 돌연변이이고 야생형 대립형질에 대해 열성이다. **(d)** 원래의 돌연변이는 I^S (super-repressor) 돌연변이로 젖당이 존재할때 야생형 작동자에 결합한다. 같은 유전자의 I^- 돌연변이는 기능적인 억제자의 산물을 감소시킨다.

9.14 **(a)** 표현형은 항구성이다. 빨간색 A의 결실은 AUG–AUG–AUG 등으로부터 UGA–UGA–UGA 등과 같은 읽기틀로 전환시키는 틀이동(frameshift)을 초래한다. UGA는 종결코돈이다. 그러므로 전사약화자는 번역되지 않기 때문에 전사는 멈추지 않고 계속될 것이다. **(b)** 표현형은 Met^-이다. 빨간색 A와 밑줄 친 A가 결실되면 읽기틀은 AUG–AUG–AUG 등으로부터 GAU–GAU–GAU 등으로 변환될 것이다. GAU는 Asp 코돈이다. 그러므로 번역은 메티오닌의 농도가 매우 낮을 때 조차 계속될 것이며, 전사는 미성숙적으로 종결될 것이다. **(c)** 표현형은 야생형이다. 3개의 A 모두의 결실은 읽기틀을 변화시키지 않는다.

9.16 **(a)** 유도자가 낮은 수준 존재할때, 억제자 단백질은 작동자 서열에 결합해서 전사를 방해한다. 유도자가 높은 수준 존재할때, 억제자는 유도자와 결합해서 작동자로부터 분리되어 전사가 진행된다. **(b)** 억제자의 돌연변이는 억제자가 작동자에 결합하는것을 방해한다. 납의 발현은 항구성이다. **(c)** 작동자의 돌연변이는 억제자의 결합을 방해한다. 납의 발현은 항구성이다.

9.18 **(a)** 예. 억제자는 기능성이고, 젖당의 존재로 *lac* 유전자들의 전사가 활성화되기 때문. **(b)**와 **(d)** 예. 42°C에서 억제자는 작동자에 결합할 수 없기 때문. 이는 *lac* 오페론은 유도자가 있든 없든 간에 전사됨을 뜻한다. **(c)** 아니오. 이 온도에서 억제자는 정상적으로 기능하며, 젖당이 없기 때문에 *lac* 오페론은 억제된다.

9.20 열성 돌연변이들은 그들이 동일한 엑손에 있거나 한 돌연변이가 모든 대체 이어맞추어지는 전사체들 사이에서 공유되는 한 엑손에 존재하면 보상하지 못한다. 그러나 열성 돌연변이들이 서로 다른 엑손들에 존재하고 이들이 모든 대체 이어맞추어지는 전사체들 사이에서 공유되지 않으면 보상할 것이다. **(a)** 아래의 모식도는 그 보상 모형을 보여주고 있다. **(b)** 이 모형은 몇몇 돌연변이들이 보상군(complementation group) 사이에서 공유된다는 점에서 비정상적이다. 특히, 1, 2, 3, 4번 돌연변이는 모든 조합에서 보상하지 못하며, 3, 4, 5, 6번 돌연변이는 모든 조합에서 보상하지 못한다. 그러므로 1번과 2번 돌연변이는 5번과 6번 돌연변이를 보상하지 못할 것 같지만 실제로는 이들을 보상한다. 다시 말하면 3번과 4번 돌연변이는 2개의 서로 다른 보상군에 속한다.

	1	2	3	4	5	6
1	–	–	–	–	+	+
2		–	–	–	+	+
3			–	–	–	–
4				–	–	–
5					–	–
6						–

Chapter 10

10.2 아니다. 단편 중 하나가 다른 끝과 역방향으로 연결되었다.

10.4 **(a)** *tet-r* 유전자는 *Bgl*I으로 절단되지 않았다. 따라서 배지에 테트라사이클린을 첨가하면 테트라사이클린 저항성(Tet-r) 콜로니만 남게 되므로 균주는 플라스미드를 형성하게 될 것이다. **(b)** Tet-r Kan-r 또는 Tet-r Kan-s의 표현형을 가지는 세포들이 콜로니를 형성하게 될 것이다. **(c)** 절단된 *kan-r* 유전자 내부에 삽입부를 가지는 Tet-r Kan-s의 표현형을 가지는 클로니가 형성될 것이다.

10.6 검은색 점을 가진 갈색 털.

10.8 호환성이 없음. *Acc*651은 5′ 쪽이 노출되면 반면에 *Kpn*I은 3′ 쪽이 노출됨.

10.10 3.1-kb의 단편은 양쪽 말단에 역반복서열을 가지고 있다. 이런 점에서 아마도 DNA 전이인자일 것이다.

10.12 E-B 단편은 억제단백질 결합자리를 포함하며, H-S 단편도 억제단백질 결합자리를 포함한다. 이 두 단편이 모두 작용할 때 완전한 억제가 일어난다.

10.14 결과는 다음 그림과 같은 거울상 지도 중 하나로 나타날 것이다.

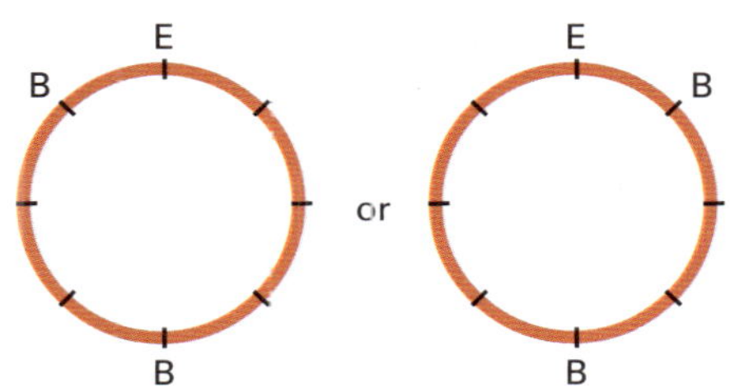

10.16 힌트에는, 유전체가 라이브러리 내에 x회 나타난다고 할 때, 특정 서열이 존재하지 않을 확률이 e^{-x}라고 함. 그런데 이 값을 0.05로 원하므로 $x = 3.0$이 됨. 유전체의 반수체는 $(1.6 \times 10^{10})/2 = 8 \times 10^9$ 염기쌍이고, 삽입되는 평균 크기는 1×10^4 염기쌍이므로 필요한 값은 $[(8 \times 10^9)/(1 \times 10^4)] \times 3.0 = 2.4 \times 10^6$ 클론임.

10.18 대조구 샘플에 대한 실험구 샘플의 상대적인 발현 수준으로 말할 수 있다. **(a)** 현저한 과도 발현 **(b)** 현저한 과소 발현 **(c)** 대략 비슷한 발현 수준 **(d)** 약간 과도 발현 **(e)** 약간 과소 발현.

10.20 최소 배지에는 존재하지 않고 완전 배지에는 존재하는 아미노산, 뉴클레오시드와 뉴클레오티드, 비타민, 그리고 여러 작은 분자들을 합성하는 데 사용되는 단백질을 암호화하는 유전자들.

Chapter 11

11.2 기능소실 돌연변이는 해당 유전자의 정보가 특정한 세포, 또는 모든 세포에서 발현되는 것이다. 기능획득 돌연변이는 부적절한 시점, 또는 부적절한 세포에서 유전정보가 발현되는 것이다. 같은 유전자가 이 두 가지 돌연변이를 모두 나타낼 수도 있다. 즉, 어떤 대립형질의 유전자가 기능을 잃거나 획득할 수 있다는 말이다. 그러나 한 번에 한 가지 돌연변이 현상만 선택적으로 나타내게 된다(그렇지 않으면 아예 돌연변이가 생기지 않는다).

11.4 첫 번째 실험은 세포예정사가 이식 시점에 이미 활성화되어 있었으며, 더 이상 스위치를 끌 수 없는 상태임을 시사한다. 두 번째 실험은 세포가 신호를 받아들이기 전에 이식되면 죽지 않기 때문에 세포 간 신호교류가 세포 사멸을 유도하였다는 것을 말해준다.

11.6 **(a)**와 **(b)**는 진실, **(c)**는 거짓이다. 그 이유는 간극유전자의 돌연변이로 인해 인접한 체절이 사라지기 때문이다.

11.8 특정한 유전자 세트가 목표 세포 별로 다르게 발현된다.

11.10 발생의 순서를 결정하는 유전자가 기능을 상실하게 되면 해당되는 발생 과정이 숨어 버려서 겉으로 드러나지 않게 된다. 이럴 경우 그 유전자는 열성으로 간주된다.

11.12 기능상실 돌연변이로 인해 꽃의 형태가 꽃받침-꽃받침-암술-암술이고, 기능획득의 결과 꽃잎-꽃잎-수술-수술이다. 이 결과는 Ap3/Pi가 동심원 2에서의 꽃잎 발생과 동심원 3에서의 수술 발생에 필요하다는 것을 의미한다. 야생형에서는 Ap3/Pi만 있어도 동심원 1에서 꽃잎이 발생하고, 동심원 4에서 수술이 발생하는 데 충분하다.

11.14 **(a)** *X*에서 기능소실 돌연변이가 일어나면 첫 번째 2개의 동심원으로부터 꽃받침과 꽃잎이 사라져 버린다. 대신에 첫 번째 동심원에서는 암술이, 두 번째 동심원에서는 수술이 만들어진다. **(b)** *Y*에서 기능소실 돌연변이가 일어나면 두 번째 동심원에서 꽃잎이 사라지고 세 번째 동심원에서 수술이 사라진다. 대신에 두 번째 동심원에서는 꽃받침이, 세 번째 동심원에서는 꽃잎이 나타난다. **(c)** *Z*에서 기능소실 돌연변이가 일어나면 세 번째 동심원에서 수술이 사라지고, 네 번째 동심원에서 암술이 사라진다. 대신에 세 번째 동심원에서는 꽃잎이, 네 번째 동심원에서는 꽃받침이 나타난다.

11.16 관찰에 따르면 간극 유전자들이 쌍지배 유전자보다 상위에서 기능을 발휘한다.

11.18 20가지의 돌연변이가 일어났다는 말이 곧 20개의 유전자가 돌연변이되었다는 것을 의미하지는 않는다. 실제로 많은 돌연변이들이 불과 몇 개의 유전자군의 대립형질들에서 일어나는 것들이다.

11.20 난자에 mal^+ 유전자 산물이 존재하므로, *mal*/*mal* 자성과 *mal*/Y 웅성 자녀의 XDH 기능이 활발하고, 그 결과 야생형의 눈 색깔을 나타내게 된다.

Chapter 12

12.2 이런 사람은 체세포성 모자이크로써, 안구의 홍채에 있는 색소세포나 이들의 전구세포에서 생겨난 체세포 돌연변이에 의해 설명될 수 있다.

12.4 $1/(2 \times 10^{-4}) = 5000$. 이 질환의 발생물은 기대값보다 활씬 작은데, 그 이유는 유전자의 침투율이 낮기 때문이다.

12.6 9개의 다른 돌연변이 코돈들이 있다: (1) UGC → CGC (Arg), (2) UGC → AGC (Ser), (3) UGC → GGC (Gly), (4) UGC → UUC (Phe), (5) UGC → UCC (Ser), (6) UGC → UAC (Tyr), (7) UGC → UGU (Cys), (8) UGC → UGA (Stop), 그리고 (9) UGC → UGG (Trp). 7번은 동의, 8번은 정의 (종결코돈) 그리고 나머지는 비동의(과오)이다.

12.8 세린의 유전암호는 UCN이다. 아니라면 한 번에 알라닌으로 바뀔 수 없다. 알라닌 유전암호는 GCN이다. 따라서 아미노산 치환은 *psbA* 유전자의 전사되는 가닥에서 유전암호의 U가 G로, 또는 A가 C로 변해 일어난다. 그러므로 이것은 염기교차 돌연변이이다.

12.10 **(a)** 1/2 암컷과 1/2 수컷 (암컷은 이형접합); **(b)** 모두 암컷(수컷은 사망).

12.12 전이는 계속 진행되는 과정으로, 한 유전자 내로 전이되어 들어간 전이인자는 다시 잘려 나와 다른 곳으로 전이될 수 있으며, 원래 유전자는 잘려 나간 가닥이 수선되면 변하지 않고 남아 있을 수 있다.

12.14 1 Sv에서 총돌연변이율은 자연 돌연변이율보다 2배 증가할 것이다. 1/2 Sv에서는 50% 증가가, 1/5 Sv에서는 20% 증가가 나타날 것이다.

12.16 리신 코돈은 AAA와 AAG이고 글루탐산 코돈은 GAG와 GAA이다. 따라서 코돈의 첫 번째 위치에서의 A → G 염기 전이가 리신 코돈을 글루탐산 코돈으로 변화시킬 것이다.

12.18 고온에서는 *X*의 기능 결실이, 낮은 온도에서는 *Y*의 기능 결실이 나타난다. **(a)** 고온, 저온 모두에서 발생은 A까지 진행될 것이다. **(b)** 발생은 고온, 저온 모두 B까지 진행될 것이다. **(c)** 고온에서는 A까지, 저온에서는 B까지 발생이 진행될 것이다. **(d)** 고온에서는 B까지, 저온에서는 A까지 발생이 진행될 것이다.

12.20 **(a)** (4)와 (5) 형의 포자낭은 유전자 전환에서 기대되는 전형적인 3 : 1 양식의 분리를 보여준다. 이것은 부정합 수선이 일어났다는 것을 강하게 제시한다. 이들 포자낭에서의 $m : +$의 비는 각각 6 : 2와 2 : 6이다. (2)와 (3) 포자낭도 각각 5 : 3과 3 : 5의 분리비를 나타내기 때문에 부정합 수선의 증거를 보여준다. **(b)** (1), (2), (3) 형의 포자낭에서는 감수분열 후 체세포분열로부터 생기는 자낭포자의 이웃한 쌍들이 같은 유전자형을 가지고 있지 않다; 이 결과는 감수분열의 직접 산물이 체세포분열 후에 유전적으로 다른 자낭포자들을 만드는 이형이중가닥이었다는 것을 의미한다. 이형이중가닥의 지속은 부정합 수선이 100% 효율적이 아니라는 것을 의미한다.

Chapter 13

13.2 유전적 변이가 세포에서 일어나 세포가 무한정 성장 분열한다는 의미에서 "유전적 질환"이라 한다. 대부분의 암은 환자의 체세포 변이에 의해 일어난다; 그래서 암은 부모로부터 유전되기 보다는 오히려 새로운 체세포 변이 때문에 생긴다.

13.4 Ras-GDP는 세포 성장인자에 의해 활성화되어 세포 성장을 자극하는 Ras-GTP를 생성한다. G19V와 같은 기능획득 돌연변이는 항상 성장을 촉진한다. 그래서 Ras-GDP는 원종양 유전자이다.

13.6 p53은 p21, GADD, 14-3-3σ의 전사활성화를 통해 DNA 손상을 감시할 뿐만 아니라 Bax와 Apaf1의 전사활성화를 통해 세포자살 경로를 활성화하는 핵심 역할을 하기 때문이다.

13.8 아래의 그림은 유사분열 재조합이 이형접합성 소실을 어떻게 초래할 수 있는지 보여준다. 또 이 그림은 재조합 부위로부터 말단소체 쪽으로 있는 다른 유전자 표지들 역시 이형접합성이 소실될 수 있다는 사실을 보여준다.

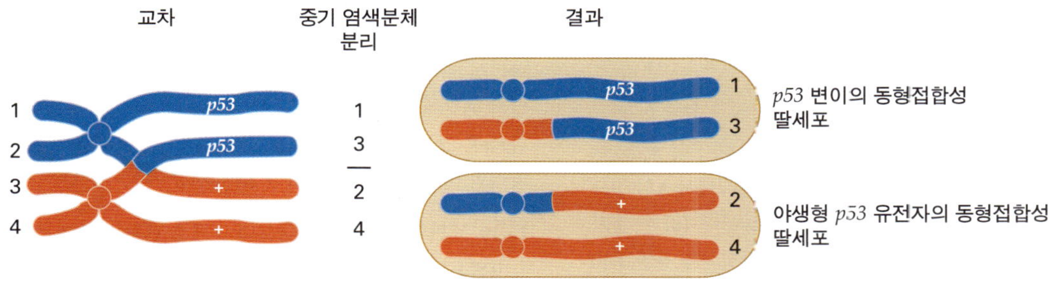

13.10 이 장에서 설명한 세포주기점검점으로는, DNA 이중가닥 절단과 기타 손상에 반응하는 DNA 손상점검점; 중심체가 복제되지 않거나 복제한 것이 적절하게 위치하지 않으면 활성화되는 중심체복제점검점; 방추체가 완전하게 조립되지 않을 때와 염색체가 방추체에 결합하지 않거나 부적절하게 방추체에 정렬할 때 활성화되는 방추체점검점이 있다.

13.12 **(a)** 작은 밴드는 변이 *RB1* 대립유전자, 큰 밴드는 정상 대립유전자와 각각 관련되어 있다. **(b)** 이형접합성의 소실은 각 종양마다 독립적으로 일어난다. 그러므로 두 눈에서 같을 필요가 없다. **(c)** 이 경우는 정상 대립유전자에 새로운 변이(아마 작은 결실이나 첨가)가 일어나 불활성화되었지만, 밴드 크기의 변화는 감지 못하는 경우이다.

13.14 3종양/(4 × 10^6 세포) = 0.75 × 10^{-6} = 7.5 × 10^{-7}. 이것은 변이율과 정확하게 같지 않다. 왜냐하면 염색체 소실, 체세포분열 재조합 등을 포함하는 이것은 엄밀하게 말하면 변이가 아니기 때문이다.

13.16 이형접합자 소실은 두 눈에서 서로 다른 기작으로 일어날 수 있고 같은 눈에서도 다른 암을 만들 수 있다. 왜냐하면 암을 진행시키는 사건들은 서로 독립적으로 발생하기 때문이다.

13.18 **(a)** 세포는 더 이상 성장촉진 신호를 감지하지 못하기 때문에 제한온도에서 분열을 멈춘다. **(b)** 열성. 같은 세포의 야생형 유전자로부터 생산되는 Ras가 성장촉진 신호를 감지하기 때문이다. **(c)** 이런 변이주는 영양분이 없을 때도 분열을 계속하기 때문에, 영양분이 고갈되면 성장을 멈추는 대신 죽을 것이다. **(d)** 우성. 야생형 Ras와 상관없이 변이 Ras는 GTP가 결합된 형태로 남아 성장신호를 계속 전달할 것이다.

13.20 I 세대와 II 세대를 보면 암은 *c* 밴드와 관련되어 있음을 알 수 있다. III 세대에서 개인 2와 7은 어머니 5 때문에 위험하고, 개인 21과 22는 아버지 20 때문에 위험하다. 그러나 개인 13은 *c* 밴드를 가지는 아버지 14가 정상이기 때문에 위험하지 않다; 이 사람의 경우 *c* 밴드는 결국 정상 대립유전자로부터 기원하였다.

Chapter 14

14.2 다음 세대의 대립유전자 A_2의 기대빈도는 현세대의 대립유전자의 빈도 0.66과 같다.

14.4 **(a)** 아니오; **(b)** 예.

14.6 총개체의 수가 100이므로 총대립유전자의 수는 200이다. 대립유전자의 추정 빈도는 다음과 같다: "15.7," (6 + 7 + 5 + 2 × 1)/200 = 0.10; "6.0," (15 + 18 + 2 × 6 + 5)/200 = 0.25; "6.2," (21 + 2 × 12 + 18 + 7)/200 = 0.35; 그리고 "6.5," (2 × 9 + 21 + 15 + 6)/200 = 0.30.

14.8 동형접합성 열성 유전자의 빈도 q^2은 0.16이고 여기서 q는 0.4이다. 그러므로 우성 대립유전자의 빈도 $p = (1 - q) = 0.6$, 또는 60%.

14.10 $I^A I^A = (0.20)^2 = 0.04$; $I^A I^B = 2\,(0.20)\,(0.15) = 0.06$; $I^B I^B = (0.15)^2 = 0.022$; $I^A I^O = 2(0.20)\,(0.65) = 0.26$; $I^B I^O = 2(0.15)\,(0.65) = 0.20$; $I^C I^O = (0.65)^2 = 0.422$. (주의: 반올림 오차 때문에 비율의 합이 정확히 1.0이 되지 않는다.)

14.12 만약 유전자형 빈도가 하디-와인버그 원리를 만족한다면 비율 p^2, $2pq$, q^2 내에 있을 것이다. p는 AA의 빈도와 Aa,의 빈도의 반을 더한 것과 같고 $q = 1 - p$이다. 무작위 교배에 의한 대립유전자 빈도와 유전자형 기대빈도는 **(a)** $p = 0.50$, 기대치: 0.25, 0.50, 0.25; **(b)** $p = 0.635$, 기대치: 0.403, 0.464, 0.133; **(c)** $p = 0.5$, 기대치 : 0.49, 0.42, 0.09; **(d)** $p = 0.775$, 기대치: 0.601, 0.349, 0.051; 그리고 **(e)** $p = 0.5$, 기대치: 0.25, 0.50, 0.25. 그러므로 **(a)**와 **(c)**만 하디-와인버그 원리에 적합하다. 하디-와인버그 빈도에 따른 이 문제의 또 다른 해법은 이형접합성 유전자형비의 제곱($2pq \times 2pq$)은 동형접합성 유전자형 빈도의 곱의 4배($4p^2q^2$)와 같다는 것을 염두에 두고 접근하는 것이다. 이 등식은 **(a)**와 **(c)**에만 해당된다.

14.14 대립유전자의 빈도는 비친족 간의 결혼으로 태어난 자손 가운데 병에 걸린 자손의 빈도의 제곱근, 또는 $(1 \times 10^{-5})^{1/2} = 3.2 \times 10^{-3}$이다. 동계교배에서 동형접합성 열성유전자의 기대빈도는 $q^2\,(1 - F) + qF$이고, 여기서 F는 동계교배계수이다. F가 1/16일 때 동형접합성 열성유전자의 기대빈도는 $(3.2 \times 10^{-3})^2\,(1 - 1/16) + (3.2 \times 10^{-3})\,(1/16) = 2.1 \times 10^{-4}$; F가 1/64일 때 동형접합성 열성유전자의 기대빈도는 6×10^{-5}.

14.16 대립유전자의 수는 다음과 같다: A, 8 + 10 + 2 = 20; B, 10 + 48 + 20 = 78; 그리고 C, 20 + 20 + 2 = 42. 대립유전자의 총합은 140이므로 이 표본의 대립유전자빈도는 다음과 같다: A, 20/140 = 0.14; B, 78/140 = 0.56; C, 42/140 = 0.30. 식물 70개체 가운데 기대

치는 다음과 같다.

유전자형	*AA*	*AB*	*BB*	*BC*	*CC*	*AC*
기대치	1.42	11.14	21.72	23.40	6.30	6.00

14.18 **(a)** $F = 0.66$, $p = 0.43$, 그리고 $q = 0.57$이다. 예상되는 유전자형 빈도는 다음과 같다: *AA*는 $(0.43)^2(1 - 0.66) + (0.43)(0.66) = 0.347$; *AB*는 $2(0.43)(0.57)(1 - 0.66) = 0.167$; 그리고 *BB*는 $(0.57)^2(1 - 0.66) + (0.57)(0.66) = 0.487$이다.
(b) 무작위적 교배로 기대되는 유전자형 빈도는 다음과 같다: *AA*는 $(0.43)^2 = 0.185$; *AB*는 $2(0.43)(0.57) = 0.490$; 그리고 *BB*, $(0.57)^2 = 0.325$이다.

14.20 A에 대한 B의 상대적 적합도를 구하기 위하여 방정식 $p_n/q_n = (p_0/q_0)(1/w)^n$을 사용한다. 보기에서, $n = 100$이고 n세대에서 A의 빈도는 p_n이고 B의 빈도는 q_n이다. 선택계수는 $s = 1 - w$이다. **(a)** 이 결과는 $p_n/q_n = 1.10 \times p_0/q_0$라는 것을 암시하므로 그 방정식을 풀면 $1.10 = (1/w)^{100}$이다. 대수를 취하여 재배열하면 $w = 0.99905$ 또는 $s = 1 - w = 0.00095$가 된다. **(b)** 이 경우, $w = 0.9936$ 그리고 $s = 0.0064$. **(c)** 여기서 $w = 0.99309$ 그리고 $s = 0.00691$이다.

Chapter 15

15.2 **(a)** 평균. **(b)** 분산이 큰 것. **(c)** 68%. **(d)** 95%.

15.4 유전자형-환경 상호작용.

15.6 F_1 세대의 모든 개체들은 유전적으로 동일하므로, 이 세대에서 꼬리 길이에 대한 표현형 차이의 모든 것은 환경 분산 (σ_e^2)에 기인한다. F_2 세대에서는 유전자형 분산 (σ_g^2)과 환경 분산 (σ_e^2)이 모두 총표현형 분산 (σ_p^2)에 관여한다$[(\sigma_p^2 = (\sigma_g^2 + \sigma_e^2)]$. 이 문제에서, $\sigma_e^2 = (1.3\text{ cm})^2 = 1.69\text{ cm}^2$이고, $\sigma_p^2 = (3.5\text{ cm})^2 = 12.25\text{ cm}^2$이다. 따라서, $\sigma_g^2 = 12.25\text{ cm}^2 - 1.69\text{ cm}^2 = 10.56\text{ cm}^2$로, $H^2 = 10.56\text{ cm}^2/12.25\text{ cm}^2 = 0.862$이다.

15.8 *AA* 유전자형의 개체군에서 23은 평균 더하기 1.5 표준 편차이다. 문제는 개체군의 87%가 인구의 1.5 표준 편차 내에 있으며, *AA* 유전자형에서 표준 편차는 강모 2개이다. 그러므로 인구의 87%가 $20 - 2 \times 1.5 = 17$ 그리고 $20 + 1.5 \times 2 = 23$ 사이의 강모를 가지고 있는 것으로 기대된다. 정규 분포는 평균의 절반을 중심으로 대칭이므로 87% 중 절반은 17~20개의 강모 그리고 나머지 절반은 20~23개의 강모를 가질 것이다. 따라서 정답은 인구의 87/2 = 43.5%가 20~23개의 강모가 있다는 것이다. **(b)** *aa* 유전자형에서 20은 평균에서 표준 편차 1을 뺀 값이며, *aa* 유전자형의 표준 편차는 강모 3개이므로 모집단의 68%가 23 ± 3인 20에서 26개의 강모 범위에 있을 것으로 예상된다. 이 분포는 강모 수 23의 대칭이므로 인구의 34%가 20~23개의 강모를 가질 것으로 예상된다. **(c)** *AA* 파리의 평균은 *aa* 파리의 평균보다 작은 1.5 표준 편차이다; 우리는 **(a)**에서 *AA* 파리의 87%가 17 − 23 범위의 강모 수를 가지고 있고, 분포가 대칭적이며, 또한 (1 − 0.87)/2 = 6.5%는 17 강모보다 적고, 6.5%는 23개 이상의 강모보다 많다는 것을 알고 있다. 따라서 6.5%의 *AA* 파리는 평균보다 강모가 더 많다. (d) 파리의 평균은 *AA* 파리의 평균보다 1 표준 편차가 더 크다. 우리는 **(b)**에서 *aa* 파리의 68%는 20에서 26 사이의 강모 수를 가지며, 분포는 대칭적임을 알기 때문에, (1 − 0.68) / 2 = 16%는 26보다 큰 강모를, 16%는 20보다 작은 강모를 갖는다. 따라서 강모 수가 20(*AA* 파리 평균)보다 큰 *aa* 파리의 비율은 0.68 + 0.16 = 84%이다.

15.10 표현형 값 130은 평균보다 2 표준 편차 크므로, 더 큰 비율은 (1 − 0.95) / 2 = 2.5%와 같다. 85 값은 평균보다 1 표준 편차가 작으므로 더 작은 비율은 (1 − 0.68) / 2 = 16%이다. 그러므로 85 이상의 비율은 1 − 0.16 = 84%; 그러나 이 값은 0.50 + 0.68/2 = 0.84로 대신 계산할 수 있다.

15.12 범위 1.8에서 2.2 mg은 평균 ±1(표준편차)이므로 집단의 68%가 예상된다. 마찬가지로 범위 1.6에서 2.4 mg은 평균 ±2(표준편차)이므로 집단의 95%가 예상된다. 3.0 mg의 번데기 무게는 평균 + 5(표준편차)에 해당된다. 평균 + 3(표준편차)에 해당하는 비율이 전체의 0.15%에 해당하므로 실제로 3.0 mg 이상의 번데기는 극히 드물고, 실제로는 발견되지 않는다. (3.0 mg 이상의 무게를 가질 예상비율은 2.9×10^{-7}, 즉 대충 3백만 마리 중에 하나 꼴이다.)

15.14 좁은 의미의 유전율은 친사촌 상관계수의 8배에 해당한다. 그러므로 친사촌 사이의 상관계수는 0.90/8 = 0.112이다.

15.16 $h^2 = 8 \times 0.09 = 0.72$.

15.18 **(a)** 12 + 0.20 × (16 − 12) = 12.8 g. **(b)** 12 + 0.20 × (8 − 12) = 11.2 g.

15.20 거대 길이. 펼침 도표에서 거 길이가 부모-자식 간 강력한 연관성을 가지고 있다. 이것은 거대 길이의 유전율이 다른 두 형질에 비해 높다는 것을 의미한다. 유전율은 선택에 대한 반응속도를 결정하기 때문에 [식 15.6, $M' - M = h^2(M^* - M)$], 거대 길이가 원예가의 선택 육종에서 가장 빠른 반응을 보일 것이다.

어근-접미사

Roots and Prefixes	Meaning	Example
a-, an-	*absence or lack*	acentric, lack of a centromere
ab-	*departing from, away from*	abnormal, departing from normal
ac-, acro-	*extreme or extremity, peak*	acrocentric, centromere near the end of a chromosome
allel-	*of one another*	alleles, alternative forms of a gene
allo-	*other*	allosteric protein, a protein possessing a distinct binding site for each of two different molecules
amphi-	*on both sides, of both kinds*	amphidiploid, an organism containing diploid genomes from two different organisms
ana-	*apart, up, again*	anaphase of mitosis, when the chromosomes separate (move apart)
ant-, anti-	*opposed to, preventing or inhibiting*	antibiotic, preventing or inhibiting life
ante-	*preceding, before*	antedate, preceding a date
apo-	*former, from*	aporepressor, precursor to repressor
aut-, auto-	*self*	autogenous, self-generated
bi-	*two*	bidirectional, going in two directions
bio-	*life*	biology, the study of life and living organisms
blast-	*bud or germ*	blastoderm, structure formed in early development
carcin-	*cancer*	carcinogen, a cancer-causing agent
cata-	*down*	catabolism, chemical breakdown
caud-	*tail*	caudal (directional term)
chiasm-	*crossing*	chiasma, the cross-shaped figure that occurs at the site of crossing-over between homologous chromosomes
chrom-	*colored*	chromosome (staining body), so named because they stain darkly
circum-	*around*	circumnuclear, surrounding the nucleus
co-, con-, com-	*together*	codominant, expression of both alleles in a heterozygote
cyt-	*cell*	cytology, the study of cells
de-	*undoing, reversal, loss, removal*	deoxy, lacking an oxygen atom
di-	*twice, double*	dicentric, having two centromeres
dys-	*difficult, faulty, painful*	dysfunctional, disturbed function
ec-, ex-, ecto-	*out, outside, away from*	excise, to cut away
ectop-	*displaced*	ectopic, expression that occurs in the wrong tissue or cell type
endo-	*within, inner*	endonuclease, cleaving a nucleic acid in the interior, not the end, of a molecule
epi-	*over, above*	episome, a genetic element over (beyond) the core genome
eu-	*good, well*	eukaryote, a cell with a good or true nucleus
exo-	*outside, outer layer*	exonuclease, an enzyme that digests nucleic acids beginning at the ends of the molecule
extra-	*outside, beyond*	extracellular, outside the body cells of an organism
flagell-	*whip*	flagellum, the tail of a sperm cell
gam-, gamet-	*married, spouse*	gametes, the sex cells
gene	*beginning, origin*	genetics
gon-, gono-	*seed, offspring*	gonads, the sex organs
haplo-	*single*	haploid, gametic chromosome number
hema-, hemato-, hemo-	*blood*	hemoglobin, blood protein
hemi-	*half*	hemimethylated, methylated on one DNA strand only
hetero-	*different or other*	heterosexuality, sexual desire for a person of the opposite sex
holo-	*whole*	holoenzyme, form of an enzyme containing all subunits
hom-, homo-	*same*	homozygous, having the same allele of a gene in homologous chromosomes
homeo-	*similar*	homeotic, related structurally

Roots and Prefixes	Meaning	Example
hyper-	*excess*	hypermorphic, state in which a gene is expressed at levels greater than normal
hypo-	*below, deficient*	hypomorphic, state in which a gene is expressed at levels less than normal
in-	*in, into*	induce, to lead into (a new state)
inter-	*between*	intercellular, between the cells
intercal-	*insert*	intercalated dyes, dyes that insert between adjacent base pairs in DNA
intra-	*within, inside*	intracellular, inside the cell
iso-	*equal, same*	isothermal, equal, or same, temperature
juxta-	*near, close to*	juxtapose, place near or next to
karyo-	*kernel, nucleus*	karyotype, the set of the nuclear chromosomes
kin-, kines-	*move*	kinetic energy, the energy of motion
lact-	*milk*	lactose, milk sugar
lumen	*light*	lumen, center of a hollow structure
lys-	*dissolution or loosening*	lysis, disruption by dissolution
macro-	*large*	macromolecule, large molecule
mal-	*bad, abnormal*	malfunction, abnormal functioning of an organ
mater-	*mother*	maternal, pertaining to the mother
mega-	*large*	megabase, a million base pairs
meio-	*less*	meiosis, nuclear division that halves the chromosome number
mero-	*partial*	merodiploid, partial diploid (in bacteria)
meta-	*beyond, between, transition*	metaphase, the stage of mitosis or meiosis in which chromosomes are located between the poles of the spindle
micro-	*small*	microscope, an instrument used to make small objects appear larger
mito-	*thread, filament*	mitochondria, small, filament like structures located in cells
mono-	*single*	monohybrid, heterozygous for one allelic pair
morpho-	*form*	morphology, the study of form and structure of organisms
multi-	*many*	multinuclear, having several nuclei
muta-	*change*	mutation, change in the base sequence of DNA
nano-	*dwarf*	nanometer, one billionth of a meter
nucle-	*pit, kernel, little nut*	nucleus
nulli-, nullo-	*none*	nullisomic, having no copies of a particular chromosome
oligo-	*few*	oligonucleotide, a nucleic acid molecule containing a few nucleotides
onco-	*a mass*	oncology, study of cancer
oo-	*egg*	oocyte, precursor of female gamete
org-	*living*	organism
ov-, ovi-	*egg*	ovum, oviduct
oxy-	*oxygen*	oxygenation, the saturation of a substance with oxygen
para-	*near, beside*	paracentric, near the centromere
pater-	*father*	paternal, pertaining to the father
patho-	*pathogen*	disease-causing
pent-	*five*	pentose, a 5-carbon sugar
per-	*through*	permease, a protein that carries a small molecule through the cell membrane
peri-	*around*	pericentric, around the centromere
phago-	*eat*	bacteriophage, a virus that infects bacteria
pheno-	*show, appear*	phenotype, the physical appearance of an individual
pili	*hair*	arrector pili muscles of the skin, which make the hairs stand erect
poly-	*multiple*	polymorphism, multiple forms
post-	*after, behind*	posterior, places behind (a specific) part
pre-, pro-	*before, ahead of*	prenatal, before birth
proto-	*first or original*	prototroph, having the nutritional requirements of the wild type
pseudo-	*false*	pseudodominant, appears but isn't dominant
re-	*back, again*	reinfect
retro-	*backward, behind*	retrovirus, to move "backward" from RNA into DNA
sanguin-	*blood*	consanguineous, indicative of a genetic relationship between individuals
se-	*apart*	segregate, to set apart

Roots and Prefixes	Meaning	Example
semi-	*half*	semicircular, having the form of half a circle
septum	*fence*	septum, membrane or wall between cells
soma-	*body*	somatic cell
sub-	*under*	subunit
super-	*above, over*	supercoil
telo-	*end*	telomere, the end of a chromosome arm
tetra-	*four*	tetraploid, having four sets of chromosomes
thermo-	*heat*	thermophile, heat-loving, able to grow at high temperatures
topo-	*locale, local*	topoisomerase, altering the local state
toti-	*wholly*	totipotent, having the ability to generate all cell types
tra-, trans-	*across, through*	transgenic, placement of novel DNA into an organism
tri-	*three*	triploid, three complete sets of chromosomes in a cell
ultra-	*beyond*	ultraviolet radiation, beyond the band of visible light
vita-	*life*	vital, alive
vitre-	*glass*	in vitro, in "glass"—the test tube
viv-	*live*	in vivo
zyg-	*a yoke, twin*	zygote

Suffixes	Meaning	Example
-able	*able to, capable of*	viable, ability to live or exist
-ac	*referring to*	cardiac, referring to the heart
-age	*action, process*	cleavage, process of cleaving
-al	*relating to, pertaining to*	chromosomal
-ary	*associated with, relating to*	coronary, associated with the heart
-bryo	*swollen*	embryo
-cide	*destroy or kill*	germicide, an agent that kills germs
-ell, -elle	*small*	organelle
-emia	*condition of the blood*	anemia, deficiency of red blood cells
-gen	*an agent that initiates*	pathogen, any agent that produces disease
-gram	*data that are systematically recorded, a record*	autoradiogram, a record of where radioactive atoms decayed
-ic	*having the character of*	acidic
-logy	*the study of*	pathology, the study of changes in structure and function brought on by disease
-lysis	*loosening or breaking down*	hydrolysis, chemical decomposition of a compound into other compounds as a result of taking up water
-oid	*like, resembling*	cuboid, shaped as a cube
-oma	*tumor*	lymphoma, a tumor of the lymphatic tissues
-ory	*referring to, of*	auditory, referring to hearing
-pathy	*disease*	osteopathy, any disease of the bone
-phil, -philo	*like, love*	hydrophilic, water-attracting (e.g., molecules)
-phobia	*fear*	acrophobia, fear of heights
-phragm	*partition*	diaphragm, which separates the thoracic and abdominal cavities
-plasm	*form, shape*	cytoplasm
-scope	*instrument used for examination*	microscope, instrument used to examine small things
-some	*body*	chromosome
-stasis	*arrest, fixation, stand*	epistasis, "stand upon," the genotype at one locus affects the phenotypic expression of the genotype at a second locus
-troph	*nutrition*	prototroph, nutritional requirements of wild-type organism
-ula, -ule	*diminutive*	blastula, little "bud," sphere of cells in early development
-zyme	*ferment*	enzyme

용어풀이

30-nm fiber (30-nm 섬유) 진핵생물 염색사가 응축하는 단계에서 생성되는 섬유. 뉴클레오솜과 결합한 DNA 섬유가 꼬여 폘쳐짐으로써 형성된다.

3′end (3′말단) DNA와 RNA에서 3′번 탄소에 자유 하이드록시 그룹을 가진 당 쪽 끝.

3′untranslated region (3′ 비번역 부위) 종결코돈 다음에 오는 mRNA의 끝부분으로 단백질로 번역되지 않는다.

5′end (5′말단) 자유인산기가 당과 연결되지 못하여 종결되는 DNA나 RNA 가닥의 끝.

5′untranslated region (5′ 비번역 부위) 단백질을 암호화하지 않는 mRNA의 시작 부위.

A(aminoacyl) site (아미노아실 자리) 각각의 부하 tRNA에 들어와서 처음으로 결합하는 리보솜의 tRNA 결합 자리.

acentric chromosome (무동원체 염색체) 동원체가 결핍된 염색체.

acridine (아크리딘) DNA 분자의 염기 사이에 끼어들어 단일 염기를 삽입 또는 결실시키는 화학적인 돌연변이 유발원.

acrocentric chromosome (선단동원체 염색체) 한쪽 끝 가까이에 동원체를 가진 염색체.

acyl-tRNA (아실화 tRNA) 부하 tRNA를 참조.

adapter molecule (어댑터 분자) 다른 기질과 특이적인 화학 결합을 허용하는 표적 분자에 공유 결합된 임의의 분자. 전형적인 예는 미리 선별된 PCR 프라이머와의 결합을 허용하는 어댑터 또는 천연 또는 합성 표면상의 수용체와 상호작용하는 어댑터를 포함한다.

adaptation (적응) 한 생물체가 자신의 환경에서 생존과 생식의 기회를 개량하는 생물의 한 특징; 생물체들이 주어진 환경에서 자신의 생존과 생식에 유리한 점진적인 변화를 거치는 진화과정.

addition rule (더하기 법칙) 일련의 상호배타적인 사건 중 어느 하나의 확률이 그들 독립사건들의 확률의 합과 같아지는 원리.

adenine (A) (아데닌) DNA나 RNA에서 발견되어지는 퓨린 염기의 일종.

adjacent segregation (인접 분리) 구조적으로 정상인 염색체들이 전좌된 염색체들과 함께 분리되는 이형 상호전좌의 분리 형태. 인접 1분리에서, 상동동원체는 첫 번째로 분열된 방추체의 맞은편으로 이동한다; 인접 2분리에서, 상동동원체는 첫 번째로 분열된 방추체와 같은 축으로 이동한다.

albinism (흰둥이증) 동물의 홍채와 피부, 털에서 멜라닌 색소의 결핍; 식물에서의 엽록소 결핍.

alkaptonuria (알캅톤뇨증) 티로신의 분해에 결함이 생겨 뇨에서 호모겐티스산(알캅톤)을 배출시키는 열성으로 유전되는 대사 장애.

alkylating agent (알킬화제) 알킬기를 다른 분자들로 전이할 수 있는 유기화합물.

allele (대립유전자) 어떤 한 유전자의 다른 형태 중 하나.

allele frequency (대립유전자 빈도) 지적된 유형에 해당하는 유전자의 전체 대립유전자에 대한 상대적 비율.

allopolyploid (이질배수체) 상이한 종들 사이에서의 잡종화로 형성된 배수체.

alpha satellite DNA (알파 부수체 DNA) 포유류의 동원체와 관련된 고도 반복 DNA 서열.

alternate segregation (대체 분리) 제1감수분열에서 상호전좌된 염색체들의 양 부분이 전좌되지 않은 염색체의 양쪽과 분리되는 이형 상호전좌의 분리.

Ames test (에임즈 검사) 돌연변이 유발성을 찾기 위한 세균성 검사법; 또한 잠재적 발암원을 선별하기 위해서도 사용됨.

amino acid (아미노산) 아미노기와 카르복실기를 가진 유기물질 분자. 20개의 상이한 아미노산들이 단백질들의 일반 구성성분이다.

aminoacylated tRNA (아미노아실 tRNA) 아미노산이 공유결합되어 있는 tRNA; 부하 tRNA.

aminoacyl-tRNA synthetase (아미노아실 tRNA합성효소) 정확한 아미노산을 특정 tRNA 분자에 부착시키는 효소.

amino terminus (아미노 말단) 유리 아미노기를 갖는 아미노산이 위치한 폴리펩티드 사슬의 말단.

amniocentesis (양수천자) 유전적 이상을 진단하기 위해 양수액으로부터 태아세포를 얻는 방법.

anaphase (후기) 염색체들이 방추체의 맞은 편 끝으로 이동하는 체세포분열이나 감수분열의 단계. 감수분열의 후기 I에서 상동동원체 분리 ; 후기 II에서 자매동원체 분리.

anaphase-promoting complex (APC) (후기-촉진 복합체) 체세포분열 중기에서 후기로 세포를 전이시키기 위해 파괴할 단백질을 표적으로 하는 ubiquitin 단백질 연결효소.

aneuploid (이수체) 염색체 수가 반수체 수의 정확한 배수가 되지 않는 세포나 개체; 좀 더 일반적으로 이수체성은 특정한 유전자 혹은 염색체 부위가 야생형과 비교하여, 복제 수에 여분이 남거나 부족한 상태.

antibiotic-resistant mutant (항생제-내성 변이체) 항생제에 내성을 주는 돌연변이를 가진 세포나 개체.

antibody (항체) 항원의 자극에 의하여 동물에서 생산되어서 그 항원에 결합할 수 있는 혈청 단백질.

anticodon (역코돈) mRNA의 특정 코돈의 세 염기에 상보적으로 결합되는 tRNA 분자의 세 염기들.

antigen (항원) 특정 항체들의 생산을 자극할 수 있는 물질.

antiparallel (역평행) 이중가닥 핵산 분자의 두 가닥들의 화학적 방향; 두 가닥들의 5′→3′ 방향은 서로서로 정반대 방향이다.

antisense RNA (안티센스 RNA) 한 전령 RNA의 전체 또는 부분의 염기서열과 상보적인 RNA 분자.

antiterminator (항종결자) 유전자를 지나서 전사를 계속하게 하는 RNA 상의 서열.

AP endonuclease (AP 핵산내부분해효소) 염기가 없는 데옥시리보오스가 포함된 DNA 가닥을 자르는 핵산내부분해효소.

AP repair (AP 수선) 퓨린이나 피리미딘이 없어진 자리를 복원하는 수단.

apoptosis (세포자살) 유전적으로 계획된 세포 죽음.

aporepressor (주억제자) 특정 단백질이 한 단백질에 결합할 때 억제 물질로 변환되는 단백질.

Archaea (고세균) 유기체의 큰 세 부분 중 한 가지; Archaebacteria 라고도 불린다. 단세포 미생물이며, 종종 극단적인 환경에서 발견된다. 진핵생물과 차이가 나며, 세균하고도 차이가 많이 난다. **bacteria** 참조.

artificial selection (인위선택) 육종자에 의해 강제로 만들어진 선택. 이때는 어떤 일정한 표현형의 개체들만이 육종된다.

ascospore (자낭포자) **ascus** 참조.

ascus (자낭) 어떤 곰팡이류 집단에서 감수분열에 의해 생산된 포자들(자낭포자)을 함유하는 주머니. 여기에는 *Neurospora*와 효모가 포함된다.

asexual polyploidization (무성배수화) 교배시 염색체 세트의 내부 재중복에 뒤따르는 정상 배우자의 융합을 통한 배수체의 형성.

attached-X chromosome (부착-X 염색체) 염색체 2개가 공통 동원체에 연결된 염색체; 복합-X-염색체(compound-x-chromosome)라고도 한다.

attenuation (전사약화) **attenuator** 참조.

attenuator (전사약화자) 전사가 종결될 수 있는 전사에서 mRNA 분자의 개시 부분 가까이 있는 조절 염기서열; 즉 전사약화자는 암호화 염기 배열보다 앞에 위치한다.

autonomous determination (자율결정) 외부 신호나 다른 세포 간의 상호작용에 의존한 것이 아닌 순수하게 내부적으로 결정되는 세포 분화.

autopolyploid(동질배수체) 상동염색체를 두 세트 이상 가진 생물체.

autoregulation (자율조절) 유전자 자체의 산물에 의한 유전자 발현 조절.

autosomes (상염색체) 성염색체가 아닌 다른 모든 염색체.

auxotroph (영양요구주) 미생물 성장에 필수적인 화합물을 합성하지 못하는 돌연변이체 미생물. 그 화합물이 공급되면 성장할 수 있다.

BAC (BAC) **bacterial artificial chromosome** 참조.

backcross (역교배) F_1 개체와 그 개체의 어느 한쪽 양친과 같은 유전형을 갖고 있는 개체의 교배.

bacteria (세균) 생물체의 큰 분류 중의 하나; 대부분의 세균을 포함한다. **Archaea** 참조.

bacterial artificial chromosome (BAC) (세균 인조염색체) 클론된 큰 조각의 DNA를 포함하며, F 플라스미드에서 파생된 부위를 가진 플라스미드 벡터.

bacteriophage (박테리오파아지) 숙주가 세균인 바이러스; 흔히 파아지라고 한다.

Barr body (바아 소체) 간기 동안에 핵 내에서 진하게 염색되는 응축된 소체로서 불활성화된 포유동물 암컷의 X 염색체.

basal transcription factors (기본 전사인자) 다양한 종류의 유전자의 전사에 관여하는 전사인자.

base (염기) 핵산에서 단일 링 구조(prymidine)와 이중 링 구조(purine)를 가진 구성성분.

base analog (염기 유사체) 일반적인 염기와 유사하여 DNA에 삽입될 수 있는 화학물.

base excision repair (염기 제거 수리) 잘못 결합되거나 손상된 염기를 해당 데옥시리보뉴클레오티드 당으로부터 제거함으로써 시작되는 DNA 수선 메커니즘.

base pair (염기쌍) 핵산 분자의 이중가닥 영역에서 수소결합에 의해 결합된, 가장 일반적인 퓨린 1개와 피리미딘 1개로 이루어진 염기쌍; 흔히 bp로 나타낸다. 어떤 책에서는 이 용어를 뉴클레오티드쌍과 같은 뜻으로 사용되고 있다. DNA에서 정상적인 염기쌍은 A−T와 G−C이다.

base-substitution (염기치환) 부정확한 염기가 DNA 이중나선에 포함된 것.

β-galactosidase (베타 갈락토시데이즈) 젖당을 포도당과 갈락토오스 성분으로 분해하는 효소; *lac* 오페론 유전자에 의해 생성.

biochemical pathway (생화학적 경로) 세포에서 대사물질의 합성이나 분해 과정의 중간물질들을 순서를 따라 도식적으로 보여주는 것.

bioinformatics (생물정보학) 생물학적 정보의 해석과 관리를 위한 컴퓨터 사용.

bivalent (2가염색체) 감수분열 과정에서 2개의 염색분체로 이루어진 상동염색체 쌍.

blastoderm (배반엽) 곤충 애벌레의 초기 발생에서 형성되는 구조; 다핵체 배반엽은 세포질 분열 없이 접합체 핵의 반복적인 난할에 의해 형성된다; 세포성 배반엽은 핵 표면으로의 이동과 분리된 세포막의 내용물에 의해 형성된다.

block in a biochemical pathway (생화학적 경로 차단) 효소가 결핍되거나 불량하여 활성을 띠어야 하는 반응 순서가 정지가 되는 것.

blunt end (무딘 말단) 모든 말단 염기들이 염기쌍을 짓는 DNA 분자의 말단; 이 용어는 일반적으로 단일가닥 끝을 생산하지 않는 제한효소에 의해 만들어진 말단을 가리킨다.

bootstrapping (부트스트랩핑) 유전자 나무에서 특별한 가지나 분지 패턴의 신뢰도를 추정하기 위하여, 실제 데이터로부터 치환된 무작위 표본 추출에 의해 형성된 다중 데이터 세트의 분석.

broad-sense heritability (넓은 의미의 유전력) 전체 표현형 변이에 대한 유전자형 변이의 비율.

cAMP-CRP complex (cAMP-CRP 결합체) 사이클릭 AMP와 CAP 단백질로 구성된 조절복합체; 특정 오페론들의 전사에 필요하다.

cancer (암) 조절이 불가능한 세포 분열을 특징으로 가지는 여러 종류의 질병.

candidate gene (후보유전자) 세포나 유기체에서 유전자 산물의 역할 때문에 한 형질의 유전적 결정에 관여할 것으로 제시된 유전자.

cap (캡) 대부분의 진핵생물 mRNA 분자들의 5′말단에 있는 복합구조로, 보통의 3′-5′ 연결 대신 5′-5′ 연결을 갖는다.

carbon-source mutant (탄소원 돌연변이) 탄소원으로서 특정 물질이나 물질군을 이용하지 못하는 돌연변이를 가진 세포나 개체.

carboxyl terminus (카르복실 말단) 유리 카르복실기를 갖는 아미노산이 위치한 폴리펩티드 사슬의 끝.

carrier (보인자) 우성 대립유전자의 존재 때문에 발현되지 않는 열성 대립유전자를 지니고 있는 이형접합자.

cassette (카세트) 세균 유전의 경우, 위치 특이적인 재결합효소의 목표 서열을 가진 원형의 이중 DNA로, 종종 하나 혹은 여러 가지의 단백질을 내포한다. 효모 유전의 경우, *MAT* 위치로 재위치시키기 위해 활성화되는 불활성화된 교배형의 유전자 세트 모두를 의미한다.

categorial trait (구획 형질) 각각의 가능한 형질이 수많은 분명한 구획의 하나로 구별될 수 있는 복합 형질. meristic trait라고도 함.

cDNA (cDNA) **complementary DNA** 참조

cell cycle (세포주기) 개체 세포의 성장주기; 진핵생물에서 세포주기는 G_1(간기1), S(DNA 합성), G_2(간기2) 그리고 M(체세포분열)으로 세분된다.

cell cycle arrest (세포주기정지) 세포주기의 진행을 억제시킨다.

cell division cycle mutant (세포분열주기 돌연변이주) 세포분열주기의 한 특이점에서 정지하는 표현형을 가지는 돌연변이주.

cell fate (세포 운명) 세포가 일반적으로 진행하는 분화 경로.

cell lineage (세포 계보) 분화에서 한 세포군의 선조와 자손의 관계.

cell senescence (세포 노화) 세포배양 포유류의 세포의 경우, 약 50회 정도 분열한 후 중지되는 정상적인 과정.

cellular oncogene (세포 암유전자) 비정상적으로 발현이 돼서 악성종양에 걸리기 쉽게 만드는 세포 성장 인자를 암호화하는 유전자. 암 유전자 참조.

centimorgan (센티모르간) 유전자 지도에서 1%에 해당하는 거리를 나타내는 단위; 지도단위라고 불리기도 한다.

central dogma (중심원리) 전사체의 유전 정보가 DNA 염기서열로부터 RNA 전사체의 염기서열을 거쳐서 폴리펩티드의 아미노산 서열로 전달된다는 개념.

centriole (중심립) 동물세포에서 방추사를 형성할 미세소관 다발로 구성된 한 쌍의 독특한 구조물.

centromere (동원체) 방추사와 연결되며, 체세포분열과 감수분열 동안에 정상 염색체의 이동에 관여하는 염색체의 영역.

centrosome (중심체) 비분열세포의 핵 가까이에서 발견되는 세포질의 한 영역으로, 세포 분열시 복제되어 방추사를 형성하는 중심을 이룬다.

centrosome duplication checkpoint (중심체 복제점검점) 중심체가 분열되지 않고 남아 있을 때, 세포주기를 억제하는 기작.

chain elongation (사슬 연장) 폴리펩티드 사슬의 성장 말단에 아미노산을 성공적으로 부착시키는 과정.

chain initiation (사슬 개시) 폴리펩티드 합성이 시작되는 과정.

chain termination (사슬 종결) 폴리펩티드 합성이 종결되고, 리보솜으로부터 분리되는 과정; 사슬 종결 부위의 돌연변이는 폴리펩티드 사슬의 합성을 조기에 종결시키는 새로운 종결코돈을 발생시킬 수 있다.

chaperone (샤페론) 다른 단백질의 3차 구조 접힘을 도와주는 단백질.

charged tRNA (부하 tRNA) 아미노산이 연결된 tRNA 분자; 즉 아실화된 tRNA.

checkpoint (점검점) 하나 이상의 필수 과정이 남아 있을 때 세포주기를 억제시키는 기작.

chiasma (키아스마) 교차의 세포학적 표시; 감수분열 전기 I에서 보이는 상동염색체들의 비자매 염색분체들 사이의 교차 형태의 교환 구조. (복수형은 chiasmata 혹은 chiasmas)

chimeric gene (키메라 유전자) 재조합 또는 염색체의 재배열, 그리고 유전공학으로 인해 둘 이상의 다른 유전자들의 서열이 모자이크되어 있는 유전자.

chi-square (χ^2) (카이제곱 검정) 관찰된 자료수와 이론적으로 예상된 수 사이의 적합도 검정을 위해 계산되어진 통계량.

chromatid (염색분체) 염색체 복제에 의해 생산되고, 동원체가 있는 자리에서 연결된 자매염색분체.

chromatid interference (염색분체 간섭) 감수분열에서 한 쌍의 비딸세포 염색분체 사이에 일어난 교차는 동일한 염색체 내에 두 번째 교차가 일어날 확률(같거나 다른 염색분체 내에서)에 영향을 미칠 수 있다.

chromatin (염색질) 진핵생물 염색체를 구성하는 DNA와 히스톤 단백질의 집합체.

chromatin immunoprecipitation (염색질 침전법) 염색질과 결합하는 단백질에 특이적인 항체를 사용하여 결합하는 DNA 서열

을 침전시켜서 연구하는 방법.

chromatin-remodeling complex (염색질 리모델링 복합체) 전사를 준비 중인 염색질의 뉴클레오솜을 재구성하기 위해 모이는 다양한 복합 단백질.

chromomere (염색소립) 감수분열의 세사기와 접사기 동안, 대부분 쉽게 발견되는 염색체의 단단하게 감겨진 구슬 같은 영역. 이 구슬 같은 다사성 염색체에 들어 있어서, 결국 그 염색체는 띠 모양을 나타내게 된다.

chromosome (염색체) 진핵생물에서 수많은 단백질들이 결합되는 DNA 분자로 직선상으로 배열된 유전자들을 함유한다. 즉, 염색체는 각 끝에 있는 말단소립과 동원체를 가진다; 원핵생물에서 DNA는 약간 더 적은 수의 단백질과 결합되어 있고, 말단소립과 동원체를 가지지 않으며, 이것은 대부분 환상이다. 바이러스에서 그 염색체는 DNA 혹은 RNA, 단일가닥 혹은 이중가닥, 선상 혹은 환상이며, 대개 결합된 단백질들이 없다.

chromosome complement (염색체 조성) 세포나 유기체의 염색체 한 벌.

chromosome map (염색체 지도) 염색체에서 유전자의 위치와 상대적인 차지 공간을 보여 주는 도식.

chromosome painting (염색체 채색) 각각의 다른 색을 가진 염색체 특이적인 DNA를 사용하여 염색체에 잡종화를 시켜서 염색체를 구별하는 방법.

chromosome teritory (염색체 영역) 비분열 세포나 간기의 세포에서 한 염색체가 차지하는 3차원적 영역.

chromosome theory of heredity (유전의 염색체설) 염색체는 유전자를 포함하고 있는 세포 물질이라는 학설.

***cis* configuration (시스 배치)** 두 돌연변이 유전자에 대해 이형접합인 개체가 양친 중 한쪽으로부터는 돌연변이 대립유전자 부위 2개를, 다른 한쪽으로부터는 야생형 대립유전자를 받는 연관 유전에서의 배열.; 예로서 $a_1, a_2/+\ +$.

***cis*-dominant (시스 우성)** 동일 DNA 분자에 있는 어떤 한 유전자의 표현에 영향을 미치는 돌연변이.

***cis* heterozygote (시스 이형접합)** ***cis* configuration** 참조.

cistron (시스트론) 상보성 검정에 의해 정의된 대로 단일 유전 기능을 지시하는 DNA 배열 순서; 즉 단일 폴리펩티드에 대해 암호화하는 뉴클레오티드 염기 배열. 즉, 유전자.

***ClB* method (CIB법)** 초파리의 X-연관 열성 치사 돌연변이를 검출하기 위해 사용된 유전학적 방법. 그렇게 명칭이 붙여진 이유는 암컷 양친의 X 염색체 1개가 역위(*C*), 열성치사 대립유전자(*l*), 그리고 우성막대 눈(*B*)으로 표지되어 있기 때문이다.

clone (클론) 단일 어버이에서 나온 생물체. 획득된 돌연변이를 포함하지 않아 바로 그 어버이와 유전적으로 동일하다. 또한 유전공학에서는 플라스미드나 파아지 DNA처럼 복제할 수 있는 DNA 분자에 대한 특정 유전자나 DNA 단편.

cloned DNA fragment (클론된 DNA 단편) 벡터에 삽입되어 숙주세포 내로 전이된 DNA 단편.

cloned gene (클론된 유전자) 동일하거나 다른 유기체에서 복제할 능력이 있는 벡터에 추가되어진 DNA 서열.

cloning (클로닝) 클론된 유전자를 생산하기 위한 과정.

coding region (암호화 부위) 단백질을 만들 수 있는 아미노산을 암호화하는 DNA 서열 부위.

coding sequence (암호화 서열) mRNA에서 발견되어지는 아미노산을 내포하는 부위와 같은 DNA 부위, DNA는 U 대신에 T를 사용함.

codominant (공우성) 대립유전자에서 이형의 유전자형이 모두 발견되어지는 표현형.

codon (코돈) 단백질 합성에서 아미노산이나 정지신호를 지시하는 mRNA 분자의 3개의 인접 뉴클레오티드로 이루어진 염기서열.

coefficient of coincidence (일치계수) 두 사건이 독립해서 발생한다는 가정으로부터 계산된 예상수로 실제 이중교차형들의 관찰된 수를 나누어 얻은 값.

cohesive ends (점착말단) 이중가닥 DNA 분자의 말단에 있는 상보성 단일가닥들.

cointegrate (동시통합) 전위의 중간 단계. 여기에서 전위인자들의 두 사본은 재조합에 의해 형성된 원형의 같은 DNA 분자에 함유된다.

colchicine (콜히친) 핵분열 동안에 방추체 형성을 방해하는 화학 약품.

colinearity (공선성) 폴리펩티드 사슬에서의 아미노산 배열 순서와 DNA 분자에서의 해당 뉴클레오티드 배열 순서 사이의 직선적 대응 관계.

colony (콜로니) 단일 어버이 세균과 그것의 딸 세포들의 반복 분열에 의해 고체 성장배지에서 형성되어 육안으로 보이는 세균덩어리.

colony hybridization assay (콜로니 혼성화 분석) 특수 DNA 부분을 함유하는 콜로니들을 확인하기 위해 유전공학에서 사용되는 기법; 수많은 집단들이 필터에 옮겨진 후 용균되어, 관심이 있는 DNA 배열 순서에 상보적인 방사성 DNA나 RNA에 노출시킨 다음, 그 상보적 배열 순서를 함유하는 콜로니들을 판별해 내기 위하여 방사선 자동사진법을 사용한다.

color blindness (색맹) 인간의 경우, X-염색체와 관련된 적록색맹은 색맹의 일반적인 형태이다. 인접한 적색과 녹색의 옵신 색소 유전자 사이의 부등 교차에 의한 키메릭 옵신 유전자를 형성하고, 이로 인해 나타난다.

combinatorial control (조합 제어) 많은 수의 유전자 발현을 조절하기 위한 다양한 조합으로 사용되는 시간과 세포 특이적인 긍정적이고 부정적인 조절 요소의 유전자 조절 방법.

comparative genomics (비교유전체학) 모델 유전체와 대상 유전체의 유전적 요소들을 식별하는 강력한 전략 중 하나. 일련의 발산된 시간(divergence times)을 갖는 관련 종들 간의 유전체 서열을 비교하는 과정.

compartment (완전 배지) 성장과 세포 분열에 필요한 모든 영양소를 함유한 배양 배지.

complementary base pairing (상보염기쌍) Watson-Crick의 염기 짝짓기를 이루고 있는 핵산 분자의 부위.

complementary DNA (cDNA) (cDNA) 역전사효소(reverse transcriptase)에 의해 RNA를 복제하여 만들어진 DNA 분자. 대개 cDNA로 표기한다.

complementation (상보성) 비슷한 표현형을 가지는 두 열성 돌연변이가 이형접합을 형성했을 때 야생형 표현형을 나타내는 현상; 즉, 돌연변이가 서로 다른 유전자에서 나타난 것을 의미한다.

complementation group (상보성 그룹) 서로를 보완해 주지 못하는 한 그룹의 돌연변이들.

complementation test (상보성 검정) 2개의 돌연변이가 같은 기능 유전자에서 발생해서 대립유전자적이 되는지, 또는 상이한 기능 유전자에서 발생해서 비대립유전자적이 되는지를 결정하기 위한 검정.

complete medium (완전 배지) 성장과 세포 분열에 필요한 모든 영양소를 함유한 배양 배지.

complex trait (복합형질) 다양한 유전적이고 환경적인 요소 그리고 그들의 상호작용에 영향을 받은 다인성의 특성들.

computational genomics (전산 유전체학) 유전체 데이터의 관리 및 해석에 컴퓨터를 사용하는 유전체학.

conditional mutation (조건 돌연변이) 제한적인, 특수한 환경에서는 돌연변이의 표현형을 나타내고, 관용적인 환경에서는 야생형의 표현형을 나타내는 돌연변이.

conjugation (접합) 세균의 유성생식에서 DNA 전이 과정; 대장균에서 그 전이는 공여체 세포에서 수용체 세포까지 한쪽 방향으로만 유전 물질이 이동한다. 또한 짚신벌레에서 세포들 사이의 짝짓기.

conjugative plasmid (접합성 플라스미드) 세포 사이의 유전자 전달을 가능하게 해 주는 단백질과 여러 요소들을 암호화하고 있는 플라스미드.

consensus sequence (공통 서열) 유전체의 수많은 위치 혹은 수많은 생물에서 발견되는 밀접하게 관련된 배열에서 유도된 일반화된 염기 배열 순서; 일치 염기서열에서의 각 위치는 그 위치에서 가장 많이 나타나는 염기로 구성된다.

conservation genetics (보존 유전학) 생물 다양성의 보전 및 복원에 유전 원리의 적용.

conserved sequence (보존 서열) 진화 과정 동안 아주 느리게 변화하는 염기나 아미노산 서열.

constant antibody region (고정 항체 부위) 동일한 무거운 사슬과 가벼운 사슬 유전자에서 유래된 모든 항체들의 부분 중 동일한 아미노산 서열을 가지고 있는 항체의 부분.

constitutive mutant (구성 돌연변이) 억제체, 유도원, 억제인자의 유무에 관계없이 일정한 비율로 특정 mRNA가 합성되는 돌연변이.

contact inhibition (접촉 저해) 포유류의 세포를 배양시 세포들이 물리적으로 빽빽하게 접근하면 성장과 분열을 멈추는 현상.

contig (콘티그) 유전체에서 연속된 인접 지역을 중복시켜 모든 지역을 커버할 수 있도록 클론된 DNA 조각들의 세트.

continuous trait (연속형질) 표현형이 한 극단에서 다른 극단까지 연속적으로 분포할 수 있는 형질.

coordinate gene (동등유전자) 배의 초기에서 전방과 후방, 그리고 등과 배의 축을 자리 잡게 해 주는 한 집단의 유전자들.

coordinate regulation (상호조절) 단일 조절인자에 의한 여러 가지 단백질 합성의 조절. 원핵생물에서 보통 여러 단백질들이 단일 mRNA 분자에서 번역된다.

copy number variation (사본 수 변이) 인간의 경우, 유전체의 상당 부분이 1 kb 내지 1 Mb 정도의 미세 부분에서 중복되거나 결실된 차이.

core particle (중심입자) 연결 DNA를 제외한 뉴클레오솜에서의 히스톤과 DNA 집합체.

co-repressor (보조 억제인자) 기능 억제 분자를 생성하기 위해 주억제자에 결합하는 작은 분자.

correlated response (상관 반응) 다른 형질에 대한 선택을 수반하는 집단에서 한 형질의 평균값의 변화.

correlation coefficient (*r*) (상관계수) 쌍으로 된 숫자들 사이의 관련을 측정한 것. 이 계수는 표준편차의 곱으로 나눈 공분산과 같다.

cotransduction (동시형질도입) 형질도입 입자 1개에 의해 2개 또는 그 이상의 연관된 유전적 표지 형질들의 형질도입 현상.

cotransformation (동시형질전환) 단일 DNA 단편상에 존재하는 두 유전적 표지유전자들에 의한 세균에서의 형질전환 현상.

counterselected marker (비선택적 표지유전자) Hfr × F^- 세균 교배에서 공여체 세포의 성장을 방해하기 위해 사용된 돌연변이.

coupled transcription-translation (짝짓기 전사-번역) 원핵생물에서 mRNA의 합성이 끝나기 전에 mRNA 분자가 번역되는 현상.

covariance (*Cov*) (공분산) 각각의 평균값에서 나온 편차의 평균으로 정의되고 쌍으로 된 손성 사이의 관련성을 측정.

CRISPR-Cas9 (크리스프-카스9) 바이러스 또는 플라스미드 DNA 침입에 대한 방어를 하는 세균에서 원래 발견된 성분을 기반으로 특정 DNA 서열의 정확한 절단 및 변경 방법에 적용되는 용어.

crossing-over (교차) 상동염색체 쌍의 비자매 염색 분체들 사이에서 발생하여 연관 유전자들이 재조합하는 교환 과정.

cryptic splice site (숨은 이어맞추기 자리) 일반적인 이어맞추기 부위가 제한되거나 변이를 일으키지 않는 RNA 이어맞추기 과정에서 사용되어 지지 않는 잠재적인 이어맞추기 자리.

cut-and-paste element (잘라붙이기 요소) DNA 이중가닥의 절단을 통하여 유전체의 어디에도 들어갈 수 있는 전위인자.

cut-and-paste transposition (잘라 붙이기 전위) 복제를 하지 않고 이동하는 전위인자. 유전체에서 존재하던 부위에서는 "절단"이 되고, 새로이 들어가는 자리에서는 "삽입"이 된다.

C-value paradox (C-값 패러독스) 진핵세포의 반수체 유전체에서 대사 과정이나 발달 과정 그리고 행동 양식의 복잡성에 대해 일

관성 없는 C-값을 가지는 관찰 결과.

cyclin (시클린) 세포 주기의 조절에 관여하는 단백질 그룹. 다른 형태의 사이클린들이 p34 인산화효소 서브유니트에 결합하여 G_1/S와 G_2/M 변화를 조절한다.

cyclin–CDK complex (사이클린–CDK 복합체) 사이클린과 사이클린 의존성 단백질 인산화효소(CDK)의 상호작용으로 구성된 단백질 복합체.

cyclin-dependent protein kinase (CDK) (사이클린 의존성 단백질 인산화효소) 사이클린과 결합해서 활성화되는 수많은 단백질들 중 한 종류로, 다른 단백질들의 인산화를 통해서 세포 주기를 조절한다.

cytokinesis (세포질 분열) 세포질의 분열.

cytological map (세포학적 지도) 염색체의 도식적 표현.

cytosine (c) (시토신) 핵산을 구성하는 피리미딘 염기의 하나.

daughter strand (딸가닥) 새롭게 합성되어진 DNA나 염색체 가닥.

deficiency (결핍) **deletion** 참조.

degeneracy (퇴화) **redundancy** 참조.

degrees of freedom (자유도) 특수한 통계적인 실험에서 유의성 정도를 결정하는 정수, 카이 제곱법 검사에서 자유도는 자료 종류의 수보다 하나 적다.

deletion (결실) 염색체에서 유전 물질의 한 부분이 소실된 현상.

denaturation (변성) DNA 가닥의 분리.

Denisovans (데니소반) 인간(Homo)속의 멸종된 종 또는 구식 인간의 아종.

deoxyribonucleic acid (데옥시리보핵산) **DNA** 참조.

deoxyribose (데옥시리보오스) DNA에 존재하는 5탄당.

depurination (탈퓨린화) DNA에서 퓨린 염기들을 제거한 것.

diakinesis (이동기) 세포 분열의 중기 직전의 세부 단계. 여기에서 2가 염색체들은 최대한으로 짧아지고 응축된다.

dicentric chromosome (이동원체 염색체) 동원체 2개를 갖는 염색체.

dideoxyribose (디디옥시리보오스) 리보뉴클레오시드 5′-삼인산의 2′ 자리와 3′ 자리의 디디옥시 유도체 3′에서 OH기가 결핍된 데옥시리보오스 당. 사슬을 신장시킬 때에 차단하는 효과가 있다.

dideoxy sequencing method (디디옥시 서열결정법) 주형가닥은 특별한 프라이머에 의해 복제되고, 데옥시리보오스 대신에 디디옥시리보오스를 포함하는 뉴클레오티드를 결합시켜 종결시키는 방법. 결과물은 전기영동에 의해 크기 별로 나누어진다.

dihybrid (양성잡종) 2쌍의 대립유전자에 대해 이형접합인 개체. 달리 말해 두 유전자 좌위에서 상이한 대립유전자들을 가진 개체들 사이의 교배로 생긴 잡종.

diploid (이배체) 두 완전한 상동염색체 세트를 가진 세포나 생물체.

diplotene (복사기) 태사기 바로 다음에 일어나는 세포 분열 세부 단계. 이 단계에서 2가 염색체(4분자 염색체)를 구성하는 자매염색 분체 쌍은 서로 분리하기 시작하고, 키아스마가 보이게 된다.

direct repeat (직접 반복) 같은 가닥에 같은 방향으로 같거나 유사한 DNA나 RNA 염기서열들이 여러 번 위치한 것.

direct-to-consumer (DTC) genetic testing (소비자-직접 유전자 검사) TV, 라디오, 인쇄물 또는 온라인으로 광고되고 판매자에게 조직 또는 혈액 샘플을 제공하는 소비자에게 직접 판매되는 유전자 검사 서비스.

distance matrix (거리행렬) 단백질들이나 핵산 서열들끼리의 모든 가능한 쌍들 사이에서 서열 차이의 정도를 보여주는 행렬.

distribution (분포) 정량 유전학에서 일반적으로 개체군의 존재 및 서식의 공간적 배치를 말한다.

D loop (D 루프) DNA 분자의 두 가닥이 일정 부분 분리되고 세 번째 가닥에 의해 형성되는 D 자 형태의 구조.

DNA (DNA) 모든 세포와 수많은 바이러스에서 유전정보를 간직한 거대 분자. 2개의 폴리펩티드 사슬로, 대개 이중나선형으로 이루어져 있다.

DNA chip (DNA 칩) 형광탐침으로 혼성화시키기 위해 유리나 다른 고형 지지물의 표면에 고정화된 DNA 분자들로 이루어진 점의 배열.

DNA cloning (DNA 클로닝) **cloned gene** 참조.

DNA damage bypass (DNA 손상 통과) DNA 복제가 진행되는 동안 DNA 손상 부위를 건너뛰고서, 후에 딸 이중가닥에 있는 가닥으로부터 절제한 DNA 부위로 대체시키는 DNA 수선의 기작.

DNA damage checkpoint (DNA손상 점검) 손상을 입은 DNA가 아직 수선되지 않았을 때, 세포주기를 중지시키는 기작.

DNA editing (DNA 편집) CRISPR-Cas9 또는 유사한 방법을 사용하여 미리 결정된 방식으로 특정 유전체 서열을 변경하는 것.

DNA ligase (DNA 연결효소) 이중가닥 DNA의 절단된 폴리뉴클레오티드 가닥에서 인접 5′-P 말단과 3′-OH 말단 사이에 공유결합 형성을 촉매 작용하는 효소.

DNA looping (DNA 루핑) 프로모터와 떨어져 있는 증폭자가 전사를 조절할 수 있게 하는 기작; 증폭자와 프로모터는 적당한 단백질에 같이 결합하고 그 사이의 DNA는 고리화된다.

DNA methylase (DNA 메틸화효소) 주로 사이토신에 메틸기($-CH_3$)를 첨가시키는 효소.

DNA microarray (DNA 미세배열) 형광표지된 핵산 탐침으로 잡종화하는 데 사용되는, 유리나 고체 지지체 위에 고정된 DNA 분자들의 조그만 점들의 정렬.

DNA polymerase (DNA 중합효소) DNA 주형가닥의 지시 아래 데옥시뉴클레오시드 5′ 삼인산염을 DNA로의 합성을 촉매 작용하는 효소.

DNA repair (DNA 수선) 불일치 염기나 화학적으로 수식된 염기들을 정확한 염기로 회복시키는 여러 과정.

DNA replication (DNA 복제) DNA 분자가 반보존적으로 복제되는 현상.

DNA transposon (DNA 전위인자) RNA 중간체를 거치지 않고 전위가 진행되는 종류의 전위 요소.

DNA typing (유전자 검사) 유전체 상의 극도로 다형적인 지역에 대해 DNA 탐침을 이용하여 개개인을 식별하는 전기영동방법. DNA 지문법(DNA finger printing)이라고도 한다.

DNA uracil glycosylase (DNA 우라실 글리코실라아제) 우라실이 DNA 이중나선에 존재할 때, 우라실 염기를 제거시켜 주는 효소.

domain (도메인) 다른 부분과 상대적으로 독립적이고 특징적인 구조로, 접히는 폴리펩티드 사슬 또는 단백질 분자의 인접한 영역으로 종종 분자 전체에 고유한 구조적 특성 또는 결합 특성을 제공한다.

dominant trait (우성) 대립유전자에서 이형접합성의 유전자형을 가지고 있을 때 나타나는 표현형.

dosage compensation (유전자량 보정) 포유동물에서, 암컷 X 염색체 1개의 임의 불활성화가 결국에는 수컷과 암컷의 X-연관 유전자들의 산물량을 같게 만드는 기작.

double-stranded DNA (이중가닥 DNA) DNA는 서로 상보적인 서열을 가진 역평행의 두 가닥으로 구성되어 있다.

double-Y syndrome (이중 Y증후군) 임상적인 특징으로 핵형이 47, XYY인 개체.

Down syndrome (다운증후군) 임상적인 특징으로 핵형이 47, +21인 개체(21번 염색체의 3염색체성).

duplex DNA (이중가닥 DNA) 이중나선을 가진 DNA 분자.

duplication (중복) 염색체 부분이 1배체 유전체에서 한 번 이상 존재하는 염색체 이상. 만일 염색체에 2개가 부분 인접해 있다면 중복은 직렬 중복이다.

dynamic mutation (역동적 돌연변이) 고비율로 연결된 반복 서열의 증가 혹은 감소로 직렬로 연결된 불안정한 특정 서열의 숫자가 변하는 돌연변이.

ectopic recombination (이소성 재조합) 상동 염색체에서 상응하는 부위가 아닌 곳에 위치한 DNA 서열 사이에서 교차가 일어나는 유전자 교환.

editing function (편집 기능) 부정확하게 삽입된 뉴클레오티드들을 제거하는 DNA 중합효소의 활성. 교정 기능이라고도 한다.

electrophoresis (전기영동) 분자들을 겔에 통과시켜서, 전장에 의해 유도된 그들의 상이한 운동률을 기초로 분자들을 분리하는 기법.

elongation (protein synthesis) (연장) 아미노산을 증식 폴리펩티드 사슬에 첨가하는 것.

embryoid (배양체) 꽃밥의 반수체 세포로부터 성숙한 반수체 식물로 성장할 수 있는 분열 세포들의 작은 덩어리.

embryonic stem cells (배아줄기세포) 배반포세포에서 만들어진 다분화능을 갖는 배양세포주.

endonuclease (핵산내부분해효소) 단일가닥 혹은 이중가닥 핵산 분자의 내부 포스포디에스테르 결합을 절단하는 효소; 대개, DNA나 RNA에 대해 특정적이다.

endoreduplication (내재 복제) 핵과 세포질의 분리 없이 염색체가 복제하고 동원체가 분리돼서 염색체가 배가 되는 것.

enhancer (증폭자) 진핵생물이나 진핵 바이러스에서 또 인접 유전자의 전사율을 증가시키는 염기서열; 그것의 결정적인 특징들은 전사된 유전자에 인접해 있을 필요가 없으며, 촉진 활성은 유전자에 관여하는 그 방향과 무관하다.

enviromental variance (환경 분산) 개체들 가운데서 환경에서의 차이로 인한 표현형 변이.

enzyme (효소) 특정 생화학적 반응을 촉매 작용하면서 그 과정에서 스스로는 변질되지 않는 단백질이나 단백질 집합체.

epigenetic (후생유전) DNA 서열의 변화보다는 DNA의 변형이나 염색질체 변경의 결과로 유전자 발현이 변화되어 유전되는 현상.

episome (에피솜) 세포질 내에서 숙주 염색체와는 독립적으로 증식하는 자율적 상태와 숙주 염색체 중에 삽입되어 그 일부로서 복제를 하는 조합된 상태를 취할 수 있는 DNA 인자의 총칭.

epistatic gene (상위 유전자) 발달 유전학에서 어떤 유전자의 돌연변이 표현형이 다른 유전자의 표현형을 가려주는 유전자. **hypostatic gene** 참조.

epistasis (상위) 하나의 형질에 미치는 영향에서 비대립 유전자 간의 상호작용을 지칭하는 용어. 일반적으로, 상위는 하나의 유전자좌에서의 유전자형이 다른 유전자좌에서의 유전자형의 표현형 발현에 영향을 미치는 임의의 유형의 상호작용을 의미한다. 보다 제한적인 의미에서, 이는 하나의 유전자좌에서의 유전자형이 제2유전자 자리에 존재하는 유전자형을 가려버리는 방식으로 표현형을 결정하는 상황을 지칭한다.

eQTL (발현 양적형질좌) 발현 양적형질좌; 발현 정도에 따라 표현형에 영향을 미치는 양적-형질 유전자좌.

equational division (균등 분열) 염색체 반수체 세트가 처음부터 끝까지 유지되기 때문에 적용되는 제2차 감수분열의 용어.

euchromatin (진정염색질) 정상적인 염색성을 가지며, 정상적인 응축주기를 거친 염색질이나 염색체의 영역. 중간기 핵에서는 비교적 감기지 않으며(응축된 염색체와 비교해 볼 때), 유전자 대부분을 함유하고 있다.

Eukarya (진핵생물군) 생물체의 큰 계 중의 하나로 진정한 핵을 가지고 있으며, 체세포분열과 감수분열을 한다.

eukaryote (진핵생물) 진정한 핵(true nuclei: 핵막으로 감싸인 DNA)과 핵을 둘러싸는 경계 세포질 기관을 가진 세포들로 구성된 세포나 생물체. 이 생물에서 핵분열은 체세포분열과 감수분열에서 발생한다.

euploid (정배수체) 반수체수의 정확한 배수가 되는 염색체 수를 가진 세포나 생물.

evolution (진화) 시간을 통한 종의 유전적 형질의 누적된 변화.

excisionase (제거효소) 프로파아지 절단에 필요한 효소. 통합효소와 동시에 활동한다.

excision repair (절제수선) DNA의 수선 기작의 하나; 상해를 포함한 DNA 가닥이 효소에 의해 제거되고 재합성된다.

E (exit) site (E 방출 자리) 아미노산이 제거된 방출 직전의 tRNA

가 결합해 있는 리보솜 상의 tRNA-결합 부위.

exon (엑손) 1차 전사체로부터 인트론을 제거한 후의 mRNA에 남아 있는 유전자의 서열.

exon shuffle (엑손 뒤섞기) 새로운 유전자는 새로운 단백질의 기능적 도메인들을 기존 유전자들의 분리된 엑손들과 조합함으로써 진화한다는 이론.

exonuclease (핵산말단분해효소) 말단 포스포디에스테르 결합의 분할에 의해 폴리펩티드 사슬에서 말단 뉴클레오티드를 제거하는 효소. 뉴클레오티드들은 하나씩 계속해서 제거된다. DNA나 RNA에 대해 그리고 가끔 단일가닥 핵산이나 이중가닥 핵산에 대해 특이적이다. 5′에서 3′ 핵산말단분해효소는 분자의 5′말단으로부터 연속적인 뉴클레오티드를 절단하고; 3′에서 5′ 핵산말단분해효소는 3′말단으로부터 연속적으로 뉴클레오티드를 절단한다.

expressed sequence tag (발현서열표지법) 부분적이거나 전체의 cDNA 서열.

factorial (계승) 1부터 자기자신까지의 모든 정수의 곱을 나타낸 수. 0!은 1을 나타낸다.

familial (가족성) 가계도에서 다세대에 나타나는 경향이 있는 것.

F_1 generation (잡종 제1대) 제1자식세대, 또는 주어진 교배에서 나온 후손의 제1세대.

F_2 generation (잡종 제2대) 제2자식세대, F_1 개체들의 상호교배(intercrossing)나 자가수정에 의해 생산된 세대.

first-division segregation (제1분열분리) 제1감수분열 동안에 대립유전자 1쌍이 상이한 핵들로 분리되는 현상. 유전자와 상동염색체들 쌍의 동원체 사이에서 교차가 출현하지 않을 때 발생한다.

first meiotic division (제1감수분열) 염색체의 수가 감소하는 감수분열; 종종 감수분열(reduction division)로 사용되기도 한다.

fitness (적응도) 주어진 유전자형을 가진 생물체들이 생존과 생식할 수 있는 평균 능력의 정도.

fixed allele (고정 대립유전자) 대립유전자 빈도가 1인 대립유전자.

F^- cell (F^- 세포) F 플라스미드가 결핍된 대장균 세포.

flower ABC model (꽃 ABC 모델) 꽃 분열조직의 각 동심원에 존재하는 유전자 활성들의 조합에 의해 성숙한 꽃의 각 기관이 결정된다는 꽃 결정 모델.

forward mutation (정돌연변이) 정상 대립유전자나 야생형 대립유전자에 생긴 돌연변이.

F factor (F 요소) 스스로 F^+ 세포에서 F^- 세포로 이동할 능력이 있는 세균 플라스미드. 종종 번식 요소나 성 플라스미드라고도 한다. F 요소가 세균 염색체와 결합하면 염색체는 접합을 통해서 F^- 세포로 이동할 수 있게 된다.

F^+ cell (F^+ 세포) F 플라스미드를 가지고 있는 대장균 세포.

F′ plasmid (F′ 플라스미드) 플라스미드 유전자들 이외에도 세균성 염색체로부터 얻어진 유전자들을 함유하는 F 플라스미드. 이것은 통합된 F의 이상 제거에 의해 형성되며, 인접 세균성 DNA를 함께 가지고 간다.

fractal globule (프랙탈 소구) 엉킴과 매듭 형성을 최소화하면서 접근성이 허용되는 염색질 패킹 구조.

fragile-X chromosome (파쇄성 X 염색체) DNA 전구체가 고갈된 배양 세포에서 잘 부서지는 염색체 긴 팔 말단 부위를 갖는 X 염색체 유형; 파쇄성 X 증후군을 일으킴.

frameshift mutation (틀이동 돌연변이) 유전자에서 1개 혹은 그 이상의 뉴클레오티드 쌍들의 삽입이나 결실로 인한 돌연변이 현상. 이 현상은 돌연변이 자리 다음에 오는 코돈 전체의 읽기틀을 변동시킨다.

fraternal twins (이란성 쌍둥이) 분리된 난소의 수정으로 발생한 형제 같은 유전적 관계의 쌍둥이; dizygotic twins라고도 함.

frequency of cotransduction (동시형질도입 빈도) 선택된 표지 유전자와 선택되지 않은 표지 유전자가 같이 형질도입이 될 확률.

frequency of recombination (재조합 빈도) 부모형에는 존재하지 않는 대립유전자의 조합을 가진 배우자의 비율.

functional genomics (기능 유전체학) DNA 마이크로 어레이법이나 동시에 많은 유전자들의 협력 발현 연구 등을 사용하는 유전학의 한 갈래.

G protein (G 단백질) 구아노신 삼인산(GTP)의 결합에 의해 활성화되는 신호 단백질 그룹의 하나.

G_1 period (G_1기) 세포주기 참조.

G_1 restriction point (G_1 제한점) 세포들이 분열이 허락될 때까지 G_1기에서 억제되어 있는 시작점.

G_1/S transition (G_1/S 변이) 세포주기에서의 첫 번째 성장기(G_1)에서 DNA 합성 시기로의 변화.

G_2 period (G_2기) **cell cycle** 참조.

G_2/M transition (G_2/M 전이) 세포주기 중에서 두 번째 성장주기와 체세포분열기와의 전이.

gain-of-function mutation (기능획득 돌연변이) 유전자가 과발현이나 잘못된 발현을 하게 하는 돌연변이.

gamete (배우자) 동물의 정자나 난자 같은 성숙한 생식세포.

gametophyte (배우체) 식물에서, 체세포분열을 통해 배우자를 생산하는 생활환의 반수체 부분.

gap gene (gap 유전자) 초파리에서 연속적인 체절과 부체절의 발생을 조절하는 유전자들 중 하나로, 여기에서의 돌연변이는 체절 형성에서 갭(빈 곳)이 생기게 된다.

gel electrophoresis (겔 전기영동) **electrophoresis** 참조.

gene (유전자) 상보성 검정에서 실험적으로 정의되는 유전 단위; 고정 염색체 자리를 차지하고 있는 유전 단위로서 폴리펩티드 사슬과 tRNA 분자, 또는 rRNA 분자에 대한 정보를 함유하며, 다양한 형태로 돌연변이할 수 있다.

gene amplification (유전자 증폭) 어떤 일정한 유전자들이 염색체 내부 또는 외부에서 차별 복제를 이루는 과정으로 유전자의 사본 수를 증대시킨다.

gene cloning (유전자 클로닝) **cloned gene** 참조.

gene conversion (유전자 전환) *Aa* 이형접합성 유전자형이 감수분열 결과에서 예상된 1*A* : 1*a*로 분리되지 않은 현상. 예, 3*A* : 1*a*, 1*A* : 3*a*, 5*A* : 3*a*, or 3*A* : 5*a*.

gene dosage (유전자량) 유전자 사본 수.

gene expression (유전자 발현) 한 유전자의 산물이 합성되는 여러 단계 과정, 또는 그 과정의 조절.

gene fusion (유전자 융합) 기존의 두 유전자들의 DNA를 연결하여 새로 창조된 유전자. **chimeric gene** 참조.

gene library (유전자 은행) 한 생명체의 유전체 조각의 완벽한 (혹은 거의 완벽한) 세트를 포함하는 클로닝 벡터들의 모음.

gene pool (유전자 풀) 성적으로 생식하는 생물체들의 집단 내 전체 유전 정보.

gene product (유전자 산물) 유전자로부터 전사된 mRNA 분자에서 번역된 폴리펩티드 사슬에 사용되는 용어. 만일 RNA가 번역되지 않는다면(예를 들면, 리보솜 RNA), 그 RNA 분자를 유전자 산물이라고 한다.

general transcription factor (일반적 전사인자) 전사가 진행되기 전에 프로모터와 결합하는 단백질 분자; 전사인자들은 전사에 필요하지만 충분하지는 않으며, 많은 다른 프로모터들 사이에서 공유된다.

gene regulation (유전자 조절) 유전자 발현이 내외부 신호에 반응해 조절되는 과정.

gene targeting (유전자 표적화) 상동재조합에 의한 목표 유전자의 파괴나 돌연변이.

gene therapy (유전자 치료) 질병의 감소를 위한 인간 유전체의 의도적인 개조.

gene tree (유전자 계통수) 단백질들이나 핵산 서열들의 세트들 중에서 실제 혹은 추정 조상관계를 나타내는 도식표.

genetic analysis (유전 분석) 물질대사, 발달, 행동 또는 기타 생물학적 과정에 관여하는 유전자 산물을 확인하기 위한 유전적 방법의 사용.

general transcription factor (일반전사인자) 전사가 진행되기전 프로모터와 결합이 되어야 하는 단백질; 전사인자는 전사에 반드시 필요하나 그것 만으로는 부족하며, 많은 다른 프로모터를 공유한다.

generalized transducing phage (일반 형질 도입 파아지) 형질 도입 파아지 참조.

genetic architecture (유전 구조) 복합형질에서 형질과 그들의 상호작용에 관여하는 유전적·환경적 요인들에 대한 설명.

genetic code (유전 암호) 각 아미노산과 폴리펩티드 합성 개시와 종결에 대한 신호에 해당하는 64개의 3문자 코돈(codon) 집합.

genetic engineering (유전공학) 희망하는 형질들을 가진 생물체의 생성을 목적으로 시험관내 조작에 의해 DNA 분자 2개를 연관시키는 것.

genetic map (유전자 지도) **linkage map** 참조.

genetic marker (유전자 표지) 교배나 계통을 통해 추적되어질 수 있는 유전성의 어떤 대립유전자 쌍.

genetic variance, **genotypic variance** 참조.

genetics (유전학) 생물의 유전을 공부하는 학문.

genome (유전체) 세포나 바이러스에 함유된 전체 유전자들 조합; 일반적으로 진핵생물에서 완전 반수체 염색체 세트에 존재하는 모든 유전자를 언급할 때 사용한다.

genome annotation (유전체 주석 달기) 유전체에서 유전자와 모든 코딩 지역의 위치를 식별하고 해당 유전자의 역할을 결정하는 과정.

genome-wide association study (전체유전체 상관분석연구) 전체 유전체 서열분석 또는 유전자 전체의 많은 유전자 마커(일반적으로 단일 뉴클레오티드 다형성)로부터 얻어진 유전자형이 표현형 발현과 관련된 유전자 또는 유전자 마커를 찾기 위한 복잡 형질 표현형과 서로 관계가 있는지에 대한 집단 연구.

genomic imprinting (유전체 각인) 접합자의 유전자 발현에 영향을 미치는 생식세포 형성 과정에서 일어나는 DNA 변형의 과정; 하나의 가능한 기작은 DNA에서 어떤 염기들의 메틸화이다.

genomic library (유전체 라이브러리) 한 생물체의 유전체 전부를 이루는 염색체 DNA 조각들을 포함하고 있는 클로닝 벡터(플라스미드나 파아지)의 집합체.

genomics (유전체학) 대량의 DNA 서열, 유전자 발현 분석이나 컴퓨터를 이용한 방법 등을 사용하는 유전체의 체계적 학문.

genotype (유전자형) 표현형과는 달리 생물체나 바이러스의 유전적 구성을 나타낸 기호.

genotype-by-sex interaction (유전자형-성 상호작용) 유전자의 표현형적 효과가 개인의 성에 따라 다른 유전자형-환경 상호작용의 한 유형.

genotype-by-environment (G-E association) (유전자형-환경 연관) 유전자형과 환경의 조합이 무작위적이지 않은 조건.

genotype-by-environment (G-E interaction) (유전자형-환경 상호작용) 한 형질에 관한 유전적, 환경적 효과가 부가적이 아닌 조건.

genotype frequency (유전자형 빈도) 집단에서 하나의 언급된 유전자형으로 이루어진 개체들의 비율.

genotypic variance (유전자형 분산) 개체들 가운데서 유전자형의 차이로 인한 표현형 변이의 부분.

germ cell (생식세포) 생식세포를 발생시키는 세포.

germ line (생식세포주) 생식세포로 구성된 세포주.

germ-line mutation (생식세포주 돌연변이) 생식세포에 발생한 돌연변이.

goodness of fit (적합도 지수) 어떤 명기된 유전적 가설에 기초하여 기대되는 수와 관찰된 수 사이의 일치 정도.

guanine (G) (구아닌) DNA와 RNA에 존재하는 질소 퓨린 염기.

guide RNA (유도 RNA) 말단소체중합효소에 존재하는 RNA 주형.

gyrase (지라아제) DNA를 복제할 때 DNA 양쪽 가닥을 계속해서 분리시키기 위해, 분리시킨 양쪽 가닥을 회전시키는 데 관여하는

DNA 위상이성질화효소 II 중의 한 유형.

H4 histone (H4 히스톤) **histone** 참조.

haploid (반수체) 염색체 세트 1개만을 갖는 세포나 생물체.

haplotype (단상형) 한 염색체 내에 존재하는 한 세트의 연관된 유전자군들의 대립형질 형태.

Hardy-Weinberg principle (하아디-바인베르크 법칙) 임의교배에서 예상된 유전자형 빈도.

helicase (헬리카제) DNA를 복제할 때 복제분기점에서 ATP 화학에너지를 이용하여 DNA의 이중가닥을 풀어 주는 DNA 분리효소.

hemophilia A (혈우병 A) 선천성 · 유전성으로 혈액응고인자 VIII의 결핍에 의한 질환으로 X-염색체와 연관되어 있음.

heritability (유전력) 표현형 형질이 선택에 의해 변화될 수 있는 정도.

heterochromatin (이질 염색질) 세포 분열의 중간기 동안에 응축되어 짙게 염색된 채로 남아 있는 염색질. 대개 동원체에 인접하여 있고 염색체의 말단소립에서 출현된다. 어떤 염색체들은 주로 이질염색질로 이루어진다.

heteroduplex (이질 이중가닥) 2개의 가닥이 상이한 유전적 기원을 갖는 이중가닥 핵산 분자. 재조합에서 중간형이나 또는 단일가닥 상보 분자들의 시험관내 풀림에 의해 생산된다.

heterokaryon (이핵체) 서로 다른 유전적 구성의 2개 이상의 핵을 포함하는 세포.

heterosis, hybrid vigor (잡종강세) 1개 혹은 그 이상의 형질에 관하여 한쪽 동계교배 양친에 대한 잡종들의 우월성.

heterozygote superiority (이형접합체 강세) 이형접합체 유전자형이 동형접합체보다 높은 적응도를 가지는 조건.

heterozygous (이형접합성) 하나 혹은 이상의 다른 대립유전자를 포함하는; 동형접합성의 반대말.

hexaploid (6배체) 완전한 염색체 세트 6개를 가진 세포나 생물체.

Hfr cell (Hfr 세포) F 플라스미드가 염색체로 조합된 *E. coli* 세포로, 염색체의 부분 또는 전부를 F^- 세포로 전이시킬 수 있음.

histone (히스톤) 염색질에서 DNA에 결합된 작은 단백질들 중의 한 종류. 그중 5개의 주요 히스톤은 H1, H2A, H2B, H3과 H4로 표시된다.

histone tail (히스톤 꼬리) 유전자 활성에 영향을 미치는 화학적 변형에 민감한 히스톤 단위체의 아미노 말단 영역.

Holliday junction (홀리데이 교차) 재조합의 중간체로 형성된 두 DNA 복합체의 십자 형태 구조물.

Holliday junction-resolving enzyme (홀리데이 연결부-분해효소) 홀리데이 교차점에서 두 DNA 가닥의 절단 및 재연결을 촉진시켜 독립적인 이중나선 분자를 생성시키는 효소.

Holliday model (홀리데이 모델) 관여하는 접합자들이 같은 길이의 헤테로 이중나선을 포함하는 유전적 재조합의 분자 모델.

Holliday structure (홀리데이 구조) 재조합에서 매개자로 형성된 2개의 DNA 접합자들의 십자형 배열.

homeobox (호메오박스) 많은 조절유전자의 암호화 부위에서 발견된 DNA 서열 모티프; 호메오박스에 있는 아미노산 서열은 헬릭스-루프-헬릭스 구조를 가진다.

homeotic (*Hox*) (gene) (호메오유전자) 유전자에 돌연변이가 발생할 때 하나의 신체 구조를 또 다른 신체 구조로 대체하는 결과를 유발하는 유전자의 그룹 중 하나.

homogentisic acid (호모겐티신산) 알캅톤뇨증 환자의 소변에서 분비되는 산화하면 검게 변색되는 물질.

homologous (상동) 동일 조상의 유전자로부터 유래된 유전자들.

homologous chromosomes (상동염색체) 감수분열 동안에 짝을 지으며, 같은 유전적 자리와 구조를 갖는 염색체들.

homothallism (암수한몸) 균류에서 같은 어버이로부터 생산된 세포들 사이의 가능한 교배를 만들기 위한 교배 형태에서 전환할 수 있는 세포의 능력.

homozygous (동형접합체) 상동염색체에서 한 유전자의 같은 대립유전자를 가지는 상태.

horizontal transmission (수평 전달) 전이성 세균 플라스미드에 의한 한 종에서 다른 종으로의 유전자 전달.

hotspot (과열점) 돌연변이율이 다른 부위에 대한 돌연변이율보다 훨씬 더 높은 DNA 분자의 부위.

hotspots of recombination (재조합 고활성 지역) 보통보다 높은 재조합 비율을 나타내는 유전체 지역.

housekeeping gene (관리 유전자) 기본적인 대사 과정에 참여하는 대사물을 생산하는, 모든 세포에서 사실상 같은 수준의 발현을 하는 유전자.

Human Genome Project (인간 유전체 계획) 인간이 가진 모든 유전자의 위치와 염기서열을 밝히기 위한 연구 계획.

Huntington desease (헌팅턴병) 중년에 발병하는 우성 형질 유전의 신경근육계의 유전병.

hybrid (잡종) 유전적으로 같지 않은 양친들의 교배에 의해 생산된 개체; 또는 상이한 개체에서 유래된 가닥들로 생산된 이중나선 핵산 분자.

hydrogen bond (수소결합) 수소 원자가 2개의 음전하를 띤 원자에 의해 공유되는 약한 비공유결합.

hypermorphic mutation (초과돌연변이) 야생형 유전자 기능이 과량 발현이나 과활성되는 돌연변이.

hypomorphic mutation (미만돌연변이) 야생형 유전자 기능이 미량 발현이나 소량의 부분 활성으로 된 돌연변이.

hypostatic gene (저위 유전자) 발달 유전학에서 어떤 유전자의 돌연변이 표현형이 다른 유전자에 의해 가려지는 유전자. 상위 유전자 참조. **epistatic gene** 참조.

identical twins (일란성쌍둥이) 쌍둥이가 하나의 수정란에서 나오고 초기 분열에서 두 태아로 나뉨. monozygotic twins로도 불림.

imaginal disk (성충 원반) 곤충의 유충의 신체에 존재하는 구조이며, 이로부터 용화기 동안 성충 구조로 발생한다.

immunity (면역성) 특정 물질들에 대한 생물체의 저항성을 가리키는 일반적인 용어.

imprinting (각인) 유전자가 모계 혹은 부계로 왔느냐에 따라 그 발현이 달라지는 현상.

inborn error of metabolism (선천성 대사이상) 유전적으로 결정된 생화학적 장애로 대개 대사장애는 효소결핍의 형태로 나타난다.

inbreeding (근친교배) 유전적으로 관련된 개체들 사이의 교배.

inbreeding coefficient (F) (근교계수) 임의교배에서 예상되는 이형접합성과 근친교배에서 얻은 이형접합성을 비교하여 근친교배에서 이형접합성이 유전적 영향으로 감소하는 비율을 나타내는 단위.

inbreeding depression (근교약세) 동계교배를 수반하는 집단의 적응도나 성취도에서의 저하.

incomplete dominance (불완전우성) 이형접합성 유전자형의 표현형이 동형접합성 유전자형의 표현형 사이의 중간 형질로 나타나는 상태.

independent assortment (독립 분리) 상이한(비상동) 염색체 상에 위치한 유전자들의 대립유전자들이 배우자에 임의로 분배되는 것.

individual selection (개별 선택) 각 생물의 자신의 표현형에 기초한 선택.

induced mutation (유도 돌연변이) 화학적 돌연변이 유발원이나 방사선에 영향으로 유발된 돌연변이.

inducer (유도원) 억제 물질을 불활성화하는 작은 분자. 대개 억제 물질에 결합해서 억제 물질이 작동 유전자에 결합하는 능력을 변화시킨다.

inducible transcription (유도전사) 유도 분자의 존재 하에서만 유전자나 유전자 그룹이 전사하는 것.

induction (유도) 유도 유전자의 활성화; 프로파아지 유도는 파아지 성장의 용균성 생활환을 개시하는 프로파아지의 활성화이다.

initiation (protein synthesis) (전사개시) mRNA가 리보소옴과 다른 인자들과 결합하고 단백질이 합성되기 시작되는 과정.

inosine (I) (이노신) 전이 RNA에서 발견된 드문 염기 중 하나.

insertion sequence (삽입 염기서열) 원핵생물 유전체에서 전위할 수 있는 수많은 DNA 염기 배열 중에서 특정한 염기 배열; 그런 염기배열은 보통 자기 자신의 전위 단백질을 암호화한다.

integrase (통합효소) 2개의 DNA 염기서열 사이에서 자리특이적 교환을 촉매하는 효소.

integrated phage (통합파아지) 파아지 DNA 분자가 박테리아 염색체에 온전히 들어간 상태; 통합된 파아지를 프로파아지라 부른다.

integron (인테그론) 세균에서, 프로모터, 위치-특이 재조합효소(프로파아지 주입촉매효소-인테그레이즈)를 위한 측면 목표 부위, 인테그레이즈 암호화 서열, 그리고 보통 하나 또는 그 이상의 부위-특이적 재조합에 의해 생긴 단백질 암호화 카세트로 구성된 DNA 구조.

interference (간섭) 염색체의 한쪽 부위에서 교차가 일어나면, 그 옆 부위에서 다시 교차가 일어나는 것을 방해하는 현상.

interphase (세포간기) 세포주기의 핵분열들 사이의 시기. 제1분열의 종기 마지막에서 그 다음 분열의 전기 시작까지의 시기이다.

interrupted-mating technique (중절교배법) Hfr × F^- 교배에서 공여체 세포와 수용체 세포들이 특정 시간에 절단 분리함으로써, 특정한 길이의 DNA만 전이되도록 하는 방법.

intervening sequence (개재 배열) **intron** 참조.

intron (인트론) 유전자 내에서, 또는 성숙한 mRNA 분자를 형성할 때 제1차 전사물에서 제거되는 비암호 DNA 염기 배열. 진핵생물 세포에서 주로 발견된다.

inversion (역위) 여러 개의 유전자 순서가 정상적인 순서의 반대가 되는 염색체에서의 구조 이상. 협동원체 역위는 역위된 영역 내부에 동원체를 포함하며, 측동원체 역위는 동원체를 포함하지 않는다.

inversion loop (역위 고리) 고리 구조는 하나의 역위를 포함하는 염색체의 한 쌍에서 상동유전자의 접합에 의해 형성된다.

inverted repeat (역위 반복) 한 DNA 분자의 방향에서 서로 반대쪽으로 향하고 있는 같거나 아주 유사한 2개의 염기 배열 순서. 흔히 전위인자들의 말단에서 발견된다.

ion torrent sequencing (이온 토런트 서열 분석) 합성에 의한 염기서열 분석 방법으로 반도체 칩의 작은 챔버에서 용액의 pH 변화에 의해 새로이 추가되는 뉴클레오티드가 검출된다.

ionizing radiation (이온화 방사선) 물질에 그것의 에너지를 분산시킬 때 이온쌍을 생산하는 전자 방사선이나 입자 방사선.

IS element (IS 인자) **insertion sequence** 참조.

J (joining) region (J 영역) 항체 분자 유전자의 변이 영역 부분과 불변 영역 부위를 연결해 주는 다중 DNA 배열 순서들. 무거운 사슬과 가벼운 사슬의 J 영역들은 서로 다르다.

karyotype (핵형) 세포의 핵분열 중의 중기 또는 후기에 나타나는 염색체의 형태 · 크기 · 수의 특징.

kilobase (kb) (킬로베이스) DNA나 RNA 길이를 나타내는 단위로 1,000 염기쌍.

kinetochore (동원체 방추사부착점) 세포 분열시 동원체 부위에 방추가가 결합하여 생기는 세포 구조.

kissing complex (키스 복합체) mRNA와 조그만 조절 RNA 사이에 염기쌍 결합으로 형성된 두 부분으로 구성된 구조물.

Klinefelter syndrome (클라인펠터증후군) 핵형 47, XXY를 가진 사람으로 임상적으로는 남성임.

knockout mutations (녹아웃 돌연변이) 생명체의 유전자 하나가 작동하지 않도록 하는 유전적 기법; 종종 표적 결실이라고도 한다.

lactose permease (젖당 투과효소) 환경에서 락토오스를 세균으로 운반시키는 효소.

lagging strand (지체가닥) 맨 마지막에 한 데 연결되는 짧은 단편으로 합성된 단일 DNA 가닥의 상보 DNA 가닥.

lariat structure (올가미 구조) 인트론의 5′말단 환후위와 다른 뉴클레오타이드 5′-2′ 결합으로 형성되어 제거된 인트론의 구조.

leader polypeptide (선도 폴리펩티드) 아미노산 생합성 효소를 암호화하는 어떤 오페론의 선도 서열에 의해 암호화되는 짧은 폴리펩티드; 선도 폴리펩티드의 번역은 전사 약화를 통한 오페론의 조절에 참여한다.

leading strand (선도가닥) 연속 단위로서 합성되는 단일 DNA 가닥의 상보가닥.

leptotene (세사기) 감수분열 전기 I의 맨 처음 하위 단계. 이 과정 동안에 염색체들은 짝짓지 않은 실 같은 구조이며, 광학현미경 관찰을 통해 볼 수 있게 된다.

leukocyte (백혈구) 골수의 조혈 조직으로부터 생기는 골수성의 혈액세포.

liability (위험성) 정량형질의 극적인 형태로 생존하는 데 유전적으로 불리한 위험.

library (라이브러리) **gene library** 참조.

ligand (리간드) 특이 수용체에 결합하는 분자.

lineage diagram (계통도) 세포의 계통과 발생 운명의 도표.

LINE element (LINE 전위인자) RNA 중간체를 거치는 전위인자로서 끝에 긴 반복 서열이 없는 비교적 긴 전위인자. LINE는 long interspersed element의 약어.

linkage (연관) 동일 염색체 상에 위치한 비대립유전자들이 감수분열 동안에 독립적으로 행동하는 것보다 빈번하게 연관되려는 경향.

linkage group (연관군) 동일 염색체 상에 좌위를 가진 비대립유전자 집단.

linkage map (연관지도) 종의 염색체 상에 알려져 있는 유전자들의 상대적 위치를 보여주는 염색체 지도. 또한 유전자 지도라고도 한다. 인접 유전자들 간의 거리는 그들 사이의 재조합 빈도에 비례한다.

linker DNA (연결 DNA) 2가지 종류의 DNA를 서로 붙이기 위해 유전공학에서 사용하는 제한효소 절단자리를 가지고 있는 합성 DNA 조각. **nucleosome** 참조.

local population (국소 집단) 대부분의 개체들이 자신들의 짝을 발견하는 지역을 차지하는 동일종의 개체 집단. 동의어는 근친결혼군(deme)과 멘델 집단(Mendelian population)이다.

locus (자리) 염색체 상에서 특수 유전자의 부위나 위치.

long noncoding RNA (긴 비코딩 RNA) 전사, 스플라이싱, 번역 및 후성 유전학적 조절을 돕는 200 뉴클레오티드 보다 긴 RNA 전사체.

loss-of-function mutation (기능 소실 돌연변이) 유전자의 기능을 없애는 돌연변이; null mutation이라고도 한다.

loss of heterozygosity (이형접합성 소실) 야생형 대립유전자의 존재 상실 또는 그것의 기능 상실. 이형접합세포에서 열성 돌연변이체가 발현하는 표현형을 가능하게 한다; 이형성의 상실 기작은 염색체 결실, 유전자 변이, 돌연변이를 포함한다.

lost allele (상실 대립유전자) 대립유전자가 더 이상 집단 내에 존재하지 않는다; 그것의 빈도수가 0이다.

LTR retrotransposon (LTR 역전위인자) RNA 중간체를 거치는 전위인자로, 그 끝에는 긴 말단 반복서열을 가진다.

LUCA (루카) 지구 상의 모든 생명체의 마지막 보편적 공통조상의 약자.

lysis (용균) 세포의 세포막과 세포벽의 파열로 인한 세포의 용해.

lysogen (용원) 획득한 프로파아지를 가진 세균 세포의 클론.

lysogenic cycle (용원성 생활환) 파아지의 DNA가 숙주 세포의 DNA 안으로 삽입되어 일부가 되는 생활환.

lytic cycle (용균성 생활환) 자손 파아지가 생산되어 숙수 세균세포를 용해시키는 파아지의 생활환.

M period (M기) **cell cycle** 참조.

major groove (큰 홈) B-형태 DNA에서, 이중나선의 바깥쪽에 나타나는 2개의 연속된 홈 중 더 큰 것.

map distance (지도거리) 2개의 마커 유전자 사이의 유전적 거리로서, 마커 유전자 사이의 일련의 작고 겹치지 않는 간격의 지도단위 합으로 나타냄. 유전자 사이의 평균 교차점 수의 절반에 100을 곱한 값에 상응.

mapping function (지도함수) 유전 지도거리와 관측된 재조합 빈도의 백분율 사이의 수학적 관계.

map unit (지도단위) 1%의 재조합 빈도에 해당하는 연관지도 상에서 거리의 단위. 기술적으로, 지도단위의 간격을 통한 지도거리는 백분율로 표시되는 간격의 평균 교차 수의 절반과 같다. 지도단위는 때로 센티모르간(CM)으로 불린다.

maternal-effect gene (모성효과 유전자) 모계에서 발현되고 난자에 그 산물이 존재함으로서 초기 발생에 영향을 주는 유전자.

maternal inheritance (모계유전) 암컷 배우자가 기여한 세포소기관이나 세포질 인자를 통한 형질의 핵외 유전.

maternal PKU (모계 페닐케톤뇨증) 페닐케톤뇨증과 닮고 페닐알라닌 하이드록실라제아가 결합된 여성 자궁에서의 배아 성장 결과로 나타난다.

mating-type interconversion (교배유형 상호전환) 동주성의 효모에서 보이는 활성 교배유형의 유전자 자리에, 발현되지 않는 카세트로부터 유전적 정보의 전위의 결과로 교배 유형을 바꾸는 현상.

MCS (다중클로닝 부위) Multiple cloning site. **polylinker** 참조.

mean (평균) 수학적 평균.

megabase (Mb) (메가 염기쌍) 이중 핵산 분자의 길이 단위; 백만 베이스페어와 같다.

meiocyte (감수분열 모세포) 동물의 배우자나 식물의 포자들을 생산하기 위해 감수분열을 거치는 생식세포.

meiosis (감수분열) 염색체가 한 번 복제된 다음, 4개의 반수체 핵을 생산하기 위해 핵분열이 잇달아 두 번 이어지는 배우자 형성이나 세포 형성을 위한 핵분열 과정.

Mendelian genetics (멘델유전학) (1) 특정 유전 결정 요인, (2) 배우자의 임의 교배, 그리고 (3) 생식세포에 유전적으로 변하지 않는 결정 요인의 분리의 결과로부터 세대가 연속되는 동안 형질의 분포 간에 통계적 관계를 가지는 유전의 기작.

meristem (분열조직) 식물조직에서 세포 분열을 촉진시키고 새 세포를 만들어 내는 곳.

meristic trait (계수형질) 손의 손가락 수 같이 수에 의해 표시될 수 있는 표현형 형질.

messenger RNA (mRNA) (전령 RNA) 상보적 DNA 배열 순서로 전사되어, 폴리펩티드의 아미노산 배열 순서로 번역될 수 있는 RNA 분자; 진핵생물에서는 1차 전사체가 mRNA로 변환되는 정리 과정이 있다.

metabolic pathway (대사경로) 특정 분자를 1개 혹은 그 이상의 특정 산물들로 변환시키기 위해 일정한 순서로 발생되는 화학 반응의 순서.

metabolism (물질대사) 생체 내에서 일어나는 물질의 분해 및 합성에 관련된 화학 변화.

metabolite (대사산물) 대사경로의 기질, 중간체 또는 산물로 작용하는 분자들.

metacentric chromosome (중부동원체 염색체) 대략 같은 길이의 염색체 팔 2개를 갖고, 중심에 위치한 동원체를 가진 염색체.

metaphase (중기) 체세포분열, 감수분열 I, 또는 감수분열 II의 핵분열 단계. 이 동안에 응축된 염색체들의 동원체들이 방추체의 양극 사이의 평면에 배열된다.

metaphase plate (적도판) 중기세포의 방추판으로부터 같은 거리의 염색체의 동원체가 방추사에 의해 정렬된 가상의 면.

microRNA (마이크로 RNA) 상보적 서열을 갖는 mRNA의 번역을 억제하는 작은 이중가닥 RNA 분자.

migration (이주) 아집단들 가운데서 개체들의 이동 또는 전기영동에서 분자들의 이동.

minimal medium (최소배지) 단수 무기염류와 탄수화물, 비타민, 유기염기, 필수 아미노산, 그리고 기본 화합물로 이루어진 성장 배지; 이 배지의 구성은 정확하게 알려져 있다. 최소배지라는 용어는 복합배지 또는 육즙과는 대조가 되는 것이며, 복합배지는 막대한 수의 화합물을 함유하는 생물학적 물질 추출물(야채, 우유, 고기)이며, 그 구성은 알려져 있지 않다.

minor groove (작은홈) B-형태 DNA에서, 이중나선의 바깥쪽을 달려가는 2개의 계속된 홈 중 작은 것.

mitotic spindle (유사분열 방추체) 중기 초기에 형성됨. 방추체는 튜블린 단백질의 중합에 의해 형성된 미세소관으로 주로 구성된 길쭉한 축구공 모양의 방추사 배열.

mismatch repair (잘못짝지움 수선(부정합 수선)) DNA 이중나선 중에서 적절하게 수소결합할 수 없는 쌍에서 뉴클레오티드 1개를 제거하는 것. 이 과정 다음에 수소결합할 수 있는 뉴클레오티드로 교체되는 과정이 뒤따른다.

missense mutation (미센스 돌연변이) 폴리펩티드를 암호화하는 DNA 서열이 변화되어, 폴리펩티드에서의 아미노산 치환을 일으키는 돌연변이.

missing heritability (손실 유전율) 복합 형질의 유전성 중에서 전체 유전체 연관 분석으로부터 통계적으로 유의미한 것으로 확인된 유전적 요인에 의해 설명될 수 없는 유전성 비율.

mitosis (체세포분열) 복제된 염색체들이 분열해서 딸핵들이 어버이핵과 동일한 염색체 수와 유전 구성을 갖는 핵분열 과정.

mobile DNA (이동성 DNA) 전위인자의 다른 명칭.

molecular clock (분자시계) 유전자 나무의 각 분지점에서 단위시간당 같은 확률로의 변화를 가지는 단백질이나 DNA의 조건.

molecular evolution (분자 진화) 거대 분자의 서열이 시간에 따라 어떻게 (그리고 왜) 변화하는지에 대한 연구.

molecular genetics (분자유전학) DNA 화학, 그리고 DNA의 복제, 기능, 돌연변이 및 회복에 관여하는 분자들에 대해 연구하는 유전학의 한 분과.

molecular phylogenetics (분자계통학) 유전자 나무나 유전자들로 대표되는 분류군들 사이의 진화적 유연관계를 측정하는 통계적 방법.

monohybrid (단성잡종) 대립유전자 1쌍에 대해 이형접합인 개체. 한 유전자 자리에서 상이한 대립유전자들을 갖는 개체들 사이의 교배에서 나온 자손.

monoploid (일배체) 배수체 시리즈에서 생물종들의 유전체로부터 배가되는 기본 염색체 세트; 배수체 시리즈에서 가장 적은 반수체 염색체 숫자.

monosomy (일염색체성) 2배체 중 하나의 염색체가 짝을 잃은 상태.

mosaic (모자이크) 2가지 혹은 그 이상의 유전적으로 상이한 세포 유형으로 구성된 개체.

most recent common ancestor (MRCA) (가장 최근 공통조상) 계통수에서 서열, 특성이나 생물종들에서 특별한 부분집합들을 묶는 가장 가까운 중복점.

M period (M 시기) **cell cycle** 참조.

mRNA (전령 RNA) **messenger RNA** 참조.

mtDNA (mtDNA) 미토콘드리아 DNA.

multifactorial trait (다인자 형질) 일반적으로 어떤 유적적이고 많은 환경적 요소들의 결합된 행동에 의해 결정된 특성.

multiple alleles (복대립유전자) 한 유전자자리에 있는 2개 이상의 대립유전자.

multiple cloning site (다중 클로닝자리) **polylinker** 참조.

multiplication rule (곱하기 법칙) 독립된 사건들이 동시에 인지될 확률은 개개의 사건의 확률의 곱과 동일하다는 법칙.

mutagen (돌연변이 유발원) 돌연변이가 발생할 확률을 증가시키는 요인들.

mutant (돌연변이체) 돌연변이 DNA 분자, 돌연변이 대립유전자, 돌연변이 유전자, 돌연변이 염색체, 돌연변이 세포, 돌연변이종이나 돌연변이 유전 표현형과 같은 야생형과는 다른 어떤 유전성의 생물학적 존재; 또한 돌연변이 대립유전자가 발현된 세포나 종.

mutant screen (돌연변이체 선별) 유전학자들이 특별한 특성의 경향이 있는 다중적인 새로운 돌연변이 유발원들을 분리하여 찾기 위한 유전적 실험의 한 유형.

mutation (돌연변이) 유전자나 염색체에서의 유전적 변화; 또는 이런 변화를 획득하는 과정.

mutation rate (돌연변이율) 배우자나 세대당 주어진 좌위에서 새로운 돌연변이가 발생할 확률.

mutation-selection balance (돌연변이-선택 균형) 하나의 개체군에서 선택에 의해 유전자의 유해한 대립유전자의 제거가 돌연변이에 의한 동일 유전자의 새로운 유해 대립유전자의 생성과 동일한 평형 상태.

nanopore sequencing (나노포어 시퀀싱) 막 전도도 변화 크기에 따라 도달하는 뉴클레오티드를 식별하는 막 횡단 단백질을 통해 단일 가닥 DNA를 구동하는 모터 단백질을 사용하여 단일 분자 DNA 서열을 분석하는 방법.

narrow-sense heritability (좁은 의미의 유전력) 부모와 자손 사이의 닮음으로 표현되는 표현형 변이의 비율; 기술적으로 전체 표현형 변이에 대한 부가적 유전 변이의 비율.

natural selection (자연선택) 개체들이 특수 환경 형태에서 생존하고 생식하기에 적합하도록 다른 개체들을 이겨내서, 점차적으로 한 집단이 그 환경에서 생존하고 생식하는 전체적인 능력을 증가시키는 과정.

Neanderthals (네안데르탈인) 빙하 시대 유럽에 널리 분포한 멸종 인간 종.

negative regulation (음성적 조절) 억제유전자가 DNA에서 제거되고 나서야 비로소 mRNA 합성이 발생하는 유전자 발현의 조절.

neighbor joining (이웃결합) 분지군들의 쌍을 가장 가까운 거리에서 분리된 것들에 따라 순차적으로 결합시켜 얻는 유전자 나무 추정 방법.

nick (절단) DNA 분자에서 단일가닥 절단.

nitrous acid (아질산) HNO_2, 화학적 돌연변이 유발원.

noncomplementation (비상보성) 두 돌연변이가 동일한 세포 또는 개체에 존재할 때 서로의 결함을 보상하지 못한 경우.

nondisjunction (염색체 비분리) 체세포분열에서는 자매염색분체들이, 감수분열에서는 상동염색체들이 분열 방추체의 반대극 쪽으로 분리하여 이동하지 못하는 현상. 이 현상은 한쪽 딸핵이 상동염색체들의 양쪽 쌍을 모두 받고, 다른 쪽 딸핵은 하나도 받지 못하는 결과를 유발한다.

nonhomologous end joining (비상동성 말단연결) 서열 상동성이 없음에도 불구하고 DNA의 끊어진 말단이 서로 연결되는 DNA 수선 기작.

non-LTR retrotransposon (비-LTR 역전위인자) RNA 매개자를 경유하여 전이하지만, 그 말단에 말단 반복 서열을 가지지 않는 전위인자.

nonparental ditype (NPD) (비양친성 이형) 두 쌍의 재조합 포자를 가지는 자낭.

nonselective medium (비선택배지) 실험에서 출현된 모든 유전자형들의 성장을 허락하는 성장배지.

nonsense mutation (정지 돌연변이) 아미노산을 지시하는 코돈을 정지코돈으로 변화시키는 돌연변이. 결국 미숙 폴리펩티드 사슬 종결로 이끌어간다. 또한 사슬종결 돌연변이라고도 한다.

nonsynonymous substitution (비동의적 치환) 아미노산 치환을 초래하는 코딩 서열.

nonsense-mediated decay (넌센스 매개 파괴) 진핵생물에서, 엑손-엑손 접점에 결합하는 단백질의 존재에 의하여, 미성숙 종결 코돈을 포함하는 mRNA가 파괴되는 현상.

normal distribution (정규분포) 2개의 수치, 즉 평균값과 분산이 특징이 있는 대칭적인 종 모양의 분포 곡선을 갖는다. 정규분포에서 관찰한 것들의 대략 68%가 평균값에서 1 표준편차 이내에 있을 것이며, 관찰한 것들의 약 95%가 평균값에서 2 표준편차 이내에 있을 것이다.

nuclease (핵산분해효소) 핵산 분자에서 포스포디에스테르 결합을 절단하는 효소.

nucleic acid (핵산) 염기가 결합된 5탄당이 인에 연결되어 있는 단량체의 중합체.

nucleic acid hybridization (핵산 혼성화) 상보적 단일가닥들의 핵산으로 이중가닥을 형성하게 하는 것.

nucleolus (*pl.* nucleoli) (인) 리보솜 RNA가 만들어지고, 리보솜들이 부분적으로 합성되는 핵 기관. 대개 핵소체 형성 부위와 관련되어 있다.

nucleoside (뉴클레오시드) 당에 공유결합으로 퓨린이나 피리미딘이 결합한 것.

nucleosome (뉴클레오솜) 염색질의 기본적인 반복 소단위로서 4개의 서로 다른 히스톤을 2분자씩 가지고 있는 핵심 입자가 있다. 염색질 주위에는 약 145개의 뉴클레오티드 쌍을 함유한 DNA 한 줄이 감겨 있고, 다섯 개 히스톤 유형과 관련되어 있는 약 55 뉴클레오티드 쌍의 연결사 DNA에 의해 인접 핵심 입자에 연결되어 있다.

nucleotide (뉴클레오티드) 뉴클레오시드 인산염.

nucleotide excision repair (뉴클레오타이드 절단 수선) 상보적이지 않거나 손상된 염기를 가진 뉴클레오티드가 DNA 가닥에서 절단되고 상보적 DNA 가닥을 주형으로 사용하여 교체되는 DNA 수선 기작.

nucleotide analog (뉴클레오티드 유사체) 구조적으로 누클레오티드와 유사하여 DNA에 삽입될 수 있는 분자들.

nutritional mutation (영양 돌연변이) 대사 과정의 돌연변이로 성장배지에 존재하는 물질을 필요로 하거나 성장배지 내에 존재하는 물질을 이용하는 능력이 제거된 돌연변이.

oligonucleotide primer (올리고뉴클리오티드 프라이머) 짧은 단일가닥의 핵산은 중합효소연쇄반응에서 프라이머로서 또는 DNA 서열 분석을 이용하기 위해 합성된다.

oncogene (암유전자) 세포 내에서 세포 증식이나 세포자살을 억제하는 역할을 하는 유전자. 즉, 암종양 유전자에서 기능획득 돌연변이가 발생했을 때의 유전자.

one gene–one enzyme hypothesis (1유전자-1효소설) 각 유전자가 단일 효소를 직접 생성한다는 이론.

open reading frame (ORF) (열린 읽기틀) DNA를 인지하는 부위나 mRNA에서, 종결코돈에 의해 중단되지 않는 코돈의 연속을 포함하는 부위로 폴리펩티드 사슬을 인지하는 데 유용하다.

operator (작동유전자) 인접 구조 유전자들의 전사를 조절할 때 특정 억제단백질과 상호작용하는 DNA에서의 조절 영역.

operon (오페론) 작동유전자와 억제 물질에 의해 조절되는 인접 구조 유전자 집단.

operon model (오페론 모델) Francois Jacob과 Jacques Monod가 처음 설명한 젖당 시스템의 유전자 조절 기작.

ORF (열린 읽기틀) **open reading frame** 참조.

orthologous (오르톨로거스) 종 분화의 과정을 통해 공통된 조상의 유전자를 공유하는 유전자들.

over-the-counter (OTC) genetic testing (처방전 없이 구입할 수 있는 유전자 검사) 처방전 없이 카운터에서 구매 한 진단 키트를 기반으로 하는 자가 관리 유전자 검사.

P transposable element (P 전위인자) 돌연변이 유도, 생식세포주의 형질전환 및 다른 종류의 유전자 조작 기술에 사용되는 초파리의 전위인자.

P_1 artificial chromosome (PAC) (P_1 인공염색체) P_1 박테리오파아지 부위와 커다란 삽입 DNA 조각으로 이루어진 플라스미드 벡터.

P_1 generation (P_1 세대) 세대 계열에서 원부모나 교배에서의 부모; 또한 조부모나 더 멀리 떨어진 조상과의 혼돈의 기회가 없다면 P 세대라고 불린다.

p53 transcription factor (p53 전사인자) 포유동물 세포의 스트레스, 특히 DNA 손상에 대한 반응을 조절하게 도와주는 주 단백질.

pachytene (태사기) 상동염색체들이 접합되고 접합사 복합체가 충분하게 형성되는 감수분열 전기 I의 중간 단계.

pair-rule gene (짝 지배 유전자) 초파리 발생에서 이른 시기에 활성화되며, 체절과 부체절의 운명을 결정하는 유전자군. 이들 유전자에서의 돌연변이는 체절과 부체절 일부의 결실을 유발한다.

paracentric inversion (동원체 비포함 역위) 동원체를 포함하지 않는 역위.

paralogous gene (파랄로거스 유전자) 한 종 내에서 유전자 중복 과정을 통하여 공통조상 유전자를 공유하는 유전자들.

parasegment (부체절) 초파리에서 발생 단위로 체절의 끝 부분과 다음 체절의 시작 부분.

parental combination (어버이꼴 조합) 어버이 염색체의 하나와 같은 조합을 가진 자손 염색체에 존재하는 대립유전자들.

parental ditype (PD) (어버이꼴 이형) 비재조합 포자의 두 쌍을 포함하는 자낭.

parental strand (어버이 가닥) DNA 복제에서, 새로 형성된 복합체에서 주형으로 작용하는 DNA 가닥.

partial diploid (부분2배체) 유전체 한 부분이 중복된 세포. 대개 플라스미드에 있다.

Pascal's triangle (파스칼의 세모꼴) $(x + y)^{n-1}$의 전개에서 이항분포계수를 준 n번째 줄에서 정수의 세모꼴의 상대적 배치. 각 줄의 첫 번째와 마지막 수는 1이고, 다른 것들은 바로 윗줄의 인접한 수의 합과 같다.

pathogenicity island (병원성 섬) 질병 기작을 일으키는 유전자를 포함하는 박테리아 DNA 분자가 수평으로 이동된 영역.

pattern formation (양상 형성) 외관상 동형접합성의 난세포로부터 공간적으로 질서화되고 분화되는 배아가 탄생되는 것.

pedigree (가계도) 개체들의 가족 관계를 나타내는 도표.

penetrance (침투율) 유전자형이 그에 해당하는 표현형을 실제로 발현하는 개체들의 비율.

peptide bond (펩티드 결합) 한쪽 아미노산의 아미노기($-NH_2$)와 다른 쪽 아미노산의 카르복실기($-COOH$) 사이의 공유결합.

peptidyl transferase (펩티딜 전달효소) 메신저 RNA의 번역 과정에서, 성장하는 폴리펩티드 사슬과 들어오는 아미노산 사이에 펩티드 결합을 생성하는 효소.

pericentric inversion (동원체 포함 역위) 동원체를 포함하는 역위.

permissive condition (허용 조건) 조건부 돌연변이의 표현형이 발현되지 않는 환경조건.

personalized medicine (맞춤형 의학) 개별 환자의 질병 가능성 또는 반응 성공을 기반으로 적절한 의료 행위, 중재 또는 치료법을 선택하는 것.

phage (파아지) **bacteriophage** 참조.

phage repressor (파아지 억제자) 프로파아지에서 유전자의 전사를 방해하는 조절 단백질.

phenotype (표현형) 세포나 생물체에서 관찰할 수 있는 유전적 특성으로 유전자형과 환경의 상호작용에 기인한다.

phenylalanine hydroxylase (PAH) (페닐알라닌수산화효소) 페닐알라닌을 티로신으로 변환시키며, 페닐케톤뇨증에서 부족한 효소.

phenylketonuria (PKU) (페닐케톤뇨증) 페닐알라닌을 티로신으로 변환할 수 없는 데서 기인하는 인간의 유전적 증상. 만일 아동기에 저페닐알라닌 식이요법에 의한 치료를 받지 못하면 심한 정신적 장애를 일으킨다.

phenylthiocarbamide (PTC) (페닐티오카바마이드) 맛을 보는 개인의 유전자형에 따라 매우 쓴 맛이 있거나 거의 맛을 느낄 수 없는 페닐 고리를 함유하는 유기황 티오유레아의 한 유형.

phosphodiester bond (인산디에스테르 결합) 핵산에서 하나의 뉴클레오티드의 5′-인산기와 다음 뉴클레오티드의 3′-수산기 사이에 형성되는 공유결합; 이 결합들은 핵산 분자의 골격을 형성한다.

phylogenetic tree (계통수) 유전자나 생물 집단의 진화적 계통을 보여주는 도형.

physiological epistasis (생리학적 상위) 함께 작용하는 유전자들의 표현형 효과가 개별 유전자들의 표현형 효과에 기초하여 예측될 수 없는 분자, 세포 또는 개체 수준에서의 유전자 상호작용.

plaque (용균반) 고체배지에서 성장한 세균들의 혼탁층에서의 투명한 부위. 파아지가 세포들을 감염시키고 죽게 함으로써 발생한다. 각 용균반은 파아지 1개가 성장한 결과이기 때문에 용균반 계산은 가시 파아지 입자들을 계산하는 방법이기도 한다. 이 용어는 배양에서 성장된 동물 세포층에서 투명한 부위를 발생시키는 동물 바이러스들에 대해 때때로 사용되기도 한다.

plasmid (플라스미드) 숙주 염색체와 따로 복제하는 염색체외 유전자. 이 플라스미드는 세포당 1개 혹은 수많은 사본으로 존재할 수도 있고, 조절된 양식이나 임의양식으로 세포 분열에서 딸 세포로 분리될 수도 있다. 어떤 플라스미드들은 숙주 염색체로 통합될 수도 있다.

pleiotropic effect (다형질 발현 효과) 돌연변이 유전자의 2차 영향에 의한 표현형 효과.

pleiotropy (다형질 발현) 단일 돌연변이 유전자가 2개, 혹은 그 이상의 다른 형질들의 발현에 영향을 미치는 것.

point mutation (점 돌연변이) DNA에서 하나의 염기쌍을 다른 염기쌍으로 대체하거나 1쌍의 염기를 더하거나 빼는 돌연변이.

polarity (극성) 핵산 가닥의 5′에서 3′으로의 방향성.

pole cell (극세포) 초파리 배아의 후단에서 출발한 세포의 한 그룹으로 나중에 생식세포를 형성한다.

pol II holoenzyme (중합효소 II 완전효소) 대부분의 단백질 암호화 유전자들을 전사시키는 데 사용되는 RNA 중합효소들을 포함하는 거대 단백질 복합체.

poly-A tail (폴리-A 꼬리) 많은 진핵생물 mRNA에서 3′말단에 첨가되는 아데닌 서열.

polycistronic mRNA (폴리시스트론 mRNA) 2개 이상의 폴리펩티드들이 번역되는 mRNA 분자; 원핵생물에서 주로 발견된다.

polylinker (다중연결자) 유전자 클로닝에 적합한 독특한 제한자리를 다수 포함하는, 벡터에 존재하는 짧은 DNA 서열.

polymerase chain reaction (PCR) (중합효소연쇄반응) 프라이머 올리고뉴클레오티드 서열의 DNA 변성과 복귀, 그리고 복제의 반복된 반응으로 프라이머들 사이에 위치한 DNA 서열의 사본수가 지수함수적으로 증가한다.

polymorphic gene (다형 유전자) 한 집단에서 가장 비교적 대립유전자가 하나보다 많은 유전자.

polymorphism (다형성) 한 집단에서 여러 가지 형태의 형질이나 유전자, 또는 염색체가 출현되는 현상.

polynucleotide chain (폴리뉴클레오티드 사슬) 뉴클레오티드의 끝과 끝이 공유결합으로 이루어진 단일가닥 분자.

polypeptide (폴리펩티드) **polypeptide chain** 참조.

polypeptide chain (폴리펩티드 사슬) 펩티드 결합에 의해 한꺼번에 연결된 아미노산 중합체.

polyploidy (배수성) 완전한 염색체 세트를 둘보다 많이 가진 세포나 개체의 상태.

polysome (폴리솜) mRNA 분자와 관련된 폴리펩티드 합성에 활성적으로 관여하는 2개 혹은 그 이상의 리보솜 복합체, 즉 폴리리보솜이다.

polysomy (다염색체) 어느 한 염색체가 셋 또는 그 이상의 가진 2배체세포나 생물종의 상태.

polytene chromosome (다사염색체) 길이를 따라서 밀접하게 관련된 수많은 같은 가닥들로 이루어진 거대 염색체로, 특징적인 가로띠 유형을 나타낸다.

population (집단) 동종의 생물체로 이루어진 그룹.

population genetics (집단유전학) 종들의 전체 집단에 유전적 원리나 멘델 법칙을 적용하는 유전학의 한 분과.

population substructure (집단 세부구조) 집단의 세분된 구조. 작은 교배군들 사이의 상호간 이주가 제한된 집단구조.

positional information (위치 정보) 배아에서 그것의 위치에 의해 세포에 전달되는 발생 신호들.

positive regulation (양성 조절) RNA 중합효소가 촉진 유전자에 결합하도록 하기 위해서, 어떤 조절물질을 활성적 형태로 DNA에 결합시켜 mRNA의 전사를 조절하는 것. 양성 조절은 조절인자가 DNA로부터 제거되어야 하는 음성 조절과 대비를 이룬다.

postreplicaton mismatch repair (복제 후 수선) 복제 포크가 DNA 상해 부위를 지나 약간 떨어진 곳으로 이동한 후, 비복제 DNA 부분에서 재조합을 통해 발생하는 DNA 회복 과정.

P (peptidyl site) (펩티딜 부위) 리보솜 상의 tRNA-결합 부위로 초기 폴리펩티드를 갖는 tRNA가 펩티드 결합 형성 직후에 결합되는 곳.

precursor fragment (전구물질 조각) **Okazaki fragment** 참조.

primary transcript (일차전사체) 유전자의 RNA 복사물. 대개 진핵생물에서 이 전사물은 번역할 수 있는 mRNA 분자를 형성하기 위해 변형된다.

primer (프라이머) 핵산에서, 중합 반응의 신장점으로서의 기능을 가진 짧은 RNA나 단일가닥 DNA 조각.

primosome (프리모좀) 진핵세포에서 DNA 복제를 위한 RNA 프라이머를 형성하는 효소복합체.

principle of epistasis (상위의 원리) 일련의 발달-스위치 경로의 유전자 분석에서, 이중돌연변이 유전자형의 상위 유전자가 하위 유전자로부터의 경로 하류에서 작용하는 원리.

probe (탐침) DNA-RNA 잡종 형성 분석이나 DNA-DNA 잡종 형성 분석에서 사용된 방사성 DNA 분자나 RNA 분자.

processivity (진행도) DNA 중합효소나 RNA 중합효소가 주형으로부터 분리되기 전에 가로지르는 핵산의 주형가닥에서 연속적인 뉴클레오티드의 숫자를 언급.

product molecule (산물분자) 생화학 반응이나 대사 과정의 마지막 결과.

progenitor cell (선구 세포) 성체 줄기 세포.

programmed cell death (세포예정사) 손상에 대한 정상적인 세포 반응의 한 부분으로써 혹은 정상적 발생 과정의 한 부분으로써 일어나는 세포의 죽음. **apoptosis** 참조.

prokaryote (원핵생물) 핵막이 없으며 2분법으로 분열하는 생물체.

promoter (프로모터) RNA 중합효소가 결합하여 전사를 시작하는 특정 DNA 염기 배열 순서.

promoter fusion (프로모터 융합) 하나의 유전자의 프로모터 부위나 또 다른 유전자의 단백질 암호화 부위와의 결합.

prophage (프로파아지) 용원성 세균에서의 파아지 DNA 형태; 파아지 DNA는 억제되어서 대개 세균성 염색체에 통합되지만, 어떤 프로파아지는 플라스미드 형태로 있다.

prophage induction (프로파아지 유도) 프로파아지의 억제를 해제해서 파아지의 용균성 생활환을 개시하는 것.

prophase (전기) 체세포분열이나 감수분열의 초기 단계. 간기 후에 시작해서 중기에서 염색체들이 정렬됨으로써 종결된다. 가끔 감수분열 I과 감수분열 II 사이에서 출현되지 않을 때도 있다.

proteome (단백질체) 유전 정보를 간직한 유전체에 의해 암호화된 모든 단백질의 집합체.

proteomics (단백질체학) 단백질 위치, 기능 그리고 상호작용 등을 확인하기 위해 한 세포나 생명체에 존재하는 단백질 전부에 대한 연구.

proto-oncogene (원종양유전자) 예정된 세포 죽음을 억제하거나 세포 증식을 촉진하는 기능을 가진 진핵 유전자로서, 이곳에서의 돌연변이는 암의 진행과 관련된다.

prototroph (원영양체) 탄소와 무기물로 이루어진 최소배지에서 성장할 수 있는 균주. 일반적으로 야생형과 같은 의미.

pseudoautosomal region (헛상염색체 부위) 포유동물의 X와 Y 염색체에서 유사성이 있는 작은 부위.

pseudogene (헛유전자) 1개 혹은 그 이상의 돌연변이 때문에 기능은 없지만 같은 생물체에 그 기능에 해당하는 부분을 가지고 있는 DNA 서열; 헛유전자는 고대 유전자 중복의 돌연변이형으로 추정된다.

P transposable element (P 전이인자) 초파리의 전위 인자이며 돌연변이 유도, 생식 세포 형질 전환 및 기타 유형의 유전 공학에 사용된다.

Punnett square (퍼니트 네모꼴) 교배의 예상된 유전결과를 결정짓는 데에 사용되는 교차번식 바둑판법.

purine (퓨린) 핵산에서 발견되는 유기 염기류. 흔한 퓨린은 아데닌과 구아닌이다.

pyrimidine (피리미딘) 핵산에서 발견되는 유기 염기류. 흔한 피리미딘은 사이토신과 우라실(RNA에서), 그리고 티민(DNA에서)이다.

pyrimidine dimer (피리미딘 이량체) 동일 폴리뉴클레오티드 가닥에 있는 2개의 인접 피리미딘 염기 사이에서 화학결합이 형성된 것. 대표적인 것은 피리미딘 쌍이다. 자외선에 노출에 의해서 DNA에서 형성된 가장 일반적인 상해이다.

quantitative trait (양적형질) 신장이나 체중처럼 전형적으로 연속적 단위로만 측정될 수 있는 형질. 이들은 환경요인과 여러 유전자들의 복합 작용에 영향을 받는다.

quantitative trait locus QTL (양적형질 자리) 양적형질로 측정되는 차이점을 가지는 대립형질들의 자리.

R group (R 그룹) 각각의 아미노산에서 서로 다른 α 탄소 결합 잔기.

R plasmid (R 플라스미드) 항생제 내성을 가지는 세균 플라스미드. 유전자 조작 기술에 사용된다.

random genetic drift (무작위 유전자 부동) 제한된 집단 크기에 기인하여 세대마다 대립유전자 빈도가 변화하는 현상.

random mating (임의교배) 유전자형이나 표현형에 의해 영향을 받지 않는 교배.

random spore analysis (무작위 포자 분석) 균류에서 4분자 염색체의 개개를 분석하기 보다는 무작위적으로 선택된 포자의 유전적 분석.

rate of mutation (돌연변이율) 시간에 따른 DNA 단위 길이(일반적으로 염기쌍)당 변이 확률.

reading frame (읽기틀) mRNA 염기 배열 순서가 폴리펩티드를 형성하기 위해 아미노산 배열 순서로 직선적으로 번역하는 3가지 방법들 중 한 가지. 특수 읽기틀은 사슬 개시를 위해 선택되는 AUG이다.

recessive trait (열성형질) 대립형질 및 표현형을 참조. 동형 접합일 때만 발현된다.

reciprocal cross (상호교배) 제1교배에서 암수 어버이의 유전자형들이 제2교배에서는 역전되는 교배쌍.

reciprocal translocation (상호전좌) 비상동염색체들 사이에서 염색체 부분들의 상호 교환.

recombinant (재조합체) 교차에 의해 대립형질의 조합이 달라진 염색체, 또는 그런 염색체를 가진 세포나 개체.

recombinant DNA (재조합 DNA) 다른 DNA 분자로부터 나온 1개 또는 그 이상의 부분들로 구성된 DNA 분자.

recombination (재조합) DNA 분자나 염색체들 사이의 부분적 교환; 진핵생물에서는 주로 상호교환이지만 원핵생물에서는 주로 상호교환이 아니다.

recruitment (유인) 전사활성인자가 1개 혹은 더 많은 전사인자와 결합하여 프로모터 부위로 끌어들이는 과정.

red-green color blindness (적록색맹) **color blindness** 참조.

reductional division (감수분열) 염색체의 수가 배수체에서 반수체로 감소할 때, 즉 첫 번째 생식세포 분열을 말한다.

redundancy (중복성) 아미노산이 1개 이상의 코돈에 상응하는 유전 암호의 특성. 퇴화(regeneracy)라고도 한다.

relative fitness (상대 적응도) 다른 유전자형에 대한 적응도 비율로서 한 유전자형의 적응도를 측정하는 것.

renaturation (복원) 단백질 또는 핵산(DNA 같은)이 변성 후 원래 형태로 재구성되는 것.

release protein synthesis (방출(단백질 합성)) 완전한 폴리펩티드가 리보솜에서 분리되는 것.

replica plating (레플리카 플레이팅) 아가 표면의 특별한 공간 패턴으로 형성된 콜로니를 연속하여 같은 패턴으로 재생하는 것. 틀은 종종 멸균된 벨벳 표면으로 콜로니들이 옮겨진다.

replication (복제) **DNA 복제**; θ **replication** 참조.

replication fork (복제분기점) 복제 DNA 분자에서 뉴클레오티드들이 증식 가닥에 부가되는 영역.

replication origin (복제개시점) DNA 합성이 시작되는 염기서열.

replication slippage (복제 미끄러짐) 복제하는 동안 나란히 반복되는 작은 사본이 증가하거나 감소하는 과정.

replicon (레플리콘) 복제개시점을 갖는 DNA 분자.

reporter gene (리포터유전자) 그 기능을 쉽게 측정할 수 있는 유전자.

repressible transcription (억제전사) 일시 동안 단백질이 DNA의 특이 서열에 결합하여 전사를 억제 조절하는 과정.

repressor (억제자) 유전자에 인접한 조절 염기 배열에 결합하여 그 유전자의 전사를 막는 단백질.

repulsion configuration (상반배치) ***trans*** **configuration** 참조.

restriction endounclease (제한핵산내부분해효소) DNA 분자에서 짧은 뉴클레오티드 염기배열(제한자리)을 인지해서 그 제한자리에서 분자를 분할하는 핵산가수분해효소. 제한효소라고도 함.

restriction enzyme (제한효소) **restriction endonuclease** 참조.

restriction fragment (제한조각) 거대 DNA 분자의 부분이 제한효소에 의해 잘려진 조각.

restriction fragment length polymorphism (RFLP) (제한효소 절편길이 다형성) 특정 탐침자를 사용하여 제한효소로 절단한 단편의 유사성으로 한 군집 내의 유전적 다양성을 보는 것. 다형성은 탐침자와 결합한 단편의 위치로 보며, 각각의 변이는 필수적으로 다른 대립형질이다.

restriction map (제한효소 지도) 1개 또는 그 이상의 제한효소에 의한 분할 부위를 보여주는 DNA 분자에 대한 도표.

restriction site (제한자리) 특수 제한 핵산내부분해효소가 절단하는 염기 배열 순서.

restrictive condition (제한조건) 특수 돌연변이체의 성장을 방해하는 성장 조건, 즉 조건부 돌연변이의 표현형이 나타나는 배양 조건.

retinoblastoma (망막아종) 염색체 *13q14* 밴드에 위치하는 암억제 유전자의 돌연변이로 인해 발생하는 유전되는 암.

retinoblastoma protein (망막아종 단백질) G_1/S의 제한점[시작점("start")]에서 세포주기의 개시 전사인자와 결합하여 제한점을 넘어가지 못하게 하는 단백질군.

retrovirus (레트로바이러스) 감염시에 자신들의 RNA 유전체에 상보적인 DNA의 합성을 유발하는 RNA 동물 바이러스류들 중 한 가지.

reverse genetics (역유전학) 클론된 유전자에 돌연변이를 만들어 생식세포나 세포에 도입하는 것.

reverse mutation (복귀돌연변이) 돌연변이 유전자가 다시 돌연변이를 일으켜 원래 상태로 돌아가는 것.

reverse transcriptase (역전사효소) 단일가닥 RNA 주형으로 상보적인 DNA를 만드는 효소로서 레트로바이러스 외피 안쪽에 존재한다.

reverse transcriptase PCR (RT-PCR) (역전사효소 PCR) 역전사효소를 이용하여 RNA를 주형으로 하여 DNA를 증폭하는 방법.

reversion (복귀) 두 번째 돌연변이 발생에 의해 돌연변이체 표현형이 야생형 표현으로 회복되는 현상.

ribonucleic acid (리보핵산) **RNA** 참조.

ribose (리보오스) RNA의 5탄당.

ribosomal RNA (rRNA) (리보솜 RNA) 리보솜 소단위의 구성 성분인 RNA 분자. 진핵생물에서는 rRNA 분자 4개, 즉 5S, 5.8S, 18S 그리고 28S가 있고, 원핵생물에서는 3개, 즉 5S, 16S, 23S가 있다. rRNA로 쓰이기도 한다.

ribosomal translocation (리보솜 전좌) 번역될때 리보솜이 mRNA를 따라 이동하는 것.

ribosome (리보솜) 세포내 소기관, 2개의 소단위로 이루어지며, 각각은 RNA와 단백질로 구성된다. 이 세포내 소기관에서 mRNA의 코돈들은 단백질 합성 동안에 아미노산으로 번역된다. 원핵생물에서 소단위는 30S 입자와 50S 입자이며, 진핵생물에서는 40S 입자와 60S 입자이다.

ribosome-binding site (리보솜 결합자리) 리보솜이 단백질 합성을 개시하기 위해 결합할 수 있는 원핵생물 mRNA 분자에서의 염기 배열 순서. 또한 샤인-달가노 서열로도 불린다.

ribosome tRNA-binding site (리보솜 전달 RNA-결합자리) 전달 RNA가 리보솜에 결합하는 자리. 아미노아실 자리는 전하를 가진 전달 RNA를 들여오고, 펩티딜 자리는 전달 RNA를 잡아 펩티드 사슬을 만들며, 방출자리는 전하를 띠지 않는 전달 RNA를 방출한다.

riboswitch (리보스위치) 작은 분자와의 결합에 의해 전사를 허용하거나 종결시키는 두 구조를 모두 가질 수 있는 5′ RNA 선도서열.

ribozyme (리보자임) 하나 이상의 생화학적 반응에서 촉매 작용할 수 있는 RNA 분자.

risk factor (위험 인자) 다른 약제와 함께 작용하여 비정상 또는 질병 가능성을 증가시키는 어떤 유전자, 후성 유전적 변이 또는 환경적 상황.

RNA (리보핵산) 당 성분이 리보오스인 핵산. 전형적으로 RNA는 단일가닥이며, 4개의 염기, 아데닌과 시토신, 구아닌, 그리고 우라실을 함유한다.

ring chromosome (고리염색체) 말단소체가 없고, 양끝이 연결되어 있는 염색체.

RNA interference : RNAi (RNA 간섭) 작은 이중가닥 RNA 조각이 그와 같은 서열을 가지는 유전자의 전사를 억제하는 능력.

RNA polymerase (RNA 중합효소) DNA 가닥의 염기 배열 순서를 복사함으로써 RNA를 만드는 효소.

RNA polymerase holoenzyme (RNA 중합효소 완전효소) RNA 중합효소를 포함하는 거대 단백질 복합체.

RNA processing (RNA가공) 제1차 전사물이 mRNA 분자나 rRNA 분자, 또는 tRNA 분자로 변환되는 현상. 절단, 스플아이싱, 말단 수식, tRNA에서 내부 염기들의 수식을 포함한다.

RNA-seq (RNA-서열 분석) RNA 전사체로부터 만들어진 cDNA의 대규모 병렬 염기서열 분석에 의한 유전자 발현 수준의 분석.

RNA splicing (RNA 이어맞추기) 인트론 제거와 엑손의 연결.

Robertsonian translocation (로버트소니언 전좌) 두 차단 부동원체 염색체들의 긴 팔들이 공통의 동원체에 연결하게 되는 염색체 전좌.

rolling-circle replication (돌림 바퀴복제) 원형 어버이 분자가 새롭게 형성된 DNA의 직선 가지를 생산하는 복제의 양식.

S period (S시기) 세포주기 참조.

Sanger sequencing (생어 서열 분석) DNA 합성 동안 가닥 신장을 종결시키기 위해 디데옥시뉴클레오티드를 사용하는 DNA 염기서열 분석법.

satellite DNA (부수체 DNA) 밀도경사원심분리법으로 원심분리하는 경우에, 세포 DNA 대부분의 밀도와는 상이한 밀도에서 작은 띠를 형성하는 진핵생물 DNA. 유전체에서 수차례 반복된 짧은 염기서열(고도로 반복적인 DNA)로 이루어지거나, 미토콘드리아 DNA나 엽록체 DNA로 이루어진다.

scaffold (뼈대) 염색체에서 단백질 함유 물질. 부분적으로 염색체의 응축에 부분적으로 관여하는 것으로 믿어지고 있다.

scanning (스캐닝) 진핵생물의 번역개시복합체가 첫 개시코돈을 만날 때까지 mRNA를 따라 이동하는 과정.

second-division segregation (제2감수분열 분리) 제2감수분열 동안에 대립유전자 한 쌍이 상이한 핵들로 분리하는 현상. 유전자와 상동염색체 쌍의 동원체 사이 교차의 결과이다.

second meiotic division (제2감수분열) 생식세포 분열시 동원체가 분리되고, 염색체가 감소하지 않는 시기. 동형분열(equational division)이라고도 함.

segment (체절) 몸에서 나타나는 주기적으로 반복되는 형태적 단위.

segmentation gene (체절유전자) 초파리의 발생 단계에 있어서 체절 및 부체절의 공간적 패턴을 결정짓는 유전자군.

segment-polarity gene (체절 극성 유전자) 초파리 유충의 체절 안에서 발생의 공간적 패턴을 결정짓는 유전자군.

segregation (분리) 대립유전자 쌍의 구성원들이 감수분열 동안에 상이한 배우자들로 분리되는 현상.

selected marker (선택 표지유전자) 선택배지에서 자랄 수 있는 유전적 돌연변이.

selection (선택) 진화에서 유전자형들이 생존하고 생식하는 능력에서의 본질적인 차이. 동식물 육종에서는 어떤 일정한 표현형들을 가진 개체들이 그 다음 세대의 양친이 되기 위해 선택되는 현상이며, 돌연변이 연구에서는 항생물질 저항성에 대한 선택에서처럼 희망하는 세포 유형만이 생존할 수 있는 방식으로 계획되는 방법이다.

selection coefficient (선택계수) 상대적응도가 감소되거나 증가되는 양.

selection limit (선택한계) 형질의 인위적 선택에 더 이상 집단이 반응하지 않는 조건.

selectively neutral mutation (선택적 중성 돌연변이) 적응에 영향을 미치지 않는 돌연변이.

selective medium (선택배지) 특정 유전자형만이 성장할 수 있는 배지.

selfish DNA (이기적 DNA) 한 개체에서의 적응도에 기여하지 않지만, 유전체에서 복제되고 전위될 수 있는 DNA 서열.

semiconservative replication (반보존적 복제) DNA 복제의 양상. 여기에서 이중가닥 분자의 각 가닥은 새로운 상보가닥 합성에 대한 주형으로 역할을 하며, 딸 분자들은 기존 가닥 1개(어버이 가닥)와 새롭게 합성된 가닥 1개로 이루어진다.

semisterility (반불임) 전좌 이형접합자의 경우에서처럼, 식물이 생산한 배우체들, 또는 동물이 생산한 접합자들이 상당비율 생존 불가능한 상태.

sequence-tagged site (STS) (서열표지자리) 어떤 서열을 가진 클론을 확인하기 위해 적당한 올리고뉴클에오티드 프라이머로 PCR할 수 있는 DNA 서열.

sequencing by synthesis (합성에 의한 염기 서열 분석) PCR(중합효소연쇄반응)에 의해 증폭된 주형의 자동 DNA 서열 분석 방법.

sex chromosome (성염색체) 성 결정에 관여하는 사람의 X나 Y 같은 염색체.

sexual polyploidization (유성배수화) 염색체 수가 줄어들지 않은 배우자들의 융합에 의한 배수화.

short tandem repeat (STR) (짧은 연쇄 반복) 계속 반복되는 짧은 DNA 서열로 인한 유전적 다형성.

sibling/sib (동기) 동일 어버이의 자손. 형제와 자매.

sibship (형제 자매 관계) 형제와 자매의 집단.

sickle-cell anemia (낫꼴세포 빈혈증) 상염색체 열성으로 유전되고, β 글로빈 사슬에서의 아미노산 치환에 기인한 인간의 심한 빈혈증. 이형접합자들은 정상 동형접합자보다 열대성 말라리아에 대해 더 저항적인 경향이 있다.

significant (유의) **statistically significant** 참조.

silencer (사일렌서) 유전자 발현을 억제하는 단백질이 결합하는 DNA 서열.

silent substitution (잠재성 치환) 표현형으로 나타나지 않는 돌연변이.

simple Mendelian trait (단순 멘델 형질) 어떤 표현형 형질로서, 그 표현형의 주요 원인이 멘델 법칙에 따라 유전되는 돌연변이 유전자로, 정상 환경에서 그 발현이 환경의 영향을 최소한으로 받음.

simple sequence repeat (SSR) (단순서열반복체) 나란히 반복되는 짧은 사본 수에 의해 형질의 차이를 나타내는 한 군집의 DNA 다형성.

simple tandem repeat (STR) (단순 연쇄 반복) 짧고, 계속 반복되는 뉴클레오티드 서열의 사본 수가 다른 대립유전자 집단에서의 DNA 다형성.

SINE element (SINE 전위인자) RNA 중간체를 거치는 전위인자로서, 끝에 긴 반복 서열이 없는 비교적 짧은 전위인자. SINE은 short interspersed element의 약자.

single-active-X principle (단일-활성-X 염색체 원리) 포유동물에서 초기 배아세포를 제외하고, 세포 계통에 의해 X 염색체의 하나가 불활성화되는 현상.

single-molecule sequencing (단일-분자 염기서열 분석) 개별 DNA 분자를 서열 분석의 주형으로 사용하는 자동 DNA 염기서열 분석법.

single-nucleotide polymorphism (SNP) (단일-뉴클레오티드 다형성) 한 군집 내의 개체에서 중요한 염기 단편에서 다른 염기 짝짓기를 하고 있는 DNA 부위.

single-stranded DNA (단일가닥 DNA) 단일가닥의 염기로 이루어진 DNA.

single-stranded DNA binding protein (단일가닥 DNA 결합 단백질) 단일가닥의 DNA에 결합하고 안정화 시키는 단백질.

sister chromatids (자매염색분체) 단일 염색체에 의해 복제되어 생산된 염색 분체.

site-specific recombinase (자리특이적 재조합효소) 두 DNA 분자 내 동일 염기를 인지하여 재조합을 일으키는 효소.

small interfering RNA (siRNA) (작은 간섭 RNA) 작은 이중가닥 RNA 절단 산물로서 상보적 서열을 함유하는 RNA를 표적으로 그 기능을 파괴하거나 억제한다.

small ribonucleoprotein particles (작은 리보핵산단백질 입자) 짧은 RNA 분자들과 여러 가지 단백질들을 함유한 핵내 소립자들. 이들은 인트론 제거와 이어맞추기 등 RNA 처리 과정에 관여한다.

snRNP (핵내 저분자 리보핵산단백질) 이어맞추기와 관련된 몇 종류의 작은 리보핵산단백질.

somatic cell (체세포) 생식세포와 그들이 분화 한 배우자들과는 다른, 다세포 생물체의 몸을 구성하는 세포.

somatic mutatin (체세포 돌연변이) 체세포에서 발생한 돌연변이.

Southern blot (서던 블롯) 전기영동 분리에 뒤이어 변성된 DNA가 겔에서 종이 필터로 옮겨진 다음, 재생 조건 아래서 방사성 DNA나 RNA에 노출시키는 핵산 잡종형성법. 방사성 부위는 원래의 DNA 부분을 찾아내는 역할을 한다.

species (종) 유성생식의 경우, 서로 교배 가능하고 생식 가능한 자손을 생산할 수 있는 생명체 집단; 무성생식의 경우, 다른 집단의 구성원들보다 좀 더 밀접한 관련이 있는 생명체 집단.

specialized transducing phage (특이 형질도입 파아지) **transducing phage** 참조.

species tree (종 계통수) 종의 집단에서 실제로 혹은 추정되는 조상의 역사.

spindle (방추체) 염색체들이 세포 분열 중기에 배열되어 후기에 이동할 때 염색체에 연결된 섬유 단백질로 구성된 구조.

spindle assembly checkpoint (방추체 점검점) 방추체가 적당히 배치될 때까지 세포주기가 진행되지 않는 현상.

splice acceptor (이어맞추기 수용자) 엑손의 5′말단.

splice donor (이어맞추기 제공자) 엑손의 3′말단.

spliceosome (스플라이소좀) RNA 전사체로부터 인트론을 제거하는 핵내 RNA-단백질 입자.

spontaneous mutation (자연돌연변이) 어떤 알려져 있는 돌연변이 유발원 없이 발생하는 돌연변이.

sporadic (산발성) 같은 혈통에서 발생하지 않은 병이 홀로 발생하는 것.

spore (포자) 어버이로부터 분리하여 발아할 때 새로운 개체로 발생할 수 있는 단세포 생식체. 식물에서 포자들은 감수분열의 반수체 산물들이다.

sporophyte (포자체) 반수체, 배우자 생산 세대(배우체)와 교대로 나타나는 식물의 2배체 포자형성 세대.

standard deviation (표준편차) 분산의 제곱근.

start codon (개시코돈) 폴리펩티드 합성이 시작되는 mRNA 코돈. 대개 AUG이다.

statistical epistasis (통계적 상위) 유전자들의 더하기 및 우성 효과에 가능한 많은 유전적 분산을 할당한 후 남는 개체군의 유전적 분산의 구성 요소.

statistically significant (통계적으로 유의한) 어떤 가설이 참이라는 가정 하에 우연히 일어날 확률이 작은 실험자 연구 결과로서, 일반적으로, 나쁘거나 더 나쁜 결과가 5% 미만으로 예상되는 경우, 결과는 통계적으로 유의하다 하고, 1% 미만인 경우는 통계적으로 매우 유의하다고 함. 두 결과 모두 가설을 심각하게 의심하게 한다.

stem cell (줄기세포) 여러 가지 세포 유형으로 분화될 수 있는 무기한 분열가능한 미분화 세포.

sticky ends (접착성 말단) 어떠한 제한효소에 의해 DNA가 잘려 DNA 단편의 끝에 단일가닥이 생기는 것. 이것은 다른 상보적 염기서열을 가진 분자가 있을 때 이중가닥이 될 수 있다.

stochastic noise (확률론적 소란) 유전학에서 유전자 발현 수준에 영향을 미치는 분자 상호작용의 무작위 교란.

stop codon (종결코돈) 폴리펩티드 합성이 종결되는 코돈. UAG, UAA, UGA가 있다.

subfunctionalization (기능 감소) 하나 이상의 기능 부위나 조절

부위의 상실로 인한 유전자의 진화상 변화.

submetacentric chromosome (차중부동원체 염색체) 동원체가 염색체 중앙 가까이에는 있지만 그 중심에 있지는 않으므로, 한쪽 염색체 팔의 길이가 다른 쪽 염색체 팔보다 약간 더 긴 염색체.

subpopulation (아집단) 대규모 집단 내부의 이주가 제한되는 육종 집단.

substrate molecule (기질 분자) 효소가 반응하는 물질.

synapsis (시냅스) 제1감수분열 전기의 접합기에 상동염색체들이나 염색체 부위들의 짝짓기.

synonymous substitution (동의 치환) 염기는 변하였지만, 아미노산은 변하지 않는 것.

synteny group (신테니 그룹) 두 종 이상의 종에서 염색체의 일정 지역에 존재하는 공통된 유전자군.

synthetic guide RNA (sgRNA) (합성 가이드 RNA, sgRNA) CRISPR에 의한 DNA 편집에서, 절단될 표적 DNA의 DNA 서열에 상보적인 합성된 RNA.

***T* DNA (*T* DNA)** *Agrobacteriumtumefacines*에서 발견되는 전위인자. 여러 종류의 쌍떡잎식물에서 혹을 형성한다.

tandem duplication (순차 중복) 같거나 아주 유사한 DNA 서열이 인접해서 같은 방향으로 존재하는 상태.

TATA box (TATA 상자) 프로모터 DNA에 있는 5′-TATA-3′ 염기서열.

TATA-box-binding protein (TBP) (TATA-상자 결합 단백질) 프로모터 부위의 TATA 모티프에 결합하는 단백질.

taxon (분류군) 하나의 단백질이나 유전자 혹은 이들의 세트로 대표되는 생명체들의 집단, 종들 혹은 그룹.

TBP-associated factor (TAF) (TBP 관련 인자) TBP에 밀접하게 결합하는 단백질군.

telomerase (말단소체복원효소) 염색체의 말단소립를 유지하기 위해 특정 염기를 더해 주는 효소.

telomere (말단소체) 염색체 말단들의 안정성을 유지하기 위해 필요한 DNA 염기를 포함하는 염색체 말단.

telophase (말기) 체세포분열과 감수분열의 마지막 단계.

temperature-sensitive mutation (온도민감성 돌연변이) 어떤 일정한 온도에서는 표현형 변화를 일으키지만 다른 온도에서는 일으키지 않는 조건부 돌연변이.

template (주형) 염기서열이 중합 반응으로 복사되어 상보적 DNA 또는 RNA 가닥을 만드는 핵산 가닥.

terminator (종결자) 전사가 멈추는 RNA 서열.

testcross (검정교배) 이형접합자와 열성 대립유전자들에 대해 동형접합인 개체와 이루는 교배. 이 교배에서 자손의 각 표현형은 상이한 유전자형을 나타내게 된다.

template-directed gap repair (주형 기반 갭 수선) DNA 가닥에 생긴 갭이 상동 염색체, 자매 염색체 또는 중복 유전자를 주형으로 하여 복제됨으로써 수선되는 DNA 수선 기작.

terminator (종결 서열) 전사를 중단시키는 RNA의 서열.

testcross (검정 교배) 이형접합체와 열성 동형접합체 사이의 교차교배로, 그 결과 각각 다른 유전자형을 나타내는 표현형 그룹의 자손이 생김.

testis-determining factor (TDF) (정소결정인자) 포유동물의 Y 염색체에서 존재하는 웅성을 결정하는 유전자.

tetrad (사분염색체) 감수분열 전기 I과 중기 I에서 상동염색체 쌍을 구성하는 4개의 염색 분체. 또한 단일 감수분열에서 나온 1배체 산물 4개를 뜻하기도 한다.

tetraploid (4배체) 완전 염색체 세트 4개를 가진 세포나 생물체. 동질 4배체에서 염색체 세트들은 상동이다. 이질 4배체에서 염색체 세트는 2개의 상이한 조상 종 각각에서 나온 완전 2배체 세트로 이루어진다.

tetratype (4형) 4가지의 다른 유전자형을 가진 자낭. 4가지의 유전자형 세트는 대립형질을 가진다.

three-point cross (3점 교배) 3개의 유전자가 분리되는 교배. 유전자의 순서를 명확하게 얻으려 할 때 사용된다.

threshold trait (역치형질) 계속해서 위험 또는 불리한 쪽으로 치우치는 경향을 가진 성질.

thymine (티민) DNA에서의 피리미딘 염기 중 하나.

thymine dimer (티민 이량체) **pyrimidine dimer** 참조.

***Ti* plasmid (*Ti* 플라스미드)** 식물 유전자 조작기술에 이용되는 *Agrobacteriumtumefacines*에 존재하는 플라스미드.

topologically associating domain (위상 연관 도메인) 핵 안에서 DNA의 서로 멀리 떨어져 있는 부위들이 여러 부분에서 접촉하도록 접힘으로써 유전자 발현에 영향을 미치게 되는 DNA의 어떤 부위.

time of entry (이동 시간) 세균의 Hfr × F^-의 교배에서 초기 Hfr의 특정 유전자를 수용체인 F^-에 전달하는 데 걸린 가장 빠른 시간.

total variance (전체 분산) 모든 유전적 및 환경적 변이의 총합.

trait (형질) 한 개체의 외모, 형태, 발생, 생화학적 및 기타 특징.

***trans* configuration (트랜스 배치)** 2개의 돌연변이체 부위에 대해 이형접합인 개체가 각 양친으로부터 하나의 돌연변이 부위를 받는 연관 유전자에서의 배열. 즉, $a_1+/+a_2$ 배치를 말한다.

transcript (전사체) DNA를 주형으로 하여 상보적으로 합성된 RNA 염기서열 가닥.

transcription (전사) DNA의 암호화 가닥에 함유된 유전 정보가 단일가닥 RNA 분자로 복제되는 과정. 전사된 것의 염기 배열 순서는 복제된 DNA 가닥의 염기 배열 순서에 대해 상보적이다.

transcription complex (전사 복합체) RNA 중합효소와 다른 펩티드 소단위체들 간의 결합으로 전사할 수 있는 능력을 가진 복합체.

transcription factor (전사인자) DNA의 특정 서열에 결합하고 유전자의 전사 속도에 영향을 미치는 분자로 보통 단백질이다.

transcriptional activator protein (전사활성 단백질) DNA의 특이 부위에 결합하여 전사를 활성시키는 단백질.

transducing phage (형질도입 파아지) 세균성 DNA를 함유한 입자들(형질도입 입자들)을 생산할 수 있는 파아지형. 특수 형질도입 파아지는 염색체 DNA의 특정 영역만을 전달하는 입자들을 생산한다. 일반 형질도입 파아지는 유전체의 어떤 영역이라도 전달할 수 있는 입자들을 생산한다.

transduction (형질도입) 파아지에 의해 어떤 세균에서 다른 세균으로 유전 정보를 전달.

transfer RNA (tRNA) (운반 RNA) 단백질 합성 동안에 코돈을 아미노산으로 번역하는 작은 RNA 분자. 이 RNA는 mRNA의 특정 코돈과 특정 아미노산이 결합된 부위에 상보적인 3염기 배열 순서. 즉, 역코돈이라고 하는 것을 가지고 있다. tRNA라고도 쓴다.

transformation (형질전환) 세포나 개체가 상이한 유전자형을 가진 세균들로부터 분리된 DNA에 노출됨에 의해, 그것들의 유전자형이 변화되는 현상. 다시 말해서 배양시 성장이 제한되는 성장 유형이 정상 세포의 성장 유형과는 다른 종양 같은 세포로 동물세포가 변화되는 것을 말한다.

transforming rescue (형질전환 구조) 삽입되어진 DNA 단편이 배우자의 돌연변이로 인한 결함을 바로잡는 것.

transgenic organism (형질전환 생물) 새로운 DNA가 생식세포에 도입된 동물 및 식물.

transition mutation (전이 돌연변이) 퓨린이 다른 퓨린으로, 피리미딘이 다른 피리미딘으로 바뀌는 돌연변이.

translation (번역) 폴리펩티드의 아미노산 배열 순서가 mRNA 분자의 뉴클레오티드 배열 순서에 따라 리보솜에서 합성되는 과정.

translocation (전좌) 단백질 합성 동안의 리보솜과 관련하여 mRNA가 이동하는 현상. **reciprocal translocation** 참조.

transmembrane receptor (막관통 수용체) 세포막을 관통하여 펼쳐져 있는 아미노산 서열을 가진 수용체.

transmission genetics (전달유전학) 한 세대에서 다음 세대로의 유전자 전달에 대해 다루는 유전학의 한 분과.

transposable element (전위인자) 유전체의 어떤 위치에서 다른 위치로 이동할 수 있는(전위할 수 있는) DNA 서열.

transposase (전위효소) 전위에 필요한 단백질.

transposition (전위) 전위인자의 이동.

transposon (전이인자) 항생제 내성 유전자 같은 세균 유전자를 포함하는 전이 인자로, 전이성 인자(*transposable element*)의 동의어로 사용되기도 한다.

trasnposon (전이) 전이인자의 이동.

transversion mutation (염기교차 돌연변이) 퓨린이 피리미딘으로, 피리미딘이 퓨린으로 바뀌는 돌연변이.

trinucleotide repeat (3염기 반복) 직렬 반복되는 3개의 염기. 일부 3염기 반복 부위의 유전적 불안정성은 각종 유전병의 원인이 되고 있다.

triplet code (3개 일조 암호) 각 코돈이 3개의 염기로 이루어지는 암호.

triploid (3배체) 완전 염색체 세트 3개를 갖는 세포나 개체.

trisomic (3염색체성) 염색체 1종이 3개 포함된 이수체 상태. $2n + 1$개의 염색체 수를 가진다.

trisomy-X syndrome (3염색체성 X-증후군) 임상적으로 XXX 염색체를 가지는 핵형.

trivalent (3가 염색체) 3배체나 3염색체성 염색체에서 첫 번째 생식세포 분열 시에 같은 염색체가 3가로 존재하는 형태.

trombone model (트롬본 모델) DNA 복제시, 지연가닥의 중합효소 복합체가 선도가닥의 중합효소 복합체에 단백질 집게에 의해 연결되는 DNA 복제 모델로 단백질 집게는 이중나선 DNA 두 가닥의 복제를 조정하는 데 도움을 준다.

true-breeding (순계) 자신과 같은 자손을 생산하는 계통, 혈통, 혹은 다양한 개체.

truncation point (절단점) 인위선택에서 생물체들이 육종을 위해 보유돼서 선택될 것을 결정짓는 임계(critical) 표현형.

tumor-suppressor gene (종양억제 유전자) 세포의 증식과 자살을 조절하는 유전자. 이 유전자의 기능을 잃은 돌연변이는 암으로 발전한다.

Turner syndrome (터너증후군) 핵형 45, X를 가진 여성들의 임상적 특징.

two-hybrid analysis (이중-잡종 분석) DNA 결합 도메인과 전사촉진 도메인을 각각 포함하는 두 융합 단백질을 이용하여 단백질-단백질 상호작용을 찾아내는 방법. 만일 이들이 핵 안에서 결합하면, 이 상호작용에 의해 리포터 유전자의 전사가 일어난다.

unequal crossing-over (불균형 교차) 각각 중복된 염기배열을 전달하는 상이한 염색체들 사이에서, 그 중복 염기 배열과 같은 염기 배열이지만, 상이한 위치에 있는 염기 배열 사이에서 발생하는 교환을 갖는 교차가 발생하는 현상.

univalent (일가염색체) 제1감수분열에서 염색체가 자신의 짝과 결합하지 않은 1염색체 형태.

uracil (우라실) RNA에 포함된 피리미딘 염기 중의 한 종류.

uridylate (유리딜레이트) 염기가 유리딘인 RNA 상의 뉴클레오티드.

UTR (비번역 부위) mRNA상의 번역되지 않는 부위; 5′UTR은 단백질 암호화 부위의 앞쪽이며, 3′UTR은 뒤쪽이다.

variable antibody region (가변 항체 부위) 동일한 하부 그룹에서 매우 다양한 아미노산 서열이 존재하는 면역 단백질의 부위.

variable expressivity (가변성 발현) 특정 유전자형의 표현성에 있어서 극도로 심한 차가 나는 것.

variance (분산) 통계적 분포가 얼마나 분산되어 있는지를 측정한 것. 즉, 평균값에서 나온 편차의 제곱에 대한 평균이다.

vector (벡터) 유전공학에서 DNA 분자나 DNA 조각을 운반하는 물질. 복제할 수 있는 DNA 분자. 클로닝 입자. 일반적인 벡터는 플라스미드 파아지 그리고 바이러스성 DNA 분자들이다.

viral oncogene (바이러스 암유전자) 암을 유발하는 바이러스 유전자군. 바이러스 암유전자는 세포내 존재하는 암유전자의 사본이다. 세포내 암유전자(cellular oncogene), 암 유전자(oncogene)을 참조.

V-J joining (V-J 부위 결합) 항체 유전자 형성에서 가변 부위와 결합 부위와의 이어맞추기에 의한 결합.

Watson-Crick base pairing (왓슨-크릭 염기 짝짓기) DNA와 RNA에서 A와 T(혹은 RNA에서 U), G와 C의 짝짓기.

wildtype (야생형) 자연 집단에서 가장 일반적인 표현형이나 유전자형. 또한 비교를 위한 표준으로 표시된 표현형이나 유전자형이기도 하다.

wobble (떨림) 코돈의 세 번째 위치의 여러 가지 염기들이 역코돈과 결합할 때 허용되는 가능한 여러 염기쌍.

X chromosome (X 염색체) 성 결정에 관계하는 염색체.

xeroderma pigmentosum (색소성건피증) 자외선에 의한 DNA 상해의 회복에 결함이 있는 유전병으로, 햇빛에 대한 극도의 민감성과 여러 피부암을 동반한다.

X inactivation (X 불활성화) 배아세포 초기를 제외한 모든 포유동물 세포에서 1개를 제외한 모든 X 염색체가 불활성화되는 현상.

X-linked gene (X-연관유전자) X 염색체상에 위치한 유전자. X-연관 유전은 대개 상호교배에서 자손들이 서로 다르게 출현하는 것으로 확인된다.

YAC (YAC) **yeast artificial chromosome** 참조.

Y chromosome (Y 염색체) 이형배우자의 성 염색체. 포유동물에서 수컷을 결정짓는 염색체.

yeast artifical chromosome (YAC) (효모 인조염색체) 아주 큰 조각의 DNA를 받아들일 수 있는 효모의 벡터. 또는 이러한 벡터로부터 유래되어 효모에 도입된 염색체.

zygote (접합자) 유성생식에서 암수 배우자 융합에서 나온 산물. 수정된 난자.

zygotene (접합기) 상동염색체들의 접합이 발생하는 감수분열 전기 I의 하위 단계.

zygotic gene (접합 유전자) 수정된 난자에서 발현하여 발생 초기 단계를 조절하는 유전자.

β-galactosidase (β-갈락토시다아제) 젖당을 비롯한 β-D-갈락토시드의 글리코시드 결합을 가수분해하는 효소.

θ replication (θ 복제) 원형 DNA 분자 하나의 복제 원점에서 복제가 양쪽으로 이루어지는 형태.

찾아보기

R

S

T

U

V

W

X

Y

Z

ㄱ

ㄴ